层序地层学与成岩作用

［阿联酋］Sadoon Morad
［巴西］J.Marcelo Ketzer　编
［巴西］Luiz F.De Ros

周　慧　翟秀芬　范建玮　刘静江
张　静　刘玉娥　张宝民　单秀琴　译

石油工業出版社

内容提要

本书精选的19篇文章，从不同的角度研究了碳酸盐岩和碎屑岩沉积序列中的成岩作用和层序地层学，包括对碳酸盐岩和碎屑岩中成岩作用与层序地层学的联系、两者在储层质量预测中的应用，地表暴露条件下的成岩改变，层序地层学对碎屑岩沉积序列、碳酸盐岩沉积序列、碳酸盐岩与碎屑岩的混合沉积序列成岩作用的控制等。

本书可供从事石油地质勘探与开发的科研人员、沉积学与层序地层学研究者、地质与地球物理勘探工作者、油藏工程师，以及高等院校相关专业师生阅读和参考。

图书在版编目（CIP）数据

层序地层学与成岩作用 /（阿联酋）萨顿·莫拉德（Sadoon Morad），（巴西）J. 马塞洛·凯泽（J. Marcelo Ketzer），（巴西）路易斯·F. 德罗斯（Luiz F. De Ros）编；周慧等译. —北京：石油工业出版社，2022.11

ISBN 978-7-5183-5334-7

Ⅰ. ①层… Ⅱ. ①萨… ②J… ③周… Ⅲ. ①碳酸盐岩－层序地层学－文集 ②碳酸盐岩－成岩作用－文集 Ⅳ. ①P588.24-53

中国版本图书馆CIP数据核字（2022）第064657号

Linking Diagenesis to Sequence Stratigraphy
Edited by Sadoon Morad，J. Marcelo Ketzer，Luiz F. De Ros
ISBN：9781118485392

北京市版权局著作权合同登记号：01-2023-0969

出版发行：石油工业出版社
（北京安定门外安华里2区1号　100011）
网　址：www.petropub.com
编辑部：（010）64523546　图书营销中心：（010）64523633
经　销：全国新华书店
印　刷：北京中石油彩色印刷有限责任公司

2022年11月第1版　2022年11月第1次印刷
787×1092毫米　开本：1/16　印张：36
字数：870千字

定价：300.00元
（如出现印装质量问题，我社图书营销中心负责调换）

译者前言

储层的分布预测在油气勘探中起着至关重要的作用，也是油气高效勘探面临的主要科学问题，而基于层序地层学、储层成岩作用研究所取得的储层机理认识是储层分布预测的基础。层序地层学的研究强调沉积相的分布，因此也强调沉积序列中原生孔隙度和渗透率的分布；成岩作用强调沉积后作用，认为其改变了近地表和地层序列连续埋藏期间的沉积期孔隙度和渗透率。由于控制早期成岩蚀变分布的参数也控制了层序地层格架，因此，将层序地层学与储层成岩作用研究相结合为储层分布预测提供了一种新的手段，且近年来的一些研究已证实这种方法是有效的。

本书共 19 章，探讨了碳酸盐岩和硅质碎屑序列中成岩作用和层序地层学综合研究的不同方面，包括综述和实例研究。中国石油勘探开发研究院组织有关专家对该书进行了翻译。全书的翻译、校正工作由周慧负责，其中，原书前言、第 1 章至第 5 章由周慧翻译，第 6 章至第 8 章由翟秀芬翻译，第 9 章至第 11 章由范建玮翻译，第 12 章至第 14 章由刘静江翻译，第 15 章至第 17 章由张静翻译，第 18 章和第 19 章由刘玉娥翻译，周慧、张宝民、单秀琴对译稿进行了校对。

尽管在翻译过程中尽了最大的努力，但由于译者水平有限，书中难免有不足之处，恳请广大读者提出宝贵的意见和建议。

原书前言

成岩作用和层序地层学研究通常作为各自独立的方法，用来理解和预测沉积序列中储层质量的时空分布。层序地层学的研究强调沉积相的分布，因此也强调沉积序列中原生孔隙度和渗透率的分布，后者由相对海平面和沉积的变化速率之间相互作用而得到促进。成岩作用强调沉积后作用，认为其改变了近地表和地层序列连续埋藏期间的沉积期孔隙度和渗透率，通常由几个参数控制，而这些参数在碳酸盐岩和硅质碎屑岩中大相径庭。

近年来，一些学者已证实成岩作用和层序地层学的综合研究是一种非常有效的方法，可用于理解和预测成岩蚀变分布及其变化对储层质量分布和演化的影响。由于控制早期成岩蚀变分布的参数也控制了层序地层格架，综合研究方法的成功应用是可能的。这些参数包括：（1）相对海平面变化，其控制着孔隙水化学（海洋的、大气水的和混合的）变化；（2）沉积速率，其控制着沉积物在特定地球化学条件下的滞留时间，例如沿着地表暴露表面（即层序界面）和海底（例如沿着海泛面）。前几篇文章讨论了这种综合研究方法，将其应用于碳酸盐岩序列，通常碳酸盐沉积物比硅质碎屑沉积物对孔隙水化学（海洋的、大气水的和混合水的成分）变化更敏感。

这期 IAS 特刊汇编了一批由研究此类主题的受邀作者撰写的且进行了同行评审的论文，论文内容包括成岩作用—层序地层学综合方法在不同地质背景下碳酸盐岩和硅质碎屑序列中的应用。

这期专刊包括 19 篇论文，探讨碳酸盐岩和硅质碎屑序列中成岩作用和层序地层学综合研究的不同方面，包括综述论文和实例研究。Morad 等撰写的开篇论文，综述了碳酸盐岩和硅质碎屑岩中成岩作用和层序地层学的关系及其在储层质量预测中的应用。第二篇 Amorosi 的论文，在层序地层格架中对海绿石的分布模式进行了修订。接下来两篇论文，由 Caron 等与 Csoma 和 Goldstein 撰写，提出了碳酸盐岩序列中成岩作用和层序地层学之间的关系。Buijs 和 Goldstein、Smeester 等与 Railsback 等，提出了与地表暴露面有关的成岩蚀变，而 Ritter 和 Goldstein、Barnett 等举例说明层序地层学对碳酸盐岩序列中成岩作用的控制。Coffey 提出了层序地层学对混合碳酸盐岩—硅质碎屑岩序列成岩作用的影响。

De Ros 和 Scherer 对陆相硅质碎屑岩序列中层序地层学对成岩作用的控制进行了探究，而 Machent 等、Al-Ramadan 等和 Mansurbeg 等提出了对滨岸和海洋序列（包括深水浊流沉积物）中的控制作用，Marfil 等、McKinley 等和 Walz 等提出了应用于认识埋藏成岩作用和将成岩作用应用于层序地层学的综合研究方法。此刊以 Dill 将成岩作用和层序地层学综合应用于矿产勘查中的实例来结尾。

本刊期望对不同行业的读者有帮助，包括：（1）沉积学和沉积岩石学研究者，他们致力于研究硅质碎屑岩和碳酸盐岩中成岩蚀变的分布；（2）层序地层学研究者，他们希望基于特殊的成岩特征来识别关键的层序地层界面，辅助构建碳酸盐岩和硅质碎屑岩序列的层序地层格架；（3）石油地质学研究者，致力于开发预测这些序列中储层质量时空分布的模型。

目录

1　层序地层格架中成岩作用研究——一种认识与预测储层质量分布的综合技术

S. Morad[1, 2]，J.M. Ketzer[3]，L.F. De Ros[4]

1. Department of Petroleum Geosciences，The Petroleum Institute，P.O. Box 2533，Abu Dhabi，United Arab Emirates（E-mail：smorad@pi.ac.ae）

2. Department of Earth Sciences，Uppsala University，752 36，Uppsala，Sweden

3. CEPAC Brazilian Carbon Storage Research Center，PUCRS，Av. Ipiranga，6681，Predio 96J，TecnoPuc，Porto Alegre，RS，90619-900，Brazil（E-mail：marcelo.ketzer@pucrs.br）

4. Instituto de Geociencias，Universidade Federal do Rio Grande do Sul-UFRGS，Av. Bento Goncalves，9500，Porto Alegre，RS，91501-970，Brazil（E-mail：lfderos@inf.ufrgs.br）

摘要　层序地层学是一种预测原始（沉积）孔隙度与渗透率的实用方法，然而，受多种成岩作用的影响，沉积物原始孔渗特征发生不同程度的变化。本文旨在说明开展层序地层学与成岩作用的综合研究具有可行性，因为控制层序地层格架的因素同样显著影响早期成岩作用，且后者又对埋藏成岩作用及相关储层质量演化路径具有决定性影响。因此，开展层序地层学与成岩作用的综合研究有助于更好地理解和预测沉积序列中成岩蚀变和储层质量的时空分布。

1.1　引言

沉积岩的成岩作用可提高、保持或降低岩石的孔隙度和渗透率，这主要受控于一系列复杂且相互联系的因素（Stonecipher 等，1984），如构造背景（控制盆地的埋藏—热史和碎屑沉积物的碎屑成分）、沉积相及古气候条件（Morad，2000；Worden 和 Morad，2003）。虽然针对沉积岩的成岩蚀变开展了大量研究（Schmidt 和 McDonalds，1979；Stonecipher 等，1984；Jeans，1986；Curtis，1987；Waldelhaug 和 Bjorkum，1998；Ketzer 等，2003；Shaw 和 Conybeare，2003），但是对于海陆交互相和浅海相，特别是陆相和深水沉积体的成岩作用时空分布样式的控制因素，目前仍未完全厘清（Surdam 等，1989；Morad，1998；Worden 和 Morad，2000，2003）。

一直以来，成岩研究通常作为一种独立于层序地层学的方式，用于认识和预测碎屑岩和碳酸盐岩沉积序列中储层质量的分布（Ehrenberg，1990；Byrnes，1994；Wilson，1994；Bloch 和 Helmold，1995；Kupecz 等，1997；Anjos 等，2000；Spotl 等，2000；Bourque 等，2001；Bloch 等，2002；Esteban 和 Taberner，2003；Heydari，2003；Prochnow 等，2006；

Ehrenberg 等，2006a）。

层序地层学可预测沉积相的分布（Posamentier 和 Vail，1988；Van Wagoner 等，1990；Emery 和 Myers，1996；Posamentier 和 Allen，1999），从而为预测不同沉积环境中原始孔隙度和渗透率的分布提供信息（Van Wagoner 等，1990；Posamentier 和 Allen，1999）。沉积作用形成的储层，其质量主要受控于沉积物的几何形态、分选与粒径。层序地层学有助于预测泥岩及其他细粒沉积物的分布，它们可作为储层内流体运移时的盖层、隔挡物或障碍物，也可作为烃源岩（Van Wagoner 等，1990；Emery 和 Myers，1996；Posamentier 和 Allen，1999）。

尽管层序地层学模型可以预测沉积序列中（尤其是三角洲、滨岸及浅海环境）沉积相和沉积物原始孔隙度、渗透率的分布（Emery 和 Myers，1996），但不能提供涉及储层质量成岩演化的直接信息。由于控制成岩作用早期的多数因素均对相对海平面的变化十分敏感（例如孔隙水的组分和流动及地表暴露时间），借此可建立成岩作用与层序地层学之间的关联（Tucker，1993；South 和 Talbot，2000；Morad 等，2000，2010；Ketzer 等，2002，2003），因此，开展成岩作用与层序地层学的综合研究可成为预测碎屑岩储层时空分布及储层质量演化的方法，像该方法在碳酸盐岩沉积序列中的应用一样（Goldhammar 等，1990；Read 和 Horbury，1993；Tucker，1993；Moss 和 Tucker，1995；South 和 Talbot，2000；Bourque 等，2001；Eberli 等，2001；Tucker 和 Booler，2002；Glumac 和 Walker，2002；Moore，2004；Caron 等，2005）。此外，上述方法还可提供涉及流体流动时成岩盖层、隔层及障碍物形成的有用信息，有助于划分储层的成岩封隔区。目前，少数研究表明利用层序地层格架可以更好地预测不同沉积序列中成岩特征的空间分布（Read 和 Horbury，1993 及其中的参考文献；Tucker，1993；Moss 和 Tucker，1995；Morad 等，2000；Ketzer 等，2002，2003a，2003b，2005；Al-Ramadan 等，2005；El-Ghali 等，2006，2009）。

与碎屑岩相比，碳酸盐沉积物对相对海平面变化与沉积物供给速率之间关系（即海退和海侵）所引起的孔隙水化学成分变化的响应更为明显（Morad 等，2000），因此，相对碎屑岩而言，更容易建立起碳酸盐岩成岩蚀变分布与层序地层格架之间的关系（Tucker，1993；McCarthy 和 Plint，1998；Bardossy 和 Combes，1999；Morad 等，2000）。冷水石灰岩通常由低镁方解石组成，与由亚稳定的文石和高镁方解石组成的热带石灰岩相比，其对孔隙水化学成分变化的响应弱。热带碳酸盐岩可在三级（1～10Ma）或四级（10～100ky）相对海平面变化旋回内识别出成岩蚀变的分布（Tucker，1993），而碎屑岩仅能识别出三级旋回内的成岩蚀变（Morad 等，2000）。然而，在少数情况下，成岩蚀变可能与三级层序内更高级次的相对海平面变化（准层序，Van Wagoner 等，1990）相关（Taylor 等，1995；Loomis 和 Crossey，1996；Klein 等，1999；Ketzer 等，2002）。海洋陆棚环境中，由于沉降速率较低（Sloss，1996），很难建立起成岩作用与层序地层格架之间的关联。

在后文中，碎屑岩沉积序列中将采用 Morad 等（2000）提出的早成岩作用、中成岩作用与晚成岩作用的定义，而碳酸盐岩沉积序列中将采用上述成岩作用的原始定义（Choquette 和 Pray，1970）。根据 Morad 等（2000）的定义，早成岩作用指受（改变的）地表水，如海水、海水与大气水的混合水或大气水能影响到的作用，地层埋深小于 2km，地温小于 70℃。中成岩作用指埋深大于 2km（地温大于 70℃）时的成岩作用及地层水化学成分发生变化时的反应，其中，浅的中成岩作用埋深范围为 2～3km，地温 70～100℃；深的中成岩作用指埋深从约 3km、地温约 100℃到变质作用（对应地温为 200～250℃，深度由于各地的地温梯度不同而变化较大）之间。晚成岩作用指中成岩作用之后，埋藏的砂岩被抬升并暴露到近地表大气水条件下所涉及的作用。在 Choquette 和 Pray（1970）的原始定义中，早成岩作用和中成岩作用之间并无埋深和地温界限，仅包括一个模糊的有效埋深界限，即特定情况下当埋深大于该深度时，地表流体无法到达并影响沉积岩，因此，未区分开浅的与深的中成岩作用。

本文的目标为：（1）表明在多数情况下，能够系统地建立起沉积序列中成岩蚀变分布与层序地层格架之间的关联；（2）强调与特定体系域、关键层序界面相关的常见成岩蚀变现象；（3）应用上述概念预测碳酸盐岩和碎屑岩沉积序列中储层质量的时空分布。

1.2　层序地层学：重要概念综述

为了强调相对海平面变化速率 / 沉积速率对碎屑岩和碳酸盐沉积物成岩蚀变分布的影响，有必要对层序地层学的概念和基本定义进行简要综述。层序地层学对等时地层格架内有成因联系的地层进行分析。地层的叠加样式受控于相对海平面变化速率［即由沉降 / 隆升和（或）海平面变化所致的可容纳空间增加或减少］与沉积物供给速率之间的比值。

浅海和近海环境中碎屑岩和碳酸盐岩的层序地层模型存在以下成因差异：（1）沉积物来源。碎屑沉积物主要来源于沉积盆地以外，受腹地中岩性、构造背景及气候条件的影响（Dickinson 等，1983；Dutta 和 Suttner，1986；Suttner 和 Dutta，1986）；与此相反，海相碳酸盐沉积物通常为盆地内部有机和无机作用的产物（Hanford 和 Loucks，1993）。（2）碳酸盐沉积物的生产速率通常大于碎屑沉积物，且两者对相对海平面变化的响应不同（Hanford 和 Loucks，1993）。（3）海侵对应高的碳酸盐沉积速率、低的碎屑岩沉积速率，因此，碳酸盐岩与碎屑岩沉积序列的层序地层格架不同（Hanford 和 Loucks，1993；Boggs，2006）。（4）地表裸露的碳酸盐岩遭受大气水的溶蚀，很少产生沉积物；相反地，碎屑岩由于下切谷的改造，沉积物可被搬运至陆棚坡折处或更靠近盆地的地方沉积下来，此外，下切谷还可作为河流与河口沉积物沉积的场所。

本文采用的碳酸盐岩和碎屑岩层序地层学术语主要以 Vail（1987）、Posamentier 等（1988）、Van Wagoner 等（1990）提出的概念为基础，同时还考虑了针对上述概念的修正版本与批判性评价（Sarg，1988；Loucks 和 Sarg，1993；Emery 和 Myers，1996；Miall，1997；Posamentier 和 Allen，1999；Catuneanu，2006）。本文所论述的层序地层学与成岩作用关联分析是在高分辨率层序地层格架（1～3Ma；Emery 和 Myers，1996）中进行的。

层序地层学的基本原理，即盆地内沉积物的沉积及其时空分布受控于沉积物供给、盆地沉降与隆升及全球海平面变化（Vail，1987；Posamentier 等，1988；Van Wagoner 等，1990）三者间的相互作用，这些参数控制了盆地内可供沉积物沉积和保存的空间，即可容纳空间（Jervey，1988）。浅海环境中的可容纳空间可由全球海平面升高和（或）盆地基底沉降所产生，也被称为相对海平面上升。相对海平面下降通常由全球海平面下降和（或）构造隆升引起。

沉积体的叠加样式取决于可容纳空间的生成速率与沉积物供给速率之间的比值，如图 1 所示（Posamentier 等，1988；Van Wagoner 等，1990）。当沉积物供给速率超过可容纳空间增长速率时，沉积物的叠加样式表现为进积式，被称为正常海退。此外，海退也可能发生在相对海平面下降时 [受控于全球海平面下降和（或）盆地基底的构造隆升]，这种海退被称为强制性海退，表现为逐级下降的几何形态。与此相反，当沉积物供给速率低于可容纳空间增长速率时，将形成退积式叠加样式（即海侵），这时海岸线向陆地方向迁移，垂向相序表现为向上变深，即退积。当沉积物供给速率等于可容纳空间增大速率时，沉积相序表现为加积式，地层剖面上同一位置的沉积相向上保持不变。碳酸盐台地上沉积物的供给速率取决于碳酸盐工厂的生产速率，而后者又受控于海水温度、盐度、水深、碎屑沉积物的输入速率及营养供给等因素（Hallock 和 Schlager，1986）。碎屑沉积物的供给速率主要取决于气候条件（即化学风化速率）和构造背景（即隆升速率和物源区的岩性）。

层序地层分析的目的就是将沉积记录划分为不同的沉积层序，其层序界面为地表侵蚀面（不整合面）或相对应的整合面，是由相对海平面的快速下降形成的（Van Wagoner 等，1990）。因此，层序沉积于两次相对海平面下降之间，层序界面对应于假设的相对海平面变化曲线的下降拐点 [图 1（d）]。如果相对海平面最终下降至陆棚边缘之下，将形成下切谷（陆棚上碎屑岩的典型侵蚀现象）和深水浊流沉积（Posamentier 和 Allen，1999）。碳酸盐沉积体系中的相对海平面变化可能导致台地暴露，继而造成碳酸盐生产工厂的停止并发生岩溶作用（尤其是湿润气候条件下）。

层序是由体系域构成的，而体系域又是由准层序构成的 [图 1（d）]。准层序为具有成因联系的相对整合的地层或地层组，其界面为“较小的”海泛面及其相对应的界面（Van Wagoner 等，1990）。准层序组为一组具有成因联系的准层序序列，表现为进积式、退积式或加积式叠加样式，因此，准层序组反映了沉积速率与可容纳空间产生速率之间的关系（Van Wagoner 等，1990）。如果沉积速率大于可容纳空间产生速率，准层序组则表现为进积式；如果沉积速率等于或小于可容纳空间产生速率，准层序组则分别表现为加积式或退积式（图 1）。

准层序组与相对海平面变化曲线的特定段相关，并构成体系域。体系域定义为与相对海平面变化曲线上特定段相关的同期沉积体系 [图 1（d）]。根据界面处的地层几何形态、层序中的位置，以及内部准层序叠加样式，定义了四种主要的体系域（Vail 等，1977；Van Wagoner 等，1990；Hunt 和 Tucker，1992）：低位体系域（LST）、海侵体系域（TST）、高位体系域（HST），以及强制海退楔形体系域 [FRWST ；图 1（d）]。

低位体系域形成于导致陆棚暴露的相对海平面下降期（即海岸线后退）。碎屑陆棚边缘 / 斜坡环境的沉积物主要由下切谷供给和运输，并通过河流—三角洲体系重新分配（Vail 等，1977；Van Wagoner 等，1990；Handford 和 Louks，1993）。碳酸盐工厂生产的碳酸盐沉积物终止或局限于陆棚边缘和上斜坡。低位体系域通常形成进积式准层序组（特别是碎屑岩），而对于碳酸盐岩而言，当陆棚暴露时碳酸盐工厂停止生产（Posamentier 等，1992）。相对海平面的大幅下降可在碎屑陆棚和碳酸盐台地 / 滩的斜坡部位形成深的海底

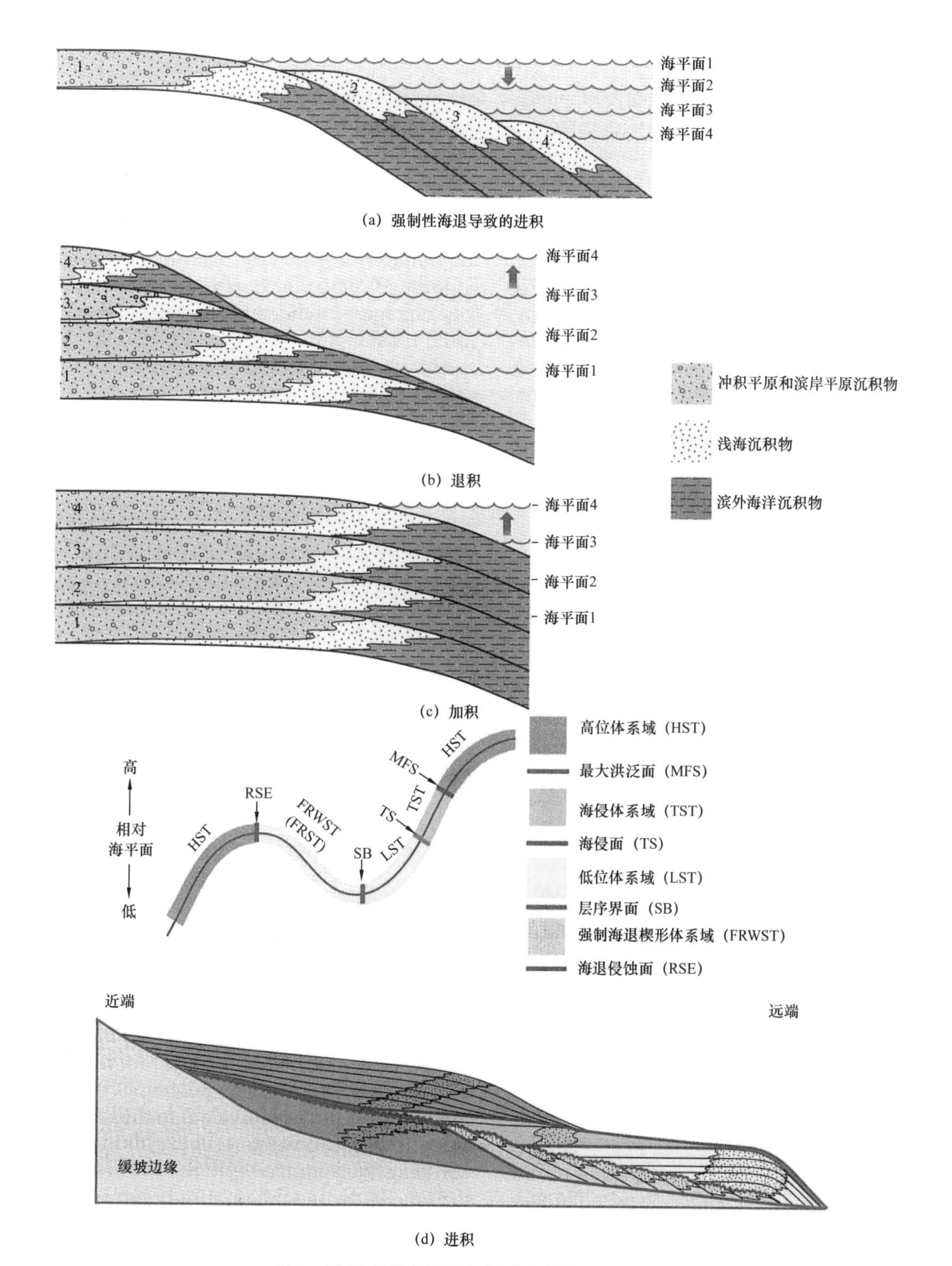

图1　准层序的主要叠加样式和层序地层特征

（a）强制性海退导致的进积式准层序组：当海平面下降时，地表侵蚀和河流对先前沉积物的下切作用产生的丰富沉积物供给形成了强制性海退。（b）退积式准层序组：可容纳空间的产生速率大于沉积物的供给速率。（c）加积式准层序组：沉积物供给速率与可容纳空间产生速率相近。（d）进积式准层序组：表现为以海泛面为界面的向上变浅序列。示意图中包括四种典型的体系域：低位体系域（LST）、海侵体系域（TST）、高位体系域（HST）和强制海退楔形体系域（FRWST），后者也可简称为强制性海退体系域（FRST）。修改自Coe（2003）。

下切水道（Anselmmeti 等，2000）。低位体系域包括河流—三角洲碎屑沉积物，而浅海相碎屑与碳酸盐沉积物包括陆棚边缘、斜坡、盆地底部浊积岩和碎屑流沉积物。

低位体系域的底界为层序界面（SB），顶界为标志着相对海平面快速上升开始的海泛面（TS）。层序界面与海侵面在陆棚上重叠，因为该处的沉积量较少且（或）遭受侵蚀。海侵面的标志是存在陆棚沉积物受海流改造而成的滞留砾石。海侵体系域形成于相对海平面上升速率大于沉积物供给速率的阶段，同时伴随着海岸线（即海侵）和硅质碎屑沉积物沉积位置的向陆迁移。当相对海平面快速上升且海水深度超过透光层时，碳酸盐工厂被淹没并停止生产。与此相反，缓慢的海侵有助于使台地维持在透光层内，确保碳酸盐工厂持续生产。如果高位体系域条件刚形成，也就是活跃的碳酸盐工厂刚形成时就发生海侵，将显著地影响着碳酸盐工厂的沉积物生产（Catuneanu，2005）。当碳酸盐工厂因台地淹没至透光层之下而停止生产之后，其将被碎屑泥覆盖（Catuneanu，2005）。海侵体系域的底界为海侵面，顶界为最大洪泛面（MFS），后者对应海岸线向陆推进的最远位置［图 1（d）］。

海泛面通常以粗粒滞留沉积的出现为标志，它们一般由沉积物发生海侵侵蚀时（即冲刷作用）形成的具藻类钻孔和包壳的盆内碎片组成，包括陆棚 / 台地层序界面上出现的古土壤、钙结壳、生物碎屑和（或）高位泥（Sarg，1988；Hunt 和 Tucker，1992；Hanford 和 Louks，1993）。海侵冲刷作用在开阔陆棚环境中比较常见，而在镶边陆棚中相对较弱，因为后者在相对海平面快速上升过程中仍然处于地表暴露环境（Handford 和 Louks，1993）。海侵面形成之后，陆棚上碳酸盐工厂将重新建立，潮下碳酸盐沉积物向岸方向加积于浅海沉积物之上（Handford 和 Louks，1993），然而，碳酸盐的生产通常滞后于相对海平面的上升，因此，在部分碎屑岩—碳酸盐岩混积陆棚区，将先沉积碎屑岩，后沉积碳酸盐岩（Handford 和 Louks，1993）。

最大洪泛面代表因相对海平面上升速率远大于沉积速率时所形成的凝缩段（沉积间断面），尤其是在中陆棚和外陆棚环境。海侵体系域由陆棚沉积物的退积式准层序组组成，包括浅海砂岩和泥岩。在碳酸盐岩和碎屑岩沉积序列中，湿润气候条件下的海岸平原海侵将形成泥炭（煤）层。

高位体系域沉积于相对海平面上升晚期、相对静止期和相对海平面下降早期。高位体系域的底界为最大洪泛面，顶界为上部层序界面。高位体系域由早期加积式和后期相对海平面上升、可容纳空间生成速率减小而形成的进积式准层序组组成。在高位期，由于台地的淹没速率较低，碳酸盐工厂的沉积物生产速率达到最大（Handford 和 Louks，1993）。碳酸盐陆棚边缘的增长可能导致与开阔海局限连通的潟湖的形成，并且在干旱气候条件下潟湖中可能沉积蒸发岩。受下一个相对海平面下降旋回中侵蚀作用和上部层序界面形成的影响，高位体系域的沉积记录仅部分保留了下来。强制海退楔形体系域也被称为下降期体系域（Hunt 和 Tucker，1992），为介于高位体系域与相对海平面下降速率最大点之间（即下一个层序界面）相对海平面下降所形成的沉积物。下降期体系域的典型沉积物为海退侵蚀面之上滨岸环境中的尖底砂岩（Plint，1988）。层序界面（即地表不整合面及其向海方向的延伸）通常画在下降期体系域之上，这是因为其形成于相对海平面达到最低点时，并且与地表暴露面相一致。

1.3 控制沉积物成岩作用的因素

碎屑岩和碳酸盐岩成岩作用受控于一系列复杂且相互联系的因素，许多因素并不与相对海平面变化速率和沉积物供给速率之间的比值直接相关，因此，仅利用层序地层格架无法对其进行约束。这些因素中包括构造背景，其控制着：（1）盆地类型和埋藏史、温度史及压力史；（2）地形和物源区岩性直接影响着砂岩的岩屑组分（Siever，1979；Dickinson，1985；Ingersoll，1988；Zuffa，1987；Horbury 和 Robinson，1993）；（3）沉积环境［图 2（a）］控制着碳酸盐沉积物的原始组分和结构，进而控制着大部分成岩作用［图 2（b）］。由于碳酸盐岩的原始组分为盆内作用的产物，因此，构造背景对其成岩作用直接影响较小。

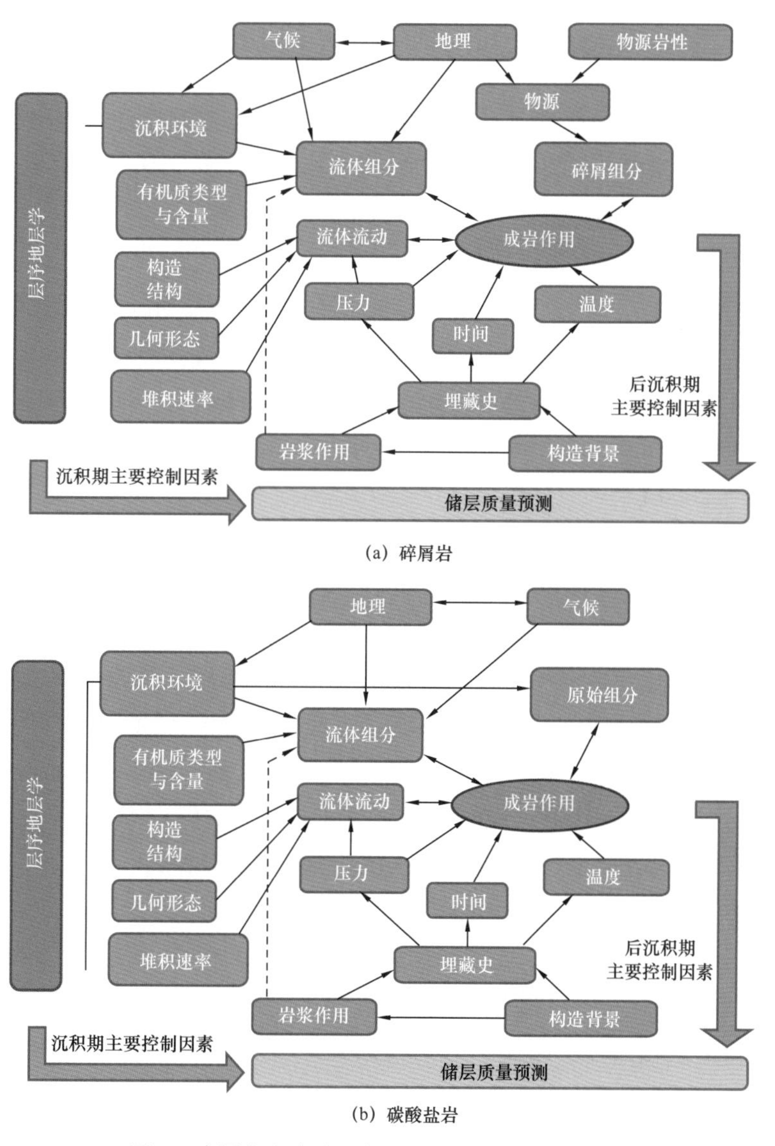

图 2 碎屑岩和碳酸盐岩成岩作用主控因素示意图

层序地层学可提供有关沉积环境、构造、结构，以及组分的有用信息，这些信息可直接控制成岩作用与成岩样式

盆地的构造背景控制着沉积物供给的速率和盆地内大气水侵入的深度［图 2（a）］，在构造活跃背景下，裂谷或弧前盆地沉积物供给速率高，发生早成岩作用的概率较小，因此层序地层格架对成岩作用的控制作用也较弱。砂质碎屑的组分显著影响着碎屑岩成岩作用的类型、分布及模式（Surdam 等，1989；DeRos，1996；Primmer 等，1997）。

影响成岩作用的其他重要参数还包括古气候条件。当相对海平面下降、陆棚部分或完全暴露时，大气水将渗入海陆交互和浅海沉积物中，这时古气候条件发挥着至关重要的作用（Hutcheon 等，1985；Searl，1994；Thyne 和 Gwinn，1994；Worden 等，2000）。与干旱—半干旱气候条件相比，在温暖湿润的气候条件下，大气水渗入这些沉积物中所造成的影响更重要。

1.4 建立成岩作用与层序地层学之间关联的基础

可将成岩作用与层序地层学进行关联的主要原因在于控制层序地层格架的因素，例如，相对海平面变化速率（反映构造沉降 / 隆升与全球海平面变化之间的相互关系）与沉积速率的比值（VanWagoner 等，1990；Posamentier 和 Allen，1999），同样影响着控制近地表条件下成岩蚀变的因素，包括：

（1）孔隙水化学成分变化。在近地表早成岩作用过程中，孔隙水的化学成分将在海水、微咸水、大气水之间发生变化（Hart 等，1992；Tucker，1993；Morad，1998；Morad 等，2000，2010）。孔隙水的化学成分是一系列成岩反应的主要控制因素，包括胶结作用、碳酸盐岩的溶蚀作用和新生变形作用及骨架硅酸盐的溶蚀作用和高岭石化作用（Curtis，1987；Morad 等，2000）。

（2）滞留时间。沉积物在特定地球化学条件下的滞留时间是海退与海侵作用的结果。海退过程中，特别是在湿润气候条件下，沉积物长时间暴露于地表将导致大量大气水的侵入（Loomis 和 Crossey，1996；Ketzer 等，2003），此时发生的典型成岩反应为海相碳酸盐胶结物的溶蚀作用和化学性质不稳定硅酸盐的高岭石化作用。与此相反，陆棚区较低的沉积速率将促使沉积物在海底滞留更长时间，进而延长海洋孔隙水的成岩作用时间，孔隙水就会与上覆海水之间通过物质扩散交换发生化学成分的调整（Kantorowicz 等，1987；Wilkinson，1991；Morad 等，1992；Amorosi，1995；Taylor 等，1995；Morad 等，2000）。因此，滞留时间的长短控制着优势地球化学条件下成岩蚀变的持续时间。

（3）骨架颗粒成分的变化。海侵与海退可能导致盆外和盆内颗粒含量发生变化（Do1an，1989；Fontana 等，1989；Garzanti，1991；Amorosi，1995；Zuffa 等，1995；Morad 等，2000，2010）。骨架颗粒成分控制着岩石的物理和化学性质，进而控制着砂岩的埋藏成岩蚀变及储层质量的演化路径（图 3）。在海侵面之上，盆内碳酸盐（生物碎屑、球粒、鲕粒及内碎屑）和非碳酸盐颗粒（例如海绿石球粒、磁绿泥石鲕粒、泥质内碎屑及磷酸盐；Zuffa，1985，1987）含量会相对增加（图 3）。海侵作用会促使陆棚区发生洪泛，极大地增加了碳酸盐颗粒生成的可容纳空间，并抑制了盆外沉积物向陆棚边缘的供给，因此，有利于海绿石和磷酸盐的形成。与此相反，海退导致上述颗粒生产的减少甚至停止、侵蚀作用的增强及盆外碎屑物的重新分配（Dolan，1989）。

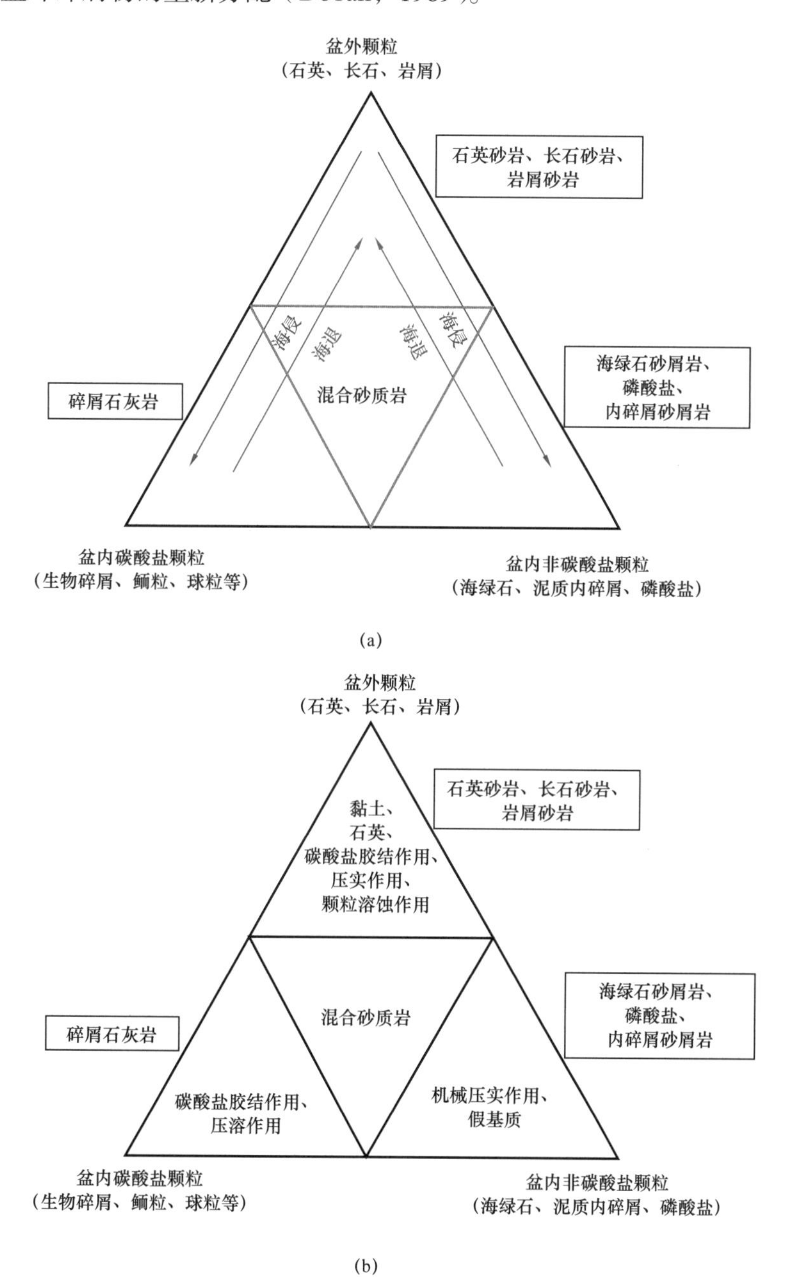

图 3 （a）海侵和海退时盆外和盆内颗粒相对比例的变化；（b）硅质碎屑砂岩和盆内砂质岩中观察到的主要成岩作用，见 Zuffa（1980）三角图。混合砂质岩通常显示出与其组分相应的复杂成岩作用

（4）沉积物中有机质含量。海侵与海退还显著地影响着有机质含量和类型（Cross，1988；Whalen 等，2000），从而控制着孔隙水的氧化还原电势及宿主沉积物的氧化—还原反应（Coleman 等，1979，Curtis，1987；Hesse，1990；Morad，1998），因此，海侵过程中浮游生物的产率及海相沉积物中活性有机质含量会增加（Pedersen 和 Calvert，1990；

Bessereau 和 Guillocheau，1994；Whalen 等，2000；Sutton 等，2004）；海陆交互相和海相沉积物中活性有机质的较高含量将导致沉积物—水界面之下孔隙水中溶蚀氧快速耗尽，也就是说，逐渐进入了还原性的地球化学条件（Froelich 等，1979；Berner，1981），有助于富铁和富锰矿物（例如黄铁矿、菱铁矿、铁白云石和铁硅酸盐）的形成（Curtis，1987；Morad，1998）。

通过开展层序地层学分析，提取涉及上述因素的有用信息，将有助于约束层序与准层序界面之下、海泛面与最大洪泛面之下、体系域内部的砂岩成岩作用及相关的储层质量演化（Morad 等，2010）。

在本文的后续内容中，将重点讨论碳酸盐岩（表 1）和碎屑岩（表 2）沉积物中与主要层序地层界面及体系域相关的成岩作用和成岩产物类型、分布样式及影响。

表 1　受层序地层控制的碳酸盐岩主要成岩作用与产物及其对储层质量的影响

层序地层	成岩作用与产物	环境	对储层质量的影响
层序界面	溶蚀与岩溶作用	地表湿润	孔隙度与渗透率增大
	潜水带大气水胶结作用	地表	孔隙度与渗透率显著减小
	白云石的方解石化作用	地表	无
	成土作用与钙结壳的形成	地表	孔隙度与渗透率减小；形成流动屏障
	高岭石与铝矾土的形成	地表湿润	孔隙度与渗透率略微减小
	白云石化作用（蒸发作用）	海岸	铸模孔与晶间孔的形成
	白云石化作用（混合水）	海岸	渗透率减小；形成部分孔隙
准层序界面、海侵面和最大洪泛面	白云石化作用	海洋	孔隙的形成；渗透率可变
	硬底与固底	海洋	孔隙度与渗透率减小；形成流动屏障
	铁、锰的氢氧化物结核	海洋	无
	等厚的镁方解石和文石胶结物	海洋	渗透率略微减小；粒间孔的保存
	交替的白云石和方解石胶结作用（混合）	海水—大气水混合	孔隙度与渗透率减小
	海侵面上和早期海侵体系域中煤层的溶蚀	海水—大气水混合	孔隙度与渗透率增大
高位体系域	镁方解石和文石胶结作用	浅海	孔隙度与渗透率减小；部分胶结作用有助于孔隙的保存
	交替的白云石和方解石胶结作用（混合）	海水—大气水混合	孔隙度与渗透率减小
	碳酸盐颗粒的压溶作用	海洋	孔隙度与渗透率减小
	富碳酸盐颗粒浊积岩中镁方解石与文石的胶结作用	深海	孔隙度与渗透率减小；富碳酸盐颗粒的层位构成流动屏障
	层序界面（SB）下的大气水溶蚀作用	大气水或混合水	孔隙度与渗透率增大

续表

层序地层	成岩作用与产物	环境	对储层质量的影响
海侵体系域	镁方解石和文石胶结作用	海洋	朝最大洪泛面（MFS）方向，孔隙度与渗透率逐渐减小
	白云石化作用（海水）	海洋	朝最大洪泛面（MFS）方向孔隙度逐渐增大，渗透率可变

表2 受层序地层控制的碎屑岩主要成岩作用与产物及对储层质量的影响

层序地层	成岩作用与产物	环境	对储层质量的影响
层序界面	黏土渗入	陆地干旱	渗透率减小；孔隙度不同幅度的减小；流体流动屏障
	渗入黏土的伊利石化作用	陆地干旱	渗透率减小；压溶；石英次生加大受抑制
	渗入黏土的绿泥石化作用	陆地干旱	粒间孔被保存
	钙结壳与白云石结壳	陆地干旱	渗透率与孔隙度减小；形成流体流动屏障
	颗粒溶蚀作用与高岭石化作用	陆地湿润	孔隙度与渗透率增大
准层序界面、海侵面与最大洪泛面	层控连续状或结核状方解石、白云石或菱铁矿胶结作用	海洋	孔隙度与渗透率减小；流体流动屏障
	生物碎屑或内碎屑滞留物的碳酸盐胶结作用	海洋	孔隙度与渗透率减小；流体流动屏障
	内碎屑滞留物被压实成假基质	海洋	孔隙度与渗透率减小；流体流动屏障
	沿煤层的方解石和黄铁矿胶结作用	海洋	孔隙度与渗透率减小；流体流动屏障
	煤层之下的溶蚀作用与高岭石胶结作用	海洋	孔隙度与渗透率增大
	自生海绿石	海洋	孔隙度与渗透率减小
	钛云母包壳	海陆交互相中混合水	渗透率减小；钛云母转化成的绿泥石有助于孔隙保存
	磁绿泥石鲕粒	海陆交互相中混合水	孔隙度与渗透率减小；可能形成流体流动屏障
高位体系域	镁方解石与文石的胶结作用	浅海	孔隙度与渗透率减小；部分胶结有助于孔隙保存
	富碳酸盐颗粒浊积岩中镁方解石与文石的胶结作用	深海	孔隙度与渗透率减小；富碳酸盐颗粒的层位构成流动屏障
	层序界面之下的大气水溶蚀作用	海洋混合水	孔隙度与渗透率增大

续表

层序地层	成岩作用与产物	环境	对储层质量的影响
低位体系域	颗粒溶蚀与高岭石化作用	陆地湿润	孔隙度与渗透率增大
	孔壁附着的与交代颗粒的自生蒙脱石	陆地干旱	渗透率减小；孔隙度减小或有限保存
	黏土渗入	陆地干旱	渗透率减小；孔隙度不同幅度的减小；流体流动屏障
	自生或渗入的蒙脱石转化为伊利石	陆地干旱	渗透率减小；压溶；石英次生加大受抑制
	自生或渗入的蒙脱石转化为绿泥石	陆地干旱	渗透率减小；孔隙度保存
	高位体系域中侵蚀形成的泥质内碎屑被压实成假基质	海洋	孔隙度与渗透率减小；流体流动屏障
海侵体系域和早期高位体系域	层控连续状或结核状方解石胶结作用	海洋	孔隙度与渗透率减小；连续状胶结层构成流体流动屏障
	硫酸盐还原细菌形成的黄铁矿	海洋	无
	磷酸盐胶结作用、交代作用与结核的形成	海洋	孔隙度减小；渗透率部分减小；通常局限于泥岩中
	自生海绿石	海洋	孔隙度与渗透率减小
	二氧化硅（蛋白石、蛋白石 –CT、玉髓、微晶石英）包壳	海洋	渗透率减小；颗粒包壳微晶石英的形成有助于孔隙的保存

1.5 沿层序界面的成岩蚀变

沿主要层序地层界面（即层序界面、准层序界面、海侵面和最大洪泛面）的成岩蚀变分布是由于相对海平面上升速率比沉积速率增加更显著造成的，因此，控制成岩作用的参数沿这些界面发生了相当大的变化，导致明显的成岩蚀变（Tucker，1993；Morad 等，2000，2010）。为了识别并解释与层序地层学有关的成岩样式，必须认识到硅质碎屑沉积物和具高度活性碳酸盐沉积物中的初始近地表早成岩蚀变，通常受到随后早成岩作用、中成岩作用和（或）晚成岩作用过程中化学成分（元素和同位素）、结构和（或）矿物学调整的影响。这些调整包括：（1）碳酸盐胶结物的重结晶作用，其将导致海相方解石胶结物中 $\delta^{18}O$ 值和 $\delta^{13}C$ 值的减小；（2）白云石的方解石化作用和方解石的白云石化作用；（3）黏土矿物的转化，例如高岭石的伊利石化，磁绿泥石和蒙脱石的绿泥石化作用（Morad 等，2000；Worden 和 Morad，2003）。

1.5.1 层序界面（SB）

受相对海平面大幅下降的影响，沉积物暴露于地表，大气水构成的孔隙水层向盆地方向迁移（图 4）（Morad 等，2000），碳酸盐岩和碎屑岩发生典型的成岩蚀变。然而，大气水注入碎屑岩和碳酸盐岩地层的范围与深度取决于水压头、渗透层的倾斜程度、气候条件、地表暴露的持续时间、沉积物的活性，以及裂缝系统的强度与连通性（Galloway，1984；Worthington，2001；Burley 和 MacQuaker，1992；Longstaffe，1993；Matyas 和 Matter，1997）。因此，与封闭含水层相比，在开放的含水层区域，大气水更容易注入层序界面之下（Coffey，2005）。

陆棚暴露的范围受控于相对海平面上升速率的下降和陆棚倾斜度的减小。相对海平面下降数十米将使大多数具有坡折的浅水陆棚（碎屑岩）和台地与镶边陆棚（碳酸盐岩）发生暴露（Wilkinson，1982；Read，1985；Hanford 和 Loucks，1993）。与此相反，对于单斜陆棚而言，相似的相对海平面下降幅度仅能暴露较小的陆棚范围。海侵和早期高位体系域之后的相对海平面下降可能导致陆棚区孔隙水化学成分逐渐发生改变，从海水变为海水—大气水混合水，并最终演变为大气水。

1.5.1.1 碳酸盐沉积物

大气水的注入影响到暴露缓坡和台地上部的沉积物，而更深部位可能遭受海水成岩作用，这种与深度有关的孔隙水组分的变化，是由于大气水“漂浮”在更大密度的海洋孔隙水之上造成的（Hitchon 和 Friedman，1969）。层序界面之下的典型成岩蚀变包括（表 1）：

（1）由于大气水和微咸水对大部分海洋碳酸盐沉积物是不饱和的，特别是高镁方解石和文石，因此，会造成海侵体系域和高位体系域碳酸盐沉积物发生岩溶作用（Smart 等，1988；Moss 和 Tucker，1992；Evans 等，1994；Jones 和 Hunter，1994）。文石质生物碎屑和鲕粒的溶蚀可能导致印模孔和孔洞的形成，从而提高储层质量（Tucker 和 Wright，1992；Benito 等，2001）[图 5（a）]，因此，碳酸盐沉积物的原始矿物组分控制着具有组构选择性的次生孔隙的形成。与文石质的中生界、新生界生物碎屑和二叠系—三叠系、新生界鲕粒相比，低镁方解石质的侏罗系—白垩系和中生界—古生界鲕粒、古生界的低镁方解石质生物碎屑和冷水石灰岩所经受的大气水成岩作用（溶蚀—胶结）强度要小得多（Tucker，1993）。

碳酸盐颗粒的溶蚀可能导致大气水流体中低镁方解石达到饱和，促进大气水等轴晶体的沉淀（Bourque 等，2001），堵塞原生粒间和粒内孔隙［图 5（b）和图 5（c）］。此外，印模孔和孔洞也可能被中成岩期粗晶块状方解石、白云石和（或）硬石膏充填（Choquette 和 James，1987；Emery 等，1988；Moore，2004），或被随后海侵过程中早成岩期海相放射轴状和束状方解石或葡萄状文石胶结物充填（Kendall，1977，1985；MazJmlo 和 Cys，1979；Csoma 等，2001）。在湿润气候条件下，大气降水补给速率高、植被繁茂，岩溶作用强烈（Longman，1980；James 和 Choquette，1988，1990；Wright，1988）。植被作为 CO_2 和有机酸的来源，有助于大气水酸化，从而加速碳酸盐岩的溶蚀。层序界面之下的大气水成岩作用还可导致海相文石和高镁方解石胶结物及颗粒发生新生变形作用，转化为低镁方解石［图 5（d）］（Longman，1980；James 和 Choquette，1990）。层序界面之下石灰岩的胶结作用主要为在潜流带形成块状、等轴状、晶簇状、同轴增生的及等厚状的低镁方

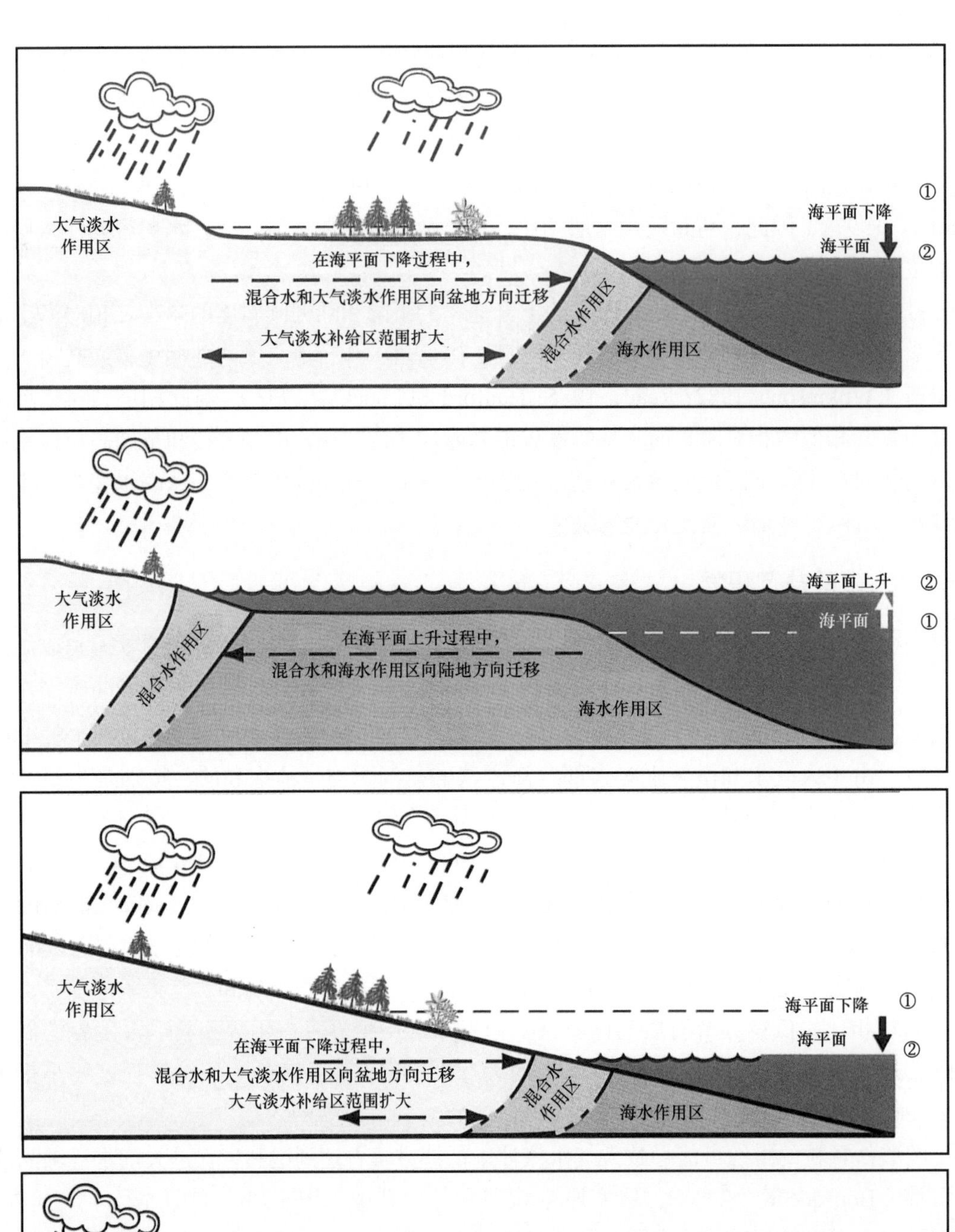

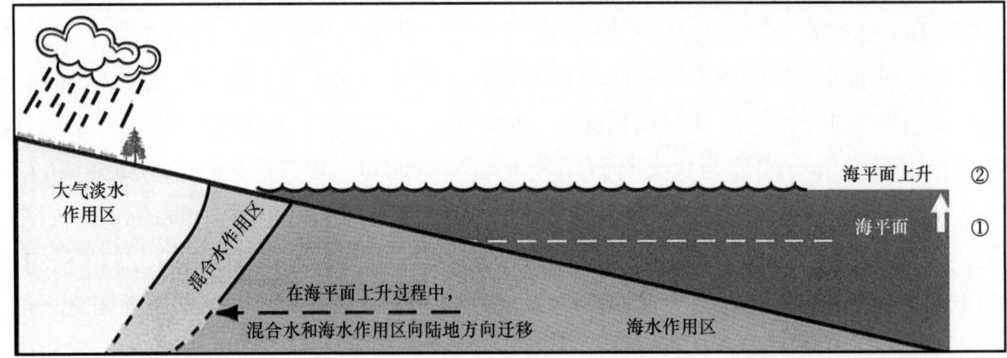

图 4　海平面下降与上升过程中，台地与缓坡中大气水、混合水及海水作用区的迁移。与匀斜缓坡相比，台地上受影响的区域更大

解石［图 5（b）和图 5（c）］（Carney 等，2001）。由于孔隙水整体处于氧化—半氧化环境，大气水方解石胶结物中锰和铁的含量极低且变化较大（Froelich 等，1979；Berner，1981）。因此，大气水方解石胶结物在阴极显微镜下不发光或发暗淡的浅棕色/橙色光（Moss 和 Tucker，1995），这主要是由于孔隙水的氧化还原电势变动所导致的（Edmunds 和 Walton，1983）。

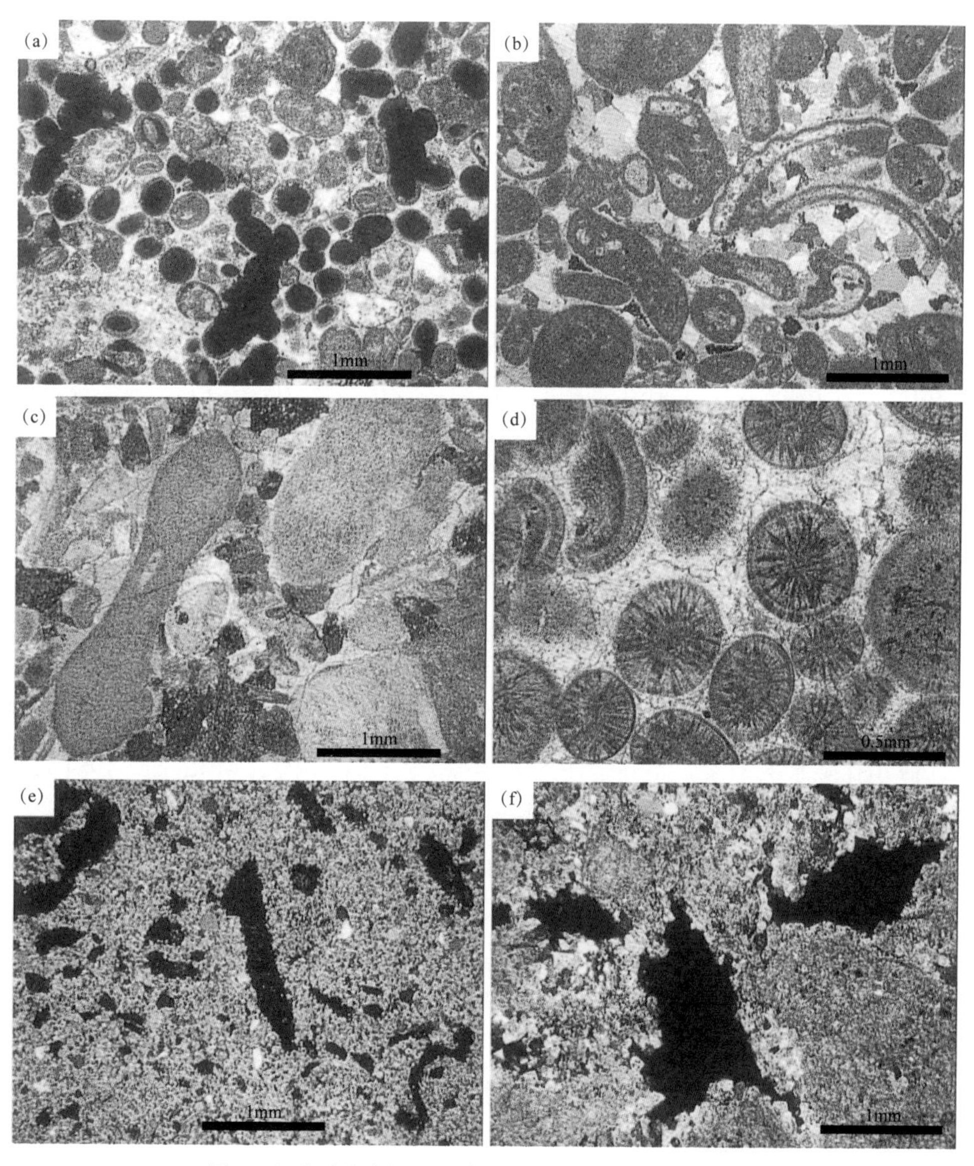

图 5　与碳酸盐岩沉积环境和地层背景相关的成岩作用

（a）地表暴露条件下，大气水对鲕粒碳酸盐岩的溶蚀，使得铸模孔连接起来形成孔洞，巴西东北部 Sergipe-Alagoas 盆地 Albian 阶，正交偏光显微镜（XPL）。（b）内碎屑与生物碎屑颗粒岩在纤维状环边胶结之后又被大气水条件下低镁方解石镶嵌胶结，巴西东北部 Potiguar 盆地 Albian 阶，XPL。（c）海百合生物碎屑的方解石共轴次生加大，澳大利亚南部寒武系，XPL。（d）放射状鲕粒（部分为介形虫核）被强烈重结晶的纤维状方解石和微晶镶嵌状方解石胶结，巴西南部 Paraná 盆地二叠系，平面偏光显微镜（PPL）。（e）含砂和粉砂质微晶白云岩中的生物碎屑发生溶蚀后形成的铸模孔，巴西东北部 Sergipe-Alagoas 盆地上白垩统，XPL。（f）部分白云石化的内碎屑砾，其孔洞壁上附着白云石晶体，巴西东部 Jequitinhonha 盆地 Albian 阶，XPL

尽管海侵期主要发生海水成岩作用，但是与此同期的局部鲕粒砂和障壁岛的快速扩张也会发生大气水成岩作用（Grammer 等，2001），上述碳酸盐岩成岩作用通常导致亚稳定碳酸盐颗粒（文石和高镁方解石）的溶蚀，提高近地表早成岩期储层的质量。然而，也可能发生局部嵌晶低镁方解石的胶结，破坏储层质量（Moore，1985；Scholle 和 Halley，1985；Emery 等，1988；Moore，2004）。

（2）白云石的方解石化作用（去白云石化作用）。当孔隙水化学组分由海水和海水/大气水混合水变化为大气水时，矿物稳定场也随之由白云石转变为方解石，这种转换在层序界面之下是经常出现的（Fretwell 等，1997）。白云石的方解石化作用可能伴随着硫酸钙胶结物和白云石的溶蚀，进而提高储层质量（Sellwood 等，1987）。

（3）半干旱气候条件下的成土作用，可能在渗流带上部形成具典型新月形和悬垂状的胶结物、层状结壳，以及根结壳的钙结壳（Harrison，1978；Adams，1980；Esteban 和 Klappa，1983；Wilson，1983；Wright，1988，1996；Tucker 和 Wright 1990；James 和 Choquette 1990；Charcosset 等，2000）。暴露面可能构成非渗透层，形成碳酸盐岩储层的流体流动屏障，在某些情况下，成土作用的证据包括石灰岩稳定同位素和痕量元素组分的微小变化。例如 $\delta^{13}C$、$\delta^{18}O$ 和 Sr 含量的减小以及 $^{87}Sr/^{86}Sr$ 的增大（Cerling，1984；Railsback 等，2003）。

（4）高岭石和铝土矿的形成。在极少数情况下，湿润的气候条件和繁茂的植被覆盖，可导致富黏土矿物碳酸盐岩地层中高岭石斑块和铝土矿层的形成（Bardossy 和 Combes，1999；Csoma 等，2004）。Al^{3+} 的低活动性可阻止其在渗透性大气水中以溶解状形式发生迁移（Maliva 等，1999；Morad 等，2000）。

（5）白云石化作用。相对海平面的下降可能导致白云石化作用的发生，可能的环境为：① 海洋孔隙水的蒸发，尤其是在近滨环境（Zenger，1972；M'Rabet，1981；Mache1 和 Mountjoy，1986）；② 大气水/海水混合孔隙水区（微咸水），位于潜流带海水和大气水孔隙水区之间（Badiozamani，1973；Humphrey，1988）。上述环境中的白云石化作用，通常伴随着文石或低镁方解石组分的选择性或非选择性溶蚀，并形成铸模孔或孔洞［图 5（e）和图 5（f）］。根据蒸发模型，白云石化作用是随着石膏和硬石膏的沉淀、Mg^{2+}/Ca^{2+} 的增大而发生的（Adams 和 Rhodes，1960；Hardie，1987；Machel 和 Mountjoy，1986；Morrow，1990）。

在相对海平面下降过程中，海水/大气水混合作用区向陆方向逐渐迁移，并导致海退碳酸盐岩序列中白云石化作用程度向上增大（Taghavi 等，2006），这种高度白云石化作用形成的极致密带具有高密度测井响应，且可能阻碍烃类的垂向运移（Taghavi 等，2006）。然而，现代海水/大气水混合区缺少有规模的白云石，使得混合水白云石化作用模型的适用性受到质疑（Mache1，1986；Mache1 和 Burton，1994；Melim 等，2004）。相反，人们普遍认为混合水成岩作用会导致文石和高镁方解石的溶蚀，叶片状和次生加大低镁方解石的沉淀（Csoma 等，2004）。

因此，海退序列中白云石化作用程度的向上增加，可能归因于陆棚水与开阔海水之间的连通性变得更局限，硫酸钙发生蒸发沉淀，孔隙水中的 Mg^{2+}/Ca^{2+} 随之增大。根据潮上带蒸发渗透回流模型，在温暖干旱气候条件下，相对海平面的大幅下降及随后的潮坪石灰岩暴露于地表，可能导致层序界面之下的高位体系域和海侵体系域石灰岩发生白云石化作用（Tucker，1993）。

（6）暴露石灰岩还有一些不常见的典型特征，如变暗的石灰岩和石灰岩内碎屑（被称为黑色砾石），主要发生于浅海潮下、潮间及潮上环境（Strasser，1984；Leinfelder，1987；Shinn 和 Lidz，1988）。变暗现象主要是由于有机质（腐烂的蓝藻细菌）的存在（Strasser，1984）造成的。变暗灰岩可用于识别层序界面，其具有 GR 峰值的特征（Evans 和 Hine，1991）。

1.5.1.2 碎屑沉积物

在陆棚区，层序界面之下碎屑沉积物（通常为高位体系域沉积物）的成岩作用主要受大气水的影响，包括（表 2）：

（1）机械作用过程中黏土的渗入。当含泥的河水渗入砂质沉积物中时，包绕颗粒的黏土矿物将会随之进入砂质沉积物中（图 6）（Ketzer 等，2003b）。在半干旱气候条件下，潜水位较深，含泥水体下渗并通过厚层的渗流带，因此，黏土渗入现象更为普遍［图 7（a）］（Moraes 和 De Ros，1990）。受下一期海侵事件及海侵面形成过程中海水侵蚀的影响，层序界面之下含渗入黏土的砂岩的保存程度相对较低（Molenaar，1986；Ketzer 等，2003b）（图 6）。

颗粒包壳、渗入黏土的形成可能显著地影响着中成岩作用及其相关储层质量的演化路径（Moraes 和 De Ros，1990；Jiao 和 Surdam，1994）。作为干旱气候条件下风化作用的产物，渗入黏土的原始组分为蒙脱石（De Ros 等，1994；Worden 和 Morad，2003），其在埋藏过程中逐步转化为伊利石或绿泥石。砂岩的伊利石环边可能导致：① 伊利石晶体的纤维状和丝状特性及镶边式分布堵塞了孔隙喉道，导致储层渗透率的降低（Glassman 等，1989；Burley 和 MacQuaker，1992；Ehrenberg 和 Boassen，1993）；② 压溶作用（即化学压实作用）的增强导致储层质量变差（Tada 和 Siever，1989；Thomson 和 Stancliffe，1990）；③ 通过延缓或抑制共轴石英次生加大边的形成来提高储层质量（Morad 等，2000；Worden 和 Morad，2003）。

早成岩阶段，蒙脱石转化为伊利石还是绿泥石，主要受控于：① 蒙脱石的原始组分。二八面体式蒙脱石优先转化为伊利石，而三八面体式蒙脱石优先转化为绿泥石（Chang 等，1986）；② 钾长石碎屑溶蚀和钠长石化析出的 K^{+}，促进伊利石的形成（图 6）（Morad，1986；Aagaard 等，1990）；③ 铁镁质颗粒（如黑云母）和火山岩碎屑溶蚀或交代析出的 Fe^{2+} 和 Mg^{2+}，有助于绿泥石的形成（Morad，1990）；④ 与泥岩和蒸发岩相关的流体有助于形成伊利石或绿泥石（Boles，1981；Gaup 等，1993；Gluyas 和 Leonard，1995）。低位体系域下切谷砂岩中颗粒包壳状绿泥石，不是机械作用产生的黏土的渗入形成的，而可能是孔隙水化学沉淀形成的（Salem 等，2005；Luo 等，2009）。

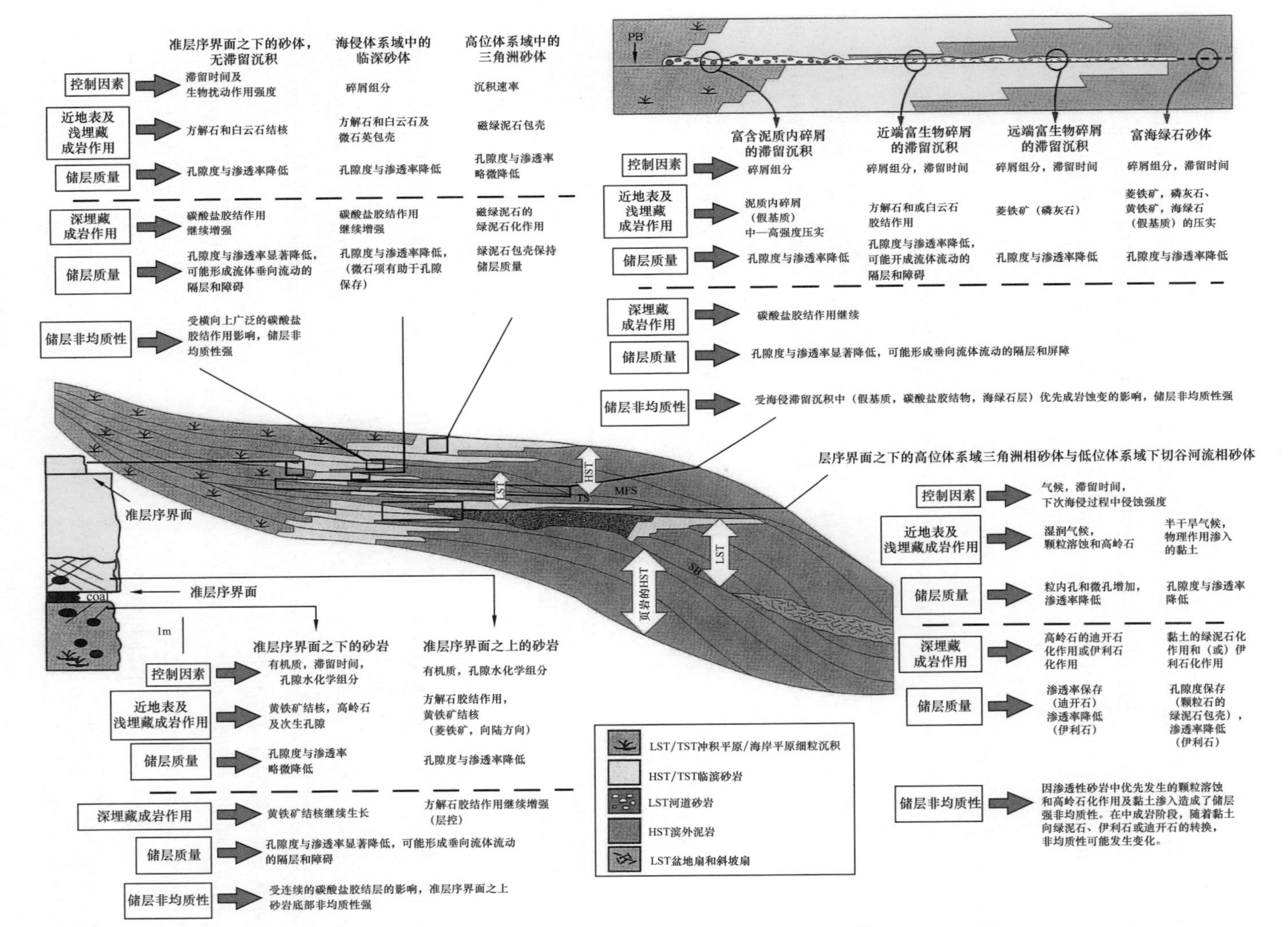

图6　河流、三角洲、滨岸及浅海砂岩关键层序地层界面处和体系域中成岩作用与成岩样式示意图（Morad 等，2000；Ketzer 等，2003b，有修改）

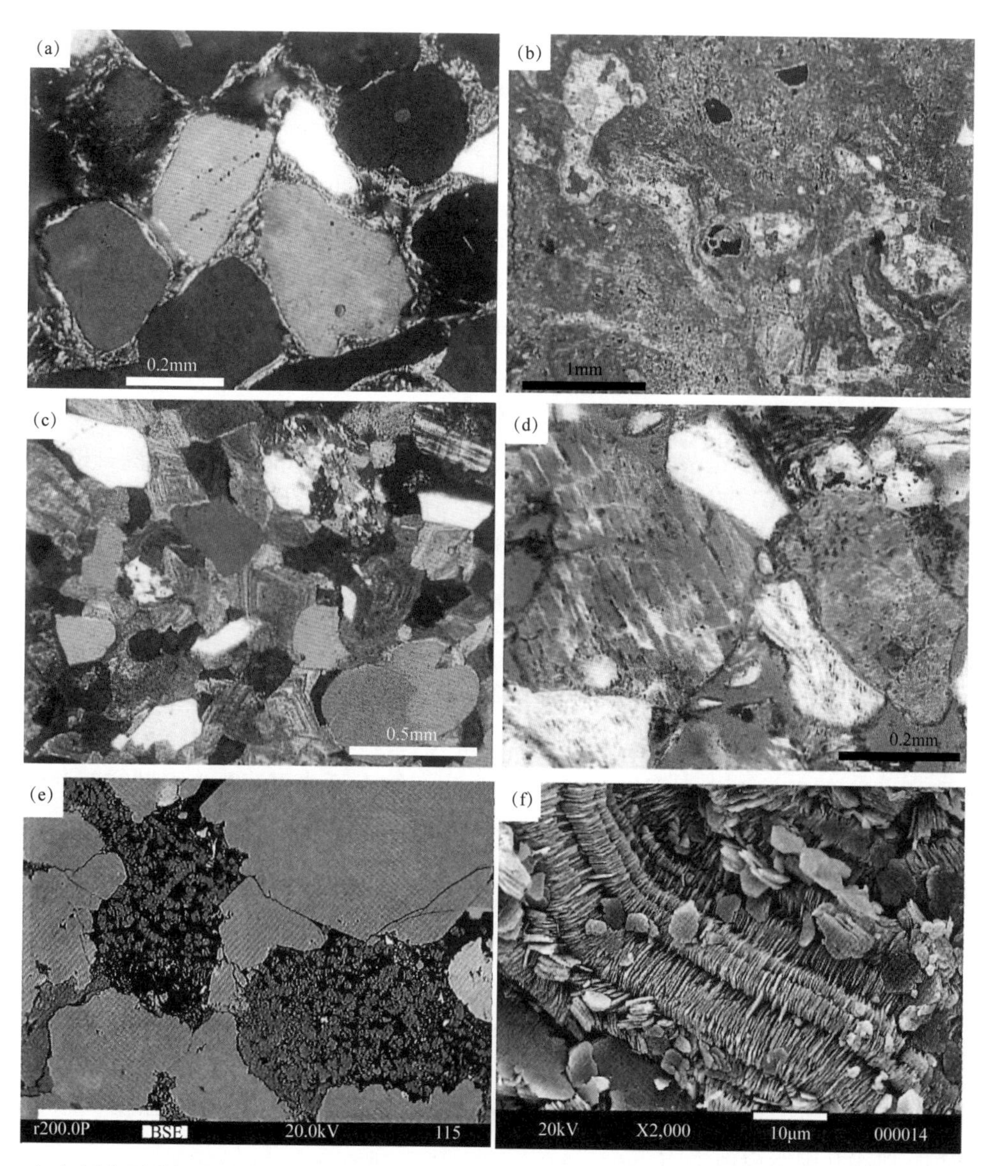

图 7 （a）早白垩世河流砂岩中见到机械作用渗入的黏土形成的不规则、不等厚和不连续颗粒环边，巴西东北部 Recôncavo 盆地，XPL。（b）多期微晶低镁方解石硬壳形成的钙质壳，见移位的、“漂浮”状的砂粒。巴西东部 Espírito Santo 盆地 Albian 阶，XPL。（c）潜流带白云质结壳由粗晶、具环带的交代白云石和“漂浮”砂粒组成，其中，白云石环带可由流体包裹体界定，巴西东北部 Recôncavo 盆地侏罗系，XPL。（d）强烈溶蚀的长石颗粒，巴西东部 Espírito Santo 盆地晚白垩世，XPL。（e）长石颗粒被蠕虫状高岭石交代，利比亚 Sirte 盆地白垩系，背散射电子成像（BSE）。（f）蠕虫状高岭石集合体，由边缘缺陷的叠加片晶组成，具有低温沉淀的特征，美国犹他州晚白垩世，二次扫描电镜成像（SEM）

（2）钙结壳和白云质结壳的形成。在层序界面之下的渗流带和潜流带，碎屑沉积物可能发生方解石（钙结壳）和白云石（白云质结壳）的地表胶结作用［图 7（b）和图 7（c）］。在干旱气候条件下，白云质结壳最为常见；而在半干旱气候条件下，钙结壳最为常见（Watts，1980；Khalaf，1990；Spötl 和 Wright，1992；Burns 和 Matter，1995；Colson 和 Cojan，1996；Williams 和 Krause，1998；Morad 等，1998）。渗流带内的钙结壳和白云质结壳通常发育根结核和硬壳，分布于植物根系周围［图 7（b）］；（Semeniuk 和 Meagher，1981；Purvis 和 Wright，1991；Morad 等，1998）。钙结壳和白云质结壳常呈分散结核状或广泛分布的胶结物状，可能成为流体流动的障碍（Khalaf，1990；Beckner 和 Mozley，1998；Morad 等，1998；Wlilliams 和 Krause，1998；Worden 和 Matray，1998；Sclunid 等，2004）。

（3）颗粒溶蚀和高岭石化作用。在大气水中多数骨架硅酸盐颗粒呈不饱和状态，因此，当大气水渗流到层序界面之下时，就会导致不稳定骨架硅酸盐颗粒发生溶蚀作用（即形成粒内和铸模孔）和高岭石化作用（例如云母和长石）（图 6 和图 7），这种情形在湿润气候条件下更为明显（Worden 和 Morad，2003；Ketzer 等，2003a）。云母的溶蚀和高岭石化通常伴随着菱铁矿的形成［（图 8（a）］（Morad，1990）。可诱导云母膨胀破碎的菱铁矿，既可形成于受有机质发酵作用控制的半氧化—缺氧孔隙水环境，也可呈结核状或分散状的由微晶球粒组成的胶结斑状（Hutcheon 等，1985；Mozley 和 Hoernle，1990；Baker 等，1995；Morad 等，1998；Huggett 等，2000）。膨胀云母内部菱铁矿的形成可能导致孔隙喉道的局部闭塞，进而降低储层的渗透率。

（4）自生海绿石的改造。相对海平面下降至陆棚坡折以外及随后的峡谷下切作用，可导致富含自生海绿石的海侵体系域和早期高位体系域沉积物的侵蚀（Baum 和 Vail，1988；Glenn 和 Arthur，1990；Ketzer 等，2003）。准自生海绿石可能再沉积于海陆交互和浅海环境［图 8（b）］，或以斜坡扇和深海扇砂岩沉积下来（Amorosi，1995）。因此，海陆交互和深海砂岩沉积物中已改造海绿石的局部富集可作为层序界面识别的标志，这在海相浊积岩中特别重要，因为浊积岩体系域和关键层序地层界面的识别尚存争议（Amorosi，1995，1997）。

1.5.2 准层序界面、海侵面和最大洪泛面

这些重要的层序地层界面为相对海平面上升速率大于沉积物供给速率的产物（即海侵或退积），地层孔隙水以海水为主。

1.5.2.1 碳酸盐沉积物

相对海平面变化和陆棚地形对碳酸盐沉积物近地表早成岩蚀变分布的影响如图 9 和表 1 所示。海相碳酸盐沉积序列中的海侵面可通过独特的成岩蚀变样式、GR 响应的增大（归因于黏土矿物含量的增大）和（或）生物扰动范围的增大来识别（Tucker 和 Chalcraft，1991）。在相对海平面上升引起的孔隙水完全转换为海水之前，海水 / 大气水混合水和大气水作用区向陆逐渐迁移，并可能导致海相方解石的胶结作用或混合水白云石化作用（Folk 和 Siedlecka，1974；Hardie，1987；Humphrey，1988；Morad 等，1992；Frank 和 Lohmann，1995），然而，当孔隙水组分完全转化为海水时，可能阻碍陆棚区后期成岩蚀变的发生。因此，以海洋孔隙水为介质的成岩蚀变作用包括高镁方解石或文石的胶结作用和石灰岩的白云石化作用（Tucker，1993）。

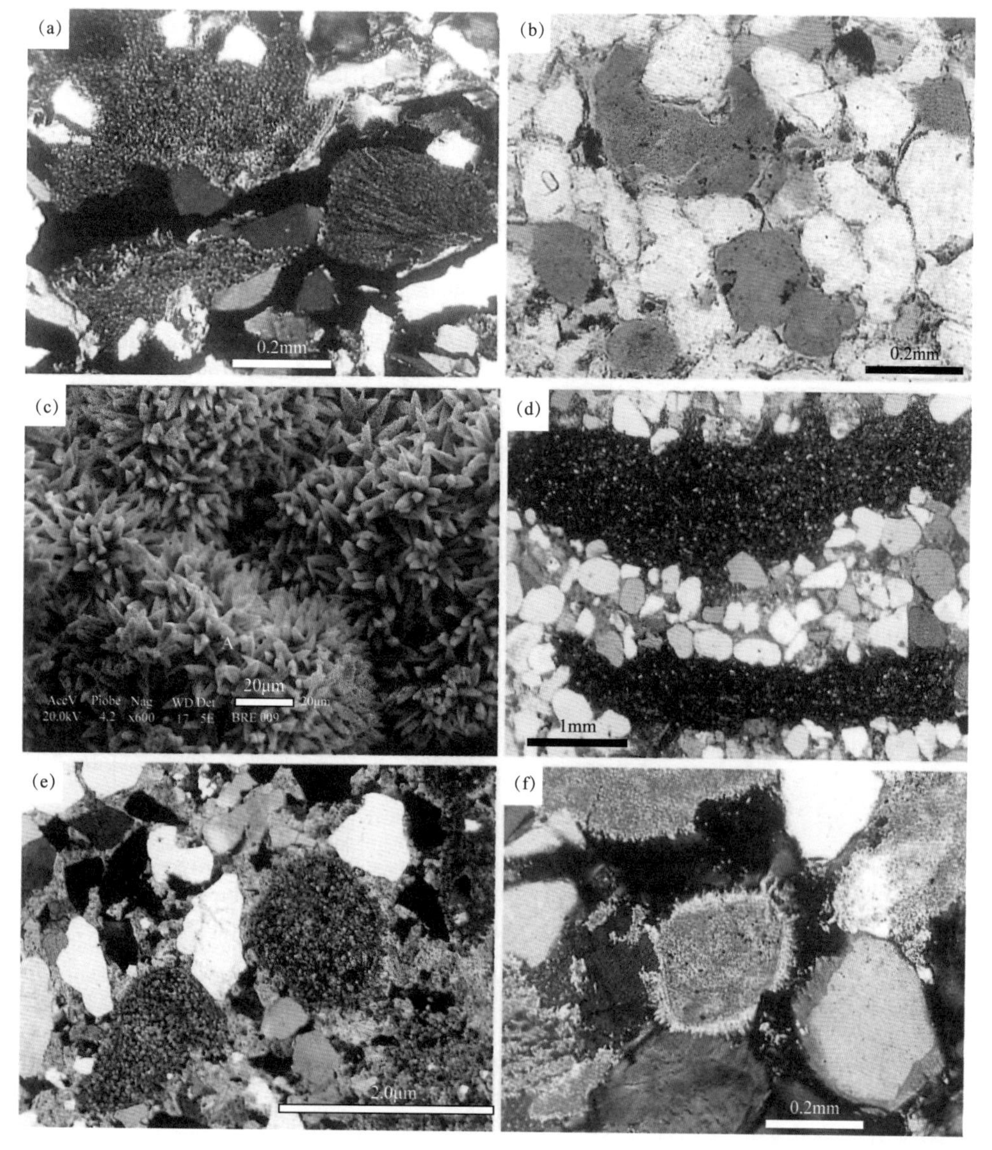

图 8 （a）黑云母片膨胀并被微晶菱铁矿（棕色）交代，黑色为碳质碎屑，巴西东部 Espírito Santo 盆地上白垩统，XPL。（b）浅水砂岩中的准自生海绿石，厄瓜多尔 Oriente 盆地白垩系砂岩，PPL。（c）偏三角面体的“犬齿”状高镁方解石晶体构成了环绕颗粒的发散状集合体，巴西东北部全新统海滩岩。（d）泥质内碎屑部分被压实成假基质，巴西东北部 Recôncavo 盆地侏罗系，XPL。（e）砂岩中的白云石化内碎屑被块状白云石胶结，利比亚 Sirte 盆地白垩系，XPL。（f）混合岩，其中内碎屑和生物碎屑颗粒被高镁方解石环边，钾长石颗粒具有明显的次生加大现象，巴西东北部 Potiguar 盆地 Cenomanian 阶

潮下带及向盆地方向沉积物成岩作用的主要介质为源自上覆海水的弥散状而非对流状 Ca^{2+}、Mg^{2+} 与 HCO_3^-。不断增多的野外、碳氧同位素、锶同位素及热力学平衡研究（Machel 和 Mountjoy，1986；Machel 和 Burton，1994；Whitaker 等，1994；Budd，1997；Swart 和 Melim，2000；Ehrenberg 等，2006b），表明正常或稍微调整的海水可导致白云石化作用的发生。除潮汐泵作用以外，很少有证据能够证明海底之下浅埋藏沉积物中存在海水的循环。对流式海水白云石化作用需要大量海水长时间通过沉积物（Machel 和 Mountjoy，

1986; Hardie，1987; Budd，1997）。研究表明，碳酸盐台地之下海水循环的驱动力来自盐度和地温梯度的综合作用（Whitaker 等，1994; Kaufman，1994; Ehrenberg 等，2006b）。

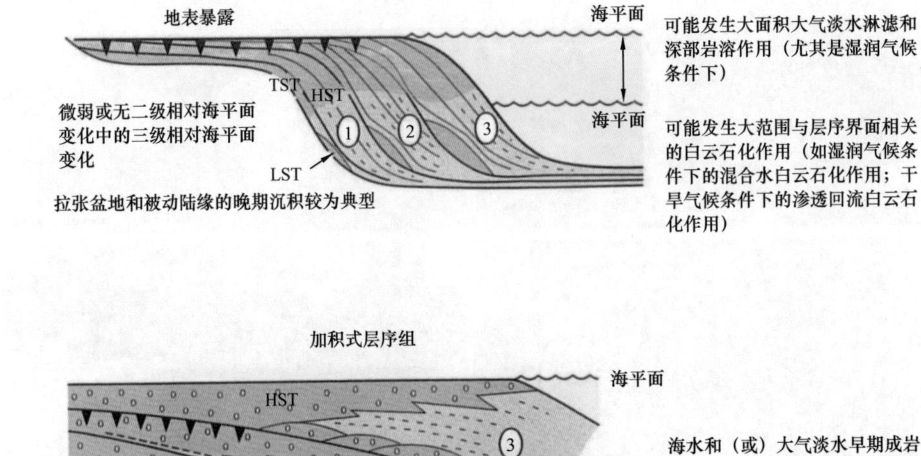

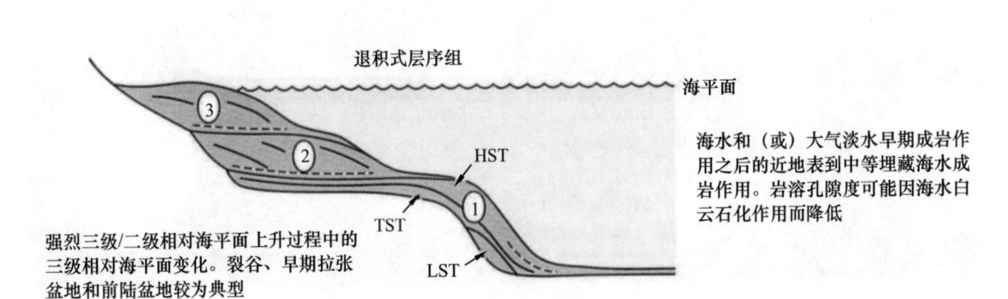

退积式层序组

海平面

3

2

HST

海水和（或）大气淡水早期成岩作用之后的近地表到中等埋藏海水成岩作用。岩溶孔隙度可能因海水白云石化作用而降低

1

TST

强烈三级/二级相对海平面上升过程中的三级相对海平面变化。裂谷、早期拉张盆地和前陆盆地较为典型

LST

图 9　在二级层序格架内，与三级层序叠加样式对应的陆棚和缓坡成岩模式。进积和退积样式在碳酸盐陆棚中较为常见，而加积样式在碳酸盐缓坡中常见。据 Tucker（1993），有修改

海水中的扩散状离子进入孔隙水中，可能导致在海侵面、准层序界面及最大洪泛面之下，由于广泛的方解石和（或）白云石（磷酸盐、海绿石、铁氧化物）胶结作用，形成硬底和固底。胶结作用通常延伸至海底之下数十厘米的深度（Folk 和 Lynch，2001; Mutti 和 Bernoulli，2003）。硬底和固底可能阻碍流体流动，进而在碳酸盐沉积序列中形成储层的封隔（Mancini 等，2004）。

在湿润气候条件下，沿海侵面和早期海侵体系域中，在碳酸盐陆棚上可能沉积煤层（de Wet 等，1997; Longyi 等，2003; Shao 等，2003）。煤层产生的有机酸可促进海侵面之下碳酸盐岩地层发生强烈溶蚀。现代深海平原上可见低沉积速率环境中锰氢氧化物和铁氢氧化物结核的形成（类似于凝缩段环境），这说明陆棚沉积地层中类似的氢氧化物可用于

识别最大洪泛面（McConachie 和 Dunster，1996）。

尽管红色的碳酸盐沉积物通常被视为地表暴露期铁氧化的产物，然而部分学者（Jenkyns，1986；Van Der Kooij 等，2007）认为沿着台地、斜坡及盆地上最大洪泛面分布的红色沉积物为纯海相环境的产物。碳酸盐胶结物中异常高的 $\delta^{18}O$ 值（2‰～3‰）进一步证明了海洋孔隙水的参与（Van Der Kooij 等，2007），因此，这些学者将此类红层归因于早成岩阶段，富营养冷水向上运移时上部嗜铁细菌使铁发生氧化形成的。

1.5.2.2 碎屑沉积物

碎屑岩地层中，与准层序界面、海泛面、最大洪泛面及海侵体系域相关的成岩蚀变作用包括（表2）：（1）砂岩和泥岩层中结核状或连续状海相方解石、白云石及菱铁矿的胶结；（2）海侵滞留沉积物中碳酸盐胶结作用或假基质的形成；（3）含煤层准层序界面上、下砂岩中方解石、黄铁矿及高岭石的胶结作用；（4）自生海绿石的形成（Whalen 等，2000）。沿准层序界面、海侵面及最大洪泛面形成的碳酸盐胶结物（De Ros 等，1997；Ketzer 等，2002；Coffey，2005），可能与生物扰动范围（Hendry 等，2000）和海相有机质含量的增大有关，后者有助于提高碳酸盐岩的碱度、降低孔隙水 Eh 值（Curtis，1987；Morad，1998；AI-Ramadan 等，2005）。

集合结核状或连续状的碳酸盐胶结物（磷酸盐、铁氧化物、铁硅酸盐）常出现在砂岩或泥岩为主地层中最大洪泛面之下（Morad 等，2000；Wetzel 和 Allia，2000；AI-Ramadan 等，2005）。较低的沉积速率（沉积物滞留于海底之下的时间更长），有助于上覆海水中 Ca^{2+} 和 HCO_3^- 长期向孔隙水中扩散，进而在海底之下的沉积物中发生以方解石为主的胶结作用（图 10 和图 11）（Kantorowicz 等，1987；Raiswell，1988；Savrda 和 Bottjer，1988；Morad 和 Eshete，1990；Wilkinson，1991）。一旦沉积物内的方解石胶结物发生成核作用[如生物碎屑周围和（或）局部聚集于海相有机质中]，具有上覆海水柱（含大量溶解状的钙和碳）的孔隙水（浓度为零，Berner，1982）中碳酸盐沉淀位置之间即可建立 Ca^{2+} 和 HCO_3^- 离子化学梯度（图 11）（Morad 和 De Ros，1994）。岩石学和氧同位素特征表明，结核体的生长始于沉积物—水界面之下，但是在整个埋藏成岩过程中持续进行（Klein 等，1999；Raiswell 和 Fisher，2000）。

Wetzel 和 Allia（2000）将泥岩层段内发育的结核状或连续状层控胶结物称为间断灰岩，在以下两方面起重要作用：（1）有助于在厚层、均质碎屑泥岩层内识别主要的海侵面；（2）作为流体流动屏障，其中包括烃源岩内部烃类的初次运移。泥岩中成岩结核和层内的方解石和不常见的白云石胶结物通常呈微晶和放射状，存在于黏土矿物碎片或粉砂级石英与长石之间（Morad 和 Eshete，1990；Wetzell 和 Allia，2000；Al-Ramadan 等，2005）。此类方解石胶结物具有 $\delta^{13}C_{V\text{-}PDB}$（-40‰～-2‰）和 $\delta^{18}O_{V\text{-}PDB}$（-12‰～-4‰）变化大、整体低的特点。碳同位素特征表明其来源于从海水到有机质微生物演化的多种环境，例如甲烷和硫酸盐的还原反应（图 10）（Kantorowicz 等，1987；Morad 和 Eshete，1990；Coleman 和 Raiswell，1993；Wetzel 和 Allia，2000）的多种环境。与海洋孔隙水沉淀物的预期氧同位素值相比，方解石的氧同位素值偏低，这种现象主要与埋藏成岩阶段的重结晶作用和（或）其他胶结作用有关（Morad 和 Eshete，1990；Mozley 和 Burns，1993；Raiswell 和 Fisher，2000）。

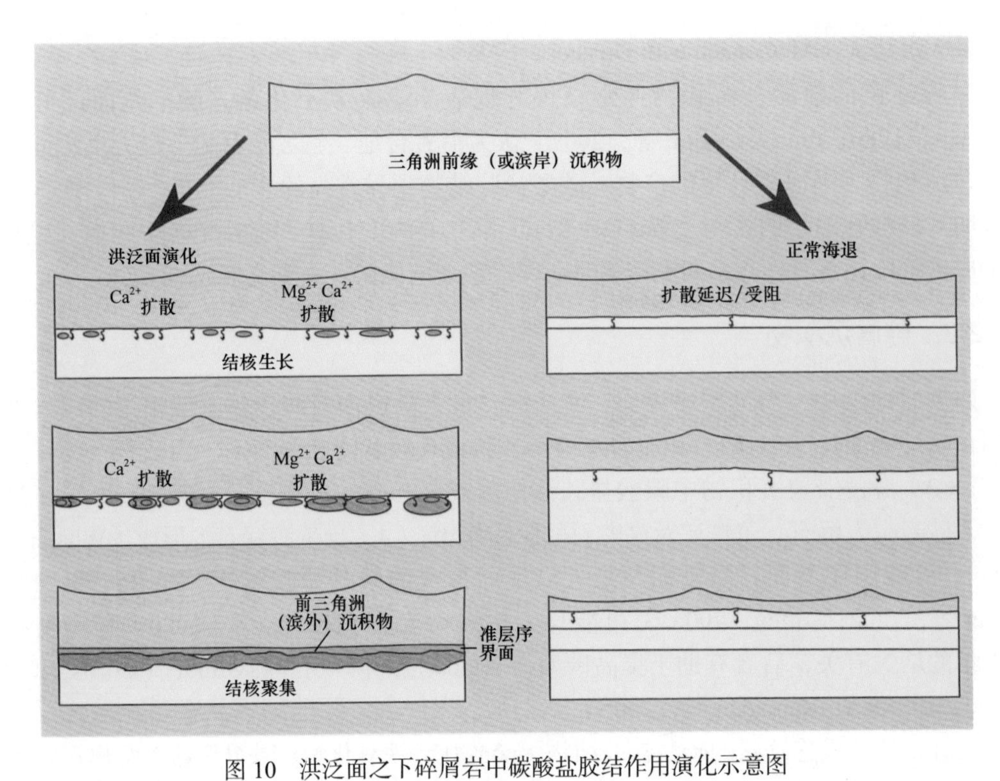

图 10　洪泛面之下碎屑岩中碳酸盐胶结作用演化示意图

与此相对的是正常海退条件下胶结作用的缺乏。海侵面之下强烈的胶结作用阻挡了流体的流动，可能造成储层封隔

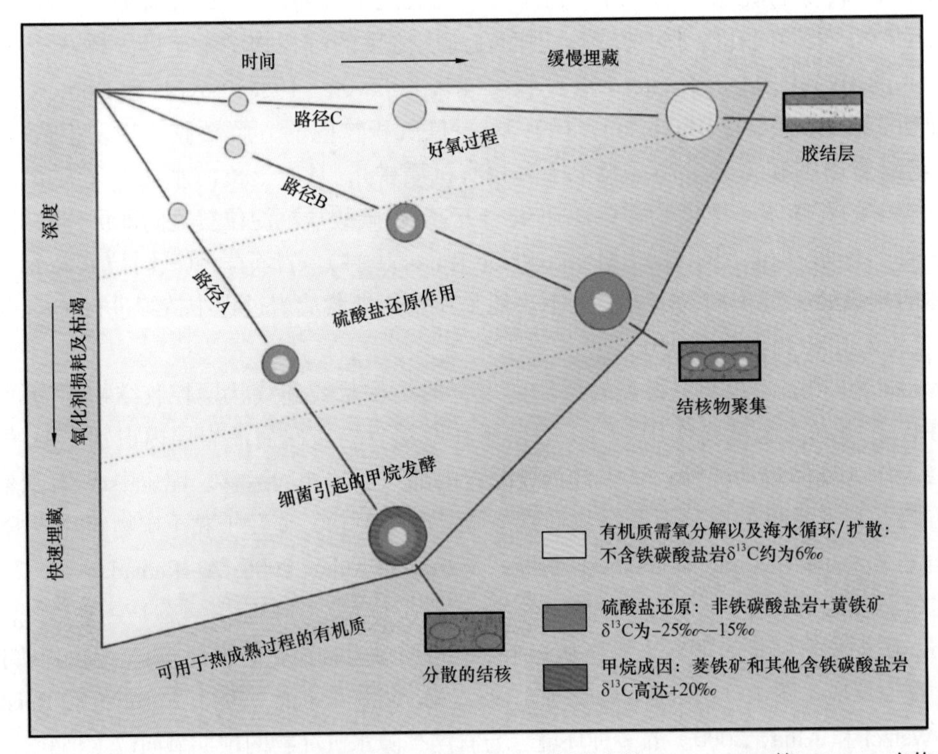

图 11　沉积速率对海相砂岩中碳酸盐胶结类型的影响示意图（据 Kantorowicz 等，1987，有修改）

沉积物在海底之下浅层有氧带中滞留时间长，可能被同位素一致、横向连续的层控方解石胶结。当沉积物供给速率较大时，碳酸盐胶结物中碳和氧倾向于同心排列，反映细菌有机质降解的不同区域

与泥岩层段中大量碳酸盐胶结物的情况类似，其内部发育的大量成岩磷酸盐和含铁矿物（菱铁矿、海绿石以及磁绿泥石 ± 黄铁矿）也可被用于识别最大洪泛面和海侵面（MacQuaker 和 Taylor，1996）。

碎屑岩沉积序列中海侵面之上通常存在由强烈碳酸盐胶结作用形成的滞留沉积，主要来源于碳酸盐生物碎屑及早期细粒沉积物被波浪改造而形成的碳酸盐或泥质内碎屑（Posamentier 和 Allen，1999）。在极少数情况下，此类滞留沉积物富含泥质内碎屑，它们来自于陆棚、潟湖、三角洲甚至河流沉积物中的海洋侵蚀产物［图 8（d）］，同一滞留层可能在向盆地方向富含海相生物碎屑（图 6）。上述滞留沉积物的组分受控于再改造沉积物的类型及岩化作用程度，并显著影响着早成岩作用及其相关的储层质量演化路径。泥质内碎屑的机械压实作用导致大量假基质的形成，进而降低储层质量（图 6）。富含碳酸盐生物碎屑或内碎屑的滞留沉积物通常发生方解石、白云石以及菱铁矿胶结作用（图 6），这是由于碳酸盐碎屑为这些胶结物提供核或源（图 8E 和 F；Ketzer 等，2002; De Ros 和 Scherer，本书）。与方解石和白云石胶结的滞留沉积物相比，菱铁矿通常形成于更远端沉积物中（图 6），可能是由于长时间处于半氧化成岩环境（Ketzer 等，2003a），因此，如果叠置砂体被富含假基质或强烈碳酸盐胶结的海侵滞留沉积物所封隔，将有可能形成流体流动的障碍且封隔储层（Ketzer 等，2002，2005）。

碎屑岩沉积序列中的准层序界面、海侵面以及最大洪泛面通常以煤层顶部存在海相沉积物为标志（Van Wagoner 等，1990）。煤层中有机质的早、中成岩作用，可能导致邻近砂岩层骨架硅酸盐中形成黄铁矿结核、发生广泛的方解石胶结作用及高岭石化作用（Ketzer 等，2003a）（图 6）。煤层上、下砂岩中黄铁矿结核的形成，可能是由于煤层中丰富的有机质促进了海侵阶段富含硫酸盐海水的细菌还原作用（Curtis，1986; Petersen 等，1998; Ketzer 等，2003a）。

煤层顶部强烈方解石胶结的砂岩在煤层向陆和盆地终止处消失（图 6）（Ketzer 等，2003a），这些胶结物的形成与有机质的细菌演化以及孔隙水中碳酸盐碱度增大有关（Curtis，1987），形成流体流动屏障且封隔储层（Ketzer 等，2003a）。

煤层之下砂岩中高岭石的形成（Ketzer 等，2003a）与煤层中有机质微生物腐化生成 CO_2 和有机酸时产生的酸性水的渗入有关。这种酸性水导致硅酸盐颗粒（如长石和云母）的溶蚀，并在煤层之下砂岩中形成高岭石（图 6）（Taylor 等，2000）。除了形成高岭石和黄铁矿之外，成岩过程中形成的含铁硅酸盐（磁绿泥石 / 绿泥石）、含铁碳酸盐岩也与煤层关系密切（Iijima 和 Matsumoto，1982; Dai 和 Chou，2007）。在完全还原条件下，孔隙水中可用的 Fe^{2+} 增加，有助于形成上述含铁硅酸盐（Curtis，1987）。

与高岭石和磁绿泥石不同，在准层序界面、海侵面及最大洪泛面的外陆棚延伸部位可经常见到海绿石。由于波浪或潮汐的改造再沉积（准自生海绿石；Amorost，1995; Ketzer 等，2003b）或原地形成（自生海绿石），海绿石常沿上述界面富集。自生海绿石的形成受控于:（1）远端陆棚区较少的碎屑供应导致沉积速率低，即沉积物在海底之下浅层滞留时间长;（2）中等含量的有机质有助于形成适度的还原环境，Fe^{2+} 和 Fe^{3+} 能够长时间共存（硝酸盐和锰的还原、半氧化环境; Berner，1981; Curtis，1987; Amorosi，1995,

1997）。海侵面和最大洪泛面处海绿石的形成，也使得这些界面成为相对可靠的地层标志，如欧洲中北部的白垩系—渐新统富含海绿石层段（Robaszynski 等，1998；Vandenbergh 等，1998）。

1.6 体系域内的成岩蚀变

体系域内成岩蚀变的分布与主要层序地层界面之下的情况类似（表 1 和表 2）。部分成岩蚀变可能表现出向主要层序地层界面处增强或减弱的趋势（Morad 等，2000）。然而，正如前文所指出的那样，碎屑沉积体系与碳酸盐沉积体系在体系域演化上存在成因差异。碎屑岩沉积序列中的低位体系域和高位体系域上部的成岩蚀变与层序界面之下的成岩蚀变类似。在碳酸盐沉积体系中，不发育或者缺失低位体系域，而高位体系域广泛分布并遭受强烈的海水成岩作用。海平面下降（低位体系域）之后的海侵作用，使得陆棚 / 台地的孔隙水化学组分发生改变，由大气水变化为混合水，并最终变为完全的海水，因此，碎屑岩和碳酸盐沉积体系中的海侵体系域遭受海水成岩作用，因为越接近最大洪泛面，沉积物在海底的滞留时间越长。

1.6.1 碳酸盐沉积体系

碳酸盐沉积序列中的早成岩作用和产物，显示出不同体系域的成岩样式存在差异（表 1）。高位体系域以碳酸盐沉积物的快速生长、陆棚区大幅扩张为特征，沉积物易被海相文石和（或）镁方解石环边胶结或孔隙被胶结物充填，且浅水碳酸盐产率的增长还体现在深水扇中盆内碳酸盐颗粒供应量的增加（Fontana 等，1989），这些与埋藏阶段碳酸盐生物碎屑及其他异化颗粒因压溶作用释放出的 Ca^{2+} 和 HCO_3^-，对再沉积的碳酸盐岩（异地；Dolan，1989）或混合浊积岩进行大范围的方解石胶结一致（Mansurbe1g 等，2009）。受大气水渗流作用的影响，地表暴露的陆棚区高位体系域沉积物朝层序界面方向，颗粒和胶结物的溶蚀作用逐渐增强、岩溶特征越来越发育（Evans 等，1994；Jones 和 Hunter，1994）。海侵体系域碳酸盐沉积物可能表现为海相碳酸盐胶结物（如文石 / 高镁方解石环边和共轴次生加大）含量的向上增大，并且沿海侵面和朝最大洪泛面方向发生白云石化作用。含海水的孔隙水向盆地方向迁移，以及沉积物内海水、混合水的循环有助于海侵体系域和早期高位体系域的沉积物发生白云石化作用（Tucker，1993）。

1.6.2 碎屑岩沉积体系

不同体系域碎屑岩的成岩蚀变具有系统的分布规律（表 2；Morad 等，2000）。受大气水循环的影响，低位体系域晚期的沉积物（尤其是河流、下切谷砂岩）表现为骨架硅酸盐颗粒的溶蚀与高岭石化作用朝层序界面方向逐渐增强（图 6）（Ketzer 等，2003b），因此，低位体系域砂岩具有较好的储层质量（Morad 等，2000）；与此相反，在半干旱气候条件下，低位体系域河流砂岩中的大气水渗流作用有限，高岭石含量极少或缺失（Ketzer 等，2003b）。黏土矿物主要为颗粒环边和交代颗粒的蒙脱石［图 12（a）］，在埋藏成岩过程中，蒙脱石进一步演化为绿泥石和（或）伊利石（Moraes 和 De Ros，1990；Humphreys 等，1994；Ketzer 等，2003b）。前文已讨论了颗粒环边蒙脱石对砂岩成岩作用及储层质量演化的影响。

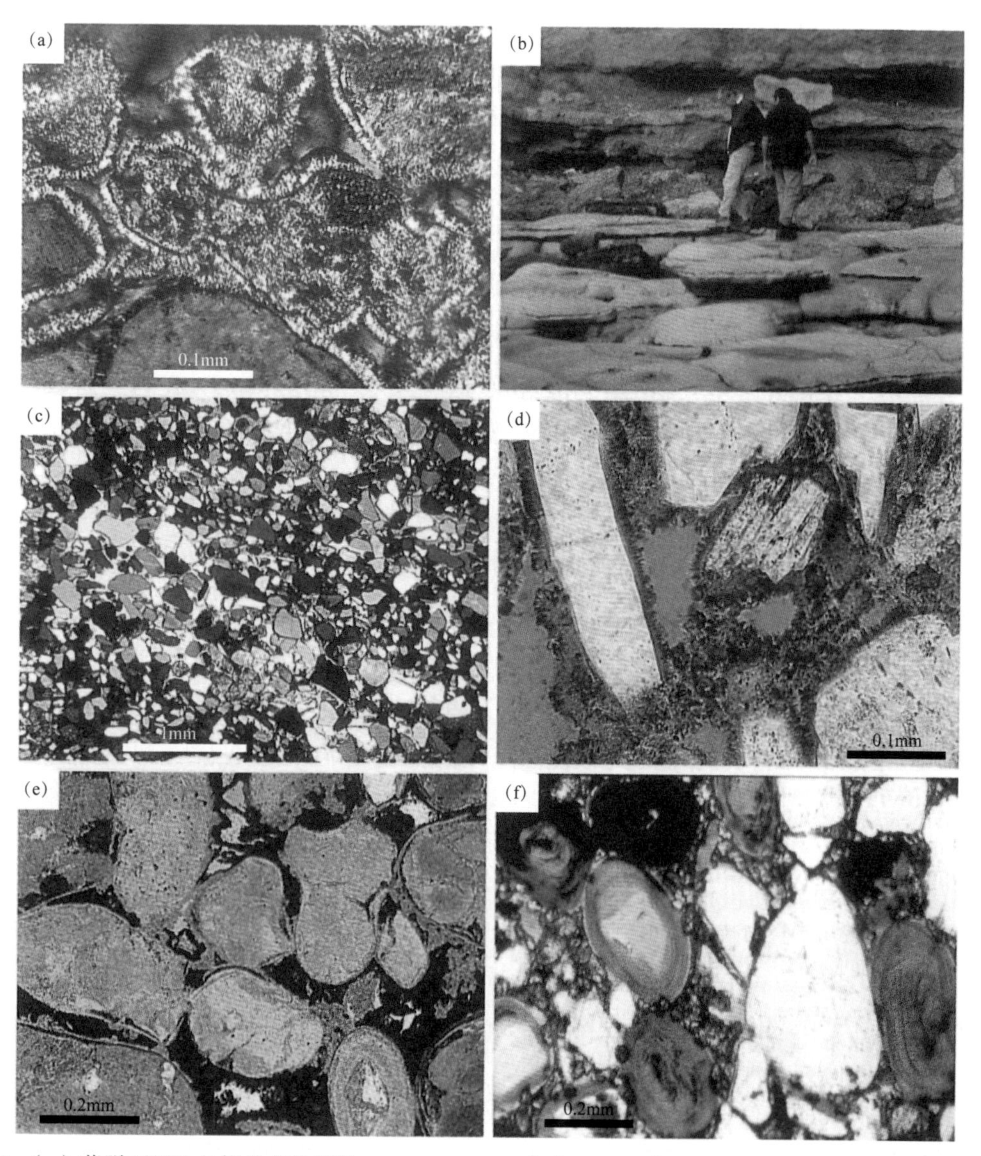

图 12 （a）蒙脱石环边包绕并交代颗粒，Espírito Santo 盆地 Aptian 阶，XPL。（b）沿层序界面分布的碟状结核，法国侏罗系。（c）嵌晶结构方解石选择性地胶结砂岩中的粗颗粒纹层，Recôncavo 盆地侏罗系，XPL。（d）绿泥石环边保存了深埋砂岩的粒间孔，巴西东部 Santos 盆地上白垩统，PPL。（e）自生海绿石球粒和鲕粒，美国新泽西州白垩系，PPL；（f）混合砂岩中磁绿泥石转化为鲕绿泥石鲕粒，见粒间孔和交代颗粒的菱铁矿，巴西 Paraná 盆地泥盆系，PPL

机械渗入黏土通常在半干旱环境下辫状河沉积体系中大量存在，这是因为辫状河河道频繁改道，使得含泥河水能够在地下水位较低的地区通过渗流带［图 7（a）］（Moraes 和 De Ros，1990）。

在低位体系域晚期的辫状河砂岩中，沿着潜水面的位置常见渗入的黏土富集成层（Walker 等，1978；Moraes 和 De Ros，1990）。周期性发生的黏土渗入现象可导致粒间孔隙被完全堵塞，造成辫状河砂岩的储层质量发生早成岩破坏（Moraes 和 De Ros，1990），并在河流相储层中形成流动屏障。

机械作用渗入的黏土也在其他位置富集，如近源冲积扇砾岩中、周期性洪泛的短暂河道之下或非渗透隔层（如古土壤、浅层基底）之上（Walker 等，1978；Moraes 和 De Ros，1990）。泥质内碎屑由于机械压实和假基质的形成，可导致储层质量的降低，其为高位体系域侵蚀的常见产物并被带入低位体系域的曲流河、辫状河［图 8（d）］、三角洲、浅海和深海相中。在浊积岩层序中，因斜坡遭受侵蚀而形成的泥质内碎屑通常分布于粗粒的水道复合体中（Carvalho 等，1995；Bruhn 和 Waker，1997；Mansurbeg 等，2009）；在构造强烈活动期，物源区地形的回春作用和陆棚边缘倾角的增大将导致浊积水道下切，在斜坡区形成新的下切谷和水道（Fetter 等，2009）。在埋藏阶段，早成岩期的岩屑蒙脱石通过伊—蒙混层和绿—蒙混层，分别转化为伊利石和绿泥石［图 12（d）］（Nadeau 等，1985；Chang 等，1986；Humphreys 等，1994；Niu 等，2000；Anjos 等，2003）。

与晚期高位体系域和低位体系域沉积物相比，海侵体系域和早期高位体系域的海陆交互相及浅海相砂岩更容易发生碳酸盐（主要为方解石）和少量黄铁矿的胶结（图 12）（South 和 Talbot，2000；Morad 等，2000；Ketzer 等，2002），这是由于海侵作用会导致粗粒沉积物滞留于河口，减少了输入陆棚的沉积物量（Emery 和 Myers，1996），意味着沉积物在海底滞留时间更长、由海水扩散而来的 Ca^{2+} 和 HCO_3^- 量更大（Kantorowicz 等，1987；Wilkinson，1991；Morad，1998）。有限的碎屑沉积物输入使得盆内碳酸盐生物碎屑混入砂岩中，为碳酸盐胶结作用提供潜在的源和核（Ketzer 等，2002）。海侵体系域和早期高位体系域砂岩中广泛发生结核状和连续状碳酸盐胶结作用（图 11 和图 12）。生物扰动作用的向上增强，有助于滨岸海侵体系域砂岩中碳酸盐胶结物含量的向上增加，这是因为其为有机质腐化引起的碳酸盐岩碱度局部增加提供了场所（Curtis，1987；Wilkinson，1991；Morad 等，2000；AI–Ramadan 等，2005；Ketzer 等，2002）。

在富有机质的海侵体系域和高位体系域三角洲、海陆交互相和陆棚相砂岩中，大量黄铁矿的存在通常与方解石和白云石胶结物关系密切。黄铁矿的形成过程为：溶蚀的硫酸盐发生细菌还原作用，转化为硫离子，后者又与铁氧化物和铁氢氧化物还原形成的溶蚀 Fe^{2+} 发生反应，形成黄铁矿（Berner，1982）。碎屑岩沉积物中含量极少的成岩磷灰石和胶结物，在海侵体系域内呈朝最大洪泛面方向增大的趋势，尤其是在陆棚边缘和上斜坡中（Parrish 和 Curtis，1982；Edman 和 Surdam，1984）。当存在大量与深部海水上涌相关的有机质时，磷灰石更易发生沉淀（Burnett，1977；Glenn 等，2000）。

在海侵体系域和高位体系域早期，伴随着海侵作用的发生，海绿石含量和成熟度（即 *K* 值）向上逐渐增大（Amorosi，1995），并在最大洪泛面之下达到最大值［图 12（e）］。海绿石的分布和类型与成因有关，自生海绿石指沉积物格架内原地形成的颗粒，异地海绿石指同一沉积层序内再改造与再沉积的颗粒。碎屑或外源海绿石包括早期层序受侵蚀而形成的颗粒（Amorosi，1995）。然而，在准层序界面附近沿陆棚边缘沉积的自生海绿石可能受到波浪、潮汐或风暴的重新改造。在低位体系域内，海绿石可能受风暴作用的影响而被搬运至陆棚和河口环境，也可能受浊流的影响而被搬运至深水扇中，形成准自生海绿石（Amorosi，1995）。

海侵体系域和早期高位体系域是海岸平原煤层最为发育的层段（Ryer，1981；Cross，1988；Shanley 和 McCabe，1993），因此，准层序界面附近与煤层相关的成岩蚀变，如黄铁矿、大范围方解石胶结物及高岭石的形成，均常见于或者广泛分布于海侵体系域和早期高位体系域中（Love 等，1983；Ketzer 等，2003a）。

海侵体系域的河口—三角洲砂岩通常富含颗粒环边状磁绿泥石或以鲕粒或砂岩颗粒包壳形式存在的钛云母［图 6 和图 12（f）］；（Odin，1990；Ehrenberg，1993；Hornibrook 和 Longstaffe，1996；Kronen 和 Glenn，2000）。河流带来的高输入量的有机质及碎屑质铁氧化物与氢氧化物，有助于在氧化环境之后快速建立起有利于含铁硅酸盐形成的铁还原地球化学环境（Odin，1988，1990；Aller，1998）。岸线进积过程中海水与大气水的混合，使得孔隙水中硫酸盐含量变低（即以黄铁矿及其他含铁硫酸盐形式存在的 Fe^{2+} 含量减少），从而促进这些黏土矿物的形成。磁绿泥石和钛云母是晚期高位体系域和低位楔砂岩在埋藏成岩阶段形成的含铁绿泥石（鲕绿泥石）的前身（图 6）。孔壁附着的连续状绿泥石，其前身为颗粒包壳状的含铁黏土（例如钛云母），可为深埋的储集砂岩保存异常高的孔隙度（Ehrenberg，1993；Ryan 和 Reynolds，1996；Bloch 等，2002）。对于富含铁硅酸盐和（或）火山岩岩屑的砂岩来说，绿泥石环边也可由孔壁附着的蒙脱石演化而成［图 12（d）］（Humpreys 等，1994；Anjos 等，2003；Salem 等，2005）。

海侵体系域中的浅海和深海砂岩的另一成岩特征为自生二氧化硅，其通常以蛋白石、蛋白石 –CT、玉髓及微石英包壳、环边或充填孔隙的集合体的形式存在，也可交代泥质内碎屑和假基质（Sears，1984；van Bennekon 等，1989；Hendry 和 Trewin，1995；Aase 等，1996；Lima 和 De Ros，2002），这些现象通常与海侵背景下放射虫、硅藻、海绵骨针富集层等溶蚀释放出的生物成因蛋白石可用量相关。微晶和隐晶质二氧化硅包壳及环边有助于深埋砂岩储层中孔隙的保存（Hendry 和 Trewin，1995；Aase 等，1996；Lima 和 De Ros，2002），但也可能出现电阻率异常，从而影响含油饱和度的测井评价。

在连续沉积过程中，晚期高位体系域的浅海沉积物为向上变浅、变粗、变厚的砂体，且生物扰动作用向上逐渐减弱。受相对海平面下降以及海退侵蚀面的影响，下降体系域通常为临滨的加积式沉积（Hunt 和 Tucker，1992；Miall，2000）。相对海平面下降的暂停将导致临滨环境重建，在海退侵蚀面之上沉积临滨砂岩（也称为尖底砂体），这些砂体被嵌晶方解石胶结，且可能形成大型（例如直径大于 1m）的层控结核体（Al–Ramadan 等，2005）。相对海平面的大幅下降时，临滨砂岩会发生暴露，并被前积河流体系侵蚀，同时还伴随着方解石胶结物和生物碎屑的溶蚀，以及硅酸盐骨架的溶蚀与高岭石化作用。

1.7 结论

（1）基于层序地层格架（即相对海平面变化速率与沉积速率之间的相互作用）的碎屑岩和碳酸盐岩成岩作用研究，有助于建立储层质量演化路径的概念性预测模型，其可以框定胶结作用（即孔隙度与渗透率的降低）或溶蚀作用（即孔隙度与渗透率的增大）的优势发育区。

（2）方解石、白云石、菱铁矿、黄铁矿、高岭石、海绿石、磁绿泥石 / 钛云母等成岩矿物的沉淀和假基质、机械作用渗入黏土、粒内孔隙的形成，在层序界面、准层序界面、海侵面、最大洪泛面附近以及低位体系域、海侵体系域、高位体系域砂岩中呈有规律的分布。

（3）碎屑岩中层序地层格架对成岩蚀变分布和类型的控制主要包括：① 岩屑组分（盆内与盆外颗粒的比例和类型）；② 孔隙水化学成分；③ 有机质的存在与数量；④ 沉积物在特殊地球化学条件下的滞留时间，后三个因素同样控制着碳酸盐沉积序列中成岩蚀变的分布。

（4）相对海平面大幅下降（即层序界面的形成）、沉积物地表暴露期的主要气候条件也显著影响着成岩蚀变的类型和程度。在湿润气候条件下，大气水渗透至层序界面以下并导致长石、岩屑及云母的溶蚀和高岭石化作用，从而提高砂岩的储层质量，此外，层序界面之下碳酸盐岩层段的储层质量也因岩溶作用而提高。在半干旱气候条件下，层序界面之下机械作用引起的黏土渗入和钙结壳 / 白云石结壳的发育，形成了流体流动的隔层或障碍，降低了砂岩层段的孔隙度与渗透率。

（5）由于强烈的碳酸盐胶结作用（即形成硬底和固底），砂岩与碳酸盐沉积序列中准层序界面、海侵面和最大洪泛面处孔隙被破坏。胶结作用是由于沉积物长时间滞留于海底之下浅层中，上覆海水中溶解的钙离子和碳酸根离子向孔隙水中大量注入而产生的，因此，上述界面可形成流体流动的隔层和障碍，致使准层序之间形成储层封隔。

（6）沿准层序界面、海侵面和最大洪泛面分布的砂岩，其海相碳酸盐胶结物的氧同位素值比预期值低，说明砂岩在海底之下就立即发生胶结作用，并在埋藏成岩过程中持续进行，或受大气水或温度升高的影响，早成岩形成的碳酸盐胶结物发生重结晶作用。

（7）沿海侵面（如准层序界面）发育的泥炭 / 煤层，有利于其下伏和上覆砂岩黄铁矿结核和连续状方解石胶结物的生长，这些地层中植物残余物的降解会形成缺氧孔隙水环境并造成碳酸盐碱度的增大，进而分别导致黄铁矿和碳酸盐胶结物的沉淀。

（8）与低位体系域和晚期高位体系域相比，海侵体系域和早期高位体系域海陆交互相砂岩中的碳酸盐胶结作用更易破坏孔隙。这种差异是由于海侵体系域和早期高位体系域更易将盆内碳酸盐颗粒带入砂质沉积物中，为碳酸盐胶结作用的发生提供核和源。

（9）海侵体系域的河口与三角洲沉积物易于形成颗粒包壳状的铁硅酸盐，后者在埋藏成岩过程中演化为绿泥石环边，可阻碍或减缓石英共轴增生胶结作用，有助于这类砂岩保存异常高的孔隙度。

（10）与海侵体系域和高位体系域砂岩相比，晚期低位体系域河流与下切谷中充填的砂岩由于大量大气水的渗入，硅酸盐骨架颗粒发生溶蚀，从而大幅提高其孔隙度。

（11）在埋藏成岩阶段，晚期低位体系域河流与下切谷中的砂岩由于受钾长石岩屑的同期溶蚀作用和钠长石化作用影响，其中的高岭石和颗粒包壳状蒙脱石黏土转化为伊利石，后者可能导致砂岩的渗透率大幅下降。

（12）海侵体系域中碳酸盐岩成岩作用的特点是形成海相方解石胶结物，且朝最大洪泛面方向其丰度逐渐增大。与此相反，高位体系域碳酸盐岩的特征是发育少量混合水白云石、等轴状和晶簇状方解石，以及相当数量的铸模孔和孔洞。

（13）建议将上述列举的基于层序地层格架的成岩作用模式，在更多类型地质背景和沉积环境中进行检验，其中较大的挑战是将上述概念应用于当前油气勘探的前沿领域——海相浊积岩储层中。

参考文献

Aagaard，P.，Egeberg，P. K.，Saigal，G. C.，Morad，S. and Bjørlykke，K.（1990）Diagenetic albitization of detrital K–feldspars in Jurassic. Lower Cretaceous and Tertiary reservoir rocks from offshore Norway. II. Formation water chemistry and kinetic considerations. *J. Sediment. Petrol.*，60，575–581.

Aase，N. E.，Bjørkum，P. A. and Nadeau，P. H.（1996）The effect of grain–coating microquartz on preservation of reservoir porosity. *AAPG Bull.*，80，1654–1673.

Adams，A. E.（1980）Calcrete profiles in the Eyam Limestone（Carboniferous）of Derbyshire；petrology and regional significance. *Sedimentology*，27：651–660.

Adams，J. E. and Rhodes，M. L.（1960）Dolomitization by seepage refluxion. *AAPG Bull.*，44：1912–1920.

Aller，R. C.（1998）Mobile deltaic and continental shelf muds as suboxic，fluidized bed reactors. *Mar. Chem.*，61：143–155.

Al–Ramadan，K.，Morad，S.，Proust. J.N. and Al–Aasm. I. S.（2005）Distribution of diagenetic alterations within the sequence stratigraphic framework of shoreface silici–clastic deposits：evidence from Jurassic deposits of NE France. *J. Sediment. Res.*，75：943–959.

Amorosi，A.（1995）Glaucony and sequence stratigraphy：a conceptual framework of distribution in siliciclastic sequences. *J. Sediment. Res.*，B65：419–425.

Amorosi，A.（1997）Detecting compositional，spatial and temporal attributes of glaucony：a tool for provenance research. *Sediment. Geol.*，109，135–153.

Anjos，S. M. C. . De Ros，L. F. and Silva，C. M. A.（2003）Chlorite authigenesis and porosity preservation in the Upper Cretaceous marine sandstones of the Santos Basin，offshore eastern Brazil. In：*Clay Cements in Sandstones*（Eds R. H. Worden and S. Morad），*IAS Special Publication*，34，291–316. International Association of Sedimentologists–Blackwell Scientific Publications. Oxford. UK.

Anjos，S. M. C.，De Ros，L. F.，Souza，R. S.，Silva，C. M. A. and Sombra，C. L.（2000）Depositional and diagenetic controls on the reservoir quality of Lower Cretaceous Pendência sandstones，Potiguar rift basin，Brazil. *AAPG Bull.*，84：1719–1742.

Anselmetti，F. S.，Eberli，G. P. and Ding，Z–D.（2000）From the Great Bahama Bank into the Straits of Florida：a margin architecture controlled by sea–level fluctuations and ocean currents. *Geol. Soc. Am. Bull.*，112：829–844.

Badiozamani，K.（1973）The Dorag Dolomitization Model–application to the Middle Ordovician of Wisconsin. *J.*

Sediment. Petrol., 43, 965–984.

Baker, J. C., Kassan, J. and Hamilton, P. J. (1995) Early diagenetic siderite as an indicator of depositional environment in the Triassic Rewan Group, southern Bowen Basin, eastern Australia. *Sedimentology*, 43, 77–88.

Bardossy, G. and Combes, P. J. (1999) Karst bauxites ; interfingering of deposition and palaeoweathering. In : *Palaeo-weathering, Palaeosurfaces and Related Continental Deposits* (Eds M. Thiry and R. Simon-Coincon), Special Publication of the International Association of Sedimen-tologists, 27, 189–206.

Beckner, J. R. and Mozley, P. S. (1998) Origin and spatial distribution of early vadose and phreatic calcite cements in the Zia Formation, Albuquerque Basin, New Mexico, USA. In : *Carbonate Cementation in Sandstones* (Ed. S. Morad), *IAS Special Publication*, 26, 27–52.

Benito, M. I., Lohmann, K. C. and Mas, R. (2001) Discrimination of multiple episodes of meteoric diagenesis in a Kimmeridgian Reefal Complex, North Iberian Range, Spain. *J. Sediment. Res.*, 71, 380–393.

Berner, R. A. (1981) A new geochemical classification of sedimentary environments. *J. Sediment. Petrol.*, 51, 359–365.

Berner, R. A. (1982) Sedimentary pyrite formation : an update. *Geochim. Cosmochim. Acta*, 48: 605–615.

Bessereau, G. and Guillocheau, F. (1994) Sequence stratigraphy and organic matter distribution of the Lias of the Paris Basin. In : *Hydrocarbon and Petroleum Geology of France, Mascle. Special Publication of the European Association of Petroleum Geoscientists*, 4, 107–119.

Bloch, S. and Helmond, K. P. (1995) Approaches to predicting reservoir quality in sandstones. *AAPG Bull.*, 79, 97–115.

Bloch, S., Lander, R. H. and Bonell, L. (2002) Anomalously high porosity and permeability in deeply buried sandstones reservoirs : origin and predictability. *AAPG Bull.*, 86, 301–328.

Boles, J. R. (1981) Clay diagenesis and effects on sandstone cementation (case histories from the Gulf Coast Tertiary) In : *Clays and the Resource Geologist* (Ed. F. J. Longstaffe), *Short Course Handbook*, 7, 148–168. Mineralogical Association of Canada.

Bourque, P.-A., Savard, M. M., Chi, G. and Dansereau, P. (2001) Diagenesis and porosity evolution of the Upper Silurian-lowermost Devonian West Point reef limestone, eastern Gaspé Belt, Québec Appalachians. *Bull. Can. Petrol. Geol.*, 94, 299–326.

Bruhn, C. H. L. and Walker, R. G. (1997) Internal architecture and sedimentary evolution of coarse grained, turbidite channel-levee complexes, Early Eocene Regência Canyon, Espírito Santo Basin, Brazil. *Sedimentology*, 44, 17–46.

Budd, D. A. (1997) Cenozoic dolomites of carbonate islandstheir attributes and origins. *Earth Sci. Rev.*, 42, 1–47.

Burley, S. T. and MacQuaker, J. H. S. (1992) Authigenic clays, diagenetic sequences and conceptual diagenetic models in contrasting basin-margin and basin-center North Sea Jurassic sandstones and mudstones. In : *Origin, Diagenesis and Petrophysics of Clay Minerals in Sandstones* (Eds D. W. Houseknecht and E. D. Pittman), *SEPM Special Publication*, 47, 81–110. Society of Economic Paleontologists and Mineralogists, Tulsa, OK.

Burns, S. J. and Matter, A. (1995) Geochemistry of carbonate cements in surficial alluvial conglomerates and their palaeoclimatic implications, Sultanate of Oman. *J. Sediment. Res.*, A65, 170–177.

Byrnes, A. P. (1994) Empirical models of reservoir quality prediction. In : *Reservoir Quality Assessment and Prediction in Clastic Rocks* (Ed. M. D. Wilson), *Short Course Notes*, 30, 9–22. SEPM (Society for Sedimentary Geology), Tulsa, OK.

Calvet, F., Tucker, M. and Henton, J. M. (1990) Middle Triassic carbonate ramp systems in the Catalan

Basin, northeastern Spain : facies, system tracts, sequences and controls. In : *Carbonate Platforms ; Facies, Sequences and Evolution* (Eds M. E. Tucker, J. L. Wilson, P. D. Crevello, J. R. Sarg and J. F. Read), *IAS Special Publication*, 9, 79–108.

Carney, C. K., Kostelnik, J. and Boardman, M. R. (2001) Early diagenesis of a Pleistocene shallow–water carbonate sequence ; petrologic and mineralogic indicators. In : *Geological Society of America, 2001 Annual Meeting, Anonymous Abstracts with Programs*, 33, 444. Geological Society of America.

Caron, V., Nelson, C. S. and Kamp, P. J. J. (2005) Sequence stratigraphic context of syndepositional diagenesis in cool–water shelf carbonates : Pliocene limestones, New Zealand. *J. Sediment. Res.*, 75, 231–250.

Carvalho, M. V. F., De Ros, L. F. and Gomes, N. S. (1995) Carbonate cementation patterns and diagenetic reservoir facies in the Campos Basin Cretaceous turbidites, offshore eastern Brazil. *Mar. Petrol. Geol.*, 12, 741–758.

Catuneanu, O. (2006) *Principles of Sequence Stratigraphy.* Elsevier, Amsterdam, 375 pp.

Cerling, T. E. (1984) The stable isotopic composition of modern soil carbonate and its relationship to climate. *Earth Planet. Sci. Lett.*, 71, 229–240.

Charcosset, P., Combes, P–J. Peybernès, B., Ciszak, R. and Lopez, M. (2000) Pedogenic and karstic features at the boundaries of Bathonian Depositional sequences in the Grands Causses area (southern France) : stratigraphic implications. *J. Sediment. Res.*, 70, 255–264.

Choquette, P. W. and James, N. P. (1987) Diagenesis #12. Diagenesis in limestones : 3. The deep burial environment *Geosci. Can.*, 14, 3–35.

Choquette, P. W. and Pray, L. C. (1970) Geologic nomenclature and classification of porosity in sedimentary carbonates. *AAPG Bull.*, 54, 207–250.

Coe, A. L. (2003) *The Sedimentary Record of Sea–Level Change.* Cambridge University Press, Cambridge, UK, 288 pp.

Coffey, B. (2005) Sequence stratigraphic influence on regional diagenesis of a non–tropical mixed carbonate–siliciclastic passive margin, Paleogene, North Carolina, USA. *Abstracts : Annual Meeting–AAPG*, 14, A28.

Coleman, M. L. and Raiswell, R. (1993) Microbial mineralization of organic matter : mechanisms of self organization and inferred rates of precipitation of diagenetic minerals. *R. Soc. Lond. Philos. Trans. A*, 344, 69–87.

Coleman, M. L., Curtis, C. D. and Irwin, H. (1979) Burial rate ; a key to source and reservoir potential. *World Oil*, 5, 83–92.

Colson, I. and Cojan, I. (1996) Groundwater dolocretes in a lake–marginal environment : an alternative model for dolocrete formation in continental settings (Danian of the Provence Basin, France) . *Sedimentology*, 43, 175–188.

Cross, T. A. (1988) Controls on coal distribution in transgressive–regressive cycles, Upper Cretaceous, Western Interior, USA. In : *Sea–Level Changes–An Integrated Approach* (Eds C. K. Wilgus *et al.*), *SEPM Special Publication*, 42, 371–380. Society of Economic Paleontologists and Mineralogists, Tulsa, OK.

Csoma, A. E., Goldstein, R. H., Mindszenty, A. and Simone, L. (2001) Diagenesis of platform strata as a tool to predict downslope depositional sequences, Monte Camposauro, Italy. *Annual Meeting Expanded Abstracts–AAPG*, 45 p.

Csoma, A. E., Goldstein, R. H., Mindszenty, A. and Simone, L. (2004) Diagenetic salinity cycles and sea–level along a major unconformity, Monte Camposauro, Italy. *J. Sediment. Res.*, 74, 889–903.

Curtis, C. D. (1987) Mineralogical consequences of organic matter degradation in sediments : inorganic/

organic diagenesis. In *Marine Clastic Sedimentology-Concepts and Case Studies* (Eds J. K. Leggett and G. G. Zuffa), pp. 108–123. Graham and Trotman Ltd, London.

Curtis, C. D., Coleman, M. L. and Love, L. G. (1986) Pore water evolution during sediment burial from isotopic and mineral chemistry of calcite, dolomite and siderite concretions. *Geochim. Cosmochim. Acta*, 50, 2321–2334.

Dai, S. and Chou, C.-L. (2007) Occurrence and origin of minerals in a chamosite-bearing coal of Late Permian age, Zhaotong, Yunnan, China. *Am. Mineral.*, 92: 1253–1261.

De Ros, L. F. (1996) Compositional Controls on Sandstone Diagenesis. *Compr. Summ. Uppsala Diss. Faculty Sci. Tech.*, 198, 1–24.

De Ros, L. F., Morad, S. and Paim, P. S. G. (1994) The role of detrital composition and climate in the evolution of continental molasses : evidence from the Cambro-Ordovician Guaritas sequence, southern Brazil. *Sediment. Geol.*, 92, 197–228.

De Ros, L. F., Morad, S. and Al-Aasm, I. S. (1997) Diagenesis of siliciclastic and volcaniclastic sediments in the Cretaceous and Miocene sequences of the NW African margin (DSDP Leg 47A, Site 397) . *Sediment. Geol.*, 112, 137–156.

de Wet, C. B., Moshier, S. O., Hower, J. C., de Wet, A. P., Brennan, S. T., Helfrich, C. T. and Raymond, A.(1997) Disrupted coal and carbonate facies within two Pennsylvanian cyclothems, southern Illinois basin, United States. *Geol. Soc. Am. Bull.*, 109, 1231–1248.

Dickinson, W. R. (1985) Interpreting provenance relations from detrital modes of sandstones. In : *Provenance of Arenites* (Ed. G. G. Zuffa), *NATO-ASI Series C*, 148, 333–361. D. Reidel Pub. Co. Dordrecht, The Netherlands.

Dolan, J. F. (1989) Eustatic and tectonic controls on deposition of hybrid siliciclastic/carbonate basinal cycles : discussion with examples. *AAPG Bull.*, 73, 1233–1246.

Dutta, P. K. and Suttner, L. J. (1986) Alluvial sandstone composition and paleoclimate ; II, Authigenic mineralogy. *J. Sediment. Res.*, 56, 346–358.

Eberli, G. P., Anselmetti, F. S., Kenter, J. A. M., McNeill, D. F. and Melim, L. A. (2001) Calibration of seismic sequence stratigraphy with cores and logs. In : *Subsurface Geology of a Prograding Carbonate Platform Margin, Great Bahama Bank ; Results of the Bahamas Drilling Project, Ginsburg. Special Publication-Society for Sedimentary Geology*, 70, 241–265.

Edman, J. D. and Surdam, R. C. (1984) Diagenetic history of the Phosphoria, Tensleep and Madison Formations, Tip Top Field, Wyoming. In : *Clastic Diagenesis* (Eds R. Surdam and D. A. McDonald), *AAPG Memoir*, 37, 317–345. Tulsa, OK.

Ehrenberg, S. N. (1990) Relationship between diagenesis and reservoir quality in sandstones of the Garn Formation, Haltenbanken, mid-Norwegian continental shelf. *AAPG Bull.*, 74, 1538–1558.

Ehrenberg, S. N. (1993) Preservation of anomalously high porosity in deeply buried sandstones by grain-coating chlorite : examples from the Norwegian continental shelf. *AAPG Bull.*, 77, 1260–1286.

Ehrenberg, S. N. and Boassen, T. (1993), Factors controlling permeability variation in sandstones of the Garn Formation in Trestakk Field, Norwegian continental shelf. *J. Sediment. Petrol.*, 63 (5), 929–944.

Ehrenberg, S. N., Eberli, G. P., Keramati, M. and Moallemi, S. A. (2006a) Porosity-permeability relationships in interlayered limestone-dolostone reservoirs. *AAPG Bull.*, 90, 91–114.

Ehrenberg, S. N., McArthur, M. F. and Thirlwall, M. F. (2006b) Growth, demise and dolomitization of Miocene carbonate platforms on the Marion Plateau, offshore NE Australia. *J. Sediment. Res.*, 76, 91–116.

El-ghali, M. A. K., Mansurbeg, H., Morad, S., Al-Aasm, I. S. and Ramseyer, K. (2006) Distributions of diagenetic alterations in glaciogenic sandstones within depositional facies and sequence stratigraphic framework : evidence from Upper Ordovician of the Murzuq Basin, SW Libya. *Sediment. Geol.*, 190, 323–351.

El-ghali, M. A. K., Morad, S., Mansurbeg, H., Caja, M. A., Sirat, M. and Ogle, N. (2009) Diagenetic alterations related to marine transgression and regression in fluvial and shallow marine sandstones of the Triassic Buntsandstein and Keuper sequence, the Paris Basin, France. *Mar. Petrol. Geol.*, 26, 289–309.

Emery, D. and Myers, K. J. (1996) *Sequence Stratigraphy*. Blackwell Science, London, 297 pp.

Emery, D., Marshall, J. D. and Dickson, J. A. D. (1988) The origin of late spar cements in the Linconshire Limestone, Jurassic of central England. *J. Geol. Soc. Lond.*, 145, 621–633.

Esteban, M. and Klappa, C. F. (1983) Subaerial exposure environment. In : *Carbonate Depositional Environments* (Eds P. A. Scholle, D. G. Bebout and C. H. Moore), *AAPG Memoir*, 33, 1–54. Tulsa, OK.

Esteban, M. and Taberner, C. (2003) Secondary porosity development during late burial in carbonate reservoirs as a result of mixing and/or cooling of brines. *J. Geochem. Explor.*, 78–79, 355–359.

Evans, M. W., and Hine, A. C. (1991) Late Neogene sequence stratigraphy of a carbonate-siliciclastic transition : southwest Florida. *Geol. Soc. Am. Bull.*, 103, 679–699.

Evans, M. W., Snyder, S. W. and Hine, A. C. (1994) Highresolution seismic expression of karst evolution within the Upper Floridan aquifer system ; Crooked Lake, Polk County, Florida. *J. Sediment. Res.*, 64, 232–244.

Fetter, M., De Ros, L. F. and Bruhn, C. H. L. (2009) Petrographic and seismic evidence for the depositional setting ofgiant turbidite reservoirs and the paleogeographic evolution of Campos Basin, offshore Brazil. *Mar. Petrol. Geol.*, 26, 824–853.

Folk, R. L. and Lynch, F. L. (2001) Organic matter, putative nannobacteria and the formation of ooids and hardgrounds. *Sedimentology*, 48, 215–229.

Folk, R. L. and Siedlecka, A. (1974) The "schizohaline" environment : its sedimentary and diagenetic fabrics as exemplified by Late Paleozoic rocks of Bear Island, Svalbard. *Sediment. Geol.*, 11, 1–15.

Fontana, D., Zuffa, G. G. and Garzanti, E. (1989) The interaction of eustacy and tectonism from provenance studies of the Eocene Hecho Group Turbidite Complex (Eocene-Central Pyrenees, Spain) . *Basin Res.*, 2, 223–237.

Frank, T. D. and Lohmann, K. C. (1995) Early cementation during marine-meteoric fluid mixing : Mississippian Lake Valley Formation, New Mexico. *J. Sediment. Petrol.*, A65, 263–273.

Fretwell, P. N., Hunt, D., Craik, D., Cook, H. E., Lehman, P. J., Zempolich, W. G., Zhemchuzhnikov, V. G. and Zhaimina, V. Y. (1997) Prediction of the spatial variability of diagenesis and porosity using sequence stratigraphy in Middle Carboniferous carbonates from southern Kazakhstan ; implications for North Caspian Basin hydrocarbon reservoirs of the CIS. In : *American Association of Petroleum Geologists 1997 Annual Convention*, *Anonymous*) . *Annual Meeting Expanded Abstract AAPG*, 6, 37–38.

Galloway, W. E. (1984), Hydrogeologic regimes of sandstone diagenesis. In : *Clastic Diagenesis* (Eds D. A. McDonald and R. C. Surdam), *AAPG Memoir* 37, 3–13. America Association of Petroleum Geologists, Tulsa, OK.

Gaupp, R., Matter, A., Platt, J., Ramseyer, K. and Walzebuck, J. (1993) Diagenesis and fluid evolution of deeply buried Permian (Rotliegende) gas reservoirs, northwest Germany. *AAPG Bull.*, 77, 1111–1128.

Glasmann, J. R., Clark, R. A. Larter, S. Briedis, N. A. and Lundegard P. D. (1989) Diagenesis and hydrocarbon accumulation, Brent Sandstones (Jurassic), Bergen High, North Sea. *AAPG Bull.*, 73, 1341–1360.

Glenn, C. R., Prévôt-Lucas, L. and Lucas, J. (Eds) (2000) *Marine Authigenesis : From Global to*

Microbial. SEPM Special Publication, 66, 536 pp. SEPM (Society for Sedimentary Geology), Tulsa, OK.

Glumac, B. and Walker, K. R. (2002) Effects of grand-cycle cessation on the diagenesis of Upper Cambrian Carbonate Deposits in the Southern Appalachians, USA. *J. Sediment. Res.*, 72, 570–586.

Gluyas, J. and Leonard, A. (1995) Diagenesis of the Rotliegend Sandstone : the answer ain't blowin'in the wind. *Mar. Petrol. Geol.*, 12, 491–497.

Goldhammer, R. K., Dunn, P. A. and Hardie, I. A. (1990) Depositional cycles, composite sea-level changes, cycle stacking patterns and the hierarchy of stratigraphic forcing : examples from Alpine Triassic platform carbonates. *Geol. Soc. Am. Bull.*, 102, 535–562.

Grammer, G. M., Harris, P. M. and Eberli, G. P. (2001) Carbonate platforms : exploration-and production-scale insight from modern analogs in the Bahamas. *Leading Edge*, 252–261.

Hardie, L. A. (1987) Dolomitization : a critical view of some current views. *J. Sediment. Petrol.*, 57, 166–183.

Harris, P. M. (1986) Depositional environments of carbonate platforms. *Colo. Sch. Mines Quart.*, 80, 31–60.

Harrison, R. S. (1978) Subaerial crusts, caliche profiles and breccia horizons : comparison of some Holocene and Mississippian exposure surfaces, Barbados and Kentucky. *Geol. Soc. Am. Bull.*, 89, 385–396.

Hart, B. S., Longstaffe, F. J. and Plint, A. G. (1992) Evidence for relative sea-level changes from isotopic and elemental composition of siderite in the Gardium Formation, Rocky Moutain Foothills. *Can. Petrol. Geol. Bull.*, 40, 52–59.

Hendry, J. P. and Trewin, N. H. (1995) Authigenic quartz microfabrics in Cretaceous turbidites : evidence for silica transformation processes in sandstones. *J. Sediment. Res.*, A65, 380–392.

Hendry, J. P., Wilkinson, M., Fallick, A. E. and Trewin, N. H. (2000) Disseminated 'jigsaw piece' dolomite in Upper Jurassic shelf sandstones, Central North Sea : an example of cement growth during bioturbation ? *Sedimentology*, 47, 631–644.

Hesse, R. (1990) Early diagenetic pore water/sediment interaction : modern offshore basins. In : *Diagenesis* (Eds I. A. Mcllreath and D. W. Morrow), *Geoscience Canada Reprint Series*, 4, 277–316. Geological Association of Canada, Ottawa, Ontario.

Heydari, E. (2003) Meteoric versus burial control on porosity evolution of the Smackover Formation. *AAPG Bull.*, 87, 1779–1797.

Hitchon, B. and Friedman, I. (1969) Geochemistry and origin of formation waters in the Western Canada sedimentary basin I : stable isotopes of hydrogen and oxygen. *Geochim. Cosmochim. Acta*, 33, 1321–1347.

Horbury, A. D. and Robinson, A. G. (Eds) (1993) *Diagenesis and Basin Development. AAPG Studies in Geology*, 36, 274 pp. The American Association of Petroleum Geologists, Tulsa, OK.

Huggett, J., Dennis, P. and Gale, A. (2000) Geochemistry of early siderite cements from the Eocene succession of Whitecliff Bay, Hampshire Basin, U. K. *J. Sediment. Res.*, 70, 1107–1117.

Humphrey, J. (1988) Late Pleistocene mixing zone dolomitization, southeastern Barbados, West Indies. *Sedimentology*, 35, 327–348.

Humphreys, B., Kemp, S. J., Lott, G. K., Bermanto, Dharmayanti, D. A. and Samsori, I. (1994) Origin of grain-coating chlorite by smectite transformation : an example from Miocene sandstones, North Sumatra back-arck basin, Indonesia. *Clay Miner.*, 29, 681–692.

Hunt, D. and Tucker, M. E. (1992) Stranded parasequences and the forced regressive wedge systems tract : deposition during base-level fall. *Sediment. Geol.*, 81, 1–9.

Hutcheon, I., Nahnybida, C. and Krouse, H. R. (1985) The geochemistry of carbonate cements in the Avalon sand, Grand Banks of Newfoundland. *Miner. Mag.*, 49, 457–467.

Iijima, A. and Matsumoto, R. (1982) Berthierine and chamosite in coal measures of Japan. *Clay Clay Miner.*, 30, 264–274.

Ingersoll, R. V. (1988) Tectonics of sedimentary basins. *Geol. Soc. Am. Bull.*, 100, 1704–1719.

James, N. P. and Choquette, P. W. (1988) *Paleokarst.* Springer–Verlag, New York, 421 pp.

James, N. P. and Choquette, P. W. (1990) Limestones–the meteoric diagenetic environment : In : *Diagenesis* (Eds I. A. McIlreath and D. W. Morrow), *Geoscience Canada Reprint Series* 4, 35–73. Geological Association of Canada, Ottawa, Ontario.

Jervey, M. T. (1988) Quantitative geologic modeling of siliciclastic rock sequences and their seismic expression. In : *Sea–Level Changes–An Integrated Approach* (Eds C. K. Wilgus *et al.*), *SEPM Special Publication*, 42, 47–69. SEPM, Tulsa, OK.

Jiao, Z. S. and Surdam, R. C. (1994) Stratigraphic/diagenetic pressure seals in the muddy sandstone, Powder River Basin, Wyoming. In : *Basin Compartments and Seals* (Ed. P. J. Ortoleva), *AAPG Memoir*, 61, 297–312. Tulsa, OK.

Jones, B. and Hunter, I. G. (1994) Messinian (late Miocene) karst on Grand Cayman, British West Indies ; an example of an erosional sequence boundary. *J. Sediment. Petrol.*, 64, 531–541.

Kantorowicz, J. D., Bryant, I. D. and Dawans, J. M. (1987) Controls on the geometry and distribution of carbonate cements in Jurassic sandstones : Bridport sands, southern England and Viking Group, Troll Field, Norway. In : *Diagenesis of Sedimentary Sequences* (Ed. J. D. Marshall), *Geological Society London, Special Publication*, 36, 103–118. Blackwell.

Kaufman, J. (1994) Numerical models of fluid flow in carbonate platforms : implications for dolomitization. *J. Sediment. Res.*, 64, 128–139.

Kendall, A. C. (1977) Fascicular–optic calcite : a replacement of bundled acicular carbonate sediments. *J. Sediment. Petrol.*, 47, 1056–1062.

Kendall, A. C. (1985) Radiaxial fibrous, calcite : a reappraisal. In : *Carbonate Cements* (Eds N. Schneidermann and P. M. Harris), *SEPM Special Publication*, 36, 59–77.

Ketzer, J. M. and Morad, S. (2006) Predictive distribution of shallow–marine, low–porosity (pseudomatrix–rich) sandstones in a sequence stratigraphic framework–example from the Ferron Sandstone, Upper Cretaceous, USA. *Mar. Petrol. Geol.*, 23, 29–36.

Ketzer, J. M., Holz, M., Morad, S. and Al–Aasm, I. (2003a) Sequence stratigraphic distribution of diagenetic alterations in coal–bearing, paralic sandstones : evidence from the Rio Bonito Formation (Early Permian), southern Brazil. *Sedimentology*, 50, 855–877.

Ketzer, J. M., Morad, S. and Amorosi, A. (2003b) Predictive diagenetic clay–mineral distribution in siliciclastic rocks within a sequence stratigraphic framework. In : *Clay Cements in Sandstones* (Eds R. H. Worden and S. Morad), *IAS Special Publication*, 34, 42–59. Blackwell Scientific Publications, Oxford, UK.

Ketzer, J. M., Morad, S., Evans, R. and Al–Aasm, I. (2002) Distribution of diagenetic alterations in fluvial, deltaic and shallow marine sandstones within a sequence stratigraphic framework : evidence from the Mullaghmore Formation (Carboniferous), NW Ireland. *J. Sediment. Res.*, 72, 760–774.

Khalaf, F. I. (1990) Occurrence of phreatic dolocrete within Tertiary clastic deposits of Kuwait, Arabian Gulf. *Sediment. Geol.*, 68, 223–239.

Klein, J. S., Mozley, P. S., Campbell, A. and Cole, R. (1999) Spatial distribution of carbon and oxygen isotopes in laterally extensive carbonate cemented layers : implications for mode of growth and subsurface identification. *J. Sediment. Res.*, 69, 184–201.

Kupecz, J. A., Gluyas, J. and Bloch, S. (1997) *Reservoir Quality Prediction in Sandstones and*

Carbonates, *AAPG Memoir*, 69, 311 pp. AAPG, Tulsa, OK.

Leinfelder, R. R. (1987) Formation and significance of black pebbles from the Ota limestone (Upper Jurassic, Portugal) Formation. *Facies*, 17, 159–169.

Lima, R. D. and De Ros, L. F. (2002) The role of depositional setting and diagenesis on the reservoir quality of Late Devonian sandstones from the Solimoes Basin, Brazilian Amazonia. *Mar. Petrol. Geol.*, 19, 1047–1071.

Longstaffe, F. J. (1993), Meteoric water and sandstone diagenesis in the western Canada sedimentary basin. In: *Diagenesis and Basin Development* (Eds A. D. Hornbury and A. G. Robinson), *AAPG Studies in Geology* 36, pp. 49–68. American Association of Petroleum Geologists, Tulsa, OK.

Loomis, J. L. and Crossey, L. J. (1996) Diagenesis in a cyclic, regressive siliciclastic sequence: the point Lookout Sandstone, San Juan Basin, Colorado. In: *Siliciclostic Diagenesis and Fluid Flow: Concepts and Applications* (Eds L.J. Crossey, R. Loucks and M. W. Totten), *SEPM Special Publication*, 55, 23–36. SEPM (Society for Sedimentary Geology), Tulsa, OK.

Loucks, R. G. and Sarg, J. F. (1993) *Carbonate Sequence Stratigraphy*, *Recent Development and Applications. AAPG Memoir*, 57. Tulsa, OK.

Love, L. G., Coleman, M. L. and Curtis, C. D. (1983) Diagenetic pyrite formation and sulphur isotope fractionation associated with a Westphalian marine incursion, northern England. *Trans. R. Soc. Edinb.*, 74, 165–182.

Luo, J. L., Morad, Salem, Ketzer, J. M., Lei, X. L., Guo, D. Y. and Hlal, O. (2009) Impact of diagenesis on reservoir-quality evolution in fluvial and lacustrine-deltaic sandstones: evidence from Jurassic and Triassic sand-stones from the Ordos Basin, China. *J. Petrol. Geol.*, 32, 79–102.

Machel, H. G. and Burton, E. A. (1994) Golden Grove dolomite, Barbados: origin from modified sea water. *J. Sediment. Res.*, A64, 741–751.

Machel, H. G. and Mountjoy, E. W. (1986) Chemistry and environments of dolomitization-a reappraisal. *Earth Sci. Rev.*, 23, 175–222.

Macquaker, J. A. S. and Taylor, K. G. (1996) A sequence-stratigraphic interpretation of a mudstone-dominated succession: the Lower Jurassic Cleveland Ironstone Formation, UK. *J. Geol. Soc. Lond.*, 53, 759–770.

Mansurbeg, H., Morad, S., Salem, A., Marfil, R., El-ghali, M. A. K., Nystuen, J. P., Caja, M. A., Amorosi, A., Garcia, D. and La Iglesia, A. (2009) Diagenesis and reservoir quality evolution of palaeocene deep-water, marine sandstones, the Shetland-Faroes Basin, British continental shelf. *Mar. Petrol. Geol.*, 25, 514–543.

Mátyás, J. and Matter, A. (1997) Diagenetic indicators of meteoric flow in the Pannonian Basin, Southeast Hungary. In: *Basin-Wide Diagenetic Patterns: Integrated Petrologic*, *Geochemical and Hydrologic Considerations* (Eds I. P. Montañiez, J. M. Gregg and K. L. Shelton), *SEPM Special Publication*, 57, 281–296. SEPM (Society for Sedimentary Geology), Tulsa, OK.

McConachie, B. A. and Dunster, J. N. (1996) Sequence stratigraphy of the Bowthorn block in the northern Mount Isa basin, Australia: implications for the base-metal mineralization process. *Geology*, 24, 155–158.

Melim, L. A., Swart, P. K. and Eberli, G. P. (2004) Mixingzone diagenesis in the subsurface of Florida and the Bahamas. *J. Sediment. Res*, 74, 904–913.

Molenaar, N. (1986) The interrelation between clay infiltration, quartz cementation and compaction in Lower Givettian terrestrial sandstones, northern Ardennes, Belgium. *J. Sediment. Petrol.*, 56, 359–369.

Moore, C. H. (1985), Upper Jurassic subsurface cements: a case history, in Carbonate Cements. In:

Carbonate Cements (Eds N. Schneidermann and P. M. Harris), *SEPM Special Publication*, 36, 291–308. Society of Economic Paleontologists and Mineralogists, Tulsa, OK.

Moore, C. H. (2004) Carbonate Reservoirs, porosity evolution and diagenesis in a sequence stratigraphic framework. *Dev. Sedimentol*, 55, 444.

Morad, S. (1986) Albitization of K–feldspargrains in Proterozoic arkoses and greywackes from southern Sweden. *Neues Jahrbuch fur Mineralogie Mh*, 1986, 145–156.

Morad, S. (1990) Mica alteration reactions in Jurassic reservoir sandstones from the Haltenbanken area, offshore Norway. *Clay Clay Miner.*, 38, 584–590.

Morad, S. (1998) Carbonate cementation in sandstones : distribution patterns and geochemical evolution. (Ed. S. Morad), *Carbonate Cementation in Sandstones*, *Special Publication*, 26, 1–26. International Association of Sedimentologists.

Morad, S., Al–Ramadan, K., Ketzer, J. M. and De Ros, L. F. (2010) The impact of diagenesis on the heterogeneity of sandstone reservoirs : A review of the role of depositional facies and sequence stratigraphy. *Am. Assoc. Petrol. Geol. Bull.*, 94, 1267–1309.

Morad, S. and De Ros, L. F. (1994) Geochemistry and diagenesis of stratabound calcite cement layers within the Rannoch Formation of the Brent Group, Murchison Field, North Viking Graben (northern North Sea) – comment. *Sediment. Geol.*, 93, 135–141.

Morad, S. and Eshete, M. (1990) Petrology, chemistry and diagenesis of calcite concretions in Silurian shales from central Sweden. *Sediment. Geol.*, 66, 113–134.

Morad, S., De Ros, L. F., Nysten, J. P. and Bergan, M. (1998) Carbonate diagenesis and porosity evolution in sheet flood sandstones : evidence from the Lunde Members (Triassic) in the Snorre oilfield, Norwegian North Sea, (Ed. S. Morad), *Carbonate Cementation in Sandstones*, *Special Publication*, 26, 53–85. International Association of Sedimentologists.

Morad, S., Ketzer, J. M. and De Ros, L. F. (2000) Spatial and temporal distribution of diagenetic alterations in siliciclastic rocks : implications for mass transfer in sedimentary basins. *Sedimentology*, 47, 95–120.

Moraes, M. A. S. and De Ros, L. F. (1990) Infiltrated clays in fluvial Jurassic sandstones of Reconcavo Basin, northeastern Brazil. *J. Sediment. Petrol.*, 60, 809–819.

Morrow, D. W. (1990) Dolomite–part 2: dolomitization models and ancient dolostones. In : *Diagenesis* (Eds I. A. McIlreath and D. W. Morrow), *Geoscience Canada Reprint Series*, 4, 125–139. Geological Association of Canada, Ottawa, Ontario.

Moss, S. and Tucker, M. E. (1995) Diagenesis of Barremian Aptian platform carbonates (the Urgonian Limestone Formation of SE France) : near–surface and shallow–burial diagenesis. *Sedimentology*, 42, 853–874.

Mozley, P. S. and Burns S. J. (1993) Oxygen and carbon isotopic composition of marine carbonate concretions–an overview. *J. Sediment. Petrol.*, 63, 73–83.

Mozley, P. S. and Hoernle, K. (1990) Geochemistry of carbonate cements in the Sag River and Shublik Formations (Triassic/Jurassic), North Slope, Alaska : implications for the geochemical evolution of formation waters. *Sedimentology*, 37, 817–836.

M' Rabet, A. (1981), Differentiation of environments of dolomite formation, Lower Cretaceous of Central Tunisia. *Sedimentology*, 28, 331–352.

Mutti, M. and Bernoulli, D. (2003) Early marine lithification and hardground development on a Miocene Ramp (Maiella, Italy): key surfaces to track changes in trophic resources in nontropical carbonate settings. *J. Sediment. Res.*, 73, 296–308.

Nadeau, P. H., Wilson, M. J., McHardy, W. J. and Tait, J. M. (1985) The conversion of smectite to illite during diagenesis: evidence from some illitic clays from bentonites and sandstones. *Miner. Mag.*, 49, 393–400.

Niu, B., Yoshimura, T. and Hirai, A. (2000) Smectite diagenesis in neogene marine sandstone and mudstone of the Niigata Basin, Japan. *Clay Clays Miner.*, 48, 26–42.

Odin, G. S. (1990) Clay mineral formation at the continentocean boundary: the verdine facies. *Clay Miner.*, 25, 477–483.

Odin, G. S. (Ed.), (1988) *Green Marine Clays*, *Developments in Sedimentology*, 45, Elsevier, Amsterdam, 445 pp.

Parrish, J. T. and Curtis, R. L. (1982) Atmospheric circulation, upwelling and organic-rich rocks in the Mesozoic and Cenozoic eras. *Paleaogeogr. Palaeoclim. Palaeoecol.*, 40, 31–66.

Pedersen, T. F. and Calvert, S. E. (1990) Anoxia vs. productivity: what controls the formation of organic-carbon-rich sediments and sedimentary rocks. *AAPG Bull.*, 74, 454–466.

Petersen, H. I., Bojesen-Koefoed, J. A., Nytoft, H. P., Surlyk, F., Therkelsen, J. and Vosgerau, H. (1998) Relative sealevel changes recorded by paralic liptinite-enriched coal facies cycles, Middle Jurassic Muslingebjerg formation, Hochstetter Forland, Northeast Greenland. *Int. J. Coal Geol.*, 36, 1–30.

Posamentier, H. W. and Allen, G. P. (1999) *Siliciclastic Sequence Stratigraphy-Concepts and Applications. SEPM Concepts in Sedimentology and Paleontology*, *SEPM Society of Economic Paleontologists and Mineralogists*, 7, 210 pp.

Primmer, T. J., Cade, C. A., Evans, J., Gluyas, J. G., Hopkins, M. S., Oxtoby, N. H., Smalley, P. C, Warren, E. A. and Worden, R. H. (1997) Global patterns in sandstone diagenesis: their application to reservoir quality prediction for petroleum exploration. In: *Reservoir Quality Prediction in Sandstones and Carbonates* (Eds J. A. Kupecz, J. G. Gluyas and S. Bloch), *AAPG Memoir*, 69, 61–78. AAPG, Tulsa, OK.

Prochnow, E. A., Remus, M. V. D., Ketzer, J. M., Gouvea Jr., J. C. R., Schiffer, R. S. and De Ros, L. F. (2006) Organic-inorganic interactions in oilfield sandstones: examples from turbidite reservoirs in the Campos Basin, offshore eastern Brazil. *J. Petrol. Geol.*, 29, 361–380.

Purvis, K. and Wright, V. P. (1991) Calcretes related to phreatophytic vegetation from the Middle Triassic Otter Sandstone of southwest England. *Sedimentology*, 38, 539–551.

Railsback, L. B., Holland, S. M., Hunter, D. M, Jordan, E. M. Díaz, J. R. and Crowe, D. E. (2003) Controls on geochemical expression of subaerial exposure in Ordovician Limestones from the Nashville Dome, Tennessee, USA. *J. Sediment. Res.*, 73, 790–805.

Raiswell, R. (1988) Chemical model for the origin of minor limestone-shale cycles by anaerobic methane oxidation. *Geology*, 16, 641–644.

Raiswell, R. and Fisher, Q. J. (2000) Mudrock-hosted carbonate concretions: a review of growth mechanisms and their influence on chemical and isotopic composition. *J. Geol. Soc. Lond.*, 157, 239–251.

Read, J. F. (1985) Carbonate platforms facies models. *AAPG Bull.*, 69, 1–21.

Ryan, P. C. and Reynolds, R. C., Jr., (1996) The origin and diagenesis of grain-coating serpentine-chlorite in Tuscaloosa Formation sandstone, U. S. Gulf Coast. *Am. Mineral.*, 81, 213–225.

Sarg, J. F. (1988) Carbonate sequence stratigraphy. In: SeaLevel *Changes-An Integrated Approach* (Eds C. K. Wilgus, B. S. Hastings, C. G. St. C. Kendall, H. S. Posamentier, C. A. Ross and J. C. Van Wagoner), *SEPM Special Publication*, 42, 155–182.

Savrda, C. E. and Bottjer, D. J. (1988) Limestone concretion growth documented by trace fossil relations. *Geology*, 16, 908–911.

Schmid, S., Worden, R. H. and Fisher, Q. J. (2004) Diagenesis and reservoir quality of the Sherwood Sandstone (Triassic), Corrib Field, Slyne Basin, west of Ireland. *Mar. Petrol. Geol.*, 21, 299–315.

Scholle, P. A. and Halley, R. B. (1985), Burial diagenesis: out of sight, out of mind!, in Carbonate Cements. In: *Carbonate Cements* (Eds N. Schneidermann and P. M. Harris), *SEPM Special Publication*, 36, 309–334. Society of Economic Paleontologists and Mineralogists, Tulsa, OK.

Searl, A. (1994) Diagenetic destruction of reservoir potential in shallow marine sandstones of the Broadford Beds (Lower Jurassic), north-west Scotland: depositional versus burial and thermal history controls on porosity destruction. *Mar. Petrol. Geol.*, 11, 131–147.

Sears, S. O. (1984) Porcelaneous cement and microporosity in California Miocene turbidites-origin and effect on reservoir properties. *J. Sediment. Petrol.*, 54, 159–169.

Sellwood, B. W., Scott, J. James, B. Evans, R. and Marshau J. D. (1987), Regional significance of 'dedolomitization' in Great Oolite reservoir facies of Southern England. In: *Petroleum Geology of North West Europe* (Eds J. Brooks and K. Glennie), Graham and Trotman, London, pp. 129–137.

Semeniuk, V. and Meagher, T. D. (1981) Calcrete in Quaternary coastal dunes in Southestern Australia: a capillaryrise phenomenon associated with plants. *J. Sediment. Petrol.*, 51, 47–68.

Shao, L., Zhang, P., Gayer, R. A, Chen, J. and Dai, S. (2003) Coal in a carbonate sequence stratigraphic framework: the Upper Permian Heshan Formation in central Guangxi, southern China. *J. Geol. Soc. Lond.*, 160, 285–298.

Shao, L., Zhang, P., Gayer, R. A., Chen, J. and Dai, S. (2003) Coal in a carbonate sequence stratigraphic framework: the Upper Permian Heshan Formation in central Guangxi, southern China. *J. Geol. Soc. Lond.*, 160, 285–298.

Sloss, L. L. (1996) Sequence stratigraphy on the craton: Caveat Emptor. In: *Paleozoic Sequence Stratigraphy: Views from the North American Craton* (Eds B. J. Witzke, G. A. Ludvigson and J. Day), *Geol. Soc. Am. Special Paper*, 306, 425–434.

South, D. L. and Talbot, M. R. (2000) The sequence stratigraphic framework of carbonate diagenesis within transgressive fan-delta deposits: Sant Llorenc del Munt fandelta complex, SE Ebro Basin, NE Spain. *Sediment. Geol.*, 138, 179–198.

Spötl, C. and Wright, V. P. (1992) Groundwater dolocretes from the Upper Triassic of the Paris Basin, France: a case study of an arid, continental diagenetic facies. *Sedimentology*, 39, 1119–1136.

Strasser, A. (1984) Black-pebble occurrence and genesis in Holocene carbonate sediments (Florida Keys, Bahamas and Tunisia). *J. Sediment. Petrol.*, 54, 1097–1109.

Surdam, R. C., Dunn, T. L., Heasler, H. P. and MacGowan, D. B. (1989) Porosity evolution in sandstone/shale systems. In: *Short Course on Burial Diagenesis* (Ed. I. E. Hutcheon), pp. 61–133. Mineralogical Association of Canada, Montreal.

Suttner, L. J. and Dutta, P. K. (1986) Alluvial sandstone composition and paleoclimate; I, Framework mineralogy. *J. Sediment. Res.*, 56, 329–345.

Sutton, S. J., Ethridge, F. G., Almon, W. R, Dawson, W. C. and Edwards, K. F. (2004) Textural and sequence-stratigraphic controls on sealing capacity of Lower and Upper Cretaceous shales, Denver basin, Colorado. *AAPG Bull.*, 88, 1185–1206.

Swart, P. K. and Melim, L. A. (2000) The origin of dolomites in Tertiary sediments from the margins of the Great Bahama Bank. *J. Sediment. Res.*, 70, 738–748.

Tada, R. and Siever, R. (1989) Pressure solution during diagenesis, *Ann. Rev. Earth Planet. Sci.*, 17, 89–118.

Taghavi, A. A, Mørk, A. and Emadi, M. A. (2006) Sequence stratigraphically controlled diagenesis governs reservoir quality in the carbonate Dehluran Field, southwest Iran. *Petrol. Geosci.*, 12, 115–126.

Taylor, K. G., Gawthorpe, R. L. and Van Wagoner, J. C. (1995) Stratigraphic control on laterally persistent cementation, Book Cliff, Utah. *J. Sediment. Res.*, 69, 225–228.

Taylor, K. G., Gawthorpe, R. L., Curtis, C. D., Marshall, J. D. and Awwiller, D. N. (2000) Carbonate cementation in a sequence–stratigraphic framework : Upper Cretaceous sandstones, Book Cliffs, Utah–Colorado. *J. Sediment. Res.*, 70, 360–372.

Thomson, A. and Stancliffe, R. J. (1990), Diagenetic controls on reservoir quality, eolian Norphlet Formation, South State Line Field, Mississippi. In : *Sandstone Petroleum Reservoirs* (Eds J. H. Barwis, J. G. McPherson and J. R. J. Studlick), Springer–Verlag, New York, pp. 205–224.

Thyne, G. D. and Gwinn, CJ. (1994) Evidence for a paleoaquifer from early diagenetic siderite of the Cardium Formation, Alberta, Canada. *J. Sediment. Res.*, A64, 726–732.

Tucker, K. E. and Chalcraft, R. G. (1991) Cyclicity in the Permian Queen Formation–U. S. M. Queen Field, Pecos County, Texas. In : *Mixed Carbonate Siliciclastic Sequences* (Eds A. J. Lomando and P. M. Harris), *SEPM Core Workshop*, 15, pp. 385. SEPM (Society for Sedimentary Geology), Dallas, TX.

Tucker, M. E. (1993) Carbonate diagenesis in a sequence stratigraphic framework. In : *Sedimentology Review* (Ed. V. P. Wright), 51, 72. Blackwell, Oxford.

Tucker, M. E. and Booler, J. (2002) Distribution and geometry of facies and early diagenesis : the key to accommodation space variations and sequence stratigraphy : Upper Cretaceous Congost Carbonate platform, Spanish Pyrinees. *Sediment. Geol.*, 146, 225–247.

Van Bennekon, A. J., Jansen, J. H., van der Gaast, S. J., van Iperen, J. M. and Pieters, J. (1989) Aluminum–rich opal : an intermediate in the preservation of biogeneic silica in the Zaire (Congo) deep–sea fan. *Deep–Sea Res.*, 36, 173–190.

Van Der Kooij, B., Immenhauser, A., Steuber, T, Hagmaier, M., Bahamonde, J. R., Samankassou, E. and Tomé, O. M. (2007) Marine red staining of a Pennsylvanian Carbonate Slope : environmental and oceanographic significance. *J. Sediment. Res.*, 77, 1026–1045.

Van Wagoner, J. C., Mitchum, R. M., Campion, K. M. and Rahmanian, V. D. (1990) *Siliciclastic sequence stratigraphy in well logs, cores and outcrops : concepts for highresolution correlation of time and facies. AAPG Methods in Exploration Series*, 7, 55 pp. American Association of Petroleum Geologists, Tulsa, OK.

Walker, T. R., Waugh, B. and Crone, A. J. (1978) Diagenesis in first–cycle desert alluvium of Cenozoic age, southwestern United States and northwestern Mexico. *Geol. Soc. Am. Bull.*, 89, 19–32.

Ward, W. C. and Halley, R. B. (1985) Dolomitization in a mixing zone of near–sea water composition, Late Pleistocene, Northeastern Yucatan Peninsula. *J. Sediment. Petrol.*, 55, 407–420.

Watts, N. L. (1980) Quaternary pedogenic calcretes from the Kalahari (south Africa) : mineralogy, genesis and diagenesis. *Sedimentology*, 27, 661–686.

Wetzel, A. and Allia, V. (2000) The significance of hiatus beds in shallow–water mudstones : an example from the Middle Jurassic of Switzerland. *J. Sediment. Res.*, 70, 170–180.

Whalen, M. T., Eberli, G. P., Van Buchem, F. S. P., Mountjoy, E. W. and Homewood, P. W. (2000) Bypass margins, basin–restricted wedges and platform–to–basin correlation, Upper Devonian, Canadian Rocky Mountains : implications for sequence stratigraphy of carbonate platform systems. *J. Sediment. Res.*, 70, 913–936.

Whitaker, F. F., Smart, P. L., Vahrenkamp, V. C., Nicholson, H. and Wogelius, R. A. (1994) Dolomitization by nearnormal sea water ? Field evidence from the Bahamas, In : *Dolomites : A Volume in Honor of Dolomieu* (Eds P. Purser, M. Tucker and D. Zenger), *IAS Special Publication*, 21, 111–132.

Wilkinson, B. H. (1982) Cyclic cratonic carbonates and phanerozoic calcite seas. *J. Geol. Educ.*, 30, 189–203.

Wilkinson, M. (1991) The concretions of the Bearreraig Sandstone Formation : geometry and geochemistry. *Sedimentology*, 38, 899–912.

Williams, C. A. and Krause, F. F. (1998) Pedogenic–phreatic carbonates on a Middle Devonian (Givetian) terrigenous alluvial–deltaicplain, Gilwood Member (Watt Mountain Formation), northcentral Alberta, Canada. *Sedimentology*, 45, 1105–1124.

Wilson, M. D. (1994) *Reservoir Quality Assessment and Prediction in Clastic Rocks*, *SEPM Short Course*, 30, 432 pp. SEPM (Society for Sedimentary Geology), Tulsa, OK.

Wilson, R. C. L. (1983) *Residual Deposits : Surface Related Weathering Processes and Materials. The Geological Society Special Publication*, 11, 258 pp. Blackwell Scientific Pub., London.

Worden, R. H. and Matray, J. M. (1998) Carbonate cement in the Triassic Chaunoy Formation of the Paris Bas in distribution and effect on flow properties. In : *Carbonate Cementation in Sandstones* (Ed. S. Morad), *IAS Special Publication*, 26, 163–177. Blackwell Scientific Publications, Oxford.

Worden, R. H. and Morad, S. (2003) Clay minerals in sandstones : controls on formation, distribution and evolution, In : *Clay Mineral Cements in Sandstones* (Eds R. H. Worden and S. Morad), *IAS Special Publication*, 34, 1–41.

Worden, R. H., Ruffell, A. H. and Cornford, C. (2000) Paleoclimate, sequence stratigraphy and diagenesis. *J. Geochem. Explor.*, 69–70, 453–457.

Worthington, S. R. H. (2001) Depth of conduit flow in unconfined carbonate aquifers. *Geology*, 29, 335–338.

Wright, D. T. (2000) Benthic microbial communities and dolomite formation in marine and lacustrine environments–a new dolomite model. In : *Marine Authigenesis : from Global to Microbial* (Eds C. R. Glenn, J. Lucas and L. Lucas), *SEPM Special Publication*, 65, 7–20. SEPM (Society for Sedimentary Geology), Tulsa, OK.

Wright, V. P. (1988) Paleokarsts and paleosols as indicators of paleoclimate and porosity evolution : a case study from the Carboniferous of South Wales. In : *Paleokarst* (Eds N. P. James and P. W. Choquettes), pp. 329–341. Springer–Verlag, New York.

Wright, V. P. (1996) The use of Palaeosols in sequence stratigraphy of peritidal carbonates. In : *Sequence Stratigraphy in British Geology. Geological Society of London Special Publications*, 103, 63–74.

Zenger, D. H. (1972) Significance of supratidal dolomitization in the geologic record. *Geol. Soc. Am. Bull.*, 83, 1–12.

Zuffa, G. G. (1980) Hybrid arenites : their composition and classification. *J. Sediment. Petrol.*, 50, 21–29.

Zuffa, G. G. (1985) Optical analysis of arenites : influence of methodology on compositional results. In : *Provenance of Arenites* (Ed. G. G. Zuffa), *NATO–ASI Series C : Mathematical and Physical Sciences*, 148, 165–189. D. Reidel Pub. Co., Dordrecht, The Netherlands.

Zuffa, G. G. (1987) Unravelling hinterland and offshore palaeogeography from deep–water arenites. In : *Marine Clastic Sedimentology–Concepts and Case Studies* (*A Volume in Memory of C. Tarquin Teale*) (Eds J. K. Leggett and G. G. Zuffa), pp. 39–61. Graham and Trotman Ltd, London.

Zuffa, G. G., Cibin, U. and Di Giulio, A. (1995) Arenite petrography in sequence stratigraphy. *J. Geol*, 103, 451–459.

Zuffa, G. G., Gaudio, W. and Rovito, S. (1980) Detrital mode evolution of the rifted continental–margin Longobucco Sequence (Jurassic), Calabrian Arc, Italy. *J. Sediment. Petrol.*, 50, 51–61.

2 地层记录中的海绿石——分布模式及其层序地层学意义

Alessandro Amorosi

University of Bologna，Dipartimento di Scienze della Terra e Geologico–Ambientali，Via Zamboni 67，40127 Bologna，Italy（E–mail：alessandro.amorosi@unibo.it）

摘要 海绿石通常被认为是低沉积速率的标志，同时也是海相沉积物中最可靠的地层标志之一。来自西欧41处采样点的海绿石的沉积学、矿物学和地球化学综合特征为海绿石层序地层意义的确定提供了一个综合性的框架。

许多因素使得海绿石在层序地层学中的应用受到了严苛的限制，这些因素包括：（1）正确的矿物特征识别；（2）对海绿石赋存沉积体的正确层序地层解释；（3）对原位海绿石和异地海绿石的区分；（4）对富含海绿石沉积单元的分级。

来自250套含海绿石岩层的数据表明，原位海绿石的丰度和成熟度在空间上的分布遵循一些可预测的趋势，钾含量与原位海绿石的比例呈现出正相关性。依此可以区分出三种基本类型的凝缩地层：（1）简单沉积间断面，低演化程度的海绿石含量小于20%；（2）凝缩层：正常演化程度的海绿石含量介于20%～50%；（3）巨凝缩层：高演化度的海绿石含量>50%。相比之下，异地海绿石颗粒在丰度和成熟度上都不存在任何特别的趋势。准原地（内源继承）海绿石含量相对较高，而碎屑来源（外源继承）的绿色颗粒中高演化度的海绿石含量所占比例异常的低。

根据层序地层学原理，在沉积层序中，简单的沉积小间断面可能和海侵面或者任何准层序边界面相对应。这些沉积界面所跨越的时间段都以万年计，建立潜在对应关系的概率较低。凝缩层代表盆地范围的层序标志，它可能包含海侵体系域/高位体系域界面（最大洪泛面和Exxon模型中的凝缩层）或者由海侵体系域中某一重要部分（10^5a）组成。巨凝缩层是指巨大的地层凝缩，级别从体系域到具有百万年级别幕式沉积的三级沉积层序。巨凝缩层可能在全球范围内具有可对比性。

2.1 引言

层序地层学中的概念越来越多地被应用于沉积层序中（Posarnentier等，1988；Hunt和Tucker，1992；Helland–Hansen和Martinsen，1996；Posamentier和Allen，1999；Plint和Nurnmedal，2000；Posarnentier和Kolla，2003；Catuneanu等，2009），这导致学者们把越来越多的兴趣放在方法研究上，而非放在有利于描述沉积层序的沉积相叠加样式上。近年来，在这些研究中，早期成岩蚀变样式及其与层序地层学的关系引起了学者们的特别关注，特别是成岩黏土矿物被用作体系域中，以及层序地层解释中识别主要界面的可靠指示矿物（Morad等，2000；Taylor和Macquaker，2000；Ketzer等，2002，2003a，b；Al–

Rarnadan 等，2005）。

海绿石是一种出现在古代和现代海洋沉积物中的自生矿物，它通常被发现于海侵沉积物中，因此被视为海洋沉积中低沉积速率的指示物（Odin 和 Mather，1981）。自开始地质研究以来，在地质记录中就发现了一种广泛存在的绿色砂粒——主要由海绿石颗粒组成的砂质沉积物。海侵时期形成的广泛分布的海绿石地层通常使得富含海绿石的沉积物成为大范围内可靠的地层标志物，如欧洲北部到中部石炭系—奥陶系中的富海绿石地层（Robaszynski 等，1998；Vanclenberghe 等，1998），这些凝缩层也被证明是跨不同盆地的可靠标志层（Amorosi，1997b；Wei，2004）。

在过去 2.5×10^8a 地质时间尺度的绝对年龄数据库中，由含海绿石矿物测算的占了 40%（Oclin，1982a；Smith 等，1998）。虽然长期以来贫钾海绿石由 K–Ar 测年法得出的年龄被质疑偏小（Oclin，1982b，1982c；Keppens 和 Pasteels，1982；Oclin 和 Doclson，1982；Oclin 和 Rex，1982；Morton 和 Long，1984；Craig 等，1989），但是最近重新测定表明，只要经过仔细的筛选，海绿石是具有作为 ^{40}Ar–^{39}Ar 测年法可靠地质时标的潜能的（Harris 和 Fullagar，1989；Smith 等，1998），并且这种方法已经在测年中得到了应用（Amireh 等，1998；Téllez–Duarte 和 López Martínez，2002；Rousset 等，2004）。

海绿石的实际经济应用包括：利用绿色颗粒进行储层质量评价（Diaz 等，2003；Schulz–Rojahn 等，2003）；肥料来源的替代品（Rawlley，1994；Castro 和 Tourn，2003）；用于金属吸附（Smith 等，1996；Ringvist 等，2002）；作为墙面粉刷的着色剂（Mazzocchin 等，2004）等。同时，海绿石还通常与大规模的锰氧化物和碳酸锰的聚集相关（Ostwan 和 Bolton，1992）。

第一个建立在层序地层格架内的海绿石分布模型约发表于 15 年前（Amorosi，1995）。该模型在指出富海绿石相带的层序地层意义方面得到了广泛的应用（Amorosi 和 Centineo，1997，2000；Duprat，1997，Mostefaï，1997；Peybern 等，1997；Jimenez–Millan 等，1998；Kitamura，1998；Dreyer 等，1999；Laenen，1999；Kelly 和 Webb，1999；Pop，1999；Suter 和 Clifton，1999；Dillenburg 等，2000；Fernandez–Bastero 等，2000；Varol 等.，2000；Harris 和 Whiting，2000；Kim 和 Lee，2000；Kronen 和 Glenn，2000；Morad 等，2000；Molgat 和 Arnott，2001；Oclin 和 Amorosi，2001；Oclin 和 Lamaurelle，2001；Cattaneo 和 Steel，2003；Ketzer 等 2003a，b；Schulz–Rojahn 等，2003；Abacl 等，2004；Pasquini 等，2004；Al–Ramaclan 等 2005；El–ghali，2005；Guicli 等，2005；Rasmussen 和 Dybkjær，2005；Salem 等，2005；Bodin 等，2006；Uclgata，2007）。

最近十年，一些研究者试图引入一些新观点，目的是将海绿石及其伴生物纳入最新的层序地层格架（McCracken 等，1996，Amorosi 和 Centineo，1997，2000；Myrow，1998；Harris 和 Whiting，2000；Hesselbo 和 Huggett，2001；Ketzer 等，2003b；Miller 等，2004；Udgata；2007）。Stonecipher（1999）在 Amorosi（1995）的基础上，对硅质碎屑沉积层序中海绿石的分布做了全面总结。

本文回顾了 Amorosi 模型提出之后 15 年来对海绿石的层序地层意义的研究进展，并旨在展示其最新的研究成果。本文另一个目的就是把地层学中各种凝缩的、含海绿石的沉积分成三个具有不同海绿石特征的基本类型（简单的沉积小间断面、凝缩层和巨凝缩层），并提出一些新的见解。本研究基于对西欧41套不同地层中的250个含海绿石地层野外露头的细致鉴定。这个大数据库包括了各种沉积环境和较宽的年代跨度（石炭纪—二叠纪）。

2.2 海绿石成熟度的演化样式

海绿石是由Odin和Letolle（1980）引入的一个代表沉积相的综合术语，由2：1成层状的、含钾富铁且高Fe^{3+}/Fe^{2+}的双八面体结构组成，不考虑其矿物学结构，相当于砂级的绿色含海绿石颗粒。含海绿石颗粒通常呈浅—深绿色小球状（Odin和Matter，1981）。

在过去的数十年中，海绿石已经成为大量研究工作的对象。早期关于海绿石的文献表明，海绿石化的特征是海绿石前驱物的形成，这与贫钾和富铁的蒙脱石相一致。成熟过程包括钾和铁的逐渐混入以及矿物学结构的改变，其最终结果是形成不可膨胀的富钾的海绿石云母（Odin和Matter，1981；Odin和Fullagar，1988），也就是海绿石矿物（Burst，1958；Hower，1961）。

海绿石演化的四个阶段（演化初期、低演化、正常演化以及高度演化）中的每一个阶段都反映了特殊的形态习性，因而能够根据绿色颗粒中钾的含量来区分这几个阶段（Odin和Matter，1981）。K_2O通常与其他特性直接相关，例如颗粒的颜色（图1）。演化初期（K_2O含量2%～4%）和低演化阶段（K_2O含量4%～6%），贫钾的海绿石通常为淡—浅绿色，具有明显的海绿石化原生基质的痕迹。相比而言，正常演化（K_2O含量6%～8%）和高度演化（K_2O含量＞8%）的海绿石中的基质几乎全部被交代，呈现出绿—深绿色，并且在颗粒表面有特征明显的裂缝（如龟裂缝）。

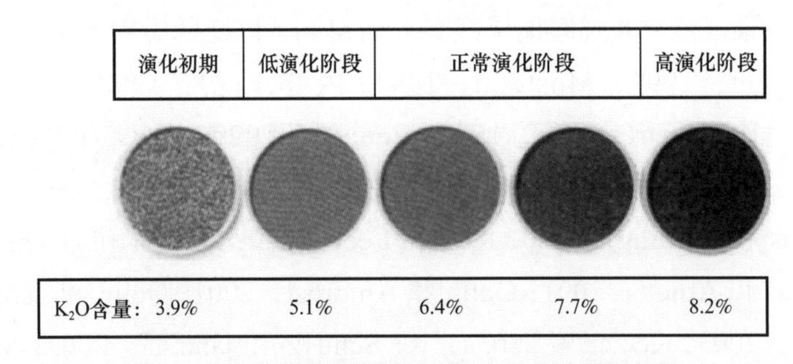

图1　绿色颗粒表面颜色与海绿石成熟度相关性

对具有不同成熟度的海绿石的大量研究表明，海绿石的成熟度演化过程伴随着铷（Rb）的富集，因此，Rb可用作海绿石成熟度的指示物（Amorosi等，2007）。Hower（1961）、Stille和Clauer（1994）以及Kelly等（2001）在较少样品研究基础上提出了Rb和K_2O的含量具有正相关性，Odin和Fullagar（1988）、Bau等（2004）也指出原位海绿石具有较高的Rb浓度。

研究人员通过详细的矿物学研究，对海绿石的主要演化模式及其与基质组分的关系进行了阐述，特别之处在海绿石成熟度的增长伴随着（001）峰和（002）峰之间距离“*d*”的整体减小（Odin和Matter，1981；Odin和Fullagar，1998）。

图 2 显示了不同成熟度演化阶段海绿石的 XRD 图对比特征。d（001）值约在 10.8°～12.9° 之间变化，两个端点分别与蒙脱石和海绿石云母的特征相同。随着演化阶段的降低，海绿石（001）峰逐渐变得不明显，强度逐渐减弱，底部变得宽缓且呈现出不对称的形态。然而，当 K_2O 含量高于 6.5% 时，可以看到 d（001）值明显减小，趋于不变（约为 10.8°）（图 2）。相比之下，利用基面衍射（001）的宽度（FWHM）可以较容易地区分出具有相同成熟度的海绿石，研究样本中该宽度值变化范围较大（0.92°～2.67°），与 K_2O 含量变化趋势一致（图 2）。这表明，特别是在处理处于正常演化和高演化阶段的海绿石矿物时，FWHM 可以作为一个比 d（001）更精确的辨别海绿石成熟度的指标。

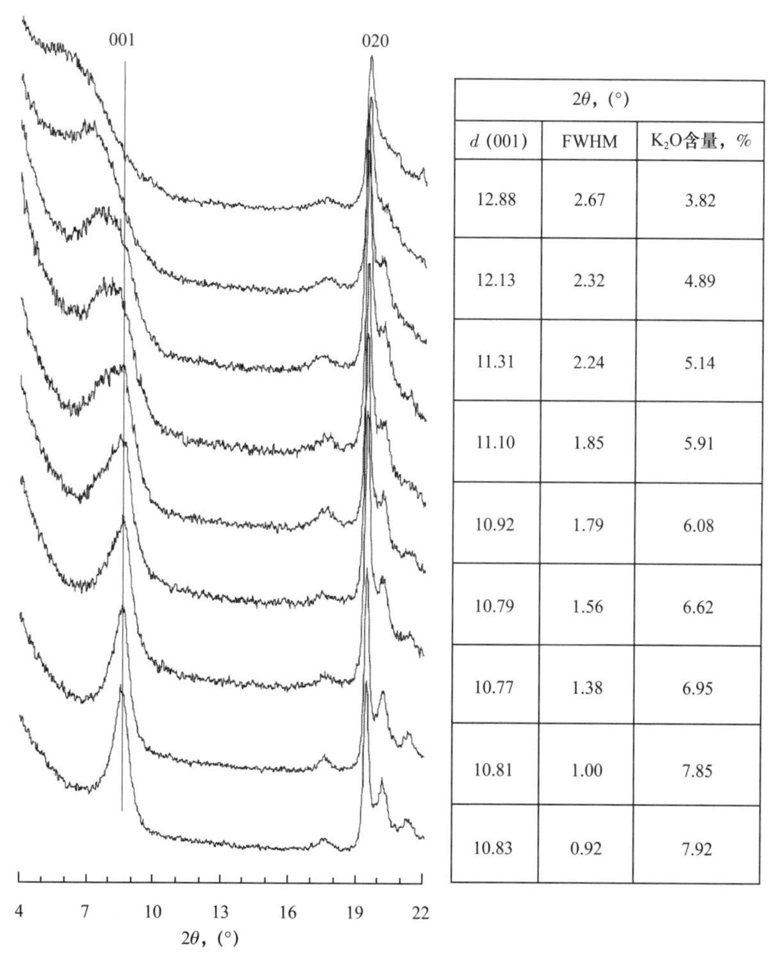

2θ, (°)		
d (001)	FWHM	K_2O含量, %
12.88	2.67	3.82
12.13	2.32	4.89
11.31	2.24	5.14
11.10	1.85	5.91
10.92	1.79	6.08
10.79	1.56	6.62
10.77	1.38	6.95
10.81	1.00	7.85
10.83	0.92	7.92

图 2　海绿石不同演化阶段 XRD 对比图，显示成熟度（无 K_2O 挥发基面）升高时一阶基面衍射（001）可变化的位置及（001）峰（FWHM）减小的宽度。垂线表示（001）峰约在 1nm 处，说明海绿石云母演化程度高（Amorosi 等，2007）

在海绿石成熟度演化过程中，原始基质组分（碳酸盐岩 / 硅质碎屑岩）的变化表现出对主要元素和微量元素变化的显著控制（Amorosi 等，2007）。特别地，海绿石中 MgO 和 SiO_2 的分布模式与碳酸盐岩母岩相关，这表明随着海绿石成熟度的升高，含海绿石矿物逐步摄取这些元素。相反地，当前驱物为硅质碎屑物时，可以发现随着成熟度升高，SiO_2 和 Al_2O_3 的含量降低。只有在低成熟的海绿石中，Fe 与 K_2O 的含量才表现出正相关性，为此，Fe 不能作为海绿石成熟度的可靠指示物（Bornhold 和 Giresse，1985；Amorosi，1997a）。在海绿石化颗粒中，基质的溶蚀常伴随着新生海绿石矿物所缺少元素的系统性流失。这些地球化学指标，如 Ca（图 3）、Sr 和 P 等，代表着基质的化学特征。在一定的源区内，它们可作为含海绿石矿物演化的逆向评价指标。

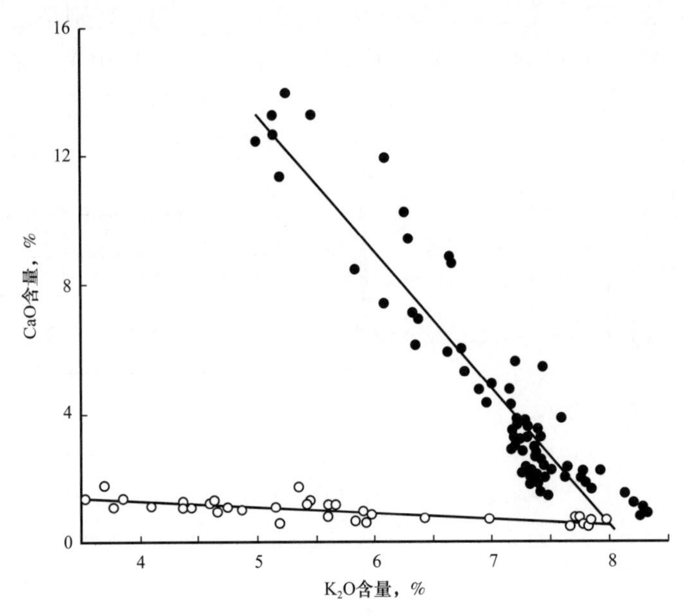

图 3　碳酸盐岩（黑点）和硅质碎屑岩（白点）中海绿石的 K_2O–CaO 含量交会图

在不考虑海绿石化基质成分情况下，CaO 含量随着海绿石成熟度的升高而降低（据 Amorosi 等，2007）

2.3　层序地层格架中的海绿石：最新研究进展

海绿石在沉积层序中任何层位出现的可能性已被 Amorosi（1995）详细论证，这里不再重复。尽管仅仅依靠海绿石的存在还不能够鉴定沉积层序中的特定体系域，但是最近的关于海绿石的研究进展证实绿色的海绿石颗粒主要存在于海侵沉积物中（Ghibaudo 等，1996；Breyer，1997；Sugarman 和 Miller，1997；Floquet，1998；Ruffell，1998；Kelly 和 Webb，1999；Marenssi 等，2002；Myrow 等，2003；Schulz–Rojahn 等，2003；Chacrone 等，2004；Sandler 等，2004；Keller，2005）。

近十年的层序地层研究显示，海绿石主要存在于海侵体系域中（Amorosi，1997b；Browning 等，1997；Harrsi 和 Whiting，2000；Bauer 等，2003；Gates 等，2004；Miller 等，2004；Wigley 和 Compton，2006），并且原位海绿石指示最大洪泛面及其相关的凝缩层（McCracken 等，1996；Myrow，1998；Malartre 等，1998；Pittet 和 Strasser，1998；Vandenberghe 等 1998；Kim 和 Lee，2000；Galloway，2002；Pekar 等，2003；Al–Ramadan 等，2005）。

海绿石在高位体系域中比海侵体系域中少见（Amorosi，1995）。原位海绿石主要发育于远离碎屑注入的沉积环境，并且常常指示高位体系域下部准层序底部的地层缺失面，高位体系域的顶部很少见到。准同生期被波浪、潮汐、风暴和浊流从浅海环境再搬运至深水环境的原位海绿石很常见（Cant，1996，1998；McMracken 等，1996；Pekar 等，2003；Miller 等，2004；Al–Ramadan 等，2005）。

来自老地层的海绿石碎屑的再沉积是下降期体系域和低位体系域的常见特征（Amorosi 等，1997b；Myrow，1998；Miller 等，2004），在部分实例中还指示层序界面（Baum 等，1994；McMracken 等，1996）。原位海绿石不是下降期体系域和低位体系域的常见组分，这主要是因为当海平面下降到陆棚坡折带以下时，陆棚中暴露地表的沉积环境不适宜海绿石的形成（Vail 等，1991）。这种环境下，原位海绿石的形成被限制在盆地区域内（低位进积楔）远离陆源碎屑注入的地区，在准层序下部的地层缺失面相对富集（Lüning 等，1998）。

2.4 海绿石应用于层序地层学的常见误区

在层序地层格架中解释含海绿石的层序不是一项简单的工作，涉及许多细节问题，例如绿色颗粒的详细特征及伴生沉积物。严重制约海绿石实际应用于层序地层解释的因素有很多。

2.4.1 矿物学定义

海绿石颗粒与其他绿色富铁黏土有明显的矿物学特征差异，但肉眼可能难于区分。例如属于铬云母黏土相的绿色矿物（被描述为磁绿泥石，硬绿泥石 V 或钛云母）或者鲕绿泥石（一种富铁的绿泥石），很容易被错误解释为海绿石矿物（Odin 和 Fullagar，1988；De Hon 等，2001），为此，在野外观察中，当仅仅以肉眼观察为依据而缺乏矿物学定义来评价绿色颗粒是否为海绿石时必须慎重。

在澳大利亚大堡礁发现的绿色颗粒钾含量异常的低，最初被命名为海绿石（Davies 等，1991），并且还被用来建立层序地层学范畴的海绿石分布模型（Glenn 等，1993），然而，几年后经过矿物学的详细鉴定，揭示这些颗粒属于铬云母黏土相沉积物（Kronen 和 G1enn，2000）。从这一事例可衍生出另一个问题，“似海绿石”这一术语可能在局部使用时与海绿石矿物的实际存在与否无关。例如，南阿尔伯达省的上 Mannville 群 Albian 阶的似海绿石段就不含任何海绿石（Wood 和 Kopkins，1992；Wadsworth 等，2002），这可能令人困惑。

2.4.2 宿主地层的层序地层解释

含海绿石沉积物的古环境解释较困难，再加上文献中不断出现的新的且相互冲突的层序地层模型（Catuneanu 等，2009），导致了绝对的层序地层解释模型的建立难以实现。对沉积相的不同认识导致，对与其相关海绿石的特征和分布样式给出了多样的解释，最终导致体系域划分相差甚远。

怀俄明州下白垩统的Shannon砂岩就是一个明显的例子，该砂岩中海绿石的含量等级已经作为沉积相细分的关键（Tillman，1999）。Shannon砂岩最初被解释为滨岸沙脊的复合沉积体（Tillman和Martinsen，1987），但是在之后的文献中，其他研究者将其解释为一系列深切的低位临滨沉积（Walker和Bergman，1993）或者是河口湾的河道充填沉积（Sullivan等，1997）。所有的研究者都注意到了砂岩中海绿石的存在，但是对其产状的解释差异很大（Walker和Bergman，1993；Swift和Parsons，1999）。特别应指出的是，研究认为砂脊复合体中砂脊是不同层序地层背景下的沉积物（Tillman，1999），包含了从海退到海平面稳定再到海侵。更令人惊讶的是，为了使用海绿石的含量来解释Shannon砂岩的成因，并且限定可能的解释成果范围，忽视了绿色颗粒的矿物学和地球化学特征，而海绿石的研究仅限于视觉识别。

对新泽西州滨岸渐新统深水含海绿石砂岩来源的讨论，是用含海绿石沉积物进行层序地层解释得到争议结论的另一个例子（McCracken等，1996；Miller等，1998；Hesselbo和Huggett,2001）。Amorosi和Centineo（1997）及Huggett和Gale（1997）也发表了关于怀特岛始新统沉积物来源的不同层序地层解释结论。Amorosi和Centineo（2000）对众多研究者关于英属盆地及巴黎盆地Cenomanian层序相互矛盾的解释进行了总结。

同一研究者对同一个露头的重新解释也可能会产生争议。例如，在阿尔伯达州南部，标志着基底科罗拉多砂岩和上覆Joli Fou地层分界的含海绿石岩层，最初Banerjee（1991）解释为初始海泛面，之后Banerjee等（1994）又解释为最大洪泛面。

从上面的这些例子可以清楚地看出，想要合理地了解海绿石及其伴生物在层序地层中的意义，沉积层序研究应该有一个好的地层对照标准和有力的沉积相解释约束。

2.4.3 原位海绿石与异地海绿石

海绿石的积聚沉淀主要发生在开放的海洋环境中，并且远离沉积活跃区，尤其是长期的饥饿型沉积期间更加适宜（Odin和Fullagar，1998）。尽管这一概念被广泛接受，但现在认为前寒武纪（Chafetz和Reid，2000；Mei等，2008）高能浅海环境也可作为海绿石形成的环境，并且海绿石在多种沉积物中很普遍（Amorosi，1997a）。准同生期被风暴、潮汐、波浪再搬运，或者在海平面相对下降期间因陆棚暴露地表而再搬运的绿色颗粒，可能致使异地海绿石在多种不适宜海绿石化的环境中大量富集，例如：近岸带、潟湖、河口湾、下切谷、内陆棚和浊积沉积体系，更甚者如冲积平原（Amorosi，1995，1997a及文中引用文献；d'Atri等，1999；Parra等，2003；Pekar等，2003；Millwer等，2004；Vigorito等，2005）。

含海绿石单元的可靠解释以及层序地层概念的适当应用都需要对原位海绿石和异地海绿石进行识别。异地海绿石又可以进一步分为准原位海绿石（内源继承）和碎屑来源海绿石（外源继承）（Amorosi，1995）。只有在凝缩沉积体中原地积聚的海绿石颗粒才能指示饥饿型沉积。尽管从层序地层学角度看这个问题相当重要，但是大多数研究的通病是缺乏有力的证据，只能找到少数能充分证明绿色颗粒是异地来源的例子（Mancini 和 Tew，1993；McCracken 等，1996；Myrow，1998；Hesselbo 和 Huggett，2001）。

Amorosi（1997）总结了用于区分各种海绿石的主要标准，可用于识别异地海绿石的标准包括：（1）无海相沉积伴生物；（2）依据选择过程，海绿石的空间分布具有选择性；（3）颗粒有好的分选和磨圆度；（4）颗粒表面没有裂缝。准原位海绿石和碎屑来源海绿石有时可以用放射性定年法进行区分。通常情况下，海绿石的成分属性需要与其假定的来源相匹配。尽管有例外，但来自不同母岩的海绿石通常含有不同的成熟度，带有独特的地球化学和矿物学特征（Wigley 和 Compton，2007）。

2.4.4 凝缩层沉积的级次

凝缩层已成为全球广泛研究的对象（Loutit 等，1988）。研究这些岩层具有重要的意义，因为它们代表长期持续的相当低的净沉积速率。凝缩层通常以广泛分布的具有小薄层、化石富集、动物群混积，以及自生矿物丰富的沉积物为特征（Glenn 等，1993）。

由于向盆地输送的碎屑较少，原位海绿石的相对丰度在海侵体系域的整个浓缩层段内增加。在很多实例中，Loutit 等（1988）和 Amorosi（1995）通过垂直剖面图已经证实，海绿石丰度和成熟度从海侵沉积物的底部到顶部不断增加，最大值处与凝缩层位置重合。海绿石的丰度和成熟度在海侵体系域中自下而上不断增加，而在上覆的高位体系域中则不断降低，这一现象已经被 Ostward 和 Bolton（1992）、Amorosi 和 Centineo（1997）以及 Miller 等（2004）观察到。Kitamura（1998）也观察到一个类似的例子，尽管这个例子中海绿石丰度的最大值与最大洪泛面不完全一致。

然而，正如已经指出的那样，沉积层序中存在凝缩层，而不是海侵体系域与高位体系域的分界面才是原位海绿石的主要发育段（Kidwell，1991；Glenn 等，1993；Amorosi，1995），凝缩层中海绿石含量的最大值不一定必须是海侵体系域与高位体系域的界面（Abbott，1997），这就意味着海绿石可以在层序中海侵面之上富集（例如，沉积相堆积模式从进积变为退积的最大海退面，Catuneanu 等，2009），也可以在层序中凝缩层的任意位置富集。Glenn 等（1993）提出层序的凝缩段主要限于初始海泛面和最大洪泛面之间。

短暂的饥饿型沉积可能被记录在整个海侵体系域中，甚至在低位体系域和高位体系域中（Amorosi，1995）。最普遍的例子是高位体系域中与收敛的顶超沉积伴生的缓慢沉积地层（Glenn 等，1993）。低位体系域或者高位体系域中出现的加积的含海绿石岩层已经被推断为是高阶高频海平面波动的响应（Amorosi，1995；Cant，1996，1998；Pittet 和 Strasser，1998）。

原位海绿石主要存在于发育潜穴的细粒沉积物中或者指示水体向上变浅旋回顶部地层的缺失（Mitchum 和 Van Wagoner，1991；Surlyk，1991；Amorosi，1995；Ghibaudo 等，1996；Ruffell 和 Wach，1998；Dreyer 等，1999），代表准层序界面（Van Wagoner 等提出的海泛面，1988，1990）。Gonzalez 等（2004）已研究过准层序规模海绿石的详细特征。

沉积旋回级次的存在意味着，一个切穿沉积序列的垂向剖面可能会穿过多个性质不同凝缩段的垂向序列，在海绿石丰度和成熟度方面显示出独特的趋势（Ketzer，2003b），这对于根据钻井和露头测井的观察结果来评估海绿石分布模式至关重要。

2.5 简单沉积间断面、凝缩层和巨凝缩层

一个海绿石产出点的综合数据库，包括西欧 41 个剖面海绿石的沉积学、矿物学和地球化学分析，为研究沉积岩中海绿石的丰度和成熟度之间的关系提供了新的见解。大多数样品（60%）是从作者之前的几篇论文中描述的沉积序列中收集的，并对其进行了精确的古环境和层序地层解释（Amorosi，1993，1997b；Amorosi 和 Centineo，1997，2000），剩余的样品（40%）来自未发表的材料。原地和异地颗粒的区分是依据 Amorosi（1997）提出的标准。颗粒的百分比估计为 50μm～1000μm 部分的质量百分数。所有化学分析均在同一实验室（博洛尼亚大学）用 XRF 进行的。

158 个含海绿石岩层的数据散点图（图 4）表明，在不同的演化阶段，也就是钾含量从 2%～9% 的原位海绿石的丰度变化范围极大。一般来说，海绿石成熟度会随着颗粒丰度升高而增加（Amorosi，1993；Giresse 和 Wiewiól'a，2001）。图 4 将含海绿石的岩层分为 3 类（表 1）：简单沉积间断面、凝缩层和巨凝缩层，其中百分比范围是海绿石丰度和成熟度的函数。

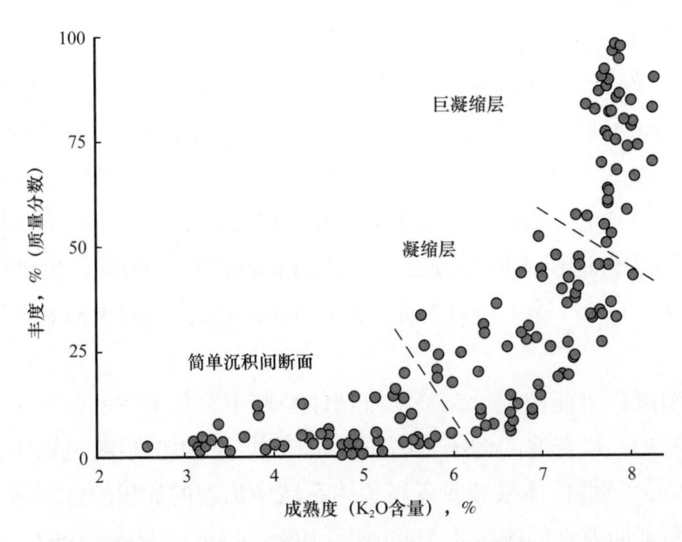

图 4　白垩纪至上新世 158 个含海绿石层位中，原位海绿石的成熟度和丰度（50～1000μm 组成部分的质量分数）之间的关系

如果 K_2O 含量低于 6%（初始—低演化程度的海绿石，Odin 和 Matter，1981），很明显原位海绿石的含量低于 20%。具体而言，初始演化海绿石的丰度百分比值低于 10%。这类含海绿石岩层，通常厚度上限为几十厘米（表 1），被解释为反映了短暂的饥饿沉积，对应于简单沉积间断面。

表 1　含海绿石岩层的基本类型及其层序地层意义

	简单沉积间断面	凝缩层	巨型凝缩层
海绿石丰度，%	1～20	20～50	50～100
海绿石成熟度（K_2O 含量），%	＜6	6～7.5	＞7.5
厚度，cm	＜30	30～80	＞80
地层凝缩，a	10^4	10^5	10^6
层序地层意义	TS，MFS，准层序界面	CS（TST/HST 边界），部分 TST	TST，沉积层序
可对比范围	盆地规模	区域规模	全球规模

注：TS—海侵面；MFS—最大洪泛面；TST—海侵体系域；HST—高位体系域；CS—凝缩层。

较高的海绿石成熟度（K_2O 含量为 6.5%～7%，定位为演化的海绿石）伴随着海绿石丰度的增加，能高达 50%。野外和地层学证据表明，这些富含海绿石岩层通常形成厚度为 30～80cm 的凝缩层（表 1）。

最后，高演化程度的海绿石（K_2O 含量＞7.5%）通常表现出非常高的浓度，其含量可高达 100%。这些巨凝缩层的厚度可达数米（表 1）。随着绿色颗粒在海底的滞留时间增长，海绿石的成熟度并未显著增加，正如图中 K_2O 的含量范围变窄呈现均一的高值（图 4），这表明在高度演化的海绿石矿物结构中，不能再吸收更多的钾元素。相反，海绿石丰度的进一步增加可能是由于基质的变绿不适宜海绿石化。

在同一丰度 / 成熟度图（图 5）上绘制 89 个不同位置的异地海绿石，结果有很大不同。在这种情况下，观察到海绿石的丰度和成熟度之间明显缺少相关性，并且沉积物中的绿色颗粒显示出可变的丰度，但通常为低—中等（＜30%）。低丰度（＜10%）的正常—高演化程度的异地海绿石似乎是一个非常常见的特征，形成了清晰的簇状物，在原生海绿

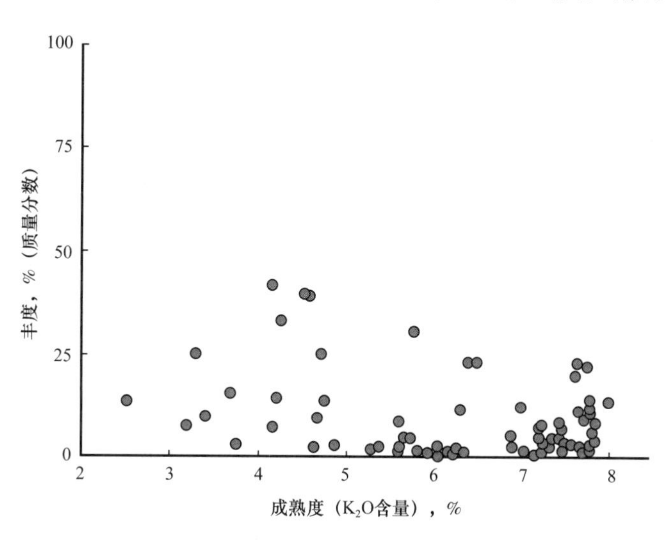

图 5　白垩纪至上新世 89 个含海绿石地层中异地海绿石的成熟度和丰度（50～1000μm 组成部分的质量分数）之间的关系

石的野外特征之外绘制出来（图 4 和图 5）。这种海绿石经常出现在强制性海退和低位沉积中，其中碎屑来源的绿色颗粒是从较老层序凝缩层或巨凝缩层中再搬运而来，它们在地层中的位置经历了明显的搬运。海绿石平均成熟度的明显轻微增加，可能是由于搬运中的筛选，这有助于相对低演化程度和不稳定颗粒的机械破碎（Amorosi，1993）。在海侵和高位沉积底部中，预计会有相对高含量的异地海绿石，它们是从准同生期的凝缩层改造而来的，并且仅经历非常短的搬运（准原生海绿石）。

2.6 含海绿石地层的层序地层学意义

目前在世界范围，外陆棚环境中形成的海绿石，为理解沿简单沉积间断面的海绿石化提供了一个良好的现代类比物。晚第四纪海绿石，形成于末次冰期最大期后的海侵期，是一种低成熟度的海绿石化蒙脱石，其特征是丰度低、K_2O 含量小于 6%，这与其短暂的海底滞留时间有关（Bornhold 和 Girsse，1985；Odin，1998；Odin 和 Fullagar，1998；Rao 等，1993，1995；Corselli 等，1994；Gensous 和 Tesson，1996；Wiewiora 等，2001；Giresse 等，2004；Gonzalez 等，2004；Schimanski 和 Stattegger，2005）。在三级层序地层格架中，海侵面（最大海退面，Catuneanu 等，2009）和其他准层序界面可能代表着简单沉积间断面（表 1）。沿简单沉积间断面分布的含海绿石地层横向上能追踪的距离可能很短，也就是准层序范围的区域（25～6000km^2，根据 Van Wagoner 等，1990）。

当碎屑物质输入率极低、海侵体系域极薄时，很难将最大洪泛面与底部的不整合面区分开来（Miller 等，2004）。在这些例子中，含海绿石的层位对应于凝缩层，可能包含了海侵体系域中的重要部分（在海侵面和最大洪泛面之间），或包括了海侵体系域与高位体系域的边界（Loutit 等，1988；Amorosi，1995）。相比简单沉积间断面，凝缩层里的海绿石成熟的时间间隔较长，然后被进积的高位沉积物掩埋，例如，正常演化的海绿石，需要在海底滞留 10^5a（Odin 和 Matter，1981；Odin 和 Fullagar，1988），其丰度可达 20%～50%（表 1）。凝缩层可能包含盆地尺度上相关的地层界面。

对区域性广泛分布的凝缩层复合沉积物进行层序地层解释时应当特别注意，其特征是高演化程度的海绿石（K_2O 含量＞7.5%）异常富集（＞50%）。在这些情况下，地层凝缩作用很可能记录的无沉积时间远比正常凝缩层形成所需时间要长，这些巨凝缩层可能对应于一系列洪泛事件，跟整个体系域或者包含百万年事件的沉积序列属于同一个数量级。

研究者（Olsson，1991）提出的这种可能性，已经由 Amorosi 和 Centineo（2000）从法国北部 Cenomanian 的富含海绿石的沉积物中进行了描述，在那里，地层凝缩作用的时间以百万年数量级计（跨度超过一个沉积序列），其被几乎 100% 的高演化程度海绿石记录下来。据推测，丹麦 Ølst 组顶部地层中海绿石化作用可能在海底持续了近百万年，并被解释代表了整个海侵体系域（Nielsen 等，1999）。在象牙海岸—加纳洋脊上，Giresse 和 Wiewiora（2001）观察到海绿石的成熟度随着颗粒丰度的增加而增加，50% 正常演化的海绿石记录了大约 530ka 的地层缺失。在对新泽西州 Santonian/Campanian 沉积物的研究中，Miller 等（2004）认识到一个以曼彻特维尔地层（TST）和上覆伍德柏里地层（HST）

为代表的海侵—海退旋回。根据海绿石颗粒的细微视觉证据，几米厚的高演化度（高达70%）海绿石砂岩初步被分成两个次级的层序，这意味着巨型凝缩层可能由两个或更多的层序组成，并可能包括叠置的层序界面。

巨凝缩层以含大量高成熟度的海绿石为特征，可能具有最大的展布范围，并构成全球范围的极佳地层对比标志（例如，构成Albian–Cenomanian边界的富含海绿石的地层，Odin和Matter，1981；Ostwald和Bolton，1992；Rousset等，2004）。

因此，本研究证明，海侵沉积物底部原位海绿石的明显富集可能为识别海泛面提供了一个直观的方法，且可通过海泛面上发现的海绿石来识别可预测的、重复的海侵—海退模式（Ulicny，2001；Miller等，2004）。正如上面所指出的，由含海绿石岩层限定的三级层序和海侵/海退层序，可广泛用于不同盆地的地层对比（Robaszynski等，1998；Vandenberghe等，1998；Nielsen等，1999）。

从层序地层学的观点来看，海绿石层位可以用来将沉积地层细分为三级海侵/海退层序（Embry，1993，1995）。海侵体系域厚度薄的地方，海侵/海退层序实际上是很难和Galloway（1989）的成因层序地层进行区分，后者将最大洪泛面当作主要的层序界面。

表1中报道的三种凝缩层的数值应当和当地地质情况相适应，既不能用作模板，也不能作为绝对值来标记特定的含海绿石岩层。原位海绿石中丰度/成熟度值相当大的分散性（图4），主要是由海绿石化的生化条件、沉积物的通量，以及海绿石化基质的类型（最重要）等因素造成的。钙质基质是最不稳定的，容易被新形成的海绿石矿物交代，相比之下，硅质基质更具有抗蚀变性，在高演化程度的颗粒中经常发现硅质的初始矿物（Odin和Matter，1981；Stonecipher，1999），其可用来解释同类凝缩层里海绿石的低丰度和低成熟度。

最后，含海绿石岩层在地层对比中的高潜力，并不意味着同时代地质剖面中海绿石的丰度和成熟度在每个地方都一样。同一盆地不同位置的凝缩层可与表现出不同海绿石特点或缺少海绿石的海相沉积物进行对比。

2.7 结论

海绿石在地质记录中分布广泛，使其有潜力成为盆地乃至全球范围内最好的地层标志之一。海绿石矿物形成于碎屑沉积物供给普遍减少的时期，往往与不同程度的海侵事件相关。

综合以往的研究表明，尽管海绿石可能出现在沉积层序的任何位置，但这些绿色颗粒，尤其是原地产出的绿色颗粒，通常是海侵体系域的良好标志物。通过对西欧及不同构造背景下41个剖面中大约250个海绿石产出点的研究，发现原位海绿石的丰度和成熟度在不同尺度上有系统性的变化，依此可将含海绿石岩层划分成3种凝缩沉积物，即简单沉积间断面、凝缩层及巨凝缩层，它们具有独特的海绿石属性和层序地层学意义。海绿石成熟度可作为沉积物在海底滞留时间的标志，因为从海水中获得的钾的含量在埋藏过程中没有显著变化。

海侵面代表简单沉积间断面，含有相对少量（<20%）且低成熟度（K_2O 含量<6%）的原位海绿石。简单沉积间断面在海底滞留时间为 10^4a，并且在很多方面与任何体系域中准层序界面附近的短暂凝缩沉积相似。

与简单沉积间断面相比，凝缩层可能含更多（20%～50%）相对成熟的海绿石颗粒。凝缩层形成的条件包括海绿石颗粒埋藏前在海底滞留较长的时间（10^5a）、其包含了海侵体系域/高位体系域边界或海侵体系域很大一部分。

海绿石最富集（>50%）、高度演化（K_2O 含量>7.5%）的巨凝缩层中，高度富集的海绿石跨越时间较长，一般以百万年计，可能代表了整个体系域甚至三级沉积层序。

另一方面，异地海绿石的丰度普遍较低，丰度和成熟度之间缺少相关性，这样可与原位海绿石区分开来。在这里，极少见到的正常～高演化程度的海绿石可解释为海退期和低位沉积物中绿色颗粒再搬运的结果。

从层序地层学的观点来看，海侵沉积物比层序界面更容易根据原位海绿石的出现来识别，进而将沉积层序划分为海侵—海退层序或成因层序。

参考文献

Abad，M.，de la Rosa，Pendón，T. G.，Ruiz，F.，González-Regalado，M. L. and Tosquella，J.（2004）Caracterización geoquímica del horizonte glauconitico en el Ifmite superior de la Formación Niebla（Torloniense superior，SO España）: Datos preliminares. *Geogaceta*，35，35-38.

Abbott，S. T.（1997）Mid-cycle condensed shellbeds from mid-Pleistocene cyclothems，New Zealand : implications for sequence architecture. *Sedimentology*，44，805-824.

Al-Ramadan，. K，Morad，S.，Proust，J. N. and Al-Aasm，I.（2005）Distribution of diagenetic alterations in siliciclastic shoreface deposits within a sequence stratigraphic framework : evidence from the Upper Jurassic，Boulonnais，NW France. *J. Sediment. Res.*，75，943-959.

Amireh，B. S.，Jarrar，G.，Henjes-Kunst，F. and Schneider，W.（1998）K-Ar dating，X-Ray diffractometry，optical and scanning electron microscopy of glauconies from the early Cretaceous Kurnub Group of Jordan. *Geol. J.*，33，49-65.

Amorosi，A.（1993）*Intérêt des niveaux glauconieux et volcano-sédimentaires en stratigraphie : exemple de dépôts de bassins tectoniques miocènes des Apennins et comparaison avec quelques dépôts de plate-forme stable*. Thèse de Doctorat，label européen. Mémoires des Sciences de la Terre 93-12，Université Pierre et Marie Curie，Paris，p. 194.

Amorosi，A.（1995）Glaucony and sequence stratigraphy : a conceptual framework of distribution in siliciclastic sequences. *J. Sediment. Res.*，B65，419-425.

Amorosi，A.（1997a）Detecting compositional，spatial and temporal attributes of glaucony : a tool for provenance research. *Sediment. Geol.*，109，135-153.

Amorosi，A.（1997b）Miocene shallow-water deposits of the northern Apennines : a stratigraphic marker across a dominantly turbidite foreland-basin succession. *Geol. Mijnbouw*，75，295-307.

Amorosi，A. and Centineo，M. C.（1997）Glaucony from the Eocene of the Isle of Wight（southern UK）: implications for basin analysis and sequence-stratigraphic interpretation. *J. Geol. Soc. Lond.*，154，887-896.

Amorosi，A. and Centineo，M. C.（2000）Anatomy of a condensed section : the Lower Cenomanian glauconyrich deposits of Cap Blanc-Nez（Boulonnais，Northern France）. In : *Marine Authigenesis : From Global to Microbial*（Eds C. R. Glenn，L. Prévôt-Lucas and J. Lucas），*SEPM Spec. Publ.* 66，405-413.

Amorosi, A., Centineo, M. C. and d'Atri, A. (1997) Lower Miocene glaucony-bearing deposits in the SE Tertiary Piedmont Basin (northern Italy) . *Riv. It. Paleont. Strat.*, 103, 101-110.

Amorosi, A., Sammartino, I. and Tateo, F. (2007) Evolution patterns of glaucony maturity : a mineralogical and geochemical approach. *Deep Sea Res. II* , 54, 1364-1374.

Banerjee, I. (1991) Tidal sand sheets of the Late Albian Joli Fou-Kiowa-Skull Creek marine transgression, Western Interior Seaway of North America. In : *Clastic Tidal Sedimentology* (Eds D. G. Smith, G. E. Reinson, B. A. Zaitlin and R. A. Rahmani), *Can. Soc. Petrol. Geol. Memoir*, 16, 335-348.

Banerjee, I., Ghosh, S. K. and Davies, E. H. (1994) An integrated subsurface study of the Mannville-Colorado group boundary in the Cessford Field, Alberta. *Can. J. Earth Sci.*, 31, 489-504.

Bau, M., Alexander, B., Chesley, J. T, Dulski, P. and Brantley, S. L. (2004) Mineral dissolution in the Cape Cod aquifer, Massachusetts, USA : I. Reaction stoichiometry and impact of accessory feldspar and glauconite on strontium isotopes, solute concentrations and REY distribution. *Geochim. Cosmochim. Acta*, 68, 1199-1216.

Bauer J., Kuss, J. and Steuber, T. (2003) Sequence architecture and carbonate platform configuration (Late Cenomanian-Santonian), Sinai, Egypt. *Sedimentology*, 50, 387-414.

Baum, J. S., Baum, G. R., Thompson P. R. and Humphrey, J. D. (1994) Stable isotopic evidence for relative and eustatic sea-level changes in Eocene to Oligocene carbonates, Baldwin County, Alabama. *Geol. Soc. Am. Bull.*, 106, 824-839.

Bodin, S., Godet, A., Vermeulen, J., Linder P. and Föllmi, K. (2006) Biostratigraphy, sedimentology and sequence stratigraphy of the latest Hauterivian-Early Barremian drowning episode of the Northern Tethyan margin (Altmann Member, Helvetic nappes, Switzerland) . *Ecolgae Geol. Helv.*, 99, 157-174.

Bornhold, B. D. and Giresse, P. (1985) Glauconitic sediments on the continental shelf off Vancouver Island, British Columbia, Canada. *J. Sediment. Petrol.*, 55, 653-664.

Breyer, J. A. (1997) Sequence stratigraphy of Gulf Coast lignite, Wilcox Group (Paleogene), south Texas. *J. Sediment. Res.*, 67, 1018-1029.

Browning, J. V., MillerK. G. and Bybell, L. M. (1997) Upper Eocene sequence stratigraphy and the Absecon Inlet Formation New Jersey coastal plain. In : *Proc. ODP*, *Sci. Results* (Eds K. G. Miller and S. W. Snyder), 150, 243-266.

Burst, J. F. (1958) "Glauconite" pellets : their mineral nature and applications to stratigraphic interpretations. *AAPG Bull.*, 42, 310-327.

Cant, D. J. (1996) Sedimentological and sequence stratigraphic organization of a foreland clastic wedge, Mannville Group, western Canada basin. *J. Sediment. Res.*, 66, 1137-1147.

Cant, D. J. (1998) Sequence stratigraphy, subsidence rates and alluvial facies, Mannville Group, Alberta foreland basin. In : *Relative Role of Eustasy*, *Climate and Tectonism in Continental Rocks* (Eds K. W. Shanley and P. J. McCabe), *SEPM Spec. Publ.*, 59, 49-63.

Castro, L. and Tourn, S. (2003) Direct application of phosphate rocks and glauconite as alternative sources fertilizerin Argentina. *Explor. Mining Geol.*, 12 (1-4), 71-78.

Cattaneo, A. and Steel, R. J. (2003) Transgressive deposits : a review of their variability. *Earth Sci. Rev.*, 62, 187-228.

Chacrone C, Hamoumi, N. and Attou, A. (2004) Climatic and tectonic control of Ordovician sedimentation in the western and central High Atlas (Marocco) . *J. Afr. Earth Sci.*, 39, 329-336.

Chafetz, H. and Reid, A. (2000) Syndepositional shallowwater precipitation of glauconitic minerals. *Sediment. Geol.*, 136, 29-42.

Corselli, C., Basso, D. and Garzanti, E. (1994) Paleobiological and sedimentological evidence of Pleistocene/Holocene hiatuses and ironstone formation at the Pontian islands, shelf break (Italy) . *Mar. Geol.*, 117, 317–328.

Catuneanu, O., Abreu, V., Bhattacharya, J. P., Blum, M. D., Dalrymple, R. W., Eriksson, P. G., Fielding, C. R, Fisher, W. L., Galloway, W. E., Gibling, M. R., Giles, K. A., Holbrook, J. M., Jordan, R., Kendall, C. G. St. C, Macurda, B., Martinsen, O. J., Miall, A. D., Neal, J. E., Nummedal, D., Pomar, L., Posamentier, H. W., Pratt, B. R., Sarg, J. F., Shanley, K. W., Steel, R. J., Strasser, A., Tucker, M. E. and Winker, C. (2009) Towards the standardization of sequence stratigraphy. *Earth Sci. Rev.*, 92, 1–33.

Craig, L. E., Smith, A. G. and Armstrong, R. L. (1989) Calibration of the geologic time scale : Cenozoic and Late Cretaceous glauconite and nonglauconite dates compared. *Geology*, 17, 830–832.

d'Atri, A., Dela Pierre, F., Lanza, R. and Ruffini, R. (1999) Distinguishing primary and resedimented vitric volcaniclastic layers in the Burdigalian carbonate shelf deposits in Monferrato (NW Italy) . *Sediment. Geol.*, 129, 143–163.

Davies, P. J., McKenzie, J. A., Palmer–Julson, A., Betzler, C., Brachert, T. C., Chen, M.–P. P., Crumière, J.–P., Dix, G. R., Droxler, A. W., Feary, D. A., Gartner, S., Glenn, C. R., Isern, A., Jackson, P. D., Jarrard, R. D., Katz, M. E., Konishi, K., Kroon, D., Ladd, J. W., Martin, J. M., McNeill, D. F., Montaggioni, L. F., Muller, D. W., Omarzai, S. K., Pigram, C. J., Swart, P. K., Symonds, P. A., Watts, K. F. and Wei, W. (1991) *Proc. ODP*, *Init. Repts.*, 133, College Station, TX, 1496.

De Hon, R. A., Washington, P. A., Glawe, L. N, Young, L. M. and Morehead, E. A. (2001) Formation of northern Louisiana ironstones. *Gulf Coast Ass. Geol. Soc. Trans.*, 51, 55–62.

Diaz, E., Prasad, M., Mavko, G. and Dvorkin, J. (2003) Effect of glauconie on the elastic properties, porosity and permeability of reservoir rocks. *Lead. Edge*, 42–45.

Dillenburg, S. R., Laybauer, L., Mexias, A. S., Dani, N., Guimarães Barbosa, E. and Lummertz, C. N. (2000) Significado estratigráfico de minerais glauconiticos da planície costeira do Rio Grande do Sul, região da Laguna de Tramandaí. *Rev. Brasil. Geocienc.*, 30, 649–654.

Dreyer, T., Corregidor, J., Arbues, P. and Puigdefabregas, C. (1999) Architecture of tectonically influenced Sobrarbe deltaic complex in the Ainsa Basin, northern Spain. *Sediment. Geol.*, 127, 127–169.

Duprat, M. (1997) Modèle tectono–sédimentaire des dépôts Paléogènes dans le Nord–Est du Bassin de Paris : conséquences sur la géométrie du toit de la Craie. *Ann. Soc. Géol. Du Nord*, 5 (2éme série), 269–287.

El–ghali, M. A. K. (2005) *Diagenesis and Sequence Stratigraphy–Predictive Models for Reservoir Qualità Evolution of Fluvial and Glaciogenic and Non–Glaciogenic*, *Paralic Deposits*. PhD thesis, Uppsala University.

Embry, A. F. (1993) Transgressive–regressive (T–R) sequence analysis of the Jurassic succession of the Sverdrup Basin, Canadian Arctic Archipelago. *Can. J. Earth Sci.*, 30, 301–320.

Embry A. F. (1995) Sequence boundaries and sequence hierarchies : problems and proposals. In : *Sequence Stratigraphy on the Northwest European Margin* (Eds R.J. Steel, V. L. Felt, E. P. Johannessen and C. Mathieu), *Norwegian Petroleum Society* (*NPF*) *Spec. Publ.*, 5, 1–11. Elsevier, Amsterdam.

Fernández–Bastero, S., Velo, A., García, T., Gago–Duport, L., Santos, A., Garcia–Gil, S. and Vilas, F. (2000) Las glauconitas de la plataforma continental gallega : Indicadores geoquímicos del grado de evolución. *J. Iber. Geol.*, 26, 233–247.

Floquet, M. (1998) Outcrop cycle stratigraphy of shallow ramp deposits : the Late Cretaceous series on the Castilian ramp(northern Spain). In : *Mesozoic and Cenozoic Sequence Stratigraphy of European Basins*(Eds de Graciansky P.–C., Hardenbol J., Jacquin T. and Vail P. R.), *SEPM Spec. Publ.*, 60, 343–361.

Galloway, W. E. (1989) Genetic stratigraphic sequences in basin analysis I : architecture and genesis of flooding-surface bounded depositional units. *AAPG Bull.*, 73, 125-142.

Galloway, W. E. (2002) Paleogeographic setting and depositional architecture of a sand-dominated shelf depositional system, Miocene Utsira Formation, North Sea Basin. *J. Sediment. Res.*, 72, 476-490.

Gates, L. M., James, N. P. and Beauchamp, B. (2004) A glass ramp : shallow-water Permian spiculitic chert sedimentation, Sverdrup Basin, Arctic Canada. *Sediment. Geol.*, 168, 125-147.

Gensous, B. and Tesson, M. (1996) Sequence stratigraphy, seismic profiles and cores of Pleistocene deposits of the Rhône continental shelf. *Sediment. Geol.*, 105, 183-190.

Ghibaudo, G., Grandesso, P., Massari, F. and Uchman, A. (1996) Use of trace fossils in delineating sequence stratigraphic surfaces (Tertiary Venetian Basin, northeastern Italy) . *Palaeogeogr. Palaeoclimatol. Palaeoecol.*, 120, 261-279.

Giresse, P. and Wiewióra, A. (2001) Stratigraphic condensed deposition and diagenetic evolution of green clay minerals in deep water sediments on the Ivory Coast-Ghana Ridge. *Mar. Geol.*, 179, 51-70.

Giresse, P., Wiewióra, A. and Grabska, D. (2004) Glauconitization processes in the northwestern Mediterranean (Gulf of Lions) . *Clay Miner.*, 39, 57-73.

Glenn, C. R, Kronen, J. R., Symonds, P. A., Wei, W. and Kroon, D. (1993) High-resolution sequence stratigraphy, condensed sections and flooding events off the great barrier reef : 0-1. 5 MA. In : *Proceedings of the Ocean Drilling Program*, *Scientific Result* (Eds J. A. McKenzie, P.J. Davies and A. Palmer-Julson), *Spec. Publ.*, 133, 353-364.

Gonzalez, R., Dias, J. M. A., Lobo, F. and Mendes, I. (2004) Sedimentological and paleoenvironmental characterisation of transgressive sediments of the Gaudiana Shelf (Northern Gulf of Cadiz, SW Iberia) . *Quarter. Int.*, 120, 133-144.

Guidi, R., Mas, R. and Sarti, G. (2005) La sucesión sedimentaria siliciclástica del Cretácico superior del borde sur de la Sierra de Guadarrama (Madrid, España central) : Análisis de facies y reconstrucción paleoambiental. *Rev. Soc. Geol. Esp.*, 18, 101-113.

Harris, L. C. and Whiting, B. M. (2000) Sequence-stratigraphic significance of Miocene to Pliocene glauconite-rich layers, on-and offshore of the US Mid-Atlantic margin. *Sediment. Geol.*, 134, 129-147.

Harris, W. B. and Fullagar, P. D. (1989) Comparison of Rb-Sr and K-Ar dates of middle Eocene bentonite and glauconite, southeastern Atlantic Coastal Plain. *Geol. Soc. Am. Bull.*, 101, 573-577.

Helland-Hansen, W. and Martinsen, O. J. (1996) Shoreline of trajectories and sequences : Description variable depositional-dipscenarios. *J. Sediment. Res.*, 66, 670-688.

Hesselbo, S. P. and Huggett, J. M. (2001) Glaucony in oceanmargin sequence stratigraphy (Oligocene-Pliocene, offshore New Jersey, U. S. A. ; ODP Leg 174A) . *J. Sediment. Res.*, 71, 599-607.

Hower, J. (1961) Some factors concerning the nature and origin of glauconite. *Am. Miner.*, 46, 313-334.

Huggett, J. M. and Gale, A. S. (1997) Petrology and palaeoenvironmental significance of glaucony in the Eocene succession at Whitecliff Bay, Hampshire Basin, UK. *J. Geol. Soc. Lond.*, 154, 897-912.

Hunt, D. and Tucker, M. E. (1992) Stranded parasequences and the forced regressive wedge systems tract : deposition during base-level fall. *Sediment. Geol.*, 81, 1-9.

Jimènez-Millan, J., Molina, J. M., Nieto, F., Nieto, L. and Ruiz-Ortiz, P. A. (1998) Glauconite and phosphate peloids in Mesozoic carbonate sediments (Eastern Subbetic Zone, Betic Cordilleras, SE Spain) . *Clay Miner.*, 33, 547-559.

Keller, G. (2005) Biotic effects of late Maastrichtian mantle plume volcanism : implications for impacts and mass extinctions. *Lithos*, 79, 317-341.

Kelly, J. C. and Webb, J. A. (1999) The genesis ofglaucony in the Oligo-Miocene Torquay Group, south eastern Australia : petrographic and geochemical evidence. *Sediment. Geol.*, 125, 99–114.

Kelly, J. C., Webb, J. A. and Maas, R. (2001) Isotopic constraints on the genesis and age of autochthonous glaucony in the Oligo–Miocene Torquay Group, southeastern Australia. *Sedimentology*, 48, 325–338.

Keppens, E. and Pasteels, P. (1982) A comparison of rubidium–strontium and potassium–argon apparent ages on glauconies. In : *Numerical Dating in Stratigraphy* (Ed. G. S. Odin), pp. 225–243. John Wiley & Sons Publ., Chichester.

Ketzer, J. M., Morad, S., Evans R. and Al–Aasm, I. S. (2002) Distribution of diagenetic alterations in fluvial, deltaic and shallow marine sandstones within a sequence stratigraphic framework : evidence from the Mullaghmore Formation (Carboniferous), NW Ireland. *J. Sediment. Res.*, 72, 760–774.

Ketzer, J. M., Holz, M., Morad, S. and Al–Aasm, I. S. (2003a) Sequence stratigraphic distribution of diagenetic alterations in coal bearing, paralic sandstones : evidence from the Rio Bonito Formation (early Permian), southern Brazil. *Sedimentology*, 50, 855–877.

Ketzer, J. M., Morad, S. and Amorosi, A. (2003b) Predictive diagenetic clay–mineral distribution in siliciclastic rocks within a sequence stratigraphic framework. In : *Clay Mineral Cements in Sandstones* (Eds R. H. Worden and S. Morad), *IAS Spec. Publ.*, 34, 42–59.

Kidwell, S. M. (1991) Condensed deposits in siliciclastic sequences : expected and observed features, In : *Cycles and Events in Stratigraphy* (Eds G. Einsele, W. Ricken and A. Seilacher), pp. 682–695. Berlin, Springer–Verlag.

Kim, Y. and Lee, Y. I. (2000) Ironstones and green marine clays in the Dongjeom Formation (Early Ordovician) of Korea. *Sediment. Geol.*, 130, 65–80.

Kitamura, A. (1998) Glaucony and carbonate grains as indicators of the condensed section : Omma Formation, Japan. *Sediment. Geol.*, 122, 151–163.

Kronen, J. D. Jr. and Glenn, C. R. (2000) Pristine to reworked verdine : keys to sequence stratigraphy in mixed carbonate–siliciclastic forereef sediments (Great Barrier Reef) . In : *Marine Authigenesis : From Globial to Microbial* (Eds C. R. Glenn, L. Prévôt–Lucasand J. Lucas), *SEPM Spec. Publ.*, 66, 387–403.

Laenen, B. (1999) The geochemical signature of relative sealevel cycles recognised in the Boom Clay. *Aardk. Med.*, 9, 61–82.

Loutit, T. S., Hardenbol, J., Vail, P. R. and Baum, G. R. (1988) Condensed sections : the key to age determination and correlation of continental margin sequences. In : *Sea–Level Changes–An Integrated Approach* (Eds C. K. Wilgus, B. S. Hastings, C. G. St.C. Kendall, H. W. Posamentier, C. A. Ross and J. C. Van Wagoner), *Soc. Econ. Paleont. Miner. Spec. Publ.*, 42, 183–213.

Lüning, S., Marzouk, A. M., Morsi, A. M. and Kuss, J. (1998) Sequence stratigraphy of the Upper Cretaceous of central–east Sinai, Egypt. *Cretaceous Res.*, 19, 153–196.

Malartre, F., Ferry, S. and Rubino, J. L. (1998) Interactions climat–eustatisme–tectonique. Les enseignements et perspectives du Crétacé supérieur (Cénomanien–Coniacen) . *Geodin. Acta*, 11, 253–270.

Mancini, E. A. and Tew, B. H. (1993) Eustasy versus subsidence : Lower Paleocene depositional sequences from southern Alabama, eastern Gulf Coastal Plain. *Geol. Soc. Am. Bull.*, 105, 3–17.

Marenssi S. A., Net, I. N. and Santillana S. N. (2002) Provenance, environmental and paleogeographic controls on sandstone composition in an incised–valley system : the Eocene La Meseta Formation, Seymour Island, Antarctica. *Sediment. Geol.*, 150, 301–321.

Mazzocchin, G. A., Agnoli, F. and Salvadori, M. (2004) Analysis of Roman age wall paintings found in Pordenone, Trieste and Montegrotto. *Talanta*, 64, 732–741.

McCracken, S. R, Compton, J. and Hicks, K. (1996) Sequence–stratigraphic significance of glaucony–rich lithofacies at Site 903. In : *G. S. Mountain Proc. ODP*, *Sci. Results* (Eds K. G. Miller, P. Blum, C. W.

Poag and D. C. Twitchell), 150, 171–187.

Mei, M., Yang, F., Gao, Y. and Meng, Q. (2008) Glauconites formed in the high-energy shallow-marine environment of the Late Mesoproterozoic: case study from Tieling Formation at Jixian section in Tianjin, North China. *Earth Sci. Front.*, 15, 146–158.

Miller, K. G., Mountain, G. S., Browning, J. V., Kominz, M. A., Sugarman, P. J., Christie-Blick, N., Katz, M. E. and Wright, J. D. (1998) Cenozoic global sea-level, sequences and the New Jersey Transect: results from coastal plain and continental slope drilling. *Rev. Geophys.*, 36, 569–601.

Miller, K. G., Sugarman, P. J., Browning, J. V., Kominz, M. A., Olsson, R. K., Feigenson, M. D. and Hernandez, J. C. (2004) Upper Cretaceous sequences and sea-level history, New Jersey coastal plain. *Geol. Soc. Am. Bull.*, 116, 368–393.

Mitchum, R. M., Jr. and Van Wagoner, J. C. (1991) High-frequency sequences and their stacking patterns: sequence-stratigraphic evidence of high-frequency eustatic cycles. *Sediment. Geol.*, 70, 131–160.

Molgat, M. and Arnott, R. W. C. (2001) Combined tide and wave influence on sedimentation patterns in the Upper Jurassic Swift Formation, south-eastern Alberta. *Sedimentology*, 48, 1353–1369.

Morad, S., Ketzer, J. M. and De Ros, F. (2000) Spatial and temporal distribution of diagenetic alterations in siliciclastic rocks: implications for mass transfer in sedimentary basins. *Sedimentology*, 47, 95–120.

Morton, J. P. and Long, L. E. (1984) Rb–Sr ages of glauconite recrystallization: dating times of regional emergence above sea-level. *J. Sediment. Petrol.*, 54, 495–506.

Mostefaï, S. (1997) Les concrétions septariennes barytiques et carbonatées des Marnes Bleues du Crétacé (sud-est de la France). *Mém. Sc. de la Terre*, 30, 1–289.

Myrow, P. (1998) Transgressive stratigraphy and depositional framework of Cambrian tidal dune deposits, Peerless Formation, Central Colorado, U. S. A. In: *Tidalites: Processes and Products* (Eds C. R. Alexander, R. A. Davis and V. J. Henry), *SEPM Spec. Publ.*, 61, 143–154.

Myrow, P. M., Taylor, J. F., Ethington, R. L., Ripperdan, R. L. and Allen, J. (2003) Fallen arches: dispelling myths concerning Cambrian and Ordovician paleogeography ofthe Rocky Mountain region. *Geol. Soc. Am. Bull.*, 115, 695–713.

Nielsen, O. B., Heilmann-Clausen, C. and Friis, H. (1999) Tertiary marine and non-marine clay and sand deposits, Jutland. *19th Regional European Meeting of Sedimentology, August 24–26 1999, Copenhagen. Field Trip Guidebook, Excursion B3*, 103–122.

Odin, G. S. (1982a) *Numerical Dating in Stratigraphy*, C Part Two, pp. 633–1040. John Wiley and Sons Publ., Chichester.

Odin, G. S. (1982b) How to measure glaucony ages? In: *Numerical Dating in Stratigraphy* (Ed. Odin G. S.), pp. 387–403. John Wiley and Sons Publ., Chichester,

Odin, G. S. (1982c) Effect of pressure and temperature on clay mineral potassium-argon ages. In: *Numerical Dating in Stratigraphy* (Ed. G. S. Odin), pp. 307–319. John Wiley and Sons Publ., Chichester.

Odin, G. S. (1988) Glaucony from the Gulf of Guinea. In: *Green Marine Clays: Developments in Sedimentology* (Ed. Odin G. S.), pp. 225–247. Elsevier, Amsterdam.

Odin, G. S. and Létolle, R. (1980) Glauconitization and phosphatization environments: a tentative comparison. In: *Marine Phosphorites* (Ed. Y. K. Bentor), *SEPM Spec. Publ.*, 29, 227–237.

Odin, G. S. and Matter, A. (1981) De glauconiarum origine. *Sedimentology*, 28, 611–641.

Odin, G. S. and Dodson, M. H. (1982) Zero isotopic age of glauconies. In: *Numerical Dating in Stratigraphy* (Ed. Odin G. S.), pp. 277–305. John Wiley and Sons Publ, Chichester.

Odin, G. S. and Rex, D. C. (1982) K–Ar dating of washed, leached, weathered and reworked glauconies. In: *Numerical Dating in Stratigraphy* (Ed. Odin G. S), pp. 363–385. John Wiley and Sons Publ. Chichester.

Odin, G. S. and Fullagar, P. D. (1988) Geological significance of the glaucony facies. In : *Green Marine Clays : Developments in Sedimentology* (Ed. Odin G. S.), pp. 295–332. Elsevier, Amsterdam.

Odin, G. S. and Amorosi, A. (2001) Interpretative reading of the Campanian–Maastrichtian deposits at Tercisles–Bains : sedimentary breaks, rhythms, accumulationrate, sequences. In : *The Campanian–Maastrichtian Stage Boundary : Characterization at Tercis–les–Bains (France) and Correlation with Europe and Other Continents* (Ed. Odin G. S.), *IUGS Spec. Publ. (Monograph) Series*, 36; Developments in Palaeontology and Stratigraphy, 19, Chap. B1c, 120–133. Elsevier Sciences Publ., Amsterdam.

Odin, G. S. and Lamaurelle, A. (2001) The global Campanian–Maastrichtian stage boundary. *Episodes*, 24, 229–238.

Olsson, R. K. (1991) Cretaceous to Eocene sea–level fluctuations on the New Jersey margin. *Sediment. Geol.*, 70, 195–208.

Ostwald, J. and Bolton, B. R. (1992) Glauconite formation as factor in sedimentary manganese deposit genesis. *Econ. Geol.*, 87, 1336–1344.

Parra, M., Moscardelli, L. and Lorente, M. A. (2003) Late Cretaceous Anoxia and lateral microfacies changes in the Tres Esquinas Member, La Luna Formation, Western Venezuela. *Palaios*, 18, 321–333.

Pasquini, C., Lualdi, A. and Vercesi, P. L. (2004) Depositional dynamics of glaucony–rich deposits in the Lower Cretaceous of the Nice arc, southeast France. *Cret. Res.*, 25, 179–189.

Pekar, S. F., Christie–Blick, N., Miller, K. G. and Kominz, M. A. (2003) Quantitative constraints on the origin of stratigraphic architecture at passive continental margins : Oligocene sedimentation in the New Jersey, U. S. A. *J. Sediment. Res.*, 73, 227–245.

Peybernès, B. Fondecave–Wallez, M.–J., Gourinard, Y. and Eichène, P. (1997) Stratigraphie séquentielle, biozonation par les foraminifères planctoniques, grade–datation et évaluation des taux de sédimentation dans les calcaires crayeux campano–maastrichtiens de Tercis (SW de la France). *Bull. Soc. Géol. France*, 168, 143–153.

Pittet, B. and Strasser, A. (1998) Depositional sequences in deep–shelf environments formed through carbonatemud import from the shallow platform (Late Oxfordian, German Swabian Alb and eastern Swiss Jura). *Eclogae Geol. Helv.*, 91, 149–169.

Pop, D. (1999) Mineralogical–Petrographical Study of the Glauconitic Formations in the Transylvanian Basin. Abstract of the PhD thesis, 40 p. Babes–Bolyai University, Cluj–Napoca.

Plint, A. G. and Nummedal, D. (2000) The falling stage systems tract : recognition and importance in sequence stratigraphic analysis. In : *Sedimentary Responses to Forced Regressions* (Eds R. L. Gawthorpe and D. Hunt), *Geol. Soc. Lond. Spec. Publ.*, 172, 1–17.

Posamentier, H. W., Jervey, M. T. and Vail, P. R. (1988) Eustatic controls on clastic deposition I : conceptual framework. In : *Sea–Level Changes–An Integrated Approach* (Eds C. K. Wilgus, B. S. Hastings, C. G. St. C. Kendall, H. W. Posamentier, C. A. Ross and J. C. Van Wagoner), *Soc. Econ. Paleont. Miner. Spec. Publ.*, 42, 109–124.

Posamentier, H. W., and Allen, G. P. (1999) Siliciclastic Sequence Stratigraphy–Concepts and Applications. *SEPM Concepts Sedimentol. Paleontol.*, 7, 1–210.

Posamentier, H. W. and Kolla, V. (2003) Seismic geomorphology and stratigraphy of depositional elements in deep–water settings. *J. Sediment. Res.*, 73, 367–388.

Rao, V. P., Lamboy, M. and Dupeuble, P. A. (1993) Verdine and other associated authigenic (glaucony, phosphate) facies from the surficial sediments from Krishna to Ganges river mouth, east coast of India. *Mar. Geol.*, 111, 133–158.

Rao, V. P., Thamban, M. and Lamboy, M. (1995) Verdine and glaucony facies from surficial Sediments of the eastern continental margin of India. *Mar. Geol.*, 127, 105–113.

Rasmussen E. S. and Dybkjær, K. (2005) Sequence stratigraphy of the Upper Oligocene–Lower Miocene of eastern Jylland, Denmark : role of structural relief and variable sediment supply in controlling sequence development. *Sedimentology*, 52, 25–63.

Rawlley, R. K. (1994) Mineralogical investigations on an Indian glauconitic sandstone of Madhya Pradesh state. *Appl. Clay Sci.*, 8, 449–465.

Ringqvist L., Holmgren A. and Öborn I. (2002) Poorly humified peat as an adsorbent for metals in wastewater. *Water Res.*, 36, 2394–2404.

Robaszynski, F., Gale, A. S., Juignet, P., Amédro, F. and Hardenbol, J. (1998) Sequence stratigraphy in the Upper Cretaceous series of the Anglo–Paris Basin : exemplified by the Cenomanian Stage. In : *Mesozoic and Cenozoic Sequence Stratigraphy of European Basins* (Eds de Graciansky P.–C., Hardenbol J., Jacquin T. and Vail P. R.), *SEPM Spec. Publ.*, 60, 363–386.

Rousset, D., Leclerc, S., Clauer, N., Lancelot, J., Cathelineau, M. and Aranyossy, J.–F. (2004) Age and origin of Albian glauconites and associated clay minerals inferred from a detailed geochemical analysis. *J. Sediment. Res.*, 74, 631–642.

Ruffell, A. (1998) Tectonic accentuation of sequence boundaries : evidence from the Lower Cretaceous of southern England. In : *Development, Evolution and Petroleum Geology of the Wessex Basin* (Ed. J. R. Underhill), *Geological Society Spec. Publ.*, 133, 331–348.

Ruffell, A. and Wach, G. (1998) Firmgrounds–key surfaces in the recognition of parasequences in the Aptian Lower Greensand Group, Isle of Wight (southern England). *Sedimentology*, 45, 91–107.

Salem, A. M., Ketzer, J. M., Morad, S., Rizk, R. R. and Al–Aasm, I. S. (2005) Diagenesis and reservoir–quality evolution of incised–valley sandstones : evidence from the Abu–Madi gas reservoirs (Upper Miocenej, the Nile Delta Basin, Egypt. *J. Sediment. Res.*, 75, 572–584.

Sandler A., Harlavan Y. and Steinitz G. (2004) Early formation of K–feldspar in a shallow–marine sediments at near–surface temperatures (southern Israel) : evidence from K–Ar dating. *Sedimentology*, 51, 323–338.

Schulz–Rojahn, J. P., Seeburger, D. A. and Beacher, G. J. (2003) Application of glauconite morphology in geosteering and for on–site reservoir quality assessment in very fine–grained sandstones : Carnarvon Basin, Australia. In : *Clay Mineral Cements in Sandstones* (Eds R. H. Worden and S. Morad), *IAS Spec. Publ.*, 34, 473–488.

Schimanski, A. and Stattegger, K. (2005) Deglacial and Holocene evolution of the Vietnam shelf : stratigraphy, sediments and sea–level change. *Mar. Geol.*, 214, 365–387.

Smith, E. H., Weiping, L., Vengris, T. and Binkiene, R. (1996) Sorption of heavy metals by Lithuanian glauconite. *Water Res.*, 30, 2883–2892.

Smith, P. E., Evensen, N. M., York, D. and Odin, G. S. (1998) Single–grain 40Ar–39Ar ages of glauconies : implications for the Geological Time Scale and global sea–level variations. *Science*, 279, 1517–1519.

Stille, P. and Clauer, N. (1994) The process of glauconitization : chemical and isotopic evidence. *Contrib. Miner. Petrol.*, 117, 253–262.

Stonecipher, S. A. (1999) Genetic characteristic of glauconite and siderite : implications for the origin of ambiguous isolated marine sandbodies. In : *Isolated Shallow Marine Sand Bodies : Sequence Stratigraphic Analysis and Sedimentological Interpretation* (Eds K. M. Bergman and J. W. Snedden), *SEPM Spec. Publ.*, 64, 191–204.

Sugarman, P. J. and Miller, K. G. (1997) Correlation of Miocene sequences and hydrogeologic units, New Jersey coastal plain. *Sediment. Geol.*, 108, 3–18.

Sullivan, M. D., Van Wagoner, J. C., Jennette, D. C., Foster, M. E., Stuart, R. M., Lovell, R. W. and Pemberton, S. G. (1997) High resolution sequence stratigraphy and architecture of the Shannon Sandstone, Hartzog Draw Field, Wyoming: implications for reservoir management. Gulf Coast Section SEPM Foundation 18th Annual Research Conference, Shallow Marine and Nonmarine Reservoirs, Houston, Texas, December 7-10, 1997, 331-344.

Surlyk, F. (1991) Sequence stratigraphy of the Jurassic-lowermost Cretaceous of East Greenland. *AAPG Bull.*, 75, 1468-1488.

Suter, J. R. and Clifton, H. E. (1999) The Shannon Sandstone and isolated linear sand bodies: interpretations and realizations. In: *Isolated Shallow Marine Sand Bodies: Sequence Stratigraphic Analysis and Sedimentological Interpretation* (Eds K. M. Bergman and J. W. Snedden), *SEPM Spec. Publ.*, 64, 321-356.

Swift, D. J. P. and Parsons, B. S. (1999) Shannon Sandstone of the Powder River Basin: orthodoxy and revisionism in stratigraphic thought. In: *Isolated Shallow Marine Sand Bodies: Sequence Stratigraphic Analysis and Sedimentological Interpretation* (Eds K. M. Bergman and J. W. Snedden), *SEPM Spec. Publ.*, 64, 55-84.

Taylor, K. G. and Macquaker, J. H. S. (2000) Spatial and temporal distribution of authigenic minerals in continental shelf sediments: implications for sequence stratigraphic analysis. In: *Marine Authigenesis: From Globial to Microbial* (Eds C. R. Glenn, L. Prévôt-Lucas and J. Lucas), *SEPM Spec. Publ.*, 66, 309-323.

Téllez-Duarte M. A. and López Martínez M. (2002) K-Ar dating and geological significance of clastic sediments of the Paleocene Sepultura Formation, Baja California, México. *J. S. Am. Earth Sci.*, 15, 725-730.

Tillman, R. W. (1999) The Shannon Sandstone: a review of the sand-ridge and other models. In: *Isolated Shallow Marine Sand Bodies: Sequence Stratigraphic Analysis and Sedimentological Interpretation* (Eds K. M. Bergman and J. W. Snedden), *SEPM Spec. Publ.*, 64, 29-54.

Tillman, R. W. and Martinsen, R. S. (1987) The Shannon shelf-ridge sandstone complex, Salt Creek anticline area, Powder River Basin Wyoming. In: *Siliciclastic Shelf Sediments* (Eds Tillman, R. W. and Siemers, C. T.), *Soc. Econ. Paleont. Miner. Spec. Publ.*, 34, 85-142.

Udgata, D. B. P. (2007) Glauconite as an Indicator of Sequence Stratigraphic Packages in a Lower Paleocene Passive-Margin Shelf Succession, Central Alabama. Thesis, 109 pp.

Uličný, D. (2001) Depositional systems and sequence stratigraphy of coarse-grained deltas in a shallow-marine, strike-slip setting: the Bohemian Cretaceous Basin, Czech Republic. *Sedimentology*, 48, 599-628.

Vandenberghe, N., Laga, P., Steurbaut, E., Hardenbol, J. and Vail, P. R. (1998) Tertiary sequence stratigraphy at the southern border of the North Sea Basin in Belgium. In: *Mesozoic and Cenozoic Sequence Stratigraphy of European Basins* (Eds de Graciansky P.-C., Hardenbol J., Jacquin T. and Vail P. R.), *SEPM Spec. Publ.*, 60, 119-154.

Vail, P. R., Audemard, F., Bowman, S. A., Eisner, P. N. and Pérez-Cruz, C. (1991) The stratigraphic signatures of tectonics, eustacy and sedimentology-an overview. In: *Cycles and Events in Stratigraphy* (Eds Einsele, G, Ricken, W. and Seilacher, A.), pp. 617-659. Berlin, Springer-Verlag.

Van Wagoner, J. C., Posamentier, H. W., Mitchum, R. M. Jr., Vail, P. R., Sarg, J. F., Loutit, T. S. and Hardenbol, J. (1988) An overview of the fundamentals of sequence stratigraphy and key definitions. In: *Sea-Level Changes-An Integrated Approach* (Eds C. K. Wilgus, B. S. Hastings, C. G. St. C. Kendall, H. W. Posamentier, C. A. Ross and J. C. Van Wagoner), *Spec. Publ. Soc. Econ. Paleont. Miner.*, 42, 39-47.

Van Wagoner, J. C., Mitchum, R. M., Jr., Campion, K. M. and Rahmanian, V. D. (1990) Siliciclastic

Sequence Stratigraphyin Well Logs, Cores and Outcrops. *AAPG*, *Method. Explor. Serie.*, 7, 55.

Varol, B., Özgüner, A. M., Kosun, E., Imamoglu, S., Danis, M. and Karakullukçu T. (2000) Depositional environments and sequence stratigraphy of glauconites of Western Black Sea region. *Bull. Miner. Res. Explor.*, 122, 1-21.

Vigorito, M., Murru, M. and Simone, L. (2005) Anatomy of submarine channel system and related fan in faramol/rhodalgal carbonate sedimentary setting: a case history from the Miocene syn-rift Sardinia Basin, *Italy Sediment. Geol.*, 174, 1-30.

Wadsworth, J., Boyd, R., Diessel, C., Leckie, D. and Zaitlin, B. A. (2002) Stratigraphic style of coal and non-marine strata in a tectonically influenced intermediate accommodation setting: the Manville Group of Western Canadian Sedimentary Basin, south-central Alberta. *Bull. Can. Petrol. Geol.*, 50, 507-541.

Walker, R. G. and Bergman, K. M. (1993) Shannon Sandstone in Wyoming: a shelf-ridge complex reinterpreted as lowstand shoreface deposits *J. Sediment. Petrol.*, 63, 839-851.

Wei, W. (2004) Opening of the Australia-Antarctica Gateway as dated by nannofossils. *Mar. Micropaleontol*, 52, 133-152.

Wiewióra, A., Giresse, P., Petit, S. and Wilamowski, A. (2001) A deep-water glauconitization process on the Ivory Coast-Ghana marginal Ridge (ODP site 959): determination of Fe^{3+}-rich montmorillonite in green grains. *Clay Miner.*, 49, 540-558.

Wigley, R. A. and Compton, J. S. (2006) Late Cenozoic evolution of the outer continental shelf at the head of the Cape Canyon, South Africa. *Mar. Geol.*, 226, 1-23.

Wigley, R. and Compton, J. S. (2007) Oligocene to Holocene glauconite-phosphorite grains from the Head ofthe Cape Canyon on the western margin of South Africa. *Deep Sea Res. II*, 54, 1375-1395.

Wood, J. M. and Hopkins, J. C. (1992) Traps associated with paleovalleys and interfluves in an unconformity bounded sequence: Lower Cretaceous Glauconitic Member. Southern Alberta, Canada. *AAPG Bull.*, 76, 904-926.

3 层序结构与古气候对冰室旋回中宾夕法尼亚系和二叠系碳酸盐岩中地表暴露相关成岩作用的控制

Govert J.A. Buijs，Robert H. Goldstein

Department of Geology，University of Kansas，1475 Jayhawk Blvd. 120 Lindley Hall，Lawrence，Kansas 66045，USA（E-mail：govert.buijs@maerskoil.com，gold@ku.edu）

摘要 堪萨斯州西部 Hugoton 湾的宾夕法尼亚系和二叠系冰室层序暴露于地表，形成了含组构选择性溶蚀、细晶块状方解石胶结物和次生加大环带等可预测的碳酸盐岩成岩样式。观察结果表明，层序地层学与陆棚背景可以用来预测碳酸盐岩储层的孔隙度。

在 Amoco Rebecca K. Bounds 岩心（RB 岩心）中，大多数早期胶结物以生长环带的形式分布，表明胶结物的形成经历了多期地表暴露，这些胶结物沉淀在淡水或蒸发海水—大气水混合带中，其 $\delta^{18}O$ 值为 –5.7‰～–1.2‰（VPDB），$\delta^{13}C$ 值为 –2.5‰～0.7‰（VPDB），原生流体包裹体盐度为 5.3%～0.0%NaCl 当量。

早期方解石胶结物的含量主要受层序结构控制，较低程度上受陆上暴露期间的气候控制。高相对海平面时期形成的层序（S 结构层序），比反映海平面曲线下降段沉积的层序（C 结构层序）含有更多的早期方解石胶结物。S 结构层序的地表暴露时间明显比 C 结构层序的要长。在相对海平面下降的早期，气候更湿润，因而形成更多的早期方解石胶结物。在相对海平面下降的晚期，气候更加干旱，因而形成的早期方解石胶结物较少。

混合带胶结作用的相对重要性可通过 RB 岩心的地质背景来进行最好的解释，其中低坡度和层间硅质碎屑隔水层限制了大气水的补给与流动，导致大气水注入量低且形成的大气水方解石胶结物数量少。

了解层序结构与古气候对成岩组构分布的影响，有助于推动宾夕法尼亚系与二叠系碳酸盐岩以及全球其他地区碳酸盐岩油气藏的开发。

3.1 引言

沉积相与成岩作用是控制碳酸盐岩储层孔隙度与渗透率的两个主要因素。碳酸盐层序地层学与沉积学在建立碳酸盐岩储层岩性分布预测模型时非常有用（Sarg，1988；Tucker 和 Wright，1990；Hanford 和 Loucks，1993；Pomar，2001），然而，成岩模型在预测储层的分布和非均质性方面还不够成功。为了成功地通过流体流动及成岩作用的耦合建模预测碳酸盐岩的孔隙度与渗透率（Whitaker 等，1999；Whitaker 和 Smart，2000；

Carlson 等，2003；Jones 等，2004），必须对导致孔隙度降低、提供或调整的相关变量进行定量评估。

本文研究了气候和层序结构对冰室旋回中碳酸盐岩陆上暴露成岩作用的影响，并利用上述信息改进碳酸盐岩成岩作用和孔隙度的定量与概念预测模型。

之所以选择堪萨斯州西部宾夕法尼亚系及二叠系层段，是因为有一段独特的岩心可提供连续的样品，而且这些碳酸盐岩可以有效地作为其他地方储层的类似物。本文使用了来自堪萨斯州西部 Greeley 县的 Rebecca K. Bounds 岩心（简称 RB 岩心）（Dean 等，1995；图 1）。RB 岩心目前存放于堪萨斯州地质调查局（KGS）的库房内，保存了 Hugoton 湾最西部边缘宾夕法尼亚系和二叠系旋回性的碳酸盐岩、硅质碎屑岩和蒸发岩组合（图 2）。由于 RB 岩心地处 Hugoton 湾最西部边缘，其缺失了下二叠统海相石灰岩，而这套石灰岩正是东南部重要的储层。另一段岩心取自堪萨斯州 Kearny 县的 Shankle 2-9 岩心（简称 SH 岩心），其位于 RB 岩心东南 90km 处（图 1）。SH 岩心含有下二叠统碳酸盐岩、硅质碎屑岩、蒸发岩（图 2），目前也存放在 KGS 库房内。

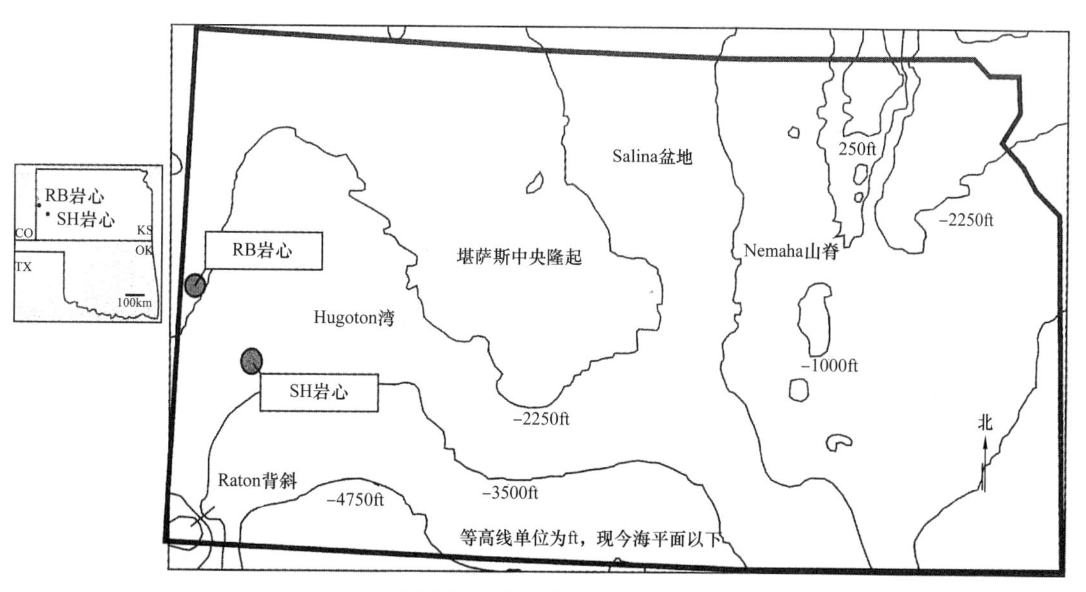

图 1　堪萨斯州 RB 岩心与 SH 岩心位置示意图

两者位于 Hugoton 湾最西部边缘，RB 井位于美国堪萨斯州 Greeley 郡；SH 井位于美国堪萨斯州 Kearney 郡。宾夕法尼亚纪与二叠纪，Hugoton 湾为俄克拉荷马州 Anadarko 深盆向北延伸的一个低角度浅海缓坡（其轮廓见小图）。等高线为前寒武纪基底深度（单位：ft，相对现今海平面）

RB 岩心和 SH 岩心的宾夕法尼亚系与二叠系层段包含大量层序，为评估冰室条件下地表暴露对碳酸盐岩旋回的影响提供了极好的机会。各层序在整个层段内遵循同一基本沉积模式，以便对气候和层序结构等变量进行评估，这些变量控制着陆上暴露期间的流体流量和成岩体系的化学特征（Tucker，1993；Saller 等，1994；Harris 等，1999）。控制与陆上暴露事件有关的成岩作用特征的变量是本文研究的重点。针对各碳酸盐岩样品，将与陆上暴露有关的胶结物降低的孔隙空间百分比与气候和层序结构相比较。

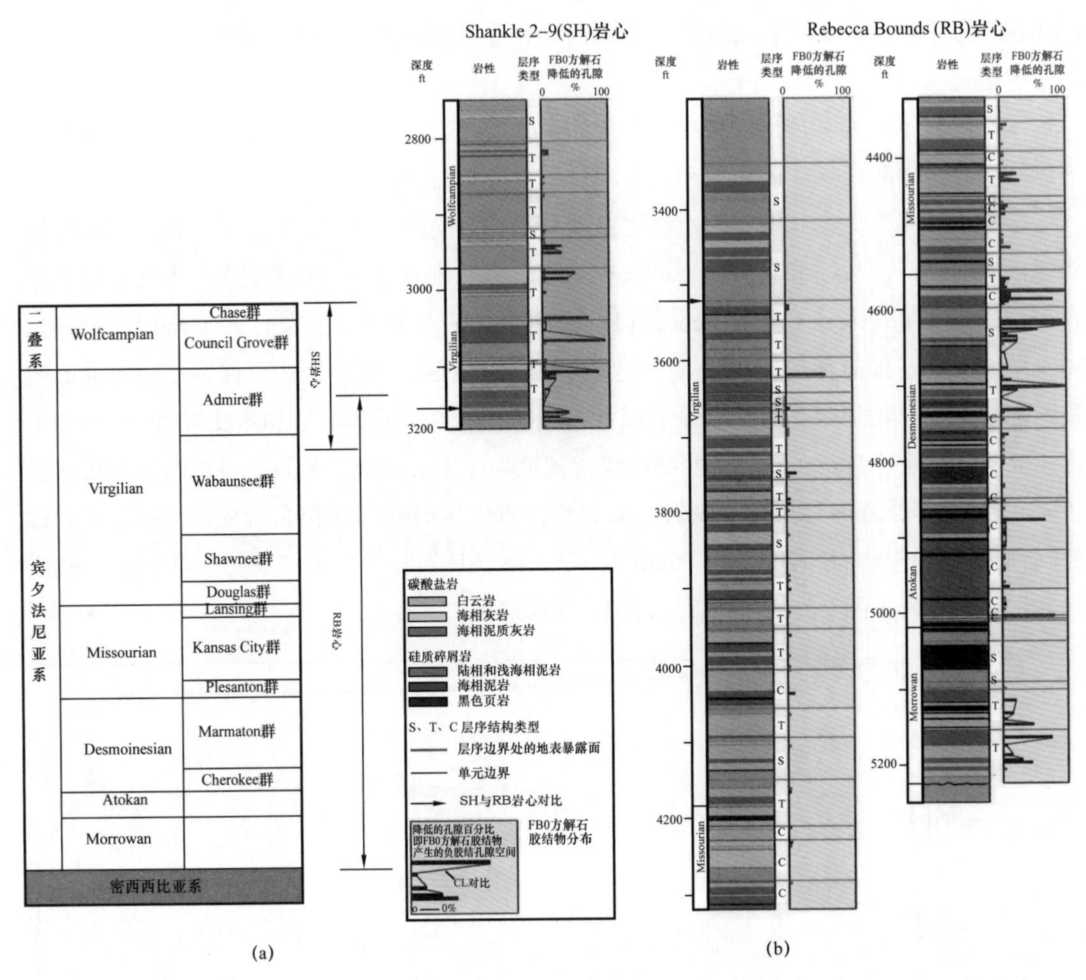

图 2　地层柱状图显示：（a）RB 岩心与 RH 岩心中的宾夕法尼亚系与二叠系（Zeller，1968）。（b）RB 岩心与 RH 岩心中宾夕法尼亚系与二叠系层段内岩相、层序类型的地层分布及细晶块状方解石胶结物（FBO 方解石）和增生胶结物减少的孔隙百分比。须注意，本图未完全列出 RB 岩心与 RH 岩心的所有地层。RB 岩心与 RH 岩心地层范围在宾夕法尼亚系上部层段相互重叠，箭头指示两岩心 Wabaunsee 群与 Admire 群的边界。岩相柱状图显示细粒硅质碎屑岩（橙色、深灰色和黑色）与碳酸盐岩（两种蓝色代表石灰岩，淡绿色代表白云岩）互层产出。层序类型柱状图显示 3 种层序结构，分别以字母 S、T、C 表示。小水平棒长度代表 FBO 方解石胶结物减少的孔隙百分比，连接黑色棒的细线指示胶结关系，依据为 CL 岩相学。小空心圆代表不含 FBO 方解石的样品

3.1.1　气候对地表成岩作用的控制

陆上暴露期间的盛行气候，尤其是降雨量，可能是碳酸盐岩溶蚀量和胶结量的主要控制因素（Ward，1973；Sibley，1980；Budd，1988；Hird 和 Tucker，1988；Wright，1988；Morse 和 Mackenzie，1990；Sun 和 Esteban，1994；Carlson 等，2003）。较多的降雨量增加了通过石灰岩的水流，并可能增加了成岩改造的类型，如淋滤、方解石胶结与重结晶作用等（Whitaker 和 Smart，2007）。干旱气候条件下，大气降水量有限，陆上暴露石灰岩受大气水的影响相对较小。

为了评估这些假设，堪萨斯州西部岩心中宾夕法尼亚系与二叠系的古土壤被作为气候指标，以区分相对湿润气候下出露的层序（H- 气候层序，图 2 和图 3）和相对干旱气候下出露的层序（A- 气候层序，图 2 和图 3）。可以预测，在更湿润的气候条件下，会形成大量印模孔、方解石胶结物以及重结晶组构。

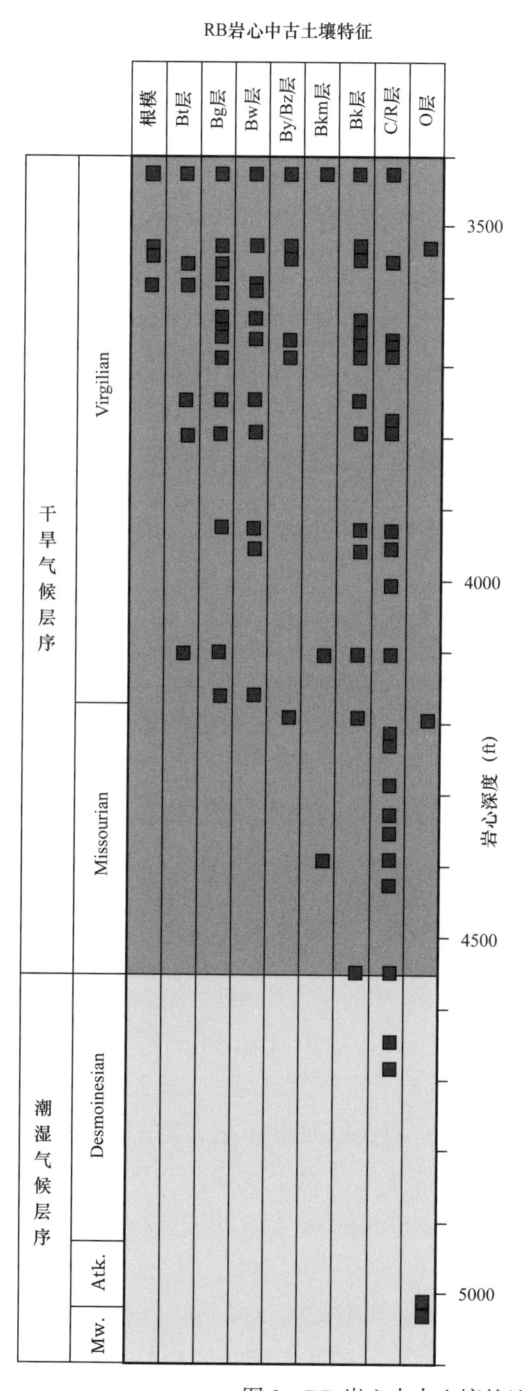

古土壤特征说明

根模：薄且直，多为分叉管状构造
Bt层：富含黏土层
Bg层：潜育土层
Bw层：灰色或淡绿色层，或杂色层
By/Bz层：蒸发岩印模层
Bkm层:钙结层、钙质层和碳酸盐岩带
Bk层：钙质结核层
C/R层：表层岩溶或石灰岩不规则面
O层：煤层或其他富含有机质层

图 3　RB 岩心中古土壤的地层分布特征

自下而上古土壤的多样性增强，与下部层段相比，上部层段的古土壤形成于更干旱的气候条件。利用古土壤的分布可以有效区分上部层段干旱气候层序与下部层段湿润气候层序

3.1.2 层序结构与沉积坡度对地表成岩作用的控制

在堪萨斯州宾夕法尼亚系与二叠系层序中，地表暴露面（古岩溶或古土壤）可出现在石灰岩顶部，也可出现在上覆硅质碎屑岩内部，或二者都存在（Heckel，1983；Goldstein等，1991；French和Watney，1993；Joeckel，1994）。不同的地层结构可反映影响碳酸盐胶结作用的主要因素。古土壤作为隔水层，可影响地下水的流动，古土壤的层位可反映地表暴露的持续时间，这将对大气成因地下水的注入量和潜流带方解石胶结物的数量产生影响（Ward，1973；Sibley，1980；Budd，1988；Hird和Tucker，1988；Wright，1988；Morse和Mackenzie，1990；Sun和Esteban，1994；Carlson等，2003）。

层序结构和大气水成岩作用范围与水文地质学也有一定关系。地表暴露期间的水力梯度受沉积斜坡的控制，陡坡区域降水形成的地下水侵入量要高于缓坡区，因此陡坡区相应的大气水成岩作用量级明显相对较高。含低渗地层单元的层序出露地表期间会形成滞水面，一旦滞水面靠近地表会限制地下水补给，不利于大气水成岩作用。

3.2 地质背景

在宾夕法尼亚纪和二叠纪期间，堪萨斯州位于赤道及低北纬度地区（Rascoe和Adler，1983；Heckel，1984，1994）。Hugoton湾是一个浅水陆棚，由俄克拉荷马州的Anadarko深盆向北延伸，进入堪萨斯州西部和科罗拉多州东部区域（图1）（Johnson，1989），属于原落基山脉（Kluth，1986；Dickinson和Lawton，2003）。晚密西西比世—早二叠世，受北美板块与非洲—南美板块碰撞的影响，原落基山脉发生变形作用（Dickinson和Lawton，2003）。

Hugoton湾的沉积以海相碳酸盐岩和硅质碎屑岩与陆相硅质碎屑岩的旋回沉积为特征（图2）（Heckel，1984，1994；Johnson，1989）。沉积物的旋回性与晚古生代冰川时期海平面的高频、高幅变化有关（Crowell，1978；Heckel，1984，1994；Veevers和Powell，1987）。

晚古生代，随着Pangaea超大陆的形成，地球气候发生明显变化，由冰室过渡为温室气候（Crowell，1978；Rowley等，1985；Cecil，1990；Parrish，1993，1995；West等，1997；Gibbs等，2002；Tabor和Montanez，2004）。密西西比纪—二叠纪，Pangaea超大陆气候变得越来越干旱，且季节性降水频发。最近对美国西南部古土壤的研究表明，在二叠纪早期，赤道附近的Pangaea大陆西部就已形成季风环流（Joeckel，1994；Parrish，1993，1995；Rankey，1997；Rankey和Farr，1997；Soreghan等，2002；Tabor和Montanez，2004）。

总的来说，该地区除了在拉腊米造山运动期间略微向东倾斜外，自二叠纪以来一直处于构造平静状态（Johnson等，1988；Carter等，1998）。RB岩心与SH岩心二叠系之上覆盖了约1500ft厚的中生代、新生代浅海与陆相地层，这些地层记录了一些轻微的沉降。

3.3 研究方法

本研究以堪萨斯州西部 RB 岩心和 SH 岩心的宾夕法尼亚系和二叠系层段详细描述的岩心和取样为基础，共采取了 300 多个样本，多为碳酸盐岩样品。按 Dunham（1962）分类法对碳酸盐岩结构进行了描述。利用 Olympus 和 Leitz 平面偏光显微镜对大约 200 个抛光薄片（厚达 70μm）进行岩相学及胶结物地层学分析（Goldstein，1991；Meyers，1974，1991）。薄片用茜素红 S 和铁氰化钾染色（Dickson，1966）。利用 Letiz 显微镜及 Technosyn 冷阴极荧光系统进行阴极荧光岩相研究（CL），操作电压 15kV，电流为 450μA。

利用冷加工法（Goldstein，2001）额外制备了 50 个双面抛光薄片（70μm 厚）用于流体包裹体研究。在显微测温之前，对流体包裹体进行了详细的岩相学研究，以确定包裹体捕获时期和相比例。在低温显微测温之前，将全液相流体包裹体在 130℃的炉内加热约 10h，使包裹体伸展变形，气泡成核（Goldstein 和 Reynolds，1994）。利用配备 Linkam 冷热台的 Olympus 偏光显微镜测得流体包裹体的均一温度（T_h），初熔温度（T_e）和冰晶最终融化温度（T_{mice}）。T_h 与 T_{mice} 的再现性约为 0.1℃，T_e 通常小于 2℃。

利用计算机控制的 Mechantek™ 微型取样装置从薄片上取得 0.1～1mg 方解石胶结物和骨屑粉状样品。对 60 个左右样品进行碳同位素及氧同位素分析。在艾奥瓦大学利用 Finnigan-MAT™ 252 IRMS 及 Kiel Ⅲ碳酸盐岩自动化反应装置分析了碳和氧稳定同位素值。粉末状的微量样品在 380℃高温下真空烘焙 1h，去除挥发性污染物，然后烘干。将碳酸盐岩粉末与两滴磷酸酐在 75℃下反应。使用石灰岩 KH2（VPDB）标样和 NIST 粉末状碳酸盐岩标样（NBS-18，19，20）对样品进行分析。$\delta^{13}C$ 和 $\delta^{18}O$ 的分析精度均为 ±0.1‰，分析结果以相对 VPDB 的‰表示。

通过薄片的目视估算测定与地表暴露有关的胶结物降低的孔隙百分比。但要落实孔隙、颗粒，以及胶结物大尺度、高度变化的分布情况则需要分析大量薄片。这个要求指出，目视估算法是测定主要差异与趋势的最佳方法。考虑到材料的尺度和可变性，点计法和图像分析法将被排除在外。结果表明，目视估算法的精度足以满足本次研究需求。Dennison 和 Shea（1966）认为该方法属于无偏估算，精度的平均标准差为 10%，若样品中物质含量较低，则平均标准差降至 5% 左右。测定值为胶结物降低现存孔隙的百分比，利用非参数 Mann-Whitney U- 检验法进行分析（Wilcoxon，1945；Mann 和 Whiteney，1947；Sprent 和 Smeeton，2000；Sheskin，2004）。无胶结物孔隙度等于岩石中胶结物百分比加岩石中现存孔隙百分比。这种分析方法也是估算胶结前孔隙度的理想方法之一。Mann-Whitney U- 检验法与参数型 T 检验法类似，但并不依赖预设的分布模式，例如 T 检验法中的正态分布。利用 Mann-Whitney U- 检验法评估了秩次有序孔隙度降低百分比均值间（秩均值）的差异，而无效假设指的是秩均值相等且秩均值间的差异是由于数据的随机可变性造成的。$P \leqslant 0.05$ 说明秩均值间存在较大差异。

3.4 沉积环境

RB岩心宾夕法尼亚系层段和SH岩心下二叠统层段中碳酸盐岩与硅质碎屑岩的旋回性交替变化代表了从较深水缺氧海相到陆相的多种沉积环境（Heckel，1984，1994）。尽管在这些岩石中仍有很多层序地层细节问题有待解决，但主要模式的解释已足以支撑本论文（表1）。此外，多个层序包含古土壤，说明地表暴露时间较长（Retallack，1990）（表2）。

表1　主要的碳酸盐岩和硅质碎屑岩岩相与沉积环境描述

岩相	岩性	沉积构造	成分	层厚	沉积环境
碳酸盐岩相	含泥质、生物骨骼的泥岩与粒泥岩，灰色—暗灰色	稀少，暗灰色或黑色粉砂质页岩中泥岩与粒泥岩透镜体。波状—结核状外观	富含有机质的粉砂和黏土。泥晶、腕足类、苔藓虫、海百合类、软体动物、珊瑚、蜓类、核型石、球粒、叶状藻。具微钻孔和泥晶环边的生物骨骼和非生物骨骼碎屑。波状溶蚀缝	层厚0.1～1m，最厚7m。透镜体直径为几厘米至20cm	深缓坡，正常浪基面以下，中～深透光层，幕式贫氧环境
	含生物骨骼、球粒的泥岩与粒泥岩。棕褐色、浅灰色—暗灰色	潜穴和凹坑被灰泥或生物骨骼物质充填	泥晶、球粒、鲕粒、包壳颗粒、腕足类、苔藓虫、海百合类、软体动物、珊瑚、蜓类、叶状藻、绿藻、核型石、微生物岩。具微钻孔、泥晶环边和泥晶套的生物骨骼和非生物骨骼碎屑	通常厚1～2m，最厚9m	中缓坡，正常浪基面以下，透光层，溶氧量高
	含生物骨骼、鲕粒和球粒的泥粒岩与颗粒岩。棕褐色和浅灰色	细粒—极粗粒，分选差—好，交错层理	包壳颗粒、鲕粒、球粒、腕足类、苔藓虫、海百合类、软体动物、珊瑚、蜓类、叶状藻、绿藻、核型石、微生物岩、生物骨骼碎屑。具微钻孔和泥晶环边的生物骨骼和非生物骨骼碎屑	通常厚0.3～1m，最厚2m	浅缓坡、中缓坡或潟湖中的风暴沉积物。搅动的水体，浪基面以上
	含化石的泥岩、层理状泥岩与泥岩角砾。棕褐色、红色、紫色、绿色、白色、浅灰色—暗灰色	不规则层理，干缩裂缝，窗格孔，撕裂的粒屑	泥岩和粒泥岩岩屑、硅质碎屑粉砂岩、软体动物、蜓类、介形虫。多为白云质	通常厚0.3～0.6m，最厚1.5m	潟湖，局限海～潮间、潮上带。偶见高能扰动和干裂
硅质碎屑岩相	泥岩和含化石泥岩。黑色、暗灰色—灰色	均匀，一些层理，具裂理的页岩	黏土和粉砂岩。腕足类、海百合类、核型石、珊瑚、苔藓虫、蜓类	通常厚0.3～0.6m，最厚1.5m	海相环境，正常浪基面以下，深透光层，贫氧及缺氧条件
	泥岩、砂岩和砾岩。青灰色、灰斑色、红色、红褐色、橙色	波纹和平行层理；层状粉砂岩和细砂岩中的泥披；包卷层理（稀少）；潜穴；砂岩中的交错层理；砂岩分选差—好	黏土和粉砂岩，细粒—极粗粒砂和颗粒。石英、黏土粒屑、云母、植物碎屑、蜓类、海百合类、苔藓虫	通常厚0.3～2m，最厚12m	边缘海环境，受潮汐影响。陆相环境，伴随有成土作用的叠置（地表暴露的最佳实例）

表 2　硅质碎屑岩、碳酸盐岩及煤层中古土壤的描述与解释

古土壤	符号	描述	地层产状	意义
硅质碎屑岩相中的古土壤	Bk/Bca	钙质结核层。结核直径为1～20cm，不规则磨圆—菜花状。在某些地方，结核为白云质或硅质	灰斑色和淡红色粉砂质泥岩中较常见，少见—缺乏青灰色粉砂质泥岩	季节性—干旱气候条件下，土壤中常见碳酸盐岩聚集
	Bt	巧克力棕色的富含黏土层（淀积层，黏土聚集带）。直径通常为几至几十厘米	灰斑色和淡红色粉砂质泥岩中较常见；少见—缺乏青灰色粉砂质岩	黏土聚集带（淀积作用）
	Bg，Bw	灰色、浅粉色或浅绿色斑点层。通常 2cm～2m 厚，斑点为不规则细长形或圆形。可能分叉	灰斑色和淡红色粉砂质泥岩中常见	指示土壤形成时铁离子数量较少。常见于潮湿土壤中
	By/Bz	扁圆—椭圆形至玫瑰花形的印模孔层。印模孔通常为几厘米，充填硬石膏（推测为石膏沉淀之后的晚期成岩交代）	灰斑色及淡红色粉砂质泥岩中较少见，缺乏青灰色粉砂质泥岩	指示蒸散量较高
	Roots	薄的垂直状，多为分叉管状构造。局部含有褪色的灰色环状。推测为根模	灰斑色和淡红色粉砂质泥岩中常见	指示存在植被
碳酸盐岩相中的古土壤	Bkm	钙结壳，钙质层，碳酸盐聚集带，被碳酸盐完全或近完全胶结。通常为几厘米厚，不规则层理，结核状或厚层。橙色—粉色，棕褐色，白色，褐色或灰色	稀少，仅现于石灰岩单元中	指示石灰岩的成土蚀变
	Roots	薄的垂直状，多为分叉管状构造。局部含有褪色的灰色环状。推测为根模	灰斑色及淡红色粉砂质泥岩中常见，青灰色粉砂质泥岩中少见	指示存在植被
	C	表层岩溶。石灰岩基岩的不规则表面。可见粉砂质泥岩（来自上覆硅质碎屑单元）充填的凹坑。在某些地方，局部上覆不足 1cm 厚的青灰色黏土披盖	石灰岩单元中常见	指示石灰岩的成土蚀变和溶蚀。黏土披盖层可能为淀积作用的产物，直接来源于含古土壤的上覆硅质碎屑单元
煤层	O	煤层，富含有机质。多为富含有机质的泥岩薄层或煤层。厚度为 30～120cm	仅见于RB岩心下部层段（岩心深度 5005～5020ft 处）	煤层说明盖层有机质聚集程度较高，并且在水浸条件下避免了有机质氧化

碳酸盐岩相可划分为深缓坡、中缓坡、浅缓坡和潟湖环境沉积物（表 1）。硅质碎屑岩相可划分为较深水海相、边缘海相和陆相环境沉积物（表 1）。碳酸盐岩相和硅质碎屑岩相中均有古土壤分布（表 2）。

研究序列中碳酸盐沉积环境和相的解释如下：（1）深缓坡和中缓坡沉积环境，由含生物碎屑泥岩和粒泥岩构成。含生物碎屑的泥岩和粒泥岩以及泥质含量丰富的泥粒岩代表中缓坡沉积相。（2）浅缓坡沉积环境，主要由生物碎屑、鲕状、球粒、泥质含量较低的泥粒岩和颗粒岩构成。（3）潟湖沉积环境，包括白云质、均质、薄层状角砾灰泥岩，含干缩泥裂与窗格孔（表1）。

碳酸盐岩相中地表暴露痕迹较少见，主要包括表层岩溶面、薄层状泥晶结壳及根模（表2）。表层岩溶面由碳酸盐岩单元上较明显的不规则面构成，通常被粉砂质泥岩覆盖。厘米级的不规则层状深绿色黏土岩覆盖在表层岩溶面上。石灰岩母岩的溶蚀由孔洞和小规模沉积物塌陷构造表示，它们可能是由地表暴露面或土壤覆盖层下方大气降水的渗入形成的。层状泥晶结壳比较罕见，它们由厚度小于2cm的不规则层状、浅褐色和棕色泥晶组成，包裹在碳酸盐岩地层单元上部界面上，与其他地方描述的钙质古土壤类似（Goldstein，1988a；Wright，1988）。根模同样较为罕见，主要由向下分支的细长根迹构成。

研究序列中硅质碎屑沉积环境与相解释如下：（1）较深水海相沉积环境，主要由深灰色含化石的泥岩和薄层黑色页岩构成（表1），岩石颜色较深表明有机质的保存可能是低氧环境的产物（Heckel，1994；Algeo和Maynard，2004）。（2）边缘海和陆相沉积环境，主要由泥岩、粉砂岩、细—粗砂岩和砾岩构成（表1），沉积构造包括不规则—亚平行层理、波纹层理以及含有泥披和潜穴的波纹层理。这些沉积构造与相变指示为边缘海和可能受潮汐影响的沉积环境。根据砂岩与砾岩的颗粒大小、组分、分选和交错层理，将其解释为近岸海洋或河流—陆相沉积环境。

最发育的古土壤出现在RB岩心和SH岩心的宾夕法尼亚系层段上部灰色或绿色和红橙色硅质碎屑粉砂质泥岩中（图3和表2）。成土作用的证据包括：由黏土、碳酸盐岩和漂白土（色度较低）构成的典型层段；分叉管状痕迹，解释为根迹；直径从1mm至10cm左右的钙质、硅质、白云质结核；灰褐色（潜育土）斑点；自生蒸发晶体的印模；岩石光滑面及一些厘米级的碎屑岩墙。这些成土特征显示，土壤条件相对干燥，为氧化环境，而且土壤的季节性湿润导致不溶性矿物质和颗粒发生迁移、可溶性矿物质聚集（Mackdeng，1993；Kraus，1999）。古土壤显示了相对干旱的古气候条件，并伴随季节性丰水期（Parrish，1995；Kraus，1999；Cecil，1990）。

宾夕法尼亚系下部粉砂质泥岩显示出浸水土壤条件。粉砂质泥岩颜色一般为绿灰色，含有一些茎状钙质结核，伴随分叉管状痕迹及自生碎屑结构。这些痕迹通常解释为根迹。结核是成土作用的产物，而绿灰色代表浸水土壤中常见的还原条件（Retallack，1990；Mack等，1993；Kraus，1999）。宾夕法尼亚系下部古土壤被解释为相对湿润气候条件下形成的潜育土或钙质潜育土（Parrish，1995；Kraus，1999；Cecil，1990）。

RB岩心下部层段见薄煤层（厚120cm）（图3和表2），夹在角砾状白云质灰泥岩层之间，可解释为相对湿润气候条件下形成的有机土（Mack等，1993；Kraus，1999）。

3.5 层序

硅质碎屑岩与碳酸盐岩地层重复交替，确定了厚度为几米至数十米的层序，它们以地表暴露面为界。最常见的是，这些暴露面是古土壤和表层岩溶面。

3.5.1　利用地表暴露面位置进行层序分类

在观察到的层序中，潮下碳酸盐岩和海相或陆相硅质碎屑岩的地表暴露面的地层位置不尽相同，以此为依据可将层序分为S结构、T结构或C结构层序（图2和图4）。根据暴露面的地层位置可以推断出地表暴露的相对时期。

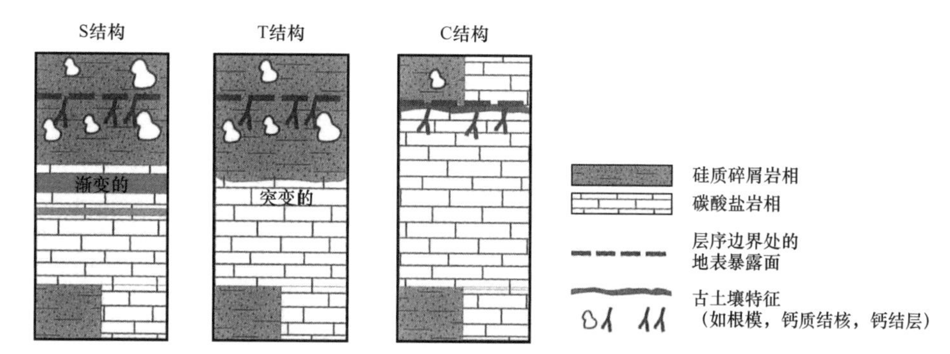

图4　S结构、T结构、C结构层序示意图

这种三分法以暴露面相对主要岩相的地层位置为分类依据。S结构层序的暴露面位于潮下碳酸盐单元上覆的硅质碎屑单元内，不同地层单元间的过渡形式为渐变式或渐变—互层式。C结构层序的暴露面直接位于潮下碳酸盐单元之上，硅质碎屑岩通常覆盖于暴露面之上。T结构层序中下伏潮下碳酸盐单元与其上覆硅质碎屑单元之间为突变接触，缺乏地表暴露的直接证据；T结构层序硅质碎屑单元内通常含有古土壤，局部可能存在数个暴露面

S结构层序的地表暴露面位于潮下碳酸盐单元的上覆硅质碎屑单元内（图4）。硅质碎屑岩与下伏潮下碳酸盐岩单元为渐变式接触，表明硅质碎屑岩最初沉积在海洋环境中。地表暴露发生在从潮下碳酸盐岩到硅质碎屑岩的阶段性转变之后。因此，在S结构层序中，地表暴露的时间晚于边缘海或陆相硅质碎屑的初始注入。

C结构层序的地表暴露面直接位于潮下碳酸盐单元之上（图4）。暴露面之上通常覆盖硅质碎屑岩，个别情况下也可能为碳酸盐岩。因此，在C结构层序中，地表暴露面要早于硅质碎屑的注入。

T结构层序是最常见的层序类型。在T结构层序中，潮下碳酸盐单元与上覆硅质碎屑岩单元之间为突变面（图4）。突变面缺乏地表暴露的证据。碳酸盐岩单元与硅质碎屑岩之间突变的接触关系表明存在沉积间断。T结构层序中地表暴露面通常位于硅质碎屑单元的最下部。因此，在T结构层序中，地表暴露时间晚于陆相硅质碎屑的注入时间，或二者同期发生。

3.5.2　利用气候指标进行层序分类

利用气候指标，可将宾夕法尼亚系与二叠系层序划分为相对湿润气候条件下形成的层序（湿润气候层序）和相对干旱气候条件下形成的层序（干旱气候层序）（图2和图3）。这些湿润或干旱气候应视为相对气候指标，而不是绝对气候解释。我们还未通过地球化学古土壤成因分析来对古气候条件进行定量评价。观察结果很简单，有些层序以与湿土条件有关的古土壤特征为主（湿润气候层序），有些层序以与更多季节性或干旱条件的古土壤特征为主（干燥气候层序）。

湿润气候层序的地表暴露面上可见煤层与潜育土古土壤，表明存在湿润气候下的浸水土壤。宾夕法尼亚系下部所有层序（Morrowan 阶、Atokan 阶、Desmoinesian 阶）均是湿润气候层序（图 2 和图 3）。

干旱气候层序含有垂直的泥质、钙质泥积土和钙积土，代表更加干燥和季节性的气候。RB 岩心中宾夕法尼亚系上部和 SH 岩心二叠系所有层序（Missourian 阶、Virgilian 阶、Wolfcampian）均是干旱气候层序。

3.6 成岩蚀变

成岩特征可根据其相对时期进行分组。在实际应用中，以代表机械压实作用的地质现象作为早期和中期成岩特征的划分依据，例如破碎的胶结物环边或颗粒的紧密堆积。早期成岩特征的形成时期要早于机械压实作用，中期成岩组构主要由粗晶块状方解石胶结物和云雾状白云石构成。碳酸盐岩中的原生与次生孔隙大多被中、晚期胶结物充填（图 5 和图 6）。虽然观察到压实特征，但大多数孔隙损失是胶结作用造成的，压实作用影响相对较小。早期成岩特征包括微生物钻孔、泥晶环边、纤状方解石形成的等厚环边（IRF 方解石）和细晶块状方解石胶结物（FBO 方解石）以及同轴增生方解石等。某些早期成岩特征可追溯到 S 结构、T 结构和 C 结构层序的地表暴露面，但不在其之上，表明它们的形成时期要早于上覆地层沉积。其他成岩特征，可能在早期阶段形成，但其共生时间更不明确，如组构选择性溶蚀和交代的细晶自形白云石、燧石、玉髓、硬石膏和黄铁矿。

中期成岩阶段胶结物的形成时期晚于机械压实作用，包括中—粗晶（100～300μm）、块状不含铁方解石和平面半自形白云石。晚期成岩阶段成岩组构的形成时期要晚于上述两种中期成岩阶段的组构，如铁方解石胶结物、马鞍状白云石和一些巨晶石英。

3.6.1 泥晶环边与微生物钻孔

泥晶环边与微生物钻孔在各类岩相中普遍存在。微生物钻孔包括从颗粒边缘向内穿透的各类细长钻孔，并被泥晶、早期方解石、黄铁矿或水溶液充填（Buijs 等，2004），所有的早期方解石胶结物均覆盖在泥晶环边及孔洞之上［图 5（a）、图 5（b）、图 6］，因此前者形成时期晚于后者。泥晶环边和微生物钻孔被解释为微生物与坚硬的碳酸盐物质相互作用的结果，可能发生在海底（Golubic 等，1975）。

3.6.2 纤状方解石的等厚环边

细晶纤状—叶片状方解石晶体环边厚 50～100μm，比较少见且局部—完全被白云石交代。生物骨骼岩和鲕粒岩中等厚环边方解石（IRF 方解石）沿着颗粒边缘增生并降低孔隙空间。通过 CL 显微镜观察，IRF 方解石胶结物呈黄橙色，发光微弱，缺乏环带，易与其他早期方解石胶结物区分。IRF 方解石胶结物之上增生的是细晶块状方解石胶结物，因此前者形成时间早于后者。IRF 方解石的破碎环边表明其形成要早于机械压实作用。IRF 方解石环边与生物碎屑间的孔隙通常被中期方解石充填。一些海相岩内沉积物的形成时期晚于 IRF 方解石，表明 IRF 方解石形成于海底或海底以下。IRF 方解石可追踪至 C 结构层序的地表暴露面，而界面之上则不可见；T 结构与 S 结构层序地表暴露面上覆灰岩内不含 IRF 方解石。以上对比关系说明 IRF 方解石的形成时期要早于上覆地层的沉积。

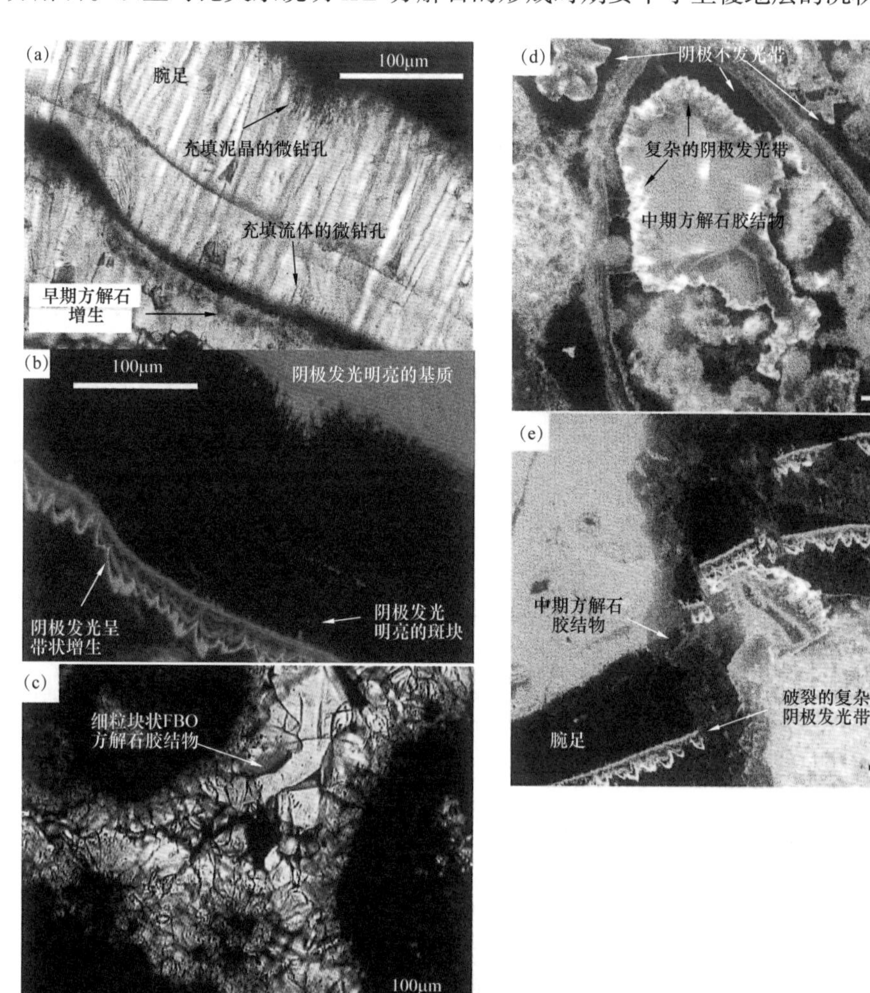

图 5 （a）厚薄片的透射光显微成像显示出含微钻孔的腕足类碎屑。见沿腕足类壳顶部分布的泥晶充填的微钻孔和从腕足类壳底部钻入的流体充填微钻孔。右上角暗色区域为灰泥基质，左下角亮色区域为中期方解石胶结物充填的孔隙。腕足类碎屑底部泥晶环边外见增生的 FBO 方解石胶结物。注意 FBO 方解石增生物中的云雾状环带（箭头），可能是由微小的流体包裹体形成的。（b）为与图（a）同一区域的 CL 图像。腕足类整体不发光（黑色），但基质与 FBO 方解石发光。腕足类壳顶部泥晶充填的微钻孔与基质的 CL 发光类似。腕足类壳底部流体充填的微钻孔周围区域发细微亮光斑，照片中依稀可见。腕足类不发光的现象表明保存过程中未发生强烈的重结晶作用（Mii 等，1999）。FBO 方解石次生加大边呈现出波状 CL。（c）厚薄片的透射光成像详细展示了生物骨骼颗粒岩中 FBO 方解石充填粒间孔隙。FBO 方解石胶结物环边厚度不一，但对称性地减少孔隙，说明其沉淀于潜流带内。（d）厚层薄片的 CL 图像，显示 FBO 方解石胶结物为生物骨骼碎屑的次生加大边，并充填颗粒间与颗粒内孔隙。注意非发光（N-CL）及复杂带状（CZ-CL）阴极发光胶结带。在层序顶部地表暴露面及下方均可追踪到上述胶结带。（e）厚层薄片的 CL 图像显示腕足类碎屑的 FBO 方解石次生加大胶结物。注意复杂带状 CL 发光（CZ-CL）的 FBO 方解石胶结带。腕足类碎屑与 FBO 方解石胶结物的破裂，说明 FBO 方解石沉淀时期早于压实作用。残留孔隙被中成岩方解石胶结物（IS 方解石）充填

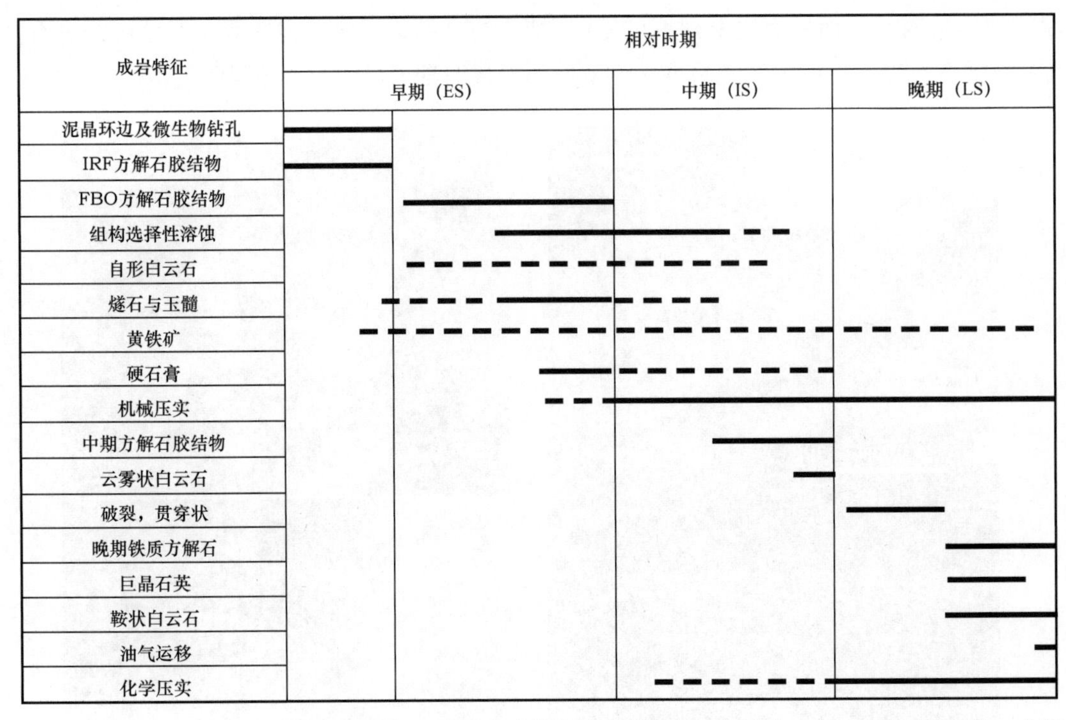

图 6　RB 和 SH 岩心中宾夕法尼亚系与二叠系碳酸盐岩的成岩序列，包括早、中、晚期成岩事件。中期及晚期特征的形成时期要晚于机械压实作用，且在整个层段内均有分布。早期成岩特征的形成时期要早于机械压实作用。S 结构、T 结构、C 结构层序中地表暴露面及下方均可见一些早期成岩特征，暴露面之上则见不到，说明其形成时期要早于上覆地层

3.6.3　细晶块状与增生方解石胶结物

细晶块状增生方解石胶结物（FBO 方解石）由形态各异的明亮方解石组成。生长形态包括对称包绕生物碎屑原生孔隙壁的细晶块状胶结物和增生胶结物（图 5）。在同一薄片上，不同形态的 FBO 方解石出现在同一共生位置，在同一成岩时间，具有相同的 CL 发光环带样式，因此，各种生长形态似乎起源于同一成岩环境。增生物是最常见也是最丰富的早期方解石胶结物，局部填充所有原生孔隙空间。腕足动物碎片中的微生物钻孔被含水流体填充，并被 FBO 方解石胶结物密封。在一些样品中，FBO 方解石仅覆盖在生物骨骼的印模孔外部，表明沉淀作用要早于溶蚀作用，而在其他样品中，FBO 方解石位于印模孔内部，表明沉淀作用要晚于溶蚀作用。FBO 方解石被裂缝切割，后者又被中成岩期方解石胶结物充填（图 5）。

每个石灰岩单元内 FBO 方解石胶结物的 CL 样式基本一致，具有典型的复杂波状、非发光和黄橙色、明亮发光的环带。每个石灰岩单元内（或层序）中生长带的 CL 样式似乎相对独特。在每个石灰岩单元内，一致的 CL 形态可以追溯至层序顶部的地表暴露面，但不能追溯至其上方。在一些例子中，胶结带可以跨过地表暴露面与下伏层序进行对比，表明 FBO 方解石沉淀的流体存在于上覆层序沉积之前。FBO 方解石形成于地表暴露之前或期间。沉淀作用可发生在潜流带海水、大气水或二者混合区，这可通过测量流体包裹体的形成温度、盐度和稳定同位素地球化学性质来进行确定。

3.6.4 其他早期成岩特征

其他早期成岩特征包括组构选择性溶蚀作用、交代的细晶自形白云石、自生燧石、玉髓、硬石膏和黄铁矿等。这些特征的共生时期通常比较模糊，最早发生在中期方解石胶结物沉淀之前。最常见的是，上述特征形成于 FBO 方解石沉淀之前、期间或之后。由于 FBO 方解石在地表暴露事件之前或期间在层序顶部形成，这些其他的早期成岩特征可能在类似的早期阶段形成。

3.6.5 流体包裹体

FBO 方解石胶结物的增生通常含有不规则形态的流体包裹体，通常小于 10μm。这些流体包裹体是所有早期胶结物中唯一可利用的流体包裹体。流体包裹体的分布通常沿胶结物生长环带分布，属于原生流体包裹体，形成于胶结物沉淀期。原生流体包裹体通常为两相流体包裹体，具有相对一致的高液气比。不太常见的是单相、全液相包裹体。全液相包裹体不与富气包裹体配对出现，表明其不是两相流体包裹体缩颈形成的。由于全液相包裹体中未能实现气泡成核，说明全液相包裹体捕获的为亚稳定流体或流体捕获温度低于 50℃。

流体包裹体的相比分布与大气水渗流带内非均匀捕获的流体不一致。非均匀捕获流体的包裹体通常具有高度变化的液气比，具有富液和富气相端元特征（Goldstein，1993）。在 FBO 方解石胶结物中未观察到高幅变化的液气比和富气相端元。

两相流体包裹体可能表明许多原本低温流体包裹体受热再平衡。包裹体可能已泄漏，并被晚期埋藏流体填充或拉伸。通过测量包裹体的捕获温度和盐度，可以解决这些问题。

FBO 方解石中两相流体包裹体均一温度为 72℃至 130℃以上，与中期和晚期流体包裹体均一温度相似（图 7），超过了近地表早成岩阶段捕获的流体包裹体温度。这进一步支持了一些流体包裹体已经受热再平衡的观点。

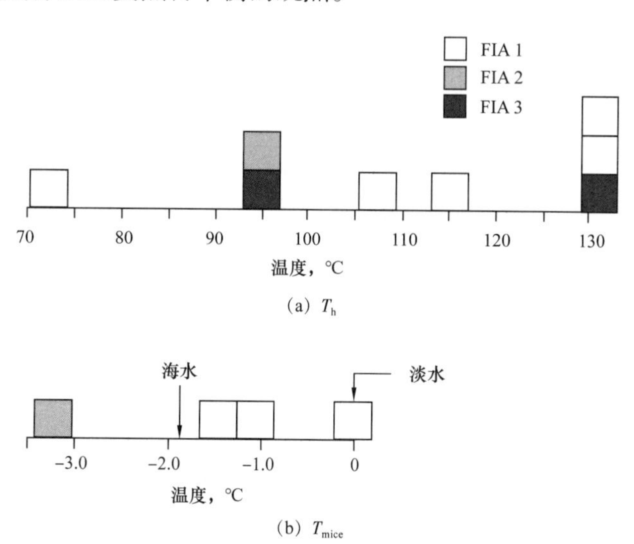

图 7 FBO 方解石胶结物内原生、两相流体包裹体的 T_h 数据直方图

每个方块为一种测量类型。流体包裹体均一温度（T_h）跨度相对较大，说明可能发生了受热再平衡或存在泄漏现象。冰晶最终融化温度（T_{mice}）数据说明捕获的流体为略微蒸发的海水和海水—大气水的混合水。FIAs 表示按单个生长带定义的流体包裹体组合，图中 FIAs 限定为单个晶体内部

由于全液相流体包裹体中都不会产生气泡，因此仅在两相流体包裹体中测量出低温相变。冰晶最终融化温度（T_{mice}）为 -3.2～0.0℃（图 7），表明捕获的流体盐度范围为 5.3%～0.0% NaCl 当量（Bodnar，1993）。这种盐度分布表明，包裹体捕获流体盐度变化大，从蒸发海水到大气水。这些低盐度流体在成岩晚期流体包裹体中没有遇到，众所周知，在该系统中，流体包裹体的盐度要高得多。这表明，包裹体泄漏并充填晚期成岩流体的可能性不大。因此，两相低盐度流体包裹体表明包裹体可能在受热再平衡时期发生伸展变形，如果是这样，那么所测得的盐度很可能保留了 FBO 方解石增生期间存在的盐度。

3.6.6 碳、氧稳定同位素

3.6.6.1 腕足类石灰岩

来自腕足类壳阴极不发光棱柱层的 7 个样品中，$\delta^{13}C$ 值分布范围为 -0.1‰～5.3‰，$\delta^{18}O$ 值为 -3.8‰～-0.7‰（图 8）。这些来自 RB 岩心的腕足类壳的同位素值仅部分与 Mii 等（1999）报道的宾夕法尼亚纪海水方解石同位素值域重叠。然而，大部分来自 RB 岩心的腕足类石灰岩样品具有更偏负的同位素值，表明发生了重结晶作用。与同位素组分比海水更负的流体，如大气水或混合水（半咸水）的相互作用可以解释这种同位素组成。这种同位素组成与通常认为的阴极不发光腕足类未发生重结晶作用的观点相矛盾。

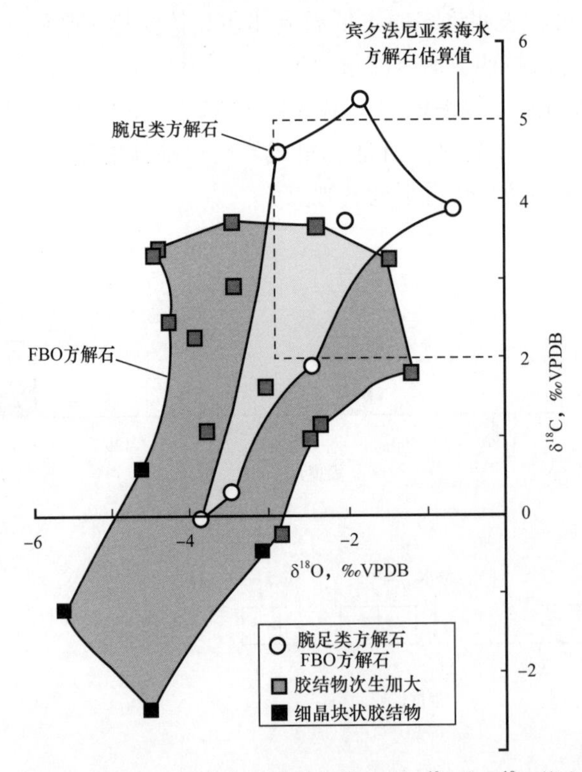

图 8　腕足方解石和 FBO 方解石胶结物中的 $\delta^{13}C$ 与 $\delta^{18}O$ 值交会图

部分腕足类方解石样品的同位素值比宾夕法尼亚系海水方解石值更负，说明腕足类发生了重结晶作用。FBO 方解石胶结物与腕足类方解石的同位素值部分重合，或前者略微偏负，这种分布说明了腕足类可能与 FBO 方解石的沉淀流体发生了交互作用。FBO 方解石的同位素数据揭示了其沉淀流体为海水与大气水的混合水

3.6.6.2　FBO 方解石胶结物

18 个 FBO 方解石胶结物样品均来自 RB 岩心的宾夕法尼亚系层段，其 $\delta^{13}C$ 值为 –2.5‰～4.0‰，$\delta^{18}O$ 值为 –5.7‰～–1.2‰（图 8）。这些数据部分与腕足类石灰岩相应值域重叠，而腕足类石灰岩同位素值域仅部分与 Mii 等（1999）报道的宾夕法尼亚纪海水中方解石相应值域重叠，这表明样品内腕足类石灰岩可能发生过重结晶作用，并可能与 FBO 方解石增生物沉淀的流体发生了相互作用。FBO 方解石同位素数据表明，其沉淀于海水与大气水的混合水中（Hudson，1977；Dickson 和 Coleman，1980；Allan 和 Matthews，1982；James 和 Choquette，1984；Banner 和 Hanson，1990；Csoma 等，2004），或者同位素数据的分布可能反映同位素各异的胶结物发生了混合，这种混合可能发生在方解石取样过程中。FBO 方解石通常由多期胶结物带组成，它们在稳定同位素取样过程中无法分离。流体包裹体数据支持这样一个假设：生长带沉淀于混合水以及大气水和蒸发海水不同端元。数据分布范围广反映不同比例的胶结带混合以及流体混合。观察到的 FBO 方解石同位素数据表明，大气水中形成的方解石的 $\delta^{13}C$ 值约为 –2.5‰、$\delta^{18}O$ 值约为 –4.5‰，蒸发海水中形成的方解石的 $\delta^{13}C$ 值约为 3.5‰、$\delta^{18}O$ 值约为 2.5‰。

3.7　FBO 方解石胶结物分布

FBO 方解石胶结物导致孔隙度平均降低 14%（σ= ± 25%，众数 =0，中位数 =4.5%，n=164），然而，绝大多数样品（65%）的孔隙度降低不足 5%（图 2）。孔隙度数据呈明显的偏态分布（图 9），因此需引入非参数 U 检验法进行孔隙度数据的统计分析（图 10 和表 3）。

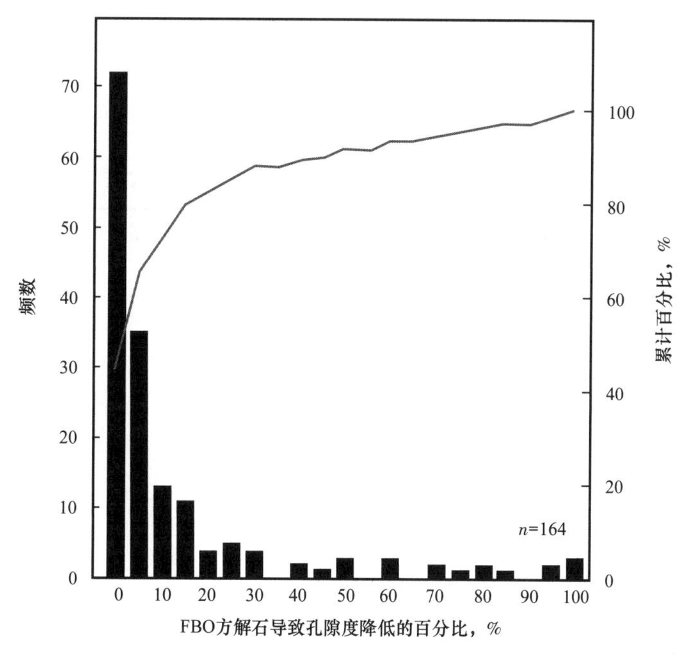

图 9　RB 和 SH 岩心所有样品中 FBO 方解石胶结物降低的孔隙度百分比直方图

数据的分布明显向右倾斜，其中，在大约 65% 的样品（n=164）中，FBO 方解石胶结物导致孔隙度降低不超过 5%

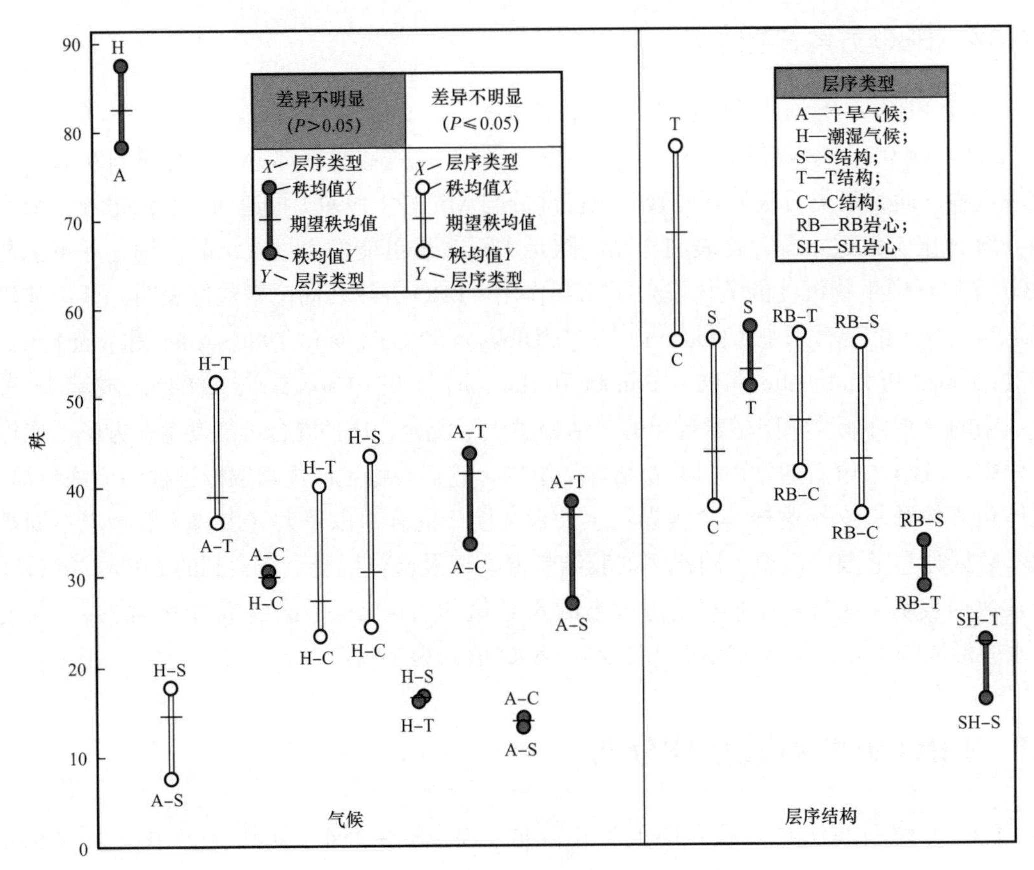

图 10　魏氏—曼—惠特尼 U 检验法结果图

图中分为两块区域，分别代表气候与层序结构的评估结果。在气候栏内，对干旱与湿润气候层序中 FBO 方解石降低的孔隙度百分比的秩均值进行了对比。在层序结构栏内，对 S 结构、C 结构和 T 结构层序的相应秩均值进行了对比。在每一个评估值中，以一条白色或黑色竖线将一对小圆圈进行相连，小圆圈代表秩均值，细横线为期望均值。圆圈及竖线颜色代表秩均值差异明显（$P \leqslant 0.05$，白色竖线与白色圆圈）或不明显（$P > 0.05$，黑色竖线与黑色圆圈）。秩均值是通过对数据集排序并取两组数据的平均秩来获得（Wilcoxon，1945；Mann 和 Whitney，1947）

表 3　FBO 方解石胶结物分布的曼—惠特尼 U 检验法结果

控制因素	层序类型	秩均值	观察秩和	n	标准偏差	z- 分数	P 值（双侧）
气候	H	87.65	6398.5	73			
	A	78.37	131.5	91	302.227	1.246	0.213
	期望值	82.50	13530	164			
	H–S	17.76	337.5	19			
	A–S	7.61	68.5	9	20.329	3.074	0.002
	期望值	14.50	406	28			
	H–T	52.00	676	13			
	A–T	36.36	2327	64	73.539	2.305	0.021
	期望值	39.00	3003	77			

续表

控制因素	层序类型	秩均值	观察秩和	n	标准偏差	z- 分数	P 值（双侧）
气候	H–C	29.70	1217.5	41	60.745	0.214	0.831
	A–C	30.69	552.5	18			
	期望值	30.00	1770	59			
	H–S	43.61	828.5	19	62.928	6.965	0.000
	H–C	24.43	001.5	41			
	期望值	30.50	1830	60			
	H–T	40.23	523	13	49.426	3.359	0.001
	H–C	23.46	962	41			
	期望值	27.50	1485	54			
	H–S	16.63	316	19	26.062	0.115	0.908
	H–T	16.31	212	13			
	期望值	16.50	528	32			
	A–C	14.36	258.5	18	19.442	0.360	0.719
	A–S	13.28	119.5	9			
	期望值	14.00	378	27			
	A–T	43.66	2794	64	89.264	1.552	0.121
	A–C	33.83	609	18			
	期望值	41.50	3403	82			
	A–T	38.42	2459	64	59.599	1.535	0.125
	A–S	26.89	242	9			
	期望值	37.00	2701	73			
层序结构	T	77.85	5994.5	77	227.741	3.164	0.002
	C	56.30	3321.5	59			
	期望值	68.50	13530	136			
	S	56.55	1583.5	28	110.067	3.198	0.001
	C	38.04	2244.5	59			
	期望值	44.00	3828	87			
	S	57.77	1617.5	28	138.002	0.971	0.332
	T	51.27	3947.5	77			
	期望值	53.00	5565	105			

续表

控制因素	层序类型	秩均值	观察秩和	n	标准偏差	z- 分数	P 值（双侧）
层序结构	RB–S	56.42	1467	26	104.851	3.333	0.001
	RB–C	37.08	2188	59			
	期望值	43.00	3655	85			
	RB–T	57.11	1999	35	127.859	2.636	0.008
	RB–C	41.80	2466	59			
	期望值	47.50	4465	94			
	RB–S	33.83	879.5	26	68.569	1.079	0.281
	RB–T	28.90	1011.5	35			
	期望值	31.00	1891	61			
	SH–T	22.79	957	42	17.748	0.704	0.481
	SH–S	16.50	33	2			
	期望值	22.50	990	44			

注：RB—RB 岩心；SH—SH 岩心；S—S 结构；T—T 结构；C—C 结构；A—干旱气候；H—湿润气候。

利用曼—惠特尼 U 检验法对各类岩相孔隙度下降百分比的秩均值进行对比评价，未见明显差异，说明岩相并非影响方解石胶结作用的最重要变量。

RB 岩心与 SH 岩心孔隙度下降百分比秩均值对比未见较大差异，说明陆棚位置不属于影响方解石胶结作用的较重要变量，而气候与层序结构对 FBO 方解石导致孔隙度降低幅度有较大控制作用。

3.7.1 气候对 FBO 方解石分布的控制

不考虑岩相、层序结构和陆棚位置，对比干旱气候层序与湿润气候层序中 FBO 方解石导致孔隙度降低的百分比就可以评估气候对胶结作用的控制。在干旱气候层序中，FBO 方解石导致的孔隙度降低均值要小于湿润气候中的，然而，置信度为 95% 时（P=0.21）（图 10 和表 3），二者差异并不明显，这表明气候不是控制 FBO 方解石胶结物分布的唯一变量。

给定层序结构变量，可以评估气候在 FBO 方解石胶结中发挥的作用，例如分别针对 S 结构、T 结构和 C 结构层序，对比分析干旱与湿润气候对孔隙度降幅的影响：对于 S 结构层序，干旱气候层序中的孔隙度降幅要明显低于湿润气候层序中的（$P \ll 0.01$）（图 10 和表 3）；对于 T 结构层序，干旱气候层序中的孔隙度降幅同样远远低于湿润气候层序中的（P=0.02）（图 10 和表 3）；对于 C 结构层序，干旱气候层序中的孔隙度降幅略低于湿润气候层序中的（P=0.83）（图 10 和表 3）。上述分析说明气候与层序结构共同控制着 FBO 方解石的胶结作用。

此外，气候的控制作用也可以通过固定陆棚位置，分别检测 RB 岩心和 SH 岩心的数据来评估，后者的陆棚位置略低。对于 RB 岩心，干旱气候层序中孔隙度降幅要远低于湿润气候层序中的降幅（$P=0.04$）（图 10 和表 3），这种对比说明，在同一地区的样品中，湿润气候比干旱气候更有利于胶结作用的发生。

3.7.2 层序结构对 FBO 方解石分布的控制

通过对比 S 结构、T 结构和 C 结构层序中 FBO 方解石胶结物的含量，可以评估层序结构对 FBO 方解石分布的控制作用。C 结构层序中孔隙度降幅秩均值远远低于其他两类结构（$P \ll 0.01$）（图 10），T 结构层序中的孔隙度降幅秩均值略低于 S 结构层序（$P=0.33$）（图 10），这说明层序结构对 FBO 方解石胶结物具有一定的控制作用。

层序结构的控制作用也可以通过固定位置变量，分别检测 RB 岩心和 SH 岩心相关数据评估。对于来自 RB 岩心的数据，C 结构层序的孔隙度降幅秩均值要低于 S 结构和 T 结构层序（C 结构对比 S 结构层序：$P \ll 0.01$；C 结构对比 T 结构层序：$P<0.01$）（图 10）。T 结构层序的孔隙度降幅秩均值略低于 S 结构层序（$P=0.28$）（图 10）。

对于来自 SH 岩心的数据，由于未能观察到 C 结构层序，只能对 S 结构与 T 结构层序进行对比。S 结构层序的孔隙度降幅秩均值要略低于 T 结构层序（$P=0.48$）（图 10）。

3.8 讨论

3.8.1 控制 FBO 方解石胶结物分布的变量

3.8.1.1 气候

在相对潮湿的气候条件下暴露的层序中沉淀的 FBO 方解石多于在干旱条件下暴露的层序中沉淀的方解石。干旱气候层序中孔隙度的降幅要远远低于湿润气候层序中的，表明较高的降雨量带来较多的大气水注入并使得方解石沉淀量较高，这证实了湿润气候会形成更多的大气水成因方解石（Ward，1973；Sibley，1980；Budd，1988；Hird 和 Tucker，1988；Wright，1988；Morse 和 Mackenzie，1990；Sun 和 Esteban，1994，Carlson 等，2003）。

密西西比纪—二叠纪，赤道西边 Pangaea 大陆的气候逐渐变得更加干旱，在二叠纪最早期形成了良好的季风环流（Joeckel，1994；Parrish，1993，1995；Rankey，1997；Rankey 和 Farr，1997；Soreghan 等，2002；Tabor 和 Montanez，2004）。这种气候变化表明，Morrowan 阶、Atokan 阶和 Desmoinesian 阶（即潮湿气候层序）处在湿润气候条件下；Missourian 阶、Virgilian 阶和 Wolfcampian 暴露于地表的层序处于较为干旱的气候条件下。较干旱气候条件会形成较少的大气水成因方解石，因此上部层段可以最大限度地保存孔隙。

一些研究表明，在宾夕法尼亚纪—二叠纪期间，冰川海平面下降与日益干旱的气候条件相吻合（Soreghan，1994；Rankey，1997），因此，海平面下降早期出露地表的层序暴露于最湿润的气候条件下，而海平面下降晚期出露地表的层序则暴露在较干旱的气候条件下。干旱气候条件会形成较少的大气水成因方解石，从而在下倾方向保持较高的孔隙度。

3.8.1.2 层序结构

S结构层序的暴露面位于硅质碎屑岩内部，硅质碎屑单元与下伏潮下碳酸盐岩为连续过渡的。对于S结构层序，硅质碎屑沉积发生在地表暴露之前。在相对海平面下降期，硅质碎屑相带的向盆地方向迁移基本上与岸线向盆地方向迁移保持同步。与其他结构类型层序相比，S结构层序的黑色页岩（深缓坡相，据Heckel，1994）较少，这表明S结构层序的水深没有其他类型层序的深。

C结构层序潮下碳酸盐岩中的古土壤，在硅质碎屑单元和碳酸盐岩单元之间具有明显的突变过渡，其地表暴露面的形成要早于硅质碎屑岩的沉积，表明岸线向盆地方向的迁移速率要超过硅质碎屑岩相向盆地方向的迁移速率。与其他结构类型层序相比，C结构层序中出现较多的深缓坡相（即黑色页岩），表明C结构层序形成时水体相对较深。

地层结构可能与沉积物的供给速率有关。S结构层序可能在靠近硅质碎屑岩物源区的位置形成，如三角洲。在这些层序中，潮下碳酸盐岩与硅质碎屑岩之间的渐变过渡表明，随着海平面的下降，三角洲随岸线向陆棚方向前积，潮下碳酸盐岩未来得及出露地表就被硅质碎屑岩完全覆盖。C结构层序可能在距三角洲最远的位置形成。这种沉积物供给假设可以解释不同的层序结构，但显然不能解释C结构层序中低FBO方解石含量和S结构层序中高FBO方解石含量的问题。如果C结构与S结构层序中仅仅存在硅质碎屑物源方面的差异，那么可以预测两种层序中FBO方解石含量应比较一致，或者由于细粒硅质碎屑沉积物的低渗透性，在S结构层序中FBO方解石含量可能不太丰富。由于在S型结构层序中未观察到相同或更小数量的FBO方解石胶结物，因此距硅质碎屑源区的距离控制了成岩蚀变量这一假设一定是不成立的。

尝试采用另一种假设进行解释，即不同的地层结构可能反映出Hugoton陆棚上取样段相对于相对海平面变化曲线位置的地理位置。S结构层序形成于陆棚上最靠近岸线的区域，在海平面变化曲线上位于下降段的最高点或高部位。在曲线上靠近海平面变化旋回的拐点，海平面变化率相对较低，发生沉积作用。在相对海平面变化曲线下降段高部位，初始下降速率较低，可能低于或等于沉积速率，因此有可能出现硅质碎屑岩相与岸线同步向盆地方向迁移。另一方面，C结构层序反映大规模海退后，海平面变化曲线下降段低部位发生的沉积作用。岸线向盆地方向迁移的速率较高且超过硅质碎屑岩相的迁移速率，造成沉积相的错位。

根据这个模式，S结构层序可能会出现在C结构层序的上倾方向，而T结构层序在二者之间位置发育。

这种假设利用层序形成时期的地理位置与相对海平面变化曲线上的关系解释了层序结构的形成，与FBO方解石含量的观测结果一致。假设相对海平面变化周期的持续时间相似，S结构层序上地表暴露的持续时间要长于C结构层序的。随着暴露时间的延长，影响岩石的大气水总量将更大，因此，S结构层序中FBO方解石含量要高于C结构层序的，这与实际观察的一致。

如果这种假设成立，那么短期的气候变化更易造成FBO方解石数量的差异。一些研究表明，在宾夕法尼亚纪—二叠纪期间，相对海平面的下降与日益干旱的气候条件相吻合（Soreghan，1994；Rankey，1997）。在相对海平面下降的早期阶段，如S结构层序所解释的那样，气候相对湿润，形成大量的FBO方解石；在相对海平面下降晚期，如C结构层序解释的那样，气候相对干旱，形成的FBO方解石数量相对较少。

该模式预测了地层中胶结物的分布，有助于寻找潜在的油气藏。在上倾方向的S结构层序中，由于胶结作用的影响，孔隙度降低幅度较大，而在下倾方向的C结构层序中，胶结物含量较低，因此，孔隙度保持较好的储层可能位于下倾位置，在那里，孔隙度因地表暴露而增强，且不会被大气水胶结作用破坏，因此在下倾位置可以尝试开展一些油气勘探活动。

3.8.2 对少量FBO方解石胶结物的解释

与同时期碳酸盐台地相比，来自RB岩心和SH岩心的样品似乎含有较少的大气水方解石胶结物。对于Morrowan地层，阿拉斯加Lisburne群内大气水方解石导致的孔隙度降幅平均值为60%（Carlson等，2003），而RB岩心中仅为33%。对于Virgilian地层，新墨西哥州Holder组中大气水方解石导致的孔隙度降幅平均值为32%（Goldstein，1988b），而在RB岩心中仅为5%。公开发表文献中，其他地区大气水方解石胶结物导致的孔隙度降幅要高于RB岩心和SH岩心。一种假设是，与其他区域样品相比，RB岩心的样品经历了更干旱的气候条件。然而，关于古土壤的区域模型和公开发布的数据表明，新墨西哥州和阿拉斯加的古气候与堪萨斯州西部相似，甚至更干旱（Goldstein，1988a，1988b；Soreghan，1994；Parrish，1995；Scotese，2001；Soreghan等，2002；Carlson等，2003），因此，RB与SH岩心中少量的大气水方解石不太可能归因于比其他地区更干旱的环境。

另一种解释可能通过堪萨斯州西部的水文地质与其他地区的对比来寻找答案。在Hugoton陆棚，地层由横向广泛的渗透性碳酸盐岩单元和低渗透细粒硅质碎屑沉积物交替组成（图11）。硅质碎屑岩中现存渗透率仅为10^{-7}～10^{-3}D（Dubois等，2003），因此，互层的硅质碎屑岩很可能充当隔水层，阻止了大气水的向下迁移，形成的滞水面接近地表暴露面。这一假设得到了FBO方解石的岩石学资料的支撑，其中胶结物保留了孔隙对称充填的组构，并可追踪至地表暴露面。古土壤的水浸现象也进一步支撑了互层硅质碎屑岩可能起到了隔水层的作用。

宾夕法尼亚系陆棚几乎没有起伏，估计地形坡度仅为0.06～0.11m/km（图11）（Watney，1985；Watney等，1991）。若硅质碎屑岩段充当了隔水层，滞水面水力梯度可能受区域地层控制。由于隔水层的倾角极低，滞水面水力梯度也极低，甚至可能与区域倾角相当，因此，水压头较小、滞水含水层地下水量较低，这将导致地下水排泄量低，而且由于滞水面与出露地表的沉积物相距较近，补给量较低。在大气水方解石含量较高的其他研究区域，要么古地形坡度较陡（新墨西哥州），要么隔水层不明显（阿拉斯加），因此水力梯度、地下水排泄、补给及流量相对更高（Goldstein，1988b；Saller等，1994；Carlson等，2003）。滞水面与低排泄量可能是SH和RB岩心中存在少量方解石胶结物的原因。

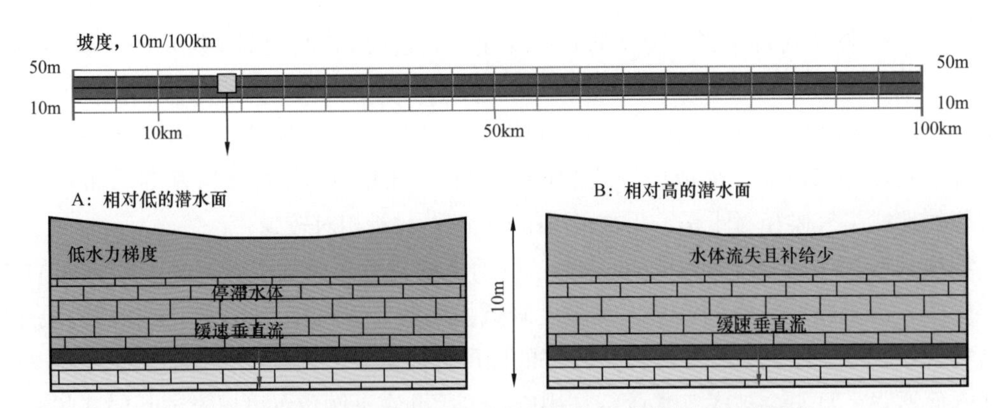

图 11　古斜坡如何控制与地表暴露有关的成岩作用的示意图

在坡度较缓的宽广陆棚上，由于水力梯度低，地下水流速趋于缓慢。当遇到低渗地层单元时就成为停滞水体，并随着地下水的补给，潜水面超出地表，过剩水量会形成地表径流，因此与地表暴露有关的少量方解石胶结物可能是少量地下水侵入碳酸盐岩形成的。示意图展示了低潜水面（A）和高潜水面（B）的同一区域在水体补给后的情况。

3.8.3　大气水作用区与混合水区胶结作用对比

大多数关于宾夕法尼亚系早成岩作用的研究均强调大气水胶结物体积的重要性（Goldstein，1988b；Saller 等，1994；Carlson 等，2003），然而，在 RB 岩心中，有大量证据表明混合水区的胶结物体积更为重要。正如前文流体包裹体和稳定同位素研究所述，FBO 方解石很可能在混合水区沉淀，并可以解释为什么 FBO 方解石含有复杂的 CL 环带、淡水和混合水流体包裹体及反映混合水的稳定同位素特征。RB 岩心所处地质背景能最好地解释混合水区胶结作用的相对重要性，其中低坡度和层间硅质碎屑隔水层减弱了大气水的补给和侧向流动。在这种地质背景下，地表暴露期含水区以大气水为主，然而，其流动不畅且易与碳酸盐达到平衡状态导致大面积的弱成岩蚀变，因此，流体流动和胶结作用最大的部位可能实际上在混合水区。

受潮汐和风暴的影响，海水—大气水混合区的流体注入量较大（Hsien 等，1988；Burnett 等，2003；Merritt，2004）。地下水排泄量的季节性差异可能会进一步增强流体的机械作用力，推动混合区在陆棚上的迁移，从而影响大片区域。混合水区大气水与海水的运动可能引发强烈的成岩调整。传统的地球化学模型将混合带与白云石化作用和溶蚀作用联系起来（Badiozamani，1973；Land，1973；Ward 和 Halley，1985；Back 等，1986；Humphrey，1988；Smart 等，1988；Humphrey，2000），但最新研究结果表明，在各种大气水与海水混合比下，方解石的沉淀比以往认为的更普遍（Frank 和 Lohmann，1995；Csoma 等，2004）。由于 RB 岩心中混合水区可能比较靠近潜水面和地表暴露面，CO_2 的逸出可能会促使混合水区内方解石的沉淀（Hanor，1978；Herman 等，1985；Back 等，1986）。

3.9　结论

来自堪萨斯州西部 Hugoton 湾的 Amoco Rebecca K. Bounds 岩心与 Shankle 2–9 岩心包含在冰室海平面波动期沉积的宾夕法尼亚系与下二叠统层序。层序由深缓坡、边缘海和陆相环境中的硅质碎屑岩与深缓坡、中缓坡、浅缓坡和潟湖环境中的碳酸盐岩组成，上述岩相内均有古土壤分布。

暴露面的地层位置可用于区分 S 结构、T 结构和 C 结构层序。S 结构层序形成于高位域或海平面下降段的高部位，那里的海平面变化速率相对低，硅质碎屑岩相与岸线会同步向盆地方向迁移。C 结构层序反映海平面变化曲线下降段低部位的沉积，在该位置，岸线向盆地方向迁移速率快且超过硅质碎屑岩相向盆地方向的迁移速速率，从而造成沉积相的错位。T 结构层序是最常见的层序类型，其下部潮下碳酸盐岩单元与上覆硅质碎屑岩单元之间为突变接触，且地表暴露面位于硅质碎屑岩单元内。S 结构层序通常出现在 C 结构层序上倾方向，T 结构层序位于另两者中间区域。

利用气候指标识别出了两类层序，即相对湿润气候条件形成的层序（湿润气候层序）和相对干旱气候条件下形成的层序（干旱气候层序）。RB 岩心中宾夕法尼亚系下部层段（Morrowan 阶、Atokan 阶、Desmoinesian 阶）所有层序均为湿润气候层序，而上部层段（Missourian 阶、Virgilian 阶）所有层序与 SH 岩心二叠系层段（Virgilian 阶、Wolfcampian）层序均为干旱气候层序。

早期成岩特征的形成时期要早于压实作用及晚期粗晶块状方解石胶结物，其中分布最为广泛的早期胶结物为细晶块状方解石胶结物和增生胶结物（FBO 方解石）。胶结物地层学表明，FBO 方解石沉淀母液存在于上覆地层沉积之前，即在地表暴露之前或期间。FBO 方解石胶结物中的原生流体包裹体保存了多种流体，其盐度范围从蒸发海水到大气水不等，表明大气水和大气水 / 蒸发海水混合水为其来源，同位素数据也揭示其沉淀母液为海水—大气水混合水。

FBO 方解石胶结物平均能够降低约 14% 的无胶结孔隙度（$\sigma=\pm 25\%$）。气候和层序结构控制着 FBO 方解石的胶结作用程度。在湿润气候层序中沉淀的 FBO 方解石量比干旱气候层序中的要多，表明湿润气候可以促进胶结作用的发生。S 结构层序和 T 结构层序中沉淀的方解石胶结物的量要多于 C 结构层序中的。S 结构层序的暴露时间明显长于 C 结构层序的。在相对海平面下降早期，如 S 结构层序解释的那样，气候相对湿润并形成大量的 FBO 方解石；而在相对海平面下降晚期，如 C 结构层序解释的那样，气候相对干旱，只形成少量的方解石。

在堪萨斯州西部和全球其他地区类似地层中，应尝试在 C 结构层序的下倾位置进行勘探，以找到未被早期方解石胶结物堵塞的孔隙。

与其他具较高古坡度的地区相比，堪萨斯州西部地层在层序暴露期间几乎没有发生大气水胶结作用，这最好的解释是低角度斜坡和层间硅质碎屑隔水层，它减少了地下水的排泄与补给量，导致大气水侵入量极低。

流体包裹体和稳定同位素数据表明混合水区胶结作用的重要性。混合水区胶结作用相对重要性的最佳解释可能是 RB 和 SH 岩心的地质背景，其中低坡度和层间硅质碎屑隔水层减少了排水量和补给量，导致很少的大气降水量和很少的大气方解石胶结物。在这种情况下，混合水区的流体流动和胶结速率可能高于大气水潜流带。

参考文献

Algeo, T. J. and Maynard, J. B. (2004) Trace-element behavior and redox facies in core shales of Upper Pennsylvanian Kansas-type cyclothems, *Chem. Geol.*, 206, 289–318.

Allan, J. R. and Matthews, R. K. (1982) Isotope signatures associated with early meteoric diagenesis. *Sedimentology*, 29, 797–817.

Back, W., Hanshaw, B. B., Herman, J. S. and Van Driel, J. N. (1986) Differential dissolution of a Pleistocene reef in the ground-water mixing zone of coastal Yucatan, Mexico. *Geology*, 14, 137–140.

Badiozamani, K. (1973) The Dorag dolomitization model-application to the Middle Ordovician of Wisconsin. *J. Sediment. Petrol*, 50, 965–984.

Banner, J. L. and Hanson, G. N. (1990) Calculation of simultaneous isotopic and trace element variations during water-rock interaction with applications to carbonate diagenesis. *Geochim. Cosmochim. Acta*, 54, 3123–3137.

Bodnar, R. J. (1993) Revised equation and table for determining the freezing point depression of H_2O–NaCl solutions. *Geochim. Cosmochim. Acta*, 57, 683–684.

Budd, D. A. (1988) Aragonite-to-calcite transformation during fresh-water diagenesis of carbonates : insights from pore-water chemistry. *Geol. Soc. Am. Bull.*, 100, 1260–1270.

Buijs, G. J. A., Goldstein, R. H., Hasiotis, S. T. and Roberts, J. A. (2004) Preservation of microborings as fluidinclusions. *Can. Miner.*, 42, 1563–1581.

Burnett, W. C., Bokuniewicz, H., Huettel, M., Moore, W. S. and Taniguchi, M. (2003) Groundwater and pore water inputs to the coastal zone. *Biogeochemistry*, 66, 3–33.

Carlson, R. C., Goldstein, R. H. and Enos, P. (2003) Effects of subaerial exposure on porosity evolution in the Carboniferous Lisburne Group, northeastern Brooks Range, Alaska, U. S. A. In : *Permo-Carboniferous Carbonate Platforms and Reefs* (Eds Ahr, W. M., Harris, M, Morgan, W. A. and Somerville, I. D.), *SEPM Spec. Publ.*, 78, 269–290.

Carter, L. S., Kelley, S. A., Blackwell, D. D. and Naeser, N. D. (1998) Heat flow and thermal history of the Anadarko Basin, Oklahoma. *AAPG Bull.*, 82, 291–316.

Cecil, C. B. (1990) Paleoclimate controls on stratigraphic repetition of chemical and siliciclastic rocks. *Geology*, 18, 533–536.

Crowell, J. C. (1978) Gondwanan glaciation, cyclothems, continental positioning and climate change. *Am. J. Sci.*, 278, 1345–1372.

Csoma, A. E., Goldstein, R. H., Mindszenty, A. and Simone, L. (2004) Diagenetic salinity cycles and sea-level along a major unconformity, Monte Camposauro, Italy. *J. Sediment. Res.*, 74, 889–903.

Dean, W. E., Arthur, M. A., Sageman, B. B. and Lewan, M. D. (1995) *Core descriptionsand preliminary geochemical data for the Amoco Production Company Rebecca K. Bounds #1 well, Greeley County, Kansas.* U. S. Department of the Interior, U. S. Geological Survey, Open-file Report 95–209.

Dennison, J. M. and Shea, J. H. (1966) Reliability of visual estimates of grain abundance. *J. Sediment. Petrol.*, 36, 81–89.

Dickinson, W. R. and Lawton, T. F. (2003) Sequential intercontinental suturing as the ultimate control for Pennsylvanian Ancestral Rocky Mountains deformation. *Geology*, 31, 609–612.

Dickson, J. A. D. (1966) Carbonate identification and genesis as revealed by staining. *J. Sediment. Petrol.*, 36, 491–505.

Dickson, J. A. D. and Coleman, M. L. (1980) Changes in carbon and oxygen isotope composition during limestone diagenesis. *Sedimentology*, 27, 107–118.

Dubois, M. K, Byrnes, A, Bohling, G. C., Seals, S. C. and Doveton, J. H. (2003) *Statistically-based lithofacies predictions for 3-D reservoir modeling : an example from the Panoma (Council Grove) field, Hugoton embayment, Southwest Kansas*. Kansas Geological Survey, Open-file Report 2003-30.

Dunham, R. J. (1962) Classification of carbonate rocks according to their depositional texture. In : *Classification of Carbonate Rocks* (Ed. Ham, W. E.), *AAPG Memoir*, 1, 108-121.

Frank, T. D. and Lohmann, K. C (1995) Early cementation during marine-meteoric fluid mixing : Mississippian Lake Valley Formation, New Mexico, *J. Sediment. Res.*, 65A, 263-273.

French, J. A. and Watney, W. L. (1993) Stratigraphy and depositional setting of the lower Missourian (Pennsylvanian) Bethany Falls and Mound Valley limestones, analogues for age-equivalent ooid-grainstone reservoirs, Kansas. *Current Research on Kansas Geology*, *Bulletin*, 235, Kansas Geological Survey, Lawrence, 27-39.

Gibbs, M. T., Rees, M., Kutzbach, J. E., Ziegler, A. M., Behling, J. and Rowley, D. B. (2002) Simulations of Permian climate and comparisons with climatesensitive sediments. *J. Geol.*, 110, 33-55.

Goldstein, R. H. and Reynolds, T.J. (1994) Systematics of fluid inclusions in diagenetic minerals. *SEPM Short Course*, 31.

Goldstein, R. H. (1988a) Palaeosols of Late Pennsylvanian cyclic strata, New Mexico. *Sedimentology*, 35, 777-803.

Goldstein, R. H. (1988b) Cement stratigraphy of Pennsylvanian Holder formation, Sacramento Mountains, New Mexico. *AAPG Bull.*, 72, 425-438.

Goldstein, R. H. (1991) Practical aspects of cement stratigraphy with illustrations from Pennsylvanian limestone and sandstone, New Mexico and Kansas. In : *Luminescence Microscopy and Spectroscopy ; Qualitative and Quantitative Applications* (Eds Barker, C. E. and Kopps, O. C.), *SEPM Short Course Notes*, 25, 123-132.

Goldstein, R. H. (1993) Fluid inclusions as microfabrics : a petrographic method to determine diagenetic history. In : *Carbonate Microfabrics* (Eds Rezak, R. and Lavoi, D.), *Frontiers in Sedimentary Geology*, 279-290. New York, Springer-Verlag.

Goldstein, R. H. (2001), Fluid inclusions in sedimentary and diagenetic systems. In : *Fluid Inclusions ; Phase Relationships-Methods-Applications ; Special Volume in Honour of Jacques Touret*(Eds Andersen,T., Frezzotti, M. L. and Burke, E. A. J.), *Lithos*, 55, 159-193.

Goldstein, R. H., Anderson, J. E. and Bowman, M. W. (1991) Diagenetic responses to sea-level change : integration of field, stable-isotope, palaeosol, paleokarst, fluidinclusion and cement-stratigraphy research to determine history and magnitude of sea-level fluctuation. In : *Sedimentary Modeling : Computer Simulations and Methods for Improved Parameter Definition* (Eds Franseen, E. K., Watney, W. L., Kendall, C. G. St. C., and Ross, W.), *Kansas Geological Survey Bulletin*, 233, 139-162.

Golubic, S., Perkins, R. D. and Lukas, K. J. (1975) Boring microorganisms and microborings in carbonate substrates. In : *The Study of Trace Fossils* (Ed. Frey R. W.), 229-259. Heidelberg-Berlin-New York, Springer-Verlag.

Hanford, C. R. and Loucks, R. G. (1993) Carbonate depositional sequences and systems tracts-responses of carbonate platforms to relative sea-level changes. In : *Carbonate Sequence Stratigraphy : Recent Developments and Applications* (Eds Loucks, R. G. and Sarg, R. J.), *AAPG Memoir*, 57, 3-41.

Hanor, J. S. (1978) Precipitation of beachrock cements : mixing of marine and meteoric waters vs. CO_2-degassing, *J. Sediment. Petrol.*, 48, 489-501.

Harris, M., Saller, A. H. and Simo, J. A. (1999) Introduction. In : *Advances in Carbonate Sequence Stratigraphy : Applications to Reservoirs, Outcrops and Models* (Eds Harris, M., Saller, A. H. and Simo, J.

A.), *SEPM Spec. Publ.*, 63, 1–10.

Heckel, H.(1983)Diagenetic model for carbonate rocks in Mid–Continental Pennsylvanian eustatic cyclothems. *J. Sediment. Petrol.*, 53, 733–759.

Heckel, H. (1984) Factors in mid–continent Pennsylvanian limestone deposition. In : *Limestones of the Mid–Continent* (Ed. Hyne, N. J.), *Tulsa Geologicol Society Spec. Publ.*, 2, 25–50.

Heckel, H. (1994) Evaluation of evidence for glacioeustatic control over marine Pennsylvanian cyclothems in North America and consideration of possible tectonic events. In : *Tectonic and Eustatic Controls on Sedimentary Cycles* (Eds Dennison, J. M. and Ettensohn, F. R.), *SEPM Concepts in Sedimentology and Paleontology*, 4, 65–87.

Herman, J. S., Back, W. and Pomar, L. (1985) Geochemistry of groundwater in the mixing zone along the coast of Mallorca, Spain, In : *Karst Water Resources*, *Proceedings of the Ankara–Antalya Symposium*, *July* 1985 (Eds Günay, G. and Johnson, A. J.), *Intl. Assoc. Hydro. Scs.* 161, 467–479.

Hird, K. and Tucker M. E. (1988) Contrasting diagenesis of two Carboniferous oolites from south Wales : a tale of climatic influence. *Sedimentology*, 35, 587–602.

Hsieh, A., Bredehoeft, J. D. and Rojstaczer, S. A. (1988) Response of well–aquifer systems to Earth tides–problem revisited. *Water Resour. Res.*, 24, 468–472.

Hudson, J. D. (1977) Stable isotopes and limestone lithification. *J. Geol. Soc. Lond.*, 133, 637–660.

Humphrey, J. D. (1988) Late Pleistocene mixing–zone dolomitization, southeastern Barbados, West Indies. *Sedimentology*, 35, 327–348.

Humphrey, J. D.(2000)New geochemical support for mixing–zone dolomitization at Golden Grove, Barbados, *J. Sediment. Res.*, 70, 1160–1170.

James, N. P. and Choquette, W. (1984) Diagenesis 9. Limestones–the meteoric diagenetic environment. *Geosci. Can.*, 11, 161–194.

Joeckel, R. M. (1994) Virgilian (Upper Pennsylvanian) palaeosols in the upper Lawrence Formation (Douglas Group) and in the Snyderville Shale Member (Oread Formation, Shawnee Group) of the northern midcontinent, U. S. A. pedologic contrasts in a cyclothem sequence. *J. Sediment. Res.*, A64, 853–866.

Johnson, K. S. (1989) Geologic evolution of the Anadarko Basin. In : *Anadarko Basin Symposium*, 1988 (Ed. Johnson, K. S), Oklahoma Geological Survey Circular, 90, 3–12.

Jones, G. D., Whitaker, F. F., Smart, L. and Sanford, W. E. (2004) Numerical analysis of sea water circulation in carbonate platforms : II the dynamic interaction between geothermal and brine reflux circulation. *Am. J. Sci.*, 304, 250–284.

Kluth, C. F. (1986) Plate tectonics of the Ancestral Rocky Mountains. In : *Paleotectonics and Sedimentation in the Rocky Mountain Region*, *United States* (Ed. Peterson, J. A.), *AAPG Memoir*, 41, 353–369.

Kraus, M. J. (1999) Palaeosols in clastic sedimentary rocks : their geologic applications. *Earth Sci. Rev.*, 47, 41–70.

Land, L. S. (1973) Contemporaneous dolomitization of middle Pleistocene reefs by meteoric water, North Jamaica. *Bull. Mar. Sci.*, 23, 64–92.

Mack, G. H., James, W. C. and Monger, H. C. (1993) Classification of palaeosols. Geol. Soc. *Am. Bull.*, 105, 129–136.

Mann, H. B. and Whitney, D. R. (1947) On a test whether one of two random variables is stochastically larger than the other. *Ann. Math. Stat.*, 18, 50–60.

Merritt, M. L. (2004) *Estimating hydraulic properties of the Floridan aquifer system by analysis of earth–tide*, *oceantide and barometric effects*, *Collier and Hendry Counties*, *Florida.* USGS Water–Resources Investigations Report, 03–4267, pp. 70.

Meyers, W. J. (1974) Carbonate cement stratigraphy of the Lake Valley Formation (Mississippian) Sacramento Mountains, New Mexico. *J. Sediment. Petrol.*, 44, 837–861.

Meyers, W. J. (1991) Calcite cement stratigraphy : an overview. In : *Luminescence Microscopy and Spectroscopy* (Eds Barker, C. and Kopp, O.), *SEPM Short Course Notes*, 25, 133–148.

Mii, H., Grossman, E. L. and Yancey, T. E. (1999) Garboniferous isotope stratigraphies of North America ; implications for Carboniferous paleoceanography and Mississippian glaciation. *Geol. Soc. Am. Bull.*, 111, 960–973.

Morse, J. W. and Mackenzie, F. T. (1990) Geochemistry of sedimentary carbonates. *Developments in Sedimentology*, 48, Amsterdam, Elsevier, pp. 696.

Parrish, J. T. (1993) Climate of the supercontinent Pangea. *J. Geol.*, 101, 215–233.

Parrish, J. T. (1995) Geologic evidence of Permian climate. In : *The Permian of Northern Pangea*, *Volume I Paleogeography*, *Paleoclimates*, *Stratigraphy* (Eds Scholle, A., Peryt, T. M, Ulmer–Scholle, D. S.), pp. 53–61. Berlin, Heidelberg, Springer–Verlag.

Pomar, L. (2001) Types of carbonate platforms : a genetic approach. *Basin Res.*, 13, 313–334.

Rankey, E. C. and Farr, M. R. (1997) Preserved mineral magnetic signature, pedogenesis And paleoclimate change ; Pennsylvanian Roca Shale(Virgilian, Asselian), central Kansas, U. S. A. *Sediment. Geol.*, 114(1–4), 11–32.

Rankey, E. C. (1997) Relations between relative changes in sea–level and climate shifts : Pennsylvanian–Permian mixed carbonate–siliciclastic strata, western United States. *Geol. Soc. Am. Bull.*, 109, 1089–1100.

Rascoe, B., Jr. and Adler, F. J. (1983) Permo–Carboniferous hydrocarbon accumulations, Mid–Continent, U. S. A. *AAPG Bull.*, 67, 979–1001.

Retallack, G. C. (1990) *Soils of the Past* Unwin Hyman, Boston, pp. 520.

Rowley, D. B., Raymond, A., Parrish, J. T., Lottes, A. L., Scotese, C. R. and Ziegler, A. M. (1985) Carboniferous paleogeographic, phytogeographic and paleoclimatic reconstructions. *Int. J. Coal Geol.*, 5, 7–42.

Saller, A. H., Budd, D. A. and Harris, M. (1994) Unconformities and porosity development in carbonate strata : ideas from a Hedberg conference. *AAPG Bull.*, 78 (6), 857–872.

Sarg, J. F. (1988) Carbonate sequence stratigraphy. In : *SeaLevel Changes. An Integrated Approach* (Eds Wilgus, C. K., Hastings, B. S., Kendall, C. G. St. C., Posamentier, H. W., Ross, C. A., Van Wagoner, J. C.), *SEPM Spec. Publ.*, 42, 155–181.

Scotese, C. R. (2001) *Atlas of Earth History*, PALEOMAP Project, Arlington, TX, pp. 52.

Sheskin, D. J. (2004) *Handbook of Parametric and Nonparametric Statistical Procedures*, 3rd Edn. pp. 1193. Chapman & Hall/CRC, Boca Raton.

Sibley, D. F. (1980) Climatic control of dolomitization, Seroe Domi Formation (Pliocene), Bonaire, N. A. In : *Concepts and Models of Dolomitization* (Eds Zenger, D. H., Dunham, J. B. and Ethington, R. L.), *SEPM Spec. Publ.*, 28, 247–258.

Smart, L., Dawans, J. M. and Whitaker, F. (1988) Carbonate dissolution in a modern mixing zone. *Nature*, 335, 811–813.

Soreghan, G. S. (1994) The impact of glacioclimatic change on Pennsylvanian cyclostratigraphy. In : *Pangea ; Global Environments and Resources* (Eds Embry, A. F., Beauchamp, B., and Glass, D. J.), *Mem. Can. Soc. Petrol. Geol.*, 17, 523–543.

Soreghan, G. S., Elmore, R. D. and Lewchuk, M. T. (2002) Sedimentologic–magnetic record of western Pangean climate in upper Paleozoic loessite (lower Cutler beds, Utah) . *Geol. Soc. Am. Bull.*, 114, 1019–1035.

Sprent, P. and Smeeton, N. C. (2000) *Applied Nonparametric Statistical Methods*, 3rd Edn., *Texts in*

Statistical Science, 461. Chapman & Hill/CRC, Boca Raton, Sun, S. Q. and Esteban, M. (1994) Paleoclimatic controls on sedimentation, diagenesis and reservoir quality : lessons from Miocene carbonates. *AAPGBull.*, 78, No. 4, 519–543.

Tabor, N. J. and Montañez, I. P. (2004) Morphology and distribution of fossil soils in the Permo–Pennsylvanian Wichita and Bowie Groups, north–central Texas, USA : implications for western equatorial Pangean palaeoclimate during icehouse–greenhouse transition. *Sedimentology*, 51, 851–884.

Tucker, M. E.(1993)Carbonate diagenesis and sequence stratigraphy. In : *Sedimentology Review*(Ed. Wright, V. P.), pp. 51–72. Blackwell, Oxford.

Veevers, J. J. and Powell, C. M. (1987) Late Paleozoic glacial episodes in Gondwanaland reflected in transgressivereg–ressive depositional sequences in Euramerica. *Geol. Soc. Am. Bull.*, 98, 475–487.

Ward, W. C. (1973) Influence of climate on the early diagenesis of carbonate eolianites. *Geology*, 1, 171–174.

Ward, W. C. and Halley, R. B. (1985) Dolomitization in a mixing zone of near–surface composition, late Pleistocene, Northeastern Yucatán Peninsula. *J. Sediment. Petrol.*, 55, 407–420.

Watney, W. L. (1985) Resolving controls on epeiric sedimentation using trend surface analysis. *Math. Geol.*, 17, 427–454.

Watney, W. L., Wong, J.–C. and French, J. A.(1991)Computer simulation of Upper Pennsylvanian(Missourian) carbonate–dominated cycles in western Kansas. In : *Sedimentary Modeling : Computer Simulations and Methods for Improved Parameter Definition* (Eds Franseen, E. K., Watney, W. L., Kendall, C. G. St. C., Ross, W.), *Kansas Geol. Surv. Bull.*, 233, 415–430.

West, R. R., Archer, A. W. and Miller K. B. (1997) The role of climate in stratigraphic patterns exhibited by late Paleozoic rocks exposed in Kansas. *Palaeogeogr. Palaeoclimatol. Palaeoecol.*, 128, 1–16.

Whitaker, F. F. and Smart, P. L. (2000) Characterising scale–dependence of hydraulic conductivity in carbonates : evidence from the Bahamas. *J. Geoch. Explor.*, 69–70, 133–137.

Whitaker, F. F. and Smart, P. L. (2007) Geochemistry of meteoric diagenesis in carbonate islands of the northern Bahamas ; 2, Geochemical modelling and budgeting of diagenesis. *Hydrol. Process.*, 21, 967–982.

Whitaker, F. F., Smart, P. L., Hague, Y., Waltham, D. A. and Bosence, D. J. W. (1999) Structure and function of a coupled two–dimensional sedimentological and diagenetic model for carbonate platform evolution. In : *Numerical Experiments in Stratigraphy–Recent Advances in Stratigraphic and Sedimentologic Computer Simulations* (Eds Harbaugh, J. W., Watney, W. L., Rankey, E. C. and Slingerland, R.), *SEPM Spec. Publ.*, 62, 339–356.

Wilcoxon, F. (1945) Individual comparisons by ranking methods. *Biometr. Bull.*, 1, 80–83.

Wright, V. P. (1988) Paleokarsts and paleosoils as indicators of paleoclimate and porosity evolution : a case study from the Carboniferous of South Wales. In : *Paleokarst* (Eds James, N. P. and Choquette, W.), pp. 329–341. Springer–Verlag, New York.

Zeller, D. E. (1968) The Stratigraphic succession in Kansas. *Kansas Geol. Soc. Bull.*, 189, 81.

4 层序地层对美国北卡罗来纳州始新统碳酸盐岩—硅质碎屑岩被动边缘区域成岩作用的影响

Brian P. Coffey

Department of Earth Sciences, Simon Fraser University, Burnaby, BC V5A 1S6 (E-mail: Canada; bcoffey@sfu.ca)

摘要 与区域成岩事件有关的胶结作用和溶蚀作用可显著地改变偏碳酸盐体系中孔隙度和渗透率的分布。这项研究基于区域钻井岩屑资料的层序地层对比（受生物地层、地震和测井数据的约束），以记录新生代混合碳酸盐岩—硅质碎屑岩被动边缘胶结作用和溶蚀作用的分布。胶结物地层是通过染色法（Dickson）由薄片中固结的岩屑碎片构建的。

胶结物分带的最佳保存场所是发育大量早期原生孔隙的贫泥沉积相。超层序上倾位置的成岩作用极易受随后的洪泛事件和层序界面叠加的影响。盆地中部和下倾位置的井位有较厚的超层序复合体，可用来进行岩性、地层及成岩组构的对比。观察到的趋势表明，超层序边界通常与主要的胶结物溶蚀事件（可能是大气水溶蚀的）相对应，在棘皮动物颗粒的共轴增生物上以蚀刻结构的形式呈现。最大洪泛事件对应着区域性孔隙充填的铁方解石胶结物、海绿石及硅化作用。

在超层序（和组分层序）界面上，胶结物地层的突变可能是由于在随后的多孔浅—中陆棚沉积相的海侵淹没过程中，区域隔水层的沉积造成的，因此，与随后的海平面下降相关的成岩淋滤作用仅限于浅层、含水层系的非承压部分。类似地，晚期不含铁方解石似乎优先发育在区域性洪泛面之上，这可能是由于在随后的低位体系域期间，饱和大气水流体在区域性流动屏障上方形成。

这种低成本的方法展示了另一种数据集方法，其在微生物化石发生破坏、大气水成岩改造强烈地区进行层序地层面对比时可以与岩性数据相结合进行使用。该方法还有助于深入理解海平面变化对非热带地区混合碳酸盐岩—硅质碎屑岩孔隙体系结构的沉积后影响。

4.1 引言

复杂的埋藏历史叠覆于早期成岩组构之上，使得碳酸盐岩序列中成岩作用和层序地层的关系变得难以理解。这种叠覆作用在遭受构造埋藏和变形的岩石中尤为常见。因此，研究地层与成岩作用关系的最佳场所为新生代被动边缘环境，该环境未受到大规模的构造改造或相关盆地流体的影响。

北美东部大西洋海岸平原的古近纪地层为记录成岩作用与层序地层学之间的关系提

供了极好的机会。北卡罗来纳州始新世的混合碳酸盐岩—硅质碎屑岩序列使我们有机会在Albemarle盆地极薄的上倾露头区与厚层盆地地下部分中观察这种关系。该盆地较浅的埋藏深度和被动边缘环境使其成为研究成岩作用与层序地层学关系的理想场所，尤其是考虑到可获得跨盆地密集的岩屑薄片资料。上倾和下倾环境中成岩组构的并置有助于建立早期成岩改造与沉积、层序地层的关联。地下始新世地层的区域成图识别了两个沉积超层序，每一个都由多个组分层序组成。同时期的上倾方向露头由于侵蚀和非沉积作用变得极薄，只保留了一个超层序的高位体系域。从非热带、混合碳酸盐岩—硅质碎屑岩序列中识别出的趋势为深入理解这些非常规沉积体系中的沉积后改造作用，以及其对被动边缘地层孔隙度和渗透率分布的影响提供了有价值的信息。

4.2 地质背景

4.2.1 地层格架

研究者已对美国北卡罗来纳州Albemarle盆地露头区的始新世沉积物进行了深入研究，建立了一个井约束的生物地层和岩石地层格架（Canu和Bassle，1920；Cheetham，1961；Baum等，1978；Kier，1980；Jones，1983；Hazel等，1984；Zullo，1984；Ward等，1978；Wors1ey和Laws，1986；Zullo和Harris，1987）。这项工作识别了过Priabonian阶的Lutetian阶，其被解释为代表6个来自Castle Hayne灰岩的沉积层序（图1）（Harris等，1993），另外对盆地沉积中心的地下组合进行的生物地层成图识别出了Ypresian地层（Zarra，1989），然而，对始新世地下地层进行的区域成图并不涉及详细的岩性或层序地层分析。

对整个盆地地下地层进行的区域成图至少识别出了8个碳酸盐岩—硅质碎屑岩混合的沉积层序，表现为始新世地层先向上变深、然后向上变浅的叠加样式。另外，在近海地震数据中多识别出了一个层序，在那里无法获得井数据（Coffey和Read，2004a）。始新世层序组合形成了2个区域超层序，一个是下始新统，另一个是中—上始新统。这些特征已在整个盆地的井和地震数据中绘制出来。下始新统地下地层在盆地较深部位形成了一个薄层，主要由生物骨骼碳酸盐岩地层组成。在Albemarle盆地中部，中始新统含有明显的由生物骨骼碳酸盐物质构成的建隆，大致对应于超层序的最大洪泛面。超层序海侵地层与上倾裸露地层的关联表明，同时期的沉积物来自露头区被侵蚀或随后被改造的产物（Coffey和Read，2004b）。但是，露头区的始新统极薄且不连续，使得区域性岩性和成岩作用对比变得困难。虽然露头包含了大量具年代控制的生物骨骼碳酸盐岩物质，但是在构造下倾部位钻井中仅保存了可识别的一些碳酸盐岩—硅质碎屑岩层序的晚期海侵—高位（偏碳酸盐岩）体系域部分。因此，上倾部位层序地层界面被多个暴露和洪泛事件叠置，导致极难区分沉积和成岩改造幕。

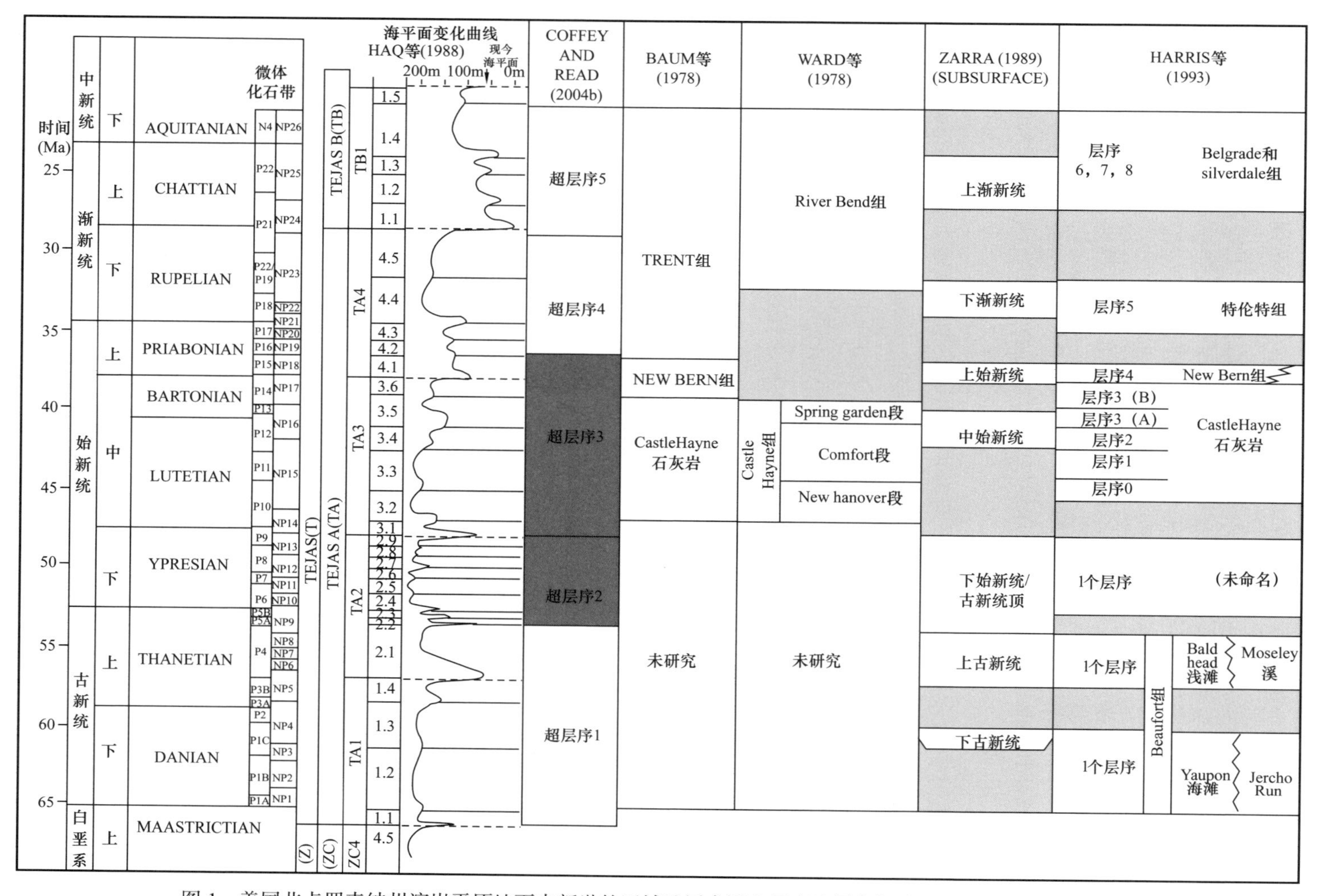

图 1　美国北卡罗来纳州滨岸平原地下古新世的区域地层术语和层序地层格架（Coffey 和 Read，2004b）

始新世研究层段用阴影表示。生物地层分带和放射性时间标尺据 Berggren 等（1995）的研究。

4.2.2 区域成岩作用

美国北卡罗来纳州海岸平原的始新世碳酸盐岩地层是该区的主要含水层系统，但这些地层一直是成岩作用研究的重点。先前的研究聚焦于研究区南部一系列采石场中的极薄露头带。Thayer 和 Textoris（1972）描述了某一采石场的中始新世、上始新世早期碳酸盐岩地层的成岩组构和共生作用重建。Baum 等（1985）描述了另一个采石场暴露的中始新世白云石化作用前缘，并解释其为混合水成因。Baum 和 Vail（1988）与 Moran（1989）对露头进行了区域研究，来评估整个古近系层段中常见的含磷酸盐硬底的分布及其地层学意义，他们识别了与部分界面有关的地表暴露面的结构和稳定同位素证据，然而，由于上倾地层的极不连续性和穿时性，导致应用层序地层学原理不能对不同露头上观察到的组构进行对比。

对这些地层中的含水层系进行的区域研究识别出了一个区域流动单元 –Castle Hayne 含水层系（CHAS），它被限制在下部 Beaufort 隔水层和上部 Castle Hayne 隔水层之间（Winner 和 Coble，1996）。这个含水层单元由始新世、渐新世和可能的古新世最上部地层组成。两个主要的新近纪承压含水层（Pungo River 和 Yorktown）和一个地表非承压含水层覆盖于始新世含水层系之上。目前，仅开展有限的工作来详细描述上述高产体系中详细的流动非均质性，或了解这些变化是如何与地层或成岩变化关联的。

4.3 研究方法

对来自 24 口井的岩屑（采样间隔 3～5m 以及不常见的 10m）进行塑胶浸渍、切片，采用 Dickson（1965）染色方法进行染色，利用偏光显微镜进行观察。Coeffey 和 Read（2002）对样品制备方法进行了讨论，Coeffey 和 Read（2006）给出了详细的钻井和露头位置。对每个采样间隔内的每种岩屑类型的相对百分比与深度的关系进行了绘图，间隔内充填主要岩性。除了岩性和生物特征之外，胶结物组构、成分、分带以及溶蚀特征也能从薄片中的岩化岩屑碎片中观察到。钻井之间的对比由地震和生物地层数据进行约束。对盆地极薄上倾部位的露头和浅层岩心进行了研究，以了解岩屑中不易辨别的垂向和横向岩性变化；这些观测结果也可用来约束井下的混合程度。在对岩性趋势和层序进行成图之后，也对成岩事件的区域分布进行了成图，以评估层序地层学对区域溶蚀和胶结事件的影响。

每个薄片中都可观察到胶结物的共生序列，但值得注意的是，并非所有的异化颗粒都保存了完整的胶结物序列。每个样品都记录了最复杂的胶结物组构和主要的异化颗粒类型；对采样间隔中其他不同胶结物地层也进行了描述，试图纠正与井中岩屑混合相关的问题。在大多数情况下，成岩表现的显著变化发生在 1～2 个岩屑采样间隔内，而过渡带仍然与深层样品薄片一致。棘皮动物碎片上的共轴生长是这些岩石最完整的成岩记录。观察到的组构用存在 / 不存在以及胶结物的相对丰度和厚度来描述。该信息可以被任意地转化为数字格式（0= 不存在，9= 普遍的），以提供一个图形化识别大量组构随深度变化的方法，并提供一个对比盆地内单个沉积层序中胶结物地层的机制。

4.4 沉积相

根据结构和生物群的相似性，将钻井岩屑中识别出的岩性纳入沉积相组合中，以便于识别垂向的地层变化（进而识别体系域）。相组合也趋向于具有与薄片相似的成岩组构。Coeffey（1999）、Coffey 和 Read（2006）对详细的沉积相描述进行了讨论。岩相的类型主要有位于上倾部位的粗粒硅质碎屑岩相和位于下倾部位的生物骨骼颗粒岩—灰泥岩相［图 2（a）］。本文将沉积相分为以下几类：石英质—软体动物、苔藓虫—棘皮动物、富含磷酸盐—海绿石以及富含碳酸盐泥的组合。岩相组合相对丰度的垂向变化被用作在钻井岩屑中识别沉积层序的标准［图 2（b）］。

上倾单元由石英砂岩组成，它们逐渐过渡为以软体动物占主导的粒状灰岩 / 泥粒灰岩和贝壳灰岩。硅质碎屑岩的结构成熟度以及有关生物骨骼颗粒的广泛磨蚀表明沉积发生在海岸—中陆棚环境中，而受磨蚀较少、碳酸盐岩占主导的单元表明相对于上倾部位的硅质碎屑岩占主导的砂岩，它们的沉积发生在更向海的位置（Griffin，1982；Rossbach 和 Carter，1991）。

固结情况多变、多孔、苔藓虫—棘皮动物占主导的生物骨骼颗粒岩—泥粒岩形成于内陆棚较深的部分，并受到风暴和可能的等深流的间断性风选和改造（James 等，2001）。这些沉积相通常与始新世地层上倾部位的露头有关，构成了 Castle Hayne 石灰岩的主要含水层系统。这种组合的岩化单元通常保存了成岩改造的详细记录，尤其是棘皮动物的共轴生长现象。

磷酸盐砂和硬底以及相关的海绿石砂被解释为在凝缩沉积区形成的开阔陆棚岩相。这些特征似乎是在多个陆棚环境中形成的，这是由于持续的海浪冲刷、有限的硅质碎屑沉积物输入以及上倾区域缺少光营养礁的生成（可能受陆棚上季节性温度或营养水平变化的制约）［图 2（a）］（Collins，1988；James 等，1994；James 等，2001）。磷酸盐—海绿石砂似乎在较深水陆棚区域中发育良好，尤其是在主要的海侵事件期间；这些现象可能是由于局部陆棚上升流增加了营养物质的供给，特别由主要边界流系统造成的漩涡加强了营养供应（原始湾流；Riggs，1984）。

深水陆棚沉积相以弱固结、富含浮游性有孔虫的泥质碳酸盐泥（石灰质黏土）为特征，它们形成于风暴浪基面之下，风选的陆棚细粒碎屑和浮游生物残骸堆积在那里［图 2（a）］（Marshall 等，1998）。这种沉积相组合在区域上发育时，通常能够构成区域隔水层。粗晶碳酸盐胶结物和溶蚀组构则不太常见。

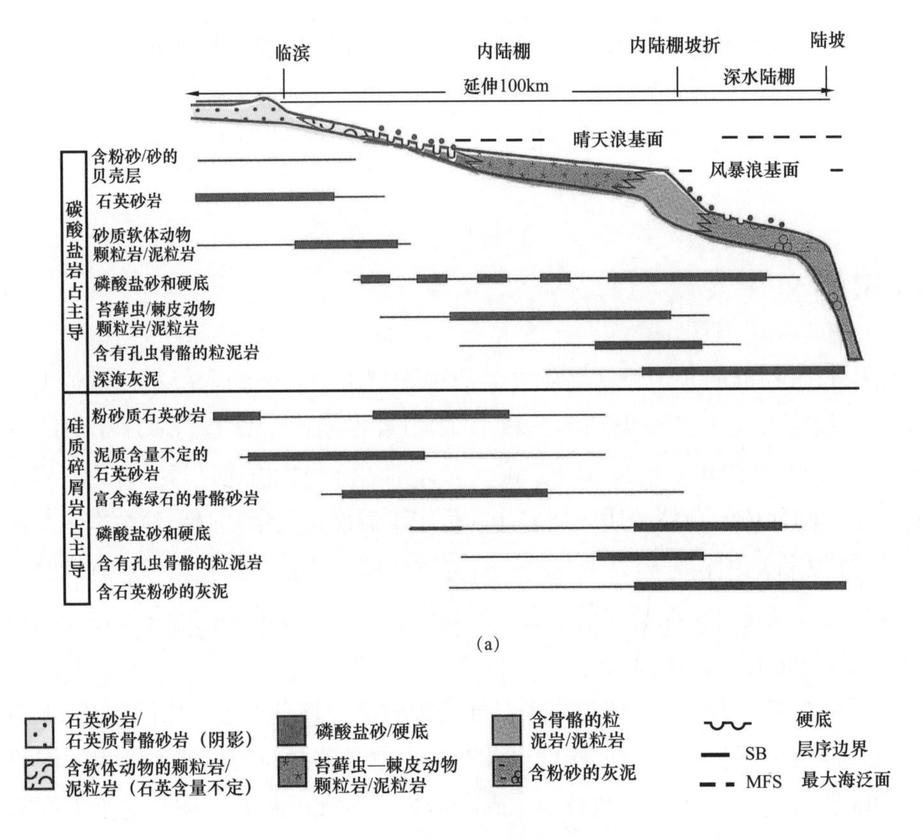

(a)

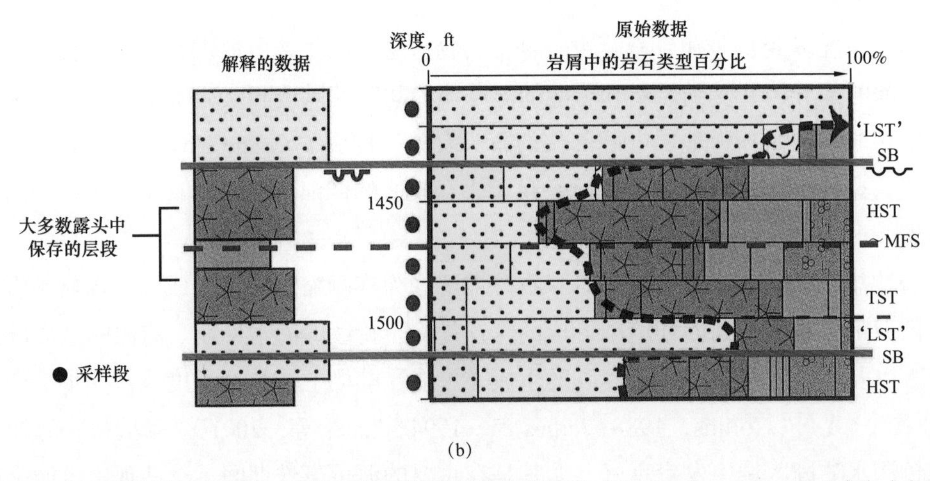

(b)

图 2　美国北卡罗来纳州始新世被动大陆边缘的沉积相和层序分布（Coffey 和 Read，2004a）(a) 沉积剖面显示了一个双坡折地貌，低起伏临滨向海逐渐进入一个内陆棚上受波浪影响（且缺乏沉积物）的区域，然后进入较深内陆棚上碳酸盐岩占主导的沉积物聚集带（20～50m 以上）。内陆棚终止于缓的内陆棚坡折（1°）向低起伏深陆棚（深度大于 100m）过渡的地方，而深陆棚终止于主要的大陆坡折处。(b) 三级沉积层序实例，它是从来自始新世碳酸盐岩占主导的层序中的钻井岩屑中识别的。高百分比的石英砂存在于低位体系域—早期海侵体系域中。海侵的标志是向上开阔陆棚生物骨骼碎片的急剧增加和浅海陆棚相的减少。高位体系域表现为浅海陆棚石英质—软体动物占主导的沉积相的向上增加。最大洪泛带任意地分布在含最小近岸相（石英质—软体动物）层段之下，岩屑中含大量的深水相碎片

4.5 成岩组构

在 Albemarle 盆地始新世钻井岩屑薄片和露头样品中，观察到大量的成岩组构；Dickson（1965）的染色方法能够快速区别不含铁的（染为粉色，铁含量<1000μg/g；Nelson 和 Read，1990）和含铁的（染为紫色或蓝色，铁含量分别为 1000～3000μg/g 和>3000μg/g；Nelson 和 Read，1990）方解石胶结物之间的化学分带。位于上倾部位的样品主要由不含铁的方解石胶结物构成，有时在 CL 下分带复杂［图 3（a）和图 3（b）］，它与分布在不整合面之上的上白垩统石英质—软体动物单元［在复合超层序边界内，图 3（c）和图 3（d）］中分带更复杂的方解石胶结物差异很大。这种一致的成岩差异有助于在上倾区域中进行年代划分，下倾部位的成岩组构更多样化（图 4 和图 5）。但是，表现形式的变化通常发生在多口井相似的层序地层层位上，表明了区域上成岩流体类型的控制作用（图 6）。含铁和不含铁方解石之间的复杂分带现象常见于盆地中心和深盆偏碳酸盐岩沉积相的镶嵌型胶结物和共轴生长物中，尤其是存在棘皮动物和苔藓虫生物骨骼物质时。

4.5.1 胶结物

4.5.1.1 不含铁方解石（染色为粉色）

大部分异化颗粒表面都覆盖着细粒（<10μm）的不含铁方解石胶结物环带，且似乎形成于淋滤作用发生之前。石英晶体主要是细粒、等分状，但有时却能观察到纤维状的。粗粒、不含铁的镶嵌型方解石孔隙充填物也十分常见，尤其是淋滤的软体动物占主导的上倾区域［图 3（f）］。不含铁胶结物作为棘皮动物上的共轴生长物尤其发育良好，特别是作为厚胶结物带沉淀在原始异化颗粒之上［图 3（a）］。在不考虑沉积相的情况下，始新世露头样品（以及来自上倾部位大部分钻井的样品）中所有的方解石胶结物都包含不含铁的方解石。在盆地下倾部位中不含铁的胶结物也十分常见，然而，相对于盆地的上倾区域，这些胶结物趋向于形成更小的晶体和胶结物带（图 4 和图 5）。组构交代型不含铁方解石十分稀少，但有时也会作为微亮晶与灰泥一起出现。

早期不含铁方解石胶结物主要来源于浅层大气水流体（可能是渗流的）。局部发育的云雾状、纤维状不含铁方解石表明，在苔藓虫类碳酸盐沉积相中发生了有海相流体参与的弱胶结作用，但是，这些组构远没有异化颗粒上的细粒、等分状不含铁方解石环带常见。细粒方解石环带、粗粒镶嵌型以及环带状不含铁方解石被解释为在海平面下降期之后从多孔地层中渗出的大气水流体中形成的。这种现象在上倾部位的沉积相中更为明显，进一步支持了胶结物为渗流带大气水成因，原因是与盆地较深部位相比，这一区域更可能长时期地受到大气水流体的改造。溶液中的溶解状方解石可能来源上倾沉积单元中受淋滤的文石质（软体动物）生物骨骼物质。

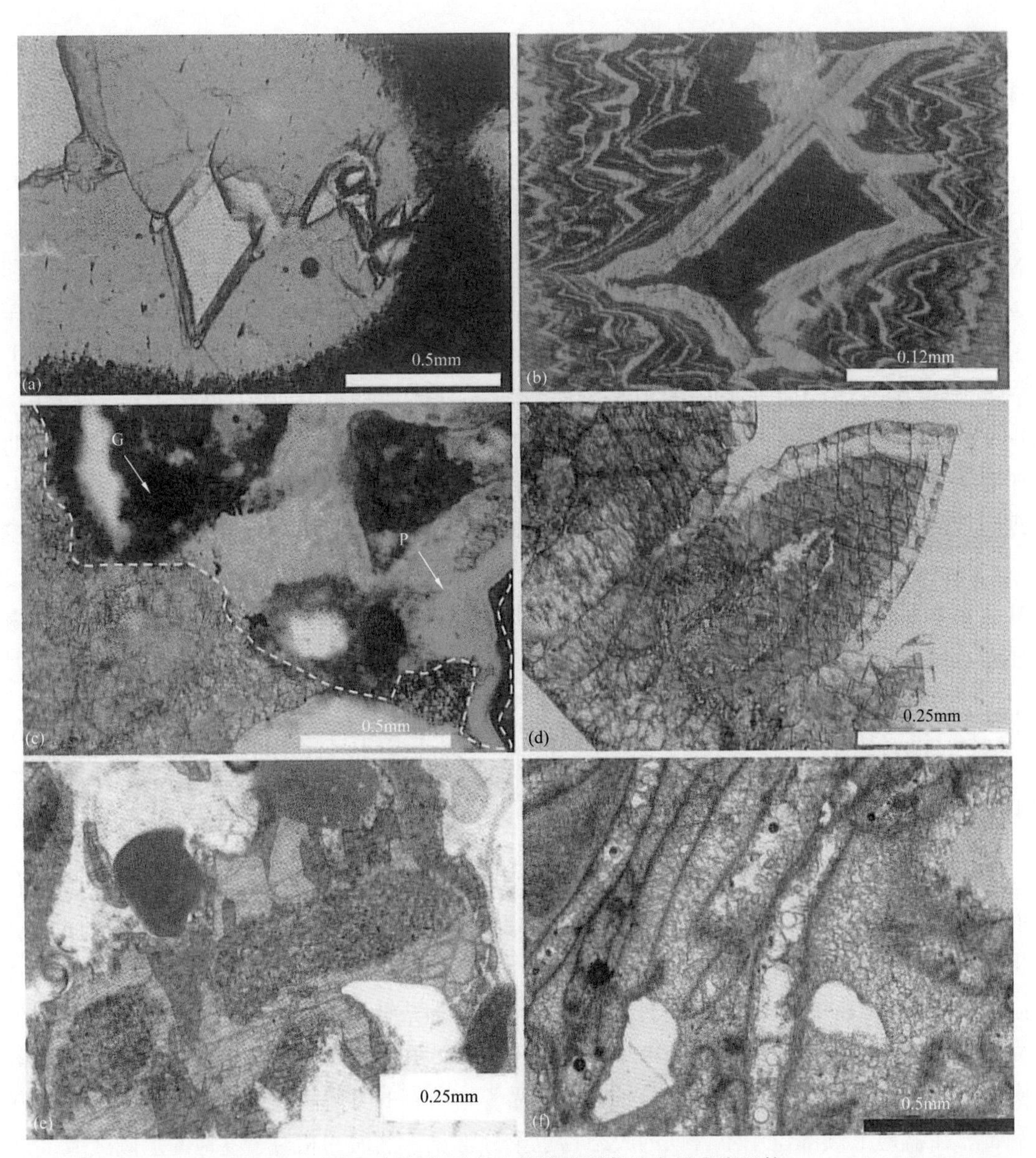

图3 盆地上倾部位露头和钻井岩屑薄片中的成岩组构

（a）从始新世露头中观察到的不含铁方解石的棘皮动物次生加大边，缺少铁方解石带。（b）棘皮动物共轴生长的复杂环带方解石胶结物的CL图像，来自图（a）。（c）露头区上白垩统与中始新统的不整合面（界面用白线标出），显示了复合超层序边界/洪泛面上胶结样式的明显转变，从铁方解石为主变化为等晶不含铁方解石。同样也要注意到磷酸盐物质（P）和海绿石（G）与不整合面（白色箭头标注）的关系。（d）孔隙充填的复杂环带方解石是上白垩统软体动物碳酸盐岩的典型现象，在上倾区域位于始新统之下。（e）棘皮动物次生加大的不含铁方解石被蚀刻，紧接着是铁方解石。（f）粗粒的不含铁方解石胶结物通常与浅水环境、富含石英质—软体动物的沉积相有关，也与新生变形组构和淋滤作用相关。所有的样品都用Dickson（1965）的方法进行了染色

4.5.1.2 铁方解石（染为蓝色或紫色）

铁方解石胶结物在盆地上倾部位不含铁方解石胶结物基础之上形成薄的（几微米）晶体边缘，但在盆地较深部位更常见。在细粒生物骨骼碳酸盐沉积相中，晶体以半自形、孔隙充填组构的形式存在［图4（c）］，但更常见的是在先前已存在的不含铁方解石胶结物

基础上的增生环带［图4（b）和图5（a）］。铁方解石通常与富含海绿石的岩相有关，尤其是在较深水陆棚灰泥和泥质碳酸盐岩的异化颗粒物的孔隙内部。在盆地较深部位极少观察到充填裂缝的含铁胶结物［图5（f）］。

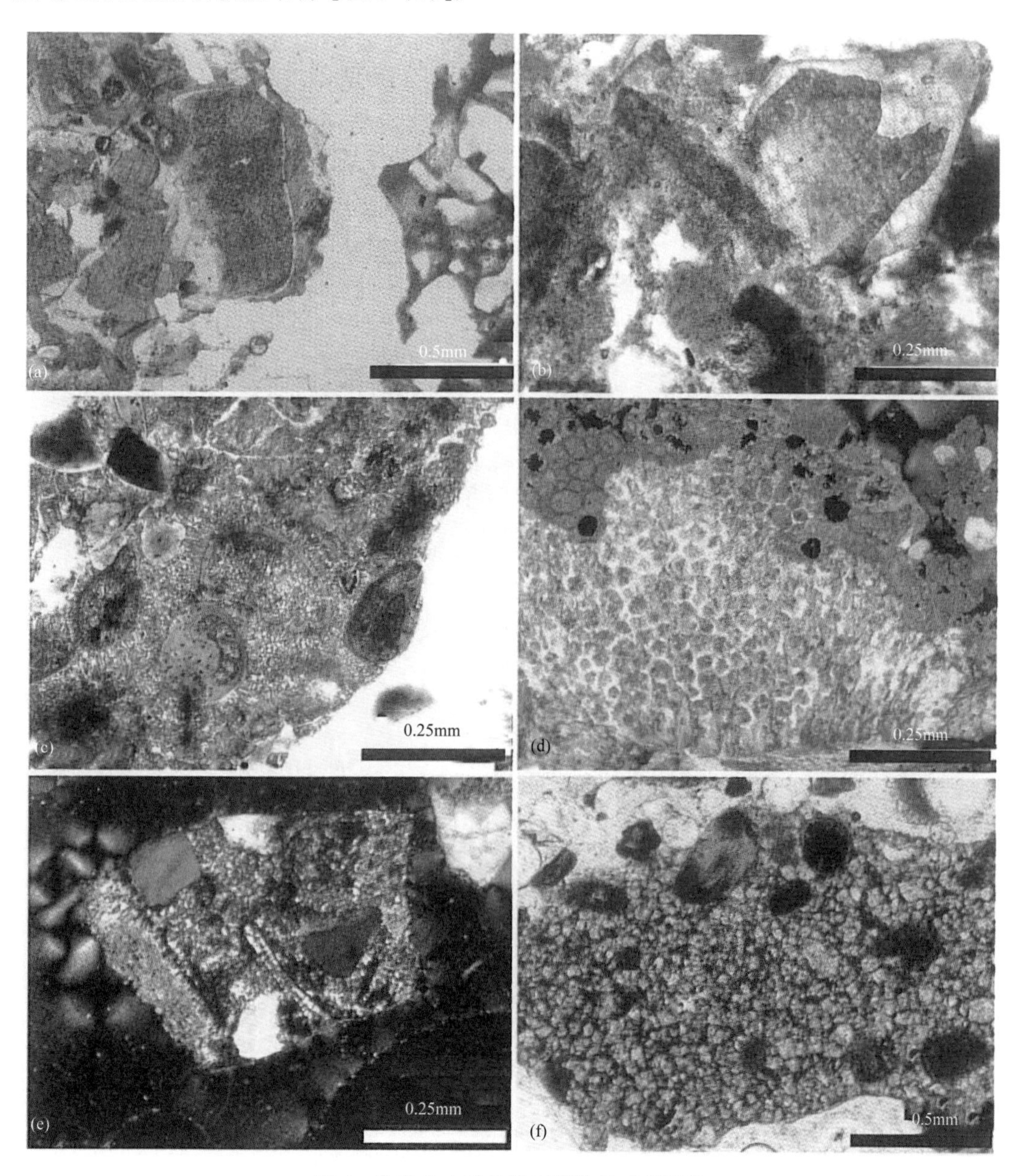

图4　盆地中心钻井岩屑薄片的成岩组构

（a）棘皮动物颗粒具蚀刻的不含铁（粉色）方解石次生加大边，接着是发育良好的共轴铁方解石。（b）晚期方解石蚀刻事件，发生在棘皮动物共轴生长的铁方解石（蓝色）之后，并移除了部分铁方解石，接着是最晚期的不含铁方解石（粉色）。（c）发育良好的铁方解石（蓝色）胶结物通常与深水陆棚上的生物骨骼碳酸盐沉积有关（例如，显微照片中观察到的富含海绿石的海底有孔虫类泥粒岩）。（d）在中—深水盆地（中部—深部陆棚）岩屑中，通常可以观察到硬齿鱼科（pycnodontid）双壳类碎片的组构发生了选择性硅质交代，CPL。（e）含石英的生物骨骼砂岩的非组构选择性硅化（浅海陆棚），CPL。（f）磷酸盐质砂岩含广泛的组构交代型白云石，这种组构通常与磷酸盐的沉积相有关，有时与粗粒、自形的菱形含铁白云石有关。所有的样品都用 Dickson（1965）的方法进行了染色

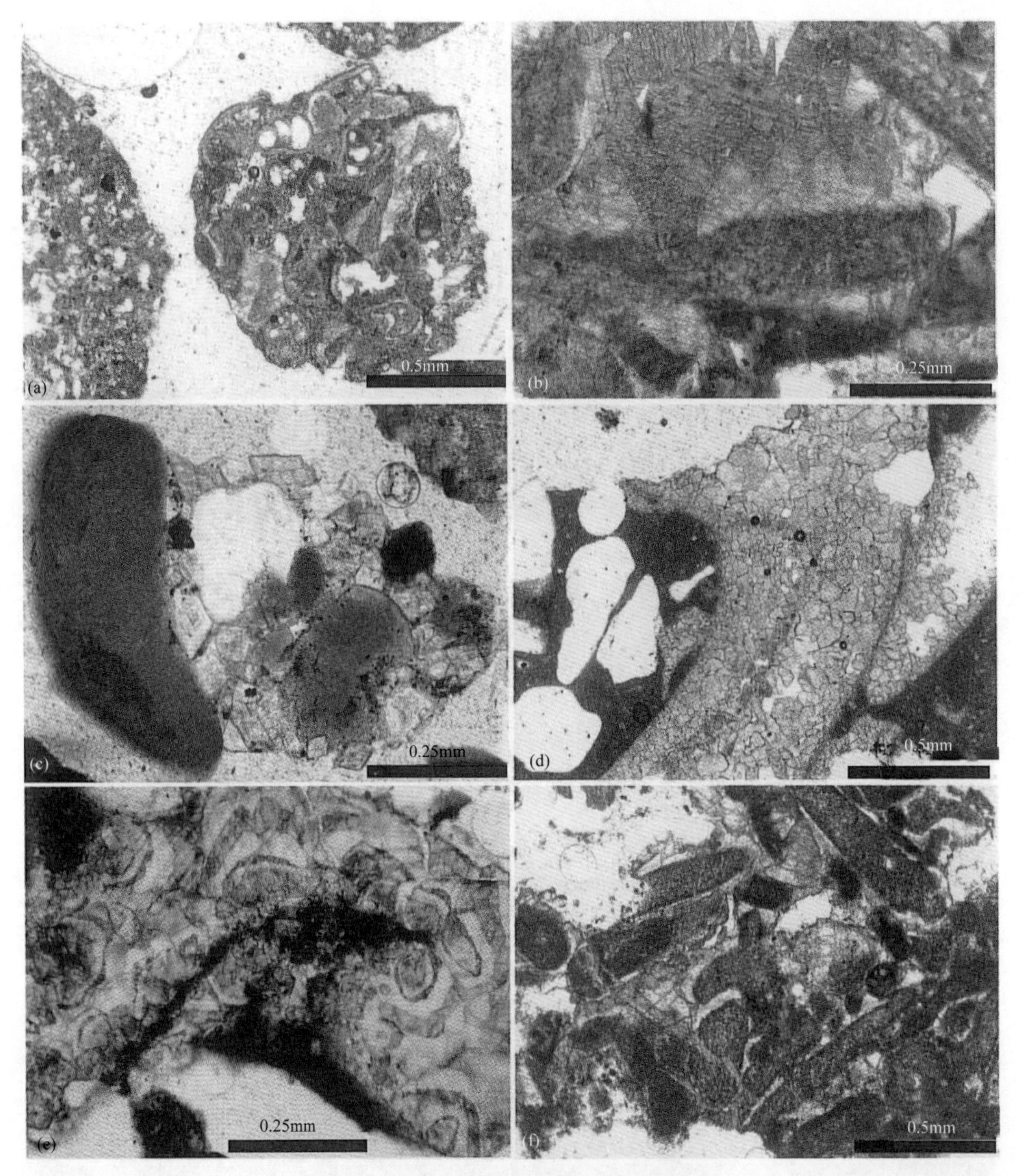

图 5　深水盆地中钻井岩屑薄片的成岩组构

（a）孔隙中复杂的含铁和不含铁环带碳酸盐胶结物是较深水盆地生物骨骼碳酸盐岩的特征。（b）轻微蚀刻的早期不含铁共轴生长物（在棘皮动物碎片上），随后是发育良好的含铁方解石孔隙充填物。（c）含有菱形的组构交代型含铁白云石的海绿石砂，与岩屑中的层序界面有关。（d）石英质双壳类泥粒岩，其内的文石异化粒发生过大范围的淋滤，接着是不含铁方解石的孔隙充填。（e）复杂的环带状方解石孔隙充填物是许多深盆生物骨骼碳酸盐胶结物的特征。（f）在深盆局部钻井岩屑中观察到的含铁方解石的裂缝充填胶结物，没有观察到不含铁方解石的裂缝充填物。所有的样品都用 Dickson（1965）的方法进行了染色

位于盆地上倾部位的始新世地层，其埋藏深度不超过 100m，含有少量的薄层含铁方解石次生加大环带，下伏不整合接触的上白垩统碳酸盐岩中发育良好的铁方解石，这一现象表明胶结作用是通过近地表地下水化学性质的变化而发生的［图 3（d）］。大多数铁方解石是在埋深较浅的还原条件下形成的，有些与地下水的潜流带有关。有些胶结物可能在

海洋条件下形成，局部的还原条件可能出现在陆棚上沉积物与水的接触面附近，与细粒的硅质碎屑岩有关。这一解释说明富含孤立状海绿石和铁方解石的粉砂岩出现在盆地上倾部位。被动边缘下倾部位埋藏较浅（小于 1km）表明埋藏流体不是成岩系统的重要组成部分，但是还未能用胶结物地球化学数据来证实这一解释。裂缝中的局部含铁胶结物充填证明，一些埋藏流体可能影响到盆地更深处，但与化学压实作用和机械压实作用有关的组构的缺乏表明，这些是成岩历史的一个次要组成部分。然而，埋藏压实组构（如缝合线）在小的钻井岩屑碎片中是极难识别的，尤其是当压实组构导致主岩机械强度减弱时（优先破碎）。

4.5.1.3 环带状方解石

有些样品含有由不含铁和铁方解石胶结物构成的极复杂交替结构，通常以共轴生长物或镶嵌型孔隙充填物上薄的（几微米）环带的形式出现，因为比大部分胶结物的组构要复杂而分异出来［图 5（e）］。最完整的例子记录了从早期不含铁到含铁（紫色渐变为蓝色）的渐进过渡，随着孔隙中方解石晶体的增长，至少出现了一次同样趋势的重复。这种组构类型的区域分布是不均衡的，但通常发育于层序界面的下倾部位（基于岩性数据解释的）（图 6）。

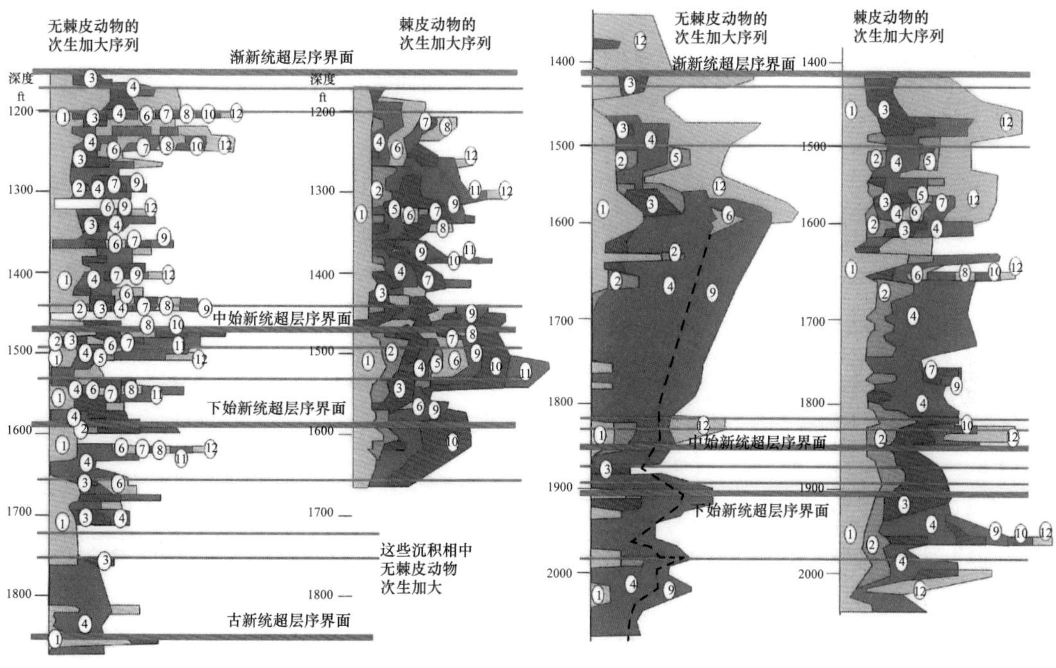

(a) 井1：DR-OT-3-65（中—深水盆地）　　(b) 井2：DR-OT-1-47（深水盆地）

图 6　对 2 口位于 Albemarle 盆地下倾部位的钻井中的孔隙充填方解石和棘皮动物共轴生长的方解石胶结物地层进行了对比，依据岩性和地震数据解释了超层序和层序界面。1～12 号数字对应的是从 2 口井中解释的共生序列（1 是最老的）。（a）来自深盆上倾部位的钻井地层，显示了两种类型孔隙充填胶结物的复杂共生序列。大量的蚀刻组构和薄层胶结物环带是盆地中间位置较为典型的特征。（b）来自深盆下倾部位的钻井地层，显示出更少的薄层胶结物环带和更普遍的含铁方解石孔隙充填特征。值得注意的是，上倾部位井（井 1）中上覆的渐新统层段主要是细粒硅质碎屑岩，而下倾部位井（井 2）中占主导的是遭受淋滤作用的软体动物碳酸盐岩。这种差异解释了方解石胶结物在该图顶端渐新统超层序界面处的突然终止

复杂的带状方解石被解释为在早埋藏期形成的局部胶结物，当时沉积物经受了地下水化学过程的高频变化。这种变化可能是由于潜水面位置或化学过程的季节性波动造成的；另一种解释是：采样位置接近古海岸线，记录了含水层对几次高频海平面变化的响应（Csoma 等，2004）。但是，在这个岩屑数据集中，没有足够的物质通过额外的同位素分析来证实这一解释。

4.5.2 二氧化硅组构

二氧化硅可作为基质和异化颗粒交代组构而存在。这些组构在较深水陆棚上更为常见，泥灰岩中含大量的硅质海绵骨针异化颗粒。牡蛎和硬齿鱼科（Pycnodontid）双壳类生物是最常见的发生硅化作用的碳酸盐异化颗粒，但是交代作用通常只影响部分异化颗粒［图 4（d）］。交代基质的二氧化硅与较深水陆棚上泥质碳酸盐沉积相有关，但是交代组构也出现在石英和含生物骨骼的碳酸盐砂单元中［图 4（d）和图 4（e）］。上倾部位的二氧化硅组构与磷酸盐硬底和富含海绿石的砂有关。

在始新世地层中，尤其是在盆地的下倾部位，亚稳态海绵骨针的溶蚀最可能是二氧化硅的来源。上倾部位中出现的二氧化硅可能来自局部富含粉砂的三角洲沉积体系，它同时也有助于近岸环境中局部大量海绿石的沉淀。根据有限分布的和少量的二氧化硅组构的叠置，这些被解释为早成岩事件，可能形成于沉积物—水界面附近的埋藏之前。富含骨针泥灰岩相中二氧化硅的富集表明，大多数交代过程与亚稳态异化颗粒的早期溶解一起发生，然而，与主要不整合有关的二氧化硅组构极少与富含骨针的泥灰岩有关。在这些层段中，二氧化硅倾向于优先充填粗粒母岩中的孔隙，可能是通过海平面低位期间发育的区域含水层进行。在这种情况下，二氧化硅起着胶结物的作用，而不是形成交代组构。与不整合有关的二氧化硅可能来源于上覆海侵地层中亚稳态异化颗粒的溶蚀，随后流体在下伏渗透性富含石英砂岩中发生运移和沉淀。

4.5.3 白云石组构

在古近系钻井岩屑中发现的自形白云石菱形晶体大小为 5～＞100μm，通常呈零星分散状、组构交代菱形体存在于富含泥质的碳酸盐岩单元中［图 4（f）］。菱面体的染色通常为淡蓝色，表明其含有适量的铁。在上倾露头带的薄层（11m）和局部层状透镜体中也记录了白云石化作用（Baum 等，1985）。大多数发生白云石化的地层类似于之前提到的泥质碳酸盐基质中分散状菱形体的分布样式，然而，一些层段普遍发生重结晶作用，形成糖粒状菱形体。在盆地地下地层中也发现了类似的层段，通常与解释的主要不整合面有关［图 4（f）］。粗组构（＞100μm）在上覆渐新世和中新世地层中更为富集，尤其是当富含磷酸盐和海绿石时［图 5（c）］。

Baum 等（1985）认为白云石胶结物是在混合水条件下形成的。盆地中蒸发岩或其他可利用的富含镁流体来源的缺乏，以及白云石化前缘的不连续、透镜状分布，都倾向于支持用混合水模式解释广泛的交代组构。预计该盆地多孔地层中会发育良好的大气水含水层和海相流体的混合带，这种流体“过渡带”的地理位置可能随着海平面升降而沿着陆棚迁移，具有沉积学意义。富泥碳酸盐地层中的分散状菱形体被解释为混合带产物，其形成于当陆棚（浅的含水层）富含海相流体与局部受限制的大气水流体发生混合时。

4.5.4 其他成岩组构

4.5.4.1 蚀刻的方解石胶结物

在盆地多个地下位置处的钻井岩屑中，至少识别出了 3 个明显的方解石胶结物蚀刻幕（图 6）。侵蚀掉部分方解石胶结物环带的不规则溶蚀面虽然在棘皮动物次生加大边上最发育，但在大量的孔隙充填方解石晶体上也能观察到 [图 3（e）和图 4（a）、图 4（b）]。蚀刻可通过染色方解石胶结带中的不规则弯曲组构进行识别，其表明了离散的胶结物层中胶结物的部分溶蚀；它们随后发育具不同化学特征的后期胶结物，通过染色方法使其表达得更加明显。在盆地岩性填图过程中，受化学溶蚀的层段通常与先前解释为层序边界的岩性缺失相对应（图 6）。蚀刻组构通常出现在这些边界以下几米处采集的岩屑样品中，且可延伸至解释的超层序边界以下 15m 处，然而，钻井岩屑提供的低垂直分辨率，再加上这些井不同质量的电缆测井装置，使得蚀刻组构和主要层序界面无法建立直接联系。在上倾露头区和浅层岩心的薄片中没有见到蚀刻组构。在这些区域，胶结物完全由不含铁方解石组成，因此，很难单独使用染色方法观察蚀刻组构；所选上倾露头区样品的 CL 显微镜中未见到蚀刻组构。

溶蚀组构被解释为孔隙水化学组分的明显变化，考虑到与解释的层序边界的关联，这种变化可能是由于低位体系域期间渗流带的流体进入浅埋藏地层引起的。将溶蚀组构限定在从不含铁（较老的）到含铁（较新的）胶结物过渡带中特定的胶结物层中可进一步支持这一解释。这种现象被解释为记录了低水位条件下优先的淋滤作用，它可能与上倾区域中的地表暴露和连接下倾部位含水层中的大气潜水条件有关，紧接着孔隙流体化学组分发生重大转变，在随后的高位体系域阶段海相流体淹没形成铁方解石。这些组构在分布于整个盆地的油井中的一致共生时间表明，孔隙流体化学组分在区域尺度上的变化，进一步支持了组构可能是由海平面下降引起的这一观点。在盆地下倾区域中，出现在先前解释的同时代地层层段的同生位置的淋滤组构进一步表明，最显著的淋滤事件与超层序低位体系域相对应，尤其是考虑到淋滤组构在这些解释界面附近和之下发育良好。这些主要不整合面的上倾表现是有限的，原因是地层极薄并且受多个较小规模成岩事件叠置的影响。许多三级层序边界也有相关的蚀刻组构，这可能表明，由于溶蚀改善的孔隙网络具有超高渗透率，这些不整合面在海平面下降过程中更易受到成岩作用的影响。

4.5.4.2 异化颗粒的淋滤作用

文石质异化颗粒的溶蚀在上倾部位软体动物占主导的沉积相中普遍存在。淋滤作用产生的大量印模孔在偏含水层的岩性中构成了主要的孔隙网络 [图 3（f）]。在较深的陆棚上，富含苔藓虫的碳酸盐沉积相经历了中度的异化颗粒淋滤，尤其是在文石质软体动物和非造礁群体珊瑚中。溶蚀组构在露头上最明显，但在盆地不同部分钻井岩屑中也能观察到类似的组构 [图 5（d）]。

文石质异化颗粒的优先淋滤是由海平面下降期间欠饱和大气水流体造成的。虽然溶蚀的时间很难确定，但是原始文石质软体动物沉积相中普遍的新生变形组构表明，淋滤作用与低镁方解石的重结晶作用在时间上很接近。在其他地方，由细粒等晶方解石胶结物组成的异化颗粒表明，溶蚀作用发生在第一代早期不含铁方解石胶结物发育之后。在某些淋滤的异化颗粒中，复杂的环带状孔隙充填方解石胶结物证实了早期溶蚀，而不含胶结物的铸模孔意味着这些溶蚀是近期现象。

4.5.4.3 埋藏组构

在这项研究中，发现了有限的埋藏成岩改造的证据。考虑到上倾露头带的埋藏深度从未超过 100m，因此这些特征不发育也就不足为奇了，然而，盆地的较深部分目前位于 600m 以上。虽然观察到的大部分胶结作用和重结晶作用可能发生在浅埋藏深度，但预计会在盆地下倾区域细粒单元中看到埋藏压实作用和压溶作用的证据。钻井岩屑数据集和泥灰岩中极其脆性的岩性组合在一起，使得该单元中成岩组构的描述变得不可靠。深部盆地中唯一一口钻遇研究层段的取芯井只钻遇泥灰岩，缺少与埋藏有关的成岩作用证据。岩屑中观察到的埋藏压实作用组构仅限于分散状铁方解石衬边的裂缝和泥质细脉中，后者可能源自缝合线［图 5（f）］。泥质细脉往往含有含量不断增加的组构交代白云石，可能是由压溶作用中沿缝合线镁离子浓缩造成的。

4.5.4.4 海绿石

这种混合碳酸盐岩—硅质碎屑岩体系最显著的特征之一是几乎无所不在的海绿石，它通常作为分布在所有沉积相组合中的砂粒（极细—极粗）出现。极细粒砂岩与苔藓虫骨骼碳酸盐岩和泥质碳酸盐岩有关，通常也作为自生物质填充这些沉积相中异化颗粒的内部孔隙空间。然而，海绿石砂也是常见的中—粗砂，它与包含底栖有孔虫的固结性差的泥质石英砂有关，特别是在研究区北部（最主要的岩性）。另外，还发现海绿石与磷酸盐和含铁白云石有关，通常靠近解释的层序界面［图 3（c）和图 5（c）］。

海绿石与含有孔虫、硅藻的富含有机质的粉砂质的组合表明，其最早在缺氧的海洋三角洲前缘或低能陆棚区上形成，可能为免受波浪改造的陆棚区。这些单元可能会充填洪泛期的下切河谷或受海岸或海岬保护的区域。局部缺氧带和大量悬浮页状硅酸盐和溶解状硅酸物质有利于海绿石的沉淀（Cloud，1955；Harder，1980）。Cape Hatteras 北部海绿石的增加是由于远源三角洲硅质碎屑岩从古 Chesapeake 流域注入到研究区北部引起的。

4.5.5 区域胶结物年代地层学

首先对每口分析井中各个薄片所能观察到的胶结物带进行了描述（图 6），随后构建盆地级别的复合共生草图（图 7）。值得注意的是，完整的胶结物序列并非发育于薄片的每个异化颗粒中，尤其是考虑到与岩屑分析有关的混合岩相。在这些情况下，最完整和最常见的成岩序列被记录下来，注意每个共生层序中胶结物沉淀的基底（substrate）类型。图 6 为两口井岩屑薄片中所记录的成岩序列的图形，显示了井下成岩组构的数量和复杂度的变化，而不是组构数量随深度的逐渐增加。这些不一致性可能表明，与个别地层层段相关的成岩特征可能与沉积体沉积之后紧接着的改造作用有关（因此，与随后的海平面变化有关）。在这种情况下，对沉积层序内成岩组构的解释可能更适合采用 Waltherian 沉积相对比方法、以时间—海侵组构的形式成图。为了验证这一假设，需要对井约束的样品进行广泛的同位素分析，但是，由于可用岩屑材料的数量有限且样本间隔过大，使得这种验证比较困难。

始新世碳酸盐沉积相中的成岩共生序列在 Albemarle 盆地较厚的下倾部位中是最完整的。在这种地质背景下，共生组合包括（图 7）：

（1）异化颗粒中细粒、等晶不含铁方解石环边（局部呈纤维状），紧接着是中—粗粒、明亮的不含铁镶嵌型方解石孔隙衬边。

（2）蚀刻；早期不含铁方解石的不规则淋滤。

（3）中等厚度的铁方解石（紫色）。

（3a）局部蚀刻事件。

（4）厚层铁方解石（蓝色）。

（5）蚀刻；铁方解石的移除，通常扩展到早期不含铁的方解石中。

（6）厚层不含铁镶嵌型方解石。

（6a）局部蚀刻事件。

（7）变化的铁方解石（紫色）。

（8）薄层不含铁方解石。

（9）中等厚度的铁方解石（蓝色）。

（10）薄层铁方解石（紫色）。

（11）中等厚度的铁方解石（蓝色）。

（12）厚层的、孔隙充填的晚期不含铁镶嵌型方解石。

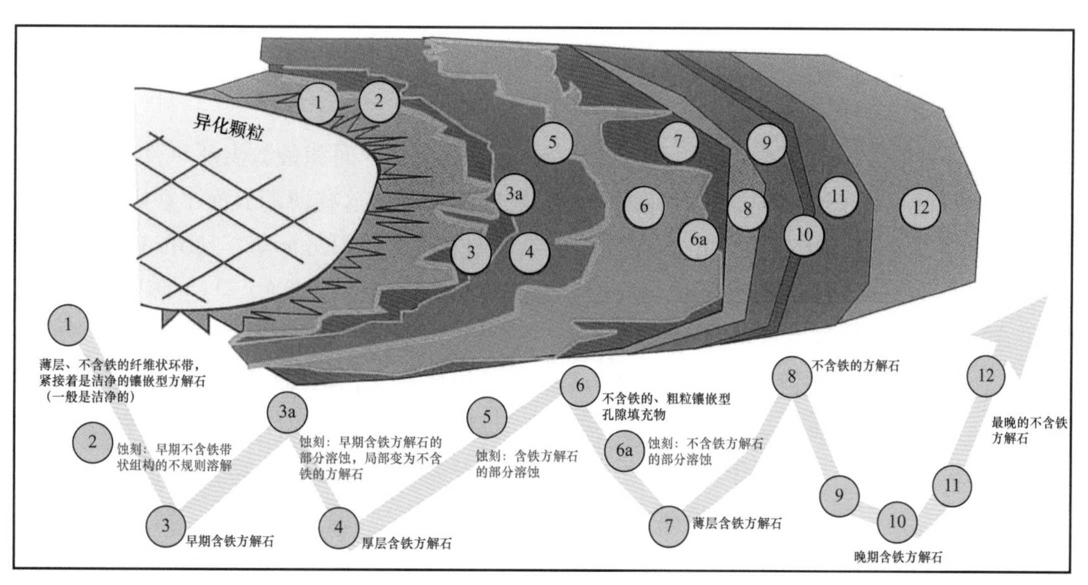

图 7　北美洲东部 Albemarle 盆地始新统碳酸盐岩—硅质碎屑岩混合岩中的复合共生序列

染为粉色的胶结物记录了不含铁方解石，而染为紫色和蓝色的胶结物记录了含铁方解石。编号的成岩组构在盆地钻井岩屑薄片中都存在（“1”代表最早的胶结物，随着数字的增加，组构的相对年龄减小）。总之，盆地尺度的共生序列在图中沿箭头路径进行了概括（高点对应不含铁方解石，低点对应含铁方解石）。绿色代表的蚀刻事件，通常造成先前的胶结物带被部分或完全移除；部分溶蚀组构在区域上不发育，在图中用字母“a”和较细的线来表示

盆地中部的钻井类似于更完整、更深盆地中的成岩序列，但较薄的地层厚度通常会造成跨主要地层界面的成岩组构发生复杂的叠置（图4）。盆地上倾部位的岩心和露头只记录了上述前两个成岩序列；来自“上倾盆地”偏下位置处的岩屑记录了事件3和事件4的有限发展，以及局部保存较差的事件12（图3）。

4.5.6 成岩作用与层序地层学

在为研究层段建立好层序地层格架之后（Coffey和Read，2004b），观察到大量与主要地层变化（尤其是层序界面）对应的成岩结构。成岩作用的详细区域成图产生了广泛的组构序列，它们在盆地上倾部位、中陆棚和下倾部位的表现不同。尝试在超层序尺度下将不同盆地背景中同时代成岩作用进行并列解释，以确定每个环境中最常见的相关组构，并测试这些组构是否被限制在单个沉积组合中。这一关系已被观察到并用来解释沉积之后不久的成岩改造。在层序尺度上也进行了类似的观察，但很难在钻井岩屑中识别离散界面，使得薄片中重复成岩组构的区域对比变得复杂，特别是考虑到始新世层序尺度的海平面变化可能在幅度和时间上都不足以使组构在盆地尺度上发育（尤其是下倾区域）。来自非热带环境中的相对薄层序（通常小于30m）也使得在岩屑中区分层序变得困难，尤其是上倾部位钻井中地层厚度较薄或岩屑的采样间隔大于3m时。

4.5.7 超层序尺度上的关系

4.5.7.1 盆地上倾区域

细粒不含铁环边和粗粒镶嵌型方解石胶结物在盆地的上倾区域是最常见的［图3（a）］，然而，粗粒的铁方解石孔隙充填物在不整合面下伏（缺失两个超层序）的上白垩统软体动物碳酸盐岩中发育良好［图3（c）和图3（d）］。

成岩特征在上倾区域的表现与复合超层序边界的不整合面和最大洪泛事件高度相关，这些事件记录在单个界面中，通常作为磷酸盐硬底被保存。这些薄的界面（在露头中小于20cm）保留了来自多个主要海平面波动和成岩事件的信号（Benito等，2001；Braithwaite，1993），有时包括喀斯特组构和贫化氧同位素表达（Baum和Vail，1988）。与上倾界面有关的最常见的成岩组构是海绿石和白云石（图8）。在不同的情况下，与解释的超层序界面之下层段的成岩表现相比，海侵解释层段中的铁方解石和硅化组构的略微增加是唯一的区别（图8）。

高位体系域和低位体系域的相似性，上倾部位钻井中与主要层序地层界面有关的成岩样式的明显不一致，这是由于同一胶结面随海平面升降而反复暴露造成的。因此，铁方解石胶结物、海绿石和硅化作用被认为是在陆棚洪泛期间形成的，而不含铁方解石和蚀刻组构可能是在海平面下降期间受大气水的影响形成的。虽然白云石化作用的时间尚不清楚，但这些胶结物形成的地层位置对应于Baum等（1985）所解释的混合水环境。如果是这样的话，它们可能是在随后的（新近纪）海侵期间在变薄的上倾始新世地层上发育的。记录了上倾超层序（和更高频率层序）边界和洪泛事件的岩化复合界面的埋藏深度从未超过100m，这使得它们极有可能受到一些始新世之后海平面（及随后的含水层）变化的严重影响。

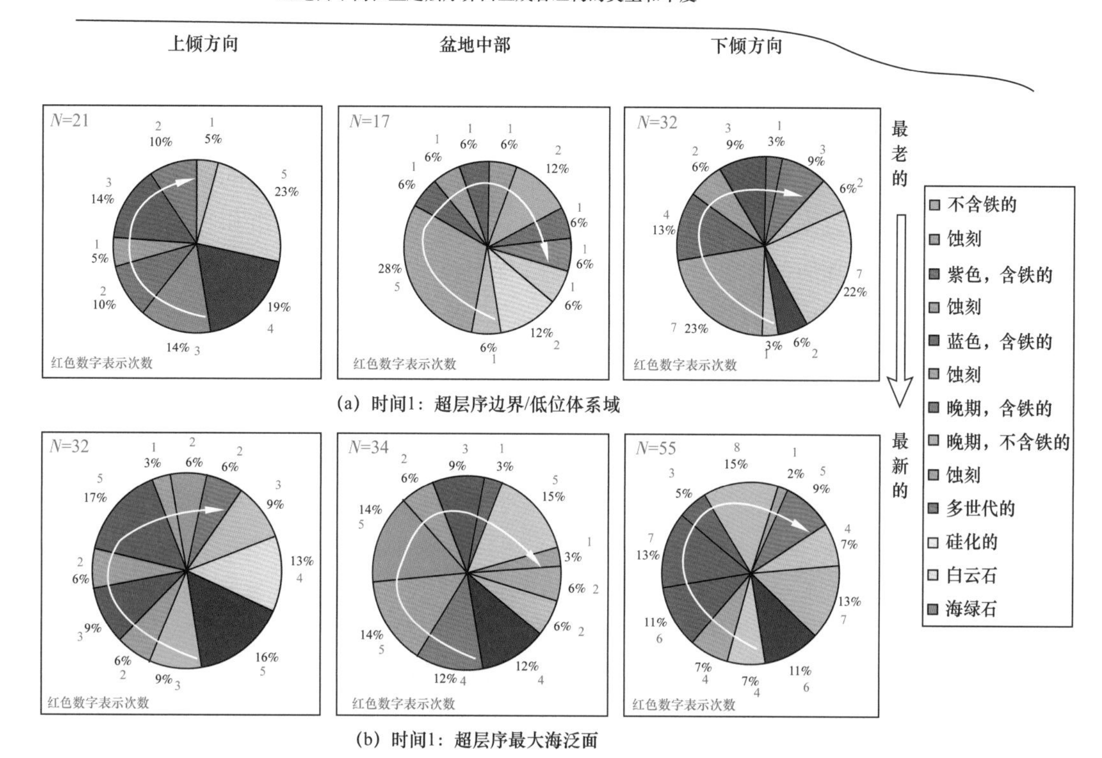

图 8　陆上盆地上倾区域、中部陆棚和下倾区域钻井中观察到的成岩组构的相对丰度

图中白色箭头表示远离颗粒边缘成岩演化的递进时间，箭头起点接近异化颗粒边界位置（红色箭头指示图例上的序列）。白云石、硅化作用及海绿石的丰度也包括在内，但与方解石胶结物组构的相对时间无关。(a) 与基底中始新世超层序界面有关的组构相对丰度；(b) 与中始新世超层序最大洪泛面有关的成岩组构。上倾层序边界和最大洪泛面的重叠是由上倾方向低可容纳空间区域中的非常相近的堆积（通常是复合界面）造成的。盆地中部复杂的组构演化反映了在中部陆棚位置从含铁方解石到不含铁方解石的重复过渡；注意与超层序边界有关的发育较好的蚀刻现象，与超层序最大洪泛面有关的海绿石和含铁方解石含量较高。盆地下倾位置具有类似于盆地中部的胶结作用趋势，由于其在空间上远离上倾区域的大气水流体，因此溶蚀组构不太明显。左上方的 N 表示从所有钻井中不同界面处识别出的组构总和；红色数字表示邻近饼状图相应位置处单个组构被观察到的次数

4.5.7.2　盆地中心区域

来自陆上盆地中间区域的钻井保存了非常厚（50～150m）的始新统，这些地层被新近纪硅质碎屑沉积物埋藏超过 200m，因此，与上倾区域的钻井相比，它们遭受了更少的后期成岩叠置改造。此外，更大的可容纳空间使得超层序能够获得更大的厚度，并保留海侵体系域和高位体系域的成分。因此，这些井中记录的成岩表现在超层序界面和最大洪泛面附近明显不同。在解释的超层序界面及其下方的样品中，其早期的不含铁方解石胶结物进行了显著的蚀刻，并进行了中等强度得后续蚀刻作用（图 6 和图 8）。在层序界面及其之下，铁方解石胶结物不发育且海绿石丰度也没有增加。然而，在最大洪泛面附近，其铁方解石胶结物含量和海绿石丰度都有适度的增加。早期不含铁方解石有一大部分被保存了下来，与下伏不整合面相比，蚀刻作用不太普遍［图 6（b）］。晚期不含铁方解石同样在超层序边界之下也发育得更好。

与超层序界面有关的组构表明层序地层学和成岩事件分布之间有着密切的关系。早期不含铁方解石的数量有限，其原因在于长期海平面下降期间，胶结物发生了蚀刻作用。观察到的 3 个额外的淋滤事件被认为是在长期高位的高频海平面下降期间（可能是层序尺度）发生的，因为它们主要分布在铁方解石胶结物中。铁方解石在最大洪泛期间的大量发育表明，盆地中部保存了更完整的地层和成岩信息。与超层序界面相关的铁方解石带可能与上覆最大洪泛面附近发育的方解石是同时期的，在该区域，近海底沉积物受到海相流体大量涌入的影响。在随后的更高频海平面变化过程中，最大洪泛面处或以上的地层也可能作为比下伏单元更好的流通通道，这是由于在与洪泛事件相关的泥质碳酸盐岩中形成了区域性隔水层。最大洪泛面处海绿石丰度和硅化作用强度的增加，是由于沉积速率的降低和远洋生物（骨针和放射虫）的增加造成的。晚期不含铁方解石可能优先在超层序洪泛面之上发育，这是由于在随后的海平面下降期间，含大量溶解钙质（上倾或上覆碳酸盐岩地层发生淋滤作用而产生）的大气水流体发生沉淀，形成与洪泛面有关的流动隔层和流动屏障。

4.5.7.3 盆地下倾区域

可容纳空间和埋藏深度的增加使下倾地层的沉积和成岩记录更加完整。蚀刻组构在超层序界面处表现得更好，但低于在中央陆棚区钻井中观察到的程度（图 8）。不含铁方解石胶结物不太常见，而铁方解石发育得更好。白云石的含量明显更丰富，但通常是作为细粒、分散状的漂浮晶体交代组构。相比之下，与最大洪泛面下倾方向相关的成岩组构以铁方解石、海绿石和硅化作用为主（图 6 和图 8）。同样也观察到了轻微的蚀刻组构、早期不含铁方解石和较发育的晚期不含铁方解石。

在始新统基底超层序界面的下倾位置观察到的成岩组构与盆地中部的类似，然而，铁方解石胶结物的含量增加、蚀刻组构的减少，表明盆地下倾区域在超层序边界形成之后的较高频低位体系域期间受大气水流体改造较弱。在盆地下倾区域，更明显的蚀刻现象可能反映简单染色方法可提高分辨率，原因是地层单元厚度的增加和铁方解石带数量的增加，前者可以从空间上将超层序界面与最大洪泛面分开，后者可用染色方法进行识别。白云石的发育似乎不受层序地层界面的影响，因为在层序边界和最大洪泛面观察到了类似数量的白云石。最大洪泛面处铁方解石的持续增加和淋滤作用的减弱，是由于孔隙流体化学性质的有限改变造成的。较少的高频海平面变化可能使盆地中该区域受到非海相流体的影响，其上倾区域经历了反复的淋滤并发生方解石胶结作用。晚期不含铁方解石的普遍出现，也要归因于主要海平面下降期间，渗透率较差的最大洪泛面之上富钙大气水流体的优先流动通道。

4.5.7.4 层序尺度的关系

三级层序的厚度很少超过 5m，并且上倾区域很少保存海侵期的地层记录。在大多数情况下，最大洪泛面和层序界面对应于同一个磷酸盐硬底。因此，硬底既保留了海泛作用的各种成岩组构，也可能有地表暴露的岩溶组构和同位素特征（Baum 和 Vail，1988）。在更下倾区域也遇到了类似的问题，原因是较粗的岩屑数据集很难约束层序界面。受非热带、陆棚混合碳酸盐岩—硅质碎屑岩沉积性质的影响，也就是说，缺少环潮坪型碳酸盐岩或地表暴露面可识别的标志，因此，界面的识别变得更加困难。然而，根据岩屑分析解释的许多岩性间断面与成岩表现的主要变化密切相关，尤其是岩性间断面之下胶结物蚀刻组构的开始和岩性间断面之上铁方解石胶结物的出现。观察到的趋势可能表明，存在层序规模的成岩记录，但需要对整个盆地的层序进行大量的地球化学采样，以确认上述关系。在岩屑中应用层序尺度成岩数据的一个更合适的方法是将成岩结构纳入岩性对比中，以便使层序界面和最大洪泛面的识别更为可信。

4.6 讨论

研究人员人已在出露较好的露头区对成岩组构和层序地层界面之间的关系进行了全面的调查研究，本文中的研究在盆地级别上对钻井中两者之间关系进行了调查，从而补充前人的研究工作（Benito 等，2001；Caron 和 Nelson，2003；Csoma 等，2004）。当利用钻井岩屑不完整的碎片来尝试区分复合地层界面上组构的形成时间时，问题变得更加复杂，然而，从盆地尺度上对岩屑中观察到的成岩关系和组构进行成图却可重构成岩序列，这也有助于解释以前的工作人员所报告的上倾露头中的复杂关系，原因是盆地下倾区域保留了陆棚位置更完整（且更厚）的地层记录，其在高频海平面变化期间不太容易受到地下水化学重复变化的影响。此外，在超层序最大洪泛期间，区域灰泥的发育似乎对控制成岩组构的分布起到了主要作用，它是通过作为流体流动的障碍来实现的。虽然许多观察到的成岩组构与沉积后发育的超层序最大洪泛带有关，但细粒洪泛单元的物理性质对地下成岩组构的分布具有重要的影响。

在本研究开始时，预计成岩组构会随着盆地深度的增加（作为本研究的一部分，对渐新世和古新世单元也进行了分析）逐渐变得复杂，主要是基于一种假设，即只要孔隙体系没有被胶结物完全堵塞，更多的埋藏时间会导致重复的成岩作用改造（Niemann 和 Read，1986）。相反，观察结果表明，许多成岩组构只出现在主要层序地层界面附近。这种现象在钻井岩屑中表现为地层界面几十米内许多胶结物带的几乎同时消失（尤其是受溶蚀的组构和地层界面之上的另外区带），在下一个解释的主要层序地层界面附近再次出现 50～100m 的类似表现。由观察结果提出的基本问题是，重复分带是否同时期发生？是否与区域含水层流动单元有关？或者它的发育是否与单个叠加含水层旋回有关？不幸的是，早期对这些胶结物地球化学特征的研究尝试受到极有限的胶结物样品数的制约，原因是当时使用的是钻井岩屑数据集。以后将会做进一步的工作来更好地约束上述关系。

4.6.1 非热带碳酸盐沉积对成岩作用的影响

被动大陆边缘的非热带（亚热带—温暖气候；Coffey 和 Read，2006）沉积环境有助于观察到成岩组构及其在整个盆地的分布情况。在上倾区域，高孔隙度的石英砂质软体动物单元的存在为大气水流体提供了一个绝佳的补给区，同时也导致文石质软体动物异化颗粒的强烈溶蚀。下倾区域（更深的内陆棚）的生物骨骼碳酸盐岩仅遭受有限的早期海洋胶结作用，保留了丰富的原生孔隙（和适量的次生孔隙），而热带地区这种环境中碳酸盐岩孔隙不发育。这些沉积相保留了良好的成岩改造记录，这是下倾位置（不易受到物理和化学侵蚀的影响，且具有复合演化特征）、原生孔隙及棘皮动物异化颗粒共同作用的结果。高孔隙上倾和下倾地层的组合，有助于将含溶蚀钙的大气水从上倾淋滤区域搬运至更深陆棚上的多孔碳酸盐中，其中胶结物的沉淀记录了孔隙流体化学性质的变化。

陆棚上常见的海绿石、磷酸盐和硅质有助于识别主要的洪泛事件。与非热带碳酸盐生产相关的沉积速率降低，以及被动大陆边缘产生的富营养水，都有助于这些早期成岩组构的发育。此外，胶结的硬底也得到了很好的发展。这些界面的早期海洋岩化作用使得它们在随后的海平面下降过程中可以避免受到侵蚀，因此，它们很容易形成复合层序界面和最大洪泛面（保留了两者的成岩记录）。

4.6.2 成岩组构的发育模型

被动大陆边缘超层序中观察到的成岩组构分布受到区域浅层含水层系的强烈影响。已经构建了两个模型来解释观察到的组构，一个是超层序最大洪泛期形成的区域流动屏障，另一个是含水层不受流动非均质性的限制（图 9 和图 10）。

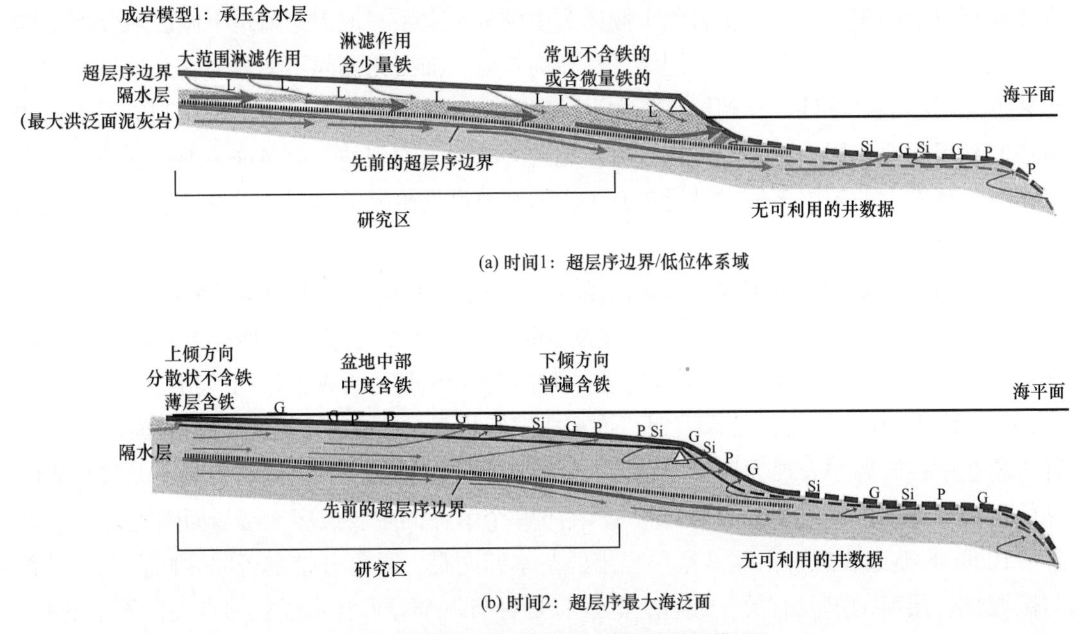

(a) 时间1：超层序边界/低位体系域

(b) 时间2：超层序最大海泛面

图 9 早期建立的含承压水系统的成岩模型

用来解释内陆棚环境中成岩组构的分布。（a）超层序低位体系域，显示陆棚区先前的高位体系域碳酸盐岩发生了广泛的淋滤作用，在研究区下倾部位发生较弱的不含铁方解石胶结作用；（b）超层序最大洪泛面，显示海相流体造成陆棚区域性淹没以及随后明显的含铁方解石胶结物沉淀。不含铁方解石胶结物稀少，与盆地上倾部位大部分地区是隔离的（此处有限的碳酸盐岩物质能够为大气水流体提供离子来源）。常见的近海底组构包括异化颗粒的硅化作用、磷酸盐和海绿石的沉淀以及局部白云石化作用。注意，成岩调整发生在埋藏史早期且局限分布于浅层深度（先前超层序最大洪泛期间形成的区域隔水层）

超层序内的承压含水层系作为成岩屏障，促使大部分胶结物集中在洪泛面之上（图 9）。在主要的海平面下降过程中，上倾高位体系域经历广泛的淋滤，在下倾含水层位置处，尤其是洪泛面之上，发生良好的不含铁方解石胶结作用。孔隙流体化学性质的转变有利于隔水层之下以及近海岸地下（由于强含水层的发育，可能延伸到陆上陆棚）不含铁方解石—铁方解石的沉淀。在主要的陆棚洪泛期，铁方解石胶结物以孔壁附着的形式沿陆棚发育，在中陆棚位置及埋藏较浅的多孔碳酸盐岩地层中更为发育。胶结物可能会向下延伸至与之前最大洪泛面有关的隔水层。不含铁方解石若发育，仅限于极上倾的陆棚上；这些组构可能与洪泛期盆地下倾位置发育的铁方解石是同时期的。

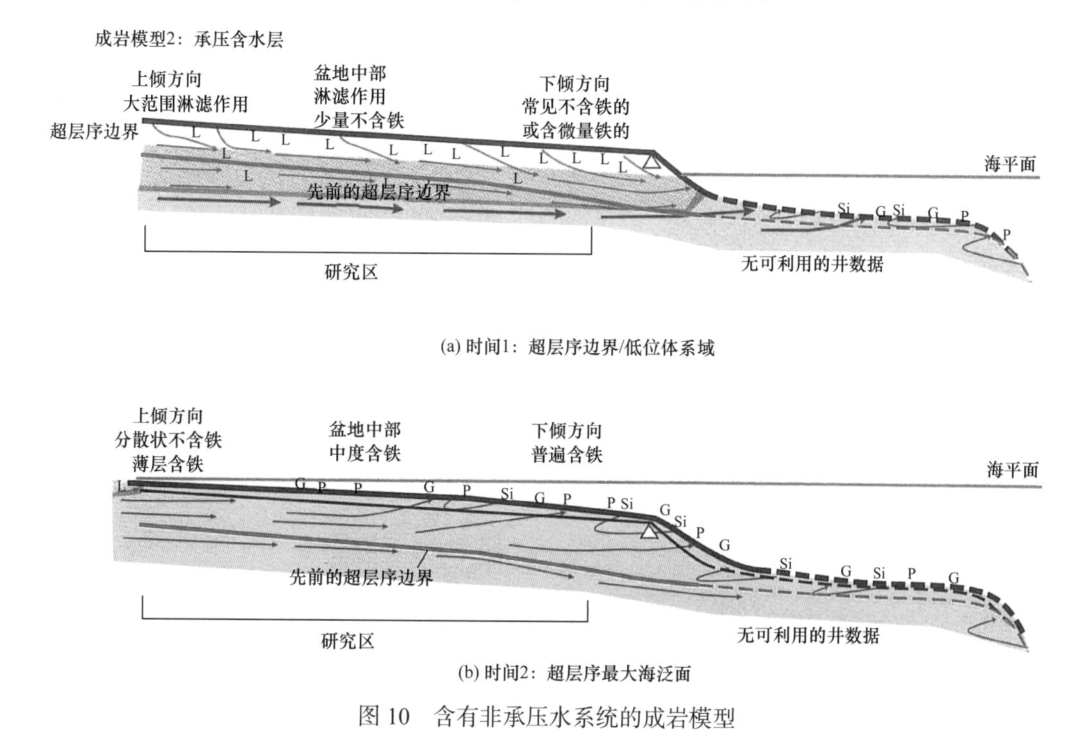

图 10　含有非承压水系统的成岩模型

（a）超层序低位体系域，显示陆棚上先前高位体系域和较老碳酸盐岩层段发生了广泛的淋滤作用，在这种情况下，淋滤的物质可能会沉淀在更深的埋藏单元中，使得认识成岩作用和主要海平面变化之间的关系变得更加困难。（b）超层序最大洪泛面，显示海相流体造成陆棚被淹没，随后含铁方解石胶结物沉淀在陆棚埋藏沉积物中（达到陆棚之下不受约束的深度）。注意，成岩调整不局限于埋藏史早期且并未被区域隔水层限制在浅层，这使得辨别区域胶结作用发生的时间变得困难

在非承压含水层模型中，层序地层界面对成岩组构分布的影响不太明显。与超层序低位体系域有关的淋滤作用可延伸至下伏的海侵（可能还有更早的超层序）地层中，不含铁方解石胶结作用发生在大气水含水层系更深和下倾的位置（图 10）。与最大洪泛面有关的胶结作用类似于之前的承压水模型。然而，晚期不含铁方解石优先发育于该界面的可能性较小。考虑到本次研究中观察到了这种组构，因此，承压水模型更适合此盆地。

4.7　结论

对比非热带混合碳酸盐岩—硅质碎屑岩被动大陆边缘层序中盆地级别的岩性、层序地层和成岩作用数据，有助于深入了解原始沉积结构对随后孔隙流体成岩改造的影响。通过使用地下低分辨率的数据集，可以识别胶结和溶蚀趋势之间的关系，这些趋势在极薄层和

成岩复杂的露头中没有得到保存。这一观察结果对于已深入研究过露头但在鉴别地层界面对成岩演化的控制上只取得有限成果的区域，具有重要的指示意义。盆地中部地区最有可能保存完整的成岩记录，原因是地层单元厚度的增加提高了离散事件的保存潜力，地理位置有利于记录较小幅度的海平面下降，而这种较小幅度的海平面下降未影响到下倾区域，但可使上倾位置遭受后期成岩事件的叠置改造。这种观察到的组构分布趋势若在其他地方岩石中有记录，则可能会有广泛的应用。

在非热带混合碳酸盐岩—硅质碎屑岩被动大陆边缘上倾和较深陆棚环境中，多孔沉积相的发育对浅埋成岩组构的演化和保存具有明显的控制作用，尤其是提供了丰富的来源于上倾位置的方解石，随后在下倾位置发生沉淀，形成孔壁附着型方解石胶结物。与超层序界面相关的蚀刻组构在与超层序海侵相关的陆棚洪泛早期阶段发育的高频层序界面处发育。超层序最大洪泛面之上铁方解石胶结物和晚期不含铁方解石的富集，主要是由于洪泛事件期间形成的区域流动屏障之上饱和流体的汇聚造成的。该承压含水层模型有助于解释 Albemarle 盆地地下层序及其他古近系超层序中观察到的成岩组构的重复分布。

利用钻井岩屑绘制成岩组构的区域分布图的方法，提供了另外一种有助于在遭受大范围成岩改造区域的层序地层对比的方法，也有助于深入了解海平面的变化对混合碳酸盐岩—硅质碎屑岩孔隙结构的沉积后影响。

参考文献

Baum，G. R.，Harris，W. B. and Zullo，V. A.（1978）Stratigraphic revision of the exposed middle Eocene to lower Miocene formations of North Carolina. *Southeast. Geol.*，1，1–19.

Baum，G. R.，Harris，W. B. and Drez，P. E.（1985）Origin of dolomite in the Eocene Castle Hayne Limestone，North Carolina. *J. Sediment. Petrol.*，55（4），506–517.

Baum，G. R. and Vail，P. R.（1988）Sequence stratigraphic concepts applied to Paleogene outcrops，Gulf and Atlantic basins. In：*Sea-Level Change. An Integrated Approach*（Eds H. Wilgus，C. Kendall，H. Posamentier，C. Rossand，and J. Van Wagoner），*SEPM Spec. Publ.*，42，309–329.

Benito，M. A.，Lohmann，K. C. and Mas，R.（2001）Discrimination of multiple episodes of meteoric diagenesis in a Kimmeridgian reefal complex，North Iberian Range，Spain. *J. Sediment. Res.*，71（3），380–393.

Berggren，W. A.，Kent，D. V.，Swisher，C. C.，Ⅲ and Aubry，M.（1995）A revised Cenozoic geochronology and chronostratigraphy. In. *Geochronology*，*Time Scales and Global Stratigraphic Correlation*（Eds W. A. Berggren et al.）. *SEPM Spec. Publ.*，54，129–212.

Braithwaite，C. J. R.（1993）Cement sequence stratigraphy in carbonates. *J. Sediment. Petrol.*，63（2），295–303.

Brown，P. M.，Miller，J. A. and Swain，F. M.（1972）*Structural and Stratigraphic Framework and Spatial Distribution of Permeability of the Atlantic Coastal Plain*，*North Carolina to New York*：*U. S. Geological Survey Professional Paper*，796，79 pp.

Canu，R. and Bassler，R. S.（1920）North American early Tertiary Bryozoa. *Bull. US Natl. Mus.*，106，879 pp.

Caron，V. and Nelson，C.（2003）Developing concepts of high-resolution diagenetic stratigraphy for Pliocene cool-water limestones in New Zealand and their sequence stratigraphy. *Carbs. Evaps.*，18（1），63–85.

Cheetham, A. H. (1961) Age of the Castle Hayne fauna (Eocene) of North Carolina. *J. Palaeontol.*, 35 (2), 394–396.

Cloud, P. E. (1955) Physical limits of glauconite formation. *AAPG Bull.*, 39, 484–492.

Coffey, B. P. (1999) High–Resolution Sequence Stratigraphy of Paleogene, Nontropical, Mixed Carbonate/ Siliciclastic Shelf Sediments, North Carolina Coastal Plain, U. S. A. unpublished PhD thesis, Virginia Tech, 196 pp.

Coffey, B. P. and Read, J. F. (2006) Subtropical to temperate facies from a transition zone, mixed carbonate–siliciclastic system, Paleogene, North Carolina, U. S. A., *Sedimentology*, 27 pp.

Coffey, B. P. (2002) Well cuttings–based high resolution sequence stratigraphy of a Paleogene mixed carbonate–siliciclastic passive margin, North Carolina, U. S. A. *AAPG Bull.*, 86 (8), 1407–1415.

Coffey, B. P. and Read, J. F. (2004a) Sequence stratigraphy of a Paleogene, mixed carbonate/siliciclastic passive margin, North Carolina, U. S. A. *Sediment. Geol.*, 166, 21–57.

Coffey, B. P. and Read, J. F. (2004b) Integrated sequence stratigraphy of Paleogene outcrop and subsurface strata of the North Carolina coastal plain, Southeastern U. S. A. *Southeast. Geol.*, 42 (4), 253–278.

Collins, L. B. (1988) Sediments and history of the Rottnest Shelf, southwest Australia : a swell–dominated, nontropical carbonate margin. *Sediment. Geol.*, 60, 15–50.

Csoma, A. E., Goldstein, R. H., Mindszenty, A. and Simone, L. (2004) Diagenetic salinity cycles and sea–level along a major unconformity, Monte Camposauro Italy. *J. Sediment. Res.*, 74 (6), 889-903.

Dickson, J. A. D. (1965) A modified staining technique for carbonates in thin section. *Nature*, 205, 587.

Griffin, W. T. (1982) Petrology of the Tertiary Carbonates Exposed at Belgrade, Onslow County, North Carolina [unpublished Masters thesis] : University of North Carolina, Chapel Hill, 145 pp.

Haq, B. U. Hardenbol, J. and Vail, P. R. (1988) Mesozoic and Cenozoic chronostratigraphy and eustatic cycles In : *Sea Level Change. An Integrated Approach* (Eds H. Wilgus, C. Kendall, H. Posamentier, C. RossandJ. Van Wagoner), *SEPM Spec. Publ.*, 42, 71–108.

Harder, H. (1980) Syntheses of glauconite at surface temperatures. *Clay Clay Miner.*, 28, 217–222.

Harris, W., Zullo, V. and Laws, R. (1993) Sequence stratigraphy of the onshore Paleogene, Southeast Atlantic coastal plain, USA. In : *Sequence Stratigraphy and Facies Associations* (Eds H. W. Posamentier, C. P. Summerhayes, B. U. HaqandG. P. Allen), *Spec. Publ. Intl. Assoc. Sedimentol.*, 18, 537–561.

Hazel, J. E., Bybell, L. M., Edwards, L. E., Jones, G. D. and Ward, L. W. (1984) Age of the comfort member of the Castle Hayne Limestone, North Carolina. *GSA Bull.*, 95, 1040–1044.

James, N. P., Bone, Y., Collins, L. B. and Kyser, T. K. (2001) Surficial sediments of the Great Australian Bight : facies dynamics and oceanography on a vast cool–water carbonate shelf. *J. Sediment. Res.*, 71 (4), 549–567.

James, N. P., Boreen, T. D., Bone, Y. and Feary, D. A. (1994) Holocene carbonate sedimentation on the west Eucla Shelf, Great Australian Bight : A shaved shelf. *Sediment. Geol.*, 90, 161–177.

Jones, G. D. (1983) *Foraminiferal Biostratigraphy and Depositional History of the Middle Eocene Rocks of the Coastal Plain of North Carolina* : N. C. Dept. Nat. Res. Comm. Dev., Geol. Surv. Pub. 8: Raleigh, NC, 80 pp.

Kier, P. M. (1980) The echinoids of the middle Eocene Warley Hill Formation, Santee Limestone and Castle Hayne Limestone of North and South Carolina. *Smithson. Contrib. Paleobiol.*, 39, 102 pp.

Marshall, J. F., Tsuji, Y., Matsuda, H., Davies, P. J., Iryu, Y., Honda, N. and Satoh, Y. (1998) Quaternary and Tertiary subtropical carbonate platform development on the continental margin of southern Queensland, Australia. *Spec. Publ. Intl. Assoc. Sedimentol.*, 25, 163–195.

Moran, L. K. (1989) Petrography of Unconformable Surfaces and Associated Stratigraphic Units of the

Eocene Castle Hayne Formation, Southeastern North Carolina Coastal Plain [unpublished Masters thesis]: East Carolina University, 337 pp.

Nelson, W. A. and Read, J. F. (1990) Updip to downdip cementation and dolomitization patterns in a Mississippian aquifer, Appalachians. *J. Sediment. Petrol.*, 60 (3), 379–396.

Niemann, J. C. and Read, J. F. (1986) Regional cementation from unconformity–recharged aquifer and burial fluids, Mississippian Newman Limestone, Kentucky. *J. Sediment. Petrol.*, 58 (4), 688–705.

Popenoe, P. (1985) Cenozoic depositional and structural history of the North Carolina margin from seismic stratigraphic analyses. In : *Stratigraphy and Depositional History of the U. S. Atlantic Margin* (Ed. C. W. Poag), pp. 125–187. Van Nostrand Reinhold.

Riggs, S. R. (1984) Paleoceanographic model of Neogene phosphorite deposition, U. S. Atlantic continental margin. *Science*, 223, 121–131.

Rossbach, T. J. and Carter, J. G. (1991) Molluscan biostratigraphy of the Lower River Bend Formation at the Martin–Marietta Quarry, New Bern, North Carolina. *J. Paleontol.*, 65, 80–118.

Thayer, P. and Textoris, D. (1972) Petrology and diagenesis of Tertiary aquifer carbonates, North Carolina : Transactions. *GCAGS*, 22, 257–266.

Ward, L. W., Lawrence, D. R. and Blackwelder, B. (1978) Stratigraphic revision of the middle Eocene, Oligocene and lower Miocene–Atlantic Coastal Plain of North Carolina. *US Geol. Surv. Bull.*, 1457F, 23 pp.

Winner, M. D., Jr. andCoble, R. W. (1996) Hydrogeologic framework of the North Carolina coastal plain. *USGS Professional Paper 1404– I* , 106 pp.

Worsley, T. R. and Laws, R. A. (1986) Calcareous nannofossil biostratigraphy of the Castle Hayne Limestone. In : *SEPM Guidebooks Southeastern United States* (Ed. D. A. Textoris), Third Annual Midyear Meeting, pp. 289–297.

Zarra, L. (1989) *Sequence Stratigraphy and Foraminiferal Biostratigraphy for Selected Wells in the Albemarle Embayment, North Carolina.* Open–File Report 89–5, North Carolina Geological Survey, Raleigh, NC, 48 pp.

Zullo, V. A. (1984) Cirriped assemblage zones of the Eocene Claibornian and Jacksonian stages, southeastern Atlantic and Gulf coastal plains. *Palaeogeogr. Palaeoclimatol. Palaeoecol.*, 47, 167–193.

Zullo, V. A. and Harris, W. B. (1987) Sequence stratigraphy, biostratigraphy and correlation of Eocene through lower Miocene strata in North Carolina. In : *Timing and Depositional History of Eustatic Sequences : Constraints on Seismic Stratigraphy* (Eds C. A. Ross and D. Haman), Cushman Found. Foram. Res., 24, 197–214.

5 巴西 Recôncavo 盆地中地层对河流—风成储层的成岩过程、质量和非均质性的控制

Luiz Fernando De Ros，Claiton M.S. Scherer

Institute of Geosciences，Federal University of Rio Grande do Sul-UFRGS，Av. Bento GonScalves，9500，Agronomia，CEP 91501-970，Porto Alegre，RS，Brazil（E-mail：lfderos@inf.ufrgs.br）

摘要 本文对巴西东北部 Recôncavo 裂谷盆地的主要储层 Sergi 组（侏罗系—白垩系）开展了岩石地层学的综合研究。以区域不整合面为界，划分处了 3 个三级层序：底部层序Ⅰ，以湖相、泛滥平原泥岩夹河流和风成砂岩为特征；层序Ⅱ，以辫状河流体系沉积的粗砂岩为特征；层序Ⅲ，薄层，主要为风成成因。砂岩以亚长石砂岩为主，物源来自前寒武纪深成侵入体和高度变质地体隆升的基底块体。泥质和钙质内碎屑主要集中在层序Ⅰ的底部滞留沉积层中。成岩作用对 Sergi 组储层的孔隙度和渗透性有强烈的影响，主要包括压实作用、黏土的机械渗滤作用以及方解石、石英和绿泥石的胶结作用，它们的影响程度在不同油田、沉积相、地层层序和（或）埋藏深度中存在差异。层序Ⅰ和层序Ⅱ成岩作用的主要差别是，层序Ⅱ的河流相粗砂岩中含有丰富的机械渗滤作用沉淀下来的黏土矿物，它们富集于那些较细粒旋回的顶部或渗滤时潜水位的地方，这是导致非均质性的主要原因。层序Ⅰ雨源河道的底部滞留层富含钙结壳和泥质内碎屑，它们普遍被潜水带的粗晶、压实前方解石胶结，构成局部的流体流动屏障。石英和方解石的埋藏胶结作用在黏土渗透较少的层序Ⅰ砂岩中更为广泛。由于泥岩夹层的存在，层序Ⅰ中的绿泥石环边也更为丰富。迪开石出现在浅层油田内渗滤黏土较少的层序Ⅱ砂岩中，表明盆地受到广泛大规模隆升的影响。相对层序Ⅰ，层序Ⅱ中的渗滤黏土含量更高，导致石英、方解石和绿泥石的胶结作用受抑制，这些是造成 Sergi 储层性质和非均质性差异的主要控制因素。将 Sergi 砂岩的成岩过程及其产物的分布模式作为地层、地理特征以及埋深的函数进行表征，对于提高这些复杂油藏的原油采收率和生产效率具有重要作用。

关键词 砂岩储层；层序地层学；成岩作用；黏土渗滤；石英；方解石；绿泥石；胶结作用；非均质性

5.1 引言

巴西东北部 Recôncavo 盆地最重要的储层是 Sergi 组（侏罗系—白垩系）河流相—风成砂岩。Recôncavo 盆地是巴西最老的含油气区，其大多数油田都存在复杂的开发和生产问题。Sergi 储层受到一系列成岩作用的影响，这些成岩作用强烈地影响了储层的原始孔隙度、渗透率和非均质性。许多成岩作用的分布显示出与 Sergi 组不同地层层序之间具有

明显的相关性。了解 Sergi 砂岩成岩作用的演化及其空间分布，对于提高老油田的油气采收率，以及在 Recôncavo 盆地及其相邻的 Camamu 和 Almada 盆地中勘探新的 Sergi 储层至关重要。

本研究的目的是描述 Sergi 组的地层格架和影响其储层的成岩作用，以便认识地层特征对一些主要成岩作用及其产物分布的控制作用，并探讨这些模式对储层质量和非均质性的影响。

5.2 Recôncavo 盆地

Recôncavo 盆地位于巴西东北部，面积 11500km^2。该盆地连同 Tucano 盆地和 Jatobá 盆地一起组成了一个内部裂谷系，其为由白垩纪早期地壳拉伸作用产生的一个克拉通凹陷演化而来的，而这个地壳拉伸作用最终导致冈瓦纳古超大陆的分裂（Szatmari 等，1985；Milani 和 Davidson，1988；Figueiredo 等，1994）。

如巴西东北部和非洲的几个相关地质单元所示（Garcia 等，1998），本文研究的 Sergi 组及其同期沉积所覆盖的面积要远远大于裂谷系现在的分布范围。这个被称为非洲—巴西坳陷（Ponte 和 Asmus，1978）的大型盆地为一个南北向拉长的凹陷，其在拉伸作用阶段的早期（前裂谷时期）开始发育，最终随着白垩纪冈瓦纳古陆的完全分裂和南大西洋的开口而达到顶峰。这一大特征被解释为地壳隆起区域相邻的外围凹陷，是未来裂谷的雏形（Estrella，1972）。然而，前裂谷沉积物的最初范围及其构造背景仍然是不确定的。非洲—巴西坳陷位于冈瓦纳古陆大陆中北部的区域，古纬度在 5°～10°S 之间（Scotese 等，1999；Scotese，2003）。该区域的特点是干燥的亚热带气候，表现为旱季和雨季交替（Scotese，2003；Frakes 等，1992）。

Recôncavo 盆地是在前寒武纪复杂的镶嵌岩层上发育起来的。裂谷盆地、主要断层、内部构造高点和沉积中心的几何形态受到基底构造的强烈影响。由于成因构造、变形构造以及基底非均质性的影响，盆地发育成不对称的地堑，东部边缘埋藏较深，并向 N30°E 方向延伸。

Recôncavo 盆地分为南部、中部和东北部三个分区，其构造格局为半地堑式构造，局部倾向南东向，其被北东向正断层和北西向转换带切割，是由南大西洋形成过程中活动的北西—南东和东西向拉伸应力形成的。

5.3 Sergi 组

Sergi 组是前裂谷克拉通凹陷阶段沉积的硅质碎屑陆相层序。Sergi 组砂岩是 Recôncavo 盆地的主要储集岩，其原始石油储量为 $362 \times 10^6 m^3$。这套地层遍布于整个 Recôncavo 盆地、北部的 Jatobá 和 Tucano 裂谷盆地以及 Recôncavo 裂谷南部的 Camamu 和 Almada 边缘盆地。地层最大厚度为 400～450m，区域上向东倾斜（Milani，1987；Figueiredo 等，1994）。地层等厚图显示厚度向盆地南部增加，向盆地北部—东北部减小（Santos 等，1990）。Sergi 组在整个 Recôncavo 盆地发育，但是仅在盆地北部和西部边缘出露地表。

Sergi 组主要由砂岩组成（含量超过 90%），其粒度从极粗粒的砾状变化到极细粒。砂岩夹有颗粒状和卵石状砾岩及薄层砂质泥岩。Sergi 组沉积物普遍表现为向上变粗的沉积样式，可以细分为 3 个以区域不整合面为界的三级层序（Scherer 等，2007；Scherer 和 De Ros，2009）（图 1）。层序Ⅰ厚 40～120m，底部为湖相泥岩，上覆细—中粒砂岩，其中，砂岩的形成与风成沙丘、风成席状砂及雨源河流沉积有关。河流地层由东北向的溪流沉积而成，而风成沙丘沉积物指示西南方向的风向（Scherer 和 Goldberg，2010）。层序Ⅰ和层序Ⅱ之间的区域不整合面以沉积样式的变化为标志，从河流—风成—湖相（层序Ⅰ）变化为全河流相（层序Ⅱ）（图 1）。层序Ⅱ的岩性为粗粒砂岩—砂砾岩，厚度为 20～80m，由北西方向的辫状河道沉积形成的。层序Ⅲ的厚度小于 20m，岩性为细—中粒砂岩，解释为席状洪水、风成沙丘和席状砂（图 1）。构成每个层序的相组合见表 1。

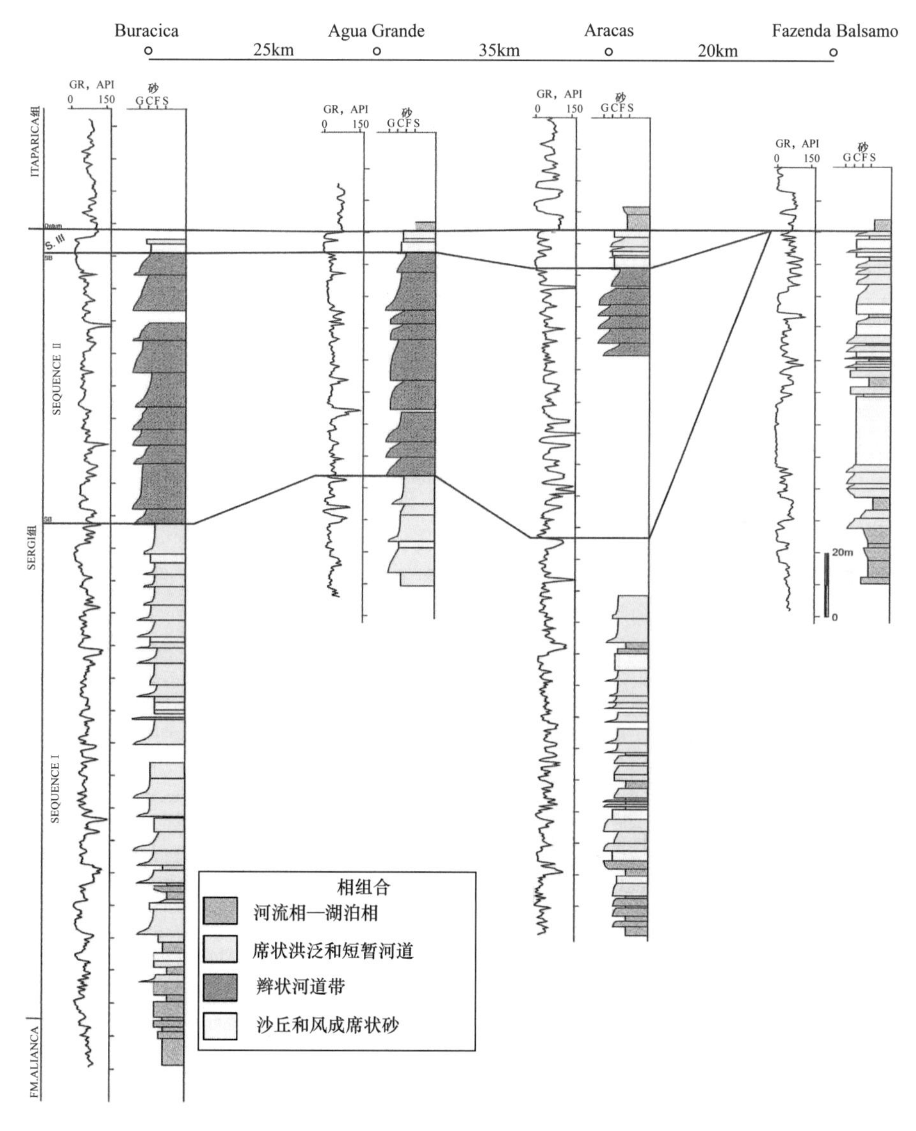

图 1　过 4 个研究油田的地层剖面示意图

Sergi 组可划分为 3 个地层层序（据 Scherer 等，2007，有修改）

表 1　每个地层层序的沉积相组合及其成因解释

<table>
<tr><th>层序</th><th>相组合</th><th>描述</th><th>解释</th></tr>
<tr><td rowspan="4">Ⅰ</td><td>湖泊</td><td>两种样式：(1) 厚度 1～4m，由淡红色块状或水平层状泥岩组成，含有介形虫或植物碎屑；(2) 1～4m 厚，向上变粗的沉积序列，由块状或层状泥岩组成，多处有泥裂，上覆具波状交错层理的细粒砂岩，或具块状层理和 / 或槽状交错层理的细—中粒砂岩</td><td>湖相环境中含介形虫悬浮沉积的块状和层状泥岩。泥裂的存在指示短暂性浅湖。推测向上变粗的旋回代表湖泊边缘沉积，是远源河流进入湖盆水体（三角洲前缘沉积）时流速降低而形成的</td></tr>
<tr><td>短暂河道</td><td>几个厚 1～4m 的砂体，宽厚比＞30。底部分界面为 10cm 厚的层内砾岩［钙结层和（或）泥质内碎屑］滞留沉积。砂岩体为具块状、水平—低角度、板状或槽状交错层理（厚 0.2～0.5m）的细—中粒砂岩，较少见波状交错层理</td><td>解释为河道沉积。块状和平行—低角度的交错层理表明为限制差的片流沉积</td></tr>
<tr><td>风成沙丘</td><td>厚度 3～20m（平均 4m）、宽数百米的板状岩体，由分选良好的细—中粒砂岩组成，排列成厚度为 0.5～3m 的交错层理沙丘。沙丘内部，前积层较陡的部分（大约为 30°）由 1～4cm 厚、块状—反向递变颗粒流动地层组成。下倾方向，颗粒流动地层尖灭，与正切的风成波痕趾积层呈舌状互相穿插</td><td>分选、磨圆度良好的细—中粒砂岩，排列成由风成波痕和颗粒流地层组成的大型交错层理沙丘，可以将这种相组合解释为风成沙丘的残余沉积</td></tr>
<tr><td>风成席状砂</td><td>白色分选良好的细—中粒砂岩，以厚达 8m、宽数百米的板状岩体排列。内部特征为 0.3～2m 厚的水平—低角度交错层理（＜5°），由反向递变层序、厚达 10mm 的风成波痕纹层组成</td><td>水平—低角度交错层理砂岩解释为风成席状砂沉积，由干燥沉积面上风成波痕的迁移和亚临界攀升形成</td></tr>
<tr><td>Ⅱ</td><td>辫状河道</td><td>席状砂体，厚度 2～10m，横向延伸超过 500m（最大露头范围），以水平—凹状侵蚀面为界。向上变细的沉积样式，底部为块状—水平层状砾岩，向上递变为粗—中粒砂岩，具槽状和板状交错层理（厚度 10～20cm 的层组）</td><td>砂岩体向上变细，以上凹侵蚀面为界，可解释为河道沉积。砂体的席状外形、粗粒沉积占主导的特点以及主要的砂体底形，表明这种相组合由辫状河、河道沉积组成</td></tr>
<tr><td rowspan="2">Ⅲ</td><td>短暂河道</td><td>厚度 1～3m，细—中粒、分选良好的砂岩，可见块状、水平层状或极少见的槽状交错层理，含泥质内碎屑，散布于层理中或沿层理富集。砂岩上覆为块状或层状泥岩</td><td>解释为河道沉积。块状和平行—低角度交错层理砂岩，表明这是限制差的片流沉积</td></tr>
<tr><td>风成席状砂</td><td>最大厚度 30m，极细粒—中粒砂岩，表现出低角度交错层理，由发育反向递变层序、厚 5～10mm 的风成波痕地层组成。也含有细～中粒砂岩，发育孤立或成组的槽状交错层理。前积层倾角平均为 20°，主要由风成波痕纹层组成。颗粒流动和颗粒塌落地层少见，仅限于前积层的上部</td><td>由风成波痕组成的低角度地层解释为风成席状砂。风成波痕和颗粒流动 / 颗粒塌落地层组成的槽状交错层理解释为风成沙丘的残余沉积。主要为水平—低角度风成波痕层理，伴随有限的交错层理，表明风成沙丘在空间上是孤立的，是越过大面积风成席状砂平原迁移而来的</td></tr>
</table>

Sergi 组储层的孔隙度和渗透率受成岩过程的影响强烈，这些成岩过程包括压实作用、黏土的机械渗滤以及方解石、石英和黏土矿物的胶结作用（Netto 等，1982；Bruhn 和 De Ros，1987；De Ros，1987，1988；Moraes 和 De Ros，1990，1992）。

5.4 采样和分析方法

Sergi 组砂岩样品采自 Água Grande、Buracica、Araçás 和 Fazenda Bálsamo 油田 8 口井的岩心，深度段范围为 576～2782m；样品注入蓝色环氧树脂，用以制备岩石薄片。砂岩样品总计制备了 337 个薄片，在偏光显微镜下进行观察。每个薄片统计 300 个点，以此确定碎屑成分和成岩组分以及不同类型孔隙的体积。利用茜素红 S 溶液的氯化氢溶液区分方解石和白云石胶结物（Friedman，1971）。

利用一台配备了色散能谱仪和 JEOL JSM 6060 电子显微镜的 JEOL JSM-5800 扫描电子显微镜，对 50 个镀金砂岩样品分析了成岩矿物的结晶形态及共生关系。使用的设备电压为 20kV，电流强度 69nA。

利用 X 射线衍射，分析了 45 个砂岩样品的细粒部分。对样品进行超声波分解后，通过离心作用分离＜20μm、＜10μm 和＜2μm 的部分；在室温下干燥，然后用乙二醇饱和，再在 500℃ 下煅烧。X 射线衍射分析是在一台西门子 D5000 Kristalloflex 衍射仪中进行的；按照 Tucker（1995）中 Hardy 和 Tucker 的建议，对结果进行了处理，以便识别黏土矿物的种类以及它们的半定量比例。采用 Lanson 等（1996，2002）所用的方法，利用 X 射线衍射（XRD）技术确定多型高岭土，尤其是迪开石。高岭土红外线光谱样品制备和分析采取了 Brindley 等（1986）和 Prost 等（1989）描述的流程。更多内容参见 De Bona 等（2008）的注释。

选择了 47 个砂岩样品，在循序化学分离处理（AI-Aasm 等，1990）之后，进行方解石和白云石胶结物的碳同位素和氧同位素分析。在完全去除方解石的痕量元素后，方解石与 100% 磷酸在 25℃ 条件下反应 1h，白云石在 50℃ 条件下反应 24h；产生的 CO_2 在一台 SIRA-12 质谱仪中进行分析。方解石所用的磷酸分馏系数为 1.01025（Friedman 和 O'Neil，1977），白云石所用的系数为 1.01060（Rosenbaum 和 Sheppard，1986）。碳同位素和氧同位素数据表示为相对于 VPDB（Vienna Pee Dee Belemnite；Craig，1957）和 SMOW（Standard Mean Ocean Water 标准平均海水）（Craig，1961）的 δ 计数法。对于 $\delta^{13}C$ 和 $\delta^{18}O$，通过每日 NBS-20 方解石分析监测到的精度均优于 ±0.05‰。

按照 Schultz 等（1989）的改进方法，对 31 个砂岩样品中的方解石胶结物进行了锶同位素分析。样品分解后，用蒸馏水清洗样品，去除盐分，然后与稀醋酸反应，目的是避免样品被硅酸盐中的锶污染。利用一台 Sector VG 质谱仪进行样品分析，假设 $SrC0_3$ 型 NBS-987 分馏为 $^{86}Sr/^{87}Sr=0.71025$，对 $^{86}Sr/^{87}Sr=0.1194$ 的结果进行标准化。

利用 PETROBRAS 进行注氮孔隙度和水平空气渗透率的岩石物性分析，所用样品与薄片分析样品匹配；分析结果与岩石学分析结果进行综合。

5.5 Sergi 砂岩岩石学特征

5.5.1 前人研究

第一个涉及 Sergi 砂岩岩石学方面的研究是由 Abreu（1979）进行的，他认识到成岩作用在改变 Dom João 油田储层以及含河流相沉积物夹层的风成沉积物的孔隙度、渗透性和电测井响应中的重要作用。

20 世纪 80 年代，Sergi 储层成为多学科研究的重点，发布了许多的报告。岩心、薄片、X 射线衍射和电子显微镜的多学科分析，但是常常是不正确的综合分析，揭示了 Sergi 储层的性质受各种成岩过程的强烈影响。Nascimento 等（1982）对 Araçás 油田、Passos 等（1983）对 Buracica 油田、De Ros（1987）对 Sesmaria 油田、Pinho（1987）对 Fazenda Bálsamo 油田、De Ros（1988）和 De Ros 等（1988）对 Dom João 油田，以及 Lanzarini 和 Terra（1989）对 Fazenda Boa Esperança 油田所做的研究，都强调了成岩作用在 Sergi 储层孔隙度和渗透性上所起的作用。一项由 Netto 等（1982）所做的研究，在盆地级别上识别了划分 Sergi 组的大型地层单元，并发展了系统的定量岩相学研究以及沉积相与成岩岩相的综合分析。

De Ros 等（1988）在 Dom João 油田的研究中，第一次表征了在河道发育优势位置处富集的渗滤黏土的带状几何特征。Bruhn 和 De Ros（1987）搜集并整理了 Sergi 储层在盆地尺度上的成岩模式，并通过影响储层性质的岩石学控制因素的单变量和多变量回归分析，发展了若干经验模型。Rodrigues（1990）识别了盆地范围内 Sergi 砂岩中成岩黏土矿物的新矿物形成模式和转化模式。Moraes 和 De Ros（1990）定义了机械渗滤黏土出现在 Sergi 储层中的形式；这两位作者还在 1992 年分析了 Sergi 砂岩中出现的成岩黏土矿物的不同类型、分布模式以及对储层岩石物性特征的影响。

5.5.2 碎屑组分及来源

Sergi 砂岩主要为亚长石砂岩（Fo1k，1968）。在骨架颗粒中，深成岩成因的单晶石英占主导地位（层序Ⅰ中的平均体积分数为 54%，层序Ⅱ中为 55.4%；层序Ⅰ中最高含量可达 79.7%，层序Ⅱ中最高可达 80%），而来自高变质地体的粗晶、多晶石英颗粒则要少得多（层序Ⅰ中平均为 1.9%，层序Ⅱ中平均为 1.4%）。

碎屑钾长石含量（层序Ⅰ中平均为 9.2%，层序Ⅱ中平均为 7.7%）比斜长石含量（层序Ⅰ中平均为 1%，层序Ⅱ中平均为 0.8%）高，微斜长石和正长石的含量差不多，但这主要是因为正长石相对于微斜长石的蚀变作用和溶蚀作用更强。除微斜长石以外，长石的蚀变作用都相当强烈，包括液泡化、溶蚀作用和蒙脱石、高岭土、伊利石、绿泥石、方解石或钠长石的交代作用。

除了某些砾岩和砂砾岩以外，深成花岗片麻岩碎屑很少见（层序Ⅰ中平均为 1.7%，最高为 4.7%；层序Ⅱ中平均为 1.6%，最高为 10%）。沉积岩（主要是燧石和变质的，大多为千枚岩碎屑）极其少见（两个层序中的平均含量均在0.2%左右）。云母类含量很低（两个层序中的黑云母和白云母平均含量均为0.1%～0.3%），但是在层序Ⅰ的某些极细粒砂岩中明显为更富集（黑云母含量最高达7.7%）。重矿物碎屑（主要为石榴石、电气石和不透明体）同样很稀少（层序Ⅰ、Ⅱ中，每个主要类型含量平均为0.1%～0.3%，但是在一些层序Ⅰ的细粒砂岩中则较为富集，石榴石含量最高可达4.3%）。不稳定的重矿物会溶蚀，并且（或者）被锐钛矿（TiO_2）、氧化铁（赤铁矿）或黏土矿物交代。

泥质内碎屑是由细粒泛滥沉积物侵蚀形成的，通常和碳酸盐内碎屑一起，由结核、透镜体、渗流钙结壳外壳（平均0.3%，最高达14%）经过改造，然后主要在层序Ⅰ的雨源河流旋回底部重新沉积下来（平均1.6%，最高达31%）。这些内碎屑富集于层序Ⅰ河流旋回的底部滞留层。

根据碎屑组分的指示，物源来自高变质深成地体的抬升基底断块（Dickinson，1985），基本上是在克拉通条件（非洲—巴西坳陷）（cf. Ponte，1971）下被搬运到一个开阔盆地中，但是明显已经受到与后来的裂谷作用有关的构造运动的初步影响。前寒武纪高变质深成地体现今沿裂谷盆地的西缘和北缘出露地表，但还是需要进行特定的物源研究，例如利用锆石年代测定、磷灰石裂变示踪分析，来确定它们是否与Sergi砂岩的物源区对应。

5.6 成岩过程与组分

对于要分析的油田、沉积相、地层层序以及（或者）盆地内每个构造断块和地区的砂岩不同埋藏深度，成岩过程及其产物在Sergi砂岩中的分布很不均匀。因此，成岩过程对Sergi储层的性质（孔隙度和渗透性）有很大影响。

在表征影响Sergi砂岩的成岩过程时，使用早成岩作用、中成岩作用和晚成岩作用等术语（Morad等，2000）描述成岩阶段。早成岩作用包括深度小于2km（T＜70℃）时，在沉积流体的影响下发生的成岩过程，而中成岩作用是指深度＞2km（T＞70℃）时发生的成岩过程和反应，其中包括地层水的化学演化。浅层中成岩作用对应深度在2～3km之间，温度在70～100℃之间；深层中成岩作用会从深度3km左右、温度100℃左右，延伸至达到变质作用的界限，对应温度可达200～250℃以及更大的深度变化，这取决于地区的地热梯度。晚成岩作用指的是在埋藏和中成岩作用之后，那些与砂岩抬升和暴露于近地表大气条件有关的过程。

黏土包壳［图2（a）］和孔隙无序充填集合体［图2（b）］在Sergi砂岩中极其发育。由于脱水作用［图2（c）］，这是机械渗滤黏土的典型特征（Moraes和De Ros，1990），包壳表现为形状不规则、厚度不一、块状内部结构，含有机杂质和无机杂质以及滑脱构造和碎屑化现象。颗粒包壳和孔隙充填的渗滤黏土在层序Ⅱ的粗粒河流相砂岩中明显更为富集（包壳平均比例为3.5%，孔隙充填集合体为6.8%），而在层序Ⅰ的极细粒砂岩中较少（包壳平均比例为2.2%，孔隙充填集合体为2.4%）。

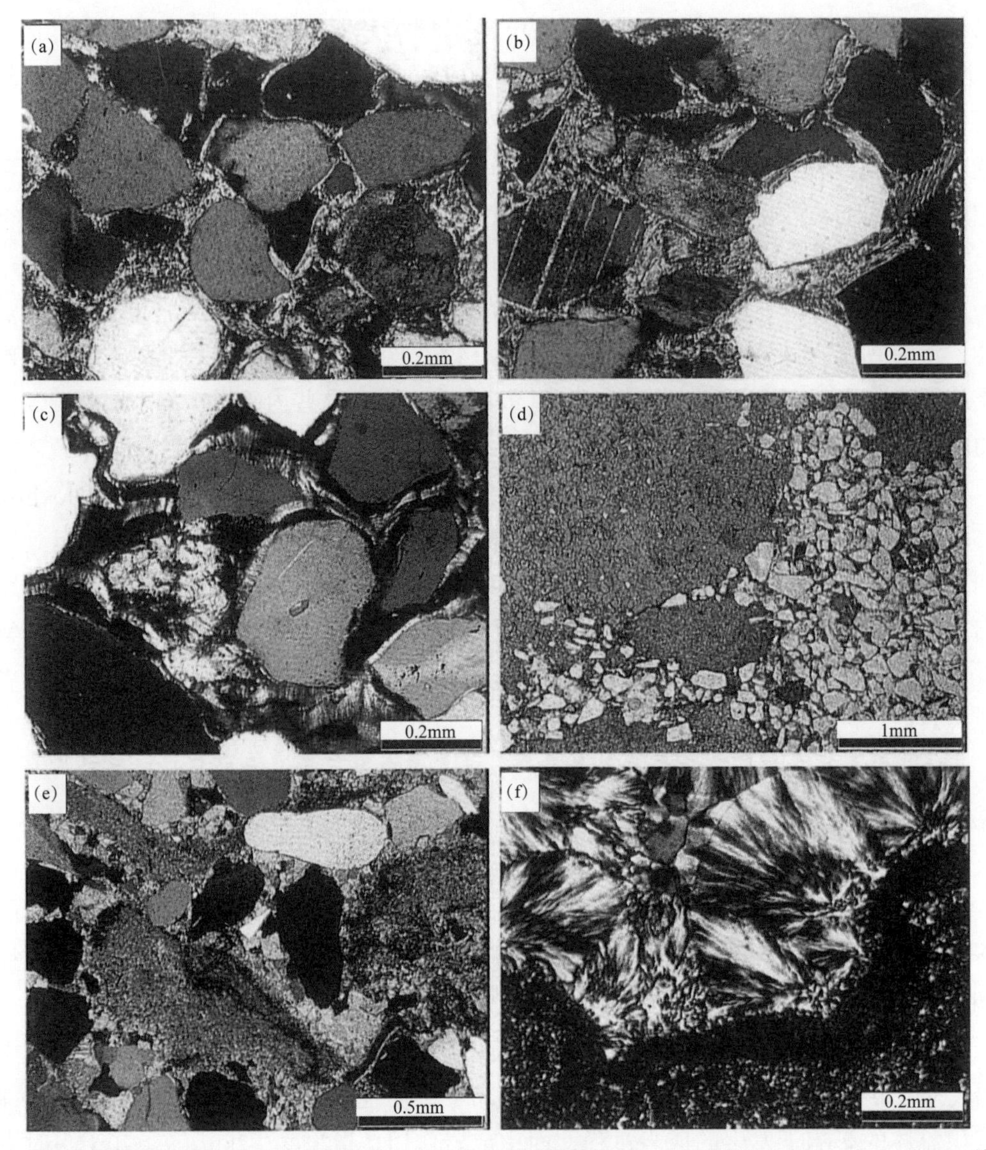

图2　光学显微照片显示：(a) 由机械渗入黏土构成的不规则包壳，正交偏光 (XP)；(b) 砂岩，其中的孔隙被大量的渗入黏土完全充填，XP；(c) 由于脱水作用使得渗入黏土构成的包壳从颗粒表面分离出来并转化为伊—蒙混层，这也与包壳面上的光学再定向相对应，XP；(d) 微晶方解石的钙质结核（用纤茜素染红）交代了细粒砂，单偏光（//P）；(e) 钙质内碎屑的砾岩滞留沉积，被压实前的粗晶方解石广泛胶结，XP；(f) 硅结壳：由蛋白石和隐晶硅质及球粒状玉髓组成的硅结壳，XP

在细粒泛滥沉积物和一些河流旋回及风成作用再沉积层段顶部的细粒砂岩中，可见方解石结核、结壳和透镜体（钙结岩或钙结壳）(Wright 和 Tucker，1991；Goudie，1983；Morad，1998；Beckner 和 Mozley，1998) [图 2 (d)]。就像 Buracica 油田的一些地区那样，钙结岩结核和结壳在局部聚结起来，形成块状地层，构成局部流体流动屏障。但是，钙结岩沉积很少在 Sergi 组地层中原地保存下来，相反地，经过再沉积作用，它会以内碎屑的形式出现在层序 I 旋回的底部滞留层中，这些旋回是先前旋回的顶部发生侵蚀形成的。与这些碳酸盐岩内碎屑相关联的是，一般情况下为由细粒泛滥沉积物侵蚀形成的泥质内碎屑。这些内碎屑滞留层通常被大量的粗晶、压实前方解石（最高可达28.3%）[图2（e）]广泛胶结。压实前方解石胶结物和结核的 $\delta^{13}C_{VPDB}$ 同位素变化范围在 -9.14‰～-2.05‰，它们的 $\delta^{18}O_{VPDB}$ 值范围在 -8.04‰～-1.63‰之间，$^{87}Sr/^{86}Sr$ 同位素比从0.712变到0.729（表2）。在局部地区，白云石沉淀为小的菱形晶体，在泥质内碎屑发生压实作用前对其进行交代（最高达1.3%）。此类压实前白云石的两个样品的 $\delta^{13}C_{VPDB}$ 值为 -0.34‰和 -0.31‰，它们的 $\delta^{18}O_{VPDB}$ 值为0.40‰～3.50‰（表2）。

表2　Sergi组成岩碳酸盐岩的同位素值与沉淀温度计算值

井名	深度 m	$\delta^{13}C_{PDB}$ ‰	$\delta^{18}O_{SMOW}$ ‰	$\delta^{18}O_{PDB}$ ‰	$^{87}Sr/^{86}Sr$	描述	$\delta_{水}$ ‰	$T_{沉淀}$ ℃
AG-A	1407.7	-7.3	27.15	-3.64	0.7289564	嵌晶方解石胶结的内碎屑层，压实前	-3	19.7
BA-A	681.2	-5.52	26.59	-4.18	0.7164212	含有细晶方解石交代颗粒和红泥的钙结壳，压实前；方解石脉	-3	22.1
AR-B	2708.95	-4.25	29.23	-1.63	0.7146198	压实同期或之后的嵌晶方解石；原油包裹体；绿泥石化的内碎屑和环边	0	24.1
BA-B	845.2	-2.81	25.97	-4.79	0.7126964	压实前的细粒、粗粒和嵌晶方解石；内碎屑	-3	24.9
BA-A	786	-2.05	25.78	-4.97	0.7137728	压实前的嵌晶方解石	-3	25.7
AG-A	1437.52	-5.33	25.5	-5.24	0.7139139	粒间镶嵌状方解石交代结核；两期钙结壳（？），压实前	-3	27
BA-B	740.2	-6.56	25.05	-5.68	0.7152312	渗入的黏土充填孔隙；方解石交代结核，压实前	-3	29.2
BA-A	795.1	-3.94	24.91	-5.82	0.7122691	嵌晶方解石晚于薄环边，压实前（？）	-3	29.9
AR-B	2566.2	-9.14	24.2	-6.51	0.7172838	压实前方解石交代结核；黏土环边被压实	-3	33.4
BA-B	736.35	-8.19	23.7	-6.9		厚包层（I/S？）；压实前方解石交代结核	-3	35.4
BA-A	689.15	-5.94	23.03	-7.64	0.714094	含细粒和粗粒方解石的钙结岩，均为压实	-3	39.4
BA-A	664.6	-9.06	22.62	-8.04		渗流钙结岩（根源？）；压实前的错位组构	-3	41.7
FBM-A	1204.35	-3.7	27.59	-3.22	0.720303	压实后的嵌晶方解石部分溶蚀；钠长石化，绿泥石环边	2	42.7
AG-B	1280	-7.82	25.23	-5.5	0.7154467	方解石交代结核（压实前）和嵌晶方解石（压实后）	0	42.3

续表

井名	深度 m	$\delta^{13}C_{PDB}$ ‰	$\delta^{18}O_{SMOW}$ ‰	$\delta^{18}O_{PDB}$ ‰	$^{87}Sr/^{86}Sr$	描述	$\delta_{水}$ ‰	$T_{沉淀}$ ℃
FBM-B	1132	-4.42	26.63	-4.15	0.7139018	溶蚀的嵌晶方解石晚于渗入黏土，压实后	2	48.1
FBM-A	1230.75	-4.1	25.92	-4.84	0.7128099	压实同期或之后溶蚀的嵌晶方解石；红色泥岩内碎屑	2	52.2
BA-A	736	-7.8	25.84	-4.91	0.7143973	压实同期或之后的嵌晶方解石	2	52.7
BA-A	687.2	-6.87	23.74	-6.95	0.7150027	压实前—同期的嵌晶方解石；泥岩内碎屑	0	52.9
BA-B	655.62	-19.31	24.82	-5.01		渗入黏土构成的包壳，有收缩缝；镶嵌状方解石交代颗粒，压实后	2	53.3
AG-A	1355.4	-11.55	25.36	-5.38	0.7116174	压实后的嵌晶方解石	3	62
AG-A	1438.5	-6.39	23.97	-6.73	0.714245	压实之后的溶蚀性嵌晶方解石；钙结壳内碎屑（？）	2	64.3
AR-A	2789.85	-11.8	23.63	-7.06	0.7146588	非常薄的绿泥石环边；方解石交代内碎屑（压实同期或之后）	2	66.5
AG-B	1178.45	-20.34	24.4	-6.31	0.7126156	压实之后的方解石和白云石	3	68.2
FBM-B	1180.6	-3.71	24.22	-6.48	0.7119474	压实之后的溶蚀性嵌晶方解石	3	69.4
AR-A	2799.45	-3.7	23.11	-7.57	0.7141726	细晶方解石交代内碎屑（与压实同期—压实后）	2	70
FBM-A	1214.7	-6.4	23.98	-6.72	0.7135602	压实之后的溶蚀性嵌晶方解石；绿泥石交代内碎屑	3	71
BA-A	809.75	-6.79	22.13	-8.51	0.7404265	压实同期或之后的嵌晶方解石；红色泥岩内碎屑见纹层	2	76.6
AG-B	1277.4	-8.86	23.18	-7.5		压实之后的溶蚀性嵌晶方解石	3	76.5
AR-B	2751.77	-4.6	22.99	-7.68		压实之后的嵌晶方解石	3	77.8
AG-B	1262.5	-8.58	22.62	-8.04	0.7160912	压实之后的溶蚀性嵌晶方解石	3	80.4
AR-B	2702	-5.25	21.98	-8.66	0.7153035	压实之后的嵌晶方解石	3	85
AR155	2720.7	-7.13	21.76	-8.88	0.7154602	嵌晶方解石包绕并交代细晶白云石；压实同期—压实后	3	76.7
FBM-B	1188.05	-3.23	21.54	-9.09	0.713347	嵌晶方解石晚于压实且晚于石英的次生加大	3	88.3
FBM-B	1201.15	-2.78	21.19	-9.42	0.7135589	压实之后的嵌晶方解石	3	90.8
AR-A	2735.6	-6.55	21.14	-9.47		溶蚀性嵌晶方解石，压实同期—压实后	3	91.2

续表

井名	深度 m	$\delta^{13}C_{PDB}$ ‰	$\delta^{18}O_{SMOW}$ ‰	$\delta^{18}O_{PDB}$ ‰	$^{87}Sr/^{86}Sr$	描述	$\delta_{水}$ ‰	$T_{沉淀}$ ℃
AR-A	2709.95	-7.95	21.04	-9.57	0.7159173	嵌晶方解石，压实同期—压实后	3	91.9
AR-A	2748.5	-5.71	20.67	-9.93	0.7146589	绿泥石环边抑制了石英的次生加大；压实后的嵌晶方解石	3	94.7
AR-B	2579.7	-11.22	19.73	-10.84		压实后嵌晶方解石部分被溶蚀	3	101.9
AR-A	2641.7	-12.49	19.14	-11.42		嵌晶方解石交代渗入的黏土和内碎屑	3	106.7
AG-A	1367.8	-16.41	18.84	-11.71		压实之后的嵌晶方解石	3	109.1
AR-A	2732.2	-10.79	18.04	-12.48		绿泥石环边；压实之后的嵌晶方解石（后绿泥石）；原生孔隙	3	115.6
FBM-B	1180.6	-0.34	34.52	3.5		含细晶白云石的内碎屑	0	14.5
BA-A	786	-0.31	30.42	0.48		红泥内碎屑中的细晶白云石	0	34.6
AR-A	2799.45	-3.85	23.17	-7.51		极细粒、弥散状白云石（与压实作用同期至压实后）	2	100.1
FBM-B	1201.15	-2.9	22.01	-8.63		含细晶白云石的内碎屑层	3	110.1
AR-A	2720.7	-7.36	21.06	-9.55		细晶白云石；压实后；被嵌晶方解石包绕和交代	2	118.7
AR-A	2789.85	-10.19	21.78	-8.85		极细粒、弥散状白云石交代内碎屑（与压实作用同期至压实后）	3	121.5

由宏晶和微晶石英（燧石）、玉髓以及各种形式的蛋白石和隐晶质硅质组成的硅质（硅结砾岩）结核、结壳以及局部的块状层，主要出现在细粒泛滥沉积物中［图2（f）］。这些硅化层通常都很薄，横向不连续，常常包含其根源的结构和角砾化区。

最初成分为蒙皂石的机械渗滤黏土矿物与内碎屑黏土矿物（半干旱气候下的风化黏土），转化为伊利石—蒙皂石混层［图3（a）］或绿泥石—蒙皂石混层［图3（b）］。这种变化过程伴随着脱水、收缩以及颗粒的分离和渗滤集合体的破碎，并导致收缩孔隙的产生［图2（c）］。正如剥离的黏土碎屑被中成岩作用形成的石英和方解石胶结物包绕所指示的那样，这种脱水和收缩现象是在成岩过程中自然发生的，而不是由于钻井后的干燥作用或去压实作用。在更深层的油田中，由渗滤的和内碎屑的蒙皂石黏土在浅层的中成岩作用下发育形成的不规则混层，转化为规则的伊利石—蒙皂石和绿泥石—蒙皂石混层黏土。这种转化伴随着黏土晶体的光学再定向，从平行于颗粒边界转为垂直于颗粒边界［图2（c）］，同时还伴随着自生绿泥石和（或）伊利石的新矿物形成作用。但是，这些经过排列的并且强烈改造过的互层集合体，就像最初渗滤的黏土那样，在薄片上仍然可以清晰识别。

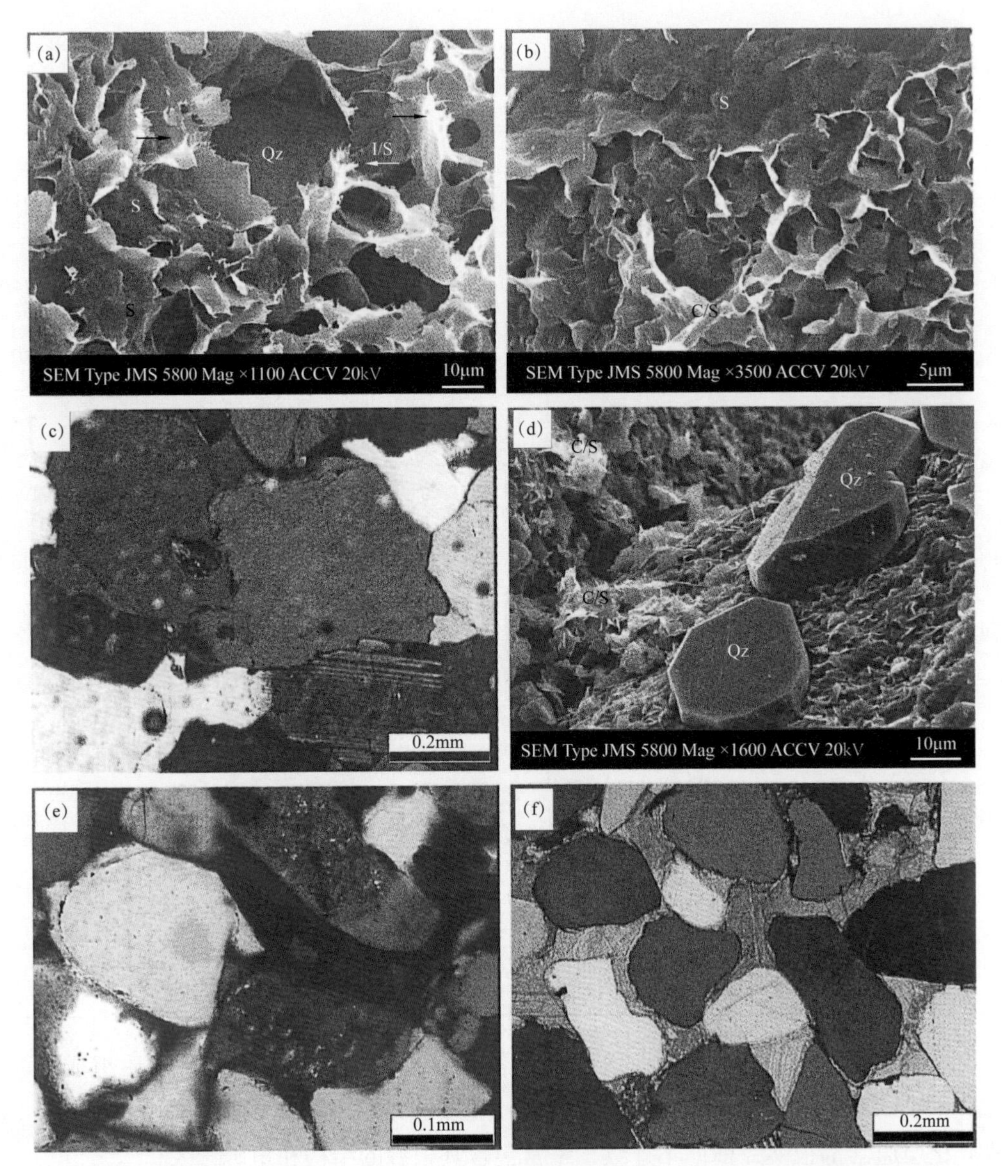

图 3 （a）渗入的蒙皂石环边转化为蜂窝状伊利石—蒙皂石混层（I/S），上面的纤维状伊利石是新生变形形成的（箭头），扫描电镜图像（SEM）；（b）渗入的蒙皂石黏土环边部分转化为绿泥石—蒙皂石混层（C/S），SEM 图像；（c）砂岩被石英、钠长石的次生加大边广泛胶结（在钠长石化的斜长石上），XP；（d）在被绿泥石—蒙皂石包裹的颗粒上发育起来的棱柱状石英生长物，SEM 图像；（e）砂岩被石英、钾长石的次生加大边胶结，XP；（f）砂岩被压实作用后的嵌晶方解石胶结，XP

共轴石英次生加大的分布非常不均匀，在层序Ⅰ不含渗滤黏土包壳的砂岩和深层储层中更为富集，就像 Araçás 油田的情况那样（平均为 1.8%）。石英的次生加大覆盖并包绕了那些薄的以及（或者）不连续的渗滤黏土包壳，特别是在那些转化作用和脱水作用促进了包壳收缩、分离和破碎的地方。但是，石英次生加大的淀积作用在层序Ⅱ的砂岩中受到了抑制，因为砂岩中的渗滤包壳较厚（平均为 0.7%）。在一些砂岩中，特别是在 Araçás 油田的砂岩中，石英次生加大破坏了大部分孔隙（最高达 12.3%）[图 3（c）]。在深层的中成岩作用过程中，出现棱柱状石英生长［图3（d）］，这在覆盖了薄层的新生绿泥石环边的颗粒上很典型。在Sergi砂岩中，钾长石次生加大［图3（e）］比石英次生加大的体积小得多（平均为0%左右，最高为2.3%）。局部的次生碎屑钾长石被新生变形的微晶自生钾长石集合体假同晶交代。

压实后方解石是Sergi砂岩中体积量最大的胶结物。这种中成岩作用形成的方解石与嵌晶（层序Ⅰ中平均为1.9%，层序Ⅱ中平均为0.5%）和粗粒镶嵌状（层序Ⅰ中平均为1.7%，层序Ⅱ中平均为1.4%）的矿物结晶形态一起出现［图3（f）］。包含纯净、压实后方解石胶结物的样品的$\delta^{13}C_{VPDB}$同位素值范围在−16.41‰～−2.78‰之间，它们的$\delta^{18}O_{VPDB}$数值范围为−12.48‰～−7.50‰，$^{87}Sr/^{86}Sr$同位素比变化范围在0.713～0.716之间（表2）。压实前和压实后方解石胶结物混合物、或压实后方解石和内碎屑混合物的$\delta^{13}C_{VPDB}$同位素值范围在−20.34‰～−3.70‰之间，它们的$\delta^{18}O_{VPDB}$数值范围为−8.51‰～−3.22‰，$^{87}Sr/^{86}Sr$同位素比变化范围在0.712～0.740之间（表2）。在包含颗粒级纹理的砂岩中，方解石胶结优先出现在粗粒纹层中，因为这些纹层的原始渗透率较大，因此在埋藏过程中会优先经历流体流动。在含有大量渗滤黏土的层序Ⅱ砂岩中，中成岩作用形成的方解石胶结作用要明显弱得多，因为那些黏土大大降低了沉积物的渗透性。但是，主要是在层序Ⅰ的砂岩中，那里受黏土渗滤作用的影响较小，当层段厚度和横向连续性足以形成局部流动屏障时，中成岩作用形成的方解石胶结物几乎会使孔隙完全破坏。除了胶结粒间孔隙，中成岩期方解石通常会覆盖、包绕和交代先前的成岩作用产物（渗滤黏土和石英次生加大）以及碎屑颗粒［图4（a）］。细晶、压实后的白云石局部沉淀，交代来源于压实内碎屑的泥质假基质［图4（b）］。这种压实后白云石的$\delta^{13}C_{VPDB}$同位素值范围在−10.19‰～−2.9‰之间，它们的$\delta^{18}O_{VPDB}$数值范围为−9.55‰～−7.51‰，$^{87}Sr/^{86}Sr$同位素比变化范围在0.712～0.740之间（表2）。

高岭土的蠕虫状和书册状集合体通常会交代溶蚀的长石颗粒，并充填附近的粒间孔隙空间［图4（c）］。SEM分析表明，高岭土纹层为自形的近似六边形结构［图4（d）］。详细的X射线衍射和红外光谱分析指示，大多数高岭土集合体都是由迪开石构成的，含有假晶交代的高岭石（De Bona等，2008）。这些集合体在各处的分布都不均匀，主要（最高达6%）分布在层序Ⅱ中含有较多剩余孔隙度和渗透性的砂岩中，即那些渗滤黏土含量较少的砂岩中。迪开石只在Buracica油田和Água Grande油田中检测到。高岭土集合体部分充填粒间孔隙，对储层渗透性的影响比较小。

新生成的绿泥石主要作为环边出现，覆盖在颗粒和先前成岩作用的产物上［图4（e）］，是条纹垂直于覆盖面排列而形成的。绿泥石的新生作用伴随着蒙脱石渗滤黏土和泥质内碎屑向绿泥石/蒙脱石混层的转化［图3（b）］。新生的绿泥石环边对储层的渗透性影响很大，但是对储层孔隙度的影响相对小一些，因为环边也抑制了石英的胶结作用［图3（d）］。在大多数油田中，绿泥石的分布几乎仅限于层序Ⅰ中（环边最高可达6%，孔隙充填最高达5.7%），但是广泛分布于Fazenda Bálsamo（Pinho，1987）和那些来自盆地东北部的远源砂岩占主导地位的其他油田（例如Sesmaria油田；De Ros，1987；Fazenda Boa Esperança油田；Lanzarini和Terra，1989）。在Araçás油田的层序Ⅱ

中，可以在局部观察到转化为伊蒙混层的集合体上发育的有限纤维状伊利石的新生作用［图4（f）］。

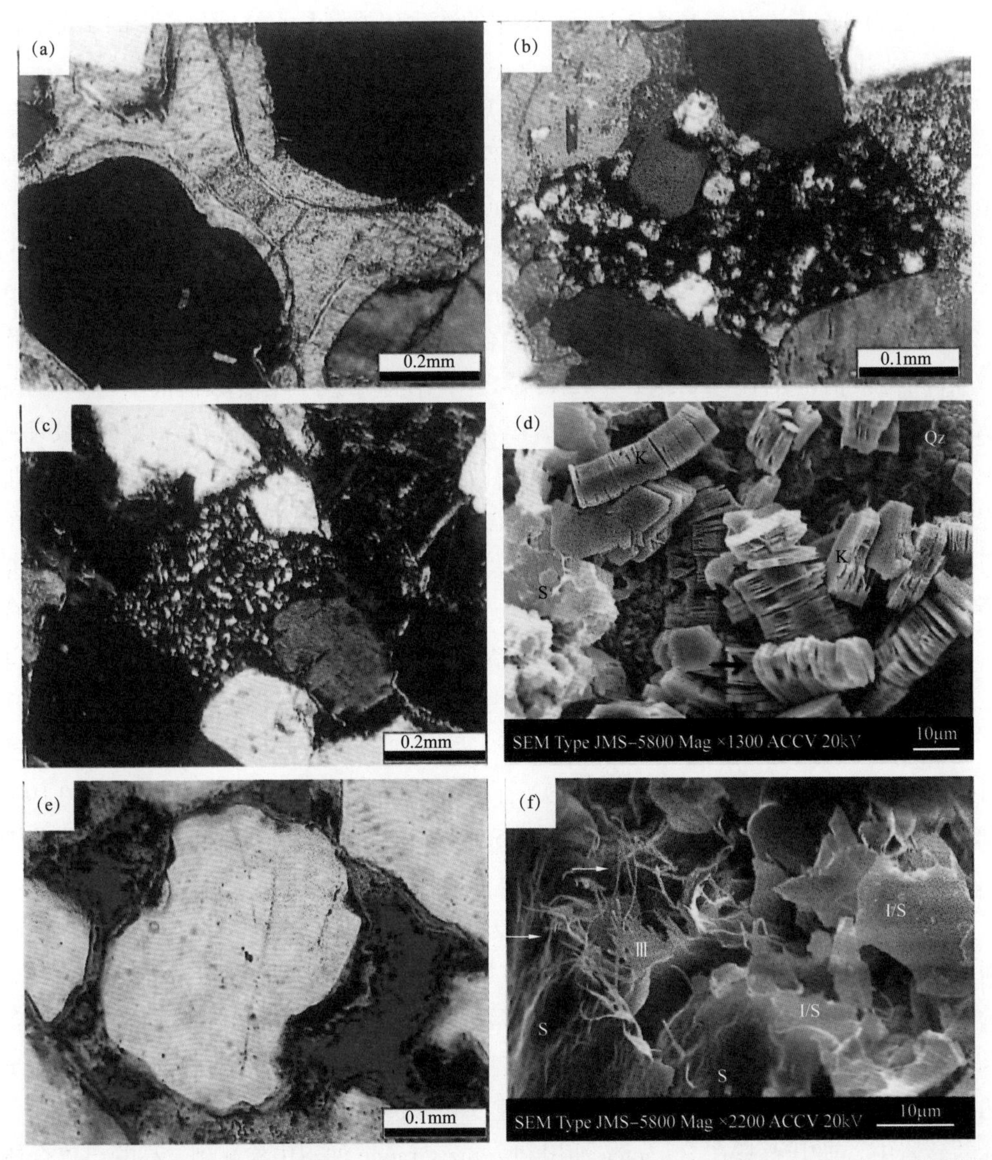

图4 （a）嵌晶方解石胶结物交代颗粒边缘、嵌入渗入的黏土环边中，正交偏光；（b）白云石晶体部分交代一个已压实的红色泥岩内碎屑，XP；（c）砂岩中长石颗粒部分溶蚀，并被蠕虫状高岭土集合体交代，XP；（d）自形的、近似六边形的蠕虫状迪开石集合体，高岭石的假晶，SEM图像；（e）绿泥石环边胶结的砂岩，绿泥石还交代了不规则的渗入黏土环边，//P；（f）转化为蜂窝状伊利石—蒙皂石（I/S）的蒙皂石环边上发育的纤维状新生伊利石，SEM图像

在Sergi砂岩中，碎屑斜长石和钾长石颗粒被自生钠长石平行集合体交代的过程是一个分散的过程，通常伴随着钠长石的加大。钠长石化集中发生在含有残余孔隙度的较深层储层中，以及部分溶蚀的长石颗粒中（最高交代9.7%的斜长石，交代12%钾长石）［图5（a）］。

图 5 （a）绿泥石—蒙皂石环边的长石颗粒部分被溶蚀，并被钠长石的平行集合体交代，SEM 图像；（b）储层中原生粒间孔隙度为 20% 左右，//P；（c）蒙皂石黏土环边的长石颗粒近完全溶蚀形成的铸模孔，未溶蚀的残余物质发生钠长石化，SEM 图像；（d）含有大量渗入黏土的砂岩，由于脱水作用而破裂并形成收缩孔，XP；（e）砂岩中的孔隙被泥质内碎屑压实之后形成的假基质充填，//P；（f）砂岩中化学压实作用强烈，压溶作用促进了凹凸的缝合线状颗粒间接触面的发育，薄的不连续黏土沿接触面分布，XP

成岩作用形成的赤铁矿在 Sergi 组地层中非常罕见，只有在层序 Ⅰ 的少量细粒砂岩中和互层泥岩中才比较富集。氧化铁在砂岩中形成不规则包壳，与表现出机械渗滤作用典型特征的黏土混合在一起，或者构成泛滥沉积物经过再搬运沉积形成的红泥内碎屑。一些砂岩的富黏土层上会显示出含有赤铁矿的残余物，但是在“比较纯净”的层上就没有氧化铁的显示。

与氧化铁相比，锐钛矿双锥晶体（TiO_2）在 Sergi 砂岩中的分布要广泛得多。锐钛矿集合体围绕铸模孔分布，这些铸模孔是由诸如钛铁矿、角闪石和榍石之类的钛碎屑重矿物的溶蚀作用形成的。一些样品展示出很大的锐钛矿双锥晶体，是由微晶锐钛矿集合体的重结晶作用或者榍石碎屑上的榍石（楔矿）次生加大形成的。粗晶和自形的立方体或八面体黄铁矿晶体局部充填粒间孔隙，并且非选择性地交代颗粒和先前形成的胶结物，尤其是泥质内碎屑。

Sergi 砂岩中大部分孔隙度都是粒间孔隙度（层序Ⅰ中平均为 6.5%，最高为 25.7%；层序Ⅱ中平均为 4.5%，最高为 22.7%），由于压实作用和胶结作用而减小［图 5（b）］。但是，Sergi 储层孔隙度中有很重要的一部分是由方解石胶结物和钾长石颗粒溶蚀形成的（层序Ⅰ中平均为 1.2%，最高为 6%；层序Ⅱ中平均为 1.5%，最高为 5.7%），这部分孔隙是粒内孔隙和铸模孔［图 5（c）］。形成次生孔隙度的另一个过程是渗滤黏土（层序Ⅰ中平均为 0.8%，最高为 11.7%；层序Ⅱ中平均为 3.6%，最高为 17.7%）［图 5（d）］以及泥质内碎屑和衍生的假基质的脱水和收缩。

除了那些因早期方解石胶结而使砂岩避免被压实的地方以外，通过石英和长石颗粒的局部化破裂，以及泛滥沉积物再搬运沉积形成的云母类和泥质内碎屑的变形现象，可以证明 Sergi 砂岩中机械压实作用的存在，而那些内碎屑被转化为泥质假基质［图 5（e）］。通过沿着颗粒间接触面的压力溶蚀，化学压实作用强烈影响着更深层的储层，就像在 Araçás 油田观察到的那样，压力溶蚀促进了凹凸的缝合线状颗粒间接触面的发育［图 5（f）］以及缝合面的局部发育。但是，颗粒间的压力溶蚀接触面可以在所有储层中观察到，甚至是在浅层的 Buracica 油田（≤900m）也能发现。Sergi 砂岩的粒间体积成比例减小（在层序Ⅰ中平均为 21.8%，在层序Ⅱ中平均为 23.9%）也说明了这一点。薄渗滤黏土包层的存在［图 5（f）］会增强化学压实作用，但是当砂岩中的包层很厚时，这些厚包层可能会防止沿着颗粒间接触面的应力集中（Moraes 和 De Ros，1990，1992），此时化学压实作用会明显受到抑制。

5.7 讨论

5.7.1 成岩序列

根据光学岩石学和电子显微镜检测观察到的成岩矿物之间的结构共生关系，以及它们相对于压实作用的分布规律和成岩碳酸盐岩的同位素分析数值结果，定义了影响 Sergi 砂岩性质的成岩过程序列。这个成岩历史是强烈的早成岩作用演化的反映，该成岩演化受大陆性干旱气候条件的影响，其次受渐进埋藏过程的影响；在裂谷构造作用产生的不同构造断块中，埋藏过程是有差异的。De Ros（1987）、Bruhn 和 De Ros（1987）以及 Moraes 和 De Ros（1990，1992）曾经探讨过 Sergi 砂岩的复杂成岩演化过程（图 6），这个过程与干旱 / 半干旱大陆环境下沉积形成的其他砂岩的成岩历史有一些相似之处（Walker，1976；Kessler，1978；Walker 等，1978；Waugh，1978；Rossel，1982；Dutta 和 Suttner，1986；De Ros 等，1994；McBride 等，1987；Garcia 等，1998）。

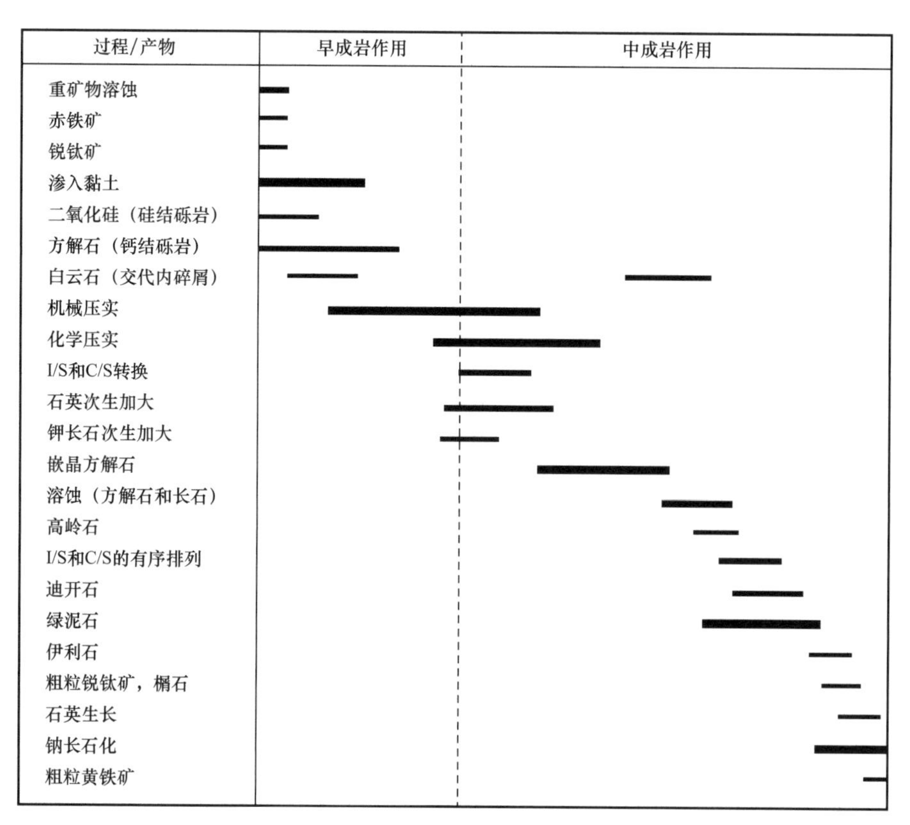

图 6　Sergi 砂岩的成岩演化序列

5.7.2　成岩作用与成岩环境

5.7.2.1　早成岩作用与成岩环境

5.7.2.1.1　重矿物碎屑的溶蚀作用与铁氧化物和钛氧化物的沉淀作用

在砂岩沉积之后不久，由于与早期成岩环境中强氧化性的活跃循环大气水发生反应，不稳定的重矿物碎屑（例如辉石和闪石）会出现蚀变现象和溶蚀现象。实际上，所有不太抗氧化的重矿物碎屑都会被除去，重矿物的溶蚀导致氧化铁（赤铁矿）和氧化钛（锐钛矿）沉淀下来。然而，仅限于层序 I 的细粒沉积物，其现今的红色分布与在早期成岩过程末期的砂岩中形成的赤铁矿原始分布并不对应。这些岩性周围的二次铁还原形成的褪色边缘以及一些泥质砂岩中的少量赤铁矿残留物表明，大多数（如果不是所有的话）Sergi 砂岩在早成岩期间呈红色，这在大陆干旱气候序列中很常见（Walker，1976；Kessler，1978；Walker 等，1978；Waugh，1978）。在埋藏过程中，与生烃和油气运移有关的强还原性流体与岩石发生相互作用，由此产生的铁的还原作用和活动化作用很可能会加剧二次脱色现象（Muchez 等，1992；Surdam 等，1993），从而导致现今砂岩呈现出浅灰色和浅绿色。

5.7.2.1.2　碎屑黏土的机械渗滤

碎屑黏土的机械渗滤是对 Sergi 储层孔隙度和渗透性影响较大的成岩过程（Bruhn 和

De Ros，1987；Moraes 和 De Ros，1990，1992），它可以出现在层序Ⅱ冲积平原的河道急流冲刷过程（图 7）中，或者出现在阶段性的洪水泛滥中。当干旱气候条件占主导时，由于潜水位的下降相当大，河道迁移带来的浑水流会穿过渗流区，其中携带着呈悬浮状态的黏土，最后沉淀到颗粒表面上（Walker，1978；Moraes 和 De Ros，1990）。层序Ⅱ的河流相砂岩中含有更多的渗滤黏土，这与河流体系连续急流冲刷和沉积物的粗粒度有关。富集的渗滤黏土形成流体流动屏障，这是导致 Sergi 储层非均质性的主要原因（Bruhn 和 De Ros，1987）。但在某些地方，渗滤黏土包层的存在会抑制石英或方解石次生加大产生的胶结作用，从而有助于孔隙的保存。尽管如此，渗滤黏土的存在，即使只是很薄的包层，由于它们的分布使孔喉缩小，因此也会导致储层渗透性大幅降低（Moraes 和 De Ros，1992）。机械渗滤黏土在 Sergi 砂岩中的富集基本上按照两种模式（图 7）：（1）沿着渗滤事件发生时潜水位的位置，因此不受沉积面影响，与沉积面相交；（2）在沉积物的渗透率障碍之上，主要是在层序Ⅱ河流旋回更细粒沉积物顶面之上。这两种模式在对应河道优先发育位置的区带内都会增强。这些区域内反复发生的渗滤过程促进了黏土富集带的形成，因为河道的分布特点，这些富集带呈长条形，构成层序Ⅱ内部主要的渗透性障碍。机械渗滤黏土富集带的空间分布是导致层序Ⅱ储层非均质性的主要原因。

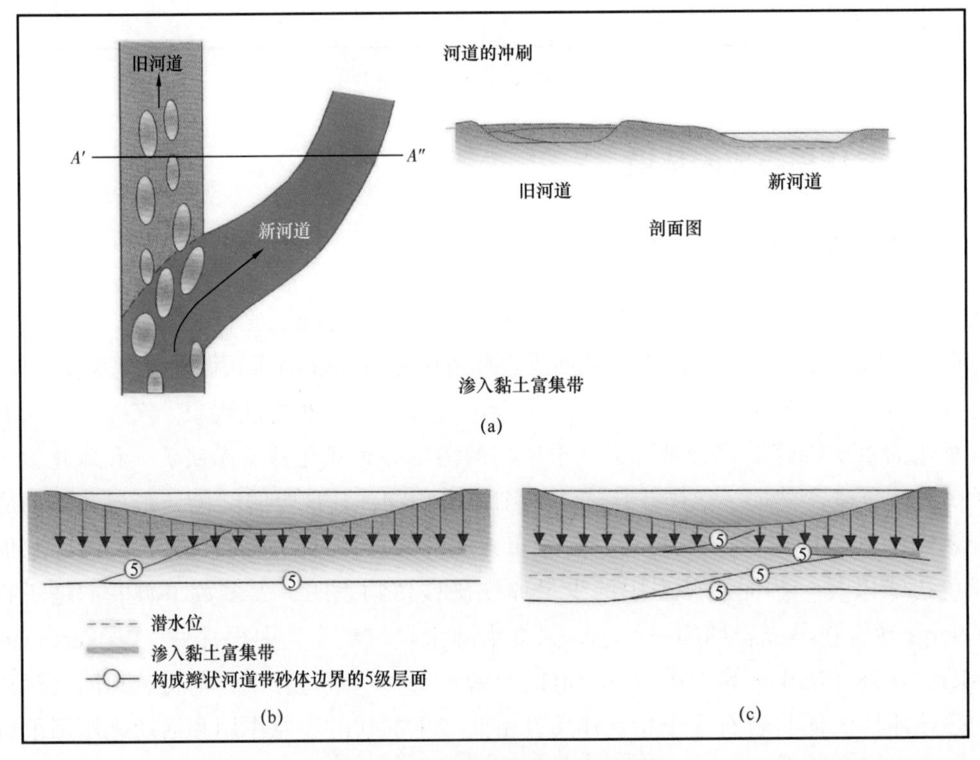

图 7　渗入黏土富集带的发育模型

在河道冲刷之后，黏土渗入到先前的河道间区域，该处潜水位降到最低（a）。渗入水中的黏土可能沿着潜水位沉淀下来（b），也可能沿着以河道底面为代表的结构变化面沉淀下来（c），这些面上都富集了渗入的黏土，形成具有低孔隙度和渗透率的流动障碍。渗入黏土富集带的横向延伸范围对应着河道带的宽度，在层序Ⅱ中的平均值为 1.8km

5.7.2.1.3 硅质结核和结壳

以结核、结壳和最终的块状硅质层为特点的硅结砾岩，是在更严重的干旱气候期间，由地下水强烈蒸发形成的高碱性溶液沉淀而成的（参考 Summerfield，1983；Wopfner，1983；Thiry 和 Millot，1987）。这些硅化层极少表现出足够的厚度和横向连续性，以构成分隔储层的有效流动屏障。一个例外的情况是在某些油田层序Ⅱ和层序Ⅲ的分界面上，那里的硅化层段厚度大、范围广，足以在局部分隔这两个层序。

5.7.2.1.4 早成岩阶段形成的方解石和白云石

在淤泥质泛滥沉积物以及河流相旋回顶部的一些细粒砂岩和风成砂岩中沉淀的方解石结核、结壳和透镜体，都具有渗流钙积层或钙结砾岩的特点（Wright 和 Tucker，1991；Goudie，1983；Morad，1998；Beckner 和 Mozley，1998）。但是，此类钙积层沉积物极少会在原地保存下来，而是以再搬运沉积的内碎屑形式出现在层序Ⅰ旋回底部的滞留层中。碎屑内滞留物普遍被大量粗结晶、压实前方解石胶结，其为潜水带钙结壳的特征（Wright 和 Tucker，1991；Goudie，1983；Morad，1998；Beckner 和 Mozley，1998），其构成了局部的流体流屏障。这些流动屏障的延伸范围与内碎屑滞留层最初的延伸范围相对应。钙积层内碎屑既可以作为这种优先胶结物的来源，也可以作为胶结的核心。但是滞留钙积层胶结作用的选择性，可能仅部分与它们的粗粒度和较高的原始渗透率有关，这样可能会使早期成岩流体的流动集中在这些层段中。压实前方解石的 $\delta^{13}C$ 值表现出有机质氧化的主要特征（表 2），但是，一些样品的 $\delta^{13}C$ 值过于偏负，以至于无法仅仅将其解释为氧化作用，这些异常可能指示了埋藏过程中有机质的热脱羧作用。这表明一些样品的重结晶以及（或者）叠加的胶结作用，使得早成岩形成的碳酸盐岩和中成岩形成的碳酸盐岩混合在一起。$\delta^{18}O$ 值说明沉淀时的温度很低（表 2），计算时假设 $\delta^{18}O_{水}$值为 –3‰ SMOW，该值表明孔隙水为古纬度在 5°～10°S 之间的大气水，非洲—巴西坳陷在白垩纪开始时为干旱亚热带气候（Scotese 等，1999；Scotese，2003；Frakes，1992），另外假设 $\delta^{18}O_{水}$值为 0～2‰ SMOW，这个假设是针对在初始埋藏过程中，受不断增强的水—岩相互作用影响形成的大气水流体与中期成岩形成的流体的混合物。这样的解释也得到了胶结物锶同位素比值的支持，数值显示出明显的放射成因和硅酸盐蚀变反应的特点（表 2）。

白云石沉淀为小的菱形晶体，在压实作用发生之前交代了泥质内碎屑，其 $\delta^{18}O$ 值结果为正数（高达 3.5‰）（表 2），这不仅指示了沉淀时的低温度，还有可能指示了由剧烈蒸发所致大气水的 $\delta^{18}O_{水}$值的进一步变化（Burns 和 Matter，1995）。

5.7.2.1.5 压实作用

虽然颗粒的重新排列和破碎导致的机械压实效应在 Sergi 砂岩中很普遍，但是除了那些早期方解石胶结抑制了压实作用的地方以外，更明显的效应是泥质内碎屑从泛滥沉积物再搬运沉积为泥质假基质时的变形。由于泥质内碎屑向假基质的变形，那些富含早成岩期未胶结泥质内碎屑的砂岩和砾岩，丧失了所有的粒间孔隙。

虽然机械压实作用在较深层的 Araçás 油田中更加强烈，但是在每个研究的油田中，甚至是在现今最大埋藏深度为 900m 左右的 Buracica 油田，都可以观察到颗粒间的压溶接触面。因为砂岩中重大大压溶事件一般只出现在 1500m 以深的地层中（Füchtbauer，

1967；Chilingarian，1983），这意味着普遍的抬升事件曾经影响了整个盆地，并且（或者）意味着在抬升的高峰期，可能有一个实际上更强烈的热流加速了这个过程。

5.7.2.2 中成岩作用与成岩环境

5.7.2.2.1 渗滤黏土向I/S和C/S混层的转化

在埋藏过程中，最初成分为蒙皂石的机械渗滤黏土与内碎屑黏土（半干旱气候条件下的风化黏土）转化为伊利石—蒙皂石混层或绿泥石—蒙皂石混层。虽然绿泥石化作用在层序Ⅰ砂岩中更为重要，因为该层序的渗滤黏土含量较少，而伊利石化作用在层序Ⅱ中占优势，但是在Recôncavo盆地的东北部，绿泥石化作用同样也会影响层序Ⅱ，就像在Fazenda Bálsamo油田（Pinho，1987；本次研究）、Fazenda Boa Esperança油田（Lanzarini和Terra，1989）和Sesmaria油田（De Ros，1987）观察到的那样。渗滤蒙皂石的转化促进了集合体的广泛收缩、剥离和破碎，产生收缩孔隙，成为一些层段中宏观孔隙的重要组成部分，尤其是在一些更近源油田的层序Ⅱ中，例如Dom João油田和Buracica油田（Bruhn和De Ros，1987；De Ros，1988；Moraes和De Ros，1992）。在深层的中成岩过程中，在浅层埋藏过程中形成的不规则混层转化为规则的伊利石—蒙皂石和绿泥石—蒙皂石混层。这种转化伴随着自生绿泥石和（或）伊利石的新矿物形成。

5.7.2.2.2 石英和长石的次生加大与生长

石英次生加大胶结物的硅质来源可能是不稳定硅酸盐碎屑的溶蚀、石英颗粒的压溶、长石碎屑的溶蚀和被方解石交代以及相邻泥岩和泥岩夹层中蒙脱石转化的反应物，还有黏土渗滤到砂岩中的产物。只有在一些砂岩中，尤其是在Araçás油田的砂岩中，才会出现大量的石英次生加大，足以使孔隙度发生实质性的减小；但是，即使是很少量的次生加大，也会对渗透率产生重大影响，因为它们附着在孔壁上，首先就会堵塞孔喉。在深层的中成岩过程中，会出现棱柱状石英生长和不连续的次生加大，一般出现在覆盖了薄层新生绿泥石环边的颗粒上。

在石英次生加大发育的起始和中间埋藏深度段内，同样发生着钾长石次生加大胶结作用，其对储层性质也有同样的影响（也就是选择性地降低渗透率），但是影响的强度会小一些，因为钾长石次生加大的体积要小得多。一些碎屑长石被自生钾长石的新生微晶集合体假象交代，这明显是在早成岩阶段发生的，在受干旱气候条件下云母类和碎屑长石蚀变作用影响的西班牙河流相砂岩中可以观察到这一过程（Morad等，1989）。

5.7.2.2.3 压实后的方解石和白云石

嵌晶状和粗粒镶嵌状压实后方解石（表2）的$\delta^{13}C$值表明，在埋藏过程中，裂谷烃源岩有机质的热脱羧作用对早成岩碳酸盐有机质氧化特征的影响越来越大，但是，一些样品的重$\delta^{13}C$值（高达−2.8‰）（表2）说明存在产甲烷细菌的发酵作用。$\delta^{13}O$值说明埋藏过程中碳酸盐沉淀温度是逐渐升高的（高达115.6℃）（表2），计算时假设$\delta^{18}O_{水}$的取值为+3‰ SMOW，这是具有强烈水—岩相互作用的中成岩期流体的特征值，其水—岩相互作用在埋藏过程中受控于黏土矿物转化的反应物（Land和Fisher，1987）。这一点得到了胶结物锶同位素比值的证实，其具有明显的放射成因（高达0.740）以及包括硅酸盐强烈蚀变作用等反应的特点（表 2）。在含有颗粒级纹理的砂岩中，粗粒纹层的方解石优先胶结是方解石胶结具有大量外部来源的结果。因此，胶结作用在很大程度上受控于胶结作用发生时的残余渗透率，它是由沉积结构和先前的成岩过程决定的。较粗粒的纹层具有更大的原始渗透率，因此在埋藏过程中流体的流动性更强，容易被方解石优选胶结。在富含黏土渗滤物的层序Ⅱ砂岩中，中成岩期方解石的胶结作用要弱得多，因此渗滤黏土大大降低了沉积渗透率。中成岩期方解石胶结的岩层极少具有足够厚度和横向连续性来构成局部流动屏障。除了胶结粒间孔隙，中成岩期方解石通常会覆盖、包绕和交代先前成岩作用的产物（例如渗滤黏土和石英次生加大）和碎屑颗粒。压实后的细晶白云石交代泥质内碎屑压实形成的假基质，这种白云石的 $\delta^{18}O$ 值与埋藏期间的高沉淀温度（高达 121.5℃）（表 2）是一致的。在一些样品中，压实后白云石的高 $\delta^{13}C$ 值（高达 –2.9‰）（表 2）表明产甲烷细菌的发酵作用对这些碳酸盐岩的热脱羧作用作出了贡献。

5.7.2.2.4　溶蚀作用

大多数 Sergi 砂岩的孔隙度都是原生（沉积时的）孔隙，由于压实和胶结作用而减少。但是，Sergi 储层孔隙度还有一个重要组成部分，即次生孔隙，是在中成岩期（Terra 等，1982；Bruhn 和 De Ros，1987）由于方解石胶结物和长石颗粒的部分溶蚀而形成的粒内孔隙和铸模孔。从裂谷期开始，页岩烃源岩有机质的热成熟作用产生的有机酸注入孔隙流体中，这可能促进了 Sergi 储层中方解石和长石颗粒的溶蚀（Bruhn 和 De Ros，1987；Surdam 等，1989），大气水流体向深层的渗入可能并没有起到这个作用。之所以这样解释，一个是因为缺乏含二价铁的中期成岩产物的氧化作用过程，例如绿泥石和黄铁矿，另一个是因为在深层的盆地中心储层中，长石溶蚀形成的孔隙度比例更大（Bruhn 和 De Ros，1987）。产生次生孔隙度的另一个过程是渗滤黏土以及泥质内碎屑和由此产生的假基质的脱水和收缩。

5.7.2.2.5　高岭石和迪开石

蠕虫状和书册状集合体中高岭土纹层的自形近似六边形矿物，是在埋藏过程中的酸性条件下形成的高岭土特征。反过来说，在早成岩或晚成岩过程中，由于大气水的渗入形成的高岭石会形成薄的、不完全纹层（Osborne 等，1994），详细的 X 射线衍射和红外光谱分析都表明，大多数高岭土集合体都是由迪开石组成的（De Bona 等，2008），它会假象交代碎屑长石溶蚀作用形成的高岭石。高岭土集合体中不连续的、充填孔隙的矿物都呈孤立分布，对储层渗透性没有大的影响。迪开石在 Araçás 油田几乎不存在，表明受到了深层中成岩环境中高温的破坏，而这种条件有利于伊利石或绿泥石的新矿物生成。在 Fazenda Bálsamo 油田中也没有观察到迪开石，这表明它在富含铁和镁的环境中是不稳定的；这些铁、镁元素来自盆地东北部远源砂岩中的一些泥岩夹层，对绿泥石的自生作用是有利的。

5.7.2.2.6　绿泥石和伊利石

新生绿泥石在层序Ⅰ中较多，并且广泛分布于 Fazenda Bálsamo 油田（本研究）和 Fazencla Boa Esperança 油田（Lanzarini 和 Terra，1989）。绿泥石的新生作用伴随着渗滤黏土和内碎屑黏土转化为绿泥石 / 蒙皂石混层的过程。虽然新生成的绿泥石环边会严重影响储层的渗透性，但是它们对孔隙度的影响却并不是那么明显，因为绿泥石中含有相当多的微孔隙，其能够抑制石英的胶结。含有连续状绿泥石环边的砂岩电阻率低，即使在含油饱和度很高时也是如此，这是由微孔隙中的束缚水引起的，这为此类井段的电测井曲线评估带来了很多困难（Bruhn 和 De Ros，1987；Moraes 和 De Ros，1992）。在大多数油田中，绿泥石的分布实际上仅限于层序Ⅰ，但是在 Fazencla Bálsamo 油田，就像在那些来自盆地东北部的远源砂岩占主导的其他油田那样（例如 Sesmaria 油田；De Ros，1987；Fazenda Boa Esperança 油田；Lanzarini 和 Terra，1989），绿泥石的分布很广泛。这表明富含铁和镁的环境对于埋藏过程中的绿泥石自生作用而言是有利的，这些铁、镁元素是由远源砂岩中的一些泥岩夹层供给的。

在 Araçás 油田层序Ⅱ中的局部位置，可以在转化的伊利石—蒙脱石集合体中局部观察到纤维状伊利石的新生变形作用。这样少量的伊利石不足以对砂岩的渗透性产生很大影响。

5.7.2.2.7　钠长石化

在浅层的油田中，就像在 Buracica 油田那样，仅局部地区可见碎屑斜长石和钾长石颗粒被自生的钠长石交代，但是在深层油气藏中，这种交代作用很普遍，如 Araçás 油田。虽然钠长石化现象在这些深层砂岩中很普遍，但是它们对储层孔隙度的影响极其有限，因为这种作用仅限于长石颗粒的交代，这只是钠长石在这些颗粒上的次生加大，体积很小。

5.7.2.2.8　钛矿物和黄铁矿

早成岩阶段形成的微晶锐钛矿集合体沉淀为碎屑重矿物溶蚀的残留物；由于集合体的重结晶作用，在复杂的埋藏过程中形成大型的双锥形锐钛矿晶体。在局部地区，在碎屑榍石上也可以出现榍石（榍矿）的次生加大。

粗晶自形立方体或八面体黄铁矿局部充填了粒间孔隙，并且非选择性地交代颗粒和先前生成的胶结物（特别是泥质内碎屑）。该黄铁矿含有硫酸盐热还原反应生成的硫化物，这些热还原反应与烃类流体有关系，可能还对应着与油藏中的石油充注有关的最后一次成岩过程（Machel，1987）。

5.7.3　成岩过程分布的地层和地理模式

5.7.3.1　成岩作用的地层控制作用

虽然 Sergi 组中到处都可以识别出成岩过程及其产物的一般序列，但是各种成岩产物的分布及其相对重要性在层序Ⅰ和层序Ⅱ之间有明显的差异（图 8）。

其中最明显的差异（它在很大程度上影响了其他差异）表现为渗滤黏土的分布，它在层序Ⅱ的砂岩中更富集（原始体积相对于砂岩总体积的平均百分数为 10.3%；与之相比，层序Ⅰ中为 4.9%）。层序Ⅱ中渗滤黏土的含量更高，这是一系列因素作用的结果，其中一个因素是沉积物的粒度更粗（因此原始渗透率也更大），另外层序Ⅱ的沉积体系活动性更强，具有不断反复和快速的河道急流冲刷作用（因此能够淹没那些潜水位较低的地区）。

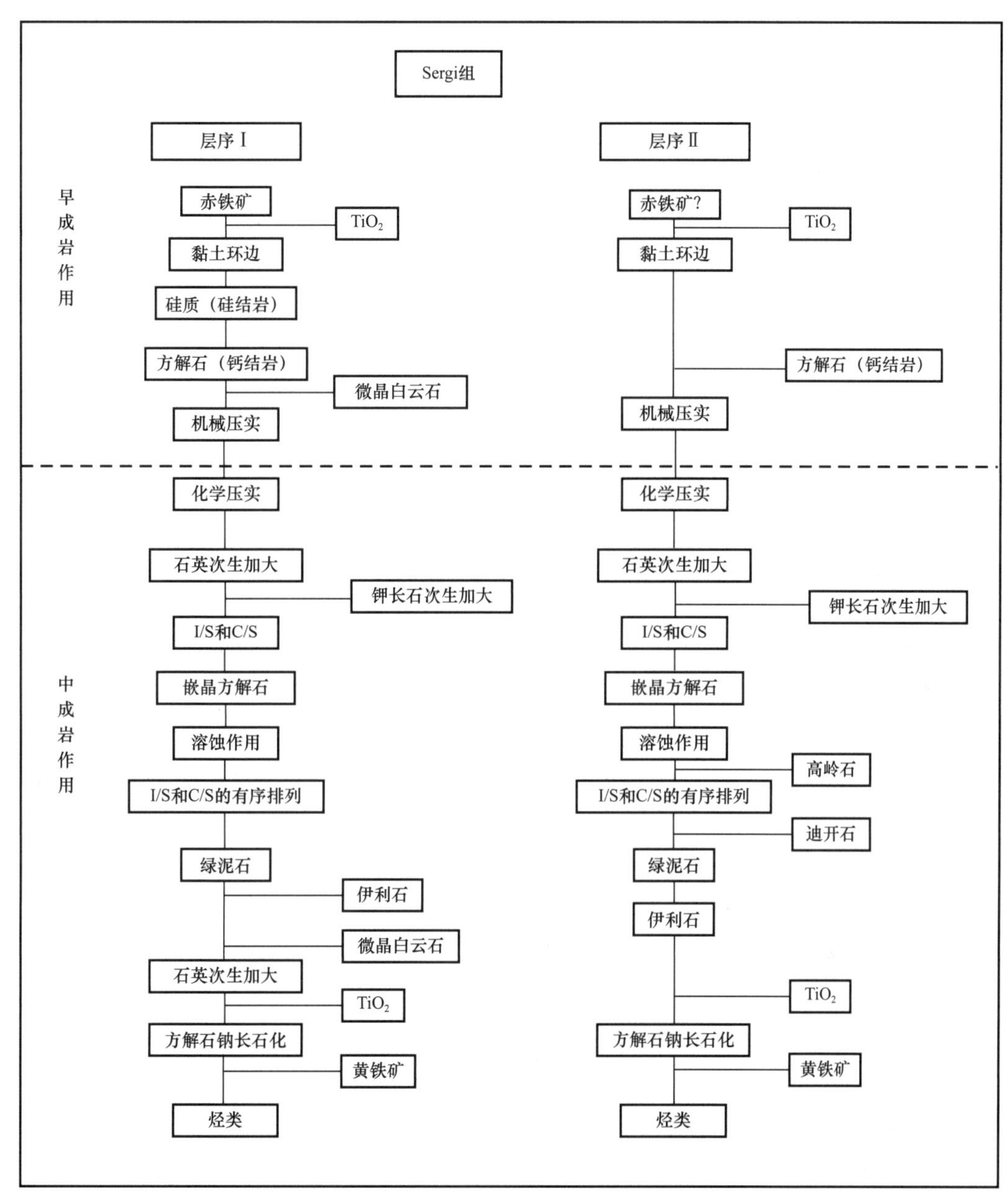

图 8　层序Ⅰ和层序Ⅱ中 Sergi 砂岩的差异成岩演化

方框的线宽对应成岩过程的相对重要性

层序Ⅱ砂岩中渗滤黏土的体积较大，其包层更厚且孔隙充填的体积要大得多，因此相对于在层序Ⅰ中的影响程度来说，层序Ⅱ中所有后续发生的成岩过程都受到了抑制。这种情况的发生主要归因于渗透率的显著降低，这是由黏土渗滤作用导致的。此外，包层的存在加剧了颗粒和孔隙流体的隔离。因此，沉淀在层序Ⅰ中的颗粒间胶结物的平均体积实际上更大（为 7.3%，与之相比，层序Ⅱ中为 4%），这主要是因为层序Ⅰ中的方解石胶结物总体积要大得多（平均为 6.3%，相比之下层序Ⅱ中平均为 2.6%），而且石英胶结物体积也较大（平均为 1.4%，相比之下层序Ⅱ中平均为 0.6%）。

Sergi 储层中渗滤黏土的分布同样也反映在孔隙类型的分布上。在富含渗滤黏土的层序Ⅱ砂岩中，由黏土脱水和向 I/S 或 C/S 混层转化引起的黏土收缩产生的叶片状孔隙，是最为重要的孔隙类型（平均为 3.6%，最高达 17.7%），仅次于粒间孔隙（平均为 4.5%，最高为 22.7%）。相反地，在层序Ⅰ砂岩中，收缩孔隙的重要性相对要差一些（平均为 0.8%）。

泥质内碎屑和由泥质压实产生的假基质在层序Ⅰ砂岩中的含量要大得多，而且细粒泛滥沉积物的夹层也很常见（内碎屑平均为 1.6%，假基质平均为 1%；内碎屑最高为 31%，假基质最高为 1%。在层序Ⅱ中，泥质内碎屑和假基质平均均为 0.6%，内碎屑最高为 7%，而假基质最高为 9.7%）。由沉淀在细粒泛滥沉积物中的渗流钙结砾岩结核、透镜体和结壳，经过再搬运沉积形成的碳酸盐岩内碎屑，只出现在层序Ⅰ中（最高达 14%）。内碎屑滞留砾岩层在层序Ⅰ雨源河流旋回的底部很常见，而在层序Ⅱ中几乎是看不到的。由滞留层压实前方解石引起的广泛胶结作用形成了流体流动屏障，这是导致层序Ⅰ内部非均质性的重要原因。

另一个表现出层序间强烈差异的成岩过程是绿泥石的分布。在层序Ⅰ中，绿泥石总体积在岩石总体积中所占的比例平均为 1.2%，最大为 15%。而在层序Ⅱ中，绿泥石平均比例为 0.4%，最大为 7%。层序Ⅰ中的绿泥石体积含量较大，可能与中成岩过程中得到的更多的铁和镁有关，这些铁和镁是由层序Ⅰ中的泥岩夹层和紧邻层序Ⅰ下方的泥岩提供的。因此，绿泥石在 Recôncavo 盆地东北部油田中的富集，例如 Fazenda Bálsamo 油田（Pinho，1987）、Sesmaria 油田（De Ros，1987）和 Fazenda Boa Esperança 油田（Lanzarini 和 Terra，1989），就与该地区 Sergi 组沉积物相对更远源的位置有关，这反映在泥岩夹层的厚度更大、互层更频繁上。另一方面，层序Ⅰ砂岩中获得的铁、镁元素越多，其中的高岭土（包括高岭石和迪开石）就会越少见（颗粒间高岭土含量平均为痕量，最高为 0.7%）。

5.7.3.2 地理特征和深度对成岩作用的影响

通过观察成岩过程在每个在研油田 Sergi 砂岩中的分布规律，识别出了一些成岩模式，可以认为它们是受地层层序控制的，尤其是早期成岩过程以及它们对中成岩期蚀变作用的影响。其他的成岩模式可以用差异埋藏和每个油藏的热活动史更好地进行解释，这些因素不仅控制了最高温度，还控制了最大压力，以及不同深度范围的砂岩所经历的滞留时间。由于每个主要的构造断块在裂谷作用期间所经历的沉降过程、上覆压力和热流量存在巨大差异，因此整个盆地 Sergi 储层的热活动史是非常不一致的。

例如，高岭土的分布不仅受控于地层特征，与绿泥石（在层序Ⅰ中富集，在层序Ⅱ中稀少）的分布呈现出互补的特点，而且还受控于深度。在深部储层中，诸如 Araçás 之类的油田，是缺乏高岭土的，即使是对于层序Ⅱ中的砂岩也是如此；但是在更浅层的 Buracica 油田和 Água Grande 油田，层序Ⅱ砂岩中会发育高岭土。Buracica 油田（平均深度 727m）和 Água Grande 油田（平均深度 1387m）中迪开石的出现（De Bona 等，2008），总的说来对 Sergi 储层和 Recôncavo 盆地的演化具有重要的意义。该地区未发生过增强的热流体流动或水热流体流动，而浅层砂岩的压实作用异常强烈，就像压实后的石英胶结作用那样。先于高岭土形成的压实后方解石胶结物的稳定氧同位素值对应的温度高达116℃。这组证据以及来自盆地其他地区的磷灰石裂变径迹数据表明，Sergi 砂岩曾经经历的温度远远高于现今埋藏深度对应的温度，这意味着至少为 1km，甚至可能超过 1500m 的隆起和侵蚀作用，影响了 Recôncavo 盆地的中心区域。

Buracica 油田渗滤黏土的原始体积更大（包层和孔隙充填集合体分别平均为 1.1% 和 6.3%，最高分别为 21.3% 和 29.3%），该油田层序Ⅱ的河流体系处于相对更加近源的位置，因此更多受到急流冲刷和阶段性洪水的影响，渗滤黏土更为富集；这就像 Dom João 油田的情况那样，其渗滤黏土含量同样很高，因为该油田处于更加近源的位置（De Ros，1988; De Ros 等，1988）。由于 Buracica 油田渗滤黏土富集，并且埋藏深度较浅，石英的次生加大作用在这个油田就显得非常无关紧要（平均为 0.2%）。基于同样的原因，在 Buracica 油田，由渗滤黏土的收缩产生的收缩孔隙贡献了很高的体积含量（平均为 3.5%，最大为 17.7%）。即使是在层序Ⅰ中，渗滤黏土在更加近源的 Buracica 油田中也更为富集，尤其是孔隙充填集合体（平均为 4.7%，最大为 26%）；不过渗滤黏土在 Fazenda Bálsamo 油田的层序Ⅰ中也很富集（平均为 3.8%，最大为 29.7%），而那里的层序Ⅱ实际上是缺失的。

渗滤黏土的孔隙充填集合体在 Buracica 油田中更为富集（平均为 6.3%，最大为 29.3%），而渗滤黏土包层在 Araçás 油田（平均为 3.5%，最大为 16.7%）和 Fazenda Bálsamo 油田（平均为 2.6%，最大为 17.3%）更为富集。正如已经确定的那样，石英的次生加大在 Buracica 油田的层序Ⅱ中实际上是观察不到的，但是作为补偿，方解石的胶结作用在 Buracica 油田的层序Ⅱ中（嵌晶方解石平均为 0.8%，镶嵌状方解石平均为 2%）要比 Água Grande 油田（嵌晶方解石平均为 0.3%，镶嵌状方解石平均为 2%）或 Araçás 油田（镶嵌状方解石平均为 0.6%，不含嵌晶方解石）重要得多。

另一方面，在 Água Grande 油田（平均为 2.1%）和 Araçás 油田（平均为 2.8%）的层序Ⅰ中很重要的石英胶结作用，在 Fazenda Bálsamo 油田（平均为 1.8%）是比较小的，而在 Buracica 油田（平均为 0.3%）中几乎可以忽略；长石的钠长石化情况也是如此（在 Água Grande 油田中平均为 7.4%，Araçás 油田中平均为 3.2%，Fazenda Bálsamo 油田中平均为 1.5%，Buracica 油田中平均为 0.3%）。这两种成岩过程看起来似乎都受到埋深的强烈影响，这可以解释为什么它们在更浅层的 Buracica 油田发育很有限。除了 Água Grande 油田（平均为 0.8%）以外，方解石的胶结作用在层序Ⅰ中非常重要（Buracica 油田中平均为 8%，Araçás 油田中平均为 4.6%，Fazenda Bálsamo 油田中平均为 2.5%）；虽然石英胶结更加发育（平均为 2.6%），但是该油田黏土渗滤作用缺乏，方解石沉淀作用有限，其综合效应就是导致我们在所研究油田的层序Ⅰ中观察到了最好的孔隙度值（平均为 14.6%）。

5.8 结论

Recôncavo 盆地 Água Grande 油田、Buracica 油田、Araçás 油田和 Fazenda Bálsamo 油

田（深度 576～2782m）Sergi 砂岩储层的地层学研究，以及从这些油田 8 口井中采集的 337 块样品的岩石学研究，揭示了以下结论：

地层单元通常显示向上变粗的沉积模式，可以再细分为 3 个三级地层层序，以区域不整合面为界。底部的层序Ⅰ，厚度为 40～60m，其特征是湖相和泛滥平原的泥岩和河流相砂岩互层，具有周期性发生的风成再造作用。中部的层序Ⅱ主要由粗粒河流相砂岩构成，厚度为 200～450m，由一个宽阔的高能辫状河道体系沉积而成，不含有泥岩夹层。顶部的层序Ⅲ厚度小于 10m，主要为风成沉积。

Sergi 砂岩主要为亚长石砂岩（Folk，1968），其中单晶深成石英所占的优势超过高度变质的粗晶和多晶石英，钾长石的优势超过斜长石。这种矿物结构所指示的是，物源来自高变质深成地体的前寒武纪抬升基底断块，基本上仍然是在克拉通条件下被搬运到一个开阔盆地中，但是已经受到与后来的裂谷作用有关的构造运动的初步影响。

由细粒泛滥沉积物侵蚀形成的泥质内碎屑，以及由渗流钙积层结核、透镜体和结壳经过再搬运作用形成的碳酸盐内碎屑，集中分布在层序Ⅰ河流相旋回底部的滞留层中。

Sergi 储层的孔隙度和渗透性受成岩过程的强烈影响，例如压实作用、黏土的机械渗滤作用以及方解石、石英和黏土矿物的胶结作用。这些成岩过程及其产物程度不一地分布于所研究的不同油田、沉积相、地层层序以及（或者）盆地内每个构造断块和地区的砂岩发育的不同埋藏深度中。

影响 Sergi 砂岩性质的成岩过程包括：不稳定碎屑重矿物的溶蚀作用；氧化铁（赤铁矿）和氧化钛（锐钛矿）的沉淀作用；碎屑蒙脱石黏土的机械渗滤作用；硅质结核和结壳（硅结砾岩）的沉淀作用；方解石结核、结壳和颗粒间胶结物（钙结砾岩）的沉淀作用；白云石斜方六面体交代内碎屑的沉淀作用；机械和化学压实作用；渗滤的蒙脱石黏土向 I/S 和 C/S 混层的转化作用；石英和钾长石次生加大的胶结作用；嵌晶方解石的胶结作用；方解石和长石颗粒的部分溶蚀作用；高岭石的沉淀作用及其形成迪开石的新生变形作用；绿泥石环边和纤维状伊利石的新生作用；锐钛矿的新生变形作用和重结晶作用；石英次生加大的后期沉淀作用及棱柱状生长；碎屑方解石的钠长石化；粗粒侵蚀性黄铁矿的沉淀作用。

机械渗滤黏土包层和孔隙充填集合体在层序Ⅱ的粗粒河流相砂岩中尤其富集。之所以这样，或者是因为开阔冲积平原上周期性发生的河道急流冲刷作用，或者是因为阶段性的洪水泛滥到达受潜水位下降影响的地区。机械渗滤黏土集中分布在渗透率的沉积障碍上，大部分在细粒旋回的顶部，或者沿着渗滤事件发生时潜水位的位置集中分布。渗滤黏土的富集段成为流体流动的障碍，这是导致层序Ⅱ储层中非均质性的主要原因。

方解石结核、结壳和透镜体沉淀在细粒泛滥沉积物和一些河流相及风成砂岩中，形成渗流钙结砾岩；这些钙结砾岩很少在原地保存下来，而是经过再沉积过程，以内碎屑的形式出现在层序Ⅰ旋回底部的滞留层中。这些内碎屑滞留层被大量地下水中的压实前粗晶方解石广泛胶结，形成局部的流体流动屏障。

共轴石英次生加大的胶结作用非常不均匀，在层序Ⅰ缺乏渗滤黏土包层的砂岩中和深部储层中更为富集，就像 Araçás 油田那样。石英次生加大的沉淀作用在层序Ⅱ砂岩中受到了抑制，因为那里的渗滤黏土包层厚度较大。

嵌晶的压实后方解石是 Sergi 砂岩中体积含量最高的胶结物。根据此类方解石胶结物的 $\delta^{18}O$ 值计算的沉淀温度高达 115℃，沉淀温度和胶结物的 $\delta^{13}C$ 值指示存在热脱羧作用和产甲烷细菌发酵作用的混合效应。

Sergi 储层孔隙度的一个重要组成部分是在埋藏期间由方解石胶结物和长石颗粒的溶蚀作用形成的次生孔隙；正如随着深度增加，方解石溶蚀孔隙度相对总孔隙度增加所指示的那样，裂谷期页岩有机质热成熟作用产生的有机酸注入孔隙流体，有可能促进次生孔隙的形成。

迪开石交代长石溶蚀形成的假晶高岭石，尤其是在较少受黏土渗滤作用影响的层序Ⅱ砂岩中。迪开石出现在浅层 Buracica 油田和 Água Grande 油田中，以及压实作用强度、石英胶结作用和方解石的沉淀温度等因素，表明砂岩曾经经历的温度远远高于它们现今埋藏深度对应的温度，这意味着可能有超过 1500m 的隆起和侵蚀作用影响了 Recôncavo 盆地的中心区域。

渗滤黏土和内碎屑黏土的绿泥石新生作用以及向绿泥石 / 蒙脱石混层转化的作用在层序Ⅰ中占优势，并在 Fazenda Bálsamo 油田广泛出现，这表明因这些远源砂岩中的一些泥岩夹层的供给而形成的富含铁和镁的环境，有利于埋藏期间的绿泥石自生作用。绿泥石环边对储层的渗透率和电阻率有很大影响，但是能够抑制石英胶结作用。

层序Ⅰ和层序Ⅱ成岩作用的主要差别表现为层序Ⅱ中的渗滤黏土含量要大得多，这是因为层序Ⅱ沉积物粒度更粗、原始渗透率更大以及沉积体系活动性更高，具有不断反复和快速的河道急流冲刷作用。因此相对于层序Ⅰ而言，所有后续的成岩过程在层序Ⅱ中受到的抑制作用更大。层序Ⅰ中的颗粒间胶结物（石英、方解石和绿泥石）平均体积实际上更大。

了解成岩过程及其产物相对 Sergi 砂岩地层、地理和埋度的分布模式，对于提高这些复杂油气藏的采收率和开发效率是十分必要的，同时也有利于 Recôncavo 盆地以及邻近的 Camamu 盆地和 Almada 盆地新 Sergi 油气藏的勘探。

参考文献

Abreu，C. J.（1979）Estudo Sedimentológico e Ambiental ao Nível da Zona “G”，Campo de Dom João Mar-Sul，Bahia，Internal Report PETROBRAS-DEXPRO-DIVEX-SEGEL，Rio de Janeiro.

Al-Aasm，I. S，Taylor，B. E. and South，B.（1990）Stable isotope analysis of multiple carbonate samples using selective acid extraction. *Chem. Geol.*，80，119-125.

Beckner，J. R. and Mozley，P. S.（1998）Origin and spatial distribution of early vadose and phreatic calcite cements in the Zia Formation，Albuquerque Basin，New Mexico，USA. In：*Carbonate Cementation in Sandstones*（Ed. S. Morad），*IAS Special Publication*，26，27-52. International Association of Sedimentologists-Blackwell Scientific Publications，Oxford.

Brindley，G. W.，Kao，C. C.，Harison，J. L.，Lipsicas，M. and Raythatha，R.（1986）Relation between structural disorder and other characteristics of kaolinites and dickites. *Clay Clay Miner.*，34，239-249.

Bruhn，C. H. L. and De Ros，L. F.（1987）Formação Sergi：evolução de conceitos e tendências na geologia de reservatórios. *Bol. Geoci. Petrobras*, 1, 25–40.

Burns, S. J. and Matter, A. (1995) Geochemistry of carbonate cements in surficial alluvial conglomerates and their paleoclimatic implications, Sultanate of Oman. *J. Sediment. Res.*, A65, 170–177.

Chilingarian, G. V. (1983) Compactional diagenesis. In : *Sediment Diagenesis* (Eds A. Parker and B. W. Sellwood), *NATO ASI Series C : Mathematical and Physical Sciences*, 57–168. D. Reidel Pub. Co., Dordrecht, the Netherlands.

Craig, H. (1957) Isotopic standards for carbon and oxygen correction factors for mass spectrometric analysis of carbon dioxide. *Geochim. Cosmochim. Acta*, 12, 133–149.

Craig, H. (1961) Standards for reporting concentrations of deuterium and oxygen–18 in natural waters. *Science*, 133, 1833-1834.

De Bona, J., Dani, N., Ketzer, J. M. and De Ros, L. F. (2008) Dickite in shallow oil reservoirs from Recôncavo Basin, Brazil : diagenetic implications for basin evolution. *Clay Miner*, 43, 213–233.

De Ros, L. F. (1987) *Petrologia e Características de Reservatório da Formação Sergi (Jurássico) no Campo de Sesmaria, Bacia do Recôncavo, Brasil. Ciência–Técnica–Petróleo, Seção : Exploração de Petróleo.* 19. PETROBRAS–CENPES, Rio de Janeiro, RJ, Brazil, 107 pp.

De Ros, L. F. (1988) Caracterização geológica dos reservatórios da Formação Sergi em Dom João Mar–Sul, Internal Report PETROBRAS–CENPES–DIGER–SEGEX, Rio de Janeiro.

De Ros, L. F., Césero, P. and Casanova, B. (1988) Geometria externa e interna dos reservatórios da Formação Sergi em Dom João Mar Sul. In : *3°GDR–Seminário de Geologia de Desenvolvimento e Reservatório*, pp. 200–212. PETROBRAS–DEPEX, Salvador, BA.

De Ros, L. F., Morad, S. and Paim, P. S. G. (1994) The role of detrital composition and climate on the diagenetic evolution of continental molasses : evidence from the Cambro–Ordovician Guaritas Sequence, southern Brazil. *Sediment. Geol.*, 92, 197–228.

Dickinson, W. R. (1985) Interpreting provenance relations from detrital modes of sandstones. In : *Provenance of Arenites* (Ed. G. G. Zuffa) . *NATO–ASI Series C*, 148, 333–361. D. Reidel Pub. Co. Dordrecht, the Netherlands.

Dutta, P. K. and Suttner, L. J. (1986) Alluvial sandstone composition and paleoclimate, Ⅱ . Authigenic mineralogy. *J. Sediment. Petrol.*, 56, 346–358.

Estrella, G. O. (1972) O estágio rift nas bacias marginais do leste brasileiro. In : *XXVI Congresso Brasileiro de Geologia*, *Anais*, 3, 29–34. Sociedade Brasileira de Geologia, Belém, Pará.

Figueiredo, A. M. F., Braga, J. A. E., Zabalaga, J. C., Oliveira, J. J., Aguiar, G. A., Silva, O. B., Matto, L. F., Daniel, L. M. F., Magnavita, L. P. and Bruhn, C. H. L. (1994) Recôncavo Basin, Brazil : a prolific intracontinental rift basin. In : *Interior Rift Basins* (Ed. S. M. Landon) . *AAPG Memoir*, 59, 157–203. American Association of Petroleum Geologists, Tulsa, OK.

Folk, R. L. (1968) *Petrology of Sedimentary Rocks*. Hemphill's Pub., Austin, TX, 107 pp.

Frakes, L. A., Francis, J. E. and Syktus, J. L. (1992) *Climate Modes of the Phanerozoic*. Cambridge University Press, Cambridge, 274 p.

Friedman, G. M. (1971) Staining. In : *Procedures in Sedimentary Petrology* (Ed. R. E. Carner), pp. 511–530. John Wiley&Sons, New York.

Friedman, I. and O'Neil, J. R. (1977) Compilation of stable isotopic fractionation factors of geochemical interest. In : *Data of Geochemistry*, 6th ed. (Ed. M. Fleischer) *U. S. G. S. Professional Paper*, 440–KK, 12. United States Geological Survey.

Füchtbauer, H. (1967) Influence of different types of diagenesis on sandstone porosity. In : *7th World Petroleum Congress*, *Proceedings*, 2, pp. 353–369. Elsevier, Mexico.

Garcia, A. J. V., Morad, S., De Ros, L. F. and Al-Aasm, I. S. (1998) Paleogeographical, paleoclimatic and burial history controls on the diagenetic evolution of Lower Cretaceous Serraria sandstones in Sergipe-Alagoas Basin, NE Brazil. In : *Carbonate Cementation in Sandstones* (Ed. S. Morad), *IAS Special Publication*, 26, 107-140. International Association of Sedimentologists-Blackwell Scientific Publications, Oxford, UK.

Goudie, A. S. (1983) Calcrete. In : *Chemical Sediments and Geomorphology* : *Precipitates and Residua in the NearSurface Environment* (Eds A. S. Goudie and K. Pye), pp. 93-131. Academic Press, Orlando, FL.

Kessler, L. G., Ⅱ (1978) Diagenetic sequence in ancient sandstones deposited under desert climatic conditions. *J. Geol. Soc. Lond.*, 135, 41-49.

Land, L. S. and Fisher, R. S. (1987) Wilcox sandstone diagenesis, Texas Gulf Coast : a regional isotopic comparison with the Frio Formation. In : *Diagenesis of Sedimentary Sequences* (Ed. J. D. Marshall), *Geological Society Special Publication*, 36, 219-235. Blackwell, London.

Lanson, B., Beafort, D., Berger, G., Baradat, J. and Lacharpagne, J.-C. (1996) Illitization of diagenetic kaolinite-to-dickite conversion series : late-stage diagenesis of the Lower Permian Rotliegend sandstone reservoir, offshore of the Netherlands. *J. Sediment. Res.*, 66, 501-518.

Lanson, B., Beaufort, D., Berger, G., Bauer, A., Cassagnabere, A. and Meunier, A. (2002) Authigenic kaolin and illitic minerals during burial diagenesis of sandstones : a review. *Clay Miner.*, 37, 1-22.

Lanzarini, W. L. and Terra, G. J. S. (1989) Fácies sedimentares, evolução da porosidade e qualidade de reservatorio da Formação Sergi, campo de Fazenda Boa Esperança, Bacia do Recôncavo. *Bol. Geoci. Petrobras*, 3, 365-375.

Machel, H. G. (1987) Some aspects of diagenetic sulphatehydrocarbon redox reactions. In : *Diagenesis of Sedimentary Sequences* (Ed J. D. Marshall), *Geol. Soc. Special Publication*, 36, 15-28. Geological Society.

McBride, E. F., Land, L. S. and Mack, L. E. (1987) Diagenesis of eolian and fluvial feldspathic sandstones, Norphlet Formation (Upper Jurassic), Rankin County, Mississippi and Mobile County, Alabama. *APPG Bull.*, 71, 1019-1034.

Milani, E. J. (1987) Aspectos da evolução tectônica das bacias do Recôncavo e Tucano Sul, Bahia, Brasil. Ciencia-Técnica-Petróleo ; Seção Exploração de Petróleo, PETROBRAS, 61 p.

Milani, E. J. and Davidson, I. (1988) Basement control and transfer tectonics in Recôncavo-Tucano-Jatobá rift, northeast Brazil. *Tectonophysics*, 154, 40-70.

Morad, S., Marfil, R. and de la Peña, J. A. (1989) Diagenetic K-feldspar pseudomorphs in the Triassic Buntsandstein sandstones of the Iberian Range, Spain. *Sedimentology*, 36, 635-650.

Morad, S. (1998) Carbonate cementation in sandstones : distribution patterns and geochemical evolution. In : *Carbonate Cementation in Sandstones* (Ed. S. Morad), *IAS Special Publication*, 26, 1-26. International Association of Sedimentologists-Blackwell Scientific Publications, Oxford.

Morad, S., Ketzer, J. M. and De Ros, L. F. (2000) Spatial and temporal distribution of diagenetic alterations in siliciclastic rocks : implications for mass transfer in sedimentary basins. *Sedimentology*, 47, 95-120.

Moraes, M. A. S. and De Ros, L. F. (1990) Infiltrated clays in fluvial Jurassic sandstones of Recôncavo Basin, northeastern Brazil. *J. Sediment. Petrol*, 60, 809-819.

Moraes, M. A. S. and De Ros, L. F. (1992) Depositional, infiltrated and authigenic clays in fluvial sandstones of the Jurassic Sergi Formation, Recôncavo Basin, northeastern Brazil. In : *Origin, Diagenesis and Petrophysics of Clay Minerals in Sandstones* (Eds D. W. Houseknecht and E. W. Pittman), *SEPM Special Publication*, 47, 197-208. Society of Economic Paleontologists and Mineralogists, Tulsa, OK.

Muchez, P., Viaene, W. and Dusar, M. (1992) Diagenetic control on secondary porosity in flood plain deposits : an example of the Lower Triassic of northeastern Belgium. *Sediment. Geol.*, 78, 285–298.

Nascimento, O. S., *et al.* (1982) Projeto Sergi–Campo de Araçás–Bloco Alto, Internal Report PETROBRAS–DEPEX–DEPRO–CENPES, 202 p.

Netto, A. S. T., Barroso, A. S., Bruhn, C. H. L., Caixeta, J. M. and Moraes, M. A. S. (1982) Projeto Andar Dom João, Internal Report PETROBRAS–DEPEX–DEXBA, 193 p.

Osborne, M., Haszeldine, R. S. and Fallick, A. E. (1994) Variations in kaolinite morphology with growth temperature in isotopically mixed pore–fluids, Brent Group, UK North Sea. *Clay Miner.*, 29, 591–608.

Passos, L, J., *et al.* (1983) Projeto Buracica, Internal Report PETROBRAS–DEPEX–DEXBA–CENPES, 243 p.

Pinho, G. C. (1987) Evoluçáo Diagenética dos Arenitos da Formaçáo Sergi no Campo de Fazenda Bálsamo, Norte da Bacia do Recôncavo. Masters thesis, Universidade Federal de Ouro Preto, MG.

Ponte, F. C. (1971) Evoluçáo paleogeográfica do Brasil oriental e da África ocidental. CPEG4, 71 p, PETROBRAS.

Ponte, F. C. and Asmus, H. E. (1978) Geological framework of the Brazilian continental margin. *Geol. Rdsch.*, 68, 201–235.

Prost, R., Damene, A., Huard, E., Driard, J. and Leydecker, J. P. (1989) Infrared study of structural OH in kaolinite, dickite, nacrite and poorly crystalline kaolinite at 5 to 600 K. *Clay Clay Miner.*, 37, 464–468.

Rodrigues, C. R. O. (1990) Argilominerais na Evolução Diagenética dos Arenitos da Formação Sergi, Jurássico, Bacia do Recôncavo, Brasil : Masters thesis, Universidade Federal de Ouro Preto, MG, 316 p.

Rosenbaum, J. M. and Sheppard, S. M. F. (1986) An isotopic study of siderites, dolomites and ankerites at high temperatures. *Geochim. Cosmochim. Acta*, 50, 1147–1150.

Rossel, N. C. (1982) Clay mineral diagenesis in Rotliegend aeolian sandstones of the southern North Sea. *Clay Miner*, 17, 69–77.

Santos, C. F., Cupertino, J. A. and Braga, J. A. E. (1990) Síntese sobre a geologia das bacias do Recôncavo, Tucano e Jatobá. In : *Origem e Evolução das Bacias Sedimentares* (Eds G. P. Raja Gabaglia and E. J. Milani), PETROBRAS, pp. 235–266.

Scherer, C. M. S., Lavina, E. L. C., Dias Filho, D. C., Oliveira, F. M., Bongiolo, D. E. and Aguiar, E. S. (2007) Stratigraphy and facies architecture of the fluvial–aeolian–lacustrine Sergi Formation (Upper Jurassic), Recôncavo Basin, Brazil. *Sediment. Geol.* 194, 169–193.

Scherer, C. M. S. and De Ros, L. F. (2009) Heterogeneidades dos reservatórios flúvio–eólicos da Formação Sergi na Bacia do Recôncavo. *B. Geoci. Petrobras*, 17 (2), 249–271.

Scherer, C. M. S. and Goldberg, K.(2010)Cyclic crossbedding in the eolian dunes of the Sergi Formation(Upper Jurassic), Recôncavo Basin : Inferences about the wind regime. *Palaeogeogr. Paleoclimatol. Palaeoecol.* 296, 103–110.

Schultz, J. L., Boles, J. R. and Tilton, G. R. (1989) Tracking calcium in the San Joaquin basin, California : a strontium isotopic study of carbonate cements at North Coles Levee. *Geochim. Cosmochim. Acta*, 53, 1991–1999.

Scotese, C. R., Boucot, A. J. and Mckerrow, W. S. (1999) Gondwanan palaeogeography and palaeoclimatology. *J. African Earth Sci.*, 28, 99–114.

Scotese, C. R. (2003) Paleomap project. URL www. scotese. com.

Summerfield, M. A. (1983) Petrography and diagenesis of silcrete from the Kalahari basin and Cape Coastal zone, southern Africa. *J. Sediment. Petrol.*, 53, 895–909.

Surdam, R. C., Crossey, L. J., Hagen, E. S. and Heasler, H. P. (1989) Organic–inorganic interactions and sandstone diagenesis. *APPG Bull.*, 73, 1–23.

Surdam, R. C., Jiao, Z. S. and MacGowan, D. B. (1993) Redox reactions involving hydrocarbons and mineral oxidants : a mechanism for significant porosity enhancement in sandstones. *APPG Bull.*, 77, 1509–1518.

Szatmari, P., Milani, E. J., Lana, M. C., Conceição, J. C. L. and Lobo, A. P. (1985) How South Atlantic rifting affects Brazilian oil reserves distribution. *Oil Gas J.*, 83, 107–113.

Terra, G. J. S., De Ros, L. F. and Moraes, M. A. S. (1982) Porosidade secundária nos arenitos jurássicos da Bacia do Recôncavo. In : *XXXII Congresso Brasileiro de Geologia*, *Anais*, 5, 2286–2299. Sociedade Brasileira de Geologia, Salvador, BA.

Thiry, M. and Millot, G. (1987) Mineralogical forms of silica and their sequence of formation in silcretes. *J. Sediment. Petrol.*, 57, 343–352.

Tucker, M. E. (1995) *Techniques in Sedimentology*. Blackwell Science, London, 394 pp.

Walker, T. R. (1976) Diagenetic origin of continental red beds. In : *The Continental Permian in Central, West and South Europe* (Ed. H. Falke), pp. 240–282. D. Reidel Pub. Co., Dordrecht, the Netherlands.

Walker, T. R., Waugh, B. and Crone, A. J. (1978) Diagenesis in first–cycle desert alluvium of Cenozoic age, southwestern United States and northwestern Mexico. *Geol. Soc. Am. Bull.*, 89, 19–32.

Waugh, B. (1978) Diagenesis in continental red beds as revealed by scanning electron microscopy : a review. In : *Scanning Electron Microscopy in the Study of Sediments* (Ed. W. B. Whalley), pp. 329–346. GeoAbstracts, Norwich, England.

Wopfner, H. (1983) Environment of silcrete formation : a comparison of examples from Australia and Cologne Embayment, West Germany. In : *Residual Deposits : Surface Related Weathering Processes and Materials* (Ed. R. C. L. Wilson), *Geol. Soc. Special Publication.* 11, 151–158.

Wright, V. P. and Tucker, M. E. (1991) Calcretes, an introduction. In : *Calcretes.* IAS Reprint Series, 2, 1–22. International Association of Sedimentologists, Oxford.

6 三级层序海侵体系域中暴露面的成岩作用（下石炭统，比利时）

A. Smeester[1]，P. Muchez[1]，R. Swennen[1]，E. Keppens[2]

1. Geologie，KU Leuven，Celestijnenlaan 200E，B–3001Leuven，Belgium（E–mail：philippe.muchez@ees.kuleuven.be；rudy.swennen@ees.kuleuven.be）；current address：Societe d'exploitation des mines d'or de Sadiola（SEMOS）S.A.，1230 rue 376，Niarela，BPE–1194，Bamako（E–mail：expatriatan@yahoo.com）

2. Faculteit Wetenschappen，Vrije Universiteit Brussel，Pleinlaan 2，B–1040Brussels，Belgium（E–mail：ekeppens@vub. ac.be）

摘要 关于暴露面对暴露石灰岩及其孔隙度和胶结史产生的影响，前人曾进行过相应的研究。为了进一步验证前人的研究成果，本文对比利时南部的中维宪阶石灰岩进行了研究。这些石灰岩构成了高位体系域的上部，其顶界面为Ⅰ型三级层序边界的古土壤，其上被由若干小规模向上变浅旋回构成的海侵体系域下部覆盖。

Ⅰ型层序边界导致了普遍的早期大气水重结晶作用以及由共轴增生胶结物和具有相当复杂阴极发光样式的等粒胶结物的胶结作用。位于古土壤之上的小规模层序显现出明显的早期大气水胶结作用，其具有较复杂的环带状等粒胶结物以及与海水相比更低的氧和碳同位素值。再往上，海侵体系域下部的小规模层序显示出了从海洋胶结开始的成岩演化，由于海水蒸发，纤维状和悬垂状胶结物在层序顶部附近最为发育。这些层序的最下部，缺少这些早期胶结物，显示胶结作用之前发生了强烈的压实作用。在所有层序顶部附近，溶蚀孔洞的出现，反映了暴露期间大气水的注入。

由于长期暴露，层序界面以下石灰岩中几乎所有原生孔隙被胶结。然而，小规模层序顶部的短期暴露只导致下伏石灰岩的最上部发生溶蚀，引起孔隙度的增加。由于早期海相稳定胶结物的存在且缺失其他类型的胶结物，孔隙在后期压实过程中被保留。本文研究表明，在石灰岩序列中，短期暴露比长期暴露似乎更能有效地形成孔隙。

关键词 成岩作用；石灰岩；层序界面；比利时；下石炭统

6.1 引言

层序地层学原理在碳酸盐岩中的应用促进了地表之下碳酸盐沉积相的预测（Sarg，1988；Harris 等，1999）。由于碳酸盐岩对沉积之后的成岩变化非常敏感，因此仅仅根据岩相信息不足以预测其孔隙度和渗透率。在过去十年中，一些研究表明，将石灰岩的成岩演化整合到层序地层格架中可以解释地表之下孔隙度和渗透率的分布（Sun，1990；Read 和 Horbury，1993；Saller 等，1994；Mutti，1995；Sun 和 Wright，1998）。

本文研究了大陆架三级层序中石灰岩的沉积学与早期成岩演化的关系，目的在于确定可能有大气水注入的地表暴露面对暴露石灰岩及其孔隙度和胶结史的影响。

6.2 地质背景

比利时南部的Dinantian阶岩石在两个构造单元内发育：Brabant Parautochton和Ardenne Allochton构造单元，它们被Midi–Eifel断层带分隔，这两个构造单元在沉积期为Namur–Dinant盆地的一部分。Namur–Dinant盆地位于伦敦—布拉班特地块的南部，在整个Dinantian期可能是一个出露区（Bless等，1980）。在该地区的南部，维宪期发育一个碳酸盐台地，其从爱尔兰南部延伸到波兰。在中维宪期，开阔海相在盆地北部发育，与此同时，具有蒸发岩夹层的浅海碳酸盐沉积于盆地南部。

研究人员曾经对位于Basse–Awirs和Haut–le–Wastia露头区的两个中维宪期碳酸盐岩露头进行过研究，主要研究Neffe组顶部和Lives组下部。Neffe组和Lives组之间的过渡由所谓的“Banc d'Or de Bachant”岩层组成，其为膨润土局部转化形成的古土壤（Hance等，2001）。

6.3 研究方法

根据野外观测和薄片的光学岩石学分析，推断了所研究石灰岩序列的沉积演化史。依据光学和阴极发光研究了其成岩作用。通过电子显微探针（15kV加速电压和20nA射束电流）分析了胶结物中Mg、Fe和Sr的含量。计数时间峰值为10s，背景值为5s。采用的标准为菱镁矿（Mg）、菱铁矿（Fe）以及菱锶矿（Sr）。检测极限分别为碳酸镁0.08%（质量分数）、碳酸亚铁0.11%（质量分数）和碳酸锶0.10%（质量分数）。重复分析的相对标准偏差要低于10%。

由于绝大多数胶结物太小，无法单独分析其碳和氧同位素值，因此在研究中利用了一种改进后的全岩分析方法。对于含有大量泥晶的碳酸盐岩，在CL下检查了泥晶的均一性，并利用带有800μm钻头的牙钻对其中的均质部分进行了采样。对于含有少量泥晶的碳酸盐岩，从岩石的选定区域采集样品，这些区域的均质性不明显，如脉、缝合线或荧光与全岩不同的胶结物。这些样品主要由重结晶的异化颗粒和粒间胶结物组成，它们具有相同的荧光。在温度为25°C的真空条件下，利用100%磷酸可以将碳酸盐岩转化成CO_2，然后在菲尼根–Mat Delta–E稳定同位素比质谱仪或Finnigan–Mat Delta+XL质谱仪中对CO_2进行分析，所得数值均以VPDB‰表示。通过重复分析确定分析的精度，其中，$\delta^{13}C$优于0.05‰，$\delta^{18}O$优于0.1‰。

6.4 沉积学和层序地层学

6.4.1 描述

在Haut–le–Wastia和Basse–Awirs露头中，Neffe组由块状（厚度大于1m）灰岩组

成（图 1 和图 2），它的顶部为一波状界面，其上覆盖厚约 10cm 的富泥岩层。该泥岩层相当于 Banc d'Or de Bachant，其上覆 Lives 组由若干向上变细的层序组成（Paproth 等，1983）。对这些层序进行了编号，其中，零层序被赋予另外一个富含黏土的膨润土层序。

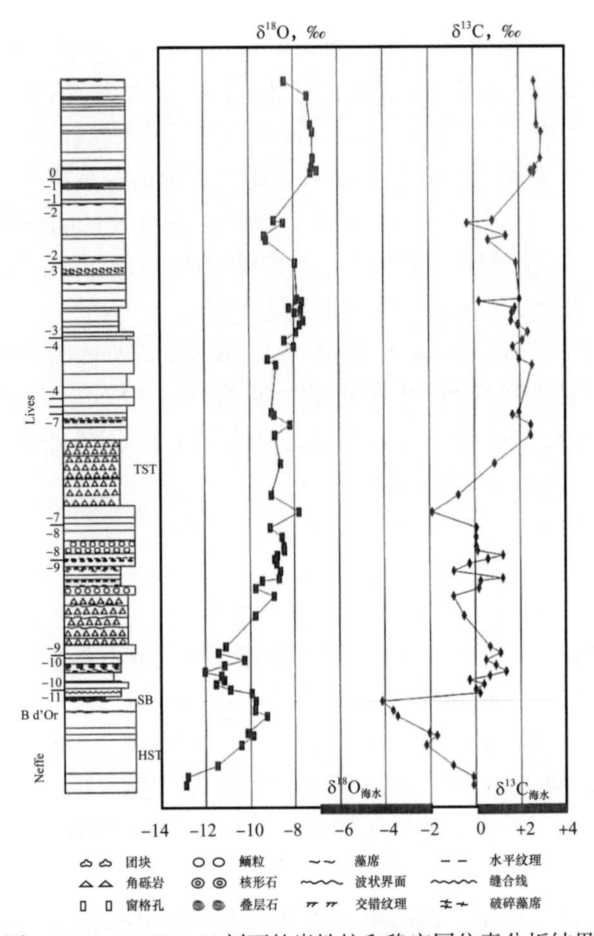

图 1　Haut-le-Wastia 剖面的岩性柱和稳定同位素分析结果

下维宪阶海相沉淀物的同位素值范围：$\delta^{18}O_{VPDB}$ 为 −7‰～−2‰，$\delta^{13}C_{VPDB}$ 为 0～4‰（Bruckschen 和 Veizer，1997；Bruckschen 等，1999）。HST—高位体系域；SB—层序界面；TST—海侵体系域

在 Haut-le-Wastia 露头区，Neffe 灰岩最上部的 6m 主要由含有不规则窗格孔的泥岩以及少量的球粒和介形动物组成，其中，窗格孔是由于溶蚀作用的发生而不断扩大的［图 3（a）］。位于地层顶部的 80cm 石灰岩为微晶灰岩并且含有团块（Brewer 和 Sleeman，1964）［图 3（b）］，主要为不含裂缝的典型（"orthic"）团块（Wieder 和 Yaalon，1974）。在 Basse-Awirs 露头区，Neffe 组主要由含有碎屑、球粒、葡萄石和鲕粒的粒状灰岩组成［图 3（c）］。生物群落包括有孔虫、钙球、介形动物、腕足动物、摩拉瓦虫科、藻类及海百合等。最上部的粒状灰岩主要由碎屑、葡萄石、有孔虫、钙球及介形动物组成，并含有少量的海百合和壳类。在 Banc d'Or 附近，粒状石灰岩层中夹有一些藻席。

两个露头中的 Lives 层序下部均由泥粒灰岩—粒状灰岩组成，其中含有海百合类、介形类、有孔虫、藻类（如 Koninckopora）、腕足类、双壳类、莫拉瓦米尼类以及碎屑、似

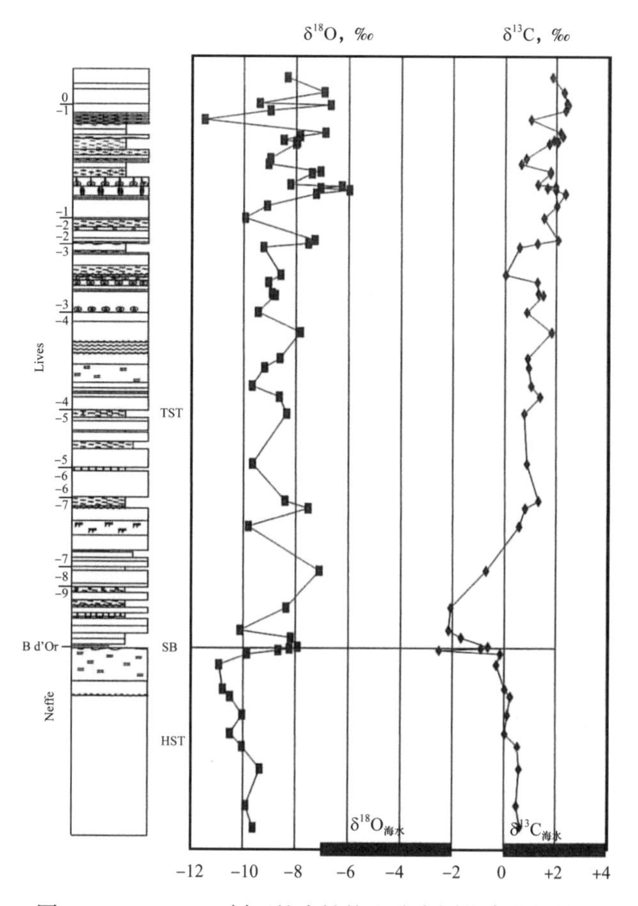

图 2　Basse-Awirs 剖面的岩性柱和稳定同位素分析结果

下维宪阶海相沉淀物的同位素值范围：$\delta^{18}O_{VPDB}$ 为 -7‰～-2‰，$\delta^{13}C_{VPDB}$ 为 0～4‰（Bruckschen 和 Veizer，1997；Bruckschen 等，1999）。HST—高位体系域；SB—层序界面；TST—海侵体系域

球粒、鲕粒和微晶颗粒［图 3（d）］。层序顶部由粒泥灰岩和泥岩组成，其中含有似核形石、团粒、层状窗格孔、钙结球和介形类。此外，还含有层状的似球粒泥岩—粒泥灰岩和藻叠层石［图 3（e）］。在 Haut-le-Wastia 露头区，岩石中可见蒸发岩的假晶，此外在层序 9 和层序 8 的界面附近（图 1）可观察到模糊的团块。在 Lives 地层的下部可以发现角砾岩（尤其是在层序 9 和层序 7 之间）。角砾岩的碎屑很好地排列在一起，尽管碎屑之间的空隙被胶结物充填或有时被少量泥晶和球粒充填［图 3（f）］。角砾碎屑的大小为 0.5～15cm。没有分选作用发生，非常小和非常大的颗粒彼此相邻排列。大多数情况下，碎屑呈现出一种“拼图”结构，并排列在一起。在 Basse-Awirs 露头区，细粒岩石内发育孔洞，其壁部局部产生了藻类结壳的次生加大边，孔洞内部常被泥晶和球粒充填。

6.4.2　解释

在 Haut-le-Wastia 露头区，Neffe 组泥岩中可见由介形类和海藻组成的局限海生物群落。不规则窗格孔的存在表明它们沉积于潮间—潮上环境（Grover 和 Read，1978）。窗格孔的增大表明存在未饱和大气水的注入。这与周期性出现的潮间带—潮上带的地质背景相一致。地层顶部含团块泥晶灰岩的出现表明存在古土壤。Neffe 地层顶部非典型（“disorthic”）团块的存在表明地表暴露时间相当长。

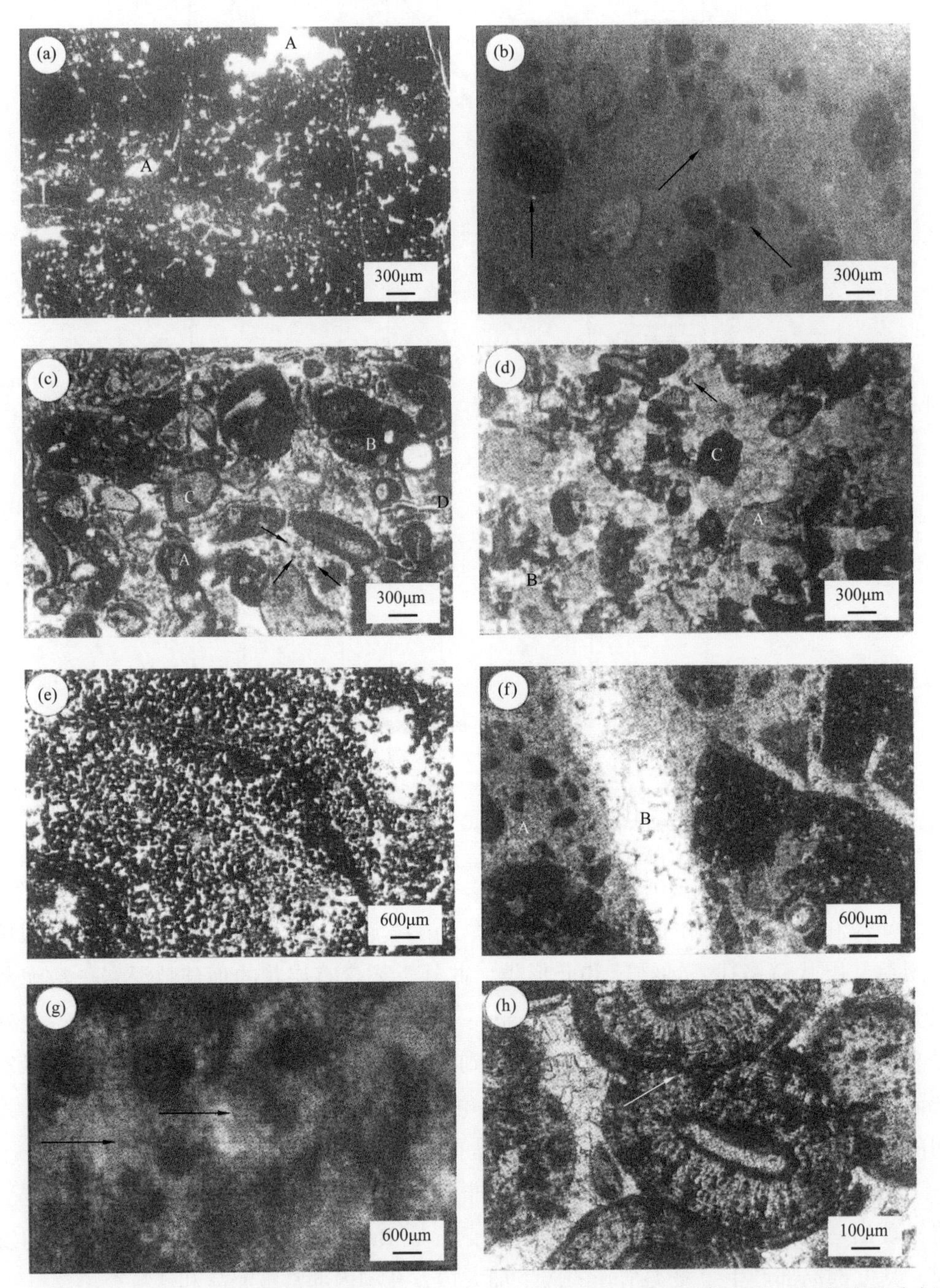

图 3 （a）Haut–le–Wastia：含有窗格孔的泥岩（A）。（b）Haut–le–Wastia：古土壤。在微晶基质中可见团块（箭头）。（c）Basse–Awirs：含有碎屑（A）、似球粒（黑色箭头）、葡萄石（B）和海百合（C）的颗粒岩及钙结球（红色箭头）、介形动物（D）。（d）Hautle–Wastia：含有海百合（A）、摩拉瓦虫科（B）、碎屑（C）的颗粒岩和似球粒（箭头）。（e）Haut–le–Wastia：藻叠层石，可见弯曲状纹层。（f）Haul–le–Wastia：两期角砾岩化作用，第一期裂缝被微晶灰岩和球粒充填（A），第二期裂缝被块状方解石胶结（B）。（g）Haut–le–Wastia：颗粒周围的硬壳胶结物（箭头）。（h）Hautle–Wastia：鲕粒之间的微缝合线（箭头）

在 Basse–Awirs 露头区，Neffe 地层由含有生物碎屑、粒屑、似球粒和鲕粒状粒状灰岩组成，这被解释为在具强烈湍流的开阔海中沉积形成的，其中湍流消除了沉积的全部泥质，并形成了粒屑和鲕粒。在 Basse–Awirs 露头区 Neffe 地层顶部，可见的生物群种类较少，可以推断其为开阔程度弱的海洋环境，藻丛的出现表明其快速过渡为非常浅的沉积环境。Neffe 地层顶部的波状界面被解释为侵蚀面，最上部的 Neffe 碳酸盐岩可能已被改造。总之，这两个研究地点的 Neffe 灰岩均反映出了非常明显的向上变浅趋势。

Lives 组层序呈现出向上变浅的趋势。每个层序下部泥粒灰岩—粒状灰岩段含有开阔海生物群落以及再改造的碎屑、球粒和鲕粒，表明其为开阔海环境并伴随有强烈的水体扰动。每个层序顶部粒泥灰岩—泥岩段发育窗格孔和核形石，反映其为安静的浅水沉积环境。层状窗格孔是藻类物质腐烂和干裂形成的，指示其为潮间带沉积环境（Grover 和 Read，1978）。由介形动物和钙结球组成的有限生物群落指示其为局限的沉积环境，层状泥岩—粒泥灰岩和藻叠层石也指示静水、局限的沉积环境。在 Hautle–Wastia 露头区广泛分布的蒸发岩假晶反映出海水蒸发导致的高盐性。层序 9 和层序 8 界面发育程度较低的“典型”团块，表明层序顶部曾发生过暴露。Basse–Awirs 露头区岩石中的溶蚀孔洞反映了方解石欠饱和水体的注入，其可能是大气水的渗入造成的。在 Haut–le–Wastia 露头区发现的大部分角砾为单矿碎屑岩胶结的镶嵌角砾岩—漂浮角砾岩（Morrow，1982）。角砾岩为欠饱和流体溶解富含蒸发盐地层，进而导致残余地层崩塌而形成的（Swennen 等，1990）。一些角砾岩碎屑之间存在沉积物，表明部分蒸发岩的溶解发生于岩石成岩演化史的早期。

6.4.3 讨论

在两个露头中，潮向 Banc d’Or 的变浅趋势很明显，因此，可以认为 Neffe 组是高位体系域的一部分，其终止于 Banc d’Or 层段。事实上，该层段在盆地内多处以古土壤的发育为标志（Hance 等，2001），指示着存在一次显著的海平面下降，据此将该界面划分为 I 型层序界面（Hance 等，2001），上覆 Lives 地层沉积于浅海环境中。曾有研究指出，朝着较年轻地层方向存在着一次向较深开阔海环境的演化过程（Poty 等，2001）。因此，Lives 地层被解释为海侵体系域，其始于 Banc d’Or 层段（Hance 等，2001; Poty 等，2001）。如果 Ross 和 Ross（1987）对古生代持续时间的估算是正确的，那么 Neffe 地层的沉积时间约为 2Ma，而 Lives 地层沉积时间为 3Ma。因此，包含这些地层的层序为三级层序（Vail 等，1977）。Lives 地层中小规模的层序为四级 / 五级层序，其持续时间较短，如 Myers 和 Milton（1996）曾指出的 10～400ka。

6.5 成岩作用

6.5.1 Haut–le–Wastia 露头区

6.5.1.1 岩石学

Haut–Ie–Wastia 露头区的石灰岩经历了复杂的成岩演化（图 4）：

（1）机械压实作用，导致介形类和双壳类动物的硬壳发生破裂或变形。

（2）环颗粒结壳和放射状胶结物。这两种胶结物仅仅出现在 Lives 地层顶部的细粒灰岩中，它们为第一世代胶结物。环颗粒的结壳具有暗淡橙色的阴极发光，带有明亮斑点［图 3（g）］。其在岩石中的体积分数仅为 1% 或者 2%，但是在某些地层中含量丰富，并堵塞了大多数原生孔隙。放射状胶结物在较大的孔隙中形成结壳，其晶体长 500μm，宽 200μm，具有葡萄状的轮廓。该胶结物阴极不发光，体积分数不超过 1%。

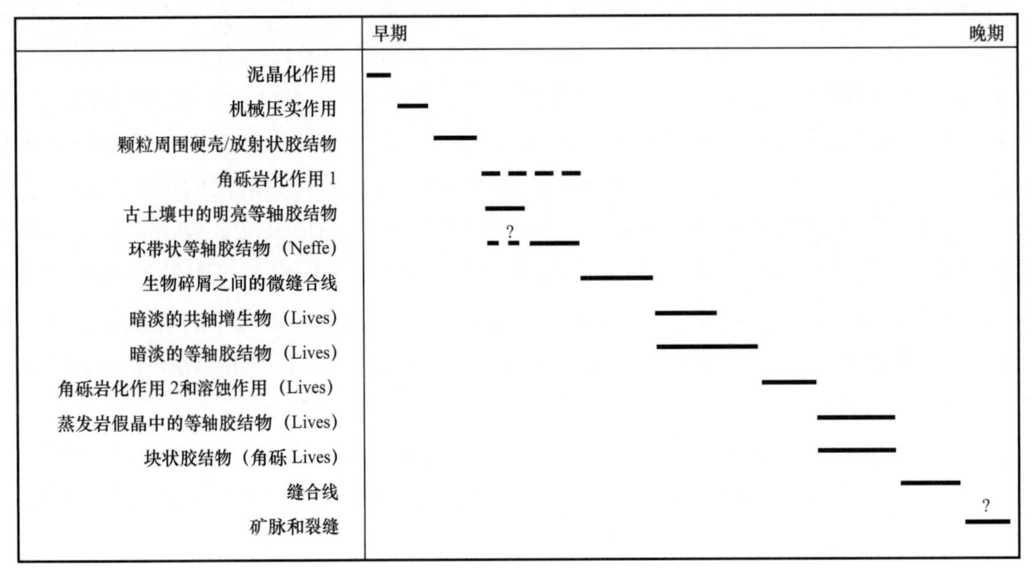

图 4　Haut-le-Wastia 地区的成岩序列

对于地层剖面中某一部分特定的胶结物，在胶结物描述之后的括弧内进行了标注

（3）石灰岩的轻微角砾岩化作用，局部发育，随后泥晶和球粒渗入角砾岩中［图 3（f）］。

（4）异化颗粒间微缝合线的发育［图 3（h）］。胶结物并未受到压实作用的影响，该特征仅在 Lives 地层的粗粒灰岩中可见。

（5）共轴次生加大在所研究的样品中很少，它们仅出现在 Lives 组层序下部粗粒灰岩中，表现为海百合骨板之上发育的第一世代胶结物。在阴极发光显微镜下，这些胶结物发光较暗淡。在其存在的位置，其体积分数最多为 5%。

（6）等粒胶结物，在样品中具有多种类型：

① HWA 型的分布最广泛。它在 Lives 地层中发育，例如在细粒灰岩中充填未被放射状和环颗粒结壳胶结物阻塞的孔隙，在粗粒灰岩中作为异化颗粒之间（海百合除外）的初始（和最终）胶结物［图 5（a）］。晶体的大小可达 300μm，阴极发光较暗淡。这些胶结物可充填的最大体积约为 20%。

② HWB 型在古土壤的簇状晶粒和颗粒周围裂缝中发育。胶结物的晶体大小为 100～200μm，阴极发光较明亮，与古土壤的微亮晶基质相似。HWB 的沉淀时间可能早于 HWA，因为在古土壤中没有 HWA，而在剖面的其他样品中均有发现。在古土壤中，HWB 型胶结物的体积分数仅为 1%。

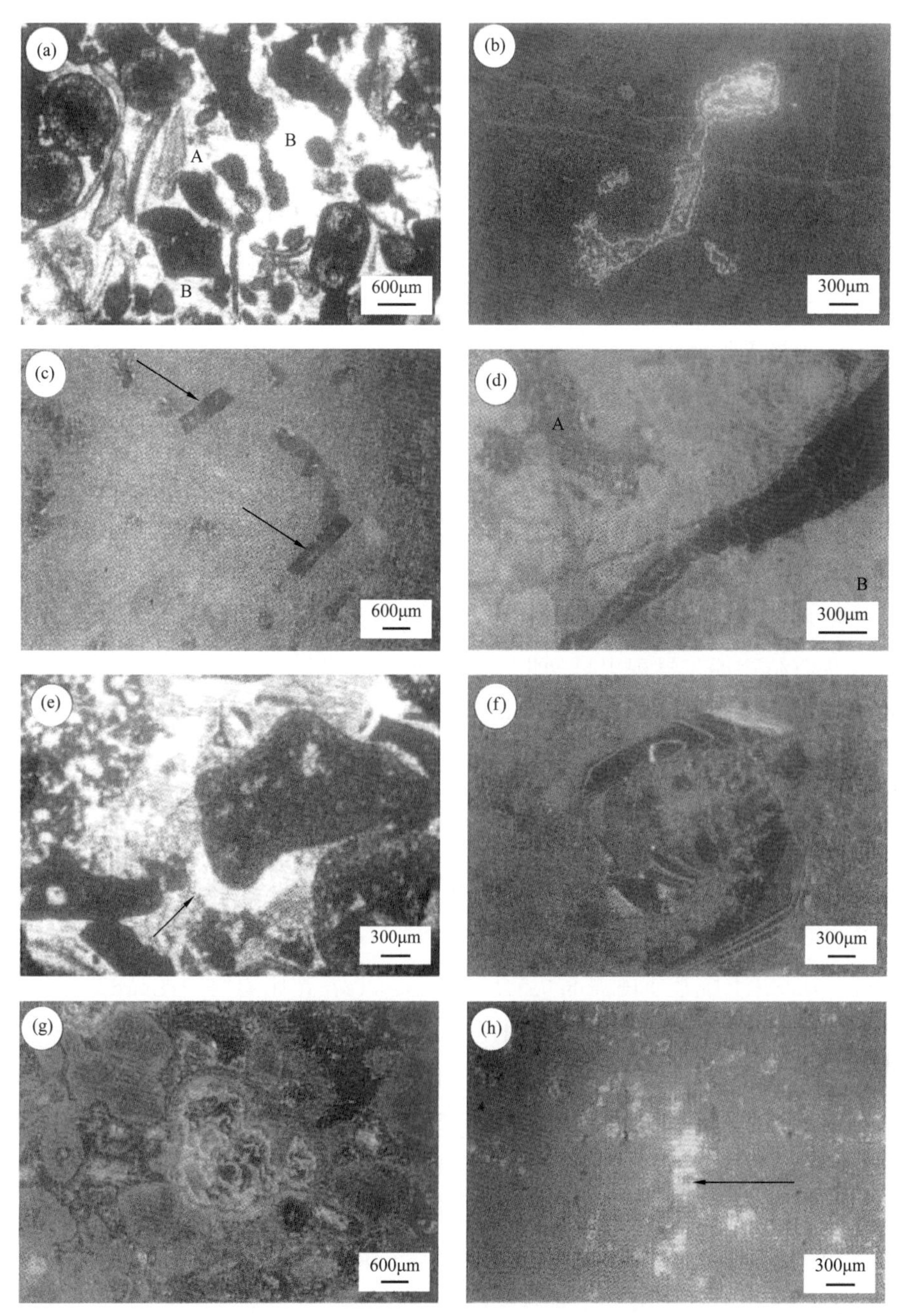

图 5 （a）Haut-le-Wastia：具有共轴次生加大边（A）和 1 型等粒胶结物（B）的颗粒岩。（b）Haut-le-Wastia：被 3 型等粒胶结物充填的窗格孔，等粒胶结物显示出复杂的分带性，CL 图像。（c）Haut-le-Wastia：具有Ⅳ型胶结物的蒸发岩假晶（箭头），等粒胶结物不发光，CL。（d）Haut-le-Wastia：颗粒岩的角砾岩化作用，裂缝被块状胶结物充填，角砾灰岩中的等粒胶结物（A）和共轴次生加大边（B）均发暗光，裂缝中的块状胶结物不发光，CL。（e）Basse-Awirs：悬垂的放射轴状胶结物（黑色箭头）。（f）Basse-Awirs：Banc d'Or 附近具有共轴次生加大的海百合骨架，共轴次生加大边显示出不发光、发明亮和暗淡的 CL 分带性，CL。（g）Basse-Awirs：Banc d'Or 附近的等粒胶结物，具有复杂的 CL 发光，CL。（h）Basse-Awirs：旋回 7 到 0 中的等粒胶结物，等粒胶结物（箭头）具不发光、发明亮和暗淡的 CL 分带性，CL

③ HWC 型仅在 Banc d'Or 层段之下的 Neffe 地层中发育。在透射光下，很难将其与 Lives 地层中的区分开来，尽管它们的阴极发光特征明显不同，它们是由阴极不发光、发光较明亮和较暗淡的胶结物组成的复杂环带［图 5（b）］。在这些岩石中，等粒胶结物是主要的胶结物类型，其体积分数约为 15%。事实上，具相似阴极发光样式的类似等粒胶结物在 Lives 地层中不发育，这表明其仅在 Neffe 地层中发生沉淀，因此（至少部分）HWC 的沉淀时间要早于 HWA 型等粒胶结物。

④ HWD 型存在于 Lives 地层的角砾岩碎片之间或以蒸发岩（硬石膏和石膏）的假晶存在，其主体阴极不发光［图 5（c）］，局部发明亮光。在蒸发岩假晶发育的地方，HWD 胶结物占岩石体积的 1%～2%。在假晶中，不发育具有暗淡 CL 的等粒胶结物（Ⅰ型）。因此，可以认为，蒸发岩的溶蚀和晶洞中 HWD 型等粒胶结物的形成在时间上要晚于具暗淡 CL 光的 HWA 型胶结物的沉淀。

（7）部分地层的角砾岩化作用。碎屑边界横切了异化颗粒和具有暗淡 CL 光的 HWA 型等粒胶结物。

（8）块状胶结物晶体的大小为 500μm～1.5cm，它们充填了 Live 地层中角砾碎屑之间的孔隙。这些胶结物偶尔显现出早期世代形成的，具有 CL 不发光、明亮、暗淡、明亮、暗淡的环带，但是主体部分不发光［图 5（d）］。在角砾岩中，该类胶结物的体积比可达 30%，它们充填于已被具暗淡 CL 的 HWA 型等粒方解石胶结的碎片之间，指示其为晚期沉淀形成的。

（9）在样品中发现了平行层面型（BPS）和斜交层面型（LPS）缝合线。两种类型缝合线的形成时间都晚于块状胶结物，因为它们都横切了后者，但是仍然无法确定缝合线之间的相互关系。

Neffe 组顶部古土壤基质由泥晶灰岩组成，其 CL 发光比团块中泥晶的要亮。剖面中其他位置的泥晶大多呈暗淡的发光，有时呈明亮的斑点状。

需要强调的是，所研究层段岩石中胶结物的数量和性质存在显著的差别。在 Neffe 地层中，胶结物的总量占总体积的 10%～15%，主要由具复杂阴极发光带的 HWC 型等粒胶结物组成。在 Lives 地层中，小尺度层序下部粗粒灰岩中胶结物的总量占总体积的 10%～25%，其中，发育最为普遍的胶结物为具暗淡阴极发光的 HWA 等粒胶结物，其占石灰岩体积的 10%～20%。小尺度层序顶部细粒灰岩中胶结物的含量占总体积的 5%～15%，主要为具暗淡阴极发光的 HWA 等粒胶结物。

6.5.1.2 地球化学

图 1 为 Haut-le-Wastia 露头区灰岩全岩样品的稳定同位素分析结果。最负的 $\delta^{13}C$ 值出现在 Banc d'Or 层段之下的剖面下部，从剖面底部的 −0.12‰ VPDB 递减到 Banc d'Or 层段之下的 −4.12‰ VPDB。在 Banc d'Or 层段之上，层序 11 到层序 7 之间的 $\delta^{13}C$ 值在 0‰附近变化，并具有多个负值。从层序 7 的中部向上，$\delta^{13}C$ 值主要为 +2‰左右。$\delta^{18}O$ 值从剖面底部的 −12.9‰变化到了 Banc d'Or 层段之上的 −9.8‰。在 Banc d'Or 层段之上，$\delta^{18}O$ 仍然为低值，但从层序 9 向上可以看到上升趋势。

表 1 列出了 Haut-le-Wastia 露头区样品的不同分析相和成分的电子探针分析结果。除在颗粒周围的硬壳、放射轴状胶结物以及 HWB 型等粒胶结物之外，大部分成分和成岩相的 $MgCO_3$ 质量分数都非常低（<1%）。$FeCO_3$ 和 $SrCO_3$ 含量大多低于检测极限。

表 1　Haut-le-Wastia 露头区不同成岩阶段和成分的电子显微探针分析结果

成岩阶段和组分	分析的元素	样品数量	分析结果
海百合	$MgCO_3$	4	0.58～0.98
	$FeCO_3$	4	bd（3）～1.02
	$SrCO_3$	4	bd（4）
微晶	$MgCO_3$	4	0.48～1.40
	$FeCO_3$	4	bd（3）～0.37
	$SrCO_3$	4	bd（4）
古土壤中的微亮晶	$MgCO_3$	7	0.64～1.40
	$FeCO_3$	7	bd（5）～0.45
	$SrCO_3$	7	bd（3）～0.25
颗粒周围的硬壳	$MgCO_3$	11	0.95～1.59
	$FeCO_3$	11	bd（11）
	$SrCO_3$	11	bd（11）
放射状胶结物	$MgCO_3$	11	1.03～2.08
	$FeCO_3$	11	bd（11）
	$SrCO_3$	11	bd（11）
共轴次生加大	$MgCO_3$	5	0.28～0.58
	$FeCO_3$	5	bd（5）
Ⅰ型等轴胶结物（暗淡阴极发光）	$SrCO_3$	5	bd（5）
	$MgCO_3$	10	0.26～0.84
	$FeCO_3$	10	bd（9）～0.22
	$SrCO_3$	10	bd（9）～0.37
Ⅱ型等轴胶结物（在古土壤中）	$MgCO_3$	4	1.03～1.50
	$FeCO_3$	4	bd（4）
	$SrCO_3$	4	bd（4）
Ⅳ型等轴胶结物（在蒸发岩假晶中）	$MgCO_3$	7	0.42～0.70
	$FeCO_3$	7	bd（6）～0.14
	$SrCO_3$	7	bd（7）

续表

成岩阶段和组分	分析的元素	样品数量	分析结果
块状胶结物（带状发光）	$MgCO_3$	10	bd（4）～0.50
	$FeCO_3$	10	bd（8）～0.41
	$SrCO_3$	10	bd（10）（老→新）
块状胶结物	$MgCO_3$	15	0.09～0.80
（阴极不发光）	$FeCO_3$	15	bd（15）
	$SrCO_3$	15	bd（15）

注：低于探测极限的分析样品数量已经在读数 bd 之后的括弧内标明。

6.5.1.3 解释

硬壳的轻微机械压实发生在沉积后不久，负载的增加导致颗粒重新排列。环绕颗粒的皮壳状胶结物在成岩早期形成，其结构表明胶结物是在潜流带环境中沉淀的。它的不规则分布、胶结物偶尔阻塞整个孔隙空间的事实以及它们的叶片状形态表现出了与“海滩岩石”的相似性（Milliman，1974；James 和 Choquette，1983）。在 Haut–le–Wastia 露头区的地层中，不存在完全胶结的层段，但环颗粒结壳仅出现于浅海环境中的细粒灰岩中，其成因可能相似，即海滩岩。具有狭长形状和葡萄状外观的放射状胶结物很可能是海洋成因的（James 和 Choquette，1983）。碎屑之间海相沉积物的渗入（例如球粒）表明，在成岩早期石灰岩发生了第一次轻微角砾岩化作用。碳酸盐岩的不饱和水体可能只短暂地涌入该系统中，导致部分局部发育的平行岩层的蒸发岩发生溶解。

异化颗粒之间微缝合线的发育是沉积物逐渐埋藏的结果。这些微缝合线在 Neffe 组石灰岩中不发育，这些沉积物可能在强烈埋藏和压实作用之前已经发生了胶结。显然，Lives 组中的沉积物并非如此，它们具有相当多的压实特征。强烈化学压实作用之后的共轴次生加大边的富集以及均一的阴极发光，表明它们是在稳定的化学条件下沉淀的，与近地表条件相比，它们具有更典型的沉积物埋藏后的成岩环境特征。

对于 HWA 型阴极发光暗淡的等粒胶结物而言，可以得出与共轴次生加大边相似的推断。根据其均一的暗淡阴极发光特性，可以推断出其是在稳定的化学条件下形成的。此外，强烈压实之后沉淀的胶结物形成了微缝合线。古土壤内具有明亮阴极发光的 HWB 型等粒胶结物的成因尚不清楚。其只在古土壤中发育，表明胶结物的沉淀与古土壤的形成有关。Neffe 地层中具有复杂阴极发光环带的 HWC 型等粒胶结物也属于早成岩成因。它的存在阻止了异化颗粒的压实。它们复杂的阴极发光样式表明，沉淀作用发生在化学条件有规律变化的环境中，有可能发生在近地表环境中，而不是埋藏环境中。HWD 型等粒胶结物形成于埋藏的晚期，在蒸发岩溶解和岩石角砾岩化之后。主要的岩石角砾岩化作用发生在具暗淡阴极发光的等粒胶结物和共轴次生加大边沉淀之后，这意味着能够溶解蒸发岩的水流的大规模注入必须发生在绝大多数岩石已经（部分）胶结之后。此外，这些水流或随后的流体还导致了埋藏域中等粒胶结物和块状胶结物的同时发育。

古土壤中的微晶灰岩与团块内或团块周围裂缝中充填的等粒胶结物具有相似的阴极发光颜色。因此，基质的重结晶作用可能是通过与相同的流体接触发生的，并且可能与具明亮阴极发光的等粒胶结物的沉淀同时发生，例如，在古土壤的形成过程中。其他样品中的泥晶具有几乎均一的阴极发光，但局部出现的斑点表明在成岩过程中发生了重结晶作用。

石灰岩中胶结物数量和性质上的差异表明，在 Banc d'Or 层段处的层序界面将 Haut-le-Wastia 剖面划分成具有不同成岩演化史的两部分。在 Banc d'Or 层段以下，孔隙被 HWC 型等粒胶结物充填，其被解释为早成岩的产物。这意味着环境流体在成因上具有早成岩的特征，可能来自 Neffe 地层顶部的暴露面。

Lives 地层由多个小尺度层序组成，且在每个层序中都可以区分出下部粗粒部分和上部细粒部分之间的差异。细粒岩性中含有早期的海相胶结物，这可能是由于浅海潟湖环境中较高程度的蒸发导致海水过饱和的结果。粗粒灰岩中不含这些胶结物，因为他们沉积在较为开阔的海水中。共轴次生加大边通常发育在海百合骨板周围，并仅仅出现在粗粒岩相中。细粒岩相和粗粒岩相之间的差异导致 Lives 地层中出现了旋回性的成岩产物类型。生物碎屑之间的微缝合线只出现在较粗粒的岩相中。事实上，小尺度层序顶部的细粒岩仍然含有大量的胶结物（相与 Banc d'Or 下方的细粒岩石相当），这些胶结物可能已发生了强烈的压实（即粗粒岩石中的微缝合线），这表明由于颗粒周围胶结物和放射状胶结物的存在，这些岩石在早期已进入稳定状态。

Neffe 和 Lives 地层中海相灰岩的 $\delta^{18}O$ 和 $\delta^{13}C$ 值具有不同的变化范围，分别为 –7‰～–2‰ VPDB 和 0～4‰ VPDB（Bruckschen 和 Veizer，1997; Bruckschen 等，1999）。Haul-le-Wastia 露头区 Banc cl'Or 层段之下的 $\delta^{13}C$ 值低于报道的维宪阶海相值，最低的 $\delta^{13}C$ 值出现在古土壤中，地层剖面中越往下，负值越小。地层出露导致大气水流入至下伏海相碳酸盐岩中，也导致具有负 $\delta^{13}C$ 值的土壤 CO_2 的进入（$\delta^{13}C$ 值为 –24‰～–6‰，取决于光合作用的循环）（Sa1omons 等，1978）。

Banc d'Or 层段之下低的 $\delta^{18}O$ 值可能是大气水注入或高温下成岩作用的结果。岩石顶部古土壤的存在，反映其暴露时间长，支持了一种假设，即同位素值的衰减至少部分是大气水渗入沉积物造成的。在 Haul-le-Wastia 露头区，暴露面下方观察到的 $\delta^{18}O$ 值增加，是由于蒸发作用优先将 ^{16}O 从体系中移走造成的（Salomons 等，1978; Videtich 和 Matthews，1980）。这意味着，暴露面之下，由于大气水的蒸发而引起的 ^{18}O 富集达数米。这一富集很可能仅局限在最上面 1m 或完全没有。然而，在比利时南部下维宪阶地层的古土壤内，可以观察到受蒸发作用影响的类似厚带（Muchez 等，1993），那里的显著影响可归因于半干旱季节性气候中的重复、长时间暴露。

在 Banc d'Or 层段之上，$\delta^{13}C$ 值从层序 11 到层序 7 底部的平均值为 0‰，负值偏多，也就是说低于预期的海相值。这可以解释为 Lives 组下部层序的顶部仍然遭受长时间的近地表暴露，如层序 8/ 层序 9 界面处出现团块和蒸发岩溶解角砾岩的形成。从层序 7 到研究剖面的顶部，$\delta^{13}C$ 值显示出海相特征，尽管在层序 2 和层序 3 中存在碳同位素值的小幅度下降。Banc d'Or 之上地层中的 $\delta^{18}O$ 值也显示出向该段顶部上升的趋势，在层序 0 附近接近海相值。这些碳和氧同位素的变化趋势可以解释为由于 Lives 组的海侵、大气水对沉积物的影响不断减弱造成的。碳同位素在层序 2 和层序 3 中的小幅下降可能是由于大气水对成岩作用的轻微影响造成的，但也可能是由于这些沉积物中有机物质的成熟以及成岩作用中晚期碳酸盐岩中轻碳的掺入（Irwin 等，1977）。埋藏胶结物含量丰富，然而，并没有对大气胶结物进行描述。在层序 11 到层序 9 中，最低的 $\delta^{18}O$ 值可能也与未饱和流体的注入有关，其可能是大气水成因的，它导致蒸发岩的溶解和沉积物的角砾岩化。

海百合骨板以及泥晶灰岩中 $MgCO_3$ 的含量低于这些海相组分的预期含量。这是它们与含镁量低的水相互作用的结果，符合推断的与大气水相关的早期成岩作用。环颗粒壳和放射状胶结物的 $MgCO_3$ 含量与海相沉淀物的相当，可根据岩石学证据将其解释为海相胶结物。具有暗淡阴极发光的共轴次生加大边、HWA 型和 HWD 型等粒胶结物以及块状方解石的 $MgCO_3$ 含量低于从海水中沉淀出的胶结物的预期 $MgCO_3$ 含量，然而，它们的含量通常是相似的，但高于大气水胶结物的含量。因此，这些胶结物被认为是从大气水流体中沉淀出来的，其中，这些大气水流体在沉积物的埋藏过程中通过水—岩相互作用发生了调整。在古土壤裂缝中发现的 HWB 型等粒胶结物具有较高的 $MgCO_3$ 含量，从 1.03% 到 1.50%。这些数值出乎意料，因为土壤的形成发生在地表暴露条件下，低 $MgCO_3$ 值对于大气水沉淀物更为典型。然而，强烈的蒸发作用（如岩石中 $\delta^{18}O$ 的值所示）可能会引起 Mg 含量的上升。

6.5.2 Basse-Awirs 露头区

6.5.2.1 岩相学

Basse-Awirs 露头区的成岩序列如图 6 所示。该序列包括：

（1）机械压实作用，导致双壳类、腕足类和介形类硬壳发生破裂或变形，但碎片位移有限。

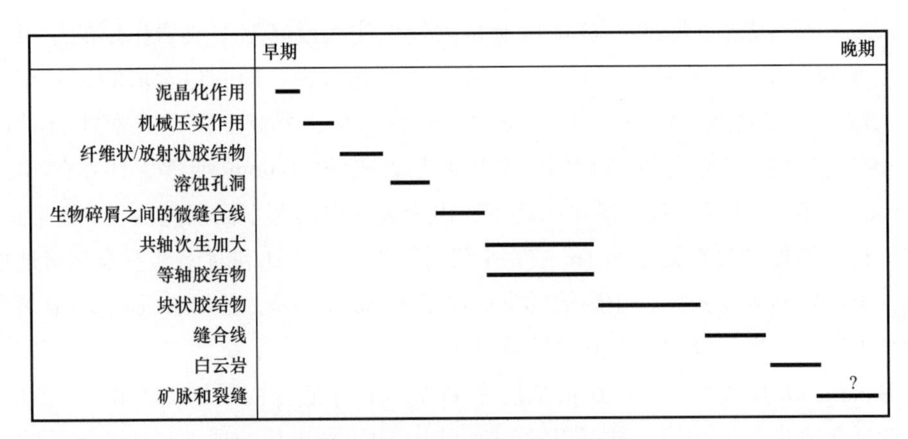

图 6　Basse-Awirs 露头区成岩序列

（2）纤维状和放射状的胶结物。这些是岩石中的第一批胶结物。纤维状胶结物在碎屑和球粒周围发育。在某些样品中，它占石灰岩体积的 5%。在阴极发光显微镜下，这些胶结物呈斑点状暗橙色或棕色光。放射状胶结物很少见，仅在碎屑和贝壳中以悬垂状胶结物的形式出现［图 5（e）］。这些胶结物阴极不发光，仅有一些明亮的发光斑点，它们占石灰岩体积的 1%～2%。

（3）溶蚀孔洞出现在细粒灰岩中，主要影响泥晶灰岩。某些孔洞后来被藻类包绕，并有沉积物充填。

（4）异化颗粒之间可观察到微缝合线。它们在层序 7 到层序 0 内的鲕粒、碎屑和泥晶化颗粒之间最发育。

（5）在海百合骨板上发育的共轴次生加大边。可以识别出两种类型，第一种类型主要出现在 Banc d'Or 层段之下的石灰岩中，即 Neffe 地层和 Lives 地层的层序 9 和层序 8（图 2，最大体积分数为 5%），它们显示出由不发光、亮发光和暗淡发光构成的复杂阴极发光带［图 5（f）］；第二种类型出现在层序 7 到层序 0 之间，在这里，这些共轴次生加大边构成了石灰岩体积的 8%，主要表现为阴极不发光—暗淡发光，然而，也有一些薄而明亮发光带的穿插。海百合骨板本身通常发斑点状暗淡光，并伴有明亮的斑点。

（6）等粒胶结物在整个剖面中都发育，然而，在发光样式和相对沉淀时间上还存在一些差异。在 Banc d'Or 层段以下 1.5m 石灰岩中以及层序 8 和层序 9 之间的石灰岩中，等粒胶结物构成了石灰岩体积的 30%～40%，它们或是第一世代胶结物，或是较早期纤维状胶结物和溶蚀孔洞形成之后的胶结物。在该石灰岩中，几乎没有观察到在等粒胶结物形成之前压实的迹象。这些胶结物的晶体大小可达 200μm，并具有由若干连贯的不发光带和明亮发光带构成的复杂阴极发光样式［图 5（g）］。在绝大多数石灰岩中，等粒胶结物充填了整个孔隙空间。层序 7 到层序 0 之间的石灰岩内也含有等粒胶结物，但它们最多只占体积的 20%，通常更少（平均约为 5%）。它的发光样式不太复杂，其特征是不发光、明亮发光和暗淡发光构成的序列［图 5（h）］。在这些样品中，等粒胶结物充填了埋藏压实后（通常是严重压实）残余的孔隙，其中，压实作用是形成异化颗粒之间溶蚀缝合线的原因。

（7）晶体大小达 800μm 的块状胶结物具有暗淡的橘黄色—棕色阴极发光，它们可占岩石体积的 15%，并充填了等粒胶结物和共轴次生加大边发育之后残余的孔隙。

（8）缝合线。层状平行缝合线（BPS）和层状平行缩短缝合线（LPS）均在石灰岩中发育，并且横切了早期胶结物和异化颗粒。这两种缝合线之间的确切关系尚不清楚。

（9）晶体大小达 100μm 的白云石晶体的发育与缝合线有关，其发育时间明显晚于缝合线。在透射光下，它们呈灰色斑点，并具有明亮的红色发光。

目前没有微亮晶化的证据。异化颗粒和颗粒间沉积物的泥晶具有暗淡棕色—橘色发光，在整个样品中均匀分布。

胶结物的分布和性质在整个剖面上各不相同。在露头的下部，Neffe 组的粗粒灰岩和 Lives 组层序 9 和层序 8 下部中总胶结物含量达岩石体积的 30%～40%。复杂分带的等粒胶结物构成了胶结物的绝大部分。在这些岩石中没有观察到压实特征。在层序 9 和层序 8 顶部细粒灰岩中，总胶结物含量达总体积的 5%～15%。这种胶结物主要由纤维状粒间胶结物和复杂环带状等粒胶结物组成。在这些岩石中可见层状平行缝合线。

胶结物的分布在层序 7 到层序 0 内略有不同。层序下部的粗粒灰岩含有高达 20% 的胶结物。有些石灰岩由于强烈压实，以至于在粒间孔隙中根本没有胶结物沉淀。层序顶部细粒灰岩中的总胶结物含量达总体积的 5%～15%，这种胶结物由纤维状胶结物（体积分数 0～5%）、等粒胶结物（体积分数 5%～15%）和块状胶结物（体积分数 0～10%）组成。

6.5.2.2 地球化学

Basse–Awirs 露头区全灰岩样品的稳定同位素分析结果如图 2 所示。在 Banc d'Or 层段附近，其 $\delta^{13}C$ 值为负值。在该剖面下部，$\delta^{18}O$ 的值朝 Banc d'Or 层段方向递减，但在临近 Banc d'Or 层段下方处快速上升。

成岩相和组分的电子显微探针分析结果见表 2，其中，$MgCO_3$ 的质量分数较低（<1%）。海百合骨板、泥晶基质、纤维状和放射状胶结物以及具有带状阴极发光的共轴次生加大边可能含有更高的 $MgCO_3$ 质量分数（>1%）。$FeCO_3$ 和 $SrCO_3$ 的含量大多处于检测极限之下。悬垂的放射状胶结物中 $FeCO_3$ 的质量分数高于检测极限，可达 0.25%。

表 2 Basse–Awirs 露头区不同成岩相和成分的电子显微探针分析结果

成岩阶段和组分	分析的成分	样品数量	分析结果
海百合	$MgCO_3$	5	0.42～2.01
	$FeCO_3$	5	bd（5）
	$SrCO_3$	4	bd（4）
微晶	$MgCO_3$	6	0.42～1.25
	$FeCO_3$	6	bd（4）～0.75
	$SrCO_3$	4	bd（4）
粒内纤维状胶结物（暗淡阴极发光）	$MgCO_3$	4	0.62～1.68
	$FeCO_3$	4	bd（4）
	$SrCO_3$	4	bd（4）
铅锤状放射轴胶结物（阴极不发光）	$MgCO_3$	14	0.44～1.25
	$FeCO_3$	14	bd（9）～0.25
	$SrCO_3$	13	bd（12）～0.12
共轴次生加大（带状发光）	$MgCO_3$	18	1.03～2.08
	$FeCO_3$	19	bd（10）
	$SrCO_3$	12	bd（12）
共轴次生加大（暗淡阴极发光）	$MgCO_3$	7	0.34～0.61
	$FeCO_3$	7	bd（7）
	$SrCO_3$	5	bd（5）

续表

成岩阶段和组分	分析的成分	样品数量	分析结果
等轴胶结物 （Neffe 组，旋回 9～8）	$MgCO_3$	22	bd（9）～0.30
	$FeCO_3$	22	bd（20）～0.14
	$SrCO_3$	13	bd（13）
等轴胶结物 （旋回 7～0）	$MgCO_3$	7	bd（4）～0.18
	$FeCO_3$	7	bd（7）
	$SrCO_3$	7	bd（7）
块状胶结物 （暗淡荧光）	$MgCO_3$	15	0.34～0.64
	$FeCO_3$	15	bd（15）
	$SrCO_3$	15	bd（13）～0.15

注：低于检测极限的分析样品数量已经在读数 bd 之后的括弧内标明。

6.5.2.3 解释

大多数样品中的轻微机械压实作用是由于颗粒在沉积后不久的重新排列造成的。纤维状胶结物是典型的海相沉淀物，其斑点状橙色—棕色阴极发光可能是后期成岩阶段重结晶的结果。放射状胶结物的悬垂形态表明沉淀作用发生在渗流环境中（Dunham，1971；Longman，1980；James 和 Choquette，1984；Tucker 和 Wright，1990）。微钟乳石胶结物的狭长、放射轴结构表明其为海相成因（Moore，1989）。小尺度层序顶部细粒段（即浅海泥晶沉积物）中的溶蚀孔洞，很可能是大气水的渗滤形成的。然而，在一些孔洞中存在藻类结壳和沉积充填物，这表明造成泥晶溶蚀的大气水影响是暂时的，随后海水会再次侵入。

在层序 7 以下的层序内，微缝合线的发育是受限的。事实上，压实作用在层序 7 到层序 0 的沉积物内最明显，而在 Banc d'Or 层段附近的沉积物中不明显，这表明后者通过压实前的胶结作用而稳定。在 Basse-Awirs 露头区，共轴次生加大胶结物的强烈分带阴极发光样式表明，沉淀作用发生于胶结早期化学组分发生变化的环境中。

Banc d'Or 层段之下以及层序 8 和层序 9 中的等粒胶结物是在这些岩石的成岩演化早期沉淀的，其有效地阻止了压实作用的发生，异化颗粒之间缺失微缝合线和这些岩石中存在的大量胶结物（体积分数高达 40%）可以证实这一点。考虑到不含泥沉积物（例如 Banc d'Or 层段附近的粒状灰岩）的原始孔隙度为 40%～50%（Enos 和 Sawatsky，1981），粒状灰岩样品中遇到的体积分数达 40% 的等粒胶结物表明，胶结作用之前几乎没有发生压实作用。等粒胶结物复杂的环带状阴极发光样式指示了一个化学条件有规律变化的环境，然而，在层序 7 到层序 0 中，等粒胶结物的发育在时间上晚于任何大规模的化学压实作用，因此其是在埋藏后形成的。阴极发光样式表明，等粒胶结物的沉淀发生于从氧化状态转变为还原状态的流体中。块状胶结物形成于强烈化学压实作用和等粒胶结物、共轴次生加大边沉淀之后。此外，它们的均一暗淡阴极发光样式表明成岩环境稳定。因此，这些胶结物为埋藏成因。

为了保持完整性，本文也考虑了缝合线。层状平行缝合线（BPS）横切了异化颗粒和胶结物。它们的发育是对岩石上覆压力增加而增强的垂直压实作用的响应。层状平行缩短缝合线在褶皱和冲断带内通常先于地层的褶皱和冲断而形成（Tavarnelli，1997；Storti 和 Salvini，2001），因此，研究区层状平行缩短缝合线（LPS）的形成是对华力西造山过程中构造应力的响应。由于这些岩石中的白云石晶体可能与缝合线有关，并且在时间上晚于缝合线的形成时间，因此，缝合线为白云石化流体的运移提供了通道。

在层序顶部的细粒岩石中，剖面两个部分的胶结物总量相似，然而，它们在成分上却存在一些差异。在层序 9 和层序 8 中，细粒岩内胶结物的 5%～15% 主要由具复杂阴极发光环带的等粒胶结物组成，其与层序的粗粒部分相似，因此，这种胶结物可能是在成岩早期沉淀的。与粗粒岩石相比，细粒岩石中胶结物的含量明显较低，这可能与细粒岩石中可见孔隙度的数量少有关。在层序 7 到层序 0 之间，细粒岩石内总胶结物体积的 5%～15% 为纤维状、等粒和块状胶结物，其中，等粒和块状胶结物具有与这些层序中粗粒部分内胶结物相同的特征，两者可能是同时沉淀的。层序 7 到层序 0 细粒岩石中大量孔隙被保留，其原因是大量的粒间纤维状胶结物（体积分数高达 5%）充当了格架稳定剂的作用。细粒沉积物比粗粒沉积物含有更多的纤维状胶结物，这是由其在层序内的位置和沉积环境决定的。细粒沉积物在极浅、可能局限的地区沉积下来，在那里，蒸发作用可能引起海相流体的过度饱和，随后粒间胶结物发生沉淀。

Basse-Awirs 露头中的大多数 $\delta^{13}C$ 值为 0～2.46‰ VPDB，这反映了碳酸盐岩的原始海洋特征。负值（-2.53‰～0）仅出现在 Banc d'Or 层段附近。这些低的 $\delta^{13}C$ 值与 Banc d'Or 层段 I 型层序界面有关。该层序界面的出露不但可以使大气水进入海相沉积物中，还能使土壤源性 CO_2 进入其内。虽然并没有明确的证据证明 Basse-Awirs 露头区有古土壤的形成，但是在盆地的其他位置古土壤的形成是显而易见的，因此，在 Basse-Awirs 露头区很可能确实形成了一个土壤覆盖层。Basse-Awirs 露头区缺乏长期暴露的沉积学证据，这可能是由于大部分土壤已经被剥蚀。

在 Basse-Awirs 露头区，样品的 $\delta^{18}O$ 值普遍低于维宪阶碳酸盐岩的 $\delta^{18}O$ 值（即 -7‰～-2‰ VPDB）（Bruckschen 和 Veizer，1997；Bruckschen 等，1999）。在剖面的下部，$\delta^{18}O$ 值具有向 Banc d'Or 层段方向先减小后迅速增大的趋势（Allan 和 Matthews，1982），这是暴露面处观察到的典型趋势。然而，Basse-Awirs 露头区，$\delta^{18}O$ 值朝向 Banc d'Or 层段上升的幅度要低于 Haut-le-Wastia 露头区，这是暴露面的蒸发作用造成的。

早期纤维状和放射状胶结物内相对高的 $MgCO_3$ 含量表明其为海相成因。然而，这些值比纯海洋沉淀物的预期值要低一些，这可能是晚期重结晶作用造成的，这一点可以从早期胶结物与海百合骨架相似的同位素值得到证实。这些灰岩组分具有明显的海相成因，目前对其具有相对较低 Mg 含量的唯一解释是其与晚期流体发生了相互作用。环带状共轴次生加大边和等粒胶结物的低 $MgCO_3$ 值可能是大气水或埋藏流体沉淀造成的，这两者的 Mg/Ca 都低于海水（Moore 和 Druckman，1981）。岩相证据表明，这些胶结物在成岩早期沉淀，说明沉淀可能是在大气水流体中而不是在埋藏流体中发生的。暗淡发光的共轴次生加大边和块状方解石显示出较高的 $MgCO_3$ 含量，这可以解释为沉积物埋藏期间水—岩相互作用的增强造成的；另外一种解释是，富含 Mg 的海水或埋藏水侵入系统中造成的。

6.5.3 讨论

在 Banc d'Or 层段发现了一个三级层序界面及其对周围沉积物成岩影响的实例，BasseAwirs 地区和 Haut–le–Wastia 露头区存在着明显的差异，仅在 Haut–le–Wastia 露头区发现了古土壤。Basse–Awirs 露头区的古土壤可能已经被侵蚀，但是这两个位置层序边界之下的成岩演化是相似的，沉积物的早期大气水胶结作用广泛发育，可见等粒胶结物、共轴次生加大边和块状胶结物。层序界面之上的小尺度层序显示暴露时间长可引发早期胶结，其在 Basse–Awirs 露头区填充大部分孔隙，在 Haut–le–Wastia 露头区出现了模糊的团块。

距离 Banc d'Or 层段 15～20m 处，Lives 地层中小尺度的高频层序显示其成岩演化，开始于颗粒的轻微机械破裂以及海相环境中纤维状、颗粒环边和放射状胶结物的沉淀。这些早期胶结物集中分布于层序顶部的细粒岩相中，其形成与这些极浅沉积物中的海水蒸发有关。短期暴露于欠饱和的大气水中，促使了 Basse–Awirs 露头区溶蚀孔洞的形成以及 Haut–le–Wastia 露头区蒸发盐的溶解。在这两种情况下，产生的孔洞和扩大的裂缝部分被沉积物充填，反映海水的再次侵入。异化颗粒之间微缝合线的发育，反映在小尺度层序中发生了沉积物的化学压实作用。该现象在层序下部的粗粒岩中表现最为明显，因为这些岩石中缺乏能够稳定格架的早期海相胶结物。

化学压实后，在剩余的孔隙中沉淀了共轴次生加大边、等粒胶结物和块状胶结物（在 Basse–Awirs 露头区），这些胶结物是在大气水流体中沉淀下来的，且这种流体在连续的水—岩相互作用下发生了变化。剖面中小尺度层序的均一发光表明，渗入岩石的流体可能与位于剖面较高位置的暴露面有关，而不是与小尺度层序顶部的暴露有关。这样一个暴露面可能比小尺度层序的级别低，而且很可能是三级，这可能与更长时间的暴露有关，例如维宪阶顶部的暴露（Pirlet，1968）。该期间大气水的涌入导致下维宪统蒸发塌陷角砾岩的形成（Swennen 等，1990）和强烈的大气水成岩作用（Muchez 等，1991）。

6.6 结论

Ⅰ型三级层序界面对灰岩的成岩作用有重要影响，这是由于靠近层序界面，石灰岩的长时间暴露导致其原始孔隙发生了普遍的胶结作用。由于大气水和土壤气体中轻的 CO_2 的涌入，层序界面之下灰岩的稳定同位素值可能低于同时期的海洋值。在层序界面以下，大气水的注入可能导致残余孔隙发生胶结作用。

Ⅰ型层序界面以上的小尺度、高频层序显现出海水胶结作用，由于海水的蒸发，这种现象在层序顶部附近最为明显。层序顶部的短期暴露导致细粒灰岩中的泥晶和（或）蒸发岩发生溶解、孔隙度的增加。由于早期海相稳定胶结物的存在，这些孔隙可能在晚期压实过程中依然保持原状。小尺度层序底部的粗粒岩相可能发生强烈的压实，仅显示出在压实后渗入的大气水中沉淀了少量的胶结物。这些沉积物中较高的压实度是由于缺乏早期格架状的胶结物造成的。小尺度层序的稳定同位素值没有表现出特定的样式，但位于Ⅰ型层序界面上方最底部的层序除外。由于土壤的发育，这些最底部层序的 $\delta^{13}C$ 值为负值。这表明Ⅰ型三级层序界面之上的海侵是渐进的，并以脉冲的方式发生。此处，短期的暴露导致孔隙度的产生，这是由于大气水的不断涌入而孔隙中胶结物未广泛沉淀造成的。

参考文献

Allan，J. R. and Matthews，R. K.（1982）Isotope signatures associated with early meteoric diagenesis. *Sedimentology*，29，797–817.

Bless，M. J. M.，Bouckaert，J. and Paproth，E.（1980）Environmental aspects of some Pre–Permian deposits in NW Europe. *Meded. Rijks Geol. Dienst*，32，3–13.

Brewer，R. and Sleeman，J. R.（1964）Glaebules：their definition，classification and interpretation. *J. Soil Sci.*，15，66–77.

Bruckschen，P. and Veizer，J.（1997）Oxygen and carbon isotopic composition of Dinantian brachiopods：paleoenvironmental implications for the Lower Carboniferous of western Europe. *Palaeogeogr. Palaeoclimatol. Palaeoecol.*，132，243–264.

Bruckschen，P.，Oesmann，S. and Veizer，J.（1999）Isotope stratigraphy of the European Carboniferous：proxy signals for ocean chemistry，climate and tectonics. *Chem. Geol.*，161，127–163.

Dunham，R. J.（1971）Meniscus cement. In：*Carbonate Cements*（Ed. O. P. Bricker），297–300. Johns Hopkins Press.

Enos，P. and Sawatsky，L. H.（1981）Pore networks in Holocene carbonate sediments. *J. Sediment. Petrol.*，51，961–986.

Gray，M. B. and Mitra，G.（1993）Migration of deformation fronts during progressive deformation–evidence from detailed structural studies in the Pennsylvanian anthracite region，U. S. A. *J. Struct. Geol.*，15，435–449.

Grover，G. and Read，J. F.（1978）Fenestral and associated vadose diagenetic fabrics of tidal flat carbonates，Middle Ordovician New Market Limestone，southwestern Virginia. *J. Sediment. Petrol.*，48，453–473.

Hance，L.，Poty，E. and Devuyst，F. –X.（2001）Stratigraphie séquentielle du Dinantien type（Belgique）et corrélation avec le Nord de la France（Boulonnais，Avesnois）. *Bull. Soc. Géol. France*，172，411–426.

Harris，P. M.，Saller，A. H. and Simo，J. A.（1999）*Advances in Carbonate Sequence Stratigraphy：Application to Reservoirs，Outcrops and Models. Spec. Publ. Soc. Econ. Paleont. Miner*，63，421 pp.

Irwin，H.，Curtis，C. and Coleman，M.（1977）Isotopic evidence for source of diagenetic carbonates formed during burial of organic–rich sediments. *Nature*，269，209–213.

James，N. P. and Choquette，P. W.（1983）Diagenesis 6：limestones–The sea floor diagenetic environment. *Geosci. Can.*，10，162–179.

James，N. P. and Choquette，P. W.（1984）Diagenesis 9：limestones–The meteoric diagenetic environment. *Geosci. Can.*，11，161–194.

Longman，M. W.（1980）Carbonate diagenetic textures from near surface diagenetic environments. *AAPG Bull.*，64，461–487.

Milliman，J. D.（1974）*Marine carbonates. Part 1，Recent Sedimentary Carbonates*. Springer，New York，375 pp.

Moore，C. H.（1989）*Carbonate Diagenesis and Porosity*. Elsevier，New York，338 pp.

Moore, C. H. and Druckman, Y. (1981) Burial diagenesis and porosity evolution, Upper Jurassic Smackover, Arkansas and Louisiana. *AAPG Bull.*, 65, 597–628.

Morrow, D. W. (1982) Descriptive field classification of sedimentary and diagenetic breccia fabrics in carbonate rocks. *Bull. Can. Petrol. Geol.*, 30, 227–229.

Muchez, Ph. Viaene, W. and Marshall, J. D. (1991) Origin of shallow burial cements in the Late Viséan of the Campine Basin, Belgium. *Sediment. Geol.*, 73, 257–271.

Muchez, P., Peeters, C., Keppens, E. and Viaene, W. A. (1993) Stable isotope composition of paleosols in the Lower Visean of eastern Belgium : evidence of evaporation and soil–gas CO_2. *Chem. Geol.*, 106, 389–396.

Mutti, M. (1995) Porosity development and diagenesis in the Orfento supersequence and its bounding unconformities (Upper Cretaceous, Montagna Della Maiella, Italy) . *Am. Ass. Petrol. Geol. Mem.*, 63, 141–158.

Myers, K. J. and Milton, N. J. (1996) Concepts and principles of sequence stratigraphy. In : *Sequence Stratigraphy* (Eds D. Emery and K. J. Myers), Blackwell Science, Oxford, pp. 11–41.

Paproth, E., Conil, R., Bless, M. J. M., Boonen, P., Bouckaert, J., Carpentier, N., Coen, M., Delcambre, B., Deprijk, Ch., Deuzon, S., Dreesen, R., Groessens, E., Hance, L., Hennebert, M., Hibo, D., Hahn, G. &R., Hislaire, O., Kasig, W., Laloux, M., Lauwers, A., Lees, A., Lys, M., Op de Beeck, K., Overlau, P., Pirlet, H., Poty, E., Rambottom, W., Streel, M., Swennen, R., Thorez, J., Vanguestaine, M., Van SteenWinckel, M. and Vieslet, J. L. (1983) Bio- and lithostratigraphic Subdivisions of the Dinantian in Belgium, a review. *Ann. Soc. Géol. Belgique*, 106, 185–239.

Pirlet, H. (1968) La sédimentation rythmique et la stratigraphie du Viséen supérieur V3b, V3c inférieur dans les synclinoriums de Namur et Dinant. *Mémoires de l'Académie royale de Belgique, classe de Sciences, 2e série*, XVII, 4, 1–98.

Poty, E., Hance, L., Lees, A. and Hennebert, M. (2001) Dinantian lithostratigraphic units (Belgium) . In : *Guide to a Revised Lithostratigraphic Scale of Belgium* (Eds P. Bultynck and L. Dejonghe) . *Geologica Belgica*, 4, 69–94.

Read, J. F. and Horbury, A. D. (1993) Eustatic and tectonic controls on porosity evolution beneath sequence-boundary unconformities and parasequence disconformities on carbonate platforms. In : *Diagenesis and Basin Development* (Eds A. D. Horbury and A. G. Robinson) . *Am. Ass. Petrol. Geol. Studies in Geology*, 36, 155–198.

Ross, C. A. and Ross, J. P. (1987) Late Paleozoic sea levels and depositional sequences. *Cushman Found. Foram. Res. Spec. Publ.*, 24, 137–149.

Saller, A. H., Dickson, J. A. D. and Boyd, S. A. (1994) Cycle stratigraphy and porosity in Pennsylvanian and Lower Permian Shelf limestones, Eastern Central Basin Platform, Texas. *AAPG Bull.*, 78, 1820–1842.

Salomons, W., Goudie, A. and Mook, W. G. (1978) Isotopic composition of calcrete deposits from Europe, Africa and India. *Earth Surf. Process.*, 3, 43–57.

Sarg, J. F. (1988) Carbonate sequence stratigraphy. In : *Sea–Level Changes–An Integrated Approach* (Eds C. K. Wilgus, B. S. Hastings, C. G. S. C. Kendall, H. W. Posamentier, C. A. Ross and J. C. Van Wagoner) *Spec. Publ. Soc. Econ. Paleont. Miner.*, 42, 155–182.

Storti, E. and Salvini, F. (2001) The evolution of a model trap in the central Apennines, Italy : fracture patterns, fault reactivation and development of cataclastic rocks in carbonates at the Narni anticline. *J. Petrol. Geol.*, 24, 171–190.

Sun, S. Q. (1990) Facies–related diagenesis in a cyclic shallow marine sequence : the Corallian Group (Upper

Jurassic) of the Dorset Coast, southern England. *J. Sediment. Petrol.*, 60, 42–52.

Sun, S. Q. and Wright, V. P. (1998) Controls on reservoir quality of an Upper Jurassic Reef Mound in the Palmers Wood Field Area, Weald Basin, Southern England. *AAPG Bull.*, 82, 497–515.

Swennen, R., Viaene, W. and Cornelissen, C. (1990) Petrography and geochemistry of the Belle Roche breccia (lower Visean, Belgium): evidence for brecciation by evaporite dissolution. *Sedimentology*, 37, 859–878.

Tavarnelli, E. (1997) Structural evolution of a foreland fold and thrust belt : the Umbra–Marche Apenninnes, *Italy J. Struct. Geol.*, 19, 523–534.

Tucker, M. E. and Wright, V. P. (1990) *Carbonate Sedimentology*. Blackwell Science, Oxford, 482 pp.

Vail, P. R., Mitchum, R. M. Jr., Todd, R. G., Widmier, J. M., Thompson, S., Sangree, J. B., Bubb, J. N. and Hatlid, W. G. (1977) Seismic stratigraphy and global changes of sea–level. *Am. Assoc. Petrol. Geol. Mem.*, 26, 49–212.

Videtich, P. E. and Matthews, R. K. (1980) Origin of discontinuity surfaces in limestones : isotopic and petrographic data, Pleistocene of Barbados, West Indies. *J. Sediment. Petrol.*, 50, 971–980.

Wieder, M. and Yaalon, D. H. (1974) Effect of matrix composition on carbonate nodule crystallization. *Geoderma*, 11, 95–121.

Wilkinson, B. H., Owen, R. M. and Caroll, A. R. (1985) Submarine hydrothermal weathering, global eustasy and carbonate polymorphism in Phanerozoic marine oolites. *J. Sediment. Petrol.*, 55, 171–183.

7 中欧地区与层序地层界面和体系域有关的成岩和后生矿化作用

H.G. Dill

Federal Institute for Geosciences and Natural Resources，P.O. Box 510163 D–30631 Hannover，Germany（E–mail：dill@bgr.de）

摘要 从早奥陶世到第四纪，中欧地区形成了不同类型的金属和非金属矿床。在奥陶纪至早石炭世的华力西构造旋回期间，形成了成岩成因的铁矿石和多金属矿床。从晚石炭世持续至今的阿尔卑斯构造旋回，以铁矿石（侏罗纪、白垩纪）、蒸发岩（二叠纪、三叠纪）和贱金属矿床（二叠纪、三叠纪）为特征。铀沉积于晚古生代、三叠纪和晚白垩世的沉积物中。自上而下的大气水有助于形成含有层状硅酸盐、磷酸盐和 Fe–Mn–Al 的氧化物和氢氧化物的沉积物。自下而上的热液流体导致了台地沉积物中含萤石、重晶石的 U–Pb–Zn–Cu 脉的沉淀，它们位于华力西晚期 / 阿尔卑斯早期界面和阿尔卑斯晚期不整合面的顶部和正下方。

本研究提出了一个基于层序地层学的成矿模型。成岩成因和后生成因的层控和脉型矿化，之前一直被视为单独的实体，在本文成矿模型中将它们与用于各种矿床对比的层序地层要素一起讨论。在层序地层学要素中，海侵面（TS）、最大海泛面（MFZ）和层序界面（SB）等要素在矿床对比中起着决定性作用。浅水海相鲕粒铁矿石、菱铁矿黏土层 / 黑矿层（Walther 和 Dill，1995）、含煤和含铀黑色页岩（Schovsbo，2002）、含黑色页岩的多金属和以铜为主的页岩和砂岩矿床（Brown，2003）均与最大海泛面有关。朝向盆地边缘，最大海泛面上超到层序边界之上，后者为表生矿物沉积的基底，如高岭土、硅镁镍矿、铝土矿以及暴露的源岩，它们向盆地内与最大海泛面、海侵面相关的沉积物输送元素。与这些平面相关的成岩成因的单个矿层厚度适中，常呈现出强烈的横向相带变化和与层序边界有关的脉型矿床，这些矿层很快从这些参考面尖灭。早成岩期矿化作用，如蒸发岩、砾状铁矿石以及含菱铁矿和针铁矿的侵蚀谷矿床，与低位体系域（LST）有关。高位体系域（HST）为后生 MVT 矿床（MVT）提供了最有效的可容纳空间。高位体系域顶部的层序界面有利于近地表碳酸盐岩的溶蚀，这在岩溶系统内形成了次生孔隙，并导致流体从盆地超压较深部分的运移。体系域相关矿床中的元素转移反映了流体运动中强烈的垂向成分变化，矿化作用延伸到地层剖面上更广泛的层位，不仅限于与海泛面、最大海泛面或层序界面有关的沉积，这些沉积显现出一定的厚度但是横向相带变化强烈。

7.1 引言

层序地层学方法广泛应用于油气勘探中沉积相分布的对比和研究（Wilgus 等，1988；Emery 和 Myers，1996；Miall，1997；Posamentier 和 Allen，1999；Catuneanu，2003），然而，在应用地球科学的某些领域，层序地层学几乎没有改进思路的空间，也没有在流体运移模拟方面取得突破。

随着板块构造运动学说被地质学家们普遍接受，全球构造和板块构造模型已被用于金属矿床勘探中（Sawkins，1984；Zentilli 和 Maksaev，1995；Laznicka，1999；Kay 等，1999；Kay 和 Mpodozis，2001；Oyarzún，2000；Lips，2002），与之相反，地层学、沉积岩石学、矿物学和地球化学、层序地层学分析方法却很少用于矿床勘探中，特别是在对其主岩岩性进行成岩研究的背景下（MacQuaker 和 Tay1or，1996；Ruffell 等，1998）。在中欧阿尔卑斯山脉以北的陆表海盆地中，发育了从早古生代到新生代含矿序列的完整地层，为层序地层学框架内成岩和后生沉积作用研究提供了有利条件。

Bernard 等（1976）、Baumann（1979）、Bernard 和 Skvor（1981）、Walther（1981，1982）、Pouba 和 Ilavský（1986）、Osika（1990）、Dill（1994）、Walther 和 Dill（1995）对中欧华力西期（晚元古代—晚古生代）和阿尔卑斯期的矿化作用（晚古生代—新生代）进行了多次综合研究，然而，目前尚未使用层序地层学的方法对中欧矿床进行约束。本文中提出的模型相当简单，也适用于其他地区陆缘盆地和裂谷盆地成矿分析过程中的矿石和矿床勘探。本文概述的层序地层学模型可用于钻前评估和沉积序列内含矿区域的描绘，前提是沉积后的蚀变不超过低级区域变质作用阶段，这是中欧华力西构造带奥陶系—下泥盆统的铁矿石和多金属矿床能达到的最高级别（表 1）。因此，早于奥陶纪的沉积型矿床被排除在本次讨论之外，因为中高级区域变质作用叠加了这些矿床及其围岩的沉积组构和构造，以至于任何层序地层学方法都变成了推测的问题。本次研究基于笔者和众多地质学家对中欧个别矿床进行的矿物学和化学研究，除了经济地质学家应用于矿床的常用方法外，还对露头、测井和地震剖面进行了沉积学调查、层序地层学对比和可容纳空间分析。

在目前的研究中，只涉及那些真正的沉积 / 成岩成因的矿床，属于 VMS 类型（火山活动硫化物）和 SEDEX 类型（沉积喷流）的矿床不在此讨论。另外，这篇综述中也排除了现代冲积矿，因为这些矿床是纯同生成因。

7.2 地质和地球动力学背景

7.2.1 盆地演化和矿化作用

Dallmeyer 等（1994）编制了中欧前二叠纪地质。关于中欧隆起华力西期基底块体周围的中新生代台地沉积物和火山岩概况，读者可以参考 Walter（1990）和 Ziegler（1990）的著作。

Kossmat（1927）将欧洲华力西期基底划分为四个地球动力学领域。Moldanubian 地区由片麻岩、复片麻岩和许多后构造期侵入体组成，形成了 Variscides 的核心区，其西北边缘有一个低幅度构造单元，称为 Teplá–Barrandian 带，东南部紧挨着的高陡构造称为 Moldanubicum sensu stricto。Moravo–Silesian 带构成 Bohemian 地块的最东部分。Saxothuringian 和 Rhenohercynian 带为洋葱皮状的披覆构造，位于西北方向结晶核心周围。Saxothuringian 盆地的形成可以追溯到寒武—奥陶纪裂陷期。

表 1　与相关沉积环境和层序地层背景有关的华力西期和阿尔卑斯期成岩与后生矿化作用概要

沉积 / 成矿作用	元素组合	矿床类型 成岩—后生矿物组合	母岩年代	成矿时间	沉积环境	层序地层环境
Schmiedefeld（D）–Gebersreuth（D）–Wittmannsgereuth（D）–Töpen（D）– Bruck（D）–Unterneuhüttendorf（D）–Ejpovice（CZ）–Krušná Hora（CZ）–Nučice（CZ）–Zdice（CZ）–Mníšek（CZ）–Komárov（CZ）	Fe–（P）	近岸海相鲕粒铁矿石： 鳞绿泥石、鲕绿泥石、菱铁矿、赤铁矿、针铁矿、± 磁铁矿、± 黄铁矿、磷灰石、高岭石	奥陶纪（兰维尔期、卡拉多克期）	奥陶纪	（LOH）陆棚砂岩 / 临滨沉积； （MOH）风暴浪基面之下风暴沉积； （UOH）临滨、障壁和潟湖	（LOH）TS； （MOH）MFZ； （UOH）TS
Gera–Ronneburg（D）–Gräfenthal Horst（D）– Möschwitz（D）	Fe–Zn–Cu–Pb–U（少量亲铜元素和金）	黑色页岩中多金属黄铁矿沉积： 黄铁矿、白铁矿、黝铜矿、闪锌矿、方铅矿、黄铜矿、煤烟沥青铀矿、磷灰石	志留纪和早泥盆世	志留纪和早泥盆世	静水深海陆棚环境和海相斜坡	（TST）MFZ
Gräfenthal 地垒（D）	Fe	碳酸盐岩中的铁矿石： 菱铁矿（针铁矿）	晚志留世（卢德洛期）	晚志留世（卢德洛期）	顶部为灰岩的隆起，发生岩溶作用	含 SB 的 HST
Walderbach（D）–Vervier（B）–Dinant（B）	Fe	近岸海相鲕粒铁矿石： 鲕绿泥石、赤铁矿、针铁矿、黄铁矿	泥盆纪	泥盆纪	海相高能体系（风暴沉积）	MFZ（到 HST 下段）
Ruhr 地区（D）–5aar–Nahe 盆地	Fe	海相—海陆交汇相近岸黏土条带和黑色条带状铁矿石： 菱铁矿、± 黄铁矿	晚石炭世		近海相（泛滥平原、漫滩沼泽到近岸潮间湿地）	MFZ
Karlovy Vary –Podborany（CZ）	Al–Si	高岭土矿： 高岭石	晚石炭世（威斯特法期、斯蒂芬期）	晚石炭世（威斯特法期、斯蒂芬期） 中生代、新生代	准平原上的热带到准热带环境下化学风化作用	SB

续表

沉积 / 成矿作用	元素组合	矿床类型 成岩—后生矿物组合	母岩年代	成矿时间	沉积环境	层序地层环境
Gera–Ronneburg（D）	U	与不整合有关的铀矿： 沥青铀矿、辉铜矿、斑铜矿、闪锌矿、黄铜矿、As–Sb–Hg 黝铜矿、方铅矿、磁黄铁矿、红砷镍矿、菱硫铁矿、针硫镍矿、靛铜矿、黄铁矿、硫铁镍矿、白铁矿、Ni–Co 砷化物、赤铁矿	早古生代	二叠纪—中生代		
Hirschau–Schneidenbach（D）	Al–Si	砂岩中的高岭土矿： 高岭石、水磷铝铅矿	早三叠世	中生代	被改造成冲积—河流沉积	（HST）–SB
Dreislar（D）、Wölsendorf–Nabburg（D）、Käfersteige（D）、Oberwolfacb（D）、Bad Gruod（D）、Maxoncharnp（F）、Vald' Ajol（F）、Münstertal（D）、Freudenstadt（D）、Eisenbach（D）、Neubulach（D）	F–Ba–Pb–Zn–U	含 F–Ba–U 脉状碱金属矿： 萤石、重晶石、方铅矿、闪锌矿、黄铜矿、黄铁矿、白铁矿、黝铜矿、车轮矿、硫锑铅矿、硫锑银矿、沥青铀矿、± 水硅铀矿	硅质基岩； 晚石炭世到早三叠世台地沉积物	二叠纪到早侏罗世	与不整合面相关的	（SB=>LST–TS）
Marsberg（D）	Cu–（Pb–Zn）	沉积物中的和脉状碱金属矿： 黄铜矿、方铅矿、闪锌矿、硒化物、自然金	石炭纪—二叠纪	二叠纪之后		SB=>TS–TST–MFZ
Pingarten（D）	F–Ba–Pb	沉积物中的和脉状含 F–Ba 碱金属矿： 重晶石、萤石、白铅矿、石英	二叠纪—三叠纪	二叠—三叠纪之后	冲积—河流	SB=>LST–TS
Maubach–Mechernlch（D）	Pb–Zn	沉积物中的碱金属矿： 方铅矿、闪锌矿、黄铜矿、硫铁镍矿、黄铁矿、黝铜矿、车轮矿、白铁矿、靛铜矿	早三叠世	侏罗纪	冲积—河流—湖泊	SB=>LST–TS

续表

沉积 / 成矿作用	元素组合	矿床类型 成岩—后生矿物组合	母岩年代	成矿时间	沉积环境	层序地层环境
Intrasudelic 盆　地（PL）、Kl adno-Rakovnik（CZ）、Plzen 盆　地（CZ）、Döhlen-（Freital）（D）、Stockbeim-（D）、Weiden-（D）、Oos-Saale-（D）、Saar-Nahe basins（D）、St. Hippolyte（F）	U-（Pb-Cu-Zn）	含煤和含页岩的铀矿： 沥青铀矿、方铅矿、闪锌矿、黄铜矿、砷黄铁矿、黄铁矿、白铁矿	晚石炭世（斯蒂芬期）—早二叠世（奥顿期）	晚石炭世—早二叠世	沼泽湿地及其边缘湖泊	MFZ
Horní Vernéřovice（CZ）、Nowa Ruda（PL）、Okrzeszyn（PL）	Cu-U-（Pb-Zn）	砂岩中以铜为主的碱金属矿： 辉铜矿、斑铜矿、靛铜矿、蓝铜矿以及孔雀石、方铅矿、闪锌矿、煤烟沥青铀矿	中—晚二叠世（奥顿期）	中—晚二叠世	河流—湖泊	MFZ 到 HST； 准层序的下部以及 TST 准层序的上部； MFZ=>SB 向盆地边缘
Polkowice（PL）-Konrad（PL）-Lena（PL）-Richelsdorf（D）、Mansfeld-Sangerbausen（D）、Spremberg-Weisswasser（D）	Cu-Pb-Zn（PGE）	页岩中以铜为主的碱金属矿： 辉铜矿、斑铜矿、辉铜矿、砷黝铜矿、黄铁矿、方铅矿、闪锌矿、靛铜矿、蓝辉铜矿、赤铁矿、PGM	晚二叠世（图林根期）	晚二叠世—三叠纪	干旱气候下有潮坪和潟湖（撒布哈）的潮控环境	TST 准层序的上部渐变到 MFZ 再到 HST； 准层序的下部
Zielitz（D）-Lehrte-Sebnde（D）-Borth（D）-Hengelo（NL）-Neuhof-Ellers-Nowa Sól（PL）-Eschwege（D）-Giershagen	Na-K-Mg-（Br）-F-Sr	含钠、钾和苦盐的蒸发岩矿： 石盐、钾盐、硫酸镁石、光卤石、杂卤石、菱锶矿、天青石、萤石	晚二叠世（图林根期）	晚二叠世	撒布哈	LST 上超到 HST
Twiste（D）-Wallerfangen（D）-Wrexen（D）-Helgoland（D）	Cu-U-（Pb-Zn-PGE-Ni-Se）	砂岩中以铜为主的碱金属矿： 赤铜矿、孔雀石、辉铜矿、蓝辉铜矿、斜方蓝辉铜矿、斑铜矿、硫铜银矿、黄铜矿、黝铜矿 s.s.s.、靛铜矿、砷镍矿、红砷镍矿、黄铁矿、方硫钴矿、硒铜矿、硒银矿、硒铋矿、沥青铀矿、钛铀矿、金、铜、PGE	早三叠世（斑砂岩统 / 塞西亚期）	中生代	河流—湖泊	MFZ 到 HST； 准层序的下部以及 TST 准层序的上部； MFZ=>SB 向盆地边缘

续表

沉积 / 成矿作用	元素组合	矿床类型 成岩—后生矿物组合	母岩年代	成矿时间	沉积环境	层序地层环境
Olkusz – Chrzanow/Silesia 上部（PL）–Wießloch（D）	Zn–Pb	碳酸盐岩中以锌为主的碱金属矿： 方铅矿、闪锌矿、黄铁矿、纤维锌矿、brunckite、白铁矿、白铅矿、菱锌矿、针铁矿	中三叠世（壳灰岩统）	三叠纪到第三纪	障壁、潟湖、撒布哈、近岸海相盐沼、岩溶	HST（SB）
Jena–Göschwitz（D）	F–Sr	菱锶矿、天青石和萤石矿： 菱锶矿、天青石、萤石	中三叠世（中壳灰岩阶）	中三叠世	撒布哈	HST=>SP
Bad Friedrichshall（D）– Heilbronn（D）–Haigerloch–Stetten（D）–Rheinfelden（CH）–Zurzach（CH）	Na	蒸发岩矿： 石盐	中三叠世（中壳灰岩阶	中三叠世	撒布哈	LST
Freihung(D)–Wollau(D)–Eicbelberg（D）	Pb	砂岩中以铅为主的碱金属矿： 白铅矿、方铅矿、± 黄铜矿、± 闪锌矿、± 硫铁镍矿、± 靛铜矿、± 重晶石	中—晚三叠世	三叠纪以及中生代再沉积	河流—湖泊 / 干盐湖	（TST）–HST
Nancy（F）–Dieuze（F）	Na	蒸发岩矿： 石盐	晚三叠世	晚三叠世	撒布哈	LST
Burgsandstein – Stubensandstein 地区（D）	U	板状砂岩中铀矿： 煤烟沥青铀矿、± 水硅铀矿、磷灰石、± 钙钒铀矿、± 钒钾铀矿	晚三叠世	晚三叠世	河流—沼泽—干盐湖	HST
Nancy（F），Landres–Ottange（F）、Esch–Rumelange–Differdange（L）–Gutmadingen（D）–Blumberg（D）–Geislingen（D）–Aalen（D）–Pegnitz（D）–Nammen（D）– Gifhorn（D）–Herznach（CH）– Czestochowa –Zawiercie–（PL）–Leczyca（PL）	Fe–（P）	近岸鲕粒海相铁矿石： 赤铁矿、针铁矿、鲕绿泥石、菱铁矿、鳞绿泥石、± 鳞绿泥石、± 磁铁矿、± 黄铁矿、磷灰石	侏罗纪（早侏罗世里阿斯统—晚侏罗世白垩期）	侏罗纪	近岸海相高能带	（Fe）MFZ； （P）TS=>水下向陆方向进入 SB

续表

沉积 / 成矿作用	元素组合	矿床类型 成岩—后生矿物组合	母岩年代	成矿时间	沉积环境	层序地层环境
Deister Hills(D)–Hemmelte West(D)	Sr–Ca–S	菱锶矿、天青石和萤石矿：天青石、硬石膏	侏罗纪（白垩末期）	侏罗纪到白垩纪	撒布哈	HST=>SP
Salzgitter（D）– Peine（D）	Fe	近岸海相含砾和黑河铁矿石：针铁矿	白垩纪	白垩纪	（河流）—海相（下切谷充填）	（SP）LST–TS
Amberg–Sulzbach–Rosenberg（D）	Fe–P	近岸海相含砾和黑河铁矿石：针铁矿、菱铁矿、磷灰石、±REE–Fe– 磷酸盐	晚白垩世（塞诺曼期）	晚白垩世	河流—湖泊—咸水（下切谷充填）	（SP）LST–TS
Königsstein（D）– Hamr（CZ）	U	不整合面相关的砂岩中铀矿：沥青铀矿	晚白垩世（塞诺曼期—土伦期）	土伦期之后	冲积扇到近岸海相碎屑岩	SB–LST–TST–MFZ
Tirschenreuth（D］– Goerlitz（D）– Meißen（D）–Czerwona Woda（PL）– Zebrzydowa（PL）–Strzegom（PL）– Strzelin（PL）–Znojmo（CZ）– Weinzierl–Kriechbaum(A)–Boleslawice（PL）–Westerwald（D）	Al–Si	高岭—铝土矿：高岭石、± 三水铝矿	前寒武纪和古生代基底碎屑岩石	晚白垩世到第三纪	准平原上热带到亚热带气候引起的化学风化作用，原地改造为三角洲沉积	SB=>LST？
Szklay（PL）–Zabkowice Slaskie（PL）–St. Egidien（D）–Kr ě mze（CZ）– Tapadla(PL)– Góra Sleza(PL)	Ni–（Mg）	硅镁镍矿：硅镁镍矿、schuchartite、脂光蛇纹石、未定形菱镁矿	古生代超基性岩石	白垩纪到第三纪	准平原上热带到亚热带气候引起的化学风化作用	SB
Usingen（D）–Sauerland（D）– Brilon（D）–Ruhr 地区（D）	Si–Ca–Pb–Zn	脉状碱金属矿：石英、方解石、方铅矿、闪锌矿	古生代基岩	白垩纪到第三纪	不整合面相关	（SB=>LST–TS）
Aachen–Stollberg（D）、Iserlohn–Schwelm（D）、Brilon（D），La Calamine（B）	Pb–Zn–Ba	沉积物中碱金属矿：方铅矿、闪锌矿、重晶石、菱锌矿、硅锌矿、异极矿	钙质基岩—晚石炭世	侏罗纪—早白垩纪（？）	岩溶作用	（SB=>LST–TS）

续表

沉积 / 成矿作用	元素组合	矿床类型 成岩—后生矿物组合	母岩年代	成矿时间	沉积环境	层序地层环境
Buggingen（D）	Na–K	含钠、钾和苦盐的蒸发岩矿： 石盐、钾盐	第三纪	第三纪	撒布哈	LST
Vogelsberg（D）	Al	铝土矿： 三水铝矿	第三纪	中生代	不整合面相关	SB
Rudolphstein（D）–Fuchsbau（D）	U	不整合面相关的铀矿： 硅钙铀矿、铜铀云母、钙铀云母	石炭纪到二叠纪花岗岩	晚中新世到早上新世	不整合面相关	SB
Rheinisches Schiefergebirge（D） Franken–Thüringer Wald（D） Schwarzwald（D）–Lahn 地区（D）	Fe –Mn–P	锰矿和磷矿： 针铁矿、含水少的 Mn 的氧化物、锰土、Al– 硫酸盐 – 磷酸盐	古生代钙质和硅质基岩	新近纪到第四纪	不整合面相关岩溶作用	SB

同一时间段内，在 Moldanubian 地区 Barrandian 盆地的沉积记录中也发现了裂谷活动的特征（Franke，1989）。两个盆地内均含有铁矿和赋存在黑色页岩中的铀以及贱金属矿床（表 1）。在 Rhenohercynian 盆地，泥盆纪和早石炭世地壳拉张作用达到最大值，泥盆纪普遍发育沉积型铁矿（表 1）。华力西造山带在早石炭世开始隆升并持续到晚石炭世，导致其前部形成大范围前陆盆地沉降带，从西部的大不列颠延伸到东部的波兰（Franke，1995）。尽管该盆地内形成了薄层铁矿，然而人们更关注这个前陆盆地内的厚层煤矿（表 1）。

德国中部结晶高地的大陆边缘在 Saxothuringian 期和 Rhenohercynian 期之间活化，导致晚泥盆世早期向南俯冲，这种向南的俯冲消耗了 Saxothuringian 期和 Rhenohercynian 期之间的地壳段。早石炭世，Rhenohervynian 盆地关闭，随后的华力西期碰撞构造导致陆架沉积物的增生及沿这条深大缝合带的火山活动（形成了花岗岩、花岗闪长岩等），其在时空上与 Saxothuringian 带花岗岩相关的 Sn–W–U–Li–F 矿床有关（Franke 和 Oncken，1990；Stemprok 和 Seltmann，1994；Seltmann 和 Faragher，1994；Walther 和 Dill，1995；Breiter 等，1999）。

为了响应大西洋和特提斯洋西部分支广泛的海底扩张，中欧华力西克拉通发生了地壳薄化。中生代早期地堑和陆缘盆地发育了大量的金属（Cu、Pb、Zn、U、Fe）和非金属沉积型矿床（Ca–、Na–、K–、Sr– 含蒸发岩、重晶石、萤石、磷矿、黏土）（表 1）。

7.2.2　不整合与矿化作用

华力西期和阿尔卑斯期的扰动对中欧地壳的构造演化产生了强烈的影响，并形成了可在整个中欧地区追溯的平面构造单元。华力西晚期 / 阿尔卑斯早期与阿尔卑斯晚期之间的不整合对欧洲大部分地区的古地理演化和矿化作用均具有重要影响（Dill，1988a，1989，1994；Boni 等，1992；Large，1993；Rodeghiero 等，1996），这些不整合构成了为研究中欧矿化作用而详细阐述的层序地层格架的脊骨，因此，它们的形成时期值得在本文中进行详细论述。

Stephanian- 下二叠统时间跨度的特征是其为一个过渡性的地球动力学域，涉及华力西期造山后的崩塌和大陆块体的大规模重组（Falke，1971；Lűtzner，1987；Dill 等，1991；Pesek，1994；Schäfer 和 Korsch，1998；Hertle 和 Littke，2000），这些过程与深部华力西期花岗岩的侵入（可追溯到 310～300Ma）、大规模平移构造的开始和山间盆地的沉降是同一时期的（例如 Boskovice 沟槽、Sillon Hullier）（Desmons 和 Mercier，1993；Pesek 等，1998）。隆起基底块体的高速率侵蚀削截了华力西期岩石，并导致晚石炭世—早三叠世在普遍的热带—亚热带化学风化作用下形成了广阔的准平原（图 1）。在地貌学教材和综述文章中，对 Penk、Davis、King 和 Buedel 的准平原模型已进行了总结和深入讨论，此处不再赘述（Thomas，2000；Twidale，2002），因此，这些地球动力学作用产生的构造单元在下文中指的是华力西晚期 / 阿尔卑斯早期的。

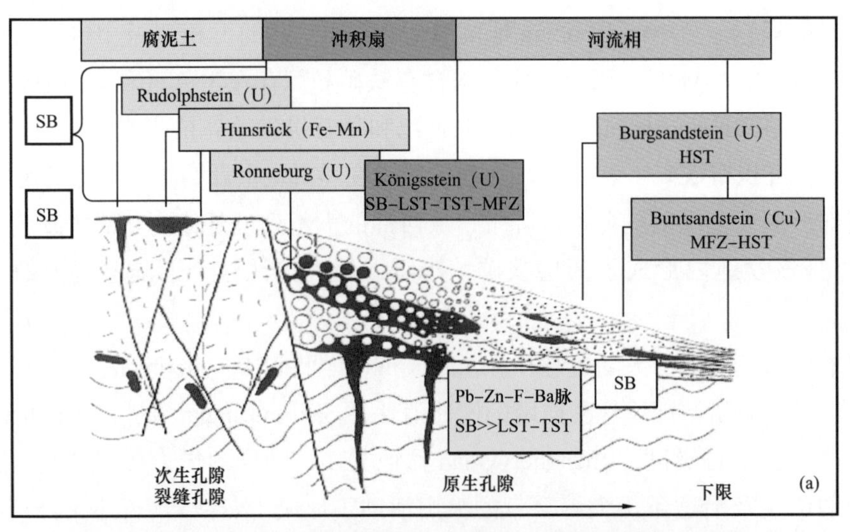

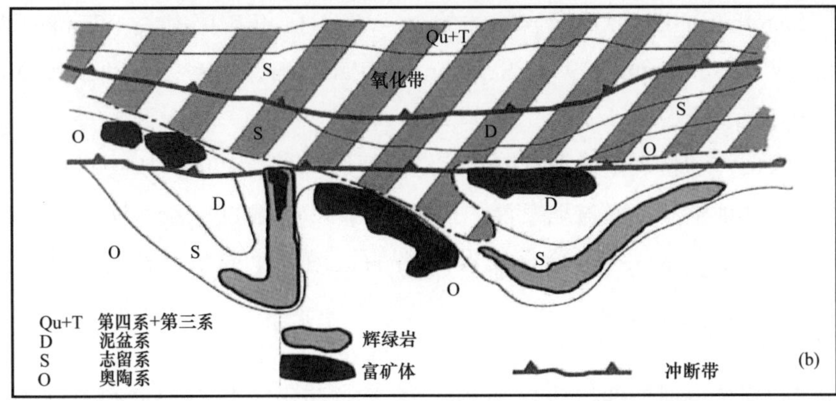

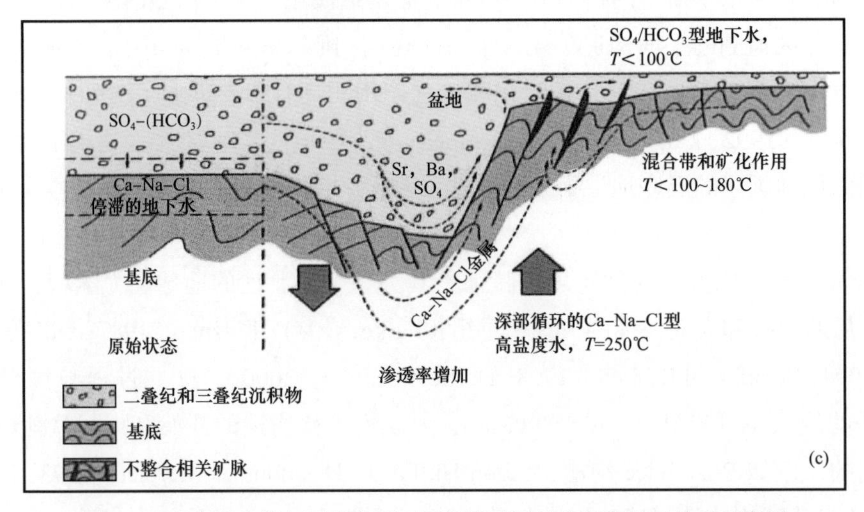

图1　表生和后生期与不整合面/层序界面相关矿床的相互关系示意图

（a）空间上与不整合面相关的矿床（U、Fe-Mn），赋存在砂岩中（U、Cu）并侵入位于陆源盆地边缘的冲积扇沉积物中（U）、表生脉状和母岩为砂岩的Pb-Zn-F-Ba矿床中，下附孔隙类型和数量（修改自Dill，1986a），层序地层解释见表1。（b）Gera-Ronneburg U沉积物中不整合面/层序界面附近的氧化还原条件（修改自Szurowski等，1991）。（c）华力西基底及其上覆台地沉积物之间不整合面/层序界面附近的流体循环和混合作用形成的Ph-Zn-F-Ba矿床（Behr和Dill，1986）。红色箭头表示沿基底边界断层的相对位移及流体运移主要通道。层序地层学解释位于右侧。

SB—层序边界/不整合面；HST—高位体系域；LST—低位体系域；TST—海侵体系域；MFZ—最大洪泛带

白垩纪和第三纪的次海西或拉腊米构造运动引发了广泛的断块作用，并导致基底块体的再次隆升。这些阿尔卑斯末的构造活动处于中生代—新生代交替时期，形成了另一组显著的地质水力面，类似于古生代末期华力西晚期 / 阿尔卑斯早期运动产生的地质水力面。

地层序列在岩性记录中表现为褶皱基底和台地沉积物之间的角度不整合或结晶基底与其上覆岩层之间的不整合（图 1）（Rentzsch，1974；Krahn，1988）。在本次研究中，将不区分这两种构造地质学的平面元素。广义的不整合是指所有区域尺度的平面—近水平构造，它们削截了较老的平面构造，如层理、褶皱和断层或上部被封闭的岩体（如华力西克拉通基底内的岩柱、岩墙），并被较年轻的地层覆盖。此外，该术语也适用于具明显沉积间断的台地沉积物内部的地表侵蚀面。在不整合面附近循环的下渗流体或大气淡水影响了基岩，并形成了与表生不整合相关的矿床（图 1）。沿断层向上流动的热液导致了断层不整合相关和（或）层控不整合相关的矿化作用（图 1）（Behr 和 Dill，1986；Behr 等，1987，1993；Dill 和 Carl，1987）。

7.3 中欧成岩和后生矿化作用及其层序地层背景

7.3.1 层序地层学概念简述

在过去的几年中，通过对地质参数进行钻井评估，层序地层学概念的实用性得到了证实。本次研究旨在弥合沉积学在油气勘探与经济地质应用之间的鸿沟，后者以金属和非金属矿床中的岩石和矿物为重点。

寻找这些商品但不完全熟悉层序地层学的地质学家可在表 2 中找到更多信息，其中列出了理解后续段落所需的一些基本元素（Wilgus 等，1988；Haq 等，1988；Emery 和 Myers，1996；Posamentier 和 Allen，1999；Homewood 等，2000）。成矿研究的框架是以层序地层学为基础的，然而，有价值的东西常被勘探家用在一般的标题下。从表 1 所示的序列可以推断出中欧成岩的和后生的与不整合相关的矿化作用随时间发生演化，每种类型都有一些典型矿床。

7.3.2 铁矿与磷酸盐沉积

7.3.2.1 近岸海相鲕粒铁矿石（与低位体系域、海侵界面和最大海泛面 / 带有关）

生物地层学资料表明，欧洲中部最古老的铁矿石位于 Saxothuringian 和 Moldanubian 地区的 Llanvirnian–Caradocian 阶（Trappe 和 Ellenberg，1992）。德国和捷克开采的 3 层鲕粒铁矿石由菱铁矿、鳞绿泥石、鲕绿泥石、赤铁矿和磷灰石结核组成（表 1 和图 2）（Reh 和 Schröder，1974；Dill，1985a）。鲕绿泥石来自高能内陆棚无氧、低盐度条件下形成的磁绿泥石（Harder，1989；Petránek 和 Van Houten，1997）。含矿层内局部磁铁矿赋存于变质绿片岩下部相带之下，表明其为还原的、低硫溢度和温度升高的流体条件。综合考虑矿物组合和围岩相带，早古生代的铁矿可能赋存于著名的 Wabana 型铁矿石中（Ranger，1979）。

Rhenohercynian 盆地 Ardenne 陆架泥盆系中可见另外一类鲕粒铁矿石（Dreesen，1989）（表 1）。铁矿的鲕粒结构和灰岩中大量生物碎屑表明其沉积环境为海相高能环境。铁矿石形成初期海底氧含量低，之后氧含量上升，鲕绿泥石含量减少，赤铁矿含量稳定（表 1）。从各方面看，Rhenohercynian 盆地下泥盆统 Clinton 型铁矿均与奥陶系铁矿等时。

表 2　层序地层学相关词汇表

层序地层学要素	解释
体系域	海平面位置决定的地层单元（见高位体系域、海退体系域）
层序	成因有联系的层组成的比较整合的序列，顶底均为不整合面及相关的整合面
准层序	由滨岸相—河流相沉积组成的向上变浅旋回形成的整合接触的地层序列，以海泛面为界面
凝缩层	以低于沉积速率沉降的层段，形成于可容纳空间最大增长期；随最大洪泛面终止
层序界面（SB）	相对于硅质碎屑来源比较近端的不整合面，在更近端位置为整合面。代表层序地层格架内最大海退
整合	连续地层序列，无沉积间断
不整合	一种新地层与老地层之间的界面，发育陆上侵蚀作用；含有沉积间断的不连续地层序列
洪泛面（FS）	一个地层序列单元的顶界面，反映了海侵期一次水深显著增大
海侵面（TS）	代表第一次明显的洪泛
最大洪泛面 / 带（MS/MFZ）	对应海侵最大的地层格架的界面
可容纳空间	沉积作用刚开始时在海平面和基底之间能够存储沉积物的总空间量
高位体系域（HST）	具有逐级进积型准层序叠置方式特征的体系域；在海平面上升期后半部、海平面静滞和海平面再次下降早期出现
海侵体系域（TST）	由一系列退积型准层序组成的体系域，特征是一次快速海平面上升期间一系列洪泛事件组成的序列
低位体系域	在相对海平面下降期间沉积的特征体系域（在沉积型滨岸坡折带海平面下降速率超过沉降速率）
下超面	一种海泛面，位于海侵体系域顶部，其上为上覆高位体系域下超形成的进积型斜坡

注：关于层序地层学原理的更多信息可参考 Wilgus 等（1988），Emery 和 Myers（1996），Miall（1997），Posamentier 和 Allen（1999），Homewood 等（2000）以及 Catuneanu（2003）。

中生代，鲕粒铁矿石间断地分布在德国盆地北部的 Liassic-Malm 地区（Seitz，1950；Bottke 等，1969）和德国盆地南部的 Liassic 与 Dogger 地区。侏罗系铁矿石位于 Lorraine 湾（F）和 Luxembourg（L），Minette 也是因此命名的（Bouladon，1989）。含铁的侏罗系矿层数量可达 12 个，其中铁矿种类多样（表 1）。此处存在的成岩黄铁矿和菱铁矿，以及磁绿泥石均指示孔隙水类型为缺氧—无氧（Raiswell 等，1988；Siehl 和 Thein，1989）。对瑞士 Jura 山脉铁矿的研究结果表明其为生物成因（Burkhalter，1995）。中—下侏罗统含铁序列可见交错层理和生物钻孔，局部见含铁或含磷的硬底夹层。Minette 铁矿研究结果表明，其沉积环境为近岸海相高能体系向盆地方向过渡为完全封闭的沉积体系（Collin 等，2005）。尽管形成时代不同，但古生代与中生代铁矿石形成的层序地层格架是相同的。

奥陶系铁矿的下矿层段位于陆棚砂岩顶部（图 2）。海平面低位期的河谷下切作用微弱且迅速稳定，记录了一次新的海侵（海侵面：TS）[图 3（a）]（Linnemann 和 Heuse，2000）。下矿层段可解释为滨岸相再沉积形成的，上矿层段及下伏 Lagerquarzit 代表一个潟湖—障壁岛沉积体系。上矿层段与下矿层段相似，也是一组顶部为海侵面的低位体系域沉积（图 2）。低位体系域形成于海平面下降且陆架暴露于地表的阶段。赤铁矿（或针铁矿）在海侵期形成于铁矿石内，表明低位体系域顶部为氧化环境。中矿层段为 Griffelschiefer 组页岩中的极粗粒夹层，解释为风暴浪基面之下泥岩中的风暴岩（图 2）。该矿层是在最大洪泛带（MFZ）中形成的，在这些陆棚矿床中，辉绿岩是最常见的铁矿物（表 1）。

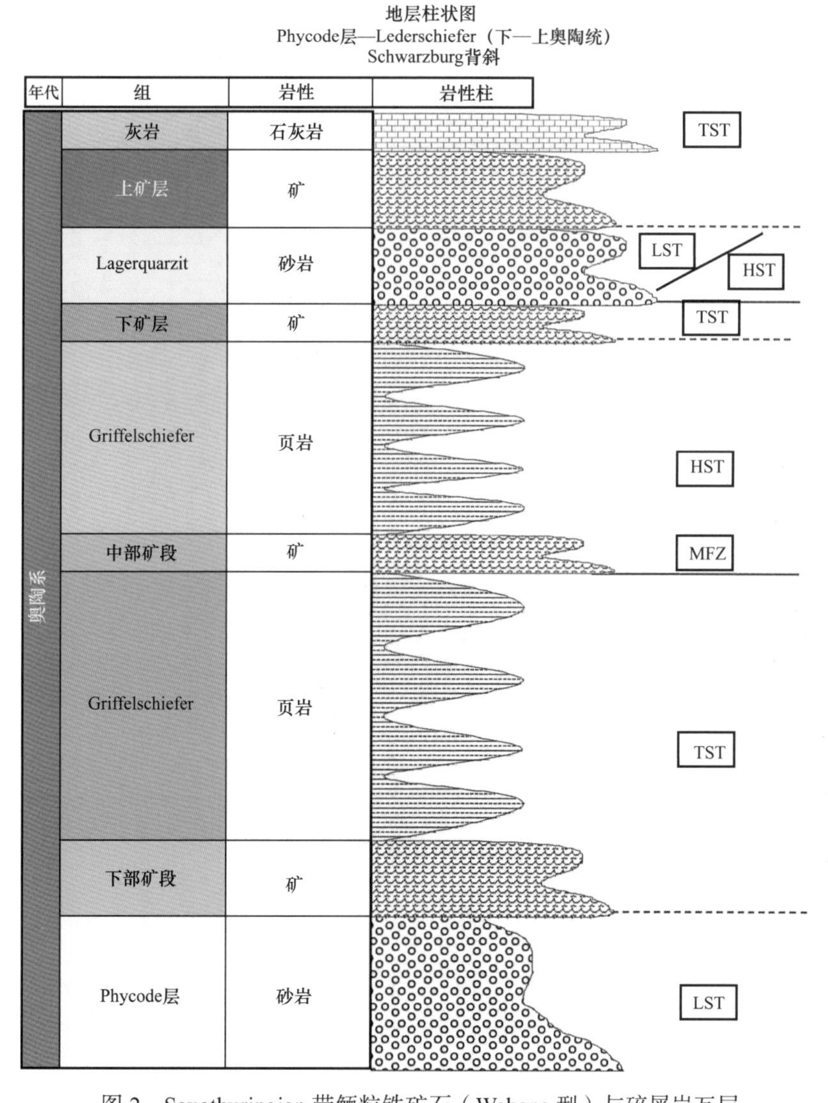

图 2　Saxothuringian 带鲕粒铁矿石（Wabana 型）与碎屑岩互层

该层序的比例尺与实际不符，为了清楚地展示矿层位置而夸大了其厚度。该剖面所展示的整个层序厚度约为 450m，岩性记录参考 Wurm（1962）、Linnemann 和 Heuse（2000）的著作。层序地层关键要素见图 1 图例

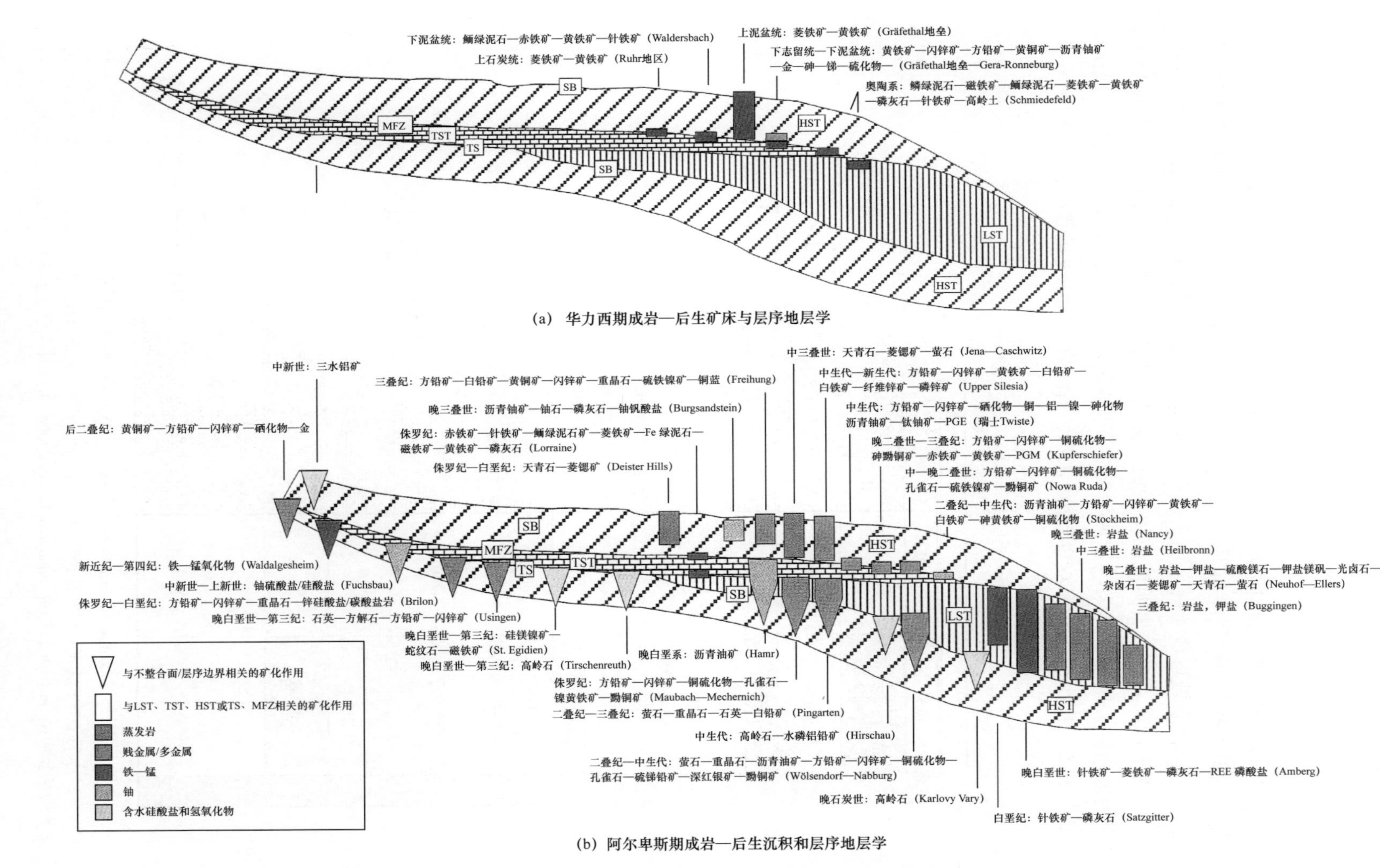

图 3　成岩—后生矿床的赋存样式和与层序界面相关的矿化作用

模式建立在欧洲中部理想化的层序地层背景中

泥盆系铁矿石与向上变浅序列及岩性边界处的硬底有关。Rhenohercynian 盆地内下泥盆统铁矿石代表了最大海泛面 / 带的沉积类型，与 Saxothuringian 盆地中矿层段的奥陶系铁矿沉积相似。泥盆纪含铁系统演化过程中氧气分压的显著增加表明海平面下降、通气性增强，且泥盆系铁矿石的矿化作用是从最大洪泛面向高位体系域下段过渡的。

侏罗系铁矿石可能也经历了同样变化。在侏罗纪浅水海洋环境中，铁矿石形成于向上变粗、变浅的巨层序顶部，每个巨层序代表一次海退过程（Teyssen，1989；MacQuaker 和 Taylor，1996）。每个旋回的顶部覆盖了一层硬底沉积物，代表一个沉积缺失界面，下部铁矿石偶尔发生强烈改造（Van Houten 和 Bhattacharyya，1982）。中上侏罗统铁矿石沉积于较深水环境（Collin 等，2005）。关于成岩铁矿与层序地层关键要素的关系目前没有统一的观点（Hallam 和 Bradshaw，1979；Young，1989；Burkhalter，1995；MacQuaker 和 Taylor，1996；MacQuaker 等，1996）。铁矿石被解释为层序界面的关联产物，而富含磷灰石的地层单元则形成于最大海泛面 / 带或海侵面附近［图 3（b）］（MacQuaker 和 Taylor，1996）。在浅水环境中、总沉积物沉积速率较低期间，以成岩型磁绿泥石—菱铁矿铁矿石的形成为特征。针铁矿鲕粒与富海绿石岩层向海洋方向递变为黄铁矿相。据 Collin 等（2005），铁鲕粒形成于最大海泛面 / 带或海侵面中的风暴浪基面之上。在德国南部这些铁矿石向上递变为厚层含沥青页岩，表明侏罗系铁矿石在最大海泛面 / 带处富集。

含铁矿物在时间和空间上的变化，归因于早成岩期沿海侵面和最大洪泛面硫酸盐和三价铁的还原作用。与最大海泛面（带）和海侵面结合的铁矿石具有向盆地延伸的特征，但就单个铁矿层的厚度而言，其厚度适中。向盆地方向追踪海侵体系域和最大海泛带，发现黄铁矿中鲕粒铁矿石富集，而黑色页岩中鲕绿泥石含量降低，分别以志留系黑色页岩和 Liassic Posidonia 页岩为例（表 1）（Dill，1986a；SchmidRohl 等，2002）。

向盆地边缘方向，最大海泛带最终与不整合面（层序界面）合并，表明此处为显生宙铁矿石内 Fe 和 Al 的来源。针铁矿和高岭石在靠近盆地边缘的铁矿石中变得更加富集。来自腹地的碎屑注入增加导致铁鲕粒含量的减少，因此向盆地边缘方向鲕粒铁矿石逐渐过渡为砾状铁矿（低位体系域）（图 3）。相反，陆源碎屑流入的减少可能有助于在更潟湖的环境中形成黑河铁矿石，铁沉淀由富含能够络合铁的有机物的河流形成。这些黑河铁矿石与低位体系域有关，其针铁矿含量大于菱铁矿；或黏土带和黑色层与最大海泛带结合，其菱铁矿含量远大于针铁矿，这些受到前陆盆地内地球动力位置的控制（图 3 和图 4、表 1）。黏土带沿华力西造山带的活动边缘分布，黑河型铁矿石发现于与前陆盆地被动边缘相交的凹陷内（图 3 和图 4）。

7.3.2.2 浅水海相砾状铁矿石和黑河型铁矿石（与 SP、低位体系域和海侵界面有关）

德国北部含针铁矿的砾状铁矿石和德国东南部含菱铁矿的针铁矿矿床均由腐殖质溶液沉淀而成，它们都位于层序界面之上（Kolbe，1962；Gudden，1984）（表 1）。这两种矿床均与 I 型层序界面有关，即当海平面下降到陆架坡折带之下时形成的不整合面。当白垩系河流下切进入侏罗系台地内的中侏罗统 Minette 铁矿中时，侏罗系钙质陆架沉积物暴露于地表，从而成为白垩系铁矿石的源岩（表 1）。当海平面快速下降，河流下切速度加快，峡谷两侧陡壁稳定性变差并发生垮塌［图 3（b）和图 4］，从而沉积低位体系域。峡谷下切速度的减慢及海平面的上升，预示着海侵体系域沉积的开始，峡谷被海相沉积物回填，在凹陷中心部分地区形成河口相，同时沉积物沿凹陷侧壁的滑动停止。随着氧化还原条件的改变，铁矿的矿化作用从凹陷底部以菱铁矿为主到凹陷上部以针铁矿为主；最终矿床被块体掩埋并避免了侵蚀（图 4）（Ruppert，1984）。

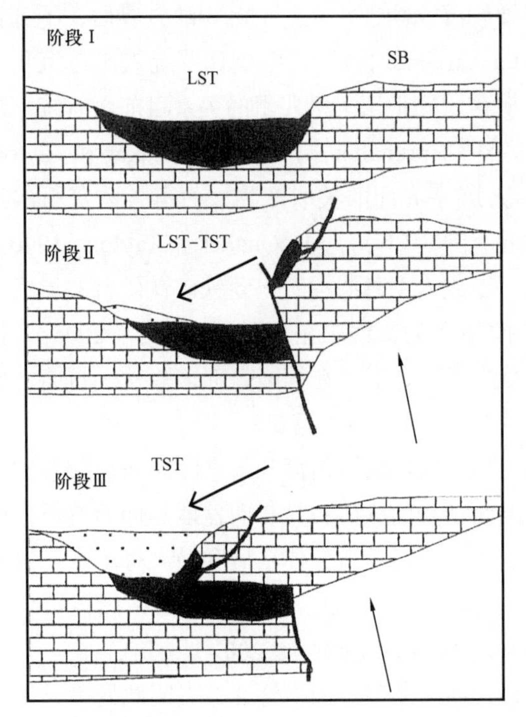

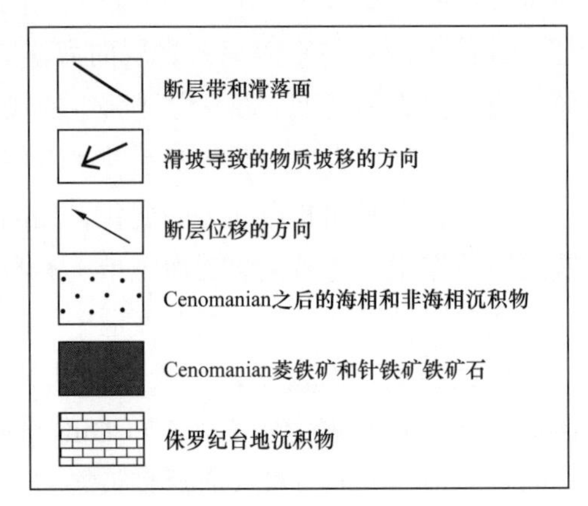

图 4　Amberg Eraformation 地区上白垩统菱铁矿与针铁矿的形成与保存模式（Gudden，1984），层序地层关键要素见图 1 的图例

薄底层的块状菱铁矿和厚顶层的块状针铁矿的垂直叠置样式表明，海侵体系域的下部边界为一个侵蚀不整合面（层序界面），峡谷隆起侧面发育的一种特殊类型的硅砾岩证明了这一点。向盆地边缘，含铁矿的低位体系域沉积物与红色含铁的铝铁质风化壳混合在一起，称为 Schutzfelsschichten，保护了上侏罗统灰岩台地免受侵蚀（Kaufmann 等，2000）。

在鲕粒铁矿以及细砾或黑河型铁矿沉积过程中，磷块岩聚集。这些磷酸盐反映了海侵面上超到了层序界面的上部。空间上与低位体系域有关的铁矿具中等程度的横向延伸，分布受下切谷和凹陷控制，但其矿体厚度可能远远大于具最大海泛带特征的铁矿层厚度。相反，与最大海泛带相关的铁矿石出现在更多的矿层中，并且比低位体系域内铁矿石的铁绿泥石含量更高。

7.3.2.3　浅海—近海的黏土带型和黑带型铁矿石（与最大海泛带有关）

上石炭统煤系黏土带型—黑带型铁矿石中强烈的生物扰动，表明其沉积速率较低（Kukuk，1938；Stadler，1979；Walther 和 Dill，1995）（表 1）。Saunders 和 Swann（1992）、

Coleman（1993）、Fredrickson 等（1998）以及 Dill 和 Wehner（1999）研究了地下水中细菌以及河流沼泽中生物铁矿化作用。这些研究认为，早成岩期菱铁矿结核常见于湖泊、河流沼泽和潮间泥沼中。晚石炭世含黄铁矿的菱铁矿形成于滨岸带沼泽和泥潭环境中早成岩阶段的还原条件下。

黏土带型—黑带型铁矿石在层序地层学上与最大海泛带有关。菱铁矿和少量黄铁矿是在通风不良的沼泽中的还原条件下形成的（Curtis 和 Coleman，1986）。这些矿化地点既不存在地表暴露，也不存在三价铁矿物。由于前陆盆地活动边缘中多次洪泛事件的影响，形成的煤层厚度小但数量多［图 3（a）］。在下伏低位体系域中发育的对应岩石称为黑河型或砾状铁矿石［图 3（b）］。

7.3.2.4 黑色页岩中多金属黄铁矿矿床（与海侵体系域和最大海泛带有关）以及碳酸盐岩中铁矿石（与高位体系域有关）

Saxothuringian 区和 Moldanubian 区在早志留世和早泥盆世发生强烈的地壳拉伸，并伴随着富含有机质页岩的沉积（上部和下部笔石页岩）（图 5 和表 1）。在早古生代页岩中，普遍存在层控的和脉状的含铁、锌、铜、锑、铅硫化物、自然金以及乌黑色沥青油矿。异常高的铀含量使得这些页岩成为金属含量低的铀矿，已经在 Gera-Ronneburg（D）附近开采多年［表 1 和图 1（b）］（Dill，1986a；Dill 和 Nielsen，1986）。当相对海平面下降时，盆地水深发生变化，静滞的 H_2S 带被 CO_2 带取代。由于水深的变化，含铁的 Ockerkalk 在志留纪海的涌浪和海脊顶部演化。

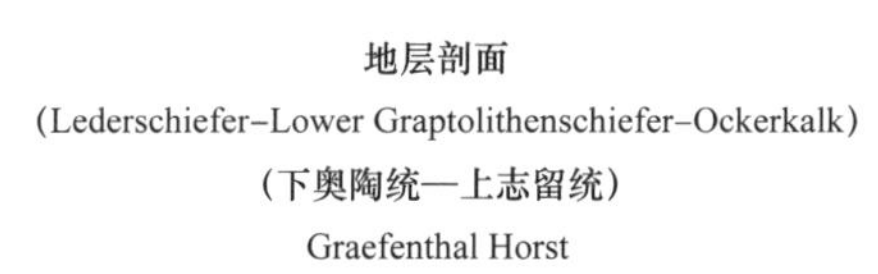

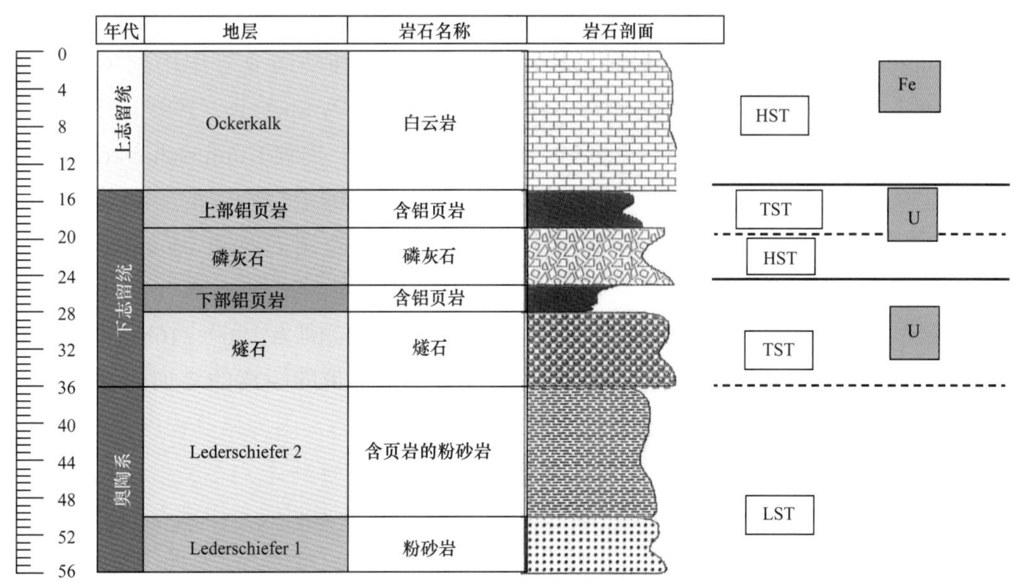

图 5 Saxothuringian 地区奥陶系—志留系黑色页岩中层控的多金属铀矿、针铁矿—菱铁矿的矿化作用

据 Dill（1985a）、Dill 和 Nielsen（1986），层序地层关键要素见图 1 图例

在含矿序列的典型产地（图5），奥陶系 Lederschiefer 的粉砂岩和粉砂质页岩为一种典型的贫铁冰川海相沉积物，代表奥陶纪的低位体系域。富含有机质的燧石和明矾页岩（深海陆棚和斜坡沉积物）代表了海侵体系域。含铀的明矾页岩下段与最大海泛带相关［图3（a）］。一些地质学家（Droste，1997；Wender 等，1998）根据电缆测井中观察到的伽马高值，将最大海泛带置于热水页岩单元的顶部。

沉积速率的突然降低是对最大洪泛事件的响应。与滨海环境中形成的更靠边缘的黏土带 / 黑色条带类比，这些近海沥青页岩代表了最大海泛带。快速进积的海相泥岩与全球海平面上升有关（Johnson 等，1991）。磷块岩结核表明，在靠近旱地的环境中，在短暂的高位体系域阶段，海相磷酸盐发生了一些改变。另一个海侵体系域以上部明矾页岩为代表，紧接着是 Ockerkalk 的高位体系域。层序界面穿过 Ockerkalk 钙质单元的最顶部。Ockerkalk 同成岩期形成的铁，包括岩溶作用阶段菱铁矿被针铁矿交代。上部笔石页岩段代表了后续的海侵体系域矿床，其岩性和矿物成分均与下部笔石页岩段相当。这些多金属、低品位和大吨位的笔石页岩矿床类似于二叠系 Kupferschiefer 矿床。

7.3.3 贱金属矿床

7.3.3.1 页岩内以铜为主的贱金属矿床（Kupferschiefer 型）（与层序界面、海侵体系域和最大海泛带有关）

晚二叠世初期，中欧陆表海盆地被 Zechstein 海淹没，形成了晚石炭世至早二叠世岩石上的第一个海侵单元，即 Kupferschiefer 沉积物（图6）。铜、铅、锌和铂族元素（PGE）在无氧—贫氧条件下富集在 Kupferschiefer 黑色页岩的层状、准整合状以及局部、不整合矿化层中，它们位于波兰和德国中部到东部的下伏 Weissliegend 砂岩和上覆 Zechstein 石灰岩中（Sawlowicz 和 Wedepohl，1992；Kucha 和 Przylowicz，1999）（图6）。前人对 Kupferschiefer 的成因提出多个模式和观点，从单纯的同成岩作用到表生成岩作用（Rentzsch，1974；Vaughan 等，1989，Dill 和 Botz，1989；Speczik，1995；Blundell 等，2003）。Bechtel 等（1999）的伊利石 K–Ar 定年可能有助于找到 Kupferschiefer 成因的最合理解释。黏土矿物粒级［$2M_1$、1M 和（或）$1M_d$ 伊利石的混合物］的年龄数据，间接指出了波兰 Zechstein 盆地内 Kupferschiefer 组贱金属矿化作用的时间。Kupferschiefer 层矿化带中<2μm 部分的 K–Ar 年龄值落在 250Ma 附近很小的范围内，而非矿化带中岩石年龄范围较大，从 277Ma 到 348Ma。成岩伊利石的年龄范围为 190～216Ma（Scythian，Bunts 和 stein），并且随着与 Rote Fäule 带附近贱金属矿化带的距离的增加而增加。这些数据表明，铜的矿化发生在 Kupferschiefer 沉积（258Ma）后，因为结晶程度、$2M_1$/（lM+$1M_d$）和伊利石 K–Ar 年龄随着距离铜矿化带不同而不同，这些差异不能单一地解释为波兰 Zechstein 盆地内 Kupferschiefer 层的埋深不同。这些结果表明成岩伊利石的形成是由矿化事件引起的。

Tucker（1991）和 Strohmenger 等（1996）根据层序地层学的概念对将上二叠统 Zechstein 组划分为 4～6 个旋回的经典方案进行了改进。ZS1 旋回位于 ZSB1 之上，并通过 ZSB2 与 Zechstein 的盐湖层系分隔开，ZS1 旋回内同成岩期的 Kupferschiefer 段被解释为凝缩段，指示了 Zechstein 第一个层序中的最大洪泛事件［图 3（b）和图 6（a）］。莓球状黄铁矿、黄铜矿、斑铜矿、方铅矿、靛铜矿、砷铜矿和闪锌矿是这次洪泛事件的产物。此类硫化物矿化作用的一个实例是不整合地位于 Stockheim 盆地 Werissliegendes 砂岩层之上的细小 Kupferschiefer 矿层（Dill 和 Botz，1989）［图 7（b）和表 1］。

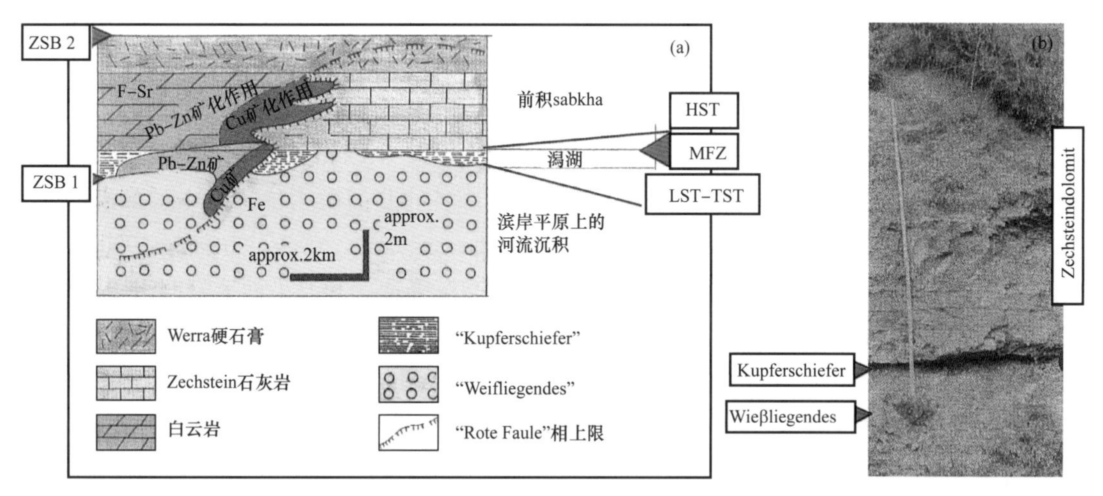

图 6　中欧 Kupferschiefer 矿床

（a）本文中含有贱金属和蒸发岩的岩性、沉积相与层序地层单元示意图（Rentasch，1974）。（b）德国南部 Stockheim 附近 Kupferschiefer 露头。层序地层关键要素见图 1 图例

Kupferschiefer 矿化的后生部分沿海侵体系域和高位体系域的准层序分布［图 6（a）］。许多开采 Kupferschiefer 型矿石的废弃矿床沿 Rheinisches Schiefergebirge 东部边界线型排列（Kulik 等，1984）。这些矿床紧挨着 Marsberg 多金属铜矿。

从成矿角度分析，该采矿区或许可以作为不整合面相关金属矿床与华力西造山晚期 / 阿尔卑斯早期不整合面之上的层状矿床之间的联系。与 Marsberg 矿床矿化过程相关的水平界面可以理解为 Zechstein 海侵蚀中欧隆起基底地块的海侵面。在图 6（a）中，从海侵面延伸到下伏 Weissliegendes 层中铜的矿化作用可视为此次矿化作用的代表。Kupferschiefer 型后生矿化作用持续到三叠纪，但除了同成岩期矿化作用外，它只发育于 Kupferschiefer 地区南部海岸线的几个地点［图 6（a）］。

整个 Kupferschiefer 盆地都出现了异常高的贱金属含量。严格意义上的 Kupferschiefer 矿床仅分布在德国东部和波兰北西—南东走向构造带中（Sudetic 沉积前向斜、北 Sudetic 向斜、Lusatia 下段），该构造带与俄罗斯台地西缘称为 Tornquist–Teyssere 的北西—南东走向缝合带平行。另一个相当薄弱的地壳带是德国中部结晶高地，走向北东—南西。在 Kupferschiefer 盆地内，这些缝合带非常关键，因为它们构成了贱金属矿床在其他闭塞环境或低金属浓度下侵位的第三维空间。层序地层学平面要素与垂直的深部线性构造的交汇，控制着金属矿床的位置。

在整个盆地范围内研究 Rote Fäule 相关的 Kupferschiefer 矿化作用，把我们的想法引向另一个在盆地边缘红层和灰层之间过渡的氧化还原跃层，以及位于砂岩中以铜为主的二

叠纪—三叠纪贱金属矿床［图 6（a）］。

7.3.3.2 砂岩中以铜为主的贱金属矿床（与海侵体系域、最大海泛带和高位体系域有关）

在局部地区，海侵体系域中发现了一些金属前驱物，也称为“原生矿”或“低金属浓度”，而电缆测井中伽马值的升高表明存在一定含量的铀（Ludwig，1961）。在本次沉积学—成矿学研究中，沉积型铜矿床的岩相模型以及 Kupferschiefer 型和砂岩型铜矿之间紧密的空间关系，可用来将最大海泛带延伸进入大陆沉积物中［图 3（b）和图 6］。

Autunian 期和 Scythian 期成岩铜的矿化发生在德国 Wrexen 和 Twiste 盆地边缘附近的湖泊—河流为主的环境中（Walther，1986）。最著名的此类矿床位于 Horní Vernérovice（CZ）、Nowa Ruda（PL）和 Okrzeszyn（PL）（Cadková，1971；Osika，1986，1990）。这种二叠—三叠系寄主岩中的多金属铜矿被解释为在高沉降速率和海平面上升期间侵位在海侵体系域的最向陆部分。二叠纪和三叠纪红层的矿化通过最大海泛带，与更靠近盆地位置的 Kupferschiefer 型矿床相关联，例如 Mansfeld–Sangerhausen、Konrad–Lena［图 3（b）和图 6］。细粒、富含有机质沉积物与较粗粒含有铜矿的曲流河道砂岩的叠置样式，相当于 Wilgus 等（1988）概念模式中最大海泛带向高位体系域下部准层序组的过渡。最大海泛带终止了海侵体系域最顶部的准层序组，向陆地方向上超到层序界面之上。该层序界面对本节所述的成岩砂岩中贱金属矿床的发育以及下一节所述的脉型矿床和浸渍作用至关重要。该层序边界截切了基底的源岩，该基底是成岩砂岩中贱金属的来源，是后生沉积型矿床形成的地水平面，并且与脉型含 F–Ba–U 的贱金属矿床相关。

7.3.3.3 沉积物中脉状含 F–Ba–U 的贱金属矿床（与层序界面过渡到低位体系域和海侵面有关）

欧洲中部华力西晚期 / 阿尔卑斯早期不整合面是一个层序界面，其上是上石炭统—三叠系的台地沉积物（甚至有早侏罗世沉积岩）且岩石在华力西造山作用下发生了变形［图 1（a）］。与华力西晚期 / 阿尔卑斯早期不整合面相比，阿尔卑斯晚期不整合面被白垩纪和第三纪硅质碎屑台地沉积物覆盖，颗粒粒径包括了从砾级到黏土级的整个粒度范围。这些不整合面形成了多个适合深层脉状以及砂岩型和石灰岩型矿床的地水力平面，这些矿床在侵蚀界面（层序界面）被垂直断层相交时发生了侵位［图 1 和图 3（b）］（Dill，1988a，1994）。

与不整合面有关的深成贱金属、萤石、重晶石和铀矿出现在台地沉积物内或古生代基底岩石不整合面的正下方（Endlicher，1977；Bouladon，1989；Stedingk 和 Stoppel，1993；Schneider 等，1999）（表 1）。一些年龄数据范围为 295 ± 14Ma（Nabburg–Wölsendorf）到 170 ± 4Ma（Maubach–Mechernich）支持这样的观点，即这种不整合面相关矿化作用与三叠纪和中侏罗世之间特提斯洋海底扩张相关的热过程有关（Dill，1988a；Walther 和 Dill，1995；Schneider 等，1999；Hauptmann 和 Lippolt，2000；Schneider 等，2003）。含矿、高盐度且碳酸氢盐富集的流体在 250～300℃时可达 20%NaCl 当量（Möller 和 Lüders，1993；

Heijlen 等，2001）。基岩和覆盖层之间水动力和化学条件的差异，是深部循环卤水在不整合面上方和下方侵位深成矿化的原因，卤水在组成上属于 Ca–Na–Cl 系统。这些流体沿着基底—沉积盖层边界附近的断层上升，并在浅层且 180℃的中等温度条件下与含有 SO_4^{2-} 和 HCO_3^- 的层内溶液混合（Behr 和 Dill，1986）[图 1（c）]。Behr 等（1987，1993）认为这些卤水来自二叠纪—中生代的硬石膏和石盐矿床。不整合面上方砂岩型矿床和下方脉状矿床中方铅矿的铅同位素值显示出类似的趋势，并证明这两种铅矿化均具有共同的金属来源（Large 等，1983；Krahn 和 Baumann，1996）。Sr 同位素研究表明，重晶石中的 Sr 来自下伏花岗岩（Dill 和 Carl，1987）。

除了砂岩中赋存的与不整合面相关的矿床外，La Calamine（B）和 Brilon（D）附近还有铅锌矿床，在这两个地区不含硫的锌矿出现在灰岩中碳酸盐矿物溶蚀形成的洞穴中（Schaeffer，1984）[图 3（b）]，其形成年代为侏罗纪—白垩纪（Dejonghe，1998）。硅锌矿晶体的均一温度（T_h）范围在 70～190℃，T_m 数据表明其盐度接近 0%NaCl 当量（Brugger 等，2003；Hitzman 等，2003）。根据碳酸盐矿物化学分析计算出的 Fe/Mn 表明，在与阿尔卑斯晚期不整合面有关的矿物沉淀过程中，氧化条件优先于还原条件（Schaeffer，1984）。

在 Marsberg（D）地区石炭—二叠纪碎屑岩和碳酸盐岩中发现了一个与不整合面有关的铜矿化作用的复杂例子（Stribrny，1987）。F–Ba 溶液的形成温度（200～250℃）的化学组成（Na–Cl–Ca，盐度大于 100g/L）在很远的距离上是相似的，其可能来自沉积岩的地层水（Möller 和 Lüders，1993；Klemm，1994；Krahn 和 Baumann，1996）。Marsberg 地区铜矿位于沿 Rheinisches–Schiefergebirge 东部边界的 Kupferschiefer 型矿床附近，架起了不整合面相关矿床与层控矿床之间的桥梁 [图 1（a）]。

被动大陆边缘和陆内裂谷环境中的华力西晚期 / 阿尔卑斯早期和阿尔卑斯晚期的不整合面主要为 Ⅰ 型层序界面。在 Rheinische Schiefergebirge，上白垩统的海侵覆盖在碎屑岩风化层上，中断了古生界钙质岩的溶蚀作用，并为下面的 F–Ba–Zn–Pb 脉型矿床奠定了基础。喀斯特地貌发育于碳酸盐岩型铅锌矿床上，高岭土风化层发育于附近 Westerwald 的硅质基岩上，Lahngebiet 的成岩和后生磷酸盐的形成是 Rheinisches–Schiefergebige 边缘附近相对海平面下降的结果。层序界面是将相同地质历史时期各种不同地质过程联系在一起的关键的层序地层学要素，层序界面在碳酸盐岩型铅锌矿（被称为 Silesian 型 MVT 矿床）中也起到了类似的作用。

细粒沉积物在上白垩统（TST）期间侵入基底之上，或覆盖在中 Bunter 统（LST）冲积扇至河流扇滞留沉积物之上，从而对层序界面周围对流循环流体的水力系统进行封闭。粗粒冲积—河流扇沉积物的另一个盖层是上 Bunter 统的泥质岩和蒸发岩，它们被解释为海侵体系域和高位体系域（Aigner 和 Bachmann，1993）。在欧洲中部，白垩纪和中三叠世（安尼阶）的海相封盖层均未被脉状贱金属或萤石—重晶石矿床贯穿。

可容纳空间由层序界面顶部充填了粗粒碎屑岩的狭窄坳陷（如 Maubach–Mechernich）和其底部的岩溶作用（例如 Brilon）提供。Detfurth 和 Volpriehausen 旋回（Boigk，1959）中 Bunter 统低位体系域期间沉积的基底滞留沉积物展示出相当大的孔隙度和渗透率变化范围，使得诸如Maubach-Mechernich（D）的矿石浸渍得以发生。另一个产生孔隙和空间的过程是块体断裂和拼接作用，其可影响到层序界面正下方的基底部分［图1（a）］。沿正断层的断层移位为矿化流体循环和矿物沉淀创造了必要的空间。这些断层构造伴随着围岩中的强烈变形带，其中孔隙度因角砾化作用而增加，为随后的异种矿化提供了空间。

时空上受层序地层学关键要素，如层序界面、海侵界面和海侵体系域控制的与不整合面相关的矿床，具有有限的垂向延伸但相当大的横向延伸，其走向长度受与层序界面相交的主断裂或深部线状断裂带的走向控制。在Jilové和Teplice Spa/Bohemia（CZ）地区，萤石矿床位于白垩系中渗透性和非渗透性岩层之间的接触面上。这些矿床是在过去0.5Ma中由仍然活跃在该地区的热泉形成的（Cadek和Malkovsky，1986）。这些矿床位于Eger地堑北缘附近，代表了Cenomanian阶和下Turonian阶沉积物中最年轻的不整合面相关或层序界面相关矿床。在过去0.5Ma中，温度在90～100℃之间的热泉导致矿化作用的发生（Reichmann，1983）。

7.3.3.4 碳酸盐岩中以锌为主的贱金属矿床（与高位体系域和层序界面有关）

中三叠世Muschelkalk钙质岩中的贱金属出现在透镜状矿脉中（Hofmeister等，1972），该矿脉在上西里西亚Cracow附近钙质的下Muschelkalk陆架层系中开采，并且在Wiesloch（D）附近上Muschelkalk碳酸盐岩中观察到（Gehlen von，1966；Sass-Gustkiewicz等，1982）（表1）。原生的铅、锌、和铁硫化物在氧化条件下转化成白铅矿、菱锌矿和针铁矿。不含硫的锌矿的矿化作用是在隆起与岩溶作用、地下水位波动和风化作用复杂相互作用过程中通过表生氧化产生的（Boni和Large，2003）。母岩岩性、区域地质背景和矿化作用是MVT矿床的典型特征。

欧洲中部中三叠世MVT矿床的母岩地层符合Aigner和Bachmann（1993）阐述的德国三叠纪层序地层格架，该格架由Narkiewicz和Szulc（2004）提供的波兰半封闭的环特提斯—日耳曼盆地的动物群数据证实，他们发现大部分特提斯物种与下Muschelkalk的最大海泛带和上Muschelkalk的海侵域相关［图3（b）］。

铅锌的矿化作用形成于高位体系域的钙质岩中。MVT矿床钙质主岩的岩溶作用有利于高位体系域顶部的侵蚀面发育，相当于层序界面的位置。在上西里西亚，另一个层序界面使古生代基底岩石与中三叠世含矿白云岩接触，而在Wiesloch（D）地区，Rhein地堑边界断层导致Muschelkalk岩石与地堑内充填的第三纪岩石并列（Sass-Gustkiewicz和Kwiecinska，1999）。来自盆地边缘附近地压带的对流和短距离流体对于上西里西亚矿床（Carpathian前渊）和Wiesloch（Rhein地堑）的MVT矿床的侵位至关重要。同位素研究已经证实，流体的长期流动一直持续到第三纪。重晶石的硫同位素值非常高（+93‰），是由于邻近的上莱茵地堑第三系中排出的烃类造成的（Gehlen von，1966）。在上西里西亚矿物区，古地磁研究表明流体流动与Carpathian前渊带的地质过程相关（Leach等，1996）。中Muschelkalk的蒸发岩（代表LST）为穿过下Muschelkalk上升的多金属流体提供了最佳封闭层；而在上Muschelkalk内下Keuper层中的泥质岩（代表TST）封闭住了这类流体。

7.3.3.5 砂岩中以铅为主的贱金属矿床（与海侵体系域和渐变为层序界面的高位体系域有关）

在中、晚三叠世，日耳曼省的陆表海暂时与开阔海分隔，导致强烈的蒸发，从而形成了 Sabkha 矿床，其中含有的菱锶矿、天青石和萤石呈透镜状和层状，含有的石盐矿层在德国南部和法国可达 40m（Walther 和 Dill，1995）。

在盆地边缘 Freihung（D）周围砂岩中（图 7），晚成岩至后生成因的方铅矿和白铅矿出现在滨岸砂质岩和盆地泥灰岩接触带中（von Schwarzenberg，1975；Gudden，1975；Schmid，1981；Dill，1990）。铅的矿化作用可以用盐水混合模型来解释（图 7），这种环境类似于现代滨岸撒布哈环境的向陆部分。向盆地方向流动的溶液中含有铅。强烈的蒸发作用引起富含硫酸盐和碳酸盐的盐水回流，并向陆地方向迁移。两种卤水的混合使得 $PbCO_3$ 沉淀下来，并交代 Freihung 采铅区的 PbS（图 7）。铅来自片麻岩、花岗岩和长石砂岩中钾长石的分解，这被认为是某种"花岗岩洗"。德国 Hirschau-Sehnaittenbach 的高岭土含有极高的 Pb、Cu、Cr 和 P 含量。高岭土化之前的长石砂岩的成分为 56% 的石英和 44% 的钾长石。高岭土来源于三叠纪长石砂岩中钾长石的风化作用（Köster，1980）。讨论盆地边缘附近砂岩中的 Pb 矿时，不得不考虑更靠近盆地方向的蒸发岩，以及 Bohemian 地块隆升基底西缘大型的与不整合相关 / 层序界面相关的含 Pb 高岭土矿床［图 3（b）］。

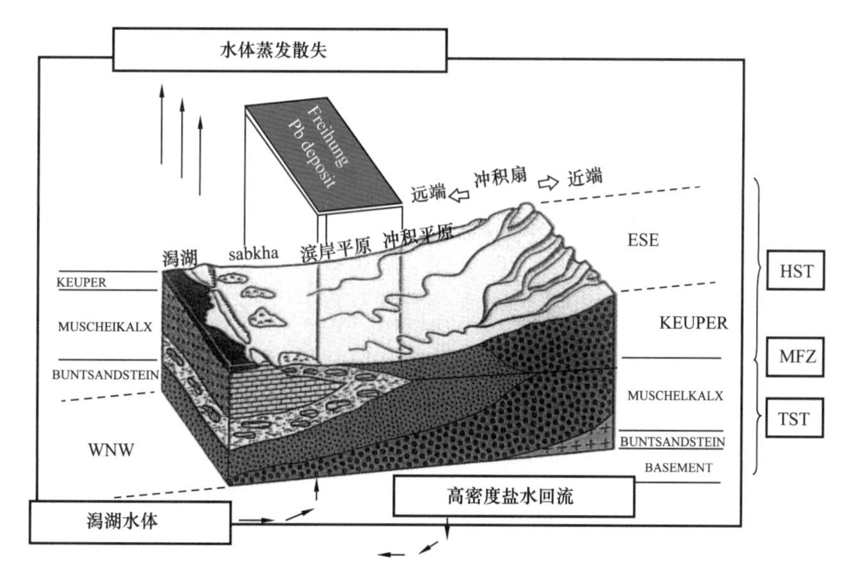

图 7　Freihung 铅采矿区古地理图及其层序地层特征

钾长石分解形成的含 Pb 地层水沿河道向下流动，在具有平坦地形的短暂湖泊附近形成白铅矿。层序地层关键要素见图 1 图例，箭头表示由于蒸发和地下水位波动引起的流体运移

盆地中心含钠蒸发岩是低位体系域的矿物学表现。层序界面与下伏地层中凹陷部位内充填的蒸发岩序列的底部位置重合。Freihung 矿区不纯钙质岩与含铅长石砂岩相互交错，相当于海侵体系域—高位体系域的过渡带。与前文讨论的很多贱金属和铁矿不同，这些砂岩型 Pb 矿的分布不能通过简单地追踪最大海泛带来限定。在以硅质碎屑岩为主的边缘相中，最大海泛带无法准确识别。砂岩中含白铅矿的透镜体位于高位体系域内部，并伸入下

部的海侵体系域中（图7）。在盆地边缘，不同体系域上超到基底岩石上，导致不整合面相关（层序界面）的表生高岭土矿床或含Pb的长石砂岩发生演化。在德国Freihung，这种长石砂岩中金属含量低，或位于从基底向白铅矿床运移通道的中间位置。

7.3.4 蒸发岩沉积

7.3.4.1 含钠、钾和苦盐的蒸发岩矿床（与高位体系域上覆的低位体系域有关）

在Kupferschiefer沉积后，Zechstein盐在二叠盆地南部聚集[图6（a）和表1]。石灰岩、蒸发岩和泥岩旋回沉积中的氯化钾和氯化钠是荷兰、德国和波兰地区采矿作业的目标。在Eschwege（D）附近，成岩作用除形成白云石外，还形成少量的萤石和天青石，局部含有菱锶矿假晶（Schulz，1980；Ziehr等，1980）。岩相观察和地球化学分析，例如镁—钙置换和MgF^+聚合体的形成，表明萤石是在碳酸盐岩早成岩期白云石化作用时形成的（Möller等，1980）。

德国北部盆地Zechstein海的含盐层序反映了台盆中进积的萨布哈，其向开阔海方向局部被障壁岛封闭（Sannemann等，1978；Schreiber，1986），这与波斯湾地区的陆表—浅海类似。盆地充填物包括一系列反应不同萨布哈环境的沉积单元，其低位体系域（K–Na–Mg–Cl–SO_4）在台地边缘处上超到高位体系域蒸发岩和灰质岩（白云岩、菱锶矿、天青石和萤石）之上，并超覆到台地顶部（Strohmenger等，1996；Sarg，2001）。这种层序地层划分方案也适用于Rhein地堑（例如Buggingen）第三系和中Muschelkalk（例如Stetten、Heilbronn和Bad Freidrichshall）的蒸发岩层，即使在中Muschelkalk卤水蒸发期间，盐水中的盐分也没有达到沉淀钾盐的过饱和水平（Bouladon，1989）。

7.3.4.2 菱锶矿、天青石矿和萤石矿（与渐变到层序界面的高位体系域有关）

侏罗纪末盆地的封闭再次引发了德国盆地北部的超咸卤水条件和天青石的沉淀，与硬石膏交替出现（Müller，1962），其锶同位素和硫同位素值与晚侏罗世海水值一致。上侏罗统的沉积环境和晚成岩过程与卡塔尔沿岸一带第三纪开始的现代撒布哈环境非常相似（Dill等，2005）。德国北部上侏罗统至下白垩统[Deister Hills（D）和Hemmelte（D）含有蒸发岩]，与邻近荷兰进行层序地层对比仍然困难重重（Hoedemaeker，1999，2002）。I型层序边界画在Serpulite段底部，Serpulite段是Münder组的一部分，含Sr的蒸发岩位于此组中。蒸发岩层序被解释为高位体系域的一部分，其顶部层序边界为侏罗系、白垩系界面[图3（b）]。

7.3.5 铀矿

7.3.5.1 煤中和页岩中的铀矿（最大海泛带）

煤沼泽和沼泽—边缘湖相沉积物清除了Saxothuringian阶和Moldanubian阶从含铀花岗岩上形成的腐泥中排放到盆地中的含铀溶液[图1（a）]，这一过程导致了同成岩型铀矿的形成，其中烟灰沥青铀矿被认为是铀与相伴生的铅、锌、铜和砷硫化物的寄主（Barthel 和 Hahn，1985；Dill，1987）。考虑到成岩铀矿化的物理化学条件和寄主岩的层序地层背景，华力西期前渊中的黏土带和黑带与山间盆地富含烟灰沥青铀矿的可燃页岩有很大的不同。这两种矿化都是在还原条件下发生的，并受最大海泛带强烈控制［图 3（b）］，并将其不同的元素组合归因于不同的烃源岩。花岗岩和酸性火山碎屑岩 / 火山岩中铀含量较高，在 Saxothuringian 阶和 Moldanubian 阶内占优势。在古生代末期沉降形成的 Intrasudetic（PL）、K1adno–Rakovnik（CZ）和 Stockheim 洼地，成为与最大海泛带相关铀矿最佳的沉积地点（表 1）。

7.3.5.2 板状砂岩中的铀矿（高位体系域）

在德国南部晚三叠世（Norian）期间，由基底向盆地方向的单向流体运动导致铀在河流相长石砂岩中富集（Ballhorn 和 Wollenberg，1979；Dill，1988b）。根据其形态，各种砂岩型铀矿可描述为准整合的板状或卷状（图 8）。结晶程度低的沥青铀矿和少量与硫化物伴生的水硅铀矿在高渗透性河道砂体和低渗透性泥质泛滥平原沉积物之间的界面处富集。含铀的硬壳在这些古老河流汇水系统中活动的和废弃的河道附近形成，从而标志着沿盆地边缘露头带活动的大气淡水补给。含铀硬壳是较强氧化条件下蒸发泵吸形成的，铀“卷轴”在随后的较还原条件下通过地表水形成，其方式与 Freihung 地区 Pb 矿化没有太大差别（图 7）（Dill，1988b）。盆地南部陆相上三叠统砂岩含有板状铀“黑色矿床”和含铀硅质壳、磷质壳和钙质壳，构成了高位体系域的一部分，这与 Freihung 地区铅矿相似［图 3（b）、图 7 和图 8］。

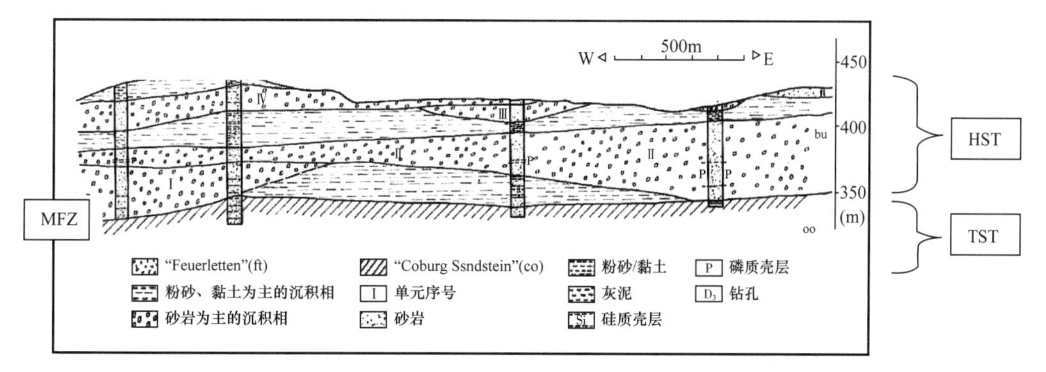

图 8　德国南部上三叠统 Germanic Facies 省 Burgsandstein– Stubensandstein 组砂岩中的铀矿。Burgsandstein 径流系统横剖面。下伏 Coburg Sandstein 代表了另一个河流的古地理背景，而 Burgsandstein 顶部的 Feuerletten 代表了干盐湖。层序地层关键要素见图 1 图例

7.3.5.3 不整合相关的砂岩型铀矿（与层序界面、低位体系域、海侵体系域和最大海泛带有关）

铀也在阿尔卑斯晚期不整合面附近富集。Königsstein（D）和 Hamr（CZ）中的铀矿位于地堑内，地堑底部充填了 Cenomanian 阶碎屑冲积扇沉积物，顶部充填了 Turonian 阶 / Coniacian 阶近滨—海相沉积物（Křibek，1989；Lange 等，1991；Čech 等，1996；Uličný，

2001）（图 10）。铀来自 Saxothuringian 阶晚华力西期的花岗岩，并于同成岩期在氧化还原障壁处形成卷状黑色含铀矿物。此类矿床内含有大量 Zr，其分布于水锆石、金红石和斜锆石中。Rudolphstein（D）和 Fuchsbau（D）的氧化还原障壁对铀的富集也至关重要，在那里，与华力西期原生岩无关的脉状矿床发育。在新近系，磷酸铀酰、硅酸盐和氧水合物在高岭石腐殖岩之下的准平原上形成，其深度约为 100m，靠近一个古老的含水层（Dill，1985c；Dill 等，2010a）。

根据 Ernst 等（1996）的研究，可以确定正在研究的含铀白垩纪硅质碎屑岩的层序地层位置。含铀层序底部有一个层序边界，顶部有一个洪泛带的层序地层格架被认为是这些卷型铀矿最合理的解释（图 9）。Turonian 海侵面被确定为白垩纪宿主砂岩中铀滚动前缘过程（roll-front process）的上限（图 9）。对铀的富集起到决定作用的因素是不整合面（I 型层序界面），它覆盖在附近华力西基底之上，在不整合面处不仅酸性源岩暴露地表遭受侵蚀，而且后续还发育了脉状矿床，例如 Fuchsbau-Fudolphstein（D）。尽管该不整合面形成于新近纪，与不整合有关的表生 Fuchsbau-Fudolphstein 型矿化的白垩纪前驱物可能是这些白垩纪铀矿的来源。自生矿物的放射性年龄测年结果表明，早在晚白垩世，华力西基底就开始了铀的表生再沉积（Dill，1985c）。

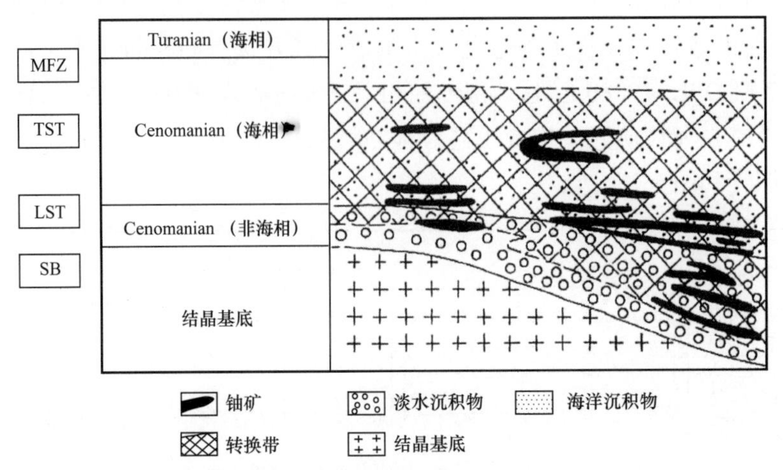

图 9　Hamr（CZ）沉积物中后生铀矿的矿化作用（据 Křibek，1989）

层序地层关键要素见图 1 图例

另一个与华力西晚期 / 阿尔卑斯早期不整合有关的表生铀矿的突出代表，位于 Gera-Ronneburg（D）地区。早古生代含铀黑色页岩从晚古生代开始发生化学风化作用（Lange 等，1991）[图 1（b）和图 5]。表生铀的再沉积始于晚古生代准平原作用开始的 240Ma 左右，到中生代末停止。

7.3.6　含泥质和倍半氧化物的残余沉积物

7.3.6.1　高岭土、铝土矿、硅镁镍矿矿床（与高位体系域和层序界面有关）

热带至亚热带气候下的侵蚀和表生蚀变使得 St. Egidien（D）和 Krěmže（CZ）的超

基性火山岩成为白垩纪—第三纪风化前缘，因此新加里东型硅镁镍矿可以发育（Schneider 等，1975）。高岭土在 Podborany（CZ）其他地点的采石场内发育，被认为是与华力西晚期/阿尔卑斯早期不整合在时间和空间上有关联的一种（古）腐泥土（Kužvart，1968）（图 1）。耐火黏土矿床，其中一些形成于 Bohemian 白垩纪盆地的 Cenomanian 阶或更年轻，是残余的或浅埋成岩矿化作用形成的，其厚度可达数十米，位于 Bohemian 地块花岗质母岩之上。在 Westerwald 矿区（D），露天开采的目的层是上覆于泥盆系砂质泥岩母岩上部的河流—湖相沉积物。在 Vogelsberg（D），铝土矿覆盖了中新世玄武岩的大部分（Schwarz，1993）。

乍一看，可能会提出反对联合处理这些残余矿床的观点，因为它们在基岩岩性和矿物学方面有所不同。从层序地层学的角度来看，这些差异变得不太重要，因为这些矿化具有相同的构造要素，其影响级别远远高于矿床之间的成分差异。高岭土、铝土矿和硅镁镍矿床与侵蚀面（层序界面）有关，而侵蚀面并非简单的或者独立的平面要素。向盆地方向，层序界面呈马尾状，在从古生代到第三纪的沉积记录中形成了间断的叠积模式[图 3（b）]。相反的方向，层序界面的拼合有助于侵蚀界面削截基底岩石和不同的岩性，后者的风化层残余物见于遮蔽位置的基底上[图 3（b）]，其中一些类型的风化层已在前文进行了讨论，它们向盆地方向与海侵面和最大海泛带过渡。

随着盆地边缘隆升速率加快，盆地边缘附近具层序界面的洪泛面的上超代表了剥蚀区域，也是外源性层控矿床中元素的来源。基底隆升速率的下降导致了这些风化土中的一部分得以保留下来，免受侵蚀，从而形成矿床。垂向位移的反转以及相对海平面上升速率加快（相当于海岸上超向陆迁移），导致风化残土形成，封盖了海相沉积，Rheinische Schiefergebirge 的风化土就是这样一个实例。

7.3.6.2　锰和磷酸盐矿床（层序界面）

在 Hunsruck 型矿床中，针铁矿和结晶程度低的氧化锰氢氧合物含量远超氧化铝氢氧化物，其来源为各种含铁的原生硅酸盐和方解石的分解作用，这些原生硅酸盐和方解石含有二价铁和锰（Dill，1985b）。在早中生世和上新世—更新世期间，大气淡水导致结晶程度低的氢氧化铁和氢氧化锰的富集，从而形成非红土成因的水成土（Dill 等，2010b；Dill 和 Wemmer，2012）。氧化锰矿物的钾—氩测年得出年龄为 1～25Ma（Hauptmann 和 Lippolt，2000）。

第三纪 Rheinische Schiefergebirge 地区，在古生代石灰岩上[Lahn 磷块岩（D）]的岩溶洞穴中和泥盆纪硅质岩上的黏土矿床（如 Lohrheim 高岭土矿床）中形成了含有钙、铝硫酸盐和磷酸盐的脉状矿床（Germann 等，1981；Dill 等，1995；Dill，2001）。这些硬砂岩矿床中某些矿物的 U–Pb 同位素数据表明，欧洲中部铝土矿、磷酸盐和锰铁砾岩的形成时期相互叠置（Dill，1985c）。然而，磷酸盐和铁砾岩的形成时期比铝土矿持续时间长，在第四纪岩石中仍然存在。成岩期锰和磷酸盐的矿化以层序界面为界，主要受前体物质的化学成分控制（Dill 等，2012）。

如此循环往复，周而复始。华力西基底风化地幔中结晶程度低的铁锰氧化物、氢氧化物和次生磷酸盐被解释为地下水铁砾岩，其受新生代复杂氧化还原影响的再分配过程控制［图 3（b）］。这些矿物是显生宙铁矿石中含铁矿物的来源［图 3（a）］。在浅海环境中形成的铁矿石矿物，与各种级别的海泛面有关。这些位于盆地边缘附近的洪泛面，上超到层序界面之上，控制着四价锰和三价铁矿物的空间分布（表 1 和图 3）。

7.4 结论

层序地层界面，如海侵面、海泛面和层序界面，是预测陆表海盆地和断陷地堑内成岩期和后生期矿床时空分布的关键因素。可将反映可容纳空间 / 填充比率的叠加模式绘制为钻井深度的函数，来提高油气勘探和采收率（Homewood 等，2000）。这种样式对矿床勘探意义不大，因为只有少数成岩矿床与体系域有关，并且与盆地沉降和海平面波动造成的相对容纳空间变化有关。

有效可容纳空间对非金属产品和能源资源具有决定作用，其中非金属产品如蒸发岩中从萤石（高位体系域）到光卤石（低位体系域）整个系列的矿物，能源资源如以铝铁硅钙层为界的海退型铀矿（高位体系域）。目前的观察表明，体系域相关的矿化作用发生于滨岸带撒布哈环境（Zechstein 盐）和陆内盐沼环境（砂岩内铀矿）的早成岩阶段，其中母岩与矿床的形成时间几乎没有差异（图 8）。盐层中的矿物可能经历了多次成分和结构的变化，在极端条件下，它们甚至可以在埋藏期形成侵入体并刺穿顶板岩石。蒸发沉积物的厚度（有效可容纳空间）占盆地沉降形成的总容纳空间（相当于盐层加上围岩的总厚度）的比率，是衡量盐动力过程强度的一个指标。

在高位体系域中发育的 MVT 矿床，其记录的地质条件与众所周知的碳酸盐岩中油气区带类似，其中流体（包括烃类）从超压的盆地深层排出，一个典型的例子就是 Wiesloch 铅锌矿。在体系域相关的矿床和油气藏中，圈闭的形成与元素的流动具有很强的垂向分量。与之相反，大多数层控沉积物中的矿床厚度中等，层序界面控制的脉状矿床迅速消亡。

几十年来，经济地质学一直是不同学派争论的战场，他们总是试图说服别的研究团队相信矿床是后生的，而他们的对手则将其归类为同生矿床，反之亦然。只要针对金属矿床的现代放射性测年技术还处于初级阶段，这两者之间就几乎没有妥协的余地。从层控沉积物内矿床中采集的年龄数据，无论是上升型还是下降型脉状矿床，都在不断增加，已填补了后生矿床与同生矿床倡导者之间的空白。例如，在 Bohemian 地块，放射性测年提供了证据，表明花岗岩中铀的矿化随深度而摇摆变化，而含萤石和沥青铀矿的深部脉状矿化在 Alpine 不整合面 / 层序界面下方的浅层开始（Dill，1986b）。

一段时间的热带气候引发了华力西晚期 / 阿尔卑斯早期准平原之上基底岩石的普遍表生蚀边，其截断了抬升的华力西基底块体并最终形成了具有商业价值的高岭土矿床。贱金属的脉状矿化作用，在空间分布上受 Kupferschiefer 海古地理的控制，与波兰矿区的后生 Kupferschiefer 矿化作用同期发生。

Wiesloch（D）、上西里西亚（波兰）地区中三叠统钙质母岩中和晚古生代常见界面（其限定了贱金属的矿化）上的 MVT 矿床中，可见贱金属的矿化。它属于 I 型层序界面，构成了下降型高岭石矿床的基底、上升型脉状矿床的盖层和晚白垩世海从大西洋和特提斯洋侵入华西期基底块体之上的海侵面。中欧大范围的矿床中有几个例子表明，过分强调后生型脉状矿床与层控同生矿床之间的差别并不可取，在实践中有时可能行不通。找出共同的联系线可以提供钻前地质参数，并帮助地质学家确定矿床的位置。

参考文献

Aigner，T. and Bachmann，G. –H.（1993）Sequence stratigraphic framework of the German Triassic. *Energie*，18，69–89.

Ballhorn，R. and Wollenberg，P.（1979）Uranvererzungen im mittleren Keuper von Baden–Württemberg. *Zeitschr Dt. Geol. Ges.*，130，527–534.

Baumann，L.（1979）Some aspects of mineral deposits formation and the Metallogeny of Central Europe. *Verh. Geol. B. –A*，3，205–220.

Barthel，F. and Hahn，L.（1985）Sedimentary uranium occurrences in western Europe with special reference to sandstone formations. *IAEA Tec Doc*，328，51–67.

Bechtel，A.，Elliott，W. C.，Wampler，J. M. and Oszczepalski，S.（1999）Clay mineralogy，crystallinity and K–Ar ages of illites within the Polish Zechstein Basin ; implications for the age of Kupferschiefer mineralization. *Econ. Geol.*，94，261–272.

Behr，H. –J. and Dill，H. G.（1986）Ore mineralization and fluid migration in the Mid European thrusted orogen. Preliminary studies for the "Continental Deep Drilling Program，" IAGOD Symp. Lulea，1.

Behr，H. –J.，Horn，E. F.，Frentzel–Beyme，K. and Reutel，C.（1987）Fluid inclusion characteristics of the Variscan and post–Variscan mineralizing fluids in the Federal Republic of Germany. *Chem. Geol.*，61，273–285.

Behr，H. –J.，Gerler，J.，Hein，U. F. and Reutel，C.（1993）Tectonic brines und Basement Brines in den mitteleuropäischen Varisziden：Herkunft，metallogenetische Bedeutung und geologische Aktivität. *Göttinger Arbeiten zur Geologie und Paläontologie*，58，3–28.

Bernard，J. H.，Cadek，J. and Klominsky，J.（1976）Genetic problems of the Mesozoic fluorite–barite mineralization of the Bohemian Massif. *Geol. Inst. Warshaw*，1976，217–226.

Bernard，J. H. and Skvor，V.（1981）The reactivation of the ancient massif and metallogeny ; the example of the Bohemian Massif ; reply. *Econ. Geol.*，76，744–746.

Blundell，D. J.，Karnkowski，P. H.，Alderton，D. H. M. Oszczepalski，S. and Kucha，H.（2003）Copper mineralization of the Polish Kupferschiefer：a proposed basement fault–fracture system of fluid flow. *Econ. Geol.*，98，1487–1495.

Boigk，H.（1959）Zur Gliederung und Fazies des Buntsandsteins zwischen Harz und Emsland. *Geol. Jb.*，76，597–636.

Boni，M.，Alt，J.，Balassone，G. and Russo，A.（1992）A reappraisal of the stratabound ores at the Mid–Ordovician unconformity in SW Sardinia. In：（Eds L. Camignani and F. P. Sassi）. Contribution to the Geology of Italy with Special Regard to the Palaeozoic Basements. *IGCP N. 276*，*Newsletter*，5，57–60 Siena.

Boni，M. and Large，D.（2003）Nonsulfide zinc mineralization in Europe ; an overview. *Econ. Geol.*，98，715–729.

Bottke, H., Dengler, H., Finkenwirt, A., Gruss, H., Hoffmann, K., Kolbe, H., Simon, P. and Thienhaus, R. (1969) Eisenerze im Deckgebirge (Postvaristikum) . 1. Die marine-sedimentären Eisenerze des Jura in Nordwestdeutschland. *Beih. Z. Geol. Jahrb.*, 79, 1–391.

Bouladon, J. (1989)France and Luxembourg. In : *Mineral Deposits of Europe*(Eds F. W. Dunning, P. Garrard, H. W. Haslam and R. A. Ixer) . Vol. 4/5, Southwest and Eastern Europe, with Iceland. The Institution of Mining and Metallurgy and The Mineralogical Society, London, Alden Press, Oxford, 37–104.

Breiter, K., Förster, H. –J. and Seltmann R. (1999) Variscan silicic magmatism and related tin–tungsten mineralization in the Erzgebirge–Slavkovsky les metallogenic province. *Miner. Deposito*, 34, 505–531.

Brown, A. C. (2003) Redbeds : sources of metals for sediment–hosted stratiform copper, sandstone copper, sandstones lead and sandstone uranium–vanadium deposits. *Geotext*, 4, 121–133.

Brugger, J., McPhail, D. C., Wallace, M., and Waters, J. (2003) Formation of willemite in hydrothermal environments. *Econ. Geol.*, 98, 819–835.

Burkhalter, R. M. (1995) Ooidal ironstones and ferruginous microbialites : origin and relation to sequence stratigraphy (Aalenian and Bajocian, Swiss Jura mountains) . *Sedimentology*, 42, 57–74.

Cadek, I. and Malkovsky, M. (1986) Fluorite in the vicinity of Teplice Spa, Bohemia–a new type of fluorite deposit. *Terra Cognita*, 6, 514.

Cadková, Z. (1971) Genesis of the Permian stratiform Cudeposit at Horni Vernérovice. *Sbornik Geol. Věd Ložisková Geol.*, 15, 65–88.

Catuneanu, O. (2003) Sequence stratigraphy of clastic systems, *Short Course Notes Geological Association of Canada*, 16, 248 pp.

Čech, S., Hradecká, L., Laurin, J., Štaffen, Z., Švábenická, L. and Uličný, D. (1996) Locality 3: Úpohlavy quarry. In : (Eds S. Čech, D. Uličný and T. Voigt), *Fifth International Cretaceous Symposium and Second Workshop on Inoceramids, Field Excursion B1. Stratigraphy and Facies of the Bohemian–Saxonian Cretaceous Basin. Freiberg*, 32–42.

Coleman, M. L. (1993) Microbial processes : controls on the shape and composition of carbonate concretions. *Mar. Geol.*, 113, 127–140.

Collin, P. Y., Loreau, J. P. and Courville, P. (2005) Depositional environments and iron ooid formation in condensed sections (Callovian–Oxfordian, south–eastern Paris basin, France) . *Sedimentology*, 52, 969–985.

Curtis, C. D. and Coleman M. L. (1986) Controls on the precipitation of early diagenetic calcite, dolomite and siderite concretions in complex depositional sequences. In : *Roles of Organic Matter in Sediment Diagenesis* (Ed. D. L. Gautier) . *SEPM*, *Special Publication*, 38, 23–33.

Dallmeyer, R. D., Franke, W. and Weber, K. (1994) *Pre–Permian Geology of Central and Eastern Europe*. Springer, Berlin, Heidelberg, New York, 604 pp.

Dejonghe, L. (1998) Zinc–lead deposits of Belgium. *Ore Geol. Rev.*, 12, 329–354.

Desmons, J. and Mercier, D. (1993) Passing through the Briancon Zone (Brianconnais, France) . In : *Pre–Mesozoic Geology in the Alps* (Eds J. F. von Raumer and F. Neubauer), pp. 279–295. Springer, Berlin.

Dill, H. G. (1985a) Die Vererzung am Westrand der Böhmischen Masse. –Metallogenese In einer ensialischen Orogenzone. *Geol. Jahrb.*, D 73, 3–461.

Dill, H. G. (1985b) Terrestrial ferromanganese ore concentrations from Mid–European basement blocks and their implication concerning the environment of formation during Late Cenozoic (N Bavaria/F. R. Germany) . *Sediment. Geol.*, 45, 77–96.

Dill, H. G. (1985c) Genesis and timing of secondary uranium mineralization in Northern Bavaria (F. R. of Germany), with special reference to geomorphology. *Uranium*, 2, 1–16.

Dill, H. G. (1986a) Metallogenesis of the Early Palaeozoic Graptolite shales from the Graefenthal Horst. *Econ. Geol.*, 81, 889–903.

Dill, H. G. (1986b), Fault–controlled uranium black ore mineralization from the western edge of the Bohemian Massif (NE Bavaria/F. R. Germany) . In : *Uranium Vein–Type Deposits* (Ed. H. D. Fuchs), pp. 303–323. International Atomic Energy Agency, Wien.

Dill, H. G. (1987) Environmental and diagenetic analyses of Lower Permian epiclastic and pyroclastic fan deposits. Their role for coal formation and uranium metallogeny in the Stockheim trough (FRG) . *Sediment. Geol.*, 52, 1–26.

Dill, H. G. (1988a) Geologic setting and age relationship of fluorite–barite mineralization in Southern Germanywith special reference to the Late Palaeozoic unconformity. *Miner. Deposita*, 23, 16–23.

Dill, H. G. (1988b) Diagenetic and epigenetic U, Ba and base metal mineralization in the arenaceous upper Tr iassic "Burgsandstein," Southern Germany. *Miner. Petrol.*, 39, 93–105.

Dill, H. G. (1989) Metallogenetic and geodynamic evolution in the Central European Variscides–a pre–well site study for the German Continental Deep Drilling Programme. *Ore Geol. Rev.*, 4, 279–304.

Dill, H. G. (1990) Die Schwermineralführung in den Trias zwischen Weiden und Pressath mit besonderer Berücksichtigung der Buntmetallmineralizationen. *Erlanger Geol. Abh.*, 118, 61–73.

Dill, H. G. (1994) Facies variation and mineralization in Central Europe from the late Palaeozoic through the Cenozoic. *Econ. Geol.*, 89, 42–61.

Dill, H. G. (2001) The geology of aluminium phosphates and sulphates of the alunite supergoup : a review. *Earth Sci. Rev.*, 53, 25–93.

Dill, H. G. and Nielsen, H. (1986) Carbon–sulphur–ironvariations and sulphur isotope patterns of Silurian Graptolite Shales. *Sedimentology*, 33, 745–755.

Dill, H. G. and Carl, C. (1987) Sr isotope variation in vein barites from the NE Bavarian Basement. Relevance for the source of elements and genesis of unconformityrelated barite deposits. *Miner. Petrol.*, 36, 27–39.

Dill, H. G. and Botz, R. (1989) Lithofacies variation and unconformities in the Metalliferous Rocks underlying the Permian Kupferschiefer of the Stockheim Basin/F. R. of Germany. *Econ. Geol.*, 84, 1028–1046.

Dill, H. G., Teschner, M. and Wehner, H. (1991) Geochemistry and lithofacies of Permo–Carboniferous carbonaceous rocks from the southwestern edge of the Bohemian Massif (Germany) . A contribution to facies analysis of continental anoxic environments. *Int. J. Coal Geol*, 18, 251–291.

Dill, H. G., Fricke, A. and Henning, K. –H. (1995) The origin of Ba–and REE–bearing aluminium–phosphate–sulphate minerals from the Lohrheim kaolinitic clay deposit (Rheinisches Schiefergebirge, Germany) . *Appl. Clay Sci.*, 10, 231–245.

Dill, H. G. and Wehner, H. (1999) The depositional environment and mineralogical and chemical compositions of high ash brown coal resting on early Tertiary saprock (Schirnding Coal Basin, SE Germany. *Int. J. Coal Geol.*, 39, 301–328.

Dill, H. G., Botz, R., Berner, Z., Süben, D., Nasir, S. and Al–Saad, H. (2005) Sedimentary facies, Mineralogy and geochemistry of the sulphate–bearing Miocene Dam Formation in Qatar. *Sediment. Geol.*, 174, 63–96.

Dill, H. G., Gerdes, A. and Weber, B. (2010a) Age and mineralogy of supergene uranium minerals–tools to unravel geomorphological and palaeohydrological processes in granitic terrains (Bohemian Massif, SE Germany) . *Geomorphology*, 117, 44–65.

Dill, H. G., Hansen, B., Keck, E. and Weber, B. (2010b) Cryptomelane a tool to determine the age and the physical–chemical regime of a Plio–Pleistocene weathering zone in a granitic terrain (Hagendorf, SE

Germany). *Geomorphology*, 121, 370–377.

Dill, H. G. and Wemmer, K. (2012) Origin and K/Ar age of cryptomelane-bearing Sn placers on silcretes. *Sediment. Geol.*, 275–275, 70–78.

Dill, H. G., Weber, B. and Botz, R. (2012) Metalliferous duricrusts-markers of weathering: a climatic and geomorphological approach to the origin of Pb–Zn–Cu–Sb–P-bearing chemical residues. *J. Geochem. Expl.* (in press) http://dx.doi.org/10.1016/j.gexplo.2012.07.014.

Dreesen, R. (1989) Oolitic ironstones as event-stratigraphical marker beds within the Upper Devonian of the Ardenno-Rhenish massif. *Geol. Soc. Spec. Publ.*, 46, 65–78.

Droste, H. H. J. (1997) Stratigraphy of the Lower Palaeozoic Haima Supergroup of Oman. *GeoArabia*, 2, 419–472.

Emery, D. and Myers, K. J. (1996) *Sequence stratigraphy*. Blackwell, Oxford, UK, 297 pp.

Endlicher, G. (1977) Die Erzhäuser Arkosen von Pingarten ("Pingartener Porphyr") Sedimentpetrographische Merkmale und tektonische Lagerungsverhältnisse. *Geol. Bl. NO-Bayern*, 27, 36–49.

Ernst, G., Niebuhr, B., Wiese, F. and Wilmsen, M. (1996) Facies development, basin dynamics, event correlation and sedimentary cycles in the Upper Cretaceous of selected areas of Germany and Spain. –In: Reitner, J., Neuweiler, F. &Gunkel, F. (eds), Global and regional controls on biogenic sedimentation. II. Cretaceous Sedimentation. Research Reports. –Göttinger Arb. Geol. Paläont, Spec. 3, 87–100; Göttingen.

Falke, H. (1971) Zur Paläogeographie des kontinentalen Perms in Süddeutschland. *Abh. hess. L. Amt f. Bodenforsch.*, 60, 223–234.

Franke, W. (1989) The geological framework of the KTB drill site, Oberpfalz. In: *The German Continental Deep Drilling Program (KTB)* (Eds R. Emmermann and J. Wohlenberg), pp. 37–54. Springer, Berlin, Heidelberg, New York.

Franke, W. (1995) The North Variscan Foreland. In: *Pre-Permian Geology of Central and Eastern Europe* (Eds R. D. Dallmeyer, W. Franke and K. Weber), pp. 554–565. Springer, Berlin, Heidelberg, New York.

Franke, W. and Oncken, O. (1990) Geodynamic evolution of the North-Central Variscides–a comic strip. In: *The European Geotraverse: Integrative Studies* (Eds R. Freeman, P. Giese and S. Mueller), pp. 187–194. European Science Foundation, Strasbourg.

Fredrickson, J. K., Zachara, J. M., Kennedy, D. W., Dong, H., Onstott, T. C., Hinman, N. W. and Li, S. (1998) Biogenic iron mineralization accompanying the dissimilatory reduction of hydrous ferric oxide by a groundwater bacterium. *Geochim. Cosmochim. Acta*, 62, 3239–3257.

Gehlen von, K. (1966) Schwefel-Isotope und die Genese von Erzlagerstätten. *Geol. Rundsch.*, 55, 178–197.

Germann, K., Pagel, J. -M. and Parekh, P. P. (1981) Eigenschaften und Entstehung der "Lahn-Phosphorite". *Zeitsch. Deutsch. Geol. Ges.*, 132, 305–323.

Gudden, H. (1975) Zur Bleiführung in Trias-Sedimenten der nördlichen Oberpfalz. *Geol. Bavarica*, 74, 33–55.

Gudden, H. (1984) Zur Entstehung der nordostbayerischen Kreide-Eisenerz-Lagerstätten. *Geol. Jb.*, D66, 3–49.

Hagdorn, H. (1991) *Muschelkalk*. Goldschneck-Verlag, Korb, 80 pp.

Hallam, A. and Bradshaw, M. J. (1979) Bituminous shales and oolitic ironstones as indicators of transgressions and regressions. *J. Geol. Soc. Lond.*, 136, 157–164.

Haq, B. U., Hardenbol, J. and Vail, P. R. (1988) Mesozoic and Cenozoic chronostratigraphy and cycles of sea-level change. In: *Sea-Level Changes–An Integrated Approach* (Eds C. K. Wilgus, H. Posamentier, C. A. Ross and C. G. St. C. Kendall). *SEPM Spec. Publ.*, 42, 71–108.

Harder, H. (1989) Mineral genesis in ironstones: a model based upon laboratory experiments and petrographic observations. *Geol. Soc. Lond. Spec. Publ.*, 46, 9–18.

Hauptmann, S. and Lippolt, H. J. (2000) $^{40}Ar/^{39}Ar$ dating of central European K–Mn oxides–a chronological framework of supergene alteration processes during the Neogene. *Chem. Geol.*, 170, 37–80.

Heijlen, W., Muchez, P. and Banks, D. A. (2001) Origin and evolution of high–salinity, Zn–Pb mineralising fluids in the Variscides of Belgium. *Miner. Deposita*, 36, 165–176.

Hertle, M. and Littke, R. (2000) Coalification pattern and thermal modelling of the Permo–Carboniferous Saar Basin (SW–Germany) . *Int. J. Coal Geol.*, 42, 273–296.

Hitzman, M. W., Reynolds, N. A., Sangster, D. F., Allen, C. R. and Carman, C. (2003), Classification, genesis and exploration guides for nonsulfide zinc deposits. *Econ. Geol.*, 98, 685–714.

Hoedemaeker, Ph. J. (1999) A Tethyan–Boreal correlation of pre–Aptian Cretaceous strata : correlating the uncorrelatables. *Geol. Carpath.*, 50, 101–124.

Hoedemaeker, Ph. J. (2002) Correlating the uncorrelatables : a Tethyan–Boreal correlation of pre–Aptian Cretaceous strata. In : *Tethyan/Boreal Cretaceous Correlation. Mediterranean and Boreal Cretaceous Palaeobiogeographic Areas in Central and Eastern Europe* (Ed. J. Michalik), pp. 235–284. Publishing House of the Slovak Academy of Sciences, Bratislava.

Hofmeister, E., Simon, P. and Stein, V. (1972) Blei und Zink im Trochitenkalk (Trias, Oberen Muschelkalk 1) Nordwestdeutschlands. *Geol. Jb.*, D1, 1–103.

Homewood, P. W., Mauriaud, P. and Lafont, F. (2000) Best practices in sequence stratigraphy–for explorationists and reservoir engineers. *ELF EP Mémoir*, 25, 1–81.

Johnson, M. E., Kaljo, D. and Rong, J. Y. (1991) Silurian eustacy. *Spec. Paper Paleontol.*, 44, 145–163.

Kaufmann, E. G., Herm, D., Johnson, C. C, Harries, P. and Höfling, R. (2000) The ecology of *Cenomanian lithistid* sponge frameworks, Regensburg area, Germany. *Lethaia*, 33, 214–235.

Kay, S. M., Mpodozis, C. and Coira, B. (1999) Neogene magmatism, tectonism and mineral deposits of the Central Andes (22°–33°S latitude) . In : *Geology and Ore Deposits of the Central Andes* (Ed. B. J. Skinner) . *SEG Special Publication*, 7, 27–59.

Kay, S. M. and Mpodozis, C. (2001) Central Andean ore deposits linked to evolving shallow subduction systems and thickening crust. *GSA Today*, 1, 5–9.

Klemm, W. (1994) Chemical evolution of hydrothermal solutions during Variscan and post–Variscan mineralization in the Erzgebirge, Germany. In : *Metallogeny of Collision Orogen* (Eds R. Seltmann, H. Kämpf and P. Möller), pp. 150–158. Czech Geol. Surv., Prague.

Köster, H. M. (1980) Kaolin deposits of eastern Bavaria and the Rheinische Schiefergebirge (Rhenish Slate Mountains) . *Geol. Jb.*, D 9, 7–23.

Kolbe, H. (1962) Die Eisenerzkolke im Neokom–Eisenerzgebiet Salzgitter. Beispiele zur Bedeutung synsedimentärer Tektonik für die Lagerstättenbildung. Mittei. *Geol. Staatsinstituts Hamburg*, 31, 276–308.

Kossmat, F. (1927)Zur Gliederung des varistischen Grundgebirgsbaus. *Abh. Sächsische Geol. L. –Anst.*, 11, 1–39.

Krahn, L. (1988) *Buntmetall–Verzungen und Blei–Isotopie im linksrheinischen Schiefergebirge und in angrenzenden Gebieten.* PhD thesis, RWTH Aachen, 1–199.

Krahn, L. and Baumann A. (1996) Lead isotope systematics of epigenetic lead–zinc mineralization in the western part of the Rheinisches Schiefergebirge, Germany. *Miner. Deposita*, 31, 225–237.

Kribek, B. (1989) The role of organic matter in the metallogeny of the Bohemian Massif. *Econ. Geol.*, 84, 1525–1540.

Kucha, H. and Przylowicz, W. (1999) Noble metals in organic matter and clay–organic matrices, Kupferschiefer, Poland, *Econ. Geol.*, 94, 1137–1162.

Kukuk, P. (1938) *Geologie des niederrheinisch–westfläischen Steinkohlengebietes.* Springer, Berlin, 706 pp.

Kulik, J., Leifeld, D., Meisl, S., Pöschl, W., Stellmacher, R., Strecker, G., Theujahr, A. and Wolf, M. (1984)

Petrofazielle und chemische Erkundung des Kupferschiefers der Hessichen Senke und des Harz–West–randes. *Geol. Jb.*, D68, 1–223.

Kuzvart, M. (1968) Kaolin deposits of Czechoslovakia. *23rd Int. Geol. Congr., Prague, 1968, Proceed.*, 15, 47–73.

Lange, G., Mühlstedt, F., Freykoff, G. and Schröder, B. (1991) Der Uranerzbergbau im Thüringen und Sachsenein geologisch–bergmännischer Überblick. *Erzmetall*, 44, 162–171.

Large, D. E., Schaeffer, R. and Höhndorf, A. (1983) Lead isotope data from selected galena occurrences in the north Eifel and north Sauerland, Germany. *Miner. Deposita*, 18, 235–243.

Large, D. E. (1993) Precious and base–metal mineralization at the Post–Varsican unconformity of Central Europe–a reconsideration. In : *Current Research in Geology Applied to Ore Deposits* (Eds Hach–Ali *et al.*) . 495–497.

Laznicka, P. (1999) Quantitative relationships among giant deposits of metals. *Econ. Geol.*, 94, 455–473.

Leach, D. L., Viets, J. B., Koslowski, A. and Kibitlewski, S. (1996) Geology, geochemistry and genesis of the Silesia–Cracow zinc–lead district, southern Poland. In : *Carbonate–Hosted Lead–Zinc Deposits* (Ed. D. F. Sangster) . *Society of Economic Geologists*, *Special Publication*, 4, 144–170.

Linnemann, U. and Heuse, T. (2000) Ordovician of the Schwarzburg Anticline : geotectonic setting, biostratigraphy and sequence stratigraphy (Saxo–Thurin–gian Terrane, Germany) . *Z. D. Dt. Geol. Gesell.*, 151, 471–491.

Lips, A. L. W. (2002) Cross–correlating geodynamic processes and magmatic–hydrothermal ore deposit formation over time ; a review on southeast Europe. In : *The Timing and Location of Major Ore Deposits in an Evolving Orogen* (Eds D. J. Blundell, F. Neubauer and A. von Quadt) . *Special Publication* 204, 69–79. Geol. Soc. London, London.

Ludwig, G. (1961) Zur Genese der Uran–haltigen Grauen Hardegsener Tone im Mittleren Buntsandstein des Werra–Leine–Gebietes. *Geol. Jb.*, 78, 135–138.

Lützner, H. (1987) Sedimentary and volcanic Rotliegendes of Saale depression. *Symposium on Rotliegendes in Central Europe (Erfurtj ; Excursion Guidebook.* Acad. Sci. GDR, Potsdam, 197 pp.

MacQuaker, J. H. S. and Taylor, K. G. (1996) A sequencestratigraphic interpretation of a mudstone–dominated succession ; the Lower Jurassic Cleveland Ironstone Formation, UK. *J. Geol. Soc. Lond.*, 153, 759–770.

MacQuaker, J. H. S., Taylor, K. G. Young, T. P. and Curtis, C. D. (1996) Sedimentological and geochemical controls on ooidal ironstone and "Bone–bed" formation and some comments on their sequence–stratigraphical significance. *Geol. Soc. Spec. Publ.*, 103, 97–107.

Miall, A. D. (1997) *The geology of stratigraphic sequences*. Springer–Verlag, Berlin, 433 pp.

Möller, P, Schulz, S. and Jacob, K. H. (1980) Formation of fluorite in sedimentary basins. *Chem. Geol.*, 31, 97–117.

Möller, P. and Lüders, V. (1993) Synopsis. *Monogr. Serie. Miner. Dep.*, 30, 285–291.

Müller, G. (1962) Zur Geochemie des Strontiums in Ozeanen Evaporiten unter besonderer Berücksichtigung der sedimentären Coelestin–Lagerstätte von Hemmelte–Westerfeld(Südoldenburg). *Beih. Geol. Jb.*, 35, 1–90.

Narkiewicz, K. and Szulc, J. (2004) Controls on migration of conodont fauna in peripheral oceanic areas. An example from the Middle Triassic of the Northern Peri–Tethys. *Geobios*, 37, 425–436.

Osika, R. (1986) Poland. In : *Mineral Deposits of Europe* (Eds F. W. Dunning and A. M. Evans) . 3Central Europe IMM&Miner. Soc, London, pp. 55–97.

Osika, R. (1990) *Geology of Poland.* Mineral Deposits. Publ. Geol. Inst, Warshav, 314 pp.

Oyarzún, J. (2000) Andean metallogenesis. A synoptical review and interpretation. In : *Tectonic Evolution of*

South America. (Eds U. G. Cordani, E. J. Milani, A. Thomaz Filho and D. A. Campos) . *31st International Geological Congress, Folio Produão Rio de Janeiro, Brazil, August 6–17*, 725–753.

Pesek, J. (1994) *Carboniferous of Central and Western Bohemia (Czech Republic)* . Czech Geological Survey, Prague, 64 pp.

Pesek, J., Oplustil, O., Kumpera, O., Holub, V. and Skocek, V. (Eds) (1998) *Paleogeographic Atlas–Late Palaeozoic and Triassic Formations–Czech Republik.* Czech Geological Survey, Prague, 53 pp.

Petránek, J. and Van Houten, F. B. (1997) Phanerozoic ooidal ironstones, *Czech. Geological Survey, Spec. Paper*, 7, 1–71.

Posamentier, H. W. and Allen, G. P. (1999) Siliciclastic sequence stratigraphy : concepts and applications. *Concepts in Sedimentology and Paleontology.* 7, 210 pp. SEPM, Tulsa, OK.

Pouba, Z. and Ilavský, J. (1986) Czechoslovakia. In : *Mineral Deposits of Europe* (Eds F. W. Dunning *et al.*) . 3, Southwest and Eastern Europe, with Iceland. The Institution of Mining and Metallurgy and The Mineralogical Society, London, Alden Press, Oxford, 117–173.

Raiswell, R., Buckley, F., Berner, R. A. and Anderson, T. F. (1988) Degree of pyritization of iron as a paleoenvironmental indicator of bottom water oxygenation. *J. Sediment. Petrol*, 58, 812–819.

Ranger, M. R. (1979) *The sedimentology of a Lower Palaeozoic peritidal sequence and associated iron formations, Bell Island, Conception Bay, Newfoundland.* MSc thesis, University of Newfoundland, 125 pp.

Reh, H. and Schröder, N. (1974) Erze. In : *Geologie von Thüringen* (Eds W. Hoppe and G. Seidel), pp. 867–897. Haack, Gotha.

Reichmann, F. (1983) Fluorite and barite. In : *Industrial Minerals and Rocks of the Czech Republic* (Ed. M. Kuzvart), pp. 88–109. Geological Survey, Prague (in Czech) .

Rentzsch, I. (1974) The Kupferschiefer in comparison with the deposits of the Zambian Copper Belt. In : *Gisements Stratiformes et Provinces Cupriferés* (Ed. P. Bartholomé), pp. 395–418. Soc. Géol. de Belge, Liège.

Rodeghiero, F., Fanlo, I., Subias, I., Yuste, A., Fernandez Nieto, C. and Brigo, L. (1996) Sulphide–, fluorite–, barite–bearing siliceous "crusts" related to unconformity surfaces of different ages in Pyrenees and Alps. A new model in carbonate–hosted deposits ? *Acta Geol. Hispanica*, 30, 69–81.

Ruffell, A. H, Moles, N. R. and Parnell, J. (1998) Characterization and prediction of sediment–hosted ore deposits using sequence stratigraphy. *Ore Geol. Rev.*, 12, 207–223.

Ruppert, H. (1984) Physiko–chemische Betrachtungen zur Entstehung der Kreide–Eisenerz–Lagerstätten in Nordost–Bayern. *Geol. Jahrb.*, D66, 51–75.

Sannemann, D. Z., Zimdars, P. and Plein, E. (1978) Der basal Zechstein (a2–t1) zwischen Weser und Ems. *Z. Dtsch. Geol. Ges.*, 129, 33–69.

Sarg, J. F. (2001) The sequence stratigraphy, sedimentology and economic importance of evaporite–carbonate transitions : a review. *Sediment. Geol.*, 140, 9–42.

Sass–Gustkiewicz, M., Dzulynski, S. and Ridge, I. D. (1982) The emplacement of zinc lead sulfide ores in the Upper Silesian district–a contribution to the understanding of Mississippi Valley–type deposits. *Econ. Geol.*, 77, 392–412.

Sass–Gustkiewicz, M. and Kwiecinska, B. (1999) Organic matter in the Upper Silesian (Mississippi Valley–Type) deposits, Poland. *Econ. Geol.*, 94, 981–992.

Saunders, J. A. and Swann, C. T. (1992) Nature and origin of authigenic rhodochrosite and siderite from the Palaeozoic aquifer, northeast Mississippi, USA. *Appl. Geochem.*, 7, 375–387.

Sawkins, F. J. (1984) *Metal Deposits in Relation to Plate Tectonics*. Springer, New York, 325 pp.

Sawlowicz, Z. and Wedepohl, K. H. (1992) The origin of rhythmic sulfide bands from the Permian Sandstones (Weissliegendes) in the footwall of the Fore–Sudetic Kupferschiefer (Poland) . *Miner. Deposita*, 27, 242–248.

Schäfer, A. and Korsch, R. J. (1998)Formation and sediment fill of the Saar–Nahe Basin(Permo–Carboniferous, Germany) . *Z. D. Dt. Geol. Gesell.*, 149, 233–269.

Schaeffer, R. (1984) Die postvariszische Mineralisationen im nordöstlichen Rheinischen Schiefergebirge. *Braunschweiger Geol. Paläont. Diss.*, 3, 1–206.

Schmid, H. (1981) Zur Bleiführung in der mittleren Trias der Oberpfalz–Ergebnisse neuer Bohrungen. *Erzmetall*, 34, 652–658.

Schmid–Rohl, A., Rohl, H. –J., Oschmann, W., Frimmel, A. and Schwark, L. (2002) Palaeoenvironmental reconstruction of Lower Toarcian epicontinental black shales (Posidonia Shale, SW Germany) : global versus regional control. *Geobios*, 35, 13–20.

Schneider, H., Henning, K. –H. and Benmane, A. (1975) The nickel hydrosilicate deposit Callenberg on the South–West border of the Granulite Massif–formations of weathering on serpentinite, gabbro and acidic magmatic rocks. In : *Kaolin Deposits of the GDR in the Northern Region of the Bohemian Massif* (Ed. M. Störr), pp. 189–206. Ernst–Moritz–Arndt–University, Greifswald.

Schneider, J., Haack, U., Hein, U. F. and Germann, A. (1999) Direct Rb–Sr dating of sandstone–hosted sphalerites from strata bound Pb–Zn deposits in the northern Eifel, NW Rhenish Massif, Germany. In : *Timing and duration of ore–forming processes : Contributions from radiometric dating. Mineral deposits.* (Eds H. J. Stein and J. L. Hannah) Processes to processing. *Proc. 5th Bienn. SGA Meeting and the 10th Quadrennial IAGOD Symposium, London, 22–25 August, 1999*, pp. 1287–1290.

Schneider, J., Haack, U. and Stedingk, K. (2003) Rb–Sr dating of epithermal vein mineralization stages in the eastern Harz Mountains (Germany) paleomixing lines. *Geochim. Cosmochim. Acta*, 67, 1803–1819.

Schovsbo, N. H. (2002) Uranium enrichment shorewards in black shales : a case study from the Scandinavian Alum Shale. *Geologiska Föreningen GFF*, 124, 107–115.

Schreiber, B. C. (1986) Arid shorelines and evaporites. In : *Sedimentary Environments and Facies* (Ed. H. K. Reading), 2nd Edn, pp. 189–228. Blackwell, Oxford.

Schulz, S. (1980) Verteilung und Genese von Fluorit im Hauptdolomit. Norddeutschlands. *Berliner Geowiss. Abhand.*, A 23, 1–85.

Schwarz, T. (1993) Laterit und Bauxit als Relikte tropischen Paläoklimas im Miozän Oberhessens. *Mitt. Dtsch. Bodenkd. Ges.*, 72, 1501–1506.

Schwarzenberg von, T. (1975) *Lagerstdttenkundliche Untersuchungen an sedimentären Bleivererzungen der Oberpfalz.* Unpublished PhD Diss., University of Munich, 54 pp.

Seitz, O. (1950) Das Eisenerz im Korallenoolith der Gifhorner Mulde bei Braunschweig und Bemerkungen über den oberer Dogger und die Hersumer Schichten. *Geol. Jb.*, 64, 1–73.

Seltmann, R. and Faragher, A. E. (1994) Collisional orogens and their related metallogeny–a preface. In : *Metallogeny of Collision Orogen* (Eds R. Seltmann, H. Kämpf and P. Möller), pp. 7–19. Czech Geological Survey, Prague.

Siehl, A. and Thein, I. (1989) Minette–type ironstones. In : *Phanerozoic Ironstones* (Eds T. P. Young and W. E. G. Taylor), *British Geol. Soc. Spec. Publ.*, 46, 175–193.

Speczik, S. (1995) The Kupferschiefer mineralization of Central Europe : new aspects and major areas of future research. *Ore Geol. Rev.*, 9, 411–426.

Stadler, G. (1979) Die Eisenerzvorkommen im flözführenden Karbon des Niederrheinisch–Westfälischen Steinkohlengebietes. *Geol. Jb.*, D 31, 157–183.

Stedingk, K. and Stoppel, D. (1993) History of mining operations and economic significance of the Harz vein deposits. *Monogr. Ser. Miner. Dep.*, 30, 1-3.

Štemprok, M. and Seltmann, R. (1994) The metallogeny of the Erzgebirge (Krušné Hory) . In : *Metallogeny of Collision Orogen* (Eds R. Seltmann, H. Kämpf, and P. Möller), pp. 61-69. Czech Geological Survey, Prague.

Stribrny, B. (1987) Die Kupfererzlagerstätte Marsberg im Rheinischen Schiefergebirge-Rückblick und Stand der Forschung. *Erzmetall*, 40, 423-427.

Strohmenger, C., Voigt, E. and Zimbars, J. (1996) Sequence stratigraphy and cyclic development of basal Zechstein carbonate-evaporite deposits with emphasis on Zechstein 2 off-platform carbonates (Upper Permian, Northeast Germany) . *Sediment. Geol.*, 102, 33-54.

Szurowski, H., Rüger, F. and Weise, W. (1991) Zu den Bildungsbedingungen und der Mineralisation der Uranlagerstätte. Mineralien, Geologie und Bergbau in Ostthüringen, 1991, 25-43, Museum Naturkunde Gera.

Teyssen, T. A. L. (1989) Sedimentology of the Minette oolitic ironstones of Luxembourg and Lorraine : a Jurassic subtidal sandwave complex. *Sedimentology*, 31, 195-211.

Thomas, M. F. (2000) Late Quaternary environmental changes and the alluvial record in humid tropical environments. *Quarter. Int.*, 72, 23-36.

Trappe, J. and Ellenberg, J. (1992) The phosphorites from the Ordovician iron ore deposits in Thuringia, Germany : transgressive and regressive depositional system-shift facies. *Zbl. Geol. Paläontol.*, 1992, 1387-1402.

Tucker, M. E. (1991) Sequence stratigraphy of carbonateevaporite basins : models and application to the Upper Permian (Zechstein) of northeast England and adjoining North Sea. *J. Geol. Soc. Lond.*, 148, 1019-1036.

Twidale, C. R. (2002) The two-stage concept of landform and landscape development involving etching : origin, development and implications of an idea. *Earth Sci. Rev.*, 57, 37-74.

Uličný, D. (2001) Depositional systems and sequence stratigraphy of coarse-grained deltas in a shallow-marine, strike-slip setting : the Bohemian Cretaceous Basin, Czech Republic. *Sedimentology*, 48, 599-628.

Van Houten, F. B. and Bhattacharyya, D. P. (1982) Phanerozoic oolitic ironstones-geologic Record and facies model. *Annu. Rev. Earth Planet. Sci.*, 10, 441-457.

Vaughan, D. J., Sweeney, M., Friedrich, G., Diedel, R. and Haranczyk, C. (1989) The Kupferschiefer : an overview with an appraisal of different types of mineralization. *Econ. Geol.*, 84, 1003-1027.

Walter, R. (1990) Das jungpalaozoische, mesozoische und känozoische Deckgebirge des Mitteleuropäischen Schollengebietes. In : *Die Geologie von Mitteleuropa* (Ed. R. Walter), pp. 317-407. Schweizerbart.

Walther, H. W. (1981) The reactivation of the ancient massif and metallogeny ; the example of the Bohemian Massif ; discussion. *Econ. Geol.*, 76, 743-744.

Walther, H. W. (1986) Federal Republic of Germany. In : *Mineral Deposits of Europe* (Eds F. W. Dunning et al.) . Vol 4/5: Southwest and Eastern Europe, with Iceland. The Institution of Mining and Metallurgy and The Mineralogical Society, London, Alden Press, Oxford, 175-301.

Walther, H. W. and Dill, H. G. (1995) Die Bodenschätze Mitteleuropas-Ein Überblick. In : *Die Geologie von Mitteleuropa* (Ed. R. Walter), pp. 526-542. Schweizerbart.

Wender, L. E., Bryant, J. W., Dickens, M. F., Neville, A. S. and Al-Moqbel, A. M. (1998) Palaeozoic (Pre-Khuffj hydrocarbon geology of the Ghawar area, eastern Saudi Arabia. *Geo Arabia*, 3, 273-302.

Wilgus, C. K., Posamentier, H., Ross, C. A. and Kendall, C. G. St. C. (1988) Sea-level changes. *SEPM*

Spec. Publ., 42, 1–407.

Wurm, A. (1962) *Geologie von Bayern*. Borntraeger, Berlin, 554 pp.

Young, T. P. (1989) Phanerozoic ironstones: an introduction and review. In: *Phanerozoic Ironstones* (Eds T. P. Young and W. E. G. Taylor), 46, pp. 9–25. Spec. Publ. Geol. Soc. London, London.

Ziehr, H., Matzke, K., Ott, G. and Voultsidis, V. (1980) Ein stratiformes Fluoritvorkommen im Zechsteindolomit bei Eschwege und Sontra in Hessen. *Geol. Rundsch.*, 69, 325–348.

Zentilli, M. and Maksaev, V. (1995) Metallogenetic model for the late Eocene early Oligocene supergiant porphyry event, northern Chile. In: *Proceedings of the Second Giant Ore Deposits Workshop*, *April 22–27*, Queen's University, Kingston, Ontario, 52–165.

Ziegler, P. A. (1990) *Geological Atlas of Western and Central Europe*, 2nd Edn. Shell International Exploration and Production, The Hague.

8 水退期三角洲前缘砂岩序列中结核状碳酸盐岩的分布与岩石学特征——以犹他州Book Cliffs上白垩统Panther Tongue段为例

Philip G. Machent[1]，Kevin G. Taylor[2]，Joe H. S. Macquaker[3]，Jim D. Marshall[4]

1. Department of Environmental and Geographical Sciences，Manchester Metropolitan University，Chester Street，Manchester M1 5GD. UK

2. School of Earth，Atmospheric and Environmental Sciences，University of Manchester，Oxford Road，Manchester M20 9PL. UK（corresponding author E-mail：kevin.taylor@manchester.ac.uk）

3. Department of Earth Sciences，Memorial University of Newfoundland，St John's，NL A1B 3X5，Canada（E-mail：JMacquaker@mun.ca）

4. Department of EarthSciences，University of Liverpool，Brownlow Street，Liverpool L693GP. UK（E-mail：isotopes@liv.ac.uk）

摘要 本文通过沉积学、层序地层学和沉积地球化学等的综合研究，阐明了犹他州Book Cliffs上白垩统Panther Tongue段结核状碳酸盐胶结物和层序地层演化之间的关系，层序主要由进积的三角洲前缘砂体和层序界面组成，层序界面是强制海退作用与主要海平面降低的响应。紧邻层序界面的三角洲前缘砂岩与粉砂岩下部，发育结核状白云石胶结物。结核最厚3.5m，最长13m，它们沿走向展布，延伸10km，最高可占母岩岩相的10%。

$\delta^{18}O$值表明胶结物沉淀的孔隙水具有明显的大气淡水组分，尽管重结晶作用和再平衡作用的可能性不可忽视。尽管研究区内未发现碳酸盐岩可靠的物质来源，$\delta^{13}C$值表明碳酸盐岩为海相成因。在较新的Book Cliffs层序中，层序界面之下的结核状白云石胶结物与煤层之下“白色盖层”中上倾方向碎屑白云石的淋滤作用具有成因联系。虽然“白色盖层”在Book Cliffs中较为常见，但是本次研究区中并未出现，且没有岩石学证据证实碎屑白云石的溶蚀作用。最可能的成矿物质距离第一个结核大约9km，在这一区域，地下煤层覆盖于Panther Tongue三角洲前缘砂岩之上。本文推断碎屑白云石的溶蚀作用是由这些砂岩之下的煤层引起的。

因此，本文提出在煤层早成岩阶段形成的有机酸引起了三角洲前缘砂岩中碎屑白云石的溶蚀。基准面的降低导致层序界面的形成，大气淡水在地形影响下向盆地方向注入Panther Tongue中，并将溶蚀的Ca^{2+}、Mg^{2+}和HCO_3^-带入下部三角洲前缘砂岩和粉砂岩中。

白云石的沉淀是调整的大气淡水和海相孔隙流体混合的结果，碎屑白云石成为白云石沉淀的核部位置。虽然沉积环境与物源控制了碎屑白云石的供给，然而层序地层不仅控制了成岩作用的分布，而且为成岩作用的发生创造了理想的条件。

8.1 引言

自生碳酸盐胶结物在浅海相硅质碎屑沉积体中数量众多且分布广泛，在盆地分析和储层表征中，理解盆地级别的成岩作用模式是非常重要的。结核的研究受到了广泛关注（如Krajewski和Luks，2003；McBride等，2003；Lash和Blood，2004；Raiswell和Fisher，2004），但只有近期研究将层序地层演化与成岩作用联系起来。这种演化是影响早成岩作用时空分布的主要控制因素（McKay等，1995；Taylor等，2000，2002；Morad等，2000；Ketzer等，2002，2003），并形成基于过程控制的预测模型。理解不同级别成岩作用的主控因素已经成为主要的目标（例如，Taylor等，2000；Morad等，2000），如碳酸盐胶结物的形成与分布对沉积体和油气储层宏观尺度和岩石物理性质的影响（如Dutton等，2002）。

目前缺乏对影响碳酸盐胶结物的沉积与地层作用的定量分析，主要原因是盆地级别的露头研究数量有限。最近，Taylor等（2000，2004）与Tayor和Gawthorpe（2003）的研究表明，犹他州Book Cliffs滨岸与海岸平原砂岩的成岩作用在空间上与上白垩统地层界面的形成有关。结核状白云石胶结物的出现在空间上与层序界面有关，而平面上广泛发育的胶结物主要位于主海泛面之下。

本文目的是阐明沉积、层序地层与地球化学格架对犹他州Book Cliffs地区Star Point砂岩上白垩统Panther Tongue段远端海相砂岩中结核状白云石胶结物的控制关系。特别是基于大规模露头的研究，旨在约束远端沉积体中层序演化、空间分布与成岩作用级别之间的联系，并与前人发表的类似沉积体进行对比。

8.2 地质与地层背景

在北美西部，最早的白垩纪构造运动形成了科迪勒拉型前陆褶皱与逆冲变形，引起西部内陆海道（Western Interior Seaway）前陆盆地的形成与演化（Burchfiel等，1992）。截止Maastrichtian阶，海道穿过北美并向外扩展，与极地海洋和亚热带墨西哥湾连通（Hay等，1993）。上白垩统Star Point砂岩在海道西边缘沉积，包括Panther Tongue段和上覆的Storrs组（图1）。Panther Tongue段由河流三角洲砂岩和页岩楔状沉积体组成，古水流以南西向为主，与Mancos页岩指型交互，其在Helper西南方面100km的Wasatch高原出露（Howard，1966；Newman和Chan，1991；Balsley和Parker，1991）。本文研究的重点是Helper附近Book Cliffs西部局部的露头（图2），前人对这一露头研究较少。上覆Storrs组以典型的风暴浅海沉积为主，它与Blackhawk地层构成了向东进积的楔状体，其构成了

Book Cliffs 的主体（图 1）。这一地区近期已被选为沉积学与地层学研究的重点地区（Van Wagoner 等，1990；Van Wagoner，1995；O'Byrne 和 Flint，1995；Pattison，1995，2005a，2005b；Pattison 等，2007；Hampson 等，1999，2001；Hampson，2000；Howell 和 Flint，2003）。

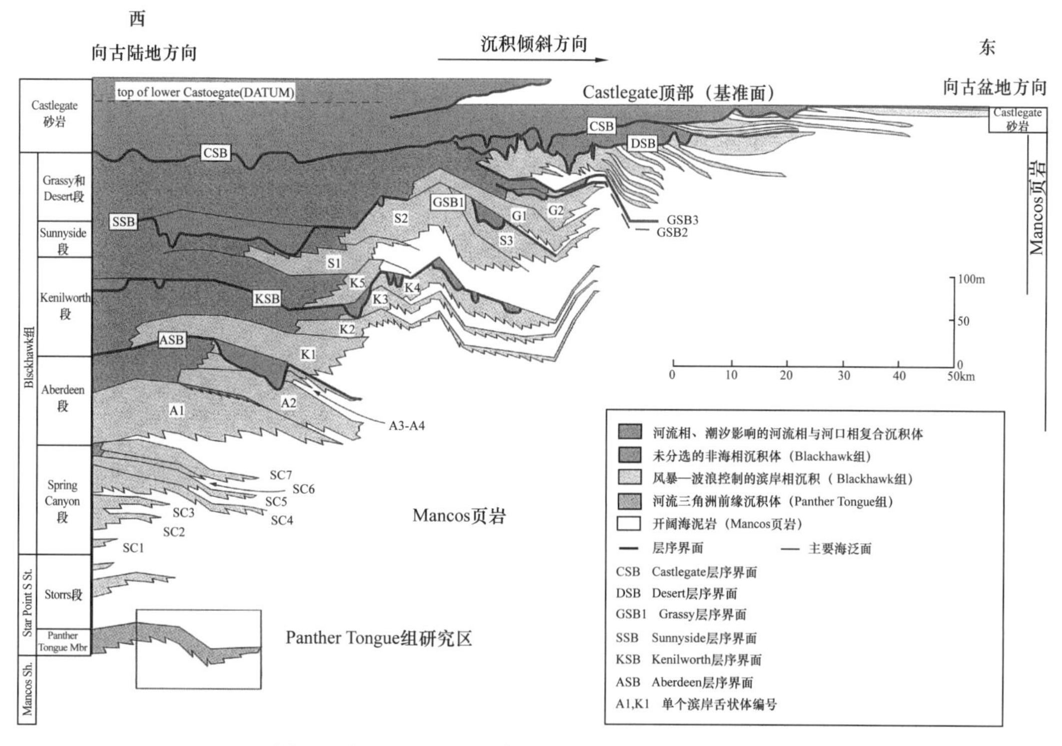

图 1　过 Blackhawk 组与 Star Point 砂岩的地层剖面

基准面水平层是区域性分布的岩性标志层。层序界面划分依据如下：CSB 和 DSB 据 Van Wagoner（1995），GSB1-3 和 SSB 据 O'Byrne 和 Flint（1995），KSB 据 Taylor 和 Lovell（1995），ASB 据 Kamola 和 Huntoon（1992）。类似地标出了单个滨岸舌状体。图中突出显示了本次研究区中 Panther Tongue 段的分布范围。据 Balsley（1980）、Hampson 和 Storms（2003）

目前并未建立 Panther Tongue 段层序地层格架，Newman 和 Chan（1991）将其描述为形成于相对海平面下降期的准层序。Star Point 砂岩和 Blackhawk 地层是一个低频层序，可以对其进一步细分：Panther Tongue 段代表海平面下降期的沉积和低位体系域，Storrs 组代表了海侵体系域，Blackhawk 组代表了高位体系域（Taylor 和 Lovell，1995；Howell 和 Flint，2003）。Panther Tongue 段是低频层序内部 8 个高频层序中最年轻的（图 1）。Posamentier 和 Morris（2000）针对强制海退沉积体的地层结构开展了研究，他们识别出 Panther Tongue 段顶部发育的沟蚀界面，并将其解释为海侵面，从而将下部的低位体系域沉积体与 Mancos 页岩和 Storrs 组构成的海侵体系域分开。底界面为下部块状成层的粉砂质砂岩与上部板状成层的砂岩之间的快速转换面，他们将其解释为与强制海退作用有关的层序界面。Howell 和 Flint（2003）将这些低位体系域沉积体归为下降期体系域（FSST）。

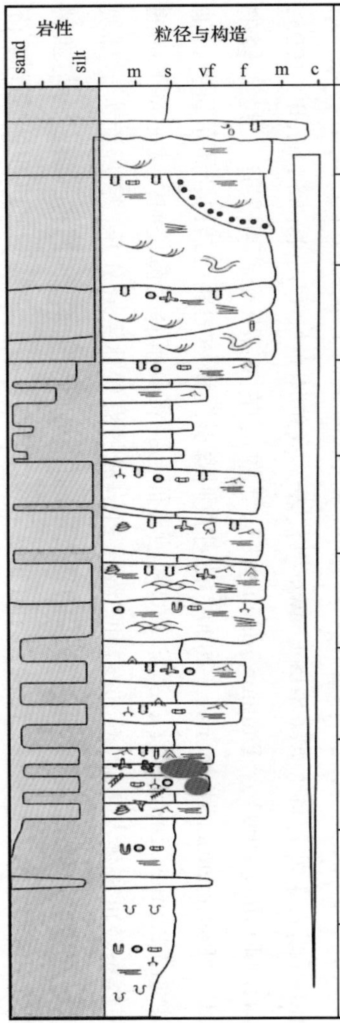

岩性 / 粒径与构造	岩相	描述	相组合与沉积环境
	8. 薄层盖帽砂岩	剥蚀面上10cm~20cm厚浅黄褐色中粒—粗粒砂岩。见大量蛇形迹和牡蛎壳的无定形生物扰动痕迹。本地少见	高能浅海海侵滞留沉积
	7. 孤立透镜体砂岩	上凹横截面；这些小透镜砂体切割沉积相5和6。颜色和结构与泥粒滞留沉降物相似，单元顶部具槽状交错层理和平行层理	分流河道 辫状河道和分流河道复合体
	6. 合并的透镜体砂岩	辫状河道和分流河道多层复杂的细粒—中粒浅黄色砂岩合并一起，不规则的层状—横向广泛延伸的凹状透镜体单元。具槽状交错层理和独有的剥蚀基底结构	
	5c. 粉砂岩和薄层砂岩厚层，至薄层的中粒砂岩（<1m）	沉积亚相5b沿走向的对应物。沿走向砂岩斜坡沉积逐渐变薄并消失，而以粉砂岩为主。在薄层砂岩中以流水波痕为主	分流河口沙坝（上三角洲前缘） 波动能量主要受浅海浊流控制
	5b. 砂岩斜坡沉积厚层，中粒砂岩（<1.5m厚）	沉积亚相5a沿走向的对应物。层理横向连续性更好，构成明显的前积斜积层，向下超覆于沉积相4之上。独特沉积构造和鲍马序列（Bouma，1962）	
	5a. 合并的砂岩厚层中粒砂岩（<1.5m厚）	合并的浅黄色细粒—中粒砂岩，具波状层理和拉长的透镜状构造。剥蚀边界、块状层理，发育流水和浪成波痕构造	
	4. 薄层细粒砂岩和粉砂岩（<40 cm厚）	浅黄色极细粒—细粒砂岩与灰色粉砂岩和页岩韵律状等厚互层。砂岩具独特构造和鲍马序列（Bouma，1962）	下三角洲前缘 波动能量主要受浅海浊流控制
	3. 异岩砂岩和粉砂岩	浅棕色极细粒砂岩与粉砂岩互层。砂岩可见小角度和板状层理。该沉积相是白云岩胶结结核的宿主，是沉积相4的远端对应物	
	2. 极细粒薄层砂岩	稀少的沉积相1的夹层，厚度3~5cm，棕色极细粒逐渐变窄砂岩，显示了非常有限的横向展布。发育具突变底部和少量平行层理的生物扰动构造	前三角洲 低密度浊流和（或）远端海相风暴生成
	1. 生物扰动灰色页岩和粉砂岩	浅灰—深灰色含生物扰动构造的粉砂岩和页岩。厚2~3cm的板状岩层，沿走向逐渐被生物扰动所破坏	

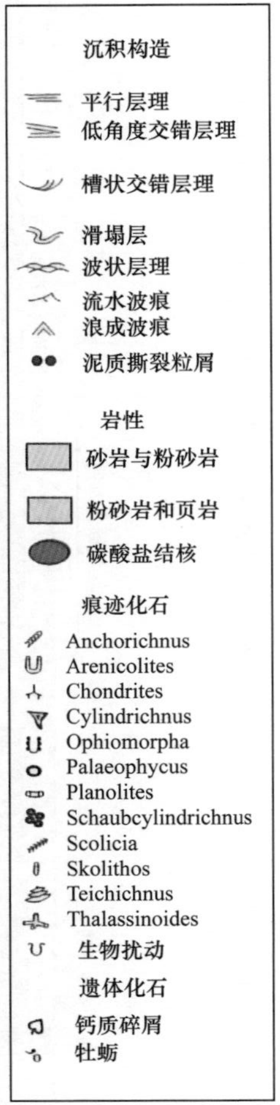

sand silt m s vf f m c

沉积构造
平行层理
低角度交错层理
槽状交错层理
滑塌层
波状层理
流水波痕
浪成波痕
泥质撕裂粒屑

岩性
砂岩与粉砂岩
粉砂岩和页岩
碳酸盐结核

痕迹化石
Anchorichnus
Arenicolites
Chondrites
Cylindrichnus
Ophiomorpha
Palaeophycus
Planolites
Schaubcylindrichnus
Scolicia
Skolithos
Teichichnus
Thalassinoides
生物扰动

遗体化石
钙质碎屑
牡蛎

图 2　Star Point 砂岩中 Panther Tongue 段的沉积相与沉积相组合

8.3 研究方法

8.3.1 现场流程

在 Panther Tongue 段沉积期，研究区附近海道的古岸线为东西向（Newman 和 Chan，1991），因此，本次研究是沿着东西向的剖面开展的，从 Spring 峡谷向平行于 Soldier 小溪最末端的方向，沿三角洲翼部延伸 17km（图 2）。露头大面积成图区域涵盖了悬崖面和具有详细录井的 8 个位置（图 2），获取了详细的现场记录，包括岩性、沉积相以及碳酸盐胶结物结核的大小、样式与分布。根据典型的红棕色，可将这些沉积体与赋存母岩区分。红棕色是由于碳酸盐岩中氧化铁的风化作用及抗侵蚀能力造成的。对单个结核取样时，严格按照垂向剖面进行，与最小轴靠近，取样间距一致。取样间距会随着单个结核的表面形态或取样方法的限制而有所变化。通过露头的物理对比和悬崖面照片的剪接相结合，可以实现了沉积单元的对比，明确了碳酸盐岩结核与地层体和表面的关系。

8.3.2 实验室流程

37 个来自白云石结核和 6 个主相带的样品被制成抛光薄片，在透射光下进行岩石学观察，并通过计数法确定铸体的成分（每个薄片 300 个点）。除 Soldier Creek 的样品是粉砂质砂岩外，大部分样品是细粒砂岩，为了对比，将 Soldier Creek 样品投到石英 + 长石 + 岩屑三角图中进行成图（Folk，1968）。在这张图中，岩屑组成按照 Folk（1968）和 Dickinson（1985）的标准，包括了所有的岩石组分和碎屑白云石。由于长石颗粒的大小和其他骨架颗粒相似，根据识别出的双晶，有极少一部分长石可能被漏掉。然而，在进行扫描电镜背散射成像分析时，每个样品中均识别出长石，表明计数法确定的长石含量可能被低估。然而，我们认为其他产状的长石含量少，不可能对长石组分含量产生较大影响，且其他研究者也已经证实 Bool 悬崖地区长石的含量较低。

经过镀碳，使用 Joel 6400 扫描电镜对这些薄片进行分析，扫描电镜配备背散射探测器。X 射线定量能谱分析系统用于确定样品中碎屑碳酸盐岩和碳酸盐胶结物中主元素组成（Ca、Mg、Fe）。扫描电镜电压是 15kV，束流是 1.5nA，工作距离是 15mm。为了保证实验结果的代表性，在每个薄片上随机选择两个条带，每个单独的胶结物晶体进行 20～25 个点分析，总共获得 910 个单点分析结果。

在手工采集的岩石样品上进行碳（$^{13}C/^{12}C$）、氧（$^{18}O/^{16}O$）同位素分析。利用玻璃套管称取能制成大约 30μmolCO_2 的样品，将样品置于低温氧等离子炉中 4h，以移去有机质。将大约 1mL 无水正磷酸加入样品中获得 CO_2，用于质谱分析，实验温度为 50℃。将生成的 CO_2 低温采集，利用 VG Sira 12 气体源的质谱仪进行分析。按照 Craig（1957）提出的流程，将同位素比值进行校正以去除 ^{17}O 的影响。使用白云石组分因子 1.01066（Rosenbaum 和 Sheppard，1986）对氧同位素数据进行校正，从而消除白云石和磷酸之间的氧同位素温度依赖动力学效应。所有的数据均按照 V–PDB 国际标准表示（Colpen，1994，1995）。碳同位素和氧同位素数值的可重复性优于 0.1‰。

在本次研究中，由于大部分样品非常细，只能开展全岩同位素分析，因此实验结果代表了自生白云石和碎屑白云石的混合，几乎不可能将碎屑白云石从样品中分离出来以确定这一组分的校正系数。然而，Taylor 等（2000）以 Book Cliffs 地区 Black hawk 地层中的较新层系为研究对象，确定了其中碎屑白云石的同位素数据。在缺乏任何其他数据的条件下，考虑到 Black hawk 地层和 Panther Tongue 段碎屑白云石的物源具有相似性，这个数据可以用于本次研究以校正碎屑白云石组分的同位素数据。

8.4 研究结果

8.4.1 沉积学

图 2 中总结了 Panther Tongue 段的 8 个沉积相，并进一步归为 4 个沉积相组合：前三角洲、下三角洲前缘、分流河口沙坝和分流河道（图 3）。划分的沉积相组合与 Howard（1966）、Newman 和 Chan（1991）、Balsley 和 Parker（1991）所描述的一致。沿走向，沉积物向盆地方向加厚，倾角小于 1°。区域性的南西方向下倾梯度平均为 5°。通过相分析，发现研究区的一个重要特征：沿走向沉积相变化明显，而沿轴向沉积相变化不大（图 4）。

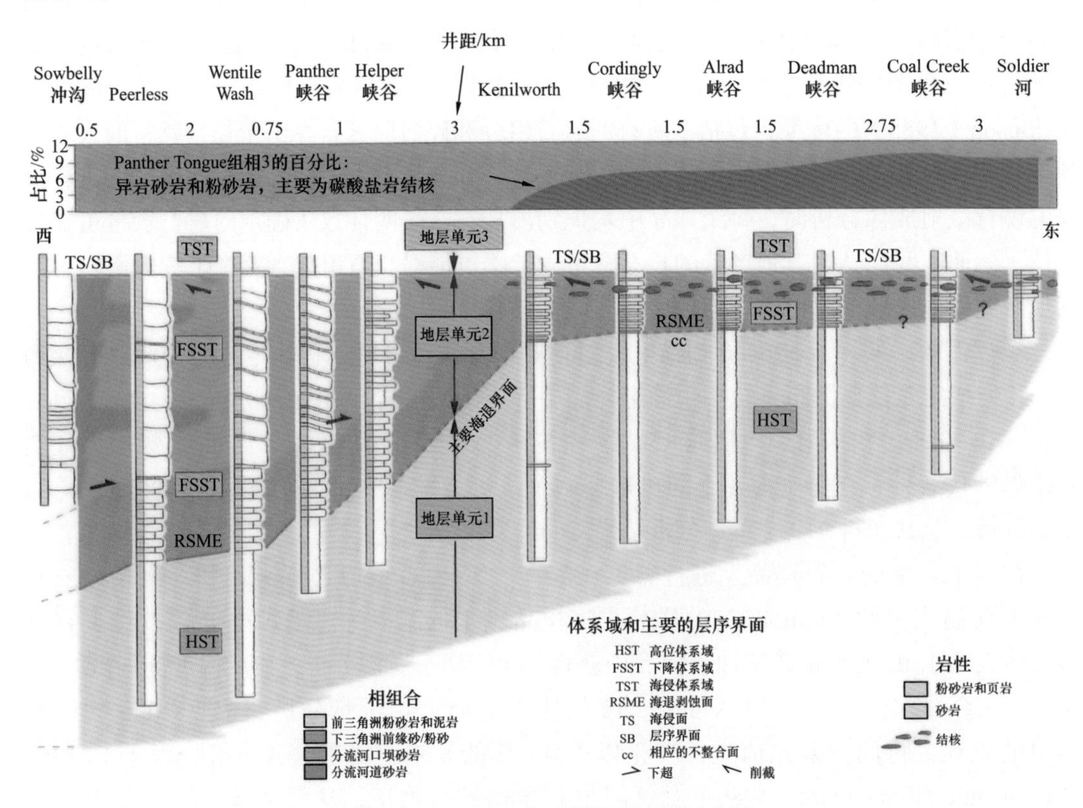

图 3 Panther Tongue 段层序地层对比图

展示了沉积相组合的分布、结核状白云石胶结物的产状、关键地层界面和体系域

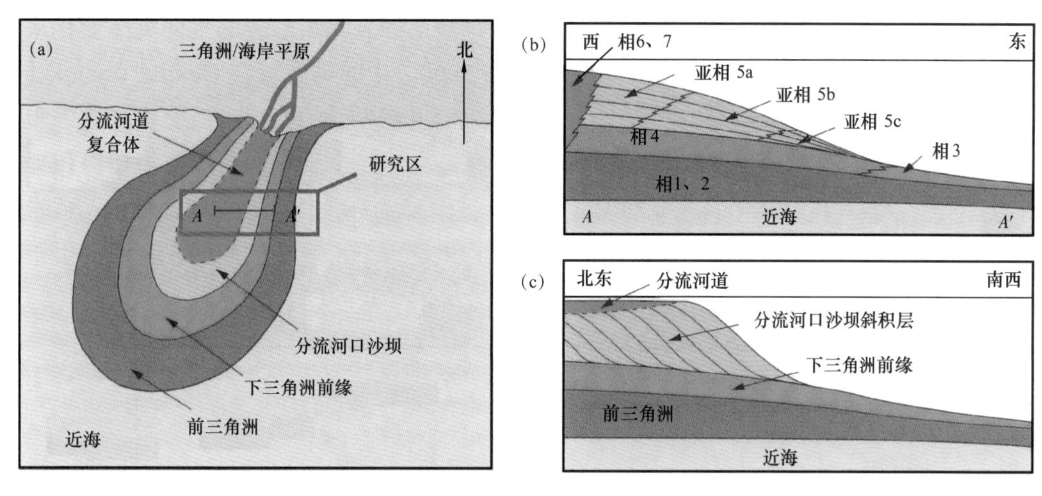

图 4　Panther Tongue 段三角洲沉积模式

（a）平面图展示了沉积相组合，在研究区横向延伸范围达 17km，三角洲沉积体向南西方向延伸 100km；（b）横跨研究区的 *A—A′* 横剖面图，比例尺被放大；（c）平行于南西方向的剖面图，比例尺被放大，展示了沉积相组合沿下倾方向的分布及与（b）图中沿走向方向剖面不同的地层结构

8.4.2　Panther Tongue 段沉积模式

Panther Tongue 段三角洲（图 4）是一个进积型河控三角洲，属于典型的吉尔伯特型辫状河三角洲复合体，受惯性过程影响，三角洲前缘演化有两个阶段。第一阶段，由薄的下三角洲前缘浊积体、上覆的前三角洲粉砂岩和页岩组成，形成了由混合负载、低浓度高密度浊流组成的横向广布沉积体。第二阶段，由厚的分流河口沙坝和上三角洲前缘浊积体组成，形成了由推移负载、高浓度高密度浊流组成的横向局部分布的沉积体。这两个阶段均在河流洪水期形成，由于河流系统中泥质负载的减少，导致分流河口沙坝横向展布范围减小（Morris 等，1995）。三角洲前缘沉积体的沉积物主要由河流河道复合体提供，河道复合体在轴流方向上广泛分布（Newman 和 Chan，1991），多个河道分叉和小型河道在三角洲前缘形成了末端分流河道（Basley 和 Parker，1991）。

8.4.3　高分辨率层序地层学

8.4.3.1　层序地层演化

地层中三角洲组合显现出逐渐进积、向上变粗和向上变浅的剖面特征。大尺度的叠加样式并未呈现，因为该组代表了一个单一的沉积旋回。在本次研究中，根据关键地层界面建立了层序地层格架。地层界面是根据垂向沉积相变化和识别出的三个地层单元确定的（图 3）。

8.4.3.2　地层单元 1

尽管未在研究区出露，该单元的底部边界构成了该段的下边界。Schwans（1995）将其解释为侵蚀层序界面，Mancos 页岩沉积体将 Panther Tongue 段和下伏沉积物分开。上边界是根据前三角洲粉砂岩和页岩到下三角洲前缘薄层砂岩和粉砂岩的垂向突然变化来确定的，上述沉积相变化与 Posamentier 和 Morris（2000）中的一致。在 Gentile Wash 地区，虽然下三角洲前缘突变边界不大发育，但仍具有海侵退积界面的特征。沿着走向进一步向东，该界面更具层次性，缺乏任何诊断性特征，并渐变为一个整合面。根据海侵退积界面的相对位置，这一单元构成了一个准层序单元，被解释为高位体系域。从 Mancos 页岩近海沉积体到这一单元的垂直相变化表明，当沉积物供给大于可容纳空间的发育时，由于相对海平面上升，向盆地方向的相移与进积结构一致（图 5）。

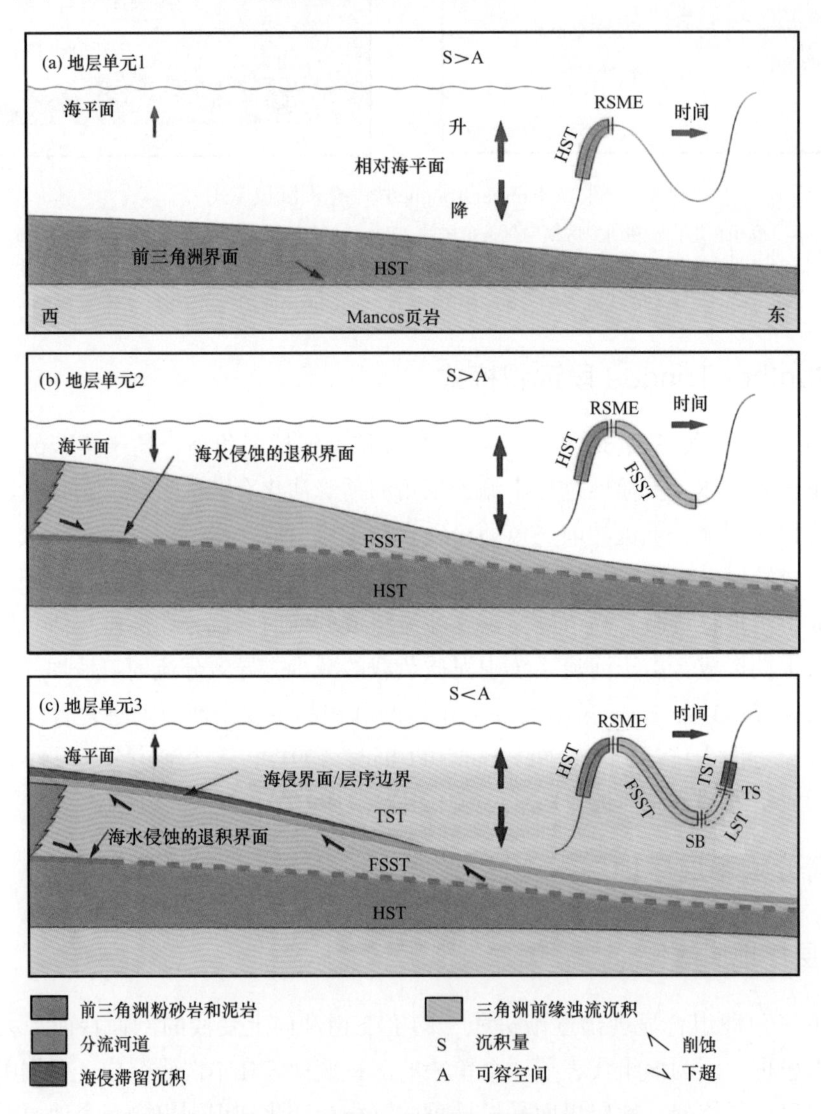

图 5　Panther Tongue 段沿走向层序地层演化的 3 个阶段

（a）在相对海平面上升期，地层单元 1 中的进积前三角洲粉砂岩与页岩沉积形成高位体系域（HST）。（b）高位期之后，相对海平面急剧下降，切穿海洋侵蚀的近端海退界面（RSME），远端发育相对应的整合面。沉积物供应大于可容纳空间的减小，三角洲前缘浊积体以低角度、薄层片状向东进积，形成地层单元 2– 下降期体系域（FSST）。（c）研究区未出现低位体系域。相对海平面的上升淹没了下降期体系域（FSST），切割海侵面（TS）并移除了层序界面（SB）证据，因此，层序界面被放在了与海侵界面一致的下降期体系域顶部。海侵界面被地层单元 3 中罕见的海侵滞留沉积覆盖。地层单元 3 形成了海侵体系域（TST），其中退积相转变为上覆 Mancos 页岩远洋沉积物

8.4.3.3 地层单元 2

海侵退积界面和与其相对应的整合面构成了地层单元 2 的下边界。上述地层单元 1 中描述的穿过该边界的垂直相移表明，由于相对海平面的下降，存在向盆地方向的相移。沿走向，以楔形体为主的进积型下三角洲前缘浊积体形成了宽缓台地，横向受限制的分流河口坝浊积岩穿过该台地向盆地进积。因此，有人解释说，在这个单元的沉积过程中，沉积物的供给可能超过了由于连续的相对海平面下降而减小的可容纳空间（图 5）。海侵退积界面是强制海退沉积体的特征，因此，这个单元形成了第二个准层序，称为下降期体系域。这样即可将横穿研究区的平面侵蚀沟槽界面、海侵面及与之相当的沉积界面认定为上边界（图 3）。

下降期体系域的顶界面由强制海退过程中形成的层序界面或与其相对应的整合面来代替（Hunt 和 Tucker，1992，1995；Plint 和 Nummedal，2000）。尽管海侵作用可能抹去了层序界面，但其特征并未在研究区出露。然而，在这套沉积体中，将层序界面置于下降期体系域的顶界，与海侵界面吻合。

8.4.3.4 地层单元 3

覆盖在 Spring 峡谷海侵面之上的是罕见的海侵滞后沉积物（相 8，图 2），严格来说，其是 Panther Tongue 段的一部分。穿过海侵面，沉积相从三角洲前缘砂岩到区域性的海相 Mancos 页岩，再到 Storrs 组，这种沉积相的纵向变化代表了向陆方向沉积相的变化和海洋的加深过程。地层单元 2 沉积之后，相对海平面下降到低位，然后上升，淹没了早期沉积体，切穿了海侵面并形成了海侵滞后沉积物。这种强烈的退积或退积剖面是由于相对海平面的上升和随之的可容纳空间的增加超过了沉积物供给。

8.4.4 结核分布、岩石学与矿物学

8.4.4.1 结核的空间与地层分布

在 Kenilworth 东部的 Panther Tongue 段三角洲前缘沉积体中发现了结核状碳酸盐胶结物（Howard，1966；Newman 和 Chan，1991），尽管在该序列的其他地方没有报道。结核最先出现在 Kenilworth 地区发育的下三角洲前缘浊积体（图 3）中，岩性是异粒砂岩和粉砂岩（沉积相 3）。结核普遍存在于该沉积相或重合的层序界面和海侵面下伏地层中（图 6），它们沿走向向东普遍发育，延伸至 10km 外的 Soldier 小溪，在那里，孤立的结核证实了该层系侵蚀残留体的存在［图 7（h）］。除了它们特征性的颜色之外，结核比胶结较差的母岩更坚硬，因此形成悬崖面上典型的突出物［图 7（a）和图 7（e）］。

大量的结核沿走向向东迅速增加，在 Coal Creek 峡谷附件达到最大值，按面积计算，结核占露头主相的 10%（图 3）。通常，它们在沉积相内零散地呈垂直分布并沿走向分布（图 6），并具有一些交错层理，尽管数量有限的较小的扁平状结核是层控的。结核呈系统性定向分布，其长轴沿层面和纹层伸展，某些保留了层理特征［图 7（c）］。一些证据表

明，结核使下面的层理或纹层变形［图 7（d)]，表明它们形成于母岩强烈压实之前。在结核中发现了有限的遗迹化石，而且总是比周围抗风化能力较弱的母岩中的遗迹化石更清晰。

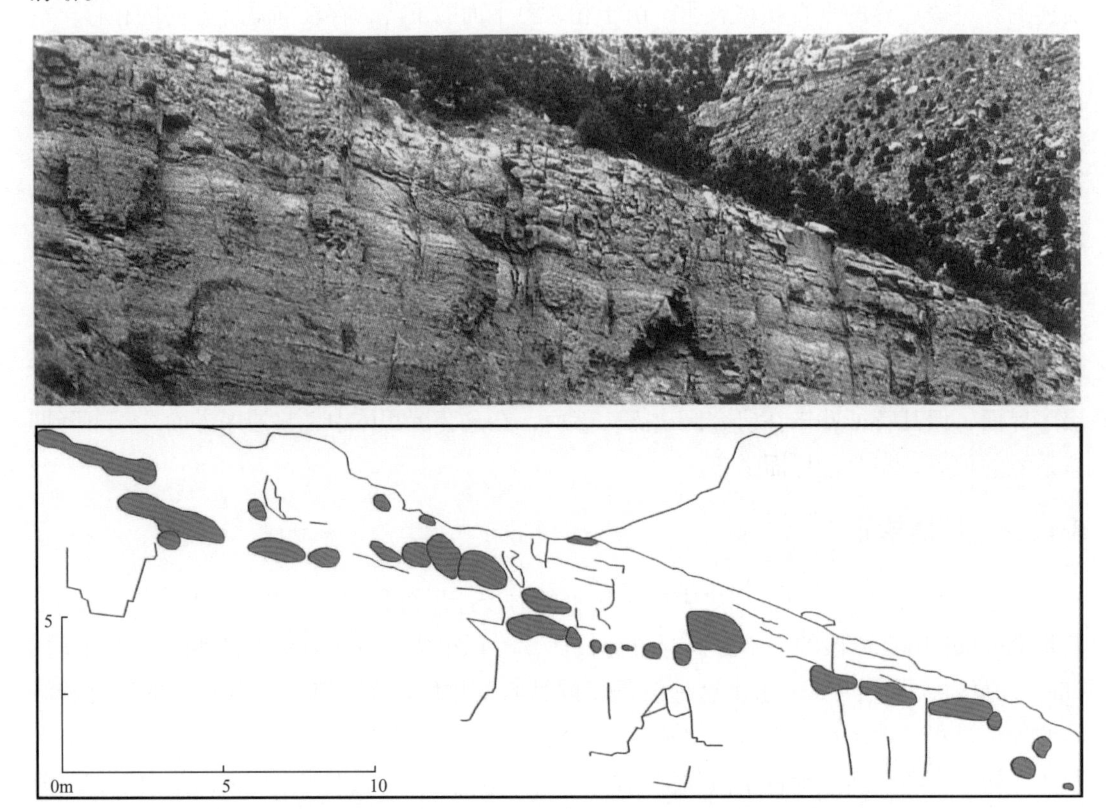

图 6　Coal Creek 峡谷 Panther Tongue 段典型的露头照片

线形图显示了白云石胶结物结核的空间分布

8.4.4.2　结核的形态与分布分析

结核的形态变化大，从最小直径是 0.1m 的近似球形，到最大厚度 3.5m、最大长度 13m 的扁平状，尽管扁平状结核并不常见。一般它们多为椭球体或宽椭球体（图 7）。图 8 展示了 8 个位置 157 个结核的定量分析数据，分别为水平长度、纵向厚度和不同结核距离的频率分布直方图。这些数据的获取是通过直接测量和照片分析完成的，其中照片的尺度是已知的。正歪度的频率分布表明，结核一般长 1.0～3.0m（平均 2.3m），厚 0.3～1.0m（平均 0.8m），不同结核之间的水平距离为 0.5～4.0m（平均 2.5m）。

结核的长度和厚度之间表现出弱的正相关［图 8（d)]，表明长度的增加并不意味着厚度的增加。例如，Coal Creek 峡谷剖面 13m 处最长的结核并不是最厚的，其他许多比较长的结核更厚。此外，结核长度与不同结核之间距离散点图的相关系数接近于零［图 8（e)]，表明二者之间具很小或无线性关系。结核厚度和相关比例与结核之间距离的散点图（此处未说明），也表明没有线性关系。结核的分布似乎也不受上下紧邻结核的影响。

图 7　Panther Tongue 段碳酸盐岩结核

(a) Kenilworth 海侵界面与层序界面处突出的透镜状结核。(b) Kenilworth 顶界面风化后突出的大型椭球状结核，可以用作座位。(c) Cordingly 峡谷中与薄层理一致并被切穿的薄层。(d) Alrad 峡谷中近椭球状结核，压入下伏层理中。(e) 两个大型椭球状结核，中间顶部与左边，在 Coal Creek 峡谷的悬崖面突出，下部发育裂缝状结核。(f) Panther Tongue 最大的结核，位于 Coal Creek 峡谷溪流层中 13m 长的风化突出层内。(g) Coal Creek 峡谷另一个与层理延伸趋势一致的透镜状结核。(h) 几个裂缝状和破碎状结核中的一个，这些结核均是 Soldier Creek 东部远端侵蚀层系的残留物

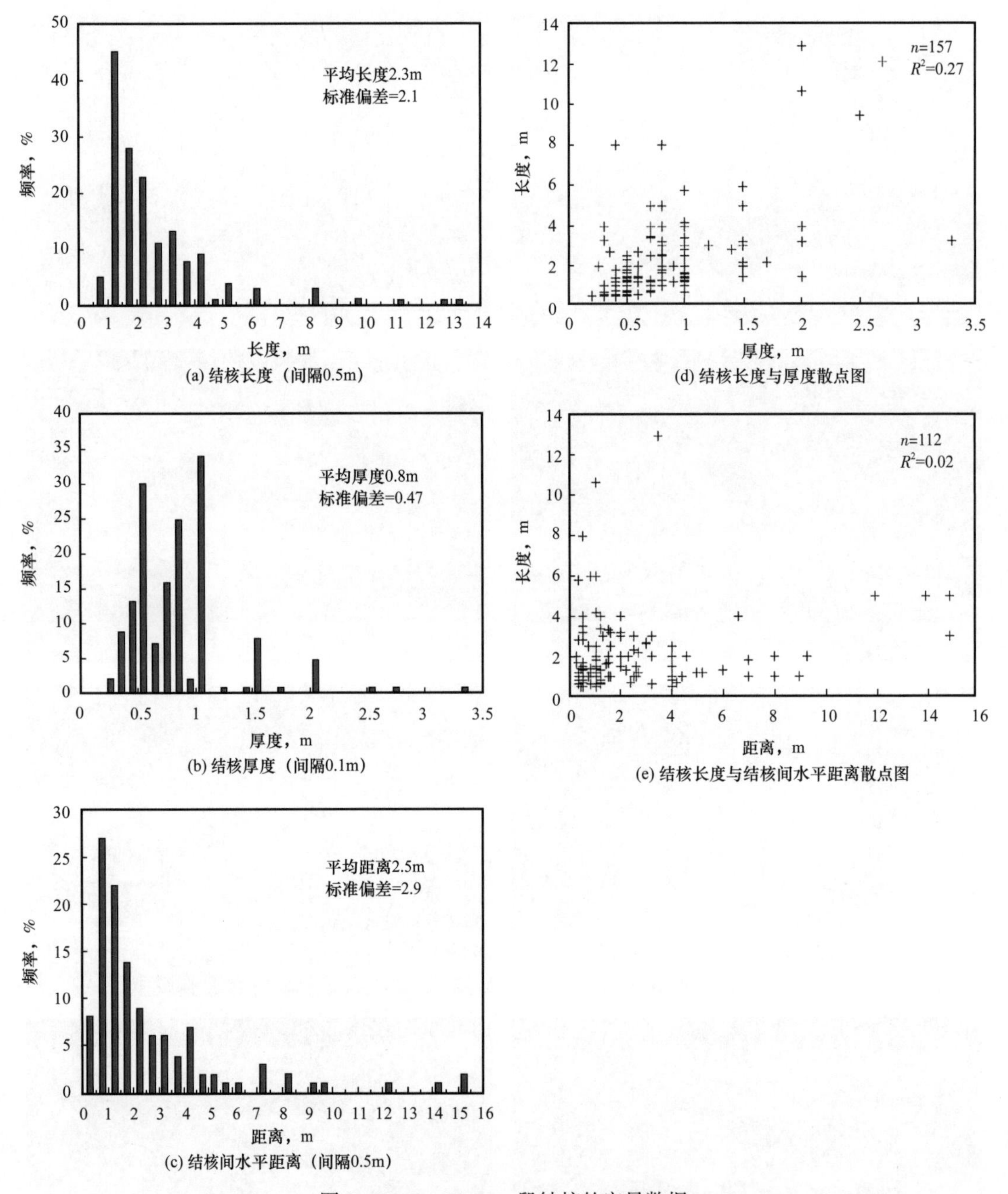

图 8　Panther Tongue 段结核的定量数据

（a）结核水平长度频率直方图。（b）垂直厚度的频率直方图。（c）结核间水平距离的频率直方图。（d）结核水平长度与厚度散点图。（e）结核长度与结核间水平距离交会图

8.4.4.3　碎屑矿物学

表 1 总结了结核与寄主砂岩和粉砂岩的模态组成。在 Soldier Creek 远端的所有样品中，结核样品为非常细粒的含砂质粉砂岩的亚岩屑砂岩和岩屑砂岩［图 9、图 10（a）和图 10（b）］（Folk，1968）。结核中的骨架颗粒主要为单晶石英（平均体积分数为 56%），其次为碎屑白云岩（平均分数为 9%）和岩屑，后者包括燧石、泥岩和罕见的火山碎屑。

钾长石、斜长石和云母含量较少。骨架颗粒排列混乱，机械压实程度低。从少量的颗粒接触和主要为胶结物支撑可以看出这一点［图 10（c）和图 10（d）］。母岩样品含有相当多的骨架颗粒（平均分数为 85%），具有颗粒支撑组构，颗粒之间为凹凸接触或缝合线接触，表明为中等—强烈的压实［图 10（f）］。据报道，在西部内陆海道西缘的上白垩统层序中存在碎屑白云岩（Crossey 和 Larsen，1992；McKay 等，1995；Taylor 等，2000）。在这个序列中，碎屑白云石出现在结核内部和主砂岩中，其形态类似于石英颗粒，成分均一，为 $Ca_{1.04}(Mg_{0.95}Fe_{0.01})(CO_3)_2$，这与结核中含铁白云石的组分明显不同。碎屑白云石的物源可能为犹他州西部 Sevier 造山运动期间隆起的古生界碳酸盐岩（Lawton，1986）。

表 1　Panther Tongue 段结核和主岩相中的主要碎屑成分、孔隙度和粒间胶结物含量

组分	岩性	范围，%（体积分数）	均值，%（体积分数）	粒级
石英	结核	19～45	34	粗粉砂—中砂
	主岩	62～69	66	
长石	结核	痕量	痕量	极细—细砂
	主岩	痕量	痕量	
碳酸盐	结核	0～20	9	极细—细砂
	主岩	3～13	8	
岩屑	结核	1～8	3	极细—细砂
	主岩	3～7	5	
云母	结核	痕量～1	痕量	细—中砂
	主岩	0～痕量	痕量	
蛋白石	结核	痕量～10	3	粗粉砂—中砂
	主岩	0～7	5	
基质	结核	痕量～25	6	黏土—中粉砂
	主岩	0～痕量	痕量	
生物碎屑	结核	0～痕量	痕量	
	主岩	0～痕量	痕量	
总碎屑含量	结核	46～66	56	
	主岩	81～92	85	
孔隙度	结核	0～1	痕量	
	主岩	0～3	0.5	
粒间胶结物体积	结核	30～54	43	
	主岩	6～18	14	

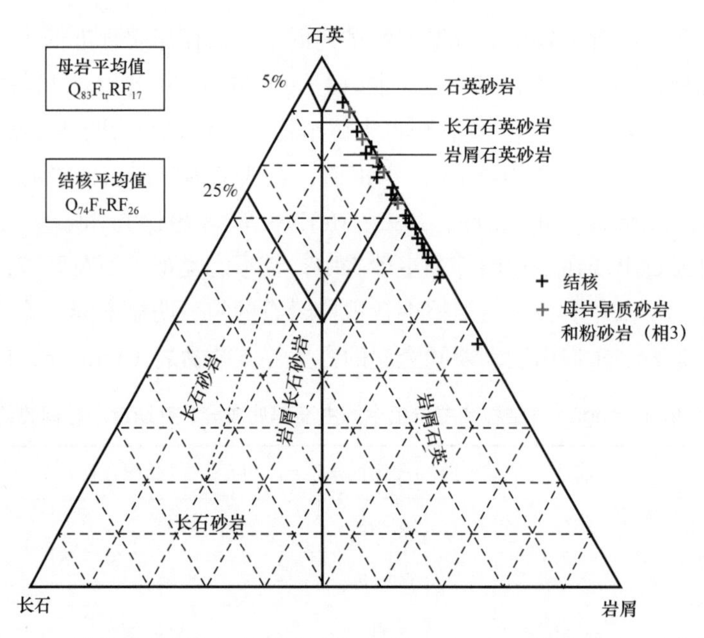

图 9　Panther Tongue 段结核与主岩相的岩屑组分（石英 + 长石 + 岩屑组分）三角图（Folk，1968）

为了对比，包含了 Soldier Creek 砂质粉砂岩结核的数据

8.4.4.4　自生矿物

8.4.4.4.1　含铁白云石结核

含铁白云石是 Panther Tongue 段结核中最普遍、含量最高的自生矿物［图 10（c）]，丰度为 30%～54%，平均 43%。它是一种均匀的、它形细晶（5～50μm）的孔隙填充胶结物，堵塞了原生粒间孔隙。胶结物晶体通常比骨架颗粒细，晶体边界不规则，常常较模糊，难以识别，有些胶结物具有微粒结构。碎屑白云石的共轴生长很常见［图 10（e）]，这为胶结物的成核提供了有利的载体。骨架颗粒边缘较小的湾状结构表明，它们可能已被含铁白云石的同期溶蚀和沉淀物部分交代，这也可能交代了一些小的骨架颗粒。虽然不能确切地区分交代产物和粒间白云石，但是交代产物似乎很小，并假设这一高含量的胶结物与沉积物的原始粒间孔隙度接近。自生黄铁矿通常以微量形式出现在结核和寄主砂岩中，尽管在 Soldier Creek 末端沿走向获取的 5 块样品中，其含量为 2.7%～3.7%，平均 3.3%。黄铁矿通常以两种形式出现：主体为直径 5～30μm 的莓球状结核，少量为孤立的多面体，大约 5μm 宽。结构关系和有限的压实作用表明，含铁白云石是黄铁矿沉淀后的早期胶结物。

含铁白云石的元素组成范围为 $Ca_{1.06\sim1.21}(Mg_{0.70\sim0.82}Fe_{0.05\sim0.15})(CO_3)_2$，平均为 $Ca_{1.14}(Mg_{0.76}Fe_{0.10})(CO_3)_2$（表 2 和图 11）。在 Kenilworth 和 Alrad 峡谷采集的结核样品中，元素含量向下增加，分别是 3.0%～7.0%（摩尔分数）和 2.8%～5.2%（摩尔分数），在 Soldier Creek 中样品含量不变［6.1%～6.7%（摩尔分数）]。在 Coal Creek 峡谷，元素含量向上增加，从 4.6%（摩尔分数）增加到 6.0%（摩尔分数）。沿着走向，元素含量具有系统性的变化趋势，Fe^{2+} 和 Mg^{2+} 向东持续增加，分别为 4%～7%（摩尔分数）、36%～39%（摩尔分数），与此同时，Ca^{2+} 含量从 60%（摩尔分数）降至 55%（摩尔分数）。

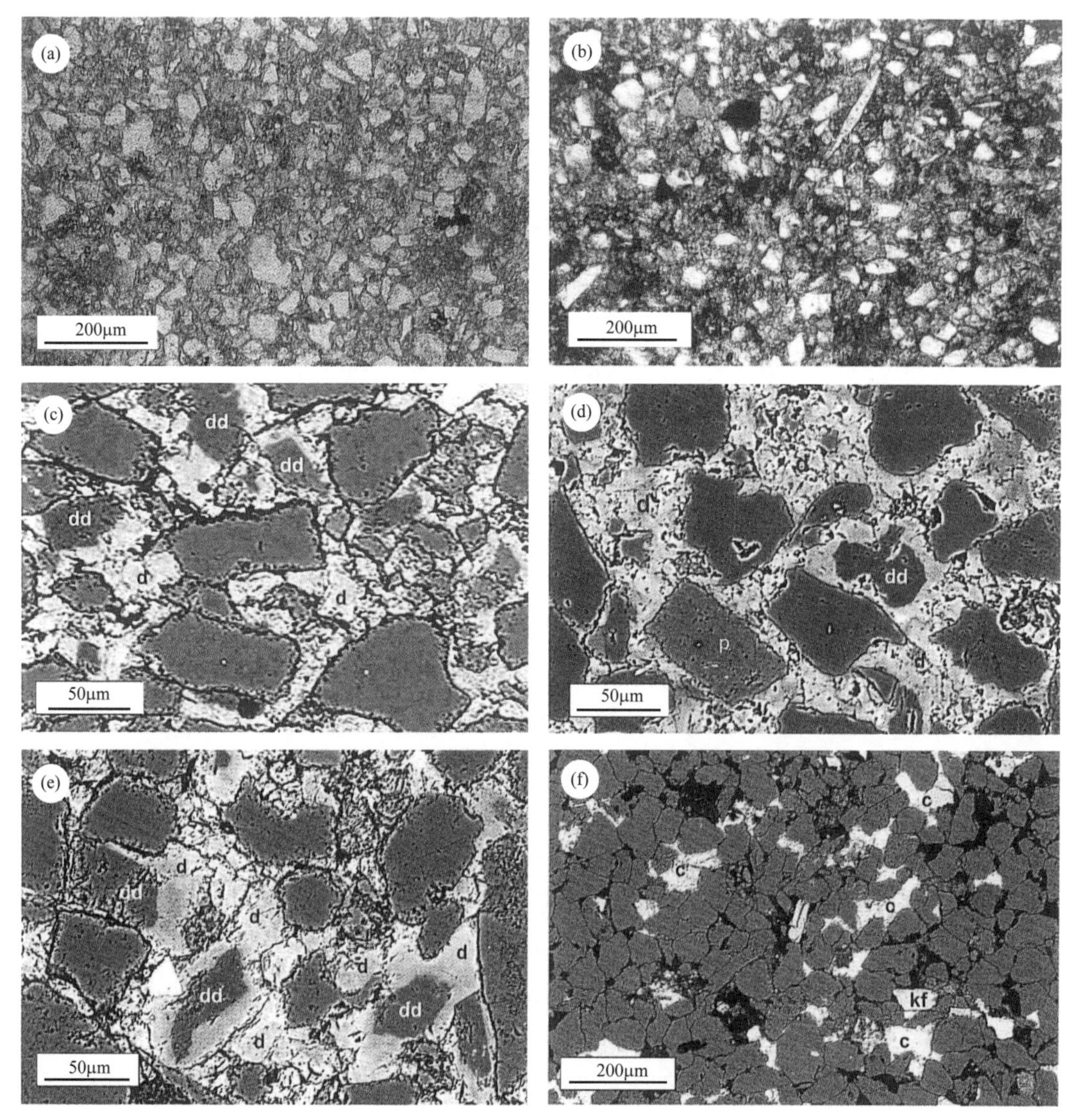

图 10 （a）Kenilworth 和（b）Deadman 峡谷 Panther Tongue 段结核样品的显微照片，显示了结核和母岩样品中的极细粒沉积物，单偏光、背散射显微照片。（c）、（d）碎屑石英为主的典型结核，含铁白云石胶结物支撑，具较高的粒间孔。（e）同轴白云石生长物显示出碎屑白云石核心。（f）异岩砂岩和粉砂岩的母岩样品，颗粒支撑，相对较强的压实作用，晚期方解石胶结和较少的粒间孔

表 2 结核状含铁白云石和母岩方解石胶结物的元素统计表

胶结物	Ca^{2+} 含量，%（摩尔分数）			Mg^{2+} 含量，%（摩尔分数）			Fe^{2+} 含量，%（摩尔分数）		
	平均值	范围	标准方差	平均值	范围	标准方差	平均值	范围	标准方差
结核状铁白云石	57.42	53.54～60.70	2.01	37.73	34.86～40.93	1.60	4.86	2.61～7.66	1.33
方解石母岩	98.40	97.48～98.92	0.50	0.69	0.49～1.30	0.30	0.81	0.56～1.51	0.20

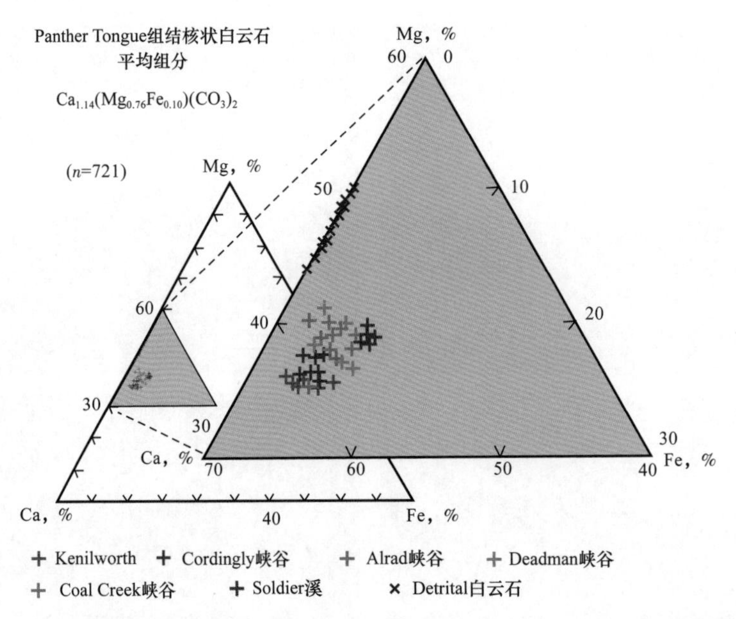

图 11　Panther Tongue 段结核中白云石胶结物 Ca、Mg 和 Fe 相对比例三角图。每个数据点代表了不同位置样品的平均组分，以及相同样品碎屑白云石的平均组分

此外，含铁白云石胶结物的 $\delta^{13}C$ 和 $\delta^{18}O$ 值显示出系统性变化（表 3 和图 12）。来自 Alrad 峡谷的结核的核心和外边缘显示出系统的同位素分带现象。三个岩心样品（$\delta^{13}C$ 为 3.28‰～3.55‰ VPDB、$\delta^{18}O$ 为 −4.56‰～−4.41‰ VPDB），与上边缘（$\delta^{13}C$ 为 0.48‰ VPDB、$\delta^{18}O$ 为 −6.65‰ VPDB）和更轻的下边缘值（$\delta^{13}C$ 为 −5.34‰ VPDB、$\delta^{18}O$ 为 −13.4‰ VPDB）形成对比（表 3 和图 12）。不对称变化在其他结核中很明显，其中 $\delta^{13}C$ 和 $\delta^{18}O$ 值随着 Fe^{2+} 含量的增加而变得更负。例如，Kenilworth 胶结物的 $\delta^{13}C$ 为 −1.52‰～−6.75‰ VPDB、$\delta^{18}O$ 为 −10.38‰～−13.66‰ VPDB，Soldier Creek 胶结物的 $\delta^{13}C$ 为 3.13‰～−0.54‰ VPDB、$\delta^{18}O$ 为 −3.59‰～−5.82‰ VPDB（表 3 和图 11）。完整的同位素数据集（图 12）显示 $\delta^{13}C$ 和 $\delta^{18}O$ 之间具强的正相关性，并表明碳和氧同位素均受到相同流体成分变化的影响。

表 3　Panther Tongue 段白云石胶结物 $\delta^{13}C$ 和 $\delta^{18}O$ 的原始数据和校正数据

样品号		$\delta^{13}C$，‰VPDB	$\delta^{18}O$，‰VPDB	校正数据		$\delta^{18}O$，‰VPDB
				$\delta^{13}C$，‰VPDB	$\delta^{18}O$，‰VPDB	
结核状胶结物	K11	−1.19	−9.33	−1.52	−10.38	20.21
	K12	−1.51	−9.63	−2.23	−11.61	18.93
	K13	−2.50	−10.51	−3.42	−12.42	18.10
	K14	−1.89	−10.04	−2.66	−11.94	18.60
	K15	−4.24	−11.57	−5.55	−13.57	11.92
	K16	−5.51	−12.07	−6.75	−13.66	16.83
	CO3	−2.23	−10.36	−3.14	−12.56	17.96

续表

样品号		δ13C，%VPDB	δ18O，%VPDB	校正数据		δ18O，%VPDB
				δ13C，%VPDB	δ18O，%VPDB	
结核状胶结物	A2	0.42	−6.01	0.48	−6.65	24.06
	A3	2.80	−4.50	3.28	−4.48	26.29
	A4	2.90	−4.57	3.55	−4.56	26.21
	A5	2.56	−4.47	3.48	−4.41	26.37
	A6	−1.75	−8.88	−2.36	−10.17	20.43
	A7	−4.25	−11.71	−5.34	−13.42	17.08
	DMC4	−3.69	−10.82	−4.30	−11.78	18.77
	C1	−3.12	−8.97	−3.52	−9.48	21.14
	C2	−3.23	−9.19	−3.71	−9.81	20.80
	C3	−2.90	−8.51	−3.55	−9.30	21.32
	C4	−2.74	−8.24	−3.18	−8.77	21.87
	C5	−2.48	−8.09	−2.91	−8.63	22.01
	C6	−2.61	8.24	−3.32	−9.13	21.50
	SC1	2.99	−3.64	3.13	−3.59	27.31
	SC2	2.83	−3.58	3.08	−3.48	27.33
	SC3	−0.09	−5.55	−0.12	−5.92	24.80
	SC4	0.20	−3.95	0.19	−3.89	26.90
	SC5	−0.46	−5.70	−0.54	−5.82	24.90
碎屑白云石		0.30	−4.61	0.30	−4.61	26.16

注：（1）K–Kenilworth；CO—Cordingly Canyon；A—Alrad Canyon；DMC—Deadman Canyon；C—Coal Canyon；SC– Soldier Creek。

（2）碎屑白云石的同位素值据 Taylor 等（2000）。图 12 展示了这些数据的散点图。

8.4.4.4.2 方解石胶结的母岩：亚岩屑砂岩和粉砂岩（相带 3）

在所有母岩样品中，低镁方解石胶结物都是常见的，通常以孤立的、10～60μm 的它形晶体形式出现［图 10（f）］，体积分数为 6%～18%，平均为 14%。胶结物的几个实例是以在碎屑碳酸盐岩之上同轴生长的形式出现的，并具相当程度的压实［图 10（f）］，这表明该寄主方解石是结核状白云石沉淀之后才形成的。方解石胶结物的平均元素组成为 $Ca_{0.98}Mg_{0.01}Fe_{0.01}(CO_3)$。石英的次生加大也存在于寄主岩中，4 块样品中的含量从微量到 2%，平均为 0.7%。这些次生加大多为它形的，偶呈直面，沉淀作用发生于弱压实作用之后，但在白云石胶结之前。

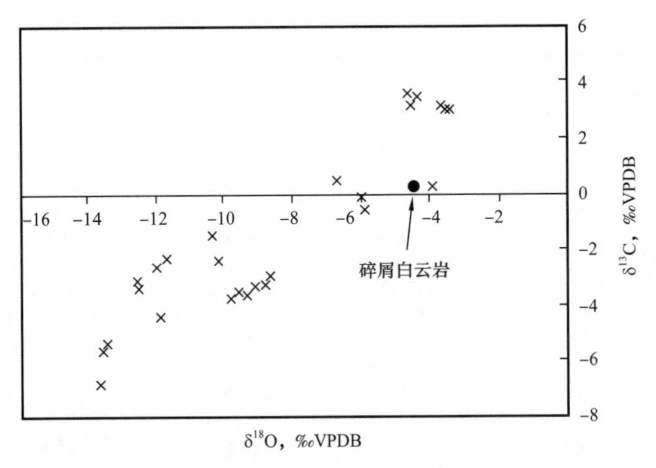

图 12　Panther Tongue 段结核中白云石胶结物 $\delta^{13}C$ 和 $\delta^{18}O$（表 3）的散点图

8.5　数据解释

8.5.1　孔隙水组成

大量胶结物（高达 54%）的岩相证据表明，与强烈压实的方解石胶结的主岩岩相相比，一些结核的边缘存在差异压实，表明结核状含铁白云石的沉淀发生在强压实作用之前的早成岩阶段。考虑到这一早期成岩成因，一些白云石胶结物的负 $\delta^{18}O$ 值与其直接从海洋流体中沉淀的结果不一致。假定白云石是从晚白垩世海水（–1.2‰ SMOW）（Shackleton 和 Kennet，1975）中沉淀出来的，依据 Garlick（1974）提出的 $\delta^{18}O_{dolomite}$–$\delta^{18}O_{water}$ 分馏方程（一种适合地质背景的低温方程），利用氧同位素测定的古温度为 39～107℃（埋藏加上 20℃的海底温度）（Fatheree 等，1998；Klein 等，1999）。假定地温梯度为 30℃ /km，该温度范围对应于 0.6～2.9km 的埋深，$\delta^{18}O$ 值的范围由白云石在早期浅部沉淀之后，在适当埋深情况下持续沉淀导致的结果。这些埋藏深度与现场和岩相观察结果矛盾，不支持白云石沉淀于海相流体的结论。

源自大气淡水的自生胶结物在西部内陆海道中较为常见（McBride 等，2003），且 Book Cliffs 地区 Black hawk 层系的白云石胶结物形成于含有大气淡水的流体中（Taylor 等，2000，2004；Taylor 和 Gawthorpe，2003），这些表明其可能发生在 Panther Tongue 段中。假定这些早期白云石胶结物是从大气淡水中沉淀出来的，在大致 20℃的恒定温度下，白云石的 $\delta^{18}O$ 范围值代表了孔隙水 $\delta^{18}O$ 成分的范围，介于 –12‰～–8‰ SMOW。尽管 McKay 等（1995）提出加拿大西部内陆海道边缘晚白垩世 $\delta^{18}O$ 值为 –15‰ SMOW，Ufnar 等（2000）计算出白垩世 $\delta^{18}O$ 值为 –16‰～–11‰ SMOW，然而 Book Cliffs 剖面缺乏晚白垩世大气淡水组分的直接证据。基于以上研究，考虑到 Panther Tongue 段较低的纬度，大气淡水的 $\delta^{18}O$ 值为 –12‰～–8‰ SMOW 可能更可行。如果这与事实相符，表明沉淀流体以大气淡水为主。

$\delta^{18}O$ 的值向结核边缘减小的趋势是在整个地质时期观察到的结核中最常见特征（Mozley 和 Burns，1993）。$\delta^{18}O$ 值越来越负的可能解释包括：火山灰蚀边引起孔隙水中矿物的沉淀（Lawrence 等，1979；Morad 和 DeRos，1994；Morad 等，1996），海水中 ^{18}O 值的损耗（McKay 等，1995），以及细菌硫化降解引起的海水中 ^{18}O 的损耗（Sass 等，1991）。白云石沉淀于大气孔隙水的模式经常被引用（Machemer 和 Hutcheon，1988；Prosser 等，1993；Taylor 和 Gawthorpe，2003；Taylor 等，2004），最近的研究认为从海洋流体中沉淀出的白云石在埋藏阶段会发生 $\delta^{18}O$ 的再平衡（Morad 等，1996；Budd，1997）。火山碎屑物质在 Panther Tongue 段沉积物中不明显，因此不太可能影响 $\delta^{18}O$ 值。加拿大西部内陆海道边缘上白垩统海水的 $\delta^{18}O$ 值为 –7‰ SMOW（McKay 等，1995）。在犹他州东部 Mancos 页岩的 Prairie Canyon 段，地层相当于本次研究的 Star Point 砂岩，Klein 等（1999）估算的白垩纪海水 $\delta^{18}O$ 值约为 –1.2‰ SMOW（Shackleton 和 Kennet，1975），因此，我们不认为可将海水消耗的 ^{18}O 作为白云石胶结物中 $\delta^{18}O$ 值下降的解释。

多位学者提出用白云石胶结物的重结晶作用、再平衡作用和交代作用来解释石灰岩（Land，1980，1991；Muchez 和 Viaene，1994）和砂岩（Morad 等，1996）中一些白云石胶结物负的 $\delta^{18}O$ 值。人们还认识到，一些早期成岩白云石胶结物是亚稳定的（Land，1980；Budd，1997），它们可能会经历埋藏重结晶作用和氧同位素的再平衡作用。Panther Tongue 段 $\delta^{13}C$ 和 $\delta^{18}O$ 的协变式趋势（图 12）可能有利于大气淡水 / 海水混合成因解释（例如，Klein 等，1999），即使重结晶作用仅仅在局部发生，也可以产生类似的趋势（Land，1991）。因此，Budd（1997）得出结论，白云石胶结物的 $\delta^{18}O$ 值可能并不只有单一解释。

8.5.2 白云石胶结物的来源

$\delta^{13}C$ 值为 –6.75‰～3.55‰ VPDB，表明海相碳酸盐岩是结核胶结物碳的主要来源。然而，更负的值表明一部分碳来自有机质的氧化或大气淡水。此外，胶结物中铁离子的含量表明，铁的还原发生在相当于亚缺氧带环境中的下三角洲前缘浊积岩中，这一过程以中等负值的 $\delta^{13}C$ 值为特征（Berner，1981；Maynard，1982；Morad，1998）。具海相同位素值的白云石胶结物的可能来源包括海水、碳酸盐生物碎屑或碎屑白云石的再活化，后者在整个 Panther Tongue 段中普遍存在。尽管海水相对白云石过饱和，但考虑到化学动力学原因，未调整海水中的白云石很少直接沉淀（Purser 等，1994；Budd，1997）。因此，正常海水不太可能是观察到的白云石胶结物的来源。生物碎屑碳酸盐岩在 Book Cliffs 沉积体中很少出现，观察到的生物碎屑通常局限于河道中（Van Wangoner，1995；Taylor 等，2000）。在 Panther Tongue 段，生物碎屑在近端分流河道沉积体和薄层海侵沉积体中较少出现（Balsley 和 Parker，1991）。虽然没有生物碎屑压实前溶蚀的直接证据，但是研究区边缘以外河道中潜在的生物碎屑含量不容忽视。然而，沿走向 10km 的剖面中，白云石胶结物占据了母岩岩相体积的 10%，由于缺乏类似的生物碎屑体积，因此出现了质量平衡问题。此外，如果生物碎屑是白云石胶结物中的碳酸盐来源，那么有必要引入另一个镁离子来源。

整个沉积序列中存在丰富的碎屑白云石，其可能为胶结物的形成提供了碳酸盐和镁。

然而，岩石学证据显示，在整个 Panther Tongue 段中，碎屑白云石颗粒保持不变。因此，这些颗粒似乎可被认为是内源颗粒或局部再活化的碳酸盐来源。最可靠的碳酸盐来源是 Taylor 和 Gawthrope（2003）和 Taylor 等（2004）在 Blackhawk 地层中识别出的“白色盖层”。“白色盖层”是与层序边界相关的富含有机质的淡水沉积物下方滨岸砂岩中横向广泛的淋滤带（Gawthrope，2003；Taylor 等，2004）。他们的模型将连续准层序滨岸砂岩中结核的形成与层序地层演化联系起来，并提出煤和有机质在早成岩阶段生成的有机酸导致了下伏砂岩中碎屑白云石的淋滤和“白色盖层”的形成。全新世滨岸平原中富有机质沉积体中低温有机酸的生成已被明确记录（McMahon 等，1992；Chapelle 和 Bradley，1996），碳酸盐岩的溶蚀与有机酸的生成有关（McMahon 等，1992）。

尽管研究区内有限的 Panther Tongue 段露头中并未出现白色盖层，但是有明显证据支持结核状胶结物是由以上假定的机制形成的这一论点。在 Star Point 砂岩中的三角洲平原沉积中记录了平均厚度为 2m、横向延伸 5km 的不连续透镜状煤层。一些煤层与分流河道砂岩互层，并在上临滨砂岩中可见厚 1.5m 的白色条带（Flores 等，1984）。当上临滨砂岩被煤层直接覆盖时，白色条带可能是上覆有机质中产生的有机酸向下移动淋滤形成的（Flores 等，1984）。虽然没有岩石学细节，但是 Star Point 砂岩中的淋滤带可能与 Book Cliffs 中的“白色盖层”相当。尽管这些煤矿位于研究区西南 70km 处，其与 Panther Tongue 段的地层关系尚不清楚，但它确实证明了广泛的煤炭沉积和可能发生的淋滤作用。在 Spring 峡谷西北部的一个核心地带，Panther Tongue 段砂岩被一个煤层覆盖（Balsley 和 Parker，1991）。该位置距离第一次出现结核的 Kenilworth 大约 9km。基于上述讨论，三角洲前缘砂岩中碎屑白云石的淋滤是更为可靠的溶解碳酸盐来源，并被推断为结核状白云岩形成的来源。

8.5.3 白云石沉淀机理

在 Panther Tongue 段相对简单的层序地层发育中（图 5），下降期体系域的沉积相带是一个单一的准层序，随着相对海平面的下降，向盆地进积。研究区以外 Wasatch 高原西缘的 Star Point 煤层也随着连续进积而发育（Flores 等，1984）。同样，覆盖在 Spring 峡谷西北 Panther Tongue 段砂岩之上的煤层与准层序进积有关，并在相对海平面下降期和层序界面形成期间的三角洲平原中发育。在层序界面形成过程中，大气淡水水头的增加可能导致大气淡水进入三角洲前缘浊积体中，它们可作为层状含水层（Collins 和 Gelhar，1971），随着高渗透性的砂岩为地形驱动的大气水流提供了管道，大气淡水流动反映的海岸线向盆地方向移动（Manheim 和 Paul，1981；Machemer 和 Hutcheon，1988）。Panther Tongue 段层理面上结核的定向排列，表明其排列是由水流控制的（例如，Pirrie，1987；McBride 等，1994，2003；Mozley 和 Davis，1996）。

Gordon 和 Flemings（1999）建立了 Book Cliffs 地区海洋边缘的海退旋回模型，包括了部分 Panther Tongue 段，证实了大气淡水带随基准面的下降而迁移。他们得出的结论是，这个区域不太可能向盆地方向延伸到海岸线以外。然而，据报道，在基准面下降期间，封闭的含水层向盆地方向具有明显的迁移（Manheim 和 Paul，1981；Machemer 和

Hutchoen，1988；Harrison 和 Summa，1991）。Panther Tongue 段一个重要特征是南西向的古水流可能控制了低位海岸线的范围。白垩纪西部内陆海道正常的古径流模式是从高原向东部流去（Mallory，1972），例如上覆的以波浪为主的 Storrs 段和 Blackhawk 组。在相对海平面下降期间，Panther Tongue 段河流轴线与主要盆地单元的重新排列，如平行于逆冲带的区域性沉降（Van Wagoner 等，1990），将指向古水流方向。这种重新排列可能是低位体系域沉积的结果，并表明 Gordon 和 Flemings（1999）模拟的大气淡水—海水边界超出了有限研究区的范围。

根据这一流体流动机制，我们提出结核状含铁白云石胶结物是由以下因素造成的（图 13）：在层序界面演化过程中，含煤层段释放出来的有机酸导致了碎屑白云石的溶蚀，从而增加了大气淡水中 Ca^{2+}、Mg^{2+} 和 HCO_3^- 的含量。这些饱和的大气淡水流体沿走向在地形驱动下进入大气淡水—海水界面，这是一个具有成岩意义的动力带（Ludvigson 等，1994）。与海相孔隙水的混合会增加孔隙水的 pH 值，促进碳酸盐的沉淀。白云岩内铁元素的存在表明，早成岩阶段三角洲前缘浊积体内发生了细菌性铁还原。铁的还原进一步增加了孔隙水的 pH 值（Curtis，1977；Coleman，1985），降低了孔隙水中碳酸盐的溶解度，也产生了碳酸氢盐，从而增强了碳酸盐的沉淀。最后，普遍存在的碎屑白云石为碳酸盐成核提供了载体，减少了拟制白云石沉淀的化学和动力学障碍（Nielsen，1974）。此外，相对丰富的碎屑白云石的成核作用通过产生新鲜晶面来增加成核位置，从而有利于快速沉淀（Raiswell 和 Fisher，2000）。因此，碎屑白云石是促使 Panther Tongue 段白云石胶结物沉淀的重要因素。

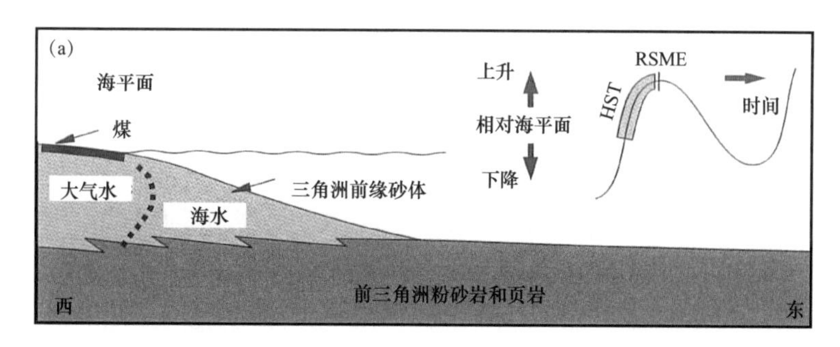

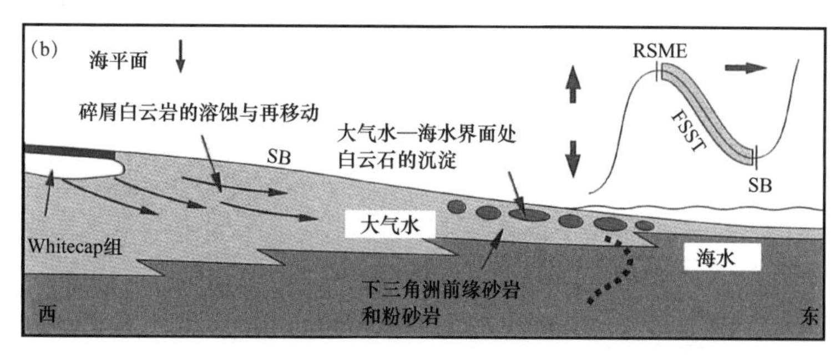

图 13　Panther Tongue 段结核状白云石胶结物的形成模式图

（a）在相对海平面高位期，煤层沉积在研究区西北边界之外。（b）基准面下降，随着进积和层序界面的发育，大气淡水进入三角洲前缘砂岩。在煤层早成岩阶段，推测有机酸的生成溶蚀了下伏砂岩中的碎屑白云石，溶解的 Ca^{2+}、Mg^{2+} 和 HCO_3^- 通过大气淡水向盆地方向进入下三角洲前缘砂岩和粉砂岩中，与海相孔隙流体混合沉淀含铁白云石。

从 Kenilworth 首次出现的结核（平均 $\delta^{18}O$ 为 –12.26‰ VPDB）到 Soldier Creek 最后出现的结核（平均 $\delta^{18}O$ 为 –4.59‰ VPDB）之间，负的 $\delta^{18}O$ 值沿走向下降（表 3）。虽然中间值有所变化，但是上述数据可以通过不同环境中的胶结作用解释，在 Kenilworth 地区水体环境以大气淡水为主，边缘地区为大气淡水—海水交互处，再到 Soldier Creek 地区沿走向 10km 处的调整的大气淡水和海水环境。此外，Fe^{2+} 和 Mg^{2+} 沿走向呈系统性增加但幅度不大，这可能与三角洲前缘浊积体中泥质沉积物尺寸的增加以及这些矿化溶质从较细组分中的初始压实排出有关。

8.5.4 层序地层对胶结作用的控制

该序列结构简单，表明层序地层的发育受一个相对海平面上升、下降和上升旋回的控制。然而，在野外尺度上，不可能将构造或海平面升降的作用分开。由于冲断岩片侵位引起的构造控制已被用于解释 Book Cliffs 地区类似的高频层序（Kanola 和 Huntoon，1995），在这些序列中识别出的相对海平面波动也与米兰科维奇旋回一致（例如，Schwarzacker，1993），后者通常是对海平面升降的高阶控制。此外，Yoshida（2000）指出，虽然可能存在一些海平面升降的影响，但对地层发育的控制只能由地壳对板内应力的响应来解释。尽管如此，叠加在逆冲带控制的低频沉降旋回上的高频轨道强制海平面波动的复杂相互作用可能是最重要的控制因素（Howell 和 Flint，2003）。

Panther Tongue 段层序地层的演化直接控制了预测的三角洲平原砂岩淋滤作用与层序界面之下沿走向结核状胶结物之间的时空关系。强制海退和随后的强制海退体系域的进积，沉积了三角洲前缘砂岩和粉砂岩的层状含水层，其具有足够的渗透性，允许向盆地方向的大气淡水流动。层序界面的发育使得大气淡水流体可以进入，这些流体富含从煤层下面砂岩中渗滤出的 Ca^{2+}、Mg^{2+} 和 HCO_3^- 并可在地形驱动下沿走向进入大气淡水—海水混合带中。在该区，碎屑白云岩作为物源区和沉积环境的一个因素，控制着白云石优先成核部位的有效性。然而，层序地层演化的动态相互作用不仅控制了其分布，也为成岩作用的发生创造了有利条件。此外，结核状胶结作用不仅限于 Panther Tongue 段中层序界面的发育，而且可能受到 Book Cliffs 地区较年轻层系中层序界面演化的影响，例如 Aberdeen 段（Taylor 等，2004）。

8.6 结论

上白垩统 Star Point 砂岩 Panther Tongue 段的下三角洲前缘砂岩和粉砂岩是一个河控三角洲层序，其中发育了结核状含铁白云石胶结物。这些结核厚达 3.5m，长 13m，发育在 Panther Tongue 层序界面之下，向东沿走向延伸 10km。$\delta^{18}O$ 值表明孔隙水含有大气淡水成分。$\delta^{13}C$ 值表明，含有少量有机质氧化的次要成分的海相碳酸盐是白云石胶结物的碳源，本文将其解释为来自研究区之外的碎屑白云岩。

在 Book Cliffs 年轻的层系中，已记录了层序界面之下结核状白云石胶结作用与上倾砂岩淋滤作用之间的成因关系（“白色盖层”）（Taylor 等，2000，2004；Taylor 和 Gawthorpe，

2003）。虽然地下煤层覆盖在靠近西北边缘的 Panther Tongue 段砂岩之上，但是研究区没有出现白色盖层。推断有机酸对碎屑白云石的淋滤作用发生在该煤层之下。Ca^{2+}、Mg^{2+} 和 HCO_3^- 通过大气淡水向盆地方向进入由三角洲前缘砂岩与粉砂岩浊积体构成的层状含水层中。通过与海洋流体混合，碎屑白云石成为白云石沉淀的基质。尽管沉积环境和物源控制了碎屑白云石的供应，但是层序地层演化之间的动态相互作用不仅控制了其分布，而且为成岩作用的发生创造了有利条件。

通过建立沿走向的层序地层格架并结合成岩资料，揭示了层序地层的演化对成岩作用的控制。此外，本文还证明了一个基于过程的预测模型的适用性，该模型是为浅海风暴为主环境至河控三角洲沉积体开发的。将成岩作用与层序地层的演化联系起来，是理解盆地级别成岩过程的基础，对油气储层建模和质量预测具有重要意义。

参考文献

Balsley，J. K.（1980）Cretaceous wave-dominated delta systems，Book Cliffs，east-central Utah. In：*Continuing Education Course Field Guide*. AAPG. 163 p.

Balsley，J. K. and Parker，L. R.（1991）*Wave-Dominated Deltas*，*Shelf Sands and Turbidites*：*Clastic Depositional Models for Hydrocarbon Exploration*. AAPG，Tulsa，OK，219 p.

Berner，R. A.（1981）A new classification of sedimentary environments. J. *Sediment. Petrol.*，51，359-365.

Bouma，A. H.（1962）*Sedimentology of Some Flysch Deposits*. Elsevier，Amsterdam，168.

Budd，D. A.（1997）Cenozoic dolomites of carbonate islands：their attributes and origin. *Earth Sci. Rev.*，42，1-47.

Burchfiel，B. C.，Cowan，D. S. and Davis，G. A.（1992）Tectonic overview of the Cordilleran orogen in the western United States. In：*The Cordilleran Orogen*：*Conterminous U. S.*：*The Geology of North America*（Eds B. C. Burchfiel，P. W. Lipman and M. L. Zoback）. *Geol. Soc. Am.*，G3，407-480.

Chapelle，F. H. and Bradley，P. M.（1996）Microbial acetogenesis as a source of organic acids in ancient Atlantic Plain Sediments. *Geology*，24，925-928.

Coleman，M. L.（1985）Geochemistry of diagenetic non-silicate minerals：kinetic considerations. *Philos. Trans. R. Soc. Lond.*，A315，39-56.

Collins，M. A. and Gelhar，L. W.（1971）Sea water intrusions in layered aquifers. *Water Resour. Res.*，7，971-979.

Coplen，T. B.（1994）Reporting of stable hydrogen，carbon and oxygen isotope abundances，technical report of the IUPAC inorganic chemistry commission on atomic weights and isotopic abundances. *Pure Appl. Chem.*，66，273-276.

Coplen，T. B.（1995）Reporting of stable carbon，hydrogen and oxygen isotopic abundances. In reference and intercomparison materials for stable isotopes of light elements. *IAEA Tec Doc*，825，31-34.

Craig，H.（1957）Isotopic standards for carbon and oxygen and correction factors for mass-spectrometric analysis of carbon dioxide. *Geochim. Cosmochim. Acta*，12，133-149.

Crossey，L. J. and Larsen，D.（1992）Authigenic mineralogy of sandstones intercalated with organic-rich mudstones：integrating diagenesis and burial history of the Mesaverde Group，Piceance Basin，NW Colorado. In：*Origin*，*Diagenesis and Petrophysics of Clay Minerals in Sandstones*（Eds D. W. Houseknecht and E. D. Pittman）. *SEPM. Spec. Publ.*，47，125-144.

Curtis，C. D.（1977）Sedimentary geochemistry：environments and processes dominated by involvement of the aqueous phase. Philos. *Trans. R. Soc. Lond.*，A286，353-372.

Dickinson, W. R. (1985) Interpreting provenance relations from detrital modes of sandstones. In : *Provenance of Arenites* (Ed. G. G. Zuffa), *NATO–ASI Series G*, 148, 333–361. D. Reidel Pub. Co., Dordrecht, The Netherlands.

Dutton, S. P., White, C. D., Willis, B. J. and Novakovic, D. (2002) Calcite cement distribution and its effects on fluid flow in a deltaic sandstone, Frontier Formation, Wyoming. *AAPG Bull.*, 69, 22–38.

Fatheree, J. W., Harries, P. J. and Quinn, J. M. (1998) Oxygen and carbon isotope 'dissection' of *Baculites compressus* (Mollusca : Cephalapoda) from the Pierre Shale (Upper Campanian) of South Dakota : implications for paleoenvironmental reconstructions. *Palaois*, 13, 376–385.

Flores, R. M., Blanchard, L. F., Sanchez, J. D., Marley, W. E. and Muldoon, W. J. (1984) Paleogeographic controls of coal accumulation, Cretaceous Blackhawk Formation and Star Point Sandstone, Wasatch Plateau, Utah. *Geol. Soc. Am. Bull.*, 95, 540–550.

Folk, R. L. (1968) *Petrology of Sedimentary Rocks*. Hemphill, Austin, TX, 170 p.

Garlick, G. D. (1974) The stable isotopes of oxygen, carbon and hydrogen in the marine environment. In : *The Sea : Ideas and Observations on Progression in the Study of the Sea*. Vol. 5, Marine Chemistry (Ed. G. D. Goldberg) . pp. 393–425. Wiley–Interscience, New York.

Gordon, D. S. and Flemings, P. B. (1999) Two dimensional modeling of groundwater flow in an evolving deltaic environment. In : *Numerical Experiments in Stratigraphy : Recent Advances in Stratigraphic and Sedimentologic Computer Simulations* (Eds J. W. Harbaugh, W. L. Watney, E. Rankey, R. Slingerland, R. Goldstein and E. Franseen) . *SEPM Spec. Publ.*, 62, 301–312.

Hampson, G. J. (2000) Discontinuity surfaces, clinoforms and facies architecture in a wave dominated shorefaceshelf parasequence. *J. Sediment. Res.*, 70, 325–340.

Hampson, G. J., Burgess, P. M. and Howell, J. A. (2001) Shoreface tongue geometry constrains history of relative sea–level fall : examples from the Late Cretaceous strata in the Book Cliffs area, Utah. *Terra Nova*, 13, 188–196.

Hampson, G. J., Howell, J. A. and Flint, S. F. (1999) A sedimentological and sequence stratigraphic re–interpretation of the Upper Cretaceous Prairie Canyon Member ("Mancos B") and associated strata, Book Cliffs area, Utah, USA. *J. Sediment. Res.*, 69, 414–433.

Hampson, G. J. and Storms, JE. A. (2003) Geomorphological and sequence stratigraphic Variability in wave–dominated, shoreface–shelf parasequences. *Sedimentology*, 50, 667–701.

Harrison, W. J. and Summa, L. L. (1991) Paleohydrogeology of the Gulf of Mexico Basin. *Am. J. Sci.*, 291, 109–176.

Hay, W. W., Eicher, D. L. and Diner, R. (1993) Physical oceanography and water masses in the Cretaceous Western Interior Seaway. In : *Evolution of the Cretaceous Western Interior Basin*(Eds WG. E. Caldwell and E. G. Kauffman) . *Geol. Assoc. Can. Spec. Paper*, 39, 291–336.

Howard, J. D. (1966) Sedimentation of the Panther Sandstone Tongue. In : *Central Utah Coals* (Eds W. K. Hamblin and J. K. Rigby) . *Utah Geological Society & Mineralogical Survey Bulletin*, 80, 23–32.

Howell, J. A. and Flint, S. F. (2003) Sequences and systems tracts in the Book Cliffs. In : *Sedimentary Record of SeaLevel Change* (Ed. A. L. Coe), pp. 179–197. Cambridge University Press and Open University.

Hunt, D. and Tucker, M. E. (1992) Stranded parasequences and the forced regressive wedge systems tract : deposition during base–level fall. *Sediment. Geol.*, 81, 1–9.

Hunt, D. and Tucker, M. E. (1995) Stranded parasequences and forced regressive wedge systems tract : deposition during base–level fall–reply. *Sediment. Geol.*, 95, 147–160.

Kamola, D. L. and Huntoon, J. E. (1992) Sequence boundary variation within the Aberdeen Member, Cretaceous Blackhawk Formation, Utah (abstract) . In : *Official Program, Annual Convention American*

Association of Petroleum Geologists, Houston, USA 1992, 61–62.

Kamola, D. L. and Huntoon, J. E. (1995) Repetitive stratal patterns in a foreland basin sandstone and their possible tectonic significance. *Geology*, 23, 177–180.

Ketzer, J. M., Morad, S., Evans, S. and Al–Aasm, I. S. (2002) Distribution of diagenetic alterations in fluvial, deltaic and shallow marine sandstones within a sequence stratigraphic framework : evidence from the Mullaghmore Formation (Carboniferous), NW Ireland. *J. Sediment. Res.*, 72, 760–774.

Ketzer, J. M., Holtz, M., Morad, S. and Al–Aasm, I. S. (2003) Sequence stratigraphic distribution of diagenetic alterations in coal–bearing, paralic sandstones : evidence from the Rio Bonito Formation (early Permian), southern Brazil. *Sedimentology*, 50, 855–877.

Klein, J. S., Mozley, P., Campbell, A. and Cole, R. (1999) Spatial distribution of carbon and oxygen isotopes in laterally extensive carbonate–cemented layers : implications for mode of growth and subsurface identification. *J. Sediment. Res.*, 69, 184–191.

Krajewski, K. P. and Luks, B. (2003)Originof"cannon–ball" concretions in the Carolinefjellet Formation(Lower Cretaceous), Spitzbergen. *Pol. Polar Res.*, 24 (3–4), 217–242.

Land, L. S. (1980) The isotopic trace element geochemistry of dolomite : the state of the art. In : *Concepts and Models of Dolomitization* (Eds D. H. Zenger, J. B. Dunham and R. L. Etherington) . *SEPM Spec. Publ.*, 28, 87–110.

Land, L. S. (1991) Dolomitization of the Hope Gate Formation (N. Jamaica) by sea water : reassessment of mixing zone dolomite. In : *Stable Isotope Geochemistry : A Tribute to Samuel Epstein* (Eds H. P. Taylor, J. R. O'Neil and I. R. Kaplan) . *Geochem. Soc. Spec. Publ.*, 3, 121–133.

Lash, G. G. and Blood, D. (2004) Geochemical and textural evidence for early (shallow) diagenetic growth of stratigraphically confined carbonate concretions, Upper Devonian Rhinestreet black shale, western New York. *Chem. Geol.*, 206, 407–424.

Lawrence, J. R., Dreever, J. I., Anderson, T. F. and Brueckner, H. K. (1979) Importance of alteration of volcanic material in the sediments of Deep Sea Drilling site 323: chemistry $^{18}O/^{16}O$ and $^{87}Sr/^{86}Sr$. *Geochim. Cosmochim. Acta*, 43, 573–588.

Lawton, T. F. (1986) Compositional trends within a clastic wedge adjacent to a fold–thrust belt : Indianola Group, central Utah. In : *Foreland Basins* (Eds P. A. Allen and P. Homewood) . *Int. Assoc. Sedimentol. Spec. Publ.*, 8, 411–423.

Ludvigson, G. A., Witzke, B. J., Gonzalez, L. A., Hammond, R. H. and Plocher, O. A. (1994) Sedimentology and carbonate geochemistry of concretions from the Greenhorn marine cycle (Cenomanian–Turonian), eastern margin of the Western Interior Seaway. In : *Perspectives on the Eastern Margin of the Cretaceous Western Interior Basin* (Eds G. W. Shurr, G. A. Ludvigson and R. H. Hammond) . *Geol. Soc. Am. Spec. Paper*, 287, 145–173.

Machemer, S. D. and Hutcheon, I. (1988) Geochemistry of early carbonate cements in the Cardium Formation, central Alberta. *J. Sediment. Petrol.*, 58, 136–137.

Mallory, W. M. (1972) *Geologic Atlas of the Rocky Mountain Region*. Rocky Mountain Association of Geologists. 331 p.

Manheim, F. T. and Paull, C. (1981) Patterns of groundwater salinity changes in a deep continental–ocean transect off the southeastern Atlantic coast of the USA. *J. Hydrol*, 54, 95–105.

Maynard, B. (1982) Extension of Berner's "New Geochemical Classification of Sedimentary Environments" to ancient sediments. *J. Sediment. Petrol.*, 52, 1325–1331.

McBride, E. F., Picard, M. D. and Folk, R. L. (1994) Oriented concretions, IonianCoast, Italy. *J. Sediment. Petrol.*, 64, 535–540.

McBride, E. F., Picard, M. D. and Milliken, K. L. (2003) Calcitecemented concretions in Cretaceous sandstone, Wyoming and Utah, USA. *J. Sediment. Res.*, 733, 462–483.

McKay. J. L., Longstaffe. F. J. and Plint, A. G. (1995) Early digenesis and its relationship to depositional environments and relative sea-level fluctuations (Upper Cretaceous) Marshbank Formation, Alberta and British Columbia. *Sedimentology*, 42, 161–190.

McMahon, P. B., Chapelle, F. H., Falls, W. F. and Bradley, P. M. (1992) The role of microbial processes in linking sandstone diagenesis with organic-rich clays. *J. Sediment. Petrol.*, 62, 1–10.

Morad, S. (1998) Carbonate cementation in sandstones : distribution patterns and geochemical evolution. In : *Carbonate Cementation in Sandstones* (Ed. S. Morad) *Int. Assoc. Sedimentol. Spec. Publ.*, 21, 1–26.

Morad, S. and De Ros, L. F. (1994) Geochemistry and diagenesis of stratabound cement layers within the Rannoch Formation of the Brent Group, Murchison Field, North Viking Graben (northern North Sea) – comment. *Sediment. Geol.*, 93, 135–141.

Morad, S., De Ros, L. F. and Al-Aasm, I. S. (1996) Origin of low $\delta^{18}O$, pre-compactional ferroan carbonates in the marine Stø Formation (Middle Jurassic, offshore NW Norway. *Mar. Petrol. Geol.*, 13, 263–276.

Morad, S., Ketzer, J. M. and De Ros, L. F. (2000) Spatial and temporal distribution of diagenetic alterations in siliciclastic rocks : implications for mass transfer in sedimentary basins. *Sedimentology*, 47, 95–120 (Suppl. 1) .

Morris, W. R., Posamentier, H. W., Loomis, K. B., Bhattacharya, J. P., Kupecz, J. A., Wu, C., Lopez-Blanco, M., Thompson, P. R., Spear, D. B., Landis, C. R. and Kendal, B. A. (1995) Cretaceous Panther Tongue sandstone outcrop case study Ⅱ : evolution of delta types within a forced regression (abstract) . In : *Official Program, Annual Convention AAPG, Houston, USA, March 5–8, 1995, 68A.*

Mozley, P. S. and Burns, S. J. (1993) Oxygen and carbon isotopic composition of marine carbonate concretions : an overview. *J. Sediment. Petrol.*, 63, 73–83.

Mozley, P. S. and Davis, J. M. (1996) Relationship between oriented calcite concretions and permeability correlation structure in an alluvial aquifer, Sierra Ladrones Formation, New Mexico. *J. Sediment. Res.*, A66, 11–16.

Muchez, P. and Viaene, W. (1994) Dolomitization caused by water circulation near the mixing zone : an example from the lower Visean of the Campine Basin (northern Belgium) . In : *Dolomites : A Volume in Honour of Dolomieu* (Eds Purser, M. Tucker and D. Zenger) . *Int. Assoc. Sedimentol. Spec. Publ.*, 21, 155–166.

Nielsen, A. E. (1974) *Kinetics of Precipitation.* MacMillan, New York, 151 p.

Newman, K. F. and Chan, M. A. (1991) Depositional facies and sequences in the Panther Tongue member ofthe Star Point Formation, Wasatch Plateau, Utah. In : *Geology of East-Central Utah.* Utah Geological Association Publication, 19, 65–76.

O'Byrne, CJ. and Flint, S. F. (1995) Sequence, parase-quence and intraparasequence architecture of the Grassy Member, Blackhawk Formation, Book Cliffs, Utah. In : *Sequence Stratigraphy of Foreland Basin Deposits : Outcrop and Subsurface Examples from the Cretaceous of North America* (Eds J. C. Van Wagoner and G. D. Bertram) . *AAPG Memoir*, 64, 225–255.

Pattison, S. A. J. (1995) Sequence stratigraphic significance of sharp-based lowstand shoreface deposits, Kenilworth Member, Book Cliffs, Utah. *AAPG Bull.*, 79, 444–462.

Pattison, S. A. J. (2005b) Storm-influenced prodelta turbidite complex in the lower Kenilworth Member at Hatch Mesa, Book Cliffs, Utah USA : implications for shallow marine facies models. *J. Sediment. Res.*,

75, 420–439.

Pattison, S. A. J. (2005a) Isolated highstand shelf sandstone body of turbiditic origin, lower Kenilworth Member, Cretaceous Western Interior, Book Cliffs Utah, USA. *Sediment. Geol.*, 177, 131–144.

Pattison, S. A. J., Ashworth, R. B., and Hoffman, T. A. (2007) Evidence of across shelf transport of fine-grained sediments : turbidite-filled shelf channels in the Campanian Aberdeen Member, Bok Cliffs, Utah, USA. *Sedimentology*, 54, 1033–1063.

Pirrie, D. (1987) Oriented calcareous concretions from James Ross Island, Antarctica. *Brit. Antarctic Surv. Bull.*, 75, 41–50.

Pitman, J. K., Franczyk, K. J. and Anders, D. E. (1987) Marine and nonmarine gas-bearing rocks in Upper Cretaceous Blackhawk and Neslen Formations, Eastern Uinta Basin, Utah : sedimentology, diagenesis and source rock potential. *AAPG Bull.*, 71, 76–94.

Plint, A. G. (1988) Sharp-based shoreface sequences and 'offshore bars' in the Cardium Formation of Alberta : their relationship to relative changes in sea-level. In : *Sea-Level Change-An Integrated Approach* (Eds C. K. Wilgus, B. S. Hastings, C. G. StC Kendall, H. W. Posamentier, C. A. Ross and J. C. Van Wagoner) . *SEPM Spec. Publ.*, 42, 357–370.

Plint, A. G. and Nummedal, D. (2000) The falling stage systems tract : recognition and importance in Sequence stratigraphic analysis. In : *Sedimentary Responses to Forced Regressions* (Eds D. Hunt and R. L. Gawthorpe) . *Geol. Soc. Lond. Spec. Publ.*, 172, 1–17.

Posamentier, H. W. and Morris, W. R. (2000) Aspects of stratal architecture of forced regressive deposits. In : *Sedimentary Responses to Forced Regressions* (Eds D. Hunt and R. L. Gawthorpe) . *Geol. Soc. Lond. Spec. Publ.*, 172, 19–46.

Prosser, D. J., Daws, J. A., Fallick, A. E. and Williams, B. P. J. (1993) Geochemistry and diagenesis of stratabound calcite cement layers within the Rannoch Formation of the Brent Group, Murchison Field North Viking Graben (Northern North Sea) . *Sediment. Geol.*, 87, 139–164.

Purser, B., Tucker, M. E. and Zenger, D. H. (1994) Problems, progress and future research concerning dolomites and dolomitization. In : *Dolomites : A Volume in Honour of Dolomieu* (Eds B. Purser, M. E. Tucker and D. H. Zenger) . *Int. Assoc. Sedimentol. Spec. Publ.*, 21, 29–33.

Raiswell, R. and Fisher, Q. J. (2000) Mudrock-hosted carbonate concretions : a review of growth mechanisms and their influence on chemical and isotopic composition. *J. Geol. Soc. Lond.*, 157, 239–251.

Raiswell, R. and Fisher, QJ. (2004) Rates of carbonate cementation associated with sulphate reduction in DSDP/ODP sediments : implications for the formation of concretions. *Chem. Geol.*, 211, 71–85.

Rosenbaum, J. and Sheppard, S. M. F. (1986) An isotope study of siderites, dolomites and ankerites at high temperatures. *Geochim. Cosmochim. Acta*, 50, 1147–1150.

Sass, E., Bein, A. and Almogi-Labin, A. (1991) Oxygen-isotope composition of diagenetic calcite in organic-rich rocks : evidence for ^{18}O depletion in marine anaerobic pore water. *Geology*, 19, 839–842.

Schwans, P. (1995) Controls on sequence stacking and fluvial to shallow-marine architecture in a foreland basin. In : *Sequence Stratigraphy of Foreland Basin Deposits : Outcrop and Subsurface Examples from the Cretaceous of North America* (Eds J. C. VanWagoner and G. D. Bertram) . *AAPG Memoir*, 64, 55–102.

Schwarzacher, W. (1993) Cyclostratigraphy and the Milankovitch theory. In : *Developments in Sedimentology*, Vol. 52, Elsevier, Amsterdam, 225 p.

Shackleton, N. J. and Kennett, J. P. (1975) Late Cenozoic oxygen and carbon isotopic change at DSDP site 284: implication for the glacial history of the Northern Hemisphere. In : *Initial Reports of the Deep Sea Drilling Project*, *29* (Eds J. P. Kennet and R. E. Houtz) . pp. 801–807. US Government Printing Office.

Taylor, D. R. and Lovell, R. W. W. (1995) High-frequency sequence stratigraphy and paleogeography of the Kenilworth Member, Blackhawk Formation, Book Cliffs, Utah, USA. In : *Sequence Stratigraphy of Foreland Basin Deposits : Outcrop and Subsurface Examples from the Cretaceous of North America*(Eds J. C. Van Wagoner and G. D. Bertram) . *AAPG Memoir*, 64, 257–275.

Taylor, K. G., Gawthorpe, R. L., Curtis, C. D., Marshall, J. D. and Awwiller, D. N. (2000) Carbonate cementation in a sequence–stratigraphic framework : Upper Cretaceous sandstones, Book Cliffs, Utah–Colorado. *J. Sediment. Res.*, 70, 360–372.

Taylor, K. G., Simo, J. A., Yocum, D. and Leckie, D. A. (2002) Stratigraphic significance of ooidal ironstones from the Cretaceous Western Interior Seaway : The Peace River Formation, Alberta, Canada and the Castlegate Sandstone, Utah, USA. *J. Sediment. Res.*, 72, 316–327.

Taylor, K. G. and Gawthorpe, R. L. (2003) Basin–scale dolomite cementation of shoreface sandstones in response to sea–level fall. *Geol. Soc. Am. Bull.*, 115, 1218–1229.

Taylor, K. G., Gawthorpe, R. L. and Fannon–Howell, S. F. (2004) Basin–scale diagenetic alteration of shoreface sandstones in the Upper Cretaceous Spring Canyon and Aberdeen Members, Blackhawk Formation, Book Cliffs, Utah. *Sediment. Geol.*, 172, 99–115.

Ufnar, D. F., Gonzalez, G. A., Ludvigson, G. A. Brenner, R. L. and Witzke, B. J. (2001) Stratigraphic implications of meteoric sphaerosiderite $\delta^{18}O$ values in paleosols of the Cretaceous (Albian) Boulder Creek Formation, NE British Columbia foothills, Canada. *J. Sediment. Res.*, 71, 1017–1028.

Van Wagoner, J. C., Mitchum, R. M. Jr., Gampion, K. M. and Rahmanian, V. D. (1990) Sequence stratigraphy in well logs, cores and outcrops : concepts for high–resolution correlation of time and facies. *AAPG Methods in Exploration*, 7, 55 p. Tulsa, OK.

Van Wagoner, J. C. (1995) Sequence stratigraphy and marine to nonmarine facies architecture of foreland basin strata, Book Cliffs, Utah, USA. In : *Sequence Stratigraphy of Foreland Basin Deposits : Outcrop and Subsurface Examples from the Cretaceous of North America* (Eds J. C. Van Wagoner and G. D. Bertram) . *AAPG Memoir.*, 64, 137–223.

Yoshida, S. (2000) Sequences and facies architecture of the upper Blackhawk Formation and the Lower Castlegate Sandstone (Upper Cretaceous), Book Cliffs, Utah, USA. *Sediment. Geol.*, 136, 239–242.

9 西班牙 Pyrenees 中南部始新统 Hecho 群浊积水道溢岸沉积中富含白云石的凝缩段

R. Marfil[1]，H. Mansurbeg[2, 3, 4]，D. Garcia[5]，M. A. Caja[1, 6]，E. Remacha[7]，S. Morad[2]，A. Amorosi[8]，J. P. Nystuen[9]

1. Departamento de Petrologıa y Geoquımica，Facultad de Geologıa，Universidad Complutense de Madrid，Spain
2. Department of Petroleum Geosciences，Soran University，Soran，Kurdistan Region，Iraq
3. Department of Earth Sciences，Uppsala University，Villav agen 16，SE 752 36，Uppsala，Sweden
4. Department of Petroleum Geosciences，The Petroleum Institute，Abu Dhabi，P.O. Box 2533，Abu Dhabi，United Arab Emirates
5. Centre SPIN，Ecole Nationale Superieure des Mines de Saint Etienne and UMR CNRS 6524，158 cours Fauriel，42023 Saint-Etienne，France
6. Upstream E&P，Centro Tecnologico Repsol，Mostoles，Madrid，Spain
7. Departament de Geologıa，Universitat Autonoma de Barcelona，Spain
8. Dipartimento di Scienze della Terra e Geologico-Ambientali，University of Bologna，via Zamboni，67，40127 Bologna，Italy
9. Department of Geology，University of Oslo，P.O. Box 1047 Blindern，NO-0316 Oslo，Norway

摘要 在 Pyrenees 中南部始新统浊流体系中，以分米级厚的黄色泥晶灰岩和泥灰岩为标志层，便于薄层主水道—溢岸沉积体的高分辨率地层对比。这些黄色地层（YB）是在浊积体系中砂体沉积之后出现的，但只在主浊积水道复合体的溢岸沉积中能识别出来。YB 出现在泥质沉积物中，属于低位体系域三角洲的早期沉积物，被解释为凝缩段，其中潜穴带、丰富的浮游和底栖微化石组合由跨过海底峡谷带来的氧气和营养物质来维持。全岩和 X 射线衍射分析表明，大部分 YB 含碎屑黏土，铁、锰和磷浓度高，这可能是由于凝缩作用驱动的氧化还原元素重新分配造成的。YB 中白云石和方解石含量比邻近黏土岩中的高，这可能是由于隐生菌藻大量生长造成的。白云岩在形状、分区特征和化学成分上变化很大，早期区带几乎是纯白云岩，而晚期区带却含铁。铁白云石中低的 $\delta^{18}O_{VPDB}$（−10.4‰～−6.2‰）与方解石中的 $\delta^{18}O_{VPDB}$（−8.1‰～−5.6‰）可大体进行对比，表明其形成于与埋藏成岩相关的高温环境中。同样地，白云石中的 $^{87}Sr/^{86}Sr$ 值（0.707926 和 0.707876）高于周围同期海水的，表明锶元素部分来源于硅质碎屑。这些横向上广泛分布的含白云石的 YB 可作为主水道—溢岸沉积复合体中流体流动的潜在隔层。

9.1 引言

凝缩段可在各种深海和海洋条件下发育，在地层对比和沉积序列细分中起重要作用（Loutit 等，1988；Kidwell，1991；Gómez 和 Fernández-López，1994；Trela，2005）。凝缩段很可能发生早期岩化、生物扰动和发育自生矿物（海绿石、磷灰石），这些使凝缩段易于识别，但很少有在浊积岩中的凝缩段，因为其特征在深海环境中相对不明显，并常被后来的浊流侵蚀掉。此外，尽管溢岸沉积广泛存在于地震剖面和现代体系中，但在被研究的浊流露头中的溢岸沉积常常被忽视（Clark 和 Pickering，1996）。与充填水道的砂岩相比，溢岸沉积在露头上通常出露较差，需要大规模的露头才能够进行详细的对比，因此，将砂质水道充填沉积与同期溢岸沉积结合起来的研究几乎没有（Remacha 等，2003）。

Pyrenees 中南部的始新世浊积岩，被称为 Hecho 群（Mutti 等，1972），提供了水道—溢岸沉积复合体的极佳露头。此外，在单一的蓝灰色薄层楔状溢岸沉积物中含有明显不同的黄色地层（YB），它们提供了非常有用的可追踪标志层。这些标志层可以被认为是溢岸楔的时间线，能够解开溢岸沉积、水道充填沉积以及低位三角洲中的早期进积单元之间的结构关系。

本研究的主要目标是获得沉积学、岩石学和地球化学数据，证实这些 YB 代表凝缩层；另一个目标是突出深海浊积岩中盆地范围内存在的 YB 在水道—溢岸沉积体储层描述中作为流体流动隔层的潜在作用，以及在看似单一的浊流序列中作为对比层的年代地层学意义。

9.2 地质和地层背景

9.2.1 盆地演化

Pyrenees 是阿尔卑斯山脉中的一部分，是晚白垩世—中新世南北向地壳碰撞形成的逆冲褶皱带，沿伊比利亚（Iberian）板块和欧亚板块之间的碰撞边界分布。研究区位于 Pyrenees 的中南部，在始新世浊流体系中被称作 Hecho 群（图 1）。Hecho 群由 5 个位于前渊中的大型构造沉积单元组成（Remacha 等，2003），它们的形状受 Pyrenees 山早期的造山演化控制：最东部（Ainsa 盆地）为南北向，Boltana 背斜及其以西地区（Jaca 盆地）为南南东—北西西向。每一个构造沉积单元（简称 TSU）（图 2）在东南方向都有一个构造控制的单一入口点（海底峡谷），接着是一个近南北向的内段，两者都受到 Cotiella 逆断层（包括在南 Pyrenees 单元内）（Seguret，1972 和 Muňoz，1992）侧向斜坡的控制。在内段中，由水道—溢岸沉积体系形成的斜坡和坡脚单元处于暴露状态，这些单元向北并入水道—曲流舌过渡单元中。向西转弯之后，前渊沿南东东—北西西向延伸，受到 Lakora 和 Gavarnie 基底逆断裂（Teixell，1990，1996）及其相关的逆冲推覆体控制（Labaume，1983；Labaume 等，1987；Teixell，1990，1996）。Boltana 背斜以西，浊流体系是主要的沉积单元。从东到西（从近到远），水道—舌状体过渡相逐渐变成席状—舌状体，最终并入盆地平原单元中（Remacha 和 Fernández，2003；Remacha 等，2005）。

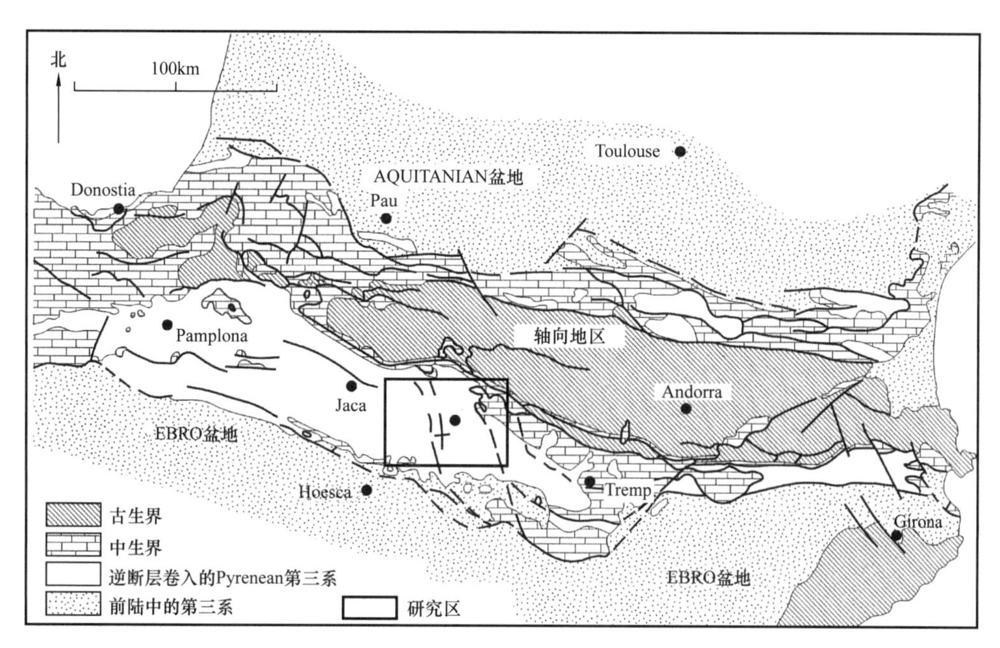

图 1　Pyrenees 中南部第三纪的简化地质图

显示了始新世 Hecho 群浊流体系及研究区的位置

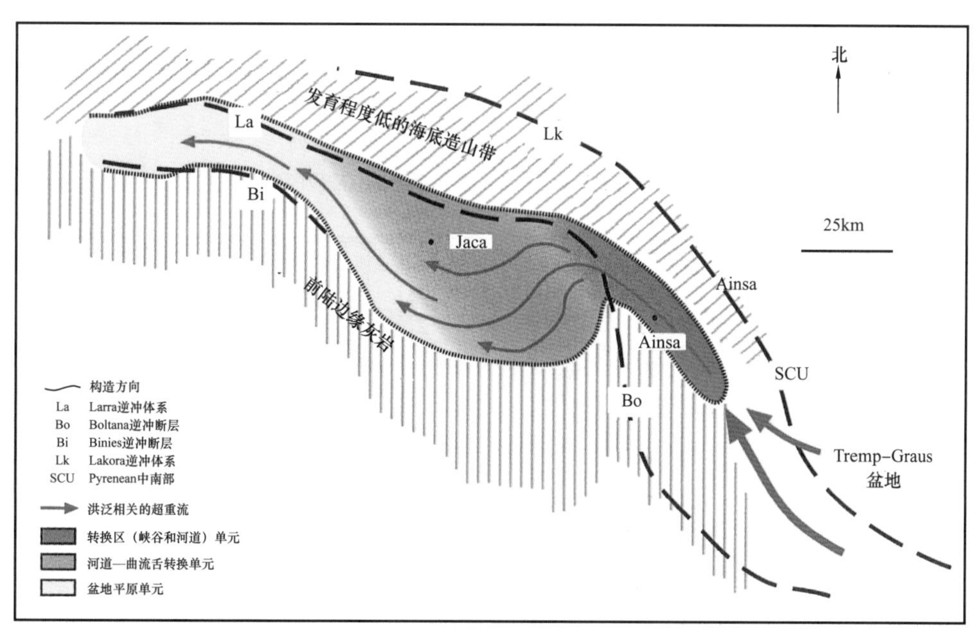

图 2　基于 Banastón 浊流体系（TSU–5）、主单元和构造框架绘制的 Hecho 群简化古地理图（Remacha 等，2005）

始新统的 5 个浊积岩构造沉积单元（图 3）是大规模的地层单元，它们又包含于两个更大的群中，即下 Hecho 群和上 Hecho 群（Remacha 等，2003）。下 Hecho 群（TSU–1 至 TSU–3）沉积于前渊坳陷中，其在西北部受 Lakora 体系控制，在东部受 Pyrenees 中南部单元控制；Pyrenees 中南部单元控制着陆棚边缘位置的变动，在其东部为河流—三角洲沉积物（Ager–Tremp–Graus 盆地），西部为浊积体系（Hecho 群），上 Hecho 群（TSU–4、

TSU-5）的沉积作用受 Gavarnie 基底卷入式逆冲断层和 Larra-Boltana 逆冲推覆体的早期表达控制。迁移的前渊沉积中心以西部的碳酸盐斜坡为界。由于受到前述构造的控制，一个最初简单的前渊演化成了一个背驮式盆地复合体，其位于东部 Boltana 单元的上盘和西部 Binies 逆冲断层上（Remacha 等，2003）。目前的研究主要集中在 Ainsa 盆地的上 Hecho 群（图 4），由 Banastón、Ainsa、Morillo 和 Guaso 浊积体系（TSU-4 和 TSU-5）组成。这些地层序列主要在大型南北向向斜的东翼上出露。

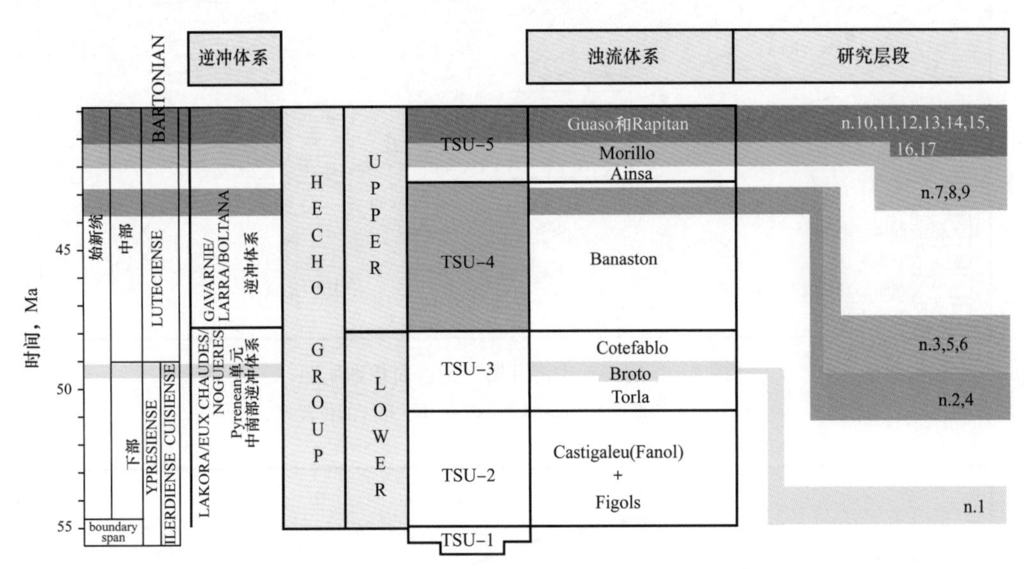

图 3　Hecho 群浊积体系的年代地层序列

展示了构造沉积单元、相关冲断体系及研究层段的位置

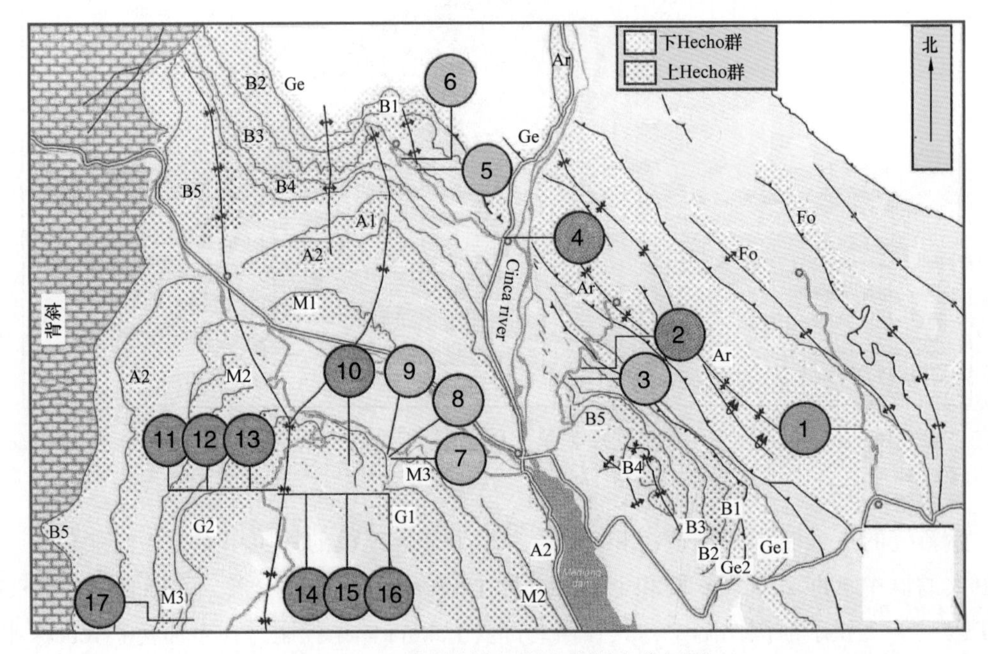

图 4　Ainsa 盆地研究层段和取样点位置图

浊积体系：Ar—Arro-Broto 体系；Ge—Gerbe Cotefablo 体系；B—Banastón 体系；A—Ainsa 体系；M—Morillo 体系；G—Guaso 体系

9.2.2 层序结构和沉积相

Ainsa 盆地以薄层斜坡相为主，其中包含构成海底水道复合体的浊积砂体（Mutti 等，1985，1988；Clark 和 Pickering，1996；Munoz 等，1998）。发育于轴向部分的下部和（或）一系列大型侵蚀构造入口处的水道，Mutti 等（1985）将其解释为受构造控制的海底峡谷。水道复合体和向陆与三角洲前缘砂相关的厚层浊积三角洲斜坡楔（等同 Mutii 的Ⅲ型浊积砂体，1985）交替出现，从而形成了一种向上变细的堆积模式，即水道充填砂岩（砂质阶段）逐渐变为细粒三角洲斜坡浊积相（泥质阶段）。

Ainsa 盆地中很多细粒、薄层序列都可归为三角洲斜坡沉积。由于野外露头的延伸范围广且品质好，一些薄层群组可以追踪至同期的主水道沉积物（Remacha 等，2003），可将其解释为溢岸沉积。由于缺乏沉积相的急剧变化，这种沉积与上覆三角洲—斜坡楔状沉积之间的过渡可能很难确定。然而，这种过渡带经常出现黄色岩层或黄色层组（文中简称 YB），这便是本文的研究重点。

在 Ainsa 盆地，YB 出现于主水道复合体的溢岸沉积物中，位于下斜坡和内部盆底之间。YB 既不出现于水道—舌状体过渡带中，也不出现在舌状体和盆地平原中。然而，YB 在溢岸沉积物中横向延伸，但在靠近水道的天然堤顶部地带消失。除局部地区外，这种 YB 被认为与主水道之间次级水道边缘的滑塌有关。图 5（TSU-4, Banastón 2 号沉积单元）（Remacha 等，2003）强调了三级层序地层格架中穿过溢岸沉积的 YB 的侧向连续性。在这个示意图中，当主水道被高含砂水流沉积物和水道砂体完全充填后，天然堤开始发育，并在斜坡—三角洲楔状朵体延伸过水道和河漫滩后，YB 就形成了。如图 5 所示，该 YB 可能是沉积层序内唯一一层，或者在多层 YB 的情况下，是一组 YB 中最突出的。

包含所有相关沉积单元（包括 YB）在内的常见堆积样式，可以从对 Ainsa 盆地水道—溢岸沉积体系的详细描述获得（Remacha，2006；Remacha 等，2003），包括对 Jaca 盆地 Rapitan 水道的观察结果（Remacha 等，1995）。图 6 显示了理想化的水道复合体古水流的横截面，其演化包含了 5 个阶段：（1）海底侵蚀形成峡谷切口，构成层序界面。（2）侵蚀向陆迁移，峡谷被块状搬运复合体充填（高含砂水流沉积），局部含滞留砾石。（3）峡谷切口上部被小型水道砂体充填，形成迁移堆叠水道，同时漫滩沉积开始形成天然堤。在这一阶段结束时，沉积了第一个（发育不完全的）斜坡楔，并且溢岸沉积中形成第一套 YB。（4）一组新的小河道，随着时间的推移逐渐变小和更加孤立，与覆盖水道及其溢岸沉积的斜坡三角洲浊积体交替出现。YB 可能在每个斜坡三角洲单元的表面形成，但仅出现在进积体的下部。（5）相当于三角洲前缘砂岩的斜坡沉积倾向于消除河道复合体以前的地形异常。

综上所述，在天然堤开始发育和第一个陆棚边缘前三角洲沉积后，YB 可能在主水道复合体溢岸沉积的高频旋回中发育。因此，上水道复合体浊积砂体的纵剖面（图 6）显示出一个与进积三角洲斜坡单元相关的叠瓦状趾形样式。这些斜坡单元作为相对薄的披覆层延伸到盆地底部，并能在每个泥质楔状体的上部和下部形成 YB。因此，YB 被包含在低位楔进积复合体下部的盆地相中，且可被认为是浊积沉积在体系域规模上即将结束的标志。

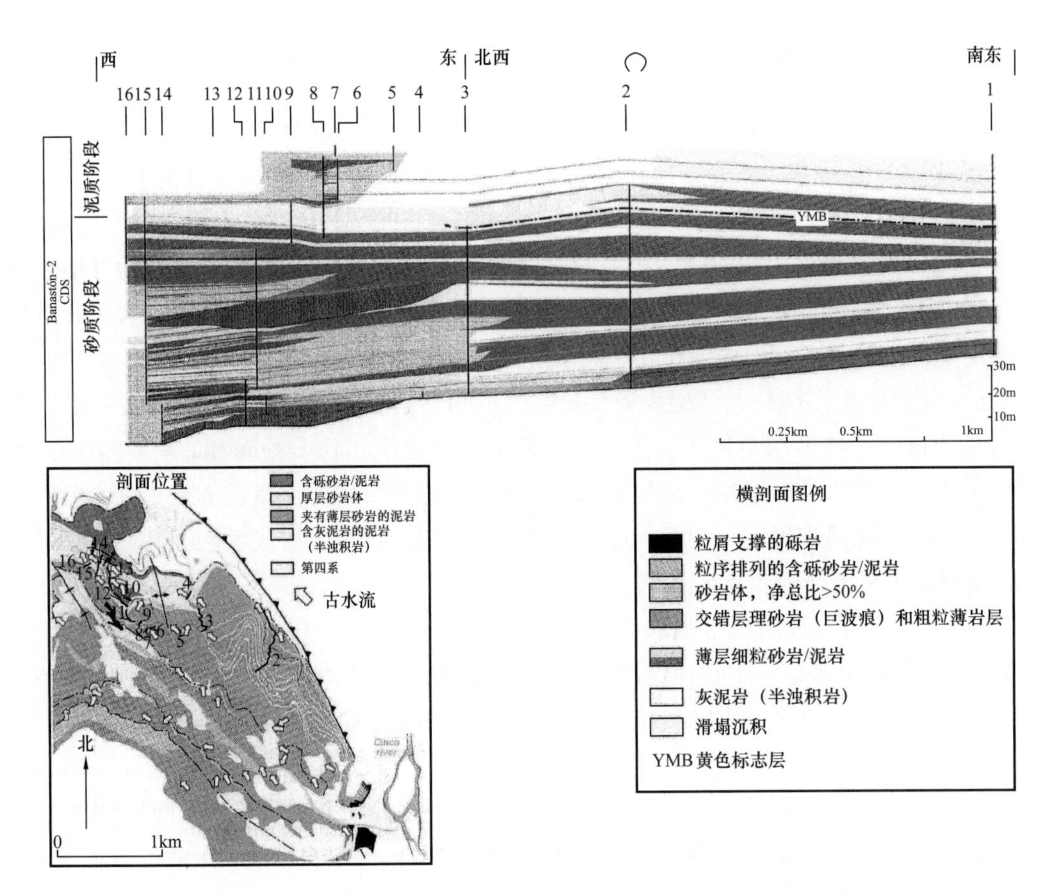

图 5 Banastón-1 和 Banastón-2 复合沉积序列中从最后的溢岸沉积到前缘复合体之间过渡（内部水道—曲流舌过渡带）的倾斜横剖面（Remacha 等，2003；Gual，2004）

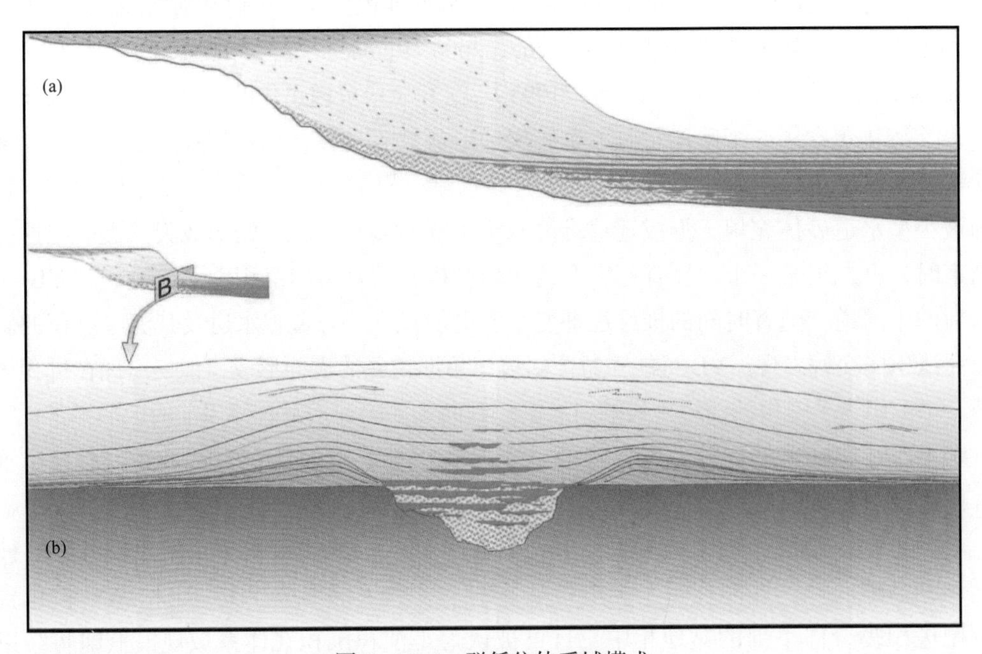

图 6 Hecho 群低位体系域模式

（a）穿过过渡带轴向部分的纵剖面（峡谷和水道复合体），向右延伸至沉积带；（b）图 5 中水道复合体的横剖面

9.3 样品和研究方法

本次研究了 Ainsa 盆地中 17 个取样剖面的 YB（图 3 和图 4），这些剖面展示了上文描述的相序［图 7（a）至图 7（c）］。Hecho 群下部由 Arro–Broto 体系的一个剖面为代表（TSU–3；剖面 1），但很多研究样品属于 Hecho 群上部。在构造沉积单元 4 中，也被称作 Banaston 浊积岩体系（Mutti 等，1985，Remacha 等，1998，2003），2 到 6 号剖面取自 Banastón–2 和 Banastón–3 的复合沉积层序中。在 TSU–5 中，样本采集于 Morillo 和 Guaso 的浊积体系（编号 7 到 17）。

全岩地球化学分析结果由常规 X 射线荧光（XRF）分析和等离子体原子发射光谱（ICP–AES）得到。XRF 分析是在 PW1404 分光仪中进行的，使用玻璃盘 / 加压芯片测量主要元素 / 微量元素，ICP–AES 是在 JI 138 连续装置上使用 HF 消解制备的酸性溶液进行的，两种分析程序均按照地质标准进行校准。将这些技术结合起来可有效克服单一技术的缺陷，也就是利用 XRF 测主要元素和微量元素的灵敏度（分别低于 0.1% 和 10×10^{-6}）以及利用 ICP–AES 测量的可重复性。对选自取样剖面的 32 个样品进行了矿物学和岩相学分析，其中使用了光学显微镜、阴极发光（CL）、扫描电镜和 X 射线衍射（XRD）技术，并进行了碳酸盐岩的元素和同位素分析。

使用 Technosyn8200 Mk Ⅱ 仪器进行了 CL 观察。CL 分析之后，用茜素红和铁氰化钾对部分薄片进行染色，以区分不同的碳酸盐相。在飞利浦 X 射线衍射仪上，利用 Cu Kα 辐射，通过 XRD 分析了黄色标志层的全部矿物成分。所选样品在扫描电子显微镜（SEM）下进行了研究，选取的模式为二次电子和背散射电子模式，使用的仪器为配备了能量色散（EDS）X 射线显微分析仪的 JEOL JSM 6400 仪器。使用 JEOL JXA–8900（加速电压 15kV，射束电流 20nA，电子束尺寸 5μm，接受总量 ±3.5%）电子探针显微镜分析了碳酸盐岩的化学成分。镁的探测极限约为 100×10^{-6}，钙约为 150×10^{-6}，锰约为 200×10^{-6}，铁约为 250×10^{-6}，锶约为 250×10^{-6}，钠约为 200×10^{-6}。白云石晶体的化学变化由 BSE 成像仪进行检测，并用显微探针分析法进行定量分析。

为了进行稳定碳、氧同位素分析，分两步用磷酸（在 25℃下反应 3h，然后在 50℃下反应整晚）来分离全岩粉末中的方解石和白云石（Al–Aasm 等，1990）。与 VPDB 标准不同，同位素比值以千分比进行记录。用 NBS–19 作为一级标准对比值进行校正，分析精度保持在 0.1‰以下。用 VG Sector 54 质谱仪对两个白云岩样品（来自 TSU–5）的锶同位素比值进行了分析。使用的标准是 NBS– 987，每次测量值的 2σ 值低于 0.00003。

9.4 研究结果

9.4.1 YB 的全岩组分

首先比较了 YB 与互层的砂岩、黏土岩的全岩组分。与许多其他沉积体系一样，砂岩在化学成分上与相关黏土岩不同，这种不同的一个指标就是它们的硅铝比，或者数据标

准化为给定的 Al_2O_3 含量时的 SiO_2 含量。Al_2O_3 标准化为 15% 时（上部地壳的平均含量）（Condie，1993），标准化后的 SiO_2 含量记为 SiO_2^N，并将其作为一个分异指数，在交会图（图 8）中比较砂岩和黏土岩。正如所预期的，黏土岩的 SiO_2^N 含量（38%～50%）要比砂岩的低得多，而后者随着粒径的增大而增加，这与浊积岩随着粒径的增大而黏土含量减少的观点一致。然而，地球化学图像并没有简化为两端元间的简单变化趋势。粉砂岩和细砂岩中的 TiO_2^N 和 Zr^N［图 8（a）和图 8（b）］明显高于粗砂岩和黏土岩的二元混合物中的期望值。因此，通过增加 TiO_2^N 和 Zr^N 值，黏土岩中很小比例的细砂岩也可检测到，因此可以利用这些比值（包括 SiO_2^N）来识别这些黏土岩。

图 7　YB 露头和手标本图

（a）箭头指向 Labuerda 剖面（TSU-4，Banaston-2）中 YB 出露区；（b）Río Ena 剖面中的两套 YB（TSU-5，Guaso）；（c）、（d）和（e）是对 YB 的详细观察，注意隐藻纹层的出现；（f）被泥灰岩和黏土包裹的藻纹层的 SEM 照片

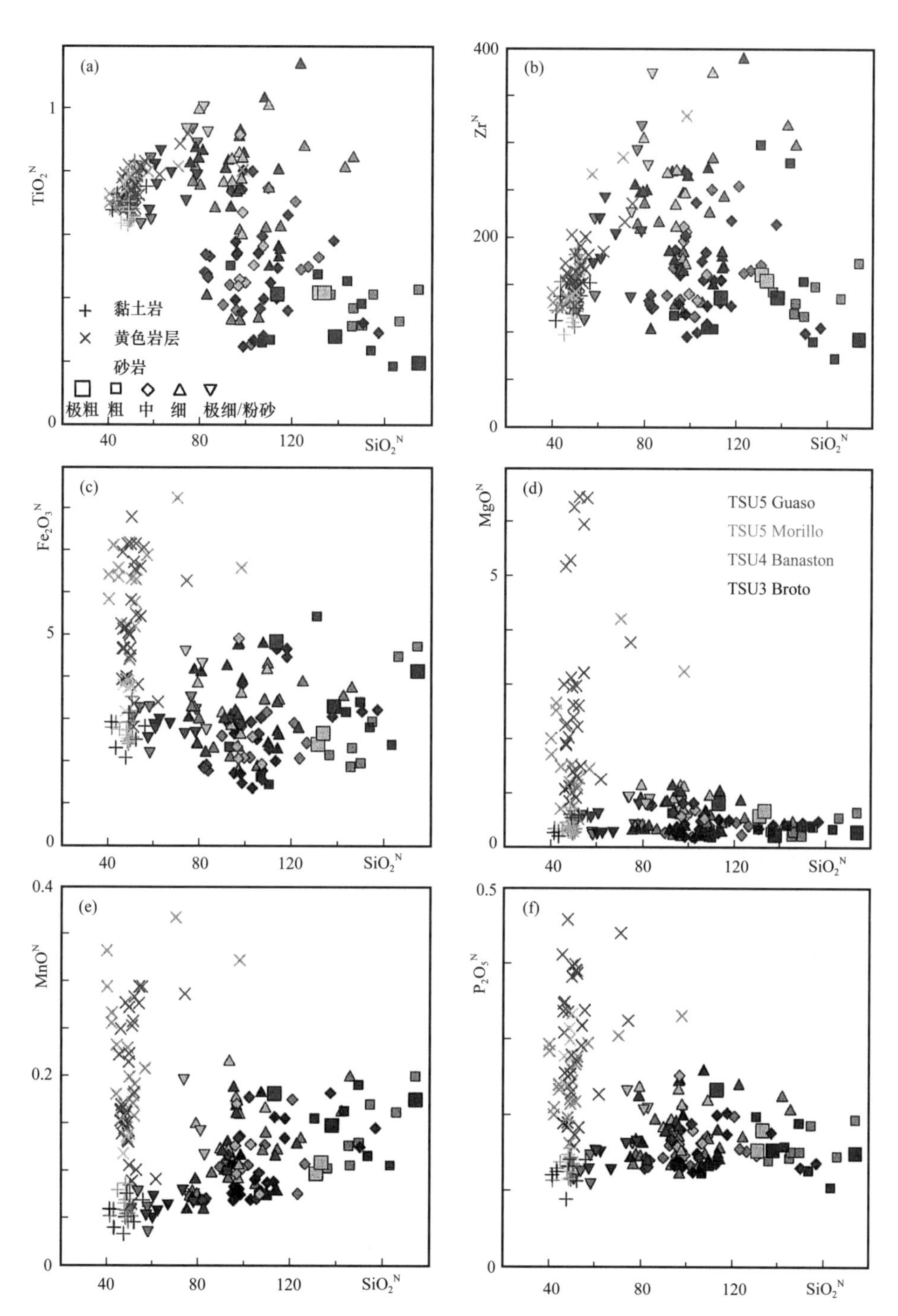

图 8 铝标准化后的化学数据交会图，将 YB 和黏土岩、砂岩进行对比（以颗粒的平均粒径为代表）。不同颜色点代表不同的构造沉积单元（TSU）。在（a）和（b）中 YB 与黏土岩实际上无法区分，YB 较黏土岩中的 Fe（以 Fe_2O_3 形式给出）、Mg、Mn 和 P 元素相对富集

无论哪个构造沉积单元的 YB，其化学组分在 Ti–Si 和 Zr–Si 交会图中都与黏土岩叠合［图 8（a）和图 8（b）］。由于 Ti 和 Zr 是成岩条件下的惰性标志物，YB 中的硅质碎屑含量以泥为主。只有 3 个 YB 样品的 SiO_2^N 含量明显高于黏土岩，而且这些样品是砂

质的。

与黏土岩相比，YB 的镁、铁、锰和磷的交会图的特征明显不同。YB 中含有足量的这些元素［图 8（c）至图 8（f）］，这可以通过 YB 中的 MgO、Fe_2O_3、MnO 和 P_2O_5 的绝对含量与其黏土部分的贡献之间的差异来评估。计算出的过量 Fe_2O_3、MnO 和 P_2O_5 含量分别高达 4%、0.1% 和 0.08%，且相关性良好，而 MgO 含量（高达 8%）似乎是独立变化的。

除 Fe、Mn、Mg 和 P 元素外，与相邻黏土岩相比，YB 中只有 Y 元素系统性富集；La、Nd 和 Yb 元素含量呈现出不明显的正异常，而 V、Cr、SC、Nb、Th 元素无异常。未检测到 U 元素的负异常（即没有相对损耗），由于其含量太低（$<5\times10^{-6}$），无法通过我们的方法进行精确测量，因此无法恰当地评估 U 元素。

YB 与黏土岩的不同之处在于，CaO 和 MgO 的绝对含量较高，Sr 元素含量较低（图 9），这是白云质岩石的典型特征。有趣的是，来自 Guaso 单元（TSU-5）的 YB（富 Ca），与来自 TSU-3 和 TSU-4 的 YB（贫 Ca 但富 Fe-Mn）之间在化学成分上形成了鲜明的对比。这些不同 YB 之间的全岩差别与 XRD 测得的矿物丰度完全一致（表 1）。

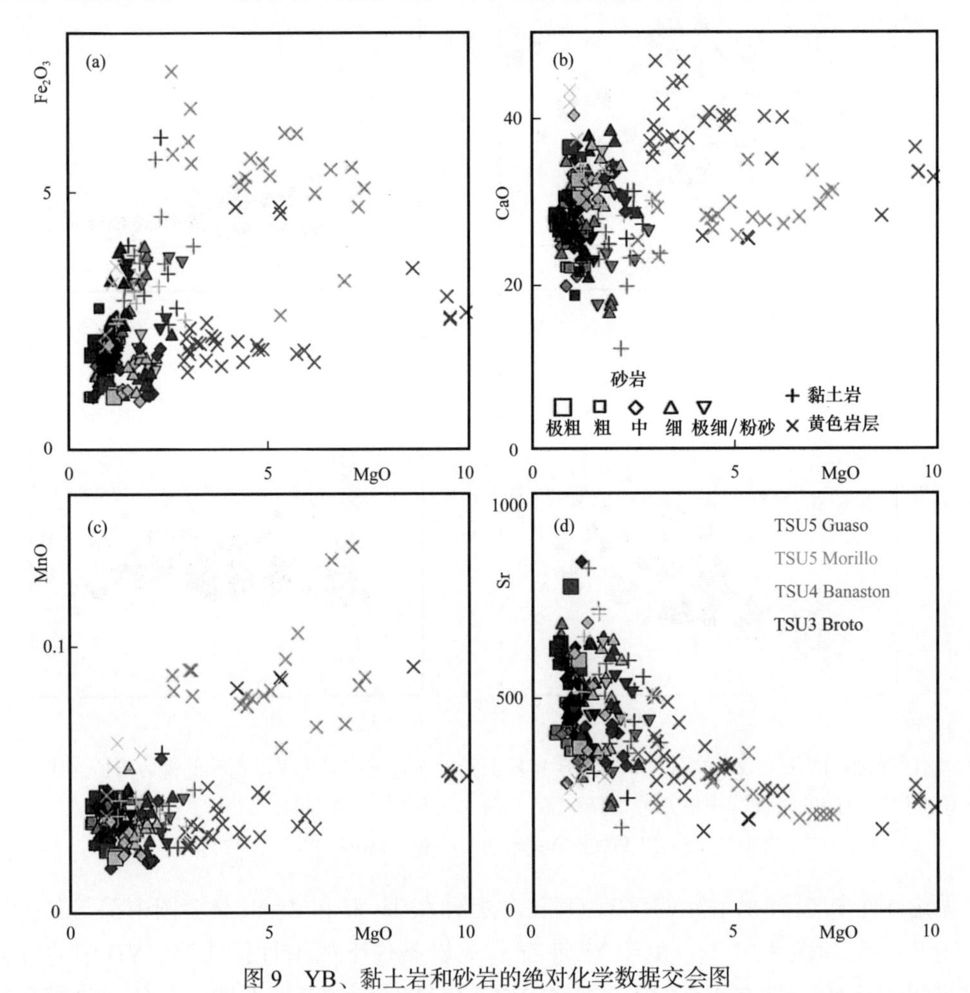

图 9　YB、黏土岩和砂岩的绝对化学数据交会图

颜色和符号意义与图 8 相同。除了 Morillo 剖面外，大多数 YB 的 MgO 含量比互层的浊积砂岩和黏土岩的要高

表 1　TSU–3、TSU–4 和 TSU–5 中 YB 的全岩半定量 X 射线衍射测试结果统计表

样品编号	构造沉积单元（TSU）	浊积体系	方解石含量，%	白云石 + 铁白云石含量，%	层状硅酸盐含量，%	各类层状硅酸盐含量，%			石英含量，%	Feld（K+plag），%
						高岭土含量	伊利石含量	绿泥石含量		
CGG–01	TSU–5	Guaso	64.4	25.1	6.4	6.4	—	—	4.0	—
GUC–1	TSU–5	Guaso	56.8	35.5	3.5	0.4	2.9	0.2	4.3	—
GUC–2	TSU–5	Guaso	64.5	23.8	6.7	1.8	4.9	—	5.0	—
GUC–3	TSU–5	Guaso	60.5	29.0	6.4	1.8	4.6	—	4.1	—
GUC–5	TSU–5	Guaso	69.3	2.0	2.5	0.6	1.7	0.2	3.7	0.5
CGG–01（A）	TSU–5	Guaso	67.5	23.6	3.8	0.4	3.2	0.3	5.1	—
CGG–01（B）	TSU–5	Guaso	69.2	20.4	6.1	—	5.7	0.4	3.8	0.4
CGG–01（C）	TSU–5	Guaso	64.1	24.7	5.4	0.5	4.6	0.4	5.7	—
CGG–01（D）	TSU–5	Guaso	57.5	32.4	5.3	1.5	3.4	0.3	4.8	—
249A2	TSU–5	Guaso	30.5	58.9	3.8	1.3	1.8	0.7	6.3	0.5
249B	TSU–5	Guaso	57.3	11.0	9.7	3.1	6.4	0.2	18.9	3.0
243B2	TSU–5	Morillo	63.7	9.9	9.0	1.4	7.6	—	16.6	0.9
243A	TSU–5	Morillo	69.4	—	14.0	3.0	10.9	—	16.0	0.6
CGB2–01	TSU–4	Banaston 3	27.3	39.8	20.8	5.7	13.1	2.0	10.9	1.0
CGB2–02（y）	TSU–4	Banaston 3	47.9	12.0	13.1	3.4	9.6	—	21.1	5.9

续表

样品编号	构造沉积单元（TSU）	浊积体系	方解石含量，%	白云石＋铁白云石含量，%	层状硅酸盐含量，%	各类层状硅酸盐含量，%			石英含量，%	Feld（K+plag），%
						高岭土含量	伊利石含量	绿泥石含量		
CGB2–02（g）	TSU–4	Banaston 3	36.8	24.9	17.0	7.8	9.2	—	19.6	1.7
CGB2–03（A）	TSU–4	Banaston 3	30.7	35.5	13.4	13.4	—	—	17.8	2.5
CGB2–03（B）	TSU–4	Banaston 3	34.4	23.5	16.4	6.4	8.6	1.3	22.0	3.8
CGB2–04（A）	TSU–4	Banaston 3	34.2	28.4	13.4	4.1	9.3	—	14.7	9.3
CGB2–04（B）	TSU–4	Banaston 3	33.7	32.4	28.5	12.6	16.0	—	2.7	2.7
CGB2–04（C）	TSU–4	Banaston 3	43.7	35.0	7.3	4.0	3.2	—	13.0	1.1
CGB2–05	TSU–4	Banaston 3	39.9	10.5	14.4	5.7	8.1	0.7	35.1	—
CGB3–01	TSU–4	Banaston 3	33.8	15.9	22.4	10.8	11.5	—	24.6	3.4
CGB4–01	TSU–4	Banaston 3	31.0	15.7	26.1	9.6	16.6	—	25.5	1.6
GH01B1	TSU–4	Banaston 3	38.1	45.6	4.8	2.9	1.9	—	9.7	1.8
GH01B2	TSU–4	Banaston 3	36.6	42.6	9.9	4.2	5.7	—	9.9	1.0
GH01B3	TSU–4	Banaston 3	33.3	43.6	12.0	3.3	8.7	—	10.2	0.9
GH01B4	TSU–4	Banaston 3	29.1	36.2	13.1	5.3	7.8	—	18.4	3.1
CGB1–01	TSU–4	Banaston 2	32.4	32.1	19.5	5.3	14.2	—	13.4	2.6
CGB1–02	TSU–4	Banaston 2	44.9	36.3	6.7	2.4	4.3	—	9.8	2.3

续表

样品编号	构造沉积单元（TSU）	浊积体系	方解石含量，%	白云石＋铁白云石含量，%	层状硅酸盐含量，%	各类层状硅酸盐含量，%			石英含量，%	Feld（K+plag），%
						高岭土含量	伊利石含量	绿泥石含量		
GH–14E	TSU–4	Banaston 2	21.7	4.6	27.3	10.4	16.9	—	38.0	8.4
GH–18D	TSU–4	Banaston 2	49.9	2.9	20.9	9.0	12.0	—	24.6	1.7
GH–1C2	TSU–4	Banaston 2	34.0	14.7	24.1	6.7	17.4	—	25.1	2.2
GH33	TSU–4	Banaston 2	51.2	10.4	18.3	7.2	10.6	0.5	28.4	1.6
GH26A1	TSU–3	Broto 6	29.9	28.5	19.5	7.5	12.0	—	20.0	2.2
GH26A2	TSU–3	Broto 6	32.1	27.0	18.3	6.6	11.7	—	20.3	2.3
GH–42C	TSU–3	Broto 6	32.9	3.8	19.8	7.6	10.8	1.3	34.7	8.9
GH–22B	TSU–3	Broto 6	23.6	2.5	22.5	10.5	12.0	—	46.5	4.9
GH–64	TSU–3	Broto 6	17.6	7.6	28.5	9.8	17.7	1.0	36.3	10.0

9.4.2 YB 的岩石学特征

YB 以 Campbell（1967）的单一层组出现或在几十米厚的间隔内成群出现（最多 4 层）。黄色浸染常发生在 1～10cm 厚的层组内，并在距暴露面几厘米处突然消失。YB 是强烈生物扰动的泥晶灰岩和泥灰岩，局部残留隐藻层理［图 7（d）至图 7（f）］。深色薄层泥晶灰岩与薄层粗粒灰岩交替，两者均部分发生了白云石化。白云石化的泥灰岩、石灰岩和互层的粉砂岩、极细砂岩之间为突变接触。

在薄片中，YB 具有丰富的小型生物扰动特征（0.5～1.5mm 宽），以粉砂级的碎屑颗粒和深色有机物碎屑为特征［图 10（a）和图 10（b）］。YB 还可见似粪球粒的局部富集［图 10（c）］、稀少的放射虫以及底栖和浮游有孔虫。生物碎屑普遍发生溶蚀并部分被黄铁矿、晶簇状方解石和微晶石英充填。陆生植物碎片和磷酸盐碎片也随处可见。白云石晶体呈不同厚度的带状分布［图 10（d）］并平行层理面。白云石以自形晶体的形式出现［图 10（e）］，不太常见的是呈棱角状至次圆状白云石颗粒，其次生加大边在阴极下发红光。在含大量白云石的地层中，残留的原生孔隙被相互连结的它形方解石充填。

陆源有机质、草莓状黄铁矿以及菱铁矿分布较广泛，但在 YB 中含量很低。TSU–4 中出现了部分被方解石交代的栅状石膏脉，同时还出现了类似硬石膏形态的白云石晶体。YB 的黄颜色与富铁白云石、铁白云石和黄铁矿的氧化圈有关。有时，在 TSU–3 的样品中，一些自生伊利石的细丝从云母和碎屑黏土中投射出来。草莓状和离散八面体的黄铁矿广泛分布于 YB 中，尤其是在有孔虫的腔体内，并部分交代了生物碎屑。BSE 图像显示，黄铁矿包绕在菱形白云石和压实后方解石胶结物中。

9.4.3 白云石类型与成岩序列

白云石存在三种习性：（1）Ⅰ型白云石为离散的自形晶体（4～10μm），大部分在泥晶和泥灰质纹层中。（2）Ⅱ型白云石呈自形或半自形晶体［30～60μm，图 10（e）］，充填于粒间孔中或交代泥晶内碎屑并含有大量的微孔。在 CL 下Ⅱ型白云石不发光［图 10（f）］，并包绕黄铁矿和有机质。Ⅱ型白云石偶尔以铁白云石过度生长的良好晶体形式出现［图 11（a）和图 11（b）］，除非与黏土颗粒接触或受到压实后方解石的溶蚀。在某些情况下，Ⅱ型白云石中有被方解石充填的微裂缝，并以具有凹凸和缝合接触的异相形或异相形镶嵌体的形式出现。（3）Ⅲ型白云石的次圆状、棱角状碎屑核心（＞60μm）在 CL 下发暗光，富铁的次生加大边在 CL 下发亮黄色光，最外层最富铁［图 11（c）至图 11（e）］，次生加大边有被溶蚀的迹象。这些白云石具有较高的微孔隙度和可变的晶体大小（4～100μm）。在某些情况下，次生加大边发生溶蚀并被后期方解石胶结物包绕。TSU–5 以Ⅲ型白云岩为主。

互层状浊积砂岩中的成岩白云石呈分散的、不连续的晶体和菱形小晶体（4%～6%），它们交代生物碎屑，类似于 YB 中的Ⅰ型和Ⅱ型白云石。浊积砂岩中的白云石也以白云石颗粒的同轴增生出现，因此类似于Ⅲ型白云石，很少以自形晶的形式出现［图 11（f）］。浊积砂岩中含有碎屑的单晶和多晶白云石颗粒，其粒度与邻近的硅质碎屑或其他碳酸盐颗粒相似。

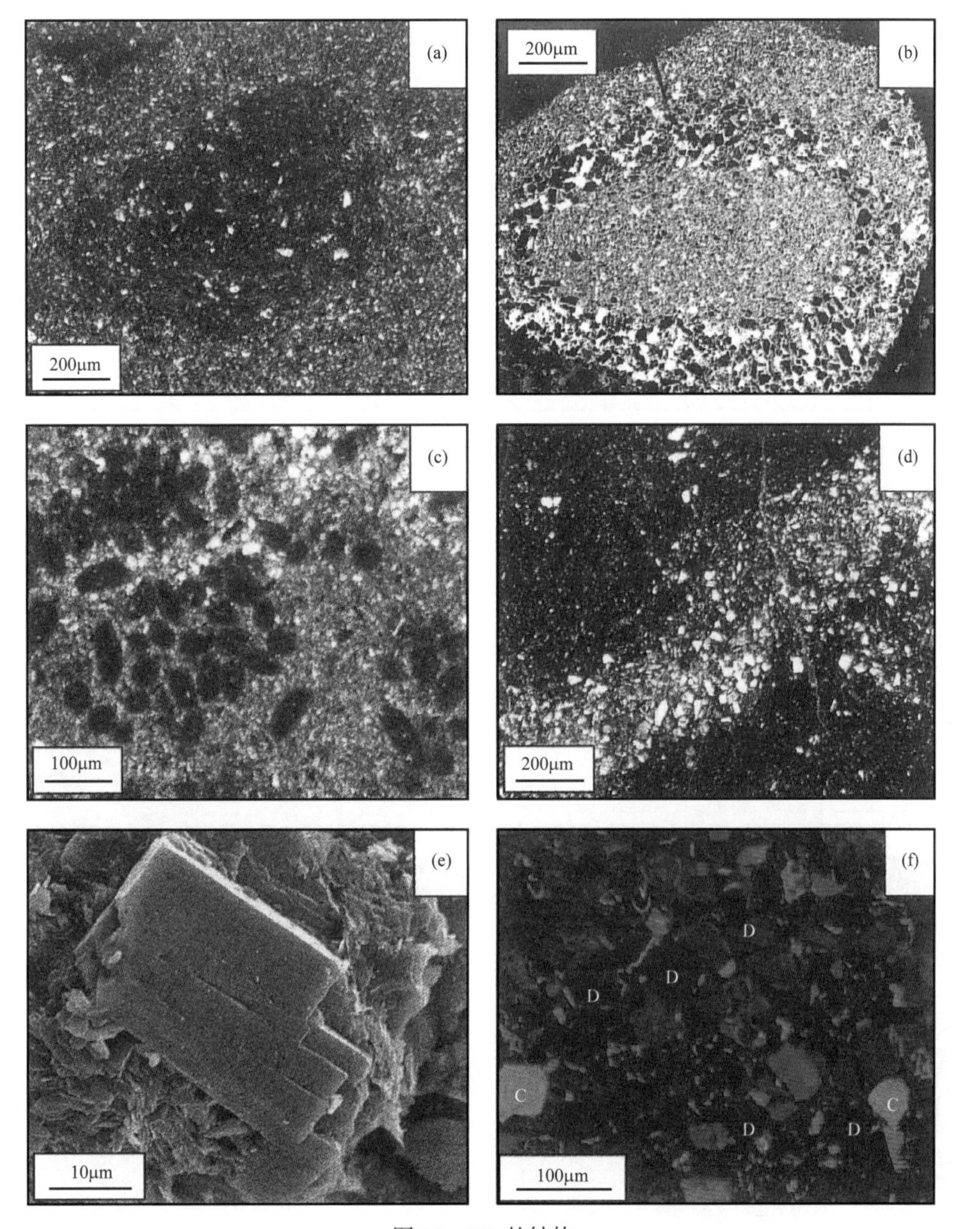

图 10　YB 的结构

（a）显示了以粉砂颗粒、有机质和可能的球粒分布标记的生物扰动构造，PP 照片；（b）生物扰动构造周围的粉砂颗粒和白云石晶体的同心环带，BSE 照片；（c）可能的球粒聚集，PP 照片；（d）详细显示了 YB 中平行岩层条带，PP 照片；（e）被碎屑黏土环绕的Ⅱ型白云石晶体，SEM 照片；（f）阴极不发光的Ⅱ型白云石，d 为白云石，c 为方解石碎屑颗粒，CL

9.4.4　白云石化学特征

Ⅰ型和Ⅱ型白云石的化学计量相近，而Ⅲ型白云石的次生加大边含铁［铁含量为 8.3%～13.7%（摩尔分数）（图 12、表 2 和表 3）］。Ⅰ型和Ⅱ型白云石中的铁含量为 0.1%～1%（摩尔分数），锰含量从低于检测极限到 1030μg/g，锶从低于检测极限到 600μg/g。Ⅰ型和Ⅱ型白云石中的锶含量很低，Ⅲ型白云石的次生加大边中含量稍高（TSU-3 中平均值为 1226μg/g）。

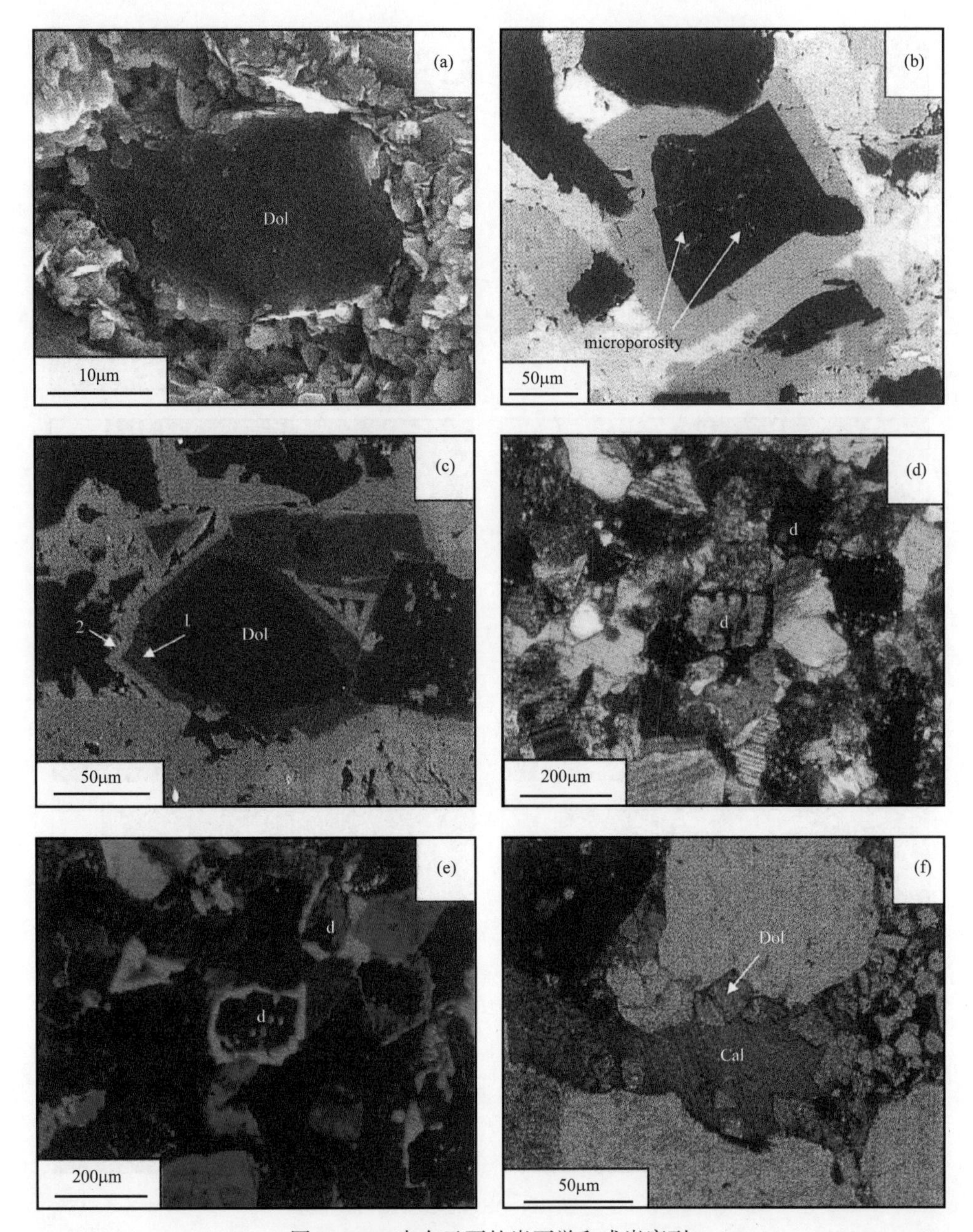

图 11　YB 中白云石的岩石学和成岩序列

（a）YB 中碎屑黏土矿物被Ⅱ型白云石晶体环绕，SEM 照片；（b）发育微孔隙的Ⅱ型白云岩，有富铁的次生加大边（灰色区域）和最新的方解石胶结物（白色区域），背散射成像；（c）Ⅲ型白云石之上的两个铁白云石次生加大边，背散射成像；（d）Ⅲ型白云石，正交偏光显微照片；（e）为（d）对应的 CL 照片，显示Ⅲ型白云石的核心阴极不发光、边缘发橘色光；（f）浊积砂岩中块状方解石的形成晚于自形铁－白云石胶结物，正交偏光显微照片

电子探针分析表明，YB 白云岩与不同浊积体系之间的化学差异很小。TSU-5 中的白云石比 TSU-4 和 TSU-3 中的镁含量高、铁含量低，然而 TSU-3 和 TSU-4 中锰含量比 TSU-5 高。3 个浊积体系中的白云石的钙含量相近。TSU-5 中常见的碎屑白云岩碎片，其铁含量比Ⅰ型、Ⅱ型和Ⅲ型白云石中的低。浊积砂岩和 YB 中白云石胶结物的成分很相似（表 2 和图 12）。Ⅲ型白云石的次生加大边显示，第一个次生加大边中的铁环带

表 2　电子探针分析得到的 YB 和互层浊积岩中成岩白云石和碎屑白云石的元素组分

项目		n	钙，%（摩尔分数）	镁，%（摩尔分数）	铁，%（摩尔分数）	锰，%（摩尔分数）	锶，%（摩尔分数）	观测结果
TSU-5	Ⅰ型	25	51.2	48.6	0.1	0	0	小的分散白云石
	Ⅱ型	6	52.4	47.4	0.1	0	0	白云质粉砂岩—砂岩
	Ⅲ型	3	56.8	33.2	9.9	0	0	白云石次生加大
	浊积砂岩中的交代白云石	24	52	47.4	0.6	0.1	0	—
	浊积砂岩中的白云石次生加大	8	56.7	32.4	10.8	0.1	0	白云石次生加大
	碎屑白云石	2	51.8	48.1	0.1	0	0	—
TSU-4	Ⅰ型	37	51.5	48.2	0.6	0.1	0	小的分散白云石
	Ⅱ型	15	51.5	47.9	0.5	0	0	白云质粉砂岩—砂岩
	Ⅲ型	16	56.6	35	8.3	0.1	0	白云石次生加大
	黄色标志层晚期方解石胶结物	7	97.3	1.6	0.9	0.1	0	—
	浊积砂岩中的交代白云石	35	52.4	43.7	3.7	0.1	0	—
	浊积砂岩中的白云石次生加大	4	58.4	27.7	13.5	0.3	0.1	白云石次生加大
TSU-3	Ⅰ型	6	50.9	48.1	0.9	0.1	0	小的分散白云石
	Ⅱ型	4	51.5	47.3	1.1	0.1	0	白云质粉砂岩—砂岩
	Ⅲ型	5	56.6	29.4	13.7	0.1	0.1	白云石次生加大
	浊积砂岩中的交代白云石	20	53.7	43.8	2.4	0.1	0	—

含有 2%～14%（摩尔分数）的 $FeCO_3$，外部次生加大边中含有 8%～15%（摩尔分数）的 $FeCO_3$（图 12）。

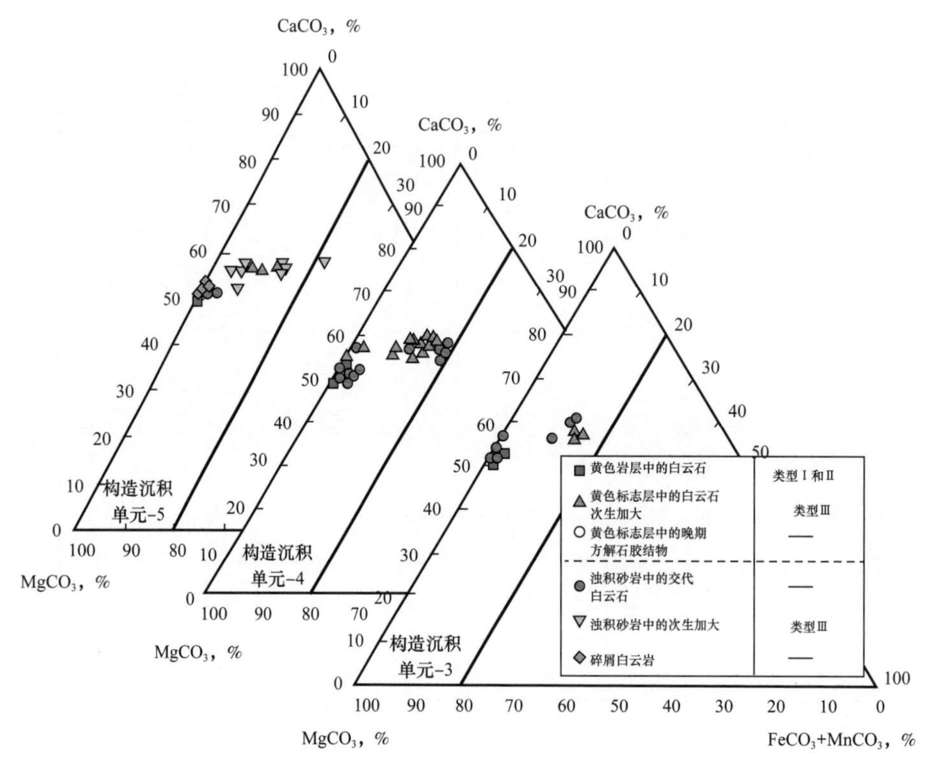

图 12　浊流体系中不同类型白云石的化学组分

浊积砂岩中Ⅰ型和Ⅱ型白云石的化学计量相近，Ⅲ型和成岩白云石的次生加大边的铁含量最高

9.4.5　白云石和方解石的同位素地球化学特征

这 3 种白云石的数量少、粒度小，很难进行同位素分析的物理分离，因此测试数据代表的是全岩样品的。然而，已报道的数据更能代表更丰富的含铁白云石和铁白云石，而不是较小的贫铁白云石晶体。

白云石的 $\delta^{18}O_{PDB}$ 值是可变的（–10.4‰～–6.2‰），与方解石的 $\delta^{18}O_{PDB}$ 值（–8.1‰～–5.6‰）有广泛的相关性，两者都大幅低于始新世海相灰岩的 $\delta^{18}O_{SMOW}$ 值（–4‰～2‰）（Shackleton 和 Kennett，1975；Veizer 和 Hoefs，1976；Hudson 和 Anderson，1989），表明其形成于与埋藏成岩作用有关的高温环境中。最负的 $\delta^{18}O_{PDB}$ 值表明Ⅲ型白云石形成于 YB 埋深最大时（TSU–3 和 TSU–4）。

YB 中白云石的 $\delta^{13}C_{PDB}$ 值为 –0.3‰～2.2‰［图 13（a）］；TSU–5 中白云石的 $\delta^{13}C_{V-PDB}$ 值明显低于 TSU–3 和 TSU–4 中白云石。白云石的 $\delta^{13}C_{PDB}$ 值与钙含量表现出正相关性（即随方解石含量的增加而增加）［图 13（b）］，而与铁不存在正相关性。2 个 YB 样品中白云石的锶同位素分析得出的 $^{87}Sr/^{86}Sr$ 值是 0.707926 和 0.707876（图 14），与渐新世海水中的值相似（Burke 等，1982）。

表 3　YB 和浊积砂岩中不同类型白云石和方解石胶结物的电子探针分析结果

项目		n	铁含量，μg/g			锰含量，μg/g			钠含量，μg/g			锶含量，μg/g		
			最小值	最大值	平均值	最小值	最大值	平均值	最小值	最大值	平均值	最小值	最大值	平均值
TSU–5	Ⅰ型	25	<d.l.	13548	871	<d.l.	604	99	<d.l.	575	77	<d.l.	<d.l.	<d.l.
	Ⅱ型	6	<d.l.	2604	706	<d.l.	511	137	<d.l.	226	107	<d.l.	<d.l.	<d.l.
	Ⅲ型	3	40908	70927	55498	<d.l.	279	101	<d.l.	234	153	<d.l.	<d.l.	<d.l.
	浊积砂岩中的交代白云石	24	<d.l.	20240	3198	<d.l.	2277	364	<d.l.	<d.l.	<d.l.	<d.l.	<d.l.	<d.l.
	浊积砂岩中的白云石次生加大	8	20295	112418	59676	<d.l.	2571	747	<d.l.	252	114	<d.l.	956	166
	碎屑白云石	2	358	1298	828	<d.l.	<d.l.	<d.l.	<d.l.	<d.l.	<d.l.	<d.l.	<d.l.	<d.l.
TSU–4	Ⅰ型	37	459	12592	3930	<d.l.	1030	364	<d.l.	263	37	<d.l.	600	53
	Ⅱ型	15	93	7299	3162	<d.l.	922	218	<d.l.	<d.l.	37	<d.l.	<d.l.	3
	Ⅲ型	16	428	78086	46282	<d.l.	1928	814	<d.l.	249	72	<d.l.	1243	177
	YB 中的晚期方解石胶结物	7	3070	15981	65647	<d.l.	1154	2861	<d.l.	<d.l.	<d.l.	<d.l.	12143	9808
	浊积砂岩中的交代白云石	35	<d.l.	100200	20284	<d.l.	2904	763	<d.l.	<d.l.	<d.l.	<d.l.	1700	62
	浊积砂岩中的白云石次生加大	4	428	76990	111493	<d.l.	1928	1843	<d.l.	<d.l.	<d.l.	<d.l.	769	395
TSU–3	Ⅰ型	6	2915	10019	5370	<d.l.	798	608	<d.l.	<d.l.	<d.l.	<d.l.	<d.l.	<d.l.
	Ⅱ型	4	3156	12421	5832	248	767	480	<d.l.	<d.l.	<d.l.	<d.l.	347	87
	Ⅲ型	5	69062	84009	76390	527	1092	734	<d.l.	223	153	<d.l.	3831	1226
	浊积砂岩中的交代白云石	20	<d.l.	70367	14540	<d.l.	1363	529	<d.l.	219	71	<d.l.	2833	411

注：“<d.l.”表示小于检测极限。

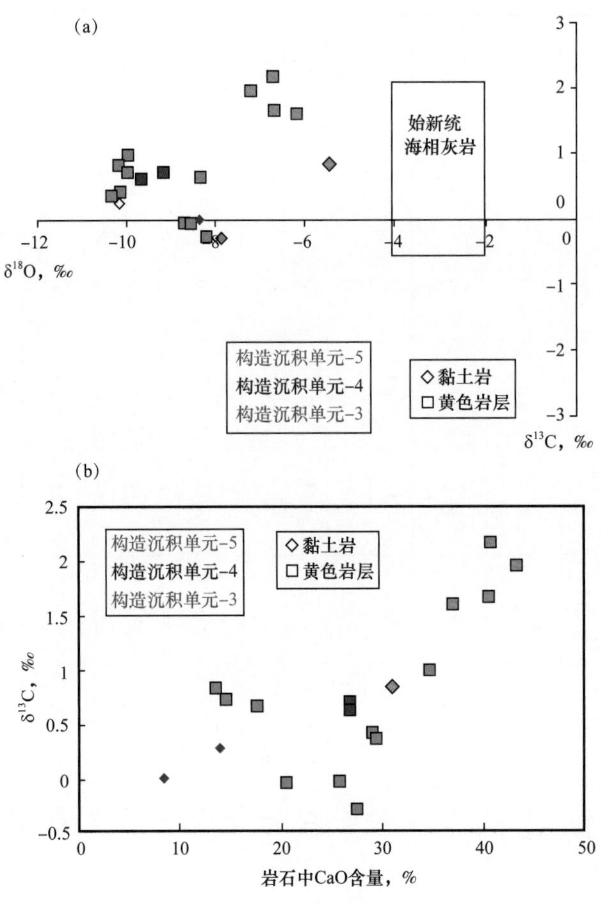

图 13 （a）YB 和邻近黏土岩中白云石的氧、碳同位素值交会图。（b）交会图显示稳定碳同位素值与氧化钙（即方解石）含量之间具强的相关性，TSU-3 和 TSU-4 中稳定碳同位素具明显的亏损

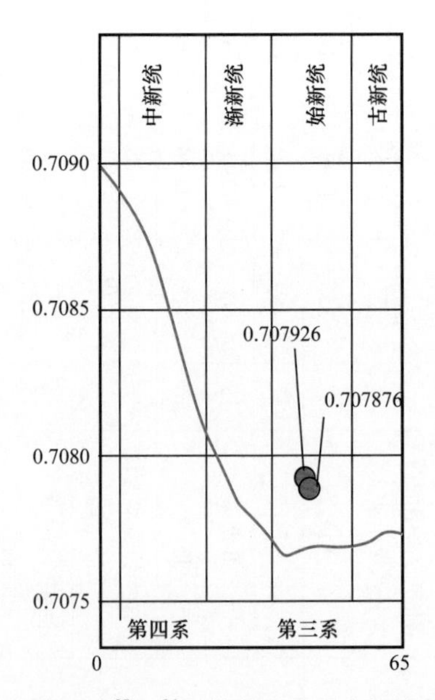

图 14 TSU-5 两个白云岩样品的 $^{87}Sr/^{86}Sr$ 值投影在海水锶含量曲线（Burke 等，1982）

成岩流体的同位素值约为 0.7079，与渐新世海水相近。

9.5 讨论

9.5.1 YB 成因：凝缩作用的证据

凝缩段以厚度薄但连续的轻微岩化地层（沉积间断面）或海相硬底的形式出现。凝缩作用会导致非稳态氧化还原反应的发生和自生矿物的形成，如铁—锰氧化物、黄铁矿、海绿石、磷灰石和菱铁矿等（Berner，1981；Baum 等，1984；Loutit 等，1988）。无论 YB 在溢岸沉积层序结构中的位置如何，凝缩段的特征是其中碳酸盐岩的性质和丰度以及 Fe、Mn 和 P 的相对富集（Baturin 等，1995）。

泥晶物质在 YB 中比在相邻的黏土岩中更丰富，它可能来源于远洋沉降物或生物成因的（藻类）建造，这两种可能性意味着一定程度的凝缩，即有限的碎屑输入，但也应在盆地底部记录远洋碳酸盐堆积，但这里的情况并非如此。相反，生物建造受到底水营养物和含氧量的限制，这可能更合理地解释 YB 范围有限的原因。

如果 YB 形成期间海底氧化环境占主导，那么 Fe、Mn 的富集就很好解释了。Fe 和 Mn 几乎不溶于海水，但是其二价态在还原孔隙水中是可溶的（Froelich 等，1979；Berner 1981；Colley 等，1984）。只要沉积物中有机物充足，足以耗尽海底正下方孔隙水中的溶解氧，铁锰氧化物 / 氢氧化物碎屑就会发生溶解并以自生相重新沉淀下来。然而，如果饥饿沉积一旦出现，非稳态的氧化前缘可能会形成并向下移动，从而将溶解的 Fe–Mn 通量限制在下部地层中。然而，新的有机物颗粒的降落和再沉积会使这种氧化前缘向上移动，并驱使 Fe–Mn 氧化物的重新溶解 / 沉淀。随着有机碎屑输入量的增加，Fe–Mn 迁移的效率有望提高。YB 中 Fe–Mn 富集的韵律与这种情况一致，这意味着在 YB 形成初期，Fe 和 Mn 以氧化物 / 氢氧化物的形式被保存下来，但随后以碳酸盐的形式结合。

YB 中磷的相对富集［图 8（c）］解释起来有些困难，因为它可能是有机来源或者无机来源，也可能二者兼有。粪球粒和（或）有机质的其他形式的堆积可用来解释 YB 中过量磷的存在（Morad 和 Felitsyn ，2001），但是无机磷也可能被吸附到 Fe–Mn 氢氧化物表面（Krom 和 Berner，1981，Slomp 和 Van Raaphorst，1993）。经过观测，后一种假设更符合实际情况，过量的铁、锰和磷含量之间具有相关性。同样地，YB 中钇的富集跟磷的丰度有很大关系，因为它可以成为重矿物磷灰石的主体（Rollinson，1993；Garcia 等，2004）。然而，在任何一种情况下，底水的氧化作用和营养物供应都是限制因素，需要凝缩作用以使海底富集。磷的富集、铁 / 锰的迁移以及 YB 高的初始碳酸盐含量，都表明较低的碎屑输入量（凝缩作用）和持续的氧气和养分供应（水运动）。总之，YB 和附近下始新统 Roda 砂岩（三角洲斜坡）中富含碳酸盐的界面（硬底）有一些相似点（Molenaar 和 Martinius，1990）。

YB 中磷的相对富集较难解释，这是因为其可能是有机成因的也可能是无机成因的，或者两者兼有。粪球粒和（或）其他形式的有机物的积聚可能是 YB 中磷过量的原因（Morad 和 Felitsyn，2001），但无机磷也可能吸附在铁锰氧化物的表面（Krom 和 Berner，1981；Slomp 和 Van Raaphorst，1993）。Fe、Mn 和过量磷含量之间的相关性证实了无机成因的假设。同样地，YB 中 Y 的富集与磷的富集密切相关，因为它可以赋存于重矿物磷灰石中（Rollinson，1993；Garcia 等，2004）。然而，无论哪种情况，底水的氧化作用和营养物质的供应都是有限的，这就需要凝缩作用，以使海底富集得以进行。总而言之，磷的富集、Fe/Mn 的迁移以及 YB 中高的初始碳酸盐含量，都指向其为相当低的碎屑注入（凝缩段）以及持续的氧和营养物质的供给（水体移动）的结合。总之，YB 与邻区下始新统 Roda 砂岩环境中（三角洲斜坡）富碳酸盐的界面（硬底）有一些相似之处（Molenaar 和 Martinius，1990）。

9.5.2 白云石沉淀的发生、时间和条件

相对于黏土岩，YB 中 MgO 的富集（图 8）不像 Fe、Mn 或者磷的富集那样具有系统性（指示凝缩段），但 YB 中白云石化作用过于频繁，并非偶然。岩相、显微探针数据和扫描电镜的观察表明，YB 中的白云石化作用是在饥饿沉积期间的海底下方开始的。有机物的供应（即磷的相对富集）以及核形石、其他富镁生物碎屑岩（Wilson，1975）和（或）黏土矿物（Baker 和 Burns，1985）溶解产生的镁促进了白云石化作用。黄铁矿、块状方解石和玉髓可能首先形成于大量生物碎屑层的生物骨架孔中。随后，Ⅰ型白云石出现在泥晶灰岩和泥灰岩沉积物中，即在较细粒的薄层中；Ⅱ型粗晶白云石形成于具更多孔的（生物碎屑更丰富）的基质中，在那里它包绕早期黄铁矿并在碎屑白云石基础上发生次生加大。黄铁矿的存在说明白云岩形成于缺氧硫化环境中（Berner，1981）。

白云石生长的早期阶段与报道的其他深海沉积物中的白云石相似（Coniglio 和 James，1987; Baker 和 Burns，1985），微小的差别在于 YB 起源于凝缩段。有机成因白云石中的 Fe 和 Mn 的丰度分别为 2%～3% 和 850μg/g（Mazzullo，2000），这与Ⅰ型和Ⅱ型白云石中检测到的值相似（表 2）。同样，由于黄铁矿的沉淀，硫酸盐还原条件下形成的白云石预计为贫铁白云石，而甲烷成因白云石的铁含量略高，这是因为溶解的 Fe^{2+} 替代了耗尽的镁（Mazzullo，2000）。富白云石的条带与泥晶灰岩的交替表明，富含高镁方解石的条带（8%～32% 的 $MgCO_3$）（Scholle，1978）可能已新生变形为低镁方解石和早期白云石，并作为更广泛白云石化作用的初期形式。在缺氧深海沉积物中，一旦通过细菌还原作用分解掉足够多的硫酸盐，就形成了适于白云石沉淀的条件（Baker 和 Kastner，1981）。在 YB 中，Mg 被认为是从部分降解的有机质和（或）通过上覆海水的扩散获得的（Baker 和 Burns，1985）。Ⅰ型和Ⅱ型白云石中的低 Sr 含量表明其是形成于高镁方解石的前驱物（Irwin，1980; Baker 和 Kastner，1981; Baker 和 Burns，1985）。Ⅲ型白云石的环带表明，在还原性逐渐增强的条件下，富铁孔隙水中白云石的生长经历了多个阶段。

表 4 中的同位素数据主要对应于Ⅲ型白云石。低的氧同位素值（$\delta^{18}O_{PDB}$ 为 -10.4‰～-6.2‰）排除了白云石直接形成于始新世海水中的可能（图 13），而是形成于深埋条件下，即经历了一些水—岩反应的较高温的孔隙水中（Land，1980; Veizer，1983; Suchecki 和 Hubert，1984），这种推断对于富铁白云石尤其准确（Coniglio 和 James，1987）。白云石和方解石中的 $\delta^{13}C$ 可能反映了 Schlanger 等（1986）报道的 $\delta^{13}C$，这与海洋中的 ^{12}C 被移除或来源于原始海水和（或）海相碳酸盐岩的溶解碳一致（Mazzullo，2000）。因此，白云石可通过交代含藻高镁方解石且继承方解石中的 $\delta^{13}C$ 特征，在 YB 中沉淀。

表 4　YB 和邻近黏土岩中白云石的稳定碳、氧同位素值

样品	采样点	TSU	体系域	沉积相	方解石 $\delta^{18}O$，‰ PDB	方解石 $\delta^{18}C$，‰ PDB	白云岩 $\delta^{18}O$，‰ PDB	白云岩 $\delta^{18}C$，‰ PDB
GH100	LaTorrecilla	TSU–5	Guaso	黏土岩	–5.82	–0.12	–5.48	0.84
GH101B	LaTorrecilla	TSU–5	Guaso	YB	–6.11	0.24	–6.20	1.61
GH101G2	LaTorrecilla	TSU–5	Guaso	YB	–5.94	0.27	–6.37	2.17
GH101G3	LaTorrecilla	TSU–5	Guaso	YB	–5.57	0.35	–6.27	1.67
CGG01C	LaTorrecilla	TSU–5	Guaso	YB	–6.64	–0.59	–7.23	1.96
CGB2–01	SanVicente	TSU–4	Banaston3	YB	–7.07	–0.34	–9.98	0.99
CGB2–02y1	SanVicente	TSU–4	Banaston3	YB	–6.73	–2.50	–10.13	0.42
CGB2–02y2	SanVicente	TSU–4	Banaston3	YB	–6.87	–2.70	–10.38	0.37
CGB2–02gr	SanVicente	TSU–4	Banaston3	YB	–6.61	–1.64	–8.23	–0.28
CGB2–03B	SanVicente	TSU–4	Banaston3	YB	–6.77	–1.58	–8.72	–0.02
GH01A	Labuerda	TSU–4	Banaston2	黏土岩	–6.50	–0.12	–7.87	–0.29
GH01B1	Labuerda	TSU–4	Banaston2	YB	–7.05	–0.03	–10.17	0.84
GH01B3	Labuerda	TSU–4	Banaston2	YB	–6.92	0.22	–9.97	0.74
CGB1–01	Usana	TSU–4	Banaston2	YB	–6.66	–0.37	–8.32	0.66
CGB1–02	Usana	TSU–4	Banaston2	YB	–6.48	–1.36	–8.56	–0.05
GH22B	Arro	TSU–3	Broto6	黏土岩	–7.98	–1.37	–8.37	–0.01
GH23B	Arro	TSU–3	Broto6	黏土岩	–7.32	–1.73	–10.14	0.25
GH26A1	Arro	TSU–3	Broto6	YB	–8.07	–0.69	–9.68	0.63
GH26A2	Arro	TSU–3	Broto6	YB	–7.91	–0.67	–9.22	0.71

YB 白云岩中测定的 $^{87}Sr/^{86}Sr$ 值来源于 TSU-5，揭示样品形成于渐新世而不是放射性较弱的始新世海水中（Burk 等，1982），这可能归因于海水—沉积物的相互作用以及碎屑黏土矿物、云母和其他硅酸盐蚀变的影响。

Hecho 群中最后一次成岩事件似乎是压实作用后块状低镁方解石的生长，其物质来源于生物碎屑碳酸盐岩的压溶作用，这在所研究的岩石中十分普遍。

因此，我们提出了白云石化作用的两个阶段：一个阶段位于海底以下的浅层，这个阶段需要富镁的有机质作为前驱物（原白云岩？），仅在凝缩的 YB 中遇到，其有利的化学条件为有机质降解、氨的释放和高的碳酸盐碱度。另一个阶段发生于埋藏成岩期（即高温条件下），结果导致 $\delta^{18}O$ 值最负、$^{87}Sr/^{86}Sr$ 值变高，这个阶段的白云石以 YB 中的Ⅱ型白云石和碎屑白云石基础上的富铁次生加大边的形式存在。

9.6 结论

在浊积水道—溢岸沉积复合体中溢岸沉积序列的中间部位记录了四级层序级别的凝缩事件，其在受物源供应控制的陆棚边缘三角洲中第一个三角洲斜坡单元形成之后才发展起来，也可能出现在与三级层序中最早低位楔前积单元界面同期的溢岸沉积物中。

由于陆棚上小规模的相对海平面上升和沉积物的捕获，盆地底部的凝缩作用形成了岩性可识别及具独特地化和成岩特征的 YB。Fe、Mn 和 P 含量明显异常，具有类似页岩的地化特征，但结构特征和碳酸盐含量表明其部分为生物成因。

YB 在蓝灰色薄层状浊积岩中呈夹层状存在，是非常实用和精确的地层对比标志，具有重要的年代地层学意义。由于白云石化作用导致其连续性好但孔隙度和渗透率低，YB 可作为烃类运移的潜在隔层。YB 中可识别出 3 种类型的白云石，其结构关系和化学组分表明为早期和晚期成因白云石，后者具较低的 $\delta^{18}O$ 值和略高的放射成因 $^{87}Sr/^{86}Sr$ 值，这被解释是深埋期间较高温条件下形成的。

层序地层学、岩石学和地球化学数据表明，在贫氧底部水体中凝缩作用和生物大量繁殖的同时，沉积和成岩作用也已发生。YB 在主水道的溢岸沉积物内不断扩展，在那里，较温暖和较新鲜的海底洋流携带的氧气和营养物质维持着生物的繁殖，而在沉积饥饿期，这些氧气和营养物质在峡谷口耗尽。正是在这个早期阶段，海底的氧化作用与凝缩作用相结合，导致 Fe 和 Mn 异常，并通过生物活动导致 P 的富集。

参考文献

Al-Aasm，I. S.，Taylor，B. E. and South，B.（1990）Stable isotope analysis of multiple carbonate samples using selective acid extraction. *Chem. Geol.*，80，119-125.

Baker，P. A. and Burns，S. J.（1985）Occurrence and formation of dolomite in organic-rich continental margin sediments. *AAPG Bull.*，69，1917-1930.

Baker，P. A. and Kastner，M.（1981）Constraints on the formation of sedimentary dolomite. *Science*，213，214-216.

Baturin，G. N.，Lucas，J. and Lucas-Prevot，L.（1995）Phosphorus behaviour in marine sedimentation.

Continuous P–behaviour versus discontinuous phosphogenesis. *C. R. Acad. Sci. Ser. IIa*, 321, 263–278.

Baum, G. R., Loutit, T. S., Blechschmidt, G. L., Wright, R. C. and Smith, T. (1984) The Maastrichtian/ Danian boundary in Alabama : a stratigraphically condensed section. *Geol. Soc. Am.*, Abstract with programs, 6, 1–6.

Berner, R. A. (1981) A new geochemical classification of sedimentary environments. J. *Sediment. Petrol.*, 51, 359–365.

Burke, W. H., Deninson, R. E., Hetherington, E. A. Koepnick, R. B., Nelson, H. F. and Otto, J. B. (1982) Variation of sea water $^{87}Sr/^{86}Sr$ throughout Phanerozoic time. *Geology*, 10, 516–519.

Campbell, C. V. (1967) Lamina, laminaset, bed and bedset. *Sedimentology*, 8, 7–26.

Clark, J. D. and Pickering, K. T. (1996) *Submarine Channels Processes and Architecture.* Vallis Press, Oxford, 231 pp.

Colley S., Thomson J., Wilson T. R. S. and Higgs N. C. (1984) Post–depositional migration of elements during diagenesis in brown clay and turbidite sequences in the North East Atlantic. *Geochim. Cosmochim. Acta*, 48, 1223–1235.

Condie, K. C. (1993) Chemical composition and evolution of the upper continental crust : contrasting results from surface samples and shales. *Chem. Geol.*, 104, 1–37.

Coniglio, M. and James, N. P. (1987) Dolomitization of deep–water sediments, Cow Head group (Cambro–Ordovician), Western Newfoundland. *J. Sediment. Petrol.*, 58, 1032–1045.

Froelich, P. N., Klinkhammer, G. P., Bender, M. L., Luedtke, N. A. Heath, G. R., Cullen, D., Dauphin, P., Hammond, D., Hartman, B. and Maynard, V. (1979) Early oxidation of organic matter in pelagic sediments of the equatorial Atlantic : suboxic diagenesis. *Geochim. Cosmochim. Acta*, 43, 1075–1090.

Garcia, D., Joseph, P., Marechal, B. and Moutte, J. (2004) Patterns of geochemical variability in relation to turbidite facies in the Grès d'Annot formation. In : *Deep–Water Sedimentation in the Alpine Basin of SE France : New Perspectives on the Grès d'Annot and Related Systems* (Eds P. Joseph and S. A. Lomas), *Geol. Soc. Lond. Spec. Publ.*, 221, 349–365.

Gómez, J. J. and Fernández–López, S. (1994) Condensation processes in shallow platforms. *Sediment. Geol.*, 92, 147–159.

Gual, G. (2004) *Anàlisi de fàcies de la transició entre elements turbidítics de desbordament i inici del complex d'expansió frontal en els sistemes turbidítics de Banastón (Eocè de la conca d'Aínsa, provincia d'Osca)* . Unpubl. MSc thesis, Universitat Autònoma de Barcelona.

Hudson, J. D. and Anderson, T. F. (1989). Ocean temperatures and isotopic compositions through time. *Trans. R. Soc. Edinburg*, 80, 183–192.

Irwin, H. (1980) Early diagenetic carbonate precipitation and pore fluid migration in the Kimmeridge Clay of Dorset, England. *Sedimentology*, 27, 577–591.

Kidwell, S. M. (1991) Condensed deposits in siliciclastic sequences : expected and observed features. In : *Cycles and Events in Stratigraphy* (Eds G. Einsele, W. Ricken and A. Seilacher), pp. 682–695. Springer Verlag, Berlin.

Krom, M. D. and Berner, R. A. (1981) The diagenesis of phosphorus in a nearshore marine sediment. *Geochim. Cosmochim. Acta*, 45, 207–216.

Labaume, P. (1983) *Evolution tectono–sédimentaire et megaturbidites du Bassin turbiditique Eocène sud–Pyrénéen.* Unpubl. PhD thesis, USTL, Montpellier, France, 170 pp.

Labaume, P., Mutti, E. and Seguret, M. (1987) Megaturbidites : a depositional model from the Eocene of the SW–Pyrenean foreland basin, Spain. *Geo–Mar. Lett.*, 7, 91–101.

Land, L. S. (1980) The isotopic and trace element geochemistry of dolomite : the state of the art. In : *Concepts and Models of Dolomitization* (Eds D. H. Zenger, J. B. Dunhan and R. L. Ethington), *Geol. Soc. Econ. Paleont. Mineral. Spec. Publ.*, 28, 87–110.

Loutit, T. S., Hardenbol, J., Vail, P. R. and Baum, G. R. (1988) Condensed sections : the key to age determination and correlation of continental margin sequences. In : *SeaLevel Changes–An Integrated Approach* (Eds C. K. Wilgus, B. S. Hastings, C. G. St. C. Kendall, H. W. Posamentier, C. A. Ross and J. C. Van Wagoner), *SEPM Spec. Publ.*, 42, 183–213.

Mazzullo, S. J. (2000) Organogenic dolomitization in peritidal to deep–sea sediments. *J. Sediment. Res.*, 70, 10–23.

Molenaar, N. and Martinius, W. (1990) Origin of nodules in mixed siliciclastic–carbonate sandstones, the Lower Eocene Roda Sandstone Member, southern Pyrenees, Spain. *Sediment. Geol.*, 66, 277–293.

Morad, S. and Felitsyn, S. (2001) Identification of primary Ce–anomaly signatures in fossil biogenic apatite : implication for the Cambrian oceanic anoxia and phosphogenesis. *Sediment. Geol.*, 143, 259–264.

Muñoz, J. A. (1992) Evolution of a continental collision belt : ECORS–Pyrenees crustal balanced cross–section. In : *Thrust Tectonics* (Ed. K. McClay), pp. 235–246. Chapman and Hall, London.

Muñoz, J. A. Arbués, P. and Serra–Kiel, J. (1998) The Aínsa and the Sobrarbe Oblique Thrust System : sedimentological and tectonic processes controlling slope and platform sequences deposited synchronously with a submarine emergent thrust system. In : *Excursion B2, Sedimentation and Tectonics : Case Studies from Paleogene, Continental to Deep Water Sequences of the South Pyrenean Foreland Basin(NE Spain)* (Eds A. Meléndez Hevia and A. R. Soria), *15th IAS International Congress of Sedimentology, April 12–17. Field Trip Guidebook*, 213–230.

Mutti, E. (1985) Turbidite systems and their relations to depositional sequence. In : *Provenance of Arenites* (Ed. G. G. Zuffa), pp. 65–93, *NATO–ASI Series*, D. Reidel, Dordrecht, The Netherlands.

Mutti, E., Luterbacher, H. P., Ferrer, J. and Rosell, J. (1972) Schema estratigrafico e lineamenti di facies del Paleogene marino della zona centrale sudpirenaica tra Tremp (Catalogna) e Pamplona (Navarra) . *Soc. Geol. Italiana Mem.*, 11, 391–416.

Mutti, E., Remacha, E., Sgavetti, M., Rosell, J., Valloni, R. and Zamorano, M. (1985) Excursion No. 12: stratigraphy and facies characteristics of the Eocene Hecho Group turbidite systems, south–central Pyrenees. In : *Excursion Guidebook of the 6th European Regional Meeting* (Eds. M. D. Mila and J. Rosell), *IAS. 6th European Regional Meeting, Lleida, Spain*, 519–576.

Mutti, E., Seguret, M. and Sgavetti, M. (1988) Sedimentation and deformation in the Tertiary sequences of the Southern Pyrenees : Field Trip 7 Guidebook. *AAPG Mediterranean Basins Conference, Nice, France, Special Publication of the Institute of Geology of the University of Parma*, 157 p.

Remacha, E. (2006) Understanding turbidite channels from an outcrop perspective. *Extended Abstract of the Invited Lecture of the III Workshop of ESMOG, June, 28–30, Buenos Aires, Argentina, RepsolYPF.*

Remacha, E. and Fernández, L. P. (2003) High–resolution correlation patterns in the turbidite systems of the Hecho Group (South–Central Pyrenees, Spain) . *Mar. Petrol. Geol.*, 20, 711–726.

Remacha, E, Fernández, L. P. and Maestro, E. (2005) The transition between sheet–like lobes and basin plain turbidites in the Hecho Group (South–Central Pyrenees, Spain) . *J. Sediment. Res.*, 75, 798–819.

Remacha, E., Fernández, L. P., Maestro, E., Oms, O., Estrada, R. and Teixell, A. (1998) The upper Hecho Group turbidites and their vertical evolution to deltas. In : *Field Trip Guidebook of the 15th International Sedimentological Congress* (Eds A. Meléndez–Hevia and A. R. Soria), Alicante, Spain.

Remacha, E., Gual, G., Bolaño, F., Arcuri, M, Oms, O., Climent, F., Crumeyrolle, P., Fernandez, L. P., Vicente, J. C. and Suarez, J. (2003) Sand–rich turbidite systems of the Hecho Group from slope to the basin plain. Facies, Stacking patterns, controlling factors and diagnostic features. Geological Field Trip n.

12, South-Central Pyrenees. *AAPG International Conference and Exhibition. Barcelona, Spain, September 21-24, 2003.*

Remacha, E., Oms, O. and Coello, J. (1995) The Rapitan turbidite channels and its eastern levee-overbank deposits, Eocene Hecho Group, South-Central Pyrenees. In : *Atlas of Deep Water Environments ; Architectural Style in Turbidite Systems* (Eds K. T. Pickering, R. N. Hiscott, N. H. Kenyon, F. Ricci-Lucchi, and R. D. A. Smith), pp. 212-215. Chapman and Hall, London.

Rollinson, H. R. (1993) *Using geochemical data : evaluation, presentation, interpretation.* Longman Scientific and Technical, 352 pp.

Schlanger, S. O., Arthur, M. A., Jenkins, H. C. and Scholle, P. (1986) The Cenomanian-Turonian oceanic anoxic event. Stratigraphy and distribution of organic carbonrich beds and the marine $\delta^{13}C$. In : *Marine Petroleum Source Rocks* (Eds J. Brooks and A. Fleet), *Geol. Soc. Lond. Spec. Publ.*, 26, 371-400.

Scholle, P. A. (1978) A color illustrated guide to carbonate rock constituents, textures, cements and porosities. *AAPG Memoir 27, Tulsa, OK*, 708 pp.

Seguret, M. (1972) Étude tectonique des nappes et series decollees de la partie centrale du versant sud des Pyrknkes. *Publ. U. S. T. E. L. A. Montpellier Sér. Géol. Struct.*, 2, 155 pp.

Shackleton, N. J. and Kennett, J. P. (1975) Paleotemperature history of the Cenozoic and the initiation of Antarctic glaciation : oxygen and carbon isotope analyses in DSDP sites 277, 279 and 281. *Initial reports of the Deep Sea Drilling Project*, 29, 743-755.

Slomp, C. P. and Van Raaphorst, W. (1993) Phosphate adsorption in oxidized marine sediments. *Chem. Geol.*, 107, 477-480.

Suchecki, R. K. and Hubert, J. F. (1984) Stable and isotopic elemental relationship of ancient shallow-marine and slope carbonates, Cambro-Ordovician Cow Head Group, Newfoundland : implications for fluid flux. *J. Sediment. Petrol.*, 54, 1062-1080.

Teixell, A. (1990)Alpine thrusts at the western termination of the Pyrenean Axial Zone. *Bull/Soc. Géol. France*, 8, 241-249.

Teixell, A. (1996) The Ansó transect of the southern Pyrenees : basement and cover thrust geometries. *J. Geol. Soc. Lond*, 153, 301-310.

Trela, W. (2005) Condensation and phosphatisation of the Middle and Upper Ordovician limestones on the Malopolska Block (Poland) . *Sediment. Geol.*, 178, 219-236.

Veizer, J. (1983) Chemical diagenesis of carbonates : theory and application of trace element technique. In : *Stable Isotopes in Sedimentary Geology* (Eds M. A. Arthur, T. F. Anderson, I. R. Kaplan, J. Veizer and I. S. Land), *Soc. Econ. Palaeont. Miner., Short Course*, 10, 3-1-3-100.

Veizer, J. and Hoefs. J. (1976) The nature of O^{18}/O^{16} and C^{13}/C^{12} secular trends in sedimentary carbonate rocks. *Geochim. Cosmochim. Acta*, 40, 1387-1395.

Wilson, J. L. (1975) *Carbonate Facies in Geologic History.* Springer-Verlag, New York, 470 pp.

10　综合利用地层、岩石物理、地球化学和地质统计方法研究埋藏成岩作用——以英国南部Yorkshire三叠系Sherwood砂岩为例

J. M. Mckinley[1]，A.H. Ruffell[1]，R.H. Worden[2]

1. School of Geography，Archaeology and Palaeoecology，Queen's University Belfast，Belfast，BT7 1NN，UK（E-mail：j.mckinley@qub.ac.uk）

2. Department of Earth and Ocean Sciences，University of Liverpool，Brownlow Street，Liverpool，L69 3GP，UK

摘要　利用岩石物理方法研究了英国南Yorkshire Bawtry市Styrrup采石场内的三叠系Sherwood砂岩中野外露头尺度的层理与成岩特征空间分布的关系，发现胶结物的分布与关键侵蚀界面有关。这种基于野外露头的小尺度研究证实了地层学与埋藏成岩作用具有联系。成岩胶结物的空间分布表明关键界面控制了早成岩早期和中成岩晚期的胶结作用。基于变差和空间模拟方法的地质统计分析已用于研究砂岩序列中岩石物理特征的空间变化。主要侵蚀界面的发育与定向变差函数分析、渗透率条件模拟所揭示的空间结构一致。早成岩相（颗粒边缘黏土矿物、铁氧化物包壳、碳酸盐和蒸发类矿物胶结）具有层控性，并抑制了晚期成岩胶结物（石英胶结物）的沉淀。早期碳酸盐岩的溶蚀使次生粒间孔隙复活，有效提高了侵蚀界面上部河谷充填砂岩的渗透率。后期成岩阶段形成的伊蒙混层、石英次生加大受地层约束，出现在主侵蚀面下方的河道砂岩中。成岩作用较强的地层界面可能会抑制流体的垂向流动（气、油和水），并可能成为流体流动的屏障。碳酸盐胶结物的早期（颗粒包壳）胶结和溶蚀可以有效改善Styrrup采石场内储层的质量，并进一步抑制对储层质量不利的晚期胶结物（石英、充填孔隙的伊蒙混层等）的沉淀。

关键词　地层学；成岩作用；地球化学；地质统计学；Sherwood

10.1　引言

自20世纪80年代开始，已有大量文献探讨了沉积序列中层序地层的解释结果与成岩史之间的关系。Taylor等（1995）最早报道了对硅质碎屑岩层序地层和早成岩作用的综合研究，此后成为一个研究热点。研究对象已从浅海环境（Ketzer等，2003）扩展到风成环境（Abegg等，2001）和深水序列中。这些论文中常见的主题是"关键界面"的重要性，通常是明显的侵蚀面、无沉积（沉积间断）面和相关的优先胶结作用或淋滤作用，这

类界面显示出沉积物再改造、同生胶结、动物群定居和伽马射线测井特征突变的迹象。层序地层界面按级别可分为层理面、准层序、准层序组或体系域界面，成岩作用也显示出对应的复杂性，在层理面或准层序界面边界上只观察到轻微的早成岩变化，而在层序界面和最大海泛面处可见多种类型的早成岩作用（Taylor 等，2000；Ketzer 等，2003；Taylor 和 Gawthorpe，2003）。

对硅质碎屑岩沉积序列而言，层序地层学与成岩作用（包括矿化作用）研究的进展导致人们较少关注层序地层对晚成岩作用的影响。这并不奇怪，因为广泛但有争议的观点认为，深埋期间的流体流动，以及倒转回潜水带中的流体流动，可能是普遍存在的（Worden 和 Burley，2003）。晚成岩特征随深度和温度的变化是众所周知的，其规模大于关键地层界面。在本次研究中，对以下观点提出了质疑：层序地层学可帮助人们理解层理尺度上的早期成岩作用或层序到巨层序（盆地）尺度上的晚期成岩作用，并考虑了地层界面尺度上的埋藏成岩作用。在这种情况下，调查的尺度对于成岩作用的研究至关重要。这项工作提出了一个问题，即在地层界面的尺度上，晚成岩作用的变化（无论是通过埋藏还是抬升）没有得到充分认识的原因可能是在几米的中间尺度上几乎没有研究。更具体地说，我们认为，如果怀疑晚成岩蚀变的序列没有在基于层理变化的尺度上取样，那么这种晚成岩—层序地层学联系就不太可能被观察到。考虑到这一点，本研究部署了测量、采样方案和地质统计评估数据，覆盖范围为 1～3m，涉及三叠纪 Sherwood Sandstone Group（SSG）河流 / 风成砂岩序列的露头数据。这里整合了沉积学和岩石物理数据，以便更好地理解层理尺度对与地层结构和地层界面有关的成岩特征空间分布的控制。

10.2 地质背景

10.2.1 Sherwood 砂岩群（SSG）含水层和油气藏：英国东 Midlands 地区和南 Yorkshire 地区的三叠系

SSG 露头在英国东 Midlands 地区大面积发育，向东在地下延伸，发育在上三叠统及侏罗系和白垩系之下（Smedley 和 Brewerton，1997）。在几十至几百米深度，SSG 形成了一个重要的并易受污染的蓄水层。在英格兰东部和北海南部地区，埋深超过 2km 的 SSG 构成了特定油田重要的储层。在南 Yorkshire 北部更远地区，SSG 被上覆第四系沉积覆盖。在 Doncaster 地区，SSG 仅有总厚度的 10% 出露地表，主体被上三叠统 Mercia 泥岩覆盖（Smedley 和 Brewerton，1997）。SSG 由红色、棕色和更少见的绿灰色细粒—中粒砂岩组成，夹红色泥岩与粉砂岩薄层或透镜体，这套地层被解释为河流成因，沿陆相的南北海盆地西边界沉积（Warrington，1974）。泥裂的存在表明沉积发生在间歇性炎热和干旱气候条件下（Gaunt 等，1992）。在英国东 Midlands 和南 Yorkshire 地区，SSG 向北变厚，并向东略倾（倾角为 2°）（Gaunt 等，1992）。SSG 下伏地层为二叠系钙质泥岩、砂岩和白云质灰岩混积物。二叠系最上部的泥灰岩与 SSG 界线并不清晰，且局部穿时（Smith 等，1973；Gaunt 等，1992）。上覆 Mercia 泥岩由红棕色和绿灰色泥岩和粉砂岩组成，局部发育白云质和石膏质或富含石膏的水平层。Mercia 泥岩代表了一个早期滨岸平原、冲积河流和潟湖沉积（Smedley 和 Brewerton，1997）。研究区附近保存的侏罗系由 1m 或少量的基底灰岩和黏土组成，侏罗系其余部分、白垩系和早第三世沉积物由于中第三世的区域抬升而被剥蚀（Smith 等，1973）。

10.2.2 Yorkshire 南部 Bawtry 地区 Styrrup 采石场（SK605 902）

研究区包括 Styrrup 采石场，它是 Bawtry 地区 Styrrup 村庄正在生产的采石场，距离英国 Yorkshire 南部 Doncaster 很近，SSG 的一个剖面出露。剖面沿北西—南东方向延伸，正好与 SSG 古流体主方向垂直。垂向上出露了将近 8m 的红褐色砂岩，夹少量分散的砾石。砾石的成分主要是石英，也含有粉砂岩、长石质砂岩、片岩岩屑和斑岩、花岗岩等火山岩岩屑。某些火山岩可能是原地的，但是大部分应该是来自西南部物源。沉积环境解释为向北或北东方向流动的河流环境（Smith 等，1973）。

砂岩易碎，但会被白云石或方解石胶结成为整体（Smith 等，1973；Edmunds 等，1982），分选较差—较好，粒度为中粒—粗粒。颗粒次圆—次角砾状，主体由石英组成，长石含量也较高。少量的碎屑组分是岩屑、云母、绿泥石及重矿物。钾长石的次生加大及包含伊利石、少量碳酸盐矿物的黏土矿物组成了露头中能观察到的胶结物（Smith 等，1973）。Edmunds 等（1982）记录了 SSG 含水层地下部分方解石和白云石胶结物的存在（最高 15%～20%）和广泛发育的石膏、硬石膏和岩盐胶结物，此类蒸发矿物在露头中并未观察到，主要的原因是欧洲东北部现今湿润的气候。

10.2.3 Styrrup 采石场附近区域构造演化史

除与沉积作用同期的地球运动之外（Smith 等，1973），Midlands 东部和 Yorkshire 南部的岩石展示出两期主要的构造运动：晚石炭世的早海西期和早第三世—新近纪（最可能是中新世）晚期（Smith 等，1973）（图 1）。第三纪的构造运动形成了区域性的向东或北东东方向的缓坡（1°～2°），并在二叠纪—三叠纪岩石中形成局部断裂。影响该区域的断层貌似全为正断层，其走向为北东或北西方向，断距为 15～30m。断层可分为两种类型，一类完全是第三纪形成的，另一类是初始形成于海西期但在新近纪再次活动的（Smith 等，1973）。Stryrrup 采石场附近的断层似乎全为古近纪—新近纪形成的，并影响到了二叠系—三叠系及石炭系。晚古近纪的抬升同样引起了侏罗纪、白垩纪以及古近纪大部分沉积物的剥蚀（Smith 等，1973）。在大约 50Ma 内，地层最大埋深约 2km，随后被抬升终止（图 1），最大埋深对应的最高地温大约是 80℃（Geotrack，2007）。

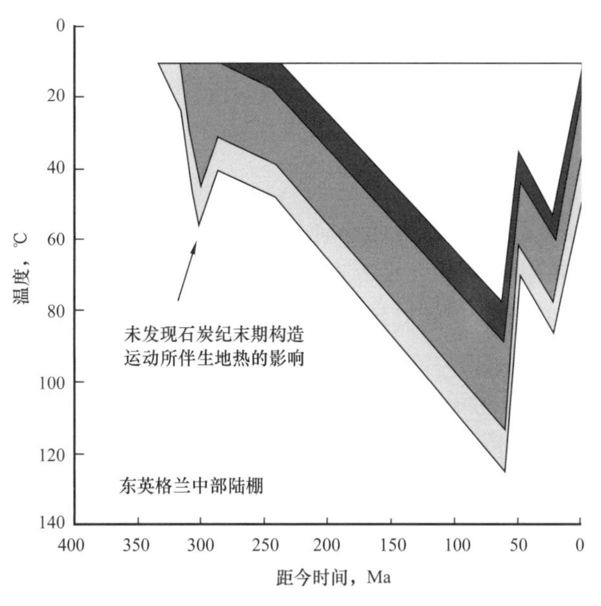

图 1　英国 Midlands 东部陆棚热演化史（据 Geotrack，2007）

颜色由浅到深，依次为三叠纪、侏罗纪和白垩纪。

10.3　露头数据

由于岩石本身易碎，Styrrup 采石场出露的 SSG 主要是砂子与砾石。然而，Sherwood 砂岩下部大约有 40m（横向延伸）被保存下来，这一部分被用于测量与取样（图 2）。取样原则是按照 15cm 间距的规则网格取样，网格大小为 2.85m（水平方向）×1.35m（垂直方向），从而在网格线交叉点得到 200 个测量点，对其进行渗透率和伽马能谱测量，并采集 100 个样品开展实验室分析及后期的地质统计分析。

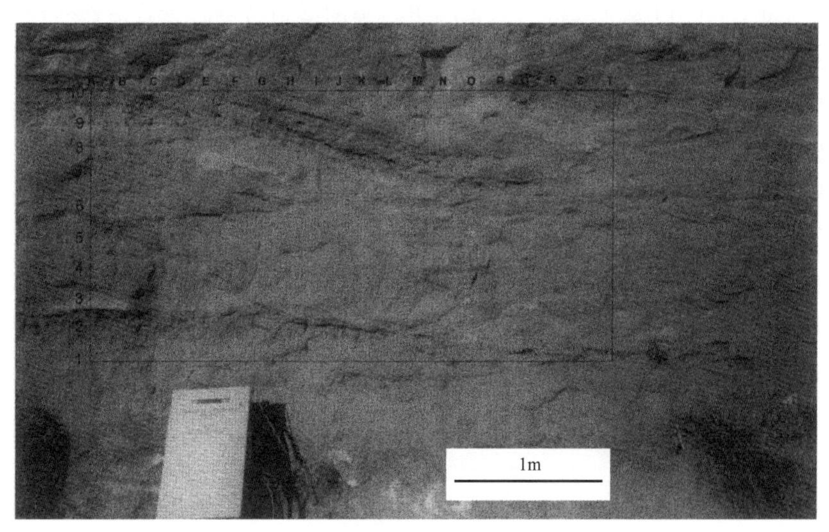

图 2　Styrrup 采石场垂向岩面

标注了间距为 15cm 的矩形网格，水平方向 2.85m，垂直方向 1.35m

10.3.1 野外测量技术

10.3.1.1 探头渗透率仪

使用野外探头渗透率仪（FPP300）进行气体渗透率的测量，探头渗透率仪的测量对样品无破坏，且结果具有可重复性（Hurst 和 Goggin，1995）。稳定的渗透率探头（FPP300）主要用于在野外测量穿透样品的天然气流动速率，利用探头注射天然气（氮气），而后将这个数据和仪器采集的其他数据转变为渗透率（Carey 和 Curran，2000）。在测量过程中，探头被封闭在样品表面，气体通过流动调节系统底部中心点喷到岩石表面。将数据下载，由 Psion 管理器生成结果。渗透仪测量氮气的注入压力及气体流动速率。然而，如果气体流动速率与岩石样品的渗透率没有关系，这些测量就没有意义。为了确认这一点，必须建立测量的气体渗透率与已知样品渗透率之间的关系。正如 Sutherland 等（1973）所提倡的，使用一系列渗透率已知的均质人造岩心柱塞，进行渗透仪探头流动速率与渗透率的经验校正。在野外测试之前，获得每一个均质人造岩心柱塞在不同流动速率下的渗透率测量结果，并与提供的渗透率值进行对比。野外探头渗透仪（FPP300）被证实结果可靠。本次研究中使用的野外探头渗透仪（FPP300）经验校正方法详见 Carey 和 Curran（2000）的论述。

Dykstra 和 Parsons（1950）首次详细介绍了利用探头渗透仪表征渗透率的技术。Hurst 和 Goggin(1995）回顾了探头渗透率仪的发展历史。Sutherland 等（1993）和 Goggin(1993）详细介绍了探头渗透仪的原理及推荐的操作规范。为了从野外探头渗透仪中获取更为可靠的测量结果，本次研究中又考虑了几个方面（Sutherland 等，1993）：（1）干净和干燥的样品较为理想，保证达西定律是适用的（也就是保证 100% 的饱和度）；因此，测试是在样品经过一定时间的干燥或者样品表面已经足够干之后进行的。（2）避免在风化的或覆盖苔藓的地区进行测量，主要原因是探头渗透仪的探测深度较小（只有几毫米）。（3）选择的岩石表面相对平整，以保证探针与不平的岩石表面密封效果好；避免在裂缝发育的地方测量渗透率，主要是防止气体滑脱效应。

采用测量网格以保证获取结果的可靠性与重复性。探头渗透仪在每个网格节点上获得一个渗透率测量值。当 10 次连续读数误差小于 5% 时，FPP300 会自动选择一个测试结果。许多研究人员研究了探头渗透仪的探测深度。Goggin 等（1988）采用数值模型，并假设岩石均质，评定认为 90% 的探头信号与探头半径 4 倍深度内的物质有关。Jensen 等（1994）根据北海 Rannoch 地层精细网格的分析结果，发现 90% 的探头响应来自探头半径 2.2 倍的区域。本次研究中，FPP300 的探头半径是 4 mm，因此探头渗透率仪有效探测深度是 8.8～16mm。

10.3.1.2 伽马能谱测量技术（GRS）

尽管有多种天然的不稳定或放射性元素，沉积岩中伽马放射性的主要贡献者是铀、钍和钾（Aclams 和 Fryer，1964；Adams 和 Gasparini，1970；Dypvik 和 Eriksen，1983）。钾（^{40}K）提供单一的放射能量，而钍（^{232}Th）和铀（^{238}U 和 ^{235}U）发生一系列放射性同位素衰变。伽马能谱仪（SGR）选择钾、铀和钍特定能量级别附近的放射能谱进行测量。

在本次研究中，采用手持的 SCINTREX©GIS-5 伽马能谱仪。GIS-5 由安装铊激发碘化钠晶体的光电倍增管探测器组成，严格密封，无磁场影响并安装防震底座。小尺寸的伽马能谱仪可以贴近测量位置，实现自动伽马射线探测，使用便利。伽马能谱测量结果包括伽马射线总点数与单一能谱数据（铀、钍和钾）。钾和铀结果并不是由使用的伽马射线设备（SCINTREX©GIS-5）自动生成的，必须要从合并的钾 + 铀 + 钍测量结果中抽提出来（Slatt 等，1992；Hadley 等，2000），结果单位是每秒的计数（cps）。

在每个研究区，GIS-5 伽马射线能谱仪的测量间距是 15cm，测量范围超过网格范围。GRS 最大的测点体积相当于 1m 的地层（Parkinson，1996）。然而，估计 50% 的伽马信号来自距离探测器 12cm 的范围内（North 和 Boering，1999），因此测量精度较高（高于 15cm），但很难评价伽马信号的叠加影响。伽马能谱仪野外测试规范流程参考 Myers（1987）及 Myers 和 Wignall（1987）的研究成果：

（1）测试在垂直、平整的岩石表面进行，避免悬空，以保证研究体积是常数和持续不变的。

（2）避免严重风化的岩石表面，参考探头渗透率仪的使用条件。

对每个样品点的伽马射线总点数与单一能谱数据进行收集，其中，伽马射线被探测器随机采集。根据使用说明（GIS-5 用户手册），考虑到统计精度，在特定时间内的总计数应超过 100。精度大约是 $N \pm \sqrt{N}$，其中 N 是计数，预测精度是 ±10%。一个 3s 的计数时间足够用于统计总的计数，然而单一能谱需要 30～100s 的计数时间，以达到这个级别的精度。在每个采样点，我们大概使用了 5min 的计数时间，这与其他有关砂岩最佳测量时间的研究是一致的（Løvberg 和 Mose，1987；Myers，1987；Davies 和 Elliott，1996；Parkinson，1996）。Parkinson（1996）提出取样形式对测量结果的影响比仪器精度的影响更大。在本次研究中所进行的测量是平行于层理进行的，大部分表面是基本平整的（选择的采石面是垂直的）。

10.3.2 实验室技术

根据野外观察进行岩石沉积学研究，由于 Styrrup 采石场样品易碎，因此使用 Galai CIS-1 激光粒度仪测量颗粒尺寸。分选性最初是根据野外肉眼观察确定的（Pettijohn 等，1987），然后根据 Galai CIS-1 设备确定的粒度测量结果，即粒度标准偏差得出（Tucker，2001）。

薄片中（每 100 个取样点一个，与测量网格节点数量直接相关）注入蓝色环氧树脂，以标注孔隙，并通过染色区分碳酸盐矿物（Dickson，1965）。利用光学显微镜观察薄片，通过数点分析确定薄片中的碎屑组分、自生矿物及孔隙度。铸体薄片中矿物的含量与孔隙度是基于每个薄片 400 个点的分析得出的。每个颗粒、胶结物、颗粒交代或孔隙计数误差随总计数率和组分的百分数而变化。在 95% 的精度约束下，含量占 50% 的组分误差最大为 ±5%，但含量为 10% 和 2% 的组分的测量误差分别为 ±3% 和 ±1.4%（Van der Plas 和 Tobi，1965）。

利用西门子 D5000 衍射仪对采集的样品（共计 100 个）进行 X 衍射（XRD）分析。西门子 D5000 衍射仪采用 Cu-Ka 辐射单色光（1.5418Å），X 射线管电压和电流分别是 40kV 和 40mA。探测器是闪烁计数器。使用了一个 1mm 的分离狭缝、0.6mm 的探测器狭缝、1mm 的聚焦狭缝和一个石墨单色器。每一个块体样品在 3°～63° (2θ) 进行扫描，步进是 0.04°，计数时间是 1s。在扫描过程中，样品旋转以保证随机的采样方向。利用 Scobain 西门子和 JCPDS 数据文件提供的 Diffrac-AT（3.0 版本）对数据进行定量分析。

利用 JEOL6400 扫描电镜对新鲜的样品表面进行研究，以确定岩石组分。利用与数据处理计算机连接能谱仪进行定量化学组成分析以确定矿物类型（Welton，1984）。扫描电镜的工作条件是 10～15kV 的加速电压，放大倍数为 50～3000 倍。

10.4 研究结果

10.4.1 沉积环境解释

Styrrup 采石场出露的 SSG 主要由红色和杂色砂岩组成（暗红色到浅黄色砂岩也可见到），见分散状的砾石和黏土碎屑。采石场的沉积序列主要由槽状、底部侵蚀的砂岩组成，侵蚀面为河道底面，发育叠加的板状与槽状交错层理，构成河道充填沉积。沉积体系的迁移意味着早期河道充填砂岩被侵蚀。沉积物被解释为辫状河河道体系沉积物，与季节性半干旱的陆相沉积环境相一致（Smith 等，1973；Gaunt 等，1992）。

10.4.2 沉积学特征

通过野外观察并利用 Galai CIS-1 激光粒度仪对岩石的沉积特征进行分析，野外观察和测井资料分析得出的颗粒尺寸从含砾极粗砂（长度为 3mm～9cm）和黏土碎屑（长度 4mm～6cm）到细砂（Tucker，2001）。根据采集的固结样品估算出的颗粒尺寸为粗砂—细砂（测量范围 187～500μm，平均 383.6μm）。对于粉砂到砂级组分（10～1200μm），Galai CIS-1 激光粒度仪的结果表明砂岩主要是细砂—中砂（平均为 295.7μm）。Galai CIS-1 激光粒度仪的测试结果普遍小于野外观察测量的结果。为保证粒度仪正常工作，并未使用 Galai CIS-1 激光粒度仪分析大于 500μm 的砂岩颗粒。因此，Galai CIS-1 激光粒度仪主要是描述了砂和粉砂级的颗粒组分。野外观察对砂岩颗粒范围没有限制，因此很有可能包括了大于 500μm 的颗粒。

采石场由具有槽状和板状交错层理的含砾砂岩组成。风化作用使得沉积构造更为明显，某些沉积构造非常明显且局部水平连续，其他的沉积特征并不明显，多形成侵蚀面之间的岩层组合。下面的岩相指图 3 中的单元。术语“单元”是非正式的描述，主要是为了避免在描述过程中产生成因暗示，成因需要在后续研究中使用层序地层解释。颗粒尺寸测量是野外观察得到的。

在岩面底部，可见淡红色砂岩（单元 A），其含有模糊的交错层理（倾向南东）。同样在单元 A 中，这些砂岩被低角度板状层覆盖（平均粒径为 375μm）。底部砾状沉积物（单元 B）的沉积说明存在一个明显的侵蚀面。基底沉积物由易碎互层的暗红色泥岩与砂岩组成（倾角 22°，倾向南东），含有丰富的石英砾石（1～9cm）和浑圆状泥质内碎屑（0.5～8mm）。这些岩层不是横向连续的，而是楔形尖灭。单元 A 和单元 B 可能代表了泥质沉积物的河床侵蚀及随后上部流态沉积物的快速沉积（Miall，1984）。

单元C由底部侵蚀、多层叠加的大规模、低角度、具槽状交错层理的中粒砂岩组成，构成主要的河道沉积。交错层理向南东方向变陡，单个水平层向上变细。河道沉积序列（单元D）以非常低角度的板状层理为主。差异风化作用使得细砂—中砂（颗粒大小为250～375μm）组成的水平层更为凸显。由石英和岩屑组成的砾石相对较少，但与水平纹层平行（尺度为0.3～1.0cm）。向上的泥质撕裂屑在河道底部富集。暗色矿物条带凸显了局部的滑塌作用（南东方向30°）。

反方向的交错层构成了河道沉积物（单元E）的最上部层组（0.15m）。在红色具交错层理的中粒砂岩（平均粒径为375μm）中，可见到倾角的明显变化。河道充填序列被分选差的砾状砂岩覆盖，后者代表了同期的底部滞留沉积。

一个弯曲的界面（单元F的底部）切穿了下伏叠加的河道沉积物，形成了明显的侵蚀面。这一侵蚀面构成了河谷的一部分，并延伸至网格之外。地表最陡处（视倾角22°）的界面向南东倾斜。界面向河谷中心变平（视倾角7°），砾石含量减少。可以观察到砂、砾和浑圆状泥质碎屑混合物，表明它们为同时沉积。这一界面貌似切穿了早期的含砾砂岩，表明河流方向与流向是变化的。局部含有砾石的抗风化的砂岩突出体朝同一方向倾斜，但覆盖在含砾砂岩和泥质碎屑的弯曲侵蚀面之上。随后的河道充填（单元G）包括低角度板状砂岩，局部含砾石和泥碎屑。研究剖面的顶部有另一个侵蚀面，其特征是以交错层理砂岩（倾向北东）为主，并延伸到所研究网格之外。

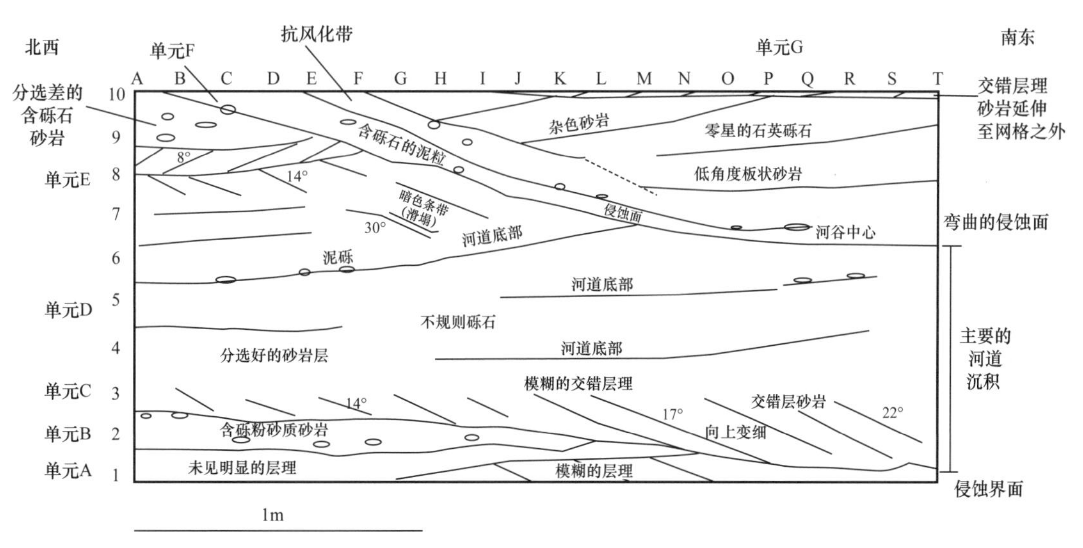

图3 Styrrup采石场所研究岩面（图2照片）的沉积特征示意图

解释的边界面用较粗的线标示，不同层系砂岩以“单元”进行简化描述。对沉积构造的描述和简要解释详见正文

10.5 空间分布样式

为了研究层组之间的变化，根据可见的侵蚀面将图2中的相划分为层组或层组群。图4显示了Styrrup采石场SSG沉积体的细分结果。层系划分与图3中所示的单元一致。下文描述了不同层组的空间样式，并在表1中进行了总结。

表 1　各层组（图 5）的岩石学（基于数点数据）、渗透率和孔隙度特征

单元	层系组	颗粒大小		分选性（Trask 系数）	沉积特征	孔隙体积，%			渗透率 D	各岩石体积，%			
		范围，μm	Gala 值 μm			总孔	粒间孔	次生孔隙		石英胶结物	钾长石胶结物	孔隙中的伊利石（I–S 混层）	孔隙中的含 Fe 伊利石
G	L7	250–375	299.16	0.90	河谷充填的砂岩	29.38	14.25	15.13	13.05	0.41	1.03	1.41	7.47
F	L6	250–500	297.25	1.17	上部含砾层	27.68	19.18	8.50	6.26	0.89	0.68	4.14	2.79
E	L5	250–500	290.17	0.69	顶部河道砂岩	29.67	19.93	9374.00	6.90	0.98	1.48	3.57	1.53
D	L4	250–375	295.56	0.72	底部河道砂岩	27.58	18.37	9.21	6.32	0.86	1.45	3.42	1.87
C	L3	250–375	290.54	0.87	具交错层理的砂岩	25.29	14.96	10.33	6.43	0.59	0.75	3.79	3.14
B	L2	250–500	286.23	1.33	下部含砾砂岩	27.38	25.13	2.25	10.72	0.75	1.00	2.38	1.25
A	L1	250–375	306.47	0.75	含交错层理的纹层砂岩	29.44	20.56	8.88	8.42	0.69	0.75	5.00	1.56

10.5.1 层组间原始沉积特征的差异

每个细分层组的结构特征在层组之间和侵蚀面上下均有差异。层组底部砂岩（L1）中见模糊的交错层理，并被低角度板状岩层覆盖，其平均颗粒粒径为306.5μm。下部含砾砂岩（L2）由互层的暗红色泥岩和砂岩组成，含有丰富的砾石和浑圆状内碎屑。颗粒粒径（250～500μm，平均为286μm）与分选性变化较大。根据水平连续的界面（解释为河道基底）可将主河道沉积物（如图2中标示的）进一步细分，包括交错层理砂岩（L3）、下部河道砂岩（L4）和上部河道砂岩（L5）。整个河道砂岩中，砂和粉砂组分平均颗粒粒径较为一致，约为290μm。分选性变化较大，砂岩从分选较好到分选较差。上部的含砾岩层（L6）由砂、砾石和浑圆状泥质碎屑组成，形成了明显的弧形侵蚀界面。这一岩层构成了河谷基底，被上部河谷砂岩充填。颗粒粒径变化大，粒径为250～500μm，平均粒径为297μm，分选性变化同样较大，砂级部分分选较好，但整体较差。河谷充填砂岩（图4）（L7）由低角度板状砂岩层组成，局部含砾石和泥粒。砂体分选中等至良好，平均粒径为299μm。岩石表面观察到的两个侵蚀面被解释为关键界面，包括发育交错层理的河道砂岩（L3）与下部砾石层（L2）和层状砂岩（L1）之间的侵蚀面（图4中以A和B标出），以及河谷充填砂岩（L7）与上部砾石层（L6）和下部河道砂岩（L3、L4和L5）之间的横向连续的弯曲侵蚀面（图4中以B标出）。它们被认为是重要的界面，因为它们在视觉上非常明显，代表了沉积的间断。在接下来的部分中，我们将讨论这些关键界面是否指示了与层序地层学有关的岩石学、岩石物理及伽马射线信号之间的急剧变化。

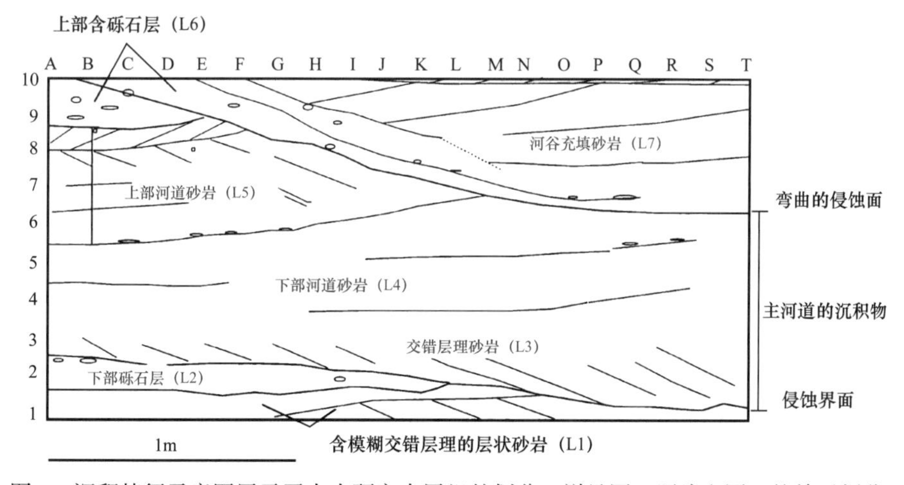

图4 沉积特征示意图展示了本次研究中层组的划分。详见图2照片和图3的单元划分。

10.5.2 岩石学特征

在毫米尺度，砂岩是层状或纹层状的。颗粒结构从未固结砾石层中的分选差到以砂岩为主岩层中的分选好不等。颗粒形状各异，从浑圆状（多与分选好的砂岩伴生）到次棱角状。颗粒间的点接触最常见，可见少量的凹凸接触（Tucker，2001）。砂岩为颗粒支撑的。然而，在某些地方，颗粒似乎无支撑。从光学上看，除了少量的碎屑云母外，几乎没有压实的迹象。表 2 提供了通过点计数方法确定的岩相学汇总统计数据。为了进行薄片的模态分析，可计算每个值的标准方差。

表 2　基于数点数据确定的岩石学统计数据　　单位：%

矿物与孔隙类型（n=100）		最小值	最大值	标准方差	均值
碎屑矿物	单晶石英	25.3	39.0	3.1	32.4
	多晶石英	3.8	13.3	2.0	7.1
	正长石	2.8	13.8	2.4	8.8
	微斜长石	0.0	2.0	0.4	0.2
	条纹长石	0.0	0.8	0.2	0.1
	斜长石	0.0	2.5	0.5	0.4
	非透明矿石	0.3	7.3	1.4	2.6
	白云母	0.0	1.0	0.3	0.2
	黑云母	0.0	1.0	0.1	0.04
	绿泥石	0.0	3.5	0.7	0.8
	其他黏土碎屑	0.0	1.0	0.1	0.03
	沉积岩石组分	0.5	6.0	1.2	2.5
	火山岩石组分	0.0	2.3	0.5	0.8
	变质岩石组分	0.0	1.8	0.4	0.4
	其他碎屑矿物	0.0	2.0	0.4	0.1
自生矿物	石英自生加大	0.0	3.5	0.8	0.8
	钾长石自生加大	0.0	3.3	0.7	1.2
	方解石	0.0	3.3	0.4	0.1
	白云石	0.0	2.5	0.3	0.1
	赤铁矿	0.3	12.5	2.5	5.6
	总伊利石（含伊蒙混层）	1.3	18.0	3.6	7.5
	总的高岭石	0.0	5.8	0.8	0.8
	伊利石孔隙	0.0	10.3	2.6	3.5
	含 Fe 伊利石孔隙	0.0	16.5	4.0	2.6
	交代伊利石	0.0	6.5	1.0	1.3
	交代含 Fe 伊利石	0.0	2.0	0.3	0.1
	高岭石孔隙	0.0	5.5	0.7	0.7
	交代高岭石	0.0	1.3	0.2	0.1

续表

矿物与孔隙类型（n=100）		最小值	最大值	标准方差	均值
孔隙度	粒内孔	5.5	32.2	5.0	17.9
	次生大孔	0.0	20.0	4.4	7.5
	次生微孔	0.0	6.5	1.4	2.2
	总孔隙度	15.8	37.0	4.5	27.4
	总的次生孔隙度	0.0	22.8	5.1	9.7
	总石英含量	30.5	46.5	3.4	39.5
	单 / 多晶 + 单晶石英	0.7	0.9	0.04	0.8
	总长石含量	3.3	15.5	2.7	10.4
	总岩石组分	1.3	8.8	1.5	3.8
	胶结物	3.3	16.8	3.2	9.5
	粒间孔	16.5	42.3	5.2	27.4

10.5.2.1 碎屑矿物

石英是主要的碎屑骨架矿物，单晶石英含量最高（表 2，平均含量 32.4%），多晶石英含量次之（平均 7.1%）（单晶石英 / 单晶 + 多晶石英比例 =0.8）。长石是第二重要的碎屑骨架矿物，主要长石类型为钾长石（平均含量 9.2%）。从光学上看，长石主要是正长石（平均含量 8.8%），含少量微斜长石（平均含量 0.2%）和条纹长石（平均含量 0.1%）。斜长石含量较少（平均含量 0.4%）。长石矿物经历了不同程度的溶蚀，表现为部分到全部被成岩矿物交代的特征。

野外观察表明，整个采石场工作面都存在泥质内碎屑，长度为 4～6cm（估计占总岩石的 5%）。黏土碎屑在粗粒砾质沉积物中最为丰富，但在以砂岩为主的层组中，也形成了沿层理面和河道底部富集的层。下部富泥砾石层（单元 B，图 3）中黏土碎屑的 XRD 分析表明存在白云母、绿泥石和蒙脱石。

白云母和黑云母均存在，含量分别是 0.2% 和 0.1%（表 2）。云母颗粒由于在更有抗压能力的石英颗粒周围被压实而发生变形。黑云母显示出铁氧化物的蚀变迹象，蛋白石（平均含量 2.6%）易于在特定层段富集形成暗色条带。

采用 Folk（1980）提出的三角图对碎屑矿物组分进行分类（图 5）。所有值和平均值一起显示。在 Styrrup 采石场出露的 SSG 可以被划分为亚长石砂岩到长石砂岩。

10.5.2.2 自生矿物

石英的次生加大含量较少（表 2，平均含量 0.8%）。碎屑石英颗粒和次生加大边可以通过碎屑颗粒周缘的铁氧化物环边来识别。自生石英只能在碎屑石英周围生长。石英次生加大边厚 5～10μm，具有自形晶形状［图 6（a）］。自生长石存在，但含量较少（平均含量 1.2%）。在正长石、条纹长石、微斜长石的碎屑颗粒中，只有自生钾长石可通过薄片识别出来，显示为锯齿状凸起。通过扫描电镜分析可见自生钠长石。扫描电镜分析显示自生钾长石为窄凸起（长度约 10μm）和扁平的菱形晶体［厚度 10～15μm，图 6（b）］。

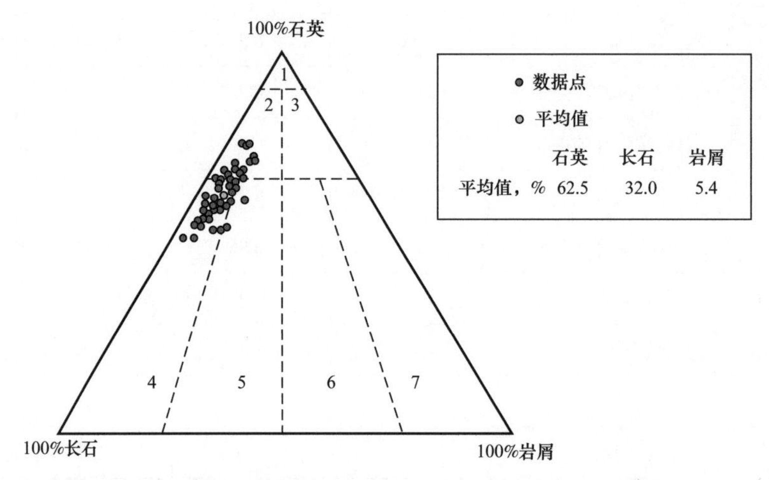

图 5 Styrrup 采石场中 SSG 的 Folk（1980）三元图

1—砂质岩；2—亚长石砂岩；3—亚岩屑砂岩；4—长石砂岩；5—岩屑长石砂岩；6—长石质的；7—岩屑砂岩。三元图由 CoDaPack 编制（据 Egozcue 和 Pawlowsky Glahn，2005）

红褐色铁氧化物薄层包裹了许多碎屑颗粒，似乎是造成岩石呈红色的原因，这也是 SSG 特征。然而，在岩石表面，铁氧化物的含量并不均匀，数量从 0.3% 到 12.5%（平均含量 5.6%），其中一些可能是黏土矿物上的铁氧化物环边或未检测到的微孔。点计数法无法区分黏土块中的微孔隙和铁氧化物环边，因此铁氧化物的点计数值可能高于岩石中的实际含量。XRD 分析并不支持点计数法计算出的铁氧化物含量。在大多数样品中发现赤铁矿的含量低于 XRD 检测极限。然而，只需少量的铁（0.1%Fe_2O_3）即可使岩石呈红色。光学上，铁氧化物以多种形式存在，如碎屑颗粒的环边或充填物。成岩石英与长石同样发育铁氧化物环边。被成岩黏土部分充填的孔隙接下来被后期铁氧化物包绕。在这种情况下，铁氧化物有助于黏土的孔隙桥接习性［图 6（c）］。具有铁氧化物环边的孔隙的充填黏土比例为 2.6%，而不含铁氧化物的为 3.5%。SEM 分析（使用 EDAX）证实了成岩黏土中存在铁元素。

在 Styrrup 采石场的 SSG 中发现了几种成岩黏土。XRD 分析、薄片岩石学和 SEM 分析证实了伊利石和高岭石为成岩相。细颗粒部分（粒径<2μm）的 XRD 分析也记录了层间矿物的产状。这种矿物具有 001- 层间距 11.2Å 结构，在乙二醇中并不膨胀。SEM（EDAX）分析证实了具蜂窝状结构黏土矿物的存在，其元素组成以 Al、Si 为主，含少量 K、Mg 和 Fe。XRD 分析显示了一个 *d* 方向间距为 11.2Å 的层间矿物相，结合 SEM 分析结果，表明存在伊利石—蒙脱石混层。Brindley 和 Brown（1980）记录了一种有序的层间伊利石—二八面体蒙脱石的发育，其 001 方向层间距为 11 Å。矿物不具备膨胀性可以通过结构中可膨胀层含量低于 20% 进行解释。在本研究中，该矿物被定义为伊蒙混层。SEM（图 6）分析发现矿物堵塞了孔隙吼道并因此降低了岩石的渗透率。

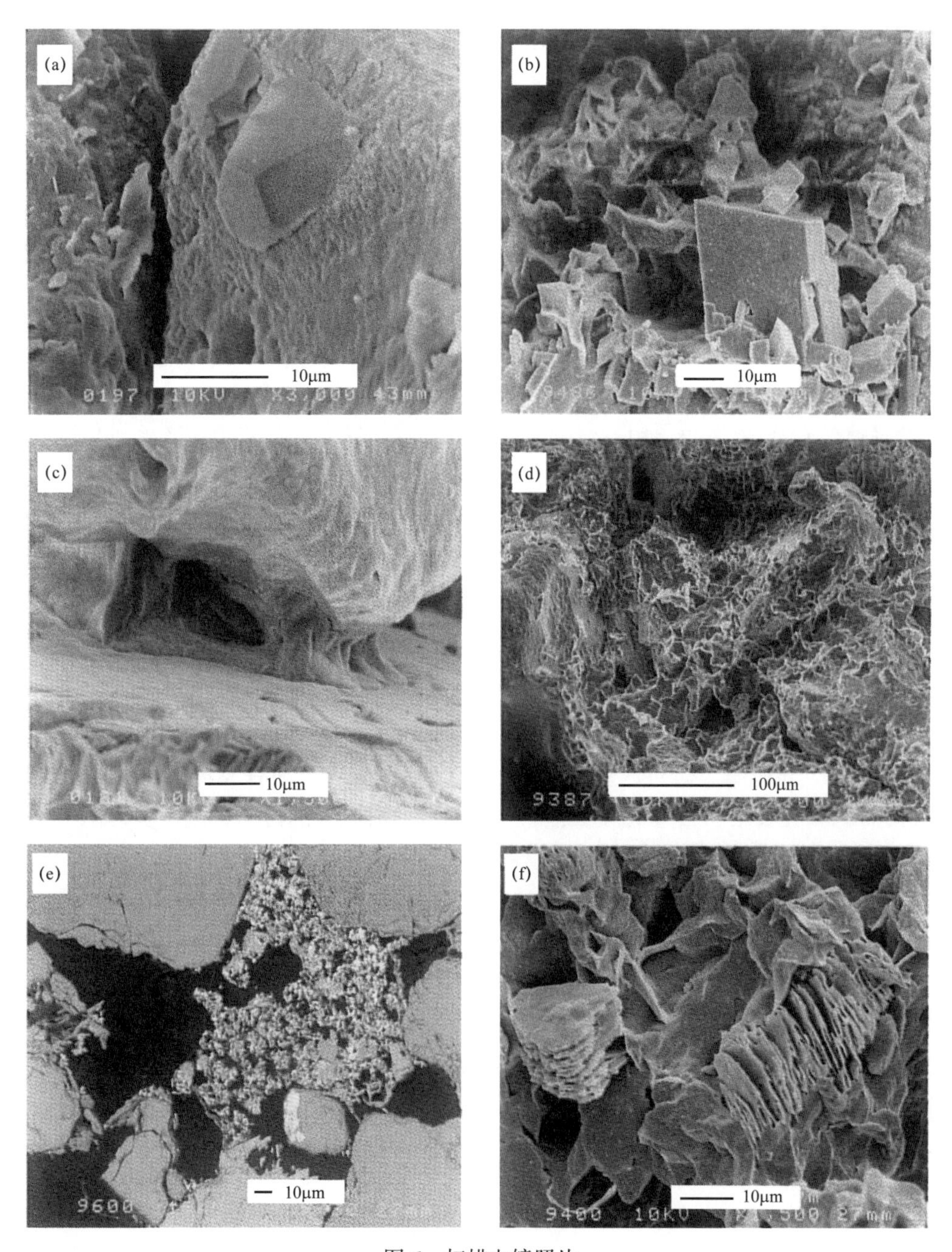

图 6　扫描电镜照片

（a）石英次生加大；（b）自生钾长石晶体；（c）颗粒环边黏土见铁氧化物环边；（d）混层伊利石黏土的孔隙桥接特征；（e）伊利石和高岭石交互生长；（f）孔隙充填的伊利石与高岭石交互生长，并交代钾长石

伊利石是含量最高的成岩黏土（平均含量 7.5%），沿岩石表面伊利石含量有所变化。光学显微镜和扫描电镜解释了几种伊利石的产状：

（1）颗粒环边，常被铁氧化物包裹；

（2）以蜂窝结构的形式填充和堵塞孔隙空间［可能是伊蒙混层，图 6（d）］；

（3）作为长石的蚀变产物［图 6（e）］；

（4）呈鳞片状与高岭石共生，可能为高岭石的蚀变产物［图 6（f）］。

从光学上无法区分混合的伊利石和伊蒙混层。SEM 中的 EDAX 分析表明，交代钾长石并与高岭石互层生长的伊利石不含镁元素。因此，充填孔隙的伊利石极可能由互层的伊蒙混层组成。不能排除颗粒环边黏土中蒙脱石相的存在（在有和没有铁氧化物环边的情况下观察到）。

在整个岩石表面上成岩高岭石均有发育，但含量低。从体积上看，它不如伊利石重要，含量为 0～5.8%（平均含量 0.8%）。书页状集合体的存在表明高岭石为自生的。通常发现：

（1）作为孔隙填充矿物，直径为 10～30μm；

（2）作为钾长石的蚀变产物 [图 6（e）]；

（3）与伊利石共生，并可能被伊利石交代 [图 6（f）]。

碳酸盐胶结物以方解石与白云石的形式存在，含量极低，两者平均含量为 0.1%。

10.5.3　层组间成岩特征的差异

本节的主要目的是阐明早期确定的关键界面与影响孔隙度和渗透率的成岩作用之间的关系。换言之，不同层组间或沿着界面成岩作用是否变化？

不同的层组显示出成岩胶结物含量的高度可变性。表 1 详细列出了各层组内成岩胶结物的含量。下部含砾砂岩（L2）和上部含砾岩层（L6）中黏土总量是最高的。在含砾岩层（L2 和 L6）中观察到最多的伊利石和高岭石。河道砂岩（L3—L5）也记录了较高数量的自生伊利石、高岭石、石英胶结物和钾长石次生加大边。河谷充填砂岩（L7）中伊利石、高岭石和石英胶结物含量最低。通过对伊利石形成模式的讨论，进一步揭示了不同层位伊利石形成模式的显著差异。河谷充填砂岩（L7）含有大量的孔隙衬边伊利石，且伊利石见铁氧化物环边。因此，孔隙衬边黏土上铁氧化物环边的出现仅受限于某些层组，似乎受地层约束。充填孔隙的伊蒙混层在上部和下部含砾岩层中最为发育（L2 和 L6）。河谷充填砂岩（L7）含有最少的孔隙充填的伊蒙混层。河道砂岩（L3—L5）表现出最大数量的孔隙充填伊蒙混层。

成岩胶结物的含量与结构之间存在一定的趋势关系。细粒和分选性好的样品中（L4—L5）的石英胶结物和钾长石含量最高，而分选性差的含砾砂岩（L2 和 L6）的黏土总量（包括碎屑黏土）、伊利石（含伊蒙混层）和高岭石含量最高。

10.5.3.1　孔隙度

薄片中的总可见孔隙度是可变的，但整个采石场工作面始终保持较高的孔隙度（表 2，孔隙度范围 15.8%～37%，平均孔隙度 27.4%）。粒间孔在体积上最为显著，平均含量 17.9%。次生粒内溶孔的证据包括：钾长石颗粒的部分溶蚀形成的蜂窝状颗粒，铁氧化物环边的残留物（其内部中空、轮廓为先前颗粒）。这种孔隙比例可达 20%（平均孔隙 7.5%），次生粒内微孔可达 2.2%。

10.5.3.2　层组间孔隙度的差异

在下部含砾砂岩（L2）中观察到了最高含量的粒间孔（表 1，平均孔隙度 25.1%），含量最低的次生孔隙（平均值 2.3%）。粒间孔是河道砂岩（L3—L5）中主要的孔隙类型，其孔隙度有所差别但相对较高（交错层理砂岩 L3、下部河道砂岩 L4 和上部河道砂岩 L5 的平均孔隙度分别为 25.3%、27.6% 和 29.7%）。河谷充填砂岩（L7）显示出高的总孔隙度（平均孔隙度 29.4%），包括大约相当的次生孔隙和粒间孔，两者含量分别为 15.1% 和 14.3%。不同层组数据表明，虽然总孔隙度介于 25%～30%，但主要的孔隙类型在不同层组之间有所差异。

10.5.4 成岩序列

Schmidt 和 McDonald（1979）的观点被用来描述 Styrrup 采石场 SSG 的成岩特征。这些成岩特征被用来确定成岩阶段的时间，并划分为近地表埋藏前过程（早成岩阶段）、埋藏过程（中成岩阶段）或近地表抬升后过程（晚成岩阶段）。成岩域可以用温度来定义（图 1），最高温度达到 80℃表明岩石进入了埋藏成岩作用的早期阶段。成岩序列如图 7 所示。

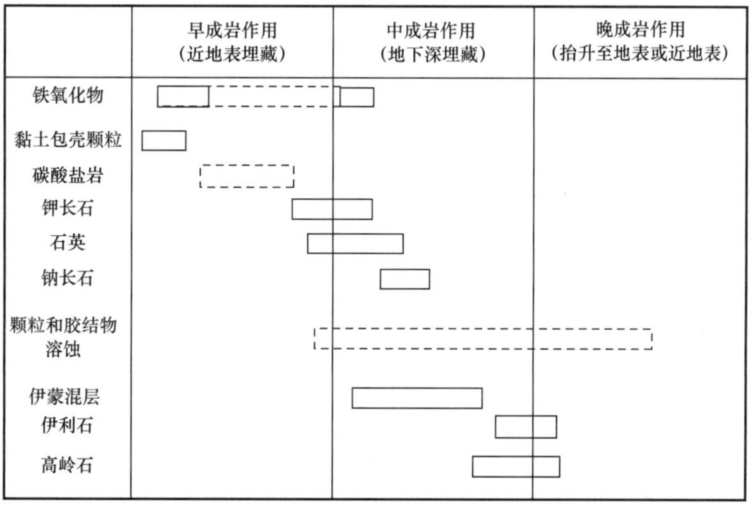

早成岩作用（近地表埋藏）
中成岩作用（地下深埋藏）
晚成岩作用（抬升至地表或近地表）
铁氧化物
黏土包壳颗粒
碳酸盐岩
钾长石
石英
钠长石
颗粒和胶结物溶蚀
伊蒙混层
伊利石
高岭石

图 7 基于薄片与 SEM 分析建立的 Styrrup 采石场中 SSG 的成岩史

实线方框表明成岩解释具有岩石学证据（正如文中所讨论的），虚线方框是推测的解释

10.5.4.1 早成岩阶段（近地表埋藏前的作用）

Styrrup 采石场中 SSG 的最早成岩特征之一是非常细的铁氧化物包壳，在石英颗粒上最为明显，但也在所有类型的碎屑颗粒上发现，包括再改造的沉积岩碎片。铁氧化物染色的黏土是现今炎热干燥或半干燥环境中沉积物埋藏前的特征（Walker 等，1978），也是英国陆上二叠纪—三叠纪盆地和东爱尔兰海常见的早成岩特征。Styrrup 采石场中 SSG 碎屑颗粒的铁氧化物充填物可解释为形成过程中细粒碎屑的淋溶作用，但碎屑石英颗粒与自生石英颗粒之间的铁氧化物表明，铁氧化物形成于成岩次生加大之前，因此可以将其解释为早期成岩产物。

溶蚀的方解石胶结物和石英颗粒可作为 SSG 中侵蚀性胶结相的证据（Stuart 和

Cowan，1991）。本次研究的岩石中发现的碳酸盐岩数量较少，只能为Styrrup采石场中SSG早期碳酸盐胶结物的发育提供非常有限的证据。许多研究人员报道了英国SSG中混层蒙脱石的出现，并将其划归为早成岩阶段（Burley，1984；Strong，1993；Rowe和Burley，1997）。Strong等（1994）记录了少量孔隙充填的自生蜂窝状蒙脱石黏土，该黏土已发生了伊利石化，并在一定程度上发生了绿泥石化。Beurley（1984）描述过三叠纪砂岩中不同组分的黏土矿物，其成分从绿泥石到蒙脱石。SEM分析表明，Styrrup采石场中SSG的互层伊利石相（伊利石—蒙脱石）以孔隙填充黏土的形式产出，并包绕其他自生矿物，因此，它将在中成岩阶段中被提及。

10.5.4.2　中成岩阶段（埋藏期间的作用）

硅酸盐的次生加大似乎是在埋藏过程中形成的，因此被归为中成岩阶段。虽然有关成岩硅酸盐相的相对时间可从薄片岩石学研究中得到某些信息，但是这些矿物形成的确切时间却并不清楚。因此，在图7中，这些成岩相解释为在早成岩阶段末期到中成岩阶段形成，这与其他关于SSG的研究一致（Berley和Kantorowicz，1986；Bushell，1986；Stuart和Cowan，1991；Strong等，1994）。石英次生加大边的含量较小（平均值为0.8%±0.8%），而钾长石次生加大边的含量较大（平均值为1.2%±0.7%），并在整个岩石表面上都能观察到。由于较高的粒间孔隙度，石英胶结物和钾长石次生加大边沉淀的相对时间很难确定，这意味着在附近没有观察到自生硅酸盐相。在某些样品中，石英胶结物和钾长石次生加大边均发育铁氧化物环边。SEM分析显示，钠长石只有较少的次生加大，它与其他自生矿物的关系及次生加大的相对时间尚不清楚。然而，对自生钠长石的SEM分析表明，在铁氧化物包绕的石英胶结物和钾长石次生加大边附近，没有铁氧化物染色，这意味着自生钠长石的生长比其他硅酸盐相晚，并且发生在埋藏成岩作用期间（中成岩阶段晚期）。

可见纤维状伊利石和具蜂窝结构的伊蒙混层（在早成岩部分介绍过），其在钾长石次生加大和少量石英胶结物之后出现。在某些样品中观察到的这些黏土矿物含铁（通过SEM-EDAX分析确定），并从光学上发现铁氧化物以晚期环边形式产出。高岭石的显微镜和SEM分析不受铁氧化物染色的影响。与高岭石互层生长或交代高岭石的伊利石并没有发育铁氧化物环边。虽然高岭石可能是在抬升的近地表条件下形成的，但伊利石对高岭石的交代为中成岩晚期伊利石化作用的发生提供了证据。这表明高岭石是成岩期形成的，它的形成比其他早成岩期成岩相要晚（也就是说要晚于伊蒙混层与铁氧化物的沉淀，表现出铁氧化物的染色），因此，高岭石被认为是中成岩早期的产物。高岭石的沉淀表明，当时低pH值或者低离子浓度地层水渗透到了沉积物中（Strong等，1994）。某些高岭石书页状集合体表现出的不规则形态反映了高岭石形成之后地层水的循环作用。

10.5.4.3　晚成岩阶段（与抬升暴露相关的成岩作用）

粒间高孔隙度是这些岩石的主要特征。早期成岩碳酸盐岩的溶蚀可能是促进粒间孔形成的一个重要因素。这与Burley（1984）、Burley和Kantorowicz（1986）、Bushell（1986）、Stuart和Cowan（1991）的研究结果一致。一些研究者记录了二叠纪—三叠纪盆地中早期蒸发盐胶结物（硬石膏）的存在（Milodowski 等，1986；Strong 和 Milodowski，1987），并认为蒸发盐胶结物的溶蚀是许多二叠纪—三叠纪盆地中次生溶蚀孔隙形成的主要成因（Strong 等，1994）。

Yorkshire 南部地区中 SSG 含水层的承压部分，记录了大量石膏、硬石膏和岩盐胶结物（Edmunds 等，1982；Smedley 和 Brewerton，1997）。Styrrup 地区方解石和白云石胶结物的移除以及因此产生的晚成岩次生孔隙，主要归因于中性大气淡水（pH=7～8）的进入（Edmunds 等，1982；Smedley 和 Brewerton，1997）。早期蒸发盐胶结物（硬石膏甚至岩盐）因大气淡水的进入而溶解，如 Strong 等（1994）所述，也可能是导致 Styrrup 采石场孔隙再次形成的原因。

在英格兰西南部的三叠纪砂岩含水层中，成岩高岭石的沉淀也与地层抬升及酸性地层水的侵入有关（Walton，1982）。在 Styrrup 采石场中也发现了晚成岩阶段的高岭石与伊利石。Styrrup 采石场暴露地层水的化学特性（中性 pH=7～8）证实，铝的溶解度很低并保持低的二氧化硅浓度。这似乎认为高岭石不是晚成岩阶段形成的，证实了 Styrrup 采石场的高岭石是中成岩阶段形成的。

10.5.4.4 Styrrup 采石场 SSG 中的压实作用与胶结作用

砂岩中粒间孔（IGP）的体积是机械压实、化学压实破坏的粒间孔体积（IGV）与胶结物充填体积的函数（Houseknecht，1987）。表 2 列出了粒间孔体积的分布范围，可能反映了晚期溶蚀以及颗粒大小和黏土含量的变化（Houseknecht，1988）。然而，Lundegard（1992）指出，只要基质（如同沉积黏土）没有系统变化，粒间孔体积理论上并不受砂级颗粒的大小或分选性的影响。Styrrup 采石场中粒间孔的平均值是 27.4%。颗粒之间缺乏直接接触的证据（如漂浮的颗粒组构），或相邻颗粒之间只有少量的点接触，表明 Styrrup 采石场中 SSG 遭受了一定程度的机械压实，但化学压实程度很低。Burley（1984）指出，英格兰群岛二叠纪—三叠纪盆地边缘的最大埋深为 1km。然而，自生伊利石与钠长石的岩石学证据表明，胶结过程与最大 1km 的埋深不一致，也就是说，岩石应该埋藏更深、经历更高的温度。

少量石英次生加大边的存在表明，石英胶结物的温度接近但不高于 100℃（Torden 和 Morad，2000）。先前文献中也模拟了石英胶结物的生长，认为其为热演化史、粒度、石英颗粒组分（相反的是长石或岩屑颗粒）、具有黏土包壳的碎屑颗粒比例等的函数（Walderhaug 等，2000）。经验推导的 Walderhaug 方法并不被普遍接受，但仍然可用于证明前面提到的所有变量的综合效应。我们使用 Walderhaug 等（2000）提出的方法，对具有 AFTA（图 1）定义的埋藏史、颗粒粒径 350μm、50% 石英的砂岩以及不同程度的黏土环边（图 8）砂岩中的石英胶结作用进行了模拟。这表明，对于颗粒表面清洁的砂岩，石英胶结物的最大含量约为 4%，而对于具有 8% 黏土包绕颗粒的砂岩，石英胶结物的含量小于 1%，后者似乎更好地反映了 Styrrup 采石场中 Sherwood 砂岩的实际情况，因为该岩石含有大量的沉积黏土，且石英胶结物的含量很少超过 1%。因此，基于压实作用、黏土和长石颗粒胶结物的岩石学特征及石英胶结物的模拟实验，可以解释 Styrrup 采石场中 SSG 的最大埋深为 2km。

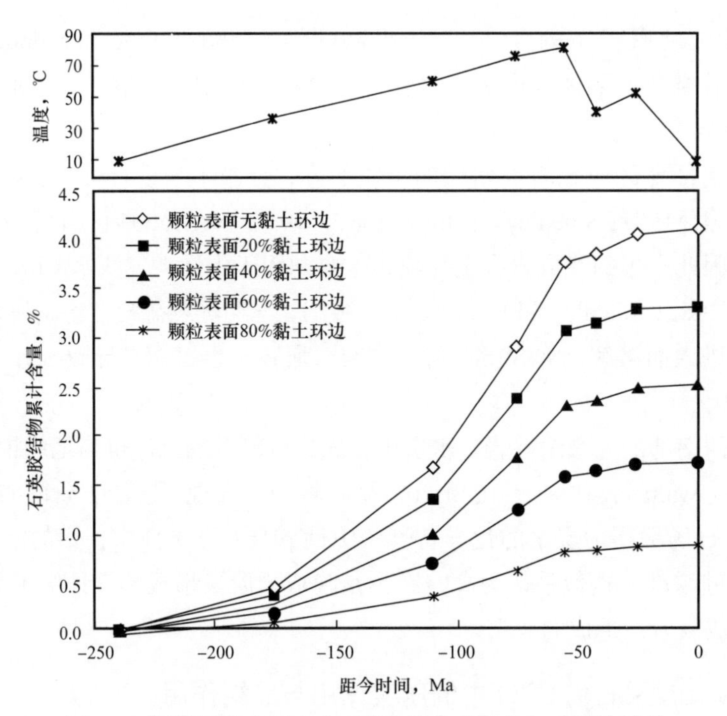

图 8　不同级别黏土环边中石英胶结物的含量与时间关系图

石英胶结作用的模拟是基于磷灰石裂变径迹分析确定的热演化史（图 1）、Walderhaug 等（2000）提出的动力学模型和粒径为 350μm 的砂岩，其中碎屑颗粒中 50% 为石英且具有不同程度的黏土环边。考虑到这些岩石中碎屑黏土的含量，60% 和 80% 的黏土环边实际上是很可能的

10.5.5　成岩作用与共生序列之间的关系

成岩胶结物及其在不同层组中的赋存状态之间的关系可与 Styrrup 采石场中 SSG 的共生序列相比较。石英胶结物的产状与早期成岩孔隙内铁氧化物衬边的伊利石呈反比关系。这表明石英胶结物在具干净碎屑石英基质的砂岩中含量最高，且自生石英的沉淀要晚于颗粒环边的铁氧化物的伊利石。此外，自生伊蒙混层的沉淀，似乎比早成岩阶段形成的颗粒环边、铁氧化物染色的伊利石要晚，并未阻止石英胶结物的沉淀，因此极有可能形成于石英胶结物之后。

10.5.6　野外数据

10.5.6.1　伽马能谱数据（GRS）

伽马能谱数据中较高的总伽马射线发射数量和较低的信号（K，U 和 Th）表明，钾并不是总伽马射线发射数量的主要贡献者，正如人们所预期的不一样。钾和铀对总伽马射线信号的贡献程度相似（表 3）。

10.5.6.2　渗透率

图 9 展示了 Styrrup 采石场中 SSG 渗透率的频率分布直方图。渗透率数据的直方图严

重不对称，具有正偏斜，表明低渗透率值的比例很高，但同时向更高渗透率值的延伸较宽。渗透率较大的分布范围及高变差系数（$C_v = 0.75$）表示渗透率值的空间变异性，并表明在整个岩石表面存在非均匀的流动条件（Corbett 和 Jensen，1991）。

表 3　伽马能谱总结统计表

伽马能谱数据（n=200）	最小值	最大值	标准方差	均值
总每秒计数率	84.0	146.0	8.5	123.3
钾铀钍每秒计数率	3.0	4.8	0.4	3.9
钾钍每秒计数率	0.3	1.8	0.2	1.3
钍每秒计数率	0.5	1.0	0.1	0.7
钾每秒计数率	1.7	3.5	0.4	2.6
铀每秒计数率	0.3	1.3	0.2	0.7

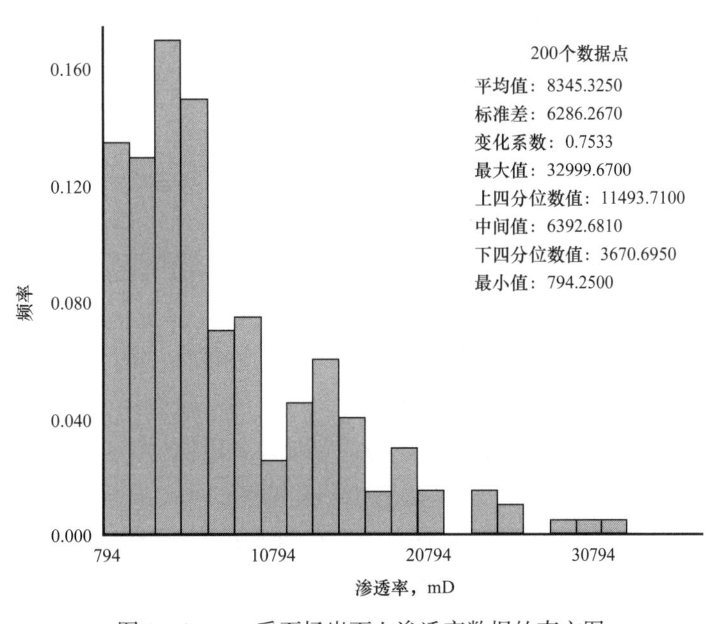

图 9　Styrrup 采石场岩面上渗透率数据的直方图

10.5.7　层组间渗透率的差异

最明显的趋势是，河谷充填砂岩（L7）的渗透率比下伏层组中的高（平均值为 13.1D）。下伏砾石层（L6）的渗透率值急剧降低，其平均渗透率值最低（平均值为 6.3D）。此外，砾石层（L6）的平均渗透率值不到河谷充填砂岩（L7）的一半。河道砂岩（L3—L5）的渗透率值变化较大。下部含砾砂岩（L2）的渗透率值普遍高于上部河道砂岩（平均值为 10.7D）。发育模糊交错层理的层状砂岩（L1）与主河道砂岩（L3—L5）具有相似的非均质性，具有略高的平均渗透率值（平均值为 10.7D）。

10.5.8 地质统计学分析

利用一系列地质统计学工具研究了岩石表面上岩石特征的空间分布。Lloyd 等（2003）和 McKinley 等（2004）在露头与实验室研究中利用地质统计方法对岩石渗透率进行了表征。Deutsch 和 Journel（1998）对本次研究中使用到的地质统计学方法进行了充分讨论。Lloyd 等（2003）和 McKinley 等（2004，2006）报道了该方法在渗透率研究中的应用。变差函数展示了各种属性在空间的依赖性。简单来说，变差函数是通过计算所有可用成对测量值之间的方差并获得基于距离或滞后时间所得测量值的平均值的一半来估算的。一个数学模型可以拟合到实验变差函数，并且该模型的系数可以用于一系列地质统计分析中，例如空间模拟。这个模型通常是从一组认可的模型中挑选的。在本次研究中，变差函数是用 Gstat 程序估算的（Pebesma 和 Wesse1ing，1998），然后利用 Gstat 的加权最小二乘法，将具有块金效应和球型分量的模型拟合到变差函数中。

尽管渗透率数据的直方图具有很强的非对称性和正偏斜（图 9），但孔隙度分布和伽马能谱数据显示的孔隙度分布更为对称，并呈现高斯分布，因此，可利用对数转换将渗透率数据转变为对数正态分布。方差分析可用于表征沿岩石表面的渗透率、孔隙度和自然放射性的空间相关性。表 4 中列出了数据的全方位和定向空间性质，所有模型均使用 Gstat 加权最小二乘法进行拟合（Pebesma 和 Wesseling，1998）。

尽管变差函数具有周期性变化，可能与岩层沉积层理特征有关，然而适合全方位变差函数的孔隙度模型测量的范围是 67.9mm。渗透率数据的变差函数拟合了两个结构化分量。渗透率数据的拟合模型范围（35.8mm 和 397.7mm）表明了不同尺度下的空间依赖性：厘米尺度下的短期变化和米尺度下的长期变化。

对岩石表面进行目测检查，发现存在一个突出的侵蚀面［图 3，单元 F 和图 4（a）］，该侵蚀面切穿了下伏河道沉积体，其被解释为关键界面。该侵蚀面构成了河谷的一部分，河谷从左向右（从东到西）以大概 120° 的方向延伸，并延伸到了取样剖面之外。考虑到这一点，在 45° 公差范围内，对 120° 方向渗透率和孔隙度的定向变差函数进行了估算，以进一步研究主侵蚀面对孔隙度和渗透率的影响。孔隙度和渗透率数据的变差函数［图 10（a）］提供了空间结构的证据，并表明沿层理方向的连续性比垂向的连续性更好。方差分析表明，侵蚀面影响了孔隙度与渗透率值的空间连续性。伽马能谱数据的变差函数没有显示铀和总计数的空间结构，仅展示了钾和钍有限的空间结构并认为其具较大的块金效应，这表明伽马能谱数据变化范围较小。

利用空间模拟方法进行地质统计分析，得出渗透率变化的图件。变差函数模型的系数可用于条件模拟（也称为随机成像）。本研究中使用了序贯高斯模拟（SGS），其模拟值以原始数据和前期模拟值为条件（Deutsch 和 Journel，1998）。图 10（b）中的模拟代表了岩石表面渗透率的空间变化。为清晰起见，岩石表面沉积特征图已经叠加至模拟的渗透率分布图之上（图 11），从中可识别出水平连续的高渗透率带和低渗透率带，这些渗透率带并不水平，但与图 3 中的槽状砂岩单元一致，这与沿 120° 的渗透率定向变差函数确定的

表 4　渗透率、孔隙度和伽马能谱变差系数

属性	测试点数	直方图	全方位变差函数					120°（公差 45°）方向定向变差函数				
			描述	块金效应	结构组分	范围 mm	相对块金效应，%	描述	块金效应	结构组分	范围 mm	相对块金 3 效应，%
渗透率（lg$K$）	200	正歪图	有结构的	0.05	0.04	35.76	43.77	有结构的	9.73	0.06	85.48	49.33
孔隙度	100	高斯函数	有结构的	0.12	0.07	397.71	43.45	有结构的	8.33	13.52	58.54	38.11
伽马能谱总的计数率	200	高斯函数	无结构的					无结构的				
钾的计数率	200	高斯函数	高块金效应	0.12	0.033	226.86	78.9	高块金效应	0.13	0.012	54.93	91.55
铀的计数率	200	高斯函数	无结构的					无结构的				
钍的计数率	200	高斯函数	高块金效应	0.006	0.001	55	82.63	高块金效应	0.007	0.0005	55	92.59

空间依赖性提供的证据一致，并进一步证实观察到的侵蚀面已经影响到了渗透率的空间连续性。地质统计分析表明，侵蚀面影响了渗透率的空间连续性并因此形成了一个关键的界面，代表了岩石物理性质（孔隙度和渗透率）的变化，但这一界面的伽马信号响应并不明显。

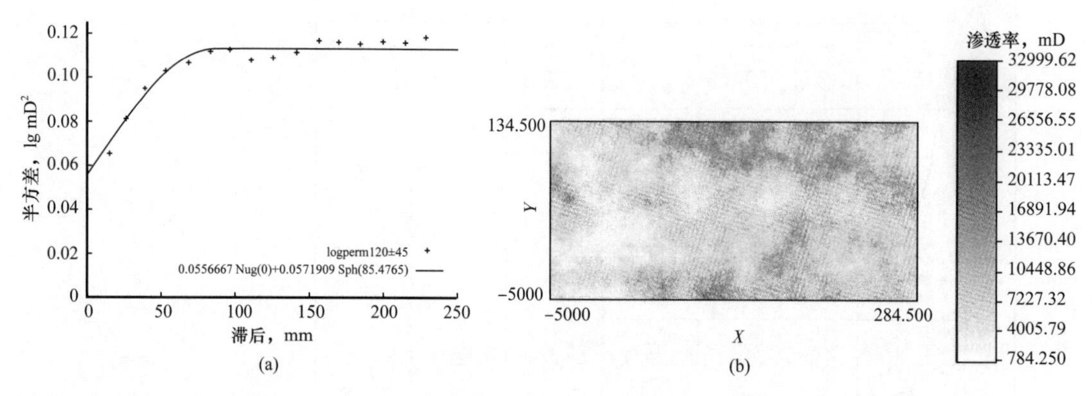

图 10 （a）在 45° 公差范围内，沿 120° 方向渗透率的定向变差函数（旋转方向为从北沿顺时针方向，本研究中指岩石表面的垂直方向）；（b）序贯高斯模拟实现了基于块金效应和球形分量的渗透率拟合方向变差函数，变差函数如（a）中定义的一样。

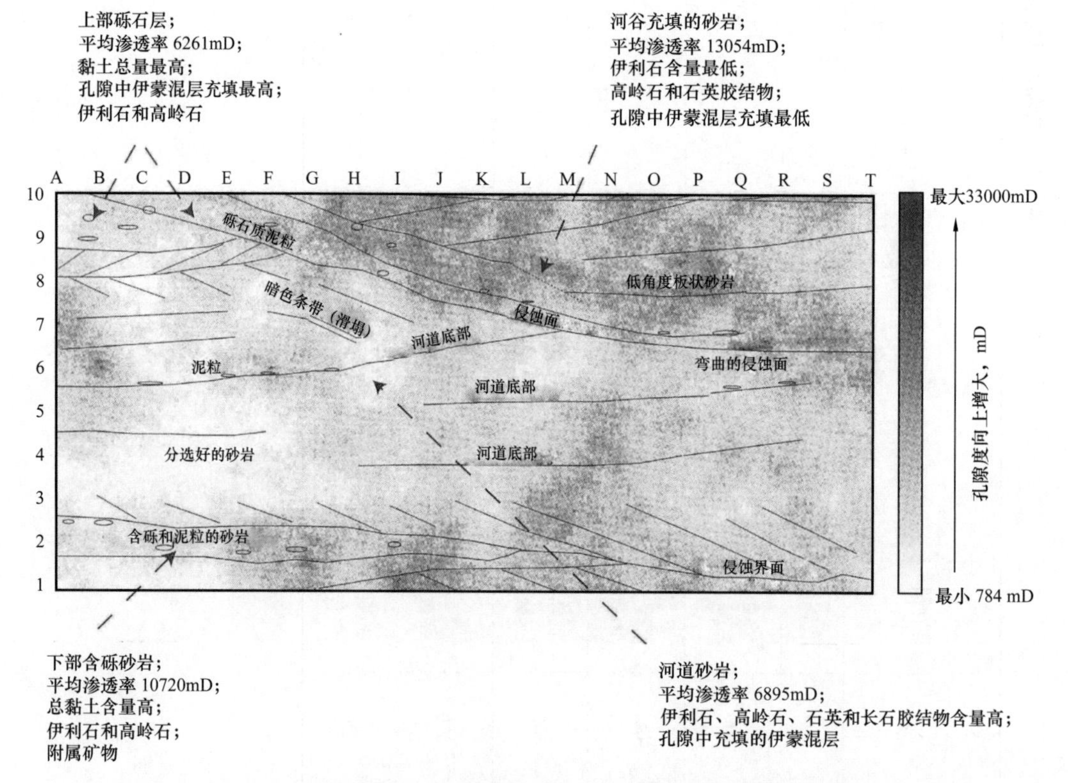

图 11　叠置在序贯高斯模拟的渗透率结果之上的成岩特征与层序界面之间的关系

图中标注了解释的关键界面

10.6 空间分布样式讨论

成岩胶结物含量的空间非均质性影响到了孔隙度和渗透率。河谷充填砂岩（L7）含有大量的具铁氧化物环边的孔隙衬边伊利石，且这些层组具有连续的高渗透率值和高次生孔隙度值。河道砂岩（L3—L5）含有可变但高含量的孔隙充填伊利石，但无铁氧化物环边。这些层组与河谷充填砂岩相比，粒间孔隙度更高，渗透率更低（大约低 50%）。由此可以得出的结论是，不发育铁氧化物环边的孔隙充填伊利石相比于发育铁氧化物环边的孔隙充填伊利石，前者更有效地降低孔隙度和渗透率，这可能是由于形成时间的差异造成的，因为伊利石边缘的铁氧化物环边形成于早成岩阶段。这些岩层中较高的次生孔隙度值（15.13%）和岩石学特征（少量溶蚀的方解石胶结物和石英颗粒的蚀刻）表明，河谷充填砂岩（L7）中先前存在早期方解石胶结物。孔隙中不发育铁氧化物环边的伊利石沉淀时间较晚（中成岩阶段）且发育伊蒙混层。伊蒙混层的蜂窝状结构已被证明能有效地堵塞河道中具侵蚀基底的砂岩的孔隙并降低其孔隙度和渗透率。若河道砂岩中同时发育伊蒙混层和石英胶结物，则情况更差。渗透率和孔隙度与成岩特征直接相关。在河谷充填砂岩中（L7），早期颗粒包壳黏土和铁氧化物似乎阻碍了后期石英胶结物和自生伊蒙混层的沉淀作用。河谷充填砂岩沉积前会发生宽阔河谷的切割作用，这是研究剖面中能观察到的大量侵蚀面之一。这意味着早成岩期颗粒边缘发育的具铁氧化物环边的黏土与主水力侵蚀面的发育密切相关。后期成岩胶结物（石英、伊蒙混层和高岭石）的发育反过来又受到界面成岩作用的抑制。本研究的结果揭示了成岩作用与层序地层之间的关联，即 Styrrup 采石场中 SSG 的早期和晚期成岩蚀变与影响砂岩沉积体中储层性质的表面控制有关。

10.7 结论

（1）层组间成岩胶结物的产状具有较强的空间差异性。

（2）河谷充填砂岩中发现的早成岩黏土具有独特的铁氧化物环边。岩石学证据表明，碳酸盐胶结物的溶蚀导致河谷充填砂岩中次生孔隙的增加。

（3）河道充填砂岩具有最低的渗透率和较高的但含量变化的石英胶结物、孔隙充填伊利石、伊蒙混层和高岭石，这些物质有效地降低了渗透率。

（4）早成岩作用受层组控制并影响到后期成岩胶结物的形成。

参考文献

Abegg，F. E.，Harris，P. M. and Loope，D. B.（Eds）（2001）*Modern and Ancient Carbonate Eolianites：Sedimentology*，*Sequence Stratigraphy and Diagenesis*. *SEPM Spec. Publ*. 71，207 pp.

Adams，J. A. S. and Fryer，G. E.（1964）Portable gamma-ray spectrometer for field determination of thorium，uranium and potassium. In：*The Natural Radiation Environment*（Eds J. A. S. Adams and W. M. Lowder），pp. 577-596. University of Chicago Press，Chicago，IL.

Adams，J. A. S. and Gasparini，P.（1970）Gamma-Ray Spectrometry of Rocks. *Meth. Geochem. Geophys.*，

10, 104–128.

Brindley, G. W. and Brown, G. (1980) Crystal structures of clay minerals and their x–ray identification. *Miner. Soc. Lond. Monogr.*, 5, 495 p.

Burley, S. D. (1984) Patterns of diagenesis in the Sherwood Sandstone Group (Triassic), United Kingdom. *Clay Miner.*, 19, 403–440.

Burley, S. D. and Kantorowicz, J. D. (1986) Thin section and S. E. M. textural criteria for the recognition of cement dissolution porosity in sandstones. *Sedimentology*, 33, 587–604.

Bushell, T. P. (1986) Reservoir geology of the Morecambe Field. In : *Habitat of Palaeozoic Gas in NW Europe* (Eds J. Brooks, J. C. Geoff and B. Van Hoorn) . *Geol. Soc. Edinb. Spec. Publ.*, 23, 189–208.

Carey, P. F. and Curran, J. M. (2000) High resolution characterization of permeability in arenaceous building stones. *Z. Geomorphol.*, 120, 175–185.

Corbett, P. W. M. and Jensen, J. L. (1991) A comparison of small permeability measurement methods for reservoir characterisation. Conference Paper, "Advances in Reservoir Technology", Petroleum Science and Technology Institute, February 21–22, Edinburgh.

Davies, S. J. and Elliott, T. (1996) Spectral gamma ray characterisation of high resolution sequence stratigraphy : examples from Upper Carboniferous fluvio–deltaic systems, County Clare, Ireland. In : *High Resolution Sequence Stratigraphy : Innovations and Applications* (Eds J. A. Howell and J. F. Aitken) . *Geol. Soc. Lond. Spec. Publ.*, 104, 25–35.

Deutsch, C. V. and Journel, A. G. (1998) *GSLIB : Geostatistical Software Library and User's Guide*, 2nd Edn. Oxford University Press, New York, 369 pp.

Dickson, J. A. D. (1965) A modified staining technique for carbonates in thin section. *Nature*, 205, 587.

Dykstra, H. and Parsons, R. L. (1950) The prediction of oil recovery by waterflood. In : *Secondary Recovery in the USA*, 2nd Edn. pp. 160–174. American Petroleum Institute, New York.

Dypvik, H. and Eriksen, D. Ø. (1983) Natural radioactivity of clastic sediments and the contributions of U, Th and K. *J. Petrol. Geol.*, 5, 409–416.

Edmunds, W. M., Bath, A. H. and Miles, D. L. (1982) Hydrochemical evolution of the East Midlands Triassic sandstone aquifer, England. *Geochim. Cosmochim. Acta*, 46, 2069–2081.

Egozcue, J. J. and Pawlowsky–Glahn, V. (2005) CoDadendrogram : a new exploratory tool. In : *Compositional Data Analysis Workshop–CoDaWork'0, Proceedings* (Eds G. Mateu–Figueras and C. Barceló–Vidal) . Universitat de Girona, ISBN 84–8458–222–1, http : //ima. udg. es/Activitats/CoDaWork05/.

Folk, R. L. (1980) *Petrology of Sedimentary Rocks*. Hemphill Publishing Company, Austin, TX, 182 pp.

Gaunt, G. H., Fletcher, T. P. and Wood, CJ. (1992) Geology of the Country around Kingston upon Hull and Brigg. *Brit. Geol. Surv. Mem. 1 : 50000 Geol. Sheets 80 and 89 (England and Wales)* . HMSO, London, 172 pp.

Geotrack (2007) Thermal history of the East Midlands shelf, UK. Geotrack. co. au/exploration/exploration. htm.

Goggin, D. J. (1993) Probe permeametry : is it worth the effort ? *Mar. Petrol. Geol.*, 10, 299–308.

Goggin, D. J., Thrasher R. L. and Lake L. W. (1988) A theoretical and experimental analysis of minipermeameter response including gas slippage and high velocity flow effects. *In Situ*, 12, 79–116.

Hadley, M. J., Ruffell, A. and Leslie, A. G. (2000) . Gammaray spectroscopy in structural correlations : an example from the Neoproterozoic Dalradian succession of Donegal (NW Ireland) . *Geol. Mag.*, 137, 319–333.

Houseknecht, D. W. (1987) Assessing the relative importance of compaction processes and cementation to reduction of porosity in sandstones. *AAPG Bull.*, 71, 633–642.

Houseknecht, D. W. (1988) Intergranular pressure solution in four quartzose sandstones. *J. Sediment. Petrol.*, 58, 228–246.

Hurst, A. and Goggin, D. J. (1995) Probe permeametry : an overview and bibliography. *AAPG Bull.*, 79, 463–473.

Jensen, J. L., Glasbey, C. A. and Corbett, P. W. M. (1994) On the interaction of geology, measurement and statistical analysis of small-scale permeability measurements. *Terra Nova*, 6, 397–403.

Ketzer, J. M., Morad, S. and Amorosi, A. (2003) Predictive diagenetic clay-mineral distribution in shallow and nonmarine siliclastic rocks within a sequence framework. In : *Clay Mineral Cements in Sandstones*(Eds R. H. Worden and S. Morad) . *Int. Assoc. Sedimentol. Spec. Publ.*, 34, 43–61.

Lundegard, P. D. (1992) Sandstone porosity loss–a big picture view of the importance of compaction. *J. Sediment. Petrol.*, 62/2, 250–260.

Lloyd, C. D., McKinley, J. M. and Ruffell, A. H. (2003) Conditional simulation of sandstone permeability. Proc. IAMG 2003 Portsmouth, UK, 7–12 September 2003. Int. Assoc. Math. Geol.

Løvborg, L. and Mose, E. (1987) Counting statistics in radioelement assaying with a portable spectrometer. *Geophysics*, 52, 555–563.

McKinley, J. M., Lloyd, C. D. and Ruffell, A. H. (2004) Use of variography in permeability characterisation of visually homogeneous sandstone reservoirs with examples from outcrop studies. *Math. Geol.*, 36/7, 761–779.

McKinley, J. M., Warke, P., Lloyd, C. D., Ruffell, A. H. and Smith, B. (2006) Geostatistical analysis in weathering studies : case study for Stanton Moor building sandstone. *Earth Surf. Proc. Land.*, 31, 950–969.

Miall, D. A. (1984) *Principles of Sedimentary Basin Analysis*. Springer–Verlag, New York, 490 pp.

Milodowski, A. E., Strong, G. E., Wilson, K. S., Allen, D. J., Holloway, S. and Bath, A. H. (1986) *Investigation of the Geothermal Potential of the UK : Diagenetic Influences on the Aquifer Properties of the Sherwood Sandstone in the Wessex Basin. Brit. Geol. Surv. Mineral Reconn. Progr.*, *Keyworth*, 83 pp.

Myers, K. J. (1987) Onshore Outcrop Gamma-Ray Spectroscopy as a Tool in Sedimentological Studies. Unpubl. PhD thesis, University of London, London.

Myers, K. J. and Wignall, P. B. (1987) Understanding Jurassic organic-rich mudrocks–new concepts using spectrometry and palaeoecology : examples from the Kimmeridge Clay of Dorset and the Jet Rock of Yorkshire. In : *Marine Clastic Sedimentology-Concepts and Case Studies* (Eds J. K. Legget and G. G. Zuffa), pp. 172–189. Graham and Trotman, London.

North, C. P. and Boering, M. (1999) Spectral gamma-ray logging for facies discrimination in mixed fluvial-eolian successions : a cautionary tale. *AAPG Bull*, 83, 155–169.

Parkinson, D. N. (1996) Gamma-ray spectrometry as a tool for stratigraphical interpretation : examples from the western European Lower Jurassic. In : *Sequence Stratigraphy in British Geology*(Eds S. P. Hesselbo and D. N. Parkinson) . *Geol. Soc. Lond. Spec. Publ.*, 103, 231–255.

Pebesma, E. J. and Wesseling, C. G. (1998) Gstat, a program for geostatistical modelling, prediction and simulation. *Comput. Geosci.*, 24, 17–31.

Pettijohn, F. J., Potter, P. E. and Siever, R. (1987) *Sand and Sandstone*, 2nd Edn. Springer–Verlag, New York, 553 pp.

Rowe, J. and Burley, S. D. (1997) Faulting and porosity modification in the Sherwood Sandstone at Alderley Edge, northeastern Cheshire : an exhumed example of fault-related diagenesis. In : *Petroleum Geology of the Irish Sea and Adjacent Areas* (Eds N. S. Meadows, S. P. Trueblood, M. Hardman and G. Cowan) .

Geol. Soc. Lond. Spec. Publ., 124, 325–352.

Schmidt, V. and McDonald, D. A. (1979) *The Role of Secondary Porosity in the Course of Sandstone Diagenesis. SEPM Spec. Publ.*, 26, 175–207.

Slatt, R. M., Jordan, D. W., D' Agogtino, A. E. and Gillespie, R. H. (1992) Outcrop gamma–ray logging to improve understanding of subsurface well log correlations. In : *Geological Applications of Wireline Logs II* (Eds A. Hurst, C. M. Griffiths and P. F. Worthington). *Geol. Soc. Lond. Spec. Publ.*, 65, 3–19.

Smedley, P. L. and Brewerton, L. J. (1997) *The Natural (Baseline) Quality of Groundwaters In England and Wales the Triassic Sherwood Sandstone of the East Midlands and South Yorkshire. Brit. Geol. Surv. Environ. Agency. Proj. Rec.*, W6/i722/1, 44 pp.

Smith, E. G., Rhys, G. H. and Gossens, R. F. (1973) *Geology of the County Around East Retford, Worksop and Gainsborough. Explanation of One–Inch Geological Sheet 101, New Series. Brit. Geol. Surv. Mem.* HMSO, 348 pp.

Strong, G. E. (1993) Diagenesis of Triassic Sherwood Sandstone Group rocks, Preston, Lancashire, UK : a possible evaporite cement precursor to secondary porosity ? In : *Characteristics of Fluvial and Aeolian Reservoirs* (Eds C. P. North and D. J. Prosser). *Geol. Soc. Lond. Spec. Publ.*, 73, 279–289.

Strong, G. E. and Milodowski, A. E. (1987) Aspects of diagenesis of the Sherwood Sandstones of the Wessex Basin and their influence on reservoir characteristics. In : *Diagenesis of Sedimentary Sequences* (Ed. J. D. Marshall). *Geol. Soc. Lond. Spec. Publ.*, 36, 325–337.

Strong, G. E., Milodowski, A. E., Pearce, J. M., Kemp, S. J., Prior, S. V. and Morton, A. C. (1994) The petrology and diagenesis of the Permo–Triassic rocks of the Sellafield area. *Cumbria. Proc. Yorks. Geol. Soc.*, 50, 77–89.

Stuart, I. A. and Cowan, G. (1991) The South Morecambe Field, Blocks 110/2a, 110/3a, 110/8a, UK East Irish Sea. In : *United Kingdom Oil and Gas Fields* (Ed. I. L. Abbotts). *Geol. Soc. London Mem.*, 527–541.

Sutherland, W. J. C., Halvorsen, A., Hurst, A., McPhee, G. and Worthington, P. F. (1993) Recommended practice for probe permeametry. *Mar. Petrol. Geol.*, 10, 309–317.

Taylor, K. G. and Gawthorpe, R. L. (2003) Basin–scale dolomite cementation of shoreface sandstones in response to sea–level fall. *Geol. Soc. Am. Bull.*, 115, 1218–1229.

Taylor, K. G., Gawthorpe, R. L. and Van Wagoner, J. C. (1995) Stratigraphic control on laterally persistent cementation, Book Cliffs, Utah. *J. Geol. Soc. Lond.*, 152, 225–228.

Taylor, K. G., Gawthorpe R. L., Curtis C. D., Marshall J. D. and Awwiller D. N. (2000) Carbonate cementation in a sequence–stratigraphic framework : Upper Cretaceous sandstones, Book Cliffs, Utah–Colorado. *J. Sediment. Res.*, 70, 360–372.

Tucker, M. E. (2001) *Sedimentary Petrology : An Introduction*, 3rd Edn. Blackwell Scientific Publications, Oxford, 252 pp.

Van Der Plas, L. and Tobi, A. C. (1965) A chart for judging the reliability of point counting results. *Am. J. Sci.*, 263, 87–90.

Walderhaug, O., Lander, R. H. Bjorkum, P. A. Oelkers, E. H. Bjorlykke, K. and Nadeau, P. H. (2000) Modelling quartz cementation and porosity in reservoir sandstones : examples from the Norwegian continental shelf. In : *Quartz Cementation in Sandstones* (Eds R. H. Worden and S. Morad). *Int. Assoc. Sedimentol. Spec. Publ.*, 29, 39–50.

Walker, T. R., Waugh, B. and Crone, A. J. (1978) Diagenesis in first cycle desert alluvium of Cenozoic age, southwestern United States and northwestern Mexico. *Geol. Soc. Am. Bull.*, 89, 19–32.

Walton, N. R. G. (1982) *A Detailed Hydrochemical Study of Groundwaters from the Triassic Sandstone Aquifer of South–West England. Inst. Geol. Sci. Nat. Environ. Res. Counc. Rep.*, 81/5, 43 pp.

Warrington, G. (1974) *Trias. The Geology and Mineral Resources of Yorkshire* (Eds D. H. Rayner and J. E. Hemingway), pp. 145–160. Yorkshire Geological Society, Leeds.

Welton, J. E. (1984) *SEM Petrology Atlas*. AAPG, Tulsa, OK, 237 pp.

Worden, R. H. and Burley, S. D. (2003) *Sandstone Diagenesis : From Sand to Stone. Clastic Diagenesis : Recent and Ancient* (Eds S. D. Burley and R. H. Worden) . *Int. Assoc. Sedimentol. Repr. Ser.*, 4, 3–44.

Worden, R. H. and Morad S. (2000) Quartz cement in oil field sandstones : a review of the critical problems. In : *Quartz Cementation in Sandstones* (Eds R. H. Worden and S. Morad) . *Int. Assoc. Sedimentol. Spec. Publ.*, 29, 1–20.

11　美国田纳西州中部 Nashville 穹隆上奥陶统潮缘碳酸盐岩大气水成岩作用和地表暴露隐伏面的地球化学证据

L. Bruce Railsback，Karen M. Layou，Noel A. Heim，Steven M. Holland，M.L. Trogdon，M.B. Jarrett，Gabriel M. Izsak，Daniel E. Bulger，Eric J. Wysong，Kenton J. Trubee，J. M. Fiser，Julia E. Cox，Douglas E. Crowe

Department of Geology，University of Georgia，Athens，Georgia 30602–2501，USA
（E–mail：rlsbk@gly.uga.edu）

摘要　本文利用地球化学方法评价了一个灰岩剖面中三个层段内可能的近地表暴露面，研究人员已应用层序地层学方法对上述界面进行过研究。美国东部 Nashville 穹隆构造 Mohawkian（上奥陶统）碳酸盐岩地层的地球化学分析结果表明，Ⅰ型三级层序顶部的地表暴露面、潮下准层序的顶部和内部发生过大气水成岩作用，上述三个界面之下的碳同位素和锶含量出现极小值，两个界面之下存在氧同位素极小值，表明地球化学检测数据可用于识别碳酸盐岩地层中的地表暴露面，至少可应用于 Mohawkian 早期以后的地层，此外，还表明在 Mohawkian 早期该地区地表存在可进行光合作用的生物群落。最有意义的是，从地层学角度，潮下准层序内部和顶部地表暴露面的识别意味着在浅水碳酸盐岩地层中地表暴露现象比预期的更常见。上述结果进一步强调了地球化学和层序地层学相结合的方法在识别地表暴露面中的重要性，从而有助于进一步了解海平面的变化。

在这些数据中，沿个别层位的多个样品数据出现了大范围的波动。例如，7 个层位和岩性不好识别的样品的碳同位素值波动范围为 1.5‰。结合近期的其他研究成果，此种数据的大范围波动表明，为了对地表暴露面附近的地层进行地球化学表征，有必要沿个别层位进行多重取样。

11.1　引言

认识海平面变化的历史记录已成为地球科学的一个主要目标。在地层记录中，海平面变化的一个指标是海相地层中地表暴露面的存在。层序地层学已经提供了一个有效的模型，将沉积学的观察整合到海平面变化和地表暴露解释中（Vail 等，1977；Hallam，1984；Vail，1992；Coe，2003），且地球化学已成为通过分析地表成岩作用对灰岩的影响来识别地表暴露面的一种有效的补充工具（Beier，1987；Goldstein，1991；Algeo，1996；Fouke 等，1996；Railsback 等，2003；Theiling 等，2007）。本文提供了这种互补关系的一个实例，本文研究了石灰岩地表暴露隐伏面的地球化学成岩证据，并已对其进行了层序地层学解释。

11.1.1 地表暴露、层序地层学与地球化学

层序地层学预测了两种地层背景下海相碳酸盐岩的地表暴露。第一种是地表暴露和大气水成岩作用发生于顶部为潮缘沉积的准层序中（也就是一个被海泛面限定的旋回，通常显示水体向上逐渐变浅，Van Wagoner 等，1990）。第二种是地表暴露和大气水成岩作用也可能见于任何发育不整合的层序边界上，包括所有的Ⅰ型层序界面（Van Wagoner 等，1990），特别是Ⅰ型层序界面上低位体系域的缺失导致海侵面与层序边界的重合。低位体系域的缺失意味着在海平面低位期发生地表暴露，这种情况通常发生于沉降速率相对较低的环境中，例如被动大陆边缘的上倾部位和克拉通盆地中。形成对比的是，在大部分碳酸盐体系中，被低位体系域覆盖的Ⅱ型层序边界（Van Wagoner 等，1990）和Ⅰ型层序边界不一定会出现地表暴露或者大气水成岩作用的记录。尽管准层序和层序的术语已广泛被使用，但是在这里强调的是界面的性质，而不是旋回的厚度和持续时间。因此，根据其他标准（例如依据旋回厚度或者估算的持续时间）将许多旋回描述为准层序，在本文中将被认为是高频层序（Mitchum 和 Van Wagoner，1991），也就是说，如果它们以地表暴露面为界，将被认为是高频层序。简而言之，仅从对层序地层结构的理解来看，如果地表暴露的证据与顶部为潮缘沉积的准层序或层序边界 / 海侵面叠合面不一致，就无法预测陆上暴露的证据。

用于检测碳酸盐沉积物地表暴露面的最广泛的地球化学方法包括碳的稳定同位素，以及较小程度上的氧的稳定同位素（Allen 和 Matthews，1982）。以碳为例，光合作用产生的有机物相对于无机碳库中的物质贫 ^{13}C。因此，细菌和植物根茎的呼吸作用以及死亡细菌和植物的腐烂都将使贫 ^{13}C 的 CO_2 进入到土壤气体中，随后的浅层大气成岩胶结作用使得碳酸盐胶结物的 $\delta^{13}C$ 比未改变的海相碳酸盐岩的低。研究人员要么对胶结物进行微区取样（Meyers 和 Lohmann，1985），对易受早成岩作用影响的岩石组分取样，如泥晶灰岩（Railsback 等，2003），要么采用全岩样品（Allan 和 Matthews，1982）。Allan 和 Matthews 指出，$\delta^{13}C$ 低值可预测地出现于地表暴露面之下，并且该方法已在随后的研究中用于识别或确认地表暴露面（Beier，1987；A1geo，1996；Go1dstein，1991；Fouke 等，1996）。

氧同位素也被用来识别地表暴露面，但是应用较少。例如，Allan 和 Matthews（1982）得出结论，界面之下 $\delta^{18}O$ 的升高表明发生了地表暴露，他们将这些升高的值归因于蒸发作用，认为蒸发作用耗尽了大气淡水中的 ^{16}O。另一方面，Lohmann（1982，1988）得出结论，认为早期大气水胶结物的特征是其 $\delta^{18}O$ 值小于被胶结的海洋沉积物的值，这是因为浅层大气水通常出现 ^{18}O 的贫化。Land（1995）质疑古老方解石中的氧同位素组成能否反映这些方解石的形成条件，他认为，在这些研究中收集的氧同位素数据可能与早期大气水成岩作用关系不大，而与其随后的埋藏条件关系更大。

第三种用来识别古老碳酸盐岩中地表暴露面的地球化学工具是锶浓度。文石中 Sr^{2+} 的分配系数远大于方解石，因此海相碳酸盐矿物中，文石的 Sr^{2+} 比较富集但稳定性较差（Railsback，1999）。Railsback 等（2003）认为地表暴露导致文石在早期优先溶蚀，从

而使暴露面之下 Sr 被耗尽，因此，他们使用低 Sr 浓度值作为识别地表暴露面的标准之一。

11.1.2 本次研究

本次研究的主要目标是验证准层序内部和顶部隐伏地表暴露面能够通过地球化学方法进行识别这一假设，这些准层序被解释为形成于潮下环境，而不是潮缘到潮上环境。本文使用的“隐伏”一词意指“视野范围内不明显或者岩石学证据不明显”。本次所涉及的地层为上奥陶统，年代上早于已知的最古老的陆相维管植物的出现（Wellman 和 Gray，2000）。我们首次检验这一假设：在先前识别的层序界面之下恰好可识别出地表暴露（也就是一个已知的地表暴露面）。

本次分析主要应用 Railsback 等（2003）的方法，综合使用碳、氧同位素数据和锶含量数据来识别地表暴露面。然而，在潮下碳酸盐岩内部的测试，分析人员还利用了 Theiling 等（2007）的方法，即开展了多个样品间的统计学对比，这些样品组分别位于假设的地表暴露面之上或之下。与 Railsback 等（2003）采用的任意标准相比，这种方法允许对数据进行更客观的评估，并且它更好地结合了沿单个水平层的数据变化，这是除 Theiling 等（2007）的研究以外首次使用多重抽样方法进行的研究。

11.2 地层格架

在 Nashville 穹隆上奥陶统中，Holland 和 Patzkowsky（1997，1998）描述了 11 个三级沉积层序，每一个三级层序的时间跨度为 1～3Ma。Mohawkian 层位中的层序被标定为 M1～M6，Cincinnatian 层位中的层序被标定为 C1～C6，尽管层序 C6 在 Nashville 穹隆中没有保存。每个层序都有由退积式准层序组组成的海侵体系域，以及上覆的进积式准层序组组成的高位体系域。一些层序的边界展示了区域地层削截（M5、C5、奥陶系—志留系边界）、硅化（M2、M3、M4 和 M5）以及成岩斑点构造（M5、C1、C2）。在一些露头中的层序 M4、M5、M6、C5 边界和奥陶系—志留系边界可识别出少量的古岩溶特征，表现为锥形帐篷状变形、扇形悬垂面以及 1cm 宽的裂纹。每个层序边界后期都被改造为海侵面，因此通常展现出与海侵期间饥饿型沉积相关的特征，例如钻孔碎屑、硬底、黄铁矿、磷酸盐化以及骨架和内碎屑滞留沉积。

Nashville 穹隆上奥陶统主要由碳酸盐岩组成，含有不同比例的薄层段、层状和脉状硅质碎屑泥岩。层序 M1—M4 以热带型碳酸盐岩为特征，含有丰富的泥晶灰岩、广泛多样的异化颗粒（包括丰富的球粒和不常见的鲕粒），常见硬底以及温水化石组合（Holland 和 Patzkowsky，1997; Patzkowsky 和 Holland，1999）。这些热带型碳酸盐岩与 Nashville 穹隆所处的位置一致，整个晚奥陶世大约位于南纬 20°。回剥分析表明，在层序 M2—M6 沉积期间，长期可容纳空间的增长速率为 18m/Ma（Holland 和 Patzkowsky，1998）。

本文报道了由 Mohawkian 下部层序 M1 和 M2 之间的 I 型层序边界所得出的结论。该层序边界也是 Murfreesboro 灰岩与上覆 Pierce 灰岩之间的接触面（图 1 至图 4）。本文还报道了 M2 层序内部（即 Ridley 灰岩内部）另外两个层段，一个层段位于潮下准层序的顶部，另一个位于潮下准层序的内部。此处研究的准层序顶部位于剖面底部之上 21.20m 处（图 1），在野外可依据岩性变化识别出来：下部为浅色生物骨架泥粒灰岩，向上变为深色含生物骨架和似球粒泥岩、粒泥灰岩以及泥粒灰岩（图 2 和图 5）。它没有提供地表暴露的证据，但是 Heim 等（2004）收集的初始同位素和微量元素数据指示该地区存在一个可能的地表暴露面。第二个研究层位位于剖面基底之上 26.53m、准层序顶部之下 0.27m 处，属于准层序内部（图 1）。它位于生物骨架和似球粒泥粒灰岩中，并没有明显的辨识特征（图 2 和图 6），因此没有关于地表暴露的岩性证据，仅仅是依据 Heim 等（2004）收集的初始同位素和微量元素数据，怀疑存在一个可能的地表暴露面。

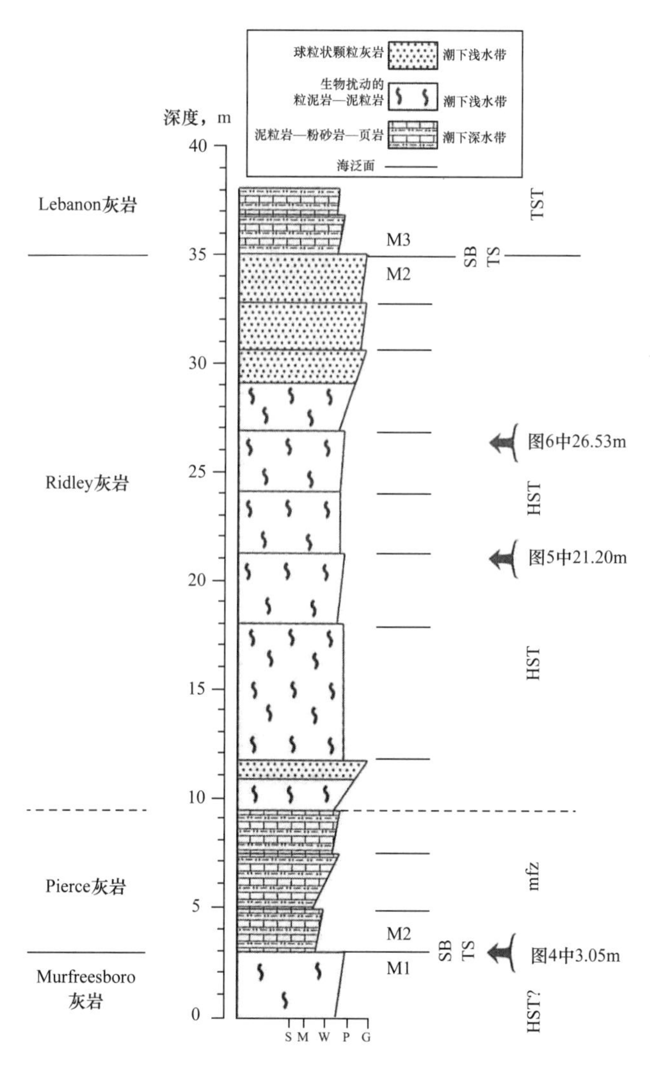

图 1　中央峡谷取样剖面的地层柱状图

柱状图来自 Holland 和 Patzkowsky（1998）的图 7，图例中岩性依据上文的图 6，图例中的水深依据上文的表 2 和表 4。右边箭头指出了取样层段以及本文图件所涉及数据的取样位置。SB—层序边界；TS—海侵面；HST—高位体系域；mfz—最大海泛带；TST—海侵体系域。底部；S—页岩；M—灰岩；W—粒泥岩；P—泥粒岩；G—颗粒岩

11.3 研究方法

手标本采自最近开挖的一个路堑，位于 Holland 和 Patzkowsky（1998）提及的中央峡谷剖面的层序 M1 和 M2 内。该剖面的位置沿田纳西州 840 高速公路，刚好位于中央峡谷路南和田纳西州 Rutherford 县石头河东支（35°58′13″N；86°27′01″W）（图 2）。样品采集的层段为假设的地表暴露面之下约 1.0m 到界面之上 0.5m。采样点之间的垂直距离通常为几厘米，最大 40cm。多重取样的位置均沿某一层位，相邻采样点之间平行层面的距离为 5cm～2.3m。在剖面中进行取样时没有按照超过 1m 的常用垂直间距，这是因为根据 Theiling 等（2007）的研究结果以及本文的研究结果，这种取样策略的有效性受到了质疑，下文将对此进行进一步讨论。

图 2　田纳西州 Rutherford 县 840 号田纳西州高速公路路堑的野外照片

（a）从中央峡谷路桥南部观察到的情景。左边的白色路标指示了剖面基底之上 3.05m 处的层序边界；右边的白色路标指示了剖面基底之上 21.20m 和 26.80m 处的准层序顶面。层序边界和准层序顶面的路堑照片（b）、（c）和（d）在照片（a）中已标出。（b）照片中，黑色标记指示了剖面基底之上 26.53m 的层位，在这个位置推测地表暴露面位于准层序内部。（b）、（c）和（d）照片中，置于岩石上的标记纸片的高度是 21.60cm

样品被切割成片，切割面再被磨光，并用牙钻钻取泥晶灰岩或富泥晶灰岩物质的粉碎次级样本（图 3）。钻进过程中避免钻遇生物碎屑、胶结物、微亮晶区域和除微晶灰岩外的其他物质。采用缓慢的钻进速率以便减小重结晶作用和同位素分馏的影响。

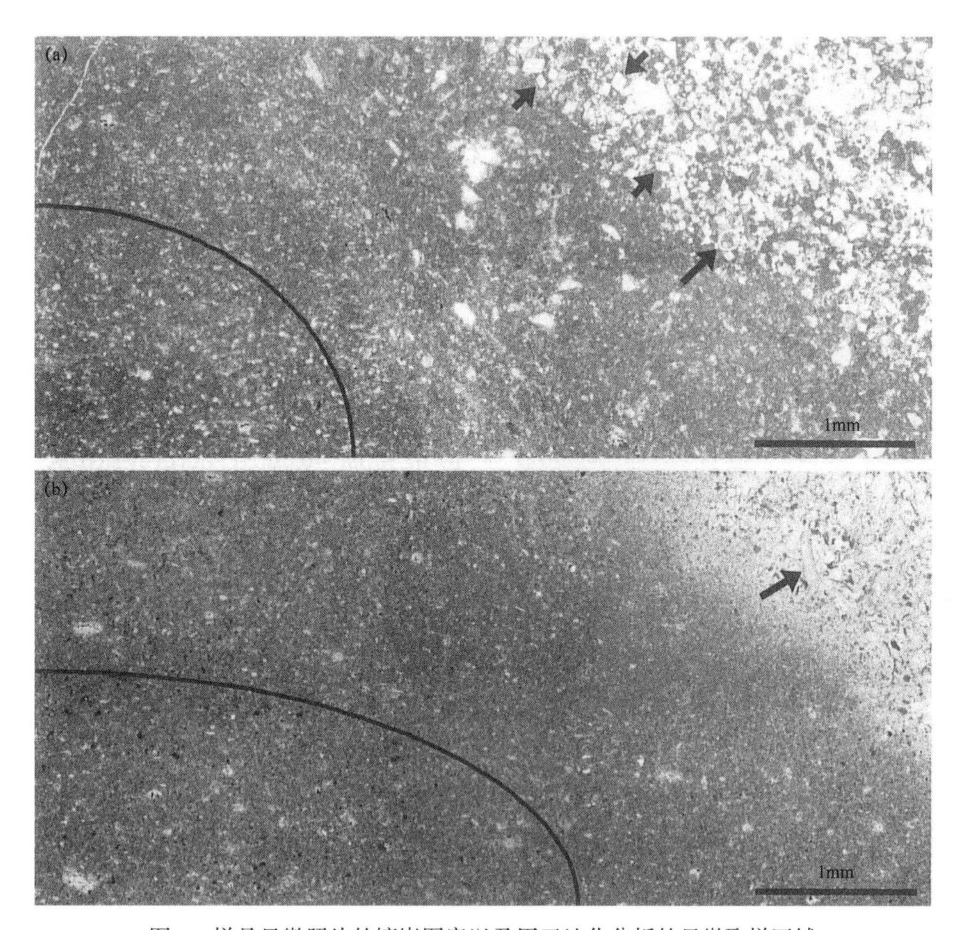

图 3　样品显微照片的镶嵌图案以及用于地化分析的显微取样区域

（a）剖面基底之上 26.10m 处的样品。（b）剖面基底之上 26.10m 处的样品，每张照片右上部分的长箭头指向骨架颗粒，短箭头指向潜穴中的白云石；每张照片左下角的弧线圈示了富含泥晶的区域，来自这些区域的部分粉末样品用来进行地球化学分析。（a）照片左上角的白线是薄片制备时人工造成的，不是岩石中的裂缝。

采用 McCrea（1950）的磷酸法从样品中萃取出 CO_2 进行同位素分析，采用双进口的 Finnegan Delta E 型或者 Finnegan MAT 25II 型质谱仪，在佐治亚大学地质系稳定碳同位素实验室进行。制备好了两种用 NBS–19 和 NBS–18 校准的实验室碳酸盐岩标准并对每一批样品进行了分析。同位素结果都使用两点刻度法对上述标准进行了标准化，因此本文中的 $\delta^{13}C$ 和 $\delta^{18}O$ 数据都采用 VPDB 标准进行报道。$\delta^{13}C$ 和 $\delta^{18}O$ 值的精度都高于 ±0.1‰。因此，同位素数据报道时均保留到小数点后一位，而数据的平均值则保留到小数点后两位。

同一粉末的子样品与盐酸反应，并使用佐治亚大学化学分析实验室的 Thermo Jarrell–Ash 965 型电感耦合氩气等离子（ICP）光谱仪在溶液中进行分析。本文使用 Sr/Ca 值代表方解石的锶元素浓度，并假设无镁方解石中钙元素的质量分数为 40%，或含镁方解石中钙元素浓度按比例降低。Thermo Jarrell–Ash 965 ICP 测试结果中 Ca、Mg 和 Sr 元素的标准误差分别为 0.46%、0.30% 和 0.48%，所产生的 Sr 元素的标准误差为 1% 或者 0.0004%（质量分数）。以前的重复分析得出的 Sr 浓度误差为 0.001%（质量分数）（Railsback 等，2003）。

碳酸镁（$MgCO_3$）的摩尔分数可通过 Mg 的浓度除以 Ca、Mg、Fe 元素的浓度总和而计算得出。Mg 元素浓度大于 3.4%（摩尔分数）$MgCO_3$ 的样品被排除在数据集之外，因为它们可能含有大量的白云石。之所以选取 3.4%（摩尔分数）$MgCO_3$ 的值，是因为 Mg 含量高于该值的样品的同位素组成和（或）Sr 浓度通常是相对于来自同一层位的其他样品的极端异常值。本程序剔除了 64 个原始样品中的 6 个样品。

11.4 研究结果

11.4.1 层序边界检测

剖面基底之上 3.05m 处，层序 M1 和 M2 边界附近样品的 $\delta^{13}C$ 值范围为 –1.0‰～–0.3‰ VPDB，$\delta^{18}O$ 值范围为 –5.0‰～–4.1‰ VPDB（图 4 和表 1）。该边界附近 Sr 浓度范围为 0.030%～0.042%（图 4）。3 个变量的最低值都出现在层序界面之下 10～90cm 的范围内，因此被认为是奥陶系灰岩地表暴露和大气水成岩作用的结果（Railsback 等，2003）。$\delta^{13}C$ 最低值比背景值或基线值（大约为 –0.4‰ VPDB）低约 0.5‰，与奥陶系灰岩中地表暴露和大气水成岩作用产生的贫化现象一致（Railsback 等，2003）。

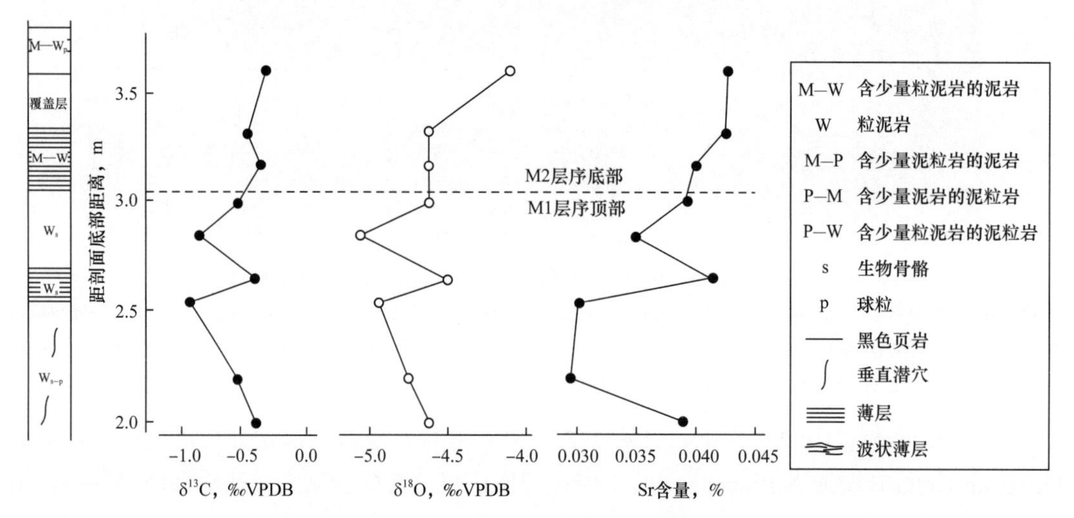

图 4 中央峡谷剖面基底之上 3.05m 处层序 M1 与 M2 之间的 I 型层序界面之上、之下泥晶灰岩中的岩性测井、碳氧同位素以及锶含量分布图

地表暴露面之下预计出现碳同位素和锶含量低值以及氧同位素的高值或低值

准层序顶面之下稳定碳、氧同位素和锶浓度的低值出现于粒泥灰岩中，从岩性特征上无法将它们与上下的粒泥灰岩区别开来，在整个 1.7m 厚的层段内它们具有典型的稳定碳、氧同位素和锶浓度特征。

11.4.2 潮下准层序顶面的检测

剖面基底之上 21.20m 处准层序顶面附近样品的 $\delta^{13}C$ 值范围为 –1.4‰～0.5‰ VPDB（图 5 和表 1），两个极低值刚好位于准层序界面之下，最大值刚好出现在界面之上。界面之下样品的 $\delta^{13}C$ 平均值为 –0.73‰ VPDB，而界面之上样品的 $\delta^{13}C$ 平均值为 –0.32‰ VPDB。上述差异通过 t 检验（检验精度 α=0.05；t=1.5；n_1=6；n_2=7；p=0.07）后显示在统计学上无实际的意义。

该准层序顶面附近样品的 $\delta^{18}O$ 值范围为 −5.1‰～−3.9‰ VPDB（图 5 和表 1），两个最低值中一个刚好位于准层序界面之下。界面之下样品的 $\delta^{18}O$ 平均值为 −4.67‰ VPDB，而界面之上样品的 $\delta^{18}O$ 平均值为 −4.38‰ VPDB。上述差异通过 t 检验（检验精度 α=0.05；t=2.87；n_1=6；n_2=7；p=0.015）后显示在统计学上具有实际意义。

上述样品的 Sr 浓度范围为 0.037%～0.065%（质量分数）（图 5 和表 1），两个极低值刚好位于准层序界面之下，3 个最大值刚好出现在准层序边界面之上。界面之下样品的 Sr 浓度平均值为 0.0439%（质量分数），而界面之上样品的 Sr 浓度平均值为 0.0529%（质量分数），上述差异通过 t 检验（检验精度 α=0.05；t=2.11；n_1=6；n_2=7；p=0.03）后显示在统计学上具有实际意义。

准层序顶面之下的稳定碳、氧同位素和锶浓度低值位于骨架泥粒灰岩和粒泥灰岩中，从岩性特征上无法将它们与其下的骨架粒泥灰岩和泥粒灰岩区别开来，在 2m 厚的整个层段内它们具有典型的稳定碳、氧同位素和锶浓度特征。

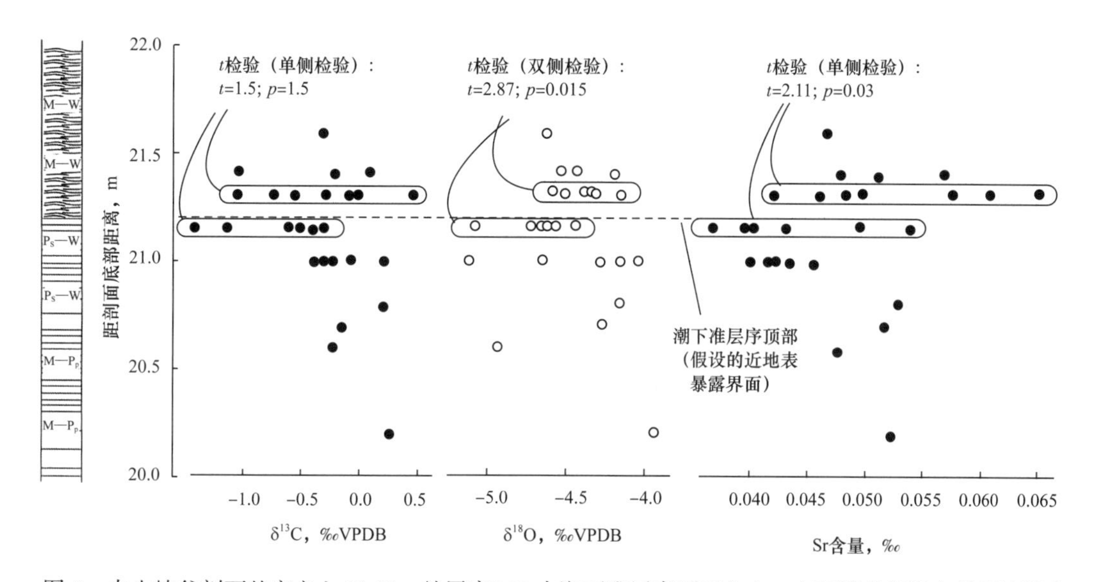

图 5　中央峡谷剖面基底之上 21.20m 处层序 M2 内潮下准层序顶面之上、之下泥晶灰岩中的岩性测井、碳氧同位素以及锶含量分布图

地表暴露面之下预计出现碳同位素和锶含量低值以及氧同位素的高值或低值。岩性测井的图例见图 4，图中还展示了圈示样品的 t 检验结果

表 1　稳定同位素和锶含量数据

地层位置，m	$\delta^{13}C$，‰ VPDB	$\delta^{18}O$，‰ VPDB	Sr 含量，%
27.10	−0.2	−5.1	0.0327
26.90	−0.2	−5.0	0.0327
26.75	−0.4	−4.5	0.0315
26.68	0.1	−4.3	0.0335

续表

地层位置，m	$\delta^{13}C$，‰ VPDB	$\delta^{18}O$，‰ VPDB	Sr 含量，%
26.67	0.3	−4.2	0.0302
26.65	−0.2	−4.5	0.0349
26.65	0.4	−4.2	0.0317
26.64	−0.3	−4.5	0.0322
26.64	0.0	−4.6	0.0325
26.59	0.2	−4.2	0.0326
26.56	0.2	−4.4	0.0341
26.56	0.8	−4.3	0.0343
26.50	−0.3	−4.6	0.0317
26.50	−0.5	−4.0	0.0319
26.50	−1.1	−4.7	0.0322
26.43	−0.7	−4.4	0.0319
26.43	−0.6	−4.1	0.0297
26.41	−0.9	−4.8	0.0289
26.41	−0.4	−4.1	0.0299
26.40	−0.8	−4.1	0.0317
26.38	0.0	−4.0	0.0321
26.23	0.2	−4.1	0.0340
26.10	1.1	−3.4	0.0303
21.60	−0.3	−4.6	0.0468
21.42	0.1	−4.5	0.0566
21.42	−1.0	−4.4	0.0480
21.41	−0.2	−4.2	0.0511
21.32	0.0	−4.6	0.0482
21.32	−0.7	−4.5	0.0423
21.32	−1.1	−4.3	0.0461
21.32	0.5	−4.1	0.0573
21.32	−0.1	−4.3	0.0607
21.32	−0.5	−4.5	0.0501
21.32	−0.3	−4.4	0.0653

续表

地层位置，m	$\delta^{13}C$，‰ VPDB	$\delta^{18}O$，‰ VPDB	Sr 含量，%
21.16	−0.5	−4.7	0.0368
21.16	−0.6	−4.4	0.0495
21.16	−0.3	−5.1	0.0539
21.16	−0.4	−4.6	0.0433
21.16	−1.4	−4.6	0.0405
21.16	−1.1	−4.7	0.0396
21.00	−0.1	−4.0	0.0416
21.00	−0.2	−4.7	0.0457
21.00	−0.3	−4.2	0.0401
21.00	0.2	−4.3	0.0438
21.00	−0.4	−5.1	0.0418
20.80	0.2	−4.2	0.0531
20.70	−0.1	−4.3	0.0517
20.60	−0.2	−4.9	0.0478
20.20	0.2	−3.9	0.0523
3.60	−0.3	−4.1	0.0428
3.32	−0.4	−4.6	0.0424
3.17	−0.3	−4.6	0.0401
3.00	−0.5	−4.6	0.0392
2.85	−0.9	−5.0	0.0351
2.65	−0.4	−4.5	0.0412
2.55	−0.9	−4.9	0.0300
2.20	−0.5	−4.7	0.0295
2.00	−0.4	−4.6	0.0389

11.4.3 潮下准层序内部界面的检测

剖面基底之上 26.53m、准层序顶面之下 0.27m 处样品的 $\delta^{13}C$ 值范围为 −1.1‰～1.2‰ VPDB（图 6 和表 1）。7 个最低值恰好出现在假设界面之下，第 2 至第 6 极大值刚好出现在假设界面之上。紧邻界面之下样品的 $\delta^{13}C$ 的平均值为 +0.17‰ VPDB，上述差异具有统计学意义（t=5.13；n_1=9；n_2=9；$p<0.0001$）。

界面附近样品的 $\delta^{18}O$ 值范围为 −5.1‰～−3.4‰ VPDB（图 6 和表 1），数值由下向上变小。

界面之下样品的 $\delta^{18}O$ 平均值为 –4.32‰ VPDB，而界面之上样品的 $\delta^{18}O$ 平均值几乎没有变化，为 –4.35‰ VPDB。上述微小差异在统计学上没有实际意义（t=0.3；n_1=9；n_2=9；p=0.8）。

上述样品的 Sr 浓度范围为 0.029%～0.034%（质量分数）（图 6 和表 1）。3 个极低值恰好出现在假设的界面之下，3 个最大值恰好出现在假设界面之上。紧邻界面之下的样品 Sr 浓度的平均值为 0.0311%（质量分数），而界面之上 Sr 浓度的平均值为 0.0329（质量分数），上述差异在统计学上具有实际意义（t=2.81；n_1=9；n_2=9；p=0.006）。

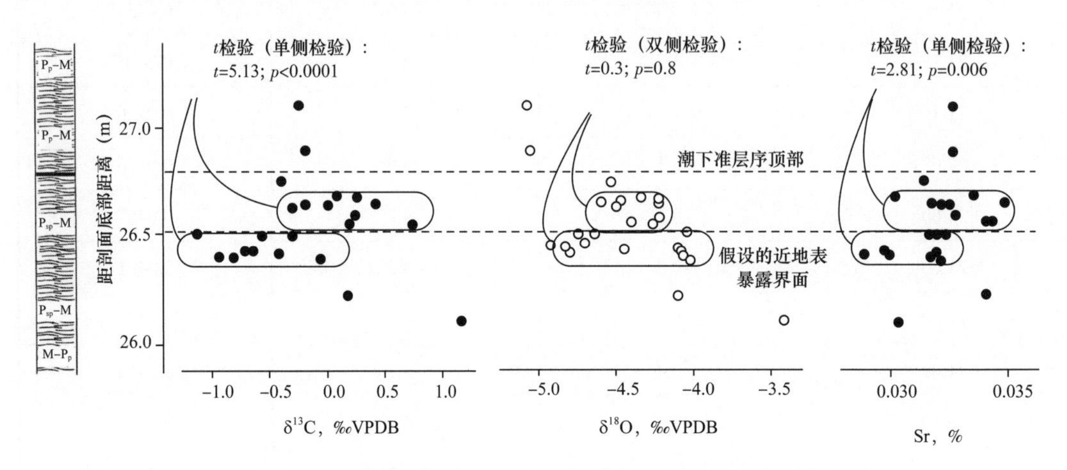

图 6 中央峡谷剖面基底之上 26.53m 处层序 M2 潮下准层序内，假设的地表暴露面之上、之下泥晶灰岩的岩性测井、碳氧同位素以及锶含量分布图

地表暴露面之下预计出现碳同位素和锶含量低值以及氧同位素的高值或低值。岩性测井图例见图 4，图中还展示了圈示样品的 t 检验结果。

稳定碳同位素和锶浓度的低值出现在骨架—球粒泥粒灰岩到泥岩中，从岩性特征上无法将它们与其上下的骨架—球粒泥粒灰岩到泥岩区别开来，在 1.2m 厚的整个层段内它们具有典型的稳定碳氧同位素和锶浓度特征。

11.5 讨论

11.5.1 层序 M1 与 M2 之间的界面

先前被解释为 I 型层序边界的界面（图 4）之下出现稳定碳氧同位素和锶浓度低值，这支持如下论点：地表暴露面和大气水成岩作用界面可以在碳酸盐岩中识别出来，可适用的地层年代最老至少可到 Mohawkian 早期（晚奥陶世早期）。层序界面之下的低 $\delta^{13}C$ 和 $\delta^{18}O$ 值可能是由于从暴露面向下渗透的大气水沉淀的胶结物中输入了富 ^{12}C 的碳元素和贫 ^{18}O 的氧元素（Allan 和 Matthews，1982），而低的 Sr 浓度值可能是由于近地表成岩期流入的大气淡水溶解文石而引起的（Railsback 等，2003）。富 ^{12}C 的碳元素的输入表明，在 Mohawkian 早期，该地区地表存在一个可进行光合作用的生物群落，地层年代稍早于 Railsback 等（2003）推断出的 Mohawkian 晚期至 Cincinnatian。Mohawkian 早期早于志留纪首次报道的陆相维管植物出现的时期，但不是最早的植物微化石，例如苔藓植物产生的孢子（Wellman 和 Gray，2000）。本文报道的 Mohawkian 早期陆地表面已进行光合作用的证据与 Panchuk 等（2005）的解释结果一致，Panchuk 等（2005）通过建模提出 Mohawkian 陆表海的 $\delta^{13}C_{CO_3}$ 变化需要有碳元素输入这些陆表海中，而这些碳元素来自以苔藓植物为主的陆地生态系统，而不是贫瘠的陆地表面。

11.5.2 潮下准层序组内部和顶部的界面

11.5.2.1 地表暴露的隐伏界面?

在潮下准层序顶部（剖面底面之上 21.20m）和潮下准层序内部（剖面底面之上 26.53m），假设的地表暴露面之下出现了较低的 $\delta^{13}C$ 值和 Sr 浓度值，这与认为沉积之后在地表暴露面之下发生大气水成岩作用这种假设一致。$\delta^{18}O$ 进一步支持了在准层序顶部（剖面底面之上 21.20m）存在地表暴露面这一假设，但是未能验证 26.53m 处准层序内部存在暴露面这一假设，然而，考虑到上文讨论的地表暴露面之下氧同位素变化趋势的多样性，这一情况并不意外。

潮下准层序顶部和内部地表暴露的地球化学证据表明，仅根据层序地层学原理，在浅水碳酸盐岩地层中，地表暴露可能比预判的更常见。这些准层序内的沉积相没有向地表环境变浅的迹象。相变的缺失指示出海平面短期相对下降的速率快于潮坪进积的速率（Read 等，1986）。准层序顶部的地表暴露表明，通常被解释为准层序的米级旋回实际上可能代表高阶的层序（Mitchum 和 Van Wagoner，1991）。

潮下准层序内部的地表暴露表明，地表暴露出现的频率可能高于根据层序和准层序边界界定的地表暴露面。这代表了一种“漏拍”现象，其中海平面发生了高频的相对变动，但是沉积相却没有响应这种变动（Koerschner 和 Read，1989；Goldhammer 等，1993）。

11.5.2.2 其他可能的解释

除了上文的解释外，其他的方案也许能对观察到的数据趋势进行说明，例如，最大海泛面、硬底面、早期的海相胶结层位以及可能的周期性缺氧都可能引起类似的现象。尽管 21.20m 处的准层序顶部位于一个小型海泛面之下，然而上文讨论的层段没有与 Holland 和 Patzkowsky（1997，1998）识别的主要海泛面重合，26.53m 处的准层序内部层位也没发现与海泛面有关的证据。Nashville 穹隆的奥陶系中发现了硬底（Holland 和 Patzkowsky，1997，1998），但是正在讨论的两个界面缺少硬底特征中的黄铁矿化和磷化。由于本次研究只取到泥晶灰岩样品，而大部分的早期海相胶结物没有混入用于稳定同位素分析的物质中，也没有证据表明泥晶灰岩取样层位优先发生了胶结作用。最后，无论是有机碳比例的增加、黄铁矿丰度的增大，还是动物群落的改变，都不能说明正在讨论的层位沉积于缺氧环境。总而言之，尽管需要对上述不同解释进行彻底考虑，但是可利用的证据都不足以完全支持任何一种解释。

11.5.3 地球化学参数的方差

本文所报道的数据的最显著特征之一是稳定碳氧同位素和锶浓度沿单一层位（图 5）或者在极薄（<20cm）层段内（图 6）存在大方差。例如，在剖面底部以上 21.32m 处，7 个在地层和岩性上没有差别的样品的 $\delta^{13}C$ 值的变动范围为 1.5‰，这相当于 Veizer 等（1999）文章中图 10 报道的世界各地上奥陶统的 $\delta^{13}C$ 数据的 ±1 个标准差。

Theiling 等（2007）已经证实，这种沿地层层位的巨大差异可能是常见的。Theiling 等（2007）在奥陶系（比本文所述的地层时代年轻）25 个地层层位中，沿每个层位重复取样 10 次。在 25 个层位中，每个层位的矿物学、岩性、沉积或成岩组构以及颜色上都没有明显的变化，每个层位采集的 10 个样品看起来一致。尽管如此，个别层位的 $\delta^{13}C$ 变动范围高达 2.4‰，$\delta^{18}O$ 变动范围高达 2.8‰，单个层位内 Sr 浓度变化高达 4 倍。$\delta^{13}C$ 值和 $\delta^{18}O$ 值在任何一个层位中观察到的最小变动范围分别为 0.2‰和 0.3‰，大于 0.1‰的分析误差。

沉积层位中重复抽样样品的其他类型数据的检测也显示出大的值域和方差。例如，Webber（2005）沿着地层层位采集了重复样本，并发现层组内的化石组合存在相当大的差异。Bennington（2003）同样发现，在单一露头的同一个层位的重复样品中，物种丰度有很大的变化。这些古生物数据在很多方面明显不同于地球化学数据，但它们支持沿地层层位存在差异而并非完全一致的一般认识。

尽管如此，本文所报道的地球化学数据的大值域和方差可能会导致怀疑论者质疑：这些数据是否有助于解释地表暴露或其他沉积或成岩事件？在任何一个层位中，不同批次泥晶灰岩测得的数据范围和差异如此之大，该层位的 $\delta^{13}C$ 值是多少？我们如何确定它与其上下层位的 $\delta^{13}C$ 值不同？作为答案，怀疑论者可以参照两个森林的树木高度的简单例子。在一个看起来像是原始热带雨林的森林中，假如一个人要去测量其中一些树木的高度，将会发现树木高度值是一个范围，没有任何两棵树木的高度完全相同。因此，测量者不可能把树木高度说成一个数值，也不可能说出每棵树木的高度，对于“古老森林的树木高度”情况也是一样的。相反，测量者只可能说出已测量的树木高度数据的平均值和方差，尽管如此，测量者将会对森林里这些树木的高度有一个定量的描述。在一片看起来年轻的森林里，测量者也可以对其中的树木高度进行测量，同样会得到一个高度范围，并且没有完全相同的两个数据。因此，测量者也不可能说出一个确切数字作为“年轻森林树木的高度”，仅仅能说出在森林里已经被测量的树木高度的平均值和方差，尽管如此，正如原始森林一样，测量者也可以对年轻森林里树木的高度进行定量描述。年轻森林里一些相对较高的树木可能比古老森林里一些相对较矮的树木要高，因此两者的分布可能产生重叠。但是 t 检验可以决定两个高度值样本从同一个单峰分布中提取出来的概率，其中一个样品数据我们认为来自古老森林，另一个样品数据我们认为来自年轻森林。

同样的逻辑用于地层层位中：本文呈现的地球化学数据、上文讨论的 Theiling 等（2007）的地球化学数据以及 Webber（2005）和 Bennington（2003）的古生物学数据说明，沿沉积层位数据发生变动可能是普遍现象而不是个例。引起地球化学数据沿地层层位发生变动的原因可能是这些层位所代表的沉积层面或陆地表面的不均一性：裂缝、潜穴、钻孔、积水洼地和有机质聚集都能够产生环境差异，进而导致地球化学特征差异。因此，没有一块岩石能够产生唯一的适合该层 $\delta^{13}C$ 值的良好数据，与沿同一层位、看似相同的岩块的 $\delta^{13}C$ 数据形成对比——正如没有一棵树的高度定义了“整个森林的高度”而排除了森林中其他的树木。因此，不能够期望单个岩石样品能够代表整个地层层位，使用单个样品忽略了一种可能性（如果不是概率的话），即采集的一个样品不同于整个层位的平均值。相反，使用多个样本确认沿水平方向的自然变化，确定均值和方差，并且使用统计检验来确定两个样本组来自同一个单峰总体的概率，这似乎是使用地球化学数据区分经历了不同沉积或成岩过程的地层层位的唯一方法。

11.6 结论

（1）在层序 M1 顶部 I 型层序边界之下，低的 $\delta^{13}C$、$\delta^{18}O$ 值和 Sr 浓度表明，这些地球化学参数可用于识别碳酸盐岩地层中的地表暴露面，适用的地层年代最老至少可以到 Mohawkian 早期。该成果的重要意义在于说明在早于陆地维管植物出现以前的碳酸盐岩地层中，可以使用上述地球化学参数来识别地表暴露面。此外，还指明在 Mohawkian 早期，该研究区的地表存在某种类型的光合生物群落。

（2）$\delta^{13}C$、$\delta^{18}O$ 值和 Sr 浓度数据综合分析表明，潮下准层序的顶部存在一个隐伏地表暴露面。该结论的重要意义在于说明地表暴露面可以存在于准层序的顶部，而层序地层方法认为此位置没有地表暴露的迹象。

（3）$\delta^{13}C$、$\delta^{18}O$ 值和 Sr 浓度数据综合分析表明，潮下准层序的内部存在一个隐伏地表暴露面。该结论的重要意义在于说明地表暴露面可以存在于准层序的内部，而层序地层方法认为此位置没有地表暴露的迹象。

（4）结论（2）和结论（3）共同说明，与传统层序地层学和（或）传统地球化学取样（垂直间距为 0.5～5m 的单个样本）相比，浅水碳酸盐岩地层中的陆上暴露可能更为常见。相反，可能需要在较小的垂直间隔进行重复地球化学取样，以获得更完整的地表暴露记录，从而获得完整的海平面变化记录。

（5）如果沿单一层位采集多个样本，地球化学数据会出现大的值域和方差。根据 Theiling 等（2007）的研究成果，数据的大方差表明，为了对地表暴露面附近的地层进行地球化学特征描述，有必要沿单一层位进行多重采样。

参考文献

Algeo，T. J.（1996）Meteoric water/rock ratios and the significance of sequence and parasequence boundaries in the Gobbler Formation（Middle Pennsylvanian）of south-central New Mexico. In：*Paleozoic Sequence Stratigraphy：Views from the North American Craton*（Eds B. J. Witzke，G. A. Ludvigson and J. Day）. *Geol. Soc. Am. Spec. Paper*，306，359-371.

Allan，J. R. and Matthews，R. K.（1982）Isotope signatures associated with early meteoric diagenesis. *Sedimentology*，29，797-817.

Beier, J. A. (1987) Petrographic and geochemical analysis of caliche profiles in a Bahamian Pleistocene dune. *Sedimentology*, 34, 991–998.

Bennington, J. B. (2003) Transcending patchiness in the comparative analysis of paleocommunities : a test case from the Upper Cretaceous of New Jersey. *Palaios*, 18, 22–33.

Coe, A. (Ed.) (2003) *The Sedimentary Record of Sea-Level Change*. Open University Press, Cambridge, 287 pp.

Fouke, B. W., Everts, A.-J. W., Zwart, E. W., Schlager, W., Smalley, P. C. and Weissert, H. (1996) Subaerial exposure unconformities on the Vercors carbonate platform (SE France) and their sequence stratigraphic significance. In : *High Resolution Sequence Stratigraphy : Innovation and Application* (Eds J. A. Howell and J. F. Aiken) . *Geol. Soc. Lond. Spec. Publ.*, 104, 295–320.

Goldhammer, R. K., Lehmann, P. J. and Dunn, P. A. (1993) The origin of high-frequency platform carbonate cycles and third-order sequences (Lower Ordovician El Paso Group, West Texas) : constraints from outcrop data and stratigraphic modeling. *J. Sediment. Petrol.*, 63, 318–359.

Goldstein, R. H. (1991) Stable isotope signatures associated with paleosols, Pennsylvanian Holder Formation, New Mexico. *Sedimentology*, 38, 67–77.

Hallam, A. (1984) Pre-Quaternary sea level changes. *Ann. Rev. Earth Planet. Sci*, 12., 205–243.

Heim, N. A., Layou, K. M., Railsback, L. B., Holland, S. M., Cox, J. E. and Crowe, D. E. (2004) Geochemical evidence of subaerial exposure at parasequence boundaries in Middle Ordovician limestones from the Nashville Dome, Tennessee, U. S. A. *Geol. Soc. Am. Abstr. Progr.*, 36, (5), 76.

Holland, S. M. and Patzkowsky, M. E. (1997) Distal orogenic effects on peripheral bulge sedimentation : Middle and Upper Ordovician of the Nashville Dome. *J. Sediment. Res.*, 67, 250–263.

Holland, S. M. and Patzkowsky, M. E. (1998) Sequence stratigraphy and relative sea-level history of the Middle and Upper Ordovician of the Nashville Dome, Tennessee. *J. Sediment. Res.*, 68, 684–699.

Koerschner, W. F. and Read, J. F. (1989) Field and modeling studies of Cambrian carbonate cycles, Virginia Appalachians. *J. Sediment. Petrol.*, 59, 654–687.

Land, L. S. (1995) Comment on "Oxygen and carbon isotopic composition of Ordovician brachiopods : implications for coeval seawater" by H. Qing and J. Veizer. *Geochim. Cosmochim. Acta*, 59, 2843–2844.

Lohmann, K. C. (1982) "Inverted J" carbon and oxygen isotopic trends ; a criterion for shallow meteoric phreatic diagenesis (abstract) . *Geol. Soc. Am. Abstr. Progr.*, 14, 548.

Lohmann, K. C. (1988) Geochemical patterns of meteoric diagenetic systems and their application to studies of paleokarst. In : *Paleokarst* (Eds N. P. James and P. W. Choquette), pp. 58–80. Springer-Verlag, New York.

McCrea, J. M. (1950) The isotopic composition of carbonates and a paleotemperature scale. *J. Chem. Phys.*, 18, 849–857.

Meyers, W. J. and Lohmann, K. C. (1985) Isotope geochemistry of regionally extensive calcite cement zones and marine compositions in Mississippian limestones, New Mexico. In : *Carbonate Cements* (Eds N. Schneidermann and P. M. Harris) . *SEPM Spec. Publ.*, 36, 223–239.

Mitchum, R. M. and Van Wagoner, J. C. (1991) High-frequency sequences and their stacking patterns : sequence-stratigraphic evidence of high-frequency eustatic cycles. *Sediment. Geol.*, 70, 131–160.

Panchuk, K. M., Holmden, C. and Kump, L. R. (2005) Sensitivity of the epeiric sea carbon isotope record to localscale carbon cycle processes : tales from the Mohawkian Sea. *Palaeogeogr. Palaeoclimatol. Palaeoecol.*, 228, 320–337.

Patzkowsky, M. E. and Holland, S. M. (1999) Biofacies replacement in a sequence stratigraphic framework : Middle and Upper Ordovician of the Nashville Dome, Tennessee, USA. *Palaios*, 14, 301–323.

Railsback, L. B. (1999) Patterns in the compositions, properties, and geochemistry of carbonate minerals.

Carb. Evap., 14, 1–20.

Railsback, L. B., Holland, S. M., Hunter, D. E., Jordan, E. M., Díaz, J. R. and Crowe, D. E. (2003) Controls on geochemical expression of subaerial exposure in Ordovician limestones from the Nashville Dome, Tennessee, U. S. A. *J. Sediment. Res.*, 73, 790–805.

Read, J. F., Grotzinger, J. P., Bova, J. A. and Koerschner, W. F. (1986) Models for generation of carbonate cycles. *Geology*, 14, 107–110.

Theiling, B. J., Railsback, L. B., Holland, S. M. and Crowe, D. E. (2007) Heterogeneity in geochemical expression of subaerial exposure in limestones, and its implications for sampling to detect exposure surfaces. *J. Sediment. Res.*, 77, 159–169.

Vail, P. R. (1992) The evolution of seismic stratigraphy and the global sea level curve. In: *Eustasy: The Historical Ups and Downs of a Major Geological Concept* (Ed. R. H. Dott Jr). *Geol. Soc. Am. Mem.*, 180, 83–91.

Vail, P. R., Mitchum, R. M. Jr., Todd, R. G., Widmier, J. M., Thompson, S. Ⅲ, Sangree, J. B., Bubb, J. N. and Hatlelid, W. G. (1977) Seismic stratigraphy and global changes of sea level. In: *Seismic Stratigraphy: Applications to Hydrocarbon Exploration* (Ed. C. E. Payton). *AAPG Mem.*, 26, 49–212.

Van Wagoner, J. C., Mitchum, R. M., Campion, K. M. and Rahmanian, V. D. (1990) Siliciclastic sequence stratigraphy in well logs, cores, and outcrops: concepts for high-resolution correlation of time and facies. *AAPG Meth. Explor. Ser.*, 7, 55.

Veizer, J., Ala, D., Azmy, K., Bruckschen, P., Buhl, D., Bruhn, F., Carden, G. A. F., Diener, A., Ebneth, S., Jasper, T., Korte, C., Pawellek, F., Podlaha, O. G. and Strauss, H. (1999) $^{87}Sr/^{86}Sr$, $\delta^{13}C$ and $\delta^{18}O$ evolution of Phanerozoic seawater. *Chem. Geol.*, 161, 59–88.

Webber, A. J. (2005) The effects of spatial patchiness on the stratigraphic signal of biotic composition (Type Cincinnatian Series; Upper Ordovician). *Palaios*, 20, 37–50.

Wellman, C. H. and Gray, J. (2000) The microfossil record of early land plants. *Philos. Trans. R. Soc. Lond. Biol. Sci.*, 355, 717–732.

12　浪控与潮控硅质碎屑滨岸复合体中与沉积相和层序地层格架有关的成岩蚀变分布——以美国怀俄明州和犹他州上白垩统 Chimney Rock 砂岩为例

Khalid Al-Ramadan[1], Sadoon Morad[2], Piret Plink-Bjorklund[3]

1. Department of Earth Sciences, Uppsala University, Villav agen 16, SE-752 36 Uppsala, Sweden (E-mail: ramadank@kfupm.edu.sa); Present Address: Department of Earth Sciences, King Fahd University of Petroleum and Minerals, Dhahran 31261, P.O. Box 1400, Saudi Arabia

2. Petroleum Institute of Abu Dhabi; Department of Petroleum Geosciences, the Petroleum Institute, P.O. Box 2533, Abu Dhabi, United Arab Emirates

3. Department of Geology and Geological Engineering, Colorado School of Mines, USA

摘要　本文以美国怀俄明州和犹他州 Campanian 砂岩为例，研究沉积环境（浪控三角洲以及潮控和混合能量河口湾）和层序地层学（体系域和重点层序地层界面）相关的成岩蚀变分布对储集性质演化的影响。成岩蚀变包括方解石、白云石、黄铁矿、微石英和铁氧化物的胶结作用，碳酸盐胶结物和碎屑白云岩的溶蚀作用，架状硅酸盐的溶蚀作用和高岭土化作用，泥质颗粒的机械压实作用以及颗粒包壳黏土的渗透作用。

方解石作为主要的胶结物，在高位体系域和强制海退体系域的浪控三角洲中最为富集。氧和锶同位素值（$\delta^{18}O$=−15.9‰～−3.7‰，$^{87}Sr/^{86}Sr$=0.7095～0.7112）表明方解石胶结物主要是从大气水条件中沉淀出来的。成岩白云石在高位体系域中比在强制海退体系域、低位体系域和海侵体系域砂岩中更为富集，这归因于海水—大气水混合水中白云石的沉淀。这些条件仅在高位期通过进积和伴随的大气水侵入至三角洲砂岩中而实现。高岭石在高位体系域、强制海退体系域的分流河道以及层序界面之下的上三角洲前缘砂岩中最为富集。高岭石的形成是由于相对海平面下降时，大气降水流入至相对海平面下降期的近海沉积物中和海侵期外河口煤层之下的潮汐沙坝中，此外，泥炭沉积物中大气水渗透过程中产生的有机酸和二氧化碳也对高岭石的形成起到了促进作用。铁氧化物胶结物在所有的体系域中均有出现，尤其是海侵体系域和高位体系域。黄铁矿出现在煤层和层序界面之下。颗粒包壳黏土的渗透作用仅局限于海侵体系域的边缘潮坪和沼泽砂岩中。微石英在所有体系域中的含量均较低。本研究成果有助于预测成岩蚀变的分布及其对砂岩储集性质的影响。

关键词　层序地层学，成岩作用，临滨，碳酸盐胶结物，铁氧化物

12.1 引言

砂岩成岩蚀变的分布规律及其对储层质量演化的影响很难得到准确的解释和预测。这是因为成岩作用受一系列复杂的相关参数控制，包括沉积环境、古气候条件、盆地的埋藏热演化史、孔隙水化学和碎屑成分。成岩早期蚀变（Morad 等，2000）发生于近地表条件中，受沉积环境和古气候条件强烈控制（De Ros 等，1994；Morad 等，2000；Reed 等，2005）。中期成岩蚀变（Morad 等，2000）主要受埋藏热演化史、地层水化学以及早期成岩蚀变的分布、样式和程度的控制（Morad 等，2000）。

最近的研究表明，将成岩作用整合到一个近海和浅海硅质碎屑沉积物的层序地层格架中，有助于更好地解释和预测砂岩储层早期成岩蚀变的时空分布及埋藏成岩演化途径（Morad 等，2000；Taylor， 等 2000；Ketzer 等，2002；Ketze1 等，2003a，b；AI–Ramadan 等，2005；Ketzer 和 Morad，2006）。相对海平面的变化［由于海平面升降的变化和（或）构造隆升 / 沉降］和沉积物供给速率控制着硅质碎屑沉积物的层序地层格架和岩相分布（Posamentier 和 Allen，1999）。相对海平面的变化反过来又导致沉积物在某些地球化学条件下停留时间、孔隙水化学和碎屑成分（特别是盆内颗粒，例如海绿石和碳酸盐碎片）的变化，从而控制着早期成岩蚀变的类型和分布样式（Morad 等，2000；Taylor 等，1995；Ketzer 等，2002）。相对海平面的下降可能会造成近海和浅海沉积物暴露于地表并被大气水冲刷，从而导致硅质碎屑颗粒发生溶蚀作用和高岭土化作用（Morad 等，2000）。与此相反，相对海平面的上升会使沉积物的孔隙水以海相成分为主，有利于海相方解石和白云石胶结物的形成（Morad 等，1992）。

这项工作的目的是对出露于怀俄明州和犹他州边界 Glades 地区 Rock Springs 组 Campanian Chimney Rock 砂岩中与沉积环境和层序地层学有关的成岩蚀变分布进行阐释和讨论。基于露头数据的成岩模式可作为了解和预测地下潮控和浪控的近海硅质碎屑沉积物成岩单元的时空分布及其对储层质量影响的类似物。

12.2 地质背景和层序地层学

Chimney Rock 砂岩覆盖在 Blair 砂岩之上，并被海相 Black Bute 页岩与 Brooks、McCourt、Ericson 砂岩覆盖。Minnies Gap 中的砂岩，出露长度为 15.5km，由明显的侵蚀面和沟蚀面分隔为 3 个不同的地层单元，每个地层单元具有特定的沉积相组合和几何形态（Plink–Bjorklund，2008）。最下部的地层单元（厚 40～95m）以具有向东进积的斜积层和浪成、河流沉积物为特征（图 1）。第二套地层单元（厚 36m）下部以一个显著的波浪改造过的侵蚀面为界，河流、潮汐和浪成沉积相的退积和进积叠置构造发育。第三套及最上部地层单元（厚 62m）的下部以一个明显的潮汐沟蚀面为界，以河流和潮控沉积相为特征，该地层单元由 3 个退积叠置的退积—进积准层序组组成。

12.2.1 浪控和河控高位体系域、强制海退体系域及低位体系域三角洲

下部地层单元由 8 套向东进积的沉积斜积层组成（图 1 和表 1），与 Van Wagoner 等（1990）的准层序相当。单个斜积层可根据小规模的不连续面确定（Storms 和 Hampson，2005）。浪成沉积物的组成自下向上依次为海相泥岩、互层的泥岩与薄层具丘状交错层理的砂岩（海陆过渡带）、互层的具丘状交错层理砂岩与薄层泥岩和生物扰动砂岩（下临滨）、叠置的具凹状和丘状交错层理砂岩与含波痕和流痕的细粒砂岩（中临滨）、叠置的具平行层理和槽状交错层理砂岩（上临滨）以及具平行层理的楔形砂岩（前滨）。

斜积层的顶部出现了具交错层理分流河道砂岩和煤层或含砂岩夹层的煤质泥岩（Plink-Bjorklund，2008），本文所描述的进积斜积层被解释为浪控三角洲复合体，而非进积的滨岸平原复合体的临滨部分（图 1 和表 1）。

斜积层组 1 和 2（图 1）厚约 50m，两者之间由近海泥岩分隔，随后这些泥岩向海陆过渡相过渡，随后过渡为临滨沉积物。两套斜积层组具有加积叠置样式，海岸线轨迹不断上升，被解释为高位期三角洲（Plink-Bjorklund，2008）。

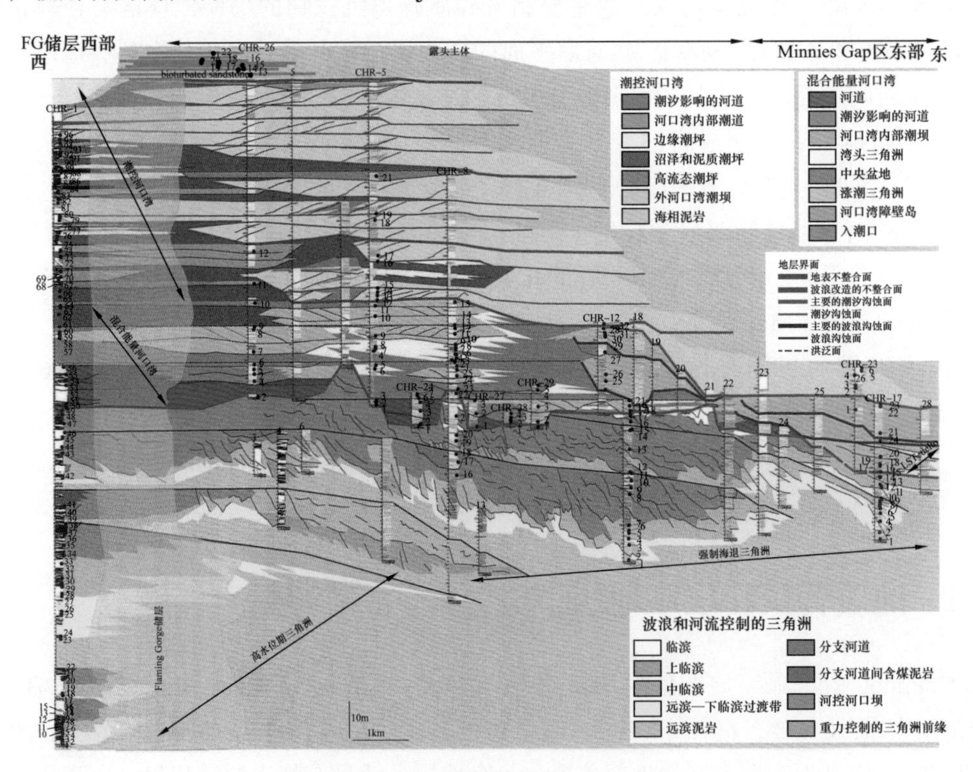

图 1　上白垩统序列中沉积相和层序地层格架的时空分布

斜积层组 3、4、5 和 6 厚度分别为 25m、24m、15m 和 12m，沉积层组相互叠置，尤其是在向陆方向（图 2）。每个独立斜积层组都具有突变的底部沉积特征，表明其在沉积过程中经历了大规模的波浪侵蚀作用，在这些位置，混合临滨砂岩直接沉积于海相或海陆过渡沉积物之上。海相侵蚀面向海方向延伸数百米，它们不会合并为一个单一的冲沟侵蚀面。斜积层组 3—6 表现出明显的向盆地进积特征，并具有平稳和不断下降的海岸线轨迹，

表明相对海平面曾经下降并发生了沉积作用（Plink–Bjorklund，2008）。

表1　研究序列中沉积相、几何形态和叠置样式、沉积相描述以及钻遇的体系域

体系域	沉积相	几何形态和叠置样式	沉积相描述
高位体系域	浪控三角洲前缘	向上变粗，进积和加积；1—3为非叠置的斜积层，4为叠置的斜积层	生物扰动的近海泥岩；与薄层具丘状交错层理的近海过渡带砂岩互层的泥岩；与泥岩和生物扰动砂岩互层的下临滨具丘状交错层理砂岩；具丘状交错层理和槽状交错层理砂岩、具波痕和流痕细粒中临滨砂岩叠置层；平行纹理状砂岩和槽状交错层理上临滨砂岩混合层；平行纹理状和楔状临滨砂岩
强制海退体系域	河流三角洲前缘	位于浪控斜积层组之内的进积斜坡沉积物	互层的泥岩和细粒砂岩，具有正粒序、流痕纹理和变形构造，被解释为重力流沉积物
	河口坝	上凸，薄层向海	靠近河道形状的地层单元或者独立出现在平行、流痕—纹理和正粒序砂岩中，通过河流牵引流而沉积
低位体系域	分流河道	底部侵蚀，透镜状	交错层理砂岩和煤层，或者煤质泥岩夹互层砂岩
	浪控三角洲前缘	混合，底部尖锐，向上变粗，进积	生物扰动海相泥岩，与薄层丘状交错层理海陆过渡砂岩互层的泥岩；与泥岩和生物扰动砂岩互层的下临滨丘状交错层理砂岩；槽状交错层理和丘状交错层理、波痕和流痕细粒中临滨砂岩的混合层；水平纹理状和槽状交错层理上临滨砂岩混合层；水平纹理状和楔状临滨砂岩
	河流三角洲前缘	进积，位于浪控斜积层组之内的进积斜坡沉积物	互层的泥岩和细粒砂岩，具有正粒序、流痕纹理和变形构造，被解释为重力流沉积物
	河口坝	上凸，薄层向海	靠近河道形状的地层单元或者独立出现在平行、流痕—纹理和正粒序砂岩中，通过河流牵引流而沉积
	分流河道	底部侵蚀，透镜状	交错层理砂岩和煤层，或者煤质泥岩夹互层砂岩
	浪控三角洲前缘	混合，底部尖锐，向上变粗，进积	与泥岩和生物扰动砂岩互层的下临滨丘状交错层理砂岩；槽状交错层理和丘状交错层理、波痕和流痕细粒中临滨砂岩的混合层；水平纹理状和槽状交错层理上临滨砂岩混合层；水平纹理状和楔状临滨砂岩
海侵体系域1	河道	底部侵蚀，透镜状	单向槽状交错层理粗粒砂岩和砾岩
	潮汐影响的河道	底部侵蚀，透镜状	单向槽状交错层理粗粒砂岩
	河口湾内潮坝	倾斜向海或向陆增厚	单向槽状交错层理砂岩，具有广泛分布的泥岩披覆层
	湾头三角洲	向海进积	向上变粗的岩性组合，包括波痕纹理、爬升波痕纹理和透镜状到脉状层理砂岩和极细粒砂岩
海侵体系域2	中央盆地		有机泥岩被解释为中央盆地泥
	潮汐三角洲	向陆进积和减薄	双峰槽状层理和波痕纹理细粒砂岩，向西进积
	河口湾障壁	向陆和向海减薄、向海加积	槽状交错层理细粒到中粒砂岩

续表

体系域	沉积相	几何形态和叠置样式	沉积相描述
海侵体系域 2	入潮口	底部侵蚀，透镜状单元	双峰槽状交错层理中粒砂岩
	潮汐影响的河道	底部侵蚀，透镜状单元	双峰槽状交错层理粗粒到中粒砂岩
	潮道	底部侵蚀，透镜状单元	复合槽状交错层理和双峰槽状交错层理砂岩，泥岩披覆广泛存在
	UFR 潮坪		平行纹理细粒砂岩的上部
	河口湾外潮坝	倾斜向海或向陆加积	侧向加积层，具有叠置的双峰交错地层

注：UFR—上部流态；HCS—丘状交错层理；SCS—槽状交错层理。加粗的字体代表重要的沉积相。

由于相对海平面下降造成的地表侵蚀，斜积层组 3—6 的顶部被侵蚀掉约 30m（Plink-Bjorklund，2008）。侵蚀面是一个不平整面，局部隆起高达 10m，以具有普遍发育的根系（局部被方解石充填）、铁氧化物沉淀物和结核为标志。侵蚀面之上常见木屑甚至树干。斜积层组 8 向陆尖灭点以东，不整合面受到波浪的改造，并见线状展布的砾石、贝壳和木质碎片。

斜积层组 7 和 8（均厚约 7m）分布于不整合面之上，具有进积特征，但海岸线轨迹不断上升，被解释为低水位期的沉积物（Plink-Bjärklund，2008）。斜积层组的顶部被沟蚀面切割。斜积层组 7 和 8 的底部存在突变型临滨面，类似于层组 3—6。

12.2.2 混合能量的早期海侵体系域河口沉积物

在露头西部，地层单元 2 在向陆方向上超于地表不整合面上，其底部以波浪沟蚀面为边界（图 1 和表 1）。该层段厚 33m，由 3 个退积叠置的准层序和最上部一个进积型准层序组成（图 1 中的 MDU 1—4）。每个准层序的底部以沟蚀面为特征。在这 4 个准层序中，最粗的沉积物出现在沉积体系的西段（向陆方向）和东段（向海方向），最细的砂岩以及泥岩出现在沉积体系的中部（图 1）。通常认为粒度的减小能够反映沉积物的迁移方向，在沉积体系内部，这种推移质的聚集通常伴随着泥岩最大沉积厚度的出现，这是河口沉积的典型特征（Dalrymple 等，1992）。

在准层序内部，由陆到海沉积相过渡的典型特征表现为：从单峰槽状交错层理粗粒砂岩和砾岩过渡为双峰槽状交错层理粗粒砂岩；具有广泛泥岩披覆的双峰槽状层理砂岩，含具波痕层理、爬升波痕层理、透镜状—压扁层理的向上变粗的岩石组合（粉砂岩和极细颗粒砂岩）；富有机质泥岩。该序列被解释为内河口序列，全部沉积物均来自河流（Plink-Bjärklund, 2008）。单峰层理的沉积物沉积于河道，双峰交错层理沉积物沉积于潮汐影响的河道内，具有广泛泥岩披覆的交错层理砂岩沉积于内河口潮坝，波痕纹层砂岩和粉砂岩沉积于湾头三角洲内部，泥岩沉积于盆地中央（Plink-Bjärklund，2008）。上述内河口沉积物向东被富有机质的盆地中央泥岩、具有双峰交错层理和波痕纹层的向西进积细粒砂岩、河口障壁岛具凹状和丘状交错层理细粒—中粒砂岩以及具有双峰交错层理的中粒泛滥潮汐三角洲砂岩等覆盖（Plink-Bjärklund，2008）。

沉积相具有明显的三分特征，包括波浪建造的障壁/河口复合体、泥质中央盆地相以及河流补给的潮控湾头三角洲，表明地层单元2沉积于混合能量的河口环境中（Allen和Posamentier，1993）。

河流供给系统的退积叠置和向陆迁移表明，沉积作用发生于相对海平面上升期间（Plink-Bjärklund，2008）。然而，尚不清楚沉积作用发生于低水位晚期还是海侵体系域早期。沉积物的退积到进积性质支持低水位期的沉积，而河口向盆地迁移的距离超过了12km表明沉积作用发生在海侵期。根据逐渐年轻的河口的垂直位置，可以估测相对海平面上升的总高度约为30m。

地层单元2顶部的潮汐沟蚀面是分布最广泛、下切深度最大的沟蚀面，其底部充填圆形砾石，其上覆盖广泛的生物扰动层段。该界面是一个明显的洪泛面，标志着随着海岸线向陆地移动，陆架平衡剖面向陆地过渡（Plint和Nummedal，2000）。

12.2.3 潮控河口沉积物

该地层单元（厚约60m）的底部以发育明显的潮汐沟蚀面为标志。该地层单元由4个准层序组成，其中准层序2、3和4属于退积—进积型准层序（分别厚16m、19m和25m），准层序1是一个侵蚀后残余层序（厚10m）。

自西向东存在一个典型的向陆—向海岩相过渡带：具双峰槽状交错层理的粗粒和中粒砂岩（潮汐影响的河流沉积物）、具有广泛泥岩披覆的复合交错层理和双峰交错层理砂岩、具平行纹理的细粒砂岩（高流态潮坪）、具有叠置双峰交错层理的侧向加积地层（河口外潮坝）。在这一轴向序列附近，存在脉状层理—波状层理砂岩和泥岩以及富含有机质的泥岩，其内夹有煤层和古土壤，被解释为边缘潮坪和沼泽沉积。

向海岩相的变化表明地层单元3沉积于潮控河口环境（Dalrymple等，1992）。然而，上部流态（UFR）潮坪的存在表明其为巨潮汐条件（即潮差高于4m）（Davies，1964）。地层单元3的退积叠置表明沉积作用发生在相对海平面上升时期，潮控河口单元被解释为在海侵体系域期间沉积。最大海泛面出现在地层单元3上部的海相泥岩中。

12.3 样品和研究方法

沿关键的层序地层界面，从发育不同沉积相、延伸长度约为15.5km的东—西向地层剖面（厚约90m）中采集了120块砂岩样品，样品采自强制海退体系域、低位体系域、海侵体系域和高位体系域。在利用蓝色环氧树脂进行真空浸泡后，全部样品都被制备成薄片。通过在每个薄片中读取300个数据点，对150个样品进行了模态分析。利用扫描电子显微镜对30个典型样品的成岩矿物结晶形态和共生关系进行了研究。

为了进行电子探针分析（EMP），将代表不同沉积相和体系域的15个抛光薄片的表面涂上了碳质薄层。在确定不同胶结类型的化学成分和共生关系的过程中，利用了配备3个光谱分析仪和一个反向散射电子（BSE）探测器的SX50仪器。分析过程中的操作条件是 20kV 的加速电压、10nA 的实测射束电流和 1～5μm 的光斑。计数时间标准为：硅灰石（Ca，10 秒）、氧化镁（Mg，10s）、菱锶矿（Sr，10s）、$MnTiO_3$（Mn，10s）、赤铁矿（Fe，10s）。全部元素的分析精度高于 0.1%。

为了确定沉淀作用发生的地球化学条件和温度，对代表不同沉积环境和体系域的 50 个碳酸盐胶结砂岩样品的 $\delta^{13}C$、$\delta^{18}O$ 进行了分析。在取样过程中利用了微型钻孔技术，以避免碳酸盐胶结物被碳酸盐颗粒污染，并且在适当情况下，对具有不同结构的碳酸盐胶结物进行了分析。方解石胶结样品在 25℃条件下与 100% 磷酸反应 1h，与含铁白云石 / 铁白云石和菱铁矿胶结样品在 50℃条件下分别反应 1d 和 6d（Al–Aasm 等，1990）。利用 Delta Plus 质谱仪对释放出的 CO_2 气体进行了收集和分析。对含有方解石、白云石和菱铁矿的样品相继进行了化学分离处理（Al–Aasm 等，1990）。利用磷酸分离系数：在温度为 25℃条件下，方解石为 1.01025（Friedman 和 O'Neil，1977）；在温度为 50℃条件下，白云石为 1.01060；在温度为 50℃条件下，菱铁矿为 1.010454（Rosenbaum 和 Sheppard，1986）。对于 $\delta^{13}C$ 和 $\delta^{18}O$ 而言，全部分析结果的精度均高于 0.05‰。氧同位素和碳同位素的数据用相对于 VPDB 标准的 δ 符号来表示。白云石胶结物的碳同位素和氧同位素成分利用碎屑白云岩的含量进行校正，例如氧同位素的成分：$\delta^{18}O_{胶结物}$ × 胶结物含量 +$\delta^{18}O$ 碎屑 × 碎屑物含量 = 总白云岩含量 ×$\delta^{18}O_{总}$。

利用配备了 9 个 Faraday 采样器的 Finnigan 261 质谱仪对 $^{87}Sr/^{86}Sr$ 进行了分析。利用蒸馏水对来自不同体系域的 12 个方解石胶结样品进行清洗，然后使其与稀释的冰醋酸反应，以避免硅酸盐的淋滤。在分析过程中，通过归一化至 $^{86}Sr/^{88}Sr=0.1194$，对同位素分馏进行校正。对于标准的 NBS–987 而言，质谱仪性能的平均标准误差为 ±0.00003。

12.4 研究结果

12.4.1 骨架颗粒成分

砂岩的主要成分为极细粒—粗粒、中等分选—分选良好的石英砂岩（平均：$Q_{96.4}F_{0.9}L_{2.7}$）到亚岩屑砂岩（平均：$Q_{89.5}F_{1.1}L_{9.4}$）。亚岩屑砂岩在高位体系域和强制海退体系域中的发育程度（平均 41%）高于在低位体系域和海侵体系域（平均 21%）的发育程度。单晶石英的含量超过多晶石英颗粒，钾长石的含量超过斜长石的含量。由低度变质岩（高达 52%，平均为 1.7%）和酸性火山岩（高达 19%，平均为 2.5%）组成的岩石碎屑在上临滨（高位体系域和强制海退体系域）、分流河道（高位体系域和强制海退体系域）以及河道（低位体系域）中分布最广泛。低度变质岩碎屑在强制海退体系域砂岩中的含量更为丰富（最高达 52%，平均 5%）。

云母的含量为微量，主要为白云母。燧石的平均含量为 7%（最高达 28%）。碎屑白云石（100～350μm，平均为 4%）在海侵体系域中最为富集（平均为 7%），主要为圆形—次棱角状单晶体和磨圆度良好的多晶体颗粒。位于河道砂岩内的碎屑白云石含量在朝向海侵面的方向从 3% 增加到 10%。泥质内碎屑的含量为微量。重矿物的含量也为微量，主要包括锆石、金红石、电气石、磷灰石、蚀变铁—钛氧化物和海绿石。

12.4.2　成岩蚀变

砂岩中的成岩蚀变包括碳酸盐、铁氧化物、黄铁矿和微石英的胶结作用，架状硅酸盐的溶蚀作用和高岭土化作用，碎屑三角洲和碳酸盐胶结物的溶蚀作用，泥质颗粒的机械压实作用以及颗粒包壳黏土的渗透作用。

12.4.2.1　碳酸盐胶结物

砂岩中的碳酸盐胶结物包括方解石、少量白云石以及微量菱铁矿。方解石（含量高达 46%）是广泛、连续的胶结物，表现为球形到卵形结核（直径为 15～100cm）[图 2（a）]，平行于层理排列。广泛连续胶结层的发育受高位体系域和强制海退体系域临滨砂岩的限制，其在所有沉积相中均有分布，但是在河道朝向海侵面的方向以及外河口潮坝向海泛面的方向，其数量和粒度不断增加。此外，结核内部的方解石和白云石胶结物含量也表现出向上增加的趋势（从 24% 到 30%）。低度岩化的砂岩主要分布于两个层序界面之下（高位体系域上临滨砂岩）和煤层（海侵体系域外河口潮坝）中，颜色以白色为特征[图 2（b）]。

图 2　野外照片

（a）混合能量的海侵体系域河口湾砂岩内的结核状胶结层；（b）层序界面之下的白色未胶结砂岩（高位体系域的浪控三角洲前缘砂岩）

方解石以粒间胶结物的形式存在，具有微晶结构和块状—嵌晶结构[图 3（a）]，部分或完全交代燧石、长石和岩屑，其内的次生孔隙被碎屑白云石和成岩白云石充填。纤维状方解石（长约 150μm）的分布非常局限，在海侵体系域临滨砂岩的下部局部发育。微晶方解石胶结物在高位体系域临滨砂岩中发育（含量高达 16%，平均为 1.5%），然而粗晶胶结物却分布于所有体系域（含量达 52%，平均为 15%）（表 2），其丰度未见系统的变化规律。粗晶方解石胶结的砂岩具有较高的去胶结物孔隙度（高达 40%）。

显微探针分析结果表明，在所有体系域中，粗晶方解石胶结物均含有相对少量的碳酸镁[平均 1.7%（摩尔分数）]、碳酸锰[平均 0.1%（摩尔分数）]以及碳酸铁[平均 1.7%（摩尔分数）]（图 4 和表 3）。此类方解石胶结物具有化学分带特征[图 3（b）]，其原因在于锰和铁含量因局部溶蚀而在小范围内发生变化，证据在于溶蚀组构的存在。交代方解石胶结物的颗粒可能含有丰富的铁氧化物包壳［图 3（c）和图 3（d）］。在微晶方解石胶结物中，镁含量非常丰富［在海侵体系域和高位体系域的两个样品中检测到碳酸镁含量为 10%（摩尔分数）］。在所有体系域中，方解石胶结物的碳、氧和锶同位素成分的平均含量基本一致（$\delta^{13}C$=–6.7‰～2.5‰，平均 –3.2‰；$\delta^{18}O$=–16‰～–4‰，平均 –10.5‰；$^{87}Sr/^{86}Sr$=0.7095～0.7112，平均 0.713）（图 5 和表 3）。

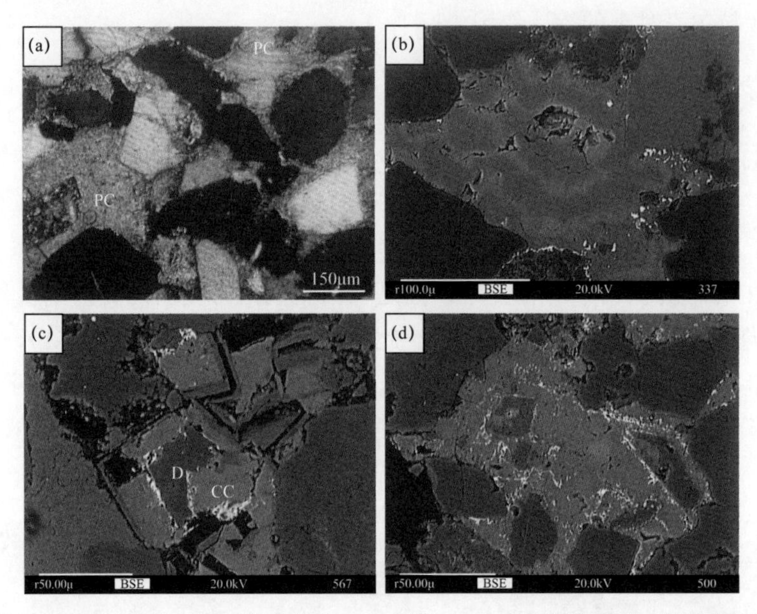

图 3 （a）砂岩中的孔隙被嵌晶方解石胶结物（PC）充填，方解石胶结物形成于浅埋藏阶段大气孔隙水中和（或）后续埋藏阶段，XPL。（b）由于锰含量变化而造成的粗晶方解石的化学环带现象［浅灰色为 5.4%（摩尔分数）；深灰色为检测极限之下］，BSE 图像。（c）粗晶方解石胶结物（CC），交代了大范围分布的成岩白云石菱面体，BSE 图像。（d）注意，铁氧化物（白色）出现在所有体系域砂岩中。含有丰富铁氧化包裹体的粗晶方解石，BSE 图像。

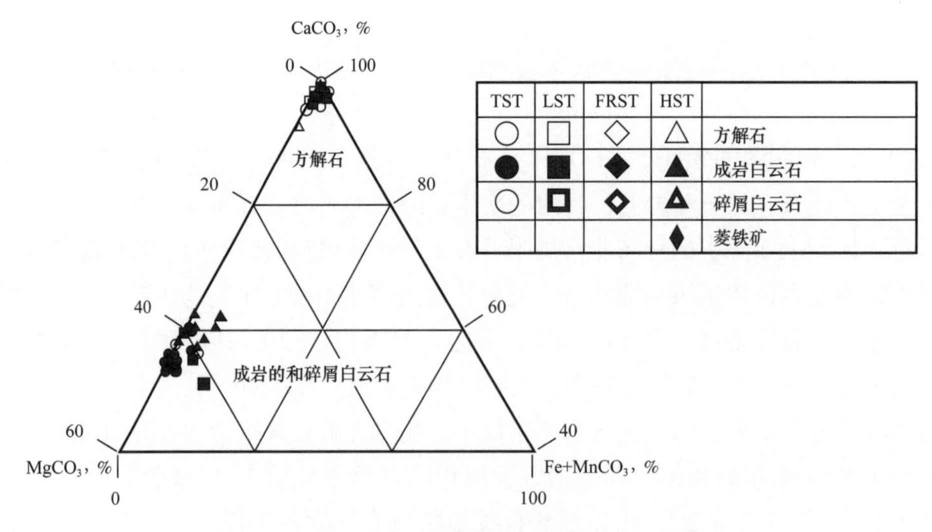

图 4 方解石和白云石胶结物的化学成分三角图

砂岩样品采自所有体系域，注意碎屑白云石和成岩白云石具相似化学成分

表2　168块砂岩样品（采自不同体系域）的组分统计（碎屑颗粒、成岩矿物和孔隙度）

项目		高位体系域（n=46）				强制海退体系域（n=24）				低位体系域（n=15）				海侵体系域（n=63）			
		平均值	标准误差	最小值	最大值	平均值	标准误差	最小值	最大值	平均值	标准误差	最小值	最大值	平均值	标准误差	最小值	最大值
碎屑成分%	石英	53.3	11.2	26.3	71.0	56.9	13.2	36.7	78.7	54.6	18.3	29.7	83.0	59.3	13.6	20.0	82.3
	长石	0.6	0.5	—	2.0	1.2	1.0	—	4.0	0.5	0.3	—	1.0	0.6	0.6	—	3.0
	燧石	7.2	5.6	1.0	28.0	5.2	2.9	1.0	13.0	8.7	4.6	3.0	18.3	5.2	3.9	—	19.3
	火山岩岩屑	2.6	3.7	—	18.7	1.9	1.5	—	6.0	4.2	5.0	0.7	19.0	2.2	2.5	—	16.0
	低度变质岩	1.4	1.7	—	6.7	4.9	10.7	—	52.0	0.7	0.5	—	3.0	1.0	1.1	—	5.0
	碎屑白云岩	4.6	3.1	—	12.7	2.8	2.4	—	9.0	4.7	4.1	—	15.0	7.0	4.4	—	21.7
	玉髓颗粒	0.4	0.8	—	2.7	0.3	0.5	—	1.7	0.4	0.6	—	2.0	0.3	0.4	—	2.3
	海绿石	0.1	0.2	—	1.0	0.1	0.3	—	0.7	—	—	—	—	—	0.2	—	1.3
	云母	0.4	0.5	—	2.0	1.1	1.2	—	6.0	0.3	0.5	—	1.3	0.3	0.4	—	1.0
	重矿物	Tr.	—	—	—	Tr.	—	—	—	Tr.	—	—	—	2.2	2.6	—	6.0
成岩组分%	微晶方解石胶结物	1.5	4.3	—	16.7	—	—	—	—	—	—	—	—	0.1	0.3	—	1.7
	粗—嵌晶方解石胶结物	15.1	12.8	—	41.0	16.0	19.0	—	45.0	15.4	17.7	—	43.3	15.7	15.7	—	46.7
	方解石交代颗粒	1.6	1.6	—	6.7	0.6	1.2	—	4.0	1.9	2.1	—	5.0	1.1	1.2	—	3.7

续表

项目		高位体系域（n=46）				强制海退体系域（n=24）				低位体系域（n=15）				海侵体系域（n=63）			
		平均值	标准误差	最小值	最大值	平均值	标准误差	最小值	最大值	平均值	标准误差	最小值	最大值	平均值	标准误差	最小值	最大值
成岩组分%	粒间白云石	4.8	3.4	—	11.3	2.7	2.7	—	8.3	2.6	3.6	—	13.3	1.2	1.7	—	7.3
	颗粒交代白云石	0.1	2.1	—	1.1	—	—	—	—	0.8	2.0	—	6.3	0.2	0.5	—	2.7
	微晶石英胶结物	0.1	0.5	—	2.3	0.4	0.9	—	3.0	—	—	—	—	0.1	0.3	—	2.3
	菱铁矿胶结物	0.6	2.4	—	9.3	0.3	1.0	0.5	2.0	0.6	0.8	0.3	3.0	0.3	0.7	0.1	2.5
	高岭石	0.5	0.8	—	3.3	0.4	0.7	—	2.3	0.1	0.3	—	0.7	0.4	1.0	—	5.0
	黄铁矿	0.1	0.2	—	0.7												
	铁氧化物	4.7	9.4	—	41.7	1.3	1.3	—	5.0	1.4	1.5	—	5.0	3.5	6.6	—	28.3
	钛氧化物												Tr.	—	—	—	—
	石英加大边	0.1	0.2	—	1.0	0.1	0.2	—	1.0	—	0.1	—	0.3	—	0.1	—	0.7
	渗透黏土													3.4	9.1	—	24.0
	黄钾铁矾	—	—	—	—	3.2	9.7	—	38.7	—	—	—	—	3.3	13.2	—	80.0
孔隙度%	粒内孔隙度	4.7	4.0	—	25.0	3.0	2.0	—	24.0	6.0	6.0	—	30.0	3.0	4.1	—	20.0
	粒间孔隙度	6.8	7.6	—	27.3	1.7	2.3	—	6.7	4.3	5.6	—	19.0	2.2	3.6	—	15.3

表 3　不同体系域中具有不同结构形态的碳酸盐胶结物的碳、氧和锶同位素和元素成分（微探针分析）

体系域	样品编号	组成	沉积相	碳酸镁	碳酸锶	碳酸钙	碳酸锰	碳酸铁	$\delta^{13}C_{VPDB}$，‰	$\delta^{18}O_{VPDB}$，‰	$^{87}Sr/^{86}Sr$
高位体系域	CHR-1-1	方解石	临滨砂岩	3.0	0.1	95.8	bdl	1.1	-3.5	-11.4	0.7103
		非带状白云石		39.7	bdl	57.4	bdl	2.9	-0.08	-7.0	
	CHR-1-4	碎屑白云石		44.0	bdl	55.9	bdl	bdl			
		白云石环边		34.0	0.1	61.5	0.4	3.9			
		交代白云石		44.0	bdl	54.6	bdl	1.4			
	CHR-1-5	方解石		2.2	0.1	97.2	bdl	0.6	-1.6	-8.1	
		成岩白云石		44.9	bdl	55.0	bfl	0.1	+1.3	-8.9	
		碎屑白云石		44.7	bdl	54.9	0.1	0.2			
		白云石环边		38.3	bdl	58.3	0.3	3.1			
	CHR-1-18	方解石		2.5	bdl	97.5	bdl	bdl	-1.3	-8.2	0.7100
		碎屑白云石		43.9	0.1	55.8	bdl	0.1			
		白云石环边 1		38.3	bdl	60.4	0.2	1.1	-2.2	-10.9	
		白云石环边 2		39.9	bdl	59.8	0.4	bdl			
	CHR-1-28	方解石		1.7	bdl	98.2	bdl	0.1	-4.4	-12.9	
		碎屑白云石		42.1	bdl	57.8	bdl	bdl			
	CHR-1-31	成岩白云石		44.8	bdl	55.0	bdl	0.1			
	CHR-1-48C	菱铁矿		2.3	bdl	1.9	bdl	95.8			
	CHR-1-14	方解石		1.3	0.1	98.4	0.3	0.1	-4.3	-11.5	
		带状白云石		45.5	bdl	54.4	bdl	0.1	-2.1	-10.7	

续表

体系域	样品编号	组成	沉积相	碳酸镁	碳酸锶	碳酸钙	碳酸锰	碳酸铁	$\delta^{13}C_{VPDB}$，‰	$\delta^{18}O_{VPDB}$，‰	$^{87}Sr/^{86}Sr$
高位体系域	CHR-1-14	方解石环边 1	分支河道	1.1	0.1	98.4	0.3	0.1			
		白云石环边 2		35.6	0.1	60.4	0.5	3.5			
		白云石环边 3		39.4	bdl	60.2	bdl	0.3			
	CHR-1-16	方解石		0.7	bdl	99.3	bdl	bdl			
	CHR-1-37	碎屑白云石		37.4	bdl	62.5	bdl	bdl			
		成岩白云石		45.1	bdl	54.7	bdl	0.3			
	CHR-1-39	方解石		7.1	bdl	92.6	bdl	0.3	−5.9	−9.8	
		成岩白云石		44.9	0.1	54.9	bdl	0.1			
	CHR-17-7c1	方解石		3.0	bdl	97.1	0.3	0.2	−1.7	−12.8	0.7103
		成岩白云石		43.3	bdl	56.6	0.1	bdl	−0.04	−10.8	
强制海退体系域	CHR-12-6c	方解石	临滨砂岩	1.1	bdl	98.9	bdl	bdl			0.7108
		碎屑白云石		45.6	bdl	54.4	bdl	bdl			
		非带状白云石		45.5	bdl	54.0	bdl	0.5			
	CHR-29-4c	方解石		0.8	bdl	97.0	0.8	1.5			
		非带状白云石		45.7	bdl	54.3	bdl	bdl			
	CHR-1-55	带状白云石		41.8	bdl	51.1	0.1	7.0	+0.9	−7.4	
		方解石							−6.4	−9.6	
		白云石环边		41.6	bdl	55.1	0.2	3.2			
	CHR-28-4	非带状白云石							+2.2	−6.5	

续表

体系域	样品编号	组成	沉积相	碳酸镁	碳酸锶	碳酸钙	碳酸锰	碳酸铁	$\delta^{13}C_{VPDB}$，‰	$\delta^{18}O_{VPDB}$，‰	$^{87}Sr/^{86}Sr$
强制海退体系域	CHR-28-4	菱铁矿							+1.3	-6.6	
		方解石		1.4	bdl	55.1	0.2	1.2	+2.6	-3.7	0.7103
	CHR-24-1c	非带状白云石	河道						-3.5	-10.8	
		方解石		2.0	bdl	97.9	bdl	bdl	-3.0	-8.0	0.7108
低位体系域	CHR-24-4c	方解石		3.6	bdl	96.4	bdl	bdl	-5.4	-11.1	
		碎屑白云石		45.2	bdl	54.7	bdl	bdl			
		非带状白云石		45.5	bdl	53.7	bdl	0.8	+0.6	-8.2	
	CHR-27-1c	非带状白云石		44.7	bdl	55.1	bdl	0.2	+2.1	-5.0	
		菱铁矿							+0.6	-5.4	
		方解石		2.5	0.1	97.0	bdl	0.4	-4.0	-9.0	0.7099
	CHR-12-20C	方解石		0.7	bdl	97.5	0.7	1.1			
		碎屑白云石		45.6	bdl	54.4	bdl	bdl			
	CHR-1-52	方解石		1.0	bdl	98.8	0.2	bdl			
		碎屑白云石		45.7	bdl	54.3	bdl	bdl			
		非带状白云石		40.5	bdl	59.4	bdl	0.1			
	CHR-1-61CC	方解石		0.7	0.1	97.6	0.4	1.2	-3.9	-8.9	
		非带状白云石		46.2	bdl	53.5	bdl	0.3	+2.6	-6.5	
	CHR-1-70	非带状白云石	潮汐水道	45.6	bdl	54.1	bdl	0.4	+0.8	-5.6	
		方解石		1.1	0.1	97.1	0.7	1.0	-4.1	-9.4	

续表

体系域	样品编号	组成	沉积相	碳酸镁	碳酸锶	碳酸钙	碳酸锰	碳酸铁	$\delta^{13}C_{VPDB}$，‰	$\delta^{18}O_{VPDB}$，‰	$^{87}Sr/^{86}Sr$
低位体系域	CHR-26-4	方解石		0.1	bdl	97.8	0.2	1.8	-2.7	-12.7	
		非带状白云石		41.1	bdl	56.5	0.1	2.3	+2.0	-6.5	
		碎屑白云石		45.3	bdl	54.6	bdl	0.1			
	CHR-8-14	非带状白云石		45.8	bdl	54.1	bdl	0.4	-0.1	-6.9	
		方解石		1.2	bdl	98.7	bdl	0.1	-5.8	-11.8	
海侵体系域	CHR-1-91	方解石		2.7	0.1	95.6	1.4	0.1	-5.1	-9.6	
		碎屑白云石		40.5	bdl	56.0	0.1	3.4			
		非带状白云石	潮汐沙坝	45.2	bdl	54.7	bdl	0.1	-0.9	-8.3	
	CHR-5-21C	方解石		4.7	bdl	95.2	bdl	0.1			
		非带状白云石		46.5	bdl	53.2	bdl	0.3			
		碎屑白云石		44.9	bdl	55.0	bdl	0.1			
	CHR-12-25C3	非带状白云石		44.2	bdl	55.7	bdl	bdl			
		方解石	河口坝	3.1	bdl	96.8	bdl	0.1	-2.4	-10.9	
	CHR-23-1C	方解石		2.5	bdl	97.2	bdl	0.2	-6.8	-14.0	0.7100
		菱铁矿							-0.4	-6.8	
		带状白云石		43.8	bdl	55.0	0.1	1.1	-0.3	-7.3	
		白云石环边		39.4	bdl	60.3	0.2	0.1			
	CHR-17-22C	方解石		2.0	0.2	97.7	bdl	0.1	+0.7	-7.1	
		碎屑白云石		42.6	bdl	57.3	bdl	bdl			
		带状方解石		45.6	bdl	54.2	bdl	0.2	+0.8	-7.2	

续表

体系域	样品编号	组成	沉积相	碳酸镁	碳酸锶	碳酸钙	碳酸锰	碳酸铁	$\delta^{13}C_{VPDB}$，‰	$\delta^{18}O_{VPDB}$，‰	$^{87}Sr/^{86}Sr$
海侵体系域	CHR-17-22C	白云石环边		39.3	0.1	59.6	0.2	0.9			
	CHR-5-6B	非带状白云石		46.1	0.1	53.6	bdl	0.2	+1.4	-6.5	
		方解石		0.7	bdl	98.0	0.4	0.9	-3.5	-13.3	
	CHR-5-7L	非带状白云石		45.5	bdl	54.4	bdl	0.1	+2.9	-6.1	
		方解石		0.5	bdl	99.5	bdl	bdl	-0.2	-8.3	
	CHR-8-6	方解石	湾头三角洲						-2.4	-10.0	
		碎屑白云石		44.4	bdl	55.6	bdl	bdl			
		非带状白云石		43.8	bdl	56.0	bdl	0.2	+2.6	-5.9	
	CHR-5-7	方解石		0.5	0.3	96.9	0.7	1.6			
		非带状白云石		44.8	bdl	55.1	bdl	0.1			
	CHR-26-19	非带状白云石							-5.4	-10.5	
		方解石		1.3	bdl	98.3	bdl	0.3	-3.7	-11.3	0.7111
	CHR-12-29	非带状白云石	潮汐三角洲	43.9	bdl	56.0	bdl	bdl	+0.8	-6.9	
		方解石		0.7	bdl	97.3	0.3	1.8	-5.6	-14.9	
	CHR-5-17C	方解石							-5.0	-11.2	0.7109
		非带状白云石	潮汐沙坝	44.8	bdl	53.3	bdl	1.9	-1.1	-8.6	
	CHR-23-4	方解石		0.8	bdl	97.6	bdl	bdl	1.5		
	CHR-1-73B	碎屑白云岩	潮坪	44.6	bdl	55.1	bdl	0.2			

注：bdl—位于检测极限之下。

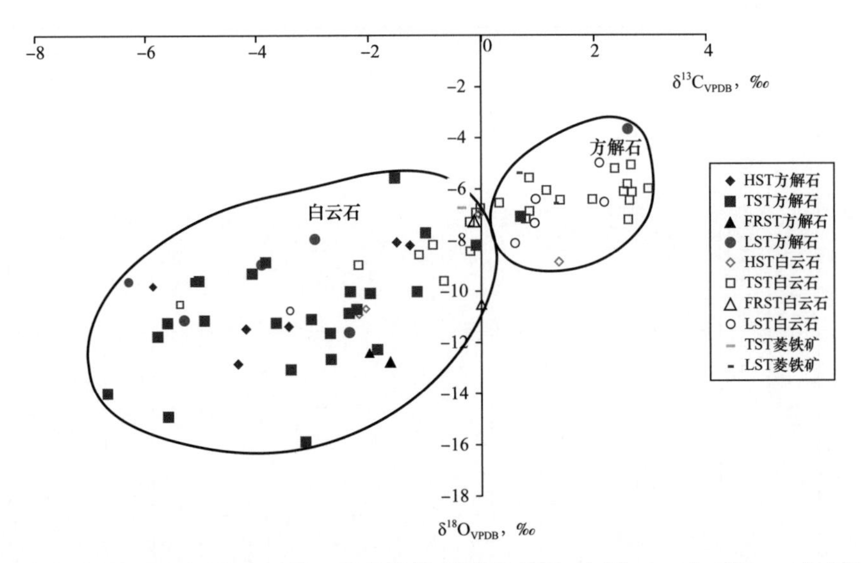

图 5　不同体系域中方解石和白云石胶结物（圆圈区域）的 $\delta^{13}C_{VPDB}$ 和 $\delta^{18}O_{VPDB}$ 交点图

白云石胶结物（含量高达 13%）以粒间菱形晶体的形式存在（横截面为 40～120μm）［图 6（a）］，在碎屑白云石中以增生体的形式存在［图 6（b）］（30～50μm），在交代晶体（10～40μm）中以颗粒的形式（火山岩岩屑、钾长石和燧石）存在。向海侵体系域方向，河道砂岩中的白云石胶结物含量向上不断增加，从 1% 增加到 7%。粒间白云石在高位体系域（平均 5%）的含量高于强制海退体系域、低位体系域和海侵体系域砂岩中的含量（分别平均为 2.7%、2.6% 和 1.2%）。部分白云石菱面体发生溶蚀，表面被氧化铁侵染［图 6（c）］并且被孔隙充填型方解石胶结物交代［图 6（d）和图 6（e）］。碎屑白云石也表现出部分—完全溶蚀的特征［图 6（f）］，尤其是在两个层序界面（高位体系域的上临滨砂岩）之下的低胶结程度砂岩和煤层中（海侵体系域的外河口潮坝），该特征更为明显。碎屑白云石菱面体（横截面为 20～50μm）被孔隙充填型方解石包裹，由此表明其最先形成。

显微探针分析（图 4 和表 3）表明，成岩白云石的成分变化很大，钙含量在化学计量到大量富集之间变化［碳酸钙含量为 48.6%～62.2%（摩尔分数）］，铁的含量不等［碳酸铁含量为检测极限之下至 11.2%(摩尔分数)］，锰的含量为微量［碳酸锰含量小于 0.4%(摩尔分数)］。对于钙含量而言，绝大多数白云石菱面体核部的钙含量［碳酸钙含量为 53%（摩尔分数）］高于边缘位置［碳酸钙含量为 60%（摩尔分数）］，此种现象归因于部分淋滤作用。对于铁含量而言，其在白云石菱面体核部［碳酸铁含量为 4.1%（摩尔分数）］的含量通常高于边缘位置［碳酸铁含量为 2%（摩尔分数）］。高位体系域砂岩中发育碎屑白云石的加大边，其铁含量的分布具有带状特征，碳酸铁的含量从内部的 3.9%（摩尔分数）降低至外部的 1.1%（摩尔分数）。在犹他州，上白垩统层序中发育的碎屑白云石的稳定同位素值（$\delta^{13}C$=0.3‰和 $\delta^{18}O$=−4.6‰）（Taylor 等，2000）可用于校正成岩白云石胶结物的整体稳定同位素值。在本次研究中，从 4 个砂岩样品中获取了相似的稳定同位素含量变化范围（$\delta^{13}C$=1.2‰和 $\delta^{18}O$=−5.12‰），此外，在这些砂岩样品中，碎屑白云石的含量超过整体白云岩含量的 95%。经过校正之后，成岩白云石的 $\delta^{13}C$、$\delta^{18}O$ 值分别介于 −5.4‰～2.9‰

（平均 0.5‰）和 −10.9‰～−5.0‰（平均 −7.5‰）（图 5 和表 3）。上述同位素的数据表明，在单独岩相或体系域中，不存在同位素数据的系统性变化。

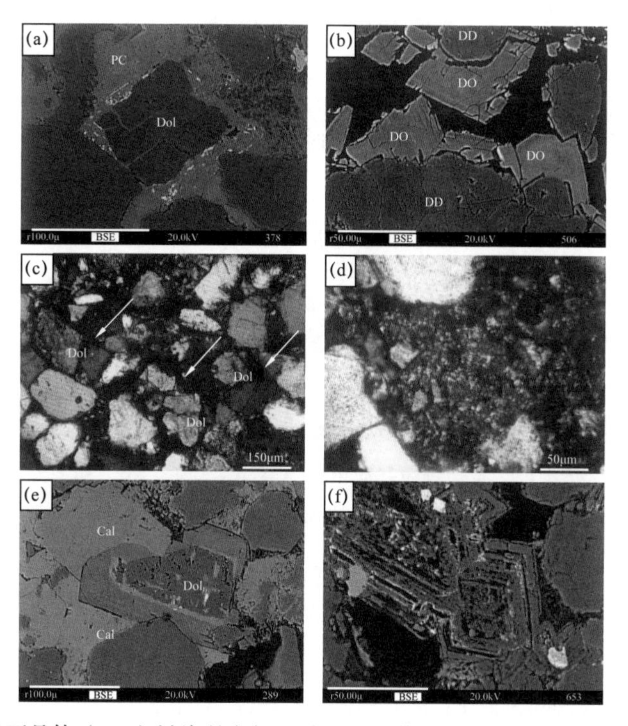

图 6 （a）菱形白云石晶体（Dol）被嵌晶方解石（PC）包绕，表明前者先于后者形成，BSE 图像。（b）碎屑白云石（DD）上的白云石加大边（DO），白云石加大边部分溶蚀，BSE 图像。（c）零散分布的粒间白云石菱面体（Dol）被淡红色的铁氧化胶结物包绕（箭头），XPL。（d）白云石菱面体部分交代了燧石颗粒，XPL。（e）具有次生加大边的碎屑白云石（Dol）被孔隙充填方解石包绕，表明前者先于后者形成，BSE 图像。（f）带状成岩白云石菱面体，白云石部分—完全溶蚀，形成次生晶内孔隙，BSE 图像

菱铁矿的发育受河流和潮道影响型河道砂岩（低位体系域）与河口障壁砂岩（海侵体系域）以及边缘潮坪和沼泽砂岩的古土壤（海侵体系域）的控制。菱铁矿仅在少量样品中出现，主要为孔隙充填型胶结物（平均含量 3%），偶尔为骨架颗粒周围的微小晶体（平均含量 1%）。磷铁矿胶结物被嵌晶方解石胶结物包裹，因此，其沉积的时间较早。在低位体系域和海侵体系域的 3 个砂岩样品中，菱铁矿具有较小的 $\delta^{13}C$（−0.4‰～1.3‰）和 $\delta^{18}O$（−6.8‰～−5.4‰）变化范围（表 3 和图 5）。

12.4.2.2 铁氧化物

铁氧化物以微小圆形结核（横截面为 0.2～1cm）、骨架颗粒周围的包壳、孔隙充填型胶结物（图 7）以及压实的球粒（横截面为 400～600μm）的形式存在。孔隙充填型铁氧化物通常与蚀变的重矿物伴生，主要为铁—钛氧化物。局部富集的球粒仅发育于海相侵蚀面之下的河控河口坝（高位体系域）砂岩中［图 7（d）］。铁氧化物在高位体系域和海侵体系域砂岩（平均含量分别为 5% 和 3.5%）中的富集程度高于其在强制海退体系域和低位体系域砂岩中的富集程度（平均含量为 1.3%）。

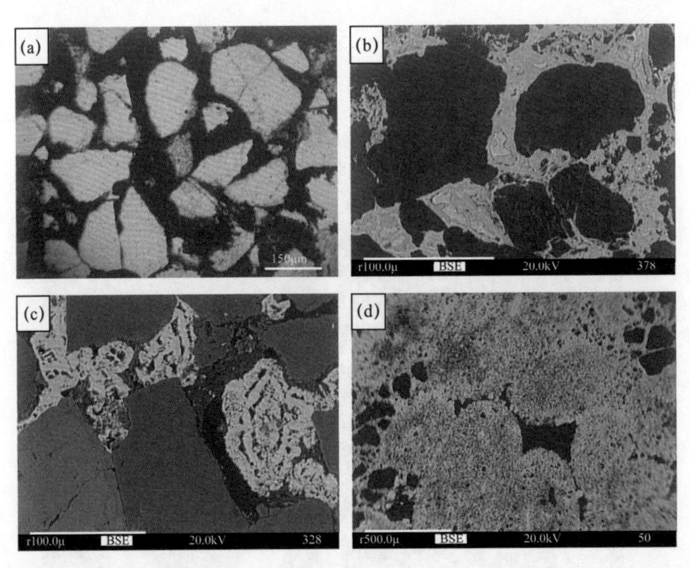

图 7 （a）淡红色的铁氧化物包绕骨架颗粒并充填孔隙空间，XPL。（b）和（c）多种铁氧化物充填孔隙，BSE 图像。（d）局部富集球状铁氧化物的细粒砂岩，石英含量少，零散分布，BSE 图像

12.4.2.3　高岭石

高岭石以分散斑块的形式存在（横截面为 50～100μm），由块状和蠕虫状晶体组成［图 8（a）］，全部或者部分交代白云母、钾长石和泥质内碎屑［图 8（b）］。高岭石在强制海退体系域和海侵体系域内的低度岩化砂岩中最为富集，特别是在海侵体系域河口外潮坝的煤炭沉积层下方（含量高达 5%）和层序界面之下的高位体系域上临滨砂岩内（含量高达 3%）。

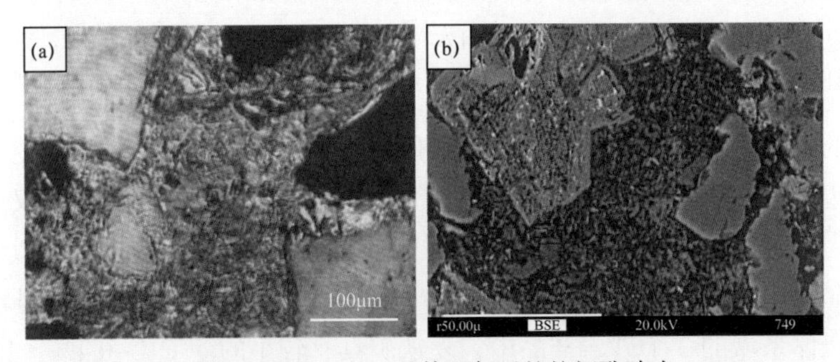

图 8 （a）高岭土化的云母已延伸至邻近的粒间孔隙中，XPL。（b）高岭土化的泥质内碎屑，BSE 图像

12.4.2.4　黄铁矿

黄铁矿以微小结核（1～3cm）的形式存在，零散分布在低度岩化的砂岩中，在所有体系域的碳酸盐胶结层中含量微小。然而，黄铁矿结核几乎全部被风化成黄钾铁矾和铁氧化物［图 9（a）］。黄钾铁矾胶结物在海侵体系域煤层之下的富集程度［图 9（b）］（高达 80%）高于在层序界面之下的富集程度（达 39%）。

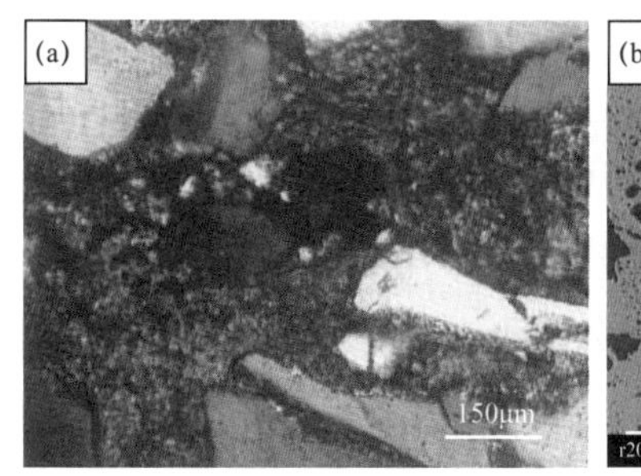

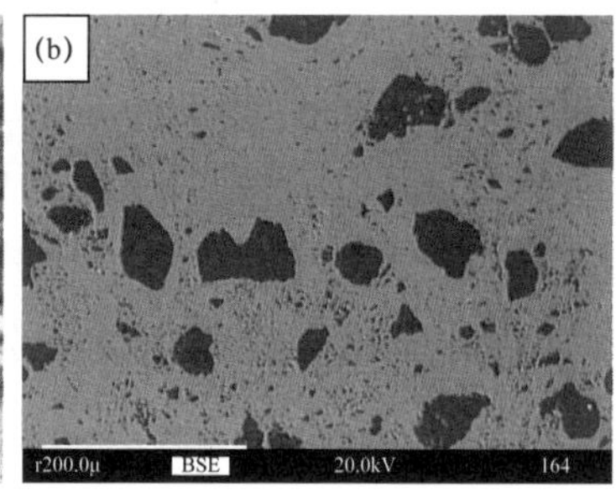

图 9 （a）微小的黄钾铁矾结核，推测其可能来自完全风化的黄铁矿结核，XPL。（b）普遍存在的孔隙充填型黄钾铁矾结核体，出现在海侵体系域煤层之下的砂岩中，注意嵌入黄钾铁矾的零散分布石英颗粒，BSE 图像

12.4.2.5 其他成岩矿物

其他成岩矿物以微量形式出现，包括钛氧化物、硬石膏、钾长石次生加大和微石英。钛氧化物主要交代碎屑含钛颗粒（如钛铁矿和榍石）（0～2%），其在所有体系域中均有发育。在临滨砂岩中，自生钾长石在部分溶蚀的碎屑钾长石周围以次生加大的形式存在（高位体系域）。硬石膏以板状晶体的形式存在，主要充填海侵体系域河口内潮道砂岩的粒内孔隙［图 10（a）］。黏土包壳呈小片状（小于 20μm），沿切线方向排列在海侵体系域边缘潮坪和沼泽中砂岩的骨架颗粒周围，这些砂岩位于海退面之上，并被煤层和富含有机质的泥岩覆盖。这些砂岩为淡红色，代表古土壤，含有菱铁矿和煤碎片，具有已变形的层理特征。微石英的含量非常低，以镶嵌边的形式出现在石英颗粒周围（厚度小于 10μm）［图 10（b）］，在所有体系域中均表现为自生孔隙充填型胶结物。

图 10 SEM 图像显示：（a）孔隙充填的板柱状硬石膏晶体（An）。（b）微晶石英胶结物以环边形式存在于骨架颗粒周围

12.4.3 压实作用和孔隙度

砂岩表现出不同程度的机械压实，尤其是在高位体系域、强制海退体系域以及层序界面之上的砂岩样品中最为明显。这些砂岩样品含有丰富的低度变质岩和泥质内碎屑（达 50%）。它们在刚性石英和长石颗粒之间被挤压，形成假基质。目前并不存在证据证明化学压实作用因石英颗粒的粒间溶蚀而发生或仅沿砂岩中的石英—云母分界面发生。

孔隙类型包括粒间孔隙和次生粒内孔隙，因碎屑白云石、长石、火山岩碎屑和燧石的部分溶蚀而形成（图 11 和表 2）。次生粒内孔隙因成岩菱面体的部分溶蚀而形成

[图 11（d）]。粒间孔隙分为原生和次生成因。次生粒间孔隙因碳酸盐胶结物的部分溶蚀而形成。次生粒间孔隙和粒内孔隙在高位体系域的分流河道（平均含量为 16%）和层序界面、煤层之下（20%）的砂岩中最发育。被结核型和连续型碳酸盐（方解石和白云石）胶结的砂岩的粒内孔隙度非常低（小于 2%）。存在于多孔至易碎主砂岩中的结核体可分布于所有沉积相和体系域中，而连续型胶结层只分布于强制海退体系域和高位体系域的临滨砂岩中。

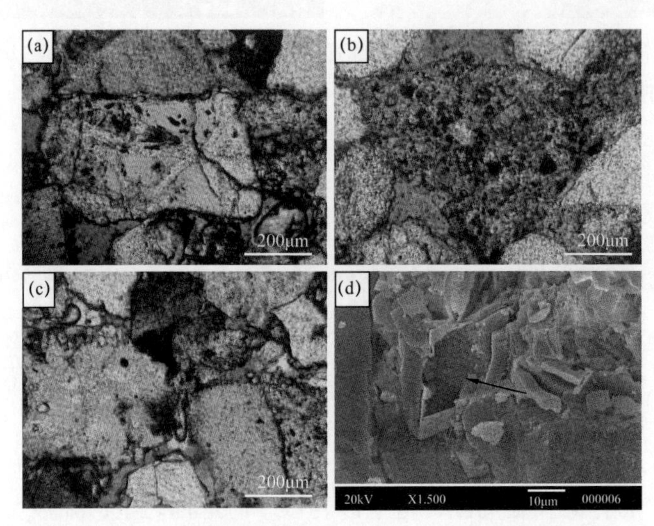

图 11 （a）次生粒内孔隙，因长石的溶蚀而形成，PPL。（b）燧石颗粒内部分溶蚀的白云石菱面体，PPL。（c）次生粒内孔隙，因火山岩碎屑的溶蚀而形成，PPL。（d）部分溶蚀的碎屑白云石颗粒（箭头），SEM 照片

12.5 讨论

多种参数控制着砂岩的沉积后作用，导致复杂的成岩蚀变分布模式及其对孔隙度的影响。某些成岩蚀变的分布受沉积相和层序地层的影响，包括：（1）碳酸盐胶结的程度和样式，特别是结核状与连续状胶结的砂岩层；（2）颗粒和胶结物的溶蚀作用；（3）高岭石和黄铁矿（目前已蚀变成黄钾铁矾）的丰度。上述成岩蚀变的空间分布可归因于孔隙水化学性质的变化，而孔隙水化学性质的变化又受沉积相和相对海平面变化的控制。

由于缺乏研究区的埋藏史曲线、胶结物的流体包裹体分析数据以及成岩矿物测年的资料，因此难以确定成岩蚀变的准确埋藏深度和时间。有证据表明，这些砂岩并未经历温度高于 90℃的条件，如石英次生加大边不发育、高岭石未转换成二重高岭土或伊利石且未发生化学压实作用。根据岩相学的观察结果，建立了各体系域上白垩统砂岩的成岩蚀变共生序列，包括胶结作用、胶结物和碎屑颗粒的溶蚀作用及压实作用。孔隙度的降低主要归因于机械压实作用和方解石、白云石的广泛早期胶结作用，这一点可以通过高无胶结孔隙度得到证实。在某些情况下，富集低变质岩岩屑和泥质内碎屑的强制海退体系域砂岩经历了更加

强烈的机械压实作用，并伴随假基质的形成。这些砂岩中的胶结物包括黄铁矿（已风化成黄钾铁矾）、方解石、白云石、菱铁矿、微石英、铁氧化物、钾长石和硬石膏。

12.5.1 碳酸盐胶结物的成因及对其分布和地球化学演化的控制

成岩序列表明，碳酸盐的沉淀顺序为菱铁矿、白云石、方解石。除去骨架颗粒的大规模交代作用（达 12%），方解石胶结砂岩的高无胶结孔隙度（达 40%）说明，胶结作用发生在近地表至浅埋藏环境中。

方解石胶结物的 $\delta^{18}O$ 值变化范围较大（–16‰～–3.6‰），其与沉积相或体系域并无系统性的变化关系。采用 Friedman 和 O'Neil（1977）的分馏方程，假设上白垩统海水的 $\delta^{18}O_{SMOW}$ 值为 –1.2‰（Shackleton 和 Kennett，1975），利用方解石胶结物的 $\delta^{18}O$ 值推断出方解石的胶结作用发生于 25～115℃之间［图 12（a）］。从岩相观察和胶结物的丰度推断，绝大多数分析样品的高温对于压实前成因而言过高。典型中深成胶结物的缺失，例如石英、伊利石和绿泥石，说明碳酸盐胶结物的温度并未超过 90℃（Morad 等，2000）。根据所有体系域的高无胶结孔隙度和方解石高 $\delta^{18}O$ 值，假设方解石胶结物形成于近地表温度条件下（20～30℃），可以推测孔隙水的 $\delta^{18}O_{SMOW}$ 值为 –12‰～–5.9‰［图 12（a）］，成分为微咸水—大气水。在盆地晚白垩世的古纬度位置，推断大气水的 $\delta^{18}O$ 值为 –10‰（Taylor 等，2000）。潮坪相方解石胶结物相对高的 $\delta^{18}O$ 值（–3.6‰和 –5.5‰），表明其为海相来源（$\delta^{18}O_{SMOW}$ 值分别为 –2.2‰和 –4.2‰）孔隙水中沉淀出来的（假定温度为 20℃）。河口障壁和受潮汐影响的河道砂岩，其以无胶结孔隙度较低（23%）和胶结物大量发育为特征，内部交代颗粒的方解石胶结物的 $\delta^{18}O$ 值较低（–16‰～–14‰），表明胶结物是在大气水条件下发生沉淀的且沉淀时温度略高（35～45℃）。

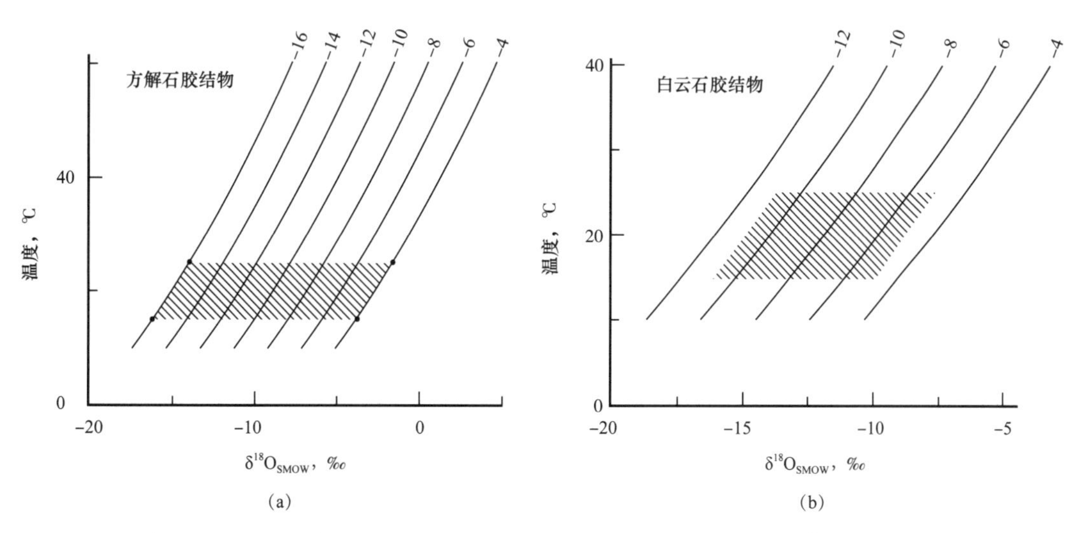

图 12 （a）方解石胶结物沉淀所需的温度范围和孔隙流体的氧同位素组分（$\delta^{18}O_{VPDB}$=–16‰～–4‰），灰色区域表示 $\delta^{18}O_{水}$介于 –16.2‰～–1.6‰（据 Frideman 和 O'Neil，1977 的分馏方程）。（b）本文所分析的白云石沉淀作用所需的温度范围和孔隙流体的氧同位素约束条件（$\delta^{18}O_{VPDB}$=–11‰～–5‰），灰色区域表示 $\delta^{18}O_{水}$介于 –16.2‰～–7.6‰ $_{VSMOW}$（据 Land，1993 的分馏方程）

方解石胶结物的 $\delta^{13}C$ 值（−6.7‰～2.5‰；平均为 −3.2‰）显示其沉积环境和体系域存在适度的变化（表 3）。上述碳同位素值变化预计只有在淡水和海水混合的条件下才能发生。最低的 $\delta^{13}C$ 值（−6.7‰）表明溶解碳来源于有机质的分解，而最高的 $\delta^{13}C$ 值则表明溶解碳来自海洋孔隙水。高的 $\delta^{13}C$ 值的另一种解释为溶解碳来自微生物产甲烷带（Clayton，1994）。方解石胶结物的 $^{87}Sr/^{86}Sr$ 值（0.7099～0.7112；表 3）高于 $\delta^{18}O$ 值确定的晚白垩世海水的 $^{87}Sr/^{86}Sr$ 值（$^{87}Sr/^{86}Sr$=0.70725～0.7075）（Burke 等，1982；Weissert 和 Molir，1996），这表明 ^{87}Sr 来自大气水的注入和溶蚀作用以及云母和钾长石的高岭土化作用。粗晶方解石胶结物的低镁含量［平均为 1.7%（摩尔分数）］及其与高岭石的密切伴生关系与大气水注入砂岩时的胶结作用一致。与此相反，微晶方解石中相对较高的镁含量［平均为 10%（摩尔分数）］可能表示其是从海洋孔隙水中沉淀的（Major 和 Wilber，1991）。

强烈方解石胶结的上三角洲前缘砂岩层（高位体系域）的存在，以及河道和外河口潮坝中的方解石结核体向海泛面方向数量不断增加、粒度不断增大的趋势可归因于此类沉积物在海底沉积速率低、滞留时间长（Dutton 等，2002）。较长的滞留时间增加了上覆海水中溶解碳和 Ca^{2+} 的扩散通量，因此，砂岩被方解石广泛胶结（Kantorowicz 等，1987；Morad 等，2000；Ketzer 等，2003a）。然而，砂岩中粗粒—嵌晶方解石胶结物的结构和同位素成分表明，沉淀作用发生于大气水—微咸水构成的孔隙水中，而非海水孔隙水。微量微晶方解石和粗晶方解石胶结物之间密切的伴生关系表明，海相微晶方解石胶结物因大气水和（或）埋藏温度升高而发生重结晶作用（Morad，1998；Reid 和 Macintyre，1998；Ketzer 等，2003a）。重结晶作用表现为相对高镁的微晶方解石与粗晶方解石之间不完整的共生关系和不规则的边界。

碳酸盐胶结物之间的共生关系表明白云石次生加大边的沉淀和随后发生的溶蚀早于方解石胶结物的沉淀。采用 Land（1983）的分馏方程，白云石胶结物的氧同位素值（$\delta^{18}O$=−11‰～−5‰）（表 3 和图 5）和 20～30℃的沉淀温度表明胶结物沉淀时孔隙水的 $\delta^{18}O_{SMOW}$ 值为 −15‰～−8.8‰［图 12（b）］。这些计算得出的 $\delta^{18}O$ 值表明，白云石沉淀发生在以大气水为主的微咸孔隙水中，尤其是在高位体系域砂岩的白云石中。白云石胶结物的低 $\delta^{18}O$ 值表明，沉淀作用发生于温度略微升高（33～42℃）的大气水条件下。高位体系域三角洲前缘砂岩中丰富的白云石胶结物表明其可能是在海水—大气水混合孔隙水中形成的（Morad 等，1992；Taylor 等，1995；Taylor 等，2004）。在上述条件下，白云石的沉淀可能是由于海水与大气水的混合引起的 Ca^{2+}/Mg^{2+} 下降（Morad 等，1992）。在海平面上升期间，通过进积和伴随的大气水注入三角洲砂岩中，实现了海水孔隙水与大气水孔隙水的混合（Morad 等，2000）。

白云石核部［$CaCO_3$ 含量平均为 53%（摩尔分数）］比白云石边缘［$CaCO_3$ 平均含量为 60%（摩尔分数）］更易溶的现象与钙质含量较高的边缘容易发生淋滤作用（与核部相比，边缘的稳定性更差）的观点（Land，1980）相矛盾。与边缘相比［$FeCO_3$ 平均含量为 2%（摩尔分数）］，菱形白云石核部［$FeCO_3$ 平均含量为 4.1%（摩尔分数）］具有中度的铁富集，表明孔隙水的成分在白云石沉淀过程中发生了变化。在所有体系域中，白云石的碳同位素组成变化范围相当大（$\delta^{13}C$=2.9‰～5.4‰，平均为0.5‰），表明溶解碳来自不同来源或不同有机质的降解。白云石 $\delta^{13}C$ 的最高值表明溶解碳来自海洋孔隙水和（或）微生物产甲烷带（Clayton，1994）。富含 ^{13}C 的溶解碳可能来自碎屑白云石的溶解（$\delta^{13}C$=1.2‰），其中，砂岩中的碎屑白云石已部分或完全溶解（Taylor 等，2000）。碎屑白云石来自西部的 Sevier 造山逆冲断层带，具有搬运作用先于沉积作用的证据（Taylor 等，2000）。碎屑白云石的另一个来源可能是海水对浅潮坪同沉积白云石的侵蚀而形成的（Hansley 和 Whitney，1990）。白云石的 $\delta^{13}C$ 最低值表明溶解碳来自有机质的氧化作用（Morad，1998）。

先于方解石胶结物沉淀的菱铁矿的 $\delta^{18}O$ 值为 −6.8‰～−5.4‰（表 3 和图 5），表明其是从微咸水孔隙水中沉淀的，孔隙水的主要组分为大气水，在温度为 20℃的条件下，$\delta^{18}O$ 值为 −9.1‰～−7.6‰［根据 Carothers 等（1988）的分馏方程］。菱铁矿的微咸水成因的证据在于其局限分布于受潮汐影响的河道砂岩（低位体系域）、河口障壁砂岩（海侵体系域）以及边缘潮坪和沼泽砂岩的古土壤（海侵体系域）中。上述环境通常处于大气水与海洋水的混合作用区。菱铁矿的 $\delta^{18}O$ 值（−0.4‰～1.3‰）表明溶解碳来自微生物产甲烷带的早期阶段（Clayton，1994）。

12.5.1.1　铁氧化物

成岩铁氧化物存在多种矿物晶体形态和来源，包括包壳、孔隙充填胶结物和球团粒，它们均受控于沉积相和体系域。球粒状铁氧化物颗粒类似于粪球粒，已被 Morad 和 Al-Aasm（1997）描述的菱镁矿交代。粪球粒在细粒砂岩中的局部富集表明，这些粪球粒形成于生物扰动的场所；然而，粪球粒通常与细菌相关，这些细菌可氧化生物扰动场所的铁（Fortin 和 Langley，2005）。低岩化砂岩中的铁氧化物结核可能是黄铁矿氧化形成的。铁氧化物与蚀变重矿物（尤其是铁—钛氧化物）的伴生关系，表明此类颗粒为铁氧化物提供了铁元素（Walker，1967；De Ros 等，1994）。

12.5.1.2　高岭石

砂岩中高岭土化云母的松散膨胀结构表明，高岭土形成于近地表成岩过程中。零散分布的高岭土片被方解石胶结物包饶，表明其最先形成。沉积相和体系域内高岭土的整体不均匀分布样式表明，高岭土的形成受多种因素控制，如硅酸盐母岩的数量和受砂岩渗透率和水压头控制的大气水注入的量。然而，高岭土在层序界面之下（高位体系域的上临滨砂岩）和煤层（海侵体系域的外河口潮坝）之下最为富集。

在层序界面以下的近海砂岩中，高岭石体积的增加可归因于相对海平面下降期大气水的注入（Morad 等，2000；Ketzer 等，2002）。煤层下方（海侵体系域）大量高岭石（达 5%）的存在，通常可归因于大气水渗入到碳质沉积物中时产生的有机酸和二氧化碳促进了硅酸盐颗粒的溶解（Staub 和 Cohen，1978）。在煤层下面的沉积物中，硅酸盐颗粒的淋滤是有据可查的（Ketzer 等，2003a；Taylor 等，2000）。在晚白垩世盛行的湿润气候条件下（Hallam，1984），大气水渗入砂岩中促进了高岭石的形成。

12.5.1.3 其他成岩矿物

微量黄铁矿被粗晶方解石胶结物所包绕，表明其形成的时间早于粗晶方解石。层序界面和煤层下方丰富的黄钾铁矾结核可能来自黄铁矿的完全风化。煤层的近地表暴露和去硫化作用促进了黄铁矿的风化，从而形成黄钾铁矾（Acharya 等，2003）。黄钾铁矾的形成需要酸性条件，因为只有在酸性条件下，铁才能移动。在边缘潮坪和沼泽砂岩中碎屑颗粒周围黏土片的切向排列表明，其是在海退面土壤形成过程中径流的渗入形成的（Moraes 和 De Ros，1990；Ketzer 等，2003b）。由于孔隙水中 Si^{4+} 的浓度非常高，因此，由硅酸盐矿物（例如，长石和云母）溶解形成的二氧化硅最初可能形成微晶石英（Lima 和 De Ros，2003）。

12.5.2 砂岩层序格架中孔隙度的分布

不同沉积相中砂岩的原始孔隙度不同，受成岩蚀变的影响，如压实作用、方解石和白云石的胶结作用、碎屑硅酸盐的溶蚀作用和高岭土化作用以及胶结物的溶蚀作用，砂岩的孔隙度有了不同程度的改变。砂岩的胶结物体积与总粒间孔隙体积的散点图（图 13）表明，粒间孔隙度的下降主要归因于压实作用而不是胶结作用。与具有少量或无胶结物的砂岩相比，斑状方解石（均匀分布）部分胶结的砂岩的压实程度较低。在某些富含塑性的低变质岩岩屑和泥质内碎屑（达 52%）的强制海退体系域砂岩中，压实作用尤为强烈。这种岩屑的异常数量可归因于高能沉积的构造脉动（Miall 和 Arush，2001）。

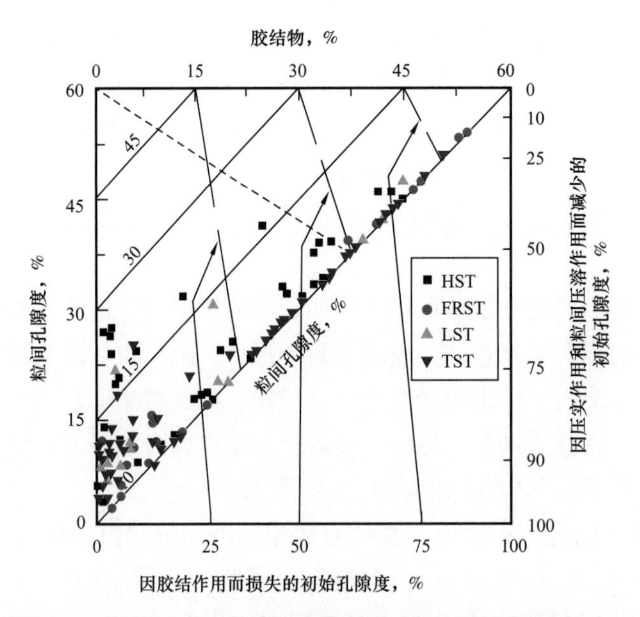

图 13　130 块砂岩样品的胶结物含量与粒间孔隙度的散点图（Houseknecht，1988；修改自 Ehrenberg，1989）

显示在所有体系域中，压实作用比胶结作用更易导致粒间孔隙度降低

在上三角洲前缘砂岩中，普遍、横向广泛的方解石胶结作用导致早成岩期原生孔隙度的迅速降低。与此相反，层序界面之下的砂岩和煤层具有较高的次生粒内和粒间孔隙度。粒内孔隙主要因长石、火山岩碎屑、燧石和碎屑白云石的溶蚀而形成，对有效孔隙度和流体流动的贡献较小。次生粒间孔隙因碳酸盐胶结物的部分溶蚀而形成，其表现为碳酸盐晶体的溶蚀、碳酸盐晶体交代颗粒并被连通孔隙环绕，但难以量化。海侵体系域砂岩中，引起碎屑颗粒和胶结物溶解的孔隙水可能来自富含有机质的泥岩和煤层。

12.6　成岩演化的总结模型

砂岩中早期成岩蚀变的主要控制参数包括岩相、层序地层和碎屑物成分（Morad 等，2000；Reed 等，2005）。上白垩统砂岩的成岩演化经历了 5 种主要的途径（图 14）。成岩演化的总结模型阐明了 FRST、LST、TST 和 HST 中胶结程度较高和较低砂岩的早成岩蚀变的分布（图 14）。重点阐述了煤层和层序界面之下的成岩蚀变，以及胶结程度较高砂岩、孔隙型砂岩和压实砂岩中的成岩蚀变。

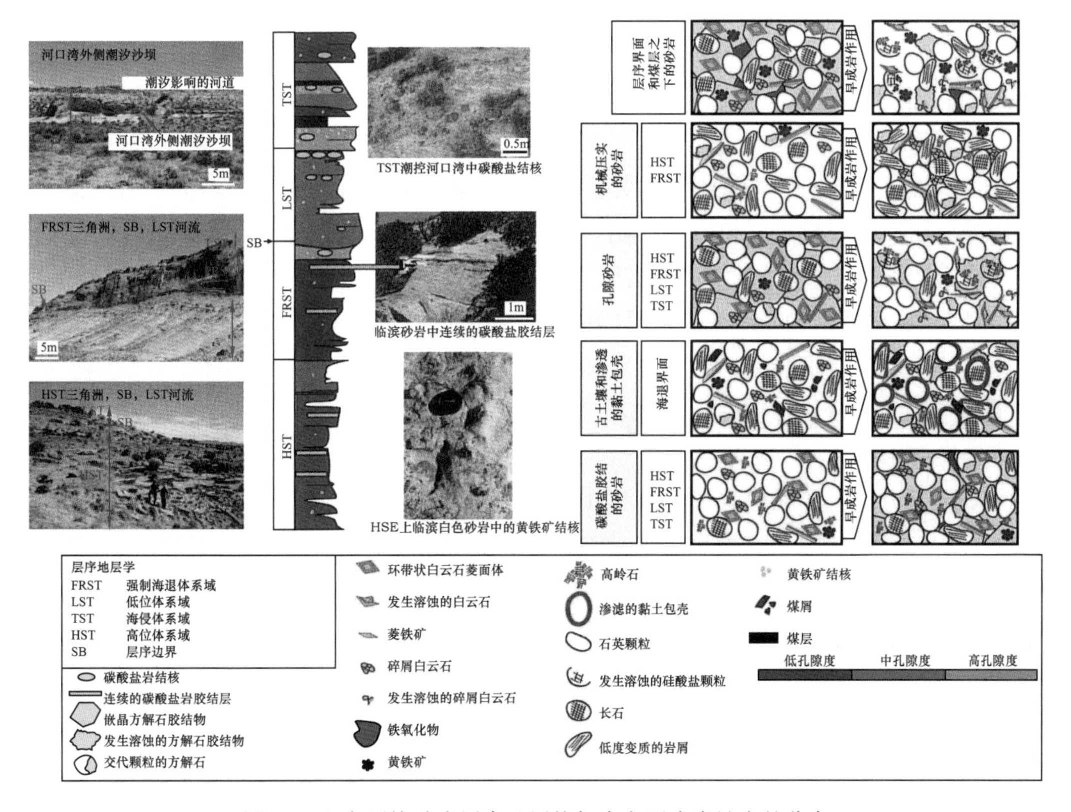

图 14　上白垩统砂岩层序地层格架中主要成岩蚀变的分布

成岩演化在简化的显微照片（右侧）中进行了概述，左侧的野外照片显示了不同类型的体系域和沉积相，右侧的野外照片显示了主要的成岩特征（黄铁矿结核体，结核型和连续型碳酸盐胶结层）。注意：岩性剖面中三种颜色代表不同体系域的孔隙度发育程度

砂岩中最重要的成岩蚀变包括两种碳酸盐胶结模式：连续型胶结层和结核，其受控于沉积环境和体系域类型。碳酸盐结核体分布于河道（低位体系域）和外河口潮坝（海侵体系域）中，其数量和粒度以及白云石和方解石胶结物的含量向海侵面方向表现出向上增加的趋势。碳酸盐胶结物分布的这种趋势可归因于沉积物在洪泛面之下长期滞留，进而促进上覆海水中的溶解碳和 Ca^{2+} 的扩散（Kantorowicz 等，1987；Taylor 等，1995；Morad 等，2000；Ketzer 等，2003a）。所有体系域中的粗粒方解石胶结物都具有微晶习性，后来受大气淡水的影响而发生重结晶作用。

低度岩化的砂岩，尤其是层序界面和煤层之下的砂岩，经历了云母、长石和泥质内碎屑的强烈溶蚀和高岭土化作用，以及碎屑白云石和碳酸盐胶结物的溶蚀。层序界面和煤层（海侵体系域）之下临滨砂岩次生孔隙度的增加可归因于相对海平面下降期的大气淡水渗入以及大气淡水渗入泥炭沉积物时导致有机酸和二氧化碳的生成，这两者共同促进了硅酸盐的溶解（Staub 和 Cohen，1978）。与此相反，在富含低度变质岩岩屑的高位体系域和强制海退体系域样品中，机械压实现象广泛存在并导致假基质的形成。包绕碎屑颗粒的渗滤黏土仅出现于边缘潮坪和沼泽砂岩中，其在海退面附近土壤的形成过程中形成（Moraes 和 De Ros，1990；Ketzer 等，2003b）。

12.7 结论

本文阐述了怀俄明州和犹他州边界上白垩统 Rock Springs 组滨岸砂岩的成岩蚀变分布受沉积相、层序地层和碎屑组分的控制。滨岸硅质碎屑沉积物层序地层格架内成岩蚀变的分布有助于了解这些蚀变的成因，包括：

（1）粗晶—多晶方解石，以分散的结核或连续的胶结层形式出现，是最丰富的胶结物。不同体系域砂岩中胶结物的氧、碳和锶同位素值没有显著差异。各体系域砂岩中的氧和锶同位素值（$\delta^{18}O$=–15.9‰～–3.7‰，$^{87}Sr/^{86}Sr$=0.7095～0.7112）表明，方解石胶结物主要形成于大气水中。

（2）大量方解石胶结的滨岸砂岩层（HST）的存在，以及河道和河口外潮汐坝中结核数量和大小向海泛面增加的趋势，可归因于这些沉积物在海底的停留时间较长，并伴随着来自上覆海水的溶解碳和 Ca^{2+}。这种方解石胶结物的低 $\delta^{18}O$ 值可归因于逐渐埋藏和温度升高过程中方解石胶结物的重结晶或沉淀。

（3）微量微晶方解石与大量粗晶方解石胶结物的密切关系，显示海相微晶方解石胶结物由于大气水作用或埋藏温度升高而发生重结晶作用。这种重结晶作用导致粗晶方解石的形成和同位素值的调整。

（4）早期白云石胶结物的 $\delta^{18}O$ 平均值为 –7.5‰（$\delta^{18}O$=–11‰～–5‰），这表明其形成于大气水中。高位体系域滨岸砂岩中的成岩白云石比强制海退体系域、低位体系域和海侵体系域砂岩中更为丰富，这是由于其在海水—大气水的混合水中沉淀形成。这一过程可通过高位期的前积作用和伴随的大气水侵入滨岸砂岩中而实现。

（5）层序界面和煤层之下白云母、钾长石和泥质内碎屑的普遍溶解和高岭石化，可归因于相对海平面下降期间大气水注入滨岸沉积物中，以及大气水渗入泥炭沉积物中导致有机酸和 CO_2 的生成。

（6）在所有体系域中，压实作用比胶结作用对沉积孔隙的破坏更重要，尤其是在一些富含低度变质的岩屑和泥质内碎屑的强制海退体系域砂岩中。

（7）在退积面成土过程中，仅在边缘潮坪和沼泽砂岩中出现下渗黏土的包壳。

（8）这项工作可作为一个类比模型，用于揭示地下类似序列中的成岩蚀变和相关储层质量的分布。

参考文献

Acharya, C., Sukla, L. and Misra, V.（2003）Biodepyritisation of coal. *J. Chem. Technol. Biotechnol.*, 79, 1–12.

Al–Aasm，I. S.，Taylor，B. E. and South，B.（1990）Stable isotope analysis of multiple carbonate samples using selective acid extraction. *Chem. Geol.*，80，119–125.

Al–Ramadan，K.，Morad，S.，Proust，J. N. and Al–Asam，I.（2005）Distribution of diagenetic alterations in siliciclastic shoreface deposits within a sequence stratigraphic framework：evidence from the Upper Jurassic，Boulonnais，NW France. *J. Sediment. Res.*，75，943–959.

Allen，G. P. and Posamentier，H. W.（1993）Sequence stratigraphy and facies model of an incised valley fill：the Gironde estuary，France. *J. Sediment. Petrol.*，63，378–391.

Burke，W. H.，Denison，R. E.，Hetherington，E. A.，Koepinck，R. B.，Nelson，H. F. and Otto，J. B.（1982）Variation of sea water 87Sr/86Sr throughout Phanerozoic time. *Geology*，10，516–519.

Carothers，W. W.，Adami，L. H. and Rosenbauer，R. J.（1988）Experimental oxygen isotope fractionation between siderite–water and phosphoric acid–liberated CO_2–siderite. *Geochim. Cosmochim. Acta*，52，2445–2450.

Clayton，C. J.（1994）Microbial and organic processes. In：*Quantitative Diagenesis*：*Recent.*
Developments and Applications to Reservoir Geology（Eds A. Parker and B. W. Sellwood），pp. 125–160. Kluwer Academic Publishing，Netherlands.

Dalrymple，R. W.，Zaitlin，B. A. and Boyd，R.（1992）Estuarine facies models–conceptual basis and stratigraphic implications. *J. Sediment. Petrol.*，62，1130–1146.

Davies，J. L.（1964）A morphogenetic approach to world shorelines. *Z. Geomorfol.*，8，127–142.

De Ros，L. F.，Sgarbi，G. N. C. and Morad，S.（1994）Multiple authigenesis of K–feldspar in sandstones：evidence from the Cretaceous Areado Formation，São Francisco Basin，central Brazil. *J. Sediment. Res.*，A64，778–787.

Dutton，S. P.，White，C. D.，Willis，B. J. and Novakovic，D.（2002）Calcite cement distribution and its effect on fluid flow in a deltaic sandstone，Frontier Formation，Wyoming，USA. *AAPG Bull.*，86，2007–2021.

Ehrenberg，S. N.（1989）Assessing the relative importance of compaction processes and
cementation to reduction of porosity in sandstones：discussion：compaction and porosity evolution of Pliocene sandstones，Ventura Basin，California. *AAPG Bull.*，73，1274–1276.

Fortin，D. and Langley，S.（2005）Formation and occurrence of biogenic iron–rich minerals. *Earth Sci. Rev.*，72，1–19.

Friedman，I. and O'Neil，J. R.（1977）Compilation of stable isotopic fractionation factors of
geochemical interest. *U. S. Geol. Surv. Prof. Pap.*，440–KK，12.

Hallam，A.（1984）Continental humid and arid zones during the Jurassic and Cretaceous. *Palaeogeogr. Palaeoclimatol. Palaeoecol.*，47，195–223.

Hansley, P. L. and Whitney, C. G. (1990) Petrology, diagenesis and sedimentology of oil reservoirs in Upper Cretaceous Shannon Sandstone beds, Powder River Basin, Wyoming. *U. S. Geol. Surv. Bull.*, 1917-C, 33.

Houseknecht, D. W. (1988) Intergranular pressure solution in four quartzose sandstones. *J. Sediment. Petrol.*, 58, 228–246.

Kantorowicz, J. D, Bryant, I. D. and Dawans, J. M. (1987) Controls on the geometry and distribution of carbonate cements in Jurassic sandstones : Bridport Sands, southern England and Viking Group, Troll Field, Norway. In : *Diagenesis of Sedimentary Sequences* (Ed. J. D. Marshall) . *Geol. Soc. Lond. Spec. Publ.*, 36, 103–118.

Ketzer, J. M. and Morad, S. (2006) Predictive distribution of shallow marine, low-porosity (pseudomatrix-rich) sands tones in a sequence stratigraphic framework-example from the Ferron sandstone, Upper Cretaceous, USA. *Mar. Petrol. Geol.*, 23, 29–36.

Ketzer, J. M., Morad, S., Evans, R. and Al-Aasm, I. S. (2002) Distribution of diagenetic alterations in fluvial, deltaic and shallow marine sandstones within a sequence stratigraphic framework : evidence from the Mullaghmore Formation (Carboniferous), NW Ireland. *J. Sediment. Res.*, 72, 760–774.

Ketzer, J. M., Holz, M., Morad, S. and Al-Aasm, I. S. (2003a) Sequence stratigraphic distribution of diagenetic alterations in coal-bearing, paralic sandstones : evidence from the Rio Bonito Formation (early Permian), southern Brazil. *Sedimentology*, 50, 855–877.

Ketzer, J. M., Morad, S. and Amorosi, A. (2003b) Predictive diagenetic clay-mineral distribution in siliciclastic rocks within a sequence stratigraphic framework. In : *Clay Mineral Cements in Sandstones* (Eds R. H. Worden and S. Morad) . *Int. Assoc. Sedimentol. Spec. Publ.*, 34, 42–59.

Land, L. S. (1980) The isotopic and trace element geochemistry of dolomite : the state of the art. In : *Concepts and Models of Dolomitization* (Eds D. H. Zenger, J. B. Dunham and R. L. Ethington) . *SEPM Spec. Publ.*, 28, 87–110.

Land, L. S. (1983) The applications of stable isotopes to the study of the origin of dolomite and to problems of diagenesis of clastic sediments. In : *Stable Isotopes in Sedimentary Geology* (Ed. M. A. Arthur) . *SEPM Short Course*, 10, 4.1–4.22.

Lima, R. D. and De Ros, L. F. (2003) The role of depositional setting and diagenesis on the reservoir quality of Late Devonian sandstones from the Solimões Basin, Brazilian Amazonia. *Mar. Petrol. Geol.*, 19, 1047–1071.

Major, R. P. and Wilber, R. J. (1991) Crystal habit, geochemistry and cathodoluminescence of magnesian calcite marine cements from the lower slope of Little Bahama Bank. *Geol. Soc. Am. Bull.*, 103, 461–471.

Miall, A. D. and Arush, M. (2001) The Castlegate Sandstone of the Book Cliffs, Utah : sequence stratigraphy, paleogeography and tectonic controls. *J. Sediment. Res.*, 71, 537–548.

Morad, S. (1998) Carbonate cementation in sandstones ; distribution patterns and geochemical evolution. In : (Carbonate Cementation in Sandstones) (Ed. S. Morad) . *Int. Assoc. Sedimentol. Spec. Publ.*, 26, 1–26.

Morad, S. and Al-Aasm, 1. S. (1997) Conditions for rhodochrosite-nodule formation in Neogene-Pleistocene deep-sea sediments : evidence from O, C and Sr isotopes. *Sediment. Geol.*, 114, 295–304.

Morad, S., Marfil, R., AL-Aasm, L. S. and Gomez, G. D. (1992) The role of mixing-zone dolomitization in sandstone cementation ; evidence from the Triassic Buntsandstein, the Iberian Range, Spain. *Sediment. Geol*, 80., 53–65.

Morad, S., Ketzer, J. M. and De Ros, L. F. (2000) Spatial and temporal distribution of diagenetic alterations in siliciclastic rocks : implications for mass transfer in sedimentary basins. *Sedimentology*, 47, 95–120.

Moraes, M. A. S. and De Ros, L. F. (1990) Infiltrated clays in fluvial Jurassic sandstones of Recôncavo Basin, northeastern Brazil. *J. Sediment. Petrol.*, 60, 809–819.

Plink–BjÖrklund, P. (2008) Wave–to–tide facies change in a Campanian shoreline complex, Chimney Rock Tongue, Wyoming/Utah. In : *Recent Advances in Shoreline–Shelf Stratigraphy.* (Eds G. Hampson, R. Steel, P. Burgess and B. Dalrymple) . *SEPM Spec. Publ.*, 90, 265–291.

Plint, A. G. and Nummedal, D. (2000) The falling stage systems tract : recognition and importance in Sequence stratigraphic analysis. In : *Sedimentary Responses to Forced Regressions* (Eds D. Hunt and R. L. Gawthorpe) . *Geol. Soc. Lond. Spec. Publ.*, 172, 1–17.

Posamentier, H. W. and Allen, G. P. (1999) *Siliciclostic Sequence Stratigraphy–Concepts and Applications. SEPM Concepts Sedimentol. Paleontol.*, 7, 210.

Reed, J. S., Eriksson, K. A. and Kowalewski, M. (2005) Climatic, depositional and burial controls on diagenesis of Appalachian Carboniferous sandstones : qualitative and quantitative methods. *Sediment. Geol.*, 176, 225–246.

Reid, R. P. and Macintyre, I. G. (1998) Carbonate recrystallization in shallow marine environments : a widespread diagenetic process forming micritized grains. *J. Sediment. Res.*, 68, 928–946.

Rosenbaum, J. M. and Sheppard, S. M. F. (1986) An isotopic study of siderites, dolomites and ankerites at high temperatures. *Geochim. Cosmochim. Acta*, 50, 1147–1159.

Shackleton, N. J. and Kennett, J. P. (1975) Late Cenozoic oxygen and carbon isotopic change at DSDP site 284: implications for the glacial history of the Northern Hemisphere. *Ini. Rep. Deep Sea Drilling Proj.*, 29, 801–807.

Staub, J. R. and Cohen, A. D. (1978) Kaolinite–enrichment beneath coals : a modern analog, Snuggedy Swamp, South Carolina. *J. Sediment. Petrol.*, 48, 203–210.

Storms, J. E. A. and Hampson, G. J. (2005) Mechanisms for forming discontinuity surfaces within shoreface–shelf parasequences : sea level, sediment supply, or wave regime ? *J. Sediment. Res.*, 75, 67–81.

Taylor, K. G., Gawthorpe, R. L. and Van Wagoner, J. C. (1995) Stratigraphic control on laterally persistent cementation, Book Cliffs, Utah. *J. Geol. Soc. Lond.*, 152, 225–228.

Taylor, K. G., Gawthorpe, R. L., Curtis, C. D., Marshall, J. D. and Awwiller, D. N. (2000) Carbonate cementation in a sequence–stratigraphic framework : Upper Cretaceous sandstones, Book Cliffs, Utah, Colorado. *J. Sediment. Res.*, 70, 360–372.

Taylor, K. G., Gawthorpe, R. L. and Fannon–Howell, S. (2004) Basin–scale diagenetic alteration of shoreface sandstones in the Upper Cretaceous Spring Canyon and Aberdeen Members, Blackhawk Formation, Books Cliffs, Utah. *Sediment. Geol.*, 172, 99–115.

Van Wagoner, J. C., Mitchum, R. M., Campion, K. M. and Rahmanian, V. D. (1990) Siliciclastic Sequence Stratigraphy in Well Logs, Cores and Outcrops. *AAPG Meth. Explor.* Ser., 7, 1–55.

Walker, T. R. (1967) Formation of red beds in modern and ancient deserts. *Geol. Soc. Am. Bull.*, 78, 353–368.

Weissert, H. and Mohr, H. (1996) Late Jurassic climate and its impact on carbon cycling. *Palaeogeogr. Palaeoclimatol. Palaeoecol.*, 122, 27–43.

13 成岩作用和孔隙保存/破坏与层序地层关系研究——以沙特阿拉伯东部Jauf组（中上泥盆统）凝析气藏砂岩为例

Khalid Al–Ramadan[1]，Sadoon Morad[2]，A. Kent Norton[3]，Michael Hulver[3]

1. Department of Earth Sciences，Uppsala University，Villav agen 16，SE–752 36 Uppsala，Sweden（E–mail：ramandank @ kfupm.edu.sa）

2. Department of Petroleum Geosciences，the Petroleum Institute，P.O. Box 2533 Abu Dhabi，United Arab Emirates

3. Saudi Aramco，Dhahran 31311，Saudi Arabia

摘要 本次研究试图分析沙特阿拉伯东部泥盆系Jauf组中深部凝析气藏砂岩储层（现今埋深4154～5130m）的成岩演化在孔隙保存和破坏中的作用。通过将成岩蚀变的分布与砂岩沉积相和体系域联系起来可实现上述研究目标。早成岩蚀变（埋深<2km，温度<70℃）包括：（1）海侵体系域和高位体系域潮汐河口湾砂岩中颗粒环边黏土的形成；（2）含铁白云石/铁白云石的胶结作用，尤其是在最大海泛面之下的海侵体系域潮汐河口湾砂岩中；（3）高位体系域砂岩中云母、泥质内碎屑和长石的溶蚀与高岭石化作用，其受控于相对海平面下降期的大气水溶蚀。

中成岩蚀变（埋深>2km，温度>70℃）包括颗粒环边伊利石、绿泥石和石英、含铁白云石/铁白云石、菱铁矿胶结物的形成。氧同位素（$\delta^{18}O_{PDB}$=+9.1‰）与伊利石年龄（101Ma）表明其为在演化的地层水（$\delta^{18}O_{SMOW}$=+1.2‰）中沉淀形成的。石英次生加大在临滨—滨岸平原和高位体系域砂岩（颗粒黏土包壳不发育）中最为常见，而石英生长物主要形成于海侵体系域和高位体系域潮汐河口湾砂岩（颗粒环边黏土发育）中。

储集性能最好的砂岩出现于海侵体系域、高位体系域中受潮汐影响的水道和河口湾中，而储层质量遭受严重破坏的砂岩多出现于高位体系域的临滨中。海侵体系域和高位体系域潮汐河口砂岩储层质量保存好的原因主要是颗粒环边黏土的大量发育，它们阻止了石英生长物胶结作用的发生。本次研究表明：将成岩作用与层序地层学研究结合起来，将更好地解释和预测成岩蚀变对潮汐河口湾和临滨砂岩储层质量时空分布的影响。

关键词 潮汐；临滨；砂岩；成岩作用；储层质量；层序地层学

13.1 引言

砂岩早成岩蚀变（埋深<2km，温度<70℃）（Morad 等，2000）的类型与分布样式受控于多种因素，包括原始碎屑组分、古气候条件、沉积环境和相对海平面变化（Morad 等，2000；Worden 和 Burley，2003）。砂粒沉积结构和原始矿物组分控制了砂岩的机械与化学性质，并由此控制了它们在压实和矿物—孔隙水相互反应过程中的行为（Bloch，1994；De Ros 等，1994）。沉积环境和相对海平面变化控制了孔隙水化学组分以及矿物—孔隙水相互反应的类型和程度（Morad 等，2000；Taylor 等，2000；Ketzer 等，2002；Al-Ramadan 等，2005）。相应地，早成岩蚀变对中成岩蚀变（埋深>2km，温度>70℃）（Morad 等，2000）产生了重要的影响，并因此影响了储层质量演化的路径（Morad 等，2000；Ketzer 等，2003a）。

近期研究表明，将早成岩蚀变与层序地层学结合起来进行研究是可能的，因为控制成岩作用及对砂岩储层质量演化影响的因素同样受控于相对海平面变化和沉积速率（Morad 等，2000），这些因素包括：（1）孔隙水化学性质，可在大气水、海水、蒸发卤水和微咸水之间转变（McKay 等，1995；Morad 等，2000）；（2）碎屑组分，尤其是考虑到盆内颗粒的成分和类型，包括泥质内碎屑、碳酸盐生物碎屑和海绿石颗粒（Amorosi，1995；Zuffa 等，1995）；（3）海底之下和近地表暴露面特定地球化学条件下沉积物的停留时间及成岩作用持续时间，这些分别为海侵与海退过程中沉积物供应速率改变（Taylor 等，1995；Morad 等，2000）引起的结果（Wilkinson，1989）。

由于压实作用和石英的胶结作用，储层孔隙度和渗透率一般会随着埋深增加而明显降低（Worden 和 Morad，2000；Bloch 等，2002），然而，在某些情况下，深部砂岩储层发育异常高孔隙度（埋深>4km 的孔隙度高达 25%）（Ryan 和 Reynolds，1996；Anjos 等，2003）。深埋砂岩储层孔隙的保存可能与石英胶结物不发育有关，除去骨架组成（例如石英质）具备力学稳定性外，还包括其他原因：（1）颗粒环边矿物的形成（主要是绿泥石、伊利石和微晶石英）阻止了石英次生加大的胶结作用（Moraes 和 DeRos，1990；Ehrenberg，1993；Aase 等，1996；Anjos 等，2003；Al-Ramadan 等，2004）；（2）深埋条件下较短的停留时间（Sombra 和 Chang，1997；Bloch 等，2002）；（3）超压，减小了机械压实和化学压实的强度（Bloch 等，2002）。因此，在沉积环境特别是层序地层学的背景下，阐明和预测颗粒环边矿物的分布抑制了砂岩中的石英胶结，从而保持了储层质量，这些虽未在已发表文献中充分阐述，但对油气勘探与生产是十分重要的（Heald 和 Larese，1974；Ehrenberg，1993；Bloch 等，2002）。

本文主要目的是阐明并讨论沙特阿拉伯东部泥盆系 Jauf 组中砂岩中成岩蚀变的分布，特别是颗粒环边的伊利石、石英胶结物和化学压实作用对储层质量演化的影响及与沉积相、体系域的关联（图 1）。该方法有望提高对浅海砂岩孔隙保存时空分布的理解和预测。

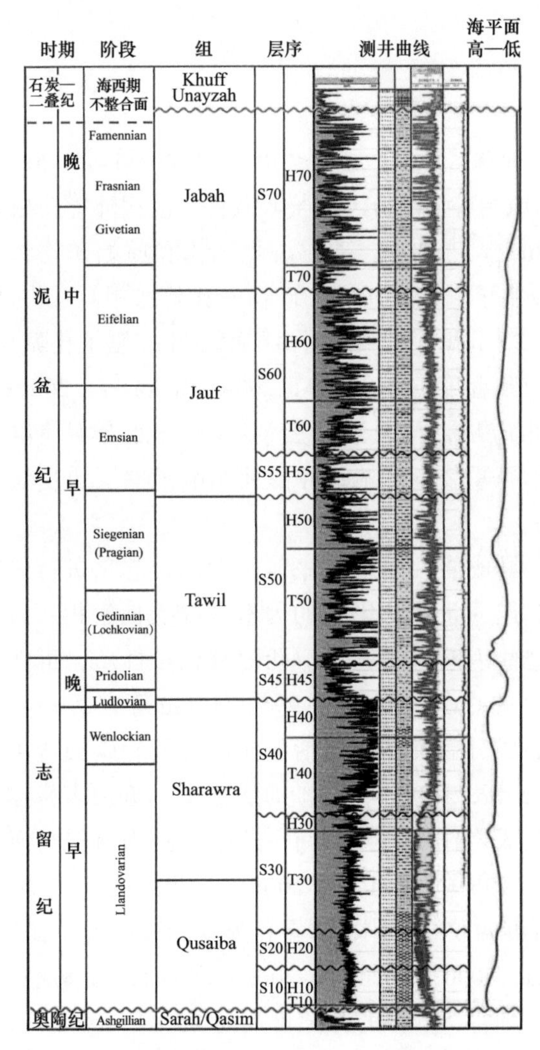

图 1　沙特阿拉伯东部省志留系—泥盆系地层柱状图

显示 Jauf 砂岩在地层中的位置，伽马曲线、密度和声波测井均在一口代表井中显示

（2002 年由泥盆系研究团队编辑，RMSSD）

13.2　地质背景、沉积相与层序地层学

沙特阿拉伯东部中—下泥盆统 Jauf 组中发现了一个重要的凝析气藏，圈闭类型为构造与岩性圈闭。Jauf 组主要为浅海碎屑沉积物，位于冈瓦纳大陆北东边缘前陆盆地内阿拉伯板块宽缓陆棚上。泥盆纪阿拉伯板块位于 30°S～40°S 之间。烃源岩是 Qusaiba“热页岩”（厚度达 70m），发育在志留系 Qalibah 组 Qusaiba 段底部（图 1）（Cole 等，1994；Abu-Ali 等，1999）。盖层或是上覆二叠系 Khuff 组中的页岩和白云岩，或是上覆石炭系 Jauf 组内的钙质页岩（Wender 等，1998；Norton 等，2000）。

Jauf 组在东沙特阿拉伯地区广泛分布（图 2 和图 3）。在一些地区，如沿着 Ghawar 山顶，由于沙特阿拉伯中—晚白垩世的挤压运动，Jauf 组抬升并遭受剥蚀，这与北美、欧洲海西运动相一致（Wende1 等，1998；Norton 等，2000）。在覆盖区，Jauf 组被分为三段，与已定义的三级层序相一致，包括下部的高位体系域、中部的海侵体系域和上部的高位体系域（图 3）。这些层序可与沙特阿拉伯西北地区 Jauf 组露头剖面岩性进行对比（图 2）（A1–Hajri 等，1999），最明显的区别是地表下缺乏碳酸盐岩（Rahmani 等，2003）。

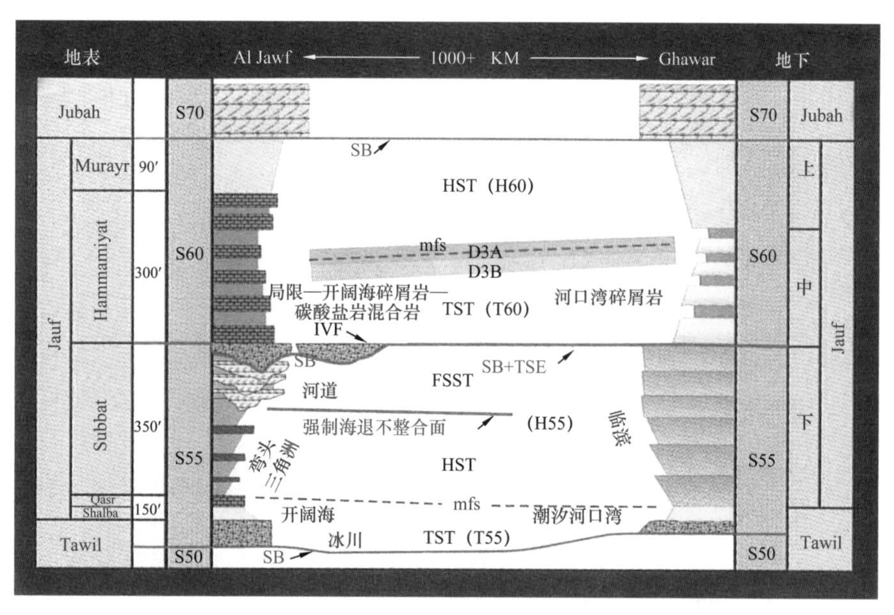

图 2　东西向剖面显示地表—地下 Jauf 组的沉积环境与层序地层格架（据 Rahmani 等，2003）

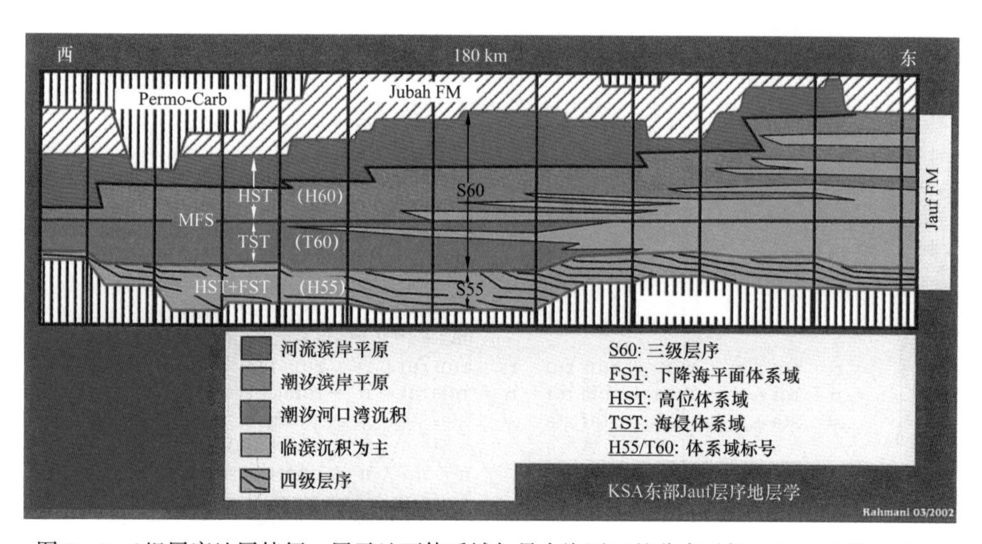

图 3　Jauf 组层序地层特征，展示地下体系域与最大海泛面的分布（据 Rahmani 等，2003）

Jauf 组下段由高位体系域临滨沉积物组成［图 4（a）］，中段由海侵体系域中潮汐作用影响的河口坝组成，上段由高位体系域潮汐河口湾及上覆滨岸平原组成［图 4（b）］（Rahmani 等，2003）。下段被认为主要是下降阶段体系域（FSST，Rahmani 等，2003）。海侵体系域顶部是一个重要的标志层，因为它恰恰发育在储层的顶部，且在岩心、岩屑及测井数据中为易识别的细粒层（非正式地称为 D3B，图 1），表现为伽马值急剧增大，出现单一“Jaufensis”光面球藻孢粉，被解释为最大海泛面（MFS；A1–Hajri 等，1999）。

伴随泥盆系的快速埋藏，沉积体经历了石炭纪抬升，然后是缓慢埋藏。埋藏速率到现今持续增大（现今埋深 5km，温度 170℃）。埋藏史曲线（Co1e 等，1994）（图 5）表明泥盆系早在三叠纪便进入了生油窗（R_e=0.5%～0.7%，温度＞80℃），早白垩世进入生气窗（R_e＞1.0%，温度＞105℃）。

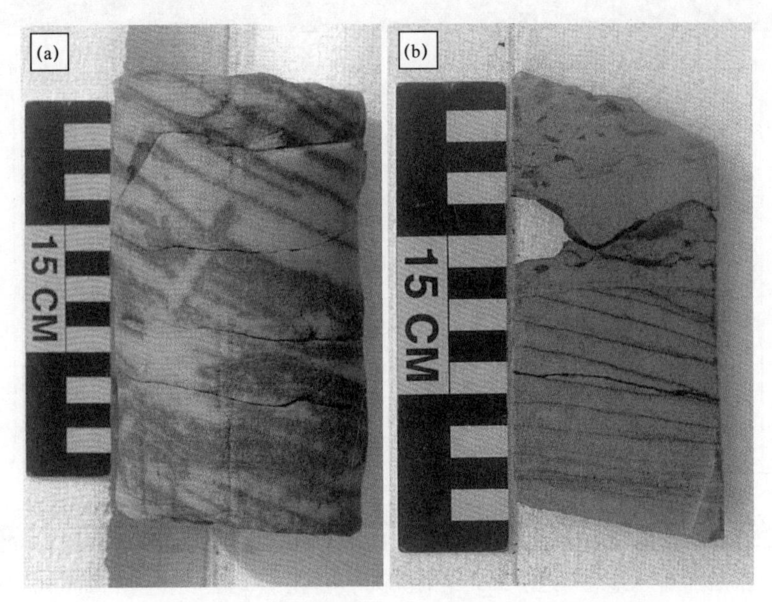

图 4　岩心照片：（a）高位体系域临滨砂岩，被石英强烈胶结。

（b）高位体系域潮汐河口砂岩中发育的潮汐束结构

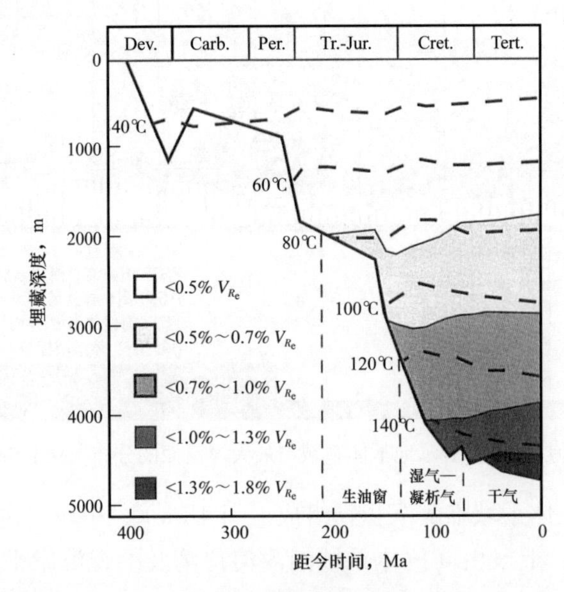

图 5　沙特阿拉伯泥盆系（包括 Jauf 组）的埋藏与热演化史曲线（修改自 Cole 等，1994）

V_{R_e}—等效镜质组反射率

13.3 样品与研究方法

从 6 口井中优选了 190 块代表性岩心样品，涵盖不同的沉积相与体系域，用于制备蓝色铸体薄片。通过对 132 个薄片 300 个点计数进行特征分析。对 25 个镀金薄片进行扫描电镜分析（SEM），以获取结构、孔隙大小分布、成岩蚀变和产物的共生关系。利用高灵敏性阴极发光显微镜（CL）（Ramseyer 等，1989）分析不同石英胶结物的环带结构。

代表海侵体系域和高位体系域的 21 个薄片经过喷碳处理，使用配备有 3 个能谱及背散射电子探头（BSE）的 Cameca SX50 设备进行电子微探针分析（EMP）。实验条件是 20kV 的加速电压，10nA（碳酸盐矿物）至 15nA（硅酸盐矿物）束流，1～5μm 束斑。标准计数次数：硅酸钙矿物（Ca，10s）、刚玉（Al，20s）、MgO（Mg，10s），菱锶矿（Sr，10s）、$MnTiO_3$（Mn，10s）和赤铁矿（Fe，10s）。所有胶结物的分析精度高于 0.1%（质量分数）。

为测定碳酸盐岩的碳、氧同位素，将 11 个样品置于温度 50℃、浓度 100% 磷酸中充分反应，其中，含铁白云石 / 铁白云石作用时间为 24h，菱铁矿 6d（AI-Aasm 等，1990），然后利用 Delta 质谱仪对碳酸盐岩释放的 CO_2 进行分析。含铁白云石 / 铁白云石使用的磷酸分离系数是 1.01060，菱铁矿的磷酸分离系数是 1.010454（Rosenbaum 和 Sheppard，1986）。校正时假定 VPDB-CO_2 在 25℃、100% 磷酸溶液中分离系数是 1.01025。

对 2 块砂岩样品中的伊利石开展稳定氧同位素分析，以提供地质历史时期古流体的温度和组分。正式分析之前将黏土加热至 90℃，恒温 4h 除去非结构水。反应釜与管路被抽真空，首先粗抽，然后高真空细抽，利用液氮将五氟化溴冰冻并整体转入反应釜中，然后将反应釜在 550℃下恒温 14h，这种方法最早由 Clayton 和 Mayeda（1963）提出。利用内部加热的石墨棒将氧元素转换成 CO_2，并进行定量收集。收集到的气体的同位素组成分析在双入口模式的 Finnigan MAT252 质谱仪完成，对照根据 NBS19 校准的实验室标准气体（$\delta^{13}C_{VPDB}$=1.95‰；$\delta^{18}O_{VPDB}$=-2.2‰）。

为了进行伊利石测年，用锤子将样品压碎成最大直径小于 10mm 的碎片，然后利用重复冰融技术将其分离，以避免人为因素造成岩石组分的减少和细粒含钾矿物（如钾长石）的污染（Liewig 等，1987）。根据 Stokes 方程，利用去离子水重力沉降原理将粒径小于2μm 的碎片分离出来。使用飞利浦公司的 EPD 1700 和 CSRIO 的 XPLOT 软件，依据 X 衍射方法对自然风干的样品和乙二醇处理的样品进行矿物成分分析，从而确定伊—蒙混层中蒙皂石的比例。钾含量通过 Cs 的离子抑制后自动吸附确定。使用 HF 和 HNO_3 将 100～200mg 的整块样品溶蚀（Heinrichs 和 Herrmann，1990），2 个重约 50mg 的块样也使用 HF 和 HNO_3 进行溶蚀（Heinrichs 和 Herrmann，1990）。溶液中的样品稀释成钾含量为 0.3～1.5mg/L，用于原子吸附分析。所有样品和标准样品钾含量重复性测试系统误差小于 2%。钾空白值用钾含量 0.33mg/L 的溶液测定。K-Ar 年龄通过 ^{40}K 丰度和衰减系数计算获得，这一方法是 Steiger 和 Jager（1977）提出的。年龄的不确定性考虑了样品称重、$^{38}Ar/^{36}Ar$ 和 $^{40}Ar/^{38}Ar$ 测量以及钾分析中的误差。K-Ar 年龄符合正态分布，误差小于 2σ。

为了测定 2 个石膏胶结砂岩样品的硫同位素比值，通过蒸馏、煮沸方式对 SO_4^{2-} 进行提取，然后采集硫酸盐转变的 $BaSO_4$ 以及常规的 BrF_5，利用 Finnigan 公司 MAT252 质谱仪对硫同位素进行分析，且每个样品分析两遍。$\delta^{34}S$ 值基于 VCDT 标准。

使用 JEOL JEM 2010 200KV 透射电镜（TEM）对 2 个独立的、直径＜2μm 黏土的矿物分异、形态及颗粒尺寸分布的控制因素进行详细表征分析。将一滴含黏土溶液加载到微碳晶格薄膜上且在空气中进行风干，使用附加的能谱系统测量单个颗粒的矿物学特征。利用西门子 D5000 衍射仪对 5 个代表性的砂岩样品的细组分（＜20μm）进行了 X 射线衍射分析，并利用安装在 Leitz Ortholux Ⅱ岩石显微镜上的 Linkam MDS 600 流体包裹体冷热装置对石英胶结物内的流体包裹体进行微区测温分析，温度测试依据 Shepherd 等（1985）提出的流程。

利用氮气渗透率仪对 190 个直径 3.8cm 的岩心柱塞进行孔隙度和渗透率测量。每个样品的氮气孔隙度和渗透率测量时围压分别是 100psi 和 400psi。在测量之前，对岩心柱塞进行仔细检查确定是否发育薄层微裂缝，在油分离器中进行清洗并在真空干燥箱中干燥，温度设置为 60℃，时间为 24h。

13.4　砂岩的骨架组分

砂岩是细—中粒、中等—好分选的石英砂岩和次长石砂岩（图 6）。石英颗粒主要由单晶组成，还有少量的多晶石英（＜1%）。在所研究的沉积相和沉积体系中钾长石含量高于斜长石（微量～13%，表 1），岩屑（主要是低级变质）含量很小，云母（主要是黑云母）在细粒砂岩中常见，主要是沿水平纹层局部富集（最高达 27%，表 1）；泥质内碎屑含量变化大（0～39%），特别是在海侵体系域潮汐河口湾砂岩中（表 1）。重矿物主要为少量分散状的锆石和绿帘石颗粒。

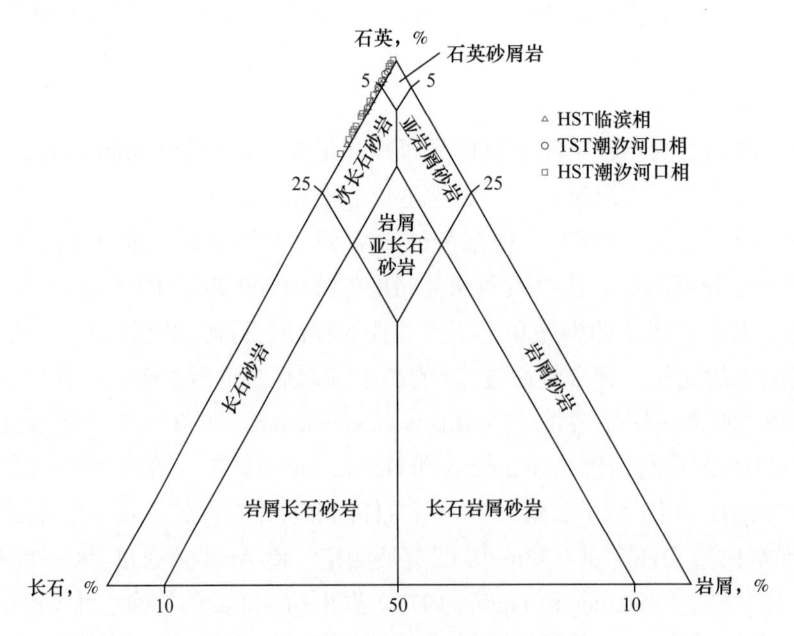

图 6　Jauf 砂岩中主要碎屑组分与分类

亚长石岩屑砂岩在海侵体系域与高位体系域潮汐河口的发育程度高于高位体系域临滨砂岩

表 1　高位体系域临滨—滨岸平原和潮汐河口湾砂岩与海侵体系域潮汐河口湾砂岩中碎屑颗粒、成岩组分、孔系类型和渗透率总结分析

项目	HST（n=37）				HST（n=23）				TST（n=54）				MFS（n=5）			
	临滨—滨岸平原				潮汐河口				受潮汐影响的河道及河口				潮汐河口			
	均值	最小值	最大值	标准方差	均值	最小值	最大值	标准方差	均值	最小值	最大值	标准方差	均值	最小值	最大值	标准方差
石英	68.7	44.5	80.5	9.3	67.4	49.5	84.5	8.0	68.1	51.5	89.0	7.1	59.9	33.5	74.5	18.8
长石	1.3	—	10.5	2.5	4.1	—	12.0	4.4	2.1	—	13.0	2.9	2.0	1.0	5.0	2.0
云母	0.9	—	9.0	2.0	2.1	—	27.0	5.6	0.4	—	2.5	0.6	0.5	—	1.5	0.7
泥质内碎屑	2.7	—	15.0	4.3	5.5	—	23.0	7.9	9.7	—	39.0	10.2	7.6	2.0	15.5	6.3
假基质	0.9	—	5.0	1.4	0.3	—	2.0	0.6	0.9	—	3.5	1.0	0.8	—	2.0	1.0
伊利石化云母 / 长石	1.1	—	12.0	3.1	0.4	—	2.5	0.8	1.3	—	10.5	2.3	—	—	—	—
伊利石环边	—	—	—	—	4.5	—	11.0	4.1	3.5	—	17.5	3.9	—	—	—	—
高岭石	5.3	—	27.5	7.5	—	—	—	—	—	—	—	—	—	—	—	—
绿泥石	—	—	0.5	0.1	1.0	—	5.5	1.7	—	—	0.5	0.1	—	—	—	—
石英增生	—	—	1.0	0.2	5.8	—	24.0	6.6	5.9	—	28.0	7.0	—	—	—	—
石英次生加大	13.6	—	25.5	6.8	1.5	—	18.5	4.2	2.3	—	14.0	3.7	2.6	—	6.5	3.0
铁白云石	0.1	—	1.5	0.4	0.1	—	1.5	0.3	1.0	—	17.0	2.7	18.5	2.0	30.0	12.2
交代的铁白云石	—	—	—	—	—	—	—	—	0.8	—	12.0	2.0	7.5	3.0	14.0	4.8

续表

项目	HST（n=37）				HST（n=23）				TST（n=54）				MFS（n=5）			
	临滨—滨岸平原				潮汐河口				受潮汐影响的河道及河口				潮汐河口			
	均值	最小值	最大值	标准方差	均值	最小值	最大值	标准方差	均值	最小值	最大值	标准方差	均值	最小值	最大值	标准方差
菱铁矿	0.2	—	1.5	0.4	0.3	—	2.0	0.5	0.1	—	1.5	0.4	—	—	—	—
交代的菱铁矿	0.2	—	2.0	0.4	0.4	—	2.0	0.5	0.3	—	2.0	0.6	—	—	—	—
黄铁矿	0.1	—	1.0	0.2	0.4	—	2.0	0.5	0.1	—	2.5	0.4	—	—	—	—
硬石膏	1.4	—	27.5	4.6	3.1	—	25.0	7.4	—	—	—	—	—	—	—	—
赤铁矿	1.0	—	11.0	2.6	—	—	—	—	—	—	—	—	—	—	—	—
粒间体积	14.2	1.0	26.8	7.1	14.0	—	29.0	8.6	13.0	—	31.0	7.5	21.2	8.5	30.3	10.0
粒间孔隙度	1.4	—	4.5	1.6	1.2	—	7.0	1.7	1.0	—	5.0	1.4	—	—	—	—
印模孔隙度	0.2	—	1.0	0.4	0.6	—	3.0	0.9	1.6	—	7.5	2.1	—	—	—	—
粒内孔隙度	0.6	—	3.0	0.8	1.3	—	4.0	1.2	0.7	—	3.0	0.8	—	—	—	—
微孔孔隙度	4.1	0.5	8.5	2.6	5.7	1.5	13.5	3.3	5.2	0.1	11.1	2.8	3.6	1.7	4.5	1.3
氦气孔隙度	6.5	0.7	13.7	3.2	8.8	1.5	20.9	5.4	8.4	0.2	17.1	3.8	3.6	1.7	4.5	1.3
渗透率，mD	3.8	—	20.2	5.7	3.6	0.2	12.2	3.8	7.6	0.2	154.0	25.0	5.4	0.2	20.9	10.3

13.5 成岩作用与产物

13.5.1 机械压实与化学压实

机械压实作用除表现为矿物的再排列外，石英与长石之间的云母片和泥质内碎屑发生变形［图 7(a)］并形成假杂基［图 7(b)］。化学压实作用（压溶作用）表现为：（1）石英颗粒间为平直状、凹凸状或缝合线状接触，颗粒发育典型的伊利石环边；（2）石英与云母颗粒间平直接触；（3）黑云母贯穿石英颗粒；（4）缝合线，平行于层理或原始沉积构造［图 7（c）］，在高位体系域临滨砂岩中更常见，且常沿云母质层理发育［图 7（d）］。

图 7 （a）大量伊利石化的泥质内碎屑与云母，高位体系域临滨砂岩，正交偏光照片。（b）变形的泥质内碎屑，促进海侵体系域潮汐河口湾砂岩中假杂基的形成，BSE 图像。（c）缝合线（箭头指示），高位体系域临滨细粒砂岩，岩心照片。（d）沿云母水平层发育的粒间压溶现象，高位体系域滨岸细粒砂岩，光学显微镜照片

13.5.2 高岭石

高岭石以页状和蠕虫状多晶组成的斑块（粒径 200～900μm）出现。高岭石具有细晶（粒径＜3μm）和粗晶（粒径最大 9μm）［图 8（a）］生长习性，仅在高位体系域临滨—滨岸平原砂岩中发育（0～28%，平均 5%），而在高位体系域和海侵体系域潮汐河口湾砂岩中不发育。高岭石斑块部分或完全交代了云母、长石和泥质内碎屑，含有大量的晶间微孔。云母的高岭石化常伴随着小晶体沿解理面的假晶交代，形成了扇形叶片，其膨胀后变

成的手风琴状聚集体填充了相邻的孔隙。长石高岭石化形成的斑块比云母高岭石化形成的斑块小一些，但轮廓清晰且为圆形，局部含有微小的长石残留物。交代泥质内碎屑形成的高岭石斑块较大（可达 900μm），含有泥质碎屑残留和粉砂级的石英颗粒。

随机排列的粉末样品的 XRD 分析揭示了高岭石和迪开石多晶的存在。迪开石可通过 2.50Å 和 2.32Å 的衍射峰与高岭石区分［图 8（b）］，多以块晶集合体（5～20μm）蠕虫状堆积的形式出现，含有高岭石蚀刻残留结构。高岭石被后期的石英次生加大边包绕［图 8（c）和图 8（d）］。迪开石在高位体系域临滨中—粗粒砂岩中最常见，这类砂岩中长石与云母含量低。

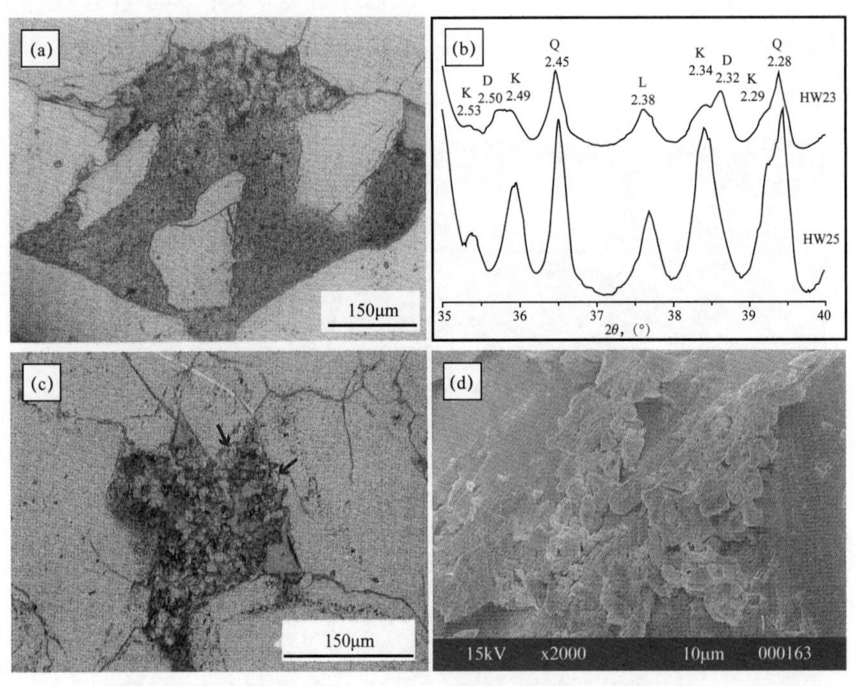

图 8 （a）含大量微孔的高岭石斑块，交代了泥质内碎屑，高位体系域临滨砂岩，PPL。（b）高岭石的 XRD 分析，显示 2 个典型迪开石的强反射峰（2.50Å 和 2.32Å），高位体系域临滨砂岩。（c）迪开石晶体（5～20μm）被石英次生加大边（箭头）包绕，高位体系域临滨砂岩，PPL。（d）块状迪开石，SEM 照片

13.5.3 伊利石

伊利石以颗粒环边、条纹或交代颗粒的晶体形式产出。环边状伊利石由片状［图 9（a）］和席状晶体、纤维条纹［图 9（b）］和蜂窝状集合体［图 9（c）］组成，主要发育在海侵体系域受潮汐影响的水道和河口湾砂岩（平均 4%，0～18%）与高位体系域潮汐河口湾砂岩中（平均 5%，0～11%，表 1）。片状晶体构成的伊利石环边沿颗粒表面切线方向定量排列，且常与之分离［图 9（a）］，这些伊利石环边沿颗粒接触面发育。蜂窝状伊利石（直径 5μm）显示出卷曲状边界与纤维状终端（terminations）［图 9（c）］，发育纤维状终端（最长达 30μm）的纤维状和席状晶体多垂直颗粒表面排列［图 9（b）和图 9（d）］，且在多数情况下堵塞孔喉。纤维状伊利石覆盖在光学显微镜都无法观察到的极细颗粒环边黏

土上。与纤维状伊利石不同，片状伊利石发育在颗粒之间接触面上［图 9（e）］。纤维状伊利石条纹在含有钠长石化钾长石的砂岩中最多。在某些砂岩中，伊利石环边由席状的网状组织组成［图 9（f）］。在某些情况下，蜂窝状伊利石被纤维状伊利石覆盖［图 10（a）］。伊利石被石英次生加大边、菱铁矿和硬石膏包绕。

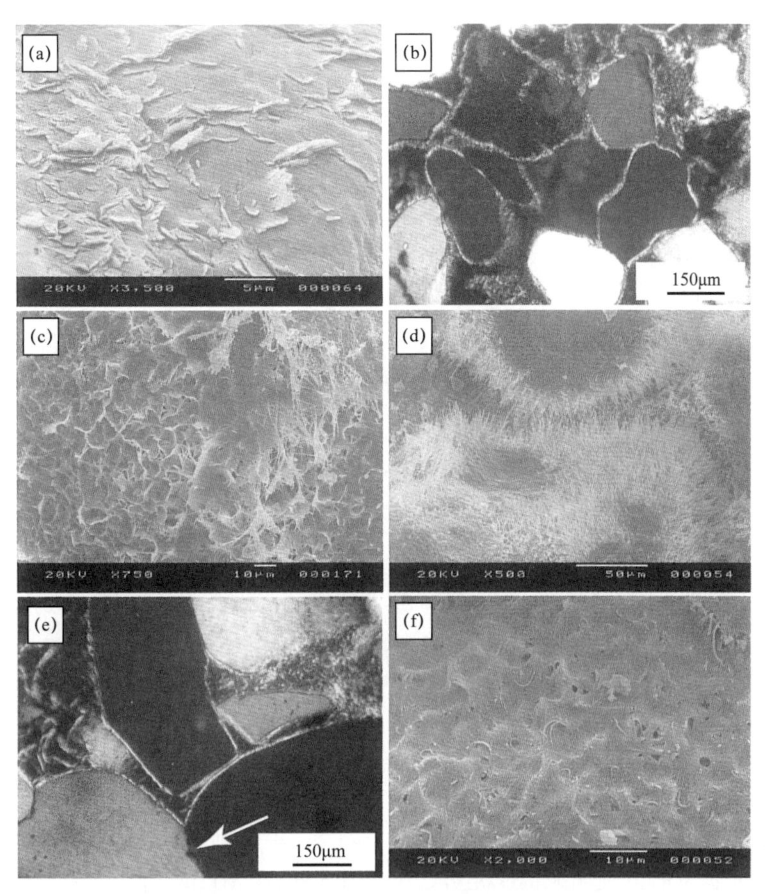

图 9 （a）颗粒的伊利石环边可见片状晶体沿切线方向排列并脱离颗粒表面，高位体系域潮汐河口湾砂岩，SEM 照片。（b）颗粒环边纤维状伊利石，高位体系域潮汐河口湾砂岩，XPL。（c）伊利石条纹见残余的蜂窝状形态与叶片状端点，海侵体系域潮汐河口湾砂岩，SEM 照片。（d）伊利石纤维状条纹堵塞了孔喉，高位体系域潮汐河口湾砂岩，SEM 照片。（e）伊利石纤维状条纹在粒间接触面处消失，高位体系域潮汐河口湾砂岩，XPL。（f）席状伊利石环绕骨架颗粒，海侵体系域潮汐河口湾砂岩，SEM 照片

伊利石交代了高岭石化的长石、泥质内碎屑［图 7（a）］和云母［图 10（e）和图 10（f），表 1］，表现为书页状和蠕虫状假晶结构［图 10（c）］，此类伊利石在高位体系域砂岩中比海侵体系域砂岩中更为常见。颗粒环边与交代颗粒的伊利石含有大量微孔［图 10（e）和图 10（f）］。不同体系域中伊利石的形态没有系统的变化。对富伊利石砂岩中小于 2μm 的组分进行 XRD 分析，表明存在 2M1 多型体，不含蒙脱石。对砂岩样品纤维状伊利石 K/Ar 定年测试结果为 101Ma ± 2Ma（早白垩世 Albian 阶），砂岩样品中伊利石的 $\delta^{18}O_{VSMOW}$ 值为 +9.1‰。

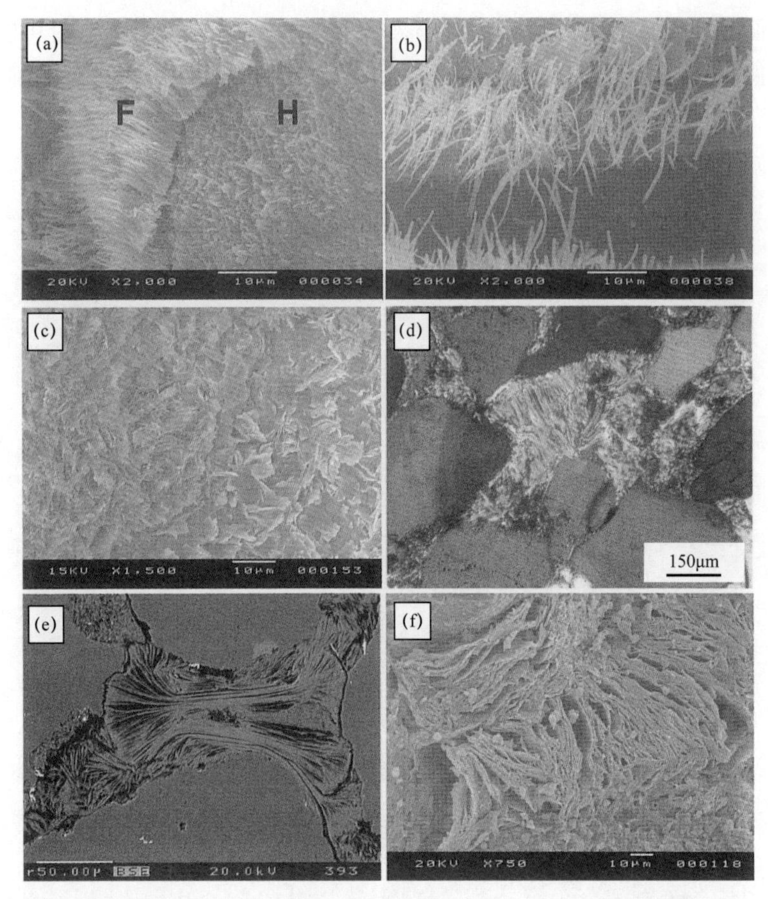

图 10 （a）颗粒环边的蜂窝状伊利石（H）被纤维状伊利石条纹（F）覆盖，海侵体系域潮汐河口湾砂岩，SEM 照片。（b）纤维状伊利石被后期石英加大边包绕，高位体系域潮汐河口湾砂岩，SEM 照片。（c）书页状与蠕虫状伊利石交代了高岭石，海侵体系域潮汐河口湾砂岩，SEM 照片。（d）伊利石化的云母先被高岭石交代并被扩展，注意沿云母解理面发育的大量微孔，XPL 照片。（e）和（f）伊利石化的黑云母，推断前期可能经历了高岭石化作用，证据为充填邻近孔喉的扇状边缘，高位体系域潮汐河口湾砂岩，分别为 BSE 与 SEM 图像

13.5.4 绿泥石

绿泥石形成了由垂直于骨架颗粒［图 11（a）和图 11（b）］的片状晶体组成（最宽为 10μm）的条纹，在高位体系域潮汐河口湾砂岩中的含量（0～6%，平均 1%）比海侵体系域和高位体系域临滨—滨岸平原砂岩中的含量（0～0.5%，平均 0.1%，表 1）高。绿泥石也以厚度变化（＜1～15μm）的颗粒环边形式产出，在某些情况下沿颗粒接触面消失［图 11（a）和图 11（c）］。在光学显微镜下很难识别沿颗粒之间接触面连续出现的前驱黏土环边，但电子探针分析（EMP）显示其穿过石英颗粒边界，如 Al 及少量的 Fe、Mg、K、Ca 和 Na 的存在［图 11（d）］，但无法对这些超薄的环边（厚度＜1μm）进行定量分析。片状绿泥石（粒径达 10μm）也可交代泥质内碎屑。颗粒溶蚀之后形成的铸模孔的环边上发育绿泥石双条纹，溶蚀的颗粒可能是碎屑重矿物［图 11（e）］。

EMP 分析揭示交代颗粒的绿泥石的 Fe/Mg 值［$Fe_{5.11}Mg_{1.14}Al_{4.43}(Si_{6.22}A1_{1.78})O_{10}(OH)_{18}$］

比颗粒环边的绿泥石［$Fe_{3.33}Mg_{2.75}Al_{4.44}(Si_{6.44}Al_{1.56})O_{10}(OH)_{18}$］要高一些。绿泥石条纹被后期的伊利石、硬石膏、菱铁矿和石英次生加大边等覆盖或包绕［图 11（f）］。

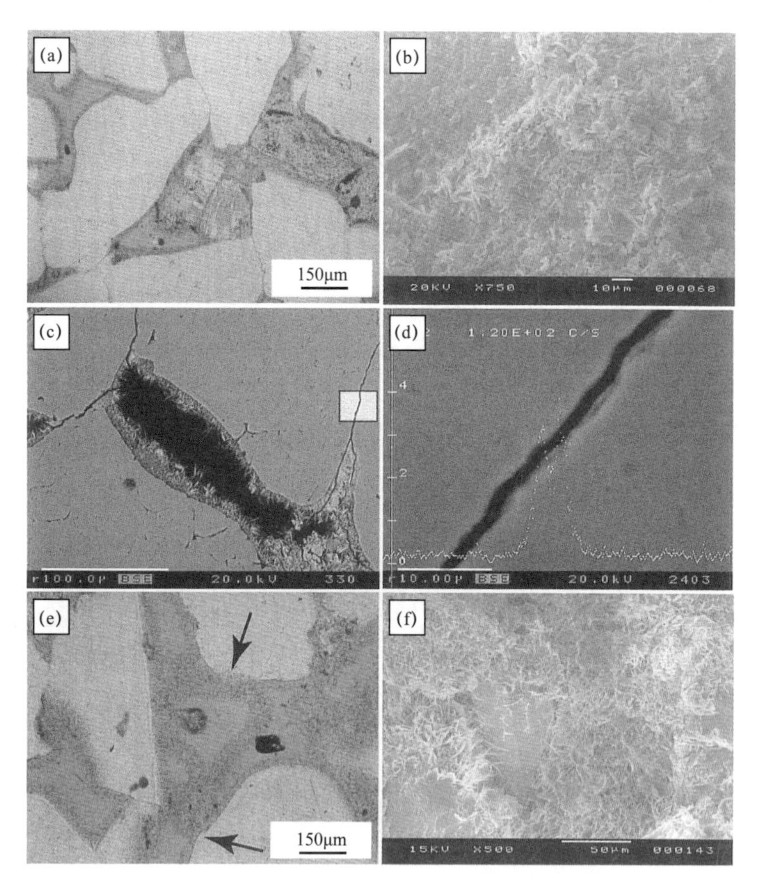

图 11 （a）绿泥石晶体条纹（最长为 20μm），沿骨架颗粒切线方向排列，高位体系域潮汐河口湾砂岩，PPL。（b）颗粒环边的玫瑰形绿泥石集合体，高位体系域潮汐河口湾砂岩，SEM 照片。（c）绿泥石连续条纹，高位体系域潮汐河口湾砂岩，SEM 照片。（d）对跨越两个石英颗粒接触面的薄层基质层进行铝含量导线分析，图 11（c）中的方框显示了导线的位置，高位体系域潮汐河口湾砂岩，EMP 图像。（e）交代颗粒的绿泥石与颗粒的绿泥石环边，双层绿泥石边缘刻画出溶蚀颗粒周缘绿泥石环边的内边与外边，高位体系域潮汐河口湾砂岩，PPL。（f）绿泥石被伊利石覆盖，而伊利石被后期石英加大物包绕，因此，伊利石形成于石英加大物之前，高位体系域潮汐河口湾砂岩，SEM 照片

13.5.5 石英

石英胶结物以碎屑石英颗粒周缘不连续分布的［图 12(a)］、孔隙［图 12(b)］中半—完全充填的次生加大边或以粒间孔隙中单个晶体［图 12（c）］、极少情况下颗粒周边的微晶形式出现［图 12（d）］。当石英颗粒被厚层伊利石或绿泥石连续包绕时，石英次生加大边是不连续的或缺失的［图 12（e）］。石英次生加大边在高位体系域临滨—滨岸平原相砂岩中最为常见（0～25%，平均 14%）（表 1），此类砂岩中含有极少或不发育颗粒环边伊利石或绿泥石。石英次生加大边以包绕伊利石和绿泥石的棱柱状形式生长［图 12（f）］。石英次生加大边以包绕纤维状伊利石条纹的棱柱状晶体产出［图 13（a）］，并延伸至邻近

的孔隙中［图 13（b）］。一些砂岩中出现的大的石英次生加大边［图 13（c）、图 13（d）、图 13（e）］，完全充填了邻近粒间孔并包绕邻近颗粒（假嵌晶石英，Spötl 等，2000），主要发育在黏土包绕、破裂的石英颗粒中［图 13（f）］，这些破裂的石英颗粒被成岩期石英胶结物修复，发育明显的粒间石英胶结物。石英次生加大边［图 14（a）图 14（b）］和生长产物［图 14（c）和图 14（d）］显示无或均一的暗蓝色 CL 光。CL 图像也显示充填孔隙的假嵌晶石英次生加大边是从修复的石英颗粒裂缝中延伸出来的［图 13（f）和图 14（d）］。

潮汐河口湾砂岩（TST 和 HST）中石英颗粒被伊利石或绿泥石条纹（>5%）包绕，仅发育少量的石英次生加大边，但发育不同含量的石英生长物。延伸至铸模孔和粒间孔中的棱柱状石英晶体，主要发育在海侵体系域和高位体系域潮汐河口湾砂岩中（平均 6%）（表 1），并包绕伊利石，因此其形成晚于伊利石［图 10（b）和图 12（f）］。在某些情况下，细小的单个微晶石英（<20μm）充填粒间孔。石英胶结物的流体包裹体分析显示，其均一温度（T_h）为 105～162℃［图 15（a）］，盐度为 2%～28%（NaCl 的质量分数）［平均 19%（NaCl 的质量分数）］，［图 15（b）］。

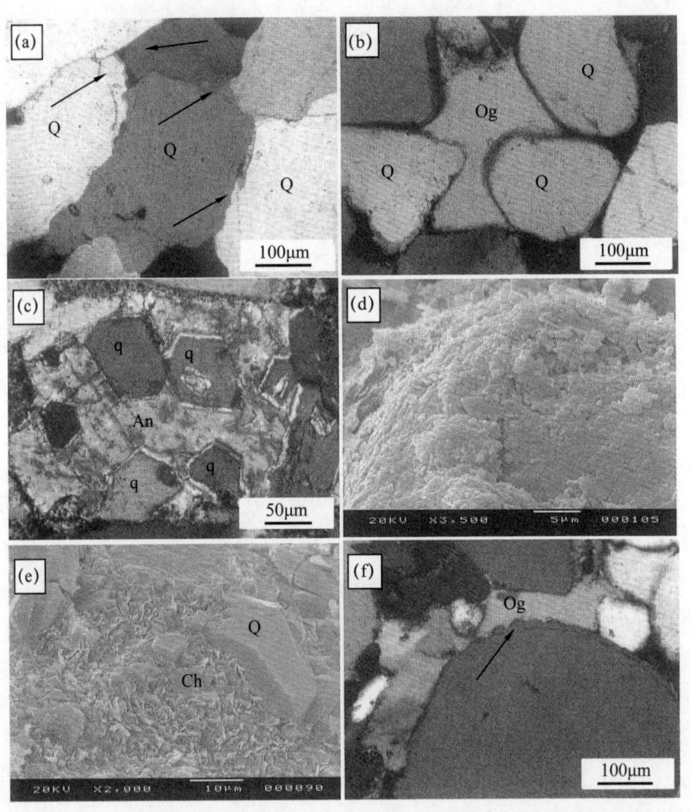

图 12 （a）碎屑石英颗粒（Q）上发育的同轴石英次生加大边（箭头），高位体系域临滨砂岩，XPL 照片。（b）石英次生加大边（Og）完全充填粒间孔隙（Q），高位体系域潮汐河口湾砂岩，XPL 照片。（c）单个石英晶体（q）被硬石膏胶结物（An）包绕，说明前者的形成早于后者，XPL 照片。（d）骨架颗粒的微晶石英环边，SEM 照片。（e）不连续的石英次生加大边（Q）包绕颗粒的绿泥石环边（Ch），高位体系域潮汐河口湾砂岩，SEM 照片。（f）孔隙充填的石英次生加大边（Og）包绕了前期的伊利石和不连续的石英次生加大边（箭头），说明前者比后两者形成时间晚

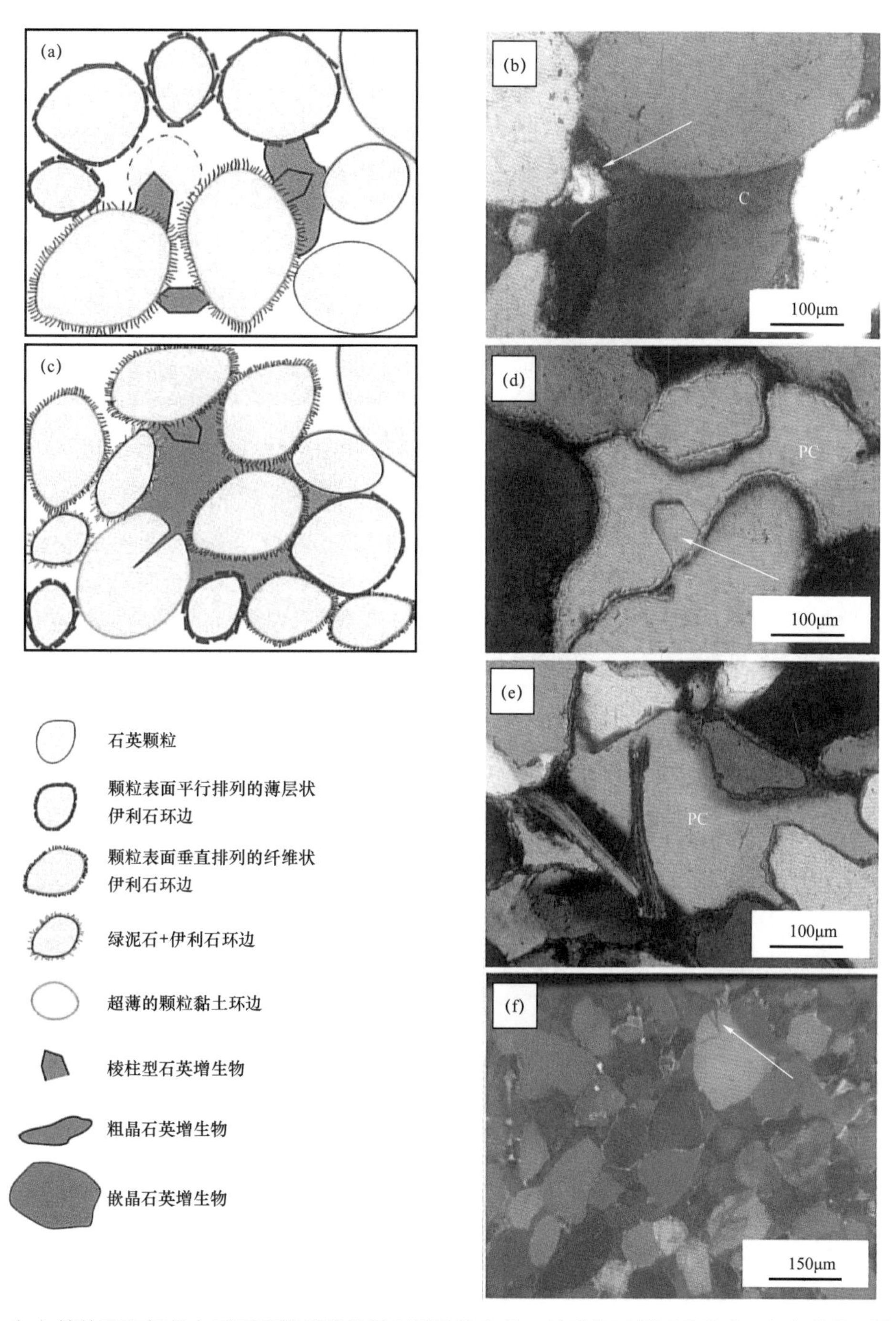

图 13 （a）棱柱型和粗晶白云石环绕纤维状伊利石条纹生长，并延伸至邻近孔隙中。（b）棱柱石英（箭头）与粗晶石英包绕超细的黏土环边，XPL。（c）粗晶—嵌晶石英次生加大边完全充填粒间孔隙，石英加大物从破裂的石英颗粒内的裂缝中投射出来的。（d）棱柱型石英晶体（箭头）被嵌晶型次生加大边（PC）包绕，高位体系域潮汐河口湾砂岩，XPL。（e）嵌晶型次生加大边（PC）包绕云母片，高位体系域潮汐河口湾砂岩，XPL。（f）阴极发光照片，嵌晶型石英次生加大边从破裂的石英颗粒裂缝中延伸出去，海侵体系域潮汐河口湾砂岩，石英次生加大边与裂缝中石英在阴极发光为深蓝色，CL 照片

图 14 （a）和（b）分别为 XPL 与 CL 照片，显示石英次生加大边的 CL 发光为深蓝色—不发光，海侵体系域潮汐河口湾砂岩。（c）和（d）分别为 XPL 与 CL 照片，显示 CL 发光为深蓝色—不发光的石英次生加大边（白色箭头）被 CL 发光为相对深蓝色—不发光的石英次生加大边（Q）包绕，高位体系域临滨砂岩。注意：较大次生加大边具有复杂的环带结构，破裂石英颗粒中的裂缝被石英胶结物充填（黑色箭头）

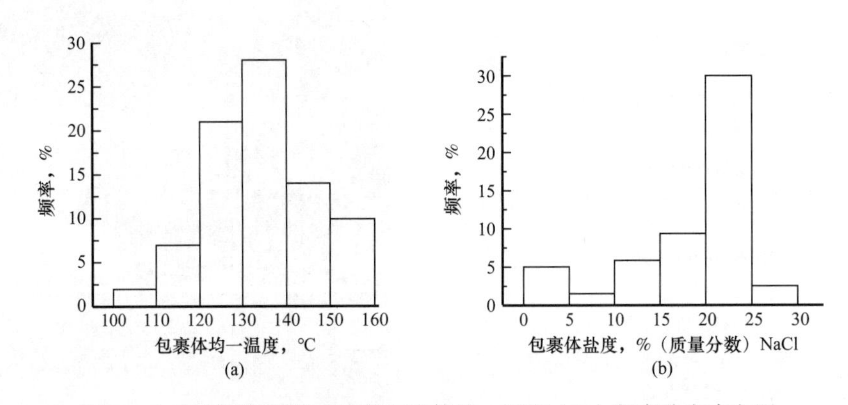

图 15 （a）石英胶结物内流体包裹体均一温度（T_h）频率分布直方图。（b）石英胶结物内流体包裹体盐度频率分布直方图

13.5.6 碳酸盐胶结物

砂岩中碳酸盐胶结物以含铁白云石为主，其次是铁白云石和菱铁矿。含铁白云石和铁白云石以强烈的颗粒交代、块状晶 - 嵌晶形式出现在全部体系域中，但海侵体系域潮汐河口湾砂岩中碳酸盐胶结物的含量（≤17%）（表 1），尤其是最大海泛面之下（最高达 44%）[图 16（a）和表 1]，比高位体系域滨岸和潮汐河口湾砂岩中（1.5%）（表 1）的要稍微高一些。含铁白云石和铁白云石晶体也以普遍交代泥质内碎屑和长石颗粒（最高达 15%）[图 16（b）] 的分散状斑块形式出现，包绕高岭石和莓球状黄铁矿，但被后期的石英次生加大边包绕。

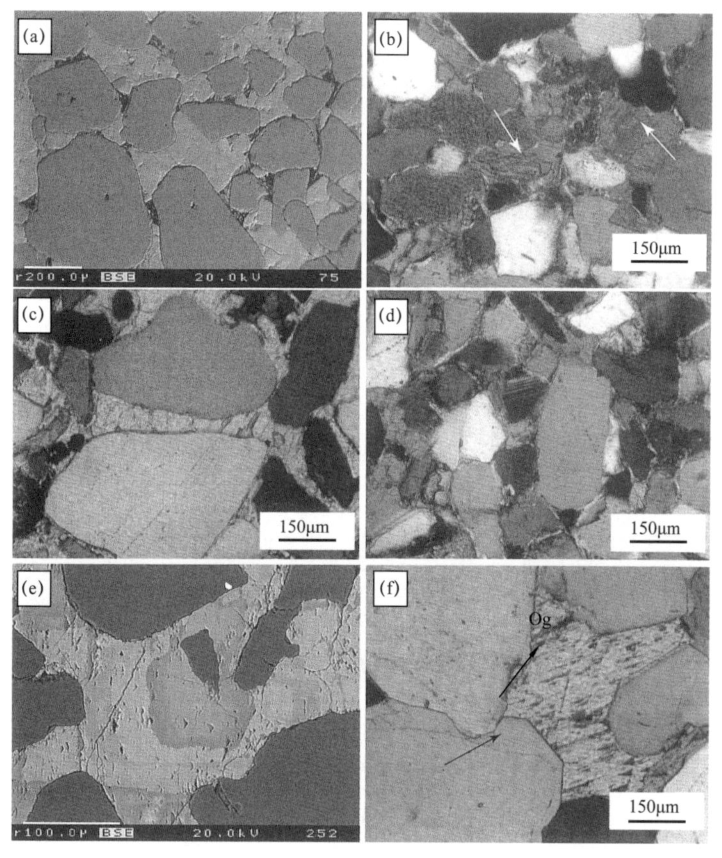

图 16 （a）块状—镶嵌状含铁白云石胶结物，海侵体系域潮汐河口湾砂岩，BSE 照片。（b）交代颗粒的含铁白云石（箭头），海侵体系域潮汐河口湾砂岩，XPL；（c）压实作用之前形成的含铁白云石，海侵体系域潮汐河口湾砂岩，XPL；（d）压实作用之后形成的含铁白云石，海侵体系域潮汐河口湾砂岩，注意被伊利石环边的石英颗粒具有压溶现象，XPL。（e）充填孔隙与交代颗粒的菱铁矿胶结物发育环带结构，主要是由于 $MnCO_3$ 含量从 3mol% 变为 9mol%、$MgCO_3$ 含量从 6.4mol% 变为 28mol%，海侵体系域潮汐河口湾砂岩，BSE。（f）菱铁矿胶结物包绕石英次生加大边，说明前者形成时期晚于后者，海侵体系域潮汐河口湾砂岩，XPL

含铁白云石胶结物的电子探针分析表明 Fe 和 Mn 含量有一定的变化［分别为 6%～17%（摩尔分数）和微量～6%（摩尔分数）］。单个晶体中，含铁白云石和铁白云石胶结物 Mn 含量显示出轻微的不规律变化［<1%（摩尔分数）］。单个含铁白云石/铁白云石晶体内未见到 Ca、Mg、Fe 和 Mn 的系统性变化。铁白云石具有 25%（摩尔分数）的 $FeCO_3$ 和 3.6%（摩尔分数）的 $MnCO_3$。含铁白云石和铁白云石为化学计量数—中等富钙［50%～56%（摩尔分数）的 $CaCO_3$］，其 $\delta^{13}C_{VPDB}$ 值为 −14.9‰～−7.4‰（平均 −10.2‰），$\delta^{18}O_{VPDB}$ 值为 −16.8‰～−8.4‰（平均 −13‰）（表 2 和图 17）。含较低 $\delta^{18}O$ 负值的含铁白云石和铁白云石主要出现在颗粒切向接触、相对疏松且不发育石英次生加大边［图 16（c）］的砂岩中，而大部分具 $\delta^{18}O$ 负值的含铁白云石和铁白云石出现在压溶作用和较强石英次生加大［图 16（d）］形成的颗粒紧密接触砂岩中。含铁白云石和铁白云石的微区探针分析显示不同体系域中的 Ca、Mg、Fe 和 Mn 没有系统性的变化。

菱铁矿在高位体系域砂岩中的含量（最高达 4%）要比海侵体系域砂岩中的含量（最高达 2%）更高一些，在各种体系域中以充填粒间孔的粗晶（横向 50～300μm，0～4%）（表 1）组成的分散状、交代颗粒的团块为特征。菱铁矿富 Mg 和 Mn，平均组成为（$Fe_{0.731}Mg_{0.171}Mn_{0.089}Ca_{0.007}Sr_{0.002}$）$CO_3$（表 2），由于 $MnCO_3$ 含量为 4%～24.7%（摩尔分数）、$MgCO_3$ 含量为 6%～28%（摩尔分数）的变化，菱铁矿发育不规则的环带［图 16（e）］。菱铁矿环绕石英次生加大边和生长物［图 16（f）］，因此比后者形成要晚，其 $\delta^{13}C_{VPDB}$ 值为 −13.4‰～−7.4‰（平均 −2.4‰），$\delta^{18}O_{VPDB}$ 值为 −13.0‰～−11.4‰（平均 −12.2‰）（表 2 和图 19）。

表 2　不同体系域中含铁白云石 / 铁白云石和菱铁矿胶结物的化学组分与元素组成

沉积相		胶结类型	样品	n	组分含量，%					$\delta^{13}C_{VPDB}$，%	$\delta^{18}O_{VPDB}$，‰
					$MgCO_3$	$CgCO_3$	$MnCO_3$	$FeCO_3$	$SrCO_3$		
MFS	潮汐河口相	白云石	A1	4	35.0	51.9	1.8	11.3	0.0	−7.9	−13.5
			A2	4	35.7	52.5	2.4	9.4	0.0	−9.6	−14.0
TST		白云石	A3	4	31.2	51.6	3.5	13.7	0.0	−12.8	−16.8
			A4	3	36.7	52.5	2.2	8.7	0.0	−8.7	−8.4
			Q1	3	25.4	51.3	4.9	18.4	0.0	−14.9	−15.2
			H1	3	16.3	55.9	3.6	24.2	0.0		
			Q2	3	28.6	1.0	10.2	60.2	0.0	−10.4	−13.0
	潮汐河口相	菱铁矿	Q3	6	22.2	1.5	15.0	61.3	0.0	−13.4	−12.1
			W1	4	17.3	0.3	4.8	77.5	0.1		
			H1	3	12.1	0.8	8.7	78.4	0.0		
			H2	5	8.7	0.3	7.4	82.5	1.1		
HST	潮汐河口相	白云石	S1							−7.4	−10.4
		菱铁矿	A5	4	20.3	0.5	6.0	73.2	0.0	−13.3	−11.4
	临滨相		H2	2	6.8	0.3	6.1	86.8	0.0		

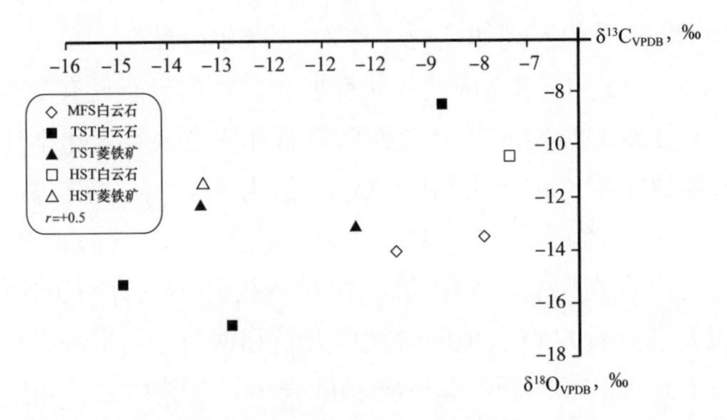

图 17　不同体系域中含铁白云石与菱铁矿胶结物的 $\delta^{13}C_{VPDB}$ 和 $\delta^{18}O_{VPDB}$ 散点交会图

显示二者具有中度相关性（相关系数为 +0.5）

13.5.7 硬石膏

硬石膏的产出状态为块状—嵌晶［图 18（a）］，其充填粒间孔或强烈交代骨架颗粒［图 18（b）］。硬石膏只发育在高位体系域潮汐河口湾砂岩中，丰度为 0～28%（平均 2%，表 2），局部交代石英次生加大边、生长物和孤立的晶体，因此形成时间晚于这些矿物［图 18（c）］。硬石膏被菱铁矿环绕［图 18（d）］，因此早于后者的形成时期。两个样品的硬石膏胶结物 $\delta^{34}S_{CDT}$ 值为 +10.1‰和 +10.3‰。

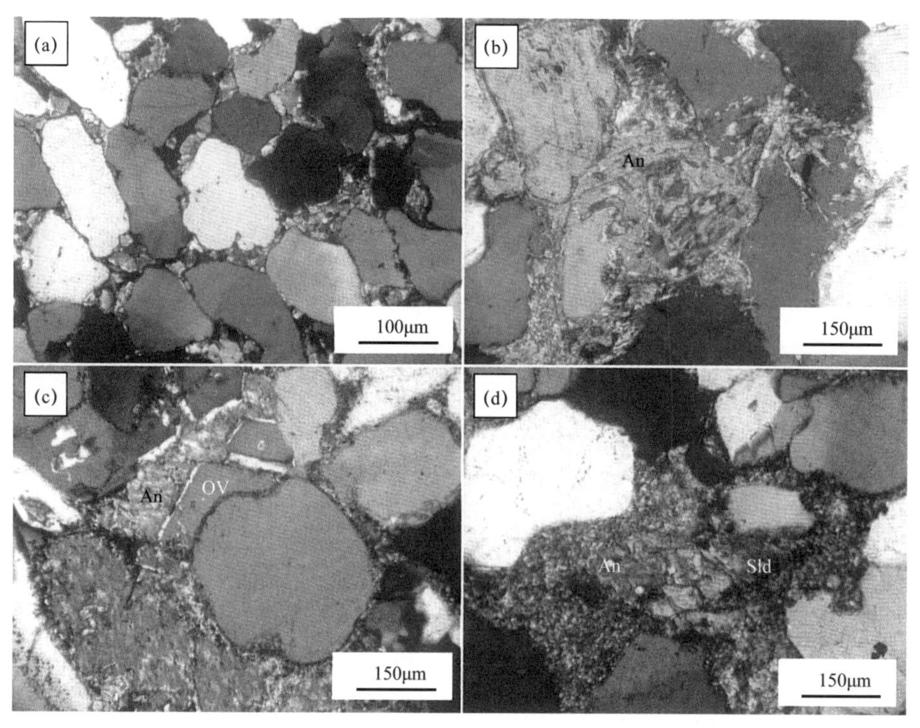

图 18 XPL 照片显示：（a）粗晶的粒间硬石膏胶结物，强烈交代骨架颗粒并包绕石英次生加大边（箭头），高位体系域潮汐河口湾砂岩。（b）硬石膏（An）交代长石颗粒，高位体系域潮汐滨岸平原相砂岩。（c）粗晶的粒间硬石膏胶结物（An）包绕石英次生加大边（Ov），说明前者比后者形成晚，高位体系域滨岸平原相砂岩。（d）硬石膏（An）被后期菱铁矿（Sid）交代，说明前者比后者形成早

13.5.8 钠长石

钠长石以无数细小的板状晶体产出（横向 1～15μm），彼此平行，并与强烈溶蚀的钾长石和斜长石颗粒残余物平行［图 19（a）和图 19（b）］。钠长石化的长石在海侵体系域和高位体系域潮汐河口湾砂岩中的含量（0～4%）比高位体系域滨岸相砂岩中的含量（0～0.5%）高。部分钠长石化的斜长石颗粒保留原有的双晶结构，然而部分钠长石化的钾长石显示出钠长石团块不规则的消光，这些钠长石团块交代了碎屑长石母岩。部分钠长石化的长石，尤其是斜长石，粒间孔变化大。完全钠长石化的长石为非双晶、空泡化的斑状消光。这些长石与 Morad（1986）、Saigal 等（1988）和 Morad 等（1990）描述的钠长石化长石特征相似。

图 19 （a）大量钠长石微晶与钾长石溶蚀残余物，注意钠长石彼此平行，并与钾长石残余物平行，高位体系域滨岸平原砂岩，SEM 照片。（b）为（a）图局部放大照片，见自形的钠长石晶体。（c）赤铁矿交代颗粒并充填孔隙，高位体系域滨岸平原砂岩，PPL。（d）交代颗粒的赤铁矿以镜铁矿出现，高位体系域滨岸平原砂岩，BSE 照片

13.5.9 其他成岩矿物

其他成岩矿物包括黄铁矿、锐钛矿、铁氧化物和重晶石。黄铁矿含量很少（＜1%）（表 1），以含铁白云石 / 铁白云石包绕的莓球状集合体或粗晶、块晶形式产出。微晶锐钛矿以交代碎屑重矿物的斑块形式产出，这些重矿物在高位体系域滨岸平原砂岩中含量较高（最高达 5%）。赤铁矿以板状晶体产出（镜铁矿，粒径 5～10μm），其交代重矿物颗粒，在某些情况下充填粒间孔［图 19（c）和图 19（d）］。赤铁矿主要发育在高位体系域滨岸平原砂岩中（平均 1%，含量 0～11%）（表 1），被石英次生加大边包绕。重晶石在各体系域中含量低（最高 0.2%），为充填孔隙的胶结物，并主要交代钾长石颗粒。

13.5.10 孔隙度和渗透率

薄片中的孔隙包括粒内孔、粒间孔和铸模孔［图 20（a）］。粒间孔的孔隙度（0～4%，平均 1%）总体小于粒内孔的（0～7%，平均 1.4%）和铸模孔的（0～8%，平均 1.6%），后者主要是长石、重矿物和云母部分至普遍溶蚀形成的［图 20（b）］。铸模孔被认为是长石和重矿物等完全溶蚀形成的［图 20（c）］，其被碳酸盐胶结物和颗粒环边的伊利石 / 绿泥石包绕。不同体系域中的孔隙度大小和丰度变化很大，孔隙大小从微孔（＜10μm）到大孔（＞10μm）。大量微孔发育在交代云母和泥质内碎屑的黏土矿物晶体（高岭石、伊利石和绿泥石）之间和颗粒环边伊利石和绿泥石中［图 20（d）］。

海侵体系域砂岩（孔隙度 0.2%～17%，平均 8%）［图 21（a）和表 1］和高位体系域潮汐河口湾砂岩（孔隙度 1.5%～21%，平均 9%）［图 21（b）和表 1］的岩心柱塞孔隙度

比浅层高位体系域临滨—滨岸平原砂岩的（孔隙度 0.7%～13.7%，平均 6%）[图 21（c）] 和最大海泛面之下海侵体系域砂岩的（孔隙度 1.7%～4.5%，平均 4%）岩心柱塞孔隙度要高。岩心柱塞孔隙度随深度变化较大，海侵体系域和高位体系域潮汐河口湾砂岩中孔隙度（埋深 4977m 处最高孔隙度为 21%）比临滨砂岩要高一些（埋深 4231.5m 处最高孔隙度为 8.5%）[图 22（a）]。岩心柱塞孔隙度和渗透率与深度没有相关性（相关系数分别为 +0.08 和 –0.18）。海侵体系域和高位体系域潮汐河口湾砂岩柱塞孔隙度和渗透率具有正相关性（相关系数为 +0.6），但在高位体系域临滨—滨岸平原砂岩中不具相关性（相关系数为 +0.02）（图 23）。

不同体系域砂岩柱塞样品的同一孔隙度值对应不同的渗透率值（图 23）。高位体系域砂岩的渗透率（0～21mD，平均 4mD）[图 22（b）] 比海侵体系域砂岩（0～154mD，平均 8mD）[图 22（b）] 的低。Jauf 组砂岩的氦气孔隙度与颗粒环边伊利石和绿泥石含量具有良好的相关关系（图 21）。高位体系域和海侵体系域潮汐河口湾砂岩中，当颗粒环边伊利石含量低于 3% 时，其柱塞孔隙度低（＜5%），石英胶结物含量高。相反，当砂岩的颗粒环边伊利石含量为 3%～17% 时，其孔隙度高但变化大（4%～17%）。含有伊利石和绿泥石环边的高位体系域潮汐河口湾砂岩具有更高的孔隙度（6%～21%）。不含伊利石环边的高位体系域砂岩的渗透率小于 20mD，而发育大量伊利石环边的砂岩渗透率低于 11mD。微孔隙度用岩心柱塞孔隙度减去薄片孔隙度进行计算，在所有体系域中，超过了粒间孔、粒内孔和铸模孔的孔隙度（0～14%）（表 1 和图 24）。海侵体系域和高位体系域潮汐河口湾砂岩的微孔隙度（平均值分别为 6% 和 5%）比高位体系域临滨砂岩的要高一些（平均 4%）（表 1）。

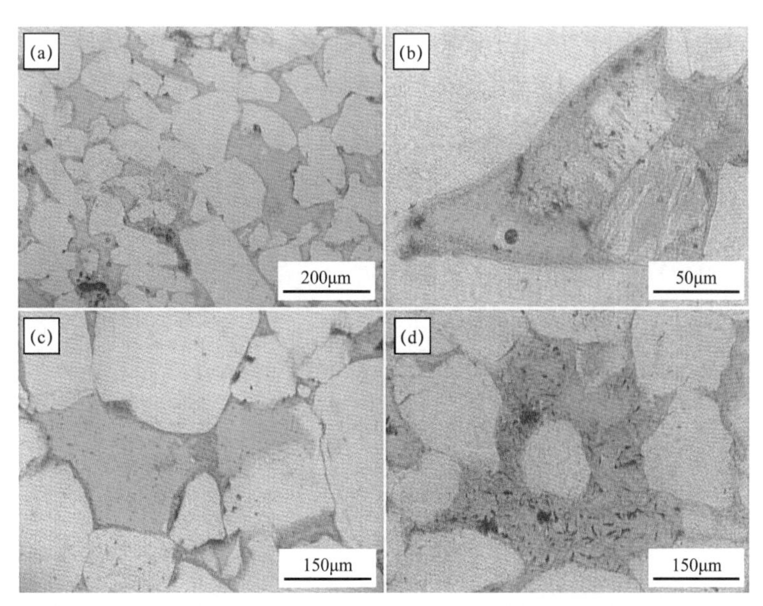

图 20 （a）高位体系域潮汐河口湾砂岩发育不同类型的孔隙，包括粒间孔、粒内孔与铸模孔，PPL。（b）颗粒的绿泥石环边与长石部分溶蚀形成的粒内孔，高位体系域滨岸平原砂岩，PPL。（c）长石近完全溶蚀形成的铸模孔，高位体系域滨岸平原砂岩，PPL。（d）伊利石晶间发育大量微孔，推测是由于高岭石化的云母后期发生伊利石化造成的，高位体系域滨岸砂岩，PPL

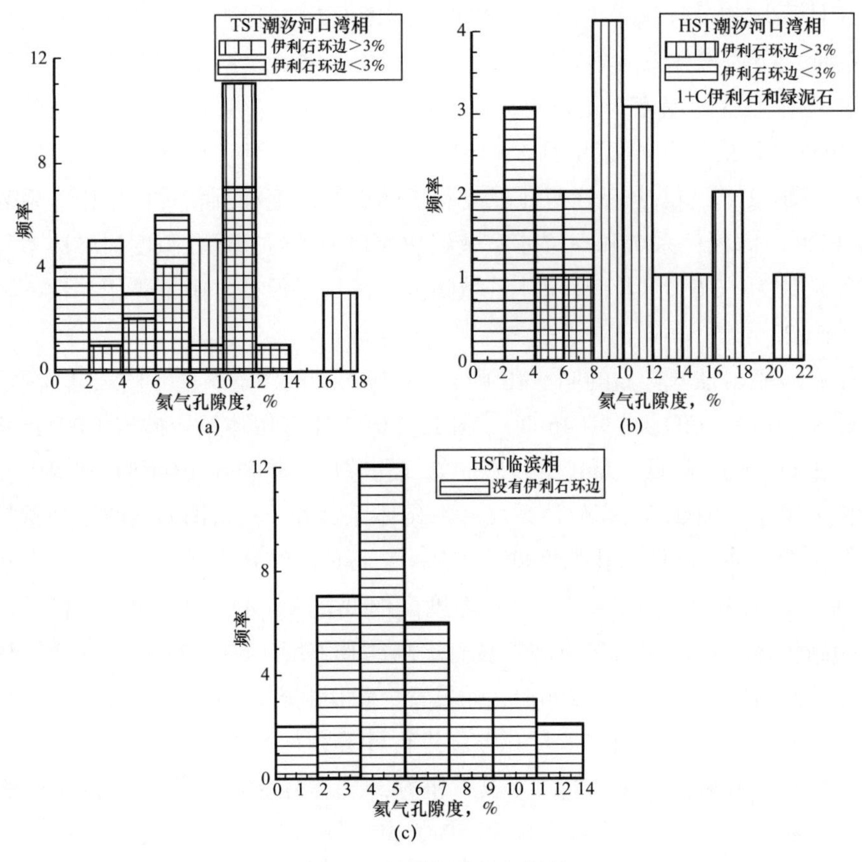

图 21　岩石孔隙度直方图

显示颗粒伊利石环边在孔隙保存中的作用：（a）海侵体系域砂岩。（b）高位体系域潮汐河口湾砂岩。（c）高位体系域临滨砂岩。竖线指伊利石含量超过 3% 的样品，横线指样品伊利石环边的含量小于 3%。注意：图（b）中高位体系域潮汐河口湾砂岩中高孔隙度值（大于 16%），不仅归功于伊利石，还包括绿泥石条纹（I+C）。

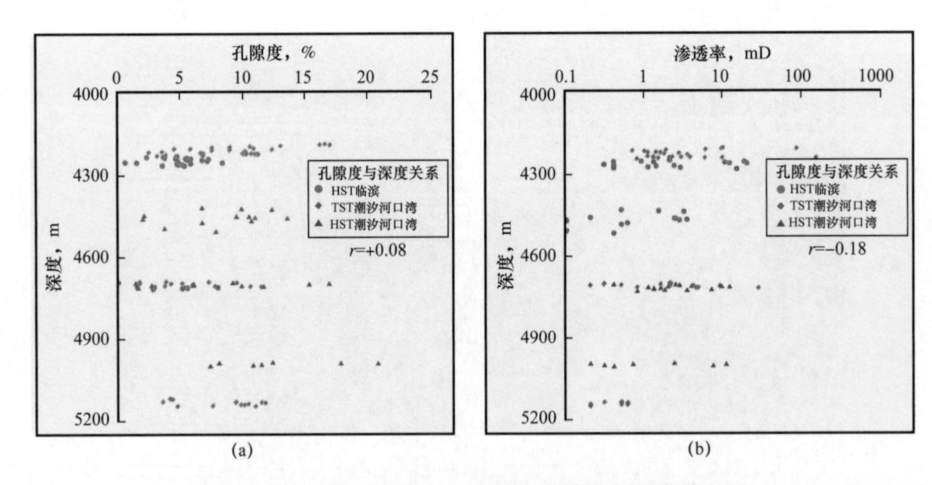

图 22 （a）所有钻井中 Jauf 砂岩孔隙度与深度散点图

显示所有体系域内孔隙度值变化大（相关系数为 +0.08），注意：高位体系域临滨砂岩的孔隙度较海侵体系域与高位体系域潮汐河口湾砂岩的孔隙度低。（b）所有钻井中 Jauf 砂岩渗透率与深度散点图，显示所有体系域内渗透率值变化大（相关系数为 −0.18），注意：不同体系域间渗透率无系统性差异

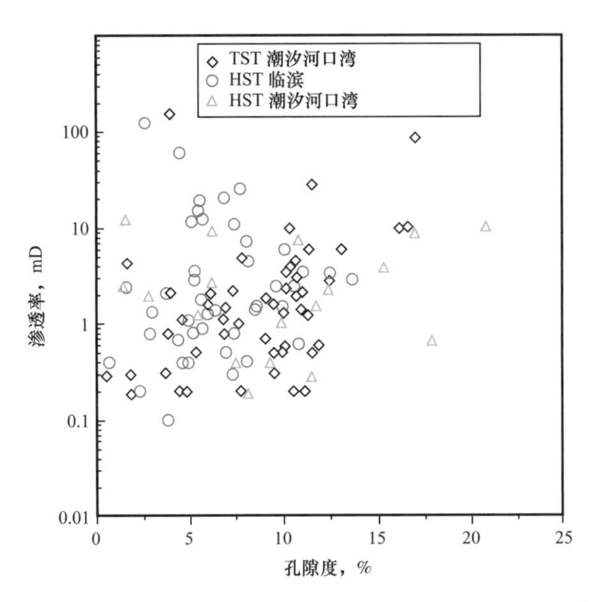

图 23　海侵体系域潮汐河口湾砂岩、高位体系域临滨与潮汐河口湾砂岩的孔隙度与渗透率散点交汇图

高位体系域与海侵体系域潮汐河口湾砂岩中孔隙度和渗透率的相关性中等（相关系数为 +0.6），但高位体系域滨岸砂岩中的孔隙度和渗透率无相关性。注意：所有体系域内，每一个孔隙度对应的渗透率变化范围很大

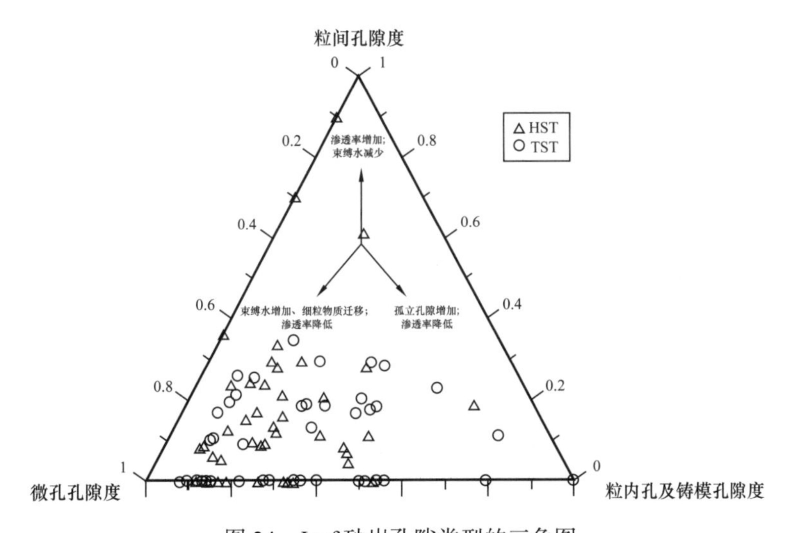

图 24　Jauf 砂岩孔隙类型的三角图

砂岩具有大量的微孔，主要归因于大量的颗粒环边伊利石和绿泥石，

伊利石化与高岭石化的颗粒以及部分溶蚀和膨胀的长石和云母

13.6　讨论

尽管凝析气藏的砂岩储层埋藏较深（埋深 4000～5000m），其成岩蚀变和储层质量演化路径（破坏与保存）仍与沉积相和层序地层有关（例如，相对海平面与沉积物供给速率）。基于岩石学、碳酸盐岩 $\delta^{18}O$ 值、石英胶结物流体包裹体分析和自生伊利石定年等建立起的砂岩成岩序列（图 25），表明储层质量的改变主要发生在早成岩和中成岩阶段。早

成岩蚀变包括颗粒环边伊利石的沉淀，机械压实作用，黄铁矿和含铁白云石 / 铁白云石的胶结作用，云母、长石和泥质内碎屑的溶蚀和高岭石化作用。中成岩蚀变包括含铁白云石 / 铁白云石、伊利石、绿泥石、石英次生加大边和生长物、菱铁矿、硬石膏的结晶作用，斜长石的钠长石化以及高岭石向迪开石的转变。中成岩蚀变的丰度和分布在不同沉积相和体系域之间有所差别，主要受控于早成岩蚀变、温度和化学演化的地层水。

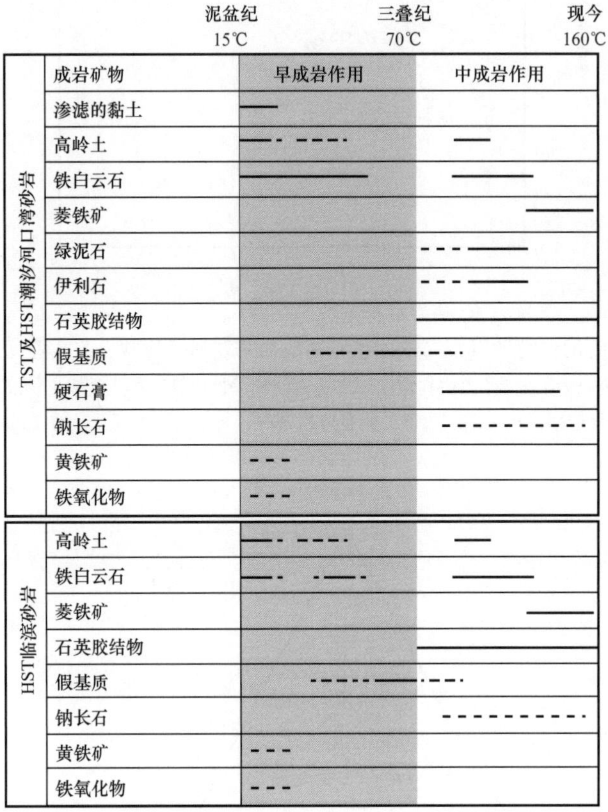

泥盆纪 15℃　　三叠纪 70℃　　现今 160℃

	成岩矿物	早成岩作用	中成岩作用
TST及HST潮汐河口湾砂岩	渗滤的黏土		
	高岭土		
	铁白云石		
	菱铁矿		
	绿泥石		
	伊利石		
	石英胶结物		
	假基质		
	硬石膏		
	钠长石		
	黄铁矿		
	铁氧化物		
HST临滨砂岩	高岭土		
	铁白云石		
	菱铁矿		
	石英胶结物		
	假基质		
	钠长石		
	黄铁矿		
	铁氧化物		

图 25　Jauf 组海侵体系域与高位体系域潮汐河口湾砂岩、高位体系域滨岸砂岩的成岩序列
早成岩阶段与中成岩阶段的界限温度是 70℃（据 Morad 等，2000）

13.6.1　海侵体系域砂岩中成岩蚀变的分布

13.6.1.1　伊利石

伊利石不同的结构特征（片状、纤维状、蜂窝状和席状）表明其是不同作用形成的，包括黏土前驱物的转换，孔隙水中直接沉淀以及高岭石、长石的被交代（Worden 和 Morad，2003）。片状伊利石以连续切向覆层的形式出现在骨架颗粒周围和粒间接触处，表明覆层是通过转化形成的，原始成分可能是蒙脱石（Pollastro，1985）。伊利石包壳从颗粒边缘发生脱离，极有可能是蒙脱石向伊利石转化时脱水造成的（Moraes 和 De Ros，1990）。伊利石包壳从颗粒上脱落的原因可能是蒙脱石向伊利石转化过程中的脱水过程（Moraes 和 De Ros，1990）。包壳的伊利石化而非绿泥石化表明，黏土的前驱物可能是富

钾的二八面体蒙脱石（Chang 等，1986；Worden 和 Morad，2003）。

潮汐河口湾砂岩中黏土包壳的形成机理并不清楚，但可能与潮汐抽吸作用有关。三角洲平原中海水与河口湾淡水的混合造成悬浮黏土的凝絮和沉淀（Welton 等，2000），然而，并不清楚凝絮状黏土如何在砂岩格架颗粒表面形成包壳。另一种可能的形成机理是蠕虫对沉积物的摄入和排泄（Worden 等，2006），因为蠕虫肠道内的黏土形成砂岩颗粒的环边，进而在埋藏成岩阶段转变成绿泥石或伊利石环边（Needham 等，2005）。

蜂窝状伊利石很可能是渐进埋藏过程中自生蒙脱石的转化（Worden 和 Morad，2003）形成的（Burley 和 MacQuaker，1992）。覆盖在蜂窝状伊利石表面的纤维状伊利石，极有可能是从孔隙水中直接沉淀形成的，证据是其在颗粒间接触面上缺乏（Güven，2001）。伊利石的过饱和孔隙流体可引起快速的成核作用，表明其为晶体生长的驱动力，有利于形成伸长的形态（Mullin，2001）。伊利石形成所需钾的来源主要是钾长石的溶解和钠长石化[最高达 8%，图 19（a）和图 19（b）]（Morad 等，1990；Bjørlykke 和 Aagaard，1992）。纤维状和席状伊利石的共生关系，可排除后者是样品制备过程中前者被压扁形成的，正如 De Waal 等（1988）和 Kantorowicz（1990）提出的一样。纤维状伊利石的形成受先前存在的超薄黏土环边的强烈控制。SEM 揭示纤维状伊利石优先在蒙脱石上生长（Pollastro，1985），由于蒙脱石分子的界面形态与伊利石的较为相似，因此生长核和基质之间的界面能量被减小了（Wilkinson 和 Haszeldine，2002）。蜂窝状伊利石可作为纤维状伊利石形成的基体，在某些情况下，也可能是沿切线方向排列的发育纤维状端点的片状伊利石晶体形成的基体[图 10（a）]。

纤维状伊利石 K/Ar 定年确定的年龄（101Ma ± 2Ma，早白垩世 Albian）对应埋深 4200m、温度 140℃（图 5），推测的埋深表明伊利石的形成在某些石英胶结物形成之后（沉淀温度为 105～162℃，图 15）。根据温度和伊利石与地层水之间的分馏公式（Savin 和 Lee，1988），推断伊利石（$\delta^{18}O_{VSMOW}$= +9.1‰）的沉淀发生在 $\delta^{18}O_{VSMOW}$ 大约 +1.24‰的地层水中。在温度＞90℃时，颗粒环边蒙脱石和高岭石会发生伊利石化，在温度大于 130℃时强度更大（Morad 等，1990；Giles 等，1992）。

13.6.1.2 石英

不同沉积相和体系域中石英胶结物产出的形态多样（次生加大、增生、分散状晶体和极少的微晶石英）表明其具有多种形成过程。高位体系域临滨砂岩石英次生加大边发育，而海侵体系域和高位体系域潮汐河口湾砂岩中则较少发育，原因是沉积相控制了颗粒环边黏土的分布及粒间压溶的强度。高位体系域临滨砂岩中石英次生加大边的含量（0～25%，平均 14%）主要受控于是否存在具有清洁颗粒表面的石英颗粒，其可作为石英次生加大边生长的核心（Bloch 等，2002）。海侵体系域和高位体系域潮汐河口湾砂岩中（图 13），环绕石英颗粒发育的伊利石纤维状条纹和环边与绿泥石条纹阻止了石英次生加大边的沉淀，但并未限制棱柱状石英晶体的生长以及局部充填孔隙的自生晶体的生长。棱柱状石英增生物包绕纤维状伊利石条纹，但局限在不完全覆盖的石英表面，然而，伊利石在被包绕时或之后仍继续生长[图 10（b）]。石英颗粒被修复的裂缝为充填孔隙的假嵌晶石英次生加大边的成核和生长提供了基体（图 13）（Cocker 等，2003）。石英增生物的形成（晚期石英的加大物）可能需要较高的硅质超饱和程度，这种条件可在深埋成岩阶段获得（Bjølykke 和 Egeberg，1993）。

高位体系域滨岸砂岩富含石英次生加大边，其中常见粒间压溶和缝合线，表明石英胶结物所需的硅质是内部获得的（Walderhaug，1994；Walderhaug 和 Bjørkum，2003）。在伊利石环边和云母颗粒中存在的情况下，石英颗粒的压溶现象最为发育，表明其可造成局部 pH 值的升高并因此导致硅质溶解度的升高（Oelkers 等，1996）。当缝合线附近石英颗粒周围缺乏伊利石和绿泥石环边时，释放的硅质可作为石英颗粒周围的次生加大边而沉淀，因此认为压溶作用的范围可能取决于邻近含干净表面的石英颗粒的砂岩的供应，这些石英颗粒可作为石英次生加大的内核，以保持孔隙水中较低的 Si^{4+} 浓度（Wilson 和 Stanton，1994；Worden 和 Morad，2000；Bloch 等，2002）。其他可能的硅质内部来源是格架硅酸盐的溶解和高岭石的伊利石化（Hartmann 等，2000；Worden 和 Morad，2000，2003）。然而，并不能完全排除石英胶结物形成所需的硅质是外部来源的可能性，比如邻近的泥岩（Gluyas 和 Coleman，1992；Gluyas 等，2000）。

石英次生加大边与粒间压溶现象在温度 90～130℃、埋深＞3000m 条件下广泛发育（McBride，1989；Walderhaug，1996）。假设石英胶结物中流体包裹体的均一温度（T_h）代表了真实的沉淀温度，利用盆地模拟的方法可以将这一温度换算成埋深与时间（Grant 和 Oxtoby，1992）。在这一假设条件下，这些温度对应的深度是 2.9～5km，这个深度在距今 120Ma 可以达到（图 5）。然而，石英的广泛胶结可发生在 120～150℃，对应的埋深是 3.3～4.3km，在此期间，Jauf 组经历了快速埋藏（＜40Ma）。在这些埋深，凝析气被捕获，这可能影响到石英的胶结作用（Cole 等，1994）。

沉淀石英胶结物（均一温度 105～162℃）的流体具有较大的盐度范围（NaCl 的质量分数为 4%～28%，这可能是由于来自上覆二叠系硬石膏的盆地卤水的幕式排出或由于泥岩中蒙脱石的伊利石化（Boles 和 Franks，1979）和有机质成熟释放出的水（Burley 等，1989；Hanor，1994）对卤水的大范围稀释造成的。对深部砂岩来说，大气水的流入几乎不可能（Hanor，1994），因此不可能形成低盐度的地层水。包裹体均一温度（T_h）与盐度之间极差的相关性（相关系数为 −0.2）支持来自二叠系蒸发岩和泥岩的水的幕式注入这一假设，而不是地层水盐度随着埋深的增加而增大（Hanor，1994）。这一结论表明石英次生加大边具有外部来源硅质参与的可能性（Worden 和 Morad，2000）。

13.6.1.3 含铁白云石和铁白云石

结构和共生序列的证据表明，含铁白云石 / 铁白云石的胶结作用发生在不同的埋藏阶段。某些砂岩中颗粒切向粒间接触、松散的压实及石英次生加大边的缺乏，表明这些碳酸盐的沉淀发生在相对较浅的埋深。假定含铁白云石 / 铁白云石的沉淀发生在海水—含盐孔隙水中（盐度分别为 −6‰和 −8‰）（Goddéris 等，2001），依据 Land（1983）提出的白云石—地层水分馏方程，含铁白云石 / 铁白云石的 $\delta^{18}O$ 值（−10.4‰～−8.4‰）表明其沉淀温度为 40～60℃［图 26（a）］，也就是说深度小于 2km。

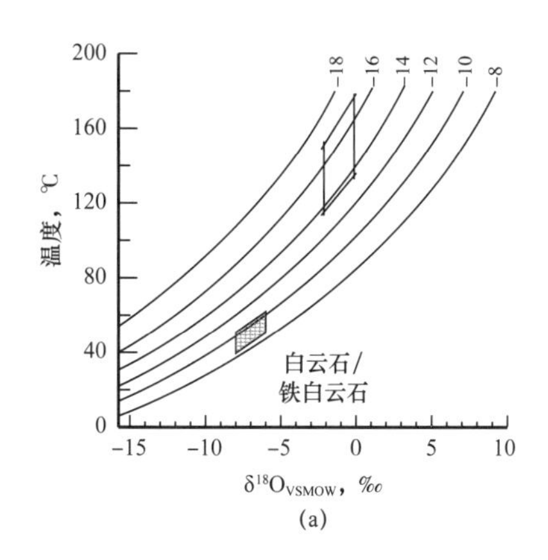

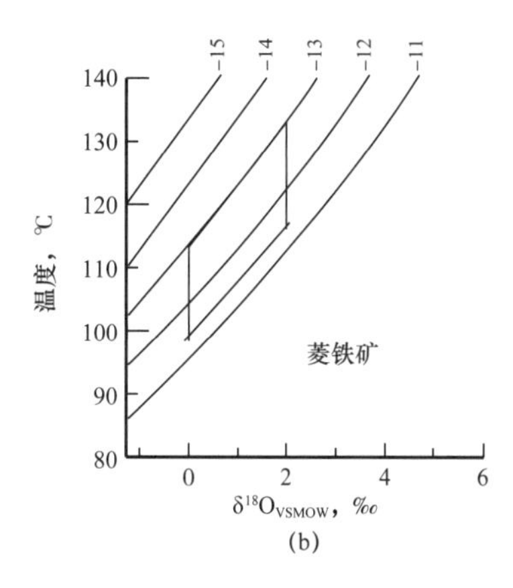

图 26 （a）压实前含铁白云石 / 铁白云石（$\delta^{18}O_{VPDB}$=−10.4‰～−8.4‰）和压实后含铁白云石 / 铁白云石（$\delta^{18}O_{VPDB}$=−13.5‰～−16.8‰）沉淀的温度与孔隙流体氧同位素变化范围。假设 $\delta^{18}O_{水}$=−6‰ $_{VSMOW}$～−8‰ $_{VSMOW}$，依据 Land（1983）提出的分馏方程，阴影区域代表压实前形成的白云石；假设 $\delta^{18}O_{水}$=0‰ $_{VSMOW}$～−2‰ $_{VSMOW}$，依据 Land（1983）提出的分馏方程，空框内部代表压实作用后形成的白云石。（b）菱铁矿（$\delta^{18}O_{VPDB}$=−13‰～−11.4‰）沉淀的温度与孔隙流体氧同位素变化范围，假设 $\delta^{18}O_{水}$=0‰ $_{VSMOW}$～−2‰ $_{VSMOW}$，依据 Carothers 等（1988）提出的分馏方程计算

第二世代含铁白云石 / 铁白云石随着埋深显著增加之后发生沉淀，如胶结区出现的粒间压溶和石英次生加大边所示。假定含铁白云石 / 铁白云石形成于调整的微盐水—海水的孔隙水中（$\delta^{18}O_{VSMOW}$=0‰～−2‰）（Egeberg 和 Aagaard，1989），依据 Land（1983）提出的白云石—地层水分馏方程，根据含铁白云石 / 铁白云石的 $\delta^{18}O$ 值（−16.8‰～−13.5‰）计算出的形成温度为 114～176℃［图 26（a）］，与沉积物最大埋深对应的温度相比，这个最高温度太高（图 5），因此表明其沉淀于中等演化的地层水中（地层水的 $\delta^{18}O_{VSMOW}$＜−2‰）。

不同沉积相、体系域中或不同世代的含铁白云石 / 铁白云石胶结物的化学组分没有系统变差，然而，Mn 含量［微量～6%（摩尔分数）］和 Fe 含量［8%～24%（摩尔分数）］的变化可能反映了溶解性铁氧化物 / 氢氧化物和含锰氧化物 / 氢氧化物的可获得性和（或）降解条件的差异性（Curtis 等，1986）。含铁白云石 / 铁白云石中 Ca 含量的差异可能归因于地层水中 Ca^{2+}/Mg^{2+} 的差异（Morad，1998）。一些学者认为 CL 中常见到的多级环带起因于大气水（Boles 和 Ramseyer，1987；Platl，1994）。压实前的含铁白云石的 $\delta^{13}C_{VPDB}$（−7.4‰～−8.7‰）（表 1）表明其可能源自海相与陆相有机质氧化形成的溶解碳（Morad，1998），然而压实后的含铁白云石的 $\delta^{13}C_{VPDB}$ 值更低（−14.9‰～−8.0‰）（表 2），表明其溶解碳为有机质热降解脱碳作用形成的（Franks 和 Forester，1984）。压实前和压实后白云石的 $\delta^{18}O_{VPDB}$ 与 $\delta^{13}C_{VPDB}$ 具有中等正相关关系（相关系数为 +0.5），表明随着埋深和温度的增加，有机质热降解脱碳作用形成的碳的贡献逐渐增大（Morad 等，1990）。

13.6.2 高位体系域砂岩中成岩蚀变的分布

13.6.2.1 高岭石

高位体系域临滨砂岩中的云母、长石和泥质内碎屑发生强烈的溶蚀和高岭石化作用，这

主要归因于相对海平面下降和临滨—滨岸平原沉积物前积过程中大气水的注入（Morad 等，2000，2010；Ketzer 等，2003b）。高位体系域临滨和滨岸平原砂岩中高岭石的含量有所差异（平均值分别为 8% 和 1%），在高位体系域和海侵体系域潮汐河口湾砂岩中不发育高岭石，主要原因是沉积相对沉积渗透率与孔隙流体盐度的控制。与极细—细粒临滨砂岩相比，粗粒临滨砂岩的沉积渗透率更高、横向延伸范围更广，遭受了更为充分的大气水淋滤，因此发生更强的硅酸盐溶蚀和高岭石化作用。海侵体系域砂岩中的高岭石含量相对少（0～0.5%），原因是孔隙水的组成以海水—盐水为主，可以与碎屑硅质岩保持更大的平衡（Ketzer 等，2003b）。

在中成岩阶段，高岭石通过小规模溶蚀和再沉淀作用（Ehrenberg 等，1993；Morad 等，1994）[图 8（e）] 转变为伊利石或迪开石。再沉淀作用的证据有：（1）迪开石与蚀刻的高岭石有联系；（2）迪开石集合体内保存有蠕虫状和书页状高岭石。具有较高孔隙度和渗透率的中粗粒临滨砂岩中易发育迪开石，表明流体流动有利于高岭石转变为迪开石（Zimmerle 和 Rosch，1991；Morad 等，1994；Lanson 等，1996）。目前尚不清楚 Jauf 组砂岩中迪开石的晶体形态与文献中描述的典型的自形块状晶体（Morad 等，1994；Lanson 等，2002）不符的原因。

13.6.2.2 伊利石和绿泥石

高位体系域潮汐河口湾砂岩中伊利石与海侵体系域中的伊利石具有类似的结构特征（书页状、片状、纤维状和蜂窝状），因此推断成因类似。与海侵体系域砂岩相比，高位体系域砂岩中出现更多的书页状伊利石，这可能与高位体系域内更为普遍的大气水输入与高岭石化作用有关，高岭石为此类伊利石的前驱物。高位体系域潮汐河口湾砂岩中普遍发育的颗粒黏土环边（平均 4.5%，最大 11%），支持这一假设：潮汐泵入和（或）蠕虫对沉积物的吸入和排出产生的黏土，形成海侵体系域砂岩中类似的黏土环边。

连续状绿泥石环边作为片状晶体的出现 [图 11（d）]，表明黏土前驱物在绿泥石成核和生长过程中的重要性。与绿泥石具有相似分子界面形态的前驱体黏土基质的可获得性，使得生长核与基质之间的界面能最小化（Wilkinson 和 Haszeldine，2002）（图 11）。绿泥石形成所需 Fe^{2+} 的来源包括碎屑重矿物、黑云母和铁氧化物 / 氢氧化物的溶蚀与附着颗粒黏土环边的色素（Carroll，1958）。Mg^{2+} 和 Al^{3+} 的来源可能分别是互层泥岩内蒙脱石的伊利石化（Holes 和 Franks，1979）和斜长石的钠长石化。与颗粒环边伊利石相比，交代颗粒的绿泥石具有更粗的晶粒、更高的 Fe/Mg 和更高的四面体 Al 含量，目前对这种现象缺乏解释，但可能反映出前者形成的温度更高（Jahren 和 Aagaard，1989；Hillier 和 Velde，1991；Grigsby，2001），然而温度的升高并没有影响正八面体中 Al 的含量。正如 Grigsby（2001）所提出的，交代颗粒的和颗粒环边的绿泥石同时存在，排除了绿泥石与成岩环境保持连续化学平衡的可能性。在高位体系域砂岩中，中成岩阶段以绿泥石和菱铁矿为主且关系密切，表明高位体系域内地层水富集 Fe^{2+}。

富铁前体黏土矿物的供给，如三面体蒙脱石、钛云母—磁绿泥石环边等在中成岩阶段通过绿蒙混层和绿泥石—磁绿泥石混层逐渐转变为绿泥石（Moraes 和 De Ros，1992；

Ehrenberg，1993；Aagaard 等，2000；Grigsby，2001；Anjos 等，2003），但这不总是环边绿泥石形成的先决条件。然而，不能排除钛云母或磁绿泥石前驱体在 Jauf 砂岩中形成绿泥石的作用，因为其在高位体系域潮汐作用为主的河口湾砂岩中普遍存在，这种环境被认为是最适合钛云母—磁绿泥石黏土矿物形成的环境（Ehrenberg，1993；Ryan 和 Reynolds，1996；Salem 等，2005）。沿切线方向排列的绿泥石黏土环边表明钛云母—磁绿泥石黏土可能是绿泥石沉淀的基质。高位体系域潮汐河口湾砂岩中绿泥石含量（0～6%，平均 1%）高于海侵体系域潮汐河口湾砂岩（0～0.5%，平均 0.1%），目前仍无法解释其原因，因为二者具有类似的碎屑与孔隙水组成。

13.6.2.3 石英

高位体系域临滨砂岩中石英次生加大边的含量高于高位体系域和海侵体系域潮汐河口湾砂岩中的含量，主要归因于具干净表面石英颗粒[比如，缺乏厚层伊利石和（或）绿泥石纹层]的供应。干净的石英颗粒表面促进了石英次生加大边的生长（平均 14%，最大 25%）（Heald 和 Larese，1974；Aase 等，1996；Walderhaug，2000；Bloch 等，2002）。研究证实，高位体系域潮汐河口湾砂岩中石英次生加大边形成所需的硅质来源与海侵体系域砂岩中的相同，也就是粒间压溶和缝合线。云母的存在（Oelkers 等，1996）和石英颗粒之间超薄的黏土环边（Fisher 等，2000）极有可能促进了高位体系域临滨砂岩粒间压溶现象和缝合线的频繁发育。

13.6.2.4 菱铁矿

富镁菱铁矿在紧密堆积砂岩中出现[平均 18%（摩尔分数）的 $MgCO_3$]并被石英次生加大边包绕，表明其形成于中成岩阶段，因此，这些富镁菱铁矿胶结物形成于早成岩期海水孔隙水中的可能性可以被排除。在其他砂岩层序中，富镁菱铁矿在深埋（Morad，1998）条件下演化的地层水中发生沉淀（Morad 等，1994；Rossi 等，2001）。菱铁矿中钙含量低[0.3%～1.5%（摩尔分数）]，可能是钙离子更易进入中成岩阶段的石膏中，而石膏的形成早于菱铁矿[图 18（d）]。根据菱铁矿的 $\delta^{18}O_{VPDB}$ 值（−13.0‰～−11.4‰），依据 Carothers 等（1988）提出的分馏方程，并假设演化地层水的 $\delta^{18}O_{VPDB}$ 值为 0～2‰（Egeberg 和 Aagaard，1989），那么菱铁矿沉淀时的温度应该为 99～133℃[图 26（b）]，推断出的沉淀温度与解释的菱铁矿形成于中成岩阶段相符。在这些温度，菱铁矿形成所需要的溶解碳（$\delta^{13}C_{VPDB}$ 值为 −13.4‰～−10.4‰）极可能是有机质热解脱碳作用产生的（Irwin 等，1977；Franks 和 Forester，1984）。

13.6.2.5 硬石膏

硬石膏包绕石英次生加大边，因此前者形成时间晚于后者，表明其在温度＞150℃的中成岩阶段形成，其中，150℃是石英次生加大边中获得的最小均一温度[图 15（a）]。高位体系域潮汐河口湾砂岩中硬石膏的硫同位素值（$\delta^{34}S_{SCDT}$ 值为 10‰）远远低于同期（早中泥盆世）海水的值（$\delta^{34}S_{SCDT}$ 值为 +22‰；Claypool 等，1980），但与晚二叠世海水的值一致（$\delta^{34}S_{SCDT}$

值为 10‰；Claypool 等，1980），因此硬石膏形成所需的 Ca^{2+} 和 SO_4^{2-} 可能来源于上覆二叠系 Khuff 组中硬石膏的溶解。Khuff 组与 Jauf 组海侵体系域上部通过断层沟通（Wender 等，1998），因此，直接覆盖在海侵体系域潮汐河口湾与高位体系域临滨砂岩之上的高位体系域潮汐河口湾砂岩中局部出现的硬石膏，并不能反映层序地层的控制作用，而更能反映构造作用对硬石膏胶结的控制。地下深层蒸发层序的溶解形成了富含硫酸盐的卤水（Hanor，1994），这种硫酸盐来源已经被用来解释不同盆地深埋砂岩中成岩阶段硬石膏胶结物的形成（Dworkin 和 Land，1994；Morad 等，1994；Sullivan 等，1994；Rossi 等，2002）。

13.6.2.6　海侵体系域和高位体系域中其他成岩矿物

黄铁矿在所有体系域中都有少量（0～2.5%）分布，并被后期含铁白云石 / 铁白云石胶结物包绕。莓球状黄铁矿往往是早成岩阶段海底之下细菌的硫酸盐还原作用形成的，在早成岩阶段上覆海水供给大量的溶解态硫酸盐（Raiswell，1987），这表明微咸水—海水型孔隙水组分影响了所有体系域的砂岩。高位体系域滨岸平原中锐钛矿（丰度最高为 5%）和赤铁矿的丰度（丰度最高为 11%）被认为是碎屑重矿物与 Fe–Ti 氧化物蚀变形成的（Morad 和 AlDahan，1986）。在所有体系域中可见钾长石颗粒被交代形成重晶石（最高达 0.2%），表明钡离子明显来源于这些颗粒的溶蚀与被交代（De Ros 等，1994；Rossi 等，2002）。

13.6.3　砂岩中孔隙度和渗透率演化的控制因素

Jauf 组砂岩的孔隙度和渗透率受到成岩蚀变的强烈控制，其中成岩蚀变包括颗粒环边伊利石和绿泥石的形成、机械与化学压实作用、骨架颗粒的溶蚀与蚀变、石英以及更小范围的含铁白云石 / 铁白云石的胶结作用。高位体系域临滨砂岩中机械压实作用相对较强，可见泥质内碎屑（最高达 15%）普遍变形转变为假杂基（最高达 5%），造成孔隙度与渗透率的降低。化学压实作用以平直、凹凸状和缝合状的颗粒接触关系显现出来，严重破坏粒间孔隙与渗透性。

胶结物体积与粒间体积散点图（IGV，平均 16%）（Houseknecht，1988，修改自 Ehrenberg，1989）显示，高位体系域临滨砂岩的压实作用比胶结作用更能造成粒间孔隙度的降低（图 27）。高位体系域临滨砂岩孔隙度的损失主要归因于石英次生加大边的普遍发育（最高达 25%）。粒间压溶作用与缝合线释放的硅质多沿云母片纹层分布，并为石英次生加大边提供硅质，进而造成广泛的孔隙损失（图 27）。石英胶结引起的高位体系域临滨砂岩孔隙度的降低，在具有干净颗粒表面石英供应的情况下会得到进一步促进（Walderhaug，2000；Bloch 等，2002）。

对某些海侵体系域潮汐河口湾砂岩而言，尤其是那些位于最大海泛面之下的砂岩，含铁白云石 / 铁白云石的胶结作用降低了孔隙度。因此，最大海泛面之下普遍遭受含铁白云石 / 铁白云石胶结的砂岩可将海侵体系域砂岩与高位体系域砂岩分隔开，在开发阶段充当流体流动的成岩障碍（Ketzer 等，2003a；Al–Ramadan 等，2005）。高位体系域潮汐河口湾和滨岸平原砂岩中，部分—完全的中成岩期硬石膏胶结（0～27%）会造成孔隙度的降低。

砂岩储层质量不应该仅用总孔隙度表示，还应该涵盖孔隙类型。微孔、粒间孔、粒内孔＋铸模孔的三角图（图 24）表明，Jauf 砂岩的孔隙以微孔为主，归因于大量颗粒环边伊利石和绿泥石及交代颗粒的高岭石的发育。微孔贡献了较高含量的束缚水，形成低电阻率测井值（<4/Ωm），从而误将储层中的含油层解释为含水层（Worthington，2003）。此外，纤维状伊利石条纹可以堵塞孔喉，导致渗透率的急剧降低（Almon 和 Davies，1981）。

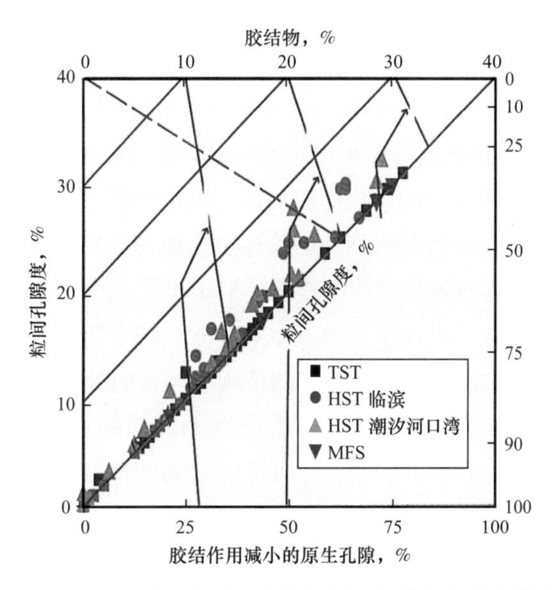

图 27　130 个砂岩样品中胶结物体积与粒间孔体积散点图

（Houseknecht，1988；据 Ehrenberg，1989，修改）

高位体系域滨岸砂岩的压实作用比胶结作用更能造成粒间孔隙度的减小，而海侵体系域、高位体系域潮汐河口湾砂岩与最大海泛面之下砂岩中胶结作用对孔隙度减小的影响更大

高位体系域潮汐河口湾砂岩在埋深超过 5km 时仍具有较高的孔隙度（最高达 21%），主要原因是伊利石和绿泥石环边的发育，阻止了石英次生加大边的普遍胶结（图 22）。微晶石英环边在所有体系域中较少见，因此在孔隙保存中发挥的作用不大，与之相反，高位体系域临滨砂岩埋深 4.2km，但孔隙度相对较低（小于 8.5%），主要原因是压溶作用较强，超薄黏土环边和与之伴随的大范围石英次生加大胶结物增加了压溶作用的强度（图 22）。

海侵体系域与高位体系域潮汐河口湾砂岩中孔隙度和渗透率具有正相关关系（相关系数为 +0.6），表明伊利石保持了孔隙与渗透性，与之相反，石英胶结的高位体系域临滨砂岩中孔隙度与渗透率缺乏相关性，这很难解释，因为石英次生加大边同时降低了孔隙度和渗透率。这种相关性缺乏的可能解释包括：（1）石英胶结物保存了孤立的粒内孔与铸模孔（也就是说并没有提高渗透率）；（2）伊利石化的高岭石与泥质内碎屑形成了大量微孔。每一个孔隙度值对应差别大的渗透率值（图 23），这可能与微孔丰度的变化有关，其中海侵体系域和高位体系域中受潮汐影响的相带中的微孔丰度（平均 7%）要比高位体系域临滨砂岩的高，因为前者发育大量孔隙衬边的伊利石和（或）绿泥石及伊利石化和高岭石化的云母和泥质内碎屑（表 1）。孔隙度与渗透率随深度无规律的降低（相关系数分别为

+0.08 和 –0.18），主要原因是研究的岩心深度范围相对较小。

13.7 成岩作用与储层质量演化的总结模型

最近，越来越多的研究表明如果将成岩作用与体系域和关键层序地层界面联系起来，将有助于更好地阐释与预测成岩蚀变的时空分布（Taylor 等，2000；Ketzer 等，2002；Al–Ramadan 等，2005；Ketzer 和 Morad，2006）。颗粒环边矿物（绿泥石、伊利石与微晶石英）对深部砂岩储层的质量具有决定性作用（Ehrenberg，1993；Aase 等，1996；Anjos 等，2003；Salem 等，2005）。尽管如此，目前尚未有研究将砂岩中颗粒环边矿物的时空分布及对储层质量演化的影响放入层序地层格架中进行分析。

早成岩蚀变及对储层质量演化的影响可以与层序地层联系起来，因为相对海平面与沉积物供应速率的变化决定了硅质碎屑沉积物的层序地层格架与原始孔隙度和渗透率的分布，并对近地表、早成岩调整的关键参数具有控制作用（Morad 等，2000），这些参数包括：（1）孔隙水化学性质的变化，如海水、大气水、蒸发水和盐水；（2）沉积物供应速率及沉积物的停留时间，影响到特定地球化学条件下成岩蚀变的持续时间，如处于海底或近地表暴露时。

建立成岩作用与层序地层之间的联系，将完善 Jauf 组储层质量分布模式以及不同体系域内和最大海泛面之下成岩矿物含量、结构与组分的评价与预测（图 28）。Jauf 砂岩经历了不同类型与强度的压实作用、胶结作用、矿物蚀变作用和溶蚀作用及颗粒环边黏土矿物的形成等 5 种成岩演化途径，导致不同程度的孔隙生成、破坏和保存（图 28）。

孔隙的保存出现在海侵体系域与高位体系域潮汐河口湾砂岩中，主要是孔隙衬边伊利石和绿泥石抑制了石英的次生加大［路径（A）和（B），图 28］（Moraes 和 De Ros，1990；Ehrenberg，1993；Bloch 等，2002）。片状与纤维状伊利石条纹构成的颗粒环边是海侵体系域和高位体系域潮汐河口湾砂岩中孔隙保存的主要介质。与发育镶边伊利石的海侵体系域潮汐河口湾砂岩（氦孔隙度最高为 17%，粒间孔最高为 5%）相比，发育绿泥石和伊利石条纹的高位体系域潮汐河口湾砂岩具有最高的氦孔隙度（最高达 21%）和粒间孔（最高达 7%）。文献中将绿泥石描述为阻止石英沉淀的最有效黏土矿物（Ehrenberg, 1993；Pittman 等，1992）。尽管纤维状伊利石条纹有利于孔隙的保存，然而其部分—完全充填了孔隙喉道，可能会引起渗透率的大幅降低（Kantorowicz，1990；Worden 和 Morad，2003）。

海侵体系域与高位体系域潮汐河口湾砂岩中孔隙度和渗透率的较大变化，可能与颗粒环边矿物对孔隙保存能力的差异有关，这种能力主要取决于条纹的数量、完整性及石英颗粒的大小与丰度（Walderhaug，1996；Worden 和 Morad，2000；Bloch 等，2002）。颗粒环边伊利石的含量（3%）是将砂岩分成具不同石英次生加大边含量组的主观界限（图 21）。海侵体系域砂岩和高位体系域潮汐河口湾砂岩中小—中等体积的粒间孔被嵌晶石英增生物而不是次生加大边堵塞，并且在某些情况下，被含铁白云石 / 铁白云石、菱铁矿与硬石膏胶结物堵塞［路径（A）和（B），图 28］。在富含泥质内碎屑（最高 28%）的砂岩中，黏土矿物环边对储层质量的保持没有影响，而泥质内碎屑由于塑性变形而使孔隙度和渗透率显著降低。

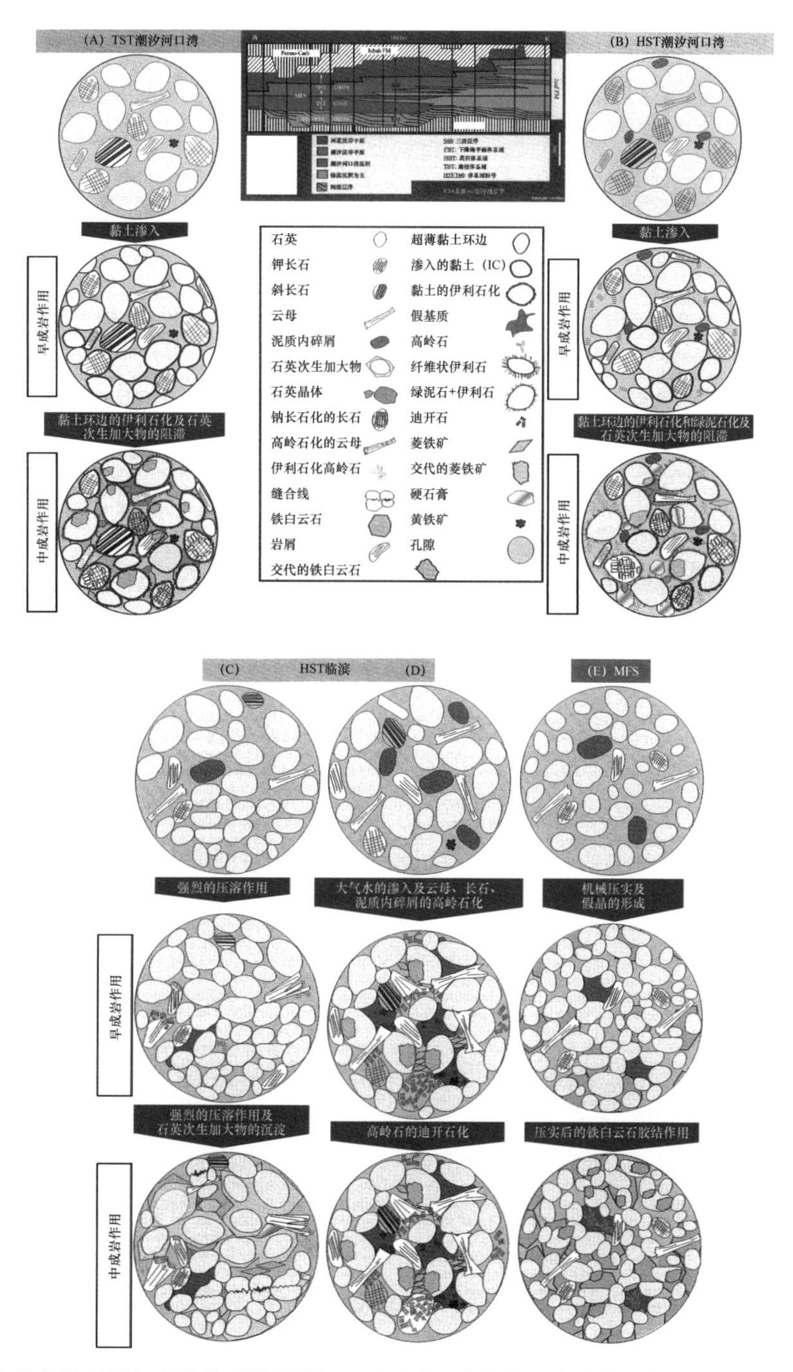

图 28　Jauf 组海侵体系域与高位体系域潮汐河口湾砂岩、高位体系域滨岸—滨岸平原相砂岩的成岩作用及其储层质量演化路径示意图

路径（A）和（B）表明海侵体系域砂岩和受潮汐影响的高位体系域砂岩的储层质量较好，主要是颗粒环边伊利石与绿泥石的发育，限制了石英次生加大胶结物的生长，因此促进了孔隙的保存。片状伊利石环边发育在颗粒接触面上，表明其是蒙脱石环边转变形成的；而纤维状伊利石在颗粒接触面不发育，表明其是在黏土基质上沉淀形成的。蜂窝状伊利石也充当了纤维状伊利石形成的基质。路径（C）显示了高位体系域滨岸砂岩中孔隙度的减小、储层质量最差，这归因于颗粒环边伊利石与绿泥石的缺失、强烈的石英次生加大。路径（D）显示高位体系域临滨砂岩中发生了高岭石化和伊利石化的泥质内碎屑含有大量微孔，造成渗透率降低。路径（E）表明最大海泛面之下砂岩孔隙度的减小主要是由于强烈的含铁白云石胶结作用。含铁白云石 / 铁白云石可能是近地表方解石或早期白云石转变而形成的，是 $\delta^{18}O$ 值较低的原因

相反，孔隙破坏发生在高位体系域临滨砂岩中，其缺乏厚层黏土条纹并被石英次生加大边强烈胶结［平均 14%，路径（C），图 28］。高位体系域临滨砂岩还具有以下特征：（1）高岭石化与伊利石化的泥质内碎屑以及伊利石化的高岭石含有大量的微孔，造成渗透率降低［路径（D），图 28］；（2）存在由于长石和重矿物部分—完全溶蚀形成的孤立粒内孔和铸模孔。石英次生加大边的存在，有助于支撑砂岩格架（Souza 等，1995），导致孔隙没被压实［路径（D），图 28］。

最大海泛面之下砂岩中孔隙度的损失（氦孔隙度为 2%～5%），可归因于含铁白云石 / 铁白云石广泛的胶结作用［最高达 44%，路径（E），图 28］，其在海侵体系域潮汐河口湾砂岩顶部形成隔层，而海侵体系域潮汐河口湾是 Jauf 组最重要的沉积相（Rahmani 等，2003）。因此，最大海泛面将海侵体系域砂岩储层与上覆的高位体系域潮汐河口湾砂岩区分开，后者具有较高的孔隙度（最高为 21%）。由于上覆海水中大量 Ca^{2+}、HCO_3^- 的扩散及海底之下沉积物较长的停留时间，位于最大海泛面之下的砂岩遭受了强烈的早成岩碳酸盐胶结作用（Morad 等，2000；Taylor 等，2000；Ketzer 等，2003a）。然而，根据压实作用之前含铁白云石 / 白云石的 $\delta^{18}O_{VPDB}$ 值，推断其沉淀温度变化较大（40～60℃），其成因包括：（1）在持续埋藏过程中近地表方解石被交代形成含铁白云石 / 铁白云石，Morad 等（1996）提出类似的（含）铁白云石成因；（2）海底之下含铁白云石 / 铁白云石的沉淀为渐进埋藏阶段含铁白云石 / 铁白云石的沉淀提供晶核（Hendry 等，2000）。

理解并预测深部砂岩储层质量的分布对于确定最佳的开发井位置和评估经济产量下限值、油气产量、可采资源和产率是必须的。通过阐明成岩作用对储层质量与非均质性的影响，有助于更加准确地理解并预测井间连通性和流体流动路径（Tinker，1996）。

13.8 结论

以沙特阿拉伯东部泥盆系 Jauf 组（现今埋藏 4154～5130m）潮坪与临滨的凝析气藏砂岩为例，将成岩蚀变的时空分布及对储层质量演化的影响与沉积相和层序地层联系起来，取得以下几点认识：

（1）早成岩蚀变的分布与沉积相和层序地层格架密切相关，对中成岩蚀变的分布具有重要影响，并最终影响储层质量的演化。

（2）砂岩中颗粒环边伊利石与绿泥石通过限制石英的胶结作用，对储层质量的保持具有明显的控制作用，这种环边黏土矿物在海侵体系域砂岩和高位体系域潮汐河口湾砂岩中最富集。颗粒环边伊利石和绿泥石被认为是蒙脱石黏土母质转变而成的。蒙脱石前驱物的成因并不清楚，但很有可能是潮汐作用泵入砂体之中，或由于蠕虫分泌使得黏土吸附在颗粒表面上。伊利石的形成与钾长石的钠长石化同时发生，可以提供钾的来源。

（3）颗粒环边伊利石和绿泥石对富含泥质内碎屑的砂岩（最高达 28%）的储层质量的保持没有起到作用，这是由于泥质强烈的塑性变形形成了假杂基，导致孔隙度与渗透率的降低。

（4）高位体系域临滨砂岩由于缺乏颗粒环边伊利石和绿泥石，石英次生加大胶结作用强烈，导致孔隙度和渗透率急剧降低。

（5）主要发生在高位体系域临滨砂岩中的粒间压溶和缝合线的形成，为石英胶结物提供了硅。所有体系域的石英胶结物沉淀于温度为 105～162℃的高盐度流体（NaCl 的质量分数为 19%）中。

（6）高位体系域临滨砂岩中云母、长石及泥质内碎屑大范围的溶蚀与高岭石化，可归因于相对海平面下降、临滨沉积物进积时的大气水侵入。

（7）充填孔隙或交代颗粒的含铁白云石 / 铁白云石的强烈胶结作用（最高达 44%），主要发生在最大海泛面之下，并延伸至整个盆地，其作为成岩障壁，将海侵体系域潮汐河口湾砂岩储层与高位体系域潮汐河口湾砂岩储层分开，约束了成岩作用阶段和油气生产过程中的流体流动。

（8）最大海泛面之下依据含铁白云石 / 铁白云石推断的沉淀温度范围较大，可归因于：① 在渐进埋藏过程中，早成岩方解石被交代形成含铁白云石 / 铁白云石；② 从海底之下开始的含铁白云石 / 铁白云石沉淀，并在后期渐进埋藏过程中为含铁白云石 / 铁白云石的进一步沉淀提供晶核。

（9）Jauf 砂岩中对储层质量演化影响较小且与层序地层没有关联的成岩蚀变包括少量充填孔隙和交代颗粒的菱铁矿、铁氧化物与黄铁矿的形成。

（10）仅发育在高位体系域潮汐河口湾砂岩中的粒间或交代的硬石膏胶结物的 δ^{34}_{SCDT} 值与上覆晚二叠世 Khuff 期硬石膏的 δ^{34}_{SCDT} 值相一致，表明后者提供了硫酸盐的来源。

（11）海侵体系域和高位体系域潮汐河口湾砂岩中的氦孔隙度与渗透率具有正相关关系（相关系数为 +0.6），表明颗粒环边伊利石和绿泥石能有效保持孔隙和渗透性。石英胶结的高位体系域临滨砂岩中孔隙度与渗透率缺乏相关性，主要归因于：① 石英胶结物保护了孤立的次生粒内孔与铸模孔，使其免受压实作用的破坏；② 伊利石化的高岭石与泥质内碎屑含量高，可以产生大量微孔，但渗透率降低的幅度大。

将成岩作用与层序地层学的研究联系起来，有助于更好地理解和预测成岩蚀变的时空分布，尤其是颗粒环边伊利石和绿泥石及其对深埋砂岩储层质量保持的影响。

参考文献

Aagaard，P.，Jahren，J. S.，Harstad，A. O.，Nilsen，O. and Ramm，M.（2000）Formation of grain-coating chlorite in sandstones：laboratory synthesized vs. natural occurrences. *Clay Miner.*，35，261-269.

Aase，N. E.，Bjørkum，P. A. and Nadeau，P. H.（1996）The effect of grain-coating microquartz on preservation of reservoir porosity. *AAPG Bull.*，80，1654-1673.

Abu-Ali，M. A.，Rudkiewicz，J. L. L.，McGillivray，J. G. and Behar，F.（1999）Paleozoic petroleum system of Central Saudi Arabia. *GeoArabia*，4，321-336.

Al-Aasm，I. S.，Taylor，B. E. and South，B.（1990）Stable isotope analysis of multiple carbonate samples using selective acid extraction. *Chem. Geol.*，80，119-125.

Al-Hajri，S. A.，Filatoff，J.，Wender，L. E. and Norton，A. K.（1999）Stratigraphy and operational palynology of the Devonian System in Saudi Arabia. *GeoArabia*，4，53-68.

Al-Ramadan，K.，Hussain，M.，Imam，B. and Saner，S.（2004）Lithologic characteristics and diagenesis of the Devonian Jauf Sandstone at Ghawar Field，Eastern Saudi Arabia. *Mar. Petrol. Geol.*，21，1221-1234.

Al-Ramadan, K., Morad, S., Proust, J. N. and Al-Aasm, I. (2005) Distribution of diagenetic alterations in siliciclastic shoreface deposits within a sequence stratigraphic framework: evidence from the Upper Jurassic, Boulonnais, NW France. *J. Sediment. Res.*, 75, 943–959.

Almon, W. R. and Davies, D. K. (1981) Formation damage and crystal chemistry of clays. In: *Short Courses in Clays and the Resource Geologist* (Ed. F. J. Longstaffe). 7, 81–102. Mineral. Assoc. Canada.

Amorosi, A. (1995) Glaucony and sequence stratigraphy: a conceptual framework of distribution in siliciclastic sequences. *J. Sediment. Res.*, B65, 419–425.

Anjos, S. M. C., De Ros, L. F. and Silva, C. M. A. (2003) Chlorite authigenesis and porosity preservation in the Upper Cretaceous marine sandstones of the Santos Basin, off shore eastern Brazil. In: *Clay Mineral Cements in Sandstones* (Eds R. Worden and S. Morad). *Int. Assoc. Sedimentol. Spec. Publ.*, 34, 283–308.

Bjørlykke, K. and Aagaard, P. (1992) Clay minerals in North Sea sandstones. In: *Origin, Diagenesis and Petrophysics of Clay Minerals in Sandstones* (Eds D. W. Houseknecht and E. D. Pittman). *SEPM Spec. Publ.*, 47, 65–80.

Bjørlykke, K and Egeberg, P. K. (1993) Quartz cementation in sedimentary basins. *AAPG Bull.*, 77, 1538–1548.

Bloch, S. (1994) Secondary porosity in sandstones: significance, origin, relationship to subaerial unconformities and effect on predrill reservoir quality prediction. In: *Reservoir Quality Assessment and Prediction in Clastic Rocks* (Ed. M. D. Wilson). *SEPM Short Course*, 30, 137–160.

Bloch, S., Lander, R. H. and Bonnell, L. (2002) Anomalously high porosity and permeability in deeply buried sandstone reservoirs: origin and predictability. *AAPG Bull.*, 86, 301–328.

Boles, J. R. and Franks, S. G. (1979) Clay diagenesis in the Wilcox sandstones of southern Texas: implications of smectite diagenesis on sandstone cementation. *J. Sediment. Petrol.*, 49, 55–70.

Boles, J. R. and Ramseyer, K. (1987) Diagenetic carbonate in Miocene sandstone reservoir, San Joaquin basin, California. *AAPG Bull.*, 71, 1475–1487.

Burley C. J. and MacQuaker, J. H. S. (1992) Authigenic clays, diagenetic sequences and conceptual models in contrasting basin-margin and basin-center North Sea Jurassic sandstones and mudstones. In: *Origin, Diagenesis and Petrophysics of Clay Minerals in Sandstones* (Eds D. W. Houseknecht and E. D. Pittman). *SEPM Spec. Publ.*, 47, 81–110.

Burley, S. D., Mullis, J. and Matter, A. (1989) Timing diagenesis in the Tartan reservoir (UK, North Sea): constraints from combined cathodoluminescence microscopy and fluid inclusion studies. *Mar. Petrol. Geol.*, 6, 98–120.

Carothers, W. W., Adami, L. H. and Rosenbauer, RJ. (1988) Experimental oxygen isotope fractionation between siderite-water and phosphoric acid-liberated CO_2-siderite. *Geochim. Cosmochim. Acta*, 52, 2445–2450.

Carroll, D. (1958) Role of clay minerals in the transportation of iron. *Geochim. Cosmochim. Acta*, 14, 1–27.

Chang, H. K., Mackenzie, F. T. and Schoonmaker, J. (1986) Comparisons between the diagenesis of dioctahedral and trioctahedral smectite, Brazilian offshore basins. *Clay. Clay Miner.*, 34: 407–423.

Claypool, G. E., Holser, W. T., Kaplan, I. R., Sakai, H. and Zak, I. (1980) The age curves of sulfur and oxygen isotopes in marine sulfate and their mutual interpretation. *Chem. Geol.*, 28, 199–260.

Clayton, R. N. and Mayeda, T. K. (1963) The use of bromine pentafluoride in the extraction of oxygen from oxides and silicates for isotopic analysis. Geochim. *Cosmochim. Acta*, 27, 43–52.

Cocker, J. D., Knox, W. O'B., Lott, G. K. and Milodowski, A. E. (2003) Petrologic controls on reservoir quality in the Devonian Jauf Formation sandstones of Saudi Arabia. *GeoFrontier*, 1, 6–11.

Cole, G. A., Abu-Ali, M. A., Aoudeh, S. M., Carrigan, W. J., Chen, H. H., Colling, E. L., Gwathney, W.

J., Al-Hajji, A. A., Halpern, H. I., Jones, PJ., Al-Sharidi, S. H. and Tobey, M. H. (1994) Organic geochemistry of the Paleozoic petroleum system of Saudi Arabia. *Energy Fuel*, 8, 1425–1442.

Curtis C. D., Coleman, M. L. and Love, L. G. (1986) Pore water evolution during sediment burial from isotopic and mineral chemistry of calcite, dolomite and siderite concretions. *Geochim. Cosmochim. Acta*, 50, 2321–2334.

De Ros, L. F., Sgarbi, G. N. C. and Morad, S. (1994) Multiple authigenesis of K–feldspar in sandstones : evidence from the Cretaceous Areado Formation, São Francisco Basin, central Brazil. *J. Sediment. Res.*, A64, 778–787.

De Waal J. A., Bil, K. J., Kantorowicz, J. D. and Dicker, A. I. M. (1988) Petrophysical core analysis of sandstones containing delicate illite. *Log Analyst*, (Sept. –Oct.) 317–330.

Dworkin, S. I. and Land, L. S. (1994) Petrographic and geochemical constraints on the formation and diagenesis of anhydrite cements, Smackover sandstones, Gulf of Mexico. *J. Sediment. Petrol.*, 64, 339–348.

Egeberg, P. K. and Aagaard, P. (1989) Origin and evolution of formation waters from oil fields on the Norwegian shelf. *Appl. Geochem.*, 4, 131–142.

Ehrenberg, S. N. (1989) Assessing the relative importance of compaction processes and cementation to reduction of porosity in sandstones : discussion : compaction and porosity evolution of Pliocene sandstones, Ventura Basin, California. *AAPG Bull.*, 73, 1274–1276.

Ehrenberg, S. N. (1993) Preservation of anomalously high porosity in deeply buried sandstones by grain–coating chlorite : examples from the Norwegian continental shelf. *AAPG Bull.*, 77, 1260–1286.

Ehrenberg, S. N., Aagaard, P., Wilson, M. J., Fraser, A. R. and Duthie, D. M. L. (1993) Depth–dependant transformation of kaolinite to dickite in sandstones of the Norwegian continental shelf. *Clay Miner.*, 28, 325–352.

Fisher, Q. J., Knipe, R. J. and Worden, R. H. (2000) Microstructures of deformed and non–deformed sandstones from the North Sea : implications for the origins of quartz cement in sandstones. In : *Quartz Cementation in Sandstones* (Eds R. H. Worden and S. Morad) . *Int. Assoc. Sedimentol. Spec. Publ.*, 29, 129–146.

Franks, S. G. and Forester, R. W. (1984) Relationships among secondary porosity, pore–fluid chemistry and carbon dioxide, Texas Gulf Coast. *AAPG Mem.* 34, 63–79.

Giles, M. R., Stevenson, S., Martin, S. V., Cannon, S. J. C., Hamilton, P. J., Marshall, J. D. and Samways, G. M. (1992) The reservoir properties and diagenesis of the Brent Group : a regional perspective. In : *Geology of the Brent Group* (Eds A. C. Morton, R. S. Haszeldine, M. R. Giles and S. Brown) . *Geol. Soc. Lond. Spec. Publ.*, 61, 289–327.

Gluyas, J. and Coleman, M. (1992) Material flux and porosity changes during sediment diagenesis. *Nature*, 365, 53–54.

Gluyas, J. G., Garland, C., Oxtoby, N. H. and Hogg, A. J. C. (2000) Quartz cement : the Miller's tale. In *Quartz Cementation in Sandstones* (Eds R. H. Worden and S. Morad) . *Int. Assoc. Sedimentol. Spec. Publ.*, 29, 199–218.

Goddéris, Y., François, L. M. and Veizer, J. (2001) The early Paleozoic carbon cycle. *Earth Planet. Sci. Lett.*, 190, 181–196.

Grant, S. M. and Oxtoby, N. H. (1992) The timing of quartz cementation in Mesozoic sandstones from Haltenbanken, offshore mid–Norway : fluid inclusion evidence. *J. Geol. Soc. Lond.*, 149, 479–482.

Grigsby, J. D. (2001) Origin and growth mechanism of authigenic chlorite in sandstones of the lower Vicksburg formation, south Texas. *J. Sediment. Res.*, 71, 27–36.

Güven, N. (2001) Mica structure and fibrous growth ofillite. *Clay. Clay Miner.*, 49, 189–196.

Hanor, J. S. (1994) Origin of saline fluids in sedimentary basins. In : *Geofluids : Origin, Migration and Evolution of Fluids in Sedimentary Basins* (Ed. J. Parnell) . *Geol. Soc. Lond. Spec. Publ.*, 78, 151–174.

Hartmann, B. H., Juhász Bodnár, K., Ramseyer, K. and Matter, A. (2000) Polyphased quartz cementation and its sources : a case study from the Upper Palaeozoic Haushi Group sandstones, Sultanate of Oman. In : *Quartz Cementation in Sandstones* (Eds R. H. Worden : and S. Morad) . *Int. Assoc. Sedimentol. Spec. Publ.*, 29, 253–270.

Heald, M. T. and Larese, R. E. (1974) Influence of coatings on quartz cementation. *J. Sediment. Petrol.*, 44, 1269–1274.

Heinrichs, H. and Herrmann, A. G. (1990) *Praktikum der Analytischen Geochemie*. Springer–Verlag, BerlinHeidelberg, 669 pp.

Hendry, J. P., Wilkinson, M., Fallick, A. E. and Haszeldine, R. S. (2000) Ankerite cementation in deeply buried Jurassic sandstone reservoirs of the central North Sea. *J. Sediment. Res.*, 70, 227–239.

Hillier, S. and Velde, B. (1991) Octahedral occupancy and the chemical composition of diagenetic (lowtemperature) chlorites. *Clay Miner.*, 26, 149–168.

Houseknecht, D. W. (1988) Intergranular pressure solution in four Quartzose Sandstones. *J. Sediment. Petrol.*, 58, 228–246.

Irwin, H., Curtis, C. and Coleman, M. (1977) Isotopic evidence for source of diagenetic carbonates formed during burial of organic–rich sediments. *Nature*, 269, 209–213.

Jahren, J. S. and Aagaard, P. (1989) Compositional variations in diagenetic chlorites and illites and relationships with formation–waterchemistry. *Clay Miner.*, 24, 157–170.

Kantorowicz J. D. (1990) The influence of variations in illite morphology on the permeability of Middle Jurassic Brent Group sandstones, Cormorant Field, UK NorthSea. *Mar. Petrol. Geol.*, 7, 66–74.

Ketzer, J. M. and Morad, S. (2006) Predictive distribution of shallow marine, low–porosity (pseudomatrix–rich) sands tones in a sequence stratigraphic framework example from the Ferron sandstone, Upper Cretaceous, USA. *Mar. Petrol. Geol.*, 23, 29–36.

Ketzer, J. M., Morad, S., Evans, R. and Al–Aasm, I. S. (2002) Distribution of diagenetic alterations in fluvial, deltaic and shallow marine sandstones within a sequence stratigraphic framework : evidence from the Mullaghmore Formation (Carboniferous), NW Ireland. *J. Sediment. Res.*, 72, 760–774.

Ketzer, J. M., Holz, M., Morad, S. andAl–Aasm, I. S. (2003a) Sequence stratigraphic distribution of diagenetic alterations in coal–bearing, paralic sandstones : evidence from the Rio Bonito Formation (early Permian), southern Brazil. *Sedimentology*, 50, 855–877.

Ketzer, J. M., Morad, S. and Amorosi, A. (2003b) Predictive diagenetic clay–mineral distribution in siliciclastic rocks within a sequence stratigraphic framework. In : *Clay Mineral Cements in Sandstones* (Eds R. H. Worden and S. Morad) . *Int. Assoc. Sedimentol. Spec. Publ.*, 34, 42–59.

Land, L. S. (1983) The applications of stable isotopes to the study of the origin of dolomite and to problems of diagenesis of clastic sediments. In : *Stable Isotopes in Sedimentary Geology* (Ed. M. A. Arthur) . *SEPM Short Course*, 10, 4. 1–4. 22.

Lanson, B., Beaufort, D., Berger, G., Baradat, J. and Lacharpagne, J. C (1996) Illitization of diagenetic kaolinite–todickite conversion series : late–stage diagenesis of the lower Permian Rotliegend sandstone reservoir, offshore of the Netherlands. *J. Sediment. Res.*, 66, 501–518.

Lanson, B., Beaufort, D., Berger, G., Bauer, A., Cassagnabère, A. and Meunier, A. (2002) Authigenic kaolin and illitic minerals during burial diagenesis of sandstones : a review. *Clay Miner.*, 37, 1–22.

Liewig N., Clauer N. and Sommer F. (1987) Rb–Sr and K–Ar dating of clay diagenesis in Jurassic sandstone oil reservoirs, North Sea. *AAPG Bull.*, 71, 1467–1474.

McBride, E. F. (1989) Quartz cement in sandstones : a review. *Earth Sci. Rev.*, 26, 69–112.

McKay, J. L., Longstaffe, F. J. and Plint, A. G. (1995) Early diagenesis and its relationship to depositional environment and relative sea–level fluctuations (Upper Cretaceous Marshybank Formation, Alberta and British Columbia) . *Sedimentology*, 42, 161–190.

Morad, S. (1986) Albitization of K–feldspar grains in Proterozoic arkoses and greywackes from Southern Sweden. *Neues Jb. Miner. Monat.*, 4, 145–156.

Morad, S. (1998) Carbonate cementation in sandstones ; distribution patterns and geochemical evolution. In : *Carbonate Cementation in Sandstones* (Ed. S. Morad) . *Int. Assoc. Sedimentol. Spec. Publ.*, 26, 1–26.

Morad, S. and AlDahan, A. (1986) Alteration of detrital Fe–Ti oxides in sedimentary rocks. *Geol. Soc. Am. Bull.*, 97, 567–578.

Morad, S., Bergen, M., Knarud, R. and Nystuen, J. P. (1990) Albitization of detrital plagioclase in Triassic reservoir sandstones from the Snorre field, Norwegian North Sea. *J. Sediment. Petrol.*, 60, 411–425.

Morad, S., Ben Ismail, H. N., De Ros, L. F., Al–Aasm, I. S. and Serrhini, N. E. (1994) Diagenesis and formation water chemistry of Triassic reservoir sandstones from southern Tunisia. *Sedimentology*, 41, 1253–1272.

Morad, S., De Ros, L. F. and Al–Aasm, LS. (1996) Origin of low $\delta^{18}O$, pre–compactional ferroan carbonates in the marine Stø Formation (Middle Jurassic), offshore NW Norway. *Mar. Petrol. Geol*, 13, 263–276.

Morad, S., Ketzer, J. M. and De Ros, L. F. (2000) Spatial and temporal distribution of diagenetic alterations in siliciclastic rocks : implications for mass transfer in sedimentary basins. *Sedimentology*, 47, 95–120.

Morad, S., Al–Ramadan, K., Ketzer, J. M., and De Ros, L. F. (2010) The impact of diagenesis on the heterogeneity of sandstone reservoirs : A review of the role of depositional facies and sequence stratigraphy. *Am. Assoc. Petrol. Geol. Bull.*, 94, 1267–1309.

Moraes, M. A. S. and De Ros, L. F. (1990) Infiltrated clays in fluvial Jurassic sandstones of Recôncavo Basin, northeastern Brazil. *J. Sediment. Petrol.*, 60, 809–819.

Moraes, M. A. S. and De Ros, L. F. (1992) Depositional, infiltrated and authigenic clays in fluvial sandstones of the Jurassic Sergi Formation, Recôncavo Basin, northeastern Brazil. In : *Origin*, *Diagenesis Petrophysics of Clay Minerals in Sandstones* (Eds D. W. Houseknecht, E. D. Pittman and W. D. F. Keller) . *SEPM Spec. Publ.*, 47, 197–208.

Mozley, P. S. (1989) Relation between depositional environment and the elemental composition of early diagenetic siderite. *Geology*, 17, 704–706.

Mullin, J. W. (2001) *Crystallization.* Butterworth Heinemann, Oxford, 600 pp.

Needham, S. J., Worden, R. H. and Mcllroy, D. (2005) Experimental production of clay rims by macrobiotic sediment ingestion and excretion processes. *J. Sediment. Res.*, 75, 1028–1037.

Norton, A. K., Al–Hauwaj, A., Neville, A., Dickens, M. and Naini, B. (2000) Paleozoic gas exploration in eastern Saudi Arabia during the last decade. *Proc. 16th World Petrol. Congr. Calgary*, 2, 8–17.

Oelkers, E. H, Bjørkum, P. A. and Murphy, W. M. (1996) A petrographic and computational investigation of quartz cementation and porosity reduction in North Sea sandstones. *Am. J. Sci.*, 296, 420–452.

Pittman, E. D., Larese, R. E. and Heald, M. T. (1992) Clay coats : occurrence and relevance to preservation of porosity. In : *Origin, Diagenesis and Petrophysics of Clay Minerals in Sandstones* (Eds D. W. Houseknecht and E. D. Pittman) . *SEPM Spec. Publ.*, 47, 241–255.

Platt, J. (1994) Geochemical evolution of pore waters in the Rotliegend (Early Permian) of northern Germany. *Mar. Petrol. Geol.*, 11, 66–78.

Pollastro, R. M. (1985) Mineralogical and morphological evidence for the formation of illite at the expense of illite/smectite. *Clay. Clay Miner.*, 33, 265–274.

Rahmani, R. A., Steel, R. J. and Duaiji, A. A. (2003) Concepts and methods of high–resolution sequence stratigraphy : applications to the Jauf gas reservoir, Greater Ghawar, Saudi Arabia. *GeoFrontier*, 1, 15–21.

Raiswell, R. (1987) Non–steady state microbiological diagenesis and the origin of concretions and nodular limestones. In : *Diagenesis of Sedimentary Sequences* (Ed. J. D. Marshall) . *Geol. Soc. Lond. Spec. Publ.*, 36, 41–54.

Ramseyer, K., Fischer, J., Matter, A., Eberhardt, P. and Geiss, J. (1989) A cathodoluminescence microscope for low intensity luminescence. *J. Sediment. Petrol.*, 59, 619–622.

Rosenbaum, J. M. and Sheppard, S. M. F. (1986) An isotopic study of siderites, dolomites and ankerites at high temperatures. *Geochim. Cosmochim. Acta*, 50, 1147–1150.

Rossi, C., Marfil, R., Ramseyer, K. and Permanyer, A. (2001) Facies–related diagenesis and multiphase siderite cementation and dissolution in the reservoir sandstones of the Khatatba Formation, Egypt's Western Desert. *J. Sediment. Res.*, 71, 459–472.

Rossi, C., Kalin, O., Arribas, J. and Tortosa, A. (2002) Diagenesis, provenance and reservoir quality of Triassic TAGI sandstones from Ourhoud field, Berkine (Ghadames) Basin, Algeria. *Mar. Petrol. Geol.*, 19, 117–142.

Ryan, P. C. and Reynolds, R. C. Jr. (1996) The origin and diagenesis of grain coating serpentine–chlorites in Tuscaloosa Formation Sandstone, U. S. Gulf Coast. *Am. Miner.*, 81, 213–225.

Saigal, G. C., Morad, S., Bjørlykke, K., Egeberg, P. K. and Aagaard, P. (1988) Diagenetic albitization of detrital K–feldspar in Jurassic, Lower Cretaceous and Tertiary clastic reservoir rocks from offshore Norway, I. Textures and origin. *J. Sediment. Petrol.*, 58, 1003–1013.

Salem, A. M., Ketzer, J. M., Morad, S., Rizk, R. R. and Al–Aasm, I. S. (2005) Diagenesis and reservoir–quality evolution of incised–valley sandstones : evidence from the Abu Madi Gas Reservoirs(Upper Miocene), the Nile Delta Basin, Egypt. *J. Sediment. Res.*, 75, 572–584.

Savin, S. M. and Lee, M. (1988) Isotopic studies of phyllosilicates. In : *Hydrous Phyllosilicates* (*Exclusive of Micas*) (Ed. S. W. Bailey) . *Rev. Miner.*, 19, 189–223.

Shepherd, T. J., Rankin, A. H. and Alderton, D. H. M. (1985) *A Practical Guide to Fluid Inclusion Studies*. Blackie, Glasgow and London, 239 pp.

Sombra, C. L. and Chang, H. K. (1997) Burial history and porosity evolution of Brazilian Upper Jurassic to Tertiary sandstone reservoirs. In : *Reservoir Quality Prediction in Sandstones and Carbonates* (Eds J. A. Kupecz, J. G. Gluyas and S. Bloch) . *AAPG Mem.*, 69, 79–90.

Souza, R. S., De Ros, L. F. and Morad, S. (1995) Dolomite diagenesis and porosity preservation in lithic reservoirs : Carmópolis Member, Sergipe–Alagoas Basin, northeastern Brazil. *AAPG Bull.*, 79, 725–748.

Spötl C, Houseknecht D. W. and Riciputi L. R. (2000) Hightemperature quartz cement and the role of stylolites in a deep gas reservoir, Spiro Sandstone, Arkoma Basin, USA. In : *Quartz Cementation in Sandstones* (Eds R. H. Worden and S. Morad) . *Int. Assoc. Sedimentol. Spec. Publ.*, 29, 281–297.

Steiger R. H. and Jäger E. (1977) Subcommission on Geochronology : convention on the use of decay constants in geo–and cosmochronology. *Earth Planet. Sci. Lett.*, 36, 359–362.

Sullivan, M. D., Haszeldine, R. S., Boyce, A. J., Rogers, G. and Fallick, A. E. (1994) Late anhydrite cements mark basin inversion, isotopic and formation water evidence, Rotliegend Sandstone, North Sea. *Mar. Petrol. Geol.*, 11, 46–54.

Taylor, K. G., Gawthorpe, R. L. and Van Wagoner, J. C. (1995) Stratigraphic control on laterally persistent cementation, Book Cliffs, Utah. *J. Geol. Soc. Lond.*, 152, 225-228.

Taylor, K. G., Gawthorpe, R. L., Curtis, C. D., Marshall, J. D. and Awwiller, D. N. (2000) Carbonate cementation in a sequence-stratigraphic framework : Upper Cretaceous sandstones, Book Cliffs, Utah-Colorado. *J. Sediment. Res.*, 70, 360-372.

Tinker, S. W. (1996) Building the 3-D jigsaw puzzle : applications of sequence stratigraphy to 3-D reservoir characterization, Permian basin. *AAPG Bull.*, 80, 460-485.

Walderhaug, O. (1994) Temperatures of quartz cementation in Jurassic sandstones from the Norwegian continental shelf-evidence from fluid inclusions. *J. Sediment. Res.*, 64, 311-323.

Walderhaug, O. (1996) Kinetic modeling of quartz cementation and porosity loss in deeply buried sandstone reservoirs. *AAPG Bull.*, 80, 731-745.

Walderhaug, O. (2000) Modelling quartz cementation and porosity in Middle Jurassic Brent Group sandstones of the Kvitebjørn Field, northern North Sea. *AAPG Bull.*, 84, 1325-1339.

Walderhaug, O. and Bjørkum, P. A. (2003) The effect of stylolite spacing on quartz cementation in the Lower Jurassic Stø Formation, southern Barents Sea. *J. Sediment. Res.*, 73, 146-156.

Welton, J. E., Stookey, S. M., Moiola, R. J. and Roberts, H. H. (2000) Modern Mahakam delta sediments : the search for a precursor to early authigenic chlorite grain coatings. *AAPG Ann. Meeting : Marching into Global Markets : A World of Resources*. New Orleans, USA, Abstr.

Wender, L. E., Bryant, J. W., Dickens, M. F., Neville, A. S. and Al-Moqbel, A. M. (1998) Paleozoic (pre-Khuff) hydrocarbon geology of the Ghawar area, eastern Saudi Arabia. *GeoArabia*, 3, 273-302.

Wilkinson, M. (1989) Discussion : evidence for surface reaction-controlled growth of carbonate concretions in shales. *Sedimentology*, 36, 951-953.

Wilkinson, M. and Haszeldine, R. S. (2002) Fibrous illite in oilfield sandstones : a nucleation kinetic theory of growth. *Terra Nova*, 14, 49-55.

Wilson, M. D. and Stanton, P. T. (1994) Diagenetic mechanisms of porosity and permeability reduction and enhancement. In : *Reservoir Quality Assessment and Prediction in Clastic Rocks* (Ed. M. D. Wilson) . *SEPM Short Course*, 30, 59-119.

Worden, R. H. and Burley, S. D. (2003) Sandstone diagenesis : from sand to stone. In : *Clastic Diagenesis : Recent and Ancient* (Eds S. D. Burley and R. H. Worden) . *Int. Assoc. Sedimentol. Spec. Publ.*, 4, 3-44.

Worden, R. H. and Morad, S. (2000) Quartz cementation in oil field sandstones : a review of the key controversies. In : *Quartz Cementation in Sandstones* (Eds R. H. Worden and S. Morad) . *Int. Assoc. Sedimentol. Spec. Publ.*, 29, 1-20.

Worden, R. H. and Morad, S. (2003) Clay minerals in sandstones : controls on formation distribution and evolution. In : *Clay Mineral Cements in Sandstones* (Eds R. H. Worden and S. Morad) . *Int. Assoc. Sedimentol. Spec. Publ.*, 34, 3-41.

Worden, R. H., Needham, S. J. and Cuadros, J. (2006) The worm gut : a natural clay factory and possible cause of diagenetic grain coats in sandstones. *J. Geochem. Explor.*, 89, 428-431.

Worthington, P. F. (2003) Effect of clay content upon some physical properties of sandstone reservoirs. In : *Clay Mineral Cements in Sandstones* (Eds R. H. Worden and S. Morad) . *Int. Assoc. Sedimentol. Spec. Publ.*, 34, 191-211.

Zimmerle W. and Rosch H. (1991) Petrogenetic significance of dickite in European sedimentary rocks. *Zbl. Geol. Paläont. Stuttgart*, 8, 1175-1196.

Zuffa, G. G., Cibin, U. and Di Giulio, A. (1995) Arenite petrography in sequence stratigraphy. *J. Geol.*, 103, 451-459.

14　Viking 砂岩的岩石学、稳定同位素和流体包裹体特征：对加拿大萨斯喀彻温省西南部 Bayhurst 地区层序地层学的意义

C. Walz[1]，G. Chi[1]，P . K . Pedersen[2]

1. Department of Geology，University of Regina，Regina，SK S4S 0A2，Canada（E-mail：guoxiang.chi@uregina.ca）

2. Department of Geoscience，University of Calgary，Calgary，AB T2N 1N4，Canada

摘要　萨斯喀彻温省西南部 Bayhurst 地区 Viking 组砂岩位于下伏 Joli Fou 组和上覆 Westgate 组两套海相页岩之间。基于详细的岩心记录和测井对比，建立了一个高分辨率层序地层格架，并把 Viking 组划分为 5 个由海岸沉积物（滨外过渡区、临滨和障壁—潟湖沉积物）组成的沉积层序。层序界面以海相含砾泥质砂岩向盆地方向迁移形成拆离的低位楔沉积体为特征。在随后的海侵过程中，低位楔的向陆部分遭受侵蚀，移除了非海相沉积物和地表暴露的直接证据，剩下一套滞留砾石层，它通常覆盖在相邻层序和海侵侵蚀面上。指示砂岩早成岩阶段有大气水作用的岩相和稳定同位素数据支持地表暴露这一过程。岩石骨架颗粒和基质的大范围早期溶蚀（在压实作用之前）与海平面低位期大气水的流动方式有关，这种早期溶蚀作用可能在砂岩孔隙度增加中起了重要作用，尤其在泥质砂岩中。早期方解石胶结物的 $\delta^{18}O$ 值（−13.1‰～−11.5‰ VPDB）比早白垩世海相方解石的 $\delta^{18}O$ 平均值（−1.1‰ VPDB）低得多，表明有大气水的介入。方解石胶结物中的流体包裹体皆为单一相的（只有液相），这与浅层胶结作用的结果相一致。由流体包裹体的冰融温度估算得到的矿化度范围为 2.7%～9.4%（质量分数），这表明地层中发生了盐的溶解。本文旨在阐明与海平面波动相关的海岸沉积物早期成岩作用以及如何利用岩相学和地球化学资料证实层序地层模型。

关键词　Viking 组，Bayhurst，萨斯喀彻温省，层序地层学，成岩作用，大气水，稳定同位素，流体包裹体

14.1　引言

白垩系 Viking 组是一套以砂岩为主的地层单元，位于加拿大西部沉积盆地下科罗多拉群海相页岩中（Leckie 等，1994; Reinsono 等，1994）。它是粗碎屑楔状体的一部分，其从科迪勒拉造山带向东前积，几乎横穿整个前陆盆地，是盆地中最重要的含油气单元之一（Reinson 等，1994）。

Viking 组及其同期地层形成于海平面整体上升期，其间穿插了高频率的海平面下降（Leckie 和 Reinson，1993），从而产生了一些侵蚀面。这些侵蚀面的性质，特别是它们

是否曾经暴露于地表环境中，对于高分辨率层序地层学研究来说具有重要意义。以前对Viking组及其同期地层的层序地层研究（Leckie和Reinson，1993；MacEachern等，1998；Pedersen等，2002）主要建立在岩相和遗迹化石相以及测井对比的基础上。在地表不整合面保存较完好的盆地西部地区，这种分析方法在确定层序界面的应用中很成功，但是在盆地内部运用这种方法时遇到了较大困难，这是因为地表暴露的沉积证据相对较短暂或发育不完全，地表暴露面可能被海侵过程中海水的侵蚀清除掉，然而，地表暴露一旦存在，就会给与大气水相关的成岩相留下地化特征，因此，对成岩相的地球化学研究可能为地表暴露提供证据，并可证实层序地层学解释（Taylor等，2000，2004）。

本文以萨斯喀彻温省西南部Bayhurst气藏及其邻近东北部地区的Viking组砂岩为研究对象。Viking组砂岩中发育多个油气藏，并且是正在进行的勘探对象，因而需要对其储层结构、性质及其控制因素有一个更深入的了解。Walz等（2005）已初步建立了Bayhurst气藏中Viking组的层序地层格架，本文对这个模型进行了改进并将其应用于Bayhurst东北部地区，然而，本文的研究重点是Viking组砂岩的成岩作用，特别强调砂岩的岩石学、流体包裹体和碳酸盐胶结物的碳氧同位素特征。早成岩阶段大气水作用的地化特征与海平面低位期的地表暴露相关。本研究还提供了另外一个例子，表明海岸沉积物的早期成岩作用能记录海平面的波动变化，而且岩相学和地球化学研究可以作为层序地层分析中有用的工具。

14.2 地质背景

研究区是寒武纪—早始新世西加拿大沉积盆地（简称“西加盆地”，WCSB）的一部分。西加盆地的演化分为两个阶段（Price，1994）：一是晚侏罗世之前的冒地斜—台地阶段，沉积物来自东部的北美克拉通；二是晚侏罗世—早始新世前陆盆地阶段，沉积物主要来源于西部的科迪勒拉山脉。在前陆盆地阶段，西加盆地是白垩纪西部内陆海道的一部分，它同时受北部北海和南部特提斯海的海侵的影响（Kauffman和Caldwell，1993）。海道中发育的海侵—海退旋回与海平面的升降及与科迪勒拉造山带构造演化相关的盆地沉降、沉积物供给之间相互作用有关（Kauffman和Caldwell，1993；Price，1994）。Kiowa–Skull Creek旋回开始于Albian早期，结束于Albian末期，随后为持续到Turonian晚期的Greenhorn旋回（Caldwell等，1993）。Viking组及其同期地层单元（Bow Island组、Paddy段、Pelican组和Newcastle段）形成于Kiowa–Skull Creek旋回海退阶段的晚期和Greenhorn旋回海侵阶段的早期（Kauffman和Caldwell，1993；Leckie等，1994；Reinson等，1994；Pedersen等，2002）。先于Viking组砂岩沉积的是Joli Fou组海相页岩，它标志着在Mannville群陆相和边缘海沉积之后，白垩纪西部内陆海道的北支流和南支流首次进行了连通（Caldwell等，1993），Viking组砂岩之后沉积的是Westgate组和Fish Scales组海相页岩。

Viking组及其同期地层的沉积环境从滨岸平原、临滨、滨外到下切谷之上发育的河口湾（Pozzobon和Walker，1990；Leckie和Reinson，1993；Pedersen等，2002）。阿尔伯达省中南部Joffre油田中北西－南东走向的线状砂体被解释为临滨沉积物（Downing和Walker，1988）或海岸线处河口湾的湾头三角洲沉积物（（MacEachern等，1998）。沿构造走向也分布有一些类似的线状砂体（Pozzobon 和 Walker，1990），它们是 Viking 组沉积阶段某一时期海岸线的大致位置。

Bayhurst 油藏中的砂体位于 Joffre 海岸线走向的东南延伸段，由复杂的互层状临滨、障壁岛、潟湖和下切谷沉积物组成（Walz 等，2005）。Bayhurst 油藏内部和 Bayhurst 油藏北部向盆地方向约 50km 的 Eureka 油藏和 Dodsland 油藏中的一些砾石质层序界面已被识别出来（Pozzobon 和 Walker，1990；Tong 等，2005；Walz 等，2005）。尽管盆地低位域中的含砾特征可能表明西南部为陆相环境，但并没有地表暴露的直接证据。

14.3　研究区内 Viking 组

研究区包括 Township 21—29、Range 18—28W3 之内的地区，包括 Bayhurst 气藏和东北部的一些其他 Viking 组油气藏［图 1（a）］。研究层段为 Viking 组砂岩以及下伏的 Joli Fou 组和上覆的 Westgate 组海相页岩，总共可划分为 5 个以不整合面为边界的层序，每个层序由 2 个或更多体系域组成［图 1（b）］。层序地层解释以 9 条横剖面的对比为基础，其中 7 条剖面为西南—北东向，即垂直于 Viking 海岸线的区域延伸方向。利用 46 个岩心的岩性录井和 481 口井的测井资料建立了这些横向对比剖面。图 1（c）显示了 *S—S′* 横向对比剖面，它从 Bayhurst 南部开始，向北延伸至 Verendrye 油藏［图 1（a）］。下文由 Joli Fou 组顶部开始，向上至 Westgate 组底部，依次描述了各层位的层序和体系域特征、岩相组成和地层界面。Walz 等（2005）和 Walz（2007）给出了更详细的岩相描述和地层分析。

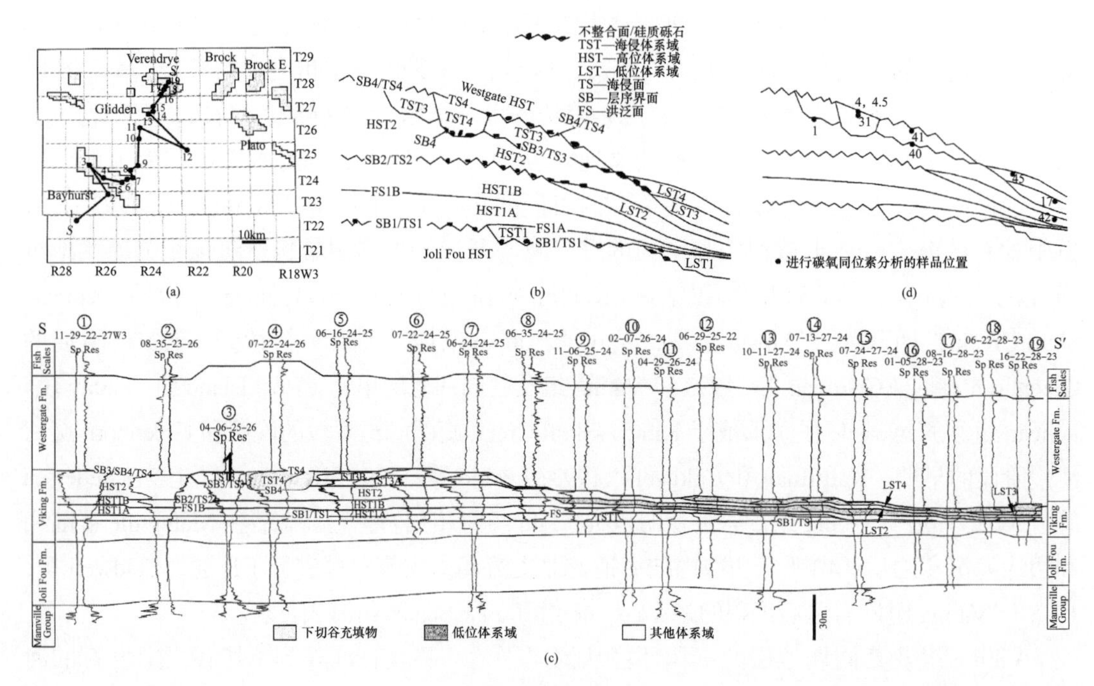

图 1　（a）研究区位置图，显示 Viking 油气藏名称和横剖面 *S—S′* 的位置。（b）横剖面示意图，展示了各层序界面和体系域。（c）测井剖面 *S—S′*，各井测井曲线包括自然电位曲线（Sp）、电阻率曲线（Res）。（d）与（b）为同一剖面，显示了用以分析碳氧同位素和流体包裹体的碳酸盐胶结物取样点位置

本研究的地层底部是 Joli Fou 页岩中的最大洪泛面，代表了白垩纪西部内陆海道的主要海侵之一，同期海岸线位于活跃的科迪勒拉造山带北 Montana 和南 Alberta 的西南部。上覆的 Joli Fou 组高位体系域（HST）[图 1（b）]，由 Joli Fou 组上部含有少量粉砂岩纹层的中—深灰色页岩与 Viking 组底部发育互层的页岩和丘状交错层理砂岩层组成。Joli Fou 高位体系域的陆棚和滨外沉积物与上覆砾岩以不整合面为界（SB1）[图 1（b）]。在研究区东北部，由向上变粗的滨外粉砂岩、页岩和下临滨砂岩组成的 LST1 覆盖于 SB1 之上[图 1（b）]。尽管没有观察到非海相沉积物或地表暴露的直接证据，然而，在 LST1 超覆点的向陆方向，SB1 可能暴露于地表且可能被河流沉积物覆盖，这些沉积物与砂砾向低水位海岸线的输送有关。非海相沉积物的缺失可能与随后 TS1 的强烈侵蚀有关，正如在 LST1 近端的顶部及向陆方向 SB1 和 TS1 合并的地方[图 1（b）]，都可见燧石质砾石滞留沉积物覆盖在 TS1 之上。

上覆 TS1 是一个向上变粗的过渡带、滨外和下临滨沉积序列，超覆在 SB1 之上，形成了 TST1[图 1（b）和图 1（c）]。在最大洪泛面之上，被 HST1[图 1（b）]的海泛面（FS1B）分隔的 2 个准层序（HST1A 和 HST1B）构成了完整的向上变粗序列，反映了新的海岸线进积到了研究区内，在研究区西南部发育下临滨。

HST1 之上覆盖的是硅质砾石不整合面（SB2）[图（1b）]。在研究区东北部，SB2 被临滨砂岩和滨外砂岩、粉砂岩和页岩构成的 LST2[图 1（b）]覆盖。在近源地区，LST2 顶部海侵面被硅质砾石滞留沉积覆盖[图 1（b）]。LST2 的向陆部分，与 TS2 有关的侵蚀改造了 SB2，并可能侵蚀掉了地表暴露的直接证据，类似于 SB1。

TS2 被一个向上变粗的序列覆盖，形成了 HST2[图 1（b）]，TS2 之上如果存在海侵体系域的话，也仅为一套薄层沉积物。在研究区西南角，HST2 向上变粗变为临滨沉积，代表研究区内最厚的砂层单元[图 1（c）]。在研究区东北角，HST2 的细粒滨外沉积物与上覆泥质砂岩呈不整合接触，泥质砂岩中含散布整个砂层的硅质砾石，形成了 LST3，其底部是 SB3。随着 LST3 的向陆尖灭，SB3 在随后的海侵过程中被改造，地表暴露的直接证据也被侵蚀，只有硅质砾石上覆在 SB3 和 TS3 重合的界面上，指示河流沉积或上临滨沉积的发生，与之前的 2 个层序情形相似。

Bayhurst 气藏中，在 SB3/TS3 合并界面之上具有收缩缝的高有机质页岩层（TOC=2.1%～5.3%，平均 3.1%；TST3A）被解释为潟湖沉积（Walz 等，2005）。潟湖页岩被向西前积的砂岩整合覆盖（TST3B），这些砂岩是在相对海平面上升期障壁岛向陆迁移过程中沉积的溢岸砂岩，因此潟湖页岩和障壁岛溢岸砂岩共同构成了 TST3[图 1（b）]。障壁岛溢岸砂岩是 Bayhurst 气藏的主要储层。在研究区内未发现层序 3 的高位域沉积。

Bayhurst 气藏中可见 1 个 12m 深的下切谷切入 TST3 和 HST2 中，其记录了随后的海平面下降及 SB4 的形成[图 1（b）]。下切谷可将沉积物搬运到研究区北部低水位海岸线处，这里 LST4 的砾石和泥质砂岩不整合地覆盖在 HST2 和 LST3 的沉积物上[图 1（b）和图 1（c）]。在海平面低位期，研究区西南部的下切谷外一定发生了地表暴露，尽管没有观察到直接证据。在随后的海平面上升期，下切谷被临滨沉积物充填，形成了 TST4[图 1（b）]。

构成 Viking 组顶部的 TS4 可能伴随有强烈的侵蚀，其上可见 5～30cm 厚的海侵砾石滞留沉积。与 TS4 有关的侵蚀改造了 SB4 和 SB3，且也可能消除掉了地表暴露的直接证据。与 TS4 有关的强烈海侵侵蚀可通过上覆 Westgate 页岩覆盖在 TST3、HST2 和 LST4 体现出来［图 1（b）和图 1（c）］。Westgate 组的滨外—陆棚页岩是在持续海侵和随后的高位期沉积的［图 1（b）］。

总之，Viking 组被分为 5 个层序：第一个是 Joli Fou 高位体系域的一部分；第二个包括 LST1、TST1 和 HST1；第三个层序由 LST2 和 HST2 组成；第四个由 LST3 和 TST3 组成；最后一个层序由 LST4、TST4 和 Westgate 组高位体系域组成。这些层序被侵蚀面分开，除了研究区东北角的沉积环境以临滨和滨外交替外，这些侵蚀面被解释为地表暴露造成的。地表暴露的证据可能在与随后海侵有关的侵蚀和层序界面改造过程中被移除，因为层序界面和海侵界面的重合界面被海侵硅质砾石沉积覆盖。

14.4　分析方法

向岩心样品注入蓝色环氧基树脂，制作抛光薄片来进行岩相学研究。薄片在注入树脂的板片内部制成（距板片边缘＞2mm），以避免人工孔隙。在抛光薄片的制备过程中温度保持在 70℃以下，因为薄片也被用于流体包裹体研究。点计数方法（每个薄片 250 个读数）被用来定量化研究砂岩的组分和孔隙度。所有岩屑（隐晶质和粗粒组分颗粒）被统计为岩屑颗粒和菱铁矿，而云母和不透明矿物则归类为“其他”。除了常规显微镜观察以外，在刻画碳酸盐胶结物的特征时还使用了 CL 和 Dickson（1965）的着色方法。

抛光薄片和额外的双面抛光薄片用于流体包裹体检测。用 Linkam THMS600 加热—冷却台进行显微测温，它通过已知熔融和均一化温度的合成流体包裹体来校准。考虑到岩石薄片附上载玻片后整个平板的厚度有所增加（会产生影响），因此进行了额外的校正。测量精度高于 ±0.2℃。由于研究的所有流体包裹体都是单相的（只有液相）并且冰融无法看到，没有气泡而处于亚稳定状态，液相流体包裹体过度加热 25～500℃去诱发人为拉伸，然后再冷却到室温集结形成气泡。正如其他研究，仅有液相的流体包裹体和气液两相的流体包裹体共存时显示了相似的矿化度值，与这种人工气泡制造方法相关的矿化度估算的潜在误差可能会很小（Goldstein 等 1990；Lavoie 和 Chi，2006）。

碳酸盐胶结物用于碳同位素和氧同位素的分析中。由于碳酸盐胶结物无法从碎屑颗粒中机械分离出来（没有发现碳酸盐岩颗粒），所以准备了全岩粉末。样品在两个采用不同 CO_2 萃取法的研究机构进行分析。Saskatchewan 大学采用整体萃取法，使样品粉末与磷酸在 70℃反应释放 CO_2，而加拿大地质调查局碎屑岩实验室采用选择性酸萃取法，分别对方解石和菱铁矿进行分析（Al-Aasm 等 1990）。两个实验室中的 $\delta^{18}O$ 和 $\delta^{13}C$ 的精度误差都小于 ±0.1‰。

14.5　岩石学

研究区 Viking 组含有砾岩、砂岩和泥岩。砾岩由泥质砂岩或者砂质泥岩基质中毫米至厘米级别大小的硅质砾石组成，且覆盖在层序界面和侵蚀海侵面之上。含有一定量泥岩的砂岩是 Viking 组的主要组分，它们的岩相学特征描述如下。

基于薄片点计数（N=250）（表 1），砂岩可被分为砂屑岩（基质＜15%）和杂砂岩（基质＞15%）（Pettijohn 等，1987）。砂屑岩形成于临滨、障壁岛溢岸和下切谷环境中，而杂砂岩沉积于临滨、下切谷和临滨—滨外过渡带（Walz，2007）。砂屑岩和杂砂岩的骨架颗粒组分类似，都以石英和含少量长石颗粒的岩屑为主。在 Pettijohn（1987）的 QFL 图中，大多数样品落在岩屑砂屑岩和岩屑杂砂岩范围内（图 2）。研究区内部分 Viking 砂岩组分与 Joffre 油藏的 Viking 砂岩组分（在 QFL 图中）重叠，但更富石英，与阿尔伯达 Provost 油藏中 Viking 组上部砂岩有可比性，尽管后者石英含量稍大（Reinson 和 Foscolos，1986）。

表 1　Viking 砂岩的岩性成分

样品编号	组成，%							孔隙度，%
	石英	长石	岩屑	基质	其他	石英胶结物	方解石胶结物	
03-CK-1	24.2	0.2	21.7	7.9	36.9	0.4	3.3	6.3
03-CK-2	39.3	0.8	20.2	2.7	7.8	7.0	0.0	22.2
03-CK-3	27.6	1.5	27.2	16.1	3.4	4.6	0.0	19.5
03-CK-4	28.0	0.4	14.0	3.2	6.4	0.0	47.2	0.8
03-CK-4.5	24.4	0.8	17.6	17.6	25.6	0.0	11.6	2.4
03-CK-5	29.6	3.1	26.1	22.2	8.9	7.4	0.0	2.7
03-CK-6	30.9	1.6	16.5	13.2	10.7	3.3	0.0	23.9
05-CW-7	32.5	2.0	10.8	36.9	0.0	0.0	0.0	17.7
05-CW-8	36.4	1.3	12.8	25.2	4.6	0.0	0.0	19.7
05-CW-10	28.2	0.0	9.1	46.8	3.6	0.0	0.0	12.3
05-CW-13	27.3	1.6	9.6	36.9	1.2	0.0	0.0	23.3
05-CW-14	36.8	2.0	17.2	8.0	4.0	0.4	0.0	31.6
05-CW-16	21.0	0.4	13.6	45.7	1.6	1.6	0.0	16.0
05-CW-17	34.2	0.4	9.6	14.2	2.1	1.3	25.8	12.5
05-CW-18	35.2	1.6	12.0	32.8	2.4	0.4	0.0	15.6
05-CW-19	38.2	0.4	20.7	2.5	2.1	4.1	0.0	32.0
05-CW-20	30.4	0.8	22.4	14.0	4.0	2.8	0.0	25.6
05-CW-21	30.9	1.6	18.9	11.6	3.2	0.0	0.0	33.7
05-CW-22	40.9	0.8	23.8	1.6	2.8	2.4	0.0	27.8
05-CW-23	46.9	1.2	18.1	4.2	5.0	1.2	0.0	23.5

续表

样品编号	组成，%							孔隙度，%
	石英	长石	岩屑	基质	其他	石英胶结物	方解石胶结物	
05-CW-24	39.8	1.2	20.5	4.4	1.2	4.0	0.4	28.5
05-CW-25	41.6	1.2	14.4	8.4	6.4	1.2	0.0	26.8
05-CW-26	26.3	0.4	9.2	52.2	1.6	0.4	0.0	10.0
05-CW-27	39.6	0.0	22.0	4.0	6.0	1.2	0.0	27.2
05-CW-28	49.4	1.2	20.1	2.0	3..6	1.2	0.0	22.5
05-CW-29	25.1	0.4	18.7	30.7	8.8	0.4	0.0	15.9
05-CW-30	36.5	0.8	13.1	2..5	4.0	1.5	0.4	18.7

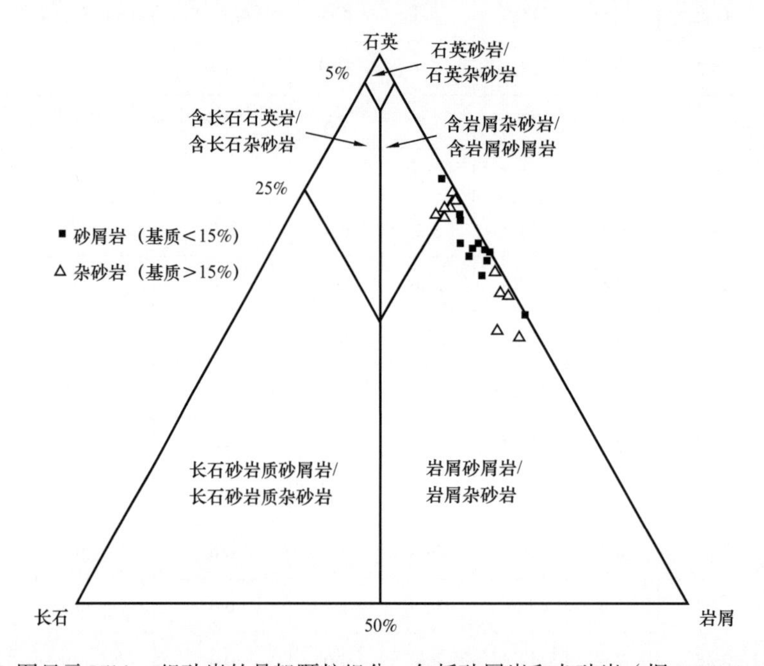

图 2　QFL 图显示 Viking 组砂岩的骨架颗粒组分，包括砂屑岩和杂砂岩（据 Pettijohn 等，1987）

点计数估算的砂岩孔隙度为 0.8%～33.7%。基质含量和孔隙度之间有着弱的负相关性［图 3（a）]，然而，值得注意的是，即使基质含量高达 50%，有效孔隙度（>10%）依然存在［图 3（a）]。还要注意的是，孔隙度与岩屑颗粒含量具正相关性［图 3（b）]，大多数孔隙是粒间孔，其中一些可能是原生的，然而，大部分孔隙可能是骨架颗粒和基质溶蚀形成的，因此是次生成因的。石英和岩屑颗粒的部分—完全溶蚀较为普遍［图 4（a）和图 4（b）]。超大孔隙和细长的不均匀分布的孔隙［图 4（c）］在一些样品中发育较好，表明孔隙为溶蚀成因的（Schmidt 和 McDonald，1979）。在杂砂岩中，基质的溶蚀可能是孔隙形成的主要机制［图 4（d）]，在很多砂屑岩中，附着在颗粒上的泥表明了先前泥质基质的存在［图 4（e）和图 4（f）]。

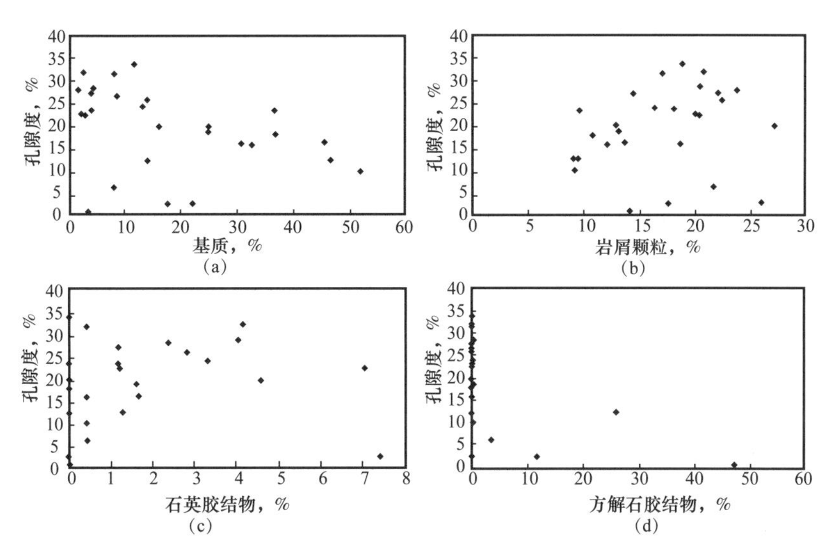

图3　孔隙度与基质、岩屑颗粒、石英胶结物和方解石胶结物之间的关系

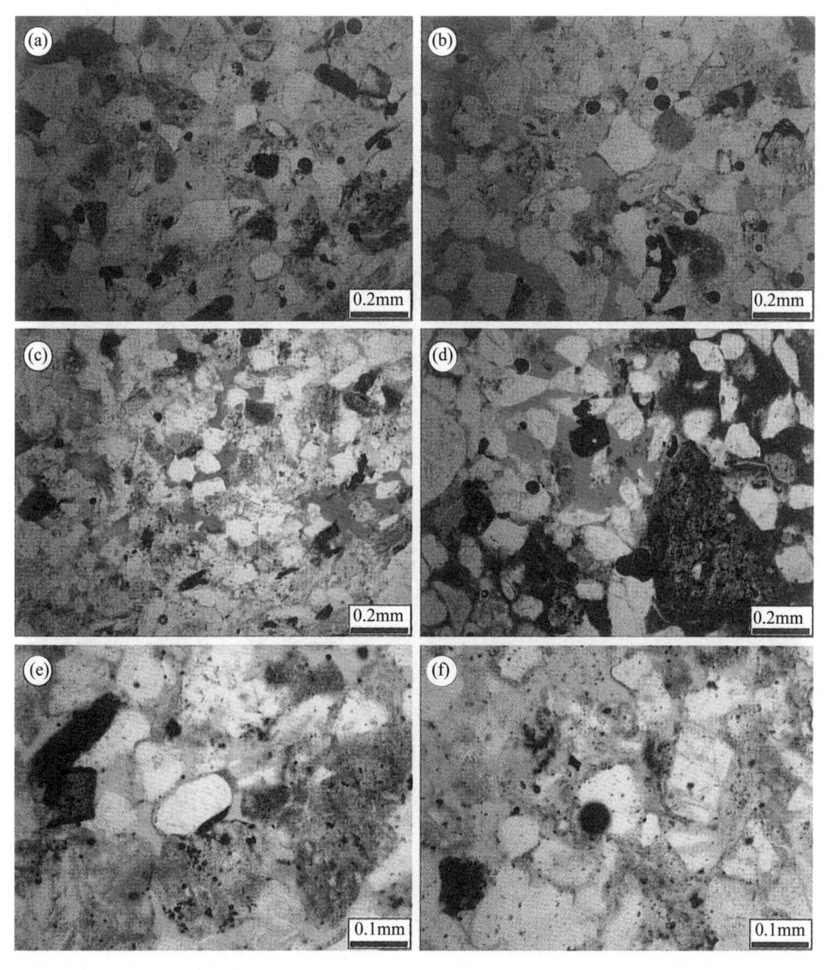

图4　(a)和(b)砂岩中的石英和岩屑颗粒部分—完全溶蚀。(c)砂岩中发育超大的孔隙和细长不均匀分布的孔隙。(d)杂砂岩中的基质被溶蚀。(e)和(f)骨架颗粒上附着的残泥。所有的显微照片都是PPL照片

在砂岩中发现了两种胶结物：石英和碳酸盐。碳酸盐胶结物包括菱铁矿和方解石，在一些位于层序界面下面的样品中有所发现［图 1（d）］。菱铁矿富集于褐色的结核或者纹层中［图 5（a）］，而方解石胶结物为白色，呈结核状或者厚层状。在菱铁矿层内，大量细粒菱铁矿晶体呈次毫米级碎片状，并且发育平行的微裂缝［图 5（c）］。在邻近菱铁矿层的地层中，菱铁矿呈分散状态［图 5（c）］。方解石胶结物呈厚层状，发育包绕碎屑颗粒的大晶体（嵌晶结构）［图 5（d）］或充填粒间空隙的细粒晶体［图 5（e）］。嵌晶方解石中的碎屑颗粒均匀分布，彼此间呈点式接触，或在方解石中呈漂浮状［图 5（d）］。一些碎屑颗粒遭受了侵蚀［图 5（d）和图 5（e）］，说明溶蚀作用发生在方解石胶结之前或者胶结过程中。在两种碳酸盐胶结物共存的地方，方解石的形成通常晚于菱铁矿。含有大量方解石胶结物的样品的孔隙度较低［图 3（d）］，表明孔隙度主要被方解石胶结物堵塞。方解石胶结物的局部溶蚀表明较小的次级孔隙产生于方解石大量胶结之后。方解石胶结物和菱铁矿胶结物的 CL 不发光。

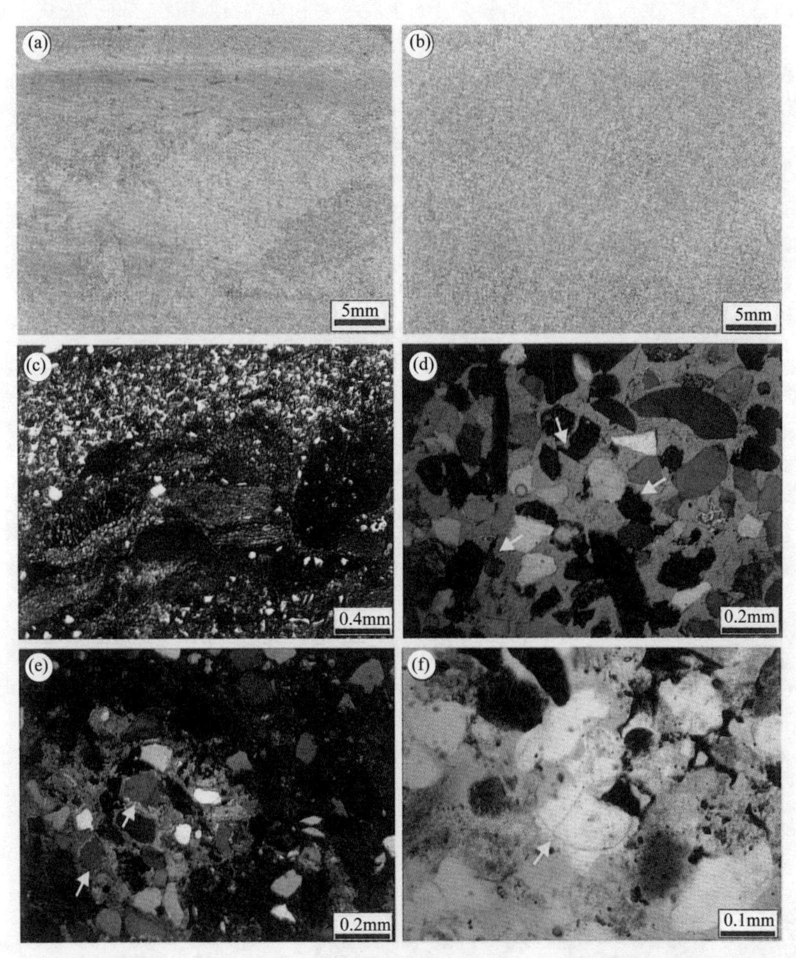

图 5 （a）含有层理和菱铁矿结核的砂岩，扫描的岩石光面。（b）含有大量方解石胶结物的砂岩，扫描的岩石光面。（c）菱铁矿碎屑中的细粒菱铁矿晶体，PPL。（d）巨晶方解石（嵌晶结构）胶结的砂岩，箭头指示溶蚀的颗粒边缘，CPL。（e）细粒方解石胶结的砂岩，箭头指示溶蚀的颗粒边缘，CPL。（f）含石英次生加大的砂岩，箭头指示石英次生加大边的溶蚀，PPL

石英胶结主要以碎屑石英次生加大的形式存在［图 5（f）]，在大部分砂岩样品中含量都很少。尽管没有石英胶结物的砂岩孔隙度范围很宽，但孔隙度和石英胶结物含量之间具有弱的正相关性［图 3（c）]。石英的次生加大通常显现出溶蚀的特征［图 5（f)，箭头已指出］，表明石英胶结后发生了溶蚀。

依据上述的岩相学研究，可将砂岩的成岩序列总结如下：首先，沉积后不久，菱铁矿在早成岩阶段沉淀；然后，碎屑颗粒和基质可能都发生了大规模溶蚀，接着是大规模的方解石胶结，这些都发生在主要埋藏作用之前。方解石为早期胶结而不是深埋环境中交代形成的，主要依据是在方解石中可见碎屑颗粒的均匀分布，且在没有残余碎屑颗粒的情况下缺乏超大区域的方解石。方解石的早期胶结在局部地区彻底堵塞孔隙，但对大多数 Viking 砂岩影响较小。随着埋深的增加，由于压实作用和一定程度石英胶结作用的影响，孔隙度逐渐降低。砂岩固结之后骨架颗粒的溶蚀形成了有效的次生孔隙，后来石英胶结作用（次生加大）发生，接着是骨架颗粒的进一步溶蚀和胶结作用。

14.6 碳酸盐胶结物的碳、氧同位素

选择研究区不同位置层序界面之下的 9 块碳酸盐胶结的砂岩样品［图 1（d）]，进行碳氧同位素分析。大部分混合样品的主要成分为方解石，实验结果与采用选择性萃取法得到的方解石（表 2 和图 6）的实验结果相似，表明实验室之间分析的一致性。

表 2　碳酸盐胶结物的碳、氧同位素

样品编号	矿物	萃取方法	$\delta^{13}C$，‰ VPBD	$\delta^{13}O$，‰ VPBD
03CK–1	菱铁矿	选择性酸萃取	–7.0	–5.7
	混合样品①	整体萃取	–6.7	–6.5
03CK–4	方解石	选择性酸萃取	–10.4	–12.1
	菱铁矿	选择性酸萃取	–8.2	–9.1
	混合样品	整体萃取	–9.9	–11.8
03CK–4.5a	方解石	选择性酸萃取	–10.4	–11.5
	菱铁矿	选择性酸萃取	–10.1	–8.3
03CK–4.5b	方解石	选择性酸萃取	–7.4	–11.6
	菱铁矿	选择性酸萃取	–5.9	–5.5
03CK–4.5	混合样品	整体萃取	–5.8	–11.2
05CW–17	方解石	选择性酸萃取	11.6	–13.0
	菱铁矿	选择性酸萃取	12.2	–12.2
	混合样品②	整体萃取	13.3	–13.1

续表

样品编号	矿物	萃取方法	δ13C，‰ VPBD	δ13O，‰ VPBD
05CW–31	方解石	选择性酸萃取	–3.9	–12.9
	混合样品②	整体萃取	–3.7	–12.6
05CW–40	方解石	选择性酸萃取	0.8	–13.1
	混合样品②	整体萃取	2.1	–11.7
05CW–41	方解石	选择性酸萃取	–2.4	–12.7
	混合样品②	整体萃取	–2.1	–12.4
05CW–42	混合样品②	整体萃取	12.0	–12.9
05CW–45	混合样品②	整体萃取	–8.6	–12.3

① 主要为菱铁矿。

② 主要为方解石。

方解石样品的 $\delta^{18}O$ 值为 –13.1‰～–11.5‰ VPDB（表 2），比早白垩世海相方解石的 $\delta^{18}O$ 的平均值（–1.1‰ VPDB）低得多（图 6）（Veizer 等，1999）。方解石的 $\delta^{13}C$ 值变化大，范围为 –10.4‰～11.6‰ VPDB（表 2 和图 6）。作为对比，早白垩世海相方解石的 $\delta^{13}C$ 值为 +1.4‰ VPDB（Veizer 等，1999）。

除了一个菱铁矿异常样品的 $\delta^{18}O$ 值为 –12.2‰ VPDB、$\delta^{13}C$ 值为 12.2‰ VPDB 外，大部分菱铁矿样品含有较高的 $\delta^{18}O$ 值（–9.1‰～–5.5‰ VPDB）和较低的 $\delta^{13}C$ 值（–10.1‰～–5.9‰ VPDB）（表 2 和图 6），然而，这些值与海相方解石的值相差甚大（图 6）。

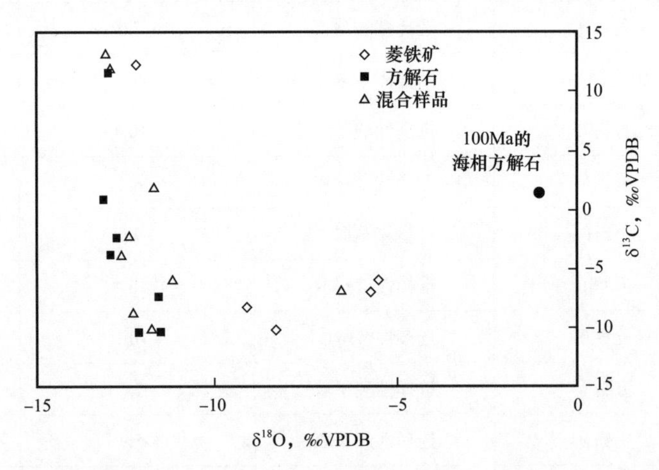

图 6　碳酸盐胶结物的碳、氧同位素值交汇图（方解石、菱铁矿和全岩碳酸盐岩）

注意：氧同位素值相对早白垩世海相方解石平均同位素值有耗损（据 Veizer 等，1999）

14.7　流体包裹体

对含有大量方解石胶结物的抛光薄片（这些薄片主要用来进行碳氧同位素分析）和 8

个额外的双面抛光薄片进行流体包裹体分析。流体包裹体在所有样品中都很少见，观察到的大部分也都小于 2μm，因此，只有少量流体包裹体能进行显微测温。

方解石胶结物中观察到的流体包裹体在室温下都是单相的（只有液相），呈孤立状或簇状（图 7），被认为是原生包裹体。由于包裹体的体积小，如果不拉伸包体将不会诱发气泡，因此，没有得到关于均一温度的数据。在试图人工制造气泡来测定冰融温度过程中，大部分的流体包裹体在上文提到的过加热过程中要么被烧爆，要么没有集结形成气泡。有限数量的流体包裹体在过加热后的确集结形成了蒸发气泡，然后又冷却到室温［图 7（c）和图 7（d）］。这些包裹体的冰融温度为 -6.1～-1.6℃，对应的矿化度为 2.7%～9.4%（NaCl 的质量分数）（表 3）。除了一个包裹体的矿化度为 2.7% 外，其他所有包裹体的矿化度值都高于海水的矿化度值（3.5%）（图 8）。

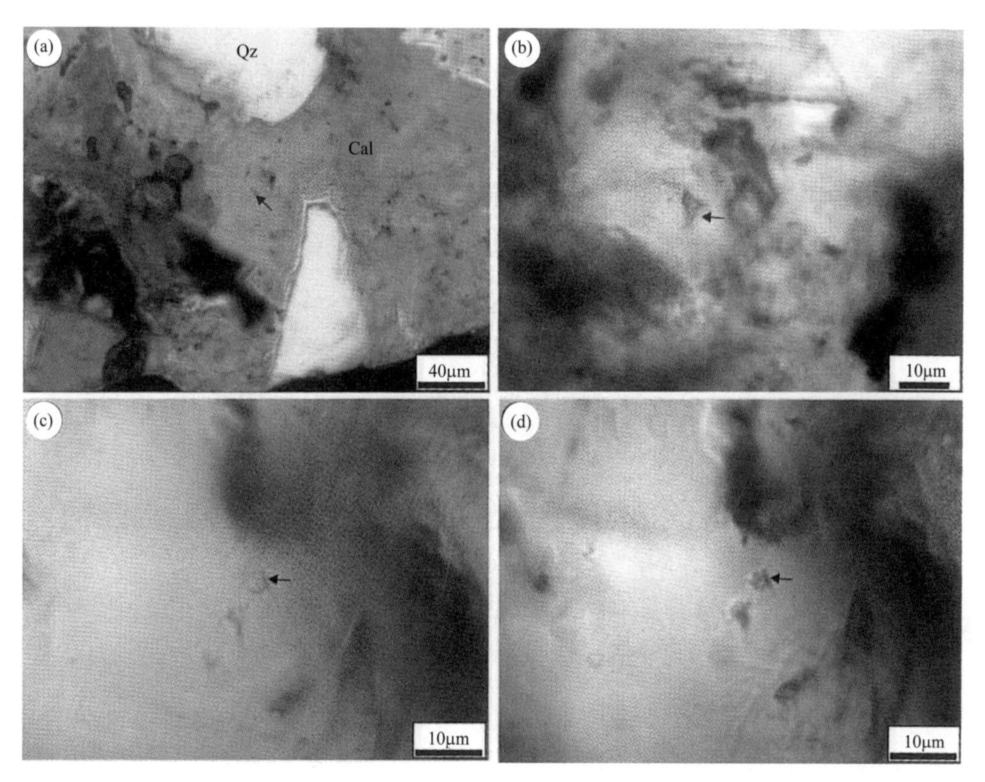

图 7 （a）和（b）碳酸盐胶结物中孤立、单一相（只有液相）流体包裹体（箭头）。（c）方解石胶结物中两个单一相（只有液相）流体包裹体（箭头）。（d）与（c）为同一视域，流体包裹体被加热到 300℃，然后冷却到室温，使得其中一个流体包裹体爆裂，另外一个被拉伸集结成气泡，PPL

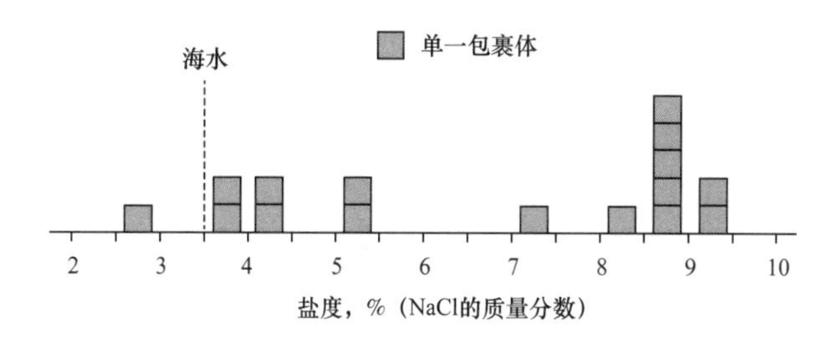

图 8 方解石中单相（只有液相）流体包裹体矿化度直方图

表 3　流体包裹体显微测温数据

样品编号	主矿物	存在形式	大小，μm	冰融温度 ℃	矿化度 %（NaCl 的质量分数）
03CK4	方解石	孤立状	3	−5.3	8.3
	方解石	孤立状	2	−5.5	8.6
	方解石	孤立状	8	−4.7	7.5
	方解石	孤立状	5	−5.5	8.6
	方解石	孤立状	6	−5.6	8.7
03CK4.5	方解石	孤立状	5	−2.4	4.0
	方解石	孤立状	3	−2.1	3.6
	方解石	孤立状	11	−2.1	3.5
	方解石	孤立状	7	−2.8	4.7
05CW31	方解石	孤立状	6	−5.7	8.8
	方解石	孤立状	3	−5.8	9.0
05CW17	方解石	孤立状	8	−1.6	2.7
	方解石	孤立状	6	−3.3	5.4
	方解石	孤立状	5	−3.1	5.1
05CW42	方解石	孤立状	4	−5.5	8.6
	方解石	孤立状	2	−6.1	9.3

14.8　讨论

沉积相分析和地层对比表明，研究区内大部分地区，从 Bayhurst 到 Verendrye［图 1（a）］，在 Viking 砂岩沉积期四次暴露于地表，然而，所有关于地表环境的沉积记录，例如植物根系和古土壤，可能在随后的海侵过程中被侵蚀掉，没有给高分辨率层序地层学模型留下直接证据。本文认为碳酸盐胶结物中较低的 $\delta^{18}O$ 值指示了与地表暴露相关的大气水作用，一些溶蚀特征的出现以及仅含液相的包裹体的形成也归因于这种环境。岩相学、稳定同位素和流体包裹体数据的意义在下文将做进一步讨论。

碳酸盐胶结物的 $\delta^{18}O$ 值（方解石为 −13.1‰～−11.5‰ VPDB，菱铁矿为 −9.1‰～−5.5‰ VPDB）（表 2 和图 6）比 Albian 晚期正常海水中沉淀的方解石的 $\delta^{18}O$ 的平均值（约 −1.1‰ VPDB）要低得多（Veizer 等，1999）。对于 $\delta^{18}O$ 的耗损有两种解释：一种是如果碳酸盐沉淀流体的 $\delta^{18}O$ 值与 Albian 晚期海水的值接近，那么可能是碳酸盐形成于高温环境（方解石为 73～83℃，菱铁矿为 54～77℃）导致这种耗损；另一种是如果贫 ^{18}O 的流体，如大气水的介入，那么碳酸盐形成于地表环境时导致了这种损耗（图 9）。基于 Viking 组砂岩现今 700m 的埋深以及由邻区（Fishman 和 Hall，等 2004）和区域研究（Issler 等，1999）估算的 1km 厚的地层剥蚀量，认为研究区内 Viking 组最大埋深估计为 1.7km。尽管方解石胶结物的 $\delta^{18}O$ 揭示的温度在埋深最大时可以达到，但是其岩相学特征，例如嵌晶结构中颗粒间的点式接触和观察到的菱铁矿的形成早于方解石胶结物，这些都与方解石胶结物形成于深埋环境这种认识有冲突。碳酸盐胶结物最初是在浅埋条件下的海水中形成的，并且由于后期的埋藏，氧同位素被重置为耗损值的可能性被认为很低，因为碳酸盐胶结得砂岩的孔隙度非常低，这不利于同位素重置。另外，邻近区域内 Viking 砂岩之上 400m 处的 Milk River 组的海相氧同位素没有被重置（Fishman 和 Hall，2004）。

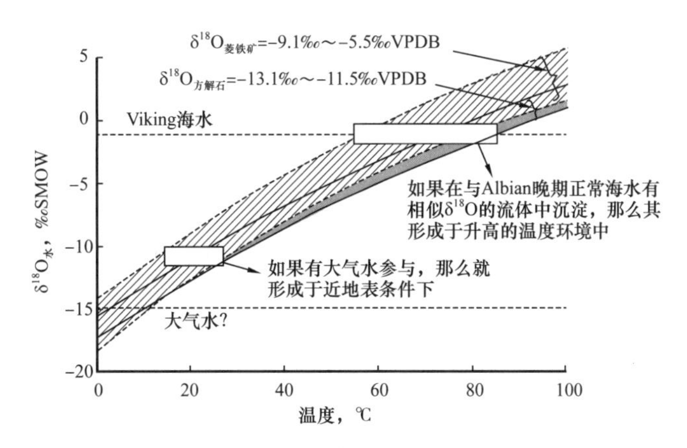

图 9　测量的方解石和菱铁矿中母岩流体氧同位素值与形成温度之间的模拟关系

计算基于 Kim 和 O'Neil（1997）关于方解石的方程及 Carothers 等（1998）关于菱铁矿的方程

多个研究表明，晚白垩世内陆海道内海水的 $\delta^{18}O$ 值发生了耗损，例如，Kyser 等（1993）研究了萨斯喀彻温省西南部上白垩统化石中方解石的 $\delta^{18}O$ 值，估计内陆海道内海水的 $\delta^{13}C$ 值比同期 Greenhorn 海（Cenomanian 和 Turonian）中开阔海的值至少低 4‰，并且在 Claggett 海中（Campanian）耗损了约 1‰。他们认为这种 $\delta^{18}O$ 值的耗损是大气水流入内陆海道造成的。McKay 等（1995）估算晚 Coniacian—早 Santonian 期阿尔伯达省西部海水的 $\delta^{18}O$ 值为 −7‰～−4‰ SMOW。Fisher 和 Arthur（2002）认为蒙大拿州西南部和怀俄明州东北部中 Cenomanian—晚 Cenomanian 期地层中浮游生物和底栖生物化石的 $\delta^{18}O$ 值为 −8‰～ −4‰ VPDB，并且从海面到海底 $\delta^{18}O$ 值有一个明显的增加，幅度约为 4‰。Klein 等（1999）报道了 Book Cliffs 上白垩统 Mancos 页岩中早期胶结物正常的海相 $\delta^{18}O$ 值，Fishman 和 Hall（2004）报道萨斯喀彻温省西南部上白垩统 Milk River 组早期方解石胶结物的 $\delta^{18}O$ 值为 −1.4‰～−1.0‰，并解释为海水成因。通过以上讨论可以看出，内陆海道内海水的氧同位素值在时空上是变化的，因而不知道与同期正常海水相比，晚 Albian 期（Viking 砂岩沉积期）海水的 $\delta^{18}O$ 值是否耗损以及耗损程度有多大，然而，Viking 碳酸盐胶结物中观察到的 $\delta^{18}O$ 值仅仅用 ^{18}O 耗损的海水来解释看起来是不合理的。

方解石胶结物 ^{18}O 的耗损被解释为形成于大气水中导致的。尽管在研究区内不能得到 Albian 期大气水的 $\delta^{18}O$ 值数据，然而 McKay 等（1995）估算阿尔伯达盆地晚白垩世大气

水的 $\delta^{18}O$ 值为 –15‰。方解石沉淀于含有少量海水的大气水中，可用于解释碳酸盐胶结物中的低 $\delta^{18}O$ 值成因（图 9）。不整合面边缘以北区域［#45，#17 和 #42，图 1（d）］碳酸盐胶结物中 ^{18}O 的耗损，可能表明研究区以北海平面的下降，这些在本次研究中没有涉及。Taylor 等（2000，2004）已经在 Book Cliffs（犹他州和科罗拉多州）上白垩统砂岩的碳酸盐胶结物中观察到了类似的 $\delta^{18}O$ 耗损，并将其解释为海平面低位期大气水注入的标志。然而，菱铁矿胶结物的形成与海相物质沉积后早期埋藏环境中的还原作用有关，菱铁矿中 ^{18}O 的耗损部分归因于大气水注入海中，部分归因于细菌的参与（Mortimer 和 Coleman，1997）。

碳酸盐胶结物中差异较大的 $\delta^{13}C$ 值（–10.4‰～13.3‰ VPDB，主体为 –10‰～–2‰ VPDB）与早白垩世海相方解石的值明显不同。早白垩世开阔海中海相方解石 $\delta^{13}C$ 的平均值约为 +1.4‰ VPDB（Veizer 等，1999）。萨斯喀彻温省内陆海道内海相方解石的 $\delta^{13}C$ 值变化范围：Greenhorn 海（Cenomanian 和 Turonian）中为 0‰～5‰ VPDB，Claggett 海（Campanian）中为 –2‰～6‰ VPDB（Kyser 等，1993），而蒙大拿州西南部和俄怀明州东北部的 Cenomanian 地层中为 –2‰～6‰ VPDB（Fisher 和 Arthur，2002）。菱铁矿胶结物中 ^{13}C 的耗损可能是由于在海洋领域的早成岩阶段，硫酸盐的微生物还原导致的有机质氧化引起的（Gautier 和 Claypool，1984；Bloch，1990），而方解石胶结物中 ^{13}C 的耗损可能是大气水中有机质的氧化引起的。例如，美国 Great Plains 新近纪碳酸盐古土壤的 $\delta^{13}C$ 值范围为 –10‰～0‰ VPDB（Fox 和 Koch，2004），许多 ^{13}C 损耗的碳酸盐胶结物被解释为形成于大气水中（Tayor 等，2000，2004；Fishman 和 Hall，2004）。位于研究区北部的 2 个碳酸盐岩样品（#17 和 #42）［图 1（d）］，含有异常高的 $\delta^{13}C$ 值（11.6‰～13.3‰ VPDB）。它们的碳可能来自经历了一些生物过程（如细菌产甲烷作用）的碳源，从而富集了 ^{13}C（Gautier 和 Claypool，1984）。菱铁矿形成时的埋深可能比其他样品稍大，即在硫酸盐还原带以下（Gautier 和 Claypool，1984；Bloch，1990），而方解石胶结物中的碳元素可能来自菱铁矿前驱体。

方解石胶结物中纯液相流体包裹体的出现与近地表的大气环境一致，尽管无法提供具体的温度值（Roedder，1984），然而，流体包裹体相对高的盐度仍然无法解释。一般认为，包裹体中水的矿化度较低，反映了宿主矿物方解石沉淀于淡水和微咸水中。流体包裹体的高盐度可能与陆上暴露期或海侵早期海洋咸水取代大气水地层水时沉积物的局部高盐度有关。解决这一问题需要开展更多的研究。

在所有检测的样品中，骨架颗粒和（或者）基质的溶解非常显著。一般样品的孔隙度高于埋深 1.7km 处正常压实砂岩的预期孔隙度（21%）（表 1 和图 3），表明溶蚀作用有助于孔隙的发育。孔隙度和岩屑颗粒含量之间的正相关关系［图 4（b）］可能表明，岩屑颗粒含量高的砂岩更易发生溶蚀，其净效应是即使部分颗粒发生了溶蚀，仍会有较多的岩屑颗粒残留。基质含量高的砂岩中大量孔隙的存在［图 4（a）］表明，部分孔隙可能是泥质冲洗产生的，这种情况可能在海平面低位期和地表暴露期的大气水条件下发生。这种水洗机制可能对杂砂岩中次生孔隙的增加起决定性作用，否则其将不发育孔隙。某些骨架颗粒的溶蚀可能发生在相同的大气水条件下，但大部分的溶蚀发生在显著压实作用之后，超大的和拉伸的孔隙的存在就反映了这种情况。

14.9 结论

Bayhurst 地区 Viking 组沉积于早白垩世西部内陆海道的近岸海相环境中（滨海过渡带、临滨和障壁岛—潟湖体系）。根据沉积相分析和地层对比，在 Viking 组中识别出 4 个层序界面，代表了海平面下降期形成的近地表暴露不整合面。与随后海侵相关的侵蚀对层序界面进行了再改造，侵蚀掉了大陆环境的任何直接沉积证据。然而，岩相学和稳定同位素数据支持了低位期的近地表暴露，表明大气水参与了砂岩的早成岩作用。在任何强烈压实之前的陆上暴露期，砂岩基质和骨架颗粒的溶蚀可能在增加砂岩孔隙度方面起到了重要作用。

参考文献

Al-Aasm，I. S.，Taylor，B. E. and South，B.（1990）Stable isotope analysis of multiple carbonate samples using selective acid extraction. *Chem. Geol.*，80，119–125.

Bloch，J.（1990）Stable isotopic composition of authigenic carbonates from the Albian Harmon Member（Peace River Formation）: evidence of early diagenetic processes. *Bull. Can. Petrol. Geol.*，38，39–52.

Caldwell，W. G. E.，Diner，R.，Eicher，D. L.，Fowler，S. P.，North，B. R.，Stelck，C. R. and von Holdt，W. L.（1993）Foraminiferal biostratigraphy of Cretaceous marine cyclothems. In：*Evolution of the Western Interior Basin*（Eds W. G. E. Caldwell and E. G. Kauffman），*Geol. Assoc. Can. Spec. Paper*，39，477–520.

Carothers，W. W.，Adami，L. H. and Rosenbauer，R. J.（1988）Experimental oxygen isotope fractionation between siderite–water and phosphoric acid liberated CO_2–siderite. *Geochim. Cosmochim. Acta*，52，2445–2450.

Dickson，J. A. D.（1965）A modified staining technique for carbonates in thin section. *Nature*，205，587.

Downing，K. P. and Walker，R. G.（1988）Viking Formation，Joffre Pool，Alberta：shoreface origin of long，narrow and body encased in marine mudstones. *AAPG Bull.*，72，1212–1228.

Fisher，C. G. and Arthur，M. A.（2002）Water mass characteristics in the Cenomanian US Western Interior seaway as indicated by stable isotopes of calcareous organisms. *Palaeogeogr. Palaeoclimatol. Palaeoecol*，188，189–213.

Fishman，N. S. and Hall，D. L.（2004）*Petrology of the Gasbearing Milk River and Belle Fourche Formations*，*South-western Saskatchewan and Southeastern Alberta. Summary of Investigation 2004*，1. Saskatch. Geol. Surv.，Saskatch. Industry Resour. Misc. Rep.，2004–4. 1，CD–ROM，Paper A–17，19 pp.

Fox，D. L. and Koch，P. L.（2004）Carbon and oxygen isotopic variability in Neogene paleosols carbonates：constraints on the evolution of the C4–grasslands of the Great Plains，USA. *Palaeogeogr. Palaeoclimatol. Palaeoecol.*，207，305–329.

Gautier，D. L. and Claypool，G. E.（1984）Interpretation of methanic diagenesis in ancient sediments by analogy with processes in modern diagenetic environments. In：*Clastic Diagenesis*（Eds D. S. McDonald and R. C. Surdam），*AAPG Mem.*，37，111–126.

Goldstein，R. H.，Franseen，E. K. and Mills，M. S.（1990）Diagenesis associated with subaerial exposure of Miocene strata，southeastern Spain：implications for sea–level change and preservation of low–temperature fluid inclusions in calcite cement. *Geochim. Cosmochim. Acta*，54，699–704.

Issler，D. R.，Willett，S. D.，Beaumont，C.，Donelick，R. A. and Grist，A. M.（1999）Paleotemperature history of two transects across the Western Canada Sedimentary Basin : constraints from apatite fission track analysis. *Bull. Can. Petrol. Geol.*, 47, 475–486.

Kauffman, E. G. and Caldwell, W. G. E. (1993) The Western Interior Basin in space and time. In : *Evolution of the Western Interior Basin* (Eds W. G. E. Caldwell and E. G. Kauffman), *Geol. Assoc. Can. Spec. Paper*, 39, 1–30.

Kim, S. –T. and O' Neil, J. R. (1997) . Equilibrium and nonequilibrium oxygen isotope effects in synthetic carbonates. *Geochim. Cosmochim. Acta*, 61, 3461–3475.

Klein, J. S., Mozley, P., Campbell, A. and Cole, R. (1999) Spatial distribution of carbon and oxygen isotopes in laterally extensive carbonate cemented layers : implications for mode of growth and subsurface identification. *J. Sediment. Res.*, 69, 184–201.

Kyser, T. K., Caldwell, W. G. E., Whittaker, S. G. and Cadrin, A. J. (1993) Paleoenvironment and geochemistry of the northern portion of the Western Interior Seaway during Late Cretaceous Time. In : *Evolution of the Western Interior Basin* (Eds W. G. E. Caldwell and E. G. Kauffman), *Geol. Assoc. Can. Spec. Paper*, 39, 355–378.

Lavoie, D. and Chi, G. (2006) Hydrothermal dolomitization in the Lower Silurian La Vieille Formation in northern New Brunswick : geological context and significance for hydrocarbon exploration. *Bull. Can. Petrol. Geol.*, 54, 380–395.

Leckie, D. A. and Reinson, G. E. (1993) Effects of Middle to Late Albian sea level fluctuations in the Cretaceous interior seaway, Western Canada. In : *Evolution of the Western Interior Basin* (Eds W. G. E. Caldwell and E. G. Kauffman), *Geol. Assoc. Can. Spec. Paper*, 39, 151–176.

Leckie, D. A., Bhattacharya, J. P., Bloch, J., Gilboy, C. F. and Norris, B. (1994) Cretaceous Colorado/Alberta Group of the Western Canada Sedimentary Basin. In : *Geological Atlas of the Western Canada Sedimentary Basin* (Eds G. D. Mossop and I. Shetson), *Can. Soc. Petrol. Geol. Alberta Res. Counc.*, 335–352.

MacEachern, J. A., Zaitlin, B. A. and Pemberton, S. G. (1998) High–resolution sequence stratigraphy of early transgressive deposits, Viking Formation, Joffre Field, Alberta, Canada. *AAPG Bull.*, 82, 729–756.

McKay, J. L., Longstaffe, F. J. and Plint, A. G. (1995) Early diagenesis and its relationship to depositional environment and relative sea–level fluctuations (Upper Cretaceous Marshybank Formation, Alberta and British Columbia) . *Sedimentology*, 42, 161–190.

Mortimer, R. J. G. and Coleman, M. L. (1997) Microbial influence on the oxygen isotopic composition of diagenetic siderite. *Geochim. Cosmochim. Acta*, 61, 1705–1711.

Pedersen, P. K., Schroder–Adams, C. J. and Nielsen, O. (2002) High resolution sequence stratigraphic architecture of a transgressive coastal succession : Albian Bow Island Formation, south–western Alberta. *Bull. Can. Petrol. Geol.*, 50, 441–477.

Pettijohn, F. J., Potter, P. E. and Siever, R. (1987) *Sand and Sandstone*. Springer–Verlag, New York, 553 pp.

Pozzobon, J. G. and Walker, R. G. (1990) Viking Formation (Albian) at Eureka, Saskatchewan : a transgressed and degraded shelf sand ridge. *AAPG Bull.*, 74, 1212–1227.

Price, R. A. (1994) Cordilleran tectonics and the evolution of the Western Canada Sedimentary Basin. In : *Geological Atlas of the Western Canada Sedimentary Basin* (Eds G. D. Mossop and I. Shetson), *Can. Soc. Petrol. Geol. Alberta Res. Counc.*, 13–24.

Reinson, G. E. and Foscolos, A. E. (1986) Trends in sandstone diagenesis with depth of burial, Viking Formation, southern Alberta. *Bull. Can. Petrol. Geol.*, 34, 126–152.

Reinson, G. E., Warters, W. J., Cox, J. and Price, P. R. (1994) Cretaceous Viking Formation of the Western Canada Sedimentary Basin. In : *Geological Atlas of the Western Canada Sedimentary Basin* (Eds G. D. Mossop and I. Shetson), *Can. Soc. Petrol. Geol. Alberta Res. Counc.* 353–364.

Roedder, E. (1984) Fluid inclusions. *Rev. Miner. Min. Soc. Am.*, 12, 646.

Schmidt, V. and McDonald, D. A. (1979) The role of secondary porosity in the course of sandstone diagenesis. In : *Aspects of Diagenesis* (Eds P. A. Scholle and P. R. Schluger), *SEPM Spec. Publ.*, 26, 175–207.

Taylor, K. G., Gawthorpe, R. L., Curtis, C. D., Marshall, J. D. and Awwiller D. N. (2000) Carbonate cementation in a sequence–stratigraphic framework : Upper Cretaceous sandstones, Book Cliffs, Utah–Colorado. *J. Sediment. Res.*, 70, 360–372.

Taylor, K. G., Gawthorpe, R. L. and Fannon–Howell, S. (2004) Basin–scale diagenetic alteration of shoreface sandstones in the Upper Cretaceous Spring Canyon and Aberdeen Members, Blackhawk Formation, Book Cliffs, Utah. *Sediment. Geol.*, 172, 99–115.

Tong, A., Chi, G. and Pedersen, P. K. (2005) . *Sequence Stratigraphy and Preliminary Diagenetic Study of the Lower Cretaceous Mannville Group and Viking Formation, Hoosier Area, West-central Saskatchewan. Summary of Investigations 2005*, 1. Saskatch. Geol. Surv. Saskatch. Industry Resour. Misc. Rep. 2005–4. 1, CDROM, Paper A–16, 8 pp.

Veizer, J., Ala, D., Azmy, K., Bruckschen, P., Buhl, D., Bruhn, F., Carden, G. A. F., Diener, A., Ebneth, S., Godderis, Y., Jasper, T., Korte, C., Pawellek, F., Podlaha, O. G. and Strauss, H. (1999) $^{87}Sr/^{86}Sr$, $\delta^{13}C$ and $\delta^{18}O$ evolution of Phanerozoic sea water. *Chem. Geol.*, 161, 59–88.

Walz, C. A. (2007) *Sedimentologic, Stratigraphic and Diagenetic Study of the Viking Formation, Bayhurst Pool and Surrounding Areas, South-Western Saskatchewan.* Unpubl. MSc thesis, University of Regina, 247 pp.

Walz, C. A., Pedersen, P. K. and Chi, G. (2005) *Stratigraphy and Petrography of Viking Sandstones in the Bayhurst Area, South-Western Saskatchewan. Summary of Investigations 2005*, 1. Saskatch. Geol. Surv. Saskatch. Industry Resour. Misc. Rep. 2005–4. 1, CD–ROM, Paper A–17, 17 pp.

15 下降体系域和低位体系域的成岩蚀变——以 Spitsbergen 岛始新世中央盆地的陆棚、斜坡及盆底砂岩为例

H. Mansurbeg[1, 2, 3] S. Morad[2, 3]，P. Plink–Björklund[4]，

M.A.K. El–Ghali[5, 6]，M.A. Caja[7]，R. Marfil[7]

1. Department of Petroleum Geosciences，Soran University，Soran，Kurdistan Region，Iraq
2. Department of Earth Sciences，Uppsala University，752 36，Uppsala，Sweden
3. Department of Petroleum Geosciences，The Petroleum Institute，Abu Dhabi，P.O. Box 2533，Abu Dhabi，United Arab Emirates
4. Department of Geology and Geophysical Engineering，Colorado School of Mines，USA
5. Department of Earth Sciences，College of Science，Sultan Qaboos University，P.O. Box 36，123 Al–Khoudh，Muscat，Sultanate of Oman
6. Department of Earth Science，Faculty of Science，University of Tripoli，P.O. Box 13696，Tripoli，Libya
7. Departamento de Petrologıa y Geoquımica，Facultad C.C. Geologicas，Universidad Complutense de Madrid，28040，Spain

摘要 Spitsbergen 岛始新世中央盆地下降体系域（FSST）和低位体系域（LST）的陆棚斜坡—盆底相岩屑砂岩和亚岩屑砂岩呈现出相对系统性的成岩蚀变和碎屑成分变化。上述两个体系域的成岩作用包括机械与化学（石英颗粒的压溶）压实作用、碎屑硅酸盐（例如云母和长石）的高岭石化作用、碳酸盐与石英次生加大胶结作用以及高岭石的伊利石化作用。总体而言，由于研究层段富含塑性颗粒，因此，压实作用对孔隙度的破坏明显高于胶结作用。

受海平面下降期大量大气水渗入的影响，下降体系域砂岩的碎屑硅酸盐的高岭石化作用明显强于低位体系域砂岩的。然而，大气水渗入下降体系域斜坡沉积物和盆底扇砂岩的机理尚存疑问，可能归因于相对海平面快速下降期沿盆地边缘形成的水头。下降体系域和低位体系域砂岩中均可见碳酸盐（例如方解石和白云石）胶结作用，但是在海泛面和最大洪泛面之下的砂岩中，碳酸盐胶结作用最为强烈，这可能部分归因于此类界面之下存在碎屑碳酸盐颗粒。Spitsbergen 岛始新世中央盆地可作为具有类似盆地背景的其他深水储层研究的潜在类比实例。研究表明，将成岩作用与层序地层学结合起来，可以构建深水浊积砂岩的成岩蚀变分布和储层质量演化的概念模型。

关键词 成岩作用；层序地层学；浊积砂岩；始新世中央盆地；Spitsbergen 岛

15.1 引言

成岩蚀变的空间分布和发生时间及其对砂岩储层质量演化的影响通常受控于一系列参数，包括沉积相、盆地埋藏—热史、砂岩的碎屑组分、相对海平面变化以及沉积物供给速率等（Morad 等，2000）。砂岩的碎屑组分主要受控于盆地构造背景，却决定了砂岩的机械与化学性质，进而最终决定其孔隙度—渗透率演化路径（Primmer 等，1997）。富含塑性颗粒（例如低级变质岩）的砂岩通常因发生机械压实作用而导致孔隙度和渗透率快速降低（Smosna，1989；Smosna 和 Bruner，1997），富含刚性颗粒（例如石英和长石）的砂岩即便埋深较大也可保存相对高的孔隙度（Pittman 和 Larese，1991；Bloch，1994；Tobin，1997）。浅埋成岩期间的机械压实作用可造成刚性颗粒之间的塑性颗粒发生挤压，进而形成假基质（Morad 等，2000；Ketzer 和 Morad，2006）。

相对海平面变化和沉积物的供给速率通常影响滨岸沉积背景中的沉积相时空分布（即层序地层）。在滨岸沉积环境，硅质碎屑沉积物的层序地层与成岩演化之间也存在潜在的关系（Morad 等，2000，2010；Taylor 和 MacQuaker，2000；Ketzer 等，2002，Ketzer 等，2003b）。与此相反，由于相对海平面变化对深水沉积物沉积相和孔隙水化学性质的直接影响较小，因此，很难建立斜坡和盆底环境中层序地层与成岩作用之间的关联（Morad 等，2000，2010）。

本文旨在探讨和讨论 Spitsbergen 岛始新世中央盆地下降体系域和低位体系域陆棚、斜坡和盆底砂岩中碎屑组分的变化和成岩蚀变的分布。该盆地是看见的，因为可沿大型陆棚边缘斜积层看到滨岸平原、陆棚、斜坡和盆底相域之间的连接（图 1）。斜积层是地层中连续的时间线，随着盆地边缘向东南方向增生而产生（图 2）。各斜积层面均代表了从滨岸平原到陆棚、深水陆坡、盆底沉积环境的形态轮廓。

通常而言，可将陆棚—盆底斜积层划分为以下层段（Stee1 等，2000；Plink-Bjorklund 等，2001；Mellere 等，2002；Plink-Bjärklund 和 Steel，2002，2004）：（1）具有海退型和上升型滨线轨迹的古老陆棚层段，形成于相对海平面最高的时期，通常将其称为高位体系域。（2）具有稳定—下降型滨线轨迹的外陆棚海退层段，其中包括斜坡沉积的深水斜坡和盆底部分，此层段的沉积终止于相对海平面最低期，与滨岸平原、陆棚、斜坡或盆底呈不整合接触关系，通常将其称为下降体系域。（3）沉积于陆棚边缘之下深水区、以深水砂岩为主的层段，其上覆盖泥岩层段，通常将其称为低位体系域早期部分。（4）由陆棚边缘下超至深水斜坡的海退层段，此层段的沉积终止于陆棚区域的初始海侵面，通常将其称为低位体系域晚期部分。（5）最后一个层段指整体发育于陆棚和滨岸平原、具有海侵型滨线轨迹的层段，此层段的沉积终止于最大洪泛面，通常将其称为海侵体系域。

本文所用的成岩术语包括：（1）早成岩作用（<70℃），孔隙水的化学性质主要受控于地表水，即沉积和（或）大气水。（2）中成岩作用，主要受控于演化地层水和高温（>70℃）（Morad 等，2000）。

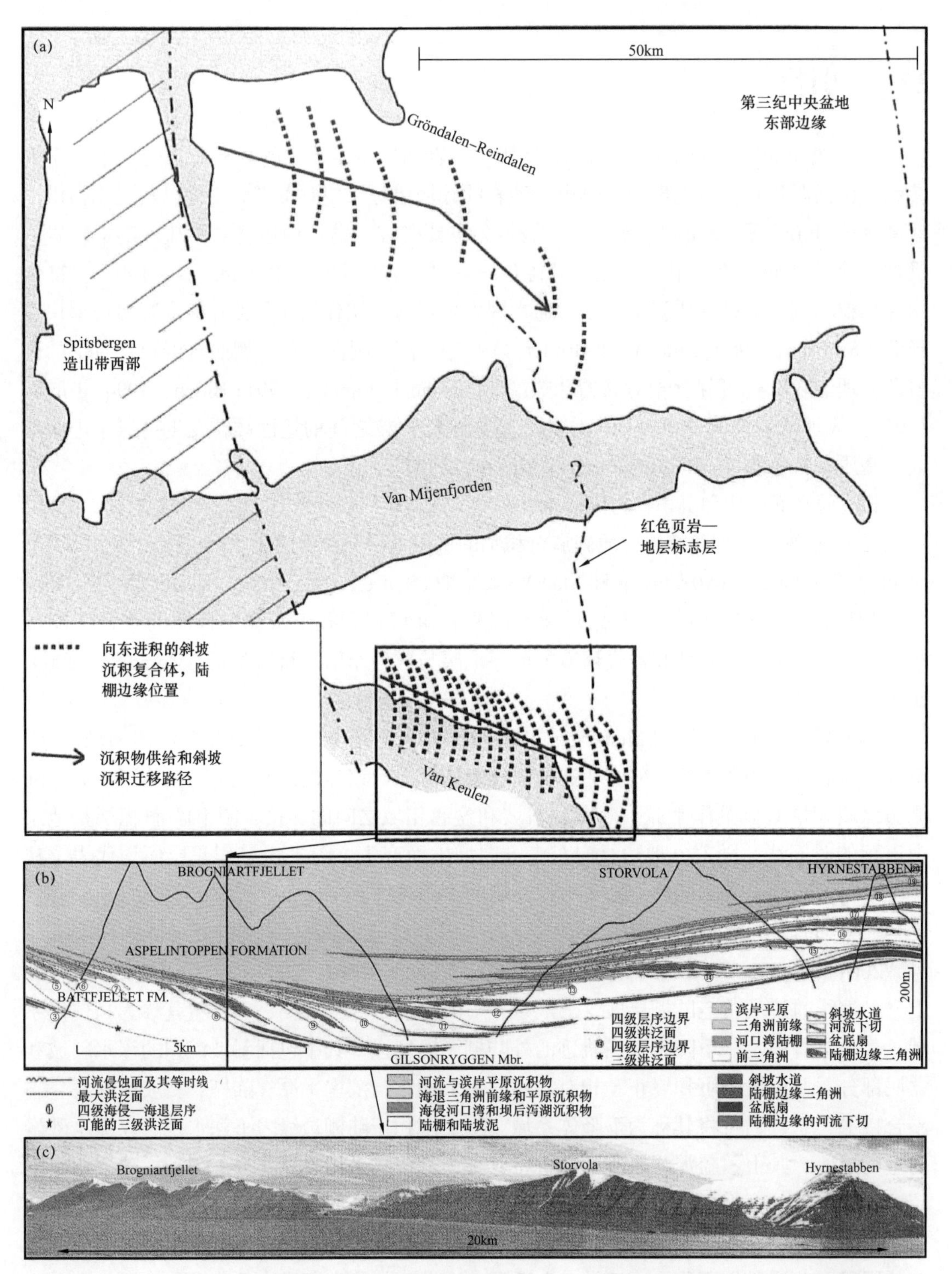

图1 （a）和（b）盆地被南东方向迁移的斜积岩层充填。（a）虚线代表单个斜积岩层的陆棚边缘位置，箭头指示沉积物供给方向和斜积层的迁移路径。（b）和（c）Brogniartfjellet 地区的滨岸平原层序与 Storvola 地区的浅海—深海斜积岩层等时，Storvola 地区的滨岸平原层序与 Hyrnestabben 地区的浅海—深海斜积岩层等时。图中对斜积层进行了编号（修改自 Plink-Björklund，2005）

(a)

(b)

图 2　地震尺度上的滨岸平原、陆棚与斜坡斜积层

（a）为 Storvola 地区，（b）为 Storvola 和 Hyrnestabben 地区。Storvola 地区的山坡露头长约 7km，Hyrnestabben 地区的露头长约 6km，两个露头的走向为北西—南东向

15.2　地质背景

第三纪 Spitsbergen 岛沿分隔北美与欧亚板块的转换断层型大陆边缘（Hornsund 断裂带）分布，Lomonosov 洋脊和挪威—格陵兰海裂谷也于此时开始张开（Stee1 和 Worsley，1984; Steel 等，1985; Teyssier 等，1995; Braathen 等，1999）。古新世—始新世的转换扭压作用形成了西 Spitsbergen 岛造山带，其基底隆升并沿北北西—南南向走向带发生褶皱和逆冲（图 1）。因造山带负载所致的区域挠曲沉降导致第三纪中央盆地的形成（Braathen 等，1999）。该盆地在活动逆冲初期为前陆盆地，但受逆冲作用向前陆地区传播的影响，从而演化为背驮式盆地（Blythe 和 Kleinspehn，1998）。中央盆地东部的 Lomfjorden 和 Billefjorden 断裂带可能代表了深部逆断层的晚期复活（Braathen 等，1999）。

受 Spitsbergen 褶皱—逆冲带隆升并向东迁移的影响，始新世中央盆地内部的河流呈不对称分布（Harland，1969；Eldholm 等，1984）。在构造负载的驱动下，盆地沉积中心向东和向东南方向迁移，形成了一个不对称的沉积层序（Helland–Hansen，1990），西部厚度超过 1.5km，向东减薄至不足 600m。该盆地是世界上少数几个在大山腰暴露的具地震规模的浅水至深水斜积层的盆地之一（Kellogg，1975；Helland–Hansen，1992）。斜积层及其等时的"岩石单元"通常被称为斜积岩层（Rich，1951），反映了盆地边缘因褶皱—逆冲带向西供应的沉积物而生长（图 1）。本文所指的"斜积层"范畴广于 Rich（1951）最初的定义，即时间线的整个长度。斜积层的顶积层（滨岸平原相带）属于 Aspelintoppen 组，而砂质前积层和底积层（陆棚、斜坡及盆底相带）属于 Battfjellet 组。Battfjellet 斜积层覆盖在 Gilsonryggen 段页岩上（图 1）。

15.3 沉积环境

斜积层反映了向盆地方向变细的增生单元（海岸增生柱、碎屑楔等），这些单元从浅水盆地边缘区向深水区延伸，垂向上厚达数百米。斜积层的等时线清晰可见（类似于地震数据）（Steckler 等，1999），可通过大尺度露头进行详细研究（Steel 等，2000）（图 2）。单个斜积层由盆地边缘的滨岸平原沉积柱构成，随后该楔形沉积体加积形成亚平行的浅海台地。持续的沉积物供给导致斜积层进积，其前缘增生至深水斜坡。变化的沉积物供给、浅海台地外缘的沉积过程变化或者相对海平面的微小变化都会导致不规则的前缘增生样式。沉积物可通过河流体系供给至加积型 / 进积型陆棚—斜坡体系中，在较小程度上，可通过消除的临滨进行供给。

随着部分斜积层的形成，向海迁移的滨线可达陆棚—斜坡坡折，但是随后沿陆棚快速后退（图 1 的斜积层 5–7、13 和 15；图 3 的斜积层 13）。与此相反，在其他情况下，由于海平面下降至陆棚—斜坡坡折之下，陆棚边缘发生明显下切，促使大量砂质沉积物输送至深水斜坡（斜积层的斜坡）或盆底（斜积层的底积层）。斜积层 1—4、8—12 以及 14 属于后一种类型（图 2 和图 3）。

斜积层的长度变化极大。斜积层的顶积层段主要由两部分组成（图 3）：（1）内部大概对应于淡水—微咸水"滨岸平原"，包含海退期的河流沉积物与海侵期的河流和河口湾 / 河湾沉积物。（2）外部或陆棚台地部分包括海退期和海侵期的滨线单元。Van Keulenfjorden 斜积层的顶积层段的宽度介于 10～30km，厚度可达 60m。前陆盆地的陆棚宽度（海相台地）狭窄，通常不足 15km。纵观陆棚宽度在 6Ma 前渊演化过程中的分布，相对于盆地演化早期而言，盆地演化后期所形成的陆棚和滨岸平原更宽（图 1 的斜积层 15—18），这可能是因为远离前渊区时盆地普遍变浅。

斜积层斜坡段的倾角介于 2°～7°，粗粒或富砂斜坡段的倾角通常大于富泥斜坡段（Pirmez 等，1998）。河流下切型陆棚边缘之下的斜坡比加积型陆棚边缘之下的斜坡更不规则，因为它们是沟道化的且存在滑塌崖（Steel 等，2000）。沿斜坡向下，沟道化的陆棚坡折带过渡为富泥的斜坡，偶见侵蚀和过路不沉积面，10～20cm 厚的粗粒过路沉积物覆盖在先存滑塌崖和旋转块体上。被破坏的陆棚边缘和斜坡段被陆棚边缘三角洲覆盖。斜积层的幅度受盆地水深控制，在 Van Keulenfjorden，斜积层通常高 250～500m。斜积层的盆底段要么为页岩，要么包含向盆地方向延伸 10km 的砂质扇（图 3）。很明显，在 Van Keulenfjorden 横断面斜积层 / 陆棚边缘生长期（图 1），整个盆地边缘普遍呈现加积特征。然而，四级斜积层的加积样式或陆棚—斜坡坡折迹线有很大差异。

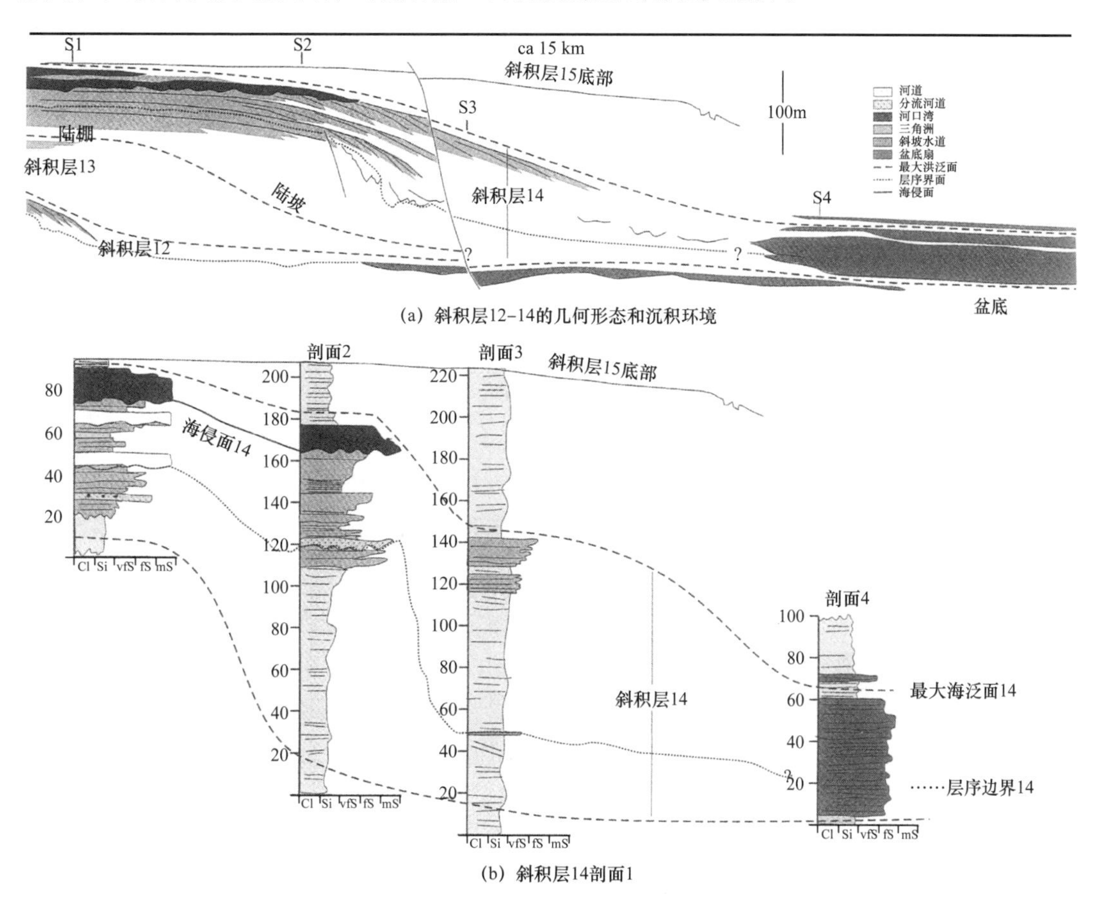

图 3 （a）斜积层 12—14 的几何形态和沉积环境。（b）不同取样点处斜积层 14 的典型沉积柱状图和主要层序地层界面。沉积单元厚度的单位为 m

除了沿斜积层的视觉对比和从源到汇的地层界面追踪之外，下倾方向沉积相的关联还得到古水流数据的支持，这些数据表明了大体上东南向的沉积物搬运（Steel 等，2000；Mellere 等，2003）。较老的盆底扇近似垂直于褶皱带和冲断带（向东南方向），而最年轻的盆底扇受构造控制，倾向于与前渊平行（Crabaugh 和 Steel，2004）。

15.4 层序地层学

15.4.1 高位段

在滨岸平原，有记录的向海步进的内河口湾沉积物，出现在斜积层 12 和 13 中，指示相对海平面上升速率的下降，其可划归为高位体系域最早期。较高丰度的煤层和煤质泥岩以及内河口湾向海的迁移，表明河口湾的可容纳空间正被充填，尽管相对海平面仍在上升，沼泽在更大区域发育［图 1（b）］。Gironde 河口湾（Allen 和 Posamentier，1993）和 South Alligator 河的河口湾（Harris，1988）在海平面高位期出现了类似的河口湾演化退积阶段。还根据概念模型预测了高水位河口湾（Dalrymple 等，1992）。

进积型三角洲沉积标志着高位晚期“真正”海退的开始。由于整个滨岸平原和三角洲在持续的相对海平面下降过程中受到严重侵蚀，因此向海延伸并跨越滨岸平原的供给水道并未得到保存。这些三角洲沉积物的向海延伸是 Storvola 地区陆棚—盆底的斜积层 12 和 14 的最早期和最向陆沉积物。该段包括内陆棚三角洲沉积物，形成于海退期，但空间展布范围有限，通常受到上覆层序界面的强烈侵蚀。砂质沉积物优先堆积于滨岸平原和内陆棚，而泥质沉积物分散到外陆棚和深水斜坡中。由滨线轨迹可知，高位体系域层段形成于相对海平面上升且处于高位时。

15.4.2 下降段

该段位于高位体系域层段的向盆地方向（图 4），其特征是在滨岸平原和内陆棚上有明显的不整合面（几乎没有伴生沉积物）（图 4）。大部分沉积物输送至斜积层的外陆棚和深水区，砂级一般为中—粗粒。受沉积物快速压实和陆棚边缘区沉降的影响，在斜积层的顶积层端部可见三角洲沉积单元的多期叠置现象。有时，当外陆棚和陆棚边缘三角洲部分被多期叠置 / 下切水道侵蚀时，大多数沉积物将被输送至沟道化 / 峡谷化的深水斜坡和盆底扇中。这时期的许多扇体均具有向盆地方向生长的特征。在这个时期，断层对内斜坡进行破坏，大量斜坡崩塌并形成块体搬运复合体。尽管在滨岸平原和内陆棚见典型的沉积物过路不留特征，但在上述所有近源地区仍可见残留的下降体系域沉积物（如斜积层 12）。

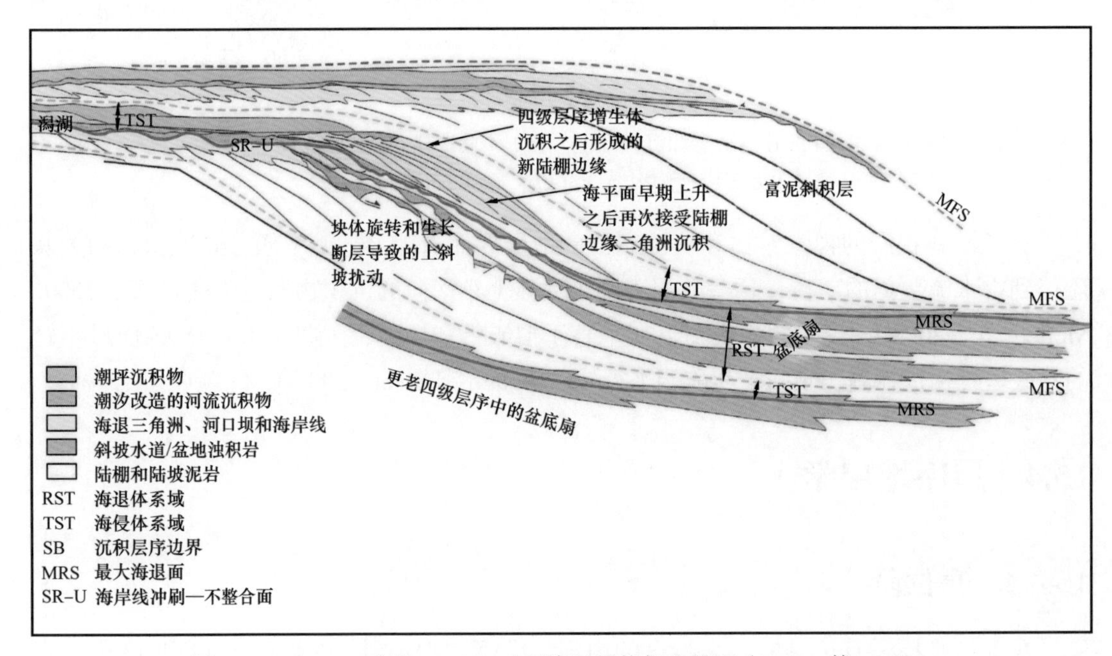

图 4　Spitsbergen 盆地 Storvola 山层序地层格架和界面（Embry 等，2007；修改自 Johannessen 和 Steel，2005）

15.4.3 早期低位段

该段主要发育在陆棚边缘之下，也可由斜积层内滨岸平原和陆棚上的一些河道充填物代表。大部分砂质沉积物仍然是相对粗粒的，主要输送至斜坡峡谷和盆底扇，但是当盆底扇演化结束之后，沉积中心将向斜坡方向迁移，导致下斜坡地区形成富泥型河道—天然堤体系。早期与晚期深水低位段之间的界限通常是一个厚的（>12m）富泥层段，其形成于相对海平面重新上升至陆棚边缘的期间。

15.4.4 晚期低位段

当海平面上升至陆棚边缘之上后，陆棚边缘重新确立的三角洲是该段的主体（图 4）。这些三角洲可向盆地方向长距离进积，并下超至早期低位域的泥质层段上。由于升高的海平面和向陆棚方向后退的开始，晚期低位域三角洲沉积物比下降体系域或早期低位域三角洲沉积物的粒度更细、含更多的杂岩。然而，晚期低位域三角洲被洋流再改造，导致其展布比早期粗粒伸长型三角洲更为平行于走向。海平面上升至陆棚边缘之上，使得滨岸平原和陆棚上的外侧水道和分流水道被沉积物充填并得以保存。晚期低位域水道充填物的上部和向海侧通常受到潮汐作用的影响。

15.4.5 海侵段

在相对海平面上升期，斜积层的最后和最上部层段，从陆棚边缘向后穿过滨岸平原发育（图 4）。当陆棚区的沉积供给体系发生海侵转换时，陆棚和滨岸平原峡谷被河口沉积物充填，河口区可能受到波浪—潮汐的混合影响，而向陆区域则遭受强烈的潮汐作用影响。许多河口序列沉积物富砂且通常厚度较大，尤其是在陆棚边缘地区。峡谷侧翼障壁—潟湖体系发育，如同期平行走向斜积层内的浪控沉积物所示。在滨岸平原上，这是沉积的主要时期，因为向陆退覆型河口沉积物厚度可达 47m（图 4）。

15.5 样品与研究方法

沿长约 20km、具地震尺度的斜积层采取了砂岩样品 102 块，分别代表陆棚、斜坡和盆底沉积物。样品取自层序界面之下或之上（即下降体系域和低位体系域），以及陆棚边缘三角洲环境中最大洪泛面之下。以 56 块典型样品为基础，采用薄片点计数（每块薄片 300 个点）方法分析了砂岩的矿物组分。采用配备背散射电子探针器（BSE）的 Cameca BX50 电子探针（EMP）进行矿物化学分析，操作条件如下：20kV 加速电压，8～12nA 测量束电流（分别针对碳酸盐岩与黏土矿物和长石），1～10μm 束直径（取决于均质区域的延展范围）。相关标准和计数时间如下：硅灰石（Ca，10s）、正长石（K，5s）、钠长石（Na 和 Si 分别为 5s 和 10s）、刚玉（Al，20s）、MgO（Mg，10s）、$MnTiO_3$（Mn，10s）、赤铁矿（Fe，10s）。分析精度高于 0.1%（摩尔分数）。采用 Jeol JSM-T330 扫描电镜（SEM）分析成岩组分之间的组构与共生关系。

针对 40 块方解石胶结和白云石胶结的砂岩样品开展了稳定碳同位素和稳定氧同位素分析；数据以相对于维也纳 Pee Dee 箭石的数值（VPDB）来表示。由于样品中包括多种碳酸盐相，因此有必要采用序列化学分离方法（Walter 等，1972）。为了达到上述目的，首先对大样进行碾磨（<200 目），然后利用 100% 磷酸与方解石（25℃）和菱铁矿、白云石、铁白云石（50℃）进行反应（Al–Aasm 等，1990）。分别于 1h、2～3d、6d 之后收集由方解石、铁白云石、菱铁矿释放出的 CO_2。尽管上述方法精度有限，但是 CO_2 序列提取方法所造成的交叉污染效应最低。采用 SIRA–12 质谱仪对各碳酸盐组分的逸出气体进行分析。各矿物组分所选用的磷酸分馏系数如下：方解石为 1.01025（Friedman 和 O’Neil，1977），铁白云石为 1.01060，菱铁矿为 1.010454（Rosenbaum 和 Sheppard，1986）。通过对 NBS–20 方解石标准进行日常分析实现精度（1σ）监测，显示 $\delta^{13}C$ 和 $\delta^{18}O$ 的精度均高于 ±0.05%。

15.6 研究结果

15.6.1 砂岩的碎屑组分

砂岩样品为分选中等—差的细粒—粗粒岩屑砂岩和亚岩屑砂岩（图 5）。石英是最主要的碎屑组分，通常为单晶石英（含量 28%～64%，平均 47%）和多晶石英（含量 1%～15%，平均 7%）（表 1）；含少量斜长石和钾长石（含量 0～4%，平均 1%）；主要的岩屑包括片岩与板岩（含量 0～37%，平均 16%）和火山岩（含量 0～7%，平均 3%）。所有沉积相和体系域内均可见具有高光学凸起的单晶和多晶圆状—次圆状碎屑方解石和白云石颗粒（含量 0～11%，平均 4%）。云母的含量不等（含量 0～3%，平均 1%），白云母的

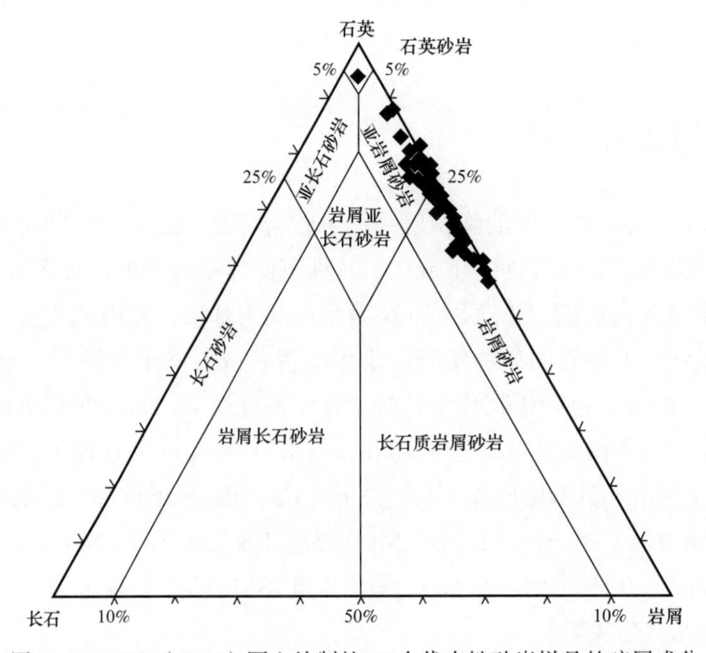

图 5　McBride（1963）图上绘制的 56 个代表性砂岩样品的碎屑成分

含量高于黑云母。其他碎屑颗粒包括痕量的重矿物（主要为锆石、磷灰石、铁—钛氧化物）、海绿石、碳酸盐生物碎屑以及泥质内碎屑。碎屑碳酸盐颗粒，如方解石和白云石，沿海泛面和最大洪泛最为丰富。

表 1　下降体系域和低位体系域中 57 块代表性砂岩样品的模态组分

成分	FSST（n=24）				LST（n=12）			
	平均值	标准偏差	最小值	最大值	平均值	标准偏差	最小值	最大值
单晶石英	45.1	8.7	27.6	59.9	51.3	7.5	39.1	64.0
多晶石英	7.4	3.1	2.0	15.2	5.5	4.0	1.0	12.8
低级变质岩屑	17.6	6.2	6.9	31.8	14.5	7.2	0.0	23.9
火山岩岩屑	2.6	1.7	0.5	7.1	2.0	1.4	0.0	4.4
碎屑碳酸盐岩	3.8	2.3	0.7	10.0	4.3	3.1	0.3	11.1
绿泥石	0.5	0.4	0.0	1.6	0.5	0.5	0.0	1.7
伊利石	2.8	1.9	0.3	6.9	4.3	2.7	0.6	9.2
长石	1.3	1.2	0.3	4.3	1.1	1.1	0.3	3.9
次生加大物	7.6	4.2	2.3	16.9	5.4	3.2	0.3	10.8
菱铁矿	1.2	1.4	0.3	5.0	0.9	0.6	0.3	2.0
有机质	1.1	1.3	0.3	4.6	0.7	0.7	0.3	2.3
氧化铁	0.5	0.3	0.3	1.3	0.4	0.1	0.3	0.7
白云石次生加大	0.4	0.4	0.0	2.0	0.3	0.1	0.3	0.7
云母	0.8	0.8	0.3	3.3	0.4	0.3	0.3	1.3
充填孔隙的方解石	3.9	6.8	0.3	25.3	4.4	3.8	0.3	14.4
交代的方解石	1.8	4.3	0.3	15.7	1.7	3.8	0.3	13.5
方解石斑	0.4	0.4	0.0	1.9	0.4	0.1	0.3	0.7
其他	1.2	0.9	0.3	3.6	1.8	1.4	0.3	5.3

15.6.2　成岩矿物的岩石学和地球化学特征

15.6.2.1　黏土矿物

黏土矿物包括伊利石（含量 0～10%，平均 4%）和痕量高岭石。然而，在许多情况下，伊利石呈平行叠置的假六边形晶体，具有典型的高岭石结构特征［图 6（a）和图 6（b）］;（Morad，1990）。高岭石通常被方解石、白云石及石英胶结物包绕，因此其形成时间早于方解石、白云石和石英胶结物［图 6（a）］。高岭石的精确定量分析很困难，因为伊利石化作用并非总伴随着高岭石原始组构的保存，然而，高岭石和推测的伊利石化高岭石在下降体系域砂岩、陆棚、斜坡和盆底砂岩中最常见，尤其是在层序界面之下（＜1m）的砂岩中。伊利石以薄片状出现在骨架颗粒周围［图6（c）和图6（d）］。纤维状或条纹状伊利石晶体的环边和集合体极为少见。伊利石通常被石英次生加大边包绕，因此其形成时间早于石英次生加大边［图6（d）和图6（e）］。伊利石化云母的含量在位体系域砂岩中（含量0.5%～9%，平均4%）比在下降体系域砂岩中（含量0～7%，平均3%）的要高（表1）。

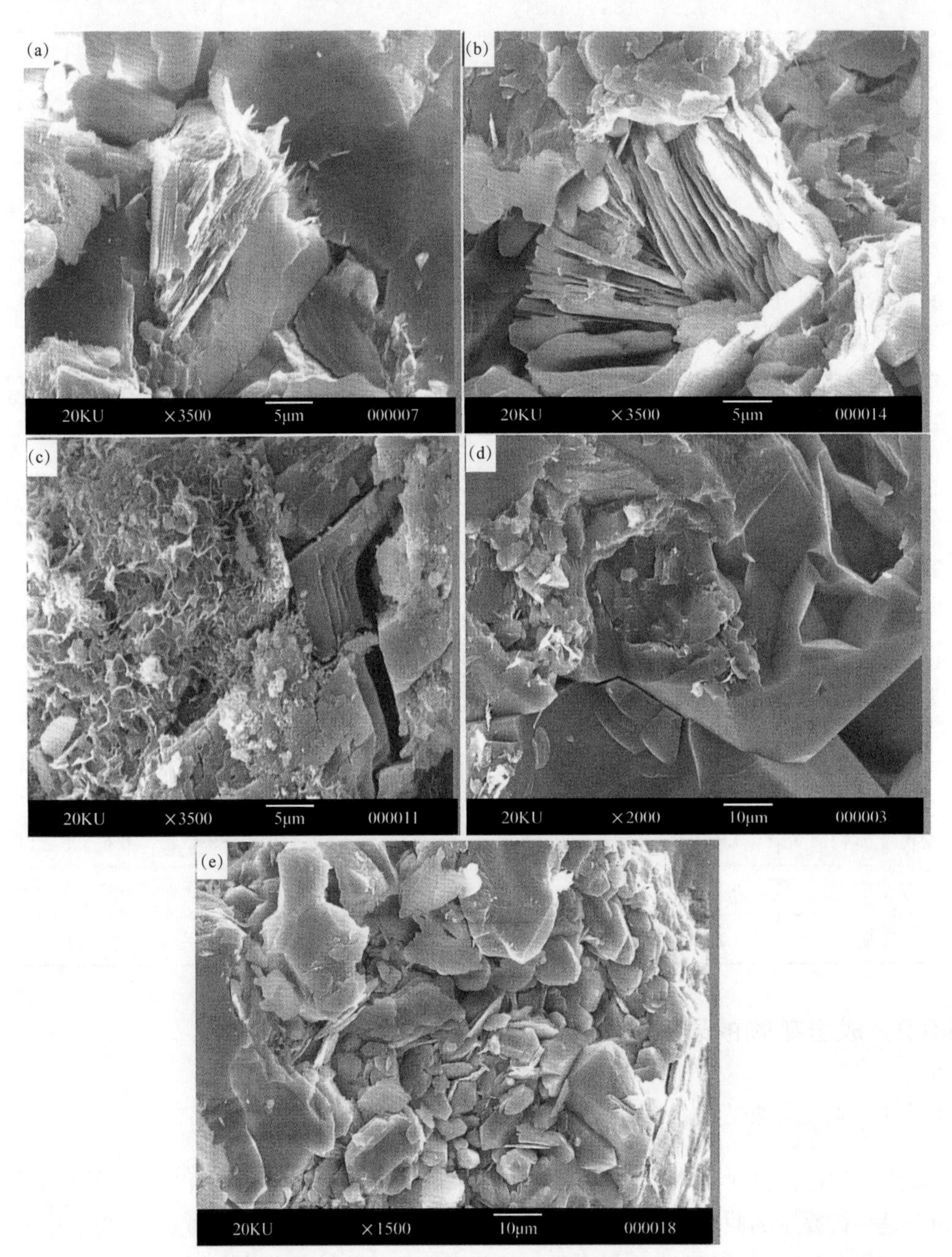

图6 SEM图像：（a）伊利石化的高岭石，仍可见高岭石的书页状结构。（b）伊利石化的高岭石，高岭石晶体仍保留典型的折叠状叠加样式。（c）伊利石边具有蜂巢状形态，图像右侧为部分溶蚀的白云石晶体。（d）伊利石碎片，被石英胶结物包绕。（e）小型石英晶体联合在一起并包绕伊利石黏土环边

15.6.2.2 方解石

方解石胶结物（含量 1%～25%，平均 5%）以细（<10μm）—粗的镶嵌晶（10～100μm）和聚晶（横截面达 2mm）的形式出现，这些晶体充填了粒间孔隙，并部分或完全交代了石英、长石、岩屑和石英次生加大边［图 7（a）、图 7（b）和图 7（c）］。孔隙充填型方解石包绕了石英、白云石以及菱铁矿的次生加大边，因此其形成时间晚于石英等［图 7（a）］。然而，在某些情况下，方解石胶结的孔隙内并不含石英次生加大边。方解石胶结物出现在下降体系域和低位体系域中（表 1），但在海泛面和最大洪泛面以下最为丰富（含量高达 40%）（图 8）。方解石微含铁，其平均组成（摩尔分数）为 $FeCO_3$ 2.0%、$MgCO_3$ 1.1%、$SrCO_3$ 0.2%、$MnCO_3$ 0.3%（表 2）。下降体系域和低位体系域砂岩中方解石的 $\delta^{13}C_{VPDB}$ 值为 0.5‰～6.5‰、$\delta^{18}O_{VPDB}$ 值为 16.8‰～6.7‰（表 3）。

15.6.2.3 铁白云石

白云石胶结物（含量 0～2%，平均 1%）在碎屑白云石颗粒周围以薄的（<10μm）自形次生加大边出现［图 7（a）］，较少以填充相对大的粒间孔的微晶（横截面 50～100μm）［图 7（d）］形式出现。白云石的次生加大被菱铁矿包绕，因此其形成时间早于菱铁矿

图 7 （a）嵌晶方解石（pc）包绕石英次生加大边（qo）（箭头），表明前者形成时间晚于后者，XPL。（b）嵌晶方解石胶结物交代石英颗粒，XPL。（c）孔隙充填的方解石胶结物部分交代了长石颗粒（箭头），XPL。（d）微晶菱铁矿（箭头）包绕白云石晶体（d），白云石晶体充填大型孔隙，BSE 图像

[图 7（a）]。白云石胶结物赋存于下降体系域、低位体系域中和层序界面、最大洪泛面之下。EMP 分析表明，白云石富含钙 [50.7%～51.4%（摩尔分数），平均 51%（摩尔分数）]，$FeCO_3$ 含量可变 [10.7%～11.9%（摩尔分数），平均 11.3%（摩尔分数）]，而 Mn 含量低 [0.2%～0.3%（摩尔分数），平均 0.3%（摩尔分数）]，Sr 含量低于检测极限（表 2 和图 9）。碎屑白云石含少量的 $FeCO_3$ [0.3%～0.5%（摩尔分数），平均 0.4%（摩尔分数）]，而 Sr 和 Mn 含量通常低于检测极限（表 2）。白云石全岩碳、氧同位素分析表明，$\delta^{13}C_{VPDB}$ 值为 +0.5‰～+1.6‰，$\delta^{18}O_{VPDB}$ 值为 −12.0‰～−10.1‰（图 10）。

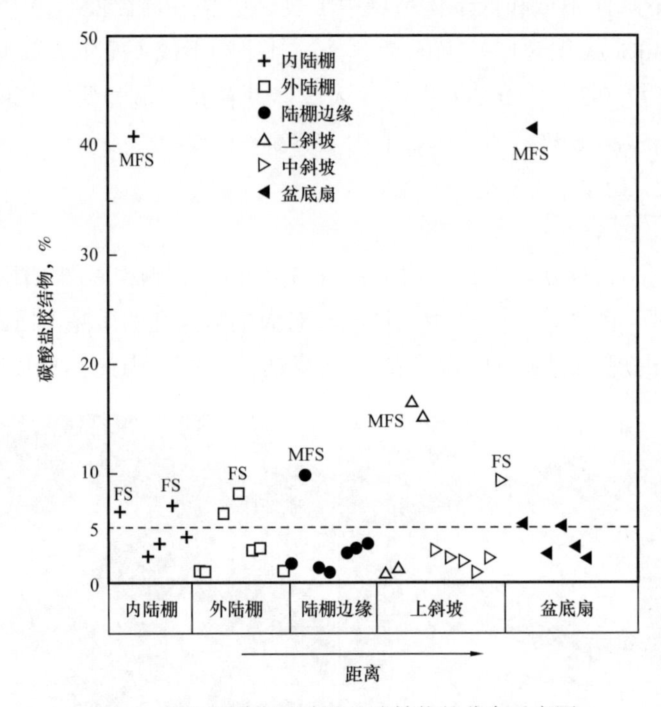

图 8　盆地不同位置碳酸盐胶结物的分布示意图

碳酸盐胶结物（虚线）含量超过 5% 的砂岩与洪泛面和最大洪泛面相关。FS—洪泛面，MFS—最大洪泛面

表 2　砂岩样品中碳酸盐胶结物的化学组分（基于电子探针分析结果）　　单位：%

成分	Mg（CO_3）	Sr（CO_3）	Ca（CO_3）	Mn（CO_3）	Fe（CO_3）
方解石	1.5	0.3	96.3	0.4	1.5
方解石	2.4	0.1	97.4	0	0
方解石	1.5	0	95.1	0.2	3.1
方解石	1.7	0.2	98	0	0.2
方解石	2	0.2	97.5	0.1	0.2
方解石	1.2	0.5	95.3	0.1	2.9
方解石	0.2	0.3	99.3	0	0.2
方解石	0.7	0.5	95.7	1	2.2

续表

成分	Mg（CO_3）	Sr（CO_3）	Ca（CO_3）	Mn（CO_3）	Fe（CO_3）
方解石	0.4	0.3	99.3	0	0
方解石	0.4	0.4	96.3	0.6	2.1
方解石	0.7	0	96	0.5	2.9
方解石	1.2	0.3	94.8	0.4	3.3
方解石	1.6	0	95.1	0.2	3.2
方解石	1.3	0.3	95.1	0.2	3.2
方解石	1.5	0.1	97.9	0	0.4
方解石	2.1	0.2	96.3	0	1.4
方解石	1.8	0.3	94.6	0.2	3.2
方解石	1.2	0.3	95.3	0.3	3.1
方解石	0	0.3	98.5	0.9	0.3
方解石	0.2	0	98.8	0.7	0.2
方解石	1.3	0.6	95.9	0.7	1.6
方解石	1.1	0.9	95.9	0.6	1.6
方解石	0.7	0.4	96.1	0.2	2.6
方解石	0.5	0.3	98.7	0.1	0.5
白云石	36.8	0	51.1	0.5	11.6
白云石	35.8	0.2	51.8	0.2	12.1
白云石	42.8	0.1	56.8	0	0.3
白云石	38.4	0	50.7	0.2	10.7
白云石	44.3	0	55.1	0	0.5
白云石	1.6	0	95.1	0.2	3.2
菱铁矿	2.3	0	1.2	0.8	95.6
菱铁矿	3.2	0	5.3	1.9	89.6
菱铁矿	2.8	0	6.6	4.8	85.9
菱铁矿	2.1	0	1.9	1.6	94.4

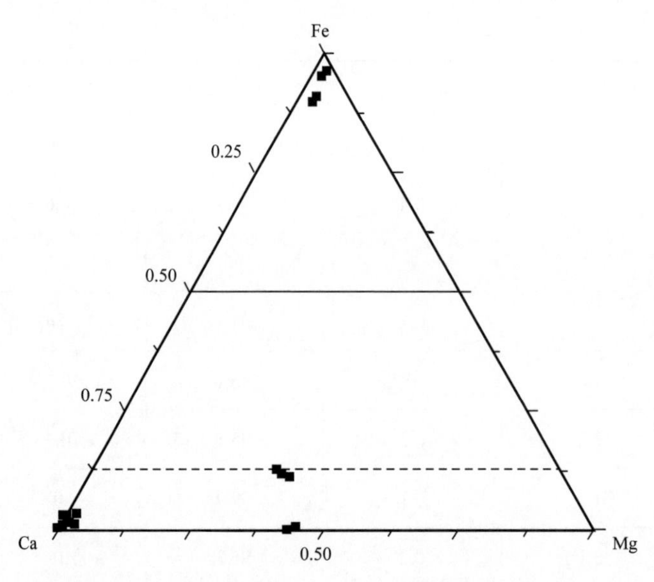

图 9　三角图显示始新世砂岩中方解石、白云石和菱铁矿的 Ca、Mg、Fe 相对含量

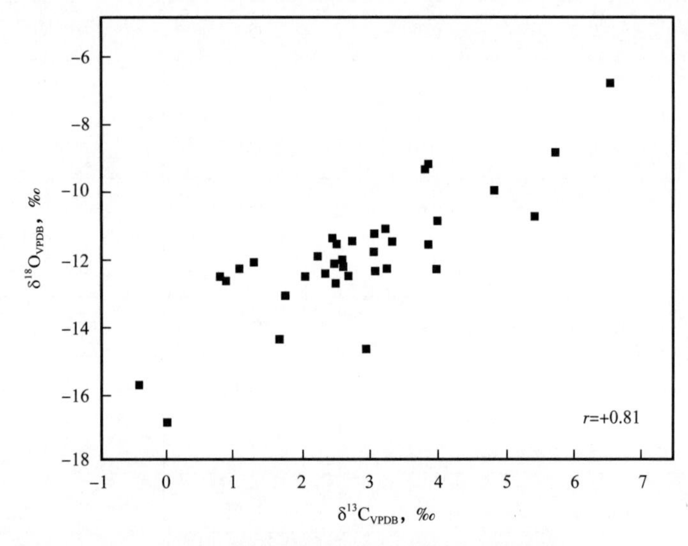

图 10　方解石胶结物中碳、氧同位素值交点图

两者呈正相关关系（r= +0.8）

15.6.2.4　菱铁矿

菱铁矿胶结物（含量 0～5%，平均 1%）以小的（10～15μm）侵染状晶体出现，成为碎屑碳酸盐颗粒或白云石次生加大的包壳［图 7（a）］。此外，菱铁矿还可呈棱柱状或菱形［图 11（a）］。在某些情况下，菱铁矿以球状、孔隙充填型和交代颗粒的集合体［图 11（b）］的形式出现，或呈自形菱形晶，后者交代和扩展了云母状低级变质岩屑［图 11（c）］。电子探针分析表明，菱铁矿贫 Mg［含量 2.1%～3.2%（摩尔分数）],Ca［含量 1.2%～6.6%（摩尔分数）］和 Mn［含量 0.8%～4.8%（摩尔分数）］含量可变，而 Sr 含量低于检测极限（表 2 和图 9）。总体而言，各体系域和沉积相之间菱铁矿的含量未见明显变化（表 1 和表 3）。

15.6.2.5 石英

石英胶结物（含量 0～17%，平均 7%）在单晶［图 7（a）］和多晶石英（少见）颗粒周围以共轴次生加大边（10～50μm 厚）的形式出现。在许多情况下，石英次生加大呈现出光学连续性，含有单个石英晶体基质。次生加大边与碎屑核部之间的边界要么模糊不清，要么被流体包裹体和（或）薄而不连续的伊利石黏土包壳界定。石英次生加大边通常被碳酸盐胶结物包绕［图 6（a）］，因此其形成时间早于碳酸盐胶结物，但是可包绕伊利石，显示其形成时间晚于伊利石［图 6（a）和图 6（d）］。扫描电镜分析表明，碎屑石英周围伊利石黏土包壳的存在拟制了发育良好的连续的石英次生加大边的沉淀［图 6（c）和图 6（e）］；相反，形成了孤立的微小晶体（≤30μm），这些晶体可能合并形成发育良好的共轴次生加大边，后者包绕了石英颗粒。微量的石英胶结物也以离散的自形晶体（横截面 5～40μm）出现，充填了石英次生加大边（与伊利石化的高岭石相关）周围的粒间孔隙［图 6（e）］。总体而言，石英次生加大边在沉积相或体系域之间的分布没有系统性变化（表 1 和表 3）。

15.6.2.6 黄铁矿

黄铁矿含量低（痕量），晶体呈草莓状。草莓状黄铁矿分布于碎屑方解石周围并被方解石胶结物包绕。在某些情况下，黄铁矿富集于木质碎屑周围，与菱铁矿晶体密切相关。

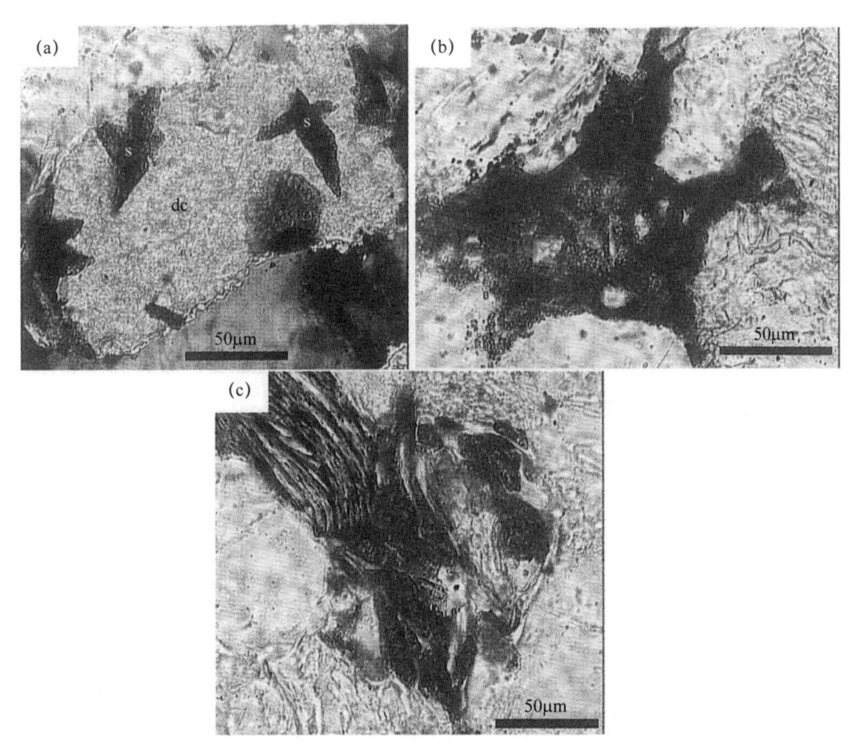

图 11　光学显微照片：（a）十字菱铁矿（s），部分交代碎屑碳酸盐岩颗粒（dc），XPL。（b）孔隙充填的和交代颗粒的微晶菱铁矿集合体，PPL。（c）菱铁矿交代并扩展了云母质的低级变质岩屑，此外还可见石墨片岩碎片（左上角），PPL

表 3　不同沉积环境始新世砂岩 56 个样品的模态组分

沉积环境	层序地层界面	碎屑碳酸盐岩	伊利石	长石	石英次生加大	菱铁矿	铁氧化物	充填孔隙的白云石	充填孔隙的方解石	交代方解石	嵌晶方解石
陆棚	SB	2	2.9	0.3	11.4	1	0.3	0.3	1	0.3	0.3
	MFS	2.6	3.3	4.3	5.6	1.3	0.3	0.3	6.3	2.6	1
		1.7	1	1	10.7	0.3	0.3	0.3	1	0.3	0
	BSB	2.6	3.2	0.3	15.3	0.3	0.3	0.3	0.3	0.3	0.3
		1	3.8	0.3	16.9	0.3	0.3	0.3	0.3	0.3	1.9
		2.7	4.1	1.7	10.5	4.7	0.7	0.3	4.4	1.7	0.3
	MFS	10	0.9	0.5	2.3	0.9	0.5	0.5	24.9	15.4	0.5
		3.6	1	2.6	8.2	0.3	0.3	0.3	1.6	0.7	0.3
外陆棚	BSB	5.3	6.9	3.3	6.6	1.7	0.3	0.3	3	0.3	0.3
		4.7	1	1.4	4.7	1.4	1	0.3	5.7	1	0.3
		0.7	3	2.6	16.1	0.7	0.3	0.3	0.3	0.3	0.3
内陆棚	SB	2.3	1.3	3.3	6.6	0.3	0.7	0.3	2.6	0.3	0.3
		6.2	0.3	1.6	9.1	0.3	1.3	0.3	0.3	0.3	0.3
		3.6	5.6	0.3	3.3	1.3	0.3	0.3	0.3	0.3	0.3
上斜坡		2.3	5	0.3	5.6	0.3	0.3	0.3	0.7	0.3	0.3

续表

沉积环境	层序地层界面	碎屑碳酸盐岩	伊利石	长石	石英次生加大	菱铁矿	铁氧化物	充填孔隙的白云石	充填孔隙的方解石	交代方解石	嵌晶方解石
中斜坡	SB	3.6	4.2	0.3	6.2	0.7	0.3	0.3	2.3	0.3	0.3
		3	2.6	0.3	4	5	0.3	0.3	1.7	0.3	0.3
		5.8	2.2	0.3	8	1.6	0.3	0.3	1.3	0.3	0.3
		2.3	4.6	0.7	9.5	0.3	0.3	0	0.3	0.3	0.3
		2.3	1.3	0.7	2.6	1	1.3	0.3	1.6	0.3	0.3
		3.3	0.7	1.7	7.6	0.3	0.7	0.3	4.6	0.3	0.3
	MFS	9.2	1.4	0.9	2.3	0.9	0.5	0.5	25.3	15.7	0.3
	SB	5.3	6.3	0.3	4.3	4.3	0.3	0.2	2	0.3	0.3
盆底扇	SB	4.3	0.3	2.3	4.3	0.3	0.3	0.3	1.3	0.7	0.3
标准方差		2.3	1.9	1.2	4.2	1.4	0.3	0.3	6.8	4.3	0.4
平均值		3.8	2.8	1.3	7.6	1.2	0.5	0.4	3.9	1.8	0.4

15.6.3 压实作用与孔隙度

原始孔隙度降低的主要原因是化学与机械压实作用［图 12（a）和图 12（b）］。然而，砂岩通常显示出不同程度的机械压实和化学压实（程度略低）（特别是在富含塑性颗粒和石英的砂岩中）与胶结作用，导致孔隙度降低。砂岩中的孔隙较罕见。总粒间孔隙体积与胶结物体积之间的散点图（图 13）表明，相对于胶结作用而言，压实作用对砂岩孔隙度降低的影响更为明显。机械压实表现为云母的弯曲和破裂以及刚性石英和长石颗粒之间塑性颗粒（如泥质内碎屑和低级变质岩屑）的挤压，这导致假基质的形成［图 12（b）］。

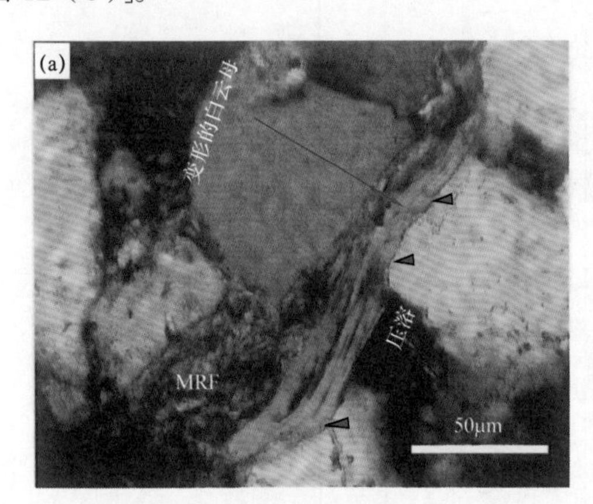

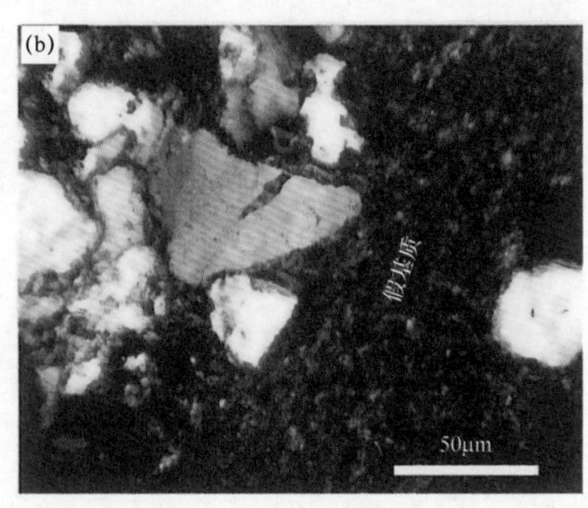

图 12 XPL 显示：（a）机械压实形成的变形云母和低级变质岩碎屑，与云母接触的石英颗粒具有压溶现象（箭头）。（b）塑性骨架颗粒由于机械压实形成的假基质

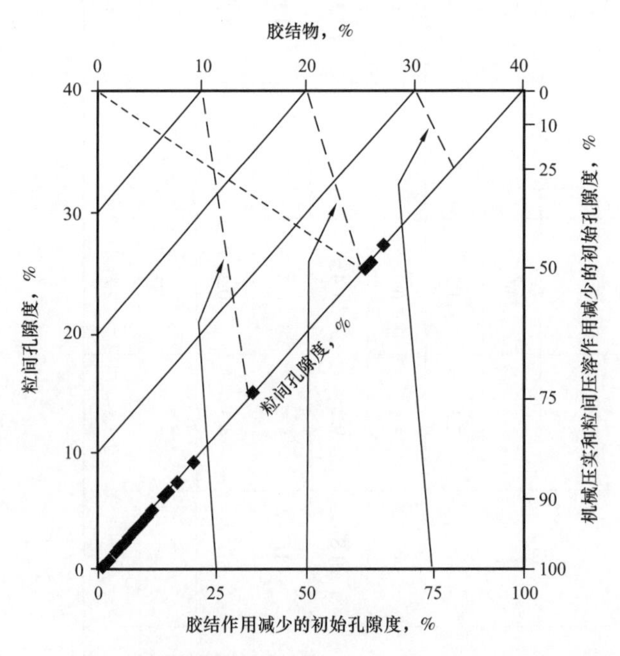

图 13 始新世砂岩胶结物体积与粒间孔隙体积交点图（Houseknecht，1988；修改自 Ehrenberg，1993），显示压实作用对粒间孔隙度降低的影响大于胶结作用

由于胶结物（主要指方解石）和云母质低级变质岩屑的分布具有非均质性，因此大多数砂岩的压实程度也不一致（图 14）。在沿石英颗粒间界面存在云母或伊利石黏土包壳的情况下，石英颗粒粒间压溶所致的化学压实作用最为广泛［图 12（a）］。

图 14　云母质低级变质岩屑的非均质分布导致的方解石胶结物的非均质分布。左侧变质碎屑含量低，因此遭受弱的压实作用和强的方解石胶结作用，XPL

15.7　讨论

始新世 Svalbard 砂岩已经历早成岩和中成岩过程，其成岩演化受控于多种因素，包括碎屑组分变化和相对海平面变化。以成岩矿物之间的结构关系为基础，辅以碳酸盐胶结物的氧同位素数据，构建了砂岩的成岩蚀变序列（图 15）。然而，由于成岩蚀变样式复杂且缺乏埋藏史曲线，因此尚无法精确约束成岩过程的起始时间和持续时间。本次研究表明，

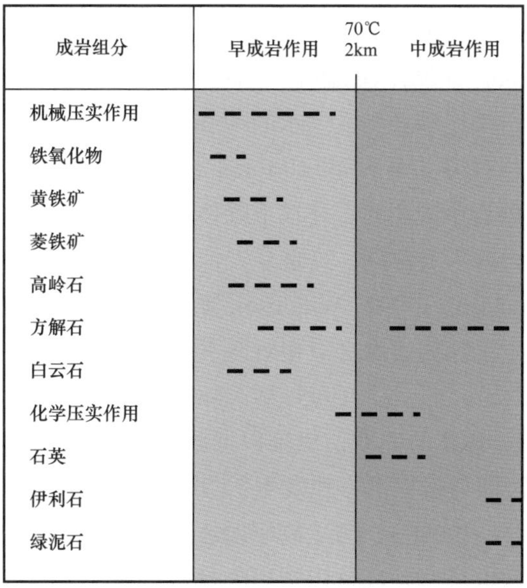

成岩组分	早成岩作用	70℃ 2km	中成岩作用
机械压实作用	— — — — — -		
铁氧化物	— -		
黄铁矿	— — -		
菱铁矿	— — -		
高岭石	— — — -		
方解石	— — — -		— — — — —
白云石	— — —		
化学压实作用	—	— — — -	
石英		— — -	
伊利石			— —
绿泥石			— —

图 15　基于成岩矿物的关系和碳酸盐胶结物的同位素数据构建的始新世砂岩简化成岩序列

在陆棚、斜坡和盆底砂岩的层序地层背景下，某些成岩蚀变（包括碎屑硅酸盐的高岭石化和碳酸盐胶结）的碎屑组分和分布呈现出相对系统的变化。碳酸盐胶结作用在所有岩相中都很常见，但在海泛面和最大洪泛面之下的砂岩中更为广泛（图 8）。其他成岩蚀变，如石英胶结作用、高岭土化云母的伊利石化作用以及菱铁矿和黄铁矿的形成，与层序地层学没有任何关系（表 1 和表 3）。

早期成岩蚀变包括云母和长石颗粒的高岭石化作用以及方解石、白云石和菱铁矿的胶结作用。高岭石为早成岩成因而非表生成因的证据在于：（1）高岭石化云母的膨胀结构，通常形成于遭受强烈压实之前的弱压实砂岩内（Ketzer 等，2003a）；（2）高岭石的蠕虫状结构，通常认为其形成于沉积后不久（McAulay 等，1994；Wilkinson 等，2004）；（3）高岭石被石英次生加大边包绕，高岭石转化为迪开石。

受机械压实作用、化学压实作用以及部分情况下胶结作用的影响，砂岩中的孔隙几乎完全消失。与富含碎屑石英的砂岩相比，富含塑性低级变质岩屑和云母的砂岩通常经历了更为强烈的机械压实作用，但是所经历的石英次生加大与碳酸盐胶结作用较弱。

陆棚、斜坡和盆底砂岩之间的碎屑组分变化不大，可能是由于陆棚短而窄以及富砂浊积扇的规模。前陆盆地的小型富砂浊积扇接受来自邻近小物源区的沉积物（Bourna 和 Stone，2000），然而，在所有沉积环境中，砂岩的碎屑组分变化很大，因此成岩蚀变的差异很大。早成岩作用不仅受碎屑矿物组分的控制，而且受孔隙水化学性质的控制。成岩共生序列受浅层大气水成岩作用的控制，在更深处（中成岩作用期间）则受控于演化的地层水（Morad 等，2000）。大气水早成岩作用导致云母的高岭石化，而在深埋过程中，发生了石英次生加大与微晶石英的广泛胶结作用以及高岭石化云母的伊利石化作用。

15.7.1 伊利石化高岭石的成因

导致砂岩中高岭石形成的流体来源和化学组分很难限定（Wilson 和 Stanton，1994）。然而，大气水的渗入常常被视为影响硅质碎屑层序内成岩高岭石形成的原因（Longstaffe，1984；Bjorlykke 和 Aagaard，1992；Glassman，1992；Emery 和 Robinson，1993；Ketzer 等，2002；Morad 等，2000）。滨岸砂岩内大气水的冲洗及由此导致的骨架硅酸盐的高岭石化作用通常与海退有关（即相对海平面下降）（Morad 等，2000；Ketzer 等，2003b；Worden 和 Morad，2003）。始新世砂岩中的高岭石化在下降体系域的陆棚、斜坡和盆底扇砂岩中较常见，但在低位体系域砂岩内不太常见，这是令人惊讶的，因为深水扇砂岩不太可能被大气水冲洗（Bjørlykke 和 Aagaard，1992；Wilkinson 等，2004）。尽管如此，深水浊积砂岩内的高岭石化，已证明发生于陆棚边缘之下相对海平面大幅度下降和伴随的大气水渗入阶段（Hayes 和 Boles，1992；Carvalho 等，1995；Wilson 等，1999）。

如果缺乏隆升和陆上暴露的证据，仍难以厘清大气水渗入至深水海相砂岩中的机理（Morad 等，2000），但可能通过以下方式发生：（1）海平面下降至陆棚边缘之下，在盆地边缘产生水头（Ketzer 等，2003b）；（2）高密度流所致的直接河流输入。已在始新世中央盆地陆棚边缘斜积层的斜坡段和盆底段识别出大量的高密度流沉积物（Plink–Bjorklund 和 Steel，2004），主要证据如下：（1）陆棚边缘河道与浊积水道的物理联系；（2）厚层浊积砂岩的丰度；（3）浊积体易富砂；（4）个别厚层砂质浊积层及其滑塌尖灭段的下坡变化；（5）浊积岩中陆相物质（树叶、煤屑）的丰度；（6）罕见的滑塌或碎屑流层；（7）系统增生的陆棚边缘浊积岩。此外，在下降阶段和相对海平面低位期，高密度流将优先跨越陆棚边缘供给深水斜坡（Plink–Bjorklund 和 Steel，2004）。然而，由于高密度流具有幕式特征，不利于大量大气水输入，因此目前尚无法确定高密度流是否有助于深水浊积砂岩内高岭石的形成。

中成岩阶段，发生了高岭石和颗粒包壳渗滤黏土的伊利石化作用。伊利石通常在>90℃的温度条件下形成（Glasmann 等，1989；Swarbrick，1994；Girard 等，2002；Lima 和 De Ros，2002；Worden 和 Morad，2003）。砂岩中的伊利石以平行层叠片状出现，类似于典型的云母［图 16（a）和图 16（b）］和云母质的低变质岩屑，但后者通常含平行的粉砂级石英和长石颗粒［图 16（c）］。膨胀型云母内的书页状伊利石晶体（具有纤维状端部特征）可能是高岭石化云母的伊利石化作用形成的（De Ros，1998）。伊利石化高岭石在始新世砂岩的不同沉积相和体系域内的丰度没有系统变化（表 2），这是由于沉积相和（或）体系域不能控制云母前驱物的分布。

图 16　XPL 照片：（a）伊利石化的云母。与低级变质岩屑相比，伊利石化的云母不含粉砂级石英和长石颗粒。（b）大量压实的伊利石化云母。（c）压实的云母质低级变质岩屑，颗粒中含有平行走向的粉砂级石英和长石颗粒

15.7.2　碳酸盐胶结物的分布与形成条件

根据岩石学观察，具有不同结构习性（即块状、嵌晶和微晶）的碳酸盐胶结物的出现及其与其他成岩矿物的成岩序列表明，碳酸盐胶结物沉淀于不同的成岩条件。然而，微

晶结构方解石被石英次生加大包绕，说明其形成时间早于石英次生加大边，被解释为早期成岩成因。与此相反，具有块状—嵌晶结构的方解石通常包绕石英次生加大边，说明其形成时间晚于石英次生加大边，被解释为中成岩成因。因此，方解石胶结作用起始于早成岩阶段的微晶方解石沉淀，随后是中成岩阶段的块状和嵌晶状方解石沉淀。具有微晶结构的方解石胶结物通常为海相成因（Morad 和 Al–Aasm，1997），而具有嵌晶结构的方解石胶结物可能为大气水（Al–Ramadan 等，2005）或埋藏（Morad，1998）成因，目前尚不清楚其确切的成因机理。然而，方解石的同位素特征提供了一些额外的线索来阐明其形成条件，特别是关于孔隙水的组成和（或）沉淀温度。

方解石胶结物的同位素组分具有较宽的值域，其 $\delta^{18}O_{VPDB}$ 值为 –16.8‰～–6.7‰（图 10），表明其为早成岩与中成岩的混合成因。然而，利用方解石胶结物的 $\delta^{18}O_{VPDB}$ 值及 Friedman 和 O' Neil（1977）提出的分馏方程，并假设孔隙水的 $\delta^{18}O_{SMOW}$ 值为 –1.2‰～2‰，该值对应于海相孔隙水（Shackleton 和 Kennett，1975）和演化的地层水（Lundegard 和 Land，1986），综合分析认为沉淀温度为 40～135℃（图 17）。推测的温度范围与岩石学观察结果一致，进而支持方解石形成于早成岩阶段和中成岩阶段的观点。$\delta^{13}C$ 值的值域范围较宽（–0.5‰～6.5‰），表明存在不同的溶解碳来源和（或）有机质降解过程；下限值的成因解释尚存疑问，但上限值可归因于有机质因遭受微生物生甲烷作用排出的碳（Irwin 等，1977）。方解石胶结物的 $\delta^{18}O$ 和 $\delta^{13}C$ 值具有正相关关系（图 10），这通常归因于随着埋深和温度逐步增加，有机质热脱羧作用释放出的溶解碳输入量的增大（Irwin 等，1977；Burns 和 Baker，1987）。

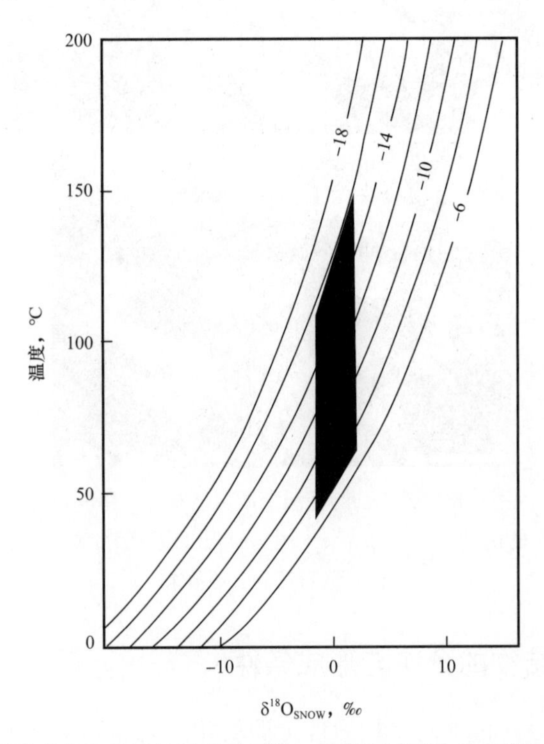

图 17　方解石的氧同位素分馏曲线是温度的函数。假定沉淀流体为盐度提高的卤水（$\delta^{18}O_{SMOW}$ 介于 0‰～2.0‰），阴影区代表可能的沉淀温度范围

控制陆棚、斜坡和盆底扇以及下降体系域和低位体系域内方解石胶结物分布的因素尚未完全厘清，但主要控制因素为碎屑碳酸盐颗粒的分布，如它们丰度的正相关关系（$r=+0.8$）（图 18）所示。此外，海泛面之下的砂岩含更多的（高达 40%）方解石胶结物（图 8），这归因于这些砂岩中更丰富的碳酸盐碎屑颗粒。这些颗粒可作为早成岩和中成岩阶段方解石胶结物沉淀的物质来源和（或）成核位置（Morad 等，2000；Ketzer 等，2002）。在相对海平面上升期间，低沉积速率和后续沉积物在海底较长的停留时间也可能增强碳酸盐胶结作用，尤其是海泛面和最大洪泛面之下（Taylor 等，1995；Loomis 和 Crossey，1996；Morad 等，2000，2010）。

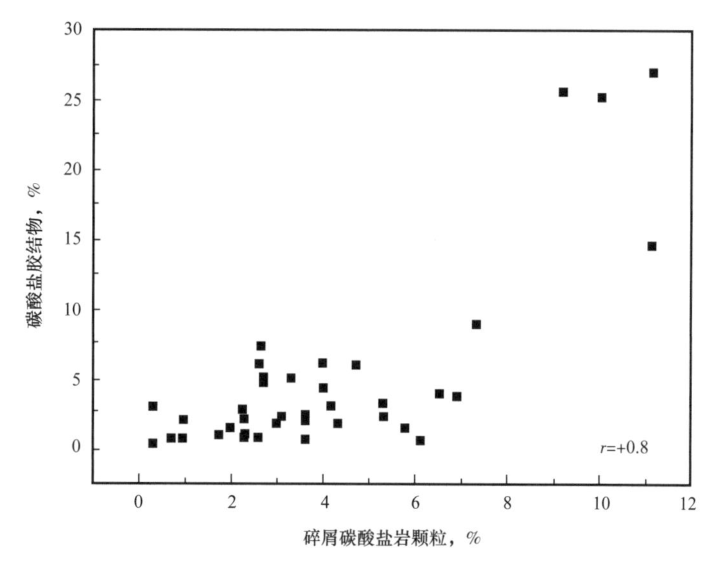

图 18　碎屑碳酸盐岩颗粒与碳酸盐胶结物之间的交会图

两者呈正相关关系（$r=+0.8$）

充填于大的粒间孔中的白云石和（或）呈次生加大状分布于碎屑白云石（其形成时间早于菱铁矿）周围的白云石，表明白云石在早成岩阶段强烈压实之前已发生了沉淀。白云石胶结物的稳定同位素值应提供有关其形成的信息，特别是有关孔隙水成分和（或）沉淀温度的信息。依据白云石胶结物的 $\delta^{18}O_{VPDB}$ 值（−12.0‰～−10.1‰）（图 10）及 Land（1983）提出的分馏方程，并假设近地表温度为 20～30℃，可推测白云石胶结物沉淀时的孔隙水的 $\delta^{18}O_{SMOW}$ 值为 −13‰～−12‰。这些数值明显偏离了海相孔隙水，因此不符合实际情况，造成此种现象的主要原因可能是碎屑白云石的污染。此外，上述现象也可能归因于埋藏成岩阶段重结晶作用导致的 $\delta^{18}O$ 值重置（Mazzullo，1992；Al-Aasm，2000）。白云石胶结物的 $\delta^{13}C_{VPDB}$ 值为 0.5‰～1.6‰，表明其为海相成因（McArthur 等，1986）。

根据菱铁矿的岩石学特征和元素组成推断，其是在与白云石沉淀时相似的地球化学条件下沉淀形成的。菱铁矿的贫镁特征表明其沉淀自大气水（Mozley，1989）。具有典型大气水成因的高岭石的存在（Ketzer 等，2003b），支持了大气水渗入下降体系域和低位体系域深海浊积砂岩的观点。由于缺乏菱铁矿胶结物的同位素数据，其形成条件尚不清楚。

15.7.3 下降体系域和低位体系域内部的成岩蚀变分布模式

岩相观察表明，始新世 Spitsbergen 砂岩的成岩演化遵循 5 条主要路径，主要与化学和机械压实作用的程度以及碳酸盐和石英胶结的范围有关（图 19）。砂岩的碎屑组分和层

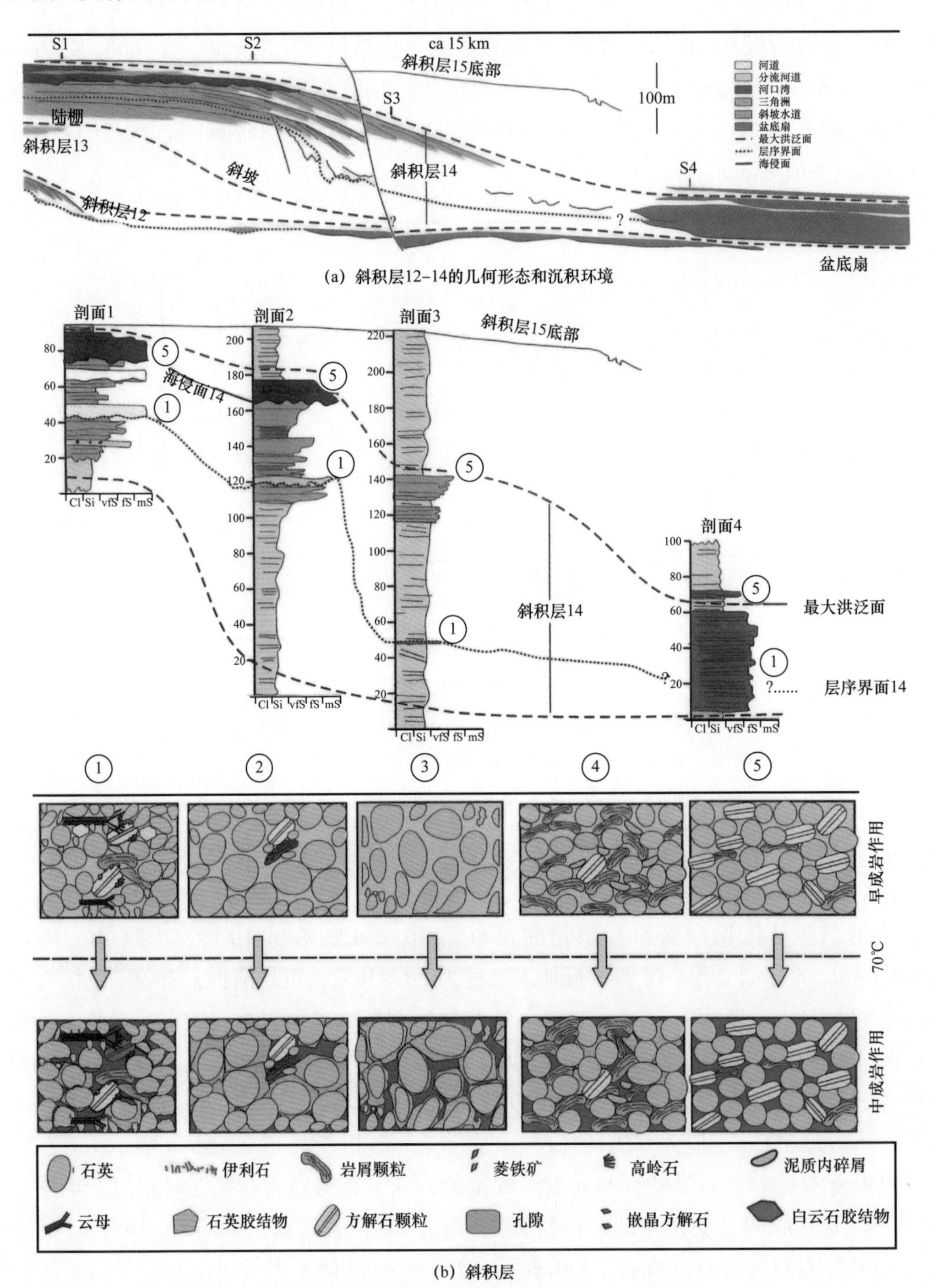

图 19 始新世砂岩各种成岩演化路径的示意图

路径①通常发生于层序界面之下的下降体系域沉积相中。路径②、③、④通常发生于下降体系域和低位体系域的所有沉积相中。路径⑤通常发生于海泛面和最大洪泛面之下的低位体系域中。（b）图的厚度单位为（m）

序地层学背景对成岩蚀变的程度和样式起着重要的控制作用。就大多数砂岩而言，压实作用对总孔隙度损失的影响明显强于胶结作用（图 13）。砂岩中的渗滤黏土和高岭石几乎已完全发生了伊利石化，而在早成岩阶段，随着砂岩的埋深与温度增大，伊利石又交代了云母（Morad，1990）。

下降体系域砂岩受大气水循环的影响，云母、长石等碎屑硅酸盐发生溶蚀，形成高岭石（图 19 路径①）。在某些情况下，云母发生伊利石化但未见高岭石化作用的证据，这是由于中成岩阶段强烈的伊利石化导致高岭石结构破坏所致（图 19 路径②）。一些砂岩在早成岩阶段遭受了强烈的机械压实作用，其孔隙度降低。在中成岩阶段，这些砂岩遭受了石英次生加大和嵌晶方解石的胶结作用，孔隙度进一步降低（图 19 路径③）。富含塑性岩屑（如低级变质和泥质内碎屑）的砂岩遭受了强烈的机械压实作用和微弱的方解石胶结作用，破坏了残余的孔隙（图 19 路径④）。富含碎屑碳酸盐岩的砂岩遭受了强烈的碳酸盐胶结作用和中等程度的机械压实作用，从而造成孔隙度损失（图 19 路径⑤）。方解石胶结作用通常发生于海泛面和最大洪泛面之下的低位体系域砂岩中，这主要归因于此层段中大量碎屑碳酸盐碎片的存在（即方解石生长的核）且长期滞留于海洋孔隙水成岩带（Morad 等，2000）。受海侵期波浪改造的影响，碎屑碳酸盐颗粒广泛分布于海泛面和最大洪泛面之下的砂质沉积物中（Ketzer 等，2002）。本文所提出的成岩蚀变分布概念模型有助于预测深埋砂岩孔隙度的损失，如致密储层，除非存在大量裂缝，其储层性质通常较差。

15.8 结论

Spitsbergen 岛始新世砂岩的成岩演化及其在层序地层格架内部的分布反映了 3 个主要控制因素：（1）碎屑组分；（2）埋深；（3）大气水渗入。由于大多数早期成岩蚀变特征已被埋藏期成岩作用覆盖掉了，因此很难建立深层深水浊积砂岩成岩作用与层序地层格架之间的关联。在下降体系域期间，相对海平面的大幅下降导致大气水渗入砂岩中，其内部云母、岩屑等碎屑硅酸盐颗粒发生早成岩期高岭石化作用。砂岩还被早成岩期和中成岩期方解石胶结（$\delta^{18}O_{VPDB}$ 值介于 −16.8‰～−6.7‰）。此外，砂岩还遭受了强烈的机械压实作用，岩屑颗粒变形和假基质的形成导致其孔隙度降低。

研究表明，某些成岩蚀变与体系域和关键层序界面有关，例如大气水渗入深海斜坡和盆底扇中导致的高岭石化作用。方解石胶结作用最为常见，尤其是在最大洪泛面附近的低位体系域砂岩中，部分原因是碎屑碳酸盐碎片含量的增多。海泛面和最大洪泛面上的波浪改造导致碎屑碳酸盐颗粒混入砂质沉积物中，这是碳酸盐胶结的潜在物质来源和成核位置。

参 考 文 献

Al-Aasm，I. S.（2000）Chemical and isotopic constraints for recrystallization of sedimentary dolomites from the Western Canada Sedimentary Basin. *Aqu. Geochem.*，6，229-250.

Al-Aasm，I. S.，Taylor，B. E. and South，B.（1990）Stable isotope analysis of multiple carbonate samples using selective acid extraction. *Chem. Geol.*, 80, 119–125.

Allen, G. P. and Posamentier, H. W. (1993) Sequence stratigraphy and facies model of an incised valley fill: the Gironde Estuary. *France J. Sediment. Petrol.*, 63, 378–391.

Al-Ramadan, K., Morad, S., Proust, J. N. and Al-Aasm, I. (2005) Distribution of diagenetic alterations in siliciclastic shoreface deposits within a sequence stratigraphic framework: evidence from the Upper Jurassic, Boulonnais, NW France. *J. Sediment. Res.*, 75, 943–959.

Bjørlykke, K. and Aagaard, P. (1992) Clay minerals in North Sea sandstones. In: *Origin, Diagenesis and Petrophysics of Clay Minerals in Sandstones* (Eds D. W. Houseknecht and E. D. Pittman), *SEPM Spec. Publ.*, 47, 65–80.

Bloch, S. (1994) Effect of detrital mineral composition on reservoir quality. In: *Reservoir Quality Assessment and Prediction in Clastic Rocks. SEPM Short Course Notes*, 30, 161–182.

Blythe, A. E. and Kleinspehn, K. L. (1998) Tectonically versus climatically driven Cenozoic exhumation of the Eurasian Plate margin, Svalbard; fission track analyses. *Tectonics*, 17, 621–639.

Bouma, A. H. and Stone, C. G. (2000) Fine-grained turbidite systems. *AAPG Mem.*, 72, 342.

Braathen, A., Bergh, S. G. and Maher, H. D. (1999) Application of a critical taper wedge model to the Tertiary transpressional fold-thrust belt on Spitsbergen, Svalbard. *Geol. Soc. Am. Bull.*, 111, 1468–1485.

Burns, S. J. and Baker, P. A. (1987) A geochemical study of dolomite in the Monterey Formation California. *J. Sediment. Petrol.*, 57, 128–139.

Carvalho, M. V. F, De Ros, L. F. and Gomes, N. S. (1995) Carbonate cementation patterns and diagenetic reservoir facies in the Campos Basin Cretaceous turbidites, offshore eastern Brazil. *Mar. Petrol. Geol.*, 12, 741–58.

Crabaugh, J. and Steel, R. J. (2004) Basin-floor fans of the Central Tertiary Basin, Spitsbergen: relationship of basin-floor sandbodies to prograding clinoforms in a structurally-active basin. In: *Confined Turbidite Systems* (Eds S. Lomas and P. Joseph), *Geol. Soc. Lond. Spec. Publ.*, 222, 187–208.

Dalrymple, R. W., Zaitlin, B. A. and Boyd, R. (1992) Eustarine facies models: conceptual basis and stratigraphic implications. *J. Sediment. Petrol.*, 62, 1130–1146.

De Ros, L. F. (1998) Heterogeneous generation and evolution of diagenetic quartzarenites in the Silurian–Devonian Furnas Formation of the Parana Basin, southern Brazil. *Sediment. Geol.*, 116, 99–128.

Ehrenberg, S. N. (1993) Preservation of anomalously high porosity in deeply buried sandstones by grain-coating chlorite: examples from the Norwegian continental shelf. *AAPG Bull.*, 77, 1260–1286.

Eldholm, O., Sundvor, E., Myhre, A. M. and Faleide, J. I. (1984) Cenozoic evolution of the continental margin off Norway and western Svalbard. In: *Petroleum Geology of North European Margin* (Ed. A. M. Spencer), pp. 3–18. Norwegian Petroleum Society, Graham & Trotman, London.

Embry, A. F., Johannessen, E., Owen, D., Beauchamp, B. and Gianolla, P. (2007). Sequence Stratigraphy as a "Concrete" Stratigraphic Discipline. Report of the ISSC Task Group on Sequence Stratigraphy.

Emery, D. and Robinson, A. (1993) *Inorganic Geochemistry: Applications to Petroleum Geology*. Blackwell Scientific Publications, Oxford, 254 pp.

Friedman, L. and O'Neil, J. R. (1977) Compilation of stable isotope fractionation factors of geochemical interest. In: *Data of Geochemistry* (Ed. M. Fleischer), *USGS Prof. Paper*, 440-KK.

Girard, J. P., Munz, I. A., Johansen, H., Lacharpagne, J. C. and Sommer, F. (2002). Temperature, timing and origin of fluids involved in the diagenesis of Hild Brent sandstones, Norwegian North Sea: fluid inclusions, O-C-H-Sr and K/Ar dating. *J. Sediment. Res.* 72, 746–759.

Glasmann, J. R., Larter, S., Briedis, N. A. and Lundegard, P. D. (1989) Shale diagenesis in the Bergen High Area, North Sea. *Clay. Clay Miner.*, 37, 97–112.

Glassman, J. R. (1992) The fate of feldspar in the Brent Group reservoirs, North Sea : a regional synthesis of diagenesis in shallow, intermediate and deep burial environments. In : *Geology of the Brent Group* (Eds A. C. Morton & R. S. Haszeldine), *Geol. Soc. Lond. Spec. Publ.*, 61, 329–350.

Harland, W. B. (1969) Contribution of Spitsbergen to understanding of the tectonic evolution of the North Atlantic region. In : *North Atlantic, Geology and Continental Drift* (Ed. M. Kay), *AAPG Mem.*, 12, 817–851.

Harris, P. T. (1988) Large–scale bedforms as indicators of mutually evasive sand transport and the sequential infilling of wide–mouthed estuaries. Sediment. *Geol.*, 57, 273–298.

Hayes, M. J. and Boles, J. R. (1992) Volumetric relations between dissolved plagioclase and kaolinite in sandstones : implications for aluminum mass transfer in the San Joaquin Basin, California. In : *Origin, Diagenesis and Petrophysics of Clay Minerals in Sandstones* (Eds D. W. Houseknecht and E. D. Pittman), *SEPM Spec. Publ.*, 47, 111–123.

Helland–Hansen, W. (1990) Sedimentation in a Paleocene foreland basin, Spitsbergen. *AAPG Bull.*, 74, 260–272.

Helland–Hansen, W. (1992) Geometry and facies of Tertiary clinothems, Spitsbergen. *Sedimentology*, 39, 1013–1029.

Houseknecht, D. W. (1988) Intergranular pressure solution in Four Quartzose Sandstones. *J. Sediment. Petrol.*, 58, 228–246.

Irwin, H, Curtis, C. and Coleman, M. (1977) Isotopic evidence for source of diagenetic carbonates formed during burial of organic rich sediments. *Nature*, 269, 209–213.

Johannessen, E. J. and Steel, R. J. (2005) Shelf–margin clinoforms and prediction of deep water sands. *Basin Res.*, 17, 521–550.

Kellogg, H. E. (1975) Tertiary stratigraphy and tectonism in Svalbard and continental drift. *AAPG Bull.*, 59, 465–485.

Ketzer, J. M. and Morad, S. (2006) Predictive distribution of shallow marine, low–porosity (pseudomatrix–rich) sandstones in a sequence stratigraphic framework : example from the Ferron sandstone, Upper Cretaceous, USA. *Mar. Petrol. Geol.*, 23, 29–36.

Ketzer, J. M., Morad, S., Evans, R. and Al–Aasm, I. S. (2002) Distribution of diagenetic alterations in fluvial, deltaic and shallow marine sandstones within a sequence stratigraphic framework : evidence from the Mullaghmore Formation (Carboniferous), NW Ireland. *J. Sediment. Res.*, 72, 760–774.

Ketzer, J. M., Holz, M., Morad, S. and Al–Aasm, I. S. (2003a) Sequence stratigraphic distribution of diagenetic alterations in coal bearing, paralic sandstones : evidence from the Rio Bonito Formation (early Permian), southern Brazil. *Sedimentology*, 50, 855–877.

Ketzer, J. M., Morad, S. and Amorosi, A. (2003b) Predictive diagenetic clay–mineral distribution in siliciclastic rocks within a sequence stratigraphic framework. In : *Clay Mineral Cements in Sandstones* (Eds R. H. Worden and S. Morad), *Int. Assoc. Sedimentol. Spec. Publ.*, 34, 43–61.

Land, L. S. (1983) The application of stable isotopes to studies of the origin of dolomite and to problems of diagenesis of clastic sediments. In : *Stable Isotopes in Sedimentary Geology* (Eds M. A. Arthur, T. F. Anderson, I. R. Kaplan, J. Veizerand L. S. Land), *SEPM Short Course Notes*, 10, Ⅳ /1– Ⅳ /22.

Lima, R. D. and De Ros, L. F. (2002) The role of depositional setting and diagenesis on the reservoir quality of Late Devonian sandstones from the Solimões Basin, Brazilian Amazonia. *Mar. Petrol. Geol.*, 19, 1047–1071.

Longstaffe, F. J. (1984) Diagenesis 4, stable isotope studies of diagenesis in clastic rocks. *Geosci. Can.*, 10, 43–58.

Loomis, J. L. and Crossey, L. J. (1996) Diagenesis in a cyclic, regressive siliciclastic sequence: The Point Lookout Sandstone, San Juan Basin, Colorado. In: *Siliciclastic Diagenesis and Fluid Flow: Concepts and Applications* (Eds L. J. Crossey, R. Loucks and M. W. Totten), *SEPM Spec. Publ.*, 55, 23–36.

Lundegard, P. D. and Land, L. S. (1986) Carbon dioxide and inorganic acids: their role in porosity enhancement and cementation, Paloegene of the Texas Gulf Coast. In: *Roles of Organic Matter in Sediment Diagenesis* (Ed. D. L. Gautier), *SEPM Spec. Publ.*, 38, 129–146.

Mazzullo, S. J. (1992) Geochemical and neomorphic alteration of dolomite: a review. *Carb. Evap.*, 7, 21–37.

McArthur, J. M., Benmore, R. A., Coleman, M. L., Soldi, C., Yeh, H. W. and O'Brien, G. W. (1986) Stable isotopes characterisation of francolite formation. *Earth Planet. Sci. Lett.*, 77, 20–34.

McAulay, G. E., Burley, S. D., Fallick, A. E. and Kusznir N. J. (1994) Paleohydrodynamic fluid flow regimes during diagenesis of the Brent Group in the Hutton–Northwest Hutton reservoirs: constraints from oxygen isotope studies of authigenic kaolin and reverse flexural modelling. *Clay Miner.*, 29, 609–626.

McBride, E. F. (1963) A classification of common sandstones. *J. Sediment. Petrol.*, 33, 664–669.

Mellere, D., Plink–Bjorklund, P. and Steel, R. J. (2002) Anatomy of shelf deltas at the edge of a prograding Eocene shelf margin, *Spitsbergen. Sedimentology*, 49, 1181–1206.

Mellere, D., Breda, A. and Steel, R. J. (2003) Fluvially incised shelf–edge deltas and linkage to upper–slope channels (Central Tertiary Basin, Spitsbergen) In: *Shelf–Margin Deltas and Linked Downslope Petroleum Systems: Global Significance and Future Exploration Potential* (Ed. H. Roberts), *GCS–SEPM Spec. Publ.*, 231–266.

Morad, S. (1990) Mica alteration reactions in Jurassic reservoir sandstones from the Haltenbanken area, offshore Norway. *Clay. Clay Miner.*, 38, 584–590.

Morad, S. (1998) Carbonate cementation in sandstones: distribution patterns and geochemical evolution. In: *Carbonate Cementation in Sandstones* S. Morad (Ed.), *Int. Assoc. Sedimentol. Spec. Publ.*, 26, 1–26.

Morad, S. and Al–Aasm, 1. S. (1997) Conditions of rhodochrosite nodule formation in Neogene–Pleistocene deepsea sediments; evidence from O, C and Sr isotopes. *Sediment. Geol.*, 114, 295–304.

Morad, S., Ketzer, J. M. and De Ros, L. F. (2000) Spatial and temporal distribution of diagenetic alterations in siliciclastic rocks: implications for mass transfer in sedimentary basins. *Sedimentology*, 47 (Suppl. 1), 95–120.

Morad, S., Al–Ramadan, K., Ketzer, J. M. and De Ros, L. F. (2010) The impact of diagenesis on the heterogeneity of sandstone reservoirs: A review of the role of depositional facies and sequence stratigraphy. Am. Assoc. Petrol. Geol. Bull., 94, 1267–1309.

Mozley, P. S. (1989) Relation between depositional environment and the elemental composition of early diagenetic siderite. *Geology*, 17, 704–706.

Pirmez, C., Pratson, L. F. and Steckler, M. S. (1998) Clinoform development by advection–diffusion of suspended sediment: modeling and comparison to natural systems. *J. Geophys. Res.*, 103 (B10), 24141–24157.

Pittman, E. D. and Larese, R. E. (1991) Compaction of lithic sands: experimental results and applications. *AAPG Bull.*, 75, 1279–1299.

Plink–Björklund, P. and Steel, R. (2002) Perched–delta architecture and the detection of sea level fall and rise in a slope–turbidite accumulation, Eocene Spitsbergen. *Geology*, 30, 115–118.

Plink–Björklund, P. and Steel, R. (2004) Initiation of turbidity currents: evidence for hyperpycnal flow turbidites in Eocene Central Basin of Spitsbergen. *Sediment. Geol.*, 165, 25–52.

Plink–Björklund, P., Steel, R. and Mellere, D. (2001) Turbidite variability and architecture of sand–prone, deep-water slopes : Eocene clinoforms in the Central Basin, Spitsbergen. *J. Sediment. Res.*, 71, 895–912.

Plink-Björklund, P. (2005) Stacked fluvial and estuarine deposits in high-frequency (4th-order) sequence of the Eocene Central Basin, spitsbergen. Sedimentology, 52, 391–428.

Primmer, T. J., Cade, C. A., Evans, J., Gluyas, J. G., Hopkins, M. S., Oxtoby, N. H., Smalley, P. C., Warren, E. A. and Worden, R. H. (1997) Global patterns in sandstone diagenesis : their application to reservoir quality prediction for petroleum exploration. In : *Reservoir Quality Prediction in Sandstones and Carbonates* (Eds J. A. Kupecz, J. Gluyas and S. Bloch), AAPG Mem., 69, 61–77.

Rich, J. L. (1951) Three critical environments of deposition and criteria for recognition of rocks deposited in each of them. *Geol. Soc. Am. Bull.*, 62, 1–20.

Rosenbaum, J. M. and Sheppard, S. M. F. (1986) An isotopic study of siderite, dolomite and ankerite at high temperatures. *Geochim. Cosmochim. Acta*, 50, 1147–1150.

Shackleton, N. J. and Kennett, J. P. (1975) Paleotemperature history of the Cenozoic and the initiation of Antarctic glaciation : oxygen and carbon isotope analyses in DSDP Sites 277, 279 and 281. *Init. Rep. Deep Sea Drilling Proj.*, 29, 743–756.

Smosna, R. (1989) Compaction law for Cretaceous sand-stones of Alaska's North Slope. *J. Sediment. Res.*, 59, 572–584.

Smosna, R. and Bruner, K. (1997) Depositional controls over porosity development in Lithic Sandstones of the Appalachian Basin : reducing exploration risk. In : *Reservoir Quality Prediction in Sandstones and Carbonates* (EdsJ. A. Kupecz, J. Gluyas and S. Bloch), *AAPG Mem.*, 69, 249–265.

Steckler, M. S., Mountain, G. S., Miller, K. G. and Christie-Blick, N. (1999) Reconstruction of Tertiary progradation and clinoform development on the New Jersey passive margin by 2-D backstripping. *Mar. Geol.*, 154, 399–420.

Steel, R. J. and Worsley, D. (1984) Svalbard's post-Caledonian strata : an atlas of sedimentational patterns and paleogeographic evolution. In : *Petroleum Geology of the North European Margin* (Ed. A. M. Spencer), pp. 109–135. Norwegian Petroleum Society, Graham & Trotman London.

Steel, R. J., Gjelberg, J., Helland-Hansen, W., Kleinspehn, K. L, Nøttvedt, A. and Rye-Larsen, M. (1985) The Tertiary strike-slip basins and orogenic belt of Spitsbergen. In : *Strike-Slip Deformation, Basin Formation and Sedimentation* (Eds K. T. Biddle and N. Christie-Blick), *SEPM Spec. Publ.*, 37, 339–359.

Steel, R. J., Mellere, D., Plink-Björklund, P., Crabaugh, J., Deibert, J., Loeseth, T. and Schellpeper, M. (2000) Deltas v rivers on the shelf edge : their relative contributions to the growth of shelf-margins and basin-floor fans (Barremian & Eocene, Spitsbergen) . In : (Eds P. Weimer, R. M. Slatt, J. Coleman, N. C. Rosen, H. Nelson, A. H. Bouma, M. J. Styzen and D. T. Lawrence), *Deep-Water Reservoirs of the World*, *GCS-SEPM Spec. Publ.*, CD. Foundation 20th Annual Bob F. Perkins Research Conference.

Swarbrick, R. E. (1994) Reservoir diagenesis hydrocarbon migration under hydrostatic palaeopressure conditions. *Clay Miner.*, 29, 463–473.

Taylor, K. G. and MacQuaker, J. H. S. (2000) Early diagenetic pyrite morphology in a mudstone-dominated succession, the Lower Jurassic Cleveland Ironstone Formation, eastern England. *Sediment. Geol.*, 131, 77–86.

Taylor, K. G., Gawthorpe, R. L. and Van Wagoner, J. C. (1995) Stratigraphic control on laterally persistent cementation, Book Cliff, Utah. *J. Sediment. Res.*, 69, 225–228.

Teyssier, C., Tikoff, B. and Markley, M. (1995) Oblique plate motion and continental tectonics. *Geology*, 23, 447–450.

Tobin, R. C. (1997) Porosity prediction in frontier basins—a systematic approach to estimating subsurface reservoir quality from outcrop samples. In : *Reservoir Quality Prediction in Sandstones and Carbonates* (Eds J. A. Kupecz, J. Gluyas and S. Bloch), *AAPG Mem.*, 69, 1–18.

Walter, M. R. (1972) A hot spring analog for the depositional environment of Precambrian iron formations of the Lake Superior Region. *Econ. Geol.*, 67, 965–980.

Wilkinson, M., Haszeldine, R. S. and Fallick, A. E. (2004) Jurassic and Cretaceous clays of the Northern and Central North Sea Hydrocarbon Reservoirs Reviewed. In : *Clay Stratigraphy* (Ed. C. V. Jeans), *Clay Mineral.*, 41, 151–186.

Wilson, A. M., Garvin, G. and Boles, J. R. (1999) Paleohydrology of the San Joaquin Basin, California. *Geol Soc. Am. Bull.*, 111, 432–449.

Wilson, M. D. and Stanton, P. T. (1994) Diagenetic mechanisms of porosity and permeability reduction and enhancement. In : *Reservoir Quality Assessment and Prediction in Clastic Rocks*, *SEPM Short Course Notes*. 30, 59–117.

Worden, R. and Morad, S. (2003) Clay minerals in sandstones : controls on formation, distribution and evolution. In : *Clay Mineral Cements in Sandstones* (Eds R. Worden and S. Morad), *Int. Assoc. Sedimentol. Spec. Publ.*, 34, 3–41.

16　成岩作用对低位体系域鲕粒和海百合碳酸盐岩孔隙保存的控制——以美国堪萨斯州和密苏里州密西西比系为例

Matthew E. Ritter，Robert H. Goldstein

Kansas Interdisciplinary Carbonates Consortium（KICC），The University of Kansas，Department of Geology，1475 Jayhawk Blvd.，120 Lindley，Lawrence，Kansas 66045 USA（E-mail：gold@ku.edu）

摘要　密西西比系（Osagean-Meramecian）鲕粒和海百合碳酸盐沉积于美国堪萨斯州和密苏里州缓坡上。地层分布表明，沉积作用发生于低位位置。沉积过程包括：首先是至少10m的相对海平面下降，随后为7m幅度的相对海平面升降、进积，然后再次经历了至少7m的相对海平面上升。鲕粒岩属于低位沉积物，但较小的相对海平面波动导致其广泛分布并发育复杂的内部结构。

早成岩阶段发育等厚、刃状、新月形和悬垂式胶结物。早期地表暴露对孔隙的形成、破坏的影响不大，这可能是由于该地层单元形成于低位体系域所致。

中期成岩胶结物由7套阴极不发光—发光的共轴次生加大对偶物组成，胶结物向上可追踪至亚宾夕法尼亚系不整合面。这些胶结物中单液相流体包裹体的冰点温度（T_m）为-3.0～0.0℃，$\delta^{18}O_{VPDB}$为-8.20‰～-4.55‰，$\delta^{13}C_{VPDB}$为-0.15‰～3.44‰，$^{87}Sr/^{86}Sr$值为0.70805±0.00002～0.70823±0.00002，上述数据表明Chesterian-Atokan期胶结作用形成于大气水、海水、混合水和蒸发海水环境中。海百合颗粒岩的初始孔隙度高于鲕粒岩的初始孔隙度，但中期胶结之后两者的孔隙度大致相等，这是由于海百合晶核附近易于发生胶结作用。

在晚期成岩阶段，颗粒岩中的粒间压溶作用导致孔隙度大幅降低，而且中期成岩胶结物未能够阻止孔隙度降低。低位鲕粒岩可能经历了剧烈的粒间压溶作用。对于泥粒岩相，机械压实作用将未发生岩化的灰泥挤压进孔隙空间，从而很大程度上造成了孔隙堵塞。

关键词　低位体系域；密西西比系；鲕粒岩；碳酸盐岩成岩作用；大气水成岩作用；层序地层；混合带；孔隙演化；密西西比系灰岩

16.1　引言

鲕粒和海百合碳酸盐岩的成岩蚀变对油气储层和非储层的孔隙度和渗透率有着显著影响（Moore和Druckman，1981；Humphrey等，1986；Swirydczuk，1988；Sellwood等，1989；Manley等，1993；Moore和Heydar，1993；Budd等，1995）。一般认为，与相对海平面下降有关的大气水成岩作用对成岩蚀变起着重要的控制作用（Moore 和 Druckman，1981；Craig，1988；Niemann 和 Read，1988；Swirydczuk，1988；Budd 等，1995；Frank 和 Lohmann，1995）。

高位体系域碳酸盐岩与低位体系域碳酸盐岩的成岩作用有所不同，因为前者可能已经遭受长期地表暴露以及大气水向深部渗入的影响。虽然气候是影响因素之一，但它可能对大气水的流动和早期成岩蚀变的范围起着主要控制作用（Ward，1973；Budd，1988；Hird 和 Tucker，1988；Wright，1988；Morse 和 Mackenzie，1990；Sun 和 Esteban，1994；Carlson 等，2003）。本研究为初始岩性为方解石矿物的碳酸盐岩孔隙演化的一个实例，是基于北美密西西比系颗粒碳酸盐岩层序地层和成岩作用研究形成的，主要聚焦于 Keokuk-Short Creek-Warsaw 层段的鲕粒和海百合碳酸盐岩。

16.1.1 研究区域与地层

密西西比系在美国密苏里州 Joplin 地区及周围出露，包括 Osagean 和 Meramecian 碳酸盐岩。地层单元包括 Pierson 灰岩、Reeds Spring-Elsey 组、Burlington 和 Keokuk 灰岩、Keokuk 灰岩 Short Creek Oolite 段和 Warsaw 组（图 1），它们是北美中部大陆密西西比系石灰岩储层的重要组成部分（Brown，2011）。

本文的研究重点为 Keokuk 灰岩、Keokuk 灰岩 Short Creek Oolite 段和 Warsaw 组，它们为晚 Osagean—早 Meramecian 期的岩石（图 1）。2 类主要岩相为生物碎屑岩相和鲕粒岩相，本文将其细分为 8 种岩相，有助于更深入地了解层序地层演化。下部地层单元为 Keokuk 灰岩段的生物碎屑岩相，其上覆为 Keokuk 灰岩 Short Creek Oolite 段的鲕粒岩相，鲕粒岩相之上则为 Warsaw 组的生物碎屑岩相。

Short Creek Oolite 的牙形石生物地层表明其形成于晚 Osagean 期（Thompson 和 Fellows，1969；Kammer 等，1990）。Short Creek 地层似乎与密苏里州东部和伊利诺伊州西部的 Keokuk 灰岩 Peerless Park 段为近等时沉积（Kammer 等，1990）。在密苏里州西南部，Keokuk 灰岩和上覆 Warsaw 组发育的牙形石动物群几乎无法区分（Rexroad 和 Collinson，1965；Thompson 和 Fellows，1969），由于这些难以区分的动物群落，Sable（1979）提出将具有独特结构的 Short Creek 鲕粒岩作为 Osagean 与 Meramecian 之间的界面标志层（图 1）。

16.1.2 地质背景

最初认为上述地层的沉积环境为“陆棚”（Lane，1978），但宽阔的相带、不明显的相变化、浅水陆棚边缘的缺失以及上倾区域高能沉积相的存在（北部）表明，其为一个较为平缓的古斜坡（＜0.01°）（Rankey，2003）。该缓坡向北延伸的范围以现今位于艾奥瓦州的横贯大陆穹隆为界，向南延伸约 650km 至阿肯色州北部的盆地环境（Handford 和 Manger，1993）。根据 Lane 和 De Keyser（1980）绘制的横剖面，该缓坡体系的走向呈东西向，在密苏里州—阿肯色州边界以南约 40km 具有远端变陡特征。基于沉积环境解释，Lane 和 De Keyser（1980）将主要沉积相划分为内陆棚、主陆棚和陆棚边缘。

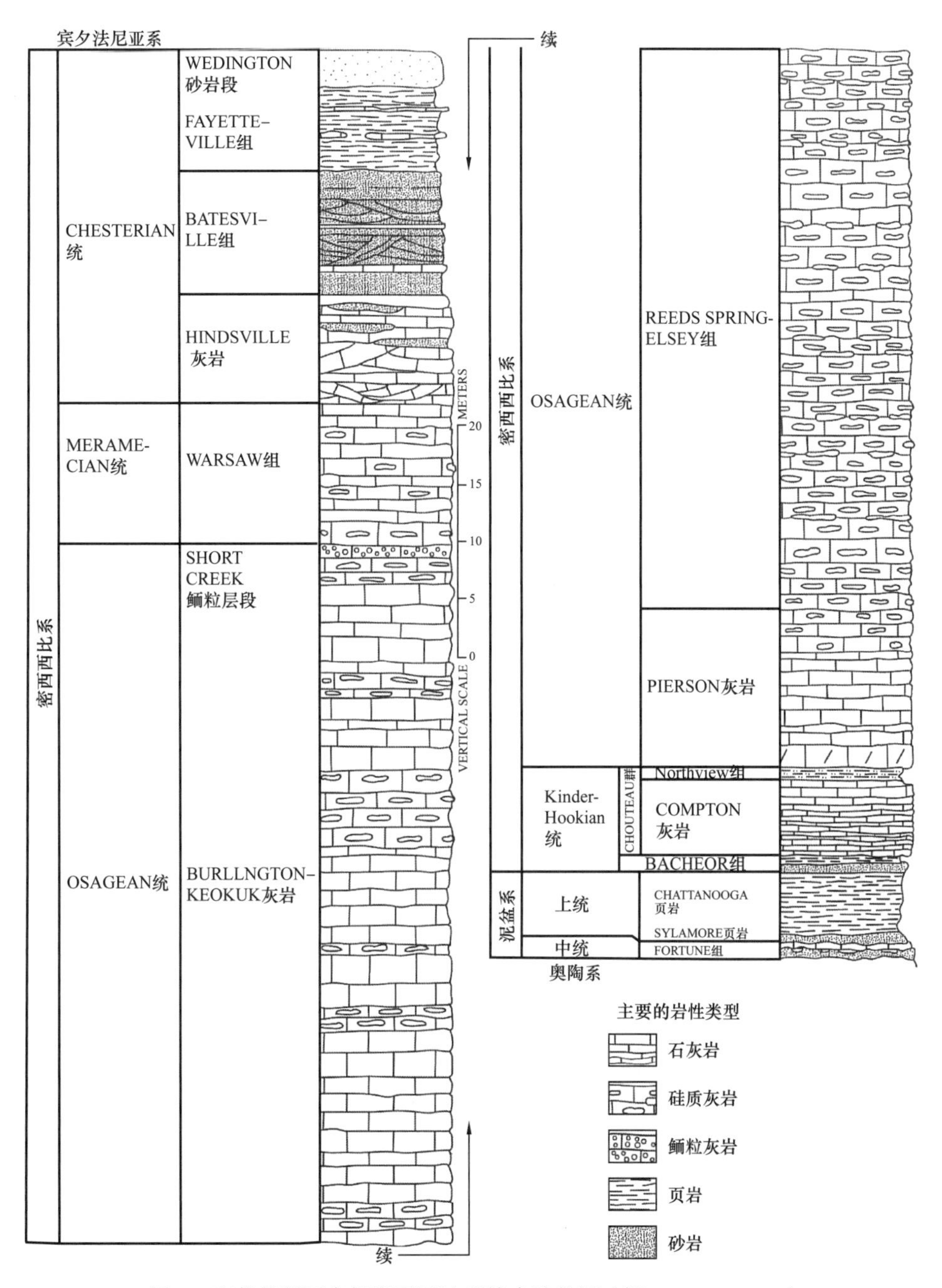

图 1　密苏里州西南部密西西比系综合柱状图（据 Sprellg，1961）

Rankey（2003）认为，中密西西比世是温室条件与冰室条件的过渡时期，他指出位于密苏里州 St. Louis 附近的碳酸盐水道充填复合体（Keokuk 灰岩 Peerless Park 段）由至少 5m 幅度的相对海平面下降所造成。据解释，Short Creek 鲕粒岩与 Peerless Park 段几乎同时沉积（Kammer 等，1990），并且可能与相同的海平面下降有关。多位学者已经建立或记录了整个密西西比系的其他海平面变化模型（Ross 和 Ross，1988；Elrick 和 Read，1991；Witzke 和 Bunker，1996；Smith 和 Read，2001）。Elrick 和 Read（1991）研究了怀俄明州和蒙大拿州早密西西比世（Kinderhookian）的岩石，建立了 5 级海平面变化的模型，海平面波动至少为 20～25m；Smith 和 Read（2001）记录了伊利诺伊盆地附近缓坡上晚密西西比世岩石（中 Chesterian 阶）30～100m 幅度的 4 级海平面变化（约 400ka）；Witzke 和 Bunker（1996）在研究艾奥瓦州密西西比系时，记录 3 级海平面变化幅度为 10～70m。晚密西西比世—早宾夕法尼亚世，全球海平面下降在北美南部大部分地区形成不整合面，并导致密西西比系长期暴露于地表，持续了大约 10Ma（Ross 和 Ross，1988）。

16.1.3 方法

本研究描述了密苏里州西部和堪萨斯州东部 10 条地层剖面和 3 块岩心样品。在无露头的地方，用岩心代替，编制了大体沿缓坡下倾方向分布的南北向横剖面。

利用透射光和阴极发光进行岩石学检测，对岩石薄片中的碳酸盐胶结物类型进行了描述。依据 Terry 和 Chilingar（1955）提出的目测对比图，对岩石薄片的孔隙度百分比和孔隙度降低百分比进行了估算。考虑本文的研究范畴，认为该目测评估技术的精度足以形成关于孔隙度演化主要差异的假说。Dennison 和 Shea（1966）认为，该技术所确定的面积百分比为无偏估计值，整体精度的平均标准偏差为 10%，对于胶结物含量较少的样品，平均标准偏差降至约 5%。

在显微测温之前，进行标准的岩石学和部分阴极发光研究，以便综合利用流体包裹体组合（FIAs；Goldstein 和 Reynolds，1994）和胶结物地层学。分析时需谨慎操作，避免将用于显微测温的区域进行加热。本研究中的样品制备与流体包裹体岩石学研究均沿用了 Goldstein 和 Reynolds（1994）的流体包裹体分析中的方法和术语。在进行显微测温之前，将岩石薄片置于冷藏室中贮存 3 个月，以促进单液相包裹体中的气泡成核。定位足够的样品后，对包裹体进行录像以记录流体包裹体中的相比。记录之后，将薄片加热到 150～200℃，持续 8～12h 去拉伸单液相包裹体，随后在冷却过程中使气泡成核。然后将薄片置于冷藏室内冷却以推进这一过程。如果气泡没有成核，则继续升温直至产生气泡。一旦气泡成核，即可以进行冰冻测温。显微测温分析采用 Fluid 公司的气液加热和冷却系统（对 USGS 设计的进行改进）。根据 Goldstein 和 Reynolds（1994）所描述的标准循环技术，温度测量的精度可达 0.1℃。根据 Goldstein 和 Reynolds（1994）提出的校正方法，将冰点温度（T_m）转换为海水盐度当量。显微测温分析之后，将阴极发光和透射光显微照片放在 Adobe Photoshop™ 上，以确定各流体包裹体周围胶结物的发光性。

利用 Merchantek 微钻技术采集了用于同位素分析的胶结物样品。由于胶结物很微小，所有同位素样品均采自岩石薄片。大部分同位素样品的质量为 0.3～1.0mg。尽管微钻取样过程非常仔细，然而部分碳酸盐胶结物样品仍不可避免地被后期胶结物污染。

在 380℃条件下，将用于稳定同位素分析的碳酸钙粉末在真空中烘焙 1h，以去除挥发性污染物，然后进行干燥处理。在 75℃条件下，使碳酸盐岩与 2 滴无水磷酸发生反应。利用 Finnigan-MAT 252 IRMS 与 Kiel Ⅲ自动碳酸盐岩设备对这些样品进行分析。本次研究执行 NIST 碳酸盐岩粉末日常分析标准（NBS-18，19，20）和其他多种室内标准，这些标准的 $\delta^{18}O$ 和 $\delta^{13}C$ 分析精度（1σ）均优于 0.1‰，所有结果均以 VPDB 数值为参考。

测量了 4 个方解石微样品的 $^{87}Sr/^{86}Sr$（约 500μg），以确定富流体包裹体胶结物中方解石的胶结时间。将样品溶于加入 ^{84}Sr 示踪剂的 0.5mL 的 3.5mol/L HNO_3 溶液。使用 Eichrom 锶特效树脂实现化学分离。在单根 Re 丝极上，将锶置于 TaCl 和 0.25mol/L 的 H_3PO_4 中，并利用 VG Sector 质谱仪在动态多接收模式下进行分析。所有的结果都用 NBS-987 标准值 0.710250 进行归一化，并使用比值为 0.1194 的 $^{86}Sr/^{88}Sr$ 完成分馏校正，其内外精度均优于 $\pm 25\times10^{-6}$。未进行同一样品的重复性分析。

16.2 岩相

本研究根据颗粒组分、结构和沉积构造确定岩相。岩相的地层分布如图 2 所示。为了本文研究的聚焦，此处省略了详细的岩相描述和讨论，具体资料可参考 Ritter（2004）的著作。Ritter（2004）基于对野外露头和岩石薄片的结构、成分和沉积构造的详细描述和与现代沉积的类比，对沉积环境进行了解释。下文简要介绍了对沉积史解释尤为重要的岩相。

鲕粒岩层上部及下部（图 2）岩相可细分为粒序层的、生物碎屑泥粒岩和生物碎屑颗粒岩岩相。这些常见的岩相均以海百合碎片为主，因此将它们归在一起并解释为具有相似的来源。粒序层岩相包含多套由生物碎屑泥粒岩和生物碎屑颗粒岩组成的岩层，其中，生物碎屑颗粒岩在粒序层底部附近较为常见，而生物碎屑泥粒岩在粒序层顶部附近较常见。解释认为，生物碎屑泥粒岩、生物碎屑颗粒岩和粒序层岩相为中缓坡环境下的风暴沉积，水深范围可能为 10～30m。

在鲕粒岩层段内部（图 2），具交错层理的鲕粒岩和生物碎屑颗粒岩较为常见。据解释，两者均沉积于浅水高能环境，水深范围可能为 0～3m。在鲕粒岩层段也常见无结构鲕粒岩以及充填生物碎屑的无结构鲕粒岩。虽然鲕粒可能形成于浅水环境，但它们可能是被风暴作用运移至邻近水深 2～10m 的地区，并发生了生物扰动作用。

16.3 地层

对于本次研究的密西西比系中部大陆缓坡，通过与其他体系类比估算了古斜坡的坡度。据 Elrick 和 Read（1991）计算，现今怀俄明州—蒙大拿州早密西西比世缓坡的内缓坡坡度为 1～15cm/km（0.00057°～0.0086°），该计算主要以整个台地内等时沉积相估算的水深变化为依据。Smith（1996）对邻近伊利诺伊盆地（东部陆棚与西部陆棚）的缓坡开展了实地研究，认为其沉积坡度可能不超过 7cm/km（0.004°）。基于 Elrick 和 Read（1991）以及 Smith（1996）的数据，认为密西西比系中部大陆缓坡向南变浅斜坡面的坡度为 3cm/km 较为合理。横剖面（图 2）位于 Short Creek 鲕粒岩层段底部（或侵蚀的对等物）之上，南倾斜坡的坡度为 3cm/km。

在横剖面上，薄层浅水鲕粒岩沿沉积倾向延伸达 150km，为穿时沉积提供了证据（图 2）。由于缺乏独特的岩相，因此难以开展详细的地层对比。本研究中，鲕粒岩段被划分为

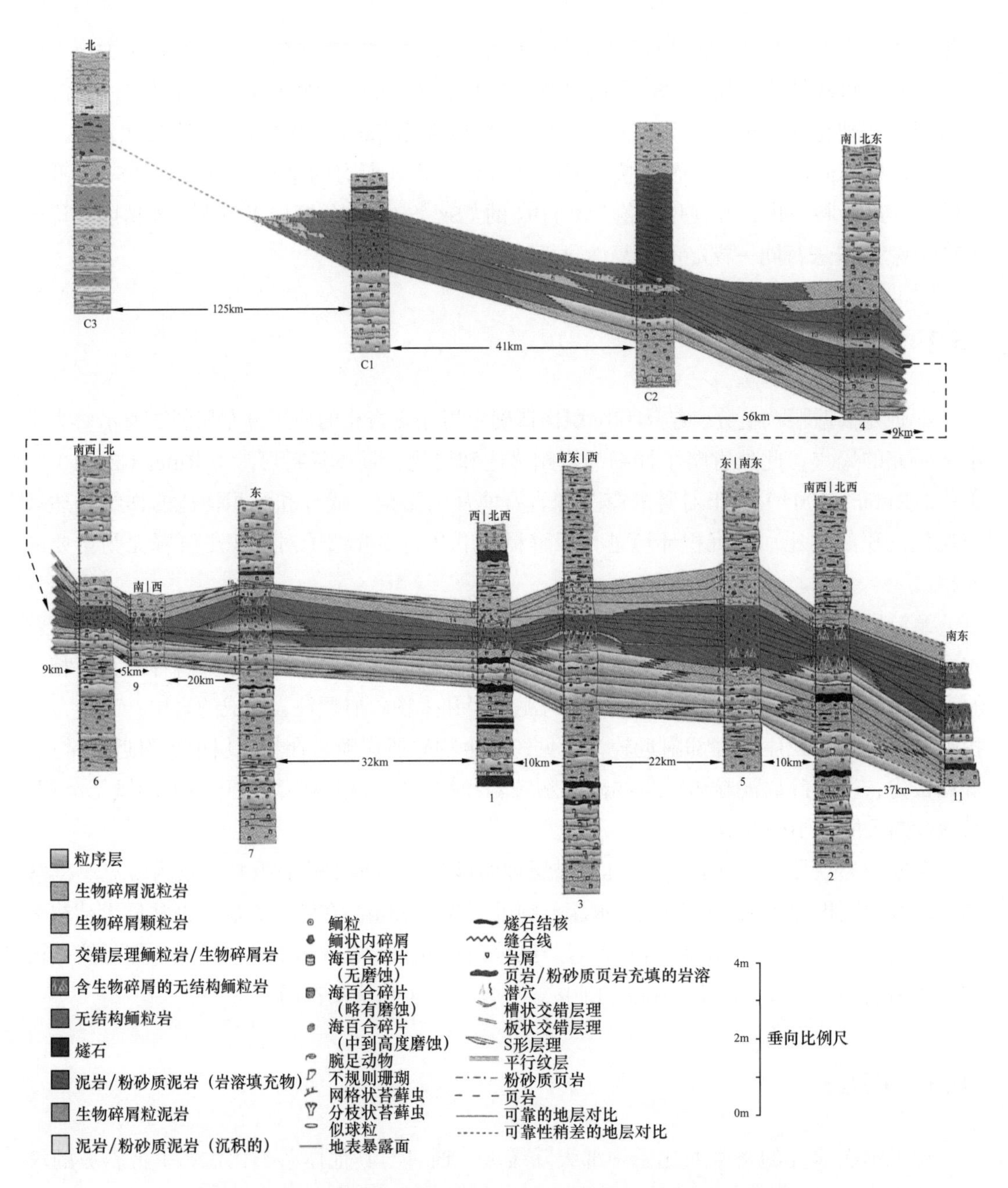

图2　横剖面展示了成因单元1—19岩相和边界的纵横向变化

地层剖面间距的比例尺是变化的，并标记了地层剖面之间的距离，横剖面呈南北向展布。剖面线的方向变化标记于各地层剖面的顶部。剖面都位于坡度为3cm/km的南倾斜坡之上，被认为与沉积倾向大致相同。与野外观测较为一致的解释是，鲕粒岩最初形成于上倾区域（北部），随后由于海平面相对下降，鲕粒岩可能进积或受外力搬运至下倾区域。由于鲕粒的持续沉积和相对海平面的下降，鲕粒沉积可能迁移至南部并导致上倾部位（北部）鲕粒暴露于地表。C2位置处鲕粒地表暴露的证据见于北部11号地层单元之上

多个近等时的成因单元。本文利用成因地层学追踪相对海平面变化，并将其与地层结构相关联。由于浅水鲕粒沉积对海平面变化最为敏感，因而本研究中的地层对比主要侧重于鲕粒岩段，而并非其上覆和下伏地层。地层对比应与地层学以及各种岩相的沉积环境解释相

一致。考虑到地层序列、每种沉积相解释的水深和推测的古斜坡梯度（3cm/km），可以定量解释相对海平面的变化历史（图3），例如，若单元7缓坡的坡度为3cm/km，那么单元6与单元7之间海平面下降幅度为0.33m（坡度×位置4与位置7之间的下倾距离：3cm/km×11km=33cm）［图3中C］。

地层序列和相对海平面升降史解释如下（图2和图3）：

（1）单元1。C1位置处单元1中的初始鲕粒岩为无结构鲕粒，表明鲕粒岩为向南（下倾方向）搬运至C1处。

（2）单元2。C1位置处单元2中无结构的鲕粒岩也表明沉积物向南搬运（下倾方向）。C1北部的沉积物可能暴露于地表，其唯一证据是C3处存在侵蚀接触面。再往南（位于C1和C2之间），单元2中无结构鲕粒岩相变化为以海百合为主的岩相（生物碎屑泥粒岩、生物碎屑颗粒岩和粒序层岩相）。

（3）单元3。C1和C2位置处单元3中无结构的鲕粒岩表明，沉积物由北部搬运至上述位置。C1和C2处鲕粒岩的存在表明，鲕粒岩的形成环境已经向南迁至单元2与单元3沉积物之间，这可能与海平面下降有关（图3）。

（4）单元4。C1和C2位置处单元4中无结构的鲕粒岩表明，沉积物再次从更远的北部搬运至上述位置。

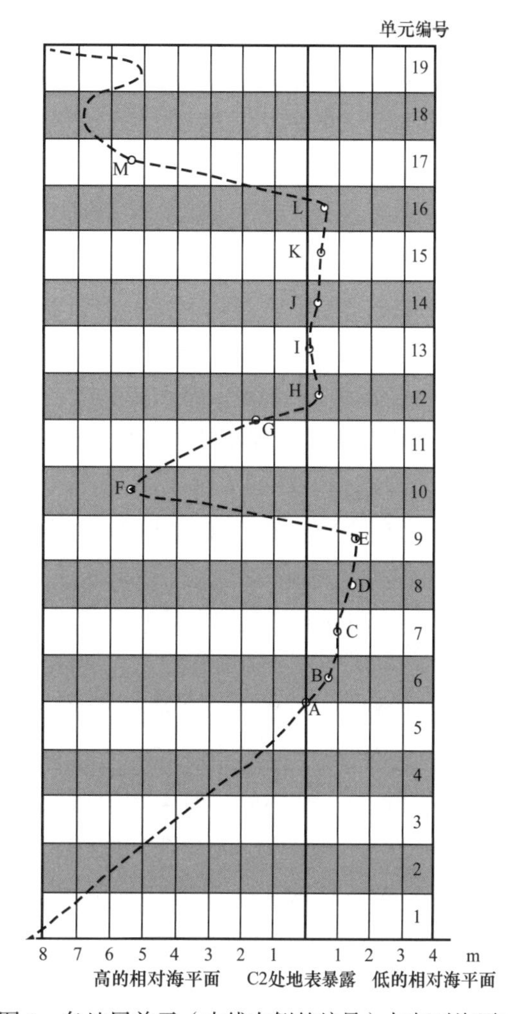

图3　各地层单元（中线右侧的编号）与相对海平面波动曲线

若曲线位于中心线左侧，表示海平面高于C2处单元11。之所以选择该地层单元作为参照，是因为该地层单元中存在渗流胶结物，因此可以确定此时的海平面位置。如果曲线位于中心线右侧，表示海平面位于C2处单元11之下。基于文中的假设，该图可以定量表示相对海平面波动。文中所讨论的约束条件以圆点和字母标记。注意：所有量化的相对海平面变化并未“归零”，因为它们部分为最小的相对海平面变化。解释需要假设一个古斜坡，并假设同一深度发育相似的浅水相

（5）单元5。单元5沉积之后，海平面可能继续下降，使北部C1、C2和C3位置处的沉积物暴露于地表（图2中红色线条）（图3中A）。

（6）单元6。位置4处单元6底部具交错层理的鲕粒岩表明，其沉积环境为相对海平面下降之后的海滩或浅滩环境（图3中B）。

（7）单元7。位置7处单元7中具交错层理的鲕粒岩表明，其沉积环境为海滩或浅滩。位置7以北，沉积物可能暴露于地表，尽管唯一证据是存在侵蚀接触面。更远的西北

部（位置 7 与 1 之间），单元 7 岩相由交错层理鲕粒岩变化为无结构鲕粒岩。在更远的西南部（位置 1 与 3 之间），单元 7 的岩相由无结构鲕粒岩变化为以海百合为主的岩相（生物碎屑颗粒岩和粒序层岩相）。在位置 7 处，单元 7 上部的无结构鲕粒岩可能与海平面上升时期的生物扰动有关，该海平面上升与单元 10 的沉积有关。

（8）单元 8。位置 3 处单元 8 中具交错层理的鲕粒岩表明其沉积环境为海滩或浅滩。若缓坡的坡度为 3cm/km，那么单元 7 和单元 8 之间的海平面下降幅度应为 0.39m（图 3 中 D）。

（9）单元 9。位置 2 处单元 9 中具交错层理的鲕粒岩表明其沉积环境为海滩或浅滩。若缓坡的坡度是 3cm/km，那么单元 8 与单元 9 之间的海平面下降幅度应为 0.21m（图 3 中 E）。假设具交错层理鲕粒岩形成时的水深相同，计算出的单元 6—单元 9 之间总的相对海平面下降幅度为 93cm（图 3）。

（10）单元 10。单元 10 在北部（位置 C1、C2、4、6 和 9）由富含鲕粒的地层单元组成，在南部（位置 9、7、1、3、5、2 和 11）由生物碎屑单元或填充生物碎屑的开放式潜穴组成。单元 6、7、8 和 9 上部鲕粒岩的生物扰动以及潜穴中的海百合沉积表明相对海平面的上升。由于海平面的上升，很可能单元 10 中具交错层理的鲕粒岩在 C1 北部发育，随后向南搬运，并在位置 C1、C2、4、6 和 9 处沉积了无结构的鲕粒岩。单元 10 底部海平面上升的幅度可通过对观察到的岩相解释的水深来确定。位置 2 处具交错层理的鲕粒岩解释为形成于水深＜3m 的浅水环境，而生物碎屑颗粒岩则形成于水深为 10～50m 的水体中，因此，相对海平面上升至少为 7m（图 3 中 F）。

（11）单元 11 和 12。位置 7 处单元 12 中具低角度板状交错层理的鲕粒岩表明其沉积作用发生于前滨且相对海平面下降。位置 7 西北部单元 11 的渗流胶结物指示其暴露于地表。在位置 7 南部和西部，单元 12 中具交错层理的鲕粒岩变化为无结构的鲕粒岩。单元 11 中具交错层理的鲕粒岩和渗流胶结物表明其形成于浅水环境，随后暴露于地表。若单元 10（C1 位置处）中无结构鲕粒岩的上倾方向沉积水体深度至少为 3m，那么单元 11 暴露于地表（C2 位置处）则要求相对海平面下降的最小幅度为 3.78m（图 3 中 G）。类似地，单元 11 与单元 12 之间的相对海平面下降幅度为 2.01m（图 3 中 H）。

（12）单元 13。位置 4 处单元 13 中具低角度板状交错层理的鲕粒岩表明其沉积环境为前滨。从单元 12 过渡至单元 13，相对海平面需上升 0.33m（图 3 中 I）。

（13）单元 14。位置 1 处单元 14 中具交错层理的生物碎屑岩相表明其沉积环境为海滩或浅滩，且相对海平面发生下降。从单元 13 过渡至单元 14，相对海平面需下降 0.51m（图 3 中 J）。

（14）单元 15。位置 3 处单元 15 中具交错层理的生物碎屑岩表明其沉积环境为海滩或浅滩，且相对海平面发生下降。单元 14 与单元 15 之间的海平面下降幅度为 0.21m（图 3 中 K）。

（15）单元 16。位置 5 处单元 16 中具交错层理的生物碎屑岩表明其沉积环境为海滩或浅滩。单元 15 与单元 16 之间的海平面下降幅度可能仅为 0.09m（图 3 中 L）。

（16）单元 17。位置 C2 处单元 17 中的无结构鲕粒岩表明沉积物被搬运至更深的水域。位置 5 处由单元 16 具交错层理的生物碎屑岩变化为上覆单元 17 的生物碎屑颗粒岩，指示相对海平面上升约 6m（图 3 中 M）。

（17）单元 18。位置 4 处单元 18 中生物碎屑颗粒岩表明其为风暴作用形成的。单元 18 内仅发现微量鲕粒岩，表明鲕粒形成于遥远的北部，这说明海平面可能继续上升（图 3）。单元 18 的生物碎屑颗粒岩和粒序层岩相横向上与南部是连续的。

（18）单元 19。位置 4 处单元 19 中的生物碎屑颗粒岩表明其为风暴作用形成，由于其鲕粒岩含量高于单元 18，说明海平面可能有所下降，且与单元 19 相关的海滩或鲕滩位于单元 18 鲕粒岩生成区的南部。单元 19 的生物碎屑颗粒岩和粒序层岩相横向上与南部具有连续性。单元 19 沉积之后，该地区不再形成鲕粒岩；单元 19 之上地层中主要发育以海百合为主的沉积物，表明相对海平面的上升（图 3）。

16.4 关于地层的讨论

Short Creek 鲕粒岩为薄层稳定的鲕状砂体，沿倾向延伸 150km 以上。研究人员已经对多例宽阔的席状古老鲕粒岩进行了描述。例如，High Tor 灰岩和 Gully 鲕粒岩单元属于英国西南部中密西西比世鲕粒岩，具有薄层、席状几何特征（Burchette 等，1990）。这些地层单元被解释为沉积于坡度为 40cm/km 的斜坡背景，这比推测的 Short Creek 鲕粒岩发育的缓坡要陡峭得多。Gully 鲕粒岩中各地层单元厚度可达数米，类似于 Short Creek 鲕粒岩，两者沉积相迁移距离较长，这主要是由于较小的海平面变动以及缺乏潟湖沉积所致（Burchette 等，1990）。

Short Creek 鲕粒岩的地层学研究已表明其初始沉积与轻微的相对海平面下降有关，下降幅度为 10m（单元 1—单元 9）（图 2）。Short Creek 鲕粒岩的沉积受后期相对海平面略微上升以及随后的相对海平面下降（下降幅度为 7m）影响（图 3）。随后在海平面大致相同时发生进积（单元 13—单元 16），正如早期 Short Creek 沉积期间也发生了进积作用（单元 6—单元 9）（图 2）。最后，在 Short Creek 鲕粒岩顶部地层沉积时，相对海平面至少上升了 7m（单元 17—单元 19）（图 2）。

文中描述的浅水鲕粒岩局限于缓坡上较低位置。它们沿上倾方向延伸至地表暴露面（位置 C1 至 C3）（图 2），沿下倾方向则过渡为较深水环境，缺乏浅水环境的证据（位置 2 至位置 11）（图 2）。地表暴露的证据被下倾方向连续的海水条件所取代（位置 C2 至位置 4）（图 2），因此，Short Creek 鲕粒岩沉积时，海平面接近最低点。虽然其在海平面波动较小时发生沉积，但是仍应被划归为低位体系域。导致 Shore Greek 鲕粒岩沉积的相对海平面下降，可能代表了 Ross 和 Ross（1988）记载的 Osagean–Meramecian 边界附近记录的主要相对海平面下降的最低幅度，也可能是 Rankey（2003）所记载的 Keokuk 灰岩 Peerless Park 段和 Franseen（1999）所记载的 Keokuk 灰岩沉积时相对海平面下降的一部分。

16.5　成岩作用

16.5.1　共生作用的背景

沉积颗粒以海百合和鲕粒为主。海百合的原始矿物为镁方解石（Dickson，2004），但鲕粒的原始矿物需要更多讨论。若鲕粒的原始矿物为文石，人们可能会发现文石的保存（可能存在残留物），交代了文石鲕粒的相对粗的方解石镶嵌结构或鲕状铸模孔（Sandberg，1983）。岩石学观察显示，该区除了发育泥晶化颗粒以外，鲕粒结构保存较好。预测在中密西西比世，鲕粒的矿物为方解石，因为此时的海洋以方解石为主（Sandberg，1983）。基于沉积年代、新生变形结构的缺乏和普遍保存良好的鲕粒结构等特征，认为鲕粒的原始矿物很可能为方解石，但需进行深入分析以对其进行验证。

沉积之后的成岩共生序列由 19 个成岩事件组成，其中多数事件影响了露头和岩心样品。图 4 对每个成岩事件的相对时间进行了总结。成岩序列可进一步划分为早期、中期和晚期成岩事件。早期成岩事件（事件 1—3）发生时间早于上覆 Warsaw 组的沉积时间。例如，事件 1—3 均发生于 Warsaw 组沉积之前（早期），因为它们切割了鲕状内碎屑的边缘。C2 位置处 Short Creek 鲕粒岩顶部的悬垂式胶结物同样形成于 Warsaw 组沉积之前（早期），因为它们未出现于上覆 Warsaw 组中。中期成岩事件（事件 4—14）发生于 Short Creek 鲕粒岩沉积之后、宾夕法尼亚系之前。事件 4—14 被宾夕法尼亚系沉积物充填的喀斯特洞穴切割。晚期成岩事件（14—18）晚于喀斯特充填，并见于上覆宾夕法尼亚系（Atokan）（Kaufman 等，1988）。

Harris（1982）建立了艾奥瓦州东南部和伊利诺伊州西部局部地区密西西比系中方解石胶结物和白云石的环带地层学。Kaufman 等（1988）将该项研究拓展至伊利诺伊州西部和密苏里州中东部地区。Burlington 和 Keokuk 灰岩中可识别出 6 套可区域对比的胶结带（Ⅱ、Ⅲ、Ⅳ、Ⅴ、Ⅵ和Ⅶ），这主要基于它们的阴极发光强度、Fe^{2+} 的相对含量、带间溶蚀特征、厚度、带状序列中的位置以及不同成岩特征的相对形成时间，如胶结物破裂和方解石溶蚀（Kaufman 等，1988）。Kaufman 等（1988）发现，与亚宾夕法尼亚系古喀斯特特征相关的交错切割关系，为将胶结物Ⅱ、Ⅲ和Ⅳ的形成时间约束在宾夕法尼亚系（推测为 Desmoinesian）之前提供了较好的证据；宾夕法尼亚系沉积之后，胶结物Ⅴ和Ⅵ发生沉淀（表 1）。基于阴极发光特性和交错切割关系，本文的研究成果可直接与 Kaufman 等（1988）进行对比。

Kaufman 等（1988）认为，胶结带Ⅱ、Ⅲ和Ⅳ沉淀于大气水环境中。他们用胶结物的形态和较低的镁含量作为证据，认为这些胶结物不是从海水流体中沉淀出来的。Kaufman 等（1988）无法确定胶结物Ⅱ、Ⅲ和Ⅳ形成的确切时间，但他们推测，在中 Meramecian、前 Chesterian 和早 Chesterian 或前宾夕法尼亚世，与地表暴露有关的大气水可能沉淀了上述胶结物。同样，Manger 和 Tillman（2003）指出，Ozark 南部地区晚密西西比世—早宾夕法尼亚世存在 4 期地表暴露：（1）Chesterian 底部；（2）密西西比系与宾夕法尼亚系边界；（3）上 Morrowan 统内部；（4）Morrowan 与 Atokan 边界。对于本文研究区，可能存在较少的暴露事件，但他们的持续时间可能比 Manger 和 Tillman（2003）中研究区的更长，后者可延伸至更远的南部（沿沉积倾向）。本文研究区中最主要的地表暴露事件为亚宾夕法尼亚系不整合，它可能从 Chesterian 一直持续到 Atokan 或 Desmoinesian，但由于存在沉积间断或侵蚀，不能确定其形成的确切时间。

表 1　本文与 Kaufman 等（1988）成岩史描述时所采用术语的对比

本文	Kaufman 等（1988）
NL1—NL5（中期）	Ⅱ
ML1—ML7（中期）	Ⅲ
NL7（中期）	Ⅳ
SL8—NL8（晚期）	Ⅴ
SL9（晚期）	Ⅵ

尽管 Kaufman 等（1988）提出的胶结作用发生于宾夕法尼亚系之前的证据无可辩驳，但胶结作用发生的成岩环境却受到质疑。Frank 和 Lohmann（1995）发现，新墨西哥州 Lake Valley 组中类似的胶结物沉淀于大气水—海洋水混合域中。笔者推测，Kaufman 等（1988）识别出的部分胶结物（Ⅱ、Ⅲ和Ⅳ）实际上并非沉淀于大气水—潜水环境，本文根据流体包裹体和稳定同位素数据对其进行了检验。

16.5.2　共生作用

早成岩阶段发育 3 种成岩相（图 4）。仅在鲕粒内碎屑中发现的等厚、刃状胶结物（事件 1 或 2），降低了 10%～30%的粒间孔隙度（图 5）。等厚、刃状胶结物的剥落碎片表明，沉积之后发生了轻微的压实作用。在本次研究的每个岩石薄片中均发现了泥晶套（事件 1 或 2）。仅在 C2 位置处 11 层中 C2.7（图 6）薄片内见到了悬垂状胶结物（事件 3）。这些胶结物的体积较小。

中成岩阶段有 11 个成岩事件，包括根据阴极发光识别出的 17 个方解石胶结物环带。根据胶结物的发光性对其进行命名：NL 表示不发光，SL 表示发光微弱，ML 表示发光中等，BL 是发光明亮。在粒序层的生物碎屑泥粒岩和生物碎屑颗粒岩的许多薄片中可观察到共轴胶结物 NL1（事件 4），它也沉淀于具交错层理鲕粒岩相和生物碎屑岩相中以及充填生物碎屑的无结构鲕粒岩相中的海百合周围。虽然 NL1 胶结物较常见，但其仅减少了 1%～10%的粒间孔隙度，一般为 3%（图 7 和图 8）。微裂缝（事件 5）（图 8）切割了 NL1 胶结物。胶结物 BL（事件 6）的体积并不明显。溶蚀作用（事件 7）降低了 BL 胶结物的含量。方解石胶结物 ML2、NL2、ML3、NL3、ML4、NL4、ML5 和 NL5 的体积较为显著，它们使粒序层的生物碎屑泥粒岩和生物碎屑颗粒岩岩相中的粒间孔隙度降低了 5%～70%（一般 35%）（图 7 和图 8）。在无结构鲕粒岩和充填生物碎屑的无结构鲕粒岩中，这些胶结物使粒间孔隙度减少了 1%～7%（平均 3%）。

研究区零散可见胶结物的重结晶现象（事件 8 或 9）。原始胶结物 NL1—NL5 部分发生溶蚀，随后被胶结物再填充（图 9）。重结晶胶结物的混浊度是高密度含水流体包裹体造成的。重结晶作用的证据是在充填了具有不同发光性胶结物的 NL1—NL5 中见到斑块。并非每个 NL1—NL5 胶结物都发生了重结晶作用，因为并非每个胶结物均表现出斑状的发光性。有些重结晶作用发生于 NL5 沉淀之后，因为部分胶结物已经溶蚀，并被新的胶结物填充。NL5 之后形成的胶结物均未发生重结晶作用。基于流体包裹体数据，胶结物重结晶作用大约始于 NL1 之后，并结束于 NL5 之后。

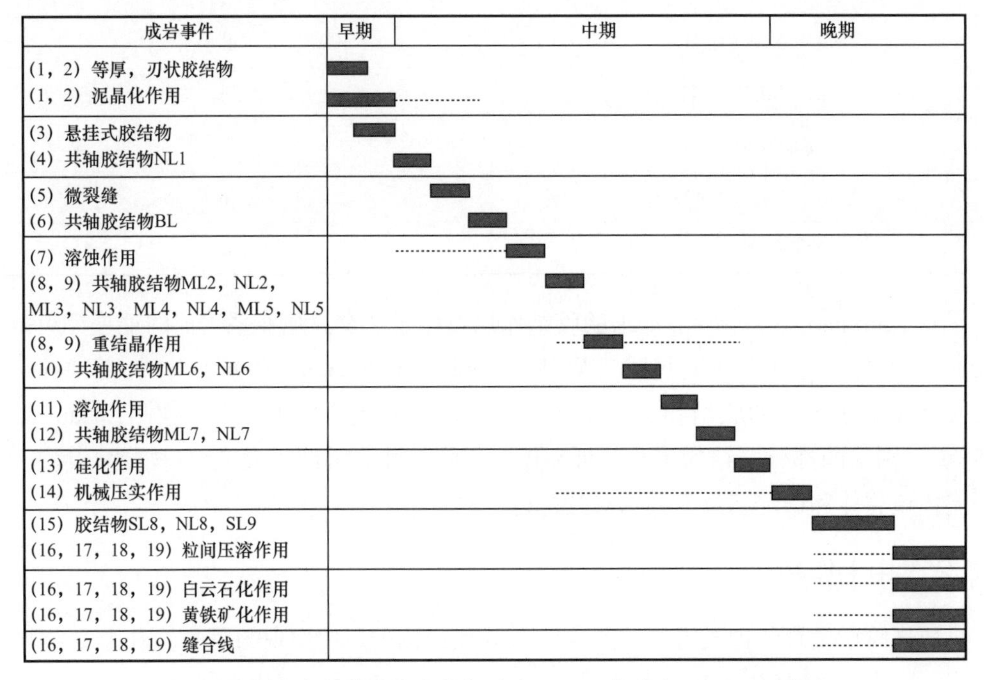

图 4　本研究中的碳酸盐成岩序列（Keokuk 灰岩和 Warsaw 地层）

虚线表示相对时间不确定，箱形的长度不是绝对持续时间的定量表示

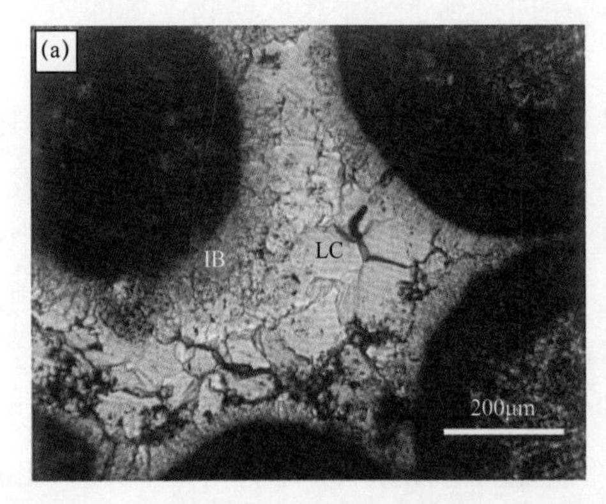

图 5 （a）无结构鲕粒岩相中鲕状内碎屑的早期等厚、刃状胶结物（IB）和晚期胶结物（LC）（胶结物 SL8 和 NL8）的透射光显微照片。注意：由于早期胶结作用，组构是开放的且未被压实。（b）是与（a）视域一致的 CL 照片。IB 之后为 CL 不发光的胶结物，可能为 NL1、NL2、NL3、NL4、NL5、NL6、NL7 或 NL8，但是 NL7 或 NL8 的可能性较大

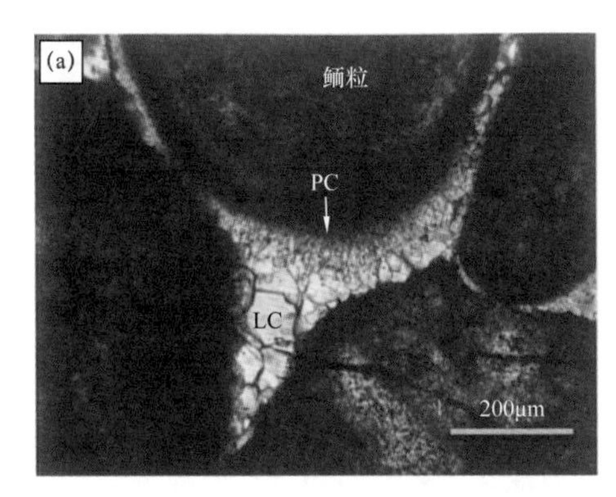

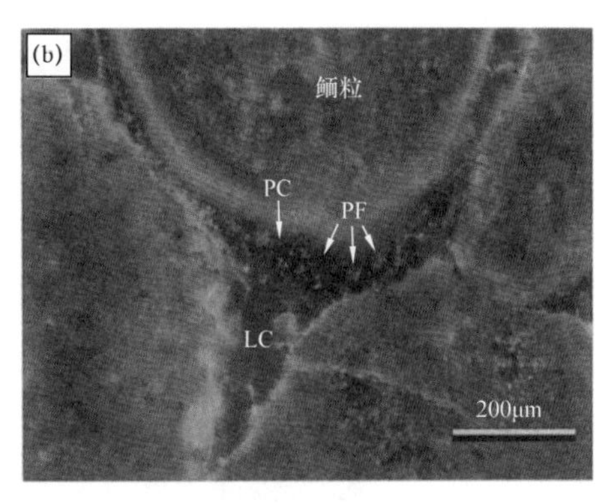

图 6 （a）早期悬垂式胶结物（PC）和晚期等轴胶结物（LC）的透射光显微照片（SL8 或 SL9）。（b）为与（a）相同视域的 CL 照片，注意：斑状阴极发光结构（PF），表明发生了重结晶作用

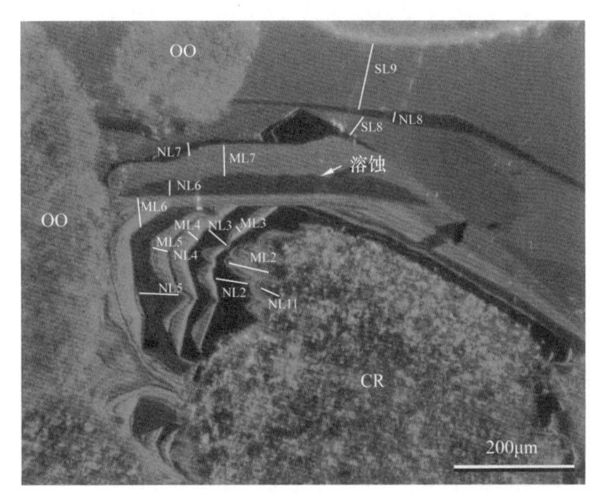

图 7 CL 照片展示了本研究中的胶结物地层特征。注意：NL6 之后的溶蚀作用。照片中标识了海百合（CR）和鲕粒（OO）

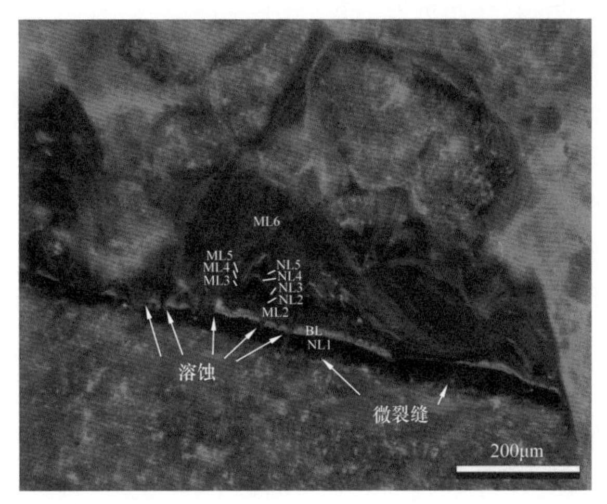

图 8 CL 照片展示了本研究的中期胶结物地层特征（NLI—ML6），微裂缝和溶蚀现象发育。注意：微裂缝切穿了 NL1 并被 BL 充填。这可能代表早期胶结之后又发生了压实作用

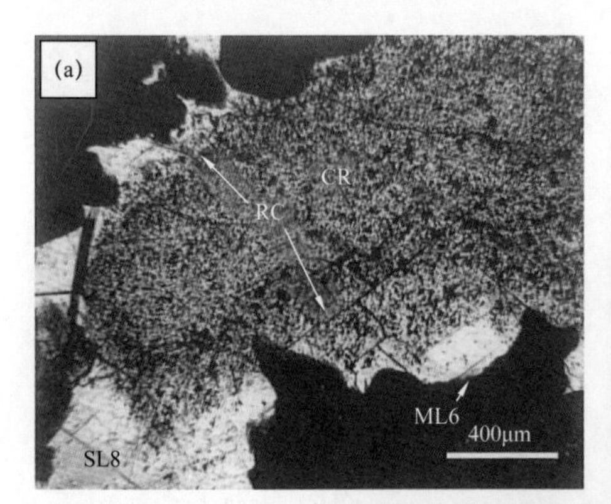

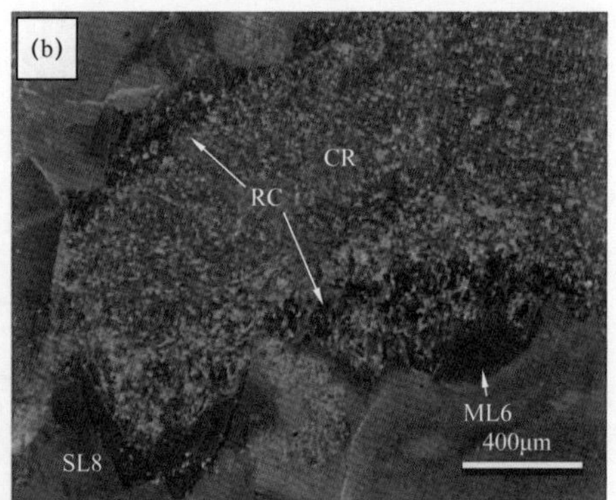

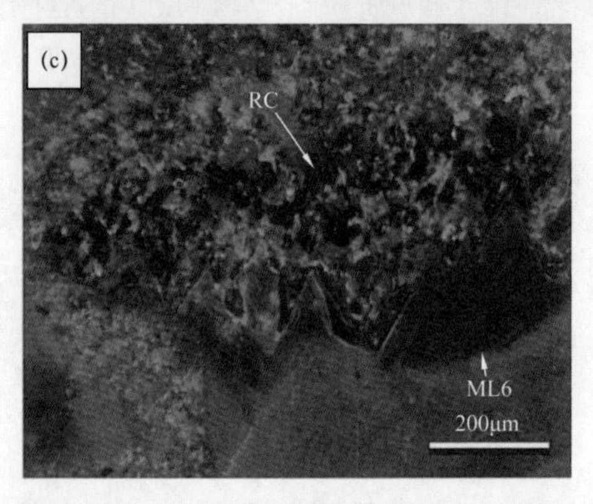

图 9 （a）透射光显微照片显示了海百合（CR）周围的重结晶中期胶结物（RC），晚期胶结物 SL8 堵塞了剩余孔隙空间。（b）为与（a）相同视域的 CL 照片。（c）相同图像的 CL 照片，放大后可见指示重结晶作用的斑状组构

在粒序层的生物碎屑泥粒岩和生物碎屑颗粒岩以及许多具交错层理的生物碎屑岩和充填生物碎屑的无结构鲕粒岩的多数薄片中，可见胶结物 ML6 和 NL6（事件 10），但在无结构鲕粒岩中较为罕见。这些胶结物降低了 5%～90% 的粒间孔隙度，一般为 10%（图 7）。NL6 之后发生溶蚀作用（事件 11）。

中成岩阶段的最后一次方解石胶结，即 ML7 和 NL7（事件 12），较为罕见且仅降低了 1%～3% 的粒间孔隙度，一般为 1%（图 7）。胶结物 NL1—NL7（事件 8 或 9、10 和 12）先于宾夕法尼亚系沉淀。该定时是根据亚宾夕法尼亚系古喀斯特填充物的交错切割关系予以确定的（图 10）。古喀斯特填充物切割胶结物，并保存于胶结物中，胶结物在古喀斯特填充物中未发生成核作用。

在中成岩的最后阶段，硅化作用（事件 13）发生于强烈压实作用之前，主要证据为燧石中碳酸盐颗粒的残余结构并没有表现出压实特征。机械压实作用（事件 14）发生在 NL7 沉淀和硅化作用之后（图 11 和图 12）。出人意料的是，ML6 沉积之后，未发生岩化的灰泥被挤进剩余孔隙中（图 12）。观察结果表明，至少部分灰泥在整个成岩早期和中成岩期仍然未发生岩化作用。

晚成岩期的方解石胶结物始于 SL8、NL8 和 SL9（事件 15），几乎堵塞了所有剩余孔隙空间。这些胶结物晚于宾夕法尼亚纪的喀斯特充填物，随后出现粒间压溶结构（事件

16、17、18 或 19）（图 11），表明发生了强烈且广泛的后期化学压实作用。白云石化作用（事件 16、17、18 或 19）较为微弱，且晚于胶结物 SL9，可明确将其划归为后期成岩阶段。缝合作用（事件 16、17、18 或 19）交错切割了胶结物 SL9。缝合线内黄铁矿的缺乏，表明缝合作用发生于黄铁矿化作用之前。黄铁矿化作用（事件 16、17、18 或 19）交错切割了所有的胶结物环带和颗粒。

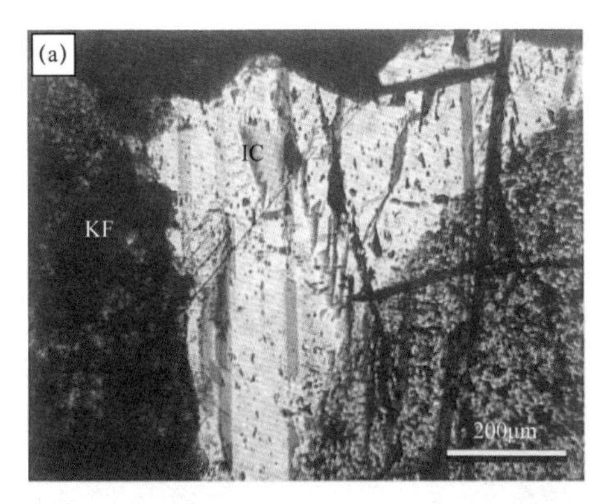

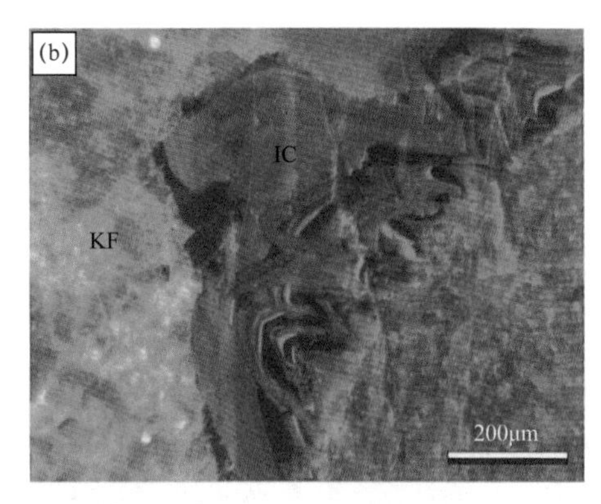

图 10 （a）中期胶结物（IC）之后的宾夕法尼亚系碎屑岩溶充填（KF），透射光显微照片。胶结物在岩溶充填中未形成晶核，喀斯特充填物位于胶结物之上，其形成晚于胶结物。（b）为与（a）相同视域的 CL 照片

部分晚期成岩事件被其他研究人员归因于与密西西比河谷型矿床（MVT）有关的流体，如研究区内的晚期方解石、鞍状白云石、重晶石和闪锌矿。据推测，在密苏里州 Ozark 地区、阿肯色州、堪萨斯州和俄克拉荷马州，MVT 流体在晚宾夕法尼亚世—早二叠世期间发生了运移（Wu 和 Beales，1981；Wisniowiecki 等，1983；Leach 等，1984；Rowan 等，1984；Leach 和 Rowan，1986）。本次研究发现的白云石和黄铁矿（事件 16、17 或 18）交错切割了 SL8 和 SL9，表明它们来源于 MVT 流体。Kaufrnan 等（1988）也认为 MVT 矿床切割了胶结物Ⅴ和Ⅵ（本研究中的 SL8—SL9）。

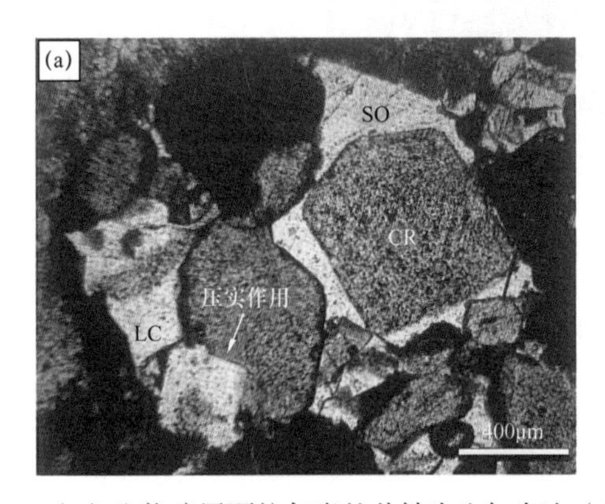

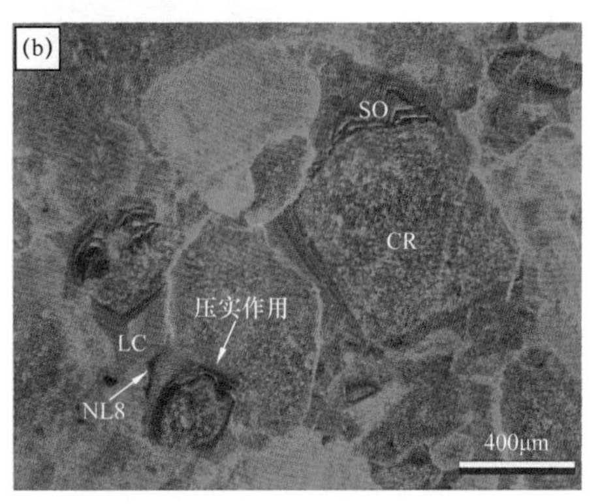

图 11 （a）生物碎屑颗粒灰岩的共轴次生加大边（SO）、晚期胶结物（LC）和海百合（CR），透射光显微照片。注意：共轴胶结物（中期胶结物）显著分布于未泥晶化海百合的周围，晚期胶结物 NL8 的形成早于化学压实作用（粒间压溶；图中左下侧）。还要注意的是，压实作用较为明显。（b）为与（a）相同视域的 CL 照片。注意：由于重结晶作用和内部胶结作用，海百合颗粒内阴极发光呈斑状分布

16.5.3 孔隙度演化

胶结作用和压实作用是导致灰岩孔隙堵塞的两大作用（如 Purser，1978；Moore 和 Druckman，1981；Meyers 和 Hill，1983；Scholle 和 Halley，1985；Hird 和 Tucker，1988；Nelson 等，1988；James 和 Bone，1989；Railsback，1993；Nicolaides 和 Wallace，1997；Dodd 和 Nelson，1998；Heydari，2000；Budd，2002），它们也是本次研究中岩石孔隙度减小和孔隙堵塞的主要作用。此处，压实作用和胶结作用的效果受控于初始岩相，其时间则对应于亚宾夕法尼亚期不整合。本文未对该项内容展开全面研究，而是就该问题提供一些数据，包括沉积时的孔隙度，宾夕法尼亚系之前最后一期胶结物沉淀后的残余孔隙度（中成岩阶段），岩相与胶结物数量之间的关系，以及岩相与压实量之间的关系。

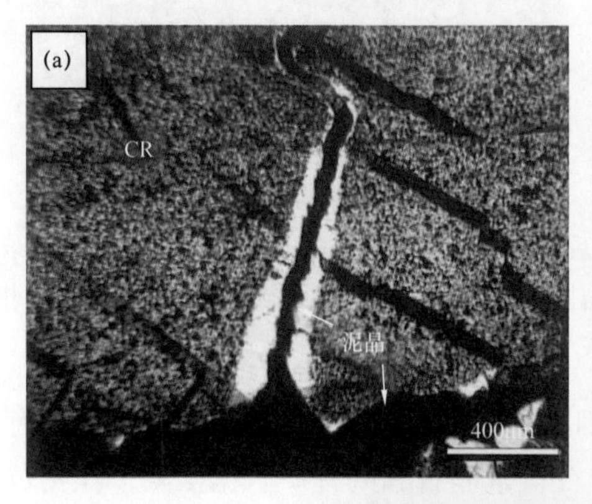

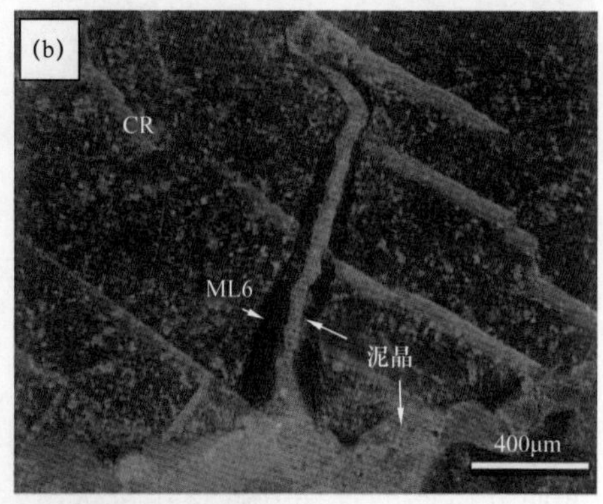

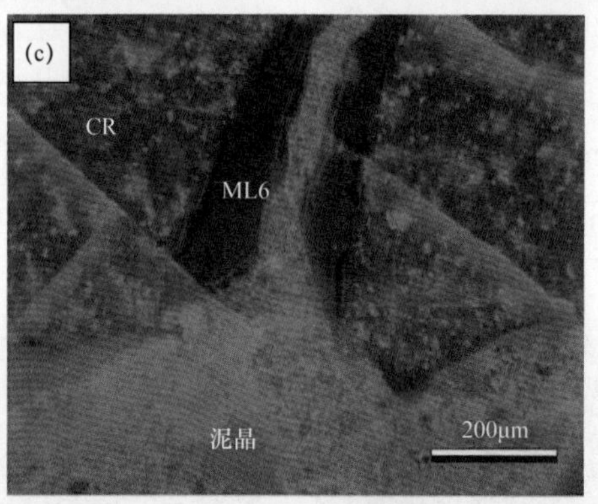

图 12 （a）海百合（CR）粒内孔隙内的中期胶结物（直至并包括 ML6），胶结物在孔隙空间沉淀，直至被泥晶灰岩堵塞，这可能是机械压实的结果，透射光显微照片。（b）为与（a）相同视域的 CL 照片。（c）放大后的 CL 照片，以便更好地显示胶结物和灰泥

16.5.3.1 初始孔隙度和中成岩作用之后的残余孔隙度

生物碎屑颗粒岩中未压实部分的初始孔隙度为 40%～50%，平均为 42%（n=8）[图 13（a）和图 13（b）]，这些数值与 Enos 和 Sawatsky（1981）报道的全新世颗粒岩原始未压实孔隙度（40%～53%，平均 45%）及 Meyers 和 Hill（1983）报道的密西西比系生物骨架灰岩的孔隙度（38%～53%，平均 42%）具有很好的对比性。令人遗憾

的是，由于生物碎屑泥粒岩的薄片均存在压实的现象，因此尚不能确定它们的原始粒间孔隙度。在本次研究的生物碎屑颗粒岩中，中期成岩阶段的胶结物导致岩石体积减小了 11%～36%（平均 18%）（事件 8 或 9、10 和 12）[图 13（a）]。晚期胶结物堵塞了 6%～32%（平均 24%）的岩石体积（事件 15）[图 13（a）]。

根据理论计算，分选好的鲕粒岩的原始粒间孔隙度为 26%～48%，这主要取决于鲕粒的叠置形态（Graton 和 Fraser，1935），并假设随机叠置球形颗粒的孔隙度为 35%。在本研究中，发育等厚、刃状胶结物的鲕粒内碎屑的胶结物体积平均为 32%（n=2）[图 13（a）和图 13（b）]，并显示轻微的压实特征。据此，鲕粒内碎屑的胶结物百分比可作为无结构鲕粒岩的初始孔隙度。在鲕粒内碎屑岩中，早期成岩的等厚、刃状胶结物降低了 8%～14%（平均 11%）的岩石体积，中期成岩胶结物降低了 3%的岩石体积，而晚期胶结物堵塞了 15%～21%（平均为 18%）的岩石体积。对于缺乏等厚胶结物的鲕粒岩，由于压实结构较为普遍，未见任何关于其孔隙度的报道。

具交错层理鲕粒岩薄片中未压实部分的初始孔隙度为 30%～48%，平均 37%（n=3）[图 13（a）和图 13（b）]。中期成岩阶段胶结物减少了 7%～24%（平均为 13%）的岩石体积，晚期成岩胶结物则封堵了 13%～30%的岩石体积（平均为 24%）。

具交错层理生物碎屑岩薄片中未压实部分的初始孔隙度为 40%（n=1）[图 13（a）和图 13（b）]。中期成岩阶段胶结物降低了 17%的岩石体积，晚期成岩阶段胶结物则封堵了 23%的岩石体积 [图 13（a）]。

生物碎屑充填的无结构鲕粒岩薄片中未压实部分的初始孔隙度为 31%～50%，平均 37%（n=3）[图 13（a）和图 13（b）]。中期成岩阶段胶结物减少了 11%～28%（平均 20%）的岩石体积 [图 13（a）]，而晚期成岩阶段胶结物则封堵了 9%～26%（平均 17%）的岩石体积。

由于压实作用，不能确定生物碎屑泥粒岩的初始孔隙度。对于生物碎屑泥粒岩，中期成岩阶段胶结物 NL1—NL7 减少了 3%～14%（平均 10%）的岩石体积，晚期成岩阶段胶结物则封堵了 1%～3%（平均 2%）的岩石体积。

通过利用未压实部分的初始孔隙度减去早期和中期成岩阶段胶结物所占据的岩石体积，可确定各岩相在中成岩阶段末期的孔隙度，另外还须假设早期和中期成岩阶段的胶结物未受粒间压溶作用的影响。

生物碎屑颗粒岩在中成岩阶段末期的平均孔隙度可能为 31%（范围为 25%～40%）[图 13（b）]。无结构鲕粒岩在中成岩阶段末期的平均孔隙度可能为 29%（范围从 25%～31%）[图 13（b）]。具交错层理鲕粒岩在中成岩阶段末期的平均孔隙度可能为 33%（范围为 31%～35%）[图 13（b）]。具交错层理生物碎屑岩在中成岩阶段末期的孔隙度可能为 28% [图 13（b）]。充填生物碎屑的无结构鲕粒岩在中成岩阶段末期的平均孔隙度可能为 31%（范围为 30%～31%）[图 13（b）]。根据这些数据，在中期成岩阶段胶结作用之后，4 种颗粒岩相具有大致相同的开放孔隙体积（平均 29%～31%）。在早成岩阶段末期和中成岩阶段，所有颗粒岩相虽然经历了较长时间与不整合有关的成岩作用，但是均保留了较高的孔隙度，并发育成良好的储集岩相。

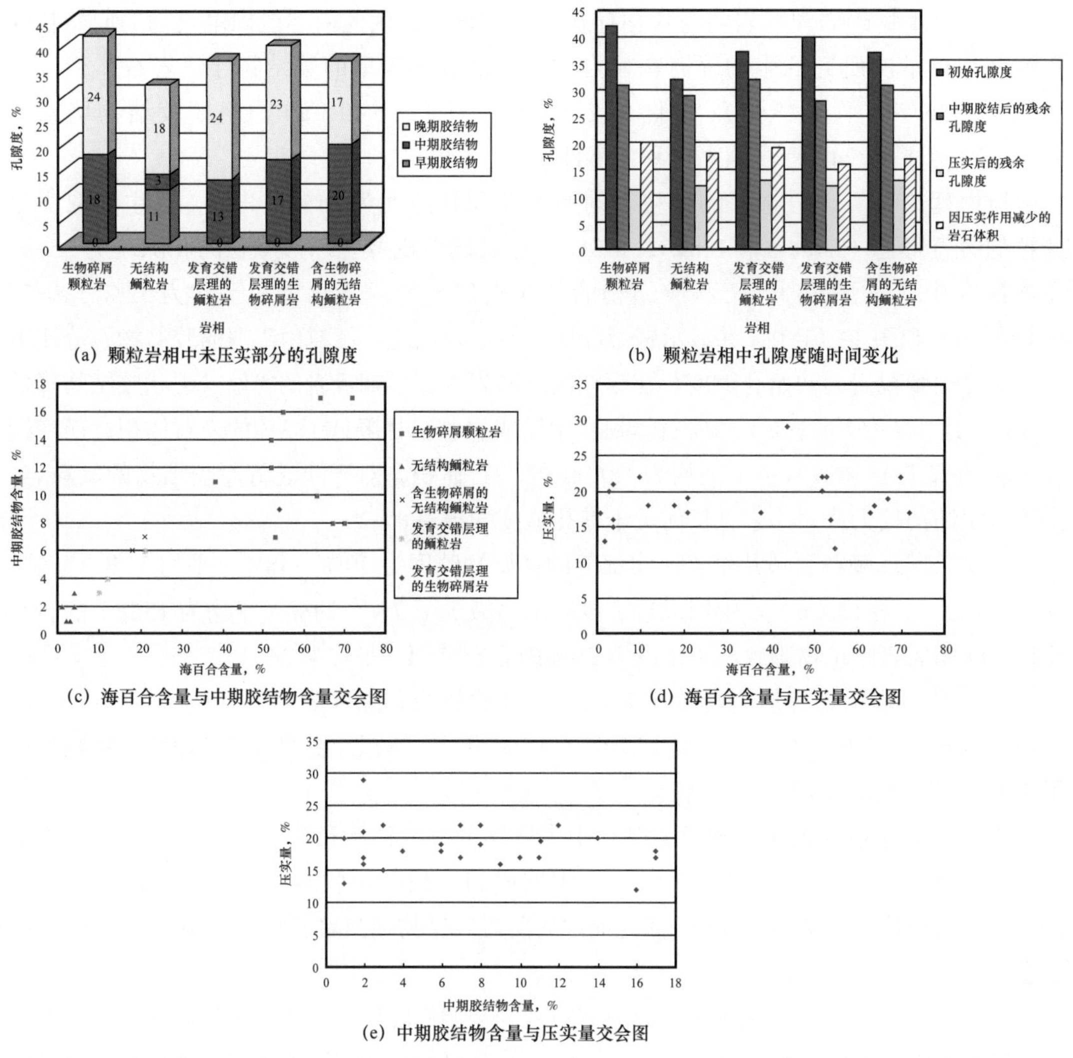

图 13 (a) 颗粒灰岩岩相中未压实部分的初始孔隙度。(b) 初始孔隙度，中期胶结之后的残余孔隙度，压实作用之后的残余孔隙度以及因压实作用减少的岩石体积。所列数据为颗粒岩岩相的相关数据。(c) 颗粒灰岩海百合含量和中期胶结物含量交会图。(d) 颗粒岩内海百合含量和因压实作用减少的岩石体积交会图。(e) 颗粒岩内中期胶结物含量和因压实作用减少的岩石体积交会图

16.5.3.2 岩性对胶结作用和压实作用的控制

海百合颗粒岩比鲕状颗粒岩拥有更高的初始孔隙度，然而中成岩作用之后，两者孔隙度相似，这表明，在与不整合有关的成岩作用阶段，以海百合为主的岩相沉淀了更多的胶结物。为了评价岩性控制的程度，本文绘制了海百合含量与中期成岩胶结物含量分布图，它们之间具正协方差关系 [图 13 (c)]。因此，这些数据支持以下推断：海百合核心的存在促进了中成岩阶段胶结物的沉淀。

抑制化学压实的颗粒岩最终能够保持更高的孔隙度。考虑到海百合核心促进了中成岩阶段胶结物的沉淀，可以推测，海百合含量较高的样品可以抑制压实作用，这是由于高含

量海百合能够增强中成岩阶段的胶结作用且这些胶结物可以稳定岩石结构，然而，这种假设显然是不正确的。通过利用未压实的初始孔隙度减去早期、中期及晚期胶结物所占的岩石体积，可以估算因压实作用所导致的岩石体积降低百分比（压实系数）。虽然这种体积压实的估算很接近真实情况，但是压实百分比与海百合含量百分比之间或压实百分比与中期胶结物含量百分比之间却并没有相关性［图 13（d）和图 13（e）］。

若计算压实作用后的剩余孔隙度，需假设所有压实作用发生于晚期胶结物沉淀之前，因而压实后剩余孔隙度等于晚期胶结物的岩石体积百分比。它是基于特定假设的另一个得到认可的近似估算方法。生物碎屑颗粒岩中晚期胶结物的含量为 11%，无结构鲕粒岩中为 12%，具交错层理鲕粒岩中为 13%，具交错层理生物碎屑岩中为 12%，充填生物碎屑的无结构鲕粒岩中为 13%。对于不同类型颗粒岩来说，似乎所有岩性在压实之后含有大致相同的剩余孔隙度。

对于生物碎屑泥粒岩来说，较为重要的是，压实作用将灰泥挤进孔隙空间中。尽管泥粒岩的初始孔隙度尚未确定，但是它们所含有的晚期胶结物仅占岩石体积的 2%。

16.5.4　等厚、刃状胶结物的成因

此类胶结物的形成时间可能与沉积作用为准同期，因为它出现于鲕粒内碎屑中，且后者在上覆地层沉积之前被胶结。如果胶结作用与鲕粒沉积准同期发生，那么胶结流体可能为海水。具锐角的刃状晶体形态表明原始矿物为方解石。

16.5.5　悬垂状胶结物的成因

悬垂状结构和分布表明，这些胶结物形成于 Warsaw 组沉积之前的渗流环境，原始矿物为方解石（James 和 Choquette，1990）。

16.5.6　中期共轴胶结物的地球化学特征和成因

16.5.6.1　流体包裹体岩相学

中期共轴胶结物明显缺失流体包裹体，其在透射光下形态明显（图 7 和 8）。含水流体包裹体在室温条件下以单相（液体）和两相（液体与小气泡）形式存在。流体包裹体在相变后不发生缩颈现象，因为单液相包裹体的岩相学特征与富气包裹体的岩相学特征并不匹配。全液相包裹体的尺寸不等，表明气泡缺失并非由于强的亚稳定性造成的。流体包裹体为全液相，表明捕获温度低于 50℃且未遭受热力再平衡的蚀变（Goldstein，1993）。流体包裹体主要集中于与胶结物基质（substrate）平行的生长环带。富流体包裹体的生长环带具有环带状阴极发光特征，缺乏重结晶的证据。岩相学证据支持包裹体的最初形成与胶结物的生长有关。

16.5.6.2　流体包裹体显微测温

测量了 FIA 22 和 23 中胶结物的冰点温度（图 14）。在初始的全液相包裹体伸展变形

后，将流体包裹体冻结成固相。随后，所有全液相流体包裹体均经历了这一程序。FIA 22 中 NL5 胶结物具有 4 组冰点温度，其中，3 组为 0.0℃，1 组为 –0.1℃。FIA 23 中 ML6 胶结物具有 2 组冰点温度，分别为 –3.0℃和 –2.9℃。

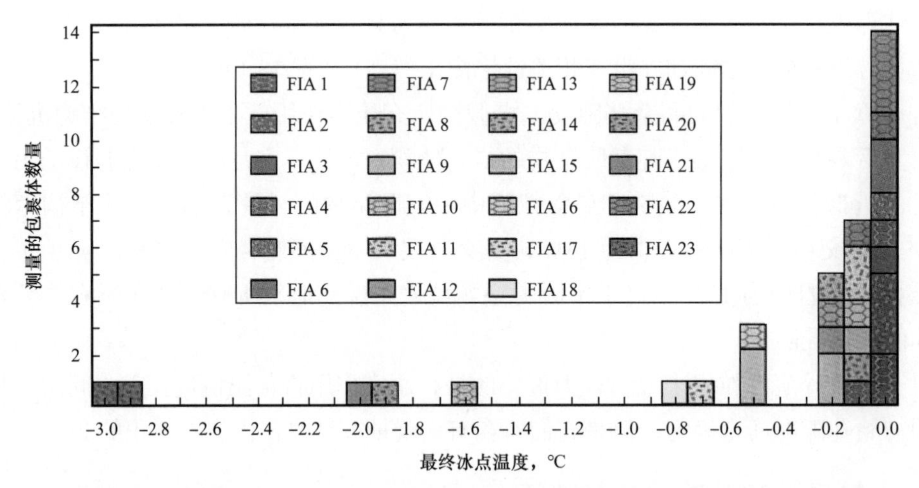

图 14　初始全液相流体包裹体的冰点温度（T_m）分布直方图（重结晶胶结物，NL5 和 ML6）

流体包裹体主要为初始单液相流体包裹体，已经在实验室条件下进行伸展变形并形成气泡。T_m 值为 0.0℃时，指示淡水环境；T_m 值为 –1.9℃时，指示正常海水盐度，海水盐当量为 3.5%

16.5.6.3　稳定同位素

在 8 处位置采集了 11 块微钻样品。胶结物粒度不够粗，未能对单个生长环带进行取样（位置 11 处 ML6 除外），因此多数测量结果融合了不同比例的 NL1—NL7 胶结带。$\delta^{18}O$ 值为 –8.20‰～–4.55‰（均值为 –6.22‰），$\delta^{13}C$ 值为 –0.15‰～3.44‰（均值为 +2.27‰）（图 15）。不能根据同位素数据梳理出关于地理位置或地层位置的明确变化趋势。为了对比，采集了 20 个海百合样品，其 $\delta^{18}O$ 值为 7.54‰～–3.57‰（均值为 –5.02‰），$\delta^{13}C$ 值为 –0.18‰～4.27‰（均值为 2.49‰），这些数值与 NL1—NL7 的同位素值较为接近或略微偏正（图 15）。

16.5.6.4　锶同位素数据

在位置 11 处 1 个阴极中等发光胶结物（ML6）中采集了 1 份样品，其 $^{87}Sr/^{86}Sr$ 值为 0.70875±0.00002。该样品中，Sr 的总浓度为 93μg/g。

16.5.6.5　解释

中期胶结物的阴极发光表明，它们形成于贫还原态锰与富还原态锰交替变化的成岩环境。胶结物地层（Kaufman 等，1988；以及本文）表明，其沉淀于 Atokan 沉积物沉积之前，可能与后期密西西比系不整合和亚宾夕法尼亚系不整合有关。全液相流体包裹体和胶结物地层不赞成高温成因。胶结物环带 NL5 的冰点温度数据（–0.1℃和 0.0℃）表明，其沉淀于地表暴露时期的大气水或微咸水环境中。ML6 的冰点温度数据（–3.0℃和 –2.9℃）

表明，包裹体捕获于轻微蒸发的海水环境。最可能的解释是该时期发生了盐水渗透回流。

Meramecian、Chesterian、Morrowan 和 Atokan 期蚀变较弱的北美腕足类的 $\delta^{18}O$ 值为 −3.8‰～−0.2‰，$\delta^{13}C$ 值为 1.8‰～4.5‰（Mii 等，1999）。考虑到胶结物的 $\delta^{18}O$ 值，NL1—NL7 胶结物不可能完全沉淀于海水环境中。NL1—NL7 胶结物的稳定同位素数据表明，胶结物为沉淀于大气水、海水和蒸发水，大气水和混合水，或大气水、混合水、海水和蒸发水环境中的物理混合（图 15）。

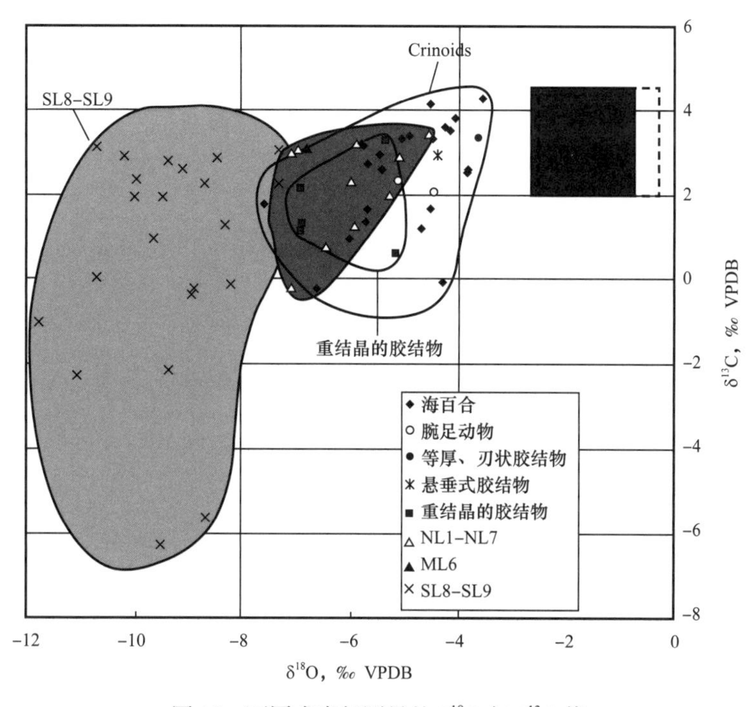

图 15　不同成岩相测量的 $\delta^{18}O$ 与 $\delta^{13}C$ 值

具有虚线边界的矩形为 Osagean–Meramecian 海水中沉淀的海相方解石同位素估算值（Mii 等，1999），灰色矩形为 Morrowan 海水中沉淀的海相方解石同位素估算值（Mii 等，1999）

胶结物 BL（事件 7，图 8）和 NL6（事件 11，图 7）之后的溶蚀特征表明有方解石不饱和的大气水或混合水的注入，这可能是 Chesterian 与 Atokan 之间 4 起地表暴露事件之一导致的（Manger 和 Tillman，2003）。可能的情况是：BL 之后溶蚀事件发生于密西西比系—宾夕法尼亚系界面，NL6 之后的溶蚀事件发生于上 Morrowan 统或 Morrowan–Atokan 界面。

Frank 和 Lohmann（1995）认为，海水和大气水的区域性混合导致新墨西哥州 Lake Valley 组（Osagean）交替发育了阴极发光胶结物和不发光胶结物。Lake Valley 组胶结物和 NL1—NL7 具有相似的阴极发光特征。Frank 和 Lohmann（1995）的环带 2 由大气水、海水混合带胶结物组成，其 $\delta^{18}O$ 值为 −5.7‰～−2.5‰（PDB），$\delta^{13}C$ 值为 1.5‰～3.0‰（PDB）。该数据与 NL1—NL7 的同位素值具有类似的变化范围，可能表明至少某些胶结物 NL1—NL7 沉淀于大气水—海水的混合环境，以及大气水、海水和蒸发水环境。

位置 11 处 ML6 的 $^{87}Sr/^{86}Sr$ 值比密西西比世或宾夕法尼亚世海水具有更高的放射性

（McArthur 等，2001）。然而，胶结物地层学数据表明，胶结物 NL1—NL7 的沉淀先于宾夕法尼亚纪的沉积（最晚为 Atokan 或 Desmoinesian 期）。放射性锶的值表明，可能在宾夕法尼亚纪，流体流经黏土岩并从中捕获了放射性锶。

16.5.7　重结晶胶结物的地球化学特征和成因

16.5.7.1　流体包裹体岩相学

流体包裹体是重结晶作用的基本特征，因为它们是重结晶胶结物斑块的大小和形状，在生长方向上缺乏方向性（图 16）。这些含水流体包裹体在室温条件下以两相（液体与小气泡）和单相（液体）形式存在。流体包裹体在相变后不发生缩颈现象，这是因为单液相包裹体的岩相学特征与富气包裹体的岩相学特征并不匹配。全液相包裹体的尺寸不等，表明气泡的缺失并非由于强的亚稳态造成的。全液相流体包裹体表明捕获温度低于 50℃，且未遭受热力再平衡的蚀变（Goldstein，1993）。两相流体包裹体展示了相对一致的高液气比。

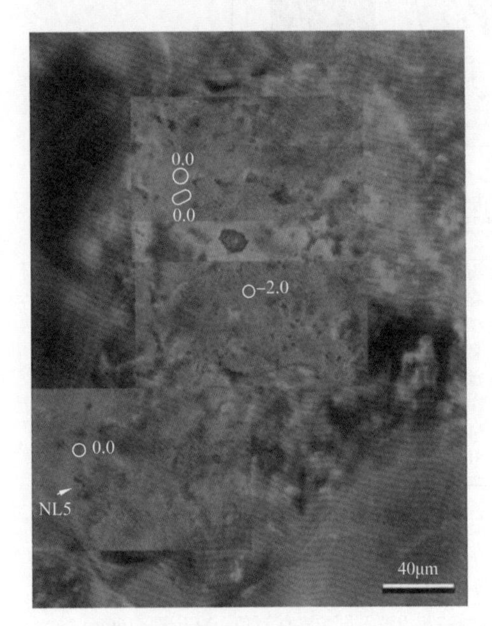

图 16　重结晶胶结物的透射光和 CL 照片叠合图，显示全液相流体包裹体的分布及其冰点温度（T_m）

在对包裹体显微测温后，利用阴极发光检测了含流体包裹体的重结晶胶结物。依据含流体包裹体的胶结物的阴极发光性，对这些包裹体进行了分类。根据捕获了流体包裹体的胶结物的阴极发光性以及其在重结晶斑块中的相对位置，确定了流体包裹体组合（FIAs）。如果检测的流体包裹体彼此接近（约 50μm），并位于具有相同发光性的同一斑块内，那么它们可归属为同一类流体包裹体组合。在位置 1、4、C1、C2 和 C3 处的重结晶胶结物中，识别出了 21 套流体包裹体组合。

16.5.7.2　流体包裹体显微测温

通过对重结晶胶结物中 30 个全液相流体包裹体进行检测，其冰点温度（T_m）为 -2.0～0.0℃（图 14 和图 17），其中，11 个流体包裹体的冰点温度为 0.0℃，17 个流体包裹体的温度为 -0.1～1.8℃，2 个流体包裹体的温度为 -2.0～-1.9℃。冰点温度为 -2.0～-1.9℃的流体包裹体来源于阴极发光的斑块，冰点温度为 -1.8～-0.5℃的流体包裹体来源于阴极中等发光的斑块，而冰点温度为 -0.2～0.0℃的流体包裹体则来源于阴极不发光或中等发光的斑块。

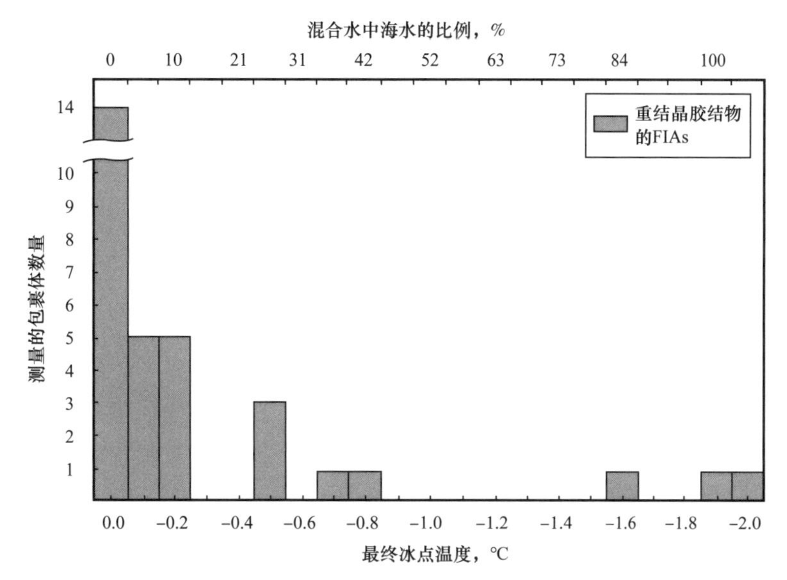

图 17　重结晶胶结物中初始全液相流体包裹体的冰点温度（T_m）分布直方图

未报道 NL5 或 ML6 的测量数据。在实验室条件下，对初始单液相流体包裹体进行伸展变形以形成气泡。根据 Goldstein 和 Reynolds（1994）的海水盐当量模型，计算了混合水中的海水比例。冰点温度 T_m 为 0.0℃，指示为大气水环境，而 −1.9℃时则指示正常海水盐度，海水盐当量为 3.5%

16.5.7.3　稳定同位素数据

在 6 个位置处的重结晶胶结物中采集了 7 个微区样品（事件 8 或 9）。其中，$\delta^{18}O$ 值为 −8.87‰～−5.17‰（均值为 −6.73‰），$\delta^{13}C$ 值为 0.60‰～3.3‰（均值为 1.92‰）（图 15）。

16.5.7.4　锶同位素数据

在 3 个位置处的重结晶胶结物中采集了 3 个微区样品（事件 8 或 9）。这些样品中，Sr 的总浓度为 130～167μg/g，$^{87}Sr/^{86}Sr$ 分别为 0.70805±0.00002、0.70811±0.00002 和 0.70823±0.00002。

16.5.7.5　解释

岩相学观察说明，胶结物的重结晶作用可能发生于 NL1 沉淀之后、ML6 沉淀之前，从而有一种解释认为重结晶作用先于宾夕法尼亚系的沉积。初始胶结物和重结晶斑块之间具有相似的阴极发光性，表明 ML2—NL5 的沉淀与重结晶作用相一致。对于这些胶结物而言，流体包裹体约束了其成岩环境，因为本研究的采样分辨率是：可对单个胶结物晶体进行流体包裹体分析，但不适用于同位素分析。全液相流体包裹体表明，重结晶时温度较低，可能低于 50℃。依据现今正常海水中的盐浓度可计算出冰点温度 T_m 为 −1.9℃，其他古代海水与现今盐水具有类似的盐度值（Johnson 和 Goldstein，1993；Goldstein 和 Reynolds，1994）。冰点温度 T_m 为 0.0℃，指示其为大气水成因。来自大气水—海水混合区的流体包裹体的冰点温度应该位于大气水和海水冰点温度端元之间，即 −1.9～0.0℃。

这些数据表明，重结晶过程中流体的盐度介于海水盐度与大气水盐度之间。

胶结物重结晶区的稳定同位素数据与未发生重结晶的中期成岩胶结物的同位素值较为相似。这支持了下列推断：中期成岩胶结物的沉淀与其重结晶作用大致重合（图 15）。除此之外，重结晶相的稳定同位素数据不能说明其他问题，因为分析的数据是不同比例的重结晶斑块和原始胶结物环带叠合的结果。

重结晶胶结物的 $^{87}Sr/^{86}Sr$，最适合的年龄为 320.9Ma±1.3Ma（$^{87}Sr/^{86}Sr$ 值为 0.70805）、318.8Ma±1.4Ma（0.70811）和 314.1Ma±1.5Ma（0.70823）（McArthur 等，2001）。另一种解释认为，由于重结晶作用发生于宾夕法尼亚系之前，重结晶胶结物的年龄不可能为 301.1Ma±1.0Ma、299.1Ma±1.5Ma 和 294.4Ma±4.6Ma（McArthur 等，2001）。基于胶结物地层学和 $^{87}Sr/^{86}Sr$ 数据，最可能发生重结晶作用的时间为晚 Chesterian–Atokan 期。在该时期，大气水的注入可能与地表暴露有关，并发育了一个或多个不整合面。海水成分则可能与 Chesterian、Morrowan 和 Atokan 期的海侵有关。

16.5.8 晚期胶结物的地球化学特征和成因

16.5.8.1 稳定同位素

从 11 个位置处采集的 21 个微区样品，其 $\delta^{18}O$ 值为 –11.78‰～7.30‰（均值为 –9.32‰），$\delta^{13}C$ 值为 –6.24‰～3.14‰（均值为 +0.53‰）（图 15）。相比任何其他阶段样品的值，这些 $\delta^{18}O$ 值明显偏负。

16.5.8.2 解释

胶结物地层学（Kaufman 等，1988 年）表明，晚期胶结物沉淀于宾夕法尼亚纪沉积之后（图 10）、MVT 矿化作用之前。对于这些胶结物的成因，有 2 种合理的解释：（1）接近地表温度的大气水的深循环；（2）高温流体。

如果晚期胶结物从冷却的深循环大气水中沉淀，那么大气水的补给可能发生于中宾夕法尼亚世、晚宾夕法尼亚世，或早二叠世地表不整合期，或宾夕法尼亚纪非海相沉积期（Kaufman 等，1988）。上覆宾夕法尼亚系内早期方解石胶结物的同位素值应该有助于评估这一假说。Wojcik（1991）和 Wojcik 等（1997）展示了堪萨斯州东南部 Cherokee 盆地宾夕法尼亚纪岩石的同位素数据。其中，一组数据的 $\delta^{13}C$ 值为 0.8‰～2.4‰ VPDB，$\delta^{18}O$ 值为 –10.1‰～–7.3‰ VPDB，这些数据表明胶结物在低温条件下沉淀于大气水中，而 $\delta^{13}C$ 仍是正值，是由于较低的水岩比或土壤气体中碳含量不足所致。在另一组数据中，$\delta^{18}O$ 值为 –9.0‰～–7.7‰，$\delta^{13}C$ 值为 –4.0‰～–1.4‰，这表示胶结物形成于低温大气水环境中，且土壤气体中 CO_2 充足。本研究中多数晚期胶结物的同位素值（$\delta^{18}O$ 值为 –11.78‰～–7.30‰，$\delta^{13}C$ 值为 –2.24‰～3.14‰）与 Wojcik（1991）和 Wojcik 等（1997）提供的数据较为相似，因此本研究中的晚期胶结物可能形成于低温条件下的大气水环境中。

另一种解释认为，$\delta^{18}O$ 值（–10‰～–7‰）反映了地温随埋深的增加而增加（Moore 和 Druckman，1981；Anderson 和 Arthur，1983；Moore，1985；Choquette 和 James，

1990）。灰岩中地下胶结物的碳同位素组分形成于岩石缓冲区，因此值域变化小且富集 ^{13}C（Moore，2001）。相反，一些晚期胶结事件，特别是温度超过100℃时与烃类热降解有关的硫酸盐热化学还原作用的参与，胶结物表现出异常偏负的碳同位素值（Heydari 和 Moore，1989；Heydari，1997；Machel，2001）。如果晚期胶结物中 $\delta^{13}C$ 值的变化范围大且异常偏负，其形成可能与硫酸盐热化学还原作用有关。

16.6 结论

本研究旨在探讨密西西比纪低位体系域或初始矿物为方解石的碳酸盐岩孔隙度演化的控制因素。Short Creek 鲕粒岩在相对海平面大幅下降之后沉积。海平面下降后，初始沉积响应了海平面的再次小幅下降（下降幅度为10m），其可能代表了 Osagean–Meramecian 边界附近主要海平面下降的最低处。Short Creek 鲕粒岩的沉积受后期相对海平面轻微升降的影响（升降幅度为7m），随后发生进积作用，然后是至少7m 幅度的相对海平面上升。总体而言，Short Creek 鲕粒岩沉积于海平面接近其最低点时。

等厚、刃状和悬垂状胶结物（早期）为准同生期沉淀的或沉积后立即沉淀的，它们可能分别形成于海水和大气水环境。前人研究认为中期胶结物沉淀于地表暴露期间的大气水环境中，但本次研究认为大气水、海水、混合水和轻微的蒸发海水环境中都可能沉淀这些胶结物。中期胶结物的沉淀发生于 Warsaw 组沉积之后、宾夕法尼亚系沉积之前。胶结物在大气水、海水、混合水和蒸发海水中发生沉淀，有助于对方解石胶结流体的认识。

所有4种颗粒岩相都具有较高的初始孔隙度。尽管中期成岩胶结物的胶结作用受岩性控制（较大体积的中期胶结物都与较高含量的海百合有关），然而在早期与中期成岩事件之后，鲕粒岩和海百合颗粒岩的残余孔隙度大致相等。粒间压溶作用以相同方式影响到鲕粒岩和海百合颗粒岩，尽管海百合颗粒岩中发育更多的中期胶结物。机械压实作用对岩相的影响不同。机械压实作用并未显著改变颗粒岩的孔隙度。泥粒岩的孔隙度因机械压实作用而降低，因为初始的方解石灰泥在早期未发生岩化，并在受压时被挤进孔隙中。

本研究为阐述成岩作用对低位体系域方解石质颗粒岩和泥粒岩孔隙度保存具控制作用的一个实例。如本例所示，低位体系域环境通常缺乏长时期的早期地表暴露。因为早期大气水胶结物的缺乏，据推测，在某些情况下，这可能会促进后来的粒间压溶作用的发生。

参考文献

Anderson，T. F. and Arthur，M. A.（1983）Stable isotopes of oxygen and carbon and their application to sedimentologic and paleoenvironmental problems. In：*Stable Isotopes in Sedimentary Geology*（Ed. M. A. Arthur），*SEPM Short Course*，10，1–1–1–151.

Brown，D.（2011）Mississippian a symphony，not a solo. *AAPG Explor.*，32（5），6–10.

Budd，D. A.（1988）Aragonite–to–calcite transformation during fresh–water diagenesis of carbonates：insights from porewater chemistry. *Geol. Soc. Am. Bull.*，100，1260–1270.

Budd，D. A.（2002）The relative roles of compaction and early cementation in the destruction of permeability in carbonate grainstones：a case study from the Paleogene of westcentral Florida，U. S. A. *J. Sediment. Res.*，

72, 116–128.

Budd, D. A., Saller, A. H. and Harris, P. M. (1995) Unconformities and porosity in Carbonate Strata. *AAPG Mem.*, 63, 313.

Burchette, T. P., Wright, V. P. and Faulkner, T. J. (1990) Oolitic sandbody depositional models and geometries, Mississippian of southwest Britain : implications for petroleum exploration in carbonate ramp settings. *Sediment. Geol.*, 68, 87–115.

Carlson, R. C., Goldstein, R. H. and Enos, P. (2003) Effects of subaerial exposure on porosity evolution in the Carboniferous Lisburne Group, northeastern Brooks Range, Alaska, U. S. A. In : *Permo–Carboniferous Carbonate Platforms and Reefs* (Eds W. M. Ahr, M. Harris, W. A. Morgan and I. D. Somerville), *SEPM Spec. Publ.*, 78, 269–290.

Choquette, P. W. and James, N. P. (1990) Limestones : the burial diagenetic environment. In : *Diagenesis*, 4th Edn. (Eds I. A. McIlreath and D. W. Morrow), pp. 75–111. Geoscience, St. John's, Canada.

Craig, D. H. (1988) Caves and other features of Permian karst in San Andreas Dolomite, Yates field reservoir, west Texas. In : *Paleokarst* (Eds N. P. James and P. W. Choquette), pp. 342–363. Springer–Verlag, New York.

Dennison, J. M. and Shea, J. H. (1966) Reliability of visual estimates of grain abundance. *J. Sediment. Petrol.*, 36, 81–89.

Dickson, J. A. D. (2004) Echinoderm skeletal preservation ; calcite–aragonite seas and the mg/Ca ratio of Phanerozoic oceans. *J. Sediment. Res.*, 74, 355–365.

Dodd, J. R. and Nelson, C. S. (1998) Diagenetic comparisons between nontropical Cenozoic limestones of New Zealand and tropical Mississippian limestones from Indiana, USA : is the nontropical model better than the tropical model ? *Sediment. Geol.*, 121, 1–21.

Elrick, M. and Read, J. F. (1991) Cyclic ramp–to–basin carbonate deposits, Lower Mississippian, Wyoming and Montana : a combined field and computer modeling study. *J. Sediment. Petrol.*, 61, 1194–224.

Enos, P. and Sawatsky, L. H. (1981) Pore networks in Holocene carbonate sediments. *J. Sediment. Petrol.*, 51, 961–985.

Frank, T. D. and Lohmann, K. C. (1995) Early cementation during marine–meteoric fluid mixing : Mississippian Lake Valley Formation, New Mexico. *J. Sediment. Res.*, A65, 263–273.

Franseen, E. K. (1999) Controls on Osagean–Meramecian (Mississippian) Ramp Development in Central Kansas : Implications for Paleogeography and Paleo–oceanography. Kansas Geol. Surv. Open–File Rep., 99–50, 63 pp.

Goldstein, R. H. (1993) Fluid inclusions as microfabrics : a petrographic method to determine diagenetic history. In : *Carbonate Microfabrics*, *Frontiers in Sedimentary Geology* (Eds R. Rezak and D. Lavoi), pp. 279–290. Springer–Verlag, New York.

Goldstein, R. H. and Reynolds, J. T. (1994) Systematics of fluid inclusions in diagenetic minerals. *SEPM Short Course*, 31, 199.

Graton, L. C. and Fraser, H. J. (1935) Systematic packing of spheres–with particular relationship to porosity and permeability. *AAPG Bull.*, 43, 785–909.

Handford, C. R. and Manger, W. L. (1993) Sequence Stratigraphy of a Mississippian Carbonate Ramp, North Arkansas and Southwestern Missouri. AAPG Field Guide 1993 Ann. Conv., 13 pp.

Harris, D. C. (1982) Carbonate Cement Stratigraphy and Diagenesis of the Burlington Limestone (Mississippian), Southeast Iowa, Western Illinois. Unpubl. MS thesis, State University of New York–Stony Brook, 296 pp.

Heydari, E. (1997) Hydrotectonic models of burial diagenesis in platform carbonates based on formation water geochemistry in North American sedimentary basins. In : *Basin-Wide Diagenetic Patterns : Integrated Petrologic, Geochemical and Hydrologic Considerations* (Eds I. P. Montanez, J. M. Gregg and K. L. Shelton), *SEPM Spec. Publ.*, 57, 53–79.

Heydari, E. (2000) Porosity loss, fluid flow and mass transfer in limestone reservoirs : application to the Upper Jurassic Smackover Formation, Mississippi. *AAPG Bull.*, 84, 100–118.

Heydari, E. and Moore, C. H. (1989) Burial diagenesis and thermochemical sulfate reduction, Smackover Formation, southeastern Mississippi salt basin. *Geology*, 17, 1080–1084.

Hird, K. and Tucker M. E. (1988) Contrasting diagenesis of two Carboniferous oolites from south Wales : a tale of climatic influence. *Sedimentology*, 35, 587–602.

Humphrey, J. D., Ransom, K. L. and Matthews, R. K. (1986) Early meteoric diagenetic control of Upper Smackover production, Oaks Field, Louisiana. *AAPG Bull.*, 70, 70–85.

James, N. P. and Bone, Y. (1989) Petrogenesis of Cenozoic, temperate water calcarenites, South Australia : a model for meteoric/shallow burial diagenesis of shallow water calcite sediments. *J. Sediment. Petrol.*, 59, 191–203.

James, N. P. and Choquette, P. W. (1990) Limestones : the sea-floor diagenetic environment. In : *Diagenesis*, 4th Edn. (Eds I. A. McIlreath and D. W. Morrow), pp. 13–34. Geoscience, St. John's, Canada.

Johnson, W. J. and Goldstein, R. H. (1993) Cambrian sea water preserved as inclusions in marine low-magnesium calcite cement. *Nature*, 362, 335–337.

Kammer, T. W., Brenckle, P. L., Carter, J. L. and Ausich, W. I. (1990) Redefinition of the Osagean-Meramecian boundary in the Mississippian stratotype region. *Palaios*, 5, 414–431.

Kaufman, J., Cander, H. S., Daniels, L. D. and Meyers, W. J. (1988) Calcite cement stratigraphy and cementation history of the Burlington-Keokuk Formation (Mississippian), Illinois and Missouri. *J. Sediment. Petrol.*, 58, 312–326.

Lane, H. R. (1978) The Burlington shelf (Mississippian, northcentral United States) . *Geol. Palaeontol.*, 12, 165–176.

Lane, H. R. and De Keyser, T. L. (1980) Paleogeography of the late Early Mississippian (Tournaisian 3) in the Central and Southwestern United States. In : *Paleozoic Paleogeography of West-Central United States* (Eds T. D. Fouch and E. R. Magathan), *Rocky Mountain Section SEPM West-Central United States Paleogeography Symp.* 1, 49–158.

Leach, D. L. and Rowan, E. L. (1986) Genetic link between Ouachita foldbelt tectonism and the Mississippi valleytype lead-zinc deposits of the Ozarks. *Geology*, 14, 931–935.

Leach, D. L., Viets, J. G. and Rowan, L. (1984) Appalachian-Ouachita Orogeny and Mississippi valley-type lead-zinc deposits. *Geol. Soc. Am. Abstr. Progr.*, 16, 572.

McArthur, J. M., Howarth, R. J. and Bailey, T. R. (2001) Strontium isotope stratigraphy : LOWESS Version 3. Best-fit line to the marine Sr-isotope curve for 0 to 509 ma and accompanying look-up table for deriving numerica age. *J. Geol.*, 109, 155–169.

Machel, H. G. (2001) Bacterial and thermochemical sulfate reduction in diagenetic settings ; old and new insights. In : *Sedimentary and Diagenetic Transitions Between Carbonates and Evaporites* (Eds J. M. Rouchy, C. Taberner and T. M. Peryt), *Sediment. Geol.*, 140, 143–175.

Manger, W. L and Tillman, R. W. (2003) Middle Carboniferous (Morrowan-Atokan) sequence stratigraphy and depositional dynamics, southern Ozark region, northwestern Arkansas. *AAPG Field Guidebook south-central meeting.*

Manley, R. D, Choquette, P. W. and Rosa, M. B. (1993) Paleogeography and cementation in a

Mississippian oolite shoal complex ; Ste. Genevieve Formation, Willow Hill Field, Southern Illinois Basin. In : *Mississippian Oolites and Modern Analogs* (Eds B. D. Keith and C. W. Zuppann), *AAPG Stud. Geol.*, 35, 91–113.

Meyers, W. J. and Hill, B. E. (1983) Quantitative studies of compaction in Mississippian skeletal limestone, New Mexico. *J. Sediment. Petrol.*, 53, 231–242.

Mii, H, Grossman, E. L. and Yancey, T. E. (1999) Carboniferous isotope stratigraphies of North America : implications for Carboniferous paleoceanography and Mississippian glaciations. *Geol. Soc. Am. Bull.*, 111, 960–973.

Moore, C. H. (1985) Upper Jurassic subsurface cements : a case history. In : *Carbonate Cements* (Eds N. Schneidermann and P. M. Harris), *SEPM Spec. Publ.*, 36, 291–308.

Moore, C. H. (2001) Carbonate Reservoirs. Porosity evolution and diagenesis in a sequence stratigraphic framework. In : Developments in Sedimentology 55. Elsevier : 444 pp.

Moore, C. H. and Druckman, Y. (1981) Burial diagenesis and porosity evolution, Upper Jurassic Smackover, Arkansas and Louisiana. *AAPG Bull.*, 65, 597–628.

Moore, C. H. and Heydari, E. (1993) Burial diagenesis and hydrocarbon migration in platform limestones : a conceptual model based on the Upper Jurassic of Gulf Coast of USA. In : *Diagenesis and Basin Development* (Eds A. D. Horbury and A. G. Robinson), *AAPG Stud. Geol.*, 36, 213–229.

Morse, J. W. and Mackenzie, F. T. (1990) Geochemistry of Sedimentary Carbonates. *Dev. Sedimentol.*, 48, 696.

Nelson, C. S., Harris, G. J. and Young, H. R. (1988) Burialdominated cementation in non tropical carbonates of the Oligocene Te Kuiti Group, New Zealand. *Sediment. Geol.*, 60, 233–250.

Nicolaides, S. and Wallace, M. W. (1997) Pressure dissolution and cementation in an Oligo–Miocene non–tropical limestone (Clifton Formation), Otway Basin, Australia. In : *Cool–Water Carbonates* (Eds N. P. James and J. A. D. Clarke), *SEPM Spec. Publ.*, 56, 249–262.

Niemann, J. C. and Read, J. F. (1988) Regional cementation from unconformity–recharged aquifer and burial fluids, Mississippian Newman Limestone, Kentucky. *J. Sediment. Petrol.*, 58, 688–705.

Purser, B. H. (1978) Early diagenesis and the preservation of porosity in Jurassic limestones. *J. Petrol. Geol.*, 1, 83–94.

Railsback, L. B. (1993) Contrasting styles of chemical compaction in the Upper Pennsylvanian Dennis Limestone in the mid–continent region, U. S. A. *J. Sediment. Petrol.*, 63, 61–72.

Rankey, E. C. (2003) Carbonate–filled channel complexes on carbonate ramps : an example from the Peerless Park Member [Keokuk Limestone, Visean, Lower Carboniferous (Mississippian)], St. Louis, MO, USA. *Sediment. Geol.*, 155, 45–61.

Rexroad, C. B. and Collinson, C. (1965) Conodonts from the Keokuk, Warsaw and Salem Formations (Mississippian) of Illinois. *Illinois Geol. Surv. Circ.*, 388, 26.

Ritter, M. E. (2004) Diagenetic and Sea–Level Controls on Porosity Evolution for Oolitic and Crinoidal Carbonates of the Mississippian Keokuk Limestone and Warsaw Formation. Unpubl. MS thesis, University of Kansas–Lawrence, 120 pp.

Ross, C. A. and Ross, J. R. P. (1988) Late Paleozoic transgressive–regressive deposition. In : *Sea–Level Changes–An Integrated Approach* (Eds C. W. Wilgus, H. W. Posamentier, C. A. Ross and C. G. St. C. Kendall), *SEPM Spec. Publ.*, 42, 227–247.

Rowan, L. P., Leach, D. L. and Viets, J. G. (1984) Evidence for a Late Pennsylvanian–Early Permian regional thermal event in Missouri, Kansas, Arkansas and Oklahoma. *Geol. Soc. Am. Abstr. Progr.*, 16, 682.

Sable, E. G. (1979) Eastern Interior Basin region. *U. S. Geol. Surv. Prof. Pap.*, 1010–E59–106.

Sandberg, P. A. (1983) An oscillating trend in Phanerozoic non–skeletal carbonate mineralogy. *Nature*, 305, 19–22.

Scholle, P. A. and Halley, R. B. (1985) Burial diagenesis : out of sight, out of mind. In : *Carbonate Cements* (Eds N. Schneidermann and P. M. Harris), *SEPM Spec. Publ.*, 36, 309–334.

Sellwood, B. W., Shepherd, T. J., Evans, M. R. and James, B. (1989) Origin of late cements in oolitic reservoir facies : a fluid inclusion and isotopic study (Mid–Jurassic, southern England) . *Sediment. Geol.*, 61, 223–237.

Smith, L. B. (1996) High–Resolution Sequence Stratigraphy of Late Mississippian (Chesterian) Mixed Carbonates and Siliciclastics, Illinois Basin. Unpubl. PhD thesis, Virginia Tech University, Blacksburg, 146 pp.

Smith, L. B. and Read, J. F. (2001) Discrimination of local and global effects on upper Mississippian stratigraphy, Illinois basin, U. S. A. *J. Sediment. Res.*, 71, 985–1002.

Spreng, A. C. (1961) Mississippian System. In : *The Stratigraphic Succession in Missouri. Missouri Geol. Surv. Water Resourc. 2nd Ser.*, 40, 49–78.

Sun, S. Q. and Esteban, M. (1994) Paleoclimatic controls on sedimentation, diagenesis and reservoir quality : lessons from Miocene carbonates. *AAPG Bull.*, 78, 519–543.

Swirydczuk, K. (1988) Mineralogical control on porosity type in Upper Jurassic Smackover ooid grainstones, southern Arkansas and northern Louisiana. *J. Sediment. Petrol.*, 58, 339–347.

Terry, R. D. and Chilingar, G. V. (1955) Summary of "Concerning some additional aids in studying sedimentary formations" by M. S. Shvetsov. *J. Sediment. Petrol.*, 25, 229–234.

Thompson, T. L. and Fellows, L. D. (1969) Stratigraphy and conodont biostratigraphy of Kinderhookian and Osagean Rocks of Southwestern Missouri and adjacent areas. *Missouri Geol. Surv. Water Resourc. Rep. Invest.*, 45, 263.

Ward, W. C. (1973) Influence of climate on the early diagenesis of carbonate eolianites. *Geology*, 1, 171–174.

Wisniowiecki, M. J., Van der Voo, R., McCabe, C. and Kelly, W. C. (1983) A Pennsylvanian paleomagnetic pole from the mineralized Late Cambrian Bonneterre Formation, southeast Missouri. *J. Geophys. Res.*, 88, 6540–6548.

Witzke, B. J. (1990) Paleoclimatic constraints for Paleozoic paleolatitudes of Laurentia and Euramerica. In : *Paleozoic Paleogeography and Biogeography* (Eds W. S. McKerrow and C. R. Scotese), *Geol. Soc. London Mem.*, 12, 57–73.

Witzke, B. J. and Bunker, B. J. (1996) Relative sea–level changes during Middle Ordovician through Mississippian deposition in the Iowa area, North American craton. In : *Paleozoic Sequence Stratigraphy : Views from the North American Craton* (Eds B. J. Witzke, G. A. Ludvigson and J. Day), *Geol. Soc. Am. Spec. Paper*, 306, 307–330.

Wojcik, K. M. (1991) Diagenesis of Pennsylvanian Sandstones and Limestones, Cherokee Basin, Southeastern Kansas : Importance of Regional Fluid Flow. Unpubl. PhD thesis, University of Kansas, Lawrence, 349 pp.

Wojcik, K. M., Goldstein, R. H. and Walton, A. W. (1997) Regional and local controls on diagenesis driven by basin–wide flow system ; Pennsylvanian sandstones and limestones, Cherokee basin, southeastern Kansas. In : *Basin–Wide Diagenetic Patterns : Integrated Petrologic, Geochemical and Hydrologic Considerations* (Eds I. P. Montanez, J. M. Gregg and K. L. Shelton), *SEPM Spec. Publ.*, 57, 235–252.

Wright, V. P. (1988) Paleokarsts and paleosoils as indicators of paleoclimate and porosity evolution : a case study from the Carboniferous of South Wales. In : *Paleokarst* (Eds N. P. James and W. Choquette), pp. 329–341. Springer–Verlag, New York.

Wu, Y. and Beales, F. (1981) A reconnaissance study by paleomagnetic methods of the age of mineralization along the Viburnum Trend, sotheast Missouri. *Econ. Geol.*, 76, 1879–1894.

17 成岩矿化度旋回——碳酸盐岩成岩作用与层序地层学之间的纽带

A. E. Csoma[1, 2]，R. H. Goldstein[1]

1. Department of Geology，University of Kansas，1475 Jayhawk Blvd.，120 Lindley Hall，Lawrence，KS 66045-7613，USA（E-mail：anitacsoma@hotmail.com）

2. Present address：ConocoPhillips，600 N. Dairy Ashford，PR，2288 GS，064，Houston TX 77079，USA

摘要 在浅水碳酸盐环境，潜水面与早期成岩流体的化学组分主要受海平面波动和气候变化控制。了解碳酸盐岩对海平面和气候变化的成岩响应有助于预测层序格架中的成岩作用，并最终预测储层质量。本次研究对概念模型进行了扩展，提出了成岩矿化度旋回的概念（DSCs；Csoma 等，2004），并根据相对海平面升降记录，预测近地表的成岩过程及产物。

本文描述了3个区域（意大利 Monte Camposauro 白垩系碳酸盐岩、牙买加上新统—更新统 Hope Gate 组以及西班牙 Mallorca 岛更新统岩溶含水层）的成岩矿化度旋回，在综合野外观测、透射光岩相分析、CL、X 射线衍射、常量元素、$\delta^{13}C$、$\delta^{18}O$ 和流体包裹体等资料的基础上，对成岩矿化度旋回进行了评价。

本次研究在意大利 Monte Camposauro 识别出了4个成岩矿化度旋回，在牙买加 Hope Gate 组识别出了1/2个成岩矿化度旋回，在 Mallorca 岛 Sa Bassa Blanca 洞穴中识别出了5个成岩矿化度旋回。通过对上述旋回的评价，得到以下几点认识：（1）海水化学的长期变化对成岩矿化度旋回内海洋和混合带沉淀物的矿物组分起着重要作用。相较于温暖海洋环境中形成的方解石胶结物，Monte Camposauro 地区白垩系海洋沉淀物主要为高镁方解石和文石（Fuchtbauer 和 Hardie，1976，1980）。白垩系低镁方解石混合带胶结物、含高镁方解石和文石的上新统—更新统海洋和混合带沉淀物均与矿物预测结果一致。（2）气候和海平面变化的成岩响应可以被识别。Sa Bassa Blanca 洞穴表明针状文石、文石板片、多微孔枝状方解石均沉淀于海平面高位期。气候变化和降水量的增大导致文石沉淀转变为方解石沉淀。（3）沿不整合面保存的成岩矿化度旋回可以用于解释相对海平面的变化，并可以预测下倾方向沉积序列的位置。另一方面，下倾方向的沉积层序、构造演化史和海平面波动史也可用于预测上倾方向部分成岩蚀变特征。综上所述，成岩矿化度旋回可作为一个研究框架，用于预测层序格架内海平面变化和气候变化的成岩响应。

关键词 碳酸盐岩；早成岩作用；海平面；海平面升降；古岩溶；洞穴堆积物；地球化学；流体包裹体；稳定同位素；层序地层；混合带；古气候

17.1 引言

碳酸盐岩成岩作用在石油天然气勘探、油田开发过程中储层表征、提高采收率等方面越来越重要。掌握碳酸盐岩成岩作用的产物和过程对于预测储层质量、孔隙类型以及孔隙连通性至关重要。

在浅水碳酸盐环境，潜水面与早期成岩流体的化学组分要受海平面波动和气候变化控制。（Ward，1973；Esteban–Klappa，1983；Pierson 和 Shinn，1985；Ward 和 Halley，1985；Hird 和 Tucker，1988；Read 和 Horbury，1993；Saller 等，1994；Mylroie 和 Carew，1995；Melim，1996；Whitaker 等，1999；Melim 等，2001），因此，层序地层格架应该是预测早期成岩产物（胶结作用、溶蚀作用、重结晶作用和白云石化作用等）的基础。目前，已有多种方法可预测成岩模型，包括概念的、统计 / 定量的和正演 / 反应—传递模型。但是，在其他类型的模型能够持续成功地应用之前，需要在基本概念模型方面取得重大进展。

本研究详述了成岩矿化度旋回概念模型，根据相对海平面升降记录，预测近地表的成岩过程与产物。成岩矿化度旋回概念由 Csoma 等（2004 年）提出，将它作为一种用于预测相对海平面波动的成岩记录的概念模型。对意大利白垩纪喀斯特地层的详细研究表明，相对海平面的波动可能导致从海水成岩或内部沉积到混合带、大气水、混合带再到海水成岩或内部沉积的循环过程（Csoma 等，2004）（图 1）。成岩矿化度旋回的结束以成岩共生组合中海水条件的首次重现为标志。为使该模型更具普遍适用性，在给定海平面变化幅度和速率、气候、水文地质背景和海水化学条件下，探讨成岩作用对海平面变化的响应。

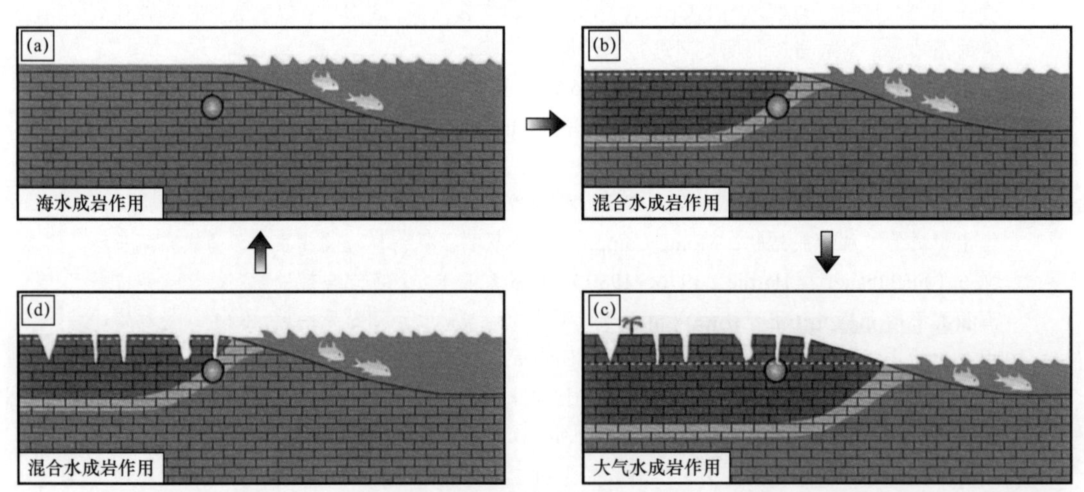

图 1　示意图展示了橙色圆圈位置理想的碳酸盐岩成岩矿化度旋回（DSCs）。一套完整的 DSCs 开始于（a）海相沉积或成岩作用，随后发展为（b）混合带、（c）大气水潜流带和渗流带，最后恢复为（d）混合带成岩与（a）海洋成岩作用或沉积作用。白色虚线代表潜水面，它在滨岸环境受海平面位置控制（据 Csoma 等，2004）

例如，预测更新世海平面变化的成岩响应与 Csoma 等（2004）的白垩纪海平面变化成岩响应有所不同，因为更新世海洋的化学组分不同于白垩纪的（Sandberg，1983；

Wilkinson 和 Given，1986；Lowenstein 等，2001），而且海平面变化的幅度与速率也存在差异（Grötsch，1994；Hardenbol 等，1998，Galeet 等，2002）。Ward 和 Halley（1985）对尤卡坦半岛东北部晚更新世成岩作用的研究表明，晚更新世海平面变化的成岩响应与白垩纪的存在较大差异。Ward 和 Halley（1985）证实了周期性海平面波动的成岩响应包括海水方解石胶结作用，混合带和大气水方解石胶结作用，文石的新生变形作用、溶蚀作用和钙化作用（图 2）。相对海平面上升导致混合带条件的恢复，在混合带条件下发生了白云石化作用和文石的进一步溶解，以及环带状白云石和方解石胶结物的沉淀。此外，大气水作用可导致方解石胶结物的沉淀、白云石和镁方解石的溶解。

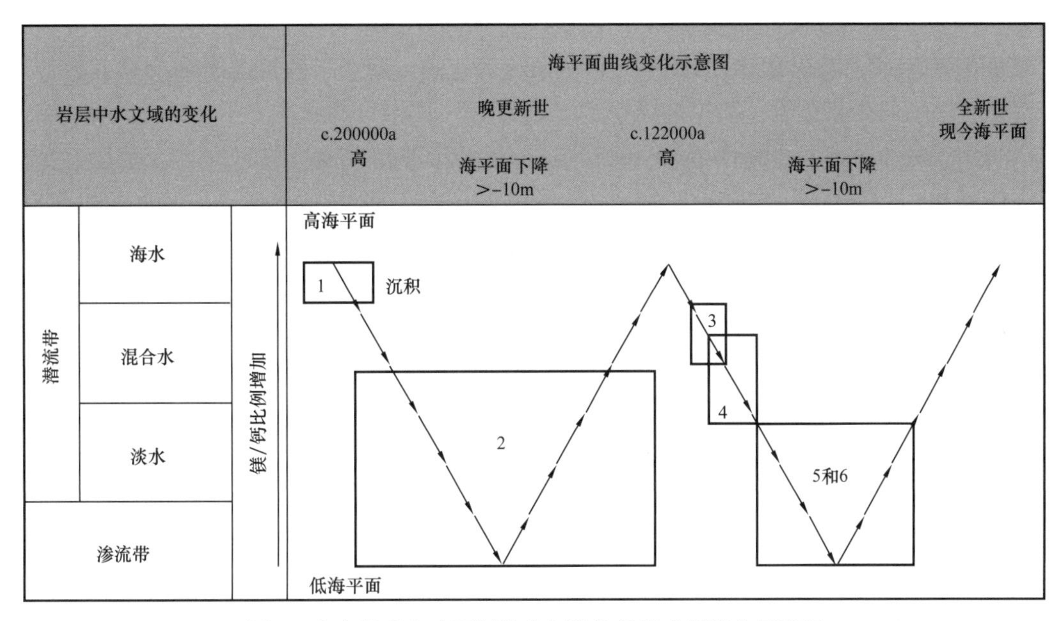

图 2　尤卡坦半岛晚更新世礁灰岩的早期成岩演化示意图

这些岩石的早成岩作用（海水、大气水和混合水）受海平面变化控制。早成岩事件包括：（1）海洋环境中的泥晶套和海底胶结物；（2）混合带和大气水环境中含镁方解石的损失，亮晶方解石胶结物的沉淀，文石的新生变形作用，文石的溶蚀作用和方解石化作用；（3）混合带白云石化作用（交代和胶结作用）和文石的溶蚀作用；（4）混合带和大气水环境中环带状白云石/方解石胶结物的沉淀；（5）大气水环境中方解石胶结物的沉淀；（6）大气水环境中高钙白云石和含镁方解石胶结物的溶蚀。海平面曲线并非按时间或空间比例绘制。（修改自 Ward 和 Hailey，1985）

为了研究造成具有不同特性的成岩矿化度旋回的变量，本次研究对 3 个实例进行了评价，这些实例的成岩矿化度旋回已经确定，并形成了不同的成岩产物。这 3 份实例分别是：（1）意大利 Monte Camposauro 地区白垩系碳酸盐岩；（2）牙买加上新统—更新统 Hope Gate 组；（3）西班牙 Mallorca 岛更新统岩溶含水层。上述研究区域具有不同地质年龄和环境背景，因而可以对下列假设条件进行探讨。

17.2　假设条件

（1）成岩矿化度旋回的成岩产物（矿物组成），尤其是海相和混合带沉淀物，受海水化学条件的长期变化控制。对于海相和混合带沉淀物，在“方解石海”环境，预测矿物成分为低镁方解石；相较而言，在“文石海”环境，预测矿物成分为文石和高镁方解石。为了对该假设进行探讨，本文对3个研究区的海相和混合带沉淀物进行了详细对比分析。

（2）当潜水面和海平面基本持平时，成岩矿化度旋回的中成岩特征（矿物成分）的变化受短期气候变化所控制。为了评价这个假设，本文对Mallorca混合带洞穴堆积物进行了研究。本文所述的混合带洞穴堆积物可能形成于潜水面与海平面持平的水位或静水条件，不同的矿物成分可能由于气候变化所致（Csoma等，2006）。

（3）通过盆地沉积模拟程序，成岩矿化度旋回可用于展示并预测层序地层、构造作用和成岩作用之间的关联。为了评价这个假设，根据意大利Monte Camposauro地区的成岩矿化度旋回记录，使用PHIL™E1994（Bowman和Vail，1999）模拟海平面变化和构造沉降或隆起之间的相互作用。模拟的结果见Csoma等（2004）的著作。

（4）碳酸盐台地的古地形可能会影响成岩矿化度旋回的形成和时间。为了评价这个假设，使用PHIL™E1994（Bowman和Vail，1999）模拟程序对Monte Camposauro地区的成岩矿化度旋回进行了模拟。通过对所模拟的碳酸盐台地设定不同的海平面高度，对成岩矿化度旋回的数量与发生时间进行了评价（Csoma等，2004）。

在本文发表之前，Csoma等（2004，2006）已经对Monte Camposauro地区和Mallorca岛Sa Bassa Blanca洞穴更新统洞穴堆积物的成岩特点进行了详细描述。本次研究介绍了牙买加上新统—更新统Hope Gate组的成岩矿化度旋回，并通过对比分析这3个研究区域的成岩矿化度旋回，对上述假设进行了评价。

17.3 地质背景

17.3.1 意大利Monte Camposauro地区

研究地点位于意大利Apennines南部Monte Camposauro地区的两个采石场，它们分别为Cava Uria Inferiore和Cava Uria Inferiore，在采石场出露了2套地层单元。下部灰岩为Aptian组，由泥岩、富厚壳蛤类生物碎屑浮石和生物碎屑泥粒岩组成，解释为礁后潟湖沉积（如Carannante等，1988；Michelio，2001）。Aptian灰岩被溶蚀控制的和断裂控制的洞穴切割，其上为不规则侵蚀面（Carannante等，1987，1988，1994）（图3）。侵蚀面之上覆盖了由富含厚壳蛤类碎片的颗粒岩组成的Cenomanian灰岩。沉积物填充和切割关系表明，下部灰岩中的洞穴形成于上Cenomanian统灰岩沉积前的近地表环境。

17.3.2 牙买加Hope Gate组

Hope Gate组构成了牙买加北部最古老的台地，形成于上新世—更新世（Land，1991）。除了水道由Halimeda颗粒岩充填之外，Hope Gate组主要由白云石化的石珊瑚黏结岩组成（Land，1973，1991；Frank和Lohmann，1996年）（图4）。Halimeda颗粒岩被条带状、等厚纤维状方解石和具生长环带的刃状方解石胶结，它们是本次研究的重点。研究区位于 Oracabessa 海湾附近。

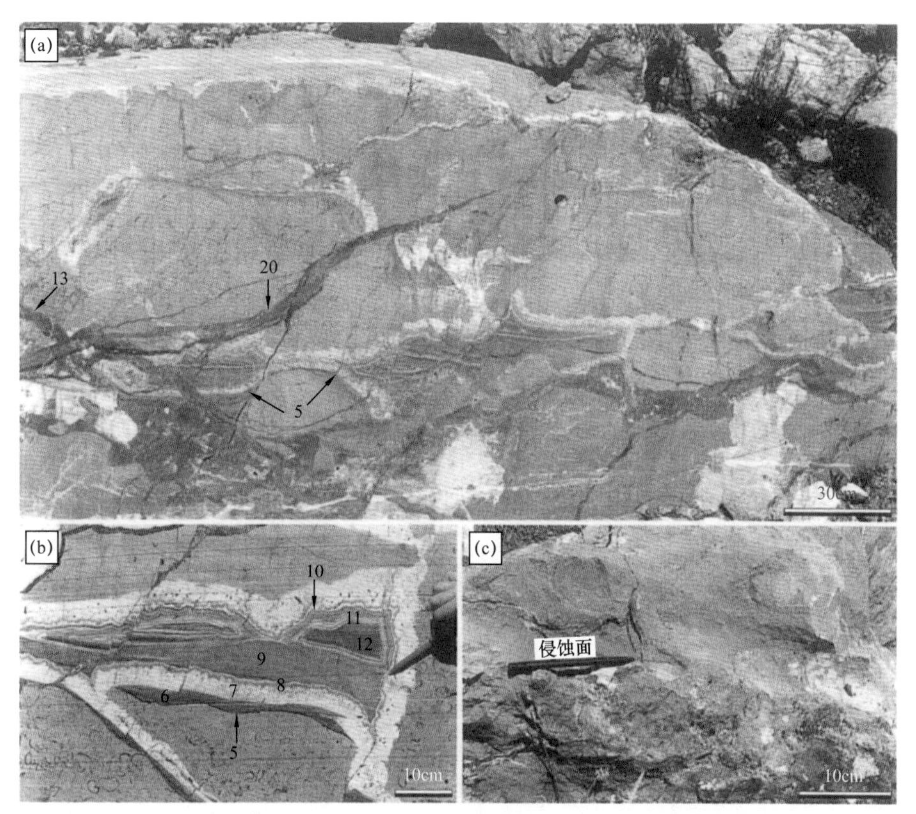

图 3　野外照片显示 Monte Camposauro 地区不同的成岩特征，其中照片中的数字代表成岩特征。（a）溶蚀控制的和断裂控制的洞穴和充填物复杂系统。（b）平行层理的板状洞穴（特征 5），被含化石的内部沉积物（特征 6，9 和 12）、假晶针状文石胶结物（特征 7）、放射纤维状方解石胶结物（特征 8 和 11）和刃状方解石胶结物（特征 10）充填。（c）Aptian/Cenomanian 不整合面。Aptian 灰岩发生了广泛的蚀变，并通过突变的、不规则的侵蚀面将其与未发生喀斯特化的 Cenomanian 灰岩分隔开来。（据 Csoma 等，2004 年）

图 4　牙买加 Oracabessa 海湾 Hope Gate 组野外照片

（a）Halimeda 颗粒岩，通常被来源于上覆中新统的红色铝土颗粒侵染。（b）文石质骨骼碎屑溶蚀形成的铸模孔并被刃状方解石胶结物衬边，如 Halimeda。

17.3.3 Sa Bassa Blanca 洞穴

Sa Bassa Blanca 洞穴位于 Mallorca 岛东北部海岸，形成于侏罗系白云石化的碳酸盐岩中（Ginés，1995）。洞穴堆积物包括渗流方解石、文石以及混合带（海水与淡水混合）水—气界面及其下部沉淀的方解石（Pomar 等，1987；Csoma 等，2006）。正如该地区的现代类似物，中更新统溶洞内的水—气界面大致与同时代的海平面持平（Pomar 等，1976，1987；Ginés 等，1981a，1981b）。从 Sa Bassa Blanca 洞穴内壁水平岩心中采集的洞穴堆积物水平条带样品，标志着古水—气界面位置高于现今海平面 8m。本次研究聚焦于 SBB/S24 岩心（Pomar 等，1987）（图 5）。

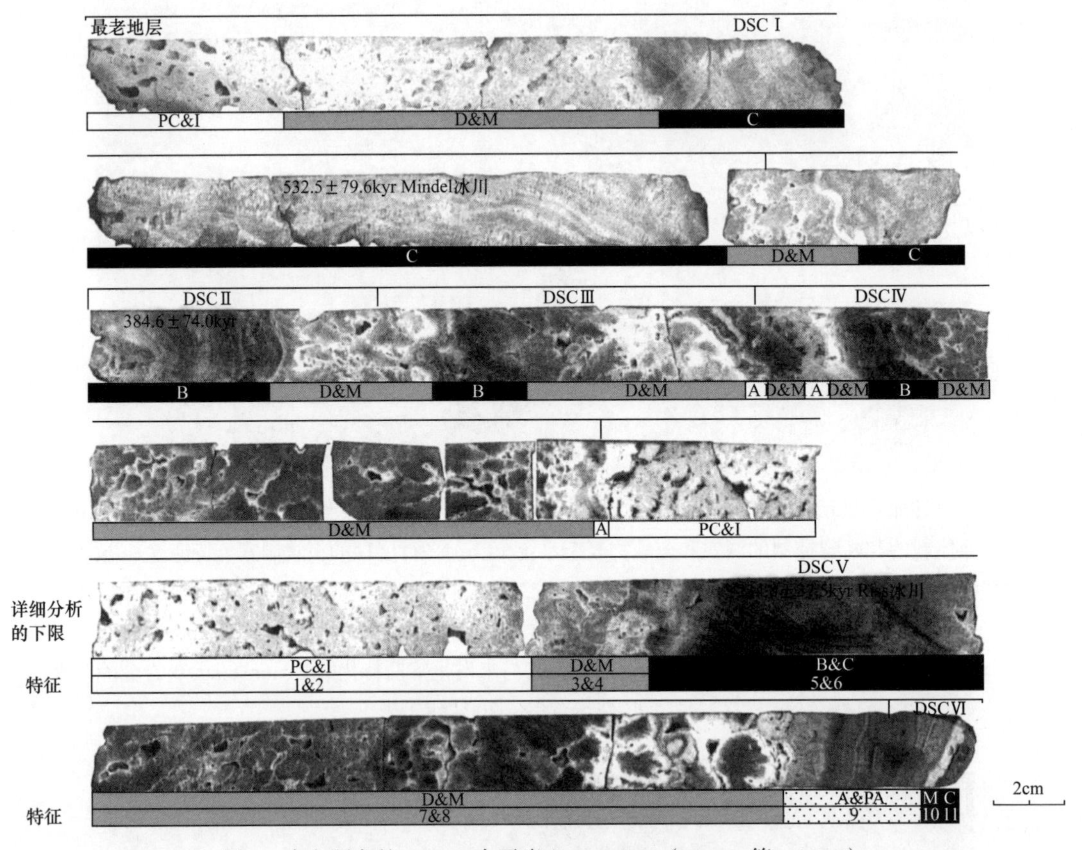

图 5　本文研究的 122cm 水平岩心 SBB/S24（Pomar 等，1985）

现代洞壁（最年轻的）位于右下角；最内层（最古老的）部分位于左上角。最详细的岩石学和地球化学分析集中于岩心最外侧的 46cm 部分。岩心宽度为 2cm。共识别出 7 种不同类型的沉淀物，并用大写字母表示，其中 PC—刃状方解石板片；I—等厚刃状方解石；D—枝状方解石；M—微孔刃状方解石；C—柱状方解石；B—刃状方解石包壳；A—针状文石；PA—文石板片。在整个岩心中，这些不同类型的沉淀物重复出现，至少可以识别出 5 个成岩矿化度旋回（第 1 个成岩矿化度旋回的年代最老）。每个旋回的边界以文石（A 和 PA）或枝状 / 微孔方解石为标志（D 和 M）（修改自 Csoma 等，2006）

17.4 研究方法

17.4.1 岩石学

野外观察侧重于研究叠置和横切关系，以利于确定成岩事件的时间。岩石学研究侧重于确定共生组合、沉淀物的形态以及重结晶程度。本次利用透射光显微镜分析双面抛光薄片 160 样次，使用阴极发光显微镜对共生组合进行进一步检测，以评价成岩相的重结晶程度，并对胶结事件进行校正（Meyers，1974）。

17.4.2 流体包裹体

采用 Goldstein 和 Reynolds（1994）提出的海水中盐等效模型，通过测量原生包裹体的冰点温度（T_m）确定海水与淡水的混合比例和盐度。采用冷粘技术和低速锯制备双面抛光的厚薄片，以避免破坏流体包裹体样品。流体包裹体分析之后方可使用阴极发光显微镜对其进行研究，以避免流体包裹体原始组分发生变化。在显微测温之前，详细的流体包裹体岩石学分析记录了表观上的相态比例。将方解石胶结物中的全液相包裹体加热至 120℃（Camposauro 样品）或 200℃（Mallorca 岛和牙买加样品），加热时间为 12h，然后冷却至形成气泡。利用美国地质调查局设计、Fluid 公司改良的冷热台，在偏光显微镜下测量包裹体的冰点温度，再现性为 0.1℃。

17.4.3 稳定同位素

为了实现精细尺度的稳定同位素和元素分析，利用计算机控制的 Merchantek 微型钻机从抛光片上采集了 123 份样品（每份样品重量为 2～3mg）。尽管微区取样过程较为谨慎，部分 Monte Camposauro 地区碳酸盐胶结物样品仍被后期充填微裂缝的方解石污染。分析了微型样品碎片的 Ca、Mg 浓度和稳定同位素组成。在两个实验室对碳、氧同位素进行了分析，其中，在匈牙利科学院核能研究所，利用专为轻同位素研发的质谱仪进行同位素分析；在美国艾奥瓦大学，使用 Finnigan-MAT252 IRSM 与 Kiel Ⅲ全自动碳酸盐岩分析设备进行同位素分析。利用备份的样品碎片确定 2 个实验室之间的再现性，其中，$\delta^{18}O$ 的再现性小于 0.3‰，$\delta^{13}C$ 的再现性小于 0.12‰。在 380℃高温条件下，将 $CaCO_3$ 粉末在真空下焙烧 1h，以去除挥发性污染物，然后进行干燥处理。在艾奥瓦大学实验室，在 750℃温度下将碳酸盐岩粉末与 2 滴无水磷酸发生反应；在匈牙利科学院实验室，在 250℃温度下将碳酸盐岩粉末与 3mL 无水磷酸进行反应。使用国际 KH2（PDB）标准和 NIST 粉末状碳酸盐岩标准（NBS-18，19，20）对样品进行了分析。在艾奥瓦州实验室，$\delta^{18}O$ 和 $\delta^{13}C$ 的分析精度（1σ）小于 0.1‰；在匈牙利科学院的实验室，$\delta^{18}O$ 和 $\delta^{13}C$ 的分析精度小于 0.3‰，分析结果采用 VPDB 标准。

17.4.4 矿物和元素分析

首先利用X射线衍射分析方法确定碳酸盐相及内部沉积物的矿物成分。本次在Budapest Eotvos L.大学的X射线实验室，利用西门子D5000 Theta–Ùleta X射线粉末衍射仪和评价系统对35个样品进行了分析。

在堪萨斯大学离子分析实验室，利用VG Elemental PlasmaQuad Ⅱ +XS电感耦合等离子体质谱仪（ICP–MS）对胶结物微区样品中的Ca、Mg浓度进行了分析。在Centrex MF–0.4尼龙膜离心过滤管中，将1mg碳酸盐岩粉末在0.5mL浓度为4%乙酸中进行溶解，并在室温条件下将样品超声振动约15min，然后以4000r/min钻速将样品离心分离10min，过滤不溶性残余物。最后将溶液置于层流净化罩内彻底干燥，并在1mL、浓度为2%的硝酸中进行溶蚀。使用ES–2000型流量为100μL/min的PFA喷雾器将溶液输入ICP–MS中。每次运行时，测量的标准漂移校正溶液的信号强度变化是通过采用Cheatham等（1993）开发的程序进行线性拟合来完成的。使用3份标准溶液和1份实验室空白样来计算每个元素的校正曲线。对于Ca元素，校准曲线的相关系数R^2达0.9996以上；对于Mg元素，校准曲线的相关系数R^2达0.9986以上。每次测量时，标准溶液备样通常具有约5%的测定误差。利用样品碎片确定程序的精度，包括样品的处理和测定。对于Ca和Mg，百分比相对标准偏差（RSD% = 标准偏差/平均值 ×100）分别为3%和4%。

本次研究对方解石定义如下：$MgCO_3$含量低于4%（摩尔分数）的方解石为低镁方解石，$MgCO_3$含量高于4%（摩尔分数）的方解石为高镁方解石（Tucker，1981）。

17.5 结果——成岩矿化度旋回的表现

在详细的岩石学和地球化学分析基础上，对3个野外区域的DSCs进行了识别。下文对成岩特征和DSCs进行了概述。每个成岩特征与相关地球化学数据（$MgCO_3$含量、$\delta^{13}C$、$\delta^{18}O$和流体包裹体的冰点温度）的详细描述分别见于表1（Monte Camposauro地区）、表2（Hope Gate组）和表3（MallorcaSa Bassa Blanca洞穴），这些统计表还包括成岩环境的解释。稳定同位素和流体包裹体数据分别总结于图6和图7，此外，所测量的流体包裹体显微照片如图8所示。对Monte Camposauro和Mallorca地区Sa Bassa Blanca洞穴成岩特征的详细描述，请参考Csoma等（2004，2006）的论述。

17.5.1 意大利Monte Camposauro地区

在Monte Camposauro地区，在不整合面之上Aptian—Cenomanian海相沉积物中识别出了21种成岩特征（图9），它们形成于4套DSCs的发育过程中（图9）（Csoma等，2004）。示意图（图9）和显微照片（图10）展示了Monte Camposauro地区所观察到的成岩特征之间的横切和叠置关系，此外，图11（a）对解释的DSCs和成岩环境进行了概述。各成岩特征的详细描述见表1。

表 1　意大利 Monte Camposauro 地区成岩特征、$MgCO_3$、$\delta^{18}O$、$\delta^{13}C$ 和冰点温度数据及成岩环境解释

成岩特征编号	成岩特征名称	产状与岩石学特征	$MgCO_3$ %（摩尔分数）	$\delta^{18}O$ ‰ VPDB	$\delta^{13}C$ ‰ VPDB	流体包裹体 T_m，℃	混合比例 % 海水	解释（成岩环境）	DSC 编号
1	Aptian 生物骨骼沉积物和泥晶套	Aptian 礁后潟湖沉积物的沉积、生物侵蚀和骨骼碎屑的泥晶化作用。泥晶套厚 2～5μm，呈暗淡阴极发光，主要发生于有孔虫和软体动物碎屑上	N/A	N/A	N/A	N/A	N/A	初始海洋环境	I
2	铸模孔	软体动物文石壳的溶蚀形成铸模孔。泥晶套包绕铸模孔	N/A	N/A	N/A	N/A	N/A	过渡环境，可能是以海水为主的大气水—海水混合带	I
3	微亮晶的内部沉积物	均质微亮晶，呈暗淡阴极发光	无数据	无数据	无数据	N/A	N/A	过渡环境，可能是以海水为主的大气水—海水混合带	I
4	刃状方解石胶结物	出现在铸模孔中。晶体长 10～50μm，朝中心方向变粗。阴极不发光，偶见 1～2 薄层明亮发光的生长环带。原生流体包裹体为液相包裹体	0.3（n=1）（低镁）	-4.7～3.5（n=7）	-5.3～-0.9（n=7）	-0.6～-1.7（n=11）	31～89	大气水—海水混合带，其中海水含量占 31%～89%	
5	列表状孔洞、溶穴和垂向细长状孔洞	列表状洞穴呈明显的顺层展布特征，位于不整合面以下 15m 内，直径范围为几分米至几米。溶穴具有圆齿状内壁。该层段之上见较小的细长孔洞，宽 2～10cm，长 10～20cm	N/A	N/A	N/A	N/A	N/A	大气水潜流带形成列表状洞穴，大气水渗流带形成细长孔洞	I
6	含化石的内部沉积物	含深褐色和灰色薄层钙质粉砂岩的粒泥岩，见含方解石胶结物、薄壳介形类、腹足类和有孔虫的生物骨骼。 普遍发育毫米级的生物潜穴	N/A	N/A	N/A	N/A	N/A	海水或调整的海水	I 和 II

续表

成岩特征编号	成岩特征名称	产状与岩石学特征	$MgCO_3$ %（摩尔分数）	$\delta^{18}O$ ‰ VPDB	$\delta^{13}C$ ‰ VPDB	流体包裹体 T_m，℃	混合比例 % 海水	解释（成岩环境）	DSC 编号
7	针状文石假晶	单个晶体呈细长状，长 0.5～3cm，端点参差不平或平直。在横剖面，晶体呈六角形或变形六边形。由方解石亮晶构成的针状晶体阴极不发光—暗淡发光，见明亮斑块	1.1～1.4（n=3）（低镁）	−3.4～−1.8（n=11）	−2.5～1.22（n=11）	无数据	无数据	亮晶方解石是新生变形的结果。初始针状文石最有可能来源于海洋，而新生变形方解石亮晶则是大气水形成的	Ⅱ
8	放射纤维状方解石	出现在列表状洞穴中，为 50～200μm 的细长晶体，具波状消光与凹形双晶面。晶体中可见微白云石包裹体。阴极不发光，见暗淡发光的不规则斑块	1.0 和 1.2（n=3）（低镁）	−3.6～−1.3（n=8）	−1.9～1.22（n=8）	无数据	无数据	基于共生组合的位置以及同位素数据，原始胶结物可能为海洋沉淀物并在大气水中发生新生变形作用	Ⅱ
9	含化石的内部沉积物	出现在列表状洞穴中，由交替的褐色粒泥岩和灰色似球粒灰泥岩组成。可见薄壳介形虫、腹足类和有孔虫	N/A	N/A	N/A	N/A	N/A	底栖有孔虫指示海洋或调整型海洋环境	Ⅱ
10	刃状方解石胶结物	出现在列表状洞穴中，晶体长 25～200μm，形成等厚包壳，阴极不发光，见明亮发光的生长带。原生流体包裹体均为液相包裹体	0.7 和 0.9（n=3）（低镁）	−4.6～−3.2（n=9）	−6.2～−0.9（n=9）	−0.6～−1.3（n=11）	31～68	大气水—海洋水混合带，其中海水含量占 31 %～68 %。保存的阴极发光生长带表明部分方解石未发生重结晶	Ⅱ
11	放射纤维状方解石胶结物	在整个 Aptian 灰岩的列表状洞穴和垂直孔洞内都可见到，形成富包裹体与贫包裹体层交替发育的等厚壳。晶体长 100～300μm，见微白云石包裹体。整体阴极不发光，但可见橙色发光和暗淡发光的不规则斑块	1.9～3.2（n=3）（低镁）	−3.1～−1.1（n=9）	−2.8～−1.2（n=9）	无数据	无数据	$\delta^{18}O$ 值最偏正表明其为海水方解石胶结物。微白云岩包裹体和阴极发光特征表明，重结晶胶结物的前驱物为镁方解石	Ⅱ和Ⅲ

续表

成岩特征编号	成岩特征名称	产状与岩石学特征	$MgCO_3$ %（摩尔分数）	$\delta^{18}O$ ‰ VPDB	$\delta^{13}C$ ‰ VPDB	流体包裹体 T_m，℃	混合比例 % 海水	解释（成岩环境）	DSC编号
12	含化石的内部沉积物	出现在列表状洞穴中。由含有薄壳介形虫、小型有孔虫和方解石碎屑的泥粒岩/粒泥岩组成	N/A	N/A	N/A	N/A	N/A	海相生物化石指示海洋或调整型海洋环境	Ⅲ
13	溶蚀扩大的裂缝和大型孔洞	裂缝宽5～10cm，孔洞宽30cm，具有光滑和圆齿状内壁。孔洞为垂直细长状，形如向下变细的管道。孔洞出现在不整合面之下28m内	N/A	N/A	N/A	N/A	N/A	基于孔洞的垂直细长形态和溶蚀扩大特征，确定为大气水渗流带	Ⅲ
14	刃状～等轴方解石胶结物	出现于特征13大型孔洞内，形成大型明亮的晶体，长200～500μm。在洞穴内壁形成硬壳，朝中心变粗。孔隙底部的胶结物壳厚于顶部，孔洞内胶结物含量不等。阴极不发光，见两三个暗淡和明亮发光的同心生长环带。部分晶体可见悬垂式分布的原生流体包裹体	0.4和0.5（n=3）（低镁）	−5.4～−4.5（n=6）	−8.4～−1.2（n=6）	无数据	无数据	孔洞的斑状分布、原生流体包裹体的分布、$\delta^{18}O$和$\delta^{13}C$数据，指示大气水渗流带	Ⅲ
15	铝土质砾岩	出现在裂缝和大型孔洞中。大量棱角状—次棱角状围岩碎屑与铝土质砾岩共同沉积。主要为赤铁矿、针铁矿，伴生水榴石和薄水铝石	N/A	N/A	N/A	N/A	N/A	铝土质矿物特征指示其为大气水渗流环境。不整合面之下铝土矿粒屑的搬运指示其为特征14之后延续的大气水渗流环境	Ⅲ
16	刃状方解石胶结物	出现在裂缝和大型孔洞中。与淡红色的粉砂级铝土质内部沉积物互层。晶体长50～100μm，形成等厚状硬壳。阴极不发光，可见不规则的明亮和暗淡发光斑块的生长环带	1.0～1.5（n=3）（低镁）	−3.7～−3.0（n=11）	−1.7～0.3（n=11）	无数据	无数据	$\delta^{18}O$和$\delta^{13}C$值表明沉淀于以大气水为主的大气水～海水混合带。刃状方解石的分布指示大气水潜流带。斑状阴极发光区域指示部分重结晶作用	Ⅲ

续表

成岩特征编号	成岩特征名称	产状与岩石学特征	$MgCO_3$ %(摩尔分数)	$\delta^{18}O$ ‰ VPDB	$\delta^{13}C$ ‰ VPDB	流体包裹体 T_m，℃	混合比例 % 海水	解释（成岩环境）	DSC 编号
17	放射纤维状方解石胶结物	位于裂缝和大溶洞。晶体长 0.3～2.5mm。阴极不发光，偶见明亮发光的斑块。含液相流体包裹体，原生流体包裹体均为液相包裹体	1.3 和 1.6（n=2）（低镁）	-3.0～-2.6（n=8）	1.1～2.4（n=8）	-1.3～-1.7（n=3）	68～89	大气水—海洋水混合带，海水含量占 68%～89%。形态和分布指示其沉淀于大气水潜流带环境	Ⅲ和Ⅳ
18	次生加大方解石胶结物	等厚胶结物，厚 0.2mm，与特征 17 具有光学连续性。晶体明亮，具均一消光。阴极发光明亮，见微米级的内部生长环带。原生流体包裹体均为液相包裹体	1.3～1.7（n=3）（低镁）	-3.9～-2.5（n=4）	-1.2～0.1（n=4）	0.0～-1.3（n=11）	0～68	流体包裹体数据和同位素值指示大气水—海水混合带和大气水潜流带环境	Ⅳ
19	等轴方解石胶结物	充填了大型孔洞的残留孔隙。在阴极发光条件下，可见暗淡和中等发光的生长环带。原生流体包裹体均为液相包裹体	0.3～0.5（n=3）（低镁）	-5.7～-3.7（n=11）	-4.8～-0.8（n=11）	0.0～-0.2（n=35）	0～10	以大气水为主的大气水—海水混合带，海水含量最大为 10%	Ⅳ
20	溶蚀扩大型裂缝	这些裂缝切割了所有之前的成岩特征，宽 5～10cm，平滑和圆齿形内壁指示溶蚀作用。这些裂缝仅见于 Aptian 母岩中，在不整合面之上未见其发育	N/A	N/A	N/A	N/A	N/A	混合水或大气水流体促进了溶蚀作用	Ⅳ
21	含化石的内部沉积物	这种内部沉积物沉积于特征 20 的裂缝中。生物碎屑粒泥岩含粉砂级方解石胶结物。生物碎屑包括底栖有孔虫、介形虫、腹足类和棘皮动物。在 Cenomanian 不整合面之上的底层中，可见粒泥岩粒屑被改造	N/A	N/A	N/A	N/A	N/A	底栖有孔虫和棘皮动物刺表明其沉积于海洋环境	Ⅳ

表 2 Mallorca 岛 Sa Bassa BlancaMallorca 溶洞的成岩特征、$MgCO_3$、$\delta^{18}O$、$\delta^{13}C$ 和冰点温度数据及成岩环境解释

成岩特征编号	成岩特征名称	产状与岩石学特征	$MgCO_3$ %（摩尔分数）	$\delta^{18}O$ ‰ VPDB	$\delta^{13}C$ ‰ VPDB	流体包裹体 T_m，°C	混合比例 % 海水	解释（成岩环境）	DSC 编号
1	上新统—更新统生物骨骼沉积物和泥晶套	富含 Halimeda 骨骼碎屑沉积物的沉积、生物侵蚀和泥晶化作用。泥晶套厚 10～30 mm，阴极不发光	N/A	N/A	N/A	N/A	N/A	初始海洋环境	I
2	含化石的内部沉积物	Halimeda 颗粒岩原生孔隙内的内部沉积物。内部沉积物为由 Halimeda 碎屑、有孔虫、棘皮动物和腹足类组成的骨架颗粒岩	N/A	N/A	N/A	N/A	N/A	化石组合指示海洋环境	I
3	呈条带状的纤维状高镁方解石胶结物	高镁方解石胶结物在原生孔隙和同沉积裂缝中形成等厚衬边。晶体紧凑，长 100～300μm，形成 1～4mm 厚壳，由明亮（贫包裹体）与云雾状（富包裹体）次生加大带交替而成。贫包裹体环带阴极不发光，而富包裹体环带阴极发暗淡光和明亮的斑块。富包裹体孔隙发育的微米级铸模孔、白云石和低镁方解石。原生流体包裹体均为液相包裹体	贫包裹体区：13.6～16.4（n=6）（高镁）；富包裹体区：12.5～20.2（n=6）（高镁）	贫包裹体区：0.7～1.4（n=6）；富包裹体区：0.3～1.2（n=7）	贫包裹体区：2.9～3.5（n=6）；富包裹体区：1.4～3.3（n=7）	贫包裹体区 -2.4～-1.9；富包裹体区 -1.9 和 -1.8（n=7）	N/A；轻微蒸发的海相环境：35×10^{-9}～45×10^{-9}	海洋—轻微蒸发海水潜流带环境。正常海水中，富含包裹体的方解石发生沉淀或重结晶作用	I
4	含化石的内部沉积物	Halimeda 颗粒岩的原生孔隙减少。沉积物为含有底栖有孔虫的似球粒颗粒岩。刃状方解石胶结了似球粒颗粒岩	N/A	N/A	N/A	N/A	N/A	海相底栖有孔虫指示海洋环境	I
5	铸模孔	铸模孔形成于文石质骨骼碎屑和富包裹体条带状高镁方解石胶结物中。特征 6 刃状高镁方解石导致铸模孔堵塞或减少	N/A	N/A	N/A	N/A	N/A	共生组合位置（早于海洋沉淀，晚于混合带胶结物），确定为大气水—海水混合带	I
6	刃状高镁方解石胶结物	刃状晶体长 100～200μm，形成等厚硬壳。刃状方解石显示阴极暗淡发光、明亮发光和不发光的同心生长环带。充填文石铸模孔的刃状方解石缺失阴极暗淡发光的生长环带。原生流体包裹体均为液相包裹体	6.9～9.1（n=6）（高镁）	-1.0～0.4（n=6）	-1.9～2.3（n=6）	-2.2～0（n=32）	0～100	大气水—海水混合带，在大气水和海水端元间变化。阴极发光样式（文石铸模孔中缺失阴极暗淡发光的生长环带），表明文石溶蚀时发生刃状方解石胶结	I

表 3　牙买加 Hope Gate 组的成岩特征、$MgCO_3$、$\delta^{18}O$、$\delta^{13}C$ 和冰点温度数据及成岩环境解释

成岩特征编号	成岩特征名称	产状与岩石学特征	MgCO3 %（摩尔分数）	$\delta^{18}O$ ‰ VPDB	$\delta^{13}C$ ‰ VPDB	流体包裹体 T_m，℃	混合比例 % 海水	解释（成岩环境）	DSC 编号
1	刃状方解石板片	板片呈不对称结构，具平坦的上表面和向下凸出的刃状方解石晶体，其晶体端点为菱形。平坦的上表面大约 1cm，方解石叶片的长度为 0.1～1mm。具有从基底以快速变换的方向发散出的波状消光（束状光性方解石）。原生包裹体多为液相包裹体，部分含 10%的气泡	7.2 和 8.6 n=2（高镁）	−5.1 和 −4.9 n=2	−7.0 和 −6.7 n=2	0.0～−0.5 n=5	0～25	大气水—海水混合带，海水含量占 25%，位于水—气界面附近	I
2	等厚刃状方解石	特征 1 等厚刃方解石胶结物的晶体大小为 0.3～0.6mm。晶体具有波状消光。富含包裹体，因此呈云雾状。原生包裹体均为液相包裹体	5.2 和 5.5（n=2）（高镁）	−2.8～−2.4（n=2）	−3.5～−3.3（n=2）	−0.2～−0.7（n=4）	10～35	大气水—海水混合带。海水含量占 10%～35%，在潜流带与大气水混合	I
3	枝状方解石	单个晶体由枝状阵列组成，从单核晶位置向外发散。具有从基底以快速变换的方向发散出的波状消光（束状光性方解石）。原生流体包裹体多为气液比差异较大的两相包裹体或全液相包裹体	8.0（n=1）	−3.4（n=1）	−2.5（n=1）	0.0～−0.4（n=30）	0～25	大气水及大气水—海水混合带，海水含量达 25%。现代类似物证实其沉淀于水—气界面附近或下部	I
4	微孔方解石	在手标本上，微孔方解石以枝状方解石的白色等厚环边形式出现。由于微孔较发育，薄片呈暗色和云雾状。刃状晶体长 200～500 μm。微孔方解石具有从基底以快速变换的方向发散出的波状消光（束状光性方解石）。扫描电镜下，微孔沿着一定的生长环带发育。原生流体包裹体为全液相包裹体或气液比差异较大的两相包裹体	3.1 和 3.6（n=2）（低镁）	−3.9 和 −3.7（n=2）	−3.6 和 −3.2（n=2）	0.0（n=2）	0	流体包裹体数据和现代类似物证实为水—气界面附近的大气水环境	I

续表

成岩特征编号	成岩特征名称	产状与岩石学特征	MgCO3 %(摩尔分数)	$\delta^{18}O$ ‰ VPDB	$\delta^{13}C$ ‰ VPDB	流体包裹体 T_m，℃	混合比例 % 海水	解释（成岩环境）	DSC编号
5	刃状方解石硬壳	刃状方解石形成0.5～1cm宽的硬壳，由富流体包裹体环带和贫流体包裹体环带组成。单个生长环带的厚度不等。刃状晶体两端呈尖锐状。原生流体包裹体主要为气液比变化较大的两相包裹体	6.3（n=1）（高镁）	−4.8（n=1）	−8.0（n=1）	0.0（n=4）	0	大气水渗流带。两相包裹体和单个厚度不等的生长环带，指示大气水渗流条件	I
6	柱状方解石	由于富流体包裹体和贫流体包裹体生长环带发育，导致方解石生长环带呈灰色和白色方解石交替分布。环带具不对称结构，部分呈悬垂状形态。柱状晶体由具光学连续性的平行、刃状—纤维状子晶体组成。柱状方解石具有从基底以快速变换的方向发散出的波状消光（束状光性方解石）。原生流体包裹体中气液比差异较大	3.8～6.2（n=4）（低镁～高镁）	−4.7～−4.0（n=4）	−7.0～−5.8（n=4）	0.0（n=10）	0	大气水渗流带。不对称悬垂式分布形态和液—气比差异较大的流体包裹体指示大气水渗流条件	I
7	枝状方解石	单个晶体由枝状阵列组成，从单核晶位置向外发散。具有从基底以快速变换的方向发散出的波状消光（束状光性方解石）。原生流体包裹体多为气液比变化较大的两相流体包裹体，也可见全液相包裹体	4.15～11.5（n=7）（高镁）	−5.1～−3.8（n=7）	−7.9～−4.1（n=7）	0.0～−0.8（n=16）	0～40	大气水与大气水—海水混合带，其中海水含量最高达40%。沉淀作用发生于水—气界面附近或下部	I
8	微孔方解石	微孔方解石在枝状方解石（特征7）之上形成白色等厚环边。它是束状光性方解石，具刃状晶体形态。由于微孔较发育，薄片呈暗色和云雾状	1.9～4.6（n=4）	−4.3～−3.0（n=4）	−6.5～0.7（n=4）	0.0～−2.2（n=65）	0～60	大气水及大气水—海水混合带。沉淀作用发生于水—气界面上	I

续表

成岩特征编号	成岩特征名称	产状与岩石学特征	MgCO3 %（摩尔分数）	$\delta^{18}O$ ‰ VPDB	$\delta^{13}C$ ‰ VPDB	流体包裹体 T_m，℃	混合比例 % 海水	解释（成岩环境）	DSC 编号
9	文石和针状文石板片	等厚文石板片由针状纤维组成并包绕微孔方解石。单个纤维宽 100 μm、长 10mm，具平坦的正交端点。文石晶体具均一消光。文石纤维把薄层文石板片胶结在一起。板片的一侧为平坦表面，而另一侧则发育针状文石的突出晶体。文石晶体内原生流体包裹体大多数为全液相流体包裹体，偶见具有小气泡的特殊两相流体包裹体	板片：2.1 和 3.3（n=2）；针状晶体：0.3 n=1	板片：-3.6 和 -3.5①（n=2）；针状晶体：-3.9 和 -3.8（n=2）	板片：-1.8 和 -1.6①（n=2）；文石：-2.6 和 -2.0（n=2）	-0.6～-1.0（n=5）	30～50	大气水—海水混合带，位于水—气界面附件或下部	Ⅰ & Ⅱ
10	微孔方解石	微孔方解石在针状文石之上形成等厚环边。它是束状光性方解石，具有尖锐的刃状晶体。由于微孔较发育，薄片常呈云雾状	0.55（n=1）（高镁）	-3.4（n=1）	-6.7（n=1）	无数据	无数据	由于缺乏流体包裹体数据，仅根据同位素数据难以确定特征 10 的来源。很有可能沉淀于大气水—海水混合带中，偏向于大气水端元条件	Ⅱ
11	柱状方解石	柱状方解石形成交替发育的生长层，具不对称结构，呈悬垂式分布。柱状方解石具有从基底以快速变换的方向发散出的波状消光（束状光性方解石）。原生流体包裹体中气液比差异较大	3.8（n=1）（高镁）	-3.7（n=1）	-3.6（n=1）	0.0（n=9）	0	大气水渗流带。不对称悬垂式分布形态和液—气比差异较大的流体包裹体指示大气水渗流条件	Ⅱ

① 文石晶体之间的晶间孔被后期方解石胶结物充填。微区取样时未能实现物理分离，因此同位素值被部分后期方解石胶结物污染。

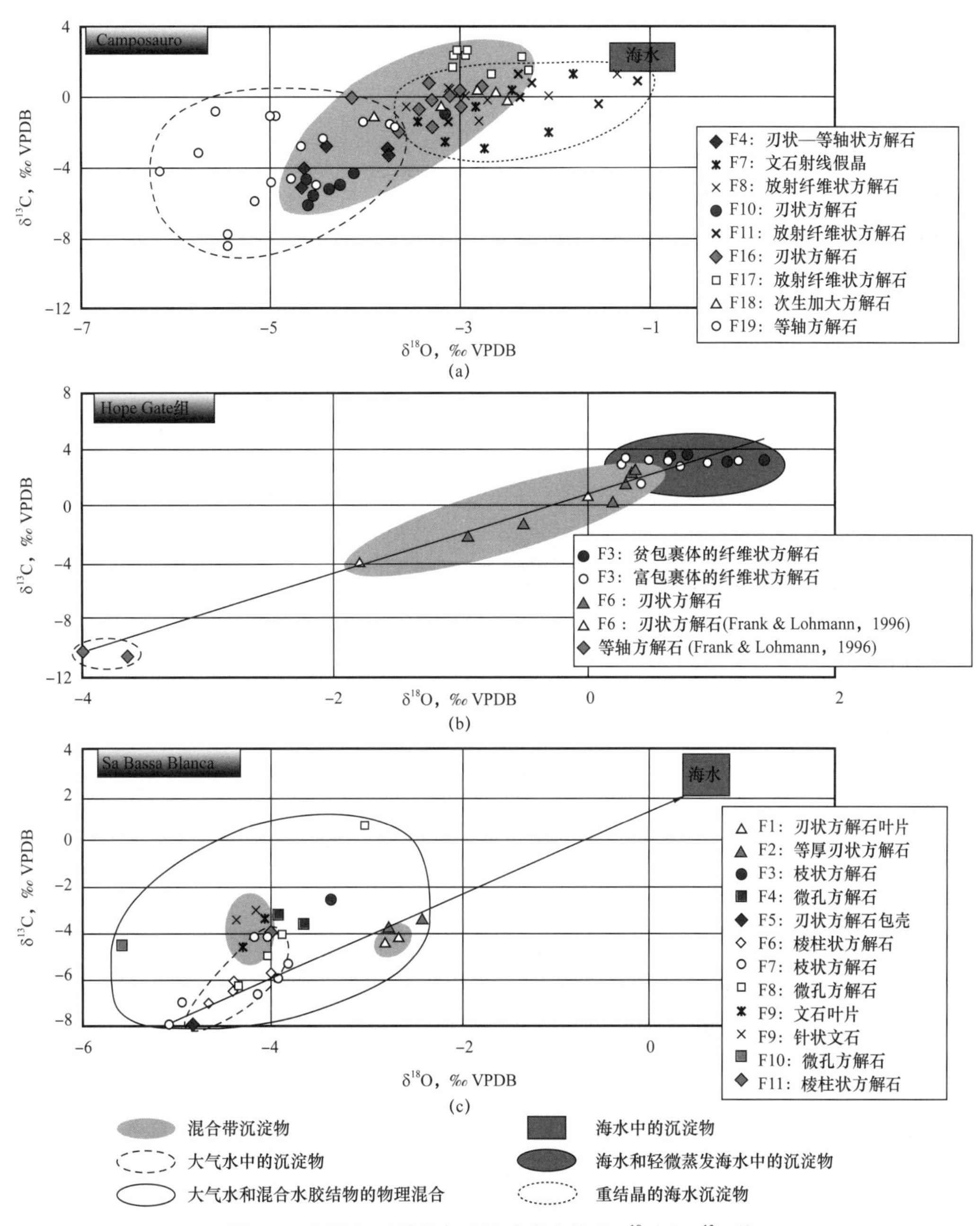

图 6 3 个研究区所观察到的成岩产物的 $\delta^{18}O$ 和 $\delta^{13}C$ 值

（a）Monte Camposauro 地区白垩纪沉淀物的 $\delta^{18}O$ 和 $\delta^{13}C$ 值，黑色矩形表示沉淀于 Aptian—Cenomanian 海水（$\delta^{18}O$ 范围为 −0.75‰～−1.5‰，$\delta^{13}C$ 范围为 1.5‰～3‰）（Veizer 等，1999）的海相方解石。（b）上新统—更新统 Hope Gate 组沉淀物的 $\delta^{18}O$ 和 $\delta^{13}C$ 值。（c）Sa Bassa Blanca 溶洞更新统沉淀物的 $\delta^{18}O$ 和 $\delta^{13}C$ 值，黑色矩形表示沉淀于更新世海水（$\delta^{18}O$ 范围为 0.4‰～0.8‰）（Pierre 等，1999）（$\delta^{13}C$ 范围为 2.11‰～3.9‰）（Melim 等，1995）的间冰期海相方解石的稳定同位素值。文石的 $\delta^{18}O$ 和 $\delta^{13}C$ 值已校正为等效方解石同位素值，$\delta^{13}C$ 采用 1.7‰文石—方解石分馏系数（Romanek 等，1992），$\delta^{18}O$ 采用 0.6‰的文石—方解石分馏系数（Tarutani 等，1969；Grossman 和 Ku，1986）

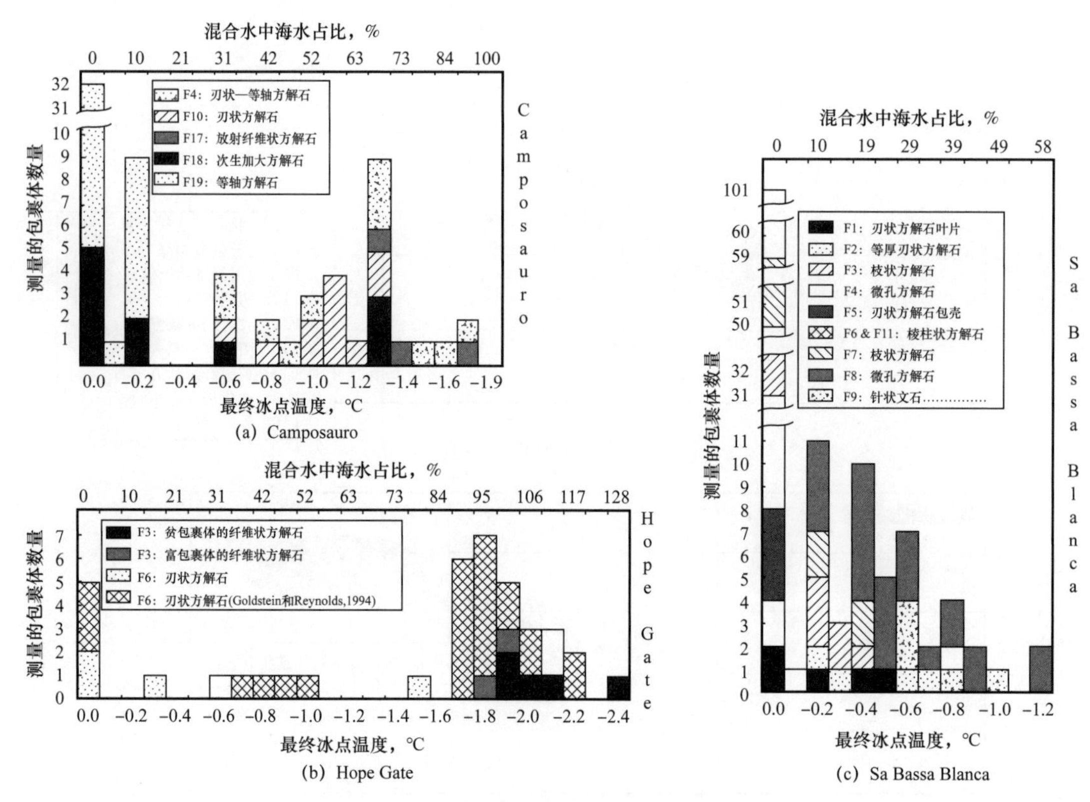

图 7　原生流体包裹体的冰点温度分布直方图

假设白垩纪（a）和上新世—更新世（b）的海水盐度为 35μg/g，更新世地中海（c）的海水盐度为 38μg/g，并根据 Goldstein 和 Reynolds（1994）提出的海水盐度模型，计算海水—大气水混合带中的海水的百分比

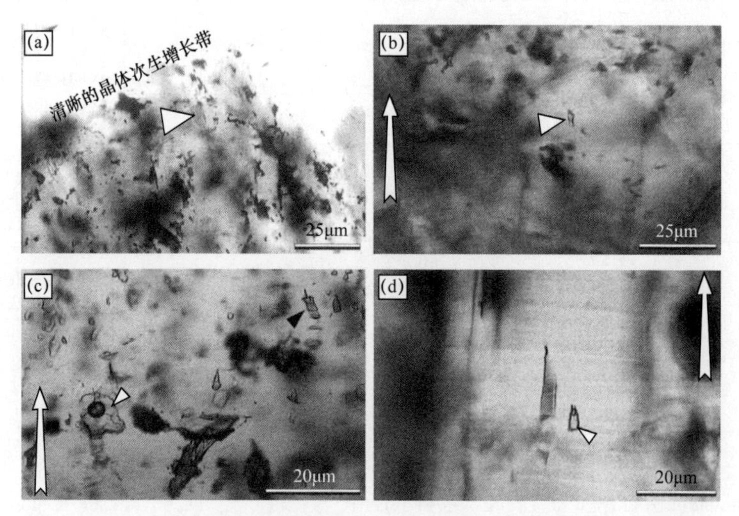

图 8　描述 3 个研究区不同成岩特征流体包裹体的透射光显微照片

（a）Monte Camposauro。等轴方解石胶结物（特征 19）内的云雾状区域含有流体包裹体，这些流体包裹体局限于 CL 观察到的同心生长环带内，并认为是原生流体包裹体。三角形指向全液相流体包裹体。（b）Hope Gate 组。白色三角形指向 Halimeda 颗粒岩内条带纤维状方解石中的液体包裹体，这些包裹体沿生长方向呈细长状分布并逐渐变小，表明其为原生包裹体。长箭头表示结晶生长方向。（c）Sa Bassa Blanca 洞穴。柱状方解石中具有不同气液比的包裹体。黑色箭头指向液体包裹体，白色箭头指向两相包裹体。包裹体在生长方向呈细长状分布，表明其原生包裹体。（d）Sa Bassa Blanca 洞穴。针状文石中的流体包裹体。扁平状的底部及沿生长方向呈细长状分布的特征标明其为原生包裹体。

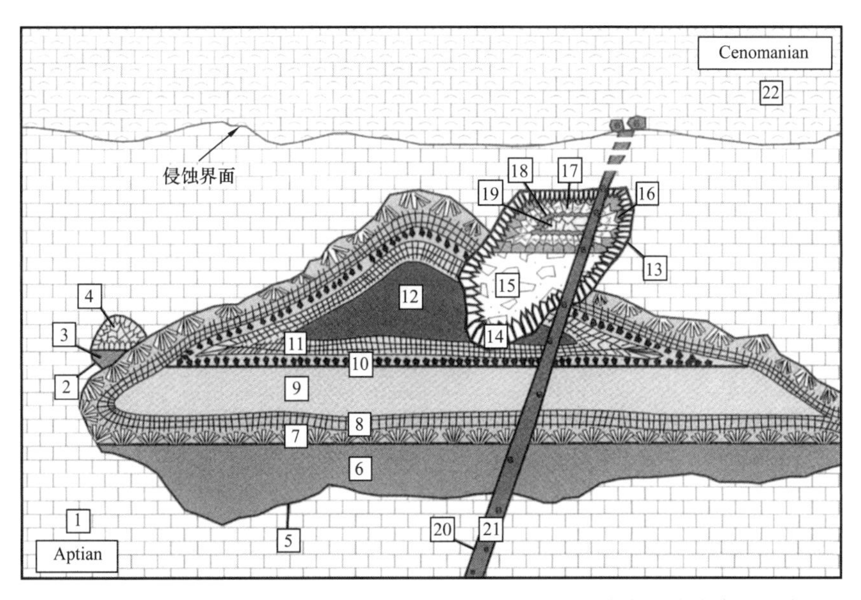

图 9　根据 Monte Camposauro 成岩特征的叠置交错关系确定的成岩序列示意图

成岩特征包括：（1）Aptian 生物骨骼沉积物和微晶套；（2）铸模孔；（3）微亮晶沉积物；（4）刃状方解石胶结物；（5）表格状孔洞和岩溶孔隙及垂直细长状的孔洞；（6）含生物化石的内部沉积物；（7）针状文石胶结物的假晶；（8）放射纤维状的方解石胶结物；（9）含化石的内部沉积物；（10）刃状方解石胶结物；（11）放射纤维状方解石胶结物；（12）含化石的内部沉积物；（13）裂缝和大孔洞；（14）刃状—等轴方解石胶结物；（15）铝土质卵石；（16）刃状方解石胶结物；（17）放射纤维状的方解石胶结物；（18）次生加大的方解石胶结物；（19）等轴方解石胶结物；（20）溶蚀增大型裂缝；（21）含化石的内部沉积物；（22）侵蚀面被 Cenomanian 沉积物覆盖

（据 Csoma 等，2004）

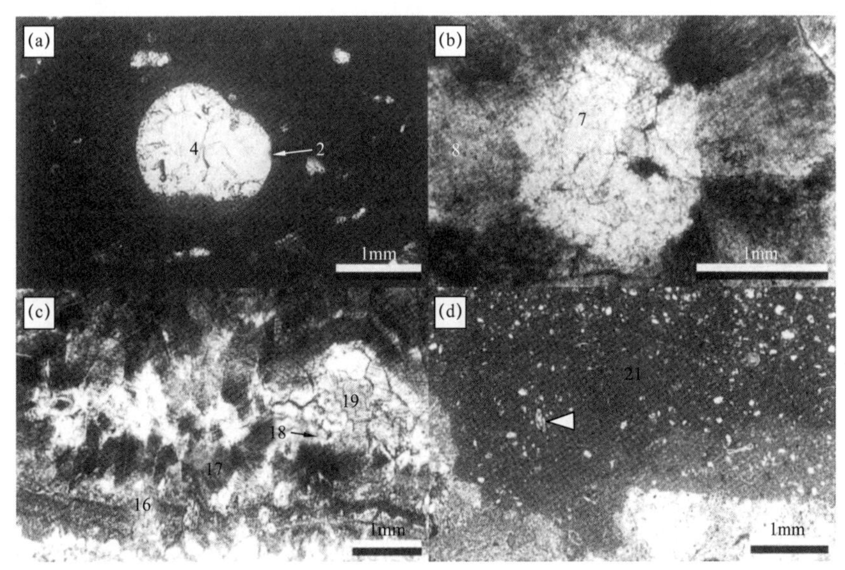

图 10　意大利 Monte Camposauro 地区成岩特征的透射光显微照片（修改自 Csoma 等，2004）

（a）文石质生物骨骼碎屑（特征 2）溶蚀后形成的生物铸模孔，因微亮晶内部沉积物（特征 3）和刃状方解石胶结物（特征 4）的充填，铸模孔隙部分减少。（b）针状文石晶体垂直切割呈现出六面体、似六角形的形态，显示出旋回性的孪生文石晶体结构。放射纤维状方解石形成于针状文石形成之后（特征 8），正交偏光显微照片。（c）刃状方解石胶结物（特征 16）形成之后，依次形成放射纤维状方解石、次生加大方解石和等轴方解石胶结物（分别为成岩特征 17、18 和 19）。（d）溶蚀增大型裂缝（特征 20）被生物骨骼粒泥岩（特征 21）充填，箭头指向底栖有孔虫

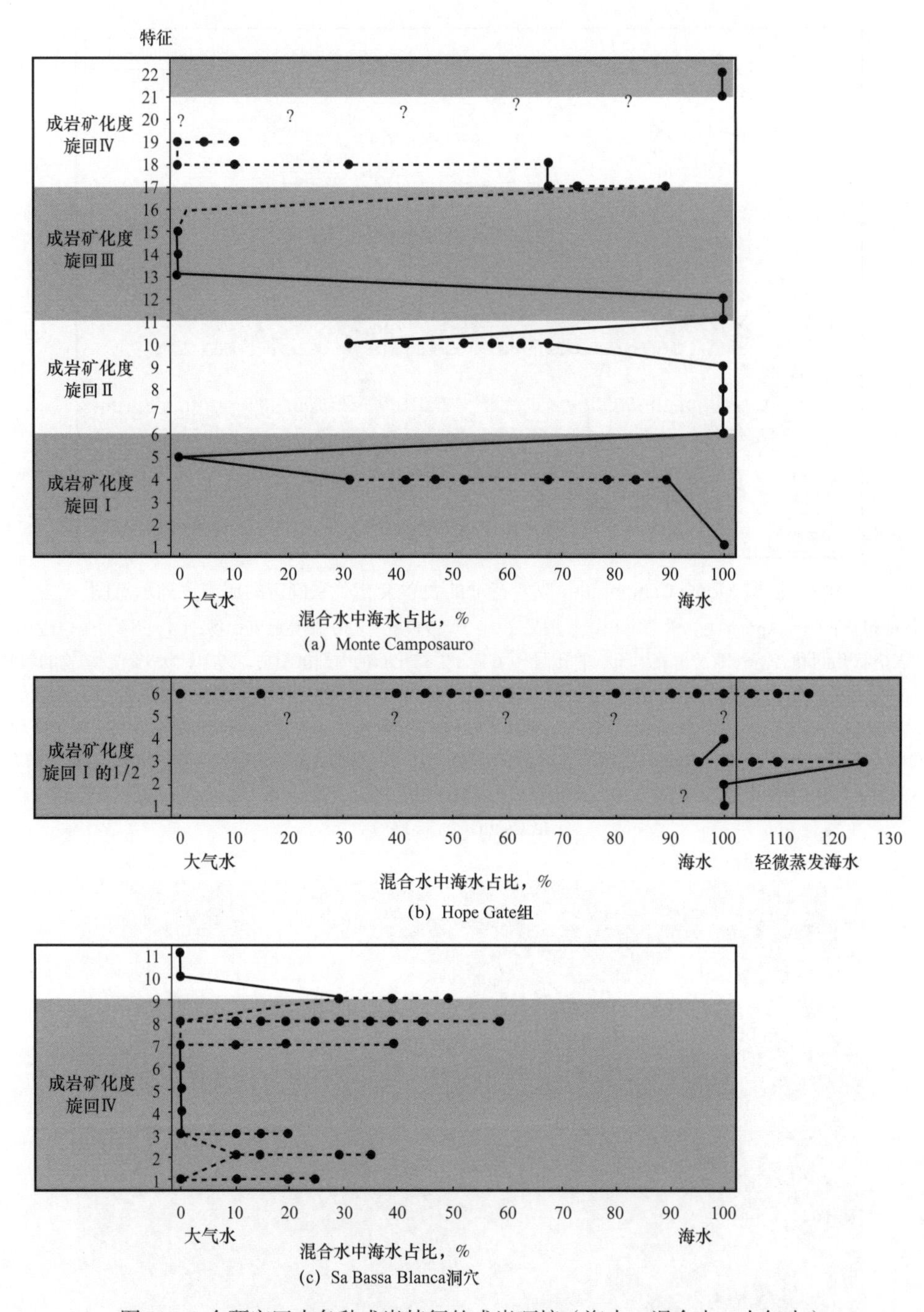

图11 3个研究区内各种成岩特征的成岩环境（海水、混合水、大气水）

黑点代表流体包裹体的数据点以及基于岩石学、稳定同位素和含化石的内部沉积物所解释的成岩环境。假设早期成岩特征与后续成岩特征的流体矿化度具有连续性，将流体包裹体数据画点并用虚线相连，显示出成岩流体演化过程中的不确定性（高盐度水体—低盐度水体或低盐度水体—高盐度水体）；实线则显示出根据叠合交错关系已经证实的连续性；问号代表未知的成岩环境特征。成岩特征按由老至新的顺序排列，无时间刻度（据Csoma，2004，修改）

17.5.1.1 成岩矿化度旋回Ⅰ

Aptian礁后潟湖骨骼沉积物和泥晶套的发育代表了第1次成岩事件，它记录了初始海洋条件。在这之后，软体动物文石质壳的溶蚀导致铸模孔的发育（图9）。铸模孔外廓为泥晶套，并被微亮晶内部沉积物充填，这些沉积物原本可能为泥岩，但因重结晶作用形成微亮晶（特征3）和刃状方解石胶结物（特征4）[图10（a）]。刃状方解石胶结物阴极不发光，偶见一或两个明亮发光的薄层生长带。刃状方解石胶结物的冰点温度和稳定同位素数据表明其沉淀于大气水—海水混合带，其中海水含量占31%～89%（表1）。确定导致溶解（铸模孔）和微亮晶内部沉积物形成的成岩流体来源，最好利用它们在初始海洋条件和大气水—海水混合带刃状方解石胶结物之间的共生位置，因此，认为文石壳的溶蚀和内部沉积物可能发生在以海水为主的大气水—海水混合带中[图11（a）]。

在成岩序列中，接下来是一次主要的溶蚀事件（特征5）。溶蚀作用导致板状孔洞和洞穴孔隙及垂向细长孔洞（图3和图9）的形成。板状洞穴在横向上可延伸几分米至1米。板状洞穴发育于一个明显的、具平行层理的层段中，位于不整合面以下15m，而较小的垂直细长孔洞则位于该层段之上（表1）。板状洞穴孔隙可能形成于大气水潜流带（Carannante等，1987，1994），而垂直细长型孔洞则形成于大气水渗流带[图11（a）]。板状洞穴因含化石的内部沉积物充填而开始减小（特征6）[图3（b）和图10]，这些内部沉积物含底栖有孔虫，可能指示成岩环境已恢复为海洋或改造型海洋孔隙水[图10（b）和图12（a）]，它标志着DSC Ⅰ的结束和DSC Ⅱ的开始。

17.5.1.2 成岩矿化度旋回Ⅱ

海水或改造型海水孔隙水中含化石的内部沉积物沉积之后，针状文石胶结物开始沉淀（特征7）[图9和图3（b）]。针状文石发生新生变形，形成等轴方解石晶体（Assereto和Folk，1980；Mazzullo，1980）。细长晶状和参差状或扁平状的晶体两端，其端点在横剖面上呈六边形或变形六边形，指示原始矿物为文石。文石假晶由低镁方解石镶嵌结构组成，发育面包状、云雾状富流体包裹体的亮晶方解石（表1）。在方解石晶体中，固体包裹体的分布保持了晶体端部垂直于生长方向的影子，进一步证实文石前驱物发生了新生变形作用（Assereto和Folk，1980；Mazzullo，1980）。放射纤维状方解石胶结物（特征8）的形成晚于针状文石，具有波状消光，生长方向发育凹形双晶面（Bathurst，1959）。现今放射纤维状的低镁方解石中的微白云石包裹体表明，具有较高镁含量的前驱胶结物发生了重结晶作用（Lohmann和Meyers，1977）。放射纤维状方解石胶结物沉淀之后充填的是含化石的内部沉积物（特征9）（图9），含有薄壳介形类、腹足类和一些底栖有孔虫，表明其形成于海洋或调整型海洋环境。由于针状文石和放射纤维状方解石胶结物的原始组分发生了新生变形或重结晶作用，因此难以确定这些胶结物的成因。根据稳定同位素数据和这些胶结物介于成岩特征6和9两套含海相化石内部沉积物之间的共生位置，最简单的假设为：针状文石和放射纤维状方解石胶结物沉淀于海水环境，然后在偏淡水环境中发生新生变形或重结晶作用，从而导致$\delta^{13}C$值和$\delta^{18}O$值偏负（表1）[图6（a）]。

特征9的海相内部沉积物形成之后，板状洞穴内发育刃状方解石胶结物（特征10）[图3（b）和图9]。刃状方解石是一种低镁方解石，阴极不发光，偶见阴极明亮发光的生长环带（表1）。流体包裹体的冰点温度数据表明方解石沉淀于大气水—海水混合带，其中海水含量占31%～68%［图7（a）］。$\delta^{13}C$和$\delta^{18}O$数据进一步支持了刃状方解石沉淀于混合带的观点（表1和图6）。刃状方解石胶结物沉淀之后，放射纤维状方解石胶结物发育（特征11）［图3（b）和图9］。在整个Aptian灰岩暴露期，这种胶结物在板状洞穴和垂直孔洞中发育，形成富包裹体带与贫包裹体带交替发育的等厚层。放射状方解石阴极不发光，但部分不规则区域的阴极发橙黄色或暗褐色光，指示局部发生了重结晶作用。放射纤维状方解石最正偏的$\delta^{18}O$值（-1.12‰和-1.52‰）位于白垩纪海相方解石的数值区间，表明其可能形成于海洋环境（Veizer等，1999）［图6（a）］。大气水—海水混合带成岩环境向海洋环境的回返，标志着DSC Ⅱ的结束［图11（a）］。

17.5.1.3 成岩矿化度旋回Ⅲ

海洋放射纤维状方解石胶结物沉淀之后，位于不整合面以下15m的板状溶洞内开始发育含化石的内部沉积物［图3（b）和图9］，这种内部沉积物为含生物骨骼的泥粒岩—粒泥岩，含有薄壳介形虫、小型有孔虫和破碎的方解石胶结物碎屑，它们填充了板状溶洞内的残余孔隙空间。内部沉积物中含有的化石指示海洋或调整型海洋水体环境。具有光滑和扇形内壁的裂缝与孔洞（特征13）横切了成岩特征5、7、8、10、11和12中的胶结物和沉积物［图3（a）和图9］。孔洞通常为垂直细长型（5～50cm），其形状类似于向下逐渐变细的管道，位于不整合面以下28m内。孔洞的扇形边缘以及原始岩石组构发生了削截，证实了孔洞由溶蚀作用形成。部分垂直细长的管状孔洞表明溶蚀作用发生于大气水渗流环境中（Esteban和Klappa，1983）。孔洞因刃状—等轴方解石胶结物的发育而减小（特征14）（图9），这些胶结物在个别孔洞中形成厚度不等的硬壳（底部厚于顶部），而且其分布在大型孔洞之间存在较大差异，可能指示沉淀作用发生于渗流带。刃状—等轴方解石内原生流体包裹体生长环带呈悬垂分布，进一步支持了胶结物形成于渗流带的观点。$\delta^{13}C$值偏负且差异较大，$\delta^{18}O$值保持相对不变，是大气水成因方解石的典型特征（Meyers和Lohmann，1985；Lohmann，1988），其指示沉淀作用发生于具有不同程度水—岩作用的大气水渗流环境中（Lohmann，1988）。下一期成岩事件为裂缝与大型孔洞内（图9）铝土质碎屑或卵石的沉积（特征15）。铝土质矿物分析（表1）将这些碎屑归类为渗流岩溶型铝土岩（Carannante等，1994；D'Argenio和Mindszenty，1995）。不整合面以下的铝土质碎屑通过裂缝及大型孔洞的吼道发生迁移，指示了持续的渗流成岩作用。渗流带胶结作用向渗流带沉淀作用的转变，可能是气候变化导致的。

孔洞和裂缝内铝土质沉积物形成之后，刃状方解石胶结物发育（特征16）［图9和图10（c）］。刃状方解石胶结物与粉砂级红色铝土质内部沉积物互层发育，在孔洞和裂缝内形成等厚硬壳。刃状方解石胶结物的形态和分布表明，在地表暴露之后重新恢复了水体饱和环境。稳定同位素数据表明，沉淀作用发生于以大气水为主的大气水—海水混合带［图6（a）］。下一个成岩特征是放射纤维状方解石胶结物（特征17），其形成晚于刃状方解石［图9和图10(c)］。个别放射纤维状方解石晶体具有均匀消光现象，长0.3～2.5mm，并在孔洞内形成等厚硬壳。阴极发光特征表明发生了部分重结晶作用（表1）。放射纤维状方解石的形态和分布，以及包裹体冰点温度和稳定同位素数据表明，沉淀作用发生于以海洋水为主体的混合带，其中海水含量占89%～68%［图11（a）］。海水占主导的环境中放射纤维状方解石的沉淀，标志着DSC Ⅲ的结束和DSC Ⅳ的开始。

17.5.1.4 成岩矿化度旋回Ⅳ

DSC Ⅳ中放射纤维状方解石胶结物形成之后，次生加大方解石胶结物发育（特征18）。这种次生加大胶结物形成等厚硬壳，与特征17［图10（c）］的放射纤维状方解石具有一致的光学特性，其阴极发光明亮，内部发育微米级的次生加大环带，表明原始结构得以保存。次生加大胶结物的等厚分布、稳定同位素和流体包裹体数据，表明沉淀作用发生于大气水—海水混合带和大气水—潜流环境，流体中海水含量占0～68%。下一个成岩特征是等轴方解石胶结物（特征19），它堵塞了大型孔洞（特征13）的残余孔隙空间。等轴方解石胶结物的冰点温度和稳定同位素数据表明，沉淀作用发生于以大气水为主的水体中，海水含量仅占0～10%［图6（a）、图7（a）和表1］。

随后的成岩特征为溶蚀扩大型裂缝，它切割了所有之前形成的成岩特征［图3（a）和图9］。这些裂缝仅在Aptian灰岩中可见，在上覆Cenomanian地层单元中不发育。特征20中，沿裂缝内壁的圆齿状边缘和物质的剥离，表明溶蚀作用发生于断裂形成之后。裂缝中的溶蚀流体可能来源于混合带或大气水［图11（a）］。这些裂缝由含有粉粒级方解石胶结物碎片的生物碎屑粒泥岩（特征20）［图9和图10（d）］填充，其中生物碎屑包括大量底栖有孔虫、介形类、腹足类和一些棘皮动物。在不整合面之上Cenomanian地层的底部，可见被改造的粒泥岩粒屑。特征21内部沉积物中出现的底栖有孔虫和棘皮动物，表明沉积作用发生于海洋环境。被Cenomanian生物碎屑颗粒岩覆盖的特征22侵蚀面，切割了所有先期形成的成岩特征［图3（c）和图10］。该不整合面是一个明显的不规则面。底部地层中特征21内部粒泥岩粒屑的存在表明，所有早于特征22的共生组合形成于Cenomanian海相地层沉积之前，它标志着DSC Ⅳ的结束。

17.5.1.5 成岩矿化度旋回Ⅰ—Ⅳ总结

上文描述的Monte Camposauro地区Aptian—Cenomanian石灰岩的4个DSCs记录了海洋—混合带—大气水作用带成岩作用的旋回交替［图11（a）］。所描述的4个DSCs沿具有沉积间断的不整合面发育，反映了多期相对海平面的升降。含化石的内部沉积物与包括针状文石和富镁放射纤维状方解石的胶结物，记录了海洋和局限海洋环境。板状洞穴和垂直细长孔洞、铝土质内部沉积物和刃状—等轴方解石胶结物，记录了由于地表暴露而形成的大气水环境。文石溶蚀后形成的铸模孔、溶蚀增大型裂缝和刃状、放射纤维状、次生加大方解石胶结物则记录了大气水—海洋混合带环境。

17.5.2 牙买加Hope Gate组

Land（1973），Goldstein和Reynolds（1994），Frank和Lohmann（1996）对Hope Gate组Halimeda颗粒岩的早成岩作用进行了描述。Land（1973）注意到厚层的等厚环边高镁方解石的胶结作用，胶结物保留了原始结构及非生物的和生物骨骼的矿物组分。Land

（1983）的观察主要基于Discovery海湾附近的露头。Frank和Lohmann（1996）通过对Discovery海湾附近和Oracabessa海湾采集的样品进行研究，发表了类似的观察结果，描述了纤维状高镁方解石海洋胶结物和棱柱状低镁方解石混合带胶结物。Goldstein和Reynolds（1994）根据流体包裹体冰点温度数据，指出棱柱形方解石胶结物沉淀于海洋环境向混合带和混合带向大气水环境过渡过程中。

本次研究聚焦于Oracabessa海湾附近某采石场的Halimeda颗粒岩（图4）。详细的成岩特征描述见表2。示意图（图12）和显微照片（图13）对成岩特征的描述进行了补充。稳定同位素和流体包裹体的冰点温度数据分别如图6（b）和图7（b）表示。图11（b）对Halimeda颗粒岩中观察到的DSCs进行了概述。

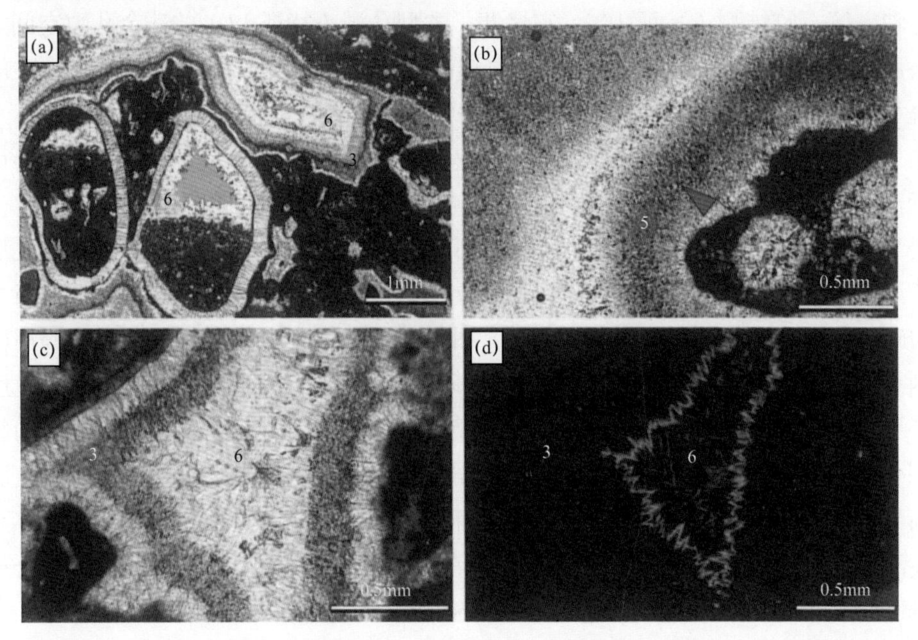

图12 描述Hope Gate组Halimeda颗粒岩岩石学特征的透射光照片和阴极发光显微照片。（a）粒内孔隙因内部沉积物（特征4）和刃状方解石胶结物（特征6）的充填而减少。（b）富含流体包裹体的纤维状方解石（特征3）优先发生溶蚀，产生铸模孔（特征5，红色箭头指向蓝色环氧树脂填充的铸模孔）。（c）和（d）阴极发光照片中的条带纤维状方解石胶结物（特征3）显示出明显的环带，贫包裹体区域不发光，而富包裹体区域则发暗褐色夹明亮的光，刃状方解石（特征6）显示了发明亮发与暗淡光交替的同心生长环带。

17.5.2.1 成岩矿化度旋回Ⅰ

上新统—更新统富Halimeda生物骨骼沉积物的沉积、生物侵蚀和微晶化作用为第1期成岩事件，它记录了初始海洋条件（特征1）（图12）。Halimeda颗粒岩中的原生孔隙因内部沉积物的填充而减小（特征2），内部沉积物包括Halimeda、有孔虫、棘皮动物和腹足类的生物碎片。内部沉积物中含有的化石指示了持续的海洋环境。

下一个成岩特征为条带纤维状高镁方解石胶结物（图12和图13），它们等厚分布于原生孔隙和同沉积裂缝的边缘，由清澈的贫包裹体和云雾状富包裹体生长环带交替组成

(图 12)。贫包裹体环带阴极不发光，而大多数富包裹体区域具有暗褐色阴极发光，并夹杂部分明亮发光的斑点，指示发生了部分重结晶作用[图 12(d)]。富包裹体区域发育微米级铸模孔(特征 5)[图 12(b)]、微米级白云石和高镁方解石蚀变形成的低镁方解石(Frank 和 Lohmann，1996)。等厚胶结物形态和液态包裹体的存在表明，条带纤维状方解石沉淀于潜流带环境。包裹体冰点温度指示贫包裹体方解石沉淀于正常—略微蒸发的海水环境(35×10^{-9}～45×10^{-9})，而富包裹体方解石的沉淀或重结晶则发生于正常海水环境。稳定同位素数据进一步支持了这种观点(表 2、图 6 和图 7)。

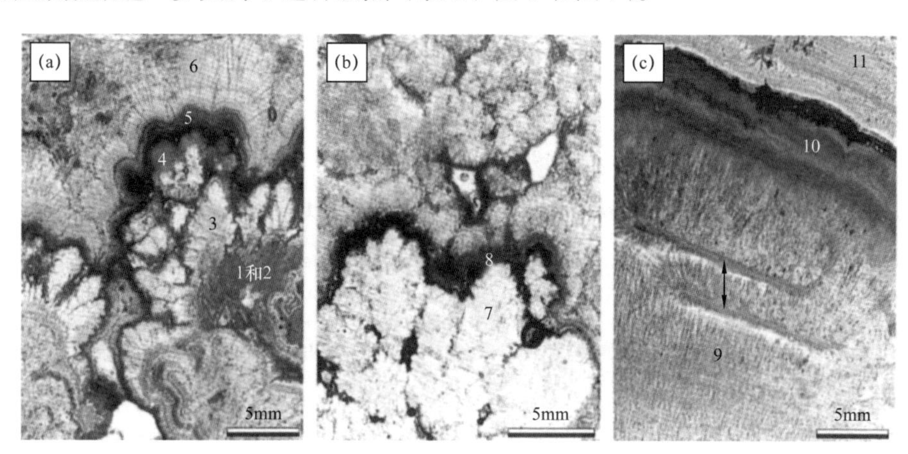

图 13　岩石薄片的低倍透射光照片，显示出 Sa Bassa Blanca 洞穴岩心内的成岩矿化度旋回中不同类型沉淀物(SSB/S24)(Pomar 等，1987)。(a)刃状方解石板片沉淀及其等厚刃状解石包壳(特征 1 和 2)被枝状和微孔方解石(特征 3 和 4)所覆盖，刃状方解石(特征 5)和柱状方解石(特征 6)在这些沉淀物之上形成次生加大的包壳。(b)枝状方解石(特征 7)之上发育云雾状微孔方解石的(特征 8)次生加大边。(c)文石(箭头)的针状文石(特征 5)胶结物，文石形成之后依次发育微孔方解石(特征 10)和柱状方解石(特征 11)(修改自 Csoma 等，2006)

纤维状方解石胶结物形成之后，含化石的内部沉积物开始发育(特征 4)[图 12 和图 1(a)]。它由含底栖有孔虫的球粒颗粒岩组成，被认为来源于海洋环境，随后的刃状方解石胶结了球粒颗粒岩。内部沉积物沉积之后的溶蚀作用，在文石质生物碎屑和富包裹体的条带纤维状高镁方解石胶结物中[图 12(b)]形成铸模孔(特征 5)。在富包裹体条带状高镁方解石中，云雾状生长环带(特征 3)内的某些叶片被溶蚀，形成微米级的铸模孔；而在文石质生物碎屑中，如 Halimeda，许多颗粒被溶蚀，形成毫米级铸模孔。较大的铸模孔由于高镁方解石胶结物(特征 6)的堵塞而减少。刃状方解石晶体长 100～200μm，并形成等厚硬壳。从阴极发光特性来看，刃状方解石显示出暗褐色发光、明亮发光、不发光的同心生长环带序列。充填文石铸模孔的刃状方解石缺乏暗淡发光的生长环带，表明文石的溶蚀作用和刃状方解石的沉淀作用近乎同时发生。刃状方解石胶结物的稳定同位素值显示海相方解石与大气水方解石(Frank 和 Lohmann，1996)之间具有协变趋势[图 6(b)]，指示刃状方解石胶结物来源于大气水—海水混合带。包裹体冰点温度进一步表明沉淀作用发生于混合带，在海水环境与淡水环境两个端元之间不断变化[表 2 和图 7(b)]。文石的溶蚀与铸模孔的形成发生于海相沉淀(特征 4)之后，但发生于混合带胶结作用(特征

6）之前或过程中。

17.5.2.2 1/2 成岩矿化度旋回总结

Hope Gate 组上新统—更新统 Halimeda 颗粒岩的成岩史记录了海洋与蒸发海洋成岩作用向混合带成岩作用的过渡（图 11）。这种过渡可能发生于相对海平面下降时期。含化石的内部沉积物和条带状高镁方解石胶结物记录了海水和蒸发海水的成岩环境；铸模孔和刃状高镁方解石胶结物则记录了混合带的成岩环境。

17.5.3 西班牙 Mallorca 岛 Sa Bassa Blanca 洞穴

在 Sa Bassa Blanca 洞穴堆积物中，识别出了 6 个成岩矿化度旋回，其中，每个旋回中成岩特征的周期性重复，通常开始于针状文石或具不同形态的方解石，包括刃状方解石的板片，等厚、枝状或微孔方解石（图 5），然后是发育刃状方解石晶体或刃状方解石包壳，最后恢复为枝状和微孔方解石与（或）文石。本次研究仅详细阐述 2 个最新的成岩矿化度旋回，即旋回Ⅴ和旋回Ⅵ的部分，下文对其进行了简要总结。详细的成岩特征描述见表 3 和 Csoma 等（2006）的论述。此外，显微照片补充了对成岩特征的描述（图 13）。稳定同位素数据和包裹体冰点温度数据分别见图 6（c）和图 7（c）。图 11（c）对 Halimeda 颗粒岩中观察到的 DSCs 进行了概述。

17.5.3.1 成岩矿化度旋回Ⅴ

DSC Ⅴ开始于刃状方解石板片的沉淀（特征 1）[图 5 和图 13（a）]，矿物为高镁方解石，呈不对称结构，具平坦的上表面和向下突出的晶体（表 3）。在正交偏光镜下，刃状方解石板片具有波状消光。这种消光模式可识别束状光性方解石（Kendall，1977）。方解石中板片的平坦上表面以及向下突起的叶片，与现代方解石类似，指示沉淀作用发生于水—气界面（Pomar 等，1976）。液相和两相流体包裹体的存在也支持沉淀作用发生于水—气界面这一观点（Goldstein，1993）。包裹体冰点温度数据表明，沉淀作用发生于大气水与海水混合带中，其中海水含量占 25%。

下一个成岩特征是等厚刃状方解石（特征 2），其胶结了刃状方解石的板片[图 13（a）]，矿物成分为高镁方解石，由于富含流体包裹体，其在透射光下呈云雾状。等厚分布和液态流体包裹体的存在表明，刃状方解石沉淀于潜流带环境（Goldstein，1993）。包裹体冰点温度数据表明，沉淀作用发生于大气水—海水混合带，其中海水含量占 10%～35%[图 7（c）]。

等厚刃状方解石之后发育的是枝状方解石[图 13（a）]，它是束状光性高镁方解石（表 3）。单晶体由枝状偏三角面体组合而成，从单个晶核位置向外放射状扩散[图 13（a）]。流体包裹体多为两相包裹体，气液比差异较大，但仍可见液相流体包裹体。这些沉淀物中的枝状形态与附近 Cala Varques 溶洞中水—气界面及下部沉淀的菱形方解石的形态类似（Pomar 等，1976，1979，1985），这表明枝状方解石沉淀于类似的环境。两相流体包裹体和液相包裹体的存在，证实了枝状方解石沉淀于水—气界面（Goldstein，1993）。

冰点温度数据表明其沉淀于大气水和海水的混合水体中，其中海水含量占25%［表3和图7（c）］。

枝状方解石胶结作用之后发生的是微孔方解石的胶结作用（特征4）。由于大量微孔的存在（Csoma等，2006），手标本呈白色（图5），薄片中微孔方解石呈暗色和云雾状［图12（a）］。枝状方解石为束状光性方解石，Mg含量差异较大（表3）。EDS X射线显示了具有不同Mg含量的同心生长环带，其中具有较高Mg含量的生长环带显示出溶蚀作用发生于具有较低Mg含量的生长环带沉淀之前。具有较高Mg含量的生长环带发育大量微孔（Csoma等，2006），其中部分微孔被随后的镶嵌状方解石胶结物充填。等厚形态以及类似于枝状方解石（特征4）的分布指示沉淀作用发生于水—气界面，液相和两相流体包裹体的存在进一步支持了这一观点（表3）（Goldstein，1993）。Mg含量的差异和溶蚀面指示沉积环境发生变化。冰点温度数据表明，微孔方解石沉淀于大气水带中。富Mg生长环带优先溶蚀，随后被形成于淡水环境的低镁方解石所胶结，流体包裹体盐度数据证实了这一点［表3和图7（c）］。

微孔方解石胶结之后，刃状方解石硬壳（特征5）开始沉淀。这些刃状高镁方解石形成宽0.5～1cm的硬壳［图13（a）］，由富流体包裹体与贫流体包裹体区域交替形成的生长环带组成。单个生长环带的厚度存在差异，指示渗流环境下重力控制的沉淀作用。两相流体包裹体进一步证实沉淀作用发生于潜水面之上（Goldstein，1993），冰点温度数据表明沉淀作用发生于大气水环境，$\delta^{13}C$和$\delta^{18}O$数据进一步支持了这一观点［表3和图6（c）、图7（c）］。

具生长环带的柱状方解石（特征6）［图5和图13（a）］的形成晚于刃状方解石硬壳。生长环带中富流体包裹体区与贫流体包裹体区交替，呈不对称结构，部分呈悬垂状分布。柱状方解石为束状光性方解石，$MgCO_3$含量差异较大（表3）。流体包裹体中的液气比差异较大［图8（c）］。不对称的悬垂状形态和两相流体包裹体（具有较大差异的液气比与冰点温度数据）的存在，表明沉淀物形成于大气水渗流环境。

新一世代的枝状方解石（特征7）［图5和图13（b）］在柱状方解石（特征6）之后形成。枝状方解石具有与成岩特征3枝状方解石相类似的形态和外观［图5、图13（a）和图13（b）］，也是束状光性枝状偏三角面体高镁方解石。枝状方解石（类似于特征3）的分布、形态与两相流体包裹体和液相包裹体的存在，表明其沉淀于水—气界面附近及下部。冰点温度数据表明，沉淀作用发生于具有不同组分的流体中，主要为大气水和海水含量高达约40%的混合水［表3和图7（c）］。

类似于成岩特征3和4，微孔方解石（特征8）包绕枝状方解石（特征7）。微孔方解石的特征与特征4类似［表3、图5、图13（a）和图13（b）］。变化的Mg含量和冰点温度数据显示，沉淀作用发生于具有不同流体组分的水体中。类似于特征4，微孔方解石（特征8）沉淀于水—气界面。冰点温度数据表明，沉淀作用发生于大气水和海水含量高达60%的混合水中。

特征9的针状文石和文石板片在微孔方解石［图5和图13（c）］之后形成。等厚文石的单个“纤维”宽100μm、长10mm，具扁平状的菱形顶端（表3）。文石纤维之间的原生孔隙部分被菱形方解石填充。不能将文石与填充孔隙的方解石进行物理分离，因此，稳定同位素数据被后期方解石胶结物所污染。文石纤维将同样由文石组成的薄板片胶结在一起［图 13（c）］。文石针含有液体包裹体，偶见具小型气泡的两相包裹体［图 8（d）］。与现代类比物相似，针状文石和文石板片可能沉淀于水—气界面附近。针状文石中两相和液相流体包裹体的存在，进一步支持了沉淀作用发生于水—气界面的观点（Goldstein，1993）。冰点温度数据表明沉淀作用发生于混合带流体中，其中海水含量占 30%～50%。相比于本次研究中的其他混合带沉淀物，针状文石仅沉淀于混合流体中，而不是淡水环境中。以淡水为主的环境向混合水环境的转换，标志着 DSC Ⅴ的结束和 DSC Ⅵ的开始。

17.5.3.2　成岩矿化度旋回Ⅵ

针状文石和文石板片的混合带特征（特征 9）之后，微孔方解石开始发育［图 5 和图 13（c）］。微孔方解石与成岩特征 4 和 8 的微孔方解石具有相同的外观和形态［图 5 和图 13（c）］。唯一的区别是，该区的微孔方解石并非形成于枝状方解石之后。这种束状光性方解石是一种低镁方解石，在针状文石上形成等厚包壳（表 3）。成岩特征 10 未测量到包裹体冰点温度。类似于成岩特征 4 和 8，成岩特征 10 的微孔方解石沉淀于水—气界面。有限的证据（$\delta^{13}C$ 和 $\delta^{18}O$）表明，这种微孔方解石大致沉淀于以淡水为主（靠近淡水端元）的混合流体中［图 6（c）］。

成岩特征 11 的柱状方解石是所研究的 Sa Bassa Blanca 洞穴（图 5）岩心中保存的最后一期成岩特征。类似成岩特征 6，这种沉淀物为束状光性低镁方解石。柱状方解石形成交互的次生加大层，呈不对称和悬垂状分布［图 13（c）］。非对称悬垂状形态和液气比差异较大的流体包裹体，指示柱状方解石沉淀于渗流环境。冰点温度数据表明其沉淀于大气水环境中［表 3 和图 7（c）］。

17.5.3.3　成岩矿化度旋回Ⅴ和Ⅵ总结

Sa Bassa Blanca 洞穴的洞穴堆积物的成岩史记录了从混合带和大气潜水到大气水渗流带成岩作用的循环交替［图 11（c）］。混合带和大气水潜流带成岩作用导致具有不同晶体形态的方解石、高镁方解石和文石洞穴堆积物的沉淀。刃状方解石和柱状方解石硬壳的沉淀，记录了大气水渗流带的环境。由于与海平面历史相关的海拔高度，这种环境的成岩矿化度旋回不记录海相流体的成岩作用。在多数情况下，洞穴碳酸盐岩的取样位置处于海平面高位，因此洞穴很难被海水完全淹没。由于在高水位期间，淡水不断补给至潜水面，因而同一海拔处的地下水总是海水—淡水的混合水。此外，在海平面高于洞穴堆积物位置的异常时期，溶洞内洞穴沉积物海拔处的水体可能更深，且根据现代类似物（Vesica 等，2000），其矿化度可能已经接近海水盐度，但化学组分可能并未导致沉淀作用。相反，如果海平面高到足以淹没地表，则可能会产生不同的结果。大气水潜流带、混合带和大气水渗流带条件的旋回更替，记录了更新世冰川期和间冰期相对海平面的变化（Pomar 等，1976，1979）。大气水渗流沉淀物记录了低海平面的条件，而大气水潜流带和混合带沉淀物则记录了高海平面的条件（Csoma 等，2006）。

根据定义，DSCs 开始于海洋条件，结束于海洋条件的第一次回返，然而在 Mallorca 岛的海岸洞穴中未能建立海洋条件，因为总有来自裸露围岩的大气水输入，因此，大气水—海水混合带中偏咸水条件可作为成岩矿化度旋回的边界。由于沉淀于该体系咸水流体中的成岩特征记录了相对海平面的上升，因此，成岩矿化度旋回的概念仍然适用。

17.6 讨论

17.6.1 假设 1：DSCs 中海洋和混合带沉淀物——海水化学的控制

在某种程度上，碳酸钙沉淀物的矿物组分受温度、Mg/Ca、大气 CO_2 分压与溶液离子强度控制（Fuchtbauer 和 Hardie，1976，1980；Burton 和 Walter，1991；Morse 等，1997；Demicco 等，2003）。假设海水中 Mg/Ca 的长期变化影响着海洋和混合带沉淀物的矿物成分。本文通过评估含有不同 Mg/Ca 海水的混合带中沉淀物的矿物组分，并与 Fuchtbauer 和 Hardie（1976，1980）的实验数据进行比较（图 14），从而对该假设进行检验。

白垩纪和更新世成岩体系中的海洋和混合带沉淀物，可以通过牙买加、Mallorca 和意大利的实例进行对比（表 4）。相比于预测认为白垩纪海洋沉淀物为低镁方解石矿物（Lowenstein 等，2001），这些数据指示 Monte Camposauro 地区白垩纪海洋沉淀物为文石和高镁方解石矿物。Monte Camposauro 地区白垩纪混合带沉淀物为具各种形态的低镁方解石，包括刃状—等轴状、放射纤维状和次生加大的胶结物，它们均未显现出高镁方解石前驱物发生了重结晶作用。冰点温度数据表明，沉淀作用发生于淡水与含 0～90%海水的混合水中。上新统—更新统 Hope Gate 组中条带状海洋胶结物和刃状混合带胶结物为高镁方解石，流体包裹体冰点温度表明，这些胶结物沉淀于淡水、海水比例不同的混合流体中。Sa Bassa Blanca 洞穴中更新世大气水至混合水沉淀物具有不同的矿物组分，包括文石和 $MgCO_3$ 含量为 0.6%～11.5%（摩尔分数）的方解石。Sa Bassa Blanca 洞穴未发现海洋沉淀物。流体包裹体冰点温度表明，文石沉淀于含有 30%～50%海水的混合流体中，而

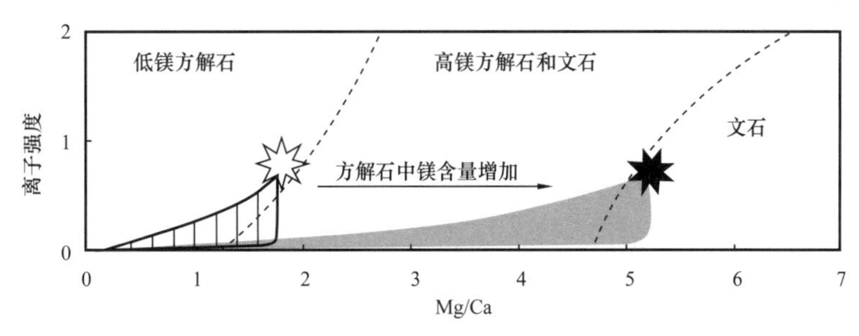

图 14　离子强度与 Mg/Ca 对碳酸钙矿物的控制作用（据 Stanley 和 Hardie，1998，修改）

白色星形为假定的白垩纪海水组分（Lowenstein 等，2001），黑色星形为假定的更新世海水组分（Lowenstein 等，2001）。基于上述假设，更新世海水中预计形成文石和高镁方解石矿物，而白垩纪海水则形成低镁方解石矿物。白垩纪海水与具有不同组分的大气水混合，构成了条纹区域内的化学组分。更新世海水与具有不同组分的大气水混合，构成了浅灰色阴影区域内的化学组分。基于海水与大气水的混合比例，在更新世混合水带，预计可形成低镁方解石、高镁方解石和文石矿物，而在白垩纪混合水带，则预计主要形成低镁方解石和高镁方解石

具有不同 Mg 含量［0.6%～11.5%（摩尔分数）的 $MgCO_3$］的方解石则沉淀于淡水环境和含有 0～60%海水的混合流体中。

表 4　海水、大气水及混合水带中观测到的沉淀矿物

环境	Monte Camposauro“方解石海”	Hope Gate 组“文石海”	Sa Bassa Blanca 洞穴“文石海”
海水环境沉淀物	（1）针状文石（新生变形的—低镁方解石）； （2）高镁放射纤维状方解石（新生变形—低镁方解石）	高镁纤维状方解石	
混合水环境沉淀物	（1）低镁刃状—等轴方解石； （2）低镁放射纤维状方解石； （3）低镁方解石次生加大边	高镁刃状方解石	（1）针状文石； （2）文石片； （3）高镁等厚刃状方解石； （4）枝状方解石，Mg 含量不等； （5）微孔方解石，Mg 含量不等
大气水环境沉淀物	低镁等轴方解石		（1）枝状方解石，Mg 含量不等； （2）微孔方解石，Mg 含量不等； （3）低镁刃状方解石； （4）柱状方解石，Mg 含量不等

围岩的 Mg/Ca 控制了淡水的 Mg/Ca，因而控制了淡水沉淀物的矿物成分（Gonzalez 等，1992）。在 Monte Camposauro 地区，围岩为石灰岩，所以淡水的 Mg/Ca 可能远达不到一致。Fuchtbauer 和 Hardie（1976，1980）（图 14）提出的关系图可以根据 Lowenstein 等（2001）估算的白垩纪海洋中的 Mg/Ca 预测低镁方解石的沉淀。若淡水经历了强烈的水—岩作用，那么具有低 Mg/Ca 的淡水对海水的稀释，可促进低镁方解石的沉淀；若淡水经历弱的水—岩作用，那么具有低 Mg/Ca 的淡水对海水的稀释，则可能促进高镁方解石和文石的沉淀。本文研究的白垩纪混合带沉淀物为含有 0.3%～1.7%（摩尔分数）$MgCO_3$ 的方解石，混合比例为 0～92%。尽管这与 Lowenstein（2001）预测的白垩纪海水化学和经历了水—岩作用的具低 Mg/Ca 的淡水进行混合相一致，然而 Monte Camposauro 地区白垩纪海洋沉淀物初始矿物成分为文石和高镁方解石，这与预期的并不一致。Ross（1991）和 Carannante 等（1995）的研究也显示，文石和高镁方解石沉淀于白垩纪海水环境中，这表明对于海水化学的长期变化以及它与海相沉淀物主要矿物之间的关系有待深入研究。另外，其他控制条件，如气候、大气 CO_2 分压和溶液的离子强度可能对主要矿物起决定性作用，见 Burton 和 Walter（1991）、Demicco 等（2003）。

Fuchtbauer 和 Hardie（1976，1980）（图 14）提出的关系图可以预测具有高 Mg/Ca 的更新世海水要么沉淀文石，要么沉淀文石和高镁方解石。Hope Gate 组海洋沉淀物中的高镁方解石矿物与这些预测相一致。对于大多数混合带，如果淡水经历强烈的水—岩作用，那么具有低 Mg/Ca 的淡水对海水的稀释可能会导致文石和高镁方解石的沉淀；如果淡水经历弱的水—岩作用，那么具有高 Mg/Ca 的淡水对海水的稀释作用则可能会导致文石的沉淀。对于混合带的大多数稀释部分，具有低 Mg/Ca 的淡水中会形成低镁方解石；具有

高 Mg/Ca 的淡水中则形成高镁方解石和文石。

对于上新统—更新统 Hope Gate 组，大气水流体可能与构成周围群山的中新统灰岩发生相互作用，这可能导致淡水的 Mg/Ca 小于 1。此外，大气水流体可能与 Hope Gate 组中的白云岩发生相互作用，这可能导致淡水的 Mg/Ca 接近 1。最后，大气水流体能够使高镁方解石物质发生风化，导致 Mg/Ca 适中。如果假定淡水具有较低的 Mg/Ca，而且水—岩作用能够提供足够的 Mg 和 Ca，那么预计在多数混合带中将形成高镁方解石和文石，其中，在混合带中盐度最低的部位形成低镁方解石。在混合带的最高盐度部分，预计方解石中的镁含量最高。Land（1973，1991）和 Frank 和 Lohmann（1996）记录了 Hope Gate 组发育的淡水低镁方解石胶结物。研究表明，高镁方解石［6.9%～9.1%（摩尔分数）的 $MgCO_3$］沉淀于海水含量占 0～80%的混合流体中。大范围的 Mg 含量可能是由于不同比例海水和大气水的混合所致，包裹体冰点温度数据也证实了这一点。未观察到预测的文石沉淀。岩石学证据表明，文石溶蚀与混合带刃状方解石胶结物的形成近乎同时发生。流体包裹体冰点温度数据表明，刃状高镁方解石沉淀于海水含量占 0～80% 的混合流体中。

Sa Bassa Blanca 溶洞发育于白云石化的侏罗系石灰岩中（Herman 等，1985）。白云岩的溶蚀可以形成 Mg/Ca 接近一致的淡水。假定在该淡水条件下，如果沉淀作用发生在混合带中，那么预测会形成文石和高镁方解石。本文的多数数据与预测的矿物成分相一致。在大多数情况下，文石和高镁方解石沉淀于海水、淡水比例不等的混合流体中（海水含量占 0～60%）。

海水化学的长期变化似乎以一种可预测的方式影响着上新统—更新统 Hope Gate 组和 Sa Bassa Blanca 溶洞中更新统洞穴堆积物中混合带沉淀物的矿物组分。在淡水组分已知的情况下，这种预测是可行的。

17.6.2 假设 2：DSCs 中矿物成分的气候控制

以 Mallorca 岛 Sa Bassa Blanca 溶洞的洞穴堆积物为例，对 DSCs 中矿物成分的气候控制作用进行了评估。根据洞穴堆积物的矿物组分（文石、低镁和高镁方解石），结合丰富的地球化学和岩石学数据，可以对更新世高频率、高幅度海平面波动期间气候变化的影响进行对比分析（Tucker，1993）。

此外，Sa Bassa Blanca 溶洞中潜流带洞穴堆积物沉淀于潜水面附近或下方，而且潜水面长时期保持在同一海拔（Csoma 等，2006）。由于与海洋紧密相连，潜水面的海拔接近于海平面所在的位置。因此，单个 DSC 中潜水面沉淀物形成期间观察到的任何变化都与海平面保持同一位置的气候或其他变化有关。

Csoma 等（2006）已经对 Sa Bassa Blanca 溶洞中洞穴堆积物矿物的气候效应进行了详细论述。本文仅简要总结了 DSCs 控制因素评估中气候变化的重要性。

Dorale 等（1992）、Gascoyne（1992）、Railsback 等（1994）、Frisia 等（1997a，1997b）和 Denniston 等（2001）已经充分阐述了洞穴堆积物的矿物特征和形态以及稳定同位素特征，这些有助于理解不同时间尺度的气候变化（年至百万年），例如，在渗流带洞穴堆积物中，方解石和文石的年度交替记录了降雨的季节性，其中文石沉淀于干旱季节，而方解石则沉淀于雨季（Railsback 等，1994）。

Sa Bassa Blanca 溶洞中混合带潜水面沉淀物包括方解石和文石（表 4）。Vesica 等（2000）对 Mallorca 岛混合带溶洞的研究表明，温暖气候有利于文石的沉淀，而寒冷气候有利于方解石的沉淀。Csoma 等（2006）与本文的流体包裹体冰点温度数据表明，方解石（特征 1、2、3、4、7、8 和 10）沉淀于大气水带与海水含量高达 60% 的混合流体中，而文石（特征 9）则沉淀于海水含量占 30%～50% 的混合流体中。方解石质和文石质洞穴堆积物均沉淀于潜水面处水—气界面附近。这表明，相对于方解石，文石沉淀于大气水补给减少的时期。

在 Mallorca 岛的沿岸溶洞中，潜水面位置与海平面位置保持一致。因此，这些沿岸溶洞系统中冰期—间冰期沉淀物的旋回交替是可预测的。冰川—海平面波动是溶洞内给定的水位是否处于渗流带或潜流带的主要控制因素，在成岩矿化度旋回内，可以将气候的控制作用与相对海平面波动造成的变化区分开来（Csoma 等，2006）。

17.6.3 假设 3：根据 DSCs 预测层序地层（Csoma 等，2005）

在 Monte Camposauro，Sa Bassa Blanca 溶洞和 Hope Gate 地层中观察到的成岩矿化度旋回记录了相对海平面升降的证据。共生组合中的这类记录对于评估历时长久的不整合面所缺失的地质时期非常有用（Csoma 等，2004）。例如，Monte Camposauro 地区 Aptian—Cenomanian 中的不整合面记录了历时 10Ma 的沉积间断，据 Hardenbol（1998）预测，该时期内至少发生了 7 次升降幅度为 20～50m 的 3 级海平面波动和一个幅度约 90m 的 2 级海平面上升。综合 D'Argenio 等（1999）与 D'Argenio 和 Alvarez（1980）提出的 Campania 台地在白垩纪时的沉降和抬升速率，以及 Hardenbol 等（1998）提出的海平面变化曲线，可以对 Monte Camposauro 地区的 4 个 DSCs 进行评价。利用 PHIL™ E 1994（Bowman 和 Vail，1999）盆地沉积模拟程序对 Monte Camposauro 进行了模拟。有关模拟方法的详细介绍见 Csoma 等（2004）的论述。模拟结果表明，任何公开发表的沉降速率（16.8mm/ka、0.2mm/ka）均不能沿不整合面交替形成地表暴露环境和海洋环境，而这对于形成 4 个 DSCs 是必要的［图 15（a）］。要形成 4 个 DSCs，构造抬升速率必须为 3.5～8mm/ka，这与 D'Argenio 和 Mindszenty（1991）、Mindszenty 等（1995）提出的白垩系抬升速率较为一致。

Mont Camposauro 的成岩作用和海平面变化史，预测 Aptian 与 Cenomanian 之间发生了局部隆升。在该体系中，可以预测沿台地顶部的下倾方向，存在进积作用或向下步进的几何形态。相比之下，大西洋西北部、得克萨斯州、太平洋中部海山地区的白垩系碳酸盐台地发生下沉，导致加积作用的发生且形成向后步进的几何形态或被淹没（Schlager，1981）。本文所论述的相对海平面变化史和成岩作用之间的关系表明，层序地层学可用于预测上倾方向的成岩作用样式，并能够用于恢复历时长久的不整合面所缺失的地质时期（海平面变化史）。

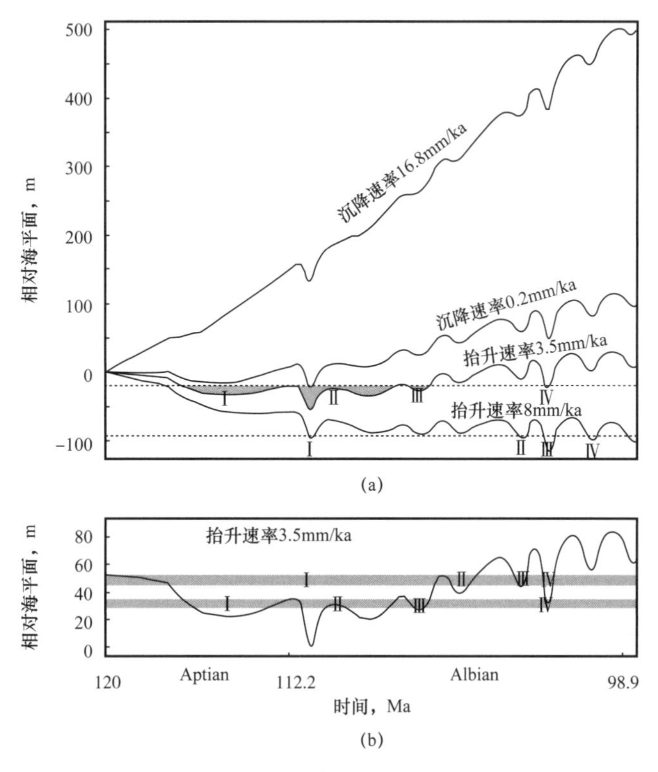

图 15　形成 4 个成岩矿化度旋回所需的相对海平面和古海拔

成岩矿化度旋回分别标记为Ⅰ、Ⅱ、Ⅲ和Ⅳ。（a）依据 Hardenbol 等（1998）提出的白垩纪海平面升降曲线与不同的构造沉降、抬升速率，利用 PHIL^{TM}E 1994 盆地模拟程序（Bowman 和 Vail，1999）模拟的结果。相对海平面表示海平面相对于所模拟的不整合面的高程（0m），暗灰色阴影表示成岩矿化度旋回发育的时期，只有当构造抬升速率为 3.5～8mm/ka 时，方可产生 4 个成岩矿化度旋回。（b）构造抬升速率为 3.5mm/ka 时，放大的相对海平面变化曲线，它是地层面相对海平面变化的曲线。最低相对海平面的位置标为零海拔，两种相对高差区间（暗灰色，8～35m 和 42～51m）可在合适地质年龄段内形成 4 个成岩矿化度旋回（Csoma 等，2004）

17.6.4　假设 4：DSCs 的保存潜力和成岩产物——古海拔 vs 海平面历史

除了相对海平面的波动，PHIL^{TM} E 盆地沉积模拟程序对 Mont Camposauro 的模拟结果表明，古海拔是 DSCs 保存的一个重要控制因素［图 15（b）］（Csoma 等，2004）。将 3.5mm/ka 的抬升速率输入模型中，在 2 个不同的海拔段内可形成 4 个 DSCs［图 15（b）］，它们形成于不同的地质时期，表明古海拔对 DSCs 的形成和定时具有敏感性。白垩纪沉积期，低幅度的 3 级及更高级次海平面的波动，不太可能沿不整合面或在单套薄地层中保存多个 DSCs。相反，高幅度的海平面波动（如宾夕法尼亚期或更新世的海平面升降），更有可能沿不整合面或在单套薄地层中保存多个 DSCs。

最后，Mallorca、Camposauro 和牙买加 DSCs 之间的对比，可进一步说明古海拔对于预测海平面升降周期内的成岩产物是非常重要的。Mallorca 岛实例中主要采集了滨岸环境沉淀物的样品，该滨岸环境的水位与高位海平面一致。由于海拔控制，DSCs 中缺失海洋和大气水潜流带环境的记录，它们主要由形成于潜水面附近的混合带沉淀物和大气水渗流带沉淀物组成。在古海拔大致相同的情况下，内陆沉积物能够较好地保存大气水潜流带的环境记录，却仅能保存较差的混合带环境记录。相反，在海岸环境中，在海平面高位海拔之下形成的 DSCs 对海洋、混合带、大气水潜流带和大气水渗流带条件有更完整的记录，如意大利和牙买加的例子所示。海平面低位海拔之下的海岸环境可能仅保留海洋、混合带和大气水潜流带条件。较低于该海拔的成岩环境可能仅保存海洋和混合水条件，而较低于该海拔的成岩环境可能仅保存早成岩过程中的海洋条件。因此，成岩矿化度旋回记录是海平面变化史和岩石古海拔之间相互作用的结果。

17.7 结论

在成岩作用研究中，成岩矿化度旋回的概念可作为一种研究工具或框架来描述和预测相对海平面变化（控制层序地层）和气候变化的成岩响应。依据地质年代、地质与水文地质背景、相对海平面波动的频率与幅度及古海拔，可以形成多种但最终成岩特征可预测的成岩矿化度旋回。DSCs 沿历时长久的不整合面发育，如 Monte Camposauro，记录了复杂的成岩历史和海平面波动历史，而这些在台地沉积记录中并不存在。Sa Bassa Blanca 滨岸潜水带和渗流带洞穴堆积物受冰川性海平面升降与气候波动的影响，而 Hope Gate 组海洋—混合带沉淀物则记录了相对海平面的下降。

海水化学成分的长期变化对 DSCs 中海相至混合带沉淀物的矿物学特征起着控制作用。虽然 Monte Camposauro 地区白垩纪原始的高镁方解石和文石海洋沉淀物与预测的低镁方解石矿物并不一致，但是白垩纪实例中的低镁方解石混合带胶结物以及上新世—更新世海洋和混合带沉淀物中的高镁方解石和文石矿物均与预测的矿物成分相符。

可以将与气候变化或海平面波动有关的成岩响应区分开来。同位素和流体包裹体数据表明，枝状和微孔方解石沉淀于大气水补给充分的时期，而文石则沉淀于淡水补给缺乏的时期。文石与方解石含量的变化，可能由控制大气水补给的气候变化所致。此类洞穴堆积物记录，提供了短时间海平面高位期大气水补给的高分辨率数据。

Monte Camposauro 地区与不整合面有关的 DSCs 是海平面升降和构造抬升相互作用的结果。DSCs 的形成和发生时间对古海拔异常敏感。相较于海平面波动幅度较小的时期，沿单个不整合面或单套薄地层分布的 DSCs 更有可能保存于海平面波动幅度较大的时期。沿不整合面保存的 DSCs 可用于预测海平面相对变化以及沉积层序在下倾方向的发育情况，相反，将构造史、海平面变化史与下倾部位沉积序列相结合，可以预测上倾部位的成岩作用。

参考文献

Assereto，R. L. A. M. and Folk，R. L.（1980）Diagenetic fabrics of aragonite，calcite and dolomite in an ancient peritidal-spelean environment：Triassic Calcare Rosso，Lombardia，Italy. *J. Sediment. Petrol.*，50，371–395.

Bathurst，R. G. C.（1959）The cavernous structure of some Mississippian *Stromatactis* reefs in Lancashire，England. *J. Geol.*，67，506–521.

Bowman，S. A. and Vail，P. A.（1999）Interpreting the stratigraphy of the Baltimore Canyon Section，

Offshore New Jersey with PHIL, a stratigraphic simulator. In : *Numerical Experiments in Stratigraphy : Recent Advances in Stratigraphic and Sedimentologic Computer Simulations* (Eds J. W. Harbaugh, L. W. Watney, E. C. Rankey, R. Slingerland, R. H. Goldstein and E. K. Franseen), *SEPM Spec. Publ.*, 62, 117–138.

Burton, E. A. and Walter, L. M. (1991) The effects of P_{CO_2} and temperature on magnesium incorporation in calcite in sea water and $MgCl_2$–$CaCl_2$ solutions. *Geochim. Cosmochim. Acta*, 55, 777–785.

Carannante, G., D'Argenio, B., Ferrerri, V. and Simone, L. (1987) Cretaceous paleokarst of the Campania Apennines, from early diagenetic to late filling stage. A case history. *Rend. Soc. Geol. Ital.*, 9, 251–256.

Carannante, G., D'Argenio, B., Dello Iacovo, B., Ferreri, V., Mindszenty, A. and Simone, L. (1988) Studi sul carsismo cretacico dell'Appennino Campano. *Mem. Soc. Geol. Ital.*, 41, 733–759.

Carannante, G., D'Argenio, B., Mindszenty, A., Ruberti, D. and Simone, L. (1994) Cretaceous–Miocene shallow water carbonate sequences. Regional unconformities and stacking patterns. In : *15th Int. Assoc. Sedimentol. Reg. Meeting Ischia, Italy, Excursion Guidebook*, A2, 29–59.

Carannante, G., Cherchi, A. and Simone, L. (1995) Chlorozoan vs. foramol lithofacies in Upper Cretaceous Rudist limestones. *Palaeogeogr. Palaeoclimatol. Palaeoecol.*, 119, 137–152.

Cheatham M. M., Sangrey, W. F. and White, W. M. (1993) Sources of error in external calibration ICP–MS analysis of geological samples and an improved non–linear drift correction procedure. *Spectrochim. Acta*, 48B, 487–506.

Csoma, A. É., Goldstein, R. H., Mindszenty, A. and Simone, L. (2004) Models for diagenetic salinity cycles and sea level along a long–lived unconformity, Monte Camposauro, Italy. *J. Sediment. Res.*, 74, 889–903.

Csoma, A. É., Goldstein, R. H. and Pomar, L. (2006) Pleistocene speleothems of Mallorca : implications for paleoclimate and carbonate diagenesis in mixing zones. *Sedimentology*, 53, 213–236.

D'Argenio, B. and Alvarez, W. (1980) Stratigraphic evidence for crustal thickness changes on the southern Tethyan margin during the Alpine cycle, Part II. *Geol. Soc. Am. Bull.*, 91, 2558–2587.

D'Argenio, B. and Mindszenty, A. (1991) Karst bauxites at regional unconformities and geotectonic correlation in the Cretaceous of the Mediterranean. *Boll. Soc. Geol. Ital.*, 110, 85–92.

D'Argenio, B. and Mindszenty, A. (1995) Bauxites and related paleokarst : tectonic and climatic event markers at regional unconformities. *Eclogae Geol. Helv.*, 88, 453–499.

D'Argenio, B., Ferreri, V., Raspini, A., Amodio, S. and Buonocunto, F. P. (1999) Cyclostratigraphy of a carbonate platform as a tool for high–precision correlation. *Tectonophysics*, 315, 357–384.

Demicco, R. V. Lowenstein, T. K. and Hardie, L. A. (2003) Atmospheric pCO_2 since 60 ma from records of sea water pH, calcium and primary carbonate mineralogy. *Geology*, 31, 793–796.

Denniston, R. F., González, L. A., Asmerom, Y., Polyak, V., Reagan, M. K. and Saltzman, M. R. (2001) A highresolution speleothem record of climatic variability during the Allerod–Younger Dryas transition in Missouri, central United States. *Palaeogeogr. Palaeoclimatol. Palaeoecol.*, 176, 147–155.

Dorale, J. A., González, L. A., Reagan, M. K, . Pickett, D. A., Murrell, M. T. and Baker, R. G. (1992) A high resolution record of Holocene climate change in speleothem calcite from Cold Water Cave, northeast Iowa. *Science*, 258, 1626–1630.

Esteban, M. and Klappa, C. F. (1983) Subaerial exposure environment. In : *Carbonate Depositional Environments* (Eds P. A. Scholle, D. G. Bebout and C. H. Moore), *AAPG Mem.*, 33, 1–54.

Frank, T. D. and Lohmann, K. C. (1996) Diagenesis of fibrous magnesian calcite marine cement : implications for the interpretation of $\delta^{18}O$ and $\delta^{13}C$ values of ancient equivalents. *Geochim. Cosmochim. Acta*,

60, 2427–2436.

Frisia, S., Borsato, A., Spiro, B., Heaton, T., Huang, Y., McDermott, F. and Dalmeri, G. (1997a) Holocene paleoclimatic fluctuations recorded by stalagmites Grotta di Ernesto (northern Italy) . *Proc. 12th Int. Congr. Speleol.*, 12, 77–80.

Frisia S., Borsato, A., Fairchild, I. J. and Longinelli, A. (1997b) Aragonite precipitation at grotte de Clamouse (Herault, France) : role of magnesium and drip rate. *Proc. 12th Int. Congr. Speleol.*, 12, 247–250.

Fiichtbauer, H. and Hardie, L. A. (1976) Experimentally determined homogeneous distribution coefficients for precipitated magnesian calcites : application to marine carbonate cements. *Geol. Soc. Am. Abstr. Progr.*, 8, 877.

Fiichtbauer, H. and Hardie, L. A. (1980) Comparison of experimental and natural magnesian calcites. *Int. Assoc. Sedimentol. Meeting, Bochum, Germany, Abstr.* 167–169.

Gale, A. S., Hardenbol, J., Hathway, B., Kennedy, W. J., Young, J. R. and Phansalkar, V. (2002) Global correlation of Cenomanian (Upper Cretaceous) sequences : evidence for Milankovitch control on sea level. *Geology*, 30, 291–294.

Gascoyne, M. (1992) Plaeoclimate determination from cave calcite deposits. *Quatern. Sci. Rev.*, 11, 609–632.

Ginés, J. (1995) Mallorca's endokarst : the speleogenetic mechanisms. *Endins*, 20, 71–86.

Ginés, A., Ginés, J. and Pomar, L. (1981a) Phreatic speleothems in coastal caves of Majorca (Spain) as indicators of Mediterranean Pleistocene paleolevels. *Proc. 8th Int. Congr. Speleol.* 2, 533–536.

Ginés, J., Ginés, A. and Pomar, L. (1981b) Morphological and mineralogical features of phreatic speleothems occurring in coastal caves of Majorca (Spain) . *Proc. 8th Int. Congr. Speleol.* 2, 529–532.

Goldstein, R. H. (1993) Fluid inclusions as microfabrics : a petrographic method to determine diagenetic history. In : *Carbonate Microfabrics* (Eds R. Rezak and D. Lavoi), pp. 279–290. Springer–Verlag, Berlin.

Goldstein, R. H. and Reynolds, J. T. (1994) Systematics of fluid inclusions in diagenetic minerals. *SEPM Short Course*, 31, 1-199.

González, L. A., Carpenter, S. J. and Lohmann, K. C. (1992) Inorganic calcite morphology : roles of fluid chemistry and fluid flow. *J. Sediment. Petrol.*, 62, 382–399.

Grötsch, J. (1994) Guilds, cycles and episodic vertical aggradation of a reef (late Barremian to early Aptian, Dinaric carbonate platform, Slovenia) . In : *Orbital Forcing and Cyclic Sequences* (Eds P. L. de Boer and D. G. Smith), *Int. Assoc. Sedimentol. Spec. Publ.*, 19, 227–242.

Grossman, E. L. and Ku, T. L. (1986) Oxygen and carbon isotope fractionation in biogenic aragonite : temperature effects. *Chem. Geol.*, 59, 59–74.

Hardenbol, J., Thierry, J., Farley, M. B., Jacquin, T., de Graciansky, P. C. and Vail, P. R. (1998) Mesozoic and Cenozoic sequence chronostratigraphic framework of European basins. In : *Mesozoic and Cenozoic Sequence Stratigraphy of European Basins* (Eds P. C. de Graciansky, J. Hardenbol, T. Jacquin and P. R. Vail), *SEPM Spec. Publ.*, 60, 3–13.

Herman, J. S., Back, W. and Pomar, L. (1985) Geochemistry of groundwater in the mixing zone along the East coast of Mallorca Spain. *Karst Water Resour.*, 161, 467–479.

Hird, K. and Tucker, M. E. (1988) Contrasting diagenesis of two Carboniferous oolites from South Wales : a tale of climatic influence. *Sedimentology*, 35, 587–602.

Kendall, A. C. (1977) Fascicular–optic calcite : a replacement of bundled acicular carbonate cements. *J. Sediment. Petrol.*, 47, 1056–1062.

Land, L. S. (1973) Contemporaneous dolomitization of middle Pleistocene reefs by meteoric water, north

Jamaica. *Bull. Mar. Sci.*, 23, 64–92.

Land, L. S. (1991) Dolomitization of the Hope Gate Formation (north Jamaica) by sea water : reassessment of mixing-zone dolomite. In : *Stable Isotope Geochemistry : A Tribute to Samuel Epstein* (Eds H. P. Taylor, J. R. O'Neil and I. R. Kaplan), *Geol. Soc. Lond. Spec. Publ.*, 3, 121–133.

Lohmann, K. C. (1988) Geochemical patterns of meteoric diagenesis systems and their application to studies of paleokarst. In : *Paleokarst* (Eds N. P. James and P. W. Choquette), pp. 58–80. Springer-Verlag, New York.

Lohmann, K. C. and Meyers, W. J. (1977) Microdolomite inclusions in cloudy prismatic calcites ; a proposed criterion for former high-magnesium calcites. *J. Sediment. Petrol.*, 47, 1078–1088.

Lowenstein, T. K., Timofeeff, M. N., Brennan, S. T., Hardie, L. A. and Demicco, R. V. (2001) Oscillations in Phanerozoic sea water chemistry : evidence from fluid inclusions. *Science*, 294, 1086–1088.

Mapa Geológico de España, Mallorca-Cabrera, at 1/200 000 (1987) *Instituto Geológico y Minero de España, Madrid.*

Mazzullo, S. J. (1980) Calcite pseudospar replacive of marine acicular aragonite and implications for aragonite cement diagenesis. *J. Sediment. Petrol.*, 50, 409–422.

Melim, L. A., Swart, P. K. and Maliva, R. G. (1995) Meteoriclike fabrics forming in marine waters : implications for the use of petrography to identify diagenetic environments. *Geology*, 23, 755–758.

Melim, L. A. (1996) Limitations on lowstand meteoric diagenesis in the Pliocene-Pleistocene of Florida and Great Bahama Bank : implications for eustatic sea-level models. *Geology*, 24, 893–896.

Melim, L. A. Swart, P. K. and Maliva, R. G. (2001) Meteoric and marine-burial diagenesis in the subsurface of Great Bahama Bank. In : *Subsurface Geology of a Prograding Carbonate Platform Margin, Great Bahama Bank : Results of the Bahamas Drilling Project* (Ed. R. N. Ginsburg), *SEPM Spec. Publ.*, 70, 137–162.

Meyers, W. J. (1974) Carbonate cement stratigraphy of the Lake Valley Formation (Mississippian), Sacramento Mts., New Mexico. *J. Sediment. Petrol.*, 44, 837–861.

Meyers, W. J. and Lohmann, K. C. (1985) Isotopic geochemistry of regionally extensive calcite cement zones and marine components in Mississippian limestones, New Mexico. In : *Carbonate Cements* (Eds N. Schneiderman and P. Harris), *SEPM Spec. Publ.*, 36, 223–240.

Michelio, E. (2001) *Analisi delle facies deposizionali e diagenetiche nei calcari carsificati cretacici dell'Appennino meridionale (M. Camposauro) : riconstruzione paleoambientale.* Unpubl. PhD thesis, Università degli studi di Napoli "Federico Ⅱ", 140 pp.

Mindszenty, A., D'Argenio, B. and Aiello, G. (1995) Lithospheric bulges recorded by regional unconformities. The case of Mesosoic-Tertiary Apulia. *Tectonophysics*, 252, 137–161.

Morse, J. W., Wang, Q. and Tsio, M. Y. (1997) Influences of temperature and Mg : Ca ratio on the mineralogy of $CaCO_3$ precipitated from sea water. *Geology*, 25, 85–87.

Mylroie, J. E. and Carew, J. L. (1995) Karst development on carbonate islands. In : *Unconformities and Porosity in Carbonate Strata* (Eds D. A. Budd, A. H. Saller and P. M. Harris), *AAPG Mem.*, 63, 55–76.

Pierre, C., Belanger, P., Saliège, J. F., Urrutiaguer, M. J. and Murat, A. (1999) Paleoceanography of the western Mediterranean during the Pleistocene : oxygen and carbon isotope records at site 975. *Proc. ODP Sci. Results*, 161, 481–488.

Pierson, B. J. and Shinn, E. A. (1985) Cement distribution and carbonate mineral stabilization in Pleistocene limestones of Hogsty Reef, Bahamas. In : *Carbonate Cements* (Eds N. Schneiderman and P. M. Harris), *SEPM Spec. Publ.*, 36, 153–168.

Pomar, L., Ginés, A. and Fontarnau, R. (1976) Las cristalizaciones freáticas. *Endins*, 3, 3–25.

Pomar, L., Ginés, A. and Ginés, J. (1979) Morfología, estructura y origen de los espeleotemas epiacuáticos. *Endins*, 5–6, 3–17.

Pomar, L., Ginés, J., Aguiló, F., Carbonell, J., Damians, J., Delgado, E., Félix, G., Font, A., Fornós, J. J., Forteza, V., Ginés, A., Mairata, P., Maroto, A. L., Mejías, R., Molinas, A., Mora, A., Munar, J., Pascual, I., Payeras, T., Plovins, A., Pol, A., Pons, J., Pueyo, J. J., Ramos, J. F., Riba, O., Rodriguez, A., Sabat, F. and Serra, C. (1985) Los espeleotemas freáticos de las cuevas costeras de Mallorca : Estado actual delas investigaciones. In : *Libro Homenaje Juan Cuerda* : *Pleistoceno y Geomorfologia litoral*, pp. 103–122. Universitat de Valencia/Eidgenoossiche, TechnischeHochschule Zurich/ Universitat de Palma de Mallorca, Palma de Mallorca, Spain.

Pomar, L., Rodriguez–Perea, A., Fornós, J. J., Ginés, A., Ginés, J., Font, A. and Mora, A. (1987) Phreatic speleo–thems in coastal caves : a new method to determine sealevel fluctuations. In : *Late Quaternary Sea–Level Changes in Spain* (Ed. C. Zazo), *CSIC Trab. Neógen. –Cuatern.*, 10, 197–224.

Railsback, B. L., Brook, G. A., Chen, J., Kalin, R. and Fleisher, C. J. (1994) Environmental controls on The petrology of a late Holocene speleothem from Botswana with annual layers of aragonite and calcite. *J. Sediment. Res.*, A64, 147–155.

Read J. F. and Horbury, A. D. (1993) Eustatic and tectonic controls on porosity evolution beneath sequence–bounding unconformities and parasequence discon–formities on carbonate platforms. In : *Diagenesis and Basin Development* (Eds A. D. Horbury and A. Robinson), *AAPG Stud. Geol.*, 36, 155–197.

Romanek, C. S., Grossman, E. L. and Morse, J. W. (1992) Carbon isotopic fractionation in synthetic aragonite and calcite : effects of temperature and precipitation rate. *Geochim. Cosmochim. Acta*, 56, 419–430.

Ross, D. J. (1991) Botryoidal high–Mg calcite marine cements from the Upper Cretaceous of the Mediterra–nean region. *J. Sediment. Res.*, 61, 349–353.

Saller, A. H., Budd, D. A. and Harris, P. M. (1994) Uncon–formities and porosity development in carbonate strata : ideas from a Hedberg conference. *AAPG Bull.*, 78, 857–872.

Sandberg, P. A. (1983) An oscillating trend in Phanerozoic non–skeletal carbonate mineralogy. *Nature*, 305, 19–22.

Schlager, W. (1981) The paradox of drowned reefs and carbonate platforms. *Geol. Soc. Am. Bull.*, 92, 197–211.

Stanley, S. M. and Hardie, L. A. (1998) Secular oscillations in the carbonate mineralogy of reef–building and sedi–ment–producing organisms driven by tectonically forced shifts in sea water chemistry. *Palaeogeogr. Palae–oclimatol. Palaeoecol.*, 144, 3–19.

Tarutani, T., Clayton, R. N. and Mayeda, T. K. (1969) The effect of polymorphism and magnesium substitution on oxygen isotope fractionation between calcium carbonate and water. *Geochim. Cosmochim. Acta*, 33, 987–996.

Tucker, M. E. (1981) *Sedimentary Petrology* : *An Introduction.* Blackwell Scientific Publications, Boston, 252 pp.

Tucker, M. E. (1993) Carbonate diagenesis and sequence stratigraphy. In : *Sedimentology Review* (Ed. V. P. Wright), pp. 51–72. Blackwell, Oxford.

Veizer, J., Ala, D., Azmy, K., Bruckschen, P., Buhl, D., Bruhn, F., Carden, G. A. F., Diener, A., Ebneth, S., Godderis, Y., Jasper, T., Korte, C., Pawellek, F., Podlaha, O. G. and Strauss, H. (1999) $^{87}Sr/^{86}Sr$, $\delta^{13}C$ and $\delta^{18}O$ evolution of Phanerozoic sea water. *Chem. Geol.*, 161, 59–88.

Vesica, P. L., Tuccimei, P., Turi, B., Fornós, J. J., Ginés, A. and Ginés, J. (2000) Late Pleistocene

Paleoclimates and sea–level change in the Mediterranean as inferred from stable isotope and U–series studies of overgrowth on speleothems, Mallorca, Spain. *Quatern. Sci. Rev.*, 19, 865–879.
Ward, W. C. (1973) Influence of climate on the early diagenesis of carbonate eolianites. *Geology*, 1, 171–174.
Ward, W. C. and Halley, R. B. (1985) Dolomitization in a mixing zone of near–surface composition, late Pleistocene, Northeastern Yucatán Peninsula. *J. Sediment. Petrol.*, 55, 407–420.
Whitaker, F., Smart, P., Hague, Y., Waltham, D. and Bosence D. (1999) Structure and function of a coupled two–dimensional diagenetic and sedimentological model of carbonate platform evolution. In : *Numerical Experiments in Stratigraphy : Recent Advances in Stratigraphic and Sedimentologic Computer Simulations* (Eds J. W. Harbaugh, W. L. Watney, E. C. Rankey, R. Slingerland, R. H. Goldstein and E. K. Franseen), *SEPM Spec. Publ.*, 62, 337–355.
Wilkinson, B. H. and Given, R. K. (1986) Secular variation in abiotic marine carbonates : constrains on Phanerozoic atmospheric carbon dioxide contents and oceanic mg/Ca ratios. *J. Geol.*, 94, 321–334.

18 新西兰上新统弧前海道冷水灰岩中化石埋藏—成岩作用与层序地层之间的关联

Vincent Caron[1]，Campbell S. Nelsoni[2]，Peter J. J. Kamp[2]

1. UMR8217-CNRS，Géosystemes，Laboratoire de Géologie，33 rue St Leu，Amiens，France（E-mail：vincent.caron@u-picardie. fr）

2. Department of Earth & Ocean Sciences，University of Waikato，Private Bag 3105，Hamilton，NewZealand

摘要 上新世是一个已知的海平面升降波动时期，在新西兰北岛东部的一个活跃的变形弧前盆地古海道的两侧，同时发育了弧前陆棚和弧前洋脊冷水灰岩。长期发育的碳酸盐工厂与四级（250ka）海平面变化相吻合，与热带的同类型相比，其主要发生在低位期以及早—晚海侵期。弧前洋脊碳酸盐岩形成于东部边缘活跃生长的逆冲核部古高地之上，它们的硅质碎屑含量低，含有贝属动物、表栖双壳动物、苔藓动物以及海胆类动物的骨架组合。位于古海道西侧的弧前陆棚形状狭窄，与杂砂岩腹地接壤，伴生的碳酸盐岩富含硅质碎屑物，常见贝类、牡蛎类以及半底栖双壳软体类动物。层叠的石灰岩有几米厚，它们被几公里范围内可以追踪的层面所围限，这些层面分别代表了在海平面下降和上升期间海退和海侵形成的侵蚀面。

在灰岩中，化石埋藏和成岩蚀变作用（或者化石埋藏—成岩）的强度是以一种可以预测的方式分布的，要么在体系域中垂直分布，要么沿着层序地层界面分布，且上述特征在弧前洋脊和陆棚背景下不一定相似。早期海底的化石埋藏过程（一般具有破坏性）取决于颗粒的类型和环境水动力特征，与底层的类型以及浪蚀作用的深度密切相关，其垂直高度的变化与外源（即构造—海平面的波动）和自生力（例如气候）有关。在弧前洋脊碳酸盐岩中，针状和微晶方解石胶结物发育于高能和浪控缓慢堆积沉积相（例如冲刷面上的海侵滞留以及凝缩层位上向上变浅沉积层的顶部）的粗粒生物碎屑沉积物中。在弧前陆棚碳酸盐岩中，针状胶结物缺失，微晶黏结物局限于基质支撑的海侵沉积物中。海底文石骨架的完全淋滤虽然不常见，但在海侵—海退转换带的凝缩层中以及海退弧前洋脊沉积物的顶部（在这种位置，随后可能发生海相胶结，表明孔隙饱和度的快速变化）很明显。相比之下，压实作用之前文石发生了新生变形但保留了介壳结构，表明其为弧前陆棚碎屑支撑和基质支撑的海侵贝壳滞留沉积。

本文提出了弧前古海道内不同地貌动力学沉积体系中海平面升降变化所控制的冷水碳酸盐岩生成、沉积和蚀变作用的预测模型。它们强调了碳酸盐沉积相的成因因素，也就是继承性地貌和浪基面，对层序地层结构以及早成岩蚀变的决定作用。

关键词 冷水灰岩；弧前盆地；古海道；弧前陆棚碳酸盐岩；弧前洋脊碳酸盐岩；化石埋藏；成岩作用；层序地层；上新世

18.1 引言

关于浅海冷水碳酸盐岩（无论是现代的还是古代的）及控制它们蚀变作用和沉积相结构的因素的研究文献大量见诸报道（Nelson，1988a；James 及 Clarke，1997）。多年研究显示，冷水陆棚碳酸盐岩与热带碳酸盐岩在其生物组成、地球化学、沉积速率、化石埋藏属性以及成岩作用方面，都具有明显的不同之处（Lees 和 Buller，1972；Carannante 等，1988；Nelson，1988b；Henrich 等，1995；Smith 等 1992；Dodd 与 Nelson，1998）。在冷水海洋中，多生境、不依赖阳光的有机体是骨架颗粒的主要来源。在硅质碎屑输入量低—中等的地方，碳酸盐工厂发育。原生的骨架矿物通常是方解石而不是文石，由于典型的低沉积速率，早期海底作用主要是侵蚀作用和降解作用，缺乏保护性的虫黄藻生物礁且很少见到无机的海相胶结物（Carannante 等，1988；Nelson，1988b；Young 和 Nelson，1988；James，1997；Freiwald，1998；Smith 和 Nelson，2003）。

层序地层学研究显示，冷水碳酸盐工厂的发育以及地层结构，包括界面的不连续性，可能与热带环境中高水位期间碳酸盐生产所定义的碳酸盐沉积特征相吻合（Pedley 和 Grasso，2002）；或者，在一些浅海环境中，沉积相和叠加模式可能意味着低位体系域或海侵体系域的堆积（Carannante 等，1999；Brachert 等，2003；Simone 等，2003；Caron 等，2004b）。到目前为止，很少有文章将早期的海底与冷水陆棚碳酸盐的浅埋藏成岩作用及其层序地层联系起来（Boreen 和 James，1995；Knoerich 和 Mutti，2003；Caron 和 Nelson，2003；Caron 等，2005）。然而，这种综合性的方法，在已知的海平面波动阶段，可以评价冷水碳酸盐岩系统的地貌水动力学和成因特征、所形成的碳酸盐岩的性质及其化石埋藏和成岩作用（化石埋藏—成岩作用）如何相互作用以形成体系域及保存好的层序地层界面。

本文报道了新西兰北岛东部地区上新世浅海灰岩的沉积、成岩以及层序地层特征，Kamp 等（1988）对其冷水特征进行过描述。对这些灰岩所做的详细岩相、地层和成岩作用分析表明，有两个不同的碳酸盐系统共同发育在一个前期的弧前盆地海道中，而不是之前所描述的会聚性边界地区的温带陆棚环境。Caron 等（2004a）与 Bland 等（2005）用术语“连接陆块”以及“分离陆块”来区分这两个可对比的沉积体系，前者沿着弧前海道的西侧边缘分布，且与大陆腹地接壤；后者与形成该古海道外侧东部边缘的逆冲洋脊的一个不连续群岛伴生。为了更加直接地将这些浅海碳酸盐岩与其弧前海道环境建立联系，本文将术语“连接陆块”用“弧前陆棚”代替，将术语“分离陆块”用“弧前洋脊”代替，或者分别简单地称为西部和东部弧前灰岩。

在同一时期发育的可对比的弧前陆棚和弧前洋脊碳酸盐岩，使我们可以评价沉积剖面、继承性地貌、硅质碎屑输入、水动力能量以及生成碳酸盐的生物群等因素如何相互作用并最终决定了成岩作用途径和层序地层结构。具体地说，本文的目标包括三个方面：（1）对来自弧前陆棚和弧前洋脊碳酸盐系统岩石的组分、组构、化石埋藏和成岩作用进行了记录和比较，主要聚焦于出露较好的中—晚上新统 Te Onepu 灰岩和 Titiokura/Te Waka 地层（图 1）；（2）评估海平面变化和地貌对潮汐流和波浪流为主的温带古海道中碳酸盐的生成、成岩作用和地层结构的控制作用；（3）将收集到的数据进行对比，并整合到一系列预测模型中，主要用于受硅质碎屑影响的狭窄陆棚（弧前陆棚）和缺乏硅质碎屑的孤立水下隆起/背斜（弧前洋脊）中受海平面变化控制的冷水碳酸盐生成、沉积和蚀变作用的预测。

18.2 地质和构造背景

新西兰北岛东部地区的上新统—更新统是一套厚达 5km 的新近纪弧前盆地充填物的上半部分。该弧前盆地是穿过新西兰次大陆的倾斜会聚的澳大利亚—太平洋板块边界的一部分，从渐新世结束之后一直活动（Ballance，1993）。地貌构造系统向东以 Hikurangi 海沟为界，该处太平洋板块的洋壳向下倾斜俯冲到北岛陆壳之下。由逆冲断层控制的背斜洋脊和斜坡平行盆地（Lewis 和 Pettinga，1993）组成的俯冲增生复合体位于 Hikurangi 海沟的西北部。弧前盆地代表了增生复合体的主要地貌和构造凹陷，西部以三叠纪—侏罗纪杂砂岩基岩的构造高点为界。

弧前盆地中的沉积作用自中新世晚期就开始发展，尽管以泥岩、砂岩等硅质碎屑岩的充填为主，弧前盆地还包括许多分散的浅海冷水（或温带）灰岩单元［Nelson 等（2003）提出的 Te Aute 灰岩］，它们在局部地区厚达 120m，但通常横向分布有限，连续延伸范围只有几十公里。Kamp 和 Nelson（1987）以及 Kamp 等（1988）认为，Te Aute 灰岩的形成与该弧前盆地的构造演化有密切的关系，因此，上新世早期至晚期露头的产状显示，沉积随着时间向盆地中心迁移，较年轻的岩片靠近弧前盆地轴部，海拔较低，而较老的上新世岩片位于盆地外边缘。由于俯冲作用，弧前盆地东缘（沿岸山丘）的差异隆起导致弧前盆地逐步变窄和变浅，到上新世中期，该弧前盆地缩小为一个东北—西南走向的海道，位于 40°S 古纬度附近，主要动力为潮汐流，其将细粒陆源成分搬运到了较深水地区（Kamp，1988）。位于弧前古海道东缘的碳酸盐生产和聚集发生在逆冲断层控制的山脊之上，该山脊形成了一个被波浪和涌浪冲刷的淹没古高地的近海群岛（Caron 等，2004a）。海道西缘的碳酸盐堆积在一个狭窄的陆棚之上，该陆棚与经历幕式构造作用的杂砂岩腹地相连（即周期性的隆起造山幕之间是构造活动静止期）（Erdman 和 Kelsey，1992）。因此，西部构造高点以一种脉动方式，从中新世晚期一个低缓的位置隆升到更新世早期的一个较高的位置，正如岩石中记录到的硅质碎屑通量和同造山期砾岩的增加（Cashman 等，1992；Erdman 和 Kelsey，1992；Bland，2001）。表 1 总结了导致弧前陆棚和弧前洋脊碳酸盐沉积背景存在差异的因素。

18.3 研究方法

基于对 Hawko 地区 Te Onepu 灰岩和 Te Waka 组的 12 个代表性剖面进行详细的野外观测和取样（图 1），本文开展了沉积学和成岩作用研究。岩相、沉积构造、地层和接触形态以及遗迹化石相的描述主要依据野外开展的，Caron（2002）对其进行了详细的报道。

表 1　北岛东部 Hawko 海湾地区弧前盆地古海道东缘弧前洋脊和西缘弧前陆棚上新统灰岩的形态动力学和成因因素、地层几何形态以及典型沉积相的对比（Caron 等，2004a）

<table>
<tr><th colspan="2">形态动力学和成因因素，沉积属性</th><th>弧前洋脊碳酸盐体系（弧前盆地的东缘）</th><th>弧前陆棚碳酸盐体系（弧前盆地的西缘）</th></tr>
<tr><td colspan="2">地貌系统</td><td>平行的背斜和向斜，邻近顶部平坦的背斜</td><td>单斜缓坡，远端变陡的缓坡，含海湾的海岸背景</td></tr>
<tr><td colspan="2">继承性地貌</td><td>凹凸不平的先前地表，海槽和生长褶皱</td><td>低角度的平坦陆棚，与俯冲或抬高的陆块拼合</td></tr>
<tr><td colspan="2">构造背景</td><td>抬升的弧前增生复合体；以逆冲断层为核心的构造</td><td>弧前的俯冲边缘；由断层围限的基底块体的移动所控制的变形作用</td></tr>
<tr><td colspan="2">冰川性海平面升降的痕迹</td><td colspan="2">可容纳空间的重复出现或缺失；应力的周期性（即叠加样式的出现）及不整合的成因（海泛面，海进侵蚀面，海退面及陆上暴露面）</td></tr>
<tr><td colspan="2">同构造的影响</td><td>促进拱形的发育或增加可容纳空间（即坳陷）；形成或者促进了不整合；层序的差异性保存；背斜顶部的局部暴露和剥蚀</td><td>可能形成局部的沉积中心，减缓可容纳空间的生成（即沉降）</td></tr>
<tr><td rowspan="2">层序基本样式</td><td>地层样式</td><td>主要是削蚀和凝缩层序；少见保存下来的完整层序</td><td>加积层序，以及完整（通常很厚）的层序</td></tr>
<tr><td>地层结构</td><td>由凹凸不平沉积面和同造山活动形成的复合体；灰岩的厚度、沉积相和同沉积成岩作用在侧向上变化快，形成层序和体系域</td><td>灰岩席状或列表状几何形态，可以对标志层和不整合面进行追踪</td></tr>
<tr><td colspan="2">水文方面</td><td>高能量，以潮汐和风暴为主；水下地貌造成水流沿向斜坡下方的方向由剥蚀向沉积的快速变化</td><td>高能量，在海岸开阔的陆棚上，或者陆棚的内部和中部岩石区，以潮汐和风暴为主</td></tr>
<tr><td colspan="2">硅质碎屑岩的输入</td><td>低</td><td>中—高</td></tr>
<tr><td colspan="2">基底</td><td>下倾方向为介壳质—砂质</td><td>局部多岩，普遍呈砂砾质、砂质和贝壳质；海湾地区为泥质</td></tr>
<tr><td colspan="2">岩性</td><td>细粒—中粒碳酸盐岩—硅质碎屑岩混合岩～纯净的粗粒介壳灰岩</td><td>碳酸盐岩—硅质碎屑岩混合岩，砂质—砂砾质</td></tr>
<tr><td colspan="2">生物骨架组合</td><td>贝属动物，少见 bimol 及 bryomol 骨架，偶见 echinofor 骨架</td><td>bimol 及 barnamol 骨架，偶见 bryomol 骨架</td></tr>
</table>

在露头上对宏观化石的特征（类型、方向、化石的关节脱落、破碎程度以及生物侵蚀）进行了定性描述。通过对 100 多个环氧树脂浸染薄片进行分析，确定了沉积物组分。采用 Dickson（1965）提出的方法对其中许多薄片进行了染色，以区分碳酸盐矿物岩相。使用 Chayes（1956）提出的计点法，计算了不同类型颗粒的百分比，特别是贝属动物、苔藓动物、双壳动物、石英和岩屑（表 2），此外，对薄片也使用计点法，计算了泥岩含量、自生（粒间）和外源（粒内）亮晶胶结物和孔隙度（表 2）。对于每次分析，在薄片的不同部分至少进行两次 200 个点的计数，以减少与岩石非均质性有关的误差。根据 Hayton 等（1995）提出并由 Caron 等（2004a）修改的分类方案，将从北岛东部地区其他冷水灰岩中收集的数据（总共有 351 个薄片）用来对本文的分析结果进行补充并进行聚类分析（平方欧式距离，每次取最短的最大距离），以确定骨架组合（图 2）。这些样品的成岩特征，特

别是成岩组构与埋藏特征的描述和解释方面，是通过使用平面偏振光和阴极发光光源检测标准的和染色后的薄片得出的。

对其中许多薄片进行了X射线衍射矿物成分和地球化学（元素和稳定同位素）分析，但本文不作详细介绍。但是，其他相关文章中也提到了相关成果，包括Caron和Nelson（2003）以及Caron等（2005，2006），并可根据需要申请使用。在本研究中，某些地方提到了地球化学信息，以支持根据详细的现场和岩相数据进行的矿物学、碳酸盐含量和成岩环境的评估。

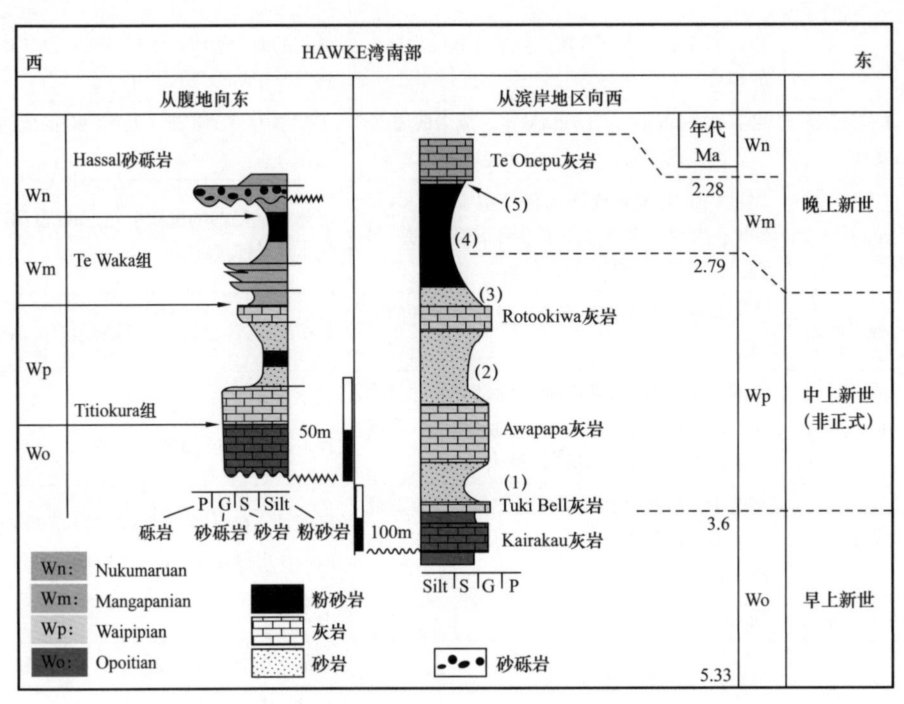

图1 Hawko海湾地区弧前盆地陆棚（西部，见图6中的野外露头）和洋脊（东部）中部分上新统沉积岩的简化地层图

对灰岩地层进行了命名，而介于中间的硅质碎屑地层包括：（1）Mokopeka砂岩；（2）Pukekura砂屑石灰岩；（3）Waikareao砂屑石灰岩；（4）Raukawa泥岩；（5）Argyll砂岩（据Beu，1995）。本文中所使用的新西兰地区上新统地质年代表采用Cooper（2004）的方案

18.4 沉积学与地层结构

弧前古海道两侧的灰岩在其生物碎屑组分、泥质和胶结物含量及总的矿物成分方面存在差别（图3）。来源于弧前洋脊边缘的灰岩沿南北走向平行的陡崖、采石场和道路切割面上出露，出露情况为中等好—差。沿下倾方向，从东到西，灰岩向盆地方向变化为砂岩和粉砂岩，这主要是根据盆地中央部位探井中钻遇的岩性推测的（Beu，1995），因此，沿该方向地层形态记录得很少。相反，沿着西缘，弧前陆棚灰岩在向东的陡崖上出露良好，河流从西向东的流动使我们可以沿着走向和下倾方向观察到上新统的地层层序。

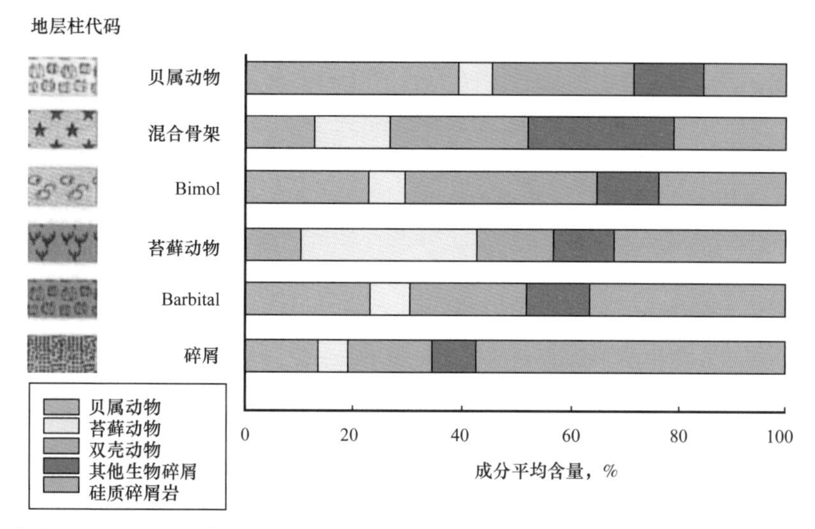

图 2　上新统灰岩样品里（总数为 351 个）识别出的 6 个生物骨架组合的生物骨架和硅质碎屑岩组分

“其他生物碎屑”主要包括海胆类和底栖有孔虫，含少量的浮游有孔虫、腕足类和（或）红藻。生物骨架组合的名称来自 Hayton 等（1995）并由 Caron 等（2004a）进行了修改。左侧的岩性代码用于标示图 4 至图 6 中的地层柱状图上的生物骨架组合

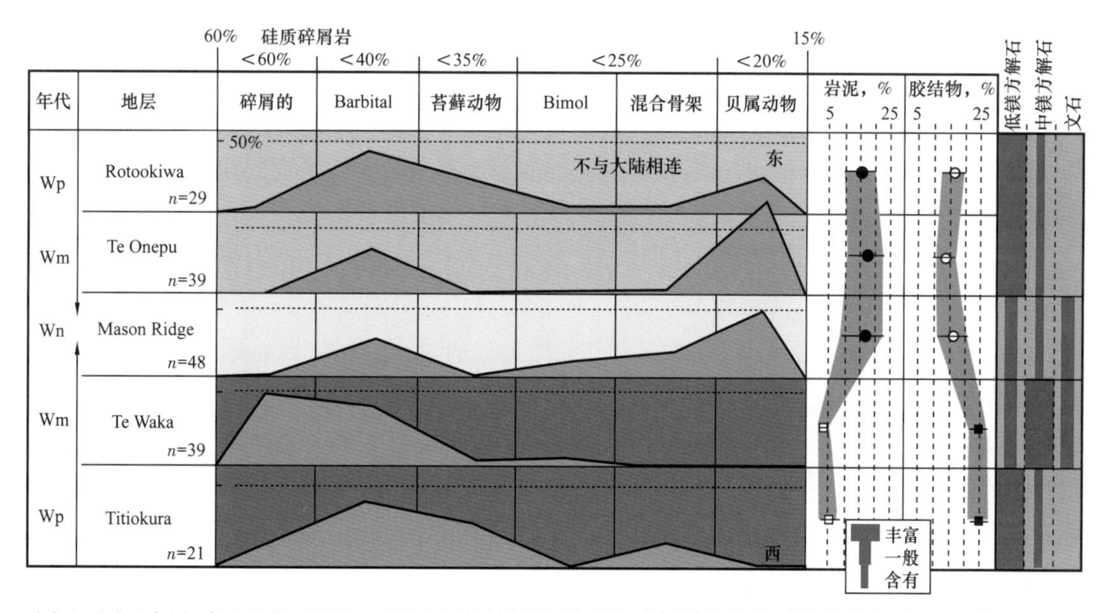

图 3　图 2 中识别出的碳酸盐岩—硅质碎屑岩混合岩中每个生物骨架组合对本文中提到的不同灰岩地层的贡献（蓝色阴影区域），并根据它们的地质年龄将其从东（Rotookiwa）到西（Titiokura）垂直排列。注意：硅质碎屑岩含量相对缺乏的端元（以“纯”的贝壳灰岩 / 贝属动物 Te Onepu 灰岩为代表）与硅质碎屑岩含量丰富的端元（以 Te Waka 地层为代表）之间的成分差异，可能与它们分别位于弧前陆棚和弧前洋脊的沉积背景差异有关（图 1）。沉积于目前已变窄的弧前盆地中央部位最年轻的上新统灰岩（Mason Ridge 组）在组成上与它们中较老的位于东部和西部地区的前驱具有明显的不同，含有较少的陆源物质以及更加多变的生物骨架类型，包括棘皮、底栖有孔虫、红藻（混合相），特别是内栖文石质双壳动物。表 2 列出了根据计点数据计算得到的平均泥岩和胶结物含量。根据 XRD 分析（Caron，2002），得出了在弧前洋脊（东部）和弧前陆棚（西部）灰岩全岩样品（样品数为 200）中保存下来的矿物成分的相对含量。弧前洋脊灰岩：黑色圆圈，弧前陆棚灰岩：空心正方形

表 2　几个上新统灰岩薄片中的不同成分的计点数据

样品			贝属动物 %	苔藓动物 %	双壳软体动物，%	其他颗粒 %	石英 %	岩石碎屑 %	海绿石 %	泥岩含量 %	自生亮晶胶结物，%	总亮晶胶结物，%	颗粒 %	孔隙度 %
Rotookiwa 灰岩	海侵体系域的上部	7_12	16	7	48	15	6.5	2	2.5	2	18	23	50	25
		7_22	29	4	18	13	28	4	6	30	4	14	47	9
		7_23	29	6.5	14	9	30	4.5	7	30	2	6	58	6
		7_35	28	7	21	18	11	2	4	26	8	16	50	8
		7_49	23.5	6.5	23	5	23	15	4	21	6	8	56	15
		7_50	28	13	20	9	18	8	4	25	6	10	48	17
		7_52	22	17	15	10	19	12	5	28	2	6	50	16
	海侵体系域的下部	7_14	16	22	22	9	25	3.5	2.6	21	13	16	50	13
		7_27	18.5	4	13	9	35.5	13.5	6.5	28	6	10	58	4
	高位体系域	7_15	27	14	34	9	12	2	2	6	20	25	43	26
		7_16	27.5	14.5	25	16.5	12	2	2.5	12	17	21	41	26
		7_33	33	8	23	11	17	5	3	13.5	9	11.5	56	19
		7_34	35	3	21	10	22	5	4	12	11	16	50	21
	低水位期（海退）	7_17	34	9	35	11.5	8.5	1.5	0.5	7	18	29	61	3
		7_18	43	7.5	36	6	4.5	2	1	3.5	22	32	60	4.5
		7_19	31	8	32	13	13	1	2	27	7	10	50	13
		7_20	37	7	24	16	10	4	2	4	21	26	53	17

续表

样品			贝属动物 %	苔藓动物 %	双壳软体动物，%	其他颗粒 %	石英 %	岩石碎屑 %	海绿石 %	泥岩含量 %	自生亮晶胶结物，%	总亮晶胶结物，%	颗粒 %	孔隙度 %
Rotookiwa 灰岩	低水位期（海退）	7_21	37.5	4	32	10	11	3.5	2	4.5	14	17	57	21.5
		7_35	29	9	23	15	18.5	3	2.5	26	8	18	50	8
		7_42	15.5	19	19	17.5	18.5	4	6.5	5	16	19	52	24
Te Onepu 灰岩	海侵体系域的下部	9_71	43	3	29.5	12	9	3	0.5	42	9	11	43	4
		9_73	31	3	10	11	29	3.5	6.5	22	3	4	53	21
		9_9	43	3	20	18	9	9	3	19	9	13	58	10
	高位体系域	9_74	34	7	18	16	17	5	3	13	13	16	55	16
		9_76	37	7.5	22	9	17	5.5	2	17	11	14	47	25
		9_17	42	12	19	19	5	1	2	13	10	14	62	11
	低水位期（海退）	9_78	37	3	24	11	16	5	3.5	0	16	19	53	28
		9_79	42	4	20	13.5	12.5	5	3	2	16	20	48	30
		9_16	52.5	7	18	11.5	6	3	2	20	2.5	6	59	15
		9_8	42	6.5	26	10.5	6.5	6	8.5	11	15	22	53	14
		9_10	46	6	21	13	6	5	3	18.5	7	11.5	57	13
		9_1	43	3	24	5.5	8	8.5	3	15	13	21.5	55	8.5
		9_72	45	4	28	19.5	2.5	1		33	5	7	57	3
Mason Ridge 组	海侵体系域的下部	11_29	33.5	5	25	17	12.5	3.5	3.5	14	14	15.5	5.5	15.5
		11_42	23	8	31	23	7	3.5	0.5	29	2	4.5	38.5	28

续表

样品			贝属动物 %	苔藓动物 %	双壳软体动物，%	其他颗粒 %	石英 %	岩石碎屑 %	海绿石 %	泥岩含量 %	自生亮晶胶结物，%	总亮晶胶结物，%	颗粒 %	孔隙度 %
Mason Ridge 组	海侵体系域的下部	11_44	34.5	5	29	22	5	1	2	18	3.5	9	55	18
		11_51	15	15	33	20	11	2	4	36.5	8	13	40	13.5
		11_58	35	7	24	20.5	7.5	3	3	15	5.5	9.5	51	24.5
		11_65	20	11	24	13	23	2	5	48	0	6	28	18
	高位体系域	11_25	37	4.5	29	14.5	6	5.5	3.5	0	21	29	56	15
		11_26	26.5	8	18	22.5	14	6	4	2	21	26.5	51	20.5
		11_33	31.5	12	25	12.5	12.5	2.5	4	11	6.5	11	57	21
		11_34	31	14.5	21	21	4	3	1.5	2	27	34	51	13
		11_39	13.5	8.5	19	38	11.5	6.5	3	31	2	2	48	19
		11_62	15	5.5	20	18.5	27.5	8	5.5	29	0.5	4	51	16
		11_63	23	19	19	17.5	17	2.5	2	21.5	12.5	25	38	15.5
		11_71	21	7.5	22	22	21.5	2	4	33.5	1.5	3.5	51	13
	低水位期（海退）	11_27	32	7	30	18.5	7	2.5	3	4	22.5	25	61	10
		11_28	34	7	26	17	9	5	2	2	24	27	51.5	19.5
		11_35	20	4	26	24.5	16	6	3.5	2.5	23.5	26.5	54	17
		11_36	23.5	6	22	21.5	15	6	6	6	21.5	24	63	7
		11_54	27.5	5	35	20	8	2	2.5	4	18	20	52	24
		11_55	23	11	34	15	11	2.5	3.5	31	2.5	8	41	20

续表

样品			贝属动物 %	苔藓动物 %	双壳软体动物，%	其他颗粒 %	石英 %	岩石碎屑 %	海绿石 %	泥岩含量 %	自生亮晶胶结物，%	总亮晶胶结物，%	颗粒 %	孔隙度 %
Mason Ridge 组	低水位期（海退）	11_64	28	6	22	24	14	4	2	3	20	25	56	16
		11_68	28	6	28	15	15	3	3	8.5	12.5	18.5	46	27
Titiokura 灰岩	海侵体系域的下部	15_30	21	4	16	5	29	12	10	13	10	16	62	9
		15_31	15	2	11	8.5	35	23.5	5	17	7	11.5	61	10.5
	高位体系域	15_22	25	9	23	13	11	14	5	4	20	28	61	7
		15_23	22	3	12	9	24	20	10	3	12	31	63	3
		15_25	27	3.5	20	7	20	18.5	4	0.5	21	31	58.5	10
	低水位期（海退）	15_24	20	4	14	7	33	18	4	4.5	17.5	25	55.5	15
		15_27	33	9	22	6	12	17	7	0	21	29	54	17
		15_28	25	5.5	22	11.5	14.5	14.5	7	1	15.5	26	63	6
Te Waka 组	海侵体系域的下部	15_34	30	5	20	7	13	20	4.5	1	19	28	53	18
		15_35	20	3.5	19	9	20.5	24	4.5	2	18	22.5	69.5	6
		15_37	20	2	18	6	20	30	4	1	15	18.5	63.5	17
		15_43	18	2	21	12	18	23	6	3	14	20	68	9
		16_15	20	3.5	12	7	36.5	17	4	18	14	19	42	21
		16_6	18	4.5	13	9	21	30	4.5	1	24	35	48	16
		16_7	17	3	19	16	21	19	5	2	13	31	57	10

续表

样品			贝属动物 %	苔藓动物 %	双壳软体动物，%	其他颗粒 %	石英 %	岩石碎屑 %	海绿石 %	泥岩含量 %	自生亮晶胶结物，%	总亮晶胶结物，%	颗粒 %	孔隙度 %
Te Waka 组	海侵体系域的上部	16_8	22	2	26	9.5	18	18.5	4	0.5	21	35	50	14.5
		16_9	21.5	4	23	15.5	16	14	5	0	19.5	38.5	44.5	17
	高位体系域	15_36	24	4	28	10.5	12	18	3.5	0	26	28	71	1
		15_41	24	3	21	7	19	23	3	1	21	30	65	4
		15_42	22	2	16	8	14	33	5	0	18	23	72	5
		15_46	17	2	14	9	23	28	7	2	16	25	58	15
		16_17	18	5	13	15	19	24	6	2	24	34	43	21
	低水位期（海退）	15_32	19	2	16	10	21	25	7	14	16	21	60	5
		15_45	23	2.5	12	16.5	16	25	5	9	14	20	63	7
		15_47	24.5	2	11	14.5	20	23	5	2	16	21	67	10
		15_13	27	1	27	7	12.5	24	1.5	0.5	16	20	55	24.5
		15_19	17	1	24	5	20	31	2	1	17	24	66	9
		15_15	18	1	25	6	20	25	5	5.5	13	16	65	13.5
		15_20	23	2	33	7.5	8.5	24	2	0	18	22.5	59	18.5
		15_17	21	1.5	27	6.5	14	27.5	2.5	0	14	19	69	12
		15_40	28.5	1.5	21	4.5	25	24.5	5	3	14	20.5	70	6.5

目前的研究工作集中于东部地区的 Te Onepu 灰岩以及西部地区 Te Waka 山岭中出露的 Te Waka 组灰岩（图 1），有一些参考了更老的 Titiokura 组（Bland 等，2004）。这些灰岩以侧向过渡为整合面的剥蚀面或突变面为界，或与上覆、下伏硅质碎屑岩渐变接触（图 1）。它们的地质年代为上新世中期—晚期，包括新西兰 Waipipian 阶和 Mangapanian 阶（图 1）。依据重要宏观动物群（Beu，1995）的绝对年龄以及附近 Wanganui 盆地相应地层的古地磁年龄数据（Kamp 等，2004），估计与每个主要灰岩单元有关的碳酸盐生产与聚集持续时间为 20～25ka。本文将这些碳酸盐岩单元置于四级沉积层序内，后者可能包括一些上覆或下伏的硅质碎屑岩层（Caron，2002）。

Te Onepu 灰岩厚 50～100m，颜色浅，富含生物化石，其典型特征是在粗粒生物碎屑颗粒岩中见大型交错层理（Kamp 等，1988；Nelson 等，2003）。碳酸盐工厂发育在背斜的顶部，强劲的潮汐流在背斜翼部冲洗沉积物，并使它们在浪蚀深度以下堆积起来（Caron 等，2004a）。选择性胶结层出现在大型交错前积层中，否则沉积物的胶结程度为较差—中等，通常是易碎的（Caron，2002）。地层具有席状和沟槽状的几何形态，叠合起来构成米级地层单元，它们被突变的—不规则的界面所限定，典型特征是壳体的丰度变化（图 4）。

Te Waka 组由几个米级厚度的粒状—砾石状灰岩—粉砂岩 / 砂岩对偶层组成，整体呈板状分布。岩石由灰—褐色生物碎屑和硅质碎屑混合物组成，中等胶结，但包括岩化程度高的双壳类壳质层。岩相的非均质性在灰岩席中非常明显，特别是与杂砂岩和砂砾岩含量的变化有关。然而，可以很容易地追踪到标志性壳质层，从而可进行横向和下倾方向的对比。碳酸盐产于岩石质的滨岸地区和陆棚浅滩部位（该陆棚面向一个出露的杂砂岩起伏区）（Caron 等，2004a）。

18.4.1 岩相

Bland 等（2004）对 Te Waka 组和 Titiokura 组，Caron 等（2004a）对 Hawko 地区 Te Onepu 组和其他灰岩薄层，进行了详细的岩相特征描述和解释。这里仅提供一些总结性材料，作为成岩作用和层序地层学综合研究的背景资料。

Te Onepu 灰岩由典型的非热带（温带）生物碎屑构成，主要成分为贝属动物和表栖类双壳动物，次要成分为底栖类有孔虫、苔藓动物和海胆类动物，还含有少量的腕足动物和陆源颗粒。它们为中等—粗粒贝属类碳酸盐岩（Hayton 等，1995；Caron 等，2004a），并可进一步细分为 3 种硅质碎屑岩和泥岩含量不同的岩石类型：

（1）中—粗粒的贝属类颗粒岩，还包括普遍破碎和磨蚀的表栖类双壳动物，偶尔出现的海胆类板片、坚硬的分支苔藓动物、底栖有孔虫和少量的红藻。沉积物从厚层块状变为平行层状，呈现出高角度斜向前积层，具有冲刷性的底部接触面，局部地区见分米级海相胶结层，泥岩和硅质碎屑物含量低。这些特征说明：由于沉积物在浪蚀面深度附近的高—中能环境中的快速沉积，其遭受了中等程度的机械改造（Kamp 等，1988；Caron 等，2004a）。

（2）细粒生物碎屑颗粒岩和泥粒岩，由磨圆度好、发生生物侵蚀的物质组成，且常

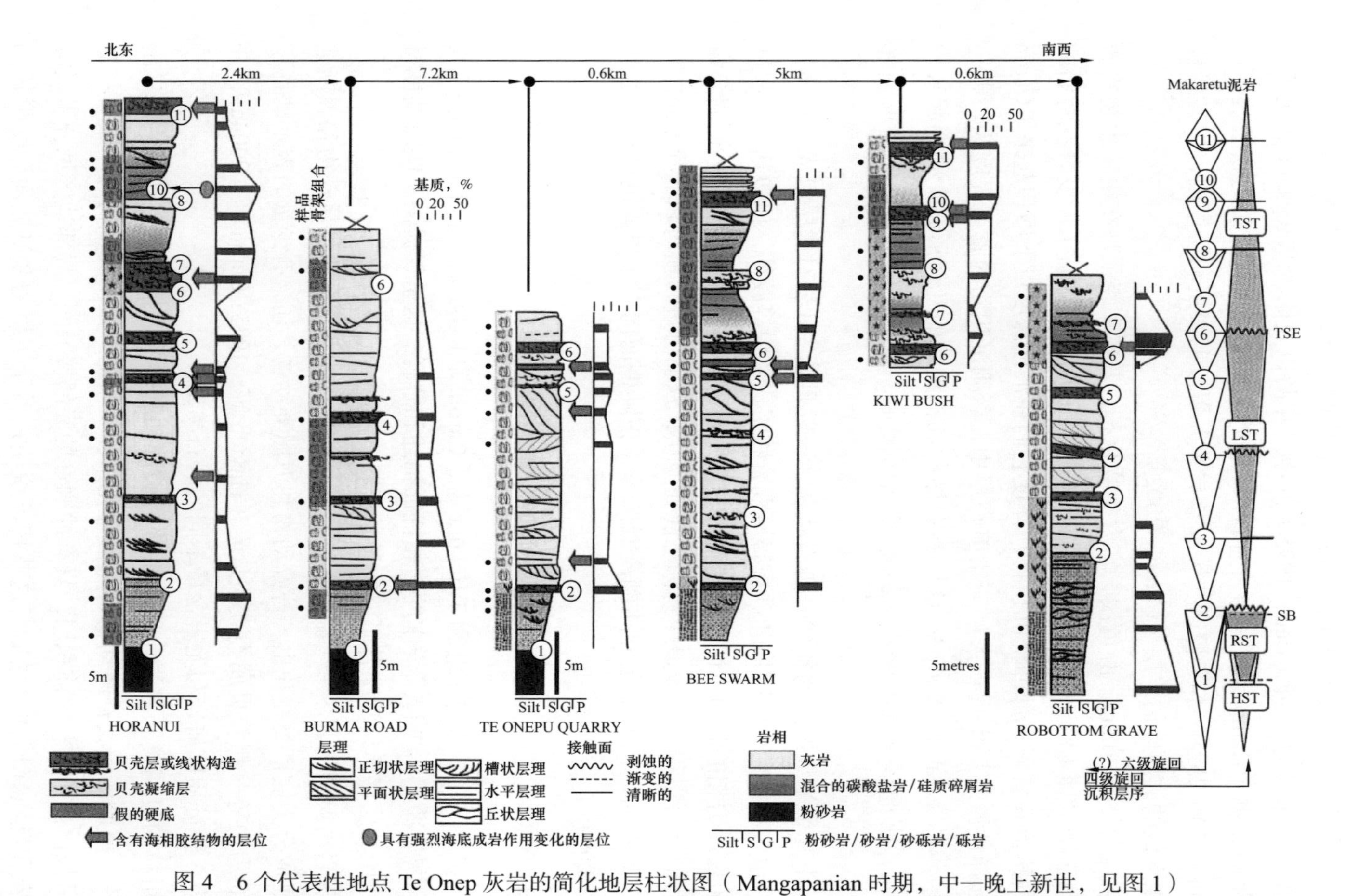

图4　6个代表性地点 Te Onep 灰岩的简化地层柱状图（Mangapanian 时期，中—晚上新世，见图 1）

这些露头是沿弧前盆地古海道东边分布的弧前洋脊灰岩的代表。在该地区没有该单元的下倾横切面。编号为 1～11 的层面和贝壳层为不同地区进行对比提供了基础。再加上海底胶结物层位的位置、生物骨架组合的垂直分布、泥质（基质）含量以及内部的沉积构造等方面的资料，可追踪面可以将这些序列划分出可容纳空间旋回（大概为六级，或 41ka）以及较低级别的沉积层序（四级，或大约 250ka）。界面 2 认为可代表全球性海平面变化低水位期，从而可与 I 型层序界面（SB）相一致，其中，界面 2 在 Robottom Grave 地区是渐变的（详细情况见图 5），但在其他地区是剥蚀的。界面 6 是一个海侵面（TSE）（Caron 等，2004b），淹没了顶端为外陆棚 Makaretu 泥岩的向上变深沉积物（图 1）。其他缩略词包括：LST—低位体系域；TST—海侵体系域；HST—高位体系域；RST—海退体系域。生物骨架组合条（图 2）以及样本数位于每个柱状图的左侧。图 2 给出了生物骨架组合代码的含义

发生生物扰动。这种沉积相包括贝属动物、表栖类双壳动物、苔藓动物、海胆类碎片，在有些地方具有保存良好、紧密堆积的分支苔藓动物的群落，它们共同形成了 barnamol、barbital、bryotal 和 bimol 的骨架组合（图 2）。石英、碎屑和内源海绿石很明显。平面交错层理和槽状交错层理常见，偶见丘状构造。沉积环境被认为是位于晴天浪基面之下，靠近风暴浪底的慢速堆积环境（Caron 等，2004a）。

（3）含化石的砾屑岩 / 漂浮岩富含基质，通常位于侵蚀的—突变的界面之上，包括丰富的、指节脱落的和磨蚀程度可变的、凸面向上和凸面向下的厚层壳质双壳动物，通常由贝属动物、苔藓动物和红藻包绕。岩相包括 bimol 和 barbital 骨架组合（图 2），局部常见泥岩内碎屑和生物钻孔的砾岩，石英含量一般小于 20%，生物微钻孔明显，亮晶和泥质黏结物发育，海绿石的含量为少量至 6%。不同层位壳质聚集特征不同，不能将它们划归为某一特定沉积环境。因此，根据它们的沉积属性，将它们解释为高能环境中靠近晴天浪基面的壳质滞留沉积，或者作为反映晴天浪基面之下低能环境中缓慢堆积的壳质层。

Titiokura 组和 Te Waka 组总体上以陆源碎屑物为主，含有多种骨架成分，包括 barbital 和 bryotal 相（图 3），这反映了沉积区靠近岩石基底和西部侵蚀物源区，后者将硅质碎屑砂岩和砂砾岩输送到富含碳酸盐岩的沉积物中。正如砂质基质上生物群所指示的那样，岩石基质和硅质碎屑物质的输入可能影响了生成碳酸盐的生物群的组成，如 Te Waka 组中常见的内栖文石质双壳动物（蚶蜊属和 Tawera 等）和棘皮类动物。Bland 等（2004）也在西部灰岩中识别出了 3 种主要的生物碎屑岩相，即互层的泥粒岩 / 颗粒岩，互层的生物骨架—陆源碎屑席和生物碎屑砂砾灰岩，它们对应一系列沉积环境，范围从内陆棚和中陆棚内的晴天浪基面之下，到靠近硅质碎屑物源区、受强烈底流影响的以浅水内陆棚为主的环境。

18.4.2 地层叠置样式

北岛东部弧前海道上新世晚期 Te Onepu、Titiokura 和 Te Waka 碳酸盐的沉积跨越了一个时期，包括已知的 41ka 全球海平面波动，这是从同期演化的北岛西部 Wanganui 盆地确定的（Naish 和 Kamp，1997; Kamp 等，2004）。因此高级次沉积层序的出现可作为北岛东部灰岩地层的基本组成部分。事实上，详细的地层研究（Caron，2002）表明，它们是由不连续的界面所包裹的厚几米至几十米的潮下层序构成（Caron 等，2004b）。层序包含不连续的界面，其将沉积物进一步细分为体系域，显示出特定的地层形态和沉积相叠置样式（图 4 至图 6）。

这些灰岩单元发育 4 种主要的层序样式（Caron 等，2004a，2004b）：（1）削蚀层序，显示出强的退积相变趋势（向上变深），对应于部分或完全削截的层序或缺少向上变浅的层段；（2）完整的层序，具有下部退积和上部进积（向上变浅）的相变趋势，通常以海泛面为界（Embry，1995; Walker，1995; Schlager，1999）；（3）加积层序，由厚度相当的叠置板状亚单元组成，其下方以侵蚀接触面为界，上方以洪泛面为界；（4）凝缩层序，一般厚几米，在连续的洪泛面之间以薄的凝缩层为界。

假定上新世沉积物受到了 Milankovitch 轨道变化的影响，推断其在轨道周期（即 20ka，7 级旋回；41ka，6 级旋回；100ka，5 级旋回）内的平均堆积速率为 20～50cm/ka（Nelson 等，2003），可以预测 4～10m 厚的进动旋回，8～20m 厚的倾斜旋回和 20～50m 厚的偏心旋回。考虑到压实作用和同沉积侵蚀作用的影响，观测到的碳酸盐岩层序厚度通常为 1～20m（Caron 等，2004a，2004b），处于预测的与轨道驱动的海平面旋回有关的厚度范围内。考虑到在附近 Wanganui 盆地旋回序列中已证实了较强的 41ka 信号（Naish 和 Kamp，1997），推测本文的碳酸盐层序主要反映 6 级旋回性，但在某种形式的数字年龄控制可用之前，层序边界不连续面的年代地层学意义尚未确定。因此，在下文中，根据层序内部沉积相趋势，沉积层序被认为是可容纳空间旋回，将它们解释为 6 级旋回还有待进一步探讨（图 5 和图 6）。下文将在较长时间框架内的 4 级海平面变化旋回中，从海侵、高位、海退或者低位体系域的角度对灰岩进行解释。

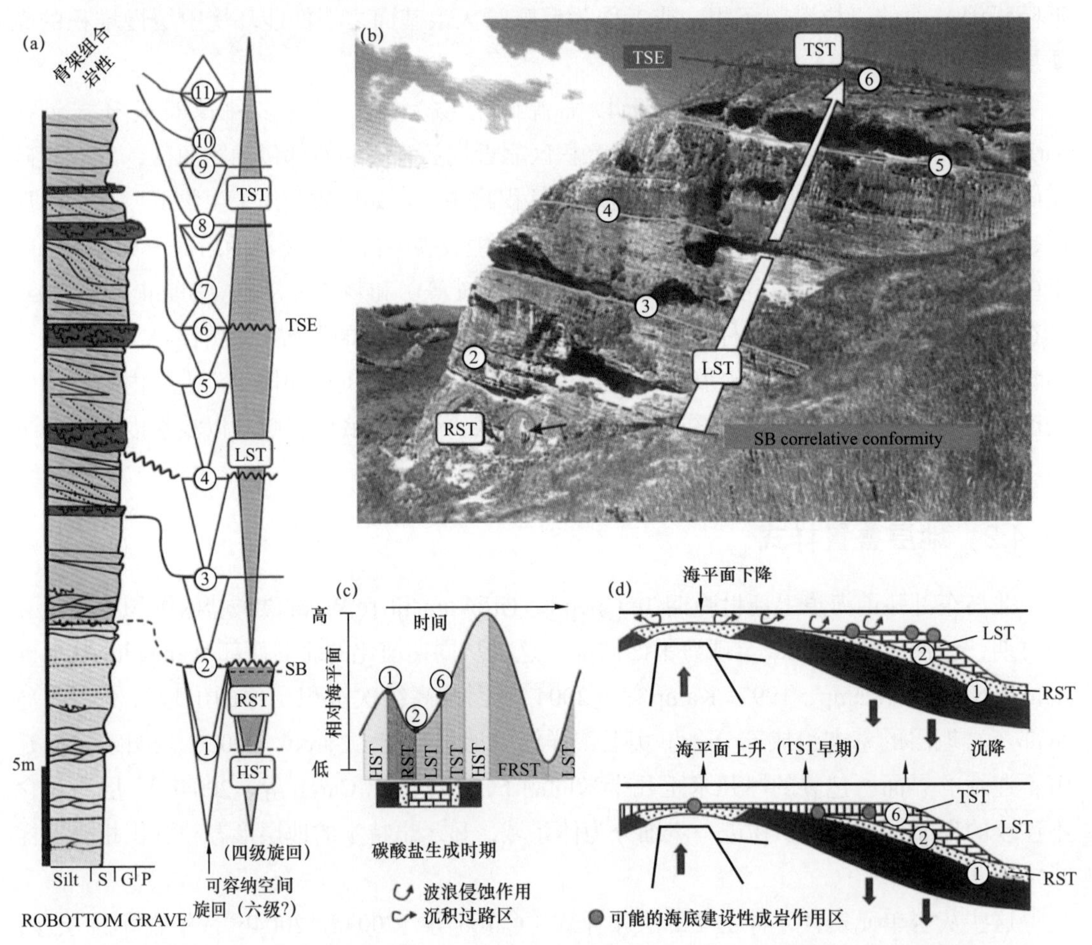

图 5　Robottorn Grave 地区弧前洋脊 Te Onepu 灰岩的一个 40m 厚陡坡露头层序结构实例

（a）详细的地层剖面和层序叠置样式，见图 4。（b）野外照片（朝向南），见最典型的旋回边界面。注意在这个位置，低位体系域（LST）底部的 I 型层序边界（SB，界面 2）是一个可对比的整合面。蓝色圆圈内（黑色箭头）的人可作为参照比例尺。（c）推测的相对海平面曲线显示了 Te Onepu 灰岩的碳酸盐生产和堆积周期。（d）示意图描述了与生长褶皱构造有关的 Te Onepu 灰岩四级旋回叠置样式的沉积模式。早期的海底胶结作用发生在波浪作用强并出现凝缩层的沉积体系层段。其他的缩略术语：TSE—海侵剥蚀面；FRST—强制海退体系域。录井符号见图 4

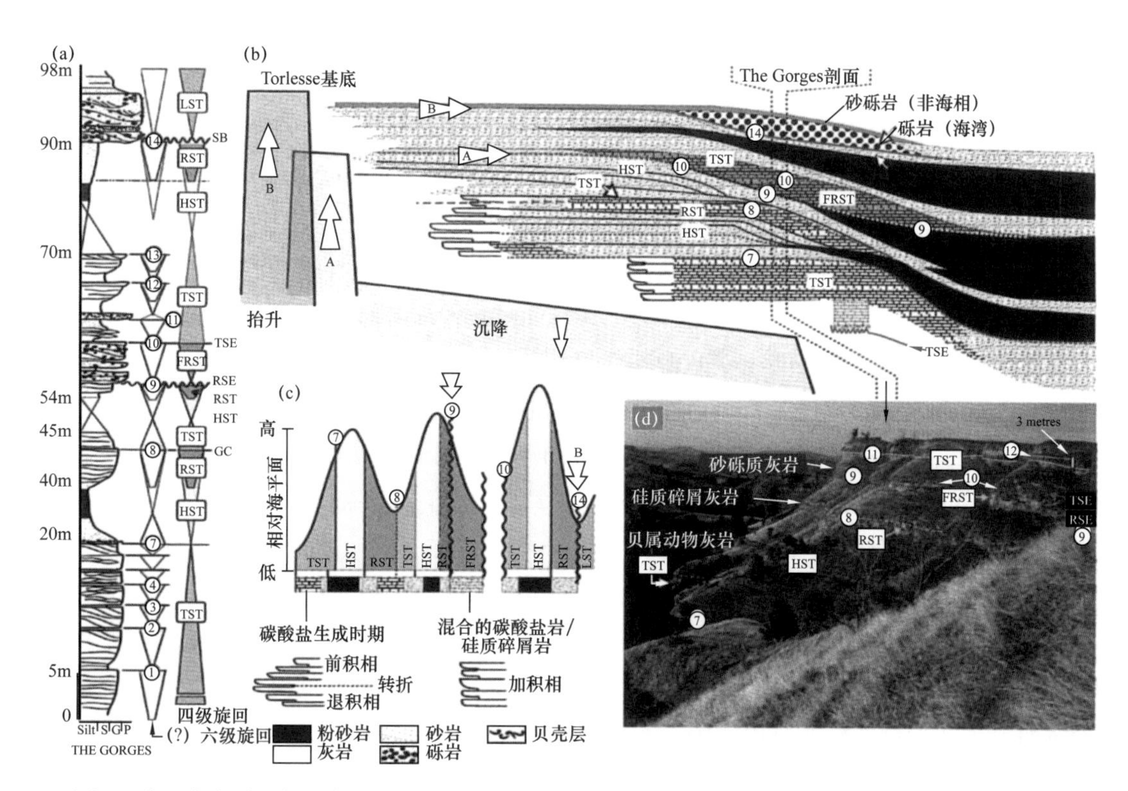

图 6　盆地古海道西部边缘中—晚上新世（从 Waipipian 阶到 Nukumaruan 阶）弧前陆棚沉积序列，Te Waka 山岭 The Gorges 露头（图 1）。（a）岩性地层柱状图，可划分出推测的六级（41ka）可容纳空间旋回和四级（约 250ka）沉积层序。（b）上新世弧前陆棚灰岩以及与区域性构造运动有关的互层硅质碎屑单元的地层样式和层序地层解释结果，推测区域性构造运动影响到沉积物的地层结构，并控制了生物骨架碳酸盐沉积物被来自基底的杂砂岩和砂砾岩所"污染"的范围。（a）和（b）指构造抬升的可能周期，它可能与冰川性海平面升降周期重叠，造成内陆棚沉积相向盆地方向的转换。注意：位于下部灰岩席底部的界面，虽然在这个位置没有出露，但据报道在更北部的地区（位于砾岩之下）为剥蚀的或突变的界面（Bland 等，2004）。（c）推测出的相对海平面变化曲线显示了弧前陆棚上新世碳酸盐岩—硅质碎屑岩混合岩中碳酸盐的生产和堆积周期。（d）野外视图（朝向东），显示出该沉积序列可划分为多个体系域，以及（a）、（b）和（c）中所看到的界面位置。GC—渐变界面。录井符号见图 4

在海道东部边缘，沿走向的地层几何形态突出了 Te Onepu 灰岩地层堆积样式的非均质性（图 4 和图 5）。可容纳空间旋回正常演化过程中的频繁扰动（削截的和凝缩旋回的出现；Caron 等，2004a，2004b），以及层序和体系域厚度的变化、界面属性的变化（即从突变面到整合面的过渡，从单独界面到复合界面的过渡），表明活跃但强烈差异的逆冲断层和生长褶皱的发育加剧了沉积地形的不平坦。

相比之下，在海道西部边缘，Titiokura 组和 Te Waka 组呈现出一种平板状的几何形态，这样就可以相对容易地追踪接触面和标志性壳质地层［图 6（d）］。这种沉积结构（以 Te Waka 山岭露头为代表）向北发生改变，灰岩单元发生分裂并最终向堆积于盆地中间位置的厚层硅质碎屑岩中尖灭（Bland 等，2004）。Te Waka 组混合的碳酸盐岩—硅质碎屑岩形成了独特的壳质和生物碎屑层，与不连续面一起，可将一个较长时期海平面升降驱动的岩相叠置样式细分为更高级别的可容纳空间旋回［图 6（a）］。

18.4.3 Te Aute 体系域与界面

Caron 等（2004b）介绍了 Te Aute 沉积层序中海侵体系域（TST）、高位体系域（HST）和海退体系域（RST）及其界面的特征。以下的界面和地层单元以升序出现：（1）被解释为海侵侵蚀面的基底冲刷面；（2）向上粒度变细的退积序列（TST），由临滨含化石和砾石的砾屑碳酸盐岩或临滨含生物骨骼的颗粒岩组成，上覆碳酸盐岩—硅质碎屑岩的内陆棚泥粒岩 / 颗粒岩；（3）薄层（<1m）、局部尖底的细粒碳酸盐岩—硅质碎屑岩凝缩层，含有高度蚀变的粉碎性生物骨骼和浮游有孔虫；（4）加积的中陆棚碳酸盐岩—硅质碎屑岩混合岩和外陆棚泥粒岩（HST）；前积的浅水临滨具交错层理颗粒岩（RST）。文中 RST 沉积物的定义依据 Naish 和 Kanlp（1997）提出的定义，与强制海退体系域（FRST；Hunt 和 Tucker，1995）的差异是它们的底部缺乏一个波浪切割的侵蚀面（即侵蚀的海退面：RSE）。RST 沉积物上方以 TSE 为界（Caron 等，2004b）。在海平面下降过程和低位期沉积的沉积物被划为低位体系域（LST；van Wagoner 等，1988）。低位体系域的下边界，在低位体系域沉积物堆积的上倾方向（即位于低位期海岸线的向陆部分）为一个地表暴露面（Ⅰ型层序边界，SB）。低位体系域的沉积物在所研究的沉积序列中尤其少见，除非是由于地表不整合面的可追踪性差而未被识别。海相扇砾岩穿过侵蚀面突然叠加在内陆棚 RST 砂岩上（图 6），以及其上河流沉积物的出现，被认为是将这些砾岩划归为 LST 的判断特征。在 Robottom Grave 地区（图 5），该沉积序列被解释为记录了一个海平面升降旋回的下降段、低位段和下一个上升段。然而，低位楔并不是在侵蚀面上发育的，而是发育在一个可对比的整合面上。后者位于下伏海退体系域（RST）的混合硅质碎屑岩—碳酸盐岩风暴沉积物和富含生物骨骼泥粒岩之间，该泥粒岩由局部大量堆积的分支苔藓动物群落组成并渐变为含交错层理的临滨颗粒岩（LST），这种向上变浅的沉积序列类似于 Haywick（2000）描述的 Hawko 北部更新世低位体系域灰岩。

18.5 化石埋藏作用与碳酸盐岩成岩作用

了解生物骨骼碎屑的蚀变作用和保存机理对碳酸盐层序地层学研究至关重要，因为在野外和薄片中观察到的冷水灰岩的生物组合和沉积学属性，是通过过滤性的化石埋藏效应和成岩过程（Smith 和 Nelson，2003）形成的，其控制因素为全球海平面变化。因此，在发生碳酸盐生产的冷水浅海环境中，生物骨骼颗粒的形成主要受控于海底破坏性化石埋藏作用和成岩作用，包括生物关节的分离、机械破碎、磨蚀、生物侵蚀和溶蚀作用（Scoffin，1988；Henrich 等，1995；Freiwald，1998；Light 和 Wilson，1998）。Smith 和 Nelson（2003）回顾了这些早期海底蚀变作用，因为它们与浅海温带碳酸盐沉积物有关。

影响化石埋藏作用的因素是多方面的，碳酸盐生产水平、沉积速率、水力机制、主要的生物骨骼矿物、颗粒的大小和形态、碳酸盐生产的化石分类群、基底性质和硅质碎屑的输入等因素相互作用并最终生成碳酸盐沉积物，然而，在这些因素中，应预计到原始生物骨骼和矿物组分损失严重（Smith 与 Nelson，2003）。尽管不同物种和物种内部对破坏性因素的敏感度存在差异，但生物骨骼碎片在海底停留的时间越长，它们遭受化石埋藏作用的时间越久，其破坏也就越严重（Smith 和 Nelson，2003）。这一简单的论述具有重要的沉积含义，因为碳酸盐序列中的凝缩层通常与相对海平面升降旋回的特定部分有关（Sarg，1988），应该更容易和准确地根据化石埋藏学标准进行确定。

在冷水碳酸盐环境中，海底破坏性的趋势不会像在热带环境中一样可通过建设性或保护性的作用，如虫黄藻礁体的生长或硬底的形成来抵消或缓和（James，1997）。例如，海水胶结作用在大部分冷水灰岩中很少见，已显示其形成于与低沉积速率和高水动力能量有关的沉积不整合面处（Nelson 和 James，2000）。

由于生产碳酸盐的生物群和水动力条件反映了诸如盐度、温度、基底、波浪作用、水深等环境参数，并影响海底作用的性质和强度，预计在海平面变化期间，碳酸盐化石的埋藏和成岩属性将在体系域内和体系域之间发生变化。因此，识别这些变化是充分了解沉积层序中纵向和横向相分布及非均质性的决定性因素。

Caron 和 Nelson（2003）开发了一套程序，用于从叠加层序构成的碳酸盐岩地层记录的成岩特征全谱中分离出早期海底化石埋藏作用和成岩作用，这些作用在沉积序列形成过程中对每个组分层序产生了特殊影响，即通过识别和消除与后续和不同沉积阶段有关的成岩叠加来实现。该方法的核心是要识别出将沉积层序分开的不连续面，因为对成岩叠加的识别和“特定层序”蚀变作用的分离是通过对界面两侧成岩记录的比较来实现的（Caron 与 Nelson，2003）。

正如预期的那样，层序内特定的成岩特征，与沉积相有关并在横向和纵向上发生变化（Caron 等，2005）。已建立了 5 个主要的成岩蚀变微相，其分布范围从主要的建设性成岩作用到主要的破坏性成岩作用（图 7）。此外，还对化石埋藏作用进行了评估。薄片中生物骨骼碎屑的化石埋藏特征是根据它们的磨蚀程度（从棱角状到磨圆状）、平均粒度、微型岩内侵入（低—高密度的微小生物钻孔，颗粒穿透的深度）以及溶蚀作用（完全或不完全）等确定的。在此基础上，将化石埋藏的效果划分为少见、常见和丰富三种定性指标（图 7 和图 8）。本文中，对化石埋藏以及早成岩蚀变特征的综合考虑可以称之为“特定层序化石埋藏—成岩作用”。

成岩和化石埋藏分析的结果表明，在沉积层序的体系域内，碳酸盐沉积物的蚀变样式相似。成岩和化石埋藏特征以可预测的方式沿层序地层界面和体系域分布，并伴随有一些特定沉积相的发育（图 8）。综合化石埋藏—成岩作用与层序地层学方法表明，岩相的分布和组成受沉积剖面形态特征的影响，并随着海底蚀变特征、基准面变化以及伴随的碳酸盐体系可容纳空间的潜力而发生系统性的变化。

18.6 对比弧前碳酸盐工厂的演化

18.6.1 碳酸盐生产的控制因素

确定海平面波动与碳酸盐生产之间的关系，对于热带和非热带环境中碳酸盐沉积序列的层序地层解释至关重要（Pomar，2001）。层序地层学模型主张将随基准面的变化而变化的可容纳空间潜力，作为层序发育的驱动机制（van Wagoner 等，1988；Vail 等，1991）。基准面的主要控制因素包括构造作用、海平面升降的变化以及沉积物供给，它们共同影响相对海平面变化的幅度。相对海平面变化和海底地形，影响着碳酸盐工厂的效率、后续的沉积物转移和地层几何形态，因为它们驱动了水动力条件和浪蚀深度内的垂直运动（Sarg，1988；Pomar，2001）。因此，沉积物的可容纳空间位于沉积面和浪蚀深度之间，在这里潮汐和风暴涌浪有可能将细小颗粒和较粗物质筛走。

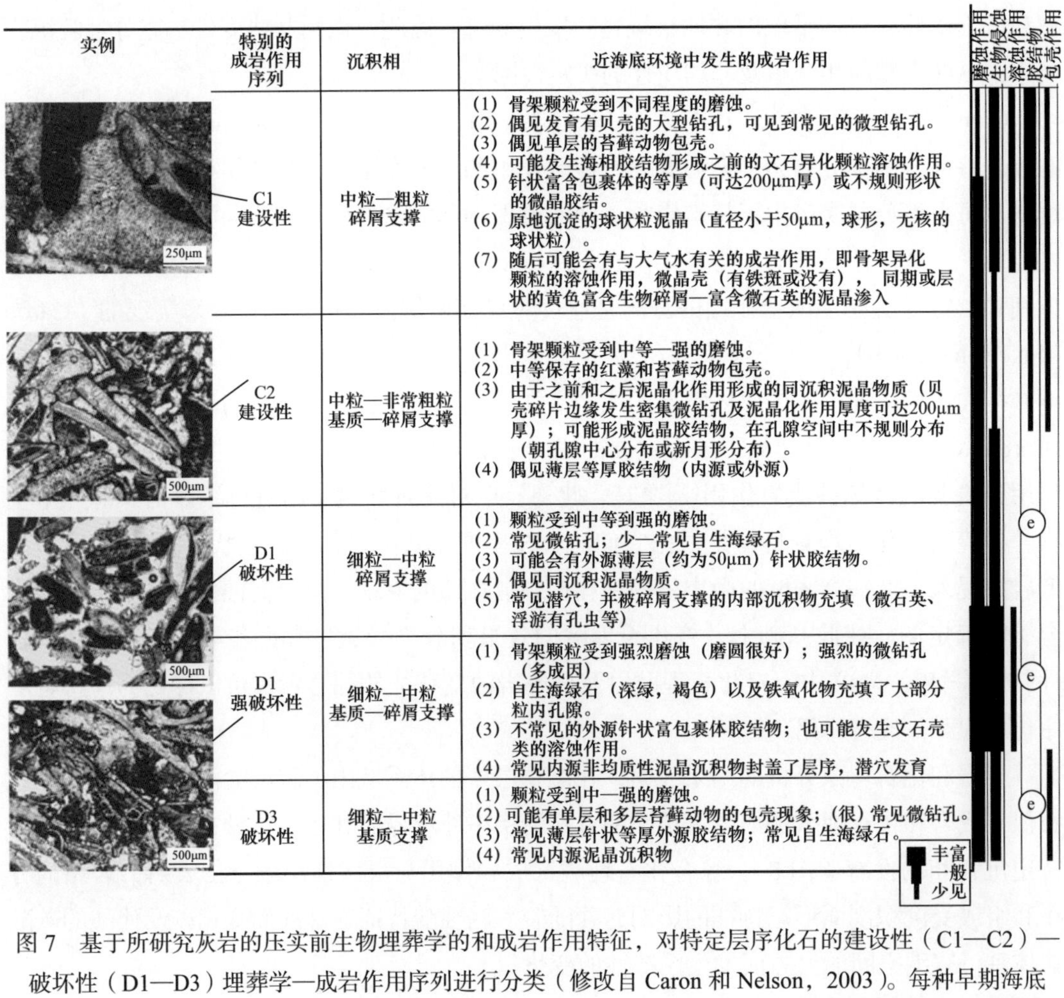

实例	特别的成岩作用序列	沉积相	近海底环境中发生的成岩作用
250μm	C1 建设性	中粒—粗粒碎屑支撑	(1) 骨架颗粒受到不同程度的磨蚀。 (2) 偶见发育有贝壳的大型钻孔，可见到常见的微型钻孔。 (3) 偶见单层的苔藓动物包壳。 (4) 可能发生海相胶结物形成之前的文石异化颗粒溶蚀作用。 (5) 针状富含包裹体的等厚（可达200μm厚）或不规则形状的微晶胶结。 (6) 原地沉淀的球状粒泥晶（直径小于50μm，球形，无核的球状粒）。 (7) 随后可能会有与大气水有关的成岩作用，即骨架异化颗粒的溶蚀作用，微晶壳（有铁斑或没有）， 同期或层状的黄色富含生物碎屑—富含微石英的泥晶渗入
500μm	C2 建设性	中粒—非常粗粒基质—碎屑支撑	(1) 骨架颗粒受到中等—强的磨蚀。 (2) 中等保存的红藻和苔藓动物包壳。 (3) 由于之前和之后泥晶化作用形成的同沉积泥晶物质（贝壳碎片边缘发生密集微钻孔及泥晶化作用厚度可达200μm厚）；可能形成泥晶胶结物，在孔隙空间中不规则分布（朝孔隙中心分布或新月形分布）。 (4) 偶见薄层等厚胶结物（内源或外源）
500μm	D1 破坏性	细粒—中粒碎屑支撑	(1) 颗粒受到中等到强的磨蚀。 (2) 常见微钻孔；少—常见自生海绿石。 (3) 可能会有外源薄层（约为50μm）针状胶结物。 (4) 偶见同沉积泥晶物质。 (5) 常见潜穴，并被碎屑支撑的内部沉积物充填（微石英、浮游有孔虫等）
	D1 强破坏性	细粒—中粒基质—碎屑支撑	(1) 骨架颗粒受到强烈磨蚀（磨圆很好）；强烈的微钻孔（多成因）。 (2) 自生海绿石（深绿，褐色）以及铁氧化物充填了大部分粒内孔隙。 (3) 不常见的外源针状富包裹体胶结物；也可能发生文石壳类的溶蚀作用。 (4) 常见内源非均质性泥晶沉积物封盖了层序，潜穴发育
500μm	D3 破坏性	细粒—中粒基质支撑	(1) 颗粒受到中—强的磨蚀。 (2) 可能有单层和多层苔藓动物的包壳现象；(很) 常见微钻孔。 (3) 常见薄层针状等厚外源胶结物；常见自生海绿石。 (4) 常见内源泥晶沉积物

磨蚀作用
生物侵蚀
溶蚀作用
胶结物
包壳作用
e
e
e
丰富
一般
少见

图 7 基于所研究灰岩的压实前生物埋葬学的和成岩作用特征，对特定层序化石的建设性（C1—C2）—破坏性（D1—D3）埋葬学—成岩作用序列进行分类（修改自 Caron 和 Nelson，2003）。每种早期海底蚀变现象的相对重要性（少见、常见或丰富）总结于右侧。加圆圈的“e”指外源（即粒内）胶结物

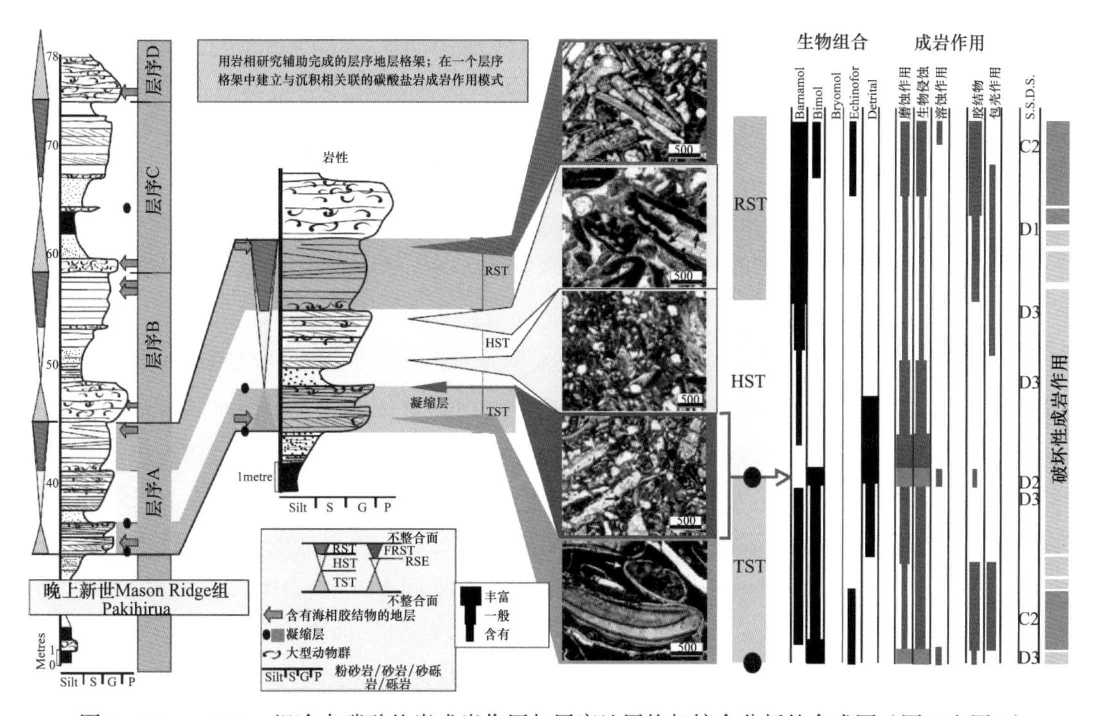

图 8　Mason Ridge 组冷水碳酸盐岩成岩作用与层序地层格架综合分析的合成图（图 1 和图 3）

通过如下一系列分析流程建立了层序地层格架与成岩作用之间的关系，这些流程包括：（1）在沉积序列中识别出关键的界面，后期用于确定可能的沉积层序；（2）识别被不整合面所包裹的沉积层序内样品的化石埋葬学—成岩作用特征与过程（Caron 和 Nelson，2003）；（3）确立它们发生的时间顺序、相对强度及其垂向和水平范围；（4）识别古环境背景，主要依据与相邻沉积相的关系，如沉积构造、结构和生物骨架组合；（5）给样品分配一个特定层序内化石埋葬—成岩作用的代码（图 7）（右侧柱状图）；（6）对化石埋葬—成岩作用特征与沉积物层序结构之间的成因联系进行解释。录井符号见图 4

上述几种因素对冷水环境中碳酸盐的生产尤其重要，在这种环境中，异养与不靠光的生物群落，通常是食悬浮物的生物（如苔藓虫）和滤食性动物（如藤壶类），对水体中悬浮状的沉积物和营养物质的数量极为敏感（Henrich 等，1995）。因此，防止硅质碎屑的稀释和埋藏并加速营养物质更新的高能水动力条件，是促进 barnamol、barbital、bryotal 和 bimol 类型的冷水碳酸盐生产的先决条件。此外，由于相对较低的产量加上较大的分散率，它们的增长速率相对较慢（Nelson，1988b；Simone 和 Carannante，1988；James，1997），温带碳酸盐体系对海平面上升特别敏感，并且随着流速随水深的增加而减小，往往被细粒陆源沉积物淹没。这与热带碳酸盐体系形成鲜明对比，那里的沉积速率通常高到足以跟上甚至超过相对海平面上升的速率（Emery 和 Myers，1996）。因此，在 Hawko 地区石灰岩发育时期，生物的产量与相对缓慢的海平面变化率相匹配。

18.6.2　弧前洋脊沉积体系中碳酸盐工厂的发育

弧前海道东侧上新世碳酸盐的沉积模式（图 2）（Caron 等，2005）与支持主要碳酸盐生产的受构造控制的孤立台地有许多共同之处（Emery 和 Myers，1996；Pomar 和 Tropeano，2001；Simone 等，2003；Vigorito 等，2005；Bassi 等，2006）。这类孤立台地的特征是：它们通常不含硅质碎屑，最好的例证是 Hawko 地区的 Te Onepu 石灰岩，并且缺乏与大陆沉积物的密切联系，正如大陆附着台地中的那样（Dorsey 与 Kidwell，1999；Haywick，2000；Brachert 等，2003）。此外，邻近古隆起的群岛的模型与低坡度的碳酸盐缓坡模型不同，后者用于许多非热带碳酸盐沉积中，其典型实例是澳大利亚南部地区的现代陆棚（James 等，1994）、现代的西 Shetland 陆棚（Light 和 Wilson，1998）以及其他古代受潮汐控制和风暴控制的低坡度碳酸盐陆棚环境，其中，沉积物颗粒主要以不同规模的席状或薄层状沉积体的形式堆积于陆棚中部和陆棚外缘，在这些地区，主要的水流机制有利于沉积物的沉淀（Nelson，1978；Boreen 和 James，1995；Lukasik 等，2000）。

Kamp 等（1988）、Beu（1995）以及 Nelson 等（2003）推断，同沉积的构造高点，即当时活跃增生体内逆冲背斜的叠瓦脊，是上新世弧前洋脊灰岩的主要浅水碳酸盐工厂。在这些构造的顶部，水动力能量足够高，可确保任何细粒硅质碎屑物质越过而不沉积。因为薄层灰岩被包裹在较深水硅质碎屑单元中（图 1），Caron 等（2004a）认为，在弧前盆地边缘经历低水位条件（通过高能潮汐海流斜切海底）之后，碳酸盐的生产才开始发展。

接下来的问题是：Te Onepu 灰岩的碳酸盐相是海平面上升过程中发育的海侵沉积，还是代表低位沉积？在 Hawko 海湾和附近 Wanganui 盆地的其他混合碳酸盐岩—硅质碎屑岩序列中，碳酸盐相通常被解释为海侵体系域，因为它们要么突变但逐渐被近海泥岩覆盖（Haywick，2000），要么由不整合超覆在海退海滩砂岩之上的厚壳质层组成（Naish 和 Kamp，1997；Kamp 等，2004）。对于 Te Onepu 灰岩，岩相叠置样式及其他周围硅质碎屑岩的边界关系表明，其沉积史可分为两部分。

Te Onepu 灰岩的下部被解释为是在四级海平面升降旋回的下降和低位段形成的，而上部被认为是四级旋回中海侵体系域沉积物，原因如下：（1）整个下部沉积序列显示出一向上变浅的沉积趋势，从下部块状 Raukawa 泥岩（图 1）向上递变为内—中陆棚硅质碎屑砂岩，在局部地区，这些硅质碎屑砂岩又反过来过渡为内陆棚和临滨生物碎屑碳酸盐岩（图 4 和图 5），叠置成为向上变浅的可容纳空间旋回；（2）当底部岩相由硅质碎屑岩相向生物碎屑岩相逐渐过渡时，这与相应的整合面一致，而这整合面在横向上逐渐过渡为突变的不整合面（相当于Ⅰ型层序界面）[图 4 和图 5（b）]；（3）下部灰岩沉积序列的顶界面为一个侵蚀面，可将其解释为一个海侵侵蚀面，其上被厚层壳化牡蛎覆盖；（4）上部灰岩由内陆棚向上变深 / 变浅的旋回构成，旋回中富含指示水动力条件下降的硅质碎屑颗粒和泥岩（图 4），这是由于在水体总体加深条件下，海平面间歇性或波动性上升之后海平面短暂下降造成的[图 5（d）]。

18.6.3 弧前陆棚沉积体系中碳酸盐工厂的发育

Titiokura 组的加积模式（图 6）及其相对中等的硅质碎屑含量（图 3）与沉积于缓慢沉降、埋藏浅、附着于一个低隆起陆块的陆棚上的冷水灰岩具可比性（James 等，1994；Boreen 与 James，1995）。Titiokura 组不整合地位于外陆棚—近海砂质粉砂岩上，并包含数个由薄层生物扰动粉砂质岩层所分隔的向上变粗岩性组合。生物碎屑层由潮间带—较深水单元混合组成（Buckeridge，2000），暗示了幕式风暴驱动的堆积。生物碎屑灰岩和硅质碎屑粉砂岩之间的上部接触面尖锐，局部以薄壳层为标志（Caron，2002；Bland 等，

2004）。Titiokura 组符合 Haywick（2000）所描述的海侵体系域碳酸盐岩相。因此，下伏不整合面可能代表了一个剥蚀的海侵面，而上部的尖底壳质层可能代表了下超面，其上的粉砂岩被认为是上覆高位体系域的一部分。

Te Waka 组下部包含向上变深 / 变浅的旋回，其中内陆棚—临滨生物碎屑岩相，与不同数量的硅质碎屑颗粒混合，出现在底面和顶部位置，它们包绕着中陆棚—外陆棚砂质粉砂岩［图 6（a）］，这与相对海平面变化的早期海侵和晚期海退条件一致。钻孔表明当碳酸盐在陆棚上堆积时，硅质碎屑砂岩沉积于盆地中央部位，这说明碳酸盐工厂远离硅质碎屑物的注入，可能只局限于水道和下切谷中。强大的潮汐流和增加的营养供给可能促进了苔藓动物和贝属动物在海海或内陆棚—中陆棚的岩石质浅滩上生长，这与苏格兰西部陆棚之上碳酸盐的生产环境相当（Scoffin，1988）。

不整合面之上的混合碳酸盐岩—硅质碎屑岩，突然覆盖在中陆棚生物碎屑砂岩之上，表明 Te Waka 组上部的沉积是构造驱动的，导致滨岸相向盆地方向移动，形成强制海退体系域［FRST，图 6（b）］。上新世晚期相邻陆块的脉冲抬升（Erdman 和 Ke1sey，1992）导致砂级和砾级硅质碎屑向陆棚的幕式注入，强烈影响着碳酸盐生物群的组成和产出率。虽然贝属动物仍然保留在灰岩薄层中，生物骨骼还包括棘皮动物和寄居在砂中的文石质双壳动物。Te Waka 组最上面的 10m 由 3 个向上变浅的叠置旋回组成（图 1），每个旋回以一个潜穴面为界，有时还包括一个底砾壳质线理。下部旋回直接位于强制海退体系域之上，而上部旋回被近海泥岩覆盖。这些叠置的可容纳空间旋回被解释为四级海侵体系域的一部分，可能反映了低的海平面上升速率和适度的沉积物供给（Nummedal 及 Swift，1987）。

18.7 基于海平面升降的碳酸盐沉积—蚀变模型

冷水陆棚碳酸盐岩中的化石埋藏和成岩现象被认为源于特定时间和地点的可容纳空间与沉积物通量之间的复杂相互作用。在所研究灰岩中，成岩组构分布和化石埋藏作用强度的非均质性非常明显（表 3），两者结合起来可综合确定构造—海平面变化中碳酸盐层序框架内可解释的模式和趋势。在这方面，水动力能量、沉积剖面、生成碳酸盐的生物群和沉积物供给可作为碳酸盐沉积物分布和蚀变的驱动机制，需要在弧前陆棚和弧前洋脊海侵—海退层序及可容纳空间旋回中进行确定。

表 3　主要的化石埋葬和成岩作用特征对比

沉积属性		弧前洋脊碳酸盐背景（弧前盆地的东部）	弧前陆棚碳酸盐背景（弧前盆地的西部）
沉积方面	碳酸盐生成的时间	四级相对海平面下降及随后上升早期	缓慢的四级相对海平面上升及后期的快速海平面下降
	碳酸盐生成速率和位置	背斜顶部扰动地带中速率中到高，随着深度增加而速率降低	为低到中，取决于岩性海岸以及陆棚内部浅滩地区污染性硅质碎屑物的输入速率

续表

沉积属性		弧前洋脊碳酸盐背景（弧前盆地的东部）	弧前陆棚碳酸盐背景（弧前盆地的西部）
沉积方面	沉积速率	平均20～50cm/ka，但在局部沉积中心可高达100cm/ka；背斜侧翼上的分布受潮汐控制，主要为连续状的	很可能与现今新西兰海岸地区碳酸盐堆积速率相近（即小于10cm/ka）；连续的和脉动的（风暴驱动）
	沉积位置	背斜顶部沉积速率低，在海平面上升早期和正常下降晚期形成凝缩层；主要位于古隆起侧翼浪蚀深度之下（高位体系域晚期、海退体系域、强制海退体系域、低位体系域）	浪蚀深度之上或之下，取决于底层的粗糙度；内陆棚—外陆棚，深达100m（例如Titiokura灰岩）
	岩性	细—中粒的碳酸盐岩—硅质碎屑岩混合岩—纯的粗颗粒介壳灰岩	砂质—砾质碳酸盐岩—硅质碎屑岩混合岩
	沉积构造	牡蛎类滞留沉积（海侵相底部）和多期双壳动物（海退相顶部）富集；板状—交错层理沙波，巨型前积层	板状层理（内部具有沟槽）、S形以及丘状构造；在海侵体系域/高位体系域的转折点处为砾状基底海侵滞留沉积和壳质线性结构
	保存的矿物	主要是LMC，少量IMC和文石（在基质支撑的海侵体系域中）	LMC-IMC-HMC，常见文石，虽然一般情况下尽管部分发生新生变形作用
	碳酸盐含量	平均含量85%（根据ICPOES分析，样品数为31），最高可达98%	平均含量70%（样品数为15），最高可达95%
化石埋葬学—成岩作用	磨蚀	在四级和六级海侵体系域的底部以及海侵体系域/高位体系域的转折点处为高—强烈磨蚀；由于混合有坚硬的硅质碎屑颗粒，通常磨蚀程度高；在海退沉积中为中到高度磨蚀（海退体系域—强制海退体系域—低位体系域）	
	生物侵蚀	在海侵体系域以及海侵体系域/高位体系域的转折点处为中到强烈生物侵蚀；将多成因的微岩内痕迹指定为光照相关和光照无关的钻孔动物形成的；在快速堆积的海退沉积中为中等生物侵蚀，在向上变浅高级次沉积层序顶部的凝缩层中为高度生物侵蚀，在这些地方以光照相关的蓝藻细菌和绿藻细菌痕迹为主	
	溶蚀作用	全部淋滤（海相）发生在海侵体系域/高位体系域的转折处以及海退性四级层序内的六级层序顶部凝缩层中	没有全部淋滤的证据，但压实作用之前发生新生变形作用，保留了部分原始的介壳结构，特别是在基质支撑的海侵体系域介壳层中
	压实作用前的胶结作用	针状海相胶结物沿层序界面分布；微晶黏合发育在海侵体系域和海退沉积的顶部	微晶黏合出现在基质支撑的海侵体系域中
	皮壳包覆作用	主要保存在海侵体系域中，偶见于海退沉积中	主要保存在基质支撑的海侵体系域中
	压实作用后的胶结作用（先于最终的抬升）	低—中等（取决于埋藏期间达到的深度，如果可能向上变浅层序顶部暴露于地表）；埋藏胶结物贫铁	中等—高，来源于相邻陆块；胶结物富铁

注：（1）LMC—低镁方解石［$MgCO_3$含量小于4%（摩尔分数）］；IMC—镁含量中等的方解石［$MgCO_3$含量为4-12%（摩尔分数）］；HMC—高镁方解石［$MgCO_3$含量大于12%（摩尔分数）］。

（2）描述了弧前洋脊和弧前陆棚灰岩中的沉积层序建造及体系域组成，其特征局限于北岛中东部Hawko海湾地区上新统弧前古海道的两个相对边缘，其出现与它们的部分沉积和沉积学特征有关。

18.7.1 海侵相

18.7.1.1 四级层序中的化石埋藏—成岩特征

所研究沉积物四级层序的海侵体系域由加积的（例如 Titiokura 组）或退积的向上变深 / 变浅的叠置沉积旋回构成（如 Te Onepu 灰岩；Mason Ridge 组）。Titiokura 组的加积旋回主要表现为向上变浅的趋势。岩相富含生物碎屑，中粗粒，具交错层理。在这些岩相中，海底胶结物稀少。生物骨骼颗粒的磨圆好，普遍受到充填自生海绿石的微生物钻孔的影响［图 9（b）］。机械和化学压实作用很强烈，见破碎的外壳和粒间压溶现象［图 9（a）］。胶结物完全由块状铁方解石晶体组成，含有少量晚期生成的不含铁镶嵌型晶体［图 9（a）和图 9（b）］。开启组构中可见明显的淋滤特征，生物铸模孔中充填了与粒间孔隙中相同的胶结序列。

Te Waka 组的退积旋回总体上呈现出相似的样式［图 9（c）］，但揭示了更高级次海侵体系域、高位体系域和海退体系域内部的蚀变样式，下文将对此进行讨论，并与 Te Onepu 灰岩的蚀变样式进行比较。

18.7.1.2 六级可容纳空间旋回中的化石埋藏—成岩特征

可容纳空间旋回的海侵碳酸盐岩由 0.5m 至数米厚的底砾壳质层组成，该壳质层由分选差、紧密—松散叠置、富含基质的生物碎屑泥粒岩 / 粒泥岩组成，其向上过渡为硅质碎屑含量较多的砂岩，但在 Te Waka 组中，硅质碎屑含量较低而化石含量较高（图 10 和表 2）。壳质层中的大型软体动物化石具有凸面向上和向下的方向性，且被压碎、脱节、磨蚀和钻孔（如多毛类、海绵类和腹足类）。生物碎屑主要为钙质表栖双壳类和贝属类，辅之以次要数量的文石质内生双壳类（特别是在 Te Waka 组中）、苔藓虫和棘皮动物（图 10）。生物碎屑磨蚀程度不一，从棱角状到好的磨圆状，各向异形，具有岩内微生物活动的证据［图 9（d）］，有时又会被多层苔藓虫、藤壶类和红藻包绕［图 9（f）］，还存在碎屑状、圆形的海绿石。

在 Te Onepu 灰岩中，早期海底胶结作用仅限于海侵体系域的下部，是多阶段的产物，包括由内源浑浊的针状胶结物构成的薄边、透明的亮晶胶结物，它们的形成时间往往早于致密、均质但有时呈层状、球状粒的泥晶［图 9（f）］（化石埋藏—成岩组合 C2，图 7）。在 Te Waka 组，胶结过程可能受微生物调节。生物诱发的钙化作用形成了环绕颗粒的泥晶边［图 9（d）］、新月形以及朝空孔隙的突出（化石埋藏—成岩组合 C2，图 7）。在 Te Waka 海侵沉积相中，文石质双壳类很常见，保留了介壳残余结构的新生变形现象很常见，化学染色表明交代作用开始于氧化水体中埋藏作用发生之前（图 11）。由此产生的组构一般是粗粒低镁方解石（LMC）晶体的镶嵌结构，这些晶体横切原始组构，由可识别的（交错）层理结构中的棕色包裹体勾勒而成。被交代的贝壳通常保存为伪多色晶石。

水 / 岩和粒间流体的性质对文石蚀变的程度和类型尤为重要。为了保存原始组构，新生变形作用必须缓慢且水 / 岩较低，即封闭系统中的强水—岩相互作用（Brand，1994）。

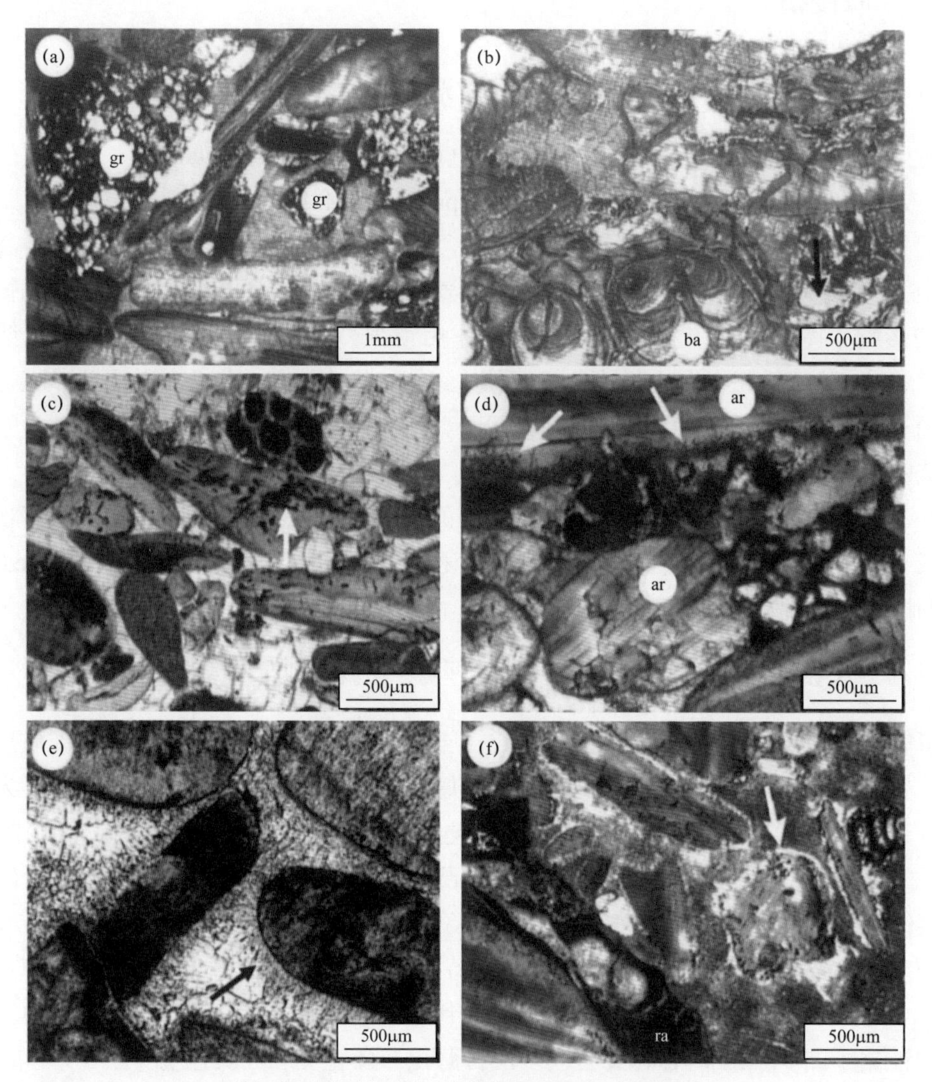

图 9　弧前陆棚和弧前洋脊灰岩的岩石学特征

（a）和（b）Titiokura 灰岩的染色薄片，展示出压实作用之后的含铁胶结物丰度。同沉积成岩的和化石埋葬的过程主是要破坏性的，包括破裂作用、磨蚀作用（颗粒磨圆度中等—良好）和生物侵蚀作用［见（b）中自生海绿石充填的微钻孔的丰度）。缩略词：gr—杂砂岩碎屑；ba—贝属动物板片；黑色箭头指向苔藓动物腔隙中的自生海绿石。样品 15.26 来源于 Titiokura 组：向上变浅的（？）六级旋回顶部（位于图 6 中界面 3 之下）。（c）硅质碎屑岩—贝属动物颗粒岩的混合岩。注意：磨圆好的生物碎屑以及自生海绿石充填的微钻孔（箭头所指）的丰度，显示了海底之上持续的暴露。样品 15.11 来源于 Te Waka 灰岩：四级海侵体系域底部的凝缩层（图 6 中界面 11 之下）。（d）薄片显示先前的文石质双壳动物（ar），完全或部分发生新生变形作用成为方解石，还保留了它们初始的内部微结构。注意粒间微晶黏结和真菌的微岩内痕迹（白色箭头）。样品 15.4 来源于 Te Waka 灰岩：四级海侵体系域底部上超介壳层的顶部（图 6 中界面 11 之上）。（e）不干净纤维状胶结物的等厚外皮（箭头），将它解释为早期海底胶结物，贝属动物颗粒岩的包壳骨骼碎屑。样品 9.101 来源于 Te Onepu 灰岩：四级低位体系域向上变浅旋回的顶部（图 4 中 Horanui 剖面界面 4 之下）。（f）薄片展示了特定层序的化石埋葬—成岩作用组合 C2（图 7 所定义的）。微相是基质支撑的，生物骨骼颗粒被磨蚀、微钻孔并被等厚胶结物（白色箭头）包绕，其中胶结物沉淀于孔隙空间被泥岩充填之前，在局部地区还保留了结壳（这里是红藻，ra）。样品 9.28 来源于 Te Onepu 灰岩，采自 Bee Swarm 剖面向上变浅的（？）6 级旋回底部的介壳层中（图 4 中界面 5 之上）

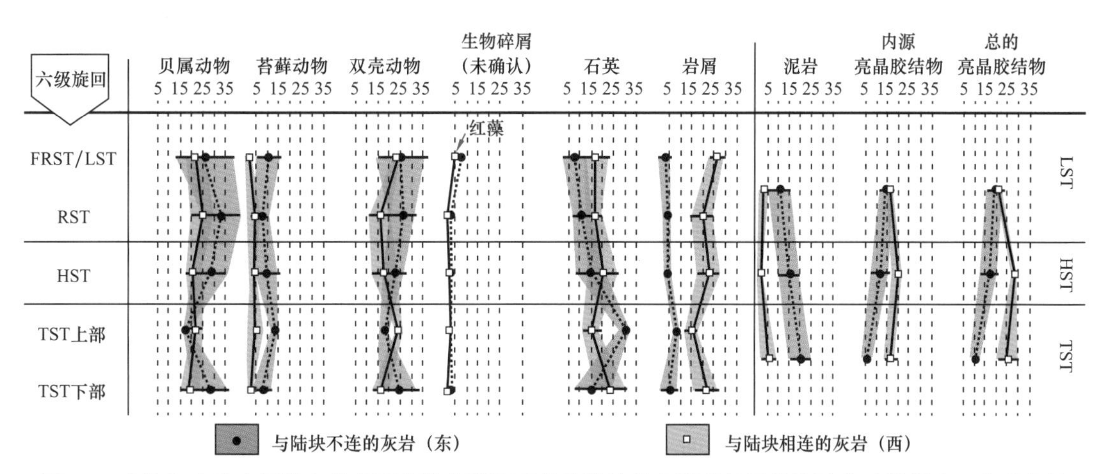

图 10　动物和硅质碎屑的丰度以及孔隙内剔除了亮晶胶结物和泥岩的平均孔隙度（根据表 2 中列出的计点数据得到），绘制于上新世弧前盆地东部边缘（弧前洋脊，黑色圆圈）和西部边缘（弧前陆棚，空心正方形）灰岩的体系域旁边（论述部分见正文）。注意：弧前陆棚沉积物中硅质碎屑的含量在海平面上升阶段会降低，这可能是由于邻近物源处的硅质碎屑被捕获。相应的，弧前洋脊沉积物中硅质碎屑的含量在海平面上升期间会增加。背斜型洋脊之上变深的海水可能会导致浪蚀作用深度向上移动，会促使硅质碎屑的过路不沉积以及碳酸盐的生产（例如，海侵体系域的下部比上部含有更多的贝属动物和双壳动物）

考虑到 Te Waka 文石壳的属性（图 11），新生变形作用在相对停滞的条件下更可能发生，如停滞的含氧潜水带中或还原水中的埋藏条件下。由于没有证据表明 Te Waka 海侵相在海平面升降旋回结束时就暴露于地表，因此新生变形作用一定是在浅埋藏不饱和的海水中开始的，并在埋藏环境中继续存在。

图 11　显微照片显示弧前陆棚灰岩在多个阶段发生了文石的新生变形作用。在含氧水体中，方解石对文石的置换作用由颗粒边缘向内进行（新生变形的方解石染色为粉色—紫红色，白色箭头）。第二代新生方解石的成核位置优先位于一级纹层之上（黑色箭头），第二代方解石呈深蓝色，表明其来源于还原的富铁孔隙流体并在第一代新生变形方解石的基础上发生次生加大。当含氧水体再次发生渗透时，新生变形作用从层理面上的成核位置和颗粒边缘向颗粒内部进行（最后生成染色为浅粉色的新生变形方解石）。化学染色的样品 15.40（Te Waka 地层）

Te Onepu 海侵体系域的上部与其西部对应部分不同，其化石含量较少且富含硅质碎屑。事实上，在 Te Waka 地层中，与海侵体系域下部相比，上部的泥岩和硅质碎屑的含量较少，而生物碎屑组分随着磨蚀和生物侵蚀程度的增大而增加（图 10）。石生微生物（Microendoliths）既有依赖光的绿色植物，也有不依赖光的真菌痕迹，表明这些颗粒已经被改造或水深有所增加。

在这两个体系中，海侵沉积相和高位沉积相之间的过渡带为一个凝缩层，在该层位中，生物骨骼颗粒发生了强烈的蚀变，自生海绿石含量丰富（成岩岩套 D2，图 7）。

18.7.2 高位沉积相

18.7.2.1 四级层序中的化石埋藏—成岩特征

四级层序中的高位期条件与西部陆棚和东部古隆起之上硅质碎屑粉砂岩 / 泥岩开始沉积时相吻合（图 1）（Kamp 等，1988；Beu，1995；Haywick，2000）。

18.7.2.2 六级可容纳空间旋回中的化石埋藏—成岩特征

在 Te Onepu 灰岩中，碳酸盐岩从中粒泥粒岩到细—中粒颗粒岩不等。生物骨骼碎片为中等—强烈磨蚀，并伴随有不同程度的硅质碎屑颗粒。高位体系域沉积物中特定的化石埋藏—成岩岩套记录了中等程度的破坏过程（成岩岩套 D1 和 D3，图 7），包括磨蚀和岩内微生物钻孔。自生海绿石比较常见，而孔隙衬边胶结作用比较罕见。在 Te Waka 组，高位沉积相以细粒硅质沉积物为主，生物碎屑含量较少，且大部分蚀变强烈。

18.7.3 海退 / 低位沉积相

18.7.3.1 四级层序中的化石埋藏—成岩特征

Te Onepu 灰岩被解释为由几个向上变浅的旋回（图 5）构成的低位体系域，每个旋回都呈现出周期性的化石埋藏—成岩特征。低位体系域通常被解释为在下斜坡和盆底堆积形成的（例如，van Wagoner 等，1988），而在这里，我们推断它是在陆棚坡折带上方堆积的，这个位置沉降速率足够高，在其他地区适合温带碳酸盐的沉积（Carannante 等，1999）。海相胶结层段是这些旋回上部的一个常见特征［图 9（e）］。尽管在露头上很明显，然而这些胶结的层段并没有显示出硬底的属性，如岩化的覆盖面，在这些位置颗粒和胶结物会被削蚀、钻孔和结壳（Boreen 和 James，1995）。相反，海洋胶结层没有可区分的上下边界（Caron 和 Nelson，2003）。胶结作用降低了，但并没有完全阻止机械和化学压实作用［图 9（e）］。

在 Te Waka 组，海退的混合碳酸盐岩—硅质碎屑岩被解释为正常海退体系域的一部分或强制海退体系域（图 6），后者由位于下方海退体系域沉积物剥蚀面上的砾石壳层组成。大型化石包括厚壳的表生双壳类、常见的文石质半内生双壳类和棘皮类砂内居住动物。这种组合与典型的杂生动物组合形成对比（James，1997），反映了较高的硅质碎屑输入。介壳发生了破碎、磨蚀和生物侵蚀。强制海退体系域不含泥质（图 10），缺少海相胶结物，相反含有埋藏环境中的含铁块状方解石晶体。

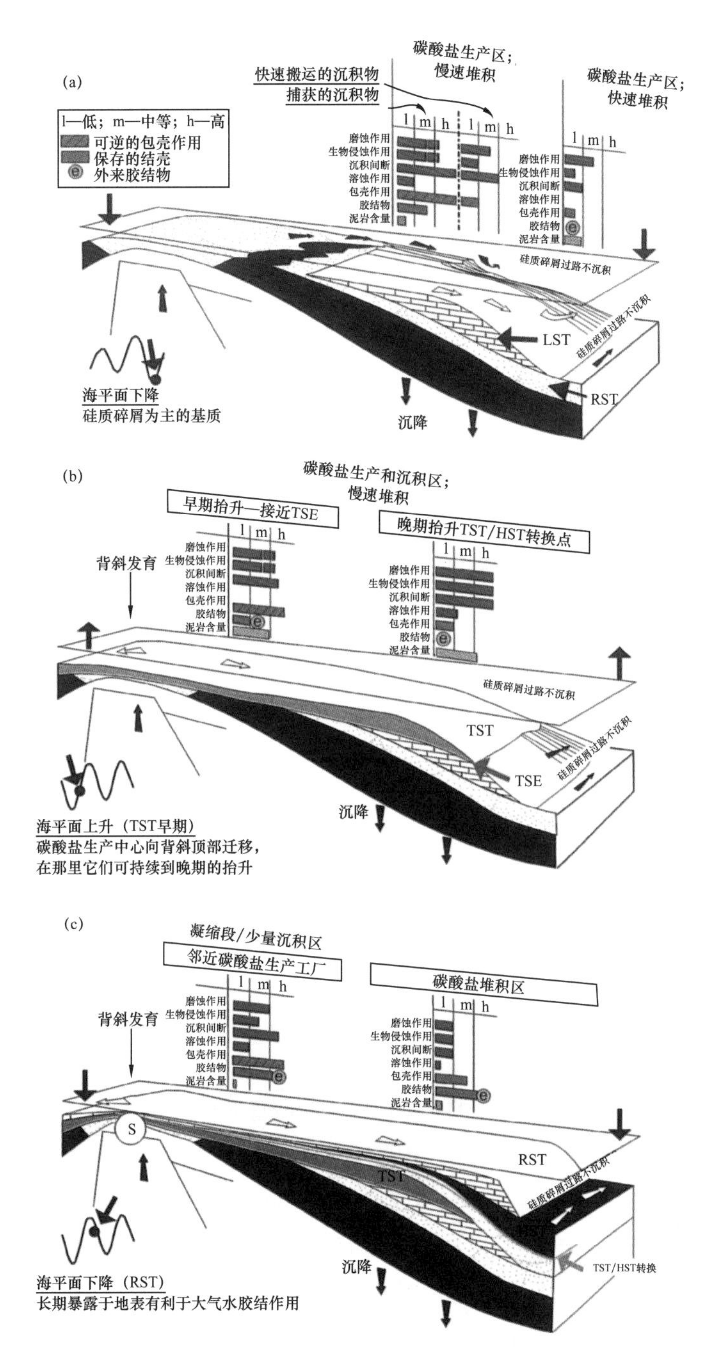

图 12　弧前盆地古海道东侧的弧前洋脊环境中的碳酸盐生产和蚀变作用模型

展示了与简化的相对海平面曲线对应的沉积层序和体系域叠置样式。当背斜构造的顶部因为海平面升降或构造作用而位于细粒沉积物簸选的深度时，沿该边缘发育的背斜构造可能决定了后续的食悬浮物和滤食性海底生物的聚集，因此，推测碳酸盐工厂的发育时间与相对海平面下降［图 12（a）和图 12（c）］和上升早期［图 12（b）］相吻合，该时期浪蚀作用深度达到海底深度，导致硅质碎屑物不沉积且坚固或粗糙的生物骨架基底可能发生剥露。当碳酸盐生产发生于浅水扰动区域时，再沉积和向背斜翼部下方的脱落使得沉积作用发生在浪基面之下，虽然在局部地区见不规则的海底地形，总体为一条类似于单斜缓坡的沉积剖面。因此在碳酸盐生产和堆积的位置处，将化石埋葬的和成岩的过程考虑在模型中。一般情况下，在波浪扰动区域，发生了促进生物骨架颗粒降解和黏结的凝缩作用。浪基面之下的沉积物传输以及快速堆积作用（即埋藏）将颗粒从破坏性成岩过程中迁移出去，但也限制了胶结作用。注意：加圆圈的“S”代表背斜顶部可能发生的地表暴露

18.7.3.2 六级可容纳空间旋回中的化石埋藏—成岩特征

Te Onepu 灰岩内向上变浅旋回的顶部包括等厚针状富含包裹体的胶结物，它们位于磨圆度中等—强的生物骨骼颗粒的边缘［图 9（e）］。该胶结相的次生加大边为具有偏三角面体的晶体终端的略含铁的亮晶方解石，局部与代表方解石沉淀最后阶段的块状不含铁方解石晶体合并在一起。尽管亮晶方解石胶结物在岩化的层段中含量较丰富，然而在下伏高位体系域和更下的海侵沉积相胶结差的沉积物中只零星见到。

沉积物的粒度为中—粗粒。生物碎屑组分包括丰富的藤壶类、表生双壳类和苔藓虫，偶尔还有红藻（图 10 和表 2），这表明碳酸盐是在透光地区生成的。生物侵蚀比较常见，而结壳很少被保存下来。岩内微生物痕迹可与蓝藻和绿藻（例如束藻属）产生的痕迹相比较，进一步表明不仅碳酸盐的生成，而且沉积都发生在非常浅的水体中（Perry 和 Macdonald，2002）。泥质含量和硅质碎屑的含量都较低。

文石质生物骨骼铸模孔中针状胶结物的沉淀可以证实海底的溶蚀作用。溶蚀之后方解石的无机沉淀表明，海相孔隙流体中碳酸钙饱和度由促使亚稳定碳酸盐岩溶蚀的欠饱和状态转变为促进方解石形成的饱和状态。饱和水平的逐渐增加可能是由有利于通过沉积物重复泵送海水的凝缩作用、溶解介壳释放的碳酸钙以及有机物的呼吸作用促进的（Canfield 和 Eaiswell，1991）。Te Waka 组沉积物中记录的成岩套具中等的破坏性（化石埋藏—成岩套 D1，图 7）。

18.7.4 层序地层学意义

18.7.4.1 海侵碳酸盐岩［图 12（b）和图 13（a）］

图 12（b）和图 13（a）分别模拟了弧前洋脊和弧前陆棚环境中海侵体系域碳酸盐沉积相发育的海平面条件，且考虑到了上述的化石埋藏特征和成岩组构。

海侵沉积相来源于先前沉积物的改造和新生成碳酸盐的堆积。在弧前洋脊环境中［图 12（b）］，海平面的上升导致原有沉积物和碳酸盐工厂的侵蚀和淹没。这些初始条件造成了海蚀浪基面向上迁移，使得碳酸盐工厂所在位置水动力能量降低。在一些低幅度的古隆起顶部，由于硅质碎屑的沼泽化，硅质碎屑的沉积过路作用不再增强而碳酸盐的生产也会减弱或终止（Beu，1995）。由于堆积速率低，生物骨骼物质在海底的存留时间较长，有可能会受到频繁的改造和生物侵蚀。这些条件反映在海侵体系域中生物骨骼颗粒的磨蚀特征以及自生海绿石的出现上，因为沉积物的匮乏决定了这些条件有利于海绿石的沉淀（Amorosi，1995）。海相亮晶胶结物表明孔隙空间内的海水循环强烈（Nelson 与 James，2000），它们的出现与海平面上升期间海相孔隙水的向上移动非常一致（Tucker，1993）。随后泥岩向沉积物中的渗入表明，水运动速度的降低使得前期破坏性过程中生成的细粒物质逐渐沉降下来（Pedley 及 Grasso，2002）。

在弧前陆棚碳酸盐体系中，由于间断出现的海平面上升以及硅质碎屑沉积物在地貌通道内或其源区附近被捕获，缓慢的碳酸盐沉积形成了一些叠置的向上变深或变浅旋回（每个旋回的厚度为 2～4m）[图 13（a）]。在早期海平面上升结束时，洋流能量的降低促进了异养细菌群落的发展和海底有机物的沉积，从而形成泥晶胶结物（Mutti 和 Bernoulli，2003）。

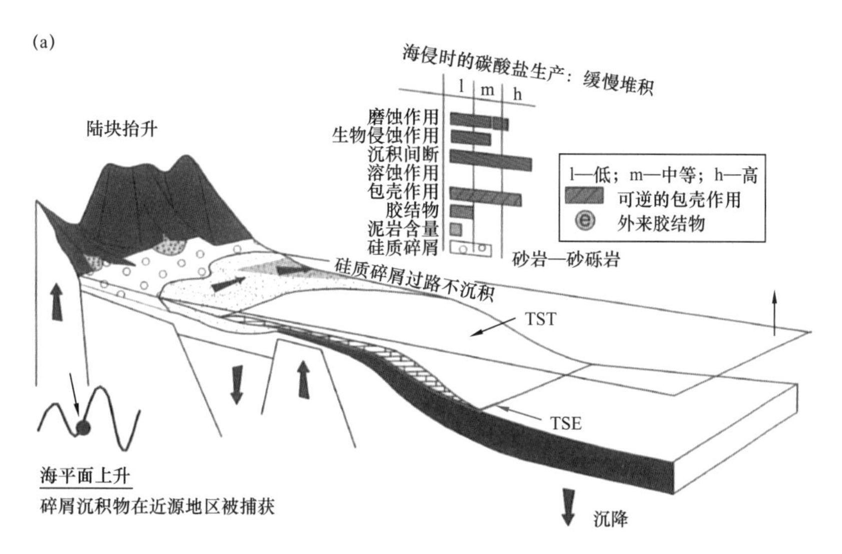

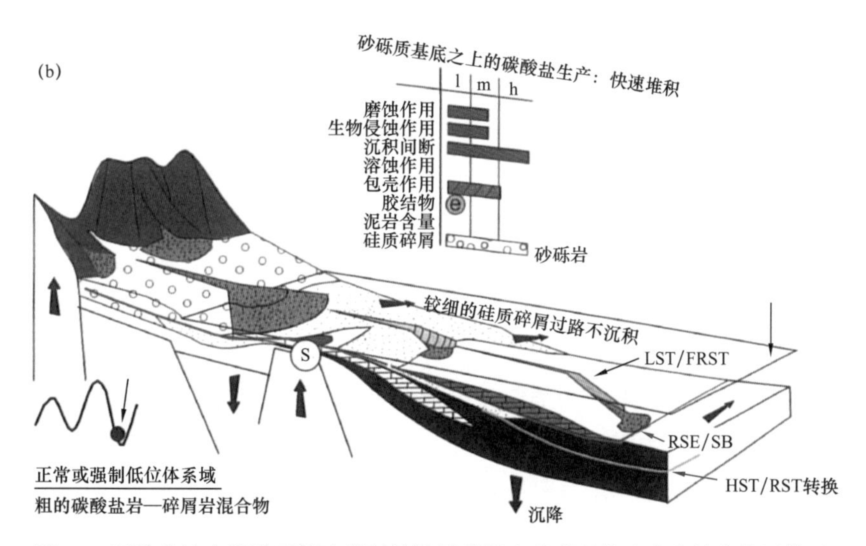

图 13　弧前盆地古海道西部边缘弧前陆棚背景上的碳酸盐生产和蚀变作用模型

（a）相对海平面上升期，和（b）海平面低位期。古陆棚形状狭窄，被潮汐作用和周期性提供硅质碎屑物的以风暴为主的洋流作用改变方向。（a）认为碳酸盐的生产是由于相对海平面上升以及邻近物源区的陆源物质的捕获所造成的沉积物匮乏。海侵灰岩中多个向上变浅高级次层序构成的加积叠加样式（图 6）说明是水体长期缓慢上升的环境。化石埋葬的属性说明在海底经历过中—长期的暴露，也可能与从生产区长距离的传输有关，而缺乏建设性成岩特征可能与浪基面之下快速的风暴驱动沉积有关。（b）粗粒碳酸盐岩—硅质碎屑岩混合沉积物的堆积推测可能形成于海平面下降 / 低水位期，意味着细粒硅质碎屑物和泥岩绕过了碳酸盐工厂的发育区

在海侵体系域—高位体系域过渡期，那里的条件导致流速下降，在这种流速下孔隙水停滞且不再发生胶结作用的发生。在这一阶段，由于部分或完全水淹，沉积物匮乏（即碳酸盐颗粒长期暴露于海底破坏性过程中）且硅质碎屑发生沉积，因此碳酸盐生产在古隆起上处于最低水平，并局限于弧前陆棚的岩质海岸地区。

18.7.4.2 高位期沉积物［图 12（c）和图 13（b）］

超过海平面曲线上对应最大海泛面的时间点，海平面开始下降，如果其速率等于或超过沉降速率，则新的可容纳空间的形成速率就会降低（van Wagoner 等，1988；Vail 等，1991）。在四级层序中，这些条件通过近海泥岩向上变浅并粒变为外陆棚粉砂岩体现出来。

在（六级？）可容纳空间旋回中，Te Onepu 灰岩的高位体系域岩相由富含生物骨骼碎片（尤其是双壳类和藤壶类）、具平面状层理的沉积物组成（图 10），其覆盖在海侵体系域顶部凝缩层之上。细粒生物碎屑泥粒岩占主导地位，与较粗粒的生物碎屑风暴岩交替出现，这表明碳酸盐的生产速率变快了，可用的可容纳空间逐渐被填满。碳酸盐沉积物记录的主要是破坏性过程，没有建设性组构，表明它们仍然处于风暴和波浪流主动泵送的影响之下。

18.7.4.3 海退 / 低位碳酸盐岩［图 12（a）、图 12（c）和图 13（b）］

在弧前洋脊沉积环境中，海平面快速下降时，浪蚀基准面的下降会使海底处于高能波浪和潮汐流作用区，从而形成一个冲刷面。海底被侵蚀，沉积物向盆地方向搬运，直至达到平衡。这一过程也可能通过在输送细粒沉积物的同时将粗粒物质聚集在海底和（或）通过挖掘吸引藤壶类群落的粗可可碱基质触发了藤壶类（balanid）工厂（Caron 等，2004a）。一旦受到高能潮汐流和风暴流的影响，背斜顶部的风选作用必然是最大的，这也导致凝缩作用和海底胶结作用增强。为了解释低位体系域沉积物的堆积，在以潮汐为主的地区，不断增长的碳酸盐工厂将海底抬高至潮汐控制区的浪蚀深度，填满可用的可容纳空间，迫使多余的沉积物从碳酸盐产地进积到更深的水域。为了维持生产，硅质碎屑砂岩必须绕过碳酸盐工厂。弧前盆地东缘不均匀的海底地形确定了硅质碎屑远离碳酸盐生产场地的通道［图 12（a）］。

因此，在海退沉积相中记录的海平面变化的下降 / 低位段，自生（即向上加积的沉积作用）和外源（即海平面下降）的综合作用可能是碳酸盐生产和沉积的原因。沉积物的快速移动和埋藏限制了颗粒的磨损和生物侵蚀。胶结作用仅限于向上变浅旋回的上部，此处在高能条件下可能发生凝缩作用。凝缩作用强化了磨损过程，但同时通过波浪的搅动，促使地表之下几分米的胶结物发生沉淀。这些沉积物明显不同于海侵体系域和高位体系域的碳酸盐岩，因为它们缺乏硅质碎屑，通常不含泥，以具有生物骨骼组合（包括红藻碎屑）和指示在透光区沉积的岩内微生物群落为特征。

盆地西侧的周期性隆起被推断为弧前陆棚上砾石壳层富集的原因［图 13（b）］。在硅质碎屑为主的沉积物中，泥质含量较低，介壳保存相对完好，这表明来自生产地点的传输距离较短，并且沉积时的水动力足够强到可以将细粒物质筛走。与东部环境相比（图 10），沉积物中作为碳酸钙潜在来源的生物碎屑材料数量较少，这可以解释无机方解石沉淀的缺失。虽然人们对冷水环境中方解石的无机沉淀知之甚少，但暴露时间、海水饱和度和有机化合物的存在等被视为决定性因素（Dodd 和 Nelson，1998；Nelson 和 James，2000；Smith 和 Nelson，2003）。

Ricketts 等（2004）解释了弧前陆棚 Te Waka 组中埋藏胶结物的丰度及其东部弧前洋脊对应物的丰富，以反映穿过该体系的压实驱动古水流的存在。埋藏流体可能部分为来源于邻近陆块的大气水流体。这些流体将逐渐与来自盆地被调整的海水混合在一起，并埋藏在含氧高的水体影响范围之下，从而使富铁胶结物发生沉淀（图 11）。

相比之下，在古海道的两侧，碳酸盐岩几乎没有大气水成岩作用的证据。冷水碳酸盐岩（主要是钙质）的活性比富含文石的热带碳酸盐岩低（Nelson 等，1988；Dodd 和 Nelson，1998；Nelson 和 James，2000）。压实作用之前的大气水胶结物和大气水介导组构的缺乏表明，要么碳酸盐岩薄层在上新世没有暴露于地表，要么暴露的时间不足以造成普遍的大气水蚀变（Caron 等，2006）。

18.8 结论

（1）在新西兰北岛东部上新世弧前海道的两侧，同时在“陆块附着”的弧前陆棚和“陆块分离”的弧前洋脊中发育的浅海温带碳酸盐体系，呈现出对比鲜明的沉积学、化石埋藏和成岩特征及独特的层序地层结构。

（2）海道东缘适合上新世冷水灰岩发育的弧前洋脊环境是一个孤立、硅质碎屑缺乏、生长活跃的海底背斜构造，适合碳酸盐工厂的形成。在这些海底高地的周围，加速的潮汐流活跃地输送着沉积物。沙丘在风暴流的作用下，从背斜构造的顶部向下倾方向迁移，形成大型沙堤。相比之下，海道西缘上新世灰岩的沉积环境为一个狭窄的陆棚，其正面为中生界杂砂岩基底腹地。这些弧前陆棚灰岩表现出单斜和局部旋回性的沉积特征，并含有中—高含量的源于基底的硅质碎屑岩。

（3）这些灰岩是由米级、以不整合为界的沉积体构成的，这些沉积体的堆积被认为是由可容纳空间的形成和沉积物供给之间的强烈相互作用产生的，两者都受到构造和冰川性海平面升降的共同控制。野外证据突出了弧前陆棚和弧前洋脊碳酸盐体系不同的地貌和大地构造背景如何转换为其地层几何结构、叠置样式、硅质碎屑输入和沉积相的差异。

（4）延长的碳酸盐工厂的发育与四级（250ka）海平面变化一致，与大多数热带的例子相反，发生在低位和海侵早期条件下。

（5）灰岩中化石埋藏和成岩蚀变的性质和强度与其层序结构有关，以可预测的方式分布，无论是在体系域内垂直分布，还是沿着层序界面分布，这些性质在弧前陆棚和弧前洋脊碳酸盐体系中不一定相似。

（6）在弧前洋脊碳酸盐岩中，早期的海相针状方解石和泥晶胶结作用发生在粗生物碎屑沉积物中，相当于高能和波浪为主的缓慢堆积相，如冲刷面上的海侵滞留沉积和凝缩层顶部的向上变浅沉积物。在弧前陆棚碳酸盐岩中，不存在针状胶结物，微晶条带仅限于富含基质的海侵沉积物中。这些差异可能与海水饱和度水平的差异有关，在通过贫硅质碎屑 / 富含碳酸盐沉积物中的流体中含量可能更高。从海侵—海退过渡带的凝缩层和海退弧前洋脊沉积物顶部的凝缩层可以看出，海底文石质生物骨骼的完全淋滤虽然不常见，但部分淋滤之后发生了海底胶结，表明这些地方孔隙的饱和度水平变化迅速。相比之下，文石在压实之前的新生变形作用保留了壳质结构，表现为弧前陆棚碎屑支撑和基质支撑的海侵介壳滞留沉积。

（7）针对上新世弧前盆地陆棚与洋脊地貌沉积体系中的冷水碳酸盐生产、沉积和蚀变作用，提出了一系列的预测模型，突出了碳酸盐岩相成因因素，即继承性的地貌、浪基面，对层序地层结构以及早成岩蚀变的决定作用。

参考文献

Amorosi，A.（1995）Glaucony and sequence stratigraphy：a conceptual framework of distribution in siliciclastic sequences. *J. Sediment. Res.*，B65，419–425.

Ballance，P. F.（1993）The New–Zealand Neogene forearc basins. In：*South Pacific Sedimentary Basins–Sedimentary Basins of the World 2*（Ed. P. F. Balance），pp. 177–193. Elsevier，Amsterdam.

Bassi，D.，Carannante，G.，Murru，M. and Simone，L.（2006）Rhodalgal/bryomol assemblages in temperate type carbonate，channelised depositional systems：the Early Miocene of the Sarcidano area（Sardinia，Italy）. In：*Cool–Water Carbonates：Depositional Systems and Palaeoenvironmental Controls*（Eds H. M. Pedley and G. Carannante）. *Geol. Soc. Lond. Spec. Publ.*，255，35–52.

Beu，A. G.（1995）*Pliocene Limestones and Their Scallops*. Inst. Geol. Nuclear Sci. Monogr.，10，243 pp.

Bland，K. J.（2001）*Analysis of the Pliocene Forearc Basin Succession*，*Esk River Catchment*，*Hawke's Bay*. Unpubl. MSc thesis，University of Waikato，New Zealand，233 pp.

Bland，K. J.，Kamp，P. J. J.，Pallentin A.，Graafhuis，R.，Nelson，C. S. and Caron，V.（2004）The early Pliocene Titiokura Formation：stratigraphy of a thick，mixed carbonate–siliciclastic shelf succession in Hawke's Bay Basin，New Zealand. *NZ J. Geol. Geophys.*，47，675–695.

Bland，K. J.，Caron，V.，Nelson，C. S.，Kamp，P. J. J. and Pallentin A.（2005）Continent–attached and continentdetached cool–water limestones in an actively deforming forearc basin，Hawke's Bay，New Zealand. *Geol. Soc. Am. Ann. Meeting Abstr. Progr.*，37（7），17.

Boreen，T. D. and James，N. P.（1995）Stratigraphic sedimentology of Tertiary cool–water limestones，SE Australia. *J. Sediment. Res.*，B65，142–159.

Brachert，T. C.，Forst，M. H.，Pais，J. J.，Legoinha，P. and Reijmer，J. J. G.（2003）Lowstand carbonates，highstand sandstones？ *Sediment. Geol.*，155，1–12.

Brand，U.（1994）Morphochemical and replacement diagenesis of biogenic carbonates. In：*Diagenesis*，*IV*（Eds K. H. Wolf and G. V. Chilingarian）. *Dev. Sedimentol.*，51，217–281.

Buckeridge，J.（2000）Cirripedes as palaeocological indicators in the Te Aute lithofacies limestone，North Island，New Zealand. *Mem. Queensland Mus.*，42，221–225.

Canfield，D. E. and Raiswell，R.（1991）Carbonate precipitation and dissolution：its relevance to fossil preservation. In：*Taphonomy–Releasing the Data Locked in the Fossil Record*（Eds P. A. Allison and D. E. G. Briggs），pp. 411–453. Plenum Press，London.

Carannante，G.，Esteban，M.，Milliman，J. D. and Simone，L.（1988）Carbonate lithofacies as paleolatitude indicators：problems and limitations. *Sediment. Geol.*，60，333–346.

Carannante，G.，Graziano，R.，Pappone，G.，Ruberti，D. and Simone，L.（1999）Depositional system and response to sea–level oscillation of the foramol–shelves. Examples from central Mediterranean areas. *Facies*，40，1–24.

Caron，V.（2002）*Petrogenesis of Pliocene Limestones in Southern Hawke's Bay*，*New Zealand*：*A Contribution to Unravelling the Sequence Stratigraphy and Diagenetic Pathways of Cool–Water Shelf*

Carbonate Facies. Unpubl. PhD thesis, University of Waikato, Hamilton, New Zealand, 445 pp.

Caron, V. and Nelson, C. S. (2003) Developing concepts of high-resolution diagenetic stratigraphy for cool-water limestones: application to Pliocene Te Aute limestones, New Zealand and their sequence stratigraphy. *Carb. Evap.*, 18, 63-85.

Caron, V., Nelson C. S. and Kamp P. J. J. (2004a) Contrasting carbonate depositional systems for Pliocene cool-water limestones cropping out in central Hawke's Bay, New Zealand. *NZ J. Geol. Geophys.*, 47, 697-717.

Caron, V., Nelson C. S. and Kamp P. J. J. (2004b) Transgressive surfaces of erosion as sequence boundary markers in cool-water shelf carbonates. *Sediment. Geol.*, 164, 179-189.

Caron, V., Nelson C. S. and Kamp P. J. J. (2005) Sequence stratigraphic context of syndepositional diagenesis in cool-water shelf carbonates: Pliocene limestones New Zealand. *J. Sediment. Res.*, 75 (2), 231-250.

Caron, V., Nelson C. S. and Kamp P. J. J. (2006) Microstratigraphy of calcite cements in Pliocene cool-water limestones, New Zealand: relationship to sea-level, burial and exhumation events. In: *Cool-Water Carbonates: Depositional Systems and Palaeoenvironmental Control* (Eds H. M. Pedley and G. Carannante). *Geol. Soc. Lond. Spec. Publ.*, 255, 339-367.

Cashman, S. M., Kelsey, H. M., Erdman, C. F., Cutten, H. N. C. and Berryman, K. R. (1992) Strain partitioning between structural domains in the forearc of the Hikurangi subduction zone, New Zealand. *Tectonics*, 11, 242-257.

Chayes, F. (1956) *Petrographic Modal Analysis*. Waley, New York, 113 pp.

Cooper, R. A. (Ed.) (2004) *The New Zealand Geological Timescale*. Institute of Geological & Nuclear Sciences Monograph 22. 284 pp. Institute of Geological & Nuclear Sciences Limited, Lower Hutt, New Zealand.

Dickson, J. A. D. (1965) A modified staining technique for carbonates in thin-section. *Nature*, 205, 587.

Dodd, J. R. and Nelson, C. S. (1998) Diagenetic comparisons between non-tropical Cenozoic limestones of New Zealand and tropical Mississippian limestones from Indiana, USA: is the non-tropical model better than the tropical model? *Sediment. Geol.*, 121, 1-21.

Dorsey, R. J. and Kidwell, S. M. (1999) Mixed carbonatesiliciclastic sedimentation on a tectonically active margin: example from the Pliocene of Baja California Sur, Mexico. *Geology*, 27, 935-938.

Embry, A. F. (1995) Sequence boundaries and sequence hierarchies: problems and proposals. In: *Sequence Stratigraphy: Advances and Applications for Exploration and Production in Northwest Europe* (Eds J. Steel, R. J. Felt, E. P. Johannesen and C. Mathieu), pp. 1-11. Elsevier, Amsterdam.

Emery, D. and Myers, K. (1996) *Sequence Stratigraphy*. Blackwell Science, Oxford, 297 pp.

Erdman, C. F. and Kelsey, H. M. (1992) Pliocene and Pleistocene stratigraphy and tectonics, Ohara depression and Wakarara range, North Island, New Zealand. *NZ J. Geol. Geophys.*, 35, 177-192.

Freiwald, A. (1998) Microbial maceration and carbonate dissolution on cold-temperate shelves. *Histor. Biol.*, 13, 27-35.

Hayton, S., Nelson, C. S. and Hood, S. D. (1995) A skeletal assemblage classification system for non-tropical carbonate deposits based on New Zealand Cenozoic limestones. *Sediment. Geol.*, 100, 123-141.

Haywick, D. W. (2000) Recognition and distinction of normal and forced regression in cyclothemic strata: a PlioPleistocene case study from eastern North Island, New Zealand. In: *Sedimentary Responses to Forced Regressions* (Eds D. Hunt and R. L. Gawthorpe). *Geol. Soc. Lond. Spec. Publ.*, 172, 193-215.

Henrich, R., Freiwald, A., Betzler, C., Badr, B., Schafer, P., Samtleben, C., Brachert, T., Wermann, A., Zankl, H. and Kuhlmann, D. (1995) Controls on modern carbonate sedimentation on warm-temperate to arctic coasts, on shelves and seamounts in the northern hemisphere: implications for fossil counterparts.

Facies, 32, 71–108.

Hunt, D. and Tucker, M. E. (1995) Stranded parasequences and the forced regressive wedge systems tract: deposition during base level fall-reply. *Sediment. Geol.*, 95, 147–160.

James, N. P. (1997) The cool-water carbonate depositional realm. In: *Cool-Water Carbonates* (Eds N. P. James and J. A. D. Clarke). *SEPM Spec. Publ.*, 56, 1–20.

James, N. P. and Clarke, J. A. D. (Eds) (1997) *Cool-Water Carbonates. SEPM Spec. Publ.*, 56, 440 pp.

James, N. P., Boreen, T. D., Bone, Y. and Feary, D. A. (1994) Holocene carbonate sedimentation on the west Eucla Shelf, Great Australian Bight: a shaved shelf. *Sediment. Geol.*, 90, 161–177.

Kamp, P. J. J. and Nelson, C. S. (1987) Tectonic and sea-level controls on non-tropical limestones in New Zealand. *Geology*, 15, 610–613.

Kamp, P. J. J., Harmsen, F. J., Nelson, C. S. and Boyle, S. F. (1988) Barnacle-dominated limestone with giant crossbeds in a non-tropical, tide swept, Pliocene forearc seaway, Hawke's Bay, New Zealand. *Sediment. Geol.*, 60, 173–195.

Kamp, P. J. J., Vonk, A., Bland, K. J., Hansen, R. J., Hendy, A. J. W., McIntyre, A. P., Ngatai, M., Cartwright, S. J., Hayton, S. and Nelson, C. S. (2004) Neogene stratigraphic architecture and tectonic evolution of Wanganui, King Country and eastern Taranaki Basins, New Zealand. *NZ J. Geol. Geophys.*, 47, 625–644.

Knoerich, A. C. and Mutti, M. (2003) Controls of facies and sediment composition on the diagenetic pathway of shallow-water Heterozoan carbonates: the Oligocene of the Maltese Islands. *Int. J. Earth. Sci.*, 92, 494–510.

Lees, A. and Buller, A. T. (1972) Modern temperate-water and warm-water shelf carbonate sediments contrasted. *Mar. Geol.*, 13, 67–73.

Lewis, K. B. and Pettinga, J. R. (1993) The emerging, imbricate frontal wedge of the Hikurangi margin. In: *South Pacific Sedimentary Basins-Sedimentary Basins of the World 2* (Ed. P. F. Balance), pp. 225–250. Elsevier, Amsterdam.

Light, J. M. and Wilson, J. B. (1998) Cool-water carbonate deposition on the West Shetland Shelf: a modern distally steepened ramp. In: *Carbonate Ramps* (Eds V. P. Wright and T. P. Burchette). *Geol. Soc. Lond. Spec. Publ.*, 149, 73–105.

Lukasik, J. J., James, N. P., McGowran, B. and Bone, Y. (2000) An epeiric ramp: low-energy, cool-water carbonate facies in a Tertiary inland sea, Murray Basin, south Australia. *Sedimentology*, 47, 851–881.

Mutti, M. and Bernoulli, D. (2003) Early marine lithification and hardground development on a Miocene ramp (Maiella, Italy): key surfaces to track changes in trophic resources in nontropical carbonate settings. *J. Sediment. Res.*, 73, 296–308.

Naish, T. and Kamp, P. J. J. (1997) Sequence stratigraphy of sixth-order (41 k. y.) Pliocene–Pleistocene cyclothems, Wanganui basin, New Zealand: a case for the regressive systems tract. *Geol. Soc. Am. Bull.*, 109, 978–999.

Nelson, C. S. (1978) Temperate shelf carbonate sediments in the Cenozoic of New Zealand. *Sedimentology*. 25, 737–771.

Nelson, C. S. (Ed.) (1988a) *Non-Tropical Shelf Carbonates-Modern and Ancient. Sediment. Geol.*, 60, 367 pp.

Nelson, C. S. (1988b) An introductory perspective on non-tropical shelf carbonates. *Sediment. Geol.*, 60, 3–12.

Nelson, C. S. and James, N. P. (2000) Marine cements in mid-Tertiary cool-water shelf limestones of New Zealand and southern Australia. *Sedimentology*, 47, 609–629.

Nelson, C. S., Harris, G. J. and Young, H. R. (1988) Burialdominated cementation in non-tropical carbonates of the Oligocene Te Kuiti Group, New Zealand. *Sediment. Geol.*, 60, 233-250.

Nelson, C. S., Winefield, P. R., Hood, S. D., Caron, V., Pallentin, A. and Kamp, P. J. J. (2003) Pliocene Te Aute limestones, New Zealand : expanding concepts for coolwater shelf carbonates. *NZ J. Geol. Geophys.*, 46, 407-424.

Nummedal, D. and Swift, D. J. P. (1987) Transgressive stratigraphy at sequence-bounding unconformities : some principles derived from Holocene and Cretaceous examples. In : *Sea-Level Fluctuation and Coastal Evolution* (Eds D. Nummedal, O. H. Pilkey and C. P. Allen) . *SEPM Spec. Publ.*, 41, 241-249.

Pedley, M. and Grasso, M. (2002) Lithofacies modelling and sequence stratigraphy in microtidal cool-water carbonates : a case study from the Pleistocene of Sicily, Italy. *Sedimentology*, 49, 533-553.

Perry, C. T. and Macdonald, I. A. (2002) Impacts of light penetration on the bathymetry of reef microboring communities : implications for the development of microendolithic traces assemblages. *Palaeogeogr. Palaeoclimatol. Palaeoecol.*, 186, 101-113.

Pomar, L. (2001) Types of carbonate platforms : a genetic approach. *Basin Res.*, 13, 313-334.

Pomar, L. and Tropeano, M. (2001) The Calcarenite di Gravina Formation in Matera (Southern Italy) : new insights for coarse-grained, large-scale, cross-bedded bodies encased in offshore deposits. *AAPG Bull.*, 85, 661-689.

Ricketts, B., Caron, V. and Nelson, C. S. (2004) Some constraints on the diagenesis of Te Aute limestones : a fluid flow perspective. *NZ J. Geol. Geophys.*, 47, 823-838.

Sarg, J. F. (1988) Carbonate sequence stratigraphy. In : *Sea-Level Changes-An Integrated Approach* (Eds C. K. Wilgus, B. S. Hastings, C. G. St. C. Kendall, H. W. Posamentier, C. A. Ross and J. C. van Wagoner) . *SEPM Spec. Publ.*, 42, 155-182.

Schlager, W. (1999) Type 3 sequence boundary. In : *Advances in Carbonate Sequence Stratigraphy : Application to Reservoirs, Outcrops and Models* (Eds P. M. Harris, A. H. Saller and J. A. Simo) . *SEPM Spec. Publ.*, 63, 35-45.

Scoffin, T. P. (1988) The environments of production and deposition of calcareous sediments on the west shelf of Scotland. *Sediment. Geol.*, 60, 107-124.

Simone, L. and Carannante, G. (1988) The fate of foramol (temperate-type) carbonate platforms. *Sediment. Geol.*, 60, 347-354.

Simone, L., Carannante, G., Ruberti, D., Sirna, M., Sirna, G., Laviano, A. and Tropeano, M. (2003) Development of rudist lithosomes in the Coniacian-Lower Campanian carbonate shelves of central-southern Italy : high-energy vs. low-energy settings. *Palaeogeogr. Palaeoclimatol. Palaeoecol.*, 200, 5-29.

Smith, A. M. and Nelson, C. S. (2003) Effects of early sea-floor processes on the taphonomy of temperate shelf skeletal carbonate deposits. *Earth Sci. Rev.*, 63, 1-31.

Smith, A. M., Nelson, C. S. and Danaher, P. J. (1992) Dissolution behaviour of bryozoan sediments : taphonomic implications for non-tropical shelf carbonates. *Paleogeogr. Palaeoclimatol. Palaeoecol.*, 93, 213-226.

Tucker, M. E. (1993) Carbonate diagenesis and sequence stratigraphy. In : *Sedimentology Review*, 1 (Ed. V. P. Wright), pp. 51-72. Blackwell Scientific, Oxford.

van Wagoner, J. C., Posamentier, H. W., Mitchum, R. M., Vail, P. R., Sarg, J. F., Loutit, T. S. and Hardenbol, J. (1988) An overview of sequence stratigraphy and key definitions. In : *Sea-Level Changes-An Integrated Approach* (Eds C. K. Wilgus, B. S. Hastings, C. G. St. C. Kendall, H. W. Posamentier, C. A. Ross and J. C. van Wagoner) . *SEPM Spec. Publ.*, 42, 39-40.

Vail, P. R., Audemard, F., Bowman, S. A., Eisner, P. N. and Perez-Cruz, C. (1991) The stratigraphic signatures of tectonics, eustasy and sedimentology–an overview. In : *Cycles and Events in Stratigraphy* (Eds G. Einsele, W. Ricken and A. Seilacher), pp. 617–659. Springer–Verlag, Berlin Heidelberg.

Vigorito, M., Murru, M. and Simone, L. (2005) Anatomy of a submarine channel system and related fan in a foramol/rhodalgal carbonate sedimentary setting : a case history from the Miocene syn–rift Sardinia Basin, Italy. *Sediment. Geol.*, 174, 1–30.

Walker, R. G. (1995) Sedimentary and tectonic origin of a transgressive surface of erosion : Viking Formation, Alberta, Canada. *J. Sediment. Res.*, B65, 209–221.

Young H. R. and Nelson, C. S. (1988) Endolithic biodegradation of cool–water skeletal carbonates on Scott shelf, northwestern Vancouver Island, Canada. *Sediment. Geol.*, 60, 251–267.

19 沼泽相白云岩的识别及意义——以美国肯塔基州晚密西西比世为例

A. J. Barnett[1, 2]，V. P. Wright[1, 2]，S. F. Crowley[3]

1. Department of Earth Sciences，Cardiff University，Main Building，Park Place，Cardiff，CF10 3YE，UK

2. BG Group，100 Thames Valley Park Drive，Reading，RG6 1PT，UK；E–mail：andrew.barnett@bg–group.com

3. Department of Earth Sciences，University of Liverpool，Liverpool，L69 3BX，UK

摘要 与古土壤相伴生的橙色—棕褐色风化的铁白云岩，体积虽小，却是美国东部肯塔基州晚密西西比世（Brigantian）冰室气候缓坡旋回沉积的典型特征。在本研究中，对13个含白云岩的沉积单元（代表6个地层级别）进行了分析。铁白云岩具有尖锐的底部和顶部，并夹杂着成土单元（例如钙结岩）或泛滥平原沉积物。沉积学和碳氧稳定同位素数据指示这些白云岩形成于微咸或发生盐质解离的沿海沼泽环境。西欧早—中密西西比世（Courceyan–Arundian）温室环境缓坡序列中相似的白云岩被解释为滨海沼泽沉积物，标志着主要的海泛事件。肯塔基州铁白云岩显示出不同的组合，因为它们出现在主要低位单元中，并被解释为代表轻微的海侵，但其规模不足以淹没碳酸盐台地。这些小型海侵事件可能会反映与三级低位或偏心率低位的进动/倾角驱动海侵相关的米兰科维奇带海平面振荡。因此，这种沼泽白云岩可以提供识别隐蔽海侵事件的标准，并且可能是外部强制旋回序列中“缺失节拍”的唯一指示。

关键词 滨海沼泽；暴露面；洪泛面；同位素；沼泽沉积；古环境；古土壤；层序界面

19.1 引言

近地表暴露面的识别是识别层序边界的关键。此类界面在浅海碳酸盐序列中极为常见，可用于完善层序地层模型（Wright，1994，1996）。与古土壤伴生的橙色—棕褐色风化的铁白云岩是美国东部晚密西西比世（Brigantian）冰室缓坡序列的一个显著特征。然而，与Ste.Genevieve组（Choquette和Steinen，1980，1985）易于成储的白云岩不同，这类白云岩很少受到关注。在西欧早—中密西西比世（Courceyan–Arundian）温暖环境的缓坡序列中出现了类似的白云岩（Muchez和Viaene，1987；Searl，1988；Vanstone，1991；Wright等，1997），被认为代表了与海侵事件有关的滨岸沼泽沉积（Wright等，1997）。然而，这些作者所描述的铁白云岩与肯塔基州的不同之处在于，它们主要与发育良好的海侵碳酸盐岩单元有关，并被逐渐增多的海相沉积物覆盖。本文所描述的白云岩不出现在海侵体系域内，而是夹在古土壤或其他陆相沉积物之间，显然记录了轻微的海侵事件，但其程度不足以引起显著的海相沉积。因此，美国东部晚密西西比世的铁白云岩可能为识别隐蔽的海泛事件提供了一个标准，因此，可能是外部强制性旋回序列中“缺失节拍”的唯一指示。此外，尽管滨海沼泽相在现今佛罗里达南部和巴哈马群岛的碳酸盐台地上广泛分布，但从前更新世记录中来看这种实例相对较少（Tucker 和 Wright，1990）。本文旨在确定这些铁白云岩地层的成因，明确其层序地层学意义，并提请大家对一种广泛存在但很少报道的地表暴露特征的重视。

19.2 地质背景、剖面位置和地层特征

本文描述的剖面位于阿巴拉契亚盆地（前陆盆地）和伊利诺斯盆地（内克拉通盆地），它们被一系列背斜和穹隆隔开（Tankard，1986）（图 1）。在晚密西西比世，阿巴拉契亚和伊利诺斯盆地位于南纬 5°～15° 之间（Scotese 和 McKerrow，1990），沉积作用发生在一个大型向南倾斜、潮汐为主的等斜缓坡上（Treworgy，1988；Smith 和 Read，1999，2001；Leetaru，2000；Al-Tawil 和 Read，2003）。该地区的晚韦宪期浅海地层一般由几米至几十米的四级旋回组成，其中这里使用的旋回级别划分与 Tucker（1993）使用的一致：二级为 10～100Ma；三级为 1～10Ma；四级为 0.1～1Ma，这些地层中的沉积物主要为潮下碳酸盐岩和硅质碎屑岩，其上被明显的近地表暴露面覆盖（Smith 和 Read，1999，2000；

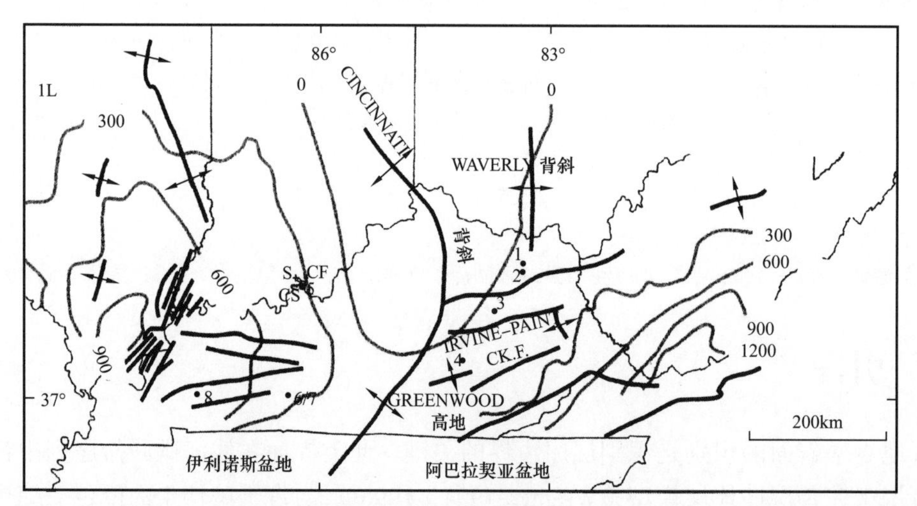

图 1 图中显示了密西西比纪阿巴拉契亚盆地和伊利诺斯盆地的构造背景并标明了测量露头的剖面位置，其中，1—Morehead 剖面；2—Cave Run Lake 剖面；3—天然桥石材公司采石场剖面；4—Mount Vernon 剖面；5—battletown 采石场；6—Natcher Parkway 剖面（9.2mile 至 9.5mile 界碑之间）；7—Natcher Parkway 剖面（14.2mile 界碑处）；8—肯塔基州西部公路剖面。“+”指 Arnbers 和 Petzold（1996）记录的印第安纳州南部剖面；S—Sulphur 剖面；CS—Cape Sandy 采石场剖面；CF—Carefree 剖面。Barnett（2002）给出详细的剖面位置。等值线代表了密西西比纪地层的总厚度（单位：m）（修改自 Smith 等，2001）

2001; Smith 等，2001; Al-Tawil 和 Read，2003）。例外情况出现在 Waverly 穹隆附近缓坡的向陆部分（如 Morehead，Cave Run 湖；图 1），该地区的四级旋回主要由互层的潮缘碳酸盐岩和古土壤、非海相硅质碎屑岩组成，然而，大部分地区的四级旋回由鲕粒 / 生物碎屑颗粒岩和生物碎屑粒泥岩 / 泥粒岩组成，其上被风成岩和钙结岩覆盖（Smith 和 Read，1999; Barnett，2002）。砂岩在伊利诺斯盆地也很重要，包括两种类型：（1）受潮汐影响的边缘海砂岩，充填下切谷，并可与相邻裸露夹层上的古土壤进行对比，例如 Bethal 砂岩、Cypress 砂岩（Smith 和 Read，2000）；（2）受潮汐影响的滨海相砂岩，与邻近碳酸盐岩单元互层，也就是说与低位域下切谷无关，例如 Aux Vases 砂岩，Big Clifty 砂岩（Treworgy，1988; Leetaru，2000）（图 2 和图 3）。与世界其他地方一样，例如，欧洲（Walkden，1987; Horbury，1989; Wrighthe 和 Vanstone，2001; Barnett 等，2002）、中亚（Cook 等，2002; Kenter 等，2006），一种共识是，这些旋回是 100～400ka 冰川海平升降的产物，标志着晚古生代冰川作用的开始（Smith 和 Read，2000，2001; Smith 等，2001; Al-Tawil 和 Read，2003; Wynn 和 Read，2008）。

本文研究的层段与一个主要构造运动阶段的开始相吻合。在阿巴拉契亚盆地，伴随着欧亚大陆与冈瓦纳大陆的碰撞，Acadian（中泥盆世—中密西西比世）张性运动向 Alleghanian（晚密西西比世—早二叠世）逆冲作用的转变，标志着此次构造运动阶段的开始。最终随着 Ste. Genevieve-GlenDean 层段内的灰岩被 Paragon 组向西进积的边缘海碎屑岩前积楔掩盖，碳酸盐沉积被终止（De Witt 和 McGraw，1979; Ettensohndeng，1984）（图 2）。类似地，在 Illiois 盆地，中密西西比世—晚宾夕法尼亚世的标志是沉降速率增加了 4 倍（Heidlauf 等，1986）。Kominz 和 Bond（1991）认为，这次沉降事件的时间、规模和广泛性（横贯北美大陆）可以用地幔对流模型来解释，因此，他们将盆地沉降归因于地幔下陷区上部泛大陆增生的开始。

与伊利诺伊盆地 Ste.Genevieve 组（Choquette 和 Steinen，1980，1985）易于成储的白云岩单元不同，阿巴拉契亚盆地和伊利诺斯盆地的铁白云岩很少作为研究的对象。一个显著的例外是 Ambers 和 Petzold（1996）的详细工作，然而，他们的研究在地层上和空间上仅限于几个相邻采石场和路堑剖面上 Cypress 砂岩中的一个单独层位（非正式地称为“Carefree 层”）（图 1 和图 2）。本研究中描述的铁白云岩出现在 Paoli 灰岩的底部到 Big Clifty 砂岩的顶部和阿巴拉契亚盆地相对应地层单元之间层段中（图 2 和图 3）。就美国地层序列而言，该层段在年代上包括了整个 Chesterian 群（Maples 和 Waters，1987）。采用西欧的地层划分方案，本文研究层段在时代上属于 Brigantian（最新的韦宪期）（图 2）。铁白云岩主要产于古土壤层或陆相沉积物中，这些地层限定了四级旋回（表 1 和图 4），然而，在两个例子中，铁白云岩被海相灰岩直接覆盖（表 1 和图 5）。在 3 个主要的露头带上，对所有剖面进行了踏勘：（1）阿巴拉契亚盆地肯塔基州中东部和北东部的 Cumberland 陡崖；（2）伊利诺斯盆地东部“陆棚”；（3）伊利诺斯盆地内部（图 1）。图 1 标出了各剖面的位置，详细的位置信息见 Barnett（2002）的论述。

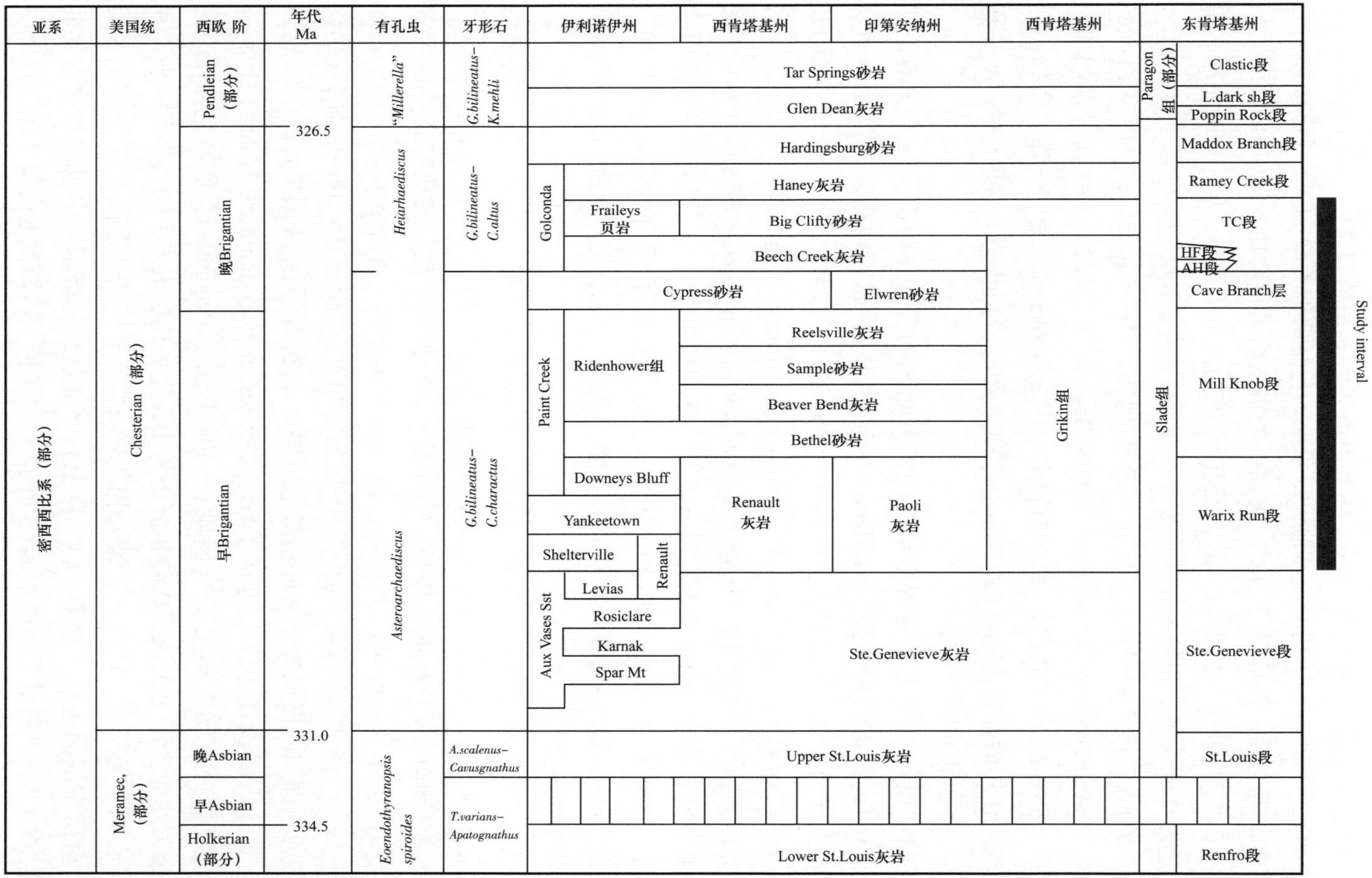

亚系	美国统	西欧 阶	年代 Ma	有孔虫	牙形石	伊利诺伊州	西肯塔基州	印第安纳州	西肯塔基州	东肯塔基州	
密西西比系（部分）	Chesterian（部分）	Pendleian（部分）		"Millerella"	G.bilineatus–K.mehli	Tar Springs砂岩				Paragon组（部分）	Clastic段
						Glen Dean灰岩					L.dark sh段
											Poppin Rock段
		晚Brigantian	326.5	Heiarhaediscus	G.bilineatus–C.altus	Hardingsburg砂岩				Slade组	Maddox Branch段
						Golconda	Haney灰岩				Ramey Creek段
						Fraileys页岩	Big Clifty砂岩				TC段
							Beech Creek灰岩		Grikin组		HF段 / AH段
		早Brigantian		Asteroarchaediscus	G.bilineatus–C.charactus	Cypress砂岩		Elwren砂岩			Cave Branch层
						Paint Creek / Ridenhower组	Reelsville灰岩				Mill Knob段
							Sample砂岩				
							Beaver Bend灰岩				
						Bethel砂岩					
						Downeys Bluff	Renault灰岩	Paoli灰岩			Warix Run段
						Yankeetown					
						Shelterville / Renault					
						Aux Vases Sst / Levias					
						Rosiclare	Ste.Genevieve灰岩				Ste.Genevieve段
						Karnak					
						Spar Mt					
	Meramec,（部分）	晚Asbian	331.0	Eoendothyranopsis spiroides	A.scalenus–Cavusgnathus	Upper St.Louis灰岩					St.Louis段
		早Asbian			T.varians–Apatognathus						
		Holkerian（部分）	334.5			Lower St.Louis灰岩					Renfro段

Study interval

图2 阿巴拉契亚盆地和伊利诺伊盆地岩石地层、生物地层、年代地层及提出的中 Visean—晚 Visean 地层对比图［菊石化石以及与西欧期地层对比（Furnish 和 Saunders，1971）；有孔虫化石（Baxter 和 Brenckle，1982）；岩石地层（Ettensohn 等，1984）；牙形石和有孔虫化石（Maples 和 Waters，1987）；有孔虫化石（Brenckle，1990）；岩石地层（Sable 和 Dever，1990）；时间刻度 B—年代地层（Menning 等，2000）］。AH Mbr—Armstrong Hill 段；HF Mbr—Holly Fork 段；TC Mbr—Tygarts Creek 段

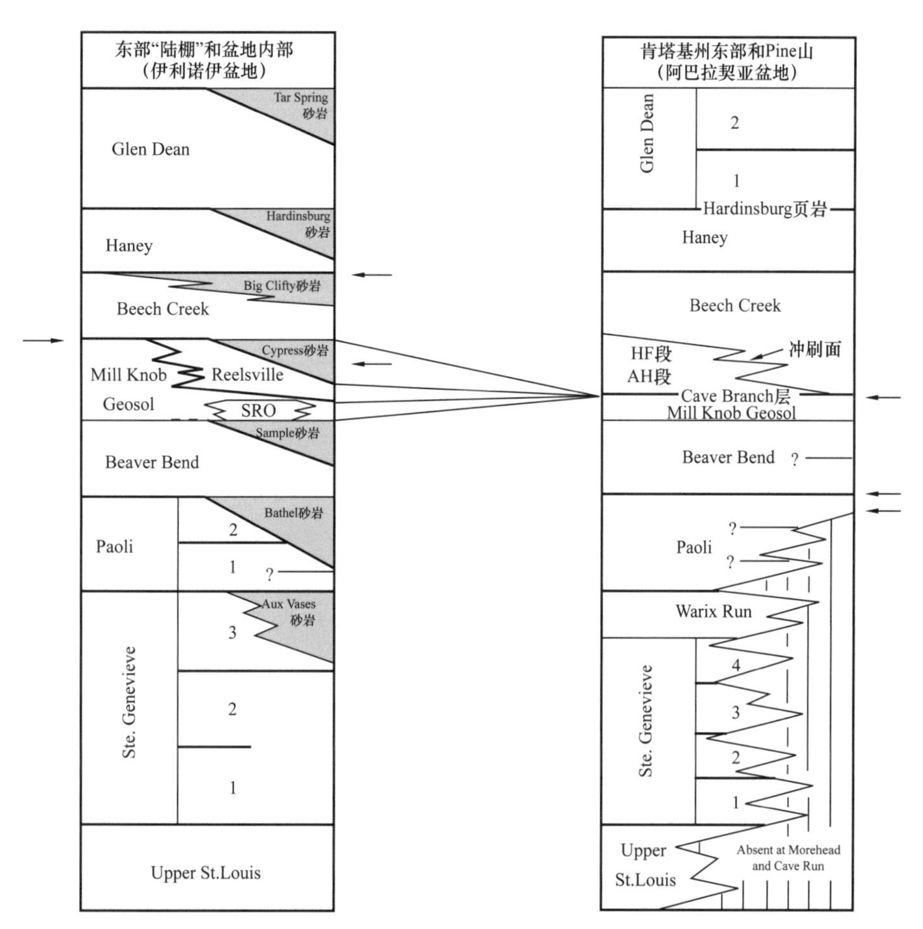

图 3　伊利诺伊盆地和阿巴拉契亚盆地高分辨率层序地层对比

箭头标注了本文详细研究的铁白云岩层。每个地层的顶底界面用粗线界定，若无其他标注则代表了一个单独的四级旋回。伊利诺伊盆地内的地层术语参考 Smith 和 Read（1999，2001）的论述，阿巴拉契亚盆地的地层术语大部分与 Al–Tawil 和 Read（2003）的论述一致，但对 Barnett（2002）的论述略有修改。如果一个地层单元内不止一个四级旋回（例如 Paoli 段），则用连续数字进行标注。标注“？”的不完整实线表示局部发育的旋回。SRO—亚 Reelsville 段鲕粒灰岩。研究层段详细的层序地层特征见 Barnett（2002）的论述

19.3　研究方法

通过 X 射线衍射分析，初步确定了每个样品的全矿物组成。将样品在玛瑙研钵中手动粉碎成细粉末，然后转移到侧装铝制容器接口内，并使用装有石墨单色仪的 Philips PW170 X 射线衍射仪在 $2\theta=5°\sim65°$（步进增量为 0.02°，每步计数时间为 2s）的步进扫描模式下进行扫描，外接了一套石墨单色透射器和铜辐射仪，启动电压 35kV，电流 40mA。将每个检测样品的碳酸盐岩相态衍射峰的高度（$d_{10.4}$）与相同条件下纯矿物分析测得的衍射峰高进行对比，半定量地估算碳酸盐相（方解石，白云石）的浓度。

随后，通过与 0.27mol/L 的乙二胺四醋酸钠溶液反应（反应时间 15～20min），将选定样品粉末中的白云石 / 白云石微亮晶与方解石进行分离，通过逐滴加入稀盐酸溶液使反应溶液的 pH 值保持在 6.0～6.5 之间（Babcock 等，1967）。反应终止后将不溶残渣进行离心

分离并且去除没有反应的乙二胺四醋酸钠溶液。然后将残留物的一小份放在玻璃薄片上晾干，并通过 X 射线衍射从 $2\theta=25°\sim35°$ 进行分析，以确定白云石分离的纯度。

表 1　本研究中白云石和方解石碳同位素数据

层位		位置	$\delta^{13}C$，‰	$\delta^{18}O$，‰	上覆地层	下伏地层
白云岩	Beaver Bend（1）	Morehead	−3.09	−1.64	红色 / 绿色泥岩	Reg 沉积物
	Beaver Bend（1）	Morehead	−3.24	−0.73	红色 / 绿色泥岩	Reg 沉积物
	Beaver Bend（2）	Morehead	−3.00	−1.14	钙结岩	红色 / 绿色泥岩
	Mill Knob Geosol（3）	Morehead	−3.12	−3.48	古岩溶和转化土	钙结岩
	Holly Fork 段	Cave Run Lake	1.57	−1.21	海相灰岩	海相灰岩
	Haney 灰岩	Mount Vernon	2.98	−1.58	海相泥岩	海相灰岩
	Mill Knob Geosol	Battletown 采石场	0.64	−0.93	海相灰岩 / 泥岩	钙结岩
	Mill Knob Geosol	Battletown 采石场	−0.21	−2.49	海相灰岩 / 泥岩	钙结岩
	Cypress 砂岩	Battletown 采石场	−1.75	−4.37	砂岩	灰色泥岩
	Mill Knob Geosol（3）	Natcher Parkway+	−0.22	−1.85	古岩溶	钙结岩
	Paoli 顶面 / 底面	Natcher Parkway*	3.12	−1.56	海相灰岩	风成沉积岩
	Beaver Bend 灰岩					
	Mill Knob Geosol	肯塔基西部公路	−4.15	−3.85	泥岩古土壤	砂岩
	Big Clifty 砂岩	肯塔基西部公路	−1.31	−1.93	红色 / 绿灰色泥岩	转化土
钙结岩	Beaver Bend（1）	Morehead	−3.62	−6.40		
	Beaver Bend（2）	Morehead	−3.43	−6.14		
	Beaver Bend（Sst）	Morehead	−3.08	−5.12		
	Mill Knob Geosol	Morehead	−3.94	−5.72		
	Paoli 灰岩	天然桥石材公司采石场	−2.43	−6.48		

注：括号中的数字指单一层段内的单个小层，“1”指最老的层位，“Sst”指砂岩内的钙结岩（图 5，Morehead 剖面，底部向上大约 3m 处），“*”指 Natcher Parkway 上地点 6，“+”指 Natcher Parkway 上地点 7（图 1）

对样品粉末进行前处理以去除方解石引起的污染，从而测定白云岩中的碳（$^{13}C/^{12}C$）和氧（$^{18}C/^{16}C$）值。按照 McCrea（1950）的方法，在真空条件下 50℃环境中将 3～4mg 白云石与磷酸（1.91g/cm^3）进行反应，从而制备用于质谱测量的二氧化碳。利用 VG SIRA1 Ⅱ型质谱仪对反应中释放的二氧化碳进行低温分离并且进行稳定碳同位素比值质谱分析。根据 Craig（1957）的程序，对氧同位素比值进行了 ^{17}O 效应校正，并使用一个值为 1.01065 的分馏系数（α）对白云石和磷酸反应分馏的氧同位素值进行调整（Rosenbaum 和 Sheppard，1986）。依据 NBS 19（Coplen，1996），通过同时测量标准的实验室质量控制材料，将未知物质的同位素组分以其相对于相同比例的 VPDB 得出的碳（$^{13}C/^{12}C$）和氧（$^{18}C/^{16}C$）同位素值的形式进行报道。所得同位素数据表示为相对于 VPDB 的 $\delta^{13}C$ 和 $\delta^{18}O$ 值，例如：

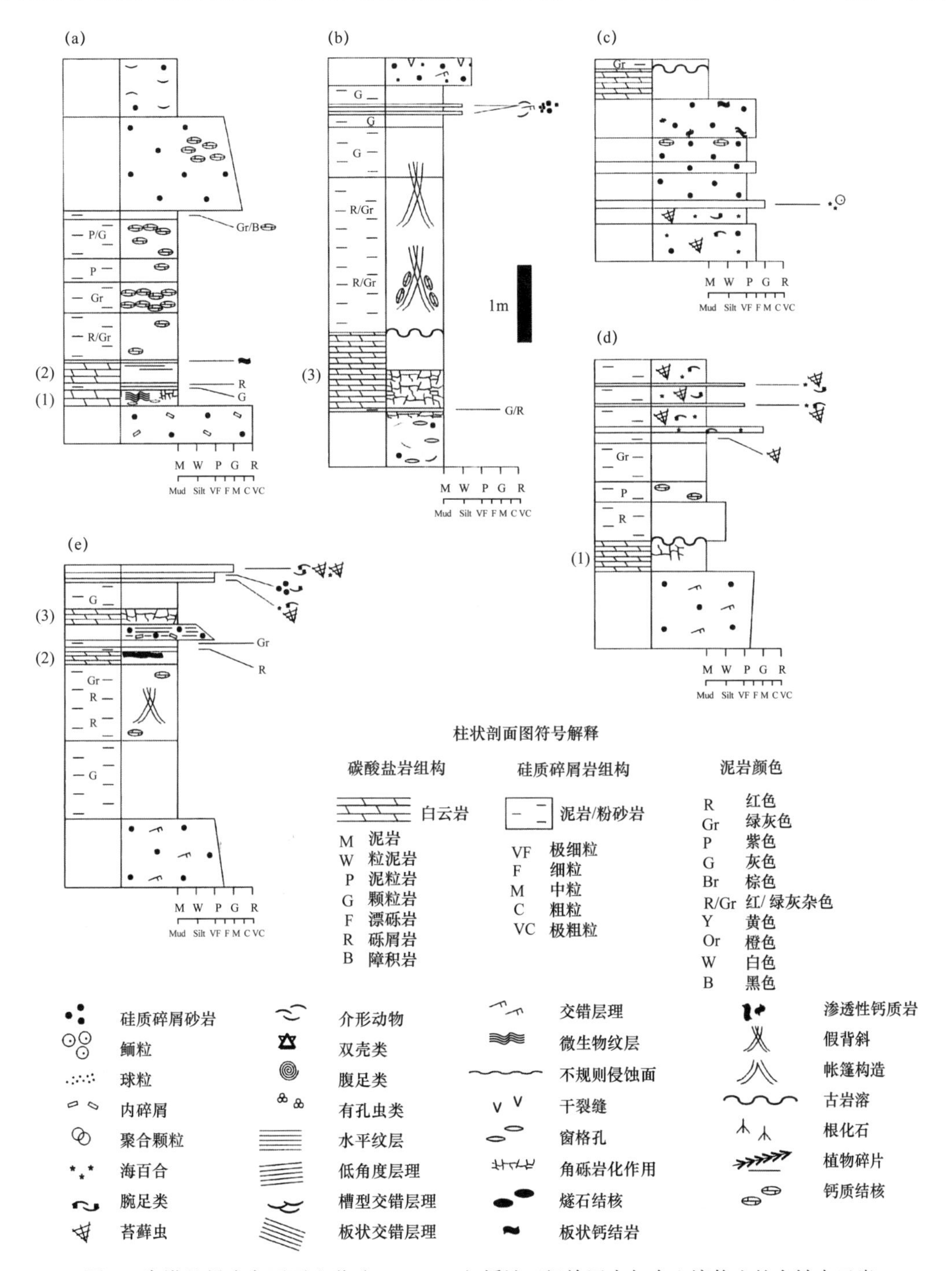

图 4　肯塔基州晚密西西比世（Brigantian）缓坡四级旋回内与古土壤伴生的含铁白云岩

（a）肯塔基州东部 Morehead（地点 1）Beaver Bend 灰岩；（b）肯塔基州东部 Morehead（地点 1）Mill Knob Geosol；（c）肯塔基州西部 Natcher Parkway（9.2mile 至 9.5mile 界碑之间）剖面 Mill Knob Geosol；（d）肯塔基州西部肯塔基西部公路（地点 8）Mill Knob Geoso；（e）肯塔基州西部肯塔基西部公路（地点 8）Big Clifty 砂岩顶部。括号内的数字代表文中和表 1 中提及的小层编号

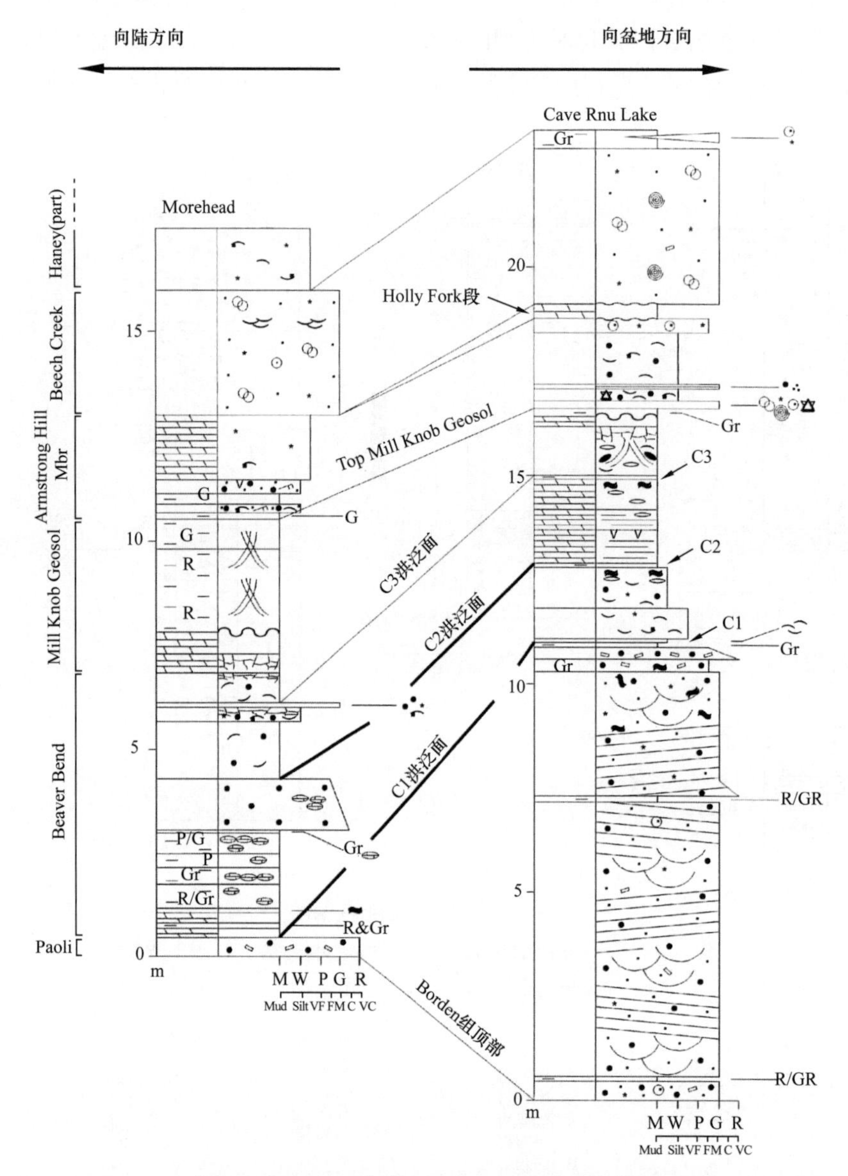

图 5　Morehead 和 Cave Run Lake 剖面柱状图

展示了两个剖面间单个四级旋回和明显的岩石地层单元对比（符号解释见图 3）。四级海泛面用箭头标出并编号（C1、C2 等），与图 6 和图 7 的相一致。粗的对比线（C1 海泛面和 C2 海泛面之间的层段）展示了 Morehead 剖面（向陆方向）铁白云岩层、互层的陆相硅质碎屑岩与 Cave Run Lake 剖面（向盆地方向）中由浅海潮下带和潮间带沉积物组成的完整四级旋回之间的对比

$$\delta_{\mathrm{d}}\left({}^{18}\mathrm{O}\right)=\frac{n_{\mathrm{d}}\left({}^{18}\mathrm{O}\right)/n_{\mathrm{d}}\left({}^{16}\mathrm{O}\right)-n_{\mathrm{VPDB}}\left({}^{18}\mathrm{O}\right)/n_{\mathrm{VPDB}}\left({}^{16}\mathrm{O}\right)}{n_{\mathrm{VPDB}}\left({}^{18}\mathrm{O}\right)/n_{\mathrm{VPDB}}\left({}^{16}\mathrm{O}\right)}$$

其中，n_{d}（^{18}O）和 n_{d}（^{16}O）分别指白云岩中 ^{18}O 和 ^{16}O 的摩尔数，n_{VPDB}（^{18}O）和 n_{VPDB}（^{16}O）分别指维也纳皮迪河箭石内 ^{18}O 和 ^{16}O 的摩尔数。

基于实验室对同一条件下准备的校准材料的重复分析，估算两种同位素的分析精度都好于 ±0.1‰（1σ）。

19.4 特征描述

19.4.1 露头描述和岩相特征

本次研究共对 13 个含白云岩的古土壤剖面进行了调查，代表了 6 个地层级别（表 1，图 2 至图 7）。除此之外，还调查了 2 个白云岩化的灰岩单元和一个不明确的铁白云岩单元，即 Holly Fork 段（图 5）。Holly Fork 段先前被解释为向上变细的潮道序列（Ettensohn 等，1984），然而，由于其顶底为不整合面且其外观上与古土壤中伴生的铁白云石较为相似，因此将其也纳入了本研究。

图 6　Morehead 剖面照片拼接图（图 1 中的地点 1）

含铁白云岩（D），钙结岩（Ca），古膨胀土（V）用箭头标出，便于与图 4 和图 5 进行对比。图中标出了四级旋回界面（C1、C2 等）和三级层序界面（SB）。注意 Mill Knob Geosol 内含铁白云岩层的侧向不连续性。本剖面中 Paoli–Beech Creek 层段厚约 16m

与古土壤层相关的铁白云岩呈层状产出，风化后的颜色为橙色—棕褐色，厚度为 0.1～1.1m。它们具有尖锐的顶底面，并夹杂着成土单元（例如钙结岩）或其他非海相地层，例如红色 / 绿灰色杂色的，泛滥平原泥岩和薄层向上变细的河流砂体单元（Barnett，2002）。除了一个可能的例外（见下文矿物学和地球化学特征），这类白云岩即使与钙结岩密切相关，也没有显示出碳酸盐岩的交代生长的任何迹象。同样，也没有证据表明相关的潮缘或潮下碳酸盐岩发生了交代。这些白云岩可能呈席状产出，延伸可达单个露头剖面的长度（几百米），此外，个别单元可能表现出结核状的几何特征，横向相变为钙质层（相变范围从小于 10m 至几十米，例如在 Morehead）或显现出其他近地表暴露特征（图 5 和 6）。很少情况下它们完全尖灭，以至于连续的四级旋回的沉积物直接相互叠置，而没有出现近地表暴露面或铁白云岩。

这些白云岩由一致的泥晶白云岩（晶体大小＜4μm）和微亮晶白云岩（平均晶体大小为 10μm，最大 20μm）组成，单个晶体显示出变化的环带特征。最简单的白云石由不含铁白云石核部和较薄的铁白云石环边构成。更复杂的环带也可能出现，其由不含铁白云

图 7 Cave Run Lake 剖面野外照片（图 1 中地点 2）

显示了四级旋回界面的位置（C1、C2 等）。以 C1 为底、C2 为顶的四级旋回由潮缘沉积物组成（含介形虫的泥岩—泥粒岩），上覆薄层状钙结岩。该四级旋回与 Morehead 剖面底部的两个含铁白云岩层和互层状含钙结岩的硅质碎屑岩层相对应（图 5 和 6）。在本剖面 Paoli 段相当厚，由槽状交错层理（小箭头所示）的含石英的生物碎屑颗粒岩（风成岩）组成

石和铁白云石交替出现构成。最后，Cypress 砂岩，相当于 Ambers 和 Petzold（1996）的 Carefree 地层（表 1），其中白云岩层包含菱形铁白云石，其具有毫米级高度溶蚀的铁方解石边缘。对与古土壤伴生的白云岩进行标准岩相鉴定和扫描电子显微镜分析，都没有显示出明显的重结晶迹象。与 Wright 等（1997）描述的铁白云岩类似，硫化物矿物出现在肯塔基州白云岩中，以不规则—拉伸状的几微米至几十微米的黄铁矿为代表。然而，正如 Wright 等（1997）描述的样品一样，黄铁矿很稀少，体积不超过 2%。肯塔基州白云岩展现出多种宏观和微观构造。少数情况下，个别单元缺少内部构造，岩相鉴定仅显示出极为模糊的斑驳外观和很少发育的毫米级垂直潜穴或植物根茎。更常见的是，白云岩显示出不同程度的角砾岩化作用［图 8（a）和图 8（b）］。单个碎屑颗粒被“调整”，显示角砾岩化作用发生在原位。在其最发育的地方，角砾岩化作用带来大量绿灰色泥岩和较少红色泥岩的渗入［图 8（b）］。Natcher Parkway 剖面的 1 号层（地点 6，图 1）显示出明显的垂直至层状的棱柱状构造［图 9（a）］。存在一系列微观构造，包括不规则的、复杂的和环绕颗粒的裂缝［图 8（a）和图 8（e）］，粗砂级—极粗砂级的似球粒以及较少见的漂浮石英颗粒。这些白云岩还显示出各种不规则的且较少见的管状和层状窗格孔［图 8（c）］，后者与薄层（＜0.1m）具波状纹层的单元有关［图 8（d）］。层理由明暗相间、含较少石英粉砂的泥晶白云岩纹层组成，或由白云岩和石英粉砂岩纹层互层组成，这些纹层局部被毫米级干裂缝破坏［图 8（d）］。富含生物碎屑的层理也存在于 Battletown 采石场的 1 号层内，这些底部尖锐且发生侵蚀的单元（毫米级的起伏变化）显示出正粒序层理［图 8（e）］。早期微观构造（例如复杂的不规则状裂缝）［图 8（e）］向上的急剧终止指示着下伏地层被削截。层理在成分上以棘皮动物碎片为主，具有非常罕见的泥晶边缘，但也包括腕足动物壳瓣和窗格状苔藓虫，稀少的鲕粒、软体动物碎屑以及圆形泥晶白云岩粒屑［图 8（e）］。

在 Battletown 采石场的 2 号层内（地点 8，图 1），出现了厘米级的扁平卵石砾石层 [图 9（b）]。碎屑由泥晶白云岩组成，粒度由磨圆好的粉砂级变为长约 12mm 的长条状，次棱角状—磨圆状的石英粉砂在内碎屑层中也很常见。与下伏泥晶白云岩的接触面在尖锐、不

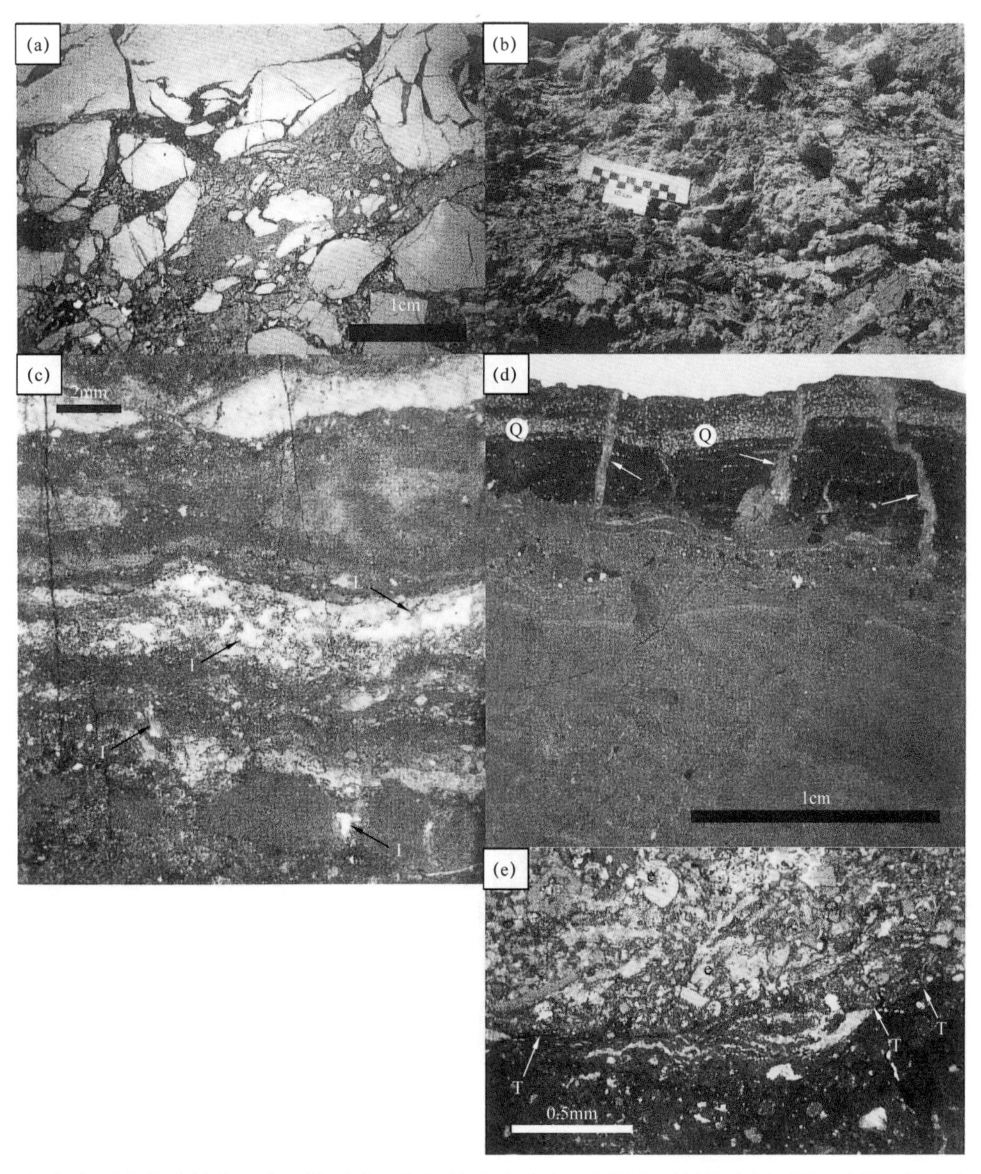

图 8 （a）角砾岩化的铁白云岩显微照片。染色的醋酸酯片，肯塔基西部公路剖面层 3（图 1 的地点 8）；（b）强烈角砾岩化的铁白云岩，渗入了不含化石的绿灰色页岩，Battletown 采石场剖面层 1（图 1 的地点 5）；（c）含微生物纹层的泥晶白云岩显微照片，可见层状（箭头 L）和不规则状窗格孔（箭头 I）被含铁方解石充填，Morehead 剖面（图 1 的地点 1）层 1，染色的醋酸酯片；（d）含微生物纹层的泥晶白云岩显微照片，照片上部可见不规则状的沉积起伏、石英粉砂纹层（Q）和含铁白云石充填（箭头所示）的干裂缝，照片中下部可见相对均质、含生物潜穴的泥晶白云岩，肯塔基西部公路剖面层 2（图 1 的地点 8），染色的醋酸酯片；（e）富生物碎屑纹层显微照片，与下伏白云岩之间可见明显的侵蚀面（箭头所示），较老（？）干裂缝（标注‘T’的箭头）被削蚀，裂缝被铁白云石充填，生物碎屑纹层主要为含棘皮动物碎片，Battletown 采石场（图 1 的地点 5）剖面层 1，染色的醋酸酯片

规则状到扩散状之间变化，后者可能与生物扰动有关。在 Ettensohn 等（1984，1988）和（Barnett，2002）详细描述的 Mill Knob Geosol 剖面中，广泛分布的多成因古土壤内的铁白云岩，顶部不规则，含有大量绿灰色和红色渗入黏土［图 2 至图 6，图 9（a）和图 9（c）］。局部地区［地点 6 的 1 号层，图 1 和图 9（c）］泥质充填的溶蚀管宽 1～2cm，在白云岩层下可延伸 0.1～0.15m。

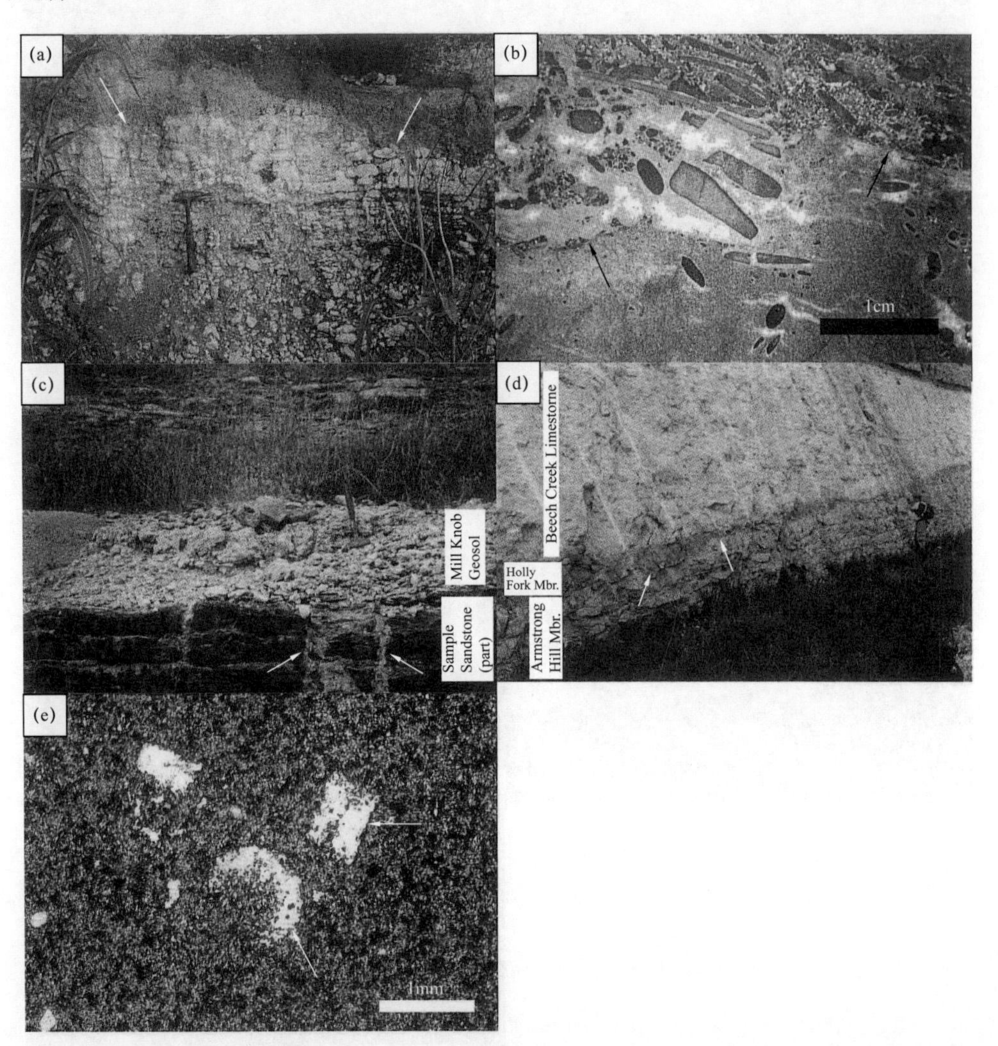

图 9 （a）Natcher Parkway 路堑（图 1 的地点 7）出露的 Mill Knob Geosol 地层，由喀斯特化的含铁白云岩组成（注意不规则的碎石状顶面，箭头所示），可见成层的正棱柱构造，地质锤作标尺。（b）扁平鹅卵石砾岩呈剥蚀状覆盖于部分角砾岩化的泥晶白云岩上（接触面用箭头标示），染色的醋酸酯片，Battletown 采石场剖面（图 1 的地点 5）第 2 层。（c）Natcher Parkway 路堑剖面中（图 1 的地点 6）Mill Knob Geosol 覆盖在 Sample 砂岩之上，前者由碎石状、喀斯特化并有泥质渗入的含铁白云岩组成，钙结岩薄层（箭头所示）和结核紧邻下伏 Sample 砂岩顶面之下延伸 0.8m 远，地质锤作标尺。（d）Cave Run Lake 剖面（图 1 的地点 2）Holly Fork 段的含铁白云岩。注意极不规则的底面（箭头所示）和沿剖面出现的明显增厚和减薄现象，作为标尺的人高 1.7m。（e）Holly Fork 段显微照片，可见微亮晶（晶体<15μm）白云石基质、生物碎屑（箭头所示）被粗晶菱形白云石（晶体 20～50μm）部分交代，染色的醋酸酯片，Cave Run Lake 剖面（图 1 的地点 2）

在 Cave Run Lake 附近的一个路堑剖面对 Holly Fork 段进行了调查（地点 2，图 1）。在该位置，其最大厚度为 0.35m，但局部最大厚度可达 4.6m（Ettensohn 等，1984）[图 5、图 9（d）和图 9（e）]。在 Cave Run 地区，Holly Fork 段是一套均质的微亮晶—假亮晶白云岩（晶粒大小为 5～40μm）。个别白云石晶粒缺少系统的分带，但是大部分都具有方解石核心。局部出现稀少、不规则的黄铁矿（大约 10μm）块体。Holly Fork 段具有尖锐和不规则的顶部和底部，后者起伏大约 0.25m [图 9（d）]，它沿露头剖面在分米至米级规模内隆起和尖灭厚度小于 0.05m。在其最薄处，它是未白云岩化的假亮晶碳酸盐岩（最初沉积时为泥岩—粒泥岩？），含有棘皮动物板片、零散分布的细粒石英砂以及极少量的介形动物碎片，其中生物碎屑部分被白云石交代 [图 9（e）]。白云岩化与未白云岩化碳酸盐岩之间的接触面是尖锐的，且未发生溶蚀。与上文描述的其他铁白云岩不同，Holly Fork 段分别夹在浅海灰岩、Armstrong Hill 组和 Beech Creek 灰岩 [Ettensohn 等（1984）提出的 Tygarts Creek 段] 之间 [图 2、图 5 和图 9（d）]。

19.4.2 矿物学和地球化学特征

与古土壤伴生的铁白云岩的 X 射线衍射显示白云石含量为 49%～100%（按质量计），方解石含量高达 30%，硅酸盐含量高达 21%。δ^{13}C 值为 0.64‰～−4.15‰，δ^{18}O 为 −0.73‰～−4.37‰ [表 1 和图 10（a）]。除了一个 δ^{13}C 异常值外，其他的 δ^{13}C 值和 δ^{18}O 值与 Ambers 和 Petzold（1996）描述的 Carefree 剖面（δ^{13}C 值为 −0.463‰～−2.8‰，δ^{18}O 值为 −1.137‰～−5.023‰）[图 10（b）] 以及 Wright 等（1997）报道的英国西南部 Chadian-Arundian 地区沼泽相白云岩（δ^{13}C 值为 −1.3‰～−5.1‰，δ^{18}O 值为 −4.8‰～0‰）的同位素值范围一致。然而，除上述异常值外，δ^{13}C 值明显比 Searl（1988）记录的来自南威尔士 Courceyan 的沼泽相白云岩的值要小（δ^{13}C 值为 0.5‰～2.8‰）。Holly Fork 段白云石含量为 83%，硅酸盐为 9%，方解石为 8%。δ^{13}C 值为 1.57‰，δ^{18}O 值为 −1.21‰ [表 1 和图 10（a）]。

除了 Holly Fork 段以及与古土壤有关的铁白云岩外，还分析了大量白云岩化海相碳酸盐岩和钙结岩的 δ^{13}C 值和 δ^{18}O 值。白云岩化海相碳酸盐岩的白云石含量为 21%～56%，方解石含量为 35%～46%，硅酸盐含量为 9%～39%，其 δ^{13}C 值为 2.98‰～3.12‰，δ^{18}O 值为 −1.56‰～−1.58‰ [图 10（a）]。钙结岩中方解石含量 >90%，硅酸盐含量 <10%，其 δ^{13}C 值为 −2.43‰～3.94‰，δ^{18}O 值为 −6.48‰～−5.12‰ [图 10（a）]，与报道的印第安纳州南部 Bryantsville Breccia 地区角砾岩（覆盖于 Ste. Genevieve 灰岩之上的钙结岩）的数据范围相似（Ambers 和 Petzold，1996）（δ^{13}C 值为 −2.461‰，δ^{18}O 值为 −6.214‰）[图 10（b）]。阴极发光显示，与古土壤伴生的铁白云岩和钙结岩的组构未发生重结晶作用。Battletown Quarry 剖面 1 号层中（地点 5，图 1）采集的一个样品中出现了例外，该样品中白云石微亮晶显然已交代了生物碎屑。这种现象再加上富生物碎屑层理的出现，可以解释该样品中相对较重的 δ^{13}C 值（0.64‰）。

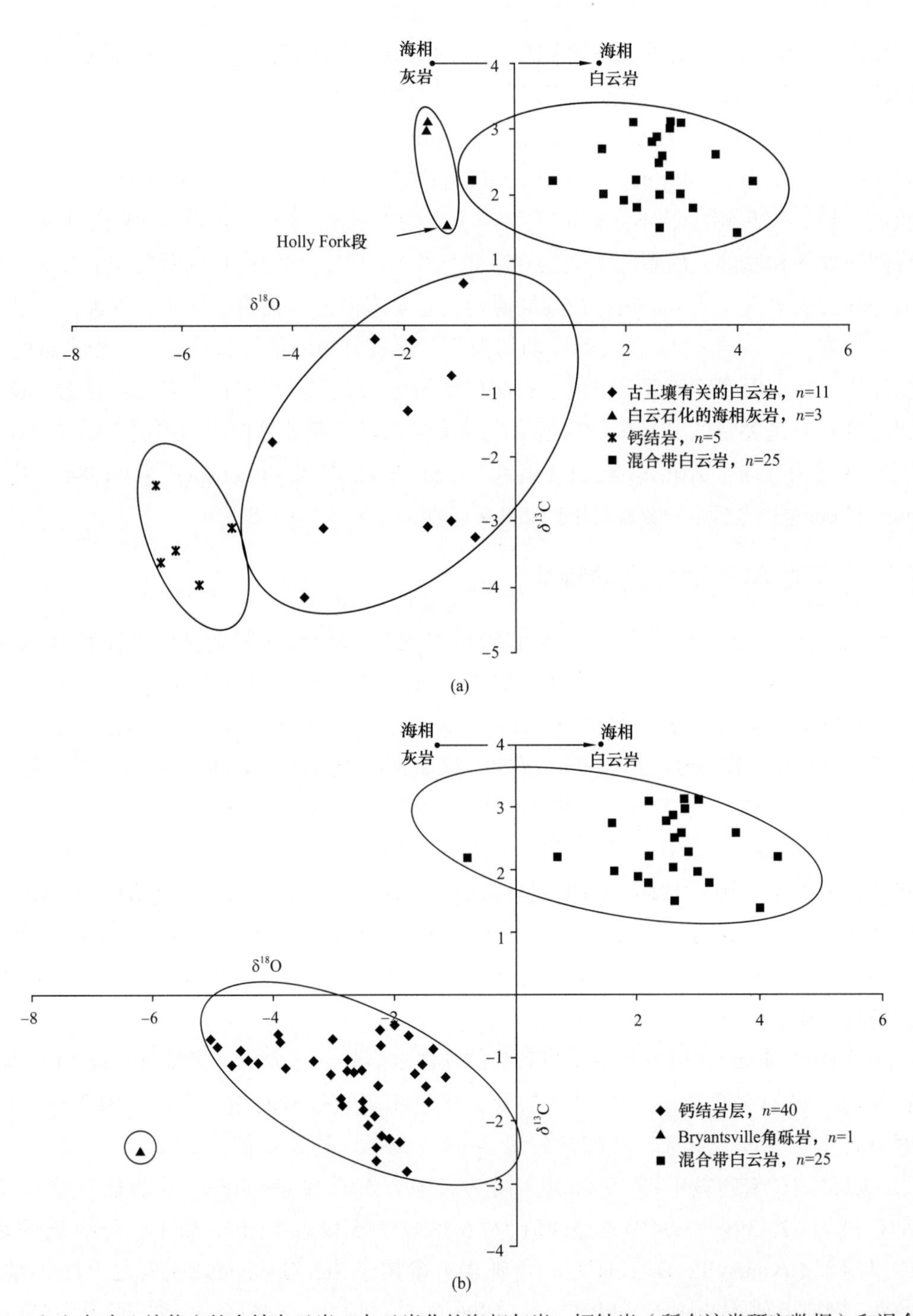

图 10 （a）与古土壤伴生的含铁白云岩、白云岩化的海相灰岩、钙结岩（所有该类研究数据）和混合带白云岩的稳定碳、氧同位素交会图。混合带白云岩的同位素值引自 Choquette 和 Steinen（1980）的论述；石炭纪海相方解石同位素值依据 Searl（1988）、Muchez 和 Viaene（1994）的论述；石炭纪海相白云岩的同位素值考虑到了钙结岩和白云岩稳定氧同位素的分离系数，据 Matthews 和 Katz（1977）及 McKenzie（1981）的论述。（b）Carefree 层、Bryantsville 角砾岩（覆盖在 Ste. Genevieve 灰岩之上的钙结岩）和混合带白云岩的稳定碳、氧同位素交会图。除了混合带白云岩的同位素值引自 Choquette 和 Steinen（1980）的论述外，其余所有数据引自 Ambers 和 Petzold（1996）的论述

19.5 解释

除上文详述的一个可能的例外之外，没有明显的证据表明与古土壤或者河流沉积物伴生的铁白云岩发生过交代生长，即使它们与钙结岩密切相关；同样，也没有证据表明相关潮缘或潮下碳酸盐岩发生了交代。在一些样品中观测到的发育良好的非铁 / 铁白云岩环带也表明原始组构的保存。除了与古土壤伴生外，上述白云岩还表现出一系列指示成土环境的特征。在一些样品中可见复杂、不规则状的或者环绕颗粒的裂缝，垂直于层理的棱柱状结构以及漂浮的石英颗粒，它们与典型的钙结岩特征非常相似（Wright 和 Tucker，1991）。局部强烈的角砾岩化作用、干裂缝和窗格孔都表明不同程度的近地表暴露，然而，与 Searl（1988）和 Wright 等（1997）描述的白云岩不同，该处缺少碳化的植物根和煤层，说明植被覆盖很稀疏或者保存条件不利。波状纹层的有限存在表明微生物席局部和（或）间歇性地覆盖在沉积物表面上。亚铁离子的存在表明，白云岩至少部分是在还原条件下沉淀的。Wright 等（1997）认为，如果白云岩形成于沼泽环境的土壤层中，那么在还原环境中沉积和大量近地表暴露证据之间的悖论就可以得到解释。富生物碎屑正粒序的出现也表明沉淀作用发生在滨岸沼泽环境中，生物碎屑的主要成分为海相动物群的残骸，例如棘皮动物和苔藓虫。这种类型的幕式沉积主要由风暴事件引起，是现代滨岸沼泽沉积的典型特征，可见钙化蓝藻和海源沉积物层的特征层（Monty 和 Hardie，1976；Tucker 和 Wright，1990）。石英粉砂 / 泥晶白云石纹层的交替出现提供了可能与风暴有关的幕式沉积的进一步证据。Battletown 采石场（地点 5，图 1）2 号层中的扁平卵石砾岩可能具有类似的成因，然而，单个内碎屑的高磨圆度意味着较长时间的再改造，其可能是由河流或潮汐造成的。Mill Knob Geosol 独特的多成因史，如旋回顶部的钙结作用，铁白云石的沉淀，岩溶作用，含钙结岩的泥岩 / 古转化土的发育（Ettensohn 等，1988；Barnett，2002），再加上在岩石地层和生物地层标记（例如典型的碎屑岩和碳酸盐岩夹层；Gnathodus bilineatus–Cavusgnathus altus 牙形石带的底部）（图 2）的地层格架内的位置，使得对其追踪可横跨 Cincinnati 背斜，向西最远可达普利斯顿附近的伊利诺伊盆地内部（地点 8，层位 1，图 1 和图 3）。

从稳定同位素的分析可以得到古环境的盐度信息。与石炭纪海相白云岩的可能成分进行对比，该地区白云岩的 $\delta^{18}O$ 值偏负（Mattews 和 Katz，1977；McKenzie，1981）[图 10（a）]，说明矿物沉淀要么发生于升高的温度环境中，要么来自大气降水，这些环境相对于海水来说都贫 $\delta^{18}O$。Ambers 和 Petzold（1996）描述的 Carefree 剖面中的稳定同位素值与本文中记录的非常相似 [图 10（b）]。本文以及其他研究者分析的沼泽相白云岩的 $\delta^{13}C$、$\delta^{18}O$ 值介于同一沉积序列中钙结岩和混合带白云岩值之间（Choquette 和 Steinen，1980），在同期海水中沉淀的碳酸盐岩的预测值也是如此（Matthews 和 Katz，1977；McKenzie，1981；Muchez 和 Viaene，1994）（图 10）。这些离散区域之间的相对偏移量表明，白云岩沉淀流体中大气淡水含量高于海水，说明其为微咸水环境，然而，考虑到估算密西西比纪大气淡水 $\delta^{18}O$ 值的不确定性以及白云岩沉淀时蒸发和分馏的可能影响，很难确定白云岩沉淀流体的确切成分（Walkden 和 Williams，1991；Wright 等，1997）。可能有人认为白云岩的 $\delta^{18}O$ 值与大气淡水中白云石的重结晶作用有关，然而，如前所述，样品的标准岩相和扫描电镜检测均未显示出明显的重结晶迹象。

本研究中的 $\delta^{13}C$ 值可能表明海源和有机成因碳的混合输入。有机成因碳可能来自：（1）海相有机质的降解，包括细菌参与的硫酸盐还原反应；（2）土壤作用（Cerling，1984）。就前者而言，值得注意的是，肯塔基州白云岩的 $\delta^{13}C$ 值与 Warren（1990）记录的 Coorong 地区 B 型富钙白云岩相似。最近，Wright（1999）将其解释为硫酸盐还原细菌活动的产物。

从大气水影响的微咸水中沉淀白云石可能引发镁源问题，因为如果白云石化流体为正常海水，在 25℃环境下原始孔隙度为 40% 的 $1m^3$ 灰岩发生白云岩化则需要 $650m^3$ 的溶液来提供充足的镁。如果海水被淡水稀释，则需要大量的流体，正如上述古土壤相关白云岩模型所示。例如，如果将正常海水稀释至其原始浓度的 10%，则需要 $6500m^3$ 的溶液才能使相同体积的灰岩发生白云岩化（Machel，2004），然而，应当注意的是，本研究中的白云岩非常薄（通常几十厘米厚），并且显示出不同程度的横向连续性。有些岩层，如 Mill Knob Geosol 内的白云岩，在不同盆地中的相同层位分布，另一些尖灭和凸出范围达几米至几百米，并横向过渡为其他近地表暴露特征。此外，白云岩层，如 Mill Knob Geosol，出现在三级层序界面，因此，白云岩化流体的冲刷作用可能在较长时间（0.1～1Ma）发生。另外一个需要考虑的是细菌硫酸盐还原反应的潜在作用。研究表明，与蓝藻降解相关的硫酸盐还原细菌可通过提升碳酸根、镁离子的活性和去除硫酸盐来创造有利于白云石沉淀的条件，即克服了白云石形成的动力学抑制条件。现在有许多关于与细菌硫酸盐还原反应有关的现代白云石的报道（Wright，1999；Wright 和 Wacey，2004）。本研究所描述的与古土壤伴生的白云岩表现出的许多特征都与该白云岩形成模式相符合。硫酸盐还原细菌广泛分布于现代海相沉积物的微生物群落、微生物席以及叠层石中（Wright 和 Wacey，2004）。如前所述，在肯塔基州的一些白云岩中出现了微生物纹层［图 8（c）和图 8（d）］，此外，如果硫酸盐还原反应过程中存在铁，则释放出的 H_2S 在原地或附近以单亚硫铁矿或黄铁矿的形式沉淀，尽管其形成的数量可能很小（Warren，2000）。少量黄铁矿与本文所描述的白云岩伴生也与此观察结果一致。

综上所述，交代组构的普遍缺乏表明，在肯塔基州与古土壤伴生的铁白云岩是原生的，而它们与古土壤、河流沉积物和含海相生物群的风暴岩层的联系表明，其形成于滨岸平原环境。虽然有明显的近地表暴露的证据，但是蒸发岩的缺失排除了萨布哈环境。还应注意的是，并非所有的白云岩都表现出了类似钙结岩的结构特征。还原条件的周期性发生和沉淀流体在海洋和大气淡水之间的成分过渡，表明这是一个间歇性的积水和微咸水环境。上述条件最可能是滨岸沼泽或沼泽环境的特征。因此，不应将这些沼泽相铁白云岩与主要在半干旱—干旱环境中发现的成壤成因或地下水成因的白云岩结壳混淆（Wright 和 Tucker，1991；Wright 等，1997）。鉴于当时存在的季节性湿润—干旱气候条件（Cecil，1990；Smith 和 Read，1999，2000；Barnett，2002），沼泽盐度可能显示出明显的季节性振荡。因此，对美国东部 Brigantian 滨岸沼泽最好被描述为已发生了盐质解离。

与 Ettensohn 等（1984）一致，Holly Fork 段并未解释为沼泽环境沉积。首先，它不具备任何成土特征并且侧向上逐渐相变为完全含有海相动物群化石的泥岩—粒泥岩。其次，白云岩化的类型（也就是生物碎屑普遍被交代）与 Choquette 和 Steinen（1980）描述的伊利诺伊盆地广泛分布的混合带白云岩更为相似。上述关系表明，Holly Fork 段白云岩通过交代潮缘 / 潮下碳酸盐岩形成，而非原生沉淀。Holly Fork 段白云岩的 $\delta^{13}C$、$\delta^{18}O$ 值投影到交会图上，与 Choquette 和 Steinen（1980）提出的“混合带”非常接近，进一步说明了它们具有共同的成因［图 10（a）］。因此，肯塔基州 Visean 晚期地层序列中并非所有的薄层铁白云岩均是沼泽环境中交代形成的。

19.6 讨论

19.6.1 层序地层学意义

Wright 等（1997）认为，英国西南部的 Chadian Arundian（早—中维宪期）沼泽相白云岩与海侵有关，由于冰川海平面的快速上升，台地被淹没，因此这些白云岩可能不是在晚维宪期形成的。更具体地说，这些研究者认为，白云岩形成于相对海平面上升期间后退、海侵海岸线之前的微咸滨岸沼泽环境中，在上覆海相灰岩记录的全海相条件发育之前（图 11）。另外，Muchez 和 Viaene（1987）以及 Searl（1988）记录的沼泽白云岩的相组合表明，它们属于同一种类型，并标志着在恢复全海相沉积条件之前（即白云岩被海相灰岩直接覆盖）的海侵体系域的早期阶段。理论上，在海退过程中，由于进积海岸线后的微咸水沼泽向盆地迁移，可能会形成类似的沼泽白云岩，但这种现象尚未得到证实。尽管在岩石学和地球化学方面与上述白云岩有许多相似之处，然而美国东部 Brigantian 沼泽相白云岩则显示出明显不同的相组合。在该地区，沼泽白云岩夹在古土壤、古岩溶或河流沉积物中（表 1、图 4 至图 7 和图 11）。因此，它们不可能是海侵的产物，因为它们并未被逐渐变为全海相的沉积物所覆盖。如果白云岩的形成确实与海侵事件对应，那么它们一定代表规模较小的海侵，而这些海侵无法到达缓坡更远的地方。在这种情况下，这些低位期沉积物显示了“漏拍”记录，也就是较小规模的海侵不足以使水体加深到适宜潮缘或潮下碳酸盐的沉积。

Vanstone（1991）记录了英格兰西南部 Arundian（中维宪阶）相似的现象，在该实例中，被解释为反映轻微海侵事件的沼泽白云岩经历了后来的岩溶作用，这可能是因为最初的海侵规模不足以建立完全的海洋条件并覆盖潮下沉积物中的沼泽环境。结果，白云岩在下一次大规模洪泛事件（可重建长期的完全海洋条件且潮下碳酸盐发生沉积）之前，遭受近地表暴露和岩溶作用。

可以说，沼泽白云岩并不代表长时间的海洋入侵，而是淹没滨岸平原的相对短暂的风暴事件。Andrew 等（1991）记录了苏格兰南部 Tournaisian（早密西西比世）泛滥平原中薄层的（分米级）铁白云岩。这些白云岩（“胶结石”）显示出与肯塔基州沼泽白云岩的某些相似之处，如角砾化（包括复杂的和环绕颗粒的裂缝）、凝块结构、球状 / 团状以

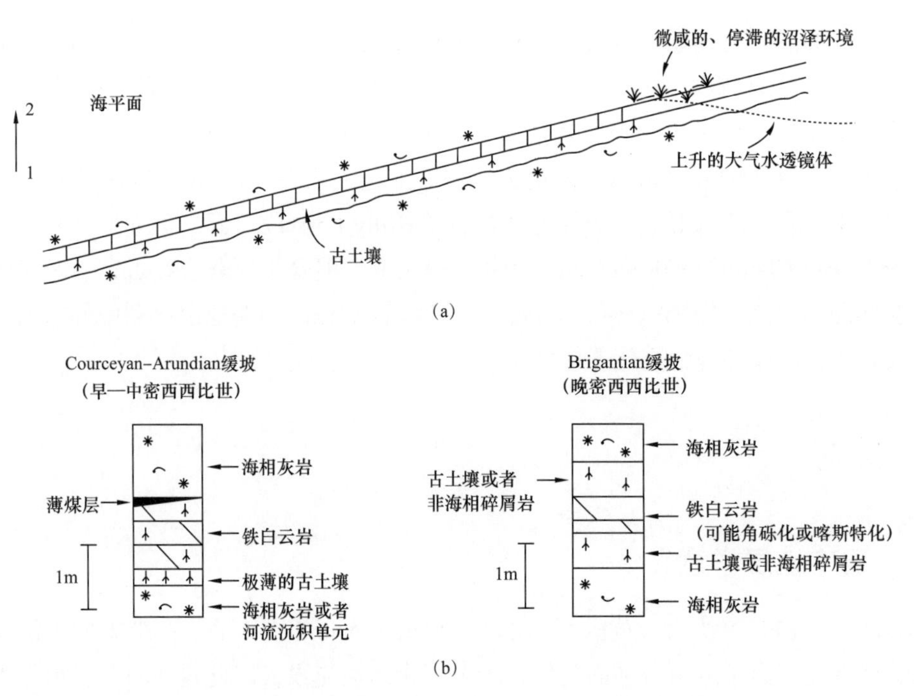

图 11 （a）英国西南部 Courceyan–Arundian 缓坡沼泽白云岩的形成模式。沼泽相白云岩形成在临滨后退之前（海平面从位置 1 移动到 2）的海岸沼泽中，并且早于以叠加的海相灰岩组合为特征的全海相环境的发育时间（Wright 等，1997）。（b）Courceyan–Arundian（温室环境）和 Brigantian（冰室环境）缓坡沉积相组合对比。除了能够形成白云岩的海水侵入外，Brigantian 缓坡上的沼泽相白云岩还记录了之后的海平面下降以及全新的成土作用，时间上早于全海相环境的恢复。图例见图 4

及“轻”的 $\delta^{13}C$、$\delta^{18}O$ 值，但不同之处在于它们与海相沉积物没有密切的联系，而是与河流冲积平原沉积物互层。虽然如此，Andrews 等（1991）认为海水的周期性注入可能为白云石形成提供了所需的 Mg^{2+} 和 Ca^{2+}，然而，他们把这些海洋入侵的起源归因于周期性的风暴事件，而不是海平面的持续上升。同样，Caudill 等（1996）描述了田纳西州 Serpukhovian 阶（晚密西西比世）铁白云岩，其覆盖在古变性土之上，显示出多种成土特征（例如植物根迹），他们将其归因为风暴潮对滨岸平原的偶尔淹没。

Andrews 等（1991）和 Caudill 等（1996）的模型都支持这里提出的解释，即他们认为白云岩代表海洋侵入到滨岸平原，然而，这些作者都没有提到海平面的持续上升，而是将任何海洋的影响归因于更高频率的事件，如风暴。众所周知，现今盐沼中的成岩碳酸盐岩可以快速形成（Pyeet 等，1990），但肯塔基的一些沼泽白云岩厚度可达 1.1m。风暴事件无疑是滨岸平原环境周期性淹没的重要机制。然而，一些肯塔基州白云岩的厚度，以及文献中报道的其他白云岩（厚达 1.6m，Wright 等，1997）的厚度表明，它们需要长期邻近海水，因此需要使用相对海平面上升的解释。气候的变化可以用来解释从含钙质碎屑岩到沼泽沉积物的垂向岩性过渡（Tanner，2000），然而，如前所述，大量证据（如海洋产生的风暴层、碳氧稳定同位素、所需 Mg^{2+} 和 Ca^{2+} 的离子来源）表明，海洋影响不能纯粹地通过气候变化来解释。

如果这种洪泛解释是正确的，那么可沿缓坡向下追踪沼泽白云岩层进入潮缘或潮下碳酸盐。Morehead 和 Cave Run 湖剖面提供了一个很好的机会来检验这个假设。第一，它们的间距很近（约 6km），因此提高了地层对比的可信度（图 1）。第二，Cave Run 湖剖面直接位于 Morehead 的向盆地（沿缓坡向下）方向，正如前者剖面中 Brigantian 组更大厚度和更高海相碳酸盐岩含量所反映的那样（Barnett，2002）（图 5 至图 7）。第三，地层对比可以在具有明显的岩性地层标志的地层格架中进行（Ettensohn 等，1984）。Morehead 剖面 Beaver Bend 层段底部的一个米级规模的四级旋回包括 2 个沼泽白云岩层，其向上过渡为河流沉积物（含钙质的泥岩和向上变细的砂岩）[图 4（a）和图 5，图 6 中 C1 和 C2 之间的地层]。这个四级旋回的顶部由一次洪泛事件定义，上覆局部发育全海相动物化石（例如海百合和腕足动物）（图 5 和图 6 以及图 6 中 C2 和 C3 之间的地层）的含介形虫的泥岩—粒泥岩）。图 5 至图 7 显示，Morehead 的四级旋回可沿缓坡向下与 Cave Run Lake 由潮缘沉积物组成的四级旋回（含介形虫的泥岩—泥粒岩，局部含海百合和腕足动物；窗格孔发育在四级旋回的上部）进行对比，其上被纹层状钙结岩覆盖。在这种对比中，Morehead 的沼泽白云岩被解释为对应 Cave Run Lake 的潮缘沉积物，类似地，Morehead 含钙结岩的河流沉积物被解释为对应 Cave Run Lake 的薄层钙结岩。

如果这项研究中记录的沼泽白云岩确实记录了地层缺失，那么现在的问题是它们代表的海平面变化历史的缺失占了多大的比例?

如前所述，研究层段位于晚古生代冰室间隔内。然而，关于冰川海面变化的持续时间，存在两种观点，一些研究人员（Wright 和 Vanstone，2001；Barnett 等，2002）认为短期的米兰科维奇离偏心率信号（100ka）是主控机制（即四级旋回的产生），另一些学者则认为是长期的偏心率（400ka）。在任何情况下，由沼泽白云岩为代表的地层缺失可能是高频旋进驱动 / 倾角驱动泛滥事件的产物，它们的规模不足以产生全海相四级旋回。如果这种解释是正确的，由于相对有限的近地表暴露（1～10ka），沼泽白云岩预计不会与发育良好的古土壤相关。此外，预计它们不会与主要岩石地层学和生物地层学界定的不整合面有关。

相比之下，值得注意的是，本研究中调查的两个含沼泽白云岩的地层级别对应主要的（三级或者三级以下）层序界面对应。Beaver Bend 段的沼泽白云岩层 1 和 2（图 2、图 5 和图 6）产于发育良好的古土壤中，该古土壤具有叠置的钙结岩，并将早 Holkerian（Borden 组）和 Brigantian 地层分开，地层间隔超过 3.5Ma（Menning 等，2000）。同样，正如 Ettensohn 等（1988）和 Barnett（2002）所提及的，Mill Knob Geosol 代表了一个广泛分布、多成因的古土壤剖面 [图 4（b）和图 4（d），图 5，图 6 和图 9（c）]。尽管规模小于 Morehead 剖面的次 Brigantian 阶不整合，但从阿巴拉契亚盆地地层上缺乏 Sample–Cypress 砂岩层段的样品和生物地层上不同牙形石的出现，可以证明该层段存在显著的沉积间断（图 2 和图 3）。同样，这些单元中的一个或多个在伊利诺斯盆地的东南陆棚（Smith，1996；Barnett，2002）缺失，这些观察结果与沼泽白云岩完全由五级海平面波动产生的观点不一致，一种更可能的解释是，沼泽环境是由三级海平面波动旋回下降期不太明显的四级洪泛事件形成的。这就解释了为什么 Morehead 的沼泽白云岩和含钙结岩的层段可以追踪至 Cave Run Lake 一个离散的四级旋回。这一解释也解释了古土壤层段和主要不整合（百万年级别）的发育程度。

上述与地层和土壤关系不符的是 Big Clifty 砂岩中的沼泽白云岩［图 3 和图 4（e）］。两个沼泽白云岩层出现在红—灰绿色泥岩序列中，伴有欠发育的假背斜和稀少呈分散状的钙质结核，代表了相对简单的加积古土壤层。Big Clifty 砂岩出现在 Mill Knob Geosol 上覆的三级海侵体系域中（图 3），因此，它与上覆和下伏地层表现出不同的地层关系，没有发生生物地层的变化。这些白云岩层的层序地层学解释很复杂，因为只有一个这种类型的例子出现。一种可能的解释是，这些岩层代表了旋进驱动或者倾角驱动的海平面波动，这种波动被三级海平面上升翼充分放大，部分淹没了缓坡。在三级海平面下降过程中，这些五级海平面变化的幅度很小，因此没有淹没缓坡。

19.6.2 地质记录中的滨岸沼泽及对台地形态的控制作用

虽然滨岸沼泽广泛分布在南佛罗里达州和巴哈马群岛的湿润—半湿润的现代碳酸盐台地上，但在更新世前的例子相对较少（Tucker 和 Wright，1990）。Halley 和 Rose（1997），Andrews（1986）以及 Martin–Chivelet 和 Gimenez（1992）记录了中生代的例子。然而，先前的工作以及本研究中提供的数据表明，虽然体积较小，但滨岸沼泽沉积物在美国和西欧的密西西比纪温室和冰室环境缓坡序列中广泛分布（Muchez 和 Viaene，1987; Searl，1988; Vanstone，1991; Ambers 和 Petzold，1996; Wright 等，1997）。Andrews 等（1991）和 Caudill 等（1996）描述的铁白云岩显示出很多与本文描述的白云岩相似的特征，它们可能同源。类似地，在密西西比型剖面（Barnett,2002，未发表数据）Serpukhovian 阶（晚密西西比世）Kinkaid 灰岩的较厚古土壤中，发育了角砾化的和岩溶化的铁白云岩。值得注意的是，本文引用的所有例子都是密西西比纪的。然而，据笔者了解，相似的沉积物在其他的层段内没有记录到，而其在密西西比纪台地碳酸盐岩和混合碳酸盐—硅质碎屑岩序列的普遍发育表明，它们应该在地质记录的其他地方广泛分布，这可能表明观察中存在一些偏差。此外，该类白云岩只出现在密西西比纪可能表明存在一个时间限制因素，影响它们的形成。一种可能性是它们与特定的滨岸植被种类有关。

还值得注意的是，上述所有事件均沉积于缓坡环境中。Wright 等（1997）对比了温室缓坡（Chadian–Arundian）与冰室顶平台地（Asbian–Brigantian）的洪泛历史，并将冰室顶平台地中沼泽白云岩的缺失归因于相对瞬时的海侵，这是由于不同台地构造（缓坡和顶平台地）和具有冰期特征的快速洪泛事件作用的结果，这两种因素都被认为对海岸沼泽发育有限制作用。因此，限制了白云岩的形成。肯塔基州寒冷环境（Brigantian）缓坡上四级旋回中沼泽相白云岩的存在表明台地构造是更重要的控制因素，可能缓坡坡度较缓，可以调整海侵速率，有效地产生更多渐变的海侵事件。促使白云岩形成的另外一个因素可能是邻近的后陆产生了足够的流体形成有利的微咸环境，而平顶台地一般具有更多受限的分水岭，不利于白云岩形成。

19.7 结论

（1）沉积学和地球化学证据表明，与古土壤伴生的 Brigantian 铁白云岩形成于半咸的或盐质分解的海岸沼泽中。

（2）白云岩的地球化学数据和地质背景和它们的特征一致，它们的形成与规模较小不足以使碳酸盐岩台地发生重大的海侵的次级海侵有关。因此，由于可靠的岩性地层和生物地层标志层的缺失，古土壤层中的沼泽相单元可能是受迫台地（寒冷环境）碳酸盐序列中唯一记录“缺失序列”的。另外，由于沼泽相白云岩层可以沿缓坡向下追溯到潮缘 / 潮下沉积的四级旋回内，对它们的再认识可以为海岸冲积平原沉积与相邻的全海相内缓坡沉积序列的对比提供帮助。

（3）与发育良好的古土壤和主要不整合伴生的沼泽相白云岩层可能反映了下降的米兰科维奇海平面波动带，发生在三级层序的低位体系域沉积期间内。与主要不整合面无关的、简单加积的古土壤内部以夹层方式出现的白云岩层相对较少，可能反映了离心率诱因的低位域沉积期间发生的旋进驱动 / 斜交驱动的海侵事件。

（4）本文呈现的数据和一些其他公开发表的研究表明，尽管体积小，沼泽白云岩广泛分布在密西西比纪的温暖环境（Courceyan-Arundian）缓坡和寒冷环境（Brigantian）缓坡沉积序列中。这表明贯穿地质历史时期相似的沉积在的碳酸盐和混合的碳酸盐—硅质碎屑序列中是较为普遍的。然而，据笔者所知，相似的白云岩在其他地层层段中并没有被记录，目前还不清楚这是由观察偏差造成的还是实时的限制因素控制该类沼泽白云岩的形成。如果后者的情况是正确的，那么密西西比纪沼泽白云岩的形成可能和特殊的沿海植被类型具有密切关系。

参 考 文 献

Al-Tawil，A. and Read，J. F.（2003）Late Mississippian（Late Meramecian-Chesterian）glacio-eustatic sequence development on an active distal foreland ramp，Kentucky，USA. In：*Permo-Carboniferous Carbonate Platforms and Reefs*（Eds W. Ahr，P. M. Harris，W. Morgan and I. Sommerville）. *SEPM Spec. Publ.*，78，35-55.

Ambers，C. P. and Petzold，D. D.（1996）Geochemical and petrologic evidence for the origin and diagenesis of a late Mississippian，supratidal dolostone. *Carb. Evap.*，11，42-58.

Andrews，J. E.（1986）Microfacies and geochemistry of Middle Jurassic algal limestone's from Scotland. *Sedimentology*，33，499-520.

Andrews，J. E.，Turner，M. S.，Nabi，G. and Spiro，B.（1991）The anatomy of an early Dinantian terraced floodplain：palaeoenvironment and early diagenesis. *Sedimentology*，38，271-287.

Babcock，R. S.，Atwood，D. K. and Perry，D.（1967）Separation of dolomite from fine-grained recent sediments. *Am. Miner.*，52，1563-1567.

Barnett，A. J.（2002）*An Investigation of the Controls on Stratigraphic Cyclicity in Late Mississippian-Early Pennsylvanian*（*Carboniferous*）*Platform Carbonates*. Unpubl. PhD thesis，University of Cardiff，246 pp.

Barnett，A. J.，Burgess，P. M. and Wright，V. P.（2002）Icehouse world sea-level behaviour on late Viséan（Mississippian）carbonate platforms：results from numerical forward modelling and outcrop studies. *Bas. Res.*，14，417-439.

Baxter，J. W. and Brenckle，P. L.（1982）Preliminary statement on Mississippian calcareous foraminiferal successions of the mid-continent（USA）and their correlation to western Europe. *Newsl. Stratigr.*，11，

136–153.

Caudill, M. R., Driese, S. G. and Mora, C. I. (1996) Preservation of a palaeovertisol and an estimate of late Mississippian palaeoprecipitation. *J. Sediment. Res.*, 66, 58–70.

Cecil, C. B. (1990) Palaeoclimate controls on stratigraphic repetition of chemical and siliciclastic rocks. *Geology*, 18, 533–536.

Cerling, T. E. (1984) The stable isotope composition of modern soil carbonate and its relationship to climate. *Earth Planet. Sci. Lett.*, 71, 229–240.

Choquette, P. W. and Steinen, R. P. (1980) Mississippian non-supratidal dolomite, Ste. Genevieve Limestone, Illinois Basin. Evidence for mixed-water dolomitization. In : *Concepts and Models of Dolomitization* (Eds D. H. Zenger, J. B. Dunham and R. H. Ethington). *SEPM Spec. Publ.*, 28, 163–196.

Choquette, P. W. and Steinen, R. P. (1985) Mississippian oolite and non-supratidal dolomite reservoirs in the Ste. Genevieve Formation, North Bridgeport Field, Illinois Basin. In : *Carbonate Petroleum Reservoirs* (Eds P. O. Roehl and P. W. Choquette), pp. 209–225. Springer–Verlag, New York.

Cook, H. E., Zhemchuzhnikov, V. G., Zempolich, W. G., Zhaimina, V. Y., Buvtyshkin, V. M., Kotova, E. A., Lyudmila, Y. G., Zorin, A. Y., Lehmann, P. J., Alexeiev, D. V., Giovanneli, A., Viaggi, M., Fretwell, N., Lapointe, P. and Corboy, J. J. (2002) Devonian and Carboniferous carbonate platform facies in the Bolshoi Karatau, southern Kazakhstan : outcrop analogues for coeval carbonate oil and gas fields in the North Caspian Basin, western Kazakhstan. In : *Palaeozoic Carbonates of the Common–wealth of Independent States (CIS) : Subsurface Reser–voirs and Outcrop Analogues* (Eds W. G. Zempolich and H. E. Cook). *SEPM Spec. Publ.*, 74, 81–122.

Coplen, T. B. (1996) New guidelines for reporting stable hydrogen, carbon and oxygen isotope–ratio data. *Geochim. Cosmochim. Acta*, 60, 3359–3360.

Craig, H. (1957) Isotopic standards for carbon and oxygen correction factors for mass spectrometric analysis for carbon dioxide. *Geochim. Cosmochim. Acta*, 12, 133–149.

De Witt, W. and McGraw, L. W. (1979) Appalachian Basin region. In : *Palaeotectonic Investigations of the Mississippian System in the United States (Part 1)* (Ed. L. C. Craig and C. W. Connor). *USGS Prof. Pap.*, 1010, 13–48

Ettensohn, F. R., Rice, C. L., Dever, G. R. Jr., and Chesnut, D. R. (1984) Slade and Paragon Formations–new stratigraphic nomenclature for Mississippian rocks along the Cumberland Escarpment in Kentucky. *U. S. Geol. Surv. Bull.*, 1605–B, 37.

Ettensohn, F. R., Dever, G. R. Jr., and Grow, J. S. (1988) A palaeosol interpretation for profiles exhibiting sub–aerial exposure 'crusts' from the Mississippian of the Appalachian Basin. In : *Palaeosols and Weathering Through Geologic Time : Principles and Applications* (Eds J. Reinhardt and W. R. Sigleo). *Geol. Soc. Am. Spec. Pap.*, 216, 49–79.

Furnish, W. M. and Saunders, W. B. (1971) Ammonoids from the middle Chester Beech Creek Limestone, St. Clair County. *Univ. Kansas Palaeontol. Contrib.*, 1–14.

Halley, R. B. and Rose, P. R. (1977) Significance of freshwater limestones in marine carbonate successions of Pleistocene and Cretaceous age. In : *Cretaceous Carbonates of Texas and Mexico : Applications to Subsurface Exploration* (Ed. D. G. Bebout and R. G. Loucks). *Bur. Econ. Geol. Univ. Tex. Austin Rep. Inv.*, 89, 206–215.

Heidlauf, D. T., Hsui, A. T. and Klein G. deV. (1986) Tectonic subsidence analysis of the Illinois Basin. *J. Geol.*, 94, 779–794.

Horbury, A. D. (1989) The relative roles of tectonism and eustasy in the deposition of the Urswick Limestone in south Cumbria and north Lancashire. In : *The Role of Tectonics in Devonian and Carboniferous Sedimentation in the British Isles* (Eds R. S. Arthurton, P. Gutteridge and S. C. Nolan). *Yorks. Geol. Soc.*

Occ. Publ., 6, 153–169.

Kenter, J. A. M., Harris, P. M., Collins J. F., Weber, L. J., Kuanysheva, G. and Fischer, D. J. (2006) Late Viséan to Bashkirian platform cyclicity in the Central Tengiz buildup, Precaspian Basin, Kazakhstan: depositional evolution and reservoir development. In: *Giant Hydrocarbon Reservoirs of the World: From Rocks to Reservoir Characterisation and Modelling* (Eds P. M. Harris and L. J. Weber). *AAPG Memoir*, 88, 7–54.

Kominz, M. A. and Bond, G. C. (1991) Unusually large subsidence and sea-level events during middle Palaeozoic time: new evidence supporting mantle convection models for supercontinent assembly. *Geology*, 19, 56–60.

Leetaru, H. E. (2000) Sequence stratigraphy of the Aux Vases Sandstone: a major oil producer in the Illinois Basin. *AAPG Bull.*, 84, 399–422.

McCrea, J. M. (1950) On the isotopic chemistry of carbonates and a paleotemperature scale. *J. Chem. Phys.*, 18, 849–857.

McKenzie, J. A. (1981) Holocene dolomitization of calcium carbonate sediments from the coastal sabkhas of Abu Dhabi, UAE: a stable isotope study. *J. Geol.*, 89, 185–198.

Machel, H. G. (2004) Concepts and models of dolomitization: a critical reappraisal. In: *The Geometry and Petrogenesis of Dolomite Hydrocarbon Reservoirs* (Eds C. J. R. Braithwaite, G. Rizzi and G. Darke). *Geol. Soc. Lond. Spec. Publ.*, 235, 7–63.

Maples, C. G. and Waters, J. A. (1987) Redefinition of the Meramecian/Chesterian boundary (Mississippian). *Geology*, 15, 647–651.

Martin-Chivelet, J. and Gimenez, R. (1992) Palaeosols in microtidal carbonate sequences, Sierra de Utiel Formation, Upper Cretaceous, SE Spain. *Sediment. Geol.*, 81, 125–145.

Matthews, A. and Katz, A. (1977) Oxygen isotope fractionation during the dolomitization of calcium carbonate. *Geochim. Cosmochim. Acta*, 41, 1431–1438.

Menning, M., Weyer, D., Drozdzewski, G., Van Amerom Henk, W. J. and Wendt, I. (2000) A Carboniferous time scale 2000: discussion and use of geological parameters as time indicators from central and western Europe. *Geol. Jb.*, A156 3–44.

Monty, C. L. V. and Hardie, L. A. (1976) The geological significance of the freshwater blue-green algal calcareous marsh. In: *Stromatolites* (Ed. M. R. Walter), pp. 447–477. Elsevier, Amsterdam.

Muchez, P. and Viaene, W. (1987) Dolocretes from the Lower Carboniferous of the Campine-Brabant Basin, Belgium. *Pedologie*, 37, 187–202.

Muchez, P. and Viaene, W. (1994) Dolomitization caused by water circulation near the mixing zone: an example for the lower Viséan of the Campine Basin (northern Belgium). In: *Dolomites: A Volume in Honour of Dolomieu* (Eds B. Purser, M. E. Tucker and D. Zenger). *Int. Assoc. Sedimentol. Spec. Publ.*, 21, 155–166.

Pye, K., Dickson, J. A. D., Schiavon, N., Coleman, M. and Cox, M. (1990) Formation of siderite-Mg calcite-iron sulphide concretions in intertidal marsh and sandflat sediments, north Norfolk, England. *Sedimentology*, 37, 325–343.

Rosenbaum, J. and Sheppard, S. M. F. (1986) An isotopic study of siderites, dolomites and ankerites at high temperatures. *Geochim. Cosmochim. Acta*, 50, 1147–1150.

Sable, E. G. and Dever, G. R. Jr., (1990) *Mississippian Rocks in Kentucky. USGS Prof. Pap*, 1503, 125 pp.

Scotese, C. R. and McKerrow, W. S. (1990) Revised world maps and introduction. In: *Palaeozoic Palaeogeography and Biogeography* (Eds W. S. McKerrow and C. R. Scotese). *Geol. Soc. Lond. Mem.*, 12, 1–21.

Searl, A. (1988) Pedogenic dolomites from the Oolite Group (Lower Carboniferous), South Wales. *Geol. J.*,

23, 157–169.

Smith, L. B. (1996) *High–Resolution Sequence Stratigraphy of Late Mississippian (Chesterian) Mixed Carbonates and Siliciclastics*, *Illinois Basin*. Unpubl. PhD thesis, Virginia Tech, Blacksburg, 146 pp.

Smith, L. B. and Read, J. F. (1999) Application of highresolution sequence stratigraphy to tidally influenced Upper Mississippian carbonates, Illinois Basin. In : *Advances in Carbonate Sequence Stratigraphy : Application to Reservoirs*, *Outcrops and Models* (Eds P. M. Harris, A. H. Saller and J. A. Simo). *SEPM Spec. Publ.*, 63, 107–126.

Smith, L. B. and Read, J. F. (2000) Rapid onset of late Palaeozoic glaciation on Gondwana : evidence from Upper Mississippian strata of the Mid–continent, United States. *Geology*, 28, 279–282.

Smith, L. B. and Read, J. F. (2001) Discrimination of local and global effects on Upper Mississippian stratigraphy, Illinois Basin, U. S. A. *J. Sediment. Res.*, 71, 985–1002.

Smith, L. B., Al–Tawil, A. and Read, J. F. (2001) High–resolution sequence stratigraphic setting of Mississippian aeolianites, Appalachian and Illinois basins. In : *Modern and Ancient Carbonate Aeolianites : Sedimentology*, *Sequence Stratigraphy and Diagenesis* (Eds F. E. Abegg, P. M. Harris and D. B. Loope). *SEPM Spec. Publ.*, 71, 167–181.

Tankard, A. J. (1986) On the depositional response to thrusting and lithospheric flexure : examples from the Appalachian and Rocky Mountain basins. In : *Foreland Basins* (Eds P. A. Allen and P. Homewood). *Int. Assoc. Sedimentol. Spec. Publ.*, 8, 369–394.

Tanner, L. H. (2000) Palustrine–lacustrine and alluvial facies of the (Norian) Owl Rock Formation (Chinle Group), Four Corners region, southwestern USA : implications for late Triassic palaeoclimate. *J. Sediment. Res.*, 70, 1280–1289.

Treworgy, J. D. (1988) The Illinois Basin–A Tidally and Tectonically Influenced Ramp During Mid–Chesterian Time. *Illinois State Geol. Surv. Circ.*, 544, 20.

Tucker, M. E. (1993) Carbonate diagenesis and sequence stratigraphy. In : *Sedimentology Review* (Ed. V. P. Wright), 1, pp. 51–72. Blackwell Scientific Publications, Oxford.

Tucker, M. E. and Wright, V. P. (1990) *Carbonate Sedimentology*. Blackwell Scientific Publications, Oxford, 502 pp.

Vanstone, S. D. (1991) Early Carboniferous (Mississippian) palaeosols from southwest Britain : influence of climatic change on soil development. *J. Sediment. Petrol.*, 61, 445–457.

Walkden, G. M. (1987) Sedimentary and diagenetic styles in late Dinantian carbonates of Britain. In : *European Dinantian Environments* (Eds J. Miller, A. E. Adams and V. P. Wright), pp. 131–155. John Wiley, Chichester.

Walkden, G. M. and Williams, D. O. (1991) The diagenesis of the late Dinantian Derbyshire–East Midlands shelf, central England. *Sedimentology*, 38, 643–670.

Warren, J. (1990) Sedimentology and mineralogy of dolomitic Coorong lakes, South Australia. *J. Sediment. Petrol.*, 60, 843–858.

Warren, J. (2000) Dolomite : occurrence, evolution and economically important associations. *Earth Sci. Rev.*, 52, 1–81.

Wright, D. T. (1999) The role of sulphate–reducing bacteria and cyanobacteria in dolomite formation in distal ephemeral lakes of the Coorong region, South Australia. *Sediment. Geol.*, 126, 147–157.

Wright, D. T. and Wacey, D. (2004) Sedimentary dolomite : a reality check. In : *The Geometry and Petrogenesis of Dolomite Hydrocarbon Reservoirs* (Eds C. J. R. Braithwaite, G. Rizzi and G. Darke). *Geol. Soc. Lond. Spec. Publ.*, 235, 65–74.

Wright, V. P. (1994) Palaeosols in shallow marine carbonate sequences. *Earth Sci. Rev.*, 35, 367–395.

Wright, V. P. (1996) Use of palaeosols in sequence stratigraphy of peritidal carbonates. In : *Sequence Stratigraphy in British Geology* (Eds S. P. Hesselbo and D. N. Parkinson) . *Geol. Soc. Spec. Publ.*, 103, 63–74.

Wright, V. P. and Tucker, M. E. (1991) Calcretes : an introduction. In : *Calcretes* (Eds V. P. Wright and M. E. Tucker), pp. 1–22. Blackwell Scientific Publications, Oxford.

Wright, V. P. and Vanstone, S. D. (2001) Onset of late Palaeozoic glacio–eustasy and the evolving climates of low latitude areas : a synthesis of current understanding. *J. Geol. Soc. Lond.*, 158, 579–582.

Wright, V. P., Vanstone, S. D. and Marshall, J. D. (1997) Contrasting flooding histories of Mississippian carbonate platforms revealed by marine alteration effects in palaeosols. *Sedimentology*, 44, 825–842.

Wynn, T. C. and Read, J. F. (2008) Three–dimensional sequence analysis of a subsurface carbonate ramp, Mississippian Appalachian foreland basin, West Virginia, USA. *Sedimentology*, 55, 357–394.